"十二五"普通高等教育本科国家级规划教材

普通生物学（第3版）

GENERAL BIOLOGY (THIRD EDITION)

主　编　魏道智　福建农林大学

副主编　关雪莲　北京农学院　　张焱如　内蒙古农业大学

解新明　华南农业大学

编　委　（按姓氏笔画排列）

王晓静　西北农林科技大学　　仇雪梅　大连海洋大学

叶江华　武夷学院　　刘春霞　内蒙古农业大学

江寰新　福建农林大学　　关雪莲　北京农学院

许冬梅　山西农业大学　　孙　权　沈阳农业大学

张焱如　内蒙古农业大学　　陈　曙　华南农业大学

陈波见　同济大学　　陈铁山　西北农林科技大学

易　华　西北农林科技大学　　金　健　广西大学

孟凡华　内蒙古农业大学　　柳志强　海南大学

胡永乐　武夷学院　　侯义龙　大连大学

侯建华　河北大学　　贾小丽　武夷学院

韩　锋　西北农林科技大学　　彭　玲　武汉生物工程学院

解新明　华南农业大学　　魏道智　福建农林大学

高等教育出版社·北京

内容简介

本书以知识的系统性、简明性和条理性为显著特色，为普通高等院校和农林院校生物类和非生物类普通生物学课程提供一本实用的教学用书。全书共9章，包括细胞，组织、器官和系统，生物营养与代谢，生物的繁殖与发育，生物的类群，生物与环境，遗传与变异，生物的起源与进化，以及生命科学研究的热点领域等内容。从微观上系统介绍和认知生命的基本现象、基本规律和原理，从宏观上阐明生命进化趋势与环境的相互关系，为学生获取生命科学基础知识和后续专业学习奠定基础。

此外，为方便学习和促进教学，本书还配套了教学课件、讲解视频、拓展阅读、思考题及参考答案等丰富的数字资源，供教师和学生参考。

本书可作为高等院校生命科学类专业本科生教材使用，也可供非生物类专业本科生和相关科研人员参考和使用。

图书在版编目（CIP）数据

普通生物学 / 魏道智主编 . --3 版 . -- 北京：高等教育出版社，2019.9（2021.11重印）

ISBN 978-7-04-052306-5

Ⅰ. ①普… Ⅱ. ①魏… Ⅲ. ①普通生物学 - 高等学校 - 教材 Ⅳ. ① Q1

中国版本图书馆 CIP 数据核字（2019）第 156178 号

封一照片由武夷山国家公园管理局林贵民拍摄

Putong Shengwuxue

策划编辑 郝真真　　责任编辑 田 红　　特约编辑 郝真真　　封面设计 张 楠
责任印制 存 怡

出版发行	高等教育出版社	网　　址	http://www.hep.edu.cn
社　　址	北京市西城区德外大街4号		http://www.hep.com.cn
邮政编码	100120	网上订购	http://www.hepmall.com.cn
印　　刷	北京市艺辉印刷有限公司		http://www.hepmall.com
开　　本	889mm×1194mm 1/16		http://www.hepmall.cn
印　　张	29.25	版　　次	2007 年 8 月第 1 版
字　　数	850 千字		2019 年 9 月第 3 版
购书热线	010-58581118	印　　次	2021 年 11月第 3 次印刷
咨询电话	400-810-0598	定　　价	58.00元

物 料 号 52306-00

数字课程（基础版）

普通生物学

（第3版）

主编　魏道智

登录方法：

1. 电脑访问 http://abook.hep.com.cn/52306，或手机扫描下方二维码、下载并安装 Abook 应用。
2. 注册并登录，进入“我的课程”。
3. 输入封底数字课程账号（20 位密码，刮开涂层可见），或通过 Abook 应用扫描封底数字课程账号二维码，完成课程绑定。
4. 点击“进入学习”，开始本数字课程的学习。

课程绑定后一年为数字课程使用有效期。如有使用问题，点击页面右下角的“自动答疑”按钮。

Abook

普通生物学（第3版）

本数字课程是《普通生物学》（第3版）的配套资源，是利用数字化技术整合优质教学资源的出版形式。本数字课程所列资源与教材内容相呼应，设有教学课件、重要知识点讲解视频、自测题、思考题及答案、拓展阅读、综合试卷等。读者可将教材与数字课程两者相结合进行拓展学习，更好地掌握普通生物学相关知识。

用户名：　密码：　验证码：　5360　忘记密码？　登录　注册

http://abook.hep.com.cn/52306

扫描二维码，下载Abook应用

第 3 版前言

普通生物学是一门综合性生物科学，既可以作为生物类专业的基础课程，也可以作为非生物类专业的通识课程，它以知识覆盖面广、知识线索多样、知识点丰富为特点。根据其特点，遵从认知规律，条理化知识脉络，系统化知识体系，由简入繁，循序渐进是我们一贯谨从的编著原则。本教材为全国高等农林院校“十一五”规划教材，“十二五”普通高等教育本科国家级规划教材，全国高等学校“十三五”农林规划教材。

生物科学是当今众多科学领域中发展最为迅速的学科，面对知识的快速层递性深化，新的知识领域和学科的不断涌现，科学研究成果知识化非常必要。教材是一个与时俱进的知识载体，只有在知识的持续更新过程中，才能焕发其生命活力。再版付梓，编者能为推动生命科学发展和科学知识的传播尽绵薄之力而心感甚慰。

本次修订保持前两版的知识体系，分为五个板块，共九章，从生物体的基本结构与功能，生物营养、代谢与繁殖，生物多样性和环境，遗传、变异与进化，生命科学进展，系统地介绍了生物科学的基本规律、基本原理和基础知识。在第 2 版的基础上，精简、更新了部分内容，第九章增添了生物科学领域中部分新学科、新技术的介绍和应用，以期读者能够获得生物科学发展的前沿信息。

衷心感谢来自全国 14 所高等院校生物科学教学一线的编委们，他们的辛勤工作成就了本教材第 3 版的修订。编写分工为：绪论，魏道智；第一章，张焱如；第二章，关雪莲、王晓静、金健、刘春霞、孟凡华；第三章，解新明、陈曙；第四章，关雪莲、金健、刘春霞、孟凡华；第五章，陈铁山、彭玲、柳志强、王晓静、易华、韩锋、江寰新；第六章，陈波见、侯建华；第七章，贾小丽、仇雪梅、叶江华、胡永乐；第八章，孙权；第九章，侯义龙、许冬梅、陈曙、柳志强、金健、刘春霞。

本教材由福建农林大学教材出版基金资助出版。同时感谢各高校及高等教育出版社的大力支持。

为了方便教学，本教材配套出版了《普通生物学数字课程》、福建省本科优秀特色教材《普通生物学实验指导》，在“中国大学 MOOC”开设了“普通生物学”在线开放课程，欢迎各兄弟院校广大师生使用本教材，共享系列教学资源，共筑课程联盟。

由于知识和编写水平所限，书中不妥之处难免，敬请同行及读者不吝赐教。

编者

2019 年 5 月于福州

目 录

绪 论

第一章 细 胞

第二章 组织、器官和系统

第三章 生物营养与代谢

第四章 生物的繁殖与发育

第五章 生物的类群

第六章 生物与环境

第七章 遗传与变异

第八章 生物的起源与进化

第九章 生命科学研究的热点领域

绪论

生命按照字面释义，生，意味着在一定基础上的存在与延伸；命，在于活动与运行。生命最基本、最显著的特征是生命的多样性，生命之花在不同层次生物上的绽放，引发了从古至今人们对于生命的思考与探索，也随之诞生了关于生命的科学。哲学家重视生命的定义与本质，而催生了生命哲学的不同流派，生物学家更多关注生物的结构与生理，而衍生了不同的生物学学科。

从哲学到生物学，从概念到理论，从现象到本质，从起源到进化，从简单到复杂，从微观到宏观，人类对生命探索的历史，始终贯穿了整个人类史和文明史，科学家对于生命本质的追求和坚持是推动生命科学不断进步的内在动力，对自然的认知和积淀构成了现代生物科学的技术和基础。

问鼎生命，我们将在每一章节中与生命科学不同领域的科学家相遇，追寻我们打儿时起就想知道答案的问题，如什么支持着我们的生命？我们不舒服时，身体哪里出了问题？我们从哪里来？我们和其他生物的区别，等等。让我们一同走进生命的神秘世界。

一、生物学内涵、任务及生命的概念

生物学是研究生物各个层次的种类、结构、功能、行为、发育和起源进化以及生物与周围环境关系的科学。生物学的任务是研究和揭示生命体生命活动的现象、规律及其本质，了解生物间、生物与环境间的复杂联系。

生命是什么？生命是一种现象，一种具有基本征象的系统。

(一) 生命的基本特征

1. 统一的化学构成

生物体中的元素构成几乎囊括了地球上存在的所有元素，其中 C、H、O、N、S、P、K、Ca、Mg、Na 等占有较大比例，叫大量元素，虽然在不同生物中的相对含量不一样，但是具有较大的共有性。它们也是构成生物大分子的基础。

2. 严整有序性

无论从大的组织、器官构成，还是到细胞、亚细胞结构；从胚胎发育到外部形态建成，从细胞代谢到核酸、蛋白质等大分子的合成，生命的组织和活动都表现出了规律性和有序性，组织结构具有严整的精细性，代谢活动按照严格的顺序进行。生物界是一个多层次的有序结构，其结构层次和结构顺序表现为：分子→细胞→组织→器官→系统→生命个体→种群→群落→生态系统→生物圈。原被认为无结构的细胞质基质和细胞核基质，现代细胞生物学技术已经揭示存在细胞质骨架和细胞核骨架。细胞骨架系统是有效支持亚细胞结构的稳定和物质代谢、信息交流的顺畅，保障细胞区域化的重要物质基础。生物进化带来功能和结构的复杂性，不得不令我们惊叹，一个简单的核孔竟然有一百多种蛋白质分子发挥作用，控制核内外的物质、信息的交换和交流。结构的严整和活动的有序，使得生命系统保持稳定性和有规律。

3. 稳态

稳态最初由法国的贝尔纳(C. Bernard)提出，后由美国坎农(W. B. Cannon)根据大量的实验结果，正式提出了“homeostasis”(稳态)一词。稳态是指动物在外部环境因素变化的条件下，运用内部调节机制，消除外部因素变化所施加的影响，维持内部环境如温度、pH、水分、离子浓度等的稳定。生物体内稳态的失衡，则是机能和代谢障碍的起始。现在稳态的概念已经外延并扩大了其适用范围，它不仅适用于一个细胞，一个生物体，也适用于一个群体、一个群落，甚至一个生态系统。

4. 代谢

代谢是生物体内所发生的用于维持生命的一系列有序的化学反应的总称。这些反应进程使得生物体能够获得生长、繁殖、保持结构以及对外界环境做出反应的物质和能量。代谢通常分为合成代谢和分解代谢两类，合成代谢是利用物质分子和能量来合成细胞中的各个组分，如蛋白质和核酸等。分解代谢则可以通过对生物大分子的分解获得所需能量，如呼吸。代谢是生命物质产生的基础，生命活动得以进行的动力源。

5. 生长和发育

生物体具有生长和发育的特性，能够利用代谢产生的物质和能量，增加和扩大自己的生命体。从细胞形成的那一刻起，通过不断分裂和分化，从幼稚细胞长大成为成熟细胞，经过分化成为特化的组织和器官。细胞在数量上的增加表现了生物体的生长，分化则促成了质的转变。多细胞生物表现了比单细胞更复杂的生长发育模式。

6. 繁殖、遗传和变异

生命具有周期性，一个生物体不可能长久生存，要把生命延续下去，必须通过繁殖，将其生物学特性传给下一代。这种子承父代、秉承亲代各种生物特性的现象称为遗传。但是子代并不是亲代的简单复制，两者间存在一定的差异，这便是变异。遗传和变异是生物种群稳定发展和不断进化的基础。

7. 互作与适应性

生物存在于一定的生态环境中，与环境相互作用并共同构成了生物圈(biosphere)。在长期的互作中，生物在其形态结构和生理功能(性状)上都表现出了对其所在环境的高度适应性，而产生了有利自身生存的变异，经过自然选择，通过遗传逐代积累而保留下来。如鸟类的翅膀、骨骼适于飞翔，猛兽的利爪和利牙适于捕捉和撕食猎物，北极熊的白色体毛适于极地环境，水稻茎中的气腔利于向下传送空气，鱼身体的流线型，竹节虫的形状、体表颜色酷似竹节等，这些都是生物对环境适应的结果。

8. 应激性

应激性(irritability)是指生物对外界刺激所产生的反应，是生命的基本特征之一。应激性是生理学上的概念，指生物体受到外界刺激时，通过相应的结构和生理变化，以一定的形式完成一种趋利避害的行为。一切生物体都具有应激性，包括病毒、原核生物(如细菌和蓝藻)、原生动物等，应激性可以使其消减外界施加的影响，适应这种刺激。应激性是一种动态反应，在比较短的时间内完成，但是经常性的作用导致其形态结构、生理功能、行为习性的改变，则变成一种主动适应性，结果作为一种变异，具有遗传性适应。

9. 进化

纵观生物学发展，从原始的单细胞生物开始到多细胞生物的形成，从无脊椎动物到脊椎动物，从简单到复杂，从水生到陆生，物种的不断演替，都表现出生命是一种不可逆转的物质运动现象，生命发展的历史本身就是一个不断进化的过程。变异是生物进化的内在因素，遗传使有利的变异在后代得到积累和加强，生存斗争推动着生物进化的脚步，它是生物进化的外动力，自然和定向选择决定了生物进化的方向。

(二) 生命的定义

生命现象是多层次的，但是生命的本质是统一的。一些分子生物学家根据生物大分子的特点给生命下了一个定义,即生命是由核酸和蛋白质(特别是酶)的相互作用而产生的可以不断繁殖的物质反馈循环系统。但是生命仅仅有核酸和蛋白质还是远远不够的,只有当这些分子和其他的有机物和无机物结合,生命才表现完整。

二、生物学的发展概况

生物学的发展经历了萌芽期、古代生物学时期和近现代生物学时期。

(一) 萌芽期

生物学发展的萌芽时期是指人类产生(约 300 万年前)到阶级社会出现(约 4 000 年前)之间的一段时期。这个时期人类处于石器时代,原始人开始了栽培植物、饲养动物,逐步积累了动植物的知识,在抵御恶劣环境条件、防病治病的过程中积累了相关医药知识,这一切为生物学发展奠定了基础。

(二) 古代生物学时期

从奴隶社会(约 4 000 年前开始)到封建社会后期,人类进入了铁器时代。随着生产的发展,出现了原始的农业、牧业和医药业,有了生物知识的积累,植物学、动物学和解剖学还停留在搜集、初步整理事实的阶段,这一阶段被后人称为古代生物学时期。

古代生物学在欧洲以古希腊为中心,当时的生物学是自然哲学的一个主要组成部分。约公元前 600 年,希腊哲学家相信万事必有原因,而且特定的原因产生特定的效果。这些哲学家还设想存在一种统治宇宙的"自然法则",认为这种自然法则通过人们的观察与推论是可以理解的。这种因果关系和理性思想的概念对以后的科学研究具有深刻的影响。

著名学者亚里士多德(Aristotle,公元前 384—公元前322)抛弃了老师柏拉图的许多唯心论观点,带领助手周游各地,搜集标本,对 500 多种不同的动植物进行了分类,对几十种动物做了解剖和胚胎发育的观察,正确地指出了鲸鱼是胎生的,描述了反刍动物的胃、鸡的胚胎发育、头足纲动物的再生现象等。他有著作 170 多部,涉及天文学、动物学、胚胎学、地理学、地层构造学、物理学、解剖学、生理学等学科,构成当时古希腊科学知识的百科全书。其中《动物志》《动物的结构》《动物的繁殖》和《论灵魂》是最早的动物学研究成果。

盖仑(Claudius Galen,129—199),古希腊著名医生、自然科学家,创立了医学知识和生物学知识体系,发展了机体的解剖结构和器官生理学的概念,为西方医学中解剖学、生理学和诊断学的发展奠定了初步基础。他著有《解剖纲要》16 卷及《人体各部分的功能》等。由于他解剖猴体以代替人体,得出了不少错误的结论。盖仑崇拜亚里士多德的目的论哲学,认为身体的构造和一切生理过程都有一定的目的性,并把机体内所进行的各种过程,在无法解释时均归结为非物质力量的作用,用有神论的观点解释他的实验和观察,带有浓厚的宗教色彩。由于在学术上的成就和教会的支持,他的学说在 2—16 世纪统治医学界长达 1 000 多年之久,其错误的观点对医学和生物学的发展曾起到了阻碍作用。

中国的古代生物学则侧重于医药学和农学的认知、研究。我国第一部诗歌总集《诗经》记载了 3 200 多种药物;春秋战国时期的《山海经》是一部史地类古书,书中记载药物 353 种之多,包括动植物和矿物等类药材,且对药物的产地、形状、特点及效用等内容有所描述,是我国最早记述药物功效的文献,对后来药学的发展有一定影响,被称为我国本草著作的先河之作。出现于战国(公元前 476—公元前 222)晚期的《黄帝内经》由《素问》和《灵枢》两部分组成,该书论述了人和自然、阴阳、五行、脉象、经络、病因、病机、诊法、治则、预防、养生等多方面的内容,较系统地反映了秦汉以前我国医学的成就,特别是以朴素的辩证法为指导思想,综括了医学的基础理论和临床经验,素为历代医家所重视,是我国第一部医书;东汉末年(25—200)问世的《神农本草经》是我国现存最早的一部药学专著,全书记载药物 365 种,其中植物药 252 种、动物药 67 种、矿物药 46 种,充分反映了我国古代人民对于植物、动物和矿物性质、特点和功能的认识和运用程度。

公元533—544年，我国北魏农学家贾思勰所著《齐民要术》全面地总结了秦汉以来中国黄河中下游的农业生产经验，其中包含了丰富的生物学知识和农作物栽培、耕作技术。如粟的品种分类，作物与环境的某些关系，一些作物的遗传性和变异性，一些作物的性别以及人工选择的某些成就等。

（三）近现代生物学时期

从15世纪下半叶到19世纪末为近代生物学时期。15世纪下半叶到18世纪末是其第一阶段——实验生物学阶段，以细胞学和进化论为代表的19世纪自然科学的全面迅速成长阶段是其第二阶段。20世纪至今则是以分子生物学为代表的现代生物学阶段。从三个阶段的层递关系上，反映了人类对生命科学认识的逐步深入。

1. 实验生物学阶段

文艺复兴最早发生于14—15世纪的意大利，科学的进步思潮在欧洲风行。开始是对古典文献和古典思想的再发现，继而冲破宗教与神学的思想束缚，许多学者抛弃了对权威的盲从，树立起独立思考和批判的精神，有力地促进了学术研究。在生物学上，生物学家一改过去单纯形态观察的方法，努力采取物理和化学的手段对动物的结构和功能进行实验研究，结果发展了实验生物学。

著名画家达·芬奇（Leonardo da Vinci，1452—1519）由于艺术创作的需要，摆脱了神学偏见，研究了人体解剖、肌肉活动、心脏跳动、眼睛的结构与成像以及鸟类的飞翔机制等。他绘制了前所未有的精确的解剖图，提出人体运动是骨骼和肌肉的作用，并首次提出一切血管均起始于心脏。他比较了动物与人体的结构，指出了两者的同源现象。

比利时解剖学家维萨里（A. Vesalius，1514—1564）通过大量的人体解剖实验，发现了关于人体解剖描述的不少错误。1543年，他出版了解剖学巨著《人体构造》，震惊了整个科学界和宗教界。他摒弃了盖伦有关血液运行的观点，提出并通过实验证明了肺循环的存在。维萨里被称为“近代解剖学之父”。

文艺复兴时期生物学上最重要的成就是英国医生、生理学家哈维（W. William Harvey，1578—1657）建立的血液循环学说。哈维根据他对几十种动物所做的实验与观察，首次认识到血液在体内通过动脉流向各种组织，再经静脉流回心脏的闭路循环。1628年，他出版了《动物心血运动的研究》一书，阐明血液在体内不断循环的新概念。哈维首次把物理学的概念和数学方法引入生物学中，并坚持用观察和实验的方法代替主观的推测，这使他被公认为近代实验生物学的创始人。

解剖和显微结构的研究，都得益于显微镜的发明和改进。伽利略（Galileo，1564—1642）在1609年，根据望远镜倒视有放大物体的作用，制成一台复合显微镜，并对昆虫进行了观察。英国物理学家胡克（R. Hooke，1635—1703）于1665年用自制的复合显微镜观察软木薄片，发现有许多蜂窝状小空室，并称之为细胞（cell）。这个名词一直沿用至今。荷兰显微镜学家列文虎克（A. van Leeuwenhoek，1632—1723）自制了许多性能优良的显微镜，最高的放大倍数达270倍，发现了由许多活着的“小动物”组成的微生物世界，并发现了人的精子，把人们带入了神奇的微观世界。

意大利解剖学家马尔皮基（Malpighi，1628—1694）开创了动物与植物的显微解剖工作。1660年他通过向蛙肺动脉注水的方法，发现有连接动脉与静脉的毛细血管，证实了哈维未能观察到的由毛细血管连接动脉和静脉的血液循环。他描述了肝的微细结构、舌的乳头突、大脑皮层、肾小体和皮肤等微细结构。马尔皮基通过对不同植物的比较研究，发现了单子叶植物和双子叶植物间的区别。

瑞典植物学家林奈（Carolus Linnaeus，1707—1778）于1753年发表的《植物种志》和1758年发表的《自然系统》，初步建立了“双名命名制”，即二名法，把过去紊乱的植物名称，归于统一，此后与分类学进展相并行的实验植物学也相继展开。

荷兰的凡·海尔蒙特（van Helmont，1577—1644）通过著名的插栽柳枝实验证明了植物可从水中获得物质。1742年，英国的海尔斯（Stephen Hales，1677—1761）研究了植物的蒸腾作用和气体交换。1774年，英国的普利斯特利（J. Priestley，1733—1804）观察到阳光下植物的放氧现象。荷兰的英根豪斯（J. Ingenhousz，1730—1799）于1779年，瑞典的索苏尔（N. T. de Saussure，1767—1845）于1804年进一步验证了气体营养和植物之间的关系，奠定了植物生理学发展的基础。

英国植物学家格鲁(N. Grew，1641—1712)在显微镜下发现植物叶面的气孔及其功能，并揭示了植物体的花器构造，指出雌蕊、雄蕊和花粉分别相当于雌、雄性器官，而且植物一般是雌雄同体的。他的著作《植物解剖》一书，作为植物学的解剖经典，流传了100多年。与此同时，植物解剖学、植物生理学、植物胚胎学、植物营养学等植物相关学科相继诞生和成长起来。

对生物体的实验研究虽然起源于生理学，而实验生物学的真正兴起，并逐渐发展成为生物学的主流，是在人们对于发育过程的不断认识、探索中形成，这在实验胚胎学的形成和发展中表现得非常典型。

在胚胎学的发展过程中先成论和渐成论两种发育观交替统治着人们的思想，使这门学科经历了少见的曲折道路。因为胚胎学史上对个体发育的研究首先是形成相关的概念，然后才发展出证实或否定这个概念的技术，而概念的形成又紧密结合了当时的时代背景，总是受到当时比较流行思潮的影响。

胚胎研究最早从亚里士多德开始，他曾设想："整个动物是以尚不清楚的方式存在于精子之中，在精子中仅是可能性的，在成体中才变成现实性的。"后人认为这意味着从比较简单的构造产生出复杂的构造，认为他是主张渐成论的。但亚里士多德又说过："卵子也许被误认为是简单的。一切在成体动物能够辨别的部分，在卵子这个最小的空间里已经相当紧密地折叠起来，是可以想象的。新个体的形成丝毫不意味着新结构的产生，而仅是由于已经存在的部分的展现。"这个设想又被后人称为先成论，这是关于胚胎发育的先成论与后成论的最早起源。

在之后的1 000多年间，对胚胎发育的认识没有什么进步。尽管在17—18世纪，有许多事实支持渐成论，但是这个学说几乎被遗忘了，先成论的影响越来越大，占据统治地位。17世纪的生物学家马尔皮基、列文虎克、哈尔措克(N. Hartsoeker)等都是先成论的坚信者，直到18世纪先成论仍占统治地位。如瑞士著名解剖生理学家哈勒(A. von Haller，1708—1777)等都坚持先成论。18世纪后叶，德国胚胎学家沃尔夫(C. F Wolff，1734—1794)有关动植物的胚胎实验，19世纪早期俄国胚胎学家潘德尔(Heinrich Christian Pander，1794—1865)的鸡胚胎发育实验阐述了胚胎器官的逐渐形成过程，随后，俄国胚胎学家贝尔(K. E. von Baer，1792—1876)肯定了沃尔夫和潘德尔的观点，进一步提出动物胚胎发育过程中出现3个胚层以后形成各种器官，彻底否定了先成论观点。贝尔被公认为近代胚胎学的奠基人。

实验胚胎学的发展或是从唯心论出发，或是从机械唯物论出发，都是使胚胎发育去迎合哲学观点，严重地阻碍了胚胎学的发展，但是有贝尔等这样的胚胎学家，提倡从胚胎学的事实和现象出发，而不是从概念出发，用精确的实验方法去研究，理论分析与实验分析相结合，揭示发育的真正原因。虽然当时未能很好地沿着这个方向发展，但是在方法学上还是完成了从观察的描述分析到实验的因果分析的转变。施培曼(H. Spemann，1869—1941)发现"组织者"（"organizer"）现象，对实验胚胎学的发展有很大的影响。动物的发育过程被看作是胚胎各部分之间一连串诱导作用的结果。实验胚胎学采用实验方法分析发育过程取得的成功，鼓舞了生物学其他领域的研究和应用，从而促进了实验细胞学、实验组织学、实验动物学等学科的相继出现，盛极一时，形成了对生物体、组织和细胞结构和功能进行深入地实验分析的时期，这大大加深了对各种生命现象内在因果关系的了解。

生理学是实验生物学中的一个最古老的学科，以实验为特征的近代生理学始于17世纪。1628年哈维发表了有关血液循环《动物心血运动的研究》一书，直至1661年意大利组织学家马尔皮基应用简单的显微镜发现了毛细血管之后，血液循环的全部路径才搞清楚，并确立了循环生理的基本规律。

瑞士生理学家哈勒通过实验并应用动力学原理，以解剖学和生理学相结合，研究各种器官及器官系统的形态和功能。特别是肌肉的"应激性"和神经的"感受性"。他的百科全书式的《生理学纲要》(1757—1766)体现了这门学科的近代精神。德国生理学家弥勒(Johannes Peter Müller，1801—1858)克服了当时盛行的自然哲学的影响，开创了德国生理学实验研究的新时代。他发现了刺激神经的反应，还研究并确定了不同类型的神经。此外，对颜色感觉的解释，对内耳的阐述、对发声器官结构与功能的阐述都是近代生理学的重要起点。所著《人体生理学手册》(1833—1840)是继哈勒后的又一生理学巨著。

法国化学家拉瓦锡(A. L. Lavoisier,1743—1794)首先发现氧气和燃烧的原理,指出呼吸过程同燃烧过程一样,都要消耗氧气和产生二氧化碳,从而为机体新陈代谢的研究奠定了基础。1791 年,意大利解剖学家伽瓦尼(L. Galvani,1737—1798)证明用静电刺激神经,能引起与其连接的肌肉收缩,首次发现了神经传导现象。

19 世纪,生理学开始进入全盛时期。法国著名的生理学家贝尔纳(C. Bernard,1813—1878)在生理学的多个领域进行了广泛的实验研究并做出了卓越贡献,特别是他提出的内环境概念已成为生理学中的一个指导性理论。1849—1859 年贝尔纳发现并验证肝内的糖原生成作用、血管舒缩神经、胰液消化作用,箭毒与一氧化碳及其他毒物的作用性质,提出"内环境稳定"概念,他写的《实验医学研究导论》(1865)奠定了现代实验生理学的方法论基础。

17 世纪初至 19 世纪末,是植物生理学的迅速发展阶段,从海尔蒙特的柳树桶栽实验开始。1771 年英国化学家普利斯特利(J. Priestley,1733—1804)通过实验证明,绿色植物可恢复因蜡烛燃烧而"损坏了"的空气;1773 年荷兰医生英根豪斯(J. Ingenhousz,1730—1799)证明了只有植物的绿色部分在光照下才能起到使空气变"好"的作用;1782 年瑞士学者塞内比尔(J. Senebier,1742—1809)证明了光合作用需要二氧化碳;1804 年瑞士化学家索苏尔(N. T. de Saussure,1767—1845)指出光合作用是绿色植物以阳光为能量,利用二氧化碳和水为原料,形成有机物和放出氧气的过程;1843 德国化学家李比希(J. F. von Liebig,1803—1873)出版了《化学在农业和生理学上的应用》,创立了植物的矿质营养学说;1862—1865 年德国植物学家萨克斯(J. von Sachs,1832—1897)发现光下叶片淀粉的合成,并于 1865 年出版了《植物实验生理学手册》,对植物生理学的发展有重要影响。至此,植物生理学的主要框架构建完成。

随着代表着这一时期的生物化学成就的维生素、激素和酶的发现,以及肌肉收缩与呼吸过程的能量和物质代谢途径的阐明,生物化学以早期对生物体的化学组成的静态分析进入到对代谢过程的动态分析,然后又和细胞形态结构的研究结合起来,形成细胞化学、组织化学等新学科分支。这一时期实验方法在生物学各领域的普遍应用,促成一大批新学科的形成和相对独立地蓬勃发展。

2. 全面迅速成长阶段

对生命源流的探索是件困难的事情。从生命的出现到今天的生物世界,时空跨越了几十亿年,远古所发生的很多事情既不被人们所知也不可再现,要解开生命源流之谜,是对人类智慧的一种挑战。自然科学萌发以前,人们凭借对世界的臆想和认识来解释生命,便出现了神,一种超自然力量的超人,人类对神的顶礼膜拜并把其作为供奉的对象,这样便形成了宗教。由于神具有超自然力量,整个自然界在神的意愿与作用下,完全处于神的掌控之中,从而自然界中的任何自然现象、自然之谜都可以通过神而得到解释。上帝创造了万物,即神创论。

神创论是人类文化发展过程中的一种必然产物,并通过宗教的形式得以传播。宗教拥有强大的势力,它不允许除了宗教教义以外的对于自然世界的解释。但是,即使在这种情况下,仍然有一部分人不满足于这样一种解释生命世界的神学学说,他们努力寻求一种对世界更为深刻的认识,于是只能在不违反宗教教义的前提下,对自然界进行了详尽细致的客观描述,从而产生了宗教与科学的暂时统一体——自然神学。自然神学认为研究自然界的和谐及其多样性就是认识与接近上帝的最好方式。以对生物世界进行观察为职业的博物学家的早期活动促进了自然神学的发展。但是,宗教是不变的,而科学是发展的,这就造成了宗教与科学最终的分道扬镳,并使两者之间产生了越来越大的矛盾。

化石是古生物学的主要研究对象,19 世纪初,法国动物学家居维叶(G. Cuvier,1769—1832),根据深浅地层中化石的不同以及和现代人类骨骼的差异及其相似性的演变,提出了灾变说,认为地球上的一系列激变事件造成无数生物灭绝,其中一些就成为地层中的化石。居维叶的这个发现是一个奠定了古生物学基础的重大发现。英国地质学家赖尔(Charles Lyell,1797—1875)通过对欧洲各地的地层进行深入细致的考察，在19世纪30年代初发表了《地质学原理》这一著作，以详尽的事实论证了地球的变化以及地层的形成和变迁并不是由激变引起的，而是由可观察到的自然因素长期作用的结果，即地层的形成及变化是逐渐的、有规律和有成因的，提出了与灾变论相对立的均变论，从指导思想到研究方法为我们描绘了一幅地球演化史的清晰画面。赖尔的地球均变理论不仅为现代地质学奠定了基础，而且还为古生物学的研究开辟了新的途径，这是构成他地质进化论思想的基石。但是赖尔并没有把地球渐变的观点扩展到生物界，在他一生的大部分时间内，不相信地球上的生物是会变化的。

居维叶和赖尔在地质学以及古生物学上的重大发现，给了后来的探索者很大的启示，促进了人们对生物演变和进化问题的深入思考。

18世纪，法国博物学家布丰（G. L. L. de Buffon，1707—1788）是最早对“神创论”提出质疑的科学家之一，他试图把生物世界的历史和地球的历史联系起来，认为生物可能会随着环境的变化而改变其形态和功能。他在《博物学》中提出了上述观点，论述了很多与进化有关的问题。他认为物种是可变的，生物变异的原因在于环境的变化，而且这些变异会遗传给后代（获得性遗传），他不赞成“先成论”，而支持“渐成论”。他指出地球的历史应比《圣经》上说的几千年要长得多。这些思想与宗教的教义相违背，在宗教势力的干预下，布丰不得不公开放弃这些观点。布丰之后出现了另一位伟大的博物学家，他就是拉马克（J. B. de Lamarck，1744—1829），他对博物学特别是植物学十分感兴趣，经良师让·雅克·卢梭（Jean Jacques Rousseau，1712—1778）推荐，认识并得到布丰赏识，举荐他在自然历史博物馆任植物部助理员，使得拉马克有机会在植物学这个领域进行了很多研究，完成并出版了四卷《法国植物志》，后来他把研究领域转移到动物学，讲授低等动物，并给它们起了一个新的名字，叫无脊椎动物，此概念一直沿用至今。在进行现代无脊椎动物分类的同时，拉马克还研究了许多无脊椎动物的化石，一改生物不变的观念，提出了生物进化的概念。1809年出版了《动物学哲学》一书，系统地论述了对生物进化的见解，在生物学史上第一次比较完整地提出了进化理论。对于生物进化的动力和机制，拉马克认为生物具有一种不断地增加结构复杂性和完美性的天生趋势，另外，生物还具有对环境变化的反应能力。当环境不变时，生物进化就是一种完美化的发展；如果环境改变，生物就产生适应环境需要的行为和习性并引起有关的适应性进化。拉马克把“用进废退”和“获得性遗传”两个观点用于阐述他的进化理论，并成功解释了长颈鹿的进化。拉马克的思想是进化论的第一次突破，他提出了由自然产生的最简单生物可发展到最复杂生物的进化思想。拉马克以后，有不少学者也曾以多种不同的方式提出过他们的进化理论，但同样不能战胜神创论。

查尔斯·达尔文（C. R. Darwin，1809—1882）出生在拉马克发表《动物学哲学》的1809年。儿童和少年时代的喜好，使他阅读了一些博物学方面的书籍，也接触了很多博物学的知识。大学期间结识了不少地质学家、植物学家、昆虫学家和动物学家，并从他们那里得到了更为丰富的博物学知识，掌握了一些观察、记录与采集的技能，为他将来的事业作了很好的准备。他参加了英国皇家军舰“贝格尔”号的环球航行，在世界各地观察到大量以前未见过的自然现象和生物类型，通过阅读赖尔的《地质学原理》，接受了赖尔提出的地球是逐渐变化的观点。另外，南美大草原地层中发现的巨大动物化石；从南美大陆自北向南，一种生物逐渐被另一种十分相似但不同的生物所代替；生长在加拉帕戈斯群岛的绝大多数生物都与南美大陆的有关生物具有高度的相似性，而且群岛中不同岛屿的同种生物的性状也彼此略有差异、各具特点，这些现象都给达尔文留下深刻的印象，并使他对生物不变的信念产生了疑问，觉得很难用上帝创造生物的观点来解释。通过进一步整理、分析航行考察中的笔记资料和收集到的生物标本，1837年夏天，他终于认识到生物是在不断演变的，从而成了一个进化论者。这种转变使他对所有事物都产生了新的看法，并接受了生物源于共同祖先的观点。

1838年达尔文接触到了马尔萨斯的《人口论》，马尔萨斯生存竞争的观点启发和催生了自然选择学说。1859年11月出版了《物种起源》，使进化论得到了越来越多人的接受和支持，生物进化论终于战胜了神创论。

这一时期支持和发展进化论的有两位重要的生物学家，一位是德国学者赫克尔（E. H. Haeckel，1834—1919），一位是德国动物学家魏斯曼（A. Weismann，1834—1914），新达尔文主义的创始人。赫克尔解释了人类的进化来源，魏斯曼则将发育、细胞遗传和进化联系在一起，提出了"种质"论，影响和推动了进化论向前发展。

赫克尔是达尔文主义和唯物主义的捍卫者和宣传者，他总结了古生物学、比较解剖学和比较胚胎学的研究资料，建立了种系发生学，提出了生物进化的系谱树，形象地描述了生物种系发展的历史，并提出了生物学的一个重要定律——生物发生律，即"个体的发生是种系发生的短暂而迅速的重演"，简称重演律，这是动物发育的基本规律。赫克尔在1874年出版的《人类起源》一书中，论述了生物进化和人类起源的历史，证明了人类是由猿猴进化而来。他的起源学说的提出遭到了反动神学和旧哲学家的攻击，但是赢得了全世界科学界的高度评价。

在发育和遗传的关系问题上，进化论的问世，使人们意识到胚胎学对于认识动物类群间的亲缘关系具有巨大的价值，从而对动物胚胎开展了广泛的研究，同时也把遗传研究的兴趣推向高峰。实验胚胎学家主张发育初期细胞质起主要作用，如体形的极性、轴性和对称性，以及器官布局等大的方面都是受卵质结构决定的。反之，遗传学家则主张细胞核主宰全部发育过程，即使卵质的结构也是在卵成熟过程中受母体基因决定的，在这个问题上遗传学家和胚胎学家各执一端，使得各自走上独立发展的道路。

促进生物学史上发育、遗传和进化的第一次理论整合是魏斯曼的"种质"论。他认为要解决生物进化的根本问题，就必须要有正确的遗传理论，基于对细胞结构、生殖以及繁殖的事实的了解，特别是对红虫、水螅和水母等无脊椎动物研究的结果，他认为生殖细胞——种质细胞，与生物体的其他细胞——体质细胞，从一开始就是分开的，因而在体细胞（体质细胞）中发生的任何事情都不会影响到生殖细胞以及它们的细胞核（种质）。1885年，他提出了著名的"种质连续学说"，认为种质细胞是连续的，是世代相传的，并始终和体质细胞分离，而体质细胞是不连续的，每一代的体质细胞都是由前一代的种质细胞衍生而来的，体质细胞只起着保护和帮助种质繁殖自身的作用，遗传是由种质中具有一定化学成分和具有一定分子性质的物质从一代到另一代的传递来实现的。通过发展他的遗传理论，魏斯曼成了一位完全的选择论者，认为进化除了自然选择外，就不再需要其他机制了。

魏斯曼提出的"种质"和"体质"截然对立，"分裂即分化"的教条学说虽为后来的实验事实所推翻，但是他的遗传学思想具有合理性的一面，强调生殖细胞是代与代之间遗传连续性的唯一环节；遗传物质的"粒子"性质，并推测染色体是遗传的物质载体，否定了获得性遗传的存在，修正了达尔文关于"融合遗传"和"泛生论"的概念，为以前细胞学上混乱的事实提供了形成有条理有组织的理论框架的可能性，也为进化论的进一步发展打下了良好的基础，从而被称为新达尔文主义。可以说，魏斯曼是19世纪在达尔文之后对进化论贡献最大的人，他所提出的发育和遗传的关系问题，成了生物学下一时期研究的中心问题。

1865年，奥地利修道士孟德尔（Gregor Mendel，1822—1884）宣读了《植物杂交的实验》论文，并于次年发表，报道他通过豌豆杂交实验所发现的两个遗传规律，后被称为遗传学的"孟德尔定律"，可惜的是他的发现并没有被当时的科学界所重视。34年后的1900年，由三位不同国籍的学者同时独立地重新发现孟德尔遗传规律，而成了遗传学史乃至生物学史上划时代的一年。孟德尔的分离和自由组合定律被证明是生物界普遍遵循的遗传规律，他被誉为现代遗传学的奠基人。从此以后，遗传学发展进入了孟德尔遗传学的新时代。

摩尔根（Thomas Hunt Morgan，1866—1945）以果蝇为材料，研究了伴性遗传、连锁和交换等现象，把遗传学和细胞学结合起来，确立并发展了遗传的染色体学说，他把孟德尔的遗传因子命名为基因，于1926年出版《基因论》一书，建立起细胞遗传学或染色体遗传学，创建了基因学说。基因不再是代表遗传因子的符号，而是在染色体上占有一定空间的物质实体，从而为后来对基因进行理化分析奠定了基础。继之，X射线诱发基因的突变，微生物生化遗传的研究发展了基因理化研究的趋向，英国数学家哈迪(G. H. Hardy,1877—1949)和德国医生温伯格(W. Weinbery,1862—1937)将生物统计方法应用于遗传分析、种群内基因进化,分别运用数学论证了遗传平衡定律(即哈迪-温伯格定律),为群体遗传学的研究奠定了基础。以遗传学所代表的“精确”科学——定量生物学的方向,成为实验生物学各领域努力效仿的目标,遗传学成为这一时期生物学中的领头学科。

细胞学说和进化论是19世纪的重大发现,也是近代生物学的两大理论基石。17世纪罗伯特·胡克(R. Hooke,1635—1703)发现了细胞,19世纪以德国植物学家施莱登(M. J. Schleiden,1804—1881)和德国动物学家、生理学家施旺(T. Schwann,1810—1882)为代表的一组科学家建立了细胞学说。细胞学的研究先于生物进化的研究,然而在生物学发展的初期,两者并没有很好地结合,而是在各自的方向扩展。进化论重在自然史和形态学分类研究,细胞学重在结构和物质的研究。染色体遗传学说(细胞遗传学)的建立,才使得细胞学的研究和遗传、进化的研究融合在了一起,这归功于新达尔文主义的贡献。同时,对于动物发育机制的研究,又促成了细胞学和胚胎学的结合,形成了细胞胚胎学和组织胚胎学等发育生物学学科。遗传和发育在细胞学基础上的研究进展也促进了进化生物学的蓬勃发展。

微生物研究在整个18世纪进展缓慢。19世纪30年代,法国生理学家拉图尔(C. C. de Latour)和德国动物学、生理学家施旺分别于1836年和1837年报道了乙醇发酵与酵母有关。1861年,法国微生物学家巴斯德(L. Pasteur,1822—1895)证明发酵过程与微生物活动有关,并对发酵所必需的化学物质和发酵产物的化学成分作了较详细的分析。1860年,英国外科医生利斯特(Joseph Lister,1827—1912)受巴斯德工作的启发,应用药物杀菌,并创立了无菌的外科手术操作方法,有效地降低了手术的感染死亡率。

1876年,德国微生物学家科赫(R. Koch,1843—1910)通过对炭疽杆菌的研究,证明特定的微生物会引起特定的疾病,同时建立了细菌的培养技术;1882年,科赫发现结核杆菌,并证明其传染性;1896年,他发明诊断结核病的结核菌素,获得1905年诺贝尔生理学或医学奖。

1878—1885年,巴斯德发现经连续培养可减低鸡霍乱病菌毒性,使鸡得病而不死亡,研制出鸡霍乱病疫苗,依此原理又分别成功获得炭疽病疫苗、猪丹毒疫苗、狂犬病疫苗等,从而创立了经典免疫学。

19世纪后期,在巴斯德、科赫等工作的基础上,在巴斯德研究所工作的俄国人梅契尼科夫(Metchnikoff,1845—1916)系统阐述了细胞吞噬现象及某些传染病的免疫现象,提出了细胞吞噬理论。科赫则主张体液论,认为免疫来源于血液和体液中诱导出来的某些因子,为以后免疫学说的发展提出了重要的依据。

1897年,德国细菌学家勒夫莱尔(F. Loeffler,1852—1915)等证明,口蹄疫病是由过滤性病毒引起的,还发现病毒只能在活细胞内繁殖,从而揭开了非细胞微生物——病毒奥秘的开端。1892年,俄国微生物学家伊凡诺夫斯基(Д. И. Ивановский,1864—1920),发现了第一个植物病毒——烟草花叶病毒。

在这一阶段中,微生物操作技术和研究方法的创立是微生物学发展的重要标志。进入20世纪,微生物学研究在分子、细胞和群体水平上全面展开,研究成果广泛应用于工业发酵、医学卫生和生物工程等领域。

3. 现代生物学阶段

20世纪50年代以后,生物学同化学、物理学和数学相互交叉渗透,取得了一系列划时代的科学成就,使它跻身于精确科学,成为当代成果最多和最吸引人的基础学科之一。关于生命的研究,已经不只是生物学家的任务,也是物理学家、化学家以及数学家感兴趣的领域。现在的生物学常被称为“生命科学”,这不仅是因为它深入到了生命的本质问题,更多是因为它是多学科合作研究的共同产物。在微观方面,生物学已经从细胞水平进入到分子水平去探索生命的本质;在宏观方面,生态学的发展已经成为综合探讨全球环境问题大科学的主要组成部分。

1944年,美国细菌学家艾弗里(O. T. Avery,1877—1955)用肺炎双球菌的转化实验,第一次证明了遗传的物质基础是脱氧核糖核酸(DNA)。1945年,美国的比得尔(G. W. Beadle,1903—1989)、塔特姆(E. L. Tatum,1909—1975)、莱德伯格(J. Joshua Lederberg,1925—)提出“一个基因一个酶”的假说,来解释基因在代谢中的作用，由此开创了生化遗传学。1953年，美国的沃森（J. Watson，1928—）和英国的克里克（F. Crick，1916—2004）在*Nature*杂志上发表了《核酸的分子结构》论文，揭示了遗传物质DNA是由四种核苷酸排列的双链螺旋结构，开创了分子生物学的研究领域，使生物学的发展从此进入了一个崭新的、迅猛发展的阶段。1957年，克里克提出了著名的遗传信息流——“中心法则”，揭示了生物的遗传、发育和进化的内在联系。1961年，法国巴黎巴斯德研究所的莫诺（J. Monod，1910—1976）和雅各布（F. Jacob，1920—）提出了乳糖操纵子模型，探讨基因的调控原理。1966年，美国生物化学家尼伦伯格（M. W. Nirenberg，1927—2010）等运用大肠杆菌无细胞体系实验，破译了遗传密码的编码机制。通过比较研究证明遗传密码对所有生物，从细菌到人都是通用的，从而论证了生命的物质统一性和所有生物在分子进化上的共同起源。1973年被称为基因工程元年，由美国柯恩（S. Cohen，1954—）领导的小组开创了体外重组DNA并成功转化大肠杆菌的先河。1975年，柯勒（Kohler，1941—）和米尔斯坦（Milstein，1927—2002）成功地开创了淋巴细胞杂交瘤技术，在生物医学领域树起了一座新的里程碑。以基因工程为核心的生物技术显现出了强大的生命力，成为当今世界最令人瞩目的高新技术之一，这项技术使分子生物学家能够在体外按照主观愿望切割和拼接DNA分子，借助细菌制造大量所需的DNA片段，极大地促进了DNA本身结构和功能的研究。这项技术也标志着分子生物学家从认识和利用生物的时代进入到了改造和创建物种的新时期。1997年，Dolly羊的克隆再一次震撼了人类社会。1990年启动了“人类基因组计划”，2000年6月六国科学家宣告人类基因组工作框架已经测序完成，2003年人类基因组序列草图完成。2006年5月18日，美国和英国科学家在*Nature*杂志网络版上发表了人类最后一个染色体——1号染色体的基因测序，解读人体基因密码的“生命之书”宣告完成。1号染色体是人类染色体中最大的一条，它包含了3 141个基因，共有2.23亿个碱基对，1号染色体的成功破译将为研究和治疗癌症、帕金森症和阿尔茨海默症（老年痴呆症）等350余种疾病提供依据。美国北卡罗来纳州杜克大学的西蒙·格雷戈里博士说：“公布最后一个人类染色体的基因测序，不仅标志着人类基因组计划的任务已经完成，也标志着建立在人类基因组测序基础之上的生物和医学研究的浪潮将日益高涨”。基因序列的测定完成，将促进生物学的不同领域，如神经生物学、细胞生物学、发育生物学等的发展。人们从中更可以发掘出诊断和治疗5 000多种遗传疾病以及恶性肿瘤、心血管疾病和其他严重疾患的方法，阻止一些疾病的遗传，为人类战胜疾病、提高生命质量提供更多的参考。

4. 现代生物科学的特点和发展趋势

20世纪后期，生命科学的各领域取得了巨大的进展，特别是分子生物学的突破性成就，使生命科学在自然科学中的位置发生了革命性的变化，在新世纪和未来的自然科学中，生命科学将作为领头学科，它的迅猛发展呈现了一些新的学科特点和发展趋势，它的发展也必将对自然科学的发展起到巨大的推动作用。

（1）由分析为主走向分析与综合的统一　生命科学仍将以分子生物学为骨干学科，继续进行微观世界的探索，不断吸纳新的实验技术，在生命的不同层次和水平上，对生命现象和本质进行更为深入的分析和拓展研究。但是我们看到，组成生命的各个部分是相互关联的，生命不是简单的排列组合，各个部分间的互作和联系，对于了解生命更为重要。生命体无论在宏观和微观层次上都具有复杂的系统性，只有用系统和综合的观点去分析研究生命系统，才能理解生命的线性和非线性特征，把握生命的运动轨迹，这种综合当然是建立在分析基础之上的，分析是为了更好的综合。

（2）多学科间的交叉与融合　现代生物科学的发展是生物科学与数学、物理学、化学等多学科之间相互交叉、渗透和相互促进的结果。其他相关科学推动了生物科学对生命现象和本质研究的不断深入和扩大，生物科学的发展也为其他相关科学提出了许多新的研究课题和方向，开辟了许多新的研究领域。生物科学与其他科学高度的双向渗透和综合，已经成为当代生物科学的一个显著特点和发展趋势。

（3）对生命现象和本质的研究更为深入　随着生命科学的进展和许多先进技术和手段的采用，人类必将对生命现象和本质的研究更为深入，揭开生命和人类的起源这个生命科学领域长期悬而未决的问题。破解人类基因的功能，为能够治疗或预防控制多种重大疾病奠定基础。掌握真核生物基因及基因表达调控机制。推动神经生物学的研究和进步，特别是脑科学的发展，阐明神经再生、记忆、思维、行为等的分子生物学本质。

(4) 以生态学为代表的宏观生命科学将在人类可持续发展进程中发挥关键作用　近年来，生态学的研究特别引人关注，全球人类生存条件日趋恶化，促使生态学与数学、地球科学、大气科学、资源学等学科的联合日益密切，以研究地球各个圈层的相互作用及其引起的全球变化。随着分子生物学的发展，生物学家开始在微观水平上把握生物与环境的关系，如宏基因组学(genomics)、分子生态学(molecular ecology)。这种宏观与微观两方面的发展和结合是当代生态学发展的一个重要特征。生态学正在成为指导未来全球经济持续发展的准则和科学依据。对生态学研究的高度重视，也是当代生物科学的一个显著特点和发展趋势。

(5) 基础研究与应用研究的统一　生命科学的基本原理与工程技术紧密结合，是现代生命科学发展的另一重要趋势。两者结合的深远意义在于用生命科学的原理来创造新技术和改造传统技术，其直接结果是研究成果迅速形成现实的生产力，并对人类的经济与社会生活产生广泛而深远的影响。生物科学许多重要进展都蕴含着巨大的商业价值和广阔的应用前景，但是，生命科学的原理要转化为现实的生产力，无一例外地需要有适宜的生产设备和生产工艺，这就需要工程技术学科的配合。生物工程、生物技术正是适应这种需要发展起来的新兴学科。目前，生物技术已经成为全球发展最快的高新技术之一。自1973年重组DNA技术创建至今，不过40余年的时间，生物技术的应用已经遍及农业、食品、医药、卫生、化工、环保、能源、海洋开发等各个领域，显示了它在解决人类所面临的重大问题方面的巨大作用与潜力。一个全球性的现代生物技术产业正在蓬勃发展，并被公认为是21世纪的朝阳产业。

三、生物学涵盖学科及其分支

生物学最早是按类群划分学科，如植物学、动物学、微生物学等，这样划分有利于从各个侧面认识某一个自然类群的生物特点和规律性。随着人们对生物学的认识和研究的深入，学科范围的划分也就越来越细，原初的一门学科往往分化、派生出若干新的分支学科或学科间交叉产生边缘学科。

（一）植物学的学科分支

早期的植物学偏重于形态和分类，主要是一门描述性科学。随着科学技术的发展，近代植物学的研究逐渐由观察描述阶段进入实验阶段，研究水平则由个体水平向细胞水平、分子水平和群体水平的方向发展。根据所研究的内容，可分为植物分类学、植物形态学、植物解剖学、植物胚胎学、植物生理学、植物地理学、植物遗传学、植物细胞学和植物化学等分支学科。根据研究对象的不同，又分为藻类学、苔藓植物学、蕨类植物学、孢子植物学和种子植物学等。第13届国际植物学会议(1981年)突破了上述划分植物学分支学科的观念，从植物的功能结构出发，体现学科之间的相互渗透和综合，提出将植物学的分支学科划分为12类，包括分子植物学、代谢植物学、发育植物学、环境植物学、群落植物学、遗传植物学、系统与进化植物学(另有苔藓学)、菌类学、海水植物学、淡水植物学、历史植物学和应用植物学等。

（二）动物学的学科分支

以研究对象划分，动物学可分为无脊椎动物学，包括原生动物学、寄生虫学、软体动物学、昆虫学、甲壳动物学、蜱螨学等；脊椎动物学，包括鱼类学、鸟类学、哺乳动物学(兽类学)等。按研究重点和服务的范畴，又可划分为理论动物学、应用动物学、资源动物学和仿生学等。传统的分支有动物形态学、动物生理学、动物分类学、动物生态学和动物地理学等。

（三）微生物学的学科分支

在微生物学的发展过程中，按照研究内容和目的的不同，相继建立了许多分支学科，研究微生物基本性状及相关基础理论的有微生物形态学、微生物分类学、微生物生理学、微生物遗传学和微生物生态学;研究微生物各个类群的有细菌学、真菌学、藻类学、原生动物学和病毒学等;研究应用微生物的有医学微生物学、工业微生物学、农业微生物学、食品微生物学、乳品微生物学、石油微生物学、土壤微生物学、水生微生物学、饲料微生物学和环境微生物学等。

(四)学科间的交叉

用物理学、化学以及数学的手段研究生命的分支学科或交叉学科有生物化学、生物物理学、生物数学、生物信息学、结构生物学、仿生学、优生学、悉生生物学、生物力学、生物力能学、生物声学等,交叉学科是20世纪以来发展迅速、成就突出的学科。

以上所述只是生物学分科的主要格局,实际的学科分支远比上述的要多得多,而且各分支学科间互相渗透,也不可能如上述的那样界限明确。例如,物理学、化学和数学的手段和方法不仅用于生物物理、生物化学、生物数学等交叉学科,而且也广泛地用于其他许多分支学科,如分子生物学、细胞生物学、发育生物学、生理学等。一些学科的研究因为已经深入到了分子层次而产生了本学科的分子水平上的科学,如分子细胞生物学等。总之,生物学中一些新的学科在不断地从老的学科中分化出来,另一些学科又在走向不断地融合,合久必分、分久必合的规律在学科发展过程中演绎,这同时也反映了生物学极其丰富的内容和生气勃勃的发展景象。

四、生物学的研究方法

生物学是一门实验性科学,生物学的研究方法就是利用我们已知的技术和方法去观察现象、发现问题、提出问题、设计实验、实施实验和分析数据,最后得出结论。

观察是在已有的知识基础之上对客观资源的知识挖掘;没有知识基础的观察,只能是“雾里看花”,不可能发现和提出问题,这就是“外行看热闹,内行看门道”。另外科学观察要具有创新精神,既要尊重科学,又不能拘泥于和满足已有的理论,科学上的重大进步都是因为不满足以往的理论和发现而在原有基础上的再发现和再创新。

提出问题就是对事物真实性的一种假定说明,即假说,是关于事物因果性的一种假定性的解释,是依据一定的科学原理和事实,对解决科学研究问题提出猜测性、尝试性方案的说明。简言之,假说是指科学合理的猜测或设想。

科学实验是根据研究目的,利用科学仪器等手段,人为地控制、模拟或变革研究对象,以获取科学事实的一种研究方法。通过实验验证肯定或否定我们所做出的假定,告诉人们一个关于事物真实的故事。人们拘于认识和技术水平,所揭示的事物真相可能是正确或部分是正确的,但是无论如何我们向着事物迈进了一步,这就是科学或说是科学的进步。

五、学习生物学的目的和方法

(一)学习生物学的目的

生物学作为一门基础科学与我们生活息息相关,经过多少代人的探索和努力,人类对于自身的认识仍然有很多未知,对于我们生存的这个空间存在有更多的未知,要想从自然界中获得更多的自由,掌控生命活动,我们就必须获取和掌握关于生命活动的基本理论、基本规律、基本事实,了解生物发育和进化的历史和规律,奠定生物科学的基础,为以后从事生物科学研究和应用生物学相关知识于生产、生活和社会实践做好理论和实践的准备,这就是我们要重视生物学学习的目的。

(二)学习生物学的方法

1. 把握知识线索,掌握学习方法,重在理解记忆

任何知识都具有其系统性,知识线索是贯穿在系统中的主线,生物界的进化是按照结构和功能的简

单到复杂,应变到适应的规律,生物学知识也是遵循由简单到复杂,由低级到高级,由微观到宏观这个线索安排和递进,把握这条知识线索就容易理解和记忆。生命的层次是多种多样的,但是生命的组成和本质特性是一致的,比较和归类是传统、有效的学习方法。比较是把有关的知识加以对比,以确定它们之间异同。归类是按照一定的系统标准,把知识进行分门别类。系统化比较有利于记住各个知识部分的特点,有益于记忆,系统化归类则有利于形成一个完整的知识体系。

2. 重视科学研究过程和方法的学习

生物学的内容不仅包括大量的科学知识,还包括科学研究的过程和方法。因此,我们不仅要重视生物学知识的学习,还要重视学习生物学的研究方法和过程,通过学习我们得到的不仅仅是知识,更重要的是生物学研究方法和思维。

3. 重视观察和实验

生物学是一门实验科学,没有观察和实验,生物学也就不可能取得如此辉煌的成就。同样,不重视观察和实验,也不可能真正学好生物学。我们不仅要重视课程实验,更应注意对于现实生活中生命现象的观察与思考,培养自己观察和认知事物的能力。

4. 重视理论联系实际,做到学以致用

生物学是一门基础性科学,同时也是一门应用性科学,生物学知识和现象就存在于我们身边和生活中,在学习时,应该注意理论和实际的联系,理解和掌握所学知识是获取解决问题方法的一种手段,运用生物学知识去研究、解释生命现象,并解决实际问题是我们的目的。

本章小结

生命是由核酸和蛋白质(特别是酶)的相互作用而产生的可以不断繁殖的物质反馈循环系统。生命具有统一的化学构成、严整有序性、稳态、新陈代谢、生长和发育、繁殖、遗传和变异、应激性、互作与适应性及进化的特征。

生物学是研究不同层次生命的种类、起源进化、结构功能、生长发育、繁殖遗传、行为等,以及与周围环境关系的科学。生物学的发展经历了萌芽期、古代生物学时期和近现代生物学时期。生物科学是当代自然科学中的领头学科,分子生物学是生物科学中发展最为迅速的学科。生物科学的分析、综合和学科间的渗透、交叉、融合是生物科学发展的显著特点和趋势,多学科的参与及协同研究,不但推动了近代生物科学的迅速发展,也为现代生物科学注入了无限的生机和活力,呈现了蓬勃发展的繁荣景象。我们要用联系、系统和发展的观点去学习普通生物学,在学习生物科学知识的同时,注重学习科学家科学研究的思维方式、方法,学习他们追求真理、勇于探索、持之以恒、坚持不懈的科学精神,勤于思考,理论联系实际,为后续生物科学的学习,从事生物科学事业奠定坚实的基础。

复习思考题

一、名词解释

生命;稳态;应激性;代谢;繁殖

二、问答题

1. 生命的概念和特征是什么?
2. 生物科学发展经过哪些时期,各个时期的特点是什么?
3. 现代生物科学的发展特点和趋势是什么?
4. 生物科学的研究方法有哪些?
5. 如何学好普通生物学?

主要参考文献

北京大学生命科学学院．生命科学导论．北京：高等教育出版社，2000.

陈阅增．普通生物学——生命科学通论．北京：高等教育出版社，1997.

黄诗笺．现代生命科学概论．北京：高等教育出版社，2001.

李佩珊．世纪末对生物学发展的回顾．自然辩证法研究，1997，13（8）：1–12.

李庆生．现代生命科学的发展趋势与特点简析．云南中医学院学报，2003，26（3）：1–5.

王亚辉．近代生物学的发展历史及特点．自然辩证法通讯，1981，（6）：50–55.

吴相钰，陈守良，葛明德．陈阅增普通生物学（第 4 版）．北京：高等教育出版社，2014.

徐松林．论假说．景德镇高专学报，2001，16（2）：4–7.

汪子春，田洺，易华．世界生物学史．长春：吉林教育出版社，2009.

翟中和．面向 21 世纪的生命科学．生物学通报，1994，29（8）：1–4.

张录强，甄惠丽．现代生命科学的发展趋势．生物学教学，2002，27（9）：5–7.

Campbell N A, Reece J B. Essential biology. New Jersey: Pearson educaton, 2001.

Dusheck T. Asking about life (third education). International student edition, 2005.

Johnson G B. Essentials of the living world. Higher education, 2006.

网上更多资源

教学课件　　视频讲解　　思考题参考答案　　自测题

第一章

细　胞

美国著名细胞生物学家 E. B. Wilson 早在 1925 年就提出:"一切生命的关键问题都要到细胞中去寻找答案,因为所有生物体都是或曾经是一个细胞"。生物的生殖、发育、遗传、神经活动等重大生命现象的研究都要以细胞为基础。生物的生长发育也是依靠细胞增殖、分化和凋亡来实现的。此外,一切疾病的发病机制也是以细胞病变为基础。

本章主要讲述细胞的发现和细胞学说的创立,细胞的生命物质,细胞的形态、结构和功能,细胞的增殖与分化。重点了解生物膜系统及其衍生的细胞器的结构与功能,原核细胞与真核细胞、古菌的区别,植物细胞与动物细胞的异同点。另外还讨论了细胞的物质运输、细胞间的通讯、细胞的衰老与死亡及癌细胞。

第一节　细胞的发现和细胞学说的创立

地球上形形色色的生物彼此间在形态、结构、生命活动等方面有着明显的差异,但各种各样的生物(不包括病毒)都是由细胞(cell)组成的。细胞是生物体结构和功能的基本单位,生物的生长、发育、繁殖、遗传与进化等都与细胞相关,生命的一切代谢活动都是在细胞内完整有序地进行着。因此我们应从细胞的整体水平、亚细胞水平和分子水平三个层次上来研究生命现象的基本规律,以阐释生命世界最本质的内容。

一、细胞的发现

绝大多数细胞是肉眼无法观察到的,细胞的发现得益于光学显微镜的研制和发展。

第一台显微镜是荷兰眼镜商人詹森(Janssen)在 1590 年发明的,因制作简陋,只能观察小昆虫。詹森虽然是发明显微镜的第一人,却并没有发现显微镜的真正价值。1665 年,英国物理学家和数学家胡克(Robert Hooke,1635—1703)用自己设计制造的显微镜,在观察栎树软木塞切片时发现了植物细胞(已死亡),他将看到的许多蜂窝状的小室,称为"cella"。这是人类第一次发现细胞(图 1–1)。之后,生物学家就用"细胞"一词来描述生物体的基本结构。胡克的发现对细胞学说的建立和发展具有开创性的意义。

1674 年,荷兰商人列文虎克(Anton van Leeuwenhoek,1632—1723)亲自磨制透镜,制造了高倍(300 倍左右)显微镜,他观察到了血细胞、池塘水滴中的原生生物、人类和哺乳动物的精子等,这是人类第一次观察到完整的活细胞,为此他被吸收为英国皇家学会会员。列文虎克是世界上第一个微生物世界的发现者,他的发明和观察研究为生物学的发展奠定了重要的基础。

胡克和列文虎克的工作使人类的认识进入到微观世界。

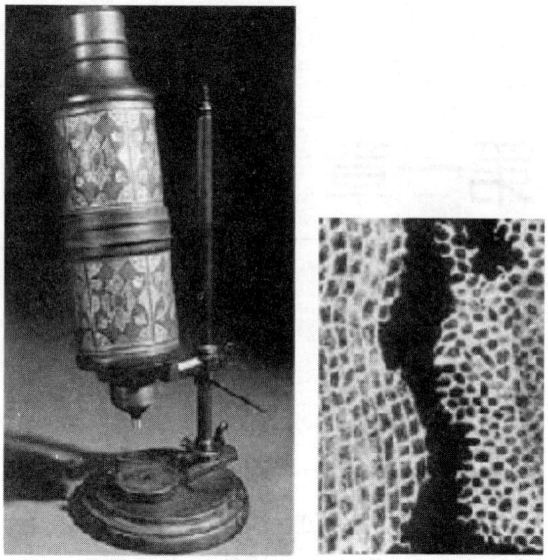
A　B

图 1-1　胡克所用的显微镜(A)及观察的栎树细胞的细胞壁(B)(Postlethwait *et al.*,1991)

二、细胞学说的创立

最早认识活细胞各结构作用的是 R. Brown,他在研究兰科和萝摩科植物细胞时,发现了细胞核,于 1833 年指出细胞核是植物细胞的重要调节部分。这之前法国科学家 J. B. Lamarck(1744—1829)在 1809 年就指出:“不是细胞状的组织或不是由细胞状组织构成的任何物体都不可能有生命”。

1838 年,德国植物学家施莱登(M. J. Schleiden,1804—1881)根据他的研究结果得出一个结论:尽管植物的不同组织在结构上有着很大的差异,但均是由细胞构成的,植物的胚是由单个细胞产生的。他发表了著名论文“论植物的发生”,指出细胞是构成植物的基本单位,细胞不仅本身是独立的生命,并且是植物体生命的一部分,并维系着整个植物体的生命。

1839 年,德国动物学家施旺(T. A. H. Schwann,1810—1882)受施莱登的启发,结合自身对动物细胞的研究成果,把细胞学说扩大到动物界。发表了关于动物生命细胞基础的综合报告,指出动物细胞具有和植物细胞类似的结构,并提出了细胞学说的两条重要基本原理:第一,所有生物体均由细胞组成,是细胞的产物;第二,细胞是生物体结构和功能的基本单位。

1858 年,德国医生和病理学家魏尔肖(R. C. Virchow,1821—1902)提出了“所有的细胞都来源于先前存在的细胞”的著名论断,即所有的细胞都是来自于已有细胞的分裂。他还指出生命有机体的一切病理表现都是基于细胞的损伤。魏尔肖的观点进一步阐明了细胞是一个相对独立的生命活动的基本单位,是对细胞学说的一个重要补充。

1880 年德国进化生物学家魏斯曼(A. Weissmann,1834—1914)更进一步指出:所有现在的细胞可以追溯到远古时代的一个共同祖先,即细胞是连续的、历史的,是进化而来的。至此,一个完整的细胞学说建立起来了。

完整的细胞学说的基本要点:①细胞是一个有机体,一切动植物都由细胞发育而来,并由细胞和细胞产物所构成;②细胞是一个相对独立的单位,既有它自己的生命,又对与其他细胞共同组成的整体的生命起作用;③新细胞可以从老细胞中繁殖产生。

细胞学说的提出论证了生物界的统一性和生命的共同起源,该学说的创立大大推进了人类对生命自然界的认识,有力地促进了生命科学的发展。恩格斯对细胞学说给予极高的评价:“有了这个发现,有机的、有生命的自然产物的研究——比较解剖学、生理学和胚胎学才获得了巩固的基础”,并将其与达尔文的生物进化论和能量转化与守恒定律并列称为 19 世纪自然科学的三大发现。

第二节　细胞的生命物质

细胞是一切生命有机体结构和功能的基本单位,由于生物进化上的差异,各种细胞形态、结构虽有不同,但它们的化学组成却基本相似。

一、细胞的元素组成

目前已确定自然界中存在 109 种元素，而构成生物体的元素接近 60 种。其中的碳、氢、氧、氮、硫、磷、氯、钙、钾、钠、镁 11 种元素含量较多，称为常量元素；铁、铜、锰、锌、钴、钼、硒、铬、镍、钒、锡、硅、碘和氟 14 种元素含量很少，称为微量元素。

组成细胞的各种元素一般是以化合物的形式存在的（表 1–1）。

表 1–1　组成细胞的元素及其相对含量

含量最高的必需元素		其他必需元素				偶然存在的元素	
元素	含量 /%	元素	含量 /%	元素	含量 /%	元素	含量 /%
碳（C）	18.0	磷（P）	1.100 0	锰（Mn）	痕量	钒（V）	痕量
氢（H）	10.0	硫（S）	0.250 0	钴（Co）	痕量	钼（Mo）	痕量
氮（N）	3.0	钙（Ca）	2.000 0	铜（Cu）	痕量	锂（Li）	痕量
氧（O）	65.0	钾（K）	0.350 0	锌（Zn）	痕量	氟（F）	痕量
		钠（Na）	0.150 0	硒（Se）	痕量	溴（Br）	痕量
		氯（Cl）	0.150 0	镍（Ni）	痕量	硅（Si）	痕量
		镁（Mg）	0.050 0			砷（As）	痕量
		铁（Fe）	0.004 0			钡（Ba）	痕量
		碘（I）	0.000 4				

二、细胞的分子组成

不同种类的生物细胞具有基本相同的分子组成，即都含有水、无机盐、糖类、脂质、蛋白质、核酸和各类微量有机物。这些物质在不同类细胞中的相对含量相差很大（表 1–2）。

表 1–2　细胞的分子组成

物质	含量 /%	物质	含量 /%
水	85	脂质	2
无机盐	1.5	蛋白质	10
糖类及其他有机物	0.4	核酸	1.1

（一）细胞中的水

生命来源于水，细胞中水的含量很高，通常占细胞总量的 70%～90%。不同的生物细胞含水量不同，干燥的种子水含量一般较低，仅有 10%～14%；而海蜇的含水量可高达 98%。同一生物不同器官的细胞含水量也相差很大，如成年人骨骼含水量约为 23%，肌肉中为 76%，脑为 86%。

细胞中所有的生化反应都是在水中进行的，所以水是生命活动的介质。水在细胞中既是反应剂也是溶剂，在大分子合成过程中水是产物，而在分解反应中水是反应剂。

水是极性分子，靠氢键的作用使极性分子和离子得以溶解，所以水是各种极性有机分子和离子的最好溶剂。细胞中的水一般以游离水和结合水两种形式存在。大部分的游离水作为细胞中无机离子和其他物质的溶剂而参与代谢物质的运输;少量水则直接与蛋白质等物质的分子结合,为细胞结构的一部分,称为结合水。游离水和结合水随着代谢活动的进行可以互相转变。水的比热大,能在温度升高时吸收较多热量,使细胞的温度和代谢速率保持稳定。水的蒸发热也较高,有利于生物体保持体温。可见,水在细胞正常的代谢活动中具有重要意义。

(二) 无机盐

无机盐既是细胞的重要组成成分,也是维持细胞生存环境的重要物质。细胞中无机盐的含量很少,约占细胞总重的 1%。盐在细胞中解离为离子,无机离子的功能有:①维持细胞内的渗透压,以保持细胞的正常生理活动;②同蛋白质或脂质结合组成具有特定功能的结合蛋白,参与细胞的生命活动;③作为酶促反应的辅因子。

主要的阴离子有 Cl^-、PO_4^{3-} 和 HCO_3^-,其中磷酸根离子在细胞代谢活动中最为重要:①在各类细胞的能量代谢中起着关键作用;②是核苷酸、磷脂、磷蛋白和磷酸化糖的组成成分;③调节酸碱平衡,对血液和组织液 pH 起缓冲作用。主要的阳离子有 Na^+、K^+、Ca^{2+}、Mg^{2+}、Fe^{2+}、Fe^{3+}、Mn^{2+}、Cu^{2+}、Co^{2+}、Mo^{2+},阳离子在细胞中的作用见表 1-3。

表 1-3 阳离子在细胞中的作用

离子种类	在细胞中的作用	离子种类	在细胞中的作用
Fe^{2+} 或 Fe^{3+}	血红蛋白、细胞色素、过氧化物酶和铁蛋白的组成成分	Cu^{2+}	酪氨酸酶、抗坏血酸氧化酶
Na^+	维持膜电位	Co^{2+}	肽酶
K^+	参与蛋白质合成和某些酶促合成	Mo^{2+}	硝酸还原酶、黄嘌呤氧化酶
Mg^{2+}	叶绿素、磷酸酶、Na^+-K^+ 泵	Ca^{2+}	钙调素、肌动球蛋白、ATP 酶
Mn^{2+}	肽酶		

(三) 有机物

1. 糖类

糖类(carbohydrate)广泛分布于细胞中,所有生物的细胞都含有核糖。动物血液含有葡萄糖,植物的细胞壁、木质部、棉花等由纤维素(一种多糖)组成,粮食(谷类)含有丰富的淀粉(另一种多糖)。

糖类包括小分子的单糖(monosaccharide)、寡糖(oligosaccharide)和由单糖构成的大分子多糖(polysaccharide)。重要的单糖包括葡萄糖(glucose)、果糖(fructose)、半乳糖(galactose)、核糖(ribose)、脱氧核糖(deoxyribose)等;重要的寡糖包括蔗糖(sucrose)、麦芽糖(maltose)、乳糖(lactose)等;重要的多糖有淀粉(starch)、糖原(glycogen)、纤维素(cellulose)等。

(1) 单糖　是不能水解的最简单糖类,是构成糖类的单体。单糖分子含有 C、H、O 三种元素,通常三者的比例为 1 : 2 : 1,一般化学通式为 $(CH_2O)_n$。

最简单的单糖是三碳糖,又称丙糖(triose),如甘油醛(glyceraldehyde)和二羟丙酮(dihydroxyacetone)(图 1-2)。重要的五碳糖有核糖、脱氧核糖和核酮糖。核糖和脱氧核糖是核酸的主要成分,核酮糖是重要的中间代谢物。六碳糖中最常见的是葡萄糖和果糖,葡萄糖是细胞内能量的主要来源,少量游离糖存在于血浆和果实中,大量的糖则以结合形式存在于淀粉、糖原和纤维素分子中。

(2) 二糖　在生物细胞中,两分子单糖经过脱水缩合作用形成以糖苷键连接的二糖(disaccharide,又称双糖)。重要的二糖包括人们经常食用的蔗糖、麦芽糖和乳糖。

两分子葡萄糖经缩水形成麦芽糖,麦芽糖存在于发芽的种子中,是制造啤酒的原料。像麦芽糖一样,

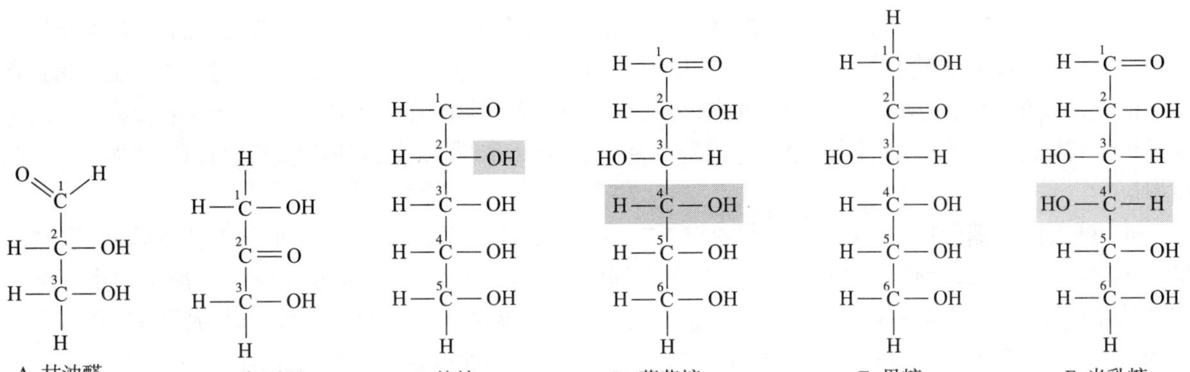

图 1–2　三碳糖、五碳糖、六碳糖（Solomon *et al*，2002）

一分子葡萄糖和一分子果糖经过脱水缩合作用形成蔗糖。从甘蔗中人们可以提取大量蔗糖，蔗糖是食品和饮料业最常用的原料。乳糖由一分子葡萄糖和一分子半乳糖缩合而成，主要存在于人和动物的乳汁中。

（3）多糖　多糖（polysaccharide）是由几百个或几千个单糖脱水缩合而成的多聚体，最重要的多糖是淀粉、糖原和纤维素（图 1–3）。淀粉分子没有分支的称为直链淀粉（amylose），带有分支的称为支链淀粉（amylopectin）。豆类种子中的淀粉全部是直链淀粉，黏性差；糯米淀粉则全部是支链淀粉，极具黏性；马铃薯淀粉中 22% 是直链淀粉，78% 是支链淀粉。淀粉水解产物依次是：淀粉→糊精→麦芽糖→ α– 葡萄糖。

动物细胞中储存的多糖是糖原。大多数糖原以颗粒状储存于动物的肝和肌肉细胞中，需要时，糖原可以被水解释放出葡萄糖。人的消化系统能够水解肉类食物中的糖原。

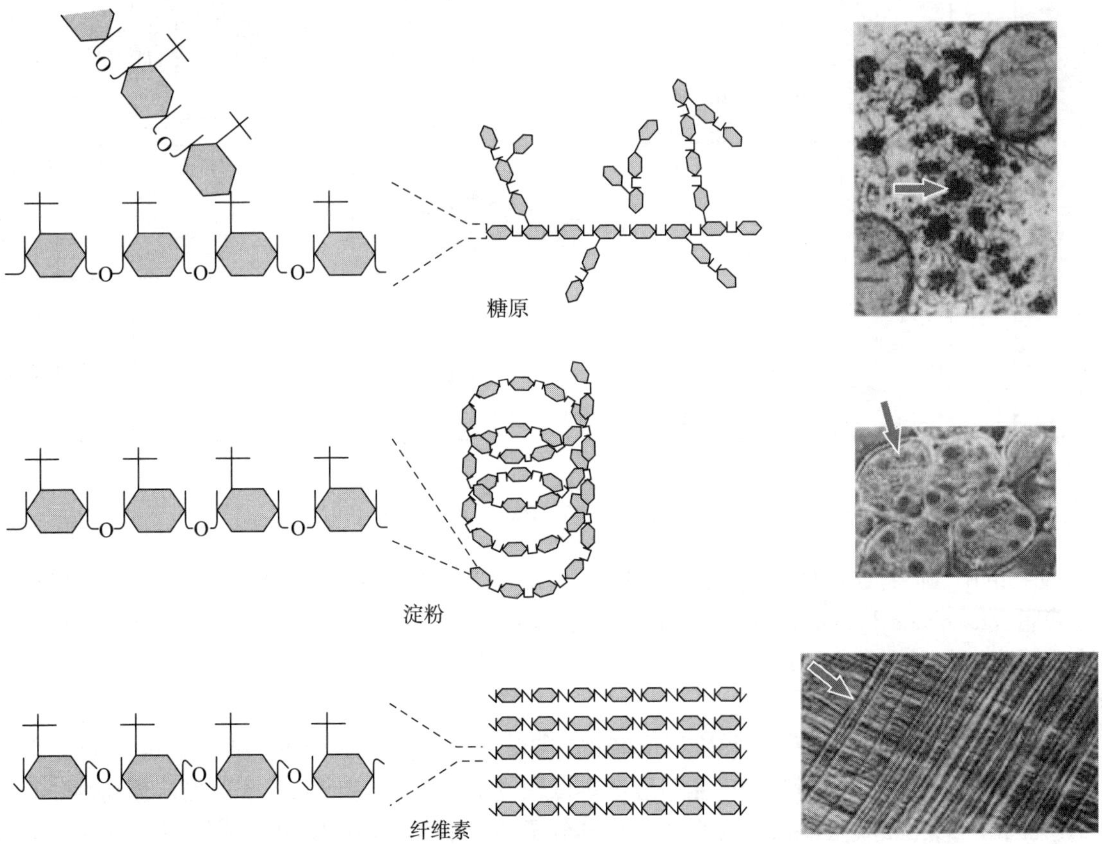

图 1–3　淀粉、糖原和纤维素等多糖的结构（Karp，1998）

由于与淀粉和糖原中葡萄糖单体之间连接方式不同，绝大多数动物消化道缺乏水解 β-1,4 糖苷键的酶，因此纤维素无法被水解利用。植物中的纤维素虽然不能作为人体的营养，但可刺激肠道蠕动，有助于消化系统的消化作用。有些反刍动物如牛、羊和骆驼等，其消化系统中存在能分泌纤维素酶的微生物纤毛虫，因而可以将纤维素水解为 β- 葡萄糖从中获得营养，所以反刍动物较其他食草动物的饲料利用率高。

(4) 糖蛋白 糖蛋白(glycoprotein)是糖与蛋白质的结合物，一般由寡糖和多肽链共价修饰连接形成，是一类具有重要生理活性的物质，它广泛存在于细胞膜、细胞质基质、血浆及黏液中。糖蛋白中的糖链在维持蛋白质稳定、抵抗蛋白酶水解、防止抗体识别及参与肽链在内质网的折叠启动等方面发挥着重要作用，具有开关和调节功能、激素功能、胞内转运功能、保护和促进物质吸收、参与血液凝固与细胞识别等，对于细胞增殖的调控、受精、细胞分化以及免疫等生命现象起着十分重要的作用。

2. 脂质

脂质(lipid)广泛存在于自然界，根据其化学性质可分为中性脂肪和类脂两大类。

(1) 中性脂肪 也称甘油酯，是脂质中最丰富的一族，是植物和动物细胞储存脂质的主要形式。由甘油(glycerol)和脂肪酸(fatty acid)结合成的脂质，在动物中称为脂肪(fat)，在植物中则称为油(oil)。一分子甘油上的 3 个羟基与 3 个脂肪酸上的羧基分别脱水缩合形成三酰甘油(triacylglycerol，图 1-4)，3 个脂肪酸一般各不相同，烃链含有双键的脂肪酸称为不饱和脂肪酸，其熔点较低，在室温条件下保持液态，不容易凝固。大豆油、菜籽油和其他植物油大多含不饱和脂肪酸。大多数动物脂肪为饱和脂肪酸，动物脂肪的相邻饱和脂肪酸相互平行排列，分子之间结合比较紧密，因此熔点较高。

(2) 磷脂 磷脂(phospholipid)又称磷酸甘油酯(phosphoglyceride)。磷脂几乎全部存在于细胞的膜系

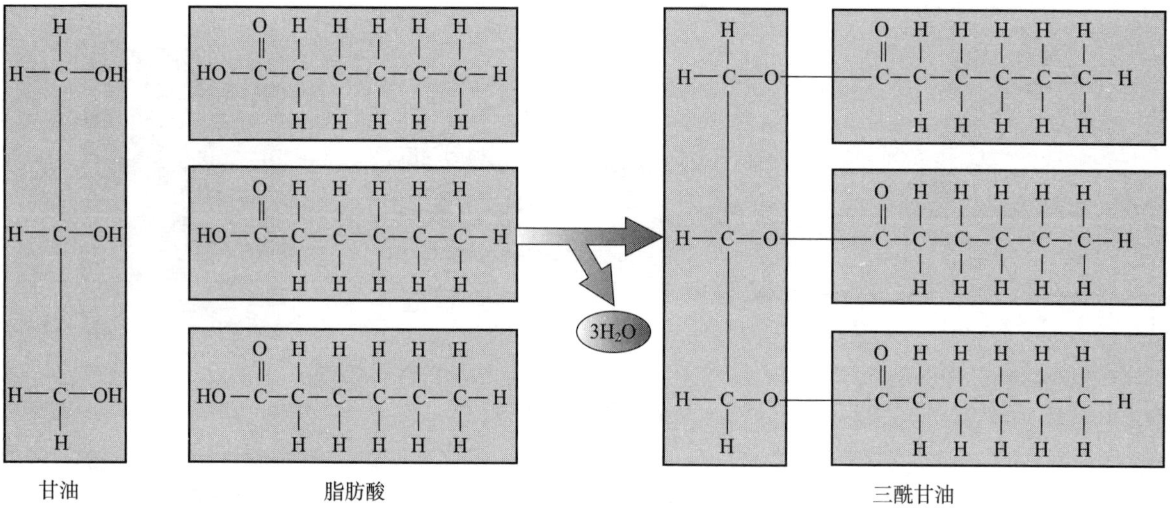

图 1-4 三酰甘油的合成(Raven & Johnson，1992)

统中，在动物的脑、肺、肾、心、骨髓、卵及大豆细胞中含量较高。磷脂主要包括卵磷脂(phosphatidylcholine，PC)、脑磷脂(phosphatidyl ethanolamine，PE)和丝氨酸磷脂(phosphatidylserine，PS)。卵磷脂和脑磷脂是构成生物膜磷脂双分子层的主要成分。在体内这三种磷脂可以互相转变：卵磷脂 ⟷ 脑磷脂 ⟷ 丝氨酸磷脂。

由于两个脂肪酸链往往有一个是不饱和的，在双键处折弯，因此两个脂肪酸链并非完全平行(图 1-5)。不饱和脂肪酸链折弯使膜中脂肪酸链难以聚成堆，有利于磷脂双分子层保持流动性。

(3) 类固醇 类固醇(steroid)又称甾醇类。其分子的基本骨架是环戊烷多氢菲，由 4 个相互连接的碳环组成，3 个六元环，一个五元环(图 1-6)。虽然人们发现血液中胆固醇含量过高易引发动脉血管粥

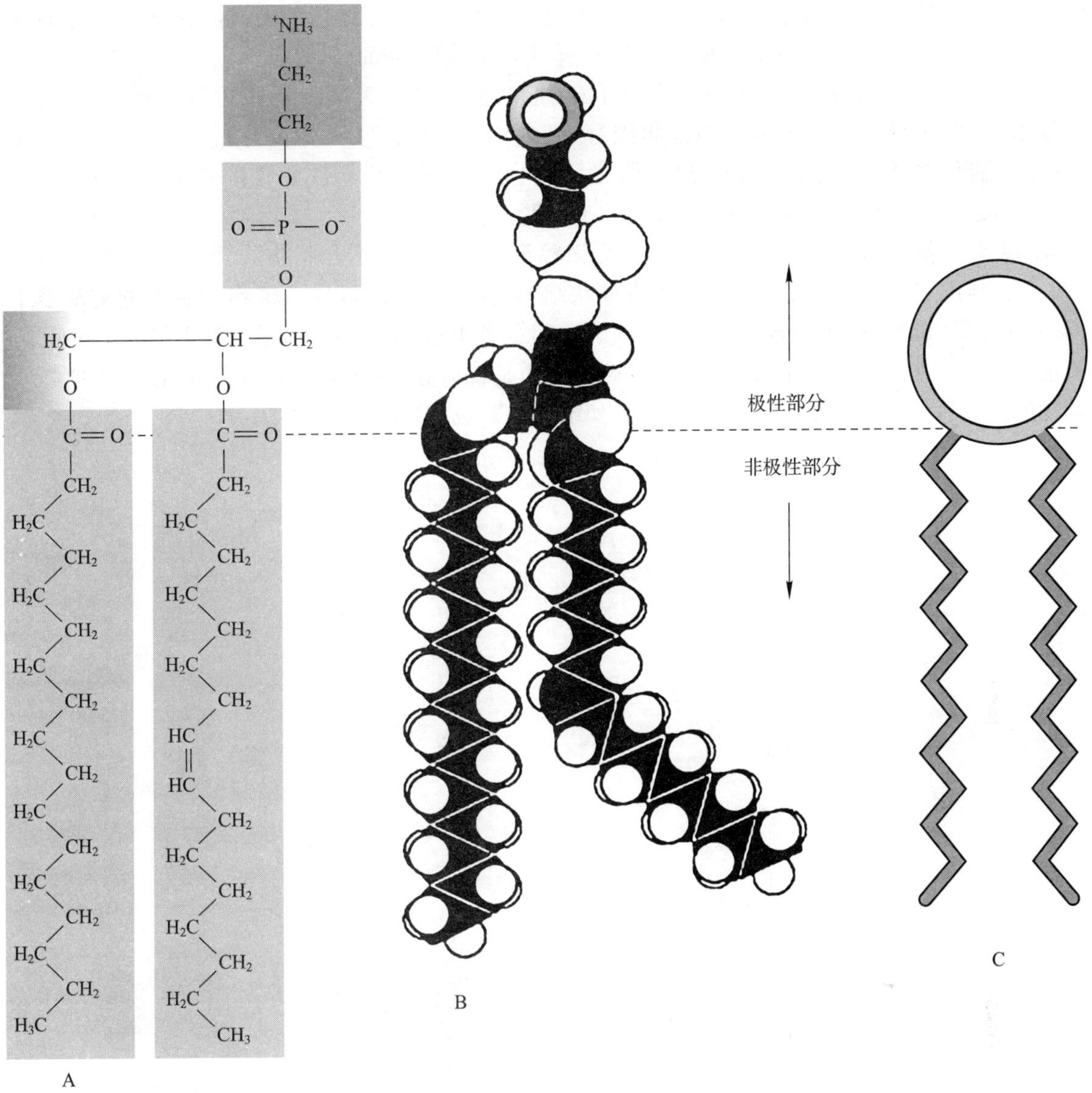

图 1-5　磷脂的结构（Wolfe，1993）

A. 典型的磷脂——磷脂酰乙醇胺的分子结构；B. 磷脂酰乙醇胺的立体结构；C. 存在于膜的脂双层中脂的表示形式，主要显示极性的头和非极性的尾

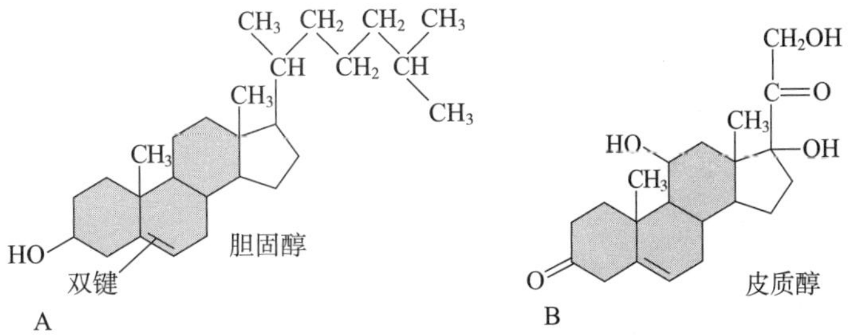

图 1-6　类固醇（Solomon *et al.*，2002）

A. 胆固醇；B. 皮质醇

样硬化，但是胆固醇在动物体内仍有十分重要的生理功能：不仅是细胞膜的组成成分，还是合成许多生物化学物质的原料，如胆固醇是合成固醇类激素、维生素 D、胆汁酸的前体。

一个 70 kg 体重的成年人，体内约含有 140 g 胆固醇。人每天从食物中可摄入 0.3 ~ 0.8 g 外源性胆固醇，同时人体每天可合成内源性胆固醇 1 g 左右。胆固醇在人体内分布很不均匀，其总量的 1/4 存在于脑和神经组织中，每 100 g 组织约 2 g 胆固醇。肝组织中胆固醇含量较高，每 100 g 肝组织 300 ~ 500 mg。胆固醇因其在胆石中含量高达 90% 而得名。

(4) 萜类　萜类(terpene)从结构上看与类固醇很相似。萜类不含脂肪酸，而是由不同数目非极性、疏水的异戊二烯聚合而成，形成链状或环状结构，其生理功能各异。植物细胞中的类胡萝卜素(carotenoid)属于萜类，由 8 个异戊二烯分子构成。β- 胡萝卜素(β-carotene)是一种重要的类胡萝卜素，其裂解为二就产生 2 分子维生素 A。另一种萜类物质是视黄醛(retinal)，是维生素 A 的氧化物，视黄醛对动物的感光活动非常重要。此外，维生素 E 和维生素 K 也都是萜类(图 1–7)。

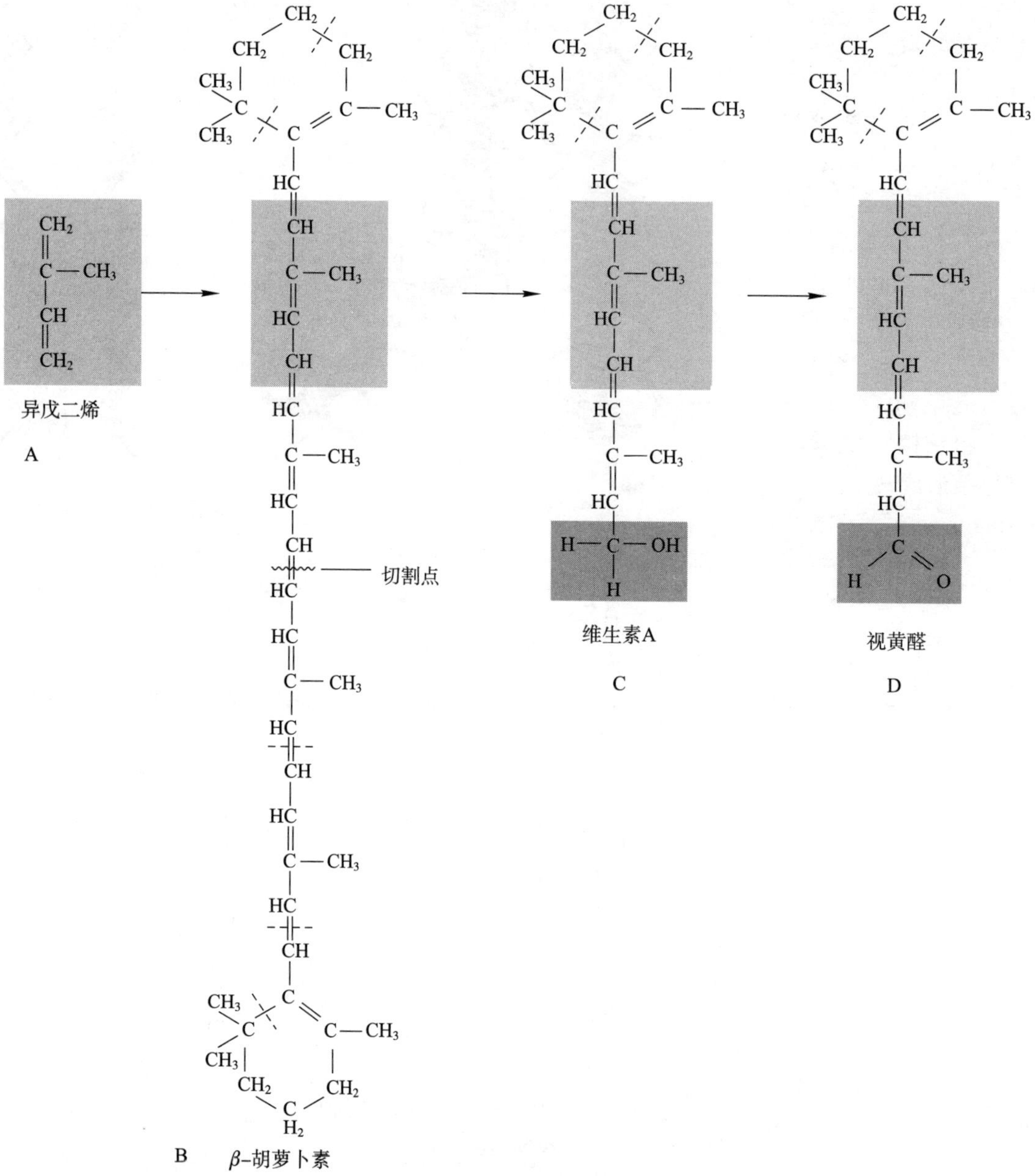

图 1–7　β- 胡萝卜素、维生素 A 和视黄醛(Solomon *et al.*, 2002)

(5) 蜡　蜡(wax)因为不溶于极性溶剂而被划分为脂质,是由饱和或不饱和高级脂肪酸和高级醇构成的酯。如由软脂酸(16 碳酸)和 30 烷醇生成的酯是蜂蜡中的主要成分,蜂蜡是一种医药保健产品。蜡比甘油三酯更为疏水,因而成为高等植物叶片与果实的天然覆盖层,它提供有效的屏障,防止水分的蒸发。许多动物的皮肤、皮毛、羽毛,尤其是昆虫体表都覆盖有蜡,帮助其抵御干旱环境的胁迫。蜡具有一定的经济价值,如家具上光、汽车漆和地板漆。

3. 蛋白质

蛋白质是决定生物体结构和功能的重要成分。氨基酸(amino acid)是蛋白质的结构单体,天然氨基酸有 20 种,蛋白质是由多个氨基酸单体组成的生物大分子多聚体。人体中有成千上万种蛋白质,每一种蛋白质都具有特定的三维空间结构和生物学功能。

(1) 蛋白质的组成及其基本结构单位——氨基酸　所有蛋白质的元素组成都很相似,即都含有 C、H、O、N 4 种元素,一般还含有 S,因此标记蛋白质时常用放射性 ^{35}S。某些蛋白质还含有其他元素,特别是 P、Fe、Zn、Cu 等。已知有 8 种氨基酸是人体不能合成却是机体正常生长不可缺少的,称为必需氨基酸。这 8 种氨基酸是亮氨酸(Leu)、异亮氨酸(Ile)、赖氨酸(Lys)、蛋氨酸或甲硫氨酸(Met)、苯丙氨酸(Phe)、缬氨酸(Val)、苏氨酸(Thr)、色氨酸(Trp),它们必须从食物中摄取。

细胞内氨基酸单体可通过脱水缩合形成多聚体,一个氨基酸的氨基(与碳原子相连的氨基)与另一个氨基酸的羧基(与碳原子相连的羧基)脱水缩合,形成新的共价键即肽键(peptide bond),并生成二肽化合物。不同数目的氨基酸以肽键顺序相连形成多肽(polypeptide)。

(2) 蛋白质的结构　蛋白质的结构包括 4 个连续不同的结构水平,每一级决定了其更高一级的结构特点。

① 一级结构　又称初级结构(primary structure),是指组成蛋白质的氨基酸数目、种类和顺序等。

② 二级结构　二级结构是指由于多肽链中氢键的作用,使部分多肽链发生卷曲和折叠。主要包括 α 螺旋(α-helix)和 β 折叠(pleated sheet),此外,还有 β 转角、β 发夹、Ω 环等。

超二级结构　由二级结构单元形成,也称模体(motif)。在其相邻的 α 螺旋或 β 链中氨基酸残基侧链紧密组装形成特定构象。目前已知的模体数约 2 000 种,由简单模体再组成复杂模体。

结构域(domain)　是在超二级结构基础上形成的紧密球状结构,为多肽链的独立折叠单位。在较大的球蛋白分子内部,结构域之间以松散肽段相连(图 1-8)。

③ 三级结构　三级结构(tertiary structure)是指多肽链在二级结构的基础上再盘绕或折叠形成的三维空间形态,一般情况下呈球形或纤维形。蛋白质的三级结构通常受肽链中侧基的影响,例如某些水溶液中的球形蛋白是由于其疏水的侧基向内、亲水的侧基向外分布而形成的,除此之外,一些极性侧基

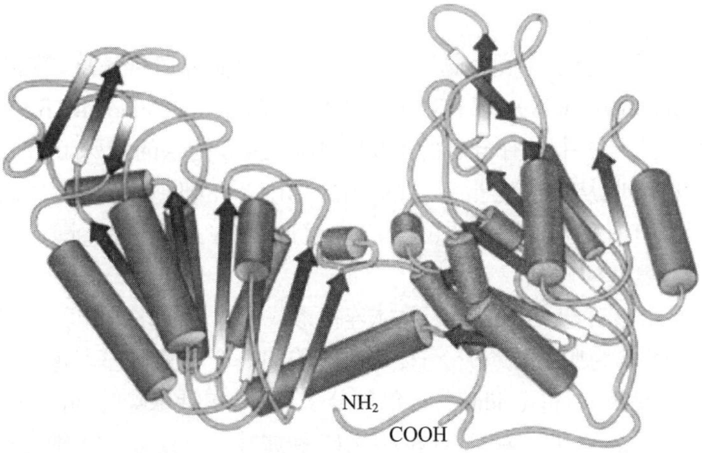

图 1-8　蛋白质的结构域(Karp,1996)

图 e1-1　蛋白质的四级结构

的氢键和离子键也有助于三级结构的维持。

④ 四级结构　许多蛋白质含有两个或更多的肽链，每一个肽链都是蛋白质的一个亚单位（又称亚基），这种由亚基（subunit）之间借次级键（分子各基团之间的离子键、疏水键、氢键、范德华力等，都叫次级键）互相聚合形成的聚集体，即蛋白质的四级结构（quaternary structure）。有些蛋白质的亚基是相同的，有些则不同（图 e1-1）。

超分子　蛋白质分子之间专一而有序地缔合，或蛋白质识别并结合特定的核酸、类脂、多糖等，进一步组装成超分子甚至细胞器，在更高层次表现功能。

蛋白质的功能是以蛋白质的构象为基础的，而构象本身又是由一级结构决定的，因此蛋白质的功能实际上最终取决于氨基酸的种类和排列顺序。

(3) 蛋白质的分类　按理化性质蛋白质可分为简单蛋白质和结合蛋白质。

① 简单蛋白质　完全由氨基酸缩合而成，如清蛋白、球蛋白、谷蛋白、醇溶蛋白、组蛋白、鱼精蛋白、硬蛋白等。

② 结合蛋白质　多肽链上有共价结合的辅基、配基或侧链，如核蛋白、脂蛋白、糖蛋白、磷蛋白、血红素蛋白、黄素蛋白和金属蛋白等。

(4) 蛋白质的功能　生物体中，蛋白质是细胞的结构和功能分子（表 1-4）。生物膜除了脂就是蛋白质，约占膜的 40%。真核生物的染色体中 DNA 需要与组蛋白形成核小体，细胞骨架完全是由蛋白质组成的蛋白质纤维结构。参与蛋白质合成的核糖体的主要结构成分是几十种蛋白质。所以说蛋白质是生命的组成者也是功能体现者。

表 1-4　细胞内蛋白质的某些功能

功能	举例	功能	举例
结构材料	胶原、角蛋白	激素	胰岛素、生长激素
运动	肌动蛋白、肌球蛋白、	物质运输	Na^+-K^+ 泵
	酪蛋白、铁蛋白	信号转导	乙酰胆碱受体
基因调控	lac 操纵子	渗透压调节	人血白蛋白
免疫作用	抗体	毒素	白喉和霍乱毒素
电子转移	细胞色素	酶（催化作用）	氧化还原酶、连接酶等

4. 核酸

核酸（nucleic acid）是最重要的一类生物大分子，核酸主要储存遗传信息，控制蛋白质的合成。核酸包括脱氧核糖核酸（deoxyribonucleic acid，DNA）和核糖核酸（ribonucleic acid，RNA）两类。DNA 主要存在于染色质中，线粒体和叶绿体中也有自身的 DNA。储存遗传信息的特殊 DNA 片断称为基因（gene），它编码蛋白质的氨基酸序列，从而决定蛋白质的功能。RNA 在细胞核合成，然后进入细胞质中，在蛋白质合成中起重要作用。DNA 控制蛋白质的合成是通过 RNA 来实现的，即遗传信息由 DNA 转录到 RNA，RNA 决定蛋白质的氨基酸序列。

(1) 核苷酸　核酸是由核苷酸（nucleotide）单体连接形成的大分子多聚体。每一核苷酸由三部分组成：一个戊糖（RNA 为核糖，DNA 为脱氧核糖）分子、一个磷酸和一个含氮碱基。碱基分为两类：一类是嘌呤（purine），为双环分子；一类是嘧啶（pyrimidine），为单环分子。嘌呤包括腺嘌呤（adenine，A）和鸟嘌呤（guanine，G）2 种；嘧啶有胸腺嘧啶（thymine，T）、胞嘧啶（cytosine，C）和尿嘧啶（uracil，U）3 种（图 1-9）。DNA 的碱基是 A、T、G、C，RNA 的碱基是 A、U、G、C。从戊糖开始的第 1、2、3 号磷酸残基依次称为 α、β、γ（图 1-10）。

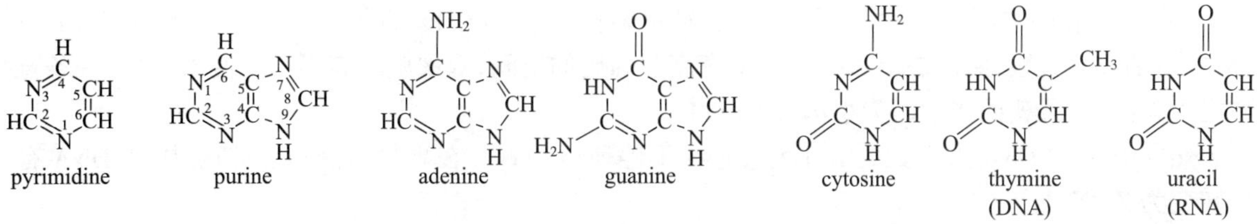

A. 嘧啶与嘌呤　　B. 腺嘌呤（A）与鸟嘌呤(G)　　C. 胞嘧啶(C)、胸腺嘧啶(T)与尿嘧啶(U)

图 1-9　组成核酸的碱基

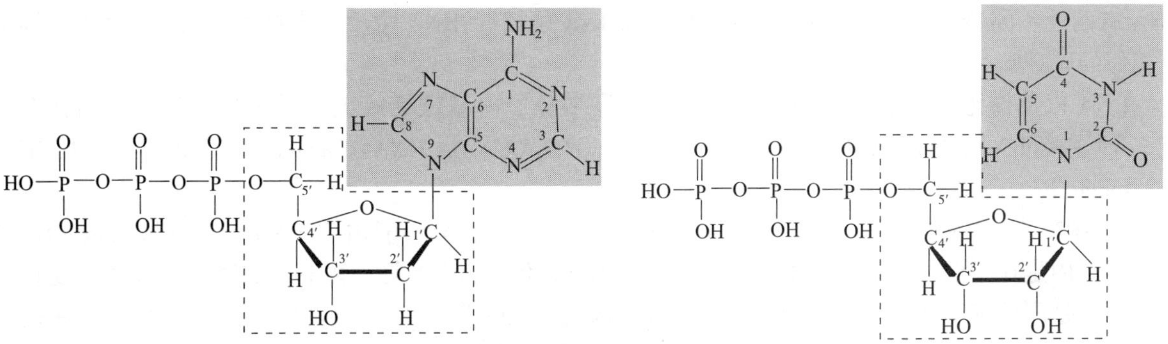

图 1-10　组成 DNA 和 RNA 的前体

* 阴影部分为 4 种不同碱基，形成 4 种脱氧核糖核苷酸或核糖核苷酸，虚线框为脱氧核糖或核糖，另有 3 个磷酸基团，依次为 α、β、γ

⑵ DNA 分子链　前一个核苷酸的 3′- 羟基与下一个核苷酸的 5′- 磷酸基团缩合形成 3′,5′- 磷酸二酯键，并由此延伸形成多聚的分子链。在书写 DNA 时，常常将 5′- 磷酸基团的一端作为分子的前端，3′ C 端作为分子的末端，而且仅仅写出其碱基的序列(图 e1-2)。

图e1-2　DNA单链与RNA链的形成

⑶ DNA 的结构　DNA 是遗传的物质基础，除少数几种噬菌体 DNA 是单链环状外，大多数 DNA 是双链分子。即使是噬菌体的单链 DNA，一旦它感染细菌后也立即转变为双链分子。双链 DNA 又分为环状和线状两种形式，细菌染色体 DNA、线粒体和叶绿体 DNA、质粒 DNA 及哺乳动物病毒 DNA 都呈闭合双链环状结构。

① DNA 的碱基组成规律　Chargaff 等在 19 世纪 50 年代发现了碱基组成当量定律。所有 DNA 中腺嘌呤与胸腺嘧啶的摩尔数相等，即 A=T；鸟嘌呤与胞嘧啶的摩尔数相等，即 G=C；嘌呤的总含量与嘧啶的总含量相等，即 A+G=C+T。此外，DNA 的碱基组成具有种的特异性，即不同物种的 DNA 具有自己独特的碱基组成。

② DNA 的一级结构　是指构成 DNA 分子的 4 种核苷酸在分子中的排列顺序。由于各种 DNA 分子特有的碱基排列顺序决定了它携带的遗传信息及行使的生物学功能，因此了解 DNA 的一级结构是分子生物学领域极其重要的内容。

③ DNA 的二级结构　是指两条脱氧核苷酸链反向平行盘绕所形成的双螺旋结构。DNA 二级结构包括两类：一类是右手螺旋，如 A,B,C,D,E-DNA；另一类是局部左手螺旋，即 Z-DNA。前一类 5 种成员最主要的差别是形成螺旋时每一螺旋层碱基对数目不同：A-11，B-10，C-9.5，D-7.5，E-8。以 B-DNA 为例，其二级结构的要点有以下四点。第一，DNA 分子是由两条反向平行的脱氧核糖核苷酸链向右盘绕成双螺旋；第二，在 DNA 分子中脱氧核糖与磷酸连接，排列在外侧构成基本骨架，碱基排列在双螺旋的内侧，以氢键互相配对：A ═ T，C ═ G；第三，双螺旋的平均直径为 2 nm，两个相邻的碱基对之间相距

0.34 nm，两个核苷酸之间的夹角为 36°，沿中心轴每旋转一周 10 个核苷酸的高度——螺距为 3.4 nm；第四，沿螺旋轴方向观察，两条主链和碱基并不充满双螺旋的空间，双螺旋的表面出现两条凹槽，一条宽而深称之为大沟，一条狭而浅称之为小沟（图 1-11）。

天然状态下的 DNA 大多数为 B-DNA，它在不停地运动着。在高盐溶液（4 mol/L）中，B-DNA 有一部分转变为 Z-DNA。

④ DNA 的三级结构 是指 DNA 双螺旋进一步扭曲盘绕所形成的特定空间结构，包括线状双螺旋中可能有的扭结和超螺旋、多重螺旋及环状 DNA 中诸如扭结、超螺旋和连环之类等高级结构形式。

(4) RNA 的结构 生物体内的 RNA 一般都是以 DNA 为模板合成的。与 DNA 相比，在化学结构上 RNA 有两处不同：糖结构不同，DNA 是脱氧核糖，RNA 是核糖；RNA 中没有胸腺嘧啶（T），代之以结构十分相似的尿嘧啶（U）。

RNA 以单链形式存在，但能自身回折，形成许多分子内双螺旋区域。原核细胞和真核细胞都含有三种主要 RNA，即核糖体 RNA（ribosomal RNA，rRNA）、转运 RNA（transfer RNA，tRNA）、信使 RNA（messenger RNA，mRNA）。

① tRNA 占细胞内 RNA 总量的 15%，相对分子质量较小，一般由 70 ~ 90 个核苷酸组成。tRNA 的主要作用是在蛋白质生物合成中把氨基酸转运到核糖体 -mRNA 复合物上并翻译 mRNA 中的遗传密码。无论是原核细胞还是真核细胞，tRNA 二级结构均为三叶草型，它由氨基酸结合臂、D 环、反密码子环、可变环和 TΨC 环等五部分组成。tRNA 的三级结构均为倒 L 型折叠式构图（图 e1-3）。tRNA 二级、

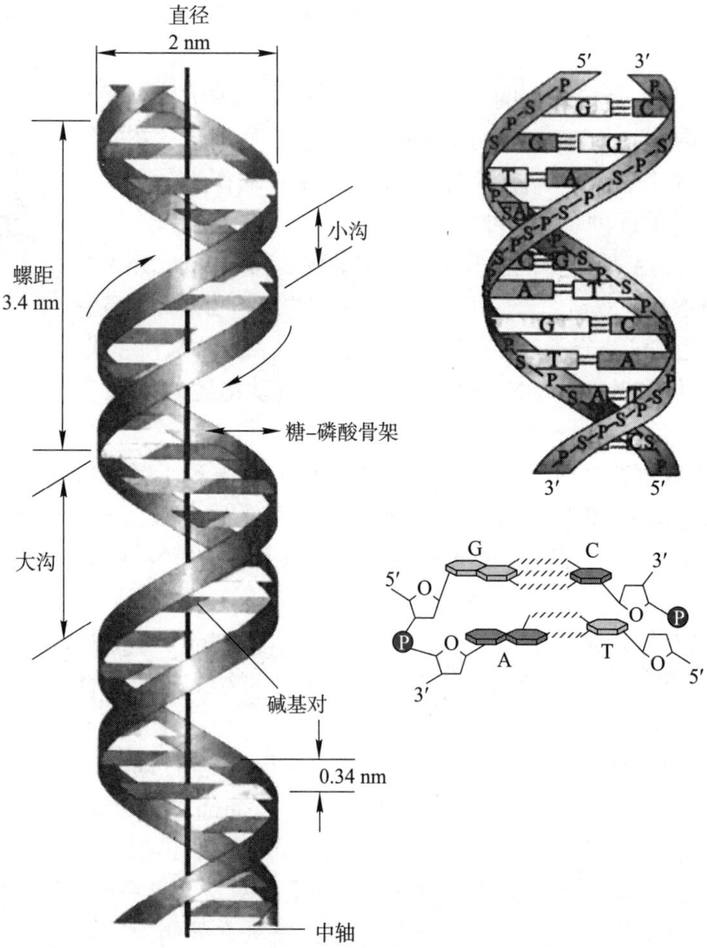

图 1-11 DNA 双螺旋（S. S. Mader，1998）

三级结构决定了它的专一性。

② rRNA　占细胞内 RNA 总量的 80% 以上，是核糖体组成和行使功能的主要成分。原核生物有 3 类 rRNA：5S rRNA、16S rRNA、23S rRNA。真核生物有 4 类 rRNA：5S rRNA、5.8S rRNA、18S rRNA、28S rRNA。rRNA 是在特定位点与蛋白质结合，装配成核糖体不同大小的亚基。

图 e1-3　tRNA 三叶草型结构

③ mRNA　占细胞内 RNA 总量的 3%～5%。mRNA 是以 DNA 为模板合成的，它又是蛋白质合成的模板。mRNA 在长度和相对分子质量上有很大差异，典型的原核生物 mRNA 通常将功能上相关的多肽产物一起编码，但一般只编码一个多肽产物。真核生物的 mRNA 具有 5′ 端帽结构，3′ 端多聚腺苷酸序列和居间序列（内含子）（表 1–5）。

表 1–5　原核细胞和真核细胞 mRNA 比较

mRNA	原核细胞	真核细胞
加工修饰	合成和表达	需戴“帽”和加“尾”
时空	同一时空	合成、加工在细胞核中，表达在细胞质中
顺反子	多顺反子	单顺反子
半衰期	3 min	平均 3 h，长的可达 4 d

④ 非编码 RNA　广义上的非编码 RNA 包括 tRNA 和 rRNA，研究得比较透彻。狭义的非编码 RNA 不包括 rRNA 和 tRNA，在此主要介绍狭义的、表达量相对比较高的 snRNA、snoRNA 和作为研究热点的 micRNA、lncRNA 和 circRNA。

a. snRNA　是 small nuclear RNA 的简称，也称作小核 RNA。snRNA 是真核生物转录后加工过程中 RNA 剪接体（spliceosome）的主要成分，与蛋白质因子结合形成小核核糖核蛋白颗粒（small nuclear ribonucleo protein particle，简称 snRNPs），参与 mRNA 前体的加工过程，行使剪接 mRNA 的功能。

b. snoRNA　是最早在核仁发现的小 RNA，称作小核仁 RNA，是近年生物学研究的热点，由内含子编码。已证明有多种功能，反义 snoRNA 指导 rRNA 核糖甲基化。

c. microRNA（miRNA）　是一类内生的、长度为 20～24 个核苷酸的小 RNA，在细胞内具有多种重要的调节作用，参与转录后基因表达调控。每个 miRNA 可以有多个靶基因，而几个 miRNA 也可以调节同一个基因，即通过几个 miRNA 的组合来精细调控某个基因的表达。据推测，miRNA 调节着人类 1/3 的基因。

d. lncRNA　lncRNA（long non-coding RNA）是长度在 200～100 000 核苷酸，不编码蛋白质、参与细胞内多种过程调控的 RNA。其种类、数量、功能尚不明确。研究表明，lncRNA 在剂量补偿效应（dosage compensation effect）、表观遗传调控、细胞周期调控和细胞分化调控等众多生命活动中发挥重要作用，成为遗传学研究热点。

e. circRNA　环形 RNA（circular RNA）是近些年随高通量测序技术的发展被发现。它是一类不具有 5′ 端帽和 3′ 端 poly（A）尾，并以共价键形成环形结构的非编码 RNA 分子。因分子呈封闭环状结构，不易被核酸外切酶 RNaseR 降解，比线性 RNA 更稳定。研究证实 circRNA 大量存在于真核细胞的细胞质中，具有一定的组织、时序和疾病特性；广泛存在于人体细胞中，有时甚至超过它们线性异构体的 10 倍；具有高度保守性，部分具有快速的进化性改变；大多数来源于外显子，少部分由内含子直接环化形成。

非编码 RNA（即没有被翻译成蛋白质的 RNA）在调控基因表达中扮演着至关重要的角色。对非编码 RNA 研究不断地深入也使我们对基础生命物质有了新的认识。近年来，国内外在非编码 RNA 方面的研究取得了多项令人瞩目的成就。目前科学家已经掌握了数千个与人类疾病相关的 RNA 分子，这些发现极大地推进了人类开发出新技术、新手段来迅速识别与疾病相关的基因，并掌握其功能和作用，从而提高诊断和治疗的水平。无论在植物的抗逆性方面，或者动物细胞的新陈代谢等方面都涉及非编码RNA的作用，它已经成为生物学研究领域的一颗耀眼“明星”。

三、细胞结构体系的形成

组成细胞的化学物质是呈高度有序地分级组装成复杂的细胞结构。构成细胞的小分子有机物（如碱基、氨基酸、葡萄糖、脂肪酸）构成了细胞的基本结构单位；这些基本结构单位组装成DNA、RNA、蛋白质和多糖等生物大分子；生物大分子进一步组装成如细胞膜、核糖体、染色体、微管和微丝等细胞的高级结构；这些高级结构再组装成具有空间结构和生理功能的细胞器，如细胞核、线粒体、叶绿体、内质网、高尔基体等，最后由细胞器组成细胞。

在生命活动中，随着细胞周期的进行及代谢状态的不同，细胞器甚至整个细胞不断进行组装与去组装。可见，细胞的组装活动是细胞生命活动的基础。

第三节　细胞的形态、结构和功能

一、细胞的形态和大小

（一）细胞的形态

细胞的形状多种多样，大小也各不相同，有圆形、椭圆形、立方形、扁平形、梭形、柱形和星形等。细胞的形状和大小与其所处的环境条件及行使的功能密切相关。如植物体中具有输导作用的导管细胞呈长筒状；支持器官的细胞呈长纺锤形；吸收水分和无机盐的根毛细胞，向外突起，以增加吸收面积；动物中的肌肉细胞呈纺锤形或长梭形；精子细胞具有细长的尾，便于其在液体中游动；担负氧气运输的红细胞呈圆饼状（图1–12）。

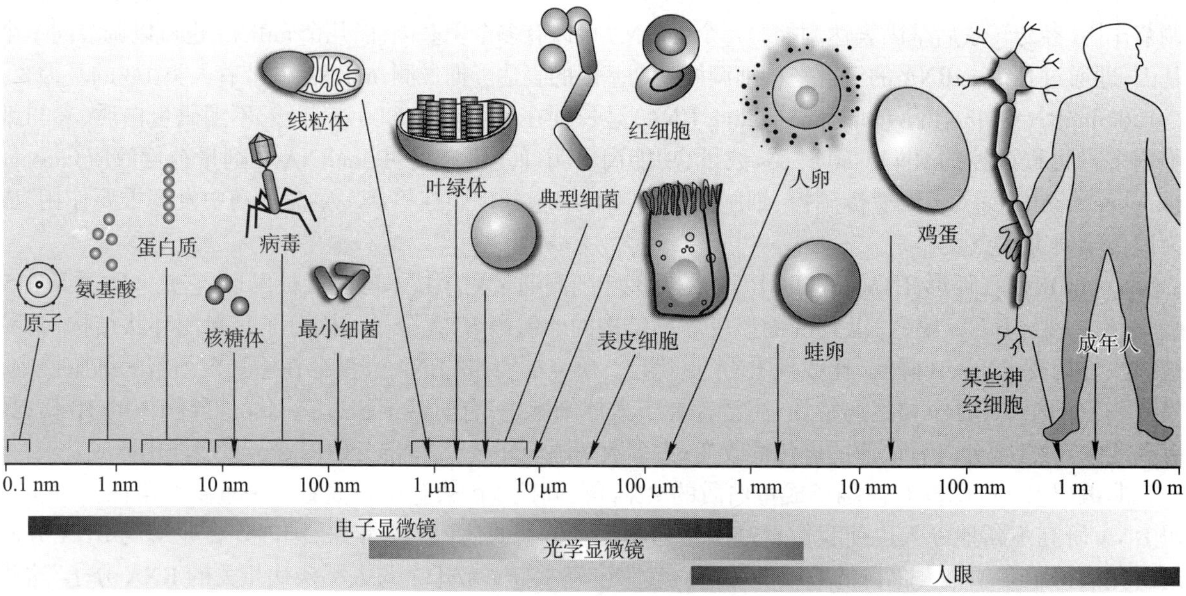

图1–12　细胞的形态与大小（Solomon *et al.*, 2002）

（二）细胞的大小

大多数细胞的直径在几到几十微米。属于细菌类的支原体是最小的细胞，直径仅有 100 nm，鸟类的卵细胞因积蓄大量卵黄体积较大。有些细胞直径不大，但可以伸得很长，如人的神经细胞直径虽只有 100 μm，它的长度却可以达到 1 m 以上，这与神经细胞的传导功能相一致。一些植物的纤维细胞可长达 10 cm。由此可见，细胞的大小与生物的进化程度和细胞功能相适应，但细胞的大小与生物体的大小并无直接的关系，如小鼠和大象的体积相差甚远，但其同类组织的细胞大小却相差无几。多细胞生物个体的成长主要是细胞数目的增多而非细胞体积的增大。一些单细胞生物只有一个细胞，如衣藻和草履虫。多细胞生物的细胞数目和生物体的大小成正比，个体越大，细胞数目越多。

（三）细胞大小的限制因素

对细胞而言，它的表面积以半径的平方增长，即细胞通过其表面输送物质的能力以其半径的平方增长，而细胞对于生长的需求则是以半径的立方增加的，因此，当细胞个体达到一定大小，其表面不能满足其继续增长的需求时，细胞也就不能无限生长扩大，这是限制细胞大小的一个因素。此外，随着细胞个体的增长，细胞边缘逐渐远离中央的细胞核，使得核调控细胞的整体功能逐渐减弱，同时如果细胞体积太大，细胞内物质的运输更为耗时，且细胞的各种反应能力也会变慢。由此可见，细胞核对细胞活动的必要控制成为限制细胞大小的另一个因素。

二、细胞的基本属性

（一）细胞是生命活动的基本单位

细胞是有机体形态、结构的基本单位。单细胞生物仅由一个细胞构成，多细胞生物则由数百甚至数亿细胞构成。细胞是代谢与功能的基本单位。生命有机体的一切活动最终是由各类细胞完成的。细胞是生长发育、繁殖遗传的基础。有机体的生长发育是依靠细胞的分裂增殖、迁移、分化与凋亡来实现的；单细胞生物的繁殖表现为细胞一分为二的分裂，多细胞生物则形成特殊的生殖细胞孢子或配子，上一代遗传信息存在于生殖细胞中，经两性生殖细胞的结合开始新一代生命的延续。细胞是生命起源的归宿，是生物进化的起点。生命是经过漫长的化学进化，由无机物衍生出有机物，有机物形成非生命生物大分子，此后由化学进化进入生物进化，形成维持生命的基本形态——细胞，最终形成了纷繁多样的生命世界。

（二）细胞的共性

尽管构成生命有机体的细胞种类繁多，形态结构功能各不相同，但作为生命活动基本单位的细胞又具有共同的特点。

（1）相似的化学组成　所有细胞都是由碳（C）、氢（H）、氧（O）、氮（N）、磷（P）和硫（S）等化学元素组成的蛋白质、核酸、糖类和脂质构成。

（2）共有脂 - 蛋白体系的生物膜　细胞的表面都有由磷脂双分子层与镶嵌蛋白构成的细胞质膜，使细胞与外界保持相对独立、形成稳定的细胞内环境。

（3）相同的遗传装置　所有细胞都以 DNA 储存遗传信息，以 RNA 转录合成蛋白质，且使用一套几乎相同的遗传密码。由此推断所有的细胞起源于共同的祖先。

（4）一分为二的分裂方式　所有细胞都以一分为二的方式进行分裂，细胞分裂是生命繁衍的基础与保障。

三、原核细胞、真核细胞与古核细胞

生物圈中数以千万的物种无论是动物、植物还是真菌，它们的细胞结构大致相同，都由细胞膜、细胞质和细胞核组成，细胞质中有内质网、高尔基体、线粒体等细胞器。但一些裸眼看不到的微生物，如细菌、放线菌、支原体等，其细胞结构有些不同，它们没有真正的细胞核和内质网、高尔基体等细胞器。根据细胞结构的这些差异，起初将细胞分为两大类：真核细胞（eukaryotic cell）和原核细胞（prokaryotic cell）。随着分子生物学的发展，对细胞遗传信息系统的深入研究，人们发现原核细胞中有一类群，其遗传信息表达系统与其他原核细胞差异很大，却与真核细胞更为接近，将这一类群原核细胞称为古菌或古核细胞。至此，按照细胞结构的复杂程度及进化顺序，将细胞分为 3 大类：原核细胞、古核细胞和真核细胞。

（一）原核细胞

原核细胞构成了原核生物（prokaryote），原核生物一般是单细胞的生物体，在五界分类系统中属于原核生物类。

1. 原核细胞的特征

原核细胞缺乏真正的细胞核，比真核细胞小，直径 0.2 ~ 10.0 μm；遗传物质 DNA 一般分布于一定的区域，称之为核区或拟核（nucleoid），即核物质没有特别的膜包被；原核细胞的遗传信息量较少，基因组仅为 10^6 ~ 10^7 bp，遗传物质为一个环状 DNA，内部结构简单，进化地位较低。除了没有细胞核外，也没有以细胞膜为基础的具特定结构与功能的细胞器。

有些原核细胞具有细胞壁，其细胞壁的主要化学成分是肽聚糖（peptidoglycan），区别于以纤维素为主要成分的植物细胞壁。原核细胞是地球上起源最早、细胞结构最简单的生命形式。

2. 原核细胞的类别

原核细胞包括支原体、衣原体、立克次氏体、细菌和放线菌及两个代表类群细菌和蓝藻等。

(1) 支原体　支原体（mycoplasma）是体积最小、最简单、唯一没有细胞壁的原核细胞，直径 0.1 ~ 0.3 μm，无鞭毛和活动能力，经分裂繁殖或出芽增殖。已经从动物、植物和环境中分离出很多支原体，多为致病的病原体，如肺炎和尿道炎等。

(2) 细菌　细菌（bacteria）是自然界分布最广、数量最多、与人类关系最为密切的有机体。大多数细菌直径大小在 0.5 ~ 5.0 μm，根据细菌细胞壁成分与结构的差异，分为革兰氏阳性菌（Gram-positive，G^+）和革兰氏阴性菌（Gram-negative，G^-）。

(3) 蓝藻　又称蓝细菌（cyanobacteria），最简单、最原始的单细胞生物，没有细胞核，核物质没有核膜和核仁，具有核的功能，即拟核。蓝藻细胞一般比细菌大，直径约为 10 μm，有的甚至可以达到 70 μm，如颤藻。所有的蓝藻都含有一种特殊的蓝色素，蓝藻就是因此得名，但有些蓝藻含有藻红素而呈红色。

（二）真核细胞

1. 真核细胞的特征

真核细胞具有真正的细胞核，有明显的核膜和核仁，其遗传物质 DNA 包被在双层膜的特殊结构中以染色质形式存在。真核细胞具有许多由膜包被或组成的细胞器，它们包括线粒体（mitochondrion）、叶绿体（chloroplast）、高尔基体（Golgi apparatus）和内质网（endoplasmic reticulum）等。在亚显微水平，真核细胞包含以下三大结构系统。

(1) 以脂质和蛋白质成分为基础的生物膜结构系统　这些膜的主要功能是进行选择性的物质跨膜运输与信号转导，而在细胞内则围绕形成很多功能重要的细胞器。

(2) 以核酸和蛋白质为主要成分的遗传信息传递与表达系统　由 DNA、RNA 和蛋白质组成的复合体行使了遗传信息储存、传递与表达的功能。如染色质的基本结构——核小体就由 DNA 和组蛋白构成。

(3) 由特异蛋白质装配构成的细胞骨架系统　细胞骨架系统包括胞质骨架与核骨架，这些骨架系统对细胞形态与内部结构的合理排布起支架作用。

真核细胞种类繁多，包括单细胞的原生生物，多细胞的植物、动物和真菌类。

2. 原核细胞与真核细胞的比较

表 1-6 比较了原核细胞与真核细胞的主要区别。

表 1-6　原核细胞与真核细胞的主要区别

	原核细胞	真核细胞
代表生物	支原体、细菌和蓝藻（蓝细菌）	原生生物、植物、动物和真菌
细胞大小	1 ~ 10 μm	3 ~ 100 μm
细胞核	没有真正的细胞核、无核仁	有核膜、核仁和核质组成的细胞核
细胞膜	有	有
细胞器	没有线粒体、叶绿体、内质网、高尔基体、溶酶体等细胞器	有线粒体、叶绿体、内质网、高尔基体、溶酶体等细胞器
细胞壁	多数有细胞壁	植物细胞和真菌有细胞壁，动物细胞无细胞壁
核糖体	70S（由 50S 和 30S 两个亚基组成）	80S（由 60S 和 40S 两个亚基组成）
染色体	仅有一条裸露双链 DNA	有两条以上的染色体，DNA 与蛋白质相结合
DNA	环状，存在于细胞质中	线状，存在于细胞核中
核外 DNA	有些细胞有质粒	有线粒体 DNA 和叶绿体 DNA
RNA 与蛋白质合成	RNA 没有内含子，DNA 转录为 RNA 与蛋白质的合成（翻译）都在细胞质中进行	RNA 有内含子和外显子，DNA 转录为 RNA 在细胞核中进行，蛋白质的合成（翻译）在细胞质中进行
细胞骨架	无	有
细胞分裂	无丝分裂（直接分裂）	有丝分裂为主
细胞组织	主要是单细胞生物体，不形成细胞组织	大多是多细胞生物并形成细胞组织

3. 真核细胞的两大类型——植物细胞和动物细胞

植物细胞（图 1-13）和动物细胞（图 1-14）的主要差别表现为：①植物细胞的质膜外包被有由纤维素组成的细胞壁，细胞壁的作用是保持细胞形状和位置，动物细胞没有细胞壁。② 植物细胞中含有叶绿体（chloroplast）及其他质体，是植物细胞进行光合作用和有机物质生产的场所。动物细胞不含叶绿体。③ 大多数植物细胞含有一个或几个液泡（vacuole），其主要作用是转运和储存养分、水分和代谢副产物，具有仓库和中转站的作用。动物细胞一般没有大的中央液泡。④ 植物细胞中含有乙醛酸循环体（glyoxysome）、胞间连丝（plasmodesma）、细胞分裂时形成细胞板（cell plate）等，动物细胞则没有这些结构；动物细胞含有溶酶体（lysosome）、中心体（centrosome）、细胞分裂时形成收缩环等，而植物细胞则没有。但近些年在植物细胞内也发现了可能类似动物细胞的中间纤维（intermediate filament）与溶酶体的结构，植物细胞的圆球体与糊粉粒具有类似溶酶体的功能。

（三）古核细胞

古核生物（archaea）又称古细菌（archaebacteria）或古菌（archaea），通常生活在温水、缺氧湖底、盐水湖等极端环境中，具有一些独特的生化性质，如膜脂由醚键而不是酯键连接。古菌具有原核生物的某些特征，如无核膜及内膜系统；也有真核生物的特征，如以

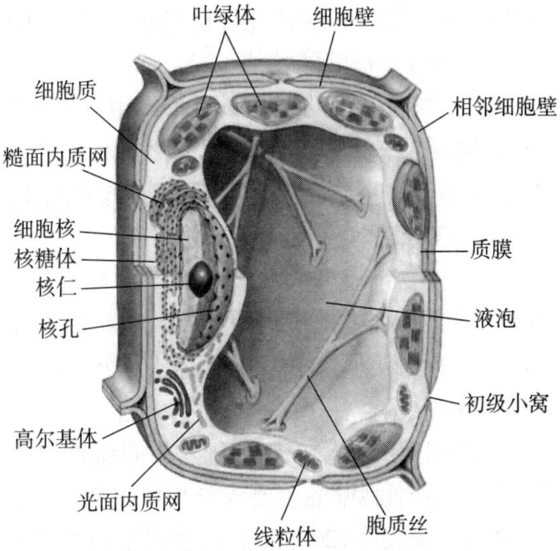

图 1-13　植物细胞（Raven & Johnson，1992）

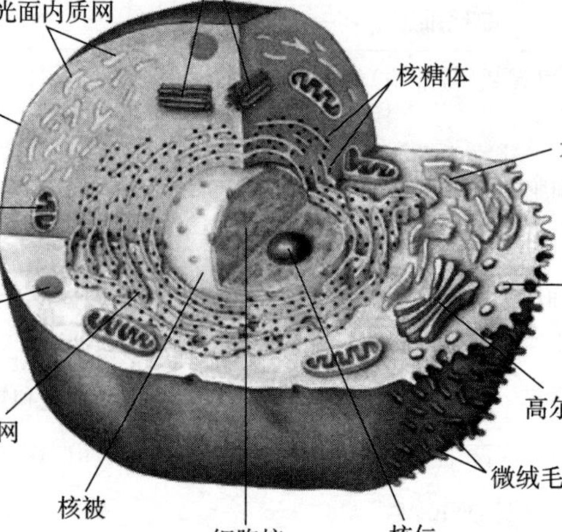

图 1-14　动物细胞（Raven & Johnson，1992）

甲硫氨酸起始蛋白质的合成。在能量产生与新陈代谢方面与真细菌有许多相同之处，而复制、转录和翻译则更接近真核生物。主要有极端嗜热菌（themophile）、极端嗜盐菌（extreme halophile）、极端嗜酸菌（acidophile）、极端嗜碱菌（alkaliphile）和产甲烷菌（methanogen）。

由于古菌栖息的环境和地球发生的早期有相似之处，如高温、缺氧，加之古菌在结构和代谢上的特殊性，它们可能代表最古老的细菌。它们保持了古老的形态，很早就和其他细菌分开了。所以人们提出将古菌从原核生物中分出，成为与原核生物（即真细菌 eubacteria）、真核生物并列的一类。

四、细胞外被与细胞质膜

（一）细胞外被

1. 细胞外被的结构与组成

细胞外被（cell coat）又称为糖萼（glycocalyx），是指细胞质膜外面覆盖的一层黏多糖物质，厚约 5 nm，其中的糖与质膜的蛋白质分子、脂类分子共价结合形成糖蛋白或糖脂分子。糖萼一般含有两种主要成分：糖蛋白和蛋白聚糖，它们均在细胞内合成，然后分泌出来并附着在细胞质膜上。

2. 细胞外被壁的功能

细胞外被基本功能是起保护作用。如消化道、生殖腺等上皮组织细胞的外被有润滑作用，防止机械损伤，同时保护上皮组织不被消化酶和细菌侵蚀。此外，细胞外被还参与细胞与环境的相互作用，参与细胞与环境的物质交换，细胞增殖的接触抑制、细胞识别等。

3. 植物细胞壁与细菌细胞壁

（1）植物细胞壁　植物细胞壁主要由纤维素、半纤维素、果胶质等几种大分子构成，它赋予植物细胞硬度和强度，维持植物的形态并保护植物免受病原微生物的侵染。植物细胞壁是造成植物与动物细胞差异的主要因素，植物细胞壁是一个动态结构，可进行很多活动，也可作为物质通透的屏障，在代谢和分泌过程中起重要作用。

（2）细菌细胞壁　细菌细胞壁是细菌最外层的保护性结构，可以抵抗机械损伤、化学损伤以及水的渗透。细菌细胞壁的主要成分是肽聚糖，由乙酰葡萄糖胺和乙酰胞壁酸交替连接组成。革兰氏阳性（G^+）菌的细胞壁较厚，20～80 nm，层次不明晰，壁酸含量高达 90%；而革兰氏阴性（G^-）菌的细胞壁较薄，约 10 nm，层次较分明，壁酸含量仅为 10%。青霉素可以抑制壁酸合成，因而使细菌细胞壁不能正常形成，也就丧失了抗正常渗透压的作用，最终导致细菌细胞破裂。青霉素主要针对革兰氏阳性菌起作用，革兰氏阴性菌中壁酸含量较少，故对青霉素不太敏感。

(二) 细胞质膜

围绕在细胞最外层的膜称之为细胞膜，它与细胞的内膜系统如内质网膜、高尔基体膜、核膜、线粒体膜和类囊体膜等统称为生物膜。典型的生物膜是一种半透膜，厚 7 ~ 8 nm。生命起源与进化过程中最大的事件就是膜的出现，它将具生命力的活细胞与非生命环境分隔开来。可见，膜是生命最基本的结构。

1. 质膜的结构

已知质膜的主要成分是脂质和蛋白质，还有少量的糖类。关于膜的结构曾提出许多模型假说。1932 年，Davson 和 Danielli 提出了“三明治”模型，即磷脂双分子层夹在两层球蛋白之间，但电子显微镜的观察否定了这一模型。1959 年，J. D. Robertson 发展了三明治模型，提出了单位膜模型(unit membrane model)，并大胆推测所有的生物膜都是由蛋白质 – 脂质 – 蛋白质的单位膜构成。但随后的实验证实，质膜中的蛋白质是可流动的，而且双层膜脂中存在膜蛋白颗粒。在此基础上，1972 年，S. Jon Singer 和 Garth Nicolson 提出了生物膜流动镶嵌模型(flood mosaic model)，该模型强调了膜的流动性及膜蛋白分布的不对称性，即膜蛋白和膜脂均可侧向运动，膜蛋白有的结合在膜表面，有的嵌入或横跨脂双分子层。

最近有人提出“脂筏模型”(lipid raft model)(图 1–15)，即在生物膜上胆固醇富集而形成有序脂相，如同“脂筏”一样载有各种蛋白质，脂筏最初可能在内质网上形成，转移到细胞膜上后，有些脂筏可在不同程度上与膜下细胞骨架蛋白交联。

2. 膜脂和膜蛋白

(1) 膜脂　主要包括甘油磷脂、鞘脂和胆固醇三种基本类型，甘油磷脂占整个膜脂的 50% 以上，主要在内质网合成，其不仅是生物膜的基本组分，在细胞信号转导中也起到重要的作用。鞘脂主要在高尔基体中合成，包括鞘磷脂和糖脂，它们均具有重要的生物学功能。胆固醇可调节膜的流动性，增加膜的稳定性和通透性。动物细胞中胆固醇合成主要在细胞质和内质网中完成。缺乏胆固醇可能会抑制细胞的分裂。

(2) 膜蛋白　膜蛋白主要有 3 种类型：外在膜蛋白、内在膜蛋白和整合膜蛋白。膜蛋白决定了生物膜的特征及其生物学功能。各类膜蛋白在质膜上呈不对称分布，其不对称性保证了生物膜能够完成复杂有序的各种生理功能。

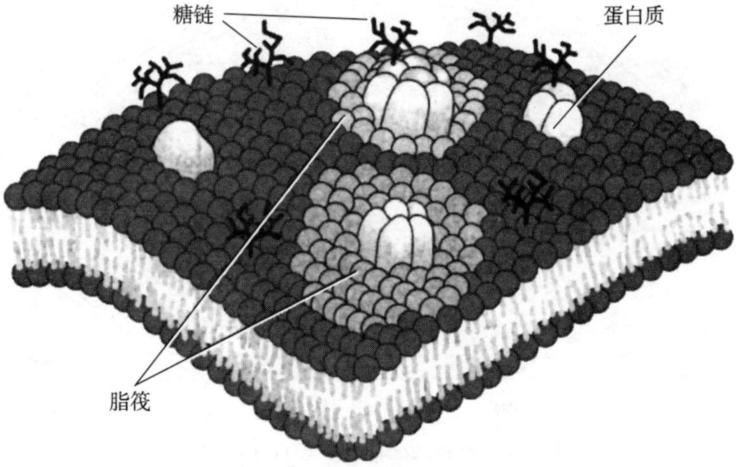

图 1–15　细胞质膜的脂筏模型(翟中和，2007)

3. 目前对生物膜的认识

(1) 具有极性头和非极性尾的磷脂分子在水相中具有自发形成封闭的膜系统。

(2) 蛋白质分子以不同的方式镶嵌在脂双层分子中或结合在其表面。

(3) 生物膜可看成是蛋白质在双层脂分子中的二维溶液。

(4) 生物膜在细胞生长和分裂过程中处于不断的动态变化中，保证了细胞的运动、增殖等各种代谢活动的进行。

图 e1-4 细胞质膜的功能

4. 质膜的功能

(1) 为细胞的生命活动提供相对稳定的内环境。

(2) 为多种酶提供结合位点，使酶促反应高效有序进行。

(3) 调节细胞内外物质运输及能量转换。

(4) 提供细胞识别位点，介导细胞内外信号的跨膜转导。

(5) 参与细胞间及细胞与胞外基质间的连接与相互作用。

(6) 膜蛋白异常与某些遗传疾病、肿瘤等密切相关，许多膜蛋白是疾病治疗的靶标(图 e1-4)。

五、细胞器

(一) 细胞核

细胞核(cell nucleus)是细胞内最大的细胞器，是细胞的控制中心和储存遗传物质的场所。细胞核主要有两个功能：一是通过遗传物质的复制和细胞分裂保持细胞世代间的连续性；二是通过基因的选择性表达，控制细胞的活动，以适应外界环境。

真核生物的细胞都有完整的细胞核，只有哺乳动物成熟的红细胞和高等植物成熟的筛管没有细胞核。一般一个细胞只有一个细胞核，有些特殊的细胞含有多个细胞核。不同类型的细胞中，细胞核的形态、大小、位置是不同的，通常是球形，也有长形、扁平形和不规则的形态。

细胞核是由核被膜、染色质、核基质和核仁组成(图 1-16)。

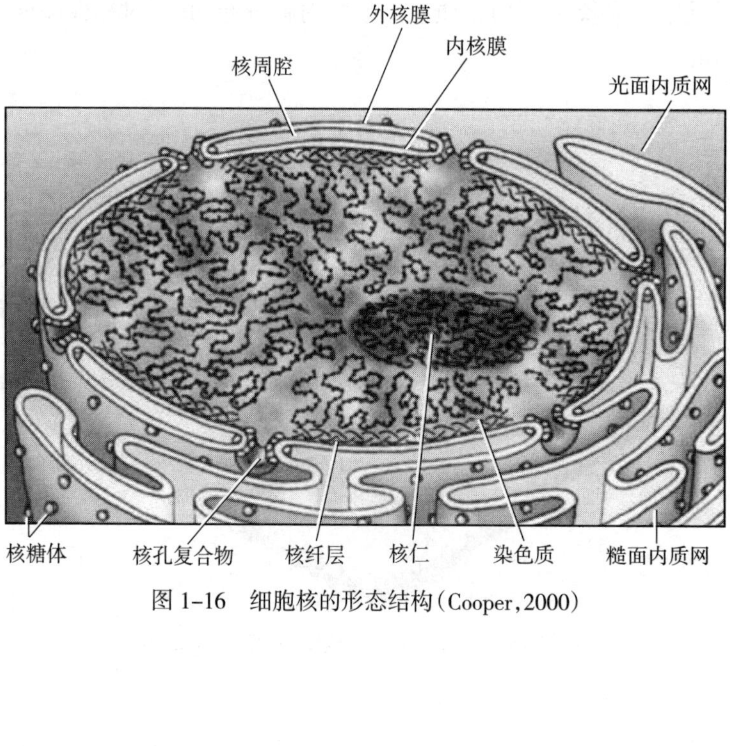

图 1-16 细胞核的形态结构(Cooper, 2000)

1. 核被膜或核膜(nuclear membrane)

又称核包被(nuclear envelope),由内外两层单位膜组成,核膜将胞质与核质分开。它由外核膜、内核膜、核周腔、核孔复合物组成。

(1) 外核膜(outer nuclear membrane) 面向胞质的一面,厚 7.5 nm,常附有核糖体,有些部位与内质网相连,外膜可以看作是一个内质网膜的特化区。

(2) 内核膜(inner nuclear membrane) 面向核质,厚 7.5 nm,与外膜平行排列。与核质相邻的核膜内表面有一层厚 30 ~ 160 nm 的网络状蛋白质层,称之为核纤层(lamina),对内核膜起支撑作用。

(3) 核周腔(perinuclear space) 两层核膜之间的空隙,宽 20 ~ 40 nm,其中充满无定形物质。核周腔常与内质网腔相通。

(4) 核孔复合物(nuclear pore complex,NPC) 核被膜上有许多孔,称为核孔(nuclear pore),是细胞核膜上沟通核质与胞质的开口,由内外两层膜的局部融合而成,核孔直径 80 ~ 120 nm。核孔是以一组蛋白质颗粒以特定的方式排布形成的结构,可以从膜上分离出来,称之为核孔复合物。

2. 染色质与染色体

染色质(chromatin)是细胞间期细胞核内能被碱性染料染色的物质,主要由 DNA 和蛋白质组成的复合物,同时含有少量的 RNA。染色体(chromosome)是细胞在有丝分裂和减数分裂过程中由染色质凝缩而成的棒状结构。染色质和染色体在化学组成上没有差异,只是在细胞周期不同阶段的不同表现形式。

(1) 染色质的化学组成 染色质是由 DNA 和蛋白质组成,还有少量 RNA。与 DNA 结合组成染色质的蛋白质称为 DNA 结合蛋白,分为组蛋白(histone)和非组蛋白(nonhistone)两大类。DNA 和组蛋白含量比较稳定,非组蛋白和 RNA 的含量随细胞生理状态不同而改变。

组蛋白富含赖氨酸和精氨酸,两者都是碱性氨基酸,故组蛋白是碱性的,易与 DNA 的磷酸基团结合。组蛋白分为:H_1、H_2A、H_2B、H_3 和 H_4 5 种。5 种组蛋白在功能上分为两组:H_2A、H_2B、H_3 和 H_4 是组建核小体的组蛋白;H_1 不参加核小体的组建,在构成核小体时起连接作用。

染色体上除组蛋白以外的 DNA 结合蛋白统称为非组蛋白。非组蛋白是一类不均一的蛋白质,含较多的酸性氨基酸,故呈酸性,带负电荷。非组蛋白是一类特异的转录调控因子,参与基因表达的调控。

(2) 核小体 1974 年 Komberg 根据电镜观察结果和酶解结果提出了染色质绳珠模型。他认为核小体(nucleosome)是染色质基本结构单位。每个核小体由 200 个左右碱基对的 DNA 和 5 种组蛋白结合而成,其中 4 种组蛋白(H_2A、H_2B、H_3 和 H_4)各 2 分子组成八聚体的核心部分,146 bp DNA 包绕在核心结构外面 1.75 圈。每分子的 H_1 与 DNA 结合,锁住 DNA 的进出口,起稳定核小体结构的作用。两个相邻核小体之间以连接 DNA(linker DNA)相连,长度 1 ~ 80 bp(图 1-17)。

(3) 染色体的结构模型 核小体如何凝缩成染色体的高级结构,目前公认的是多级螺线管模型(multiple coiling model)。首先 DNA 与组蛋白组装成核小体,然后以核小体为基本结构进一步压缩成中

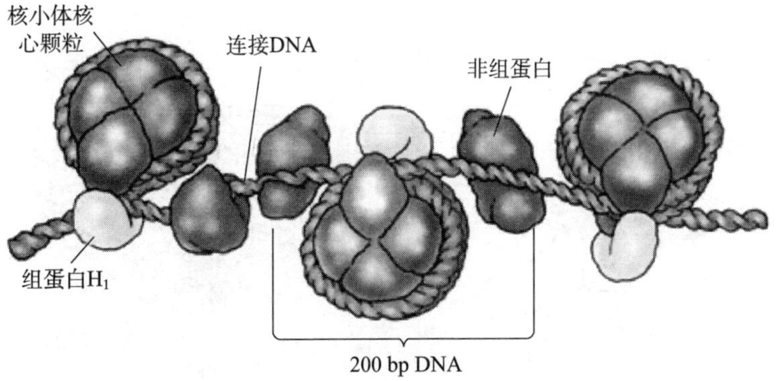

图 1-17 核小体的形态结构(Cooper,2000)

图e1-5 染色体的结构层次

空管状纤维——螺线管(solenoid)。螺线管每一圈由6个核小体组成,这是染色体的二级结构。螺线管进一步螺旋化,形成染色单体纤维——超螺线管(supersolenoid),这是染色体的三级结构。最后,超螺线管进一步螺旋化,形成中期染色体,这是染色体的四级结构。从核小体到染色体,DNA总共压缩了约8 400倍(图e1-5)。

(4) 核型与染色体分带

① 核型(karyotype) 是指染色体组在有丝分裂中期的表现,是染色体数目、大小、形态特征的总和。在对染色体进行测量计算的基础上,进行分组、排队、配对,并进行形态分析的过程叫核型分析。

② 染色体分带(chromosome banding) 使用特殊的染色方法,使染色体产生明显的色带(暗带)和未染色的明带相间的带型(banding pattern),形成不同的染色体个体性,依次作为鉴别单个染色体和染色体组的一种手段。

3. 核仁

核仁(nucleolus)是细胞核中的匀质球体,无外膜,一般在同种物种中数目固定。核仁的主要功能是进行核糖体RNA的合成,是细胞制造核糖体的装置,涉及rRNA的转录加工和核糖体亚基的装配。核仁是真核细胞间期核中最明显的结构。

4. 核基质

核基质(nuclear matrix)是指细胞核中除核膜、核纤层、染色质和核仁等成分之外,由纤维蛋白构成的纤维网架结构。核基质是核的支架,为染色质提供附着的场所。核基质在真核细胞DNA的复制、基因表达、hnRNA加工、参与染色体DNA有序包装和构建等生命活动过程中起重要的作用。

(二) 内质网和高尔基体

1. 内质网

内质网(endoplasmic reticulum,ER),由Poter和Claud等(1945)发现。内质网是由一层生物膜形成的囊状、泡状和管状结构,并形成一个连续的网膜结构。因其靠近细胞质内侧而得名,后发现这种结构并不局限于内质,也延伸到细胞的边缘,并与细胞膜相连通。内质网与核膜相连通,因此,可将核膜看作是内质网系统的一个特定部分。

不同类型细胞的内质网,其大小、排列、数量、分布均不相同,即使同种细胞在不同发育阶段和不同生理状况下也有很大变化。根据内质网表面是否附着有核糖体,将内质网分为两类:糙面内质网(rough endoplasmic reticulum,rER)和光面内质网(smooth endoplasmic reticulum,sER)(图1-18)。

(1) 糙面内质网 在形态上多呈扁囊状,排列整齐,外表面附着有核糖体,各扁囊间及与核膜之间相连通,使其成为既各自独立又互相联系的统一整体。糙面内质网的主要功能是合成分泌多种膜蛋白,参与蛋白质的运输,因此其普遍存在于蛋白质合成旺盛的细胞中,如在产生抗体的浆细胞和分泌多种酶

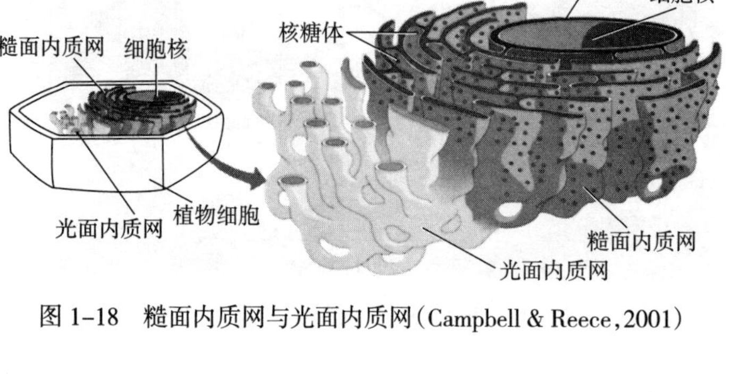

图1-18 糙面内质网与光面内质网(Campbell & Reece,2001)

的胰腺细胞中特别丰富。

(2) 光面内质网 常为小管或小囊状,广泛存在于能合成胆固醇的细胞中,是脂质合成的主要场所,常作为出芽位点,将内质网上合成的蛋白质或脂质转运到高尔基体。光面内质网的功能较为复杂,除与脂质合成、运输、糖原及其他糖类的代谢有关外,还参与肌细胞内钙的代谢及肝细胞内脂肪、磷脂的合成,所以肝细胞中光面内质网含量较多。

2. 高尔基体

高尔基体(Golgi body)又称高尔基器(Golgi apparatus)或高尔基复合体(Golgi complex),由意大利人Camillo Golgi在1898年发现。高尔基体不仅存在于动植物细胞中,也存在于原生动物和真菌细胞中。高尔基体是由大小不一、形态多变的囊泡体系组成。

(1) 高尔基体的形态结构 高尔基体由扁平膜囊、小囊泡、大囊泡组成。

① 扁平膜囊(saccule) 是高尔基复合体的主体部分,一般由3~10层扁平膜囊平行排列在一起组成一个扁平膜囊堆(stack of saccule)。

② 小囊泡(vesicle) 在扁平膜囊的周围有许多小囊泡,直径40~80 nm,较多地集中在高尔基复合体的形成面。一般认为它是由附近的糙面内质网出芽形成的运输泡,它们不断地与高尔基体的扁平膜囊融和,使扁平膜囊的膜成分不断地得到补充。

③ 大囊泡(vacuole) 多见于扁平膜囊扩大的末端,可与之相连,直径0.1~0.5 μm,泡囊厚约8 nm。大囊泡主要位于成熟面。

高尔基体是具有极性的细胞器。靠近细胞中心的一面称为顺面(*cis* face,或形成面,forming face),远离中心的一面称为反面(*trans* face,或称成熟面,maturing face)。两个面的形态、化学组成和功能都是不同的(图1–19)。

(2) 高尔基体的功能 高尔基体的主要功能是参与细胞的分泌活动,将内质网合成的多种蛋白质进行加工、分类与包装,然后分门别类运送到细胞的特定部位或分泌到细胞外。因此,高尔基体是细胞内物质运输的交通枢纽。此外,高尔基体还可提供构建细胞膜结构的物质。

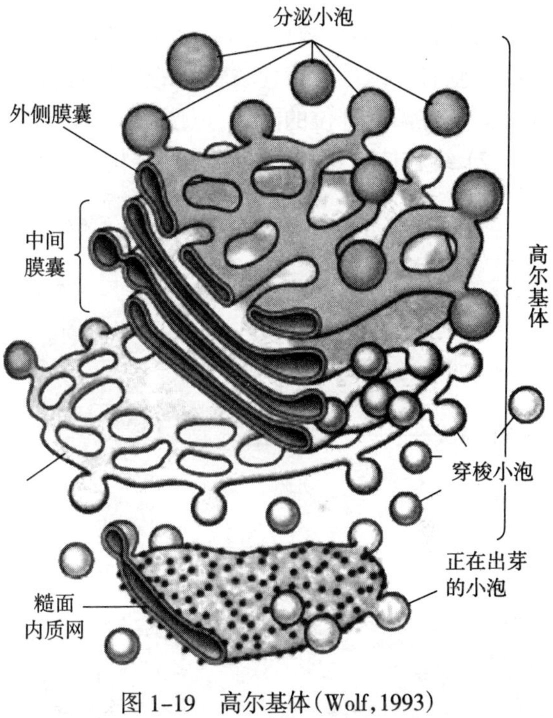

图1–19 高尔基体(Wolf,1993)

(三) 核糖体

核糖体(ribosome)是核糖核蛋白颗粒(ribonucleoprotein particle)的简称,是由rRNA和蛋白质构成的略呈球形的颗粒状小体。直径8~30 nm,多数为15~20 nm。核糖体是细胞内合成蛋白质的细胞器(图1–20)。

生物细胞中主要有两种类型的核糖体,一种是原核细胞的核糖体,沉降系数为70S;另一种是真核细胞的核糖体,沉降系数为80S。此外,线粒体和叶绿体中也有核糖体的存在。核糖体在细胞内有两种存在形式:一种附着在内质网膜外表面;另一种游离在细胞质中。

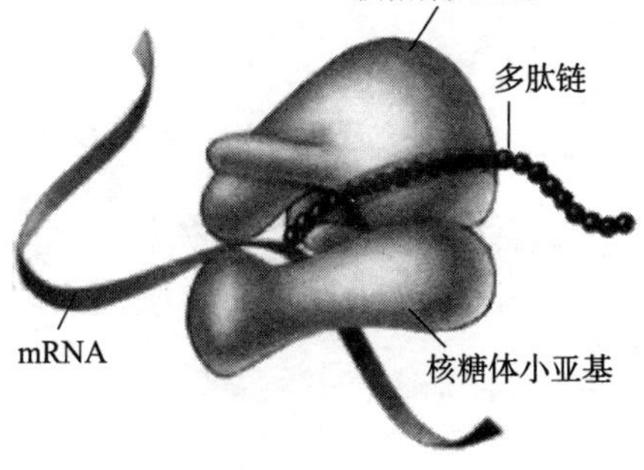

图1–20 正在进行蛋白质合成的核糖体(Campbell,1993)

每个核糖体均由大小两个亚基组成，每个亚基又都由不同的 rRNA 和蛋白质组装而成。在合成蛋白质时，核糖体呈单体状态由 mRNA 将它们串联在一起，形成多聚核糖体。

（四）线粒体与叶绿体

细胞在物质代谢的同时总伴随有能量的转换。线粒体和叶绿体是真核细胞内重要的产能及能量转换细胞器。两种细胞器中都携带自身的遗传物质 DNA，它们的功能主要受细胞核基因调控，同时又受自身基因组的调控，是一类特殊的半自主性细胞器。

1. 线粒体

线粒体（mitochondrion）是 1850 年发现，1898 年被命名的细胞器，它是细胞内氧化磷酸化和产生 ATP 的主要场所，有"细胞动力工厂"之称（图 1–21）。

（1）线粒体的形状、大小和分布　光镜下，线粒体呈颗粒状或短棒状，直径 0.2 ~ 1.0 μm，长 1.5 ~ 3.0 μm。不同类型细胞中线粒体的大小、形态、数目随细胞生命活动的变化而有很大不同，代谢活跃的细胞中，线粒体数量较多，如肝细胞中有 1 000 ~ 2 000 个；代谢率低、耗能少的细胞，线粒体数目少，如淋巴细胞一般少于 100 个。细胞在不同功能状态下，线粒体的数目也会变化，如唾液腺细胞在分泌活动旺盛时，线粒体的数目增多。红细胞成熟时线粒体消失。一般植物细胞的线粒体比动物细胞少，因为植物细胞有叶绿体可替代线粒体的某些功能。线粒体有自由运动的特性，能够向细胞需能的部位转移，或者固定在需能部位的附近，以便运送 ATP。

（2）线粒体的结构　线粒体的结构较为复杂，是由内外两层膜包裹成的囊状细胞器，内外膜都是典型的生物膜，囊内充满液态基质。

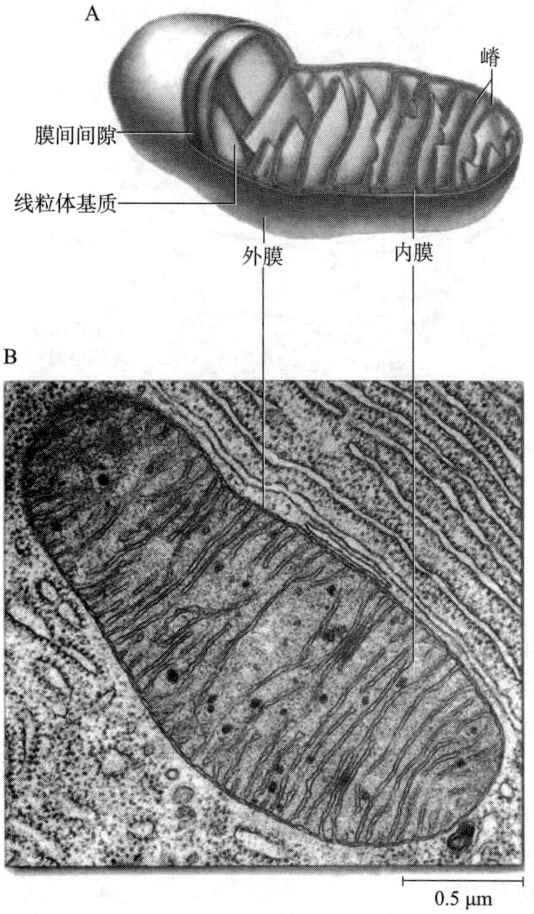

图 1–21　线粒体的形态结构

A. 模式结构；B. 电镜照片

① 外膜（outer membrane）　包围在线粒体外面的一层单位膜，厚 6 ~ 7 nm，平整光滑。构成外膜的脂质与蛋白质的含量大致相等。外膜上还分布有一些特殊的酶类，可对线粒体基质中彻底氧化的物质进行初步的分解。外膜的标志性酶是单胺氧化酶。

② 内膜（inner membrane）　靠近基质面的一层生物膜，厚 6 ~ 8 nm，内膜中蛋白质与脂质之比高于外膜（质量比 ≥ 3 : 1）。内膜向内褶形成许多嵴，嵴也具双层膜，大大增加了内膜的表面，有利于生化反应的进行。内膜含有 3 类功能性蛋白质：呼吸链中进行氧化还原反应的酶、ATP 合成复合物，以及一些特殊的运输蛋白，调节基质中代谢物的出入。线粒体内膜是氧化磷酸化的关键场所。

③ 膜间隙（intermembrane space）　线粒体内外膜之间的空隙，6 ~ 8 nm，其中充满无定形的液体，含可溶性酶、底物和辅因子。

④ 基质（matrix）　内膜和嵴包围着的线粒体内部空间，含有很多蛋白质、脂质和催化三羧酸循环的酶类。此外，还含有线粒体 DNA、tRNA、rRNA 以及线粒体基因表达的各种酶。线粒体基质中有核糖体，它比细胞中核糖体稍小。

（3）线粒体的功能　线粒体是糖类、脂肪和氨基酸最终氧化放能的场所。共同途径是三羧酸循环和呼吸链的氧化磷酸化。该过程包括 3 个步骤：三羧酸循环、电子传递和 ATP 的形成。医学上，由线粒体功能障碍引起的疾病称为线粒体病（mitochondrial disease），已知人类线粒体病有百余种，常见的有心肌病、脑坏死、不育、帕金森综合征等。如克山病就是一种心肌线粒体病，一般因缺硒导致。

2. 叶绿体

叶绿体（chloroplast）是植物细胞特有的能量转换细胞器，主要功能是进行光合作用（photosynthesis）。即利用光能同化二氧化碳和水，生成糖同时放出氧气。叶绿体仅存在于植物茎叶等绿色组织的细胞内，未发芽的种子中没有叶绿体。

（1）叶绿体的形态、大小和分布　高等植物的叶绿体通常呈椭圆状，直径 5 ~ 10 μm，厚 2 ~ 4 μm。叶绿体的形态、大小和数目随不同植物和不同细胞而异，大多数高等植物的叶肉细胞含有 20 ~ 200 个叶绿体，约占细胞体积的 40%。而藻类细胞只有一个或多个叶绿体。叶绿体的分布与光照有关，有光时，叶绿体常分布在细胞外周，黑暗时则常向细胞内部分布。

（2）叶绿体的结构　叶绿体由叶绿体膜（chloroplast membrane）、类囊体（thylakoid）和基质（stroma）组成。叶绿体有 3 种膜：外膜、内膜和类囊体膜，同时有 3 种彼此分隔的间隙：膜间隙、叶绿体基质和类囊体腔（图 1–22）。

① 叶绿体膜　是由两层生物膜（内膜和外膜）组成，每层膜的厚度 6 ~ 8 nm，内外膜间有 10 ~ 20 nm 宽的膜间隙。外膜通透性大，内膜通透性较差，是细胞质和叶绿体基质的功能屏障。内膜上有很多转运蛋白，选择性转运代谢物。

② 类囊体　叶绿体基质中有许多由单位膜封闭而成的扁平小囊，称为类囊体，是叶绿体内部组织的基本结构单位，上面分布有许多光合作用色素，是光合作用的光反应场所。

类囊体一般沿叶绿体长轴平行排列，在某些部位类囊体堆积成柱形颗粒，称为基粒（grana）。构成基粒的类囊体称为基粒类囊体（granum thylakoid），一个基粒由 5 ~ 30 个基粒类囊体组成，最多可达上百个，每一叶绿体中含 40 ~ 80 个基粒。不形成垛叠片层的结构为基质类囊体（stroma thylakoid），基质类囊体与基粒类囊体之间可发生动态的相互转换。基质类囊体是由基粒类囊体延伸出来的网状或片层结构，与相邻的基粒类囊体相通。类囊体垛叠成基粒是高等植物叶绿体特有的结构特征，极大地增加了类囊体片层的总面积，可更有效地收集光能，加速光反应，提高光合反应效率。

③ 叶绿体基质　叶绿体内膜与类囊体之间的无定形液态胶体物质，称为叶绿体基质。基质的主要成分是可溶性蛋白，此外还有核糖体、DNA 和 RNA 和其他代谢活跃物质。丰度最高的蛋白质是光合作用中重要的酶系统——核酮糖二磷酸羧化酶（ribulose diphosphatecarboxylase，RuBP）。此外，基质中还含有光合作用中固定 CO_2 的所有酶类。

（3）叶绿体的功能　叶绿体的主要功能是进行光合作用。高等植物的光合作用大致分为 3 个阶段：第一阶段是光能的吸收、传递和转化；第二阶段是电子传递和光合磷酸化；第三阶段是二氧化碳的同化。第一、第二阶段是光反应过程，在类囊体膜上进行；第三阶段是暗反应，在叶绿体基质中进行。

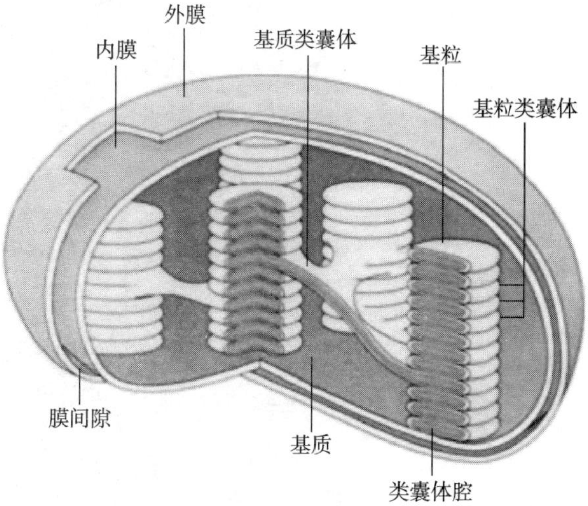

图 1–22　叶绿体的结构（Wolf，1993）

（五）溶酶体、液泡和微体

1. 溶酶体

溶酶体（lysosome）是 D. Duve 等 1955 年在大鼠肝细胞中发现的。溶酶体是由一层单位膜包围的球形小体，直径 0.25 ~ 0.80 μm，含有多种酸性水解酶，在细胞内起消化和保护的作用。

(1) 溶酶体的形态结构和特性　溶酶体是一种异质性(heterogenous)的细胞器,不同的溶酶体在形态、大小,甚至所含酶的种类都有很大不同。溶酶体膜在成分上与其他生物膜不同,膜中嵌有质子泵,将 H^+ 泵入溶酶体内,使溶酶体内的 H^+ 浓度比细胞中的高 100 倍以上,以维持酸性的内环境,膜上具有多种载体蛋白将水解产物向外运转。溶酶体含有 60 多种酶类,均为酸性水解酶,最适 pH 5.0。酸性磷酸酶是溶酶体的标志酶。

(2) 溶酶体的功能　溶酶体的主要功能是消化作用,通过自噬(autophagy)和异噬(heterophagy)作用来完成(图 1-23)。

① 自噬作用　细胞内的自我消化,是溶酶体对自身结构的吞噬降解。通过自噬作用可以不断清除细胞内有害的物质来维持细胞内环境的稳定,是细胞的一种保护性反应。

② 异噬作用　消化被吞噬物,吞噬入侵的病毒、细菌等外来物,是细胞的一种重要的防御功能。因此,溶酶体常被称为细胞"清道夫"。

溶酶体是细胞内消化的主要场所,因遗传缺陷导致溶酶体中某些水解酶的缺失,使代谢紊乱,会引起溶酶体贮积症。此外,因不同因素导致溶酶体膜稳定性下降而使水解酶外溢,也会引发与溶酶体相关的疾病,如矽肺、类风湿关节炎等。

2. 液泡

液泡(vacuole)是由单层生物膜包围的充满水溶液的泡,普遍存在于植物细胞中。原生动物的伸缩泡也是一种液泡,其收缩时可将液体和盐类排出胞外,防止淡水中生活的原生动物体内积累过多的水分。液泡中具有消化酶,在许多细胞内摄取的食物颗粒周围可见液泡。在植物幼小细胞中,小液泡分散存在,数目较多,而在细胞成长过程中,小液泡逐渐合并发展成一个大液泡,占据细胞中央位置,而将细胞质和细胞核挤到细胞边缘。液泡中的液体称为细胞液(cell sap),其中含有水和可溶性物质,如无机盐、氨基酸、糖类以及各种色素,尤其是花青素(anthocyanin)等,因此细胞液是高渗的,使植物细胞经常处于饱满状态。细胞液中的花青素决定了植物的花、果实和叶的色彩。此外,植物细胞中一些代谢物常以晶体的形式沉积在液泡中。

3. 微体

微体(microbody)是细胞中一种特殊的细胞器,由一层生物膜组成。体积通常比溶酶体小,直径 0.5 μm 左右。微体的一个重要特性是可被诱导增殖。微体中常含有与代谢有关的酶,根据其所含酶类

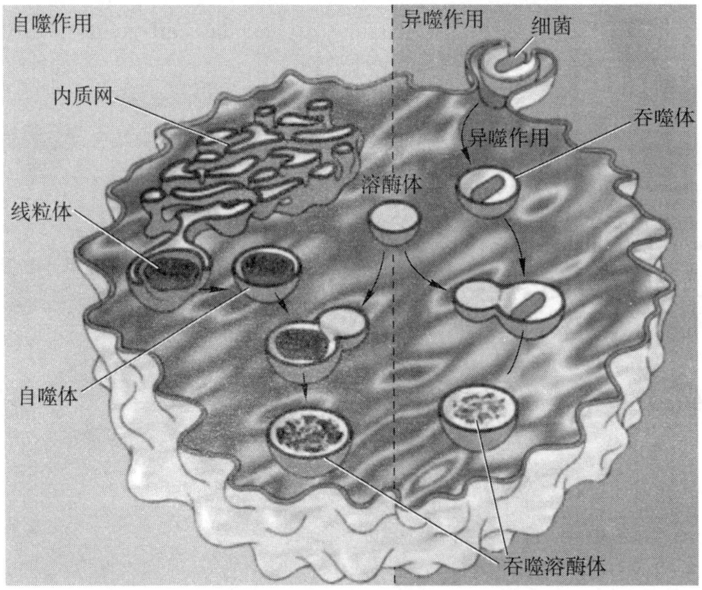

图 1-23　溶酶体的自噬和异噬作用(Cooper,2000)

不同及其在细胞内的生理功能，将其分为过氧化物酶体（peroxisome）和乙醛酸循环体（glyoxysome）。

(1) 过氧化物酶体 普遍存在于动植物细胞中，含有 40 多种的酶类。主要分为 3 大类：氧化酶、过氧化氢酶和过氧化物酶。在动物细胞中，过氧化物酶可氧化分解血液中的有毒成分，起到解毒的作用。如饮酒后几乎半数乙醇是在过氧化物酶体中被氧化成乙醛的。

(2) 乙醛酸循环体 仅存在于植物细胞中。在种子萌发成幼苗的过程中，乙醛酸循环体特别丰富。乙醛酸循环体因含有同乙醛酸循环相关的酶而得名，功能主要是将脂肪通过乙醛酸循环，合成糖类和其他细胞成分。植物细胞中的一种过氧化物酶还参与“呼吸”过程。

六、细胞骨架系统

（一）细胞骨架的概念

细胞骨架（cell skeleton）是细胞内在细胞质和细胞核间构成的以蛋白质纤维为主的网络结构，普遍存在于真核细胞中。细胞骨架被称为是细胞的骨骼和肌肉，维持着细胞的形态结构及内部结构的有序性，同时对于细胞运动、物质运输、能量转换、信息传递、细胞分化和转化等方面都起着重要的作用。

广义的细胞骨架包括细胞核骨架、细胞质骨架、细胞膜骨架及细胞外基质骨架等。狭义的细胞骨架特指细胞质骨架，依其纤维的直径、存在位置及功能的不同，主要有以下几种：微管（microtubule）、微丝（microfilament）和中间纤维（intermediate filament）（图 1–24）。

细胞骨架是一种高度动态的结构体系，在细胞周期不同时相和不同分化状态的细胞中，细胞骨架的分布模式差异很大。细胞骨架系统对细胞形态、运动以及周围的细胞环境都有重要的作用和影响。

（二）细胞质骨架

1. 微管

微管（microtubule）是细胞质骨架系统中的主要成分。不同类型细胞中微管具有相同的形态，大多数微管见于细胞质基质中，它们也是纤毛、鞭毛等运动性器官完整组成的一部分，也是中心粒的组成成分。

微管是中空的长管状纤维，外径 24 ~ 26 nm，内径约 15 nm，主要分布于细胞核周围，并呈放射状向胞质四周扩散。微管由球形微管蛋白组装而成，微管蛋白由 α 和 β 两亚基组成二聚体，二聚体按螺旋盘绕形成微管的壁。每根微管的二聚体头尾相接，形成细长的原丝，13 条原丝纵向排列组成微管的壁。微管在细胞中有 3 种形式：单管（singlet）、二联管（doublet）和三联管（triplet）。

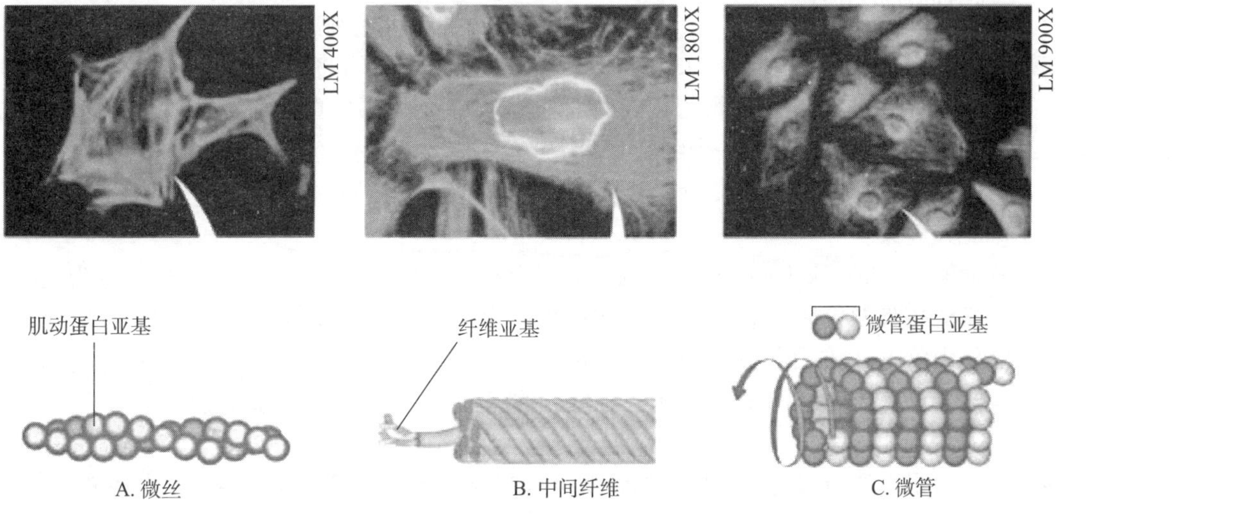

图 1–24 细胞骨架系统（Campbell & Reece，2001）

微管的功能主要有支架作用、细胞内物质运输、纤毛和鞭毛运动、纺锤体和染色体运动。

2. 微丝

微丝（microfilament）又称肌动蛋白纤维（actin filament），是真核细胞中由肌动蛋白组成的实心纤维，直径 7 nm。微丝是在肌细胞中首先被发现的，也广泛存在于非肌细胞中。

微丝主要由哑铃状的肌动蛋白单体组成。肌动蛋白单体是由一条多肽链构成的球形分子，又称球状肌动蛋白（globular actin，G-actin）。肌动蛋白的多聚体形成肌动蛋白丝，称为纤维状肌动蛋白（filamentous actin，F-actin）。肌动蛋白丝呈右手螺旋状，普遍存在于动植物细胞中。

微丝的主要功能有：作为细胞骨架维持细胞形态。同微管一样，微丝在细胞内作为运输轨道，参与物质运输。细胞有丝分裂末期，两个子细胞间产生收缩环，随收缩环的收缩两个子细胞分开，收缩环由大量平行排列的微丝组成，胞质分裂后，收缩环消失。总之，不同类型细胞及同一细胞不同部位，微丝网络具有不同的功能。

3. 中间纤维

中间纤维（intermediate filament，IF）是一类介于微管和微丝之间的纤维，为直径 8 ~ 10 nm 的中空管状纤维。中间纤维是 3 种骨架纤维中最复杂的一种，其分布具有严格的组织特异性。不同于微管和微丝，中间纤维蛋白并非所有真核细胞的必需结构组分，植物细胞基因组中尚未发现中间纤维蛋白的编码基因，真菌酵母核膜内侧也无核纤层结构，人类的一些组织细胞如少突胶质细胞也无中间纤维。

中间纤维的装配分为 3 个过程：由单体形成二聚体，二聚体再形成四聚体，然后 8 个四聚体组成原丝。对中间纤维的功能了解较少，一般认为中间纤维具有两方面功能：一种是细胞质功能，即骨架功能；另一种是核功能，即信息功能。

4. 鞭毛、纤毛和中心粒

鞭毛（flagellae）和纤毛（cilia）是细胞表面的附属物，主要功能是运动。鞭毛和纤毛的基本结构相同，两者的区别在于长度和数量。鞭毛较长，一个细胞通常只有 1 根或少数几根。纤毛很短，数量很多，常覆盖细胞整个表面。组成鞭毛和纤毛的基本成分都是微管（图 1-25）。

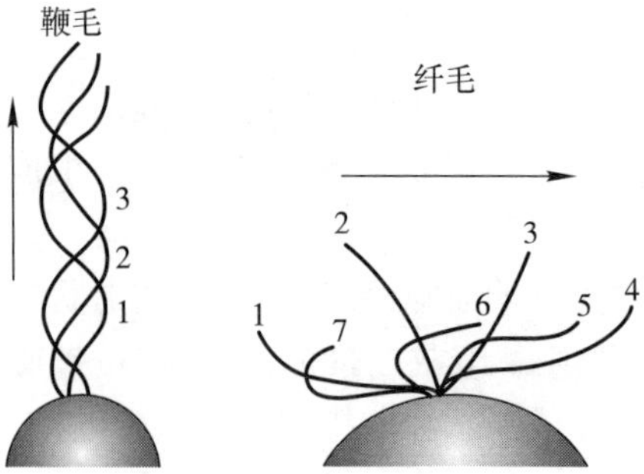

图 1-25 鞭毛和纤毛
（Kleinsmith *et al.*，1995）

鞭毛和纤毛的基部都深入到细胞质中，与基粒相连。大多数单细胞藻类、原生动物以及各种生物的精子都有鞭毛或纤毛；多细胞动物的一些上皮细胞如气管上皮或小肠上皮细胞表面，也密被纤毛。

鞭毛、纤毛的摆动可使细胞移位，如草履虫及眼虫的游动；也可使细胞周围的液体或颗粒移动，如气管上皮细胞纤毛的摆动，可将器官内的尘埃等异物移开。

中心粒（centriole）是另一类由微管构成的细胞器，存在于大部分真核细胞中，但种子植物和某些原生动物细胞中没有中心粒。一般一个细胞有两个中心粒，彼此呈垂直排列。每个中心粒由排列成圆筒状的九束三体微管组成，中央没有微管，与鞭毛的基粒相似，两者是同源的。

（三）细胞核骨架

细胞核骨架（nuclear skeleton，nuclear matrix）是存在于真核细胞核内的以蛋白质成分为主的纤维网架体系。广义的核骨架包括核基质、核纤层和染色体骨架；狭义的核骨架仅指核内基质，即细胞核内除核膜、核纤层、染色质、核仁和核孔复合物以外的以蛋白质成分为主的纤维网架体系，但这些网络状结构与核纤层及核孔等有结构上的联系，功能上与核仁、染色质结构和功能密切相关。

1. 核基质

核基质是由蛋白质组成的细胞核内的骨架结构，分布于整个细胞核内，参与和支持 DNA 的各种功能，包括 DNA 的复制、转录、加工、接收外部信号以及染色质的组装等，作用方式是提供作用位点。

2. 染色体骨架

染色体骨架(chromosome scaffold)是在电子显微镜下观察到的,是细胞核中的核基质蛋白。细胞进入有丝分裂前期,非组蛋白的染色体骨架形成中心轴,染色体通过染色质结合蛋白在染色体骨架上进一步压缩包装,形成放射环。

3. 核纤层

核纤层(nuclear lamina)位于内核膜的下方,是一种纤维网络,为细胞核提供结构支持。在细胞有丝分裂中,核纤层对核被膜的崩解与核重建有重要作用。

七、细胞连接

细胞连接(cell junction)是指细胞与细胞之间、细胞与胞外基质间的连接结构。通过细胞连接使多细胞生物体相邻细胞之间协同作用,将同类细胞连接成组织,并同相邻组织的细胞保持相对稳定。根据其行使功能的不同,细胞连接主要有 3 种类型:封闭连接(occluding junction)、锚定连接(anchoring junction)和通讯连接(communicating junction),每种类型的细胞连接又包括多种形式(图 1–26)。

(一) 封闭连接

封闭连接将相邻上皮细胞的质膜紧密地连接在一起,阻止溶液中的小分子沿细胞间隙从细胞一侧渗透到另一侧。紧密连接(tight junction)是封闭连接的主要形式。

紧密连接一般位于上皮顶端两相邻细胞间,是靠紧密蛋白颗粒重复形成的一排排连接线将两相邻细胞连接起来。相邻两细胞膜之间不留空隙,使胞外物质不能通过,形成渗透屏障。如在上皮组织中,紧密连接环绕各个细胞一周成腰带状,这一腰带区各紧密连接组合成网,完全封闭了细胞间的通道,使细胞层成为一个完整的膜系统,防止物质从细胞间通过。如脑血管内壁的屏障,使血液中的物质只能通过细胞而不能从细胞间直接进入脑中,形成血脑屏障(blood brain barrier),从而保证大脑内环境的稳定。紧密连接的另一功能是维持上皮细胞的极性,保证细胞行使正常的功能。

(二) 锚定连接

锚定连接是指通过细胞质膜内侧的斑块与细胞骨架连接起来,也称斑块连接(plaque-bearing junction),是动物各组织中广泛存在的一种细胞连接方式。包括桥粒连接和黏着连接(adherens junction)两种。

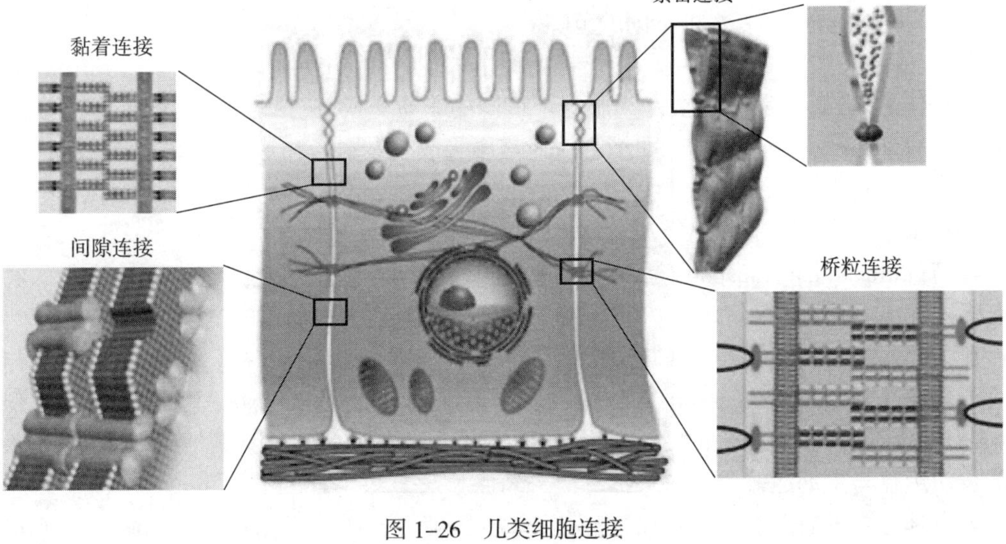

图 1–26　几类细胞连接

1. 桥粒与半桥粒

在锚定连接中，如果细胞是通过中间纤维锚定在细胞骨架上，这种连接方式就称为桥粒(desmosome)。分为两种情况：桥粒和半桥粒。桥粒是两细胞间的连接。主要出现在上皮组织，如皮肤和肠组织。半桥粒(hemidesmosome)不是细胞间的连接，是细胞同细胞外基质相连。半桥粒主要位于上皮细胞的底面，作用是将上皮细胞与其下方的基膜连接在一起。

2. 黏合带与黏合斑

黏合带位于上皮细胞紧密连接下方，相邻细胞间形成一个连续的带状结构。黏合带是细胞与细胞间的黏着连接，实际上是相邻两个细胞膜上的钙黏着蛋白间的连接。黏合斑是细胞与细胞外基质之间的连接方式，是通过受体与配体的结合实现的。

（三）通讯连接

通讯连接是一种特殊的细胞连接方式。动物与植物的通讯连接方式不同，动物细胞的通讯连接称为间隙连接(gap junction)，而植物细胞的通讯连接则是胞间连丝(plasmodesmata)。

1. 间隙连接

间隙连接是1967年被发现的，是动物细胞间最普遍的细胞连接方式，是相邻细胞间建立的有孔道的连接结构，允许无机离子和水溶性小分子物质从中通过，从而沟通细胞达到代谢与功能的统一。

2. 胞间连丝

虽然植物细胞没有动物细胞所具有的特异性连接方式，又有较厚的细胞壁，但细胞壁并非完全封闭细胞。植物细胞壁上常有小的开口，称为胞间连丝。胞间连丝是植物细胞间物质运输和信息传递的重要通道。其与动物细胞的间隙连接有许多相同之处，与间隙连接不同的是，胞间连丝的孔能够扩张，允许大分子(包括蛋白质和RNA分子)通过。

3. 化学突触

化学突触是存在于可兴奋细胞之间的细胞连接方式，通过释放神经递质来传导神经冲动而得名。化学突触是相对于电突触而言的，它们共同完成了可兴奋细胞间的通讯。

八、物质的跨膜运输

新陈代谢是细胞生命活动的主要特征，因此细胞质膜具有选择性地进行物质跨膜运输、调节细胞内外物质、离子及渗透压平衡的功能。

（一）物质跨膜运输的范畴

细胞进行的物质运输，具有3种不同的范畴。

1. 细胞运输

细胞运输(cellular transport)主要是细胞与环境间的物质交换，包括对营养物质的吸收、原材料的摄取和代谢废物的排除及产物的分泌。如细胞从血液中吸收葡萄糖及质膜上的离子泵将Na^+泵出、将K^+泵入都属于这种运输范围。

2. 胞内运输

胞内运输(intracellular transport)是真核生物细胞内膜结合细胞器与细胞内环境进行的物质交换。包括细胞核、线粒体、叶绿体、溶酶体、内质网及高尔基体等与细胞内物质的交换。

3. 细胞间运输

细胞间运输(transcellular transport)不仅是物质进出细胞，而且是从细胞一侧进入，从另一侧出去，实际是穿越细胞的运输。如植物根部细胞吸收水分和矿物质，然后将其运输到其他组织即属于这种运输。

（二）被动运输与主动运输

根据运输时对能量的需求，将溶质的跨膜运输分为两大类：被动运输(passive transport)和主动运输

(active transport)。

1. 被动运输

被动运输不需要能量,是顺化学浓度梯度;而主动运输则需消耗能量,且是逆化学浓度梯度。另外,主动运输需要膜蛋白的帮助,而被动运输不一定需要膜蛋白,即使需要也只是起通道作用。被动运输根据是否需要膜蛋白的帮助,可分为自由扩散和协助扩散两种。

(1) 自由扩散(free diffusion)　是被动运输的基本形式,不需要膜蛋白的帮助,也不消耗 ATP,只靠膜两侧保持一定的浓度差,通过扩散发生的物质运输。主要是脂溶性物质及一些不带电的小分子。一般来讲,气体分子(如 O_2、CO_2、N_2)、小的不带电的极性分子(如脲、乙醇)、脂溶性的分子等易通过质膜,大的不带电的极性分子(如葡萄糖)和各种带电的极性分子都难以通过质膜(图 1-27)。

(2) 协助扩散(facilitated diffusion)　又称易化扩散或帮助扩散。是指非脂溶性物质或亲水物质,如氨基酸、糖和金属离子等借助于细胞膜上的膜蛋白顺电化学浓度梯度,不消耗 ATP 进入膜内的一种运输方式。膜蛋白所起作用主要是加快运输(图 1-28)。参与物质运输的蛋白称为运输蛋白(transport protein),它们是跨膜蛋白,根据作用方式不同,分为通道蛋白和载体蛋白。

2. 主动运输

主动运输是由运输蛋白介导的物质运输方式,能够使物质从低浓度向高浓度流动,同时消耗细胞的代谢能。对 ATP 的消耗分为直接和间接两种。主动运输具有 4 个基本特点:① 逆浓度梯度运输;② 依

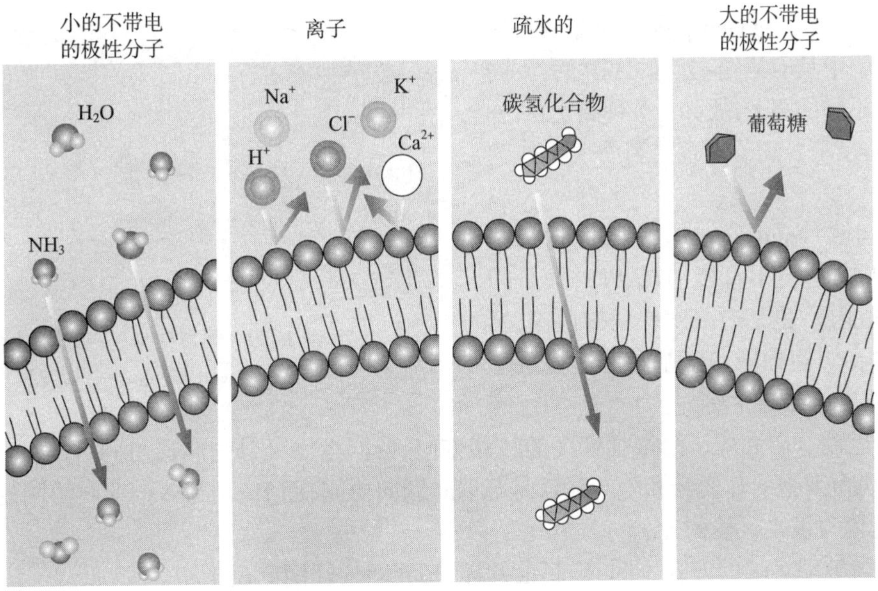

图 1-27　细胞质膜对物质的扩散特性(Raven & Johnson,1992)

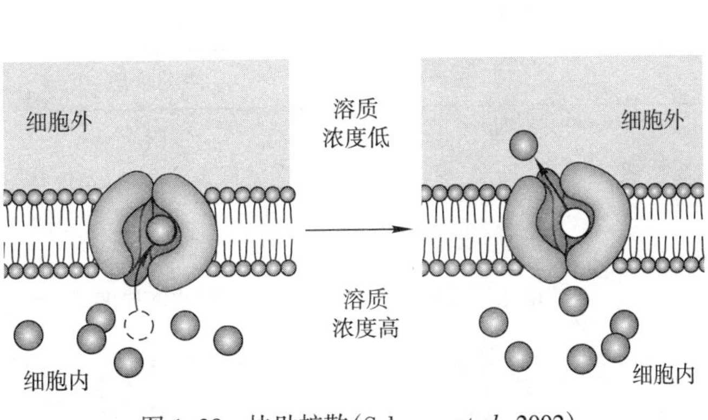

图 1-28　协助扩散(Solomon *et al.*,2002)

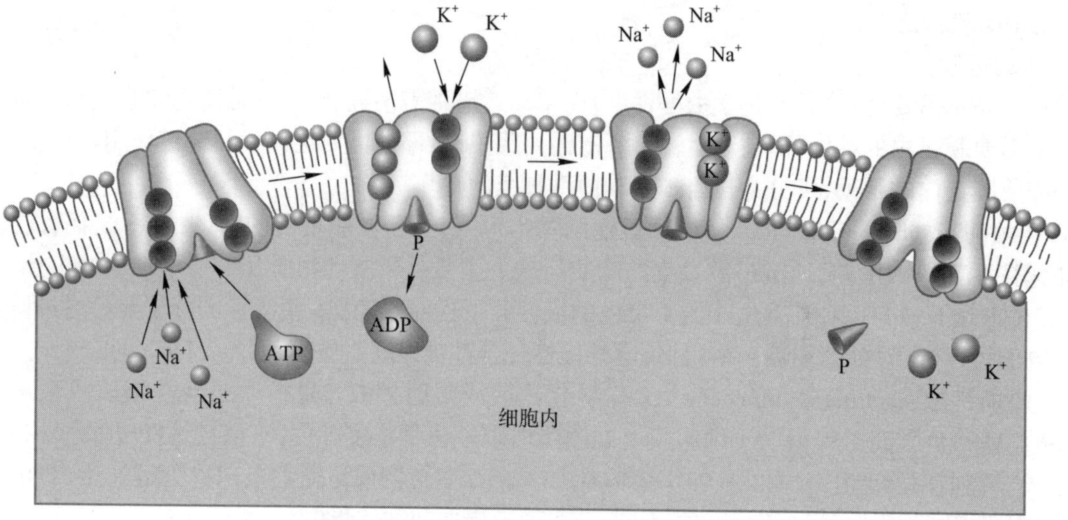

图 1-29 Na^+-K^+ 泵（Raven & Johnson，1992）

赖于膜蛋白运输；③ 需消耗代谢能；④ 具有选择性和特异性。

（1）离子泵 离子泵（ion pump）是镶嵌在质膜脂质双分子层中具有运输功能的 ATP 酶，不同的 ATP 酶运输不同的离子，故称为某种离子泵，如 Na^+-K^+ 泵、Ca^+ 泵等。离子泵直接利用 ATP 作为能源（图 1-29）。

（2）伴随运输（cotransport） 伴随运输是主动运输的一种方式，但不直接消耗 ATP，而是间接利用 ATP 的能量，也是逆浓度梯度的运输，又称为协同运输。如葡萄糖和氨基酸的运输过程就是协同运输（图 1-30）。

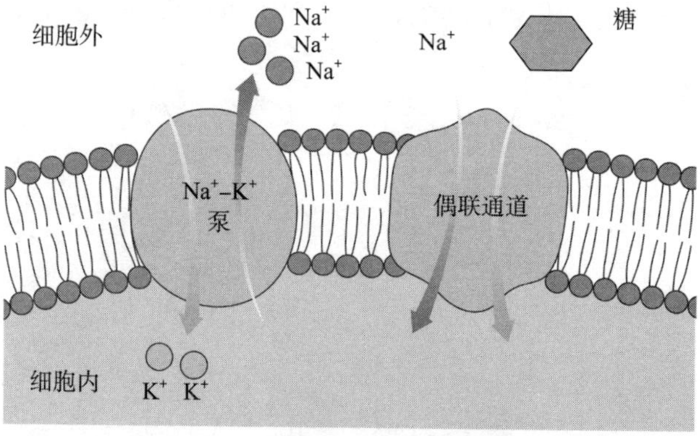

图 1-30 葡萄糖与 Na^+ 的协同运输
（Raven & Johnson，1992）

根据物质运输方向和离子沿浓度梯度的转移方向，协同运输又分为同向协同（symport）与反向协同（antiport）。如动物细胞的葡萄糖和氨基酸就是与 Na^+ 同向协同，而 H^+ 是与 Na^+ 反向协同的。

3. 主动运输与被动运输的比较

主动运输与被动运输的方式不同，机制也各异，相互间的区别见表 1 -7。

表 1-7 不同运输机制的主要特性

性质	扩散	协助扩散	主动运输
参与运输的膜成分	脂质	蛋白质	蛋白质
被运输的物质是否需要结合	否	是	是
能量来源	浓度梯度	浓度梯度	ATP 水解或浓度梯度
运输方向	顺浓度梯度	顺浓度梯度	逆浓度梯度
特异性	无	有	有
运输分子高浓度的饱和性	无	有	有

(三) 内吞作用与外排作用

大分子物质通常是不能跨膜的,大的颗粒物质一般通过内吞作用和外排作用出入细胞内外。

1. 内吞作用

内吞作用(endocytosis)是细胞摄取大分子颗粒物质乃至细胞的过程。根据吞入物质是液体还是固体,内吞作用又分为胞饮作用和胞吞作用。

(1) 胞饮作用　胞饮作用(pinocytosis)是一种非选择性的连续摄取细胞外基质中液滴的内吞过称,吞入的物质通常是液体或溶解物,所形成的小囊泡直径小于 150 nm。胞饮作用是一个连续的过程,从膜上的特殊区域开始。大多数细胞能连续地进行胞饮作用(图 1–31)。

(2) 胞吞作用　胞吞作用(endocytosis)是细胞吞入较大颗粒的过程,如微生物或较大的细胞残片,形成的囊泡叫吞噬体,直径一般大于 250 nm。吞噬作用是许多原生动物如变形虫摄取营养的一种方式,在多细胞动物体内,吞噬作用是一种保护措施而非摄食的手段,只有某些特化细胞,如巨噬细胞及中性粒细胞才具有胞吞作用。它们通过吞噬作用摄取或消灭细菌、病毒以及损伤和衰老的细胞(图 1–31)。

2. 外排作用

外排作用(exocytosis)是与内吞作用相反的过程。是将物质包在膜囊泡内运输到细胞膜表面,然后膜囊泡与细胞膜相融合,内包容的物质释放到细胞外。细胞不需要的大分子物质或细胞产生的供生物体其他部位所需要的物质均可通过外排作用排出细胞外(图 1–32)。

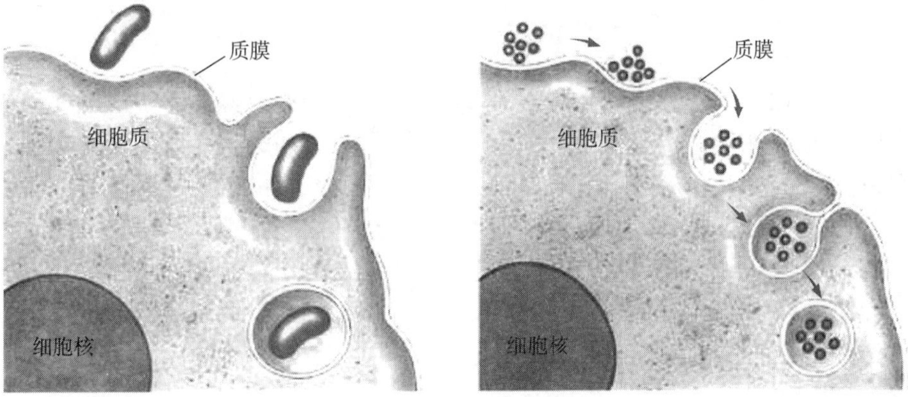

A. 胞吞作用　　B. 胞饮作用

图 1–31　细胞的胞吞作用与胞饮作用(Raven & Johnson, 1992)

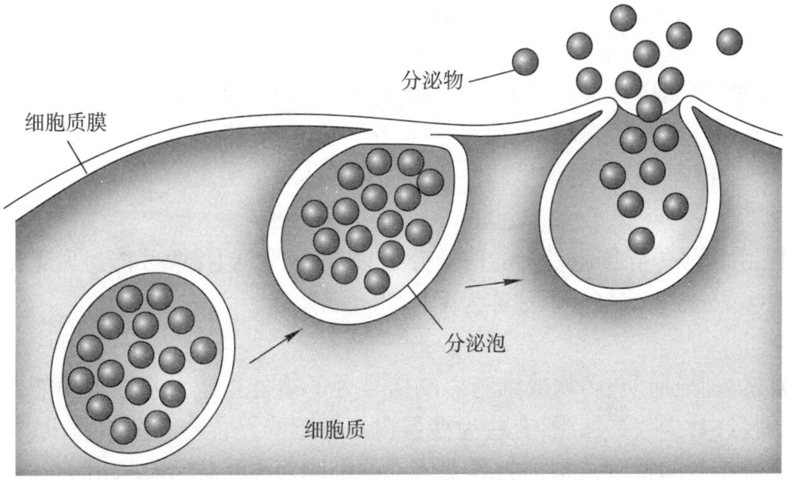

图 1–32　细胞外排作用(Raven & Johnson, 1992)

还有一种将内吞作用和外排作用相结合的物质跨膜运动方式，称跨细胞运输（transcytosis），即转运的物质通过内吞作用从上皮细胞的一侧被摄入细胞，再通过外排作用从细胞的另一侧输出。

九、细胞通讯

细胞通讯（cell communication）是指细胞发出的信息经介质（或配体）传递到另一个细胞并与靶细胞相应受体相互作用，通过细胞信号转导产生细胞内一系列生理生化变化，最终导致细胞整体的生物学效应的过程。

（一）细胞通讯的特点与方式

细胞通讯与人类社会的通讯有异曲同工之处：由信号细胞发出信号，即接触和产生信号分子，由接收细胞（或称靶细胞）通过接收分子即受体蛋白的识别，最终做出应答。细胞通讯是细胞社会更高层次的活动，是生物体生存所必需的。细胞通讯有三种方式：① 间接通讯，细胞通过发出信号分子来执行远距离的通讯联系；② 直接的接触通讯，通过相邻细胞表面的黏着接触进行的一种通讯方式；③ 通过细胞间隙连接，交换代谢物分子进行的一种通讯方式。

细胞通讯中涉及两个基本反应过程：信号传导（cell signaling）和信号转导（signal transduction）。

（1）信号传导　主要是信号的产生及其在细胞间的传送，即信号的合成、分泌与传递。

（2）信号转导　主要是信号的接收与接收后信号转换的方式，即信号的识别、转移和交换。

（二）信号分子

1. 信号分子及其类型

信号分子（signal molecule）是细胞的信息载体，包括化学信号如各类激素、局部介质和神经递质等，以及物理信号如声、光、电和温度变化等。化学信号根据其化学性质分为 3 类：①气体性信号分子，包括 NO、CO，可直接进入细胞激活效应酶产生第二信使 cGMP，参与众多的生理过程，影响细胞行为；②疏水性信号分子，主要是甾类激素和甲状腺素，这些亲脂性小分子可穿过细胞质膜进入细胞，与胞内受体结合形成激素 - 受体复合物，进而调节基因的表达；③亲水性信号分子，包括各种肽类激素、神经递质和局部介质，它们不能穿过靶细胞膜只能与膜上受体结合，经信号转导机制引起靶细胞的应答反应。信号分子的唯一功能是与细胞受体结合并传递信息。

2. 信号分子的作用方式

根据信号分子发挥作用距离的长短，将其作用方式分为 3 类：① 内分泌（endocrine）：由内分泌细胞分泌信号分子（如激素）到血液中，通过血液循环到达体内各个部位，作用于靶细胞；② 旁分泌（paracrine）：细胞分泌的化学物质（化学物质，包括生长因子）经局部扩散，作用于邻近靶细胞，这类局部化学物质迅速产生也迅速降解，很少进入血液；③ 自分泌（autocrine）：细胞对自身分泌的物质发生反应。常见于病理条件下，如肿瘤细胞；④通过化学突触传递神经信号，神经元接受刺激后，神经信号以动作电位的形式沿轴突快速传递到神经末梢，电信号转变为化学信号，然后到达突触后膜，化学信号又转换为电信号，实现电信号 - 化学信号 - 电信号的快速传递（图 1–33）。

（三）信号转导

在细胞通讯中，由信号传导细胞发出的信号分子只有被靶细胞接收才能触发靶细胞的应答，接收信息的分子称为受体（receptor），信号分子被称为配体（ligand）。

1. 受体

任何能够与激素、神经递质、药物或细胞内的信号分子结合并能引起细胞功能变化的生物大分子，称为受体，多数为糖蛋白，少数是糖脂，有些为糖蛋白和糖脂的复合物。细胞通讯中位于细胞膜表面能与某些特定生物物质结合的特定结构称为膜受体或称细胞表面受体（cell-surface receptor）；位于细胞质基质、核基质或胞内膜上的受体称为胞内受体（intracellular receptor）。

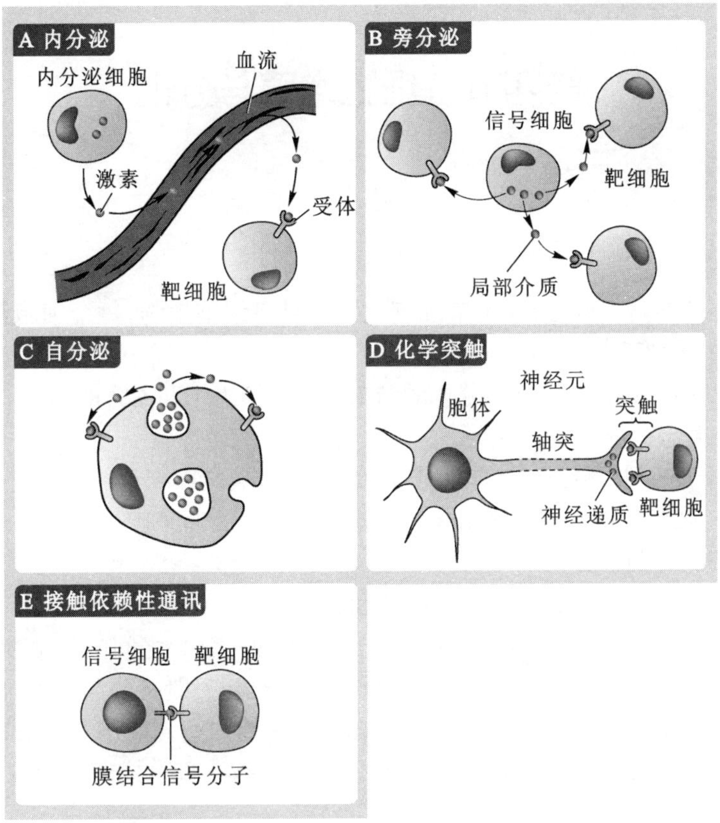

图 1-33　不同的细胞间通讯方式（翟中和，2007）

2. 膜受体

主要是与大的信号分子或小的亲水性信号分子作用，传递信息。多为一些功能性糖蛋白、糖脂或糖蛋白与糖脂复合物。如促甲状腺素受体。

根据信号转导机制和受体蛋白类型的不同，细胞表面受体分属三大家族：①离子通道偶联受体；② G 蛋白偶联受体；③酶联受体。无论哪种类型的受体，一般至少有两个功能域，结合配体的功能域和产生效应的功能域，分别具有结合特异性和效应特异性。受体结合特异配体后被激活，通过信号转导途径将胞外信号转换为胞内化学或物理信号，引发两种主要的细胞反应：一是细胞内现存蛋白活性或功能的改变，进而影响细胞功能和代谢；二是影响细胞内特殊蛋白的表达量，最常见的方式是通过转录因子的修饰激活或抑制基因表达。

3. 胞内受体

主要与脂溶性小信号分子作用，启动某些基因的转录与表达。如各种类固醇激素、甲状腺素等。细胞信号转导通常涉及以下几个步骤：信号的合成与释放；信号分子运输至靶细胞；信号分子与靶细胞受体特异性结合并导致受体激活；活化受体启动胞内一种或多种信号转导途径；引发细胞功能、代谢或发育的改变；信号解除，细胞反应终止。

第四节　细胞增殖与分化

一、细胞周期

生长和繁殖是生命的基本属性，无论单细胞生物还是多细胞生物，每个细胞都要通过分裂进行增殖，细胞增殖是生命的重要特征，细胞通过细胞周期完成分裂，进行增殖以繁衍后代。细胞分化是细胞在发育过程中进行细胞分工的过程，细胞分化的结果导致不同组织和器官的形成。

（一）细胞周期的概念

细胞周期（cell cycle）是指连续分裂的细胞从一次有丝分裂结束到下一次有丝分裂终止所经历的全过程。在这一过程中，细胞的遗传物质复制并均等地分配给两个子细胞。

1. 真核细胞的细胞周期

真核细胞的细胞周期一般分为两个阶段：间期和分裂期。

图 e1-6　细胞周期的生化事件与检验点

（1）间期（interphase）　细胞两次分裂之间的间隙期，可看作是有丝分裂的准备阶段。间期跨越的时间较长，一般又分为 3 个时期：G_1 期（G_1 phase），即上次细胞分裂之后与合成期之前的间隔期；S 期（S phase），即 DNA 合成期（DNA synthetic phase）；G_2 期（G_2 phase），即合成期之后与细胞分裂之前的间隔期（图 e1-6）。

（2）分裂期（mitotic phase）　即有丝分裂期，简称 M 期或 D 期，通过 M 期，细胞一分为二，产生两个子细胞。根据细胞的分裂能力，将真核细胞分为 3 类。

① 持续分裂细胞　又称周期性细胞，即在细胞周期中连续分裂的细胞，如骨髓干细胞和上皮组织基底层细胞。上皮组织基底层细胞通过持续分裂补充上皮组织表层脱落死亡的细胞。

② 终端分化细胞　永久失去分裂能力的细胞，其不可逆地脱离了细胞周期，但保持生理活动机能，如哺乳动物的红细胞、神经细胞和肌肉细胞等。

③ G_0 细胞　又称休眠细胞，暂时脱离细胞周期，不进行增殖，也称静止细胞，如某些免疫淋巴细胞、肝细胞、肾细胞等，在某些条件刺激下，可以重新进入细胞周期进行分裂增殖。

2. 真核细胞周期各时相动态

细胞周期的不同阶段发生的化学事件不同。

（1）G_1 期　有丝分裂完成到 DNA 复制前，又称合成前期。此期是新生成的子细胞生长期，主要合成细胞生长所需的各种蛋白质、糖类、脂质等，但不合成 DNA。

（2）S 期　又称合成期。此期主要进行 DNA、组蛋白及 DNA 复制所需酶的合成。

（3）G_2 期　DNA 合成后期，染色体已加倍，细胞内大量合成 RNA 和蛋白质，包括微管蛋白和促成熟因子等，做好进入分裂期的物质准备。

（4）分裂期（dividing phase，mitosis）　又称 M 期或 D 期，是细胞分裂开始到结束所经历的过程。即从染色体浓缩、分离到平均分配到两个子细胞为止。体细胞一般进行有丝分裂；生殖细胞进行减数分裂，减数分裂是有丝分裂的特殊形式。

3. 原核细胞的细胞周期与细胞时相

原核细胞如细菌繁殖极快，无论在什么培养基上培养，S 期稳定在 40 min，分裂期稳定在 20 min 左右。细菌的细胞周期由 3 个连续的阶段组成。

(1) 启动期(initial phase)　DNA 复制准备阶段,包括 DNA 的底物积累,启动蛋白质的合成、能量的准备,是一个可变动的时期。

(2) DNA 合成期(S)　40 min,长度相对稳定。

(3) 细胞分裂期(D)　两个子细胞的形成,20 min,固定不变。

(二) 细胞周期的调控

生命活动是有节律的,细胞周期的活动也是在精密的调控下进行的。

1. 细胞周期的调控系统

细胞周期是受中央控制系统的调控的。关于细胞周期的调控方式,一般有两种观点:一是连锁反应,即在细胞周期中,一个事件的发生没结束,就引发了下一个事件;另一种是协同反应,即一个事件的发生并不意味着下一个事件必然发生,但可作为下一个事件发生的起因。

2. 细胞周期的调控因子

一般将调控细胞周期的蛋白称之为促成熟因子(maturation promoting factor,MPF)。促成熟因子由两种关键的蛋白质家族组成,一种是周期蛋白依赖性的蛋白激酶(cyclin-dependent protein kinase,Cdk),它能使特定蛋白质的丝氨酸和苏氨酸残基磷酸化,来引发细胞周期事件。第二种是特殊的激活蛋白家族,称为周期蛋白(cyclin),它能同 Cdk 结合,并控制 Cdk 使某些蛋白磷酸化。已经鉴定出的周期蛋白有 cyclin A、B、C、D、E、F、G、H、L、T 等;Cdk 家族成员有 Cdk1(即 Cdc2)、Cdk2、Cdk3、Cdk4、Cdk5、Cdk6、Cdk7 等。

周期蛋白同 Cdk 蛋白复合物的装配与去装配,决定着细胞周期的进程。调控细胞周期的蛋白主要有两类:一类称有丝分裂周期蛋白(cyclin A),细胞由 G_2 期即将进入有丝分裂期时,它同 Cdk 蛋白分子结合;另一类是 G_1 期蛋白(cyclin B),细胞在 G_1 期或将要进入 S 期时,G_1 期蛋白同 Cdk 分子结合。周期蛋白同 Cdk 蛋白的装配与解聚,决定着细胞周期的转换与进程。

(三) 细胞周期的调控机制

MPF 是一种蛋白激酶,能使丝氨酸和苏氨酸磷酸化,它由两个亚基组成,一个是催化亚基,属于周期蛋白依赖性蛋白激酶(Cdk),是 *p34* 基因的产物。另一个亚基是有丝分裂周期蛋白(cyclin)。在细胞周期运转过程中,$p34^{Cdc2}$ 蛋白的量(Cdc2,即 Cdk1)相对恒定,而周期蛋白是随着细胞周期变化而有规律的波动,故称 $p34^{Cdc2}$ 蛋白为细胞周期的引擎。

1. 细胞周期控制点

在典型的细胞周期中,控制系统是通过细胞周期的检验点来进行调节的。细胞周期中有两个主要的检验点:一个是 G_1/S 检验点(G_1 checkpiont),另一个是 G_2/M 检验点(G_2 checkpiont)。G_1 点称为起始点,它触发 S 期的起始;G_2 点是触发 M 期的起始(图 1-34)。

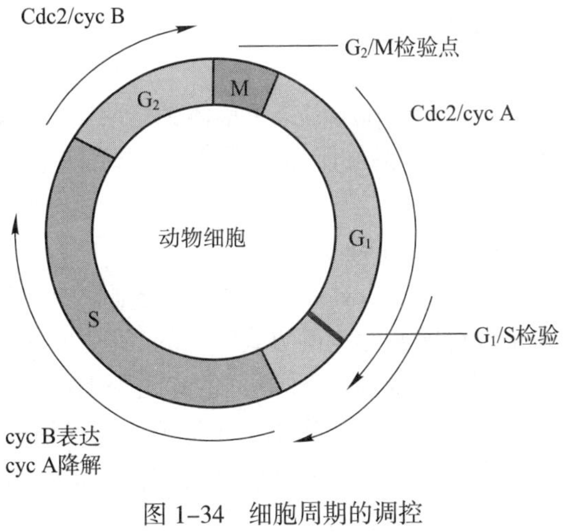

图 1-34　细胞周期的调控

2. 调控机制

不同的细胞周期蛋白同 Cdc2($p34^{Cdc2}$,Cdk1)结合,激活催化亚基的激酶活性,越过不同的控制点,进入不同的时相。若 Cdc2 同 cyclin A 结合,可促使细胞进入 S 期;若 Cdc2 同 cyclin B 结合,则促进细胞进入 M 期。

cyclin A 是 G_1 期细胞周期蛋白,在 G_1 期表达,进入 S 期降解;cyclin B 在 S 期开始表达,在 G_2/M 期达到高峰,中期向后期转换时被降解,此时 Cdc2 也就失去了活性(图 1-34)。

二、细胞分裂

细胞分裂(cell division)是有机体生长和繁衍的基本保证。生物经过长期的进化过程，由原核细胞逐渐演化到真核细胞，细胞分裂方式也由简单趋于完善，出现了无丝分裂、有丝分裂和减数分裂等多种形式。其中真核细胞增殖的方式主要有有丝分裂和减数分裂，通过有丝分裂产生两个含有相同染色体的子细胞；而减数分裂产生遗传上有变异的单倍体细胞，用于有性生殖。

(一) 无丝分裂

无丝分裂(amitosis)非常简单，分裂过程中不出现染色体和纺锤体等结构。细胞分裂时，首先核仁拉长分裂为二，接着细胞核拉长，核仁向核的两端移动，然后核的中部凹陷断裂，同时细胞质从中部收缩一分为二，于是一个细胞便分为两个子细胞了。

无丝分裂常见于低等生物及高等动植物生长旺盛的组织和器官中。无丝分裂速度快，物质和能量消耗少，细胞分裂时仍能维持正常的生理功能。当细胞处于不利环境时，无丝分裂也可作为一种适应性分裂使细胞得以增殖。

(二) 有丝分裂

有丝分裂(mitosis)是多细胞生物增殖的主要方式，一般发生在体细胞中，有丝分裂主要表现在细胞核分裂时核相的变化，人为地划分为前期、前中期、中期、后期、末期和胞质分裂 6 个时期，前 5 个时期是先后连续的核分裂过程，胞质分裂相对独立。

1. 前期

前期(prophase)的主要变化是染色质浓缩、凝集形成光镜下可辨的早期染色体结构，由中心体和微管形成的星体逐渐移向细胞两极，确立细胞分裂极。核仁解体、核膜消失。

2. 前中期

核膜破裂标志着前中期(prometaphase)的开始。染色体进一步凝集浓缩，变粗变短，纺锤体形成。

3. 中期

中期(metaphase)的主要变化是染色体排列在赤道面上，形成赤道板(spindle equator)，是一个染色体由不稳定状态向稳定状态转变的过程。纺锤体呈现典型的纺锤样。

4. 后期

后期(anaphase)初始，每一染色体的着丝粒在纺锤体微管的作用下分为两个，进而造成染色单体分开，并移向两极。

5. 末期

末期(telophase)染色单体到达两极并开始去浓缩，分散开来，又成为纤细的染色质，核仁、核膜重新出现，形成新的细胞核。同时一个母细胞分裂为两个子细胞，子细胞在染色体的数量和质量上与母细胞完全一致。

6. 胞质分裂

胞质分裂(cytokinesis)在动物细胞中，核分裂和胞质分裂相继发生，但属于两个分离的过程，胞质分裂是以缢缩和起沟的方式完成的，肌动蛋白和肌球蛋白参与了分裂沟、收缩环的形成和整个胞质分裂过程。在植物细胞中，子核间的赤道面上由微管密集成桶状结构，称为成膜体(phragmoplast)，同时由高尔基体及内质网分离出来的小泡汇集到赤道面上，与成膜体的微管融合为细胞板(cell plate)，并不断向两侧扩大直到与原来的细胞质膜结合，同时将细胞质分成两半(图 1-35)。

(三) 减数分裂

减数分裂(meiosis)是特殊形式的有丝分裂，仅发生在有性生殖细胞形成过程中的某个阶段。减数分裂包括持续的两次分裂，即减数分裂Ⅰ和减数分裂Ⅱ。在这两次分裂期间，染色体只复制一次，而细

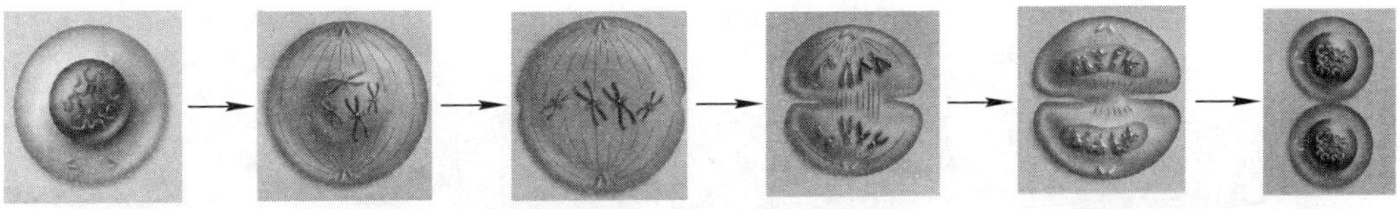

图 1-35　植物细胞有丝分裂过程（G. B. Johnson，2006）

胞分裂两次，产生四个子细胞，子细胞染色体数目为母细胞染色体数目的一半，故称减数分裂。

1. 减数分裂过程

减数分裂过程由减数分裂Ⅰ和减数分裂Ⅱ组成。

(1) 减数分裂Ⅰ　减数分裂Ⅰ(meiosis Ⅰ)与有丝分裂较为相似，也分为前期Ⅰ、中期Ⅰ、后期Ⅰ和末期Ⅰ，过程比较复杂，许多减数分裂特征都发生在这一时期。

① 前期Ⅰ 变化最为复杂，包括细线期、偶线期、粗线期、双线期和终变期。细线期：也称凝集期，染色质凝集，染色质纤维折叠、螺旋化，变粗变短。偶线期：来自父母双方的同源染色体(homologous chromosome)配对，即联会(synapsis)。联会是减数分裂有别于有丝分裂的重要特征。配对的染色体共有 4 个染色单体(又称四分体)，两条配对的同源染色体紧密结合形成的复合结构称为二价体(bivalents)。粗线期：同源染色体仍紧密结合，发生等位基因之间部分 DNA 片段的交换和重组。双线期：DNA 重组结束，同源染色体分离，交叉消失。双线期持续时间一般较长，长短变化很大，人类卵母细胞从胚胎期第五个月开始，持续十几年到几十年，直至生育期结束。终变期：染色体重新开始凝集，形成短粗的棒状结构，终变期结束即意味着前期Ⅰ的完成。

② 中期Ⅰ　和有丝分裂一样，中期Ⅰ的特点也是染色体排列在细胞的赤道面上，但同源染色体不分开，仍成对排列在细胞中央，纺锤体进行组装。

③ 后期Ⅰ　同源染色体对彼此分离，被纺锤丝牵拉移向两极，到达每极的染色体是单倍体数量的一组染色体。不同的同源染色体在分向两极时相互间是独立的，即父母双方来源的染色体组合是随机的，到达两级的染色体有多种多样的组合方式。如人类细胞有 23 对染色体，理论上将会产生 2^{23} 种不同组合方式，这极有利于减数分裂后的基因产生变异。

④ 末期Ⅰ　染色体解旋变细，但仍保持可见的染色体形态。核膜不一定全部恢复，只是细胞质分裂成两个细胞，然后进入间期。

在减数分裂Ⅰ产生的两个细胞中，虽然每一染色体已经复制成两个染色单体，但其仍未完全分开，在细胞分裂时它们一同进入一个子细胞，因此只能算一个染色体，所以从染色体数目看已经减半了。减数分裂Ⅰ之后的间期很短，有时甚至在第一次分裂后，不经过间期就直接开始第二次分裂了，间期内不发生 DNA 的复制。

(2) 减数分裂Ⅱ　减数分裂Ⅱ也分为前期Ⅱ、中期Ⅱ、后期Ⅱ和末期Ⅱ。这次分裂实际上是一次有丝分裂。前期Ⅱ很短，伸展的染色质再次浓缩螺旋化；中期Ⅱ时出现纺锤体，由两个染色单体组成的染色体再次排列在赤道面。末期Ⅱ时，各染色体的两个染色单体分开，并分别移向细胞两极，然后细胞分裂为两个子细胞，子细胞染色体数是母细胞的一半。减数分裂的结果是，一个二倍体的细胞产生了 4 个在染色体数目上都是单倍体的细胞(图 1-36)。

对动物细胞减数分裂而言，雄性动物形成的 4 个子细胞大小相似，称为精子细胞，继续发育为精子；雌性动物两次减数分裂都表现为不均等分裂，第一次分裂产生一个大的次级卵母细胞和一个小的第一极体，次级卵母细胞进行第二次分裂，产生一个卵细胞和一个第二极体，极体一般没有功能，很快解体。高等植物细胞与此类似，雄性产生 4 个有功能活性的精子，雌性只产生一个有功能活性的卵细胞。

2. 减数分裂和有丝分裂的比较

减数分裂和有丝分裂的比较见表 1-8。

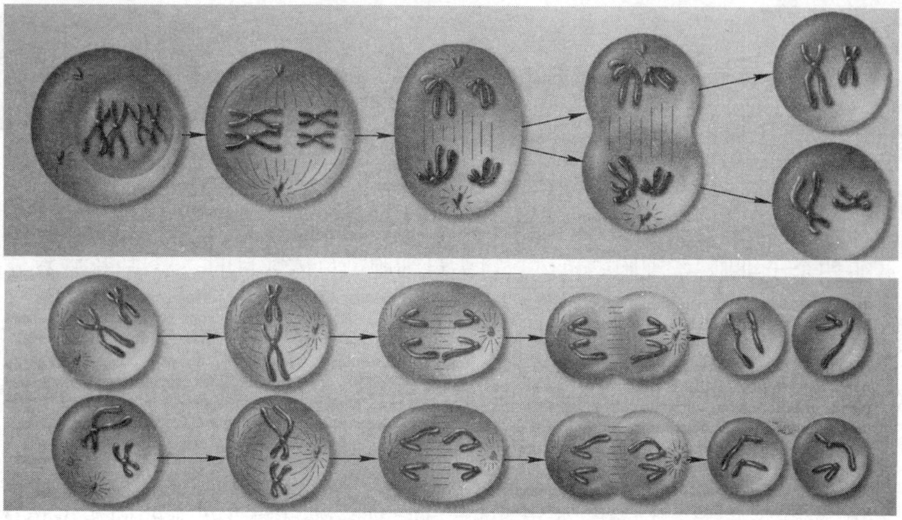

图 1-36　植物细胞的减数分裂过程（G. B. Johnson，2006）

表 1-8　减数分裂和有丝分裂的比较

有丝分裂	减数分裂
发生在体细胞	发生在生殖细胞
细胞分裂一次，DNA 复制一次	细胞分裂两次，DNA 复制一次
染色体无配对、联会、交换和交叉	染色体配对、联会、交换和交叉
产生两个与母细胞遗传组成完全相同的子细胞	产生 4 个与母细胞遗传组成完全不相同的子细胞
分裂时间短，1～2 h	分裂时间长，几十小时至几年

3. 减数分裂的生物学意义

减数分裂不仅将二倍体细胞生成 4 个单倍体细胞，而且在此过程中产生了重要的遗传重组事件。在减数分裂的第一次分裂过程中，有两种方式产生遗传变异，一是通过亲代染色体在单倍体细胞中的自由组合，配子所含的染色体在组成上有些来自雄性亲本，有些则来自雌性亲本。二是通过同源染色体配对时发生的 DNA 交换，这种遗传重组过程产生的单个染色体中，同时含有父本和母本的基因。经有性生殖单倍体雌、雄配子的融合，染色体数目恢复正常稳定了遗传性，同时把不同遗传背景的父母双方的遗传物质混合在一起，增加了新的遗传变异，确保生物的多样性，增强了生物适应变化环境的能力。因此，减数分裂既保证了生物的繁衍，又成为生物进化的动力。

三、细胞分化

对于多细胞生物来讲，每个个体是由多种多样的细胞构成的，不同的细胞具有不同的结构和功能，不同种类的细胞都是通过细胞分化产生的。完整的多细胞生物个体是由受精卵产生的细胞后代增殖而来，受精卵通过细胞分裂增加细胞数目，通过分化产生不同类型的细胞，形成各种组织、器官和系统，最终形成一个完整的多细胞生命体。

（一）细胞分化的概念

1. 细胞分化

细胞分化（cell differentiation）是指同一来源的细胞在形态结构、生理功能和生化特征出现差异的过程。细胞分化时的主要特征是细胞出现不同的形态结构和合成组织特异性蛋白质,演变成特定表型的细胞类型。

2. 细胞分化的本质

从分子水平看,细胞分化是某些基因在一群特定细胞中表达,引起一系列细胞内相关变化的结果。即特定基因在一定时间、空间表达的结果,是细胞对化学环境变化的一种反应。生物体内不同细胞中有不相同的基因活性,表现出某些特异性蛋白质的合成,这是某些基因在一定时间内选择性激活的结果。

(二)细胞分化中的基因表达

在胚胎发生过程中相继出现各种类型的细胞是由于特定基因活化的结果,通过特定基因表达合成某些特异性蛋白质,执行特殊的功能,即细胞分化的实质就是基因选择性表达的结果。

1. 基因与细胞分化

事实上,细胞的基因并非都是与细胞分化有直接的关系,涉及细胞分化的基因主要有以下几类。

(1) 看家基因(house-keeping gene) 是维持细胞最低限度功能所不可缺少的基因,如编码组蛋白的基因、核糖体蛋白的基因和糖酵解酶的基因等。

(2) 组织特异性基因(tissue-specific gene) 又称奢侈基因(luxury gene),是不同类型细胞中特异表达的基因,赋予细胞特异的形态结构和功能,是各类细胞中进行不同选择性表达的基因,如红细胞中的血红蛋白基因、晶状体中的晶状体蛋白基因、胰岛细胞中的胰岛素基因等。

(3) 调节基因(regulatory gene) 与细胞分化密切相关的另一类基因,其转录产物或激活或阻遏组织特异性基因的表达。

可见细胞分化主要是奢侈基因中某些特定基因选择性表达的结果,细胞分化的关键就是细胞按照一定程序发生差别基因表达,激活某些基因,阻遏某些基因,这与基因表达的调节控制相关。

2. 基因调控的作用

(1) 维持细胞的生活功能 细胞的生活功能,包括新陈代谢、生长发育和生殖等,基因调控就是保证这些活动正常进行,主要是看家基因的作用。

(2) 导致细胞分化 不同分化细胞在形态、结构和功能上都是不同的,但所含遗传物质是相同的。形态、结构和功能上的差异是基因选择性表达的结果,主要是组织特异性基因经调控后差别表达的结果。

总之,每种类型的细胞分化是由多种调控蛋白共同调控完成的,通过组合调控的方式启动特异性基因的表达是细胞分化的基本机制。

(三)干细胞

干细胞(stem cell,SC)是一类具有自我更新能力的多潜能细胞,在一定条件下,它可以分化成多种功能细胞。

1. 干细胞的分类与特点

干细胞有两种分类方法,一是根据根细胞所处发育阶段分为:胚胎干细胞和成体干细胞;二是根据干细胞发育潜能分为3类:全能干细胞(totipotency)、多能干细胞(pluripotency)和专能干细胞(multipotency)。干细胞具有以下几个特点:①干细胞不处于分化途径的终端;②干细胞可无限制地分裂;③干细胞分裂产生的子细胞,或仍作为干细胞,或不可逆地向终末分化。

2. 胚胎干细胞

胚胎干细胞(embryonic stem cell,ES cell)的分化和增殖构成动物发育的基础,即由单个受精卵发育成为具有各种组织器官的个体。ES细胞有两个主要特性:首先ES细胞在不同条件下具有不同的功能状态,如有抑制因子存在时,它呈未分化状态,无抑制因子时,可分化成各种细胞;第二,ES细胞具有发育分化成各种类型细胞的多潜能性,这一特性既可在体内发育,又可在体外诱导。

3. 成体干细胞

成体干细胞(adult stem cell)的进一步分化是成年动物体内组织和器官修复再生的基础。主要包括间充质干细胞、神经干细胞、上皮干细胞等。

4. 诱导性多功能干细胞

诱导性多功能干细胞(induced human pluripotent stem cell,iPS cell),也称诱导多能干细胞。iPS是由一些多能遗传基因导入皮肤成纤维细胞等受体细胞中制造而成,然后进一步进行体外诱导分化,得到理想的细胞模型。

e 诱导性多功能干细胞研究进展见电子资源1-1

(四)细胞决定

从分子意义上看,细胞分化意味着某些特异性蛋白质的优先合成,以适应某种生理功能。从形态上看,大多数细胞为适应于特化的功能,在形态上发生相应的改变。这种形态结构和功能上逐渐特化的结果,使机体细胞产生稳定性差异,出现了执行不同生理功能的各组织的分化细胞。许多情况下,往往是细胞分化以前,就有一个预先保证细胞怎样变化的时期,这一阶段称为细胞决定(cell determination)。细胞在这种被称作为决定的状态下,沿着特定类型分化的能力已稳定下来。

四、细胞的衰老与死亡

生物体从出生之后,必定要经历生长、发育、成熟、衰老直至死亡几个阶段,这是生命的必然规律。细胞同样也存在一定的寿命,也要经历未分化到分化、分化到衰老、衰老至死亡的几个阶段。

(一)细胞衰老及其特征

1. 衰老

衰老(senescing aging)是指机体在退化时期生理功能下降和紊乱的综合表现,是不可逆的生命过程。细胞的衰老与机体的衰老是两个不同的概念,机体的衰老表现为整体衰老;细胞的衰老则表现为细胞期衰老、生物大分子衰老等不同层次。机体衰老并不等于所有细胞的衰老,但细胞的衰老与机体的衰老密切相关。

2. 细胞衰老的特征

① 细胞水分减少;② 色素生成、色素颗粒沉积;③ 细胞质膜流动性下降;④ 线粒体体积膨大,数量减少;⑤ 细胞核膜内折直至核膜崩解;⑥ 细胞骨架系统解体,蛋白质合成速度降低。

(二)细胞死亡

细胞死亡(cell death)是指细胞生命现象不可逆的停止。不论单细胞生物还是多细胞生物,其细胞死亡都由细胞内的遗传程序所控制,也称为程序性细胞死亡(programmed cell death,PCD)。动物细胞死亡方式主要有3种:凋亡(apoptosis)、坏死(necrosis)和自噬(autophagy)。

1. 细胞死亡方式

(1) 凋亡 又称程序性细胞死亡,是指细胞在一定的生理或病理条件下按照自身遗传程序的调控结束其生存。凋亡过程中细胞质膜保持完整,其内含物没有外泄到细胞外,不引发炎症反应。所有动物细胞都具有类似的凋亡机制,有依赖蛋白酶Caspase和不依赖蛋白酶Caspase两种凋亡途径,当细胞受到凋亡信号刺激时,可同时激活这两条凋亡途径。

(2) 坏死 细胞坏死是细胞受到化学因素(如强酸、强碱、有毒物质)、物理因素(如热、辐射)和生物因素(如病原体)等环境因素的伤害,引起细胞死亡的现象。细胞坏死时质膜破损、细胞内容物(如破碎的细胞器及染色质片段)释放到细胞外,引起周围组织的炎症反应。研究表明细胞坏死可能是细胞"程序性死亡"的另一种形式,具有包括引起炎症反应的重要生理功能。坏死细胞的形态改变主要是由下列两种病理过程引起的,即酶性消化和蛋白变性。参与此过程的酶,若来源于死亡细胞本身的溶酶体,则称为细胞自溶(autolysis);若来源于浸润坏死组织内白细胞溶酶体,则为异溶(heterolysis)。

(3) 自噬 细胞自噬是细胞在自噬相关基因(autophagy related gene,Atg)的调控下利用溶酶体降解自身受损的细胞器和大分子物质的过程。细胞中一些损坏的蛋白质或细胞器被双层膜结构包裹形成400 ~ 900 nm 的自噬小泡后,与溶酶体膜(动物)或液泡膜(酵母和植物)融合,内含物被溶酶体中的水解酶消化并得以循环利用。植物多在种子成熟时、贮藏蛋白的沉积或萌发时、储存蛋白的降解中起作用;动物发生在个体遭遇营养危机和胚胎发育期间,细胞依靠降解自身物质产生能量最终导致死亡。

细胞自噬是细胞在恶劣条件下确保其生存的基本应激反应。与细胞凋亡、细胞衰老一样,是十分重要的生物学现象,与机体组织器官发育、个体衰老、细胞免疫、肿瘤等疾病的发生密切相关,参与生物的生长、发育等多种过程。细胞自噬是 2016 年诺贝尔生理学或医学奖获得者日本科学家大隅良典首次提出的。

2. 细胞凋亡与细胞坏死的区别

(1) 细胞凋亡 细胞凋亡多发生于生理情况下,为维持内环境的稳定,由基因控制的细胞自主地有序性死亡。凋亡的细胞很快被巨噬细胞或邻近细胞清除,无炎症反应,不影响其他细胞的功能。

(2) 细胞坏死 由多种致病因子如局部缺血,物理、化学和生物因子作用而产生的急性损伤所致,故称病理性死亡。坏死的细胞质膜通透性增高,常裂解并释放内含物,并引起炎症反应。

细胞凋亡与细胞坏死有 3 个根本区别:① 引起死亡的原因不同:如物理性或化学性的损害因子、缺氧与营养不良等均能导致细胞坏死,而细胞凋亡则是由基因控制的。② 死亡的过程不同:坏死细胞质膜通透性增高,致使细胞肿胀,细胞变形或肿大,最后细胞破裂;而凋亡的细胞不会膨胀、破裂,而是收缩并分割成膜性小泡后被吞噬。③ 坏死细胞裂解,释放内容物,引起炎症反应,愈合过程中常形成疤痕;凋亡细胞不被完全裂解,不会引起炎症反应(表 1–9)。

3. 细胞凋亡的生物学意义

研究证明,细胞凋亡与细胞增殖、分化具有同样重要的意义。在发育和成年组织中细胞凋亡的数量极大,如在健康成年人体的骨髓和肠组织中,每小时大约有 10 亿个细胞死亡。肢体发生中,通过细胞凋亡使一部分细胞进入死亡途径,使单指(或趾)得以分开。此外,生物发育成熟后一些不需要的结构也是通过细胞凋亡加以消除,如蝌蚪的尾巴就是这样消除的。可见,细胞凋亡是机体自我保护的一种机制,是生物长期遗传、进化的结果,使生物得以更好地进行世代延续。

表 1–9 细胞凋亡和细胞坏死的区别

区别点	细胞凋亡	细胞坏死
起因	生理性或病理性	病理性变化或剧烈损伤
范围	单个散在细胞	大片组织或成群细胞
细胞膜	保持完整,一直到形成凋亡小体	破损
染色质	凝聚在核膜下呈半月状	呈絮状
细胞器	无明显变化	肿胀、内质网崩解
细胞体积	固缩变小	肿胀变大
凋亡小体	有,被邻近细胞或巨噬细胞吞噬	无,细胞自溶,残余碎片被巨噬细胞吞噬
基因组 DNA	有控降解,电泳图谱呈梯状	随机降解,电泳图谱呈涂抹状
蛋白质合成	有	无
调节过程	受基因调控	被动进行
炎症反应	无,不释放细胞内容物	有,释放细胞内容物

五、癌细胞

多细胞有机体是由各类分化细胞组成的，其中细胞的分裂增殖、分化、凋亡等均受到严格的调控。基因突变往往会导致某些分化细胞分裂增殖失控，最终发展为癌细胞。如果生存环境不断恶化，会导致基因突变率提高，细胞癌变的概率也随之增加。动物体内因分裂失调而无限增殖的细胞称为肿瘤细胞（tumor cell），有转移能力的肿瘤为恶性肿瘤（malignancy），上皮组织的恶性肿瘤统称为癌（cancer）。

（一）癌细胞的形态特征

癌细胞大小形态不一，通常比它的原细胞体积要大，核质比显著高于正常细胞，可达 1∶1，正常的分化细胞核质比为 1∶（4～6）。核形态不一，并可出现巨核、双核或多核现象。核内染色体呈非整倍态（aneuploidy），某些染色体缺失，而有些染色体数目增加。正常细胞染色体的不正常变化，会启动细胞凋亡过程，但是癌细胞中，细胞凋亡相关的信号通路产生障碍，使之成为永生细胞。

线粒体表现为不同的多型性、肿胀、增生，如嗜酸性细胞腺瘤中肥大的线粒体紧挤在细胞内，肝癌细胞中出现巨线粒体。细胞骨架紊乱，某些成分减少，骨架组装不正常。细胞表面特征改变，产生肿瘤相关抗体（tumor associated antigen）。

（二）癌细胞的生理特征

1. 细胞分裂与生长失控

正常有机体中，细胞的生长、分裂、增殖、衰老与死亡处于动态平衡，受到严格的调控而保持组织器官内环境的相对稳定。癌细胞则分裂失控，成为不死的永生细胞。癌细胞的细胞周期失控，就像寄生在细胞内的微生物，不受正常生长调控系统的控制，能持续的分裂与增殖。

2. 浸润性和转移性

浸润和转移是恶性肿瘤的基本特性之一，是引起肿瘤复发和远处转移的主要因素。恶性肿瘤细胞常以直接浸润、血管渗透、淋巴管渗透、浆膜及黏膜面蔓延等方式向周围组织进行浸润。转移是指恶性肿瘤细胞脱离其原发部位，通过多种渠道转运到其他器官组织继续增殖生长，形成同样性质肿瘤的过程。

浸润和转移是互有联系的不同病理过程，浸润是转移的前奏，但并不等于一定发生转移，然而转移必定包含浸润的过程。

癌细胞黏着和连接相关的成分发生变异或缺失，相关信号通路受阻，细胞失去与细胞间和细胞外基质间的联结，黏着性下降，易于浸润周围健康组织，并通过血液循环或淋巴途径转移到其他部位。许多癌细胞具有变形运动能力，并且能产生酶类，使血管基底层和结缔组织穿孔，使它向其他组织转移。肿瘤细胞转移并在机体其他部位产生刺激肿瘤称为转移灶（metastasis）。此外，癌细胞分化程度低于良性肿瘤，失去了原组织细胞的一些结构和功能。

3. 细胞间相互作用改变

相邻细胞通过其表面特异蛋白间的相互作用，使细胞形成组织和器官。癌细胞异常表达某些膜蛋白，破坏了细胞间的识别与相互作用，在浸润、转移过程中，与其他部位的细胞黏着并继续增殖，逃避免疫系统的识别与监控，最终导致增殖异常。

图 e1-7　肿瘤细胞失去接触抑制现象

4. 癌细胞的接触抑制和定着依赖性丧失

正常细胞在体外培养时表现为贴壁生长和汇合成单层后停止生长的特点，即接触抑制现象，而肿瘤细胞即使堆积成群，仍然可以生长（图 e1-7）。正常真核细胞，除成熟血细胞外，大多须黏附于特定的细胞外基质上才能抑制凋亡而存活，称为定着依赖性（anchorage dependence）。肿瘤细胞失去定着依赖性，可以在琼脂、甲基纤维素等支撑物上生长。

5. 癌细胞代谢旺盛，对生长因子需要量降低

肿瘤组织的 DNA 和 RNA 聚合酶活性均高于正常组织，核酸分解过程明显降低，DNA 和 RNA 的含量均明显增高。癌细胞的蛋白质合成及分解代谢也都增强，但合成代谢超过分解代谢，甚至可夺取正常组织的蛋白质分解产物，结果可使机体处于严重消耗的恶病质（cachexia）状态。

体外培养的癌细胞对生长因子的需要量显著低于正常细胞，这是因为自分泌或其细胞增殖的信号途径不依赖于生长因素。某些固体瘤细胞还能释放血管生成因子，促进血管向肿瘤生长，获取大量繁殖所需的营养物质。

6. 癌细胞的可移植性

正常细胞移植到宿主体内后，由于免疫反应而被排斥，多不易存活。但是肿瘤细胞具有可移植性，如人的肿瘤细胞可移植到鼠类体内，形成移植瘤。

（三）Hela 细胞

Hela 细胞是生物学与医学研究中使用的一种细胞，源自一位名叫 Henrietta Lacks 的美国黑人妇女子宫颈癌细胞的细胞系。这名美国妇女在 1951 年死于此癌症。

1. Hela 细胞的特征

① 可以连续传代；② 细胞株不会衰老致死，并可以无限分裂下去；③ 与其他癌细胞相比，Hela 细胞增殖异常迅速；④ 感染性极强。得益于 Hela 细胞独有的特性，其已被广泛应用于肿瘤研究、生物实验、细胞培养，成为医学研究中非常重要的工具。

2. Hela 细胞的研究应用

研究人员 1952 年用各种从腮腺炎、麻疹到疱疹疾病组织分离来的病毒感染 Hela 细胞，由此现代病毒学产生。1954 年，Hela 细胞帮助科学家实现了细胞克隆。1956 年，Hela 细胞先于人类，随一颗苏联卫星进入太空，开始被用于太空生物学研究。美国宇航局后来还在首次载人航天飞机中携带了 Hela 细胞，并发现癌细胞在太空中繁殖更快。1965 年，利用 Hela 细胞实现了基因混合。1973 年，科学家利用 Hela 细胞对沙门氏菌的扩散，测定基因传染性，研究其在人体细胞中的活动。1984 年，一名德国病毒学家利用 Hela 细胞证明了人乳头状病毒（HPV）会导致癌症，为此而获得了诺贝尔奖，也向 HPV 疫苗的成功研制迈出了第一步。1986 年，科学家利用 Hela 细胞感染人体免疫缺陷病毒（human immunodeficiency virus，HIV），通过它找到了一个关键受体，揭示了这种病毒的感染机制。1989 年，一位耶鲁大学的研究人员公布了一项科学发现，Hela 细胞含有一种叫端粒酶的物质，能使细胞不死。这让控制生物衰老的神秘物质——端粒酶走进了人们的视线。1993 年，研究人员利用 Hela 细胞感染结核杆菌 DNA，揭示了细菌侵袭人类细胞的机制。

3. Hela 细胞引发的伦理争议

2013 年 3 月初，当 Lars Steinmetz 与他的研究小组公开发表世界上最著名的人体细胞系——Hela 细胞基因组的研究成果时，他们没有想到这一举动将自身置于生物伦理学的风暴中心。Lars Steinmetz 与他的团队在位于德国海德堡的欧洲分子生物学实验室工作。他们认为，Hela 细胞基因组有助于检验基因变异如何对基本的生物功能产生影响，并且他们愿意将研究成果与众多其他致力于研究 Hela 细胞系的科学家分享。但是 Henrietta Lacks 的后代，以及其他科学家和生物伦理学家却不这样认为。他们批判将基因序列公开发布这一行为，认为 Hela 细胞系的提取并未获得 Henrietta Lacks 本人的同意（于 1951 年她死后获取），并且 Lars Steinmetz 与他的团队发布的研究成果可能会泄露依然健在的 Lacks 后代的基因特征。作为回应，Lars Steinmetz 与他的团队将基因组数据从公共数据库中移除。Lars Steinmetz 说："我们感到很惊讶，根本没想到会导致这样的后果。我们尊重 Lacks 家人的意愿，绝对不是蓄意发布研究成果使他们焦虑。"

本章小节

细胞是生物体的结构和功能单位，一般具有共同的物质基础。细胞内的主要分子是蛋白质、核酸、脂质、糖类、无机盐和水。糖类包括小分子的单糖、寡糖和由单糖构成的大分子多糖。糖类既是生物反应中重要的中间代谢物，又是细胞重要的结构成分和生命活动的主要能源。脂质是非极性化合物，具疏水性，它既是主要的能源物质又是某些重要生物大分子的组分。其中卵磷脂是生物膜脂质双层结构的主要成分。蛋白质是由氨基酸单体通过肽键连接而成的生物大分子多聚体。蛋白质是决定生物体结构和功能的重要成分，细胞中有种类繁多的蛋白质，每一种蛋白质都具有特定的三维空间结构和生物学功能。核酸包括脱氧核糖核酸（DNA）和核糖核酸（RNA）两大类。线粒体和叶绿体也有自己的DNA。DNA是遗传信息的携带者，它编码蛋白质的氨基酸序列，从而决定蛋白质的功能。RNA在细胞核内产生，然后进入细胞质中，在蛋白质合成中起重要的作用。细胞中主要的RNA包括tRNA、rRNA、mRNA和snRNA，还有一些非编码RNA如lncRNA、micRNA和circRNA等，因对基因的表达调控具有重要作用而日益成为研究的热点。

原核细胞是地球上起源最早、结构最简单的生命形式，没有真正的核，主要包括细菌和蓝藻等。古菌又称古核生物，栖息环境和地球发生的早期有相似之处，代表了最古老的细菌。古菌既具有原核生物的某些特征，如无核膜及内膜系统，也有真核生物的特征，如复制、转录和翻译则更接近真核生物，因而将其从原核生物中分出，成为与原核生物、真核生物并列的一类。真核细胞具有真正的细胞核，其遗传物质DNA包被在双层膜的特殊结构中，包括核膜、核仁、核质等部分。真核细胞还有许多由膜包被或组成的细胞器，主要有线粒体、叶绿体、内质网、高尔基体等。细胞核是真核细胞最大、最重要的细胞器。内质网根据其上是否附着有核糖体分为糙面内质网和光面内质网，它们分别是蛋白质和膜脂合成的基地。高尔基体是一种极性细胞器，其主要功能是蛋白质的加工、分选、包装和运输。核糖体是蛋白质合成的机器，具有两种基本类型：原核细胞的70S核糖体和真核细胞的80S核糖体。线粒体和叶绿体是细胞的能量转换器。线粒体的主要功能是氧化磷酸化产生ATP；叶绿体的主要功能是进行光合作用。细胞骨架是真核细胞中的蛋白纤维网架体系，包括微管、微丝和中间纤维。细胞核骨架则是细胞核内的蛋白质纤维网架体系。

细胞物质的跨膜运输分为被动运输和主动运输，被动运输不消耗ATP，且顺浓度梯度，包括自由扩散和协助扩散；主动运输逆浓度梯度且需消耗ATP。细胞的通讯可概括为3种方式：①间接通讯，细胞通过发出信号分子来执行远距离的通讯联系；②直接的接触通讯，通过相邻细胞表面的黏着接触进行的一种通讯方式；③通过细胞间隙连接，交换代谢物分子进行的一种通讯方式。

细胞通过分裂进行增殖，连续分裂的细胞从一次分裂结束到下一次分裂终止所经历的全过程称之为细胞周期。有丝分裂是真核生物体细胞的主要分裂方式。减数分裂是生殖细胞产生配子的分裂方式。细胞分化是指相同来源的细胞逐渐产生形态结构、生理功能和生化特征差异的过程。细胞分化的实质是基因选择性表达的结果。干细胞是一类具有自我更新能力的多潜能细胞，在一定条件下，可分化成多种功能细胞。胚胎干细胞的分化和增殖是动物发育的基础，成体干细胞的进一步分化是成年动物体内组织和器官修复和再生的基础。细胞的衰老和死亡是细胞生命活动的客观规律，细胞死亡有3种形式：细胞凋亡、细胞坏死和细胞自噬。癌细胞是一种突变的体细胞，由于突变其脱离了细胞间增殖和存活的控制，无限增殖而产生肿瘤。

复习思考题

一、名词解释

原核细胞；真核细胞；细胞外被；染色质；染色体；核小体；细胞骨架；核骨架；内吞作用；外排作用；细胞通讯；受体；细胞周期；细胞分化；细胞凋亡（程序性细胞死亡）；细胞坏死；看家基因；奢侈基因；干细胞；Hela细胞

二、问答题

1. 细胞学说的主要内容有哪些?
2. 细胞的重要大分子物质——蛋白质有哪些主要作用?
3. RNA 的种类和功能有哪些?
4. 简述流动镶嵌模型的主要内容。
5. 三种最常见的多糖:糖原、淀粉和纤维素有何区别?
6. 原核细胞与真核细胞有哪些共性和不同?
7. 植物细胞与动物细胞有何区别?
8. 简述染色体的包装过程。
9. 简述细胞外被的结构和功能。
10. 简述内质网、高尔基体、核糖体的结构和功能。
11. 简述线粒体与叶绿体的结构和功能。
12. 常见的细胞连接方式有几种?
13. 简述细胞通讯方式及特点。
14. 有丝分裂和减数分裂有哪些共性和区别?
15. 减数分裂的生物学意义是什么?
16. 细胞凋亡与细胞坏死有什么不同?
17. 与正常细胞相比,癌细胞有哪些特点?

主要参考文献

北京大学生命科学学院 . 生命科学导论 . 北京:高等教育出版社,2000.

弗里德 G H,黑德莫诺斯 G J. 生物学(第 2 版)北京:科学出版社,2002.

顾德兴 . 普通生物学 . 北京:高等教育出版社,2000.

胡玉佳 . 现代生物学 . 北京:高等教育出版社,2004.

刘广发 . 现代生命科学概论 . 北京:科学出版社,2001.

汪堃仁,薛绍白,柳惠图 . 细胞生物学(第 2 版). 北京:北京师范大学出版社,1998.

王金发 . 细胞生物学 . 北京:科学出版社,2003.

吴庆余 . 基础生命科学 . 北京:高等教育出版社,2002.

杨维才,贾鹏飞,郑国锠 . 细胞生物学 . 北京:科学出版社,2015.

翟中和,王喜忠,丁明孝 . 细胞生物学(第 4 版). 北京:高等教育出版社,2011.

Alberts B, Bray D, Hopkin K, *et al.* Essential cell biology, 4th ed. New York: Garland publishing, Inc, 2013.

Alberts B, Johnson A, Lewis J, *et al.* Molecular biology of the cell, 5th ed. New York: Garland publishing, Inc, 2008.

Karp G. Cell biology. 6th ed. (Cell and molecular biology). Wiley, 2010.

Lodish H, Berk A, Zipursky S L, *et al.* Molecular cell biology, 4th ed. New York: W. H. Freeman and company, 2000.

网上更多资源

教学课件　视频讲解　思考题参考答案　自测题

第二章

组织、器官和系统

多细胞生物的受精卵经过细胞分裂、细胞生长和细胞分化产生了形态、结构和生理功能上不相同的细胞群,这些细胞群称为组织。组织(tissue)是指细胞来源相同、形态相似并共同完成一个主要生理功能的细胞群,这样的组织称为简单组织。植物体中往往还由简单组织有机地组合在一起形成复合组织,如高等植物的木质部、韧皮部和周皮等就是复合组织。多种组织有机地组合在一起形成了器官,如被子植物的根、茎、叶和哺乳动物的血管、消化管等器官。植物体内组成各个器官的组织也是相互联系在一起构成植物体的结构和功能单位,称为植物组织系统。而在动物体,往往需要多个器官组合在一起才能完成机体的一个生理功能,这样的器官组合称为器官系统,如动物的呼吸系统、消化系统等。

第一节　植物的组织、器官和组织系统

大约 4.2 亿年前,地球上的环境发生了巨大的变化。沧海桑田,一些水生的低等植物被迫登陆,逐渐演化为陆生植物。最开始登陆的植物并没有根茎叶的分化,只能躺在离海岸线不远的泥泞中。随着登陆的植物越来越多,海岸线越来越拥挤,一些植物为了获得更多的阳光,努力开始长高并遮盖了其他植物,这是一个优势选择的结果。为了有效吸收维持生命的水分和增加机械支持能力,最原始的陆生植物——裸蕨便开始分化出维管组织,即维管柱,输导组织就这样产生了。陆生环境对于无法运动的植物来说是非常险恶的,为抵御风吹日晒、雨打雹击、病虫侵扰,陆生植物需要有效的支撑,而形成机械组织。同时,在这个过程中也炼成了有效的防护甲胄,这就是保护组织。保护组织都位于植物体的表面,即与空气接触的部分,有初生保护组织和次生保护组织两种类型。

经过几亿年的进化,高等植物的输导组织变得更加复杂和不断完善。最初的裸子植物出现在古生代(距今 2.6 亿年),在中生代至新生代它们成为地球上的优势植物群体,广泛分布于南北半球的各个气候带。至今,生长在美国的一株北美红杉,树龄在 7 000 岁左右,高达 110 m,属于裸子植物,比人类文明史还早两千多年,可算是生物界的“寿星”。在美国加州的红杉国家公园内,这种参天巨树比比皆是,甚至树干能开出让车通过的隧道。大树活到千年以上,大自然给予了稳定适宜的环境和较少的灾害固然重要,更重要的是其树干和根系的生活能力,因为根深才能叶茂,本固方可枝荣。这种生活能力是靠次生分生组织的活动而维持。输导组织形成了一个庞大的体系——维管束系统,贯穿于整个植物体中,其中的木质部和韧皮部能很像动物的动脉和静脉,由根吸收的水分和无机盐向上运输到茎、叶、花、果实等部位,用以维持细胞生命代谢的内环境和弥补植物地上部分水分蒸发的消耗;叶经光合作用制造的有机养料向下运输到植物体的各部分,为其生命活动提供营养物质。

在植物进化过程中形成的不同的组织,按照一定的规律分布,行使特定的生理功能,这些组织相互

依赖和相互配合，共同为植物在陆生环境下的生存提供保障。

一、植物组织的基本特征与功能

根据细胞来源、发育程度和细胞特点，植物组织可划分为分生组织（meristem tissue）和成熟组织（mature tissue）两大类。

（一）分生组织

1. 分生组织的概念、形态特点和生理功能

植物体内具有持续性（顶端分生组织）或周期性（侧生分生组织）细胞分裂能力的细胞群称为分生组织。分生组织细胞的特点是细胞代谢活跃，有旺盛的分裂能力；细胞壁薄，不特化，由果胶质、纤维素和半纤维素等构成；细胞质浓厚、细胞核相对较大，但通常缺乏贮藏物质和结晶体；没有或只有很小的液泡，细胞排列整齐，通常没有细胞间隙（图 e2-1）。分生组织的生理功能就是增加细胞数量为其他成熟组织的形成分化持续地提供新细胞，分生组织的活动直接关系到植物体的生长和发育，在植物个体成长中起重要作用。

图 e2-1　洋葱根尖的分生组织细胞

2. 分生组织的类型

根据分生组织的发育来源和在植物体内的分布部位，可将分生组织分为不同类型。

(1) 根据分生组织的存在部位划分　分生组织可分为顶端分生组织（apical meristem）、侧生分生组织（lateral meristem）和居间分生组织（intercalary meristem）。

顶端分生组织分布在植物体的顶端部位，如根尖和茎尖先端的分生区（生长锥）。顶端分生组织由原分生组织和初生分生组织构成（图 2-1），细胞持续不断地分裂并进一步分化为各种成熟组织，使植物的器官伸长生长和发育。侧生分生组织分布在根、茎的周侧，与所在器官的长轴平行排列。它包括维管形成层（vascular cambium）和木栓形成层（cork cambium），为裸子植物和被子植物所具有（图 2-1），侧生分生组织周期性细胞分裂的结果使根和茎不断增粗。顶端分生组织和侧生分生组织（维管形成层）一旦形成后植物将终生保留。居间分生组织是指分布在成熟组织之间的分生组织（图 2-1），它是由顶端分生组织遗留在某些器官中局部区域的分生组织，不同于其他分生组织的特点是细胞进行一段时间的分裂活动后便失去分裂能力，转化为成熟组织。如水稻、小麦、竹子的节间基部，韭菜、葱叶的基部都有居间分生组织。水稻、小麦、竹子的拔节现象，韭菜、葱叶割后仍能继续生长，也能使茎秆倒伏后逐渐恢复直立，都是居间分生组织活动的结果。

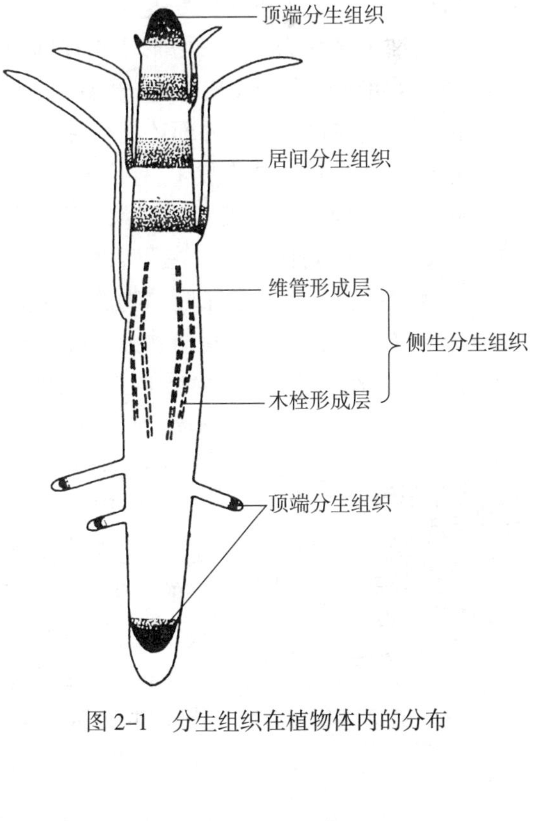

图 2-1　分生组织在植物体内的分布

(2) 根据分生组织的细胞来源划分　分生组织可分为原分生组织（promeristem）、初生分生组织（primary meristem）和次生分生组织（secondary meristem）。

原分生组织是直接由胚性细胞分裂后保留下来的分生组织，位于根尖和茎尖先端的部分，能持久地进行细胞分裂。

初生分生组织由原分生组织细胞分裂、衍生而来，它们紧邻原分生组织的后端。其特点是细胞在形态上

已有初步分化，出现了小液泡，细胞体积增大，可进一步分化为原表皮、原形成层和基本分生组织，可看作是原分生组织向成熟组织分化的过渡类型。初生分生组织发育的结果是形成器官的初生结构，即原表皮发育为表皮，原分生组织发育为维管组织，基本分生组织发育为各种基本组织。

次生分生组织由已经分化成熟的组织细胞，在一定条件下经过细胞脱分化，重新恢复细胞分裂能力而形成的分生组织，它们与根、茎的增粗和重新形成保护层有关。如根、茎的维管形成层和木栓形成层（侧生分生组织）就是典型的次生分生组织，分裂产生的细胞形成了根、茎的次生结构。次生分生组织在草本双子叶植物中仅有微弱的活动或不存在，在单子叶植物中一般没有。

如果把两种分类方法对应起来，广义的顶端分生组织包括原分生组织和初生分生组织，而侧生分生组织一般是次生分生组织类型，其中束间形成层和木栓形成层是典型的次生分生组织，居间分生组织也属于初生分生组织。

（二）成熟组织

1. 成熟组织的概念、形态特点和生理功能

分生组织分裂产生的细胞经生长、分化后，逐渐丧失分裂能力，形成各种具有特定形态结构和生理功能的组织，这些组织称为成熟组织。成熟组织在植物体内担负保护、营养、支持、输导和分泌等功能。多数的成熟组织细胞都失去细胞分裂和再分化的能力，其形态结构因担负的生理功能不同差异很大。也有一些成熟组织的细胞分化程度较低，具有潜在的分裂能力。

2. 成熟组织的类型

根据细胞特点和生理功能的不同，成熟组织可分为保护组织、薄壁组织、机械组织、输导组织和分泌结构。

(1) 保护组织　保护组织（protective tissue）分布于植物体表面，由一层或多层细胞构成，属于复合组织；其主要功能是控制植物体的蒸腾，防止植物体水分散失，避免其他生物的侵害。根据细胞来源和形态结构的不同，保护结构可分为表皮和周皮。

① 表皮　初生保护组织表皮（epidermis）分布于幼嫩植物器官的表面，由初生分生组织的原表皮发育而来，通常由一层细胞构成。少数植物器官的表皮由多层细胞构成，称为复表皮（multiple epidermis），如夹竹桃叶片的上表皮就是复表皮。

表皮细胞多数为扁平长方形或不规则形状，细胞连接紧密，细胞中一般没有叶绿体，有些表皮细胞含白色体（如鸭跖草叶表皮细胞）或有色体。表皮细胞在接触空气的表面常角质化形成一层角质膜。有些植物表皮在角质膜的外面还沉积有一层蜡被。这些不透水的结构可以减少植物体表面的蒸腾作用。

在双子叶植物叶片表皮上，还有成对的肾形细胞称为保卫细胞（guard cell）。保卫细胞含有丰富的叶绿体和淀粉粒。保卫细胞的细胞壁不均匀加厚：在两个保卫细胞之间的壁比较厚，而与其相邻的表皮细胞之间的壁则比较薄。在两个保卫细胞之间留有的空隙，称为气孔（stoma），它是植物内部与外界进行气体交换的通道。双子叶植物的一对保卫细胞和两个保卫细胞之间的气孔合称为气孔器（stomatal apparatus）（图 2–2）。禾本科植物的气孔器与双子叶植物的气孔器不同，禾本科植物的保卫细胞为哑铃形，保卫细胞外侧还有一对菱形的副卫细胞（accessory cell）（图 2–3）。有些双子叶植物的气孔器也有副卫细胞。表皮细胞还可以形成多种表皮附属物，如表皮毛、腺毛、排水器等结构（图 e2–2）。

图 e2–2　表皮上的各种毛状体

② 周皮　次生保护组织周皮（periderm）分布于双子叶植物和裸子植物老根、老茎等器官外表，是取代表皮、由木栓形成层（次生分生组织）发育而来的次生保护结构。木栓形成层平周分裂，向外分化出多层的木栓细胞，构成木栓层；向内分化出少量由薄壁细胞组成的栓内层。木栓层、木栓形成层和栓内层合称为周皮（图 2–4）。构成周皮的木栓层细胞排列紧密、整齐、无胞间隙，细胞壁较厚且栓质化，原生质体解体成为死细胞，是周皮中真正起保

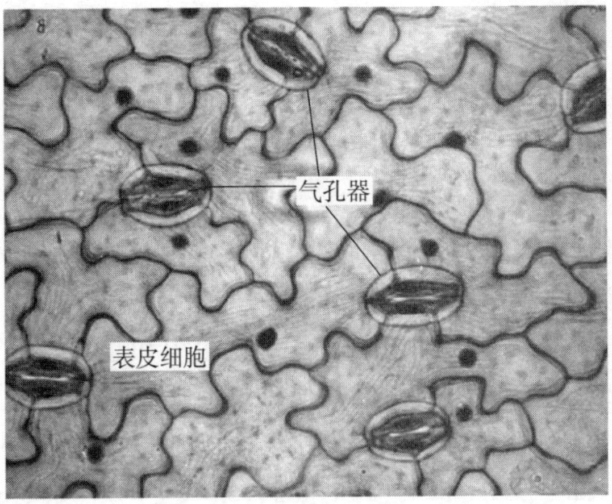

A. 表皮细胞

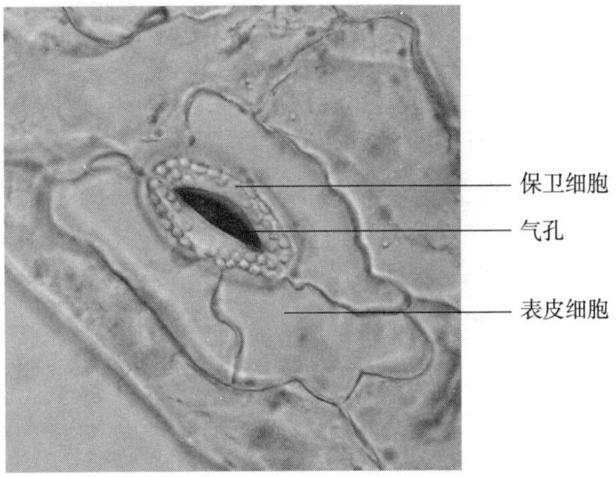

B. 气孔器

图 2–2　双子叶植物的叶表皮和气孔器

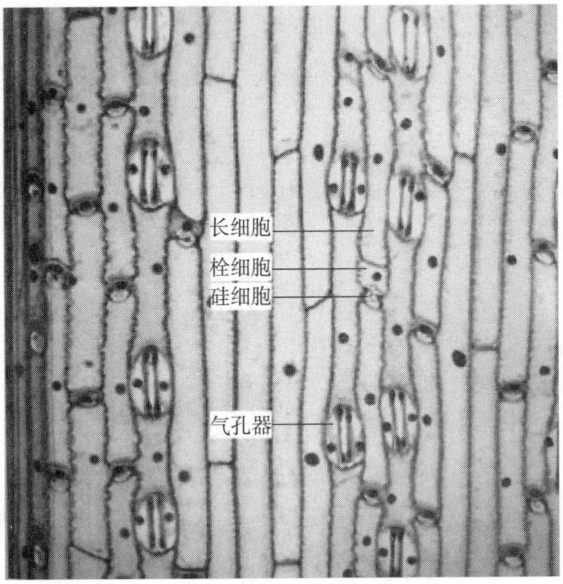

A.下表皮

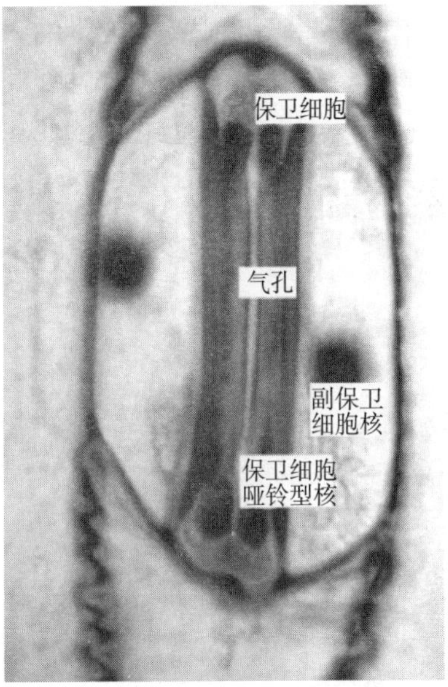

B. 气孔器

图 2–3　禾本科植物的表皮和气孔器

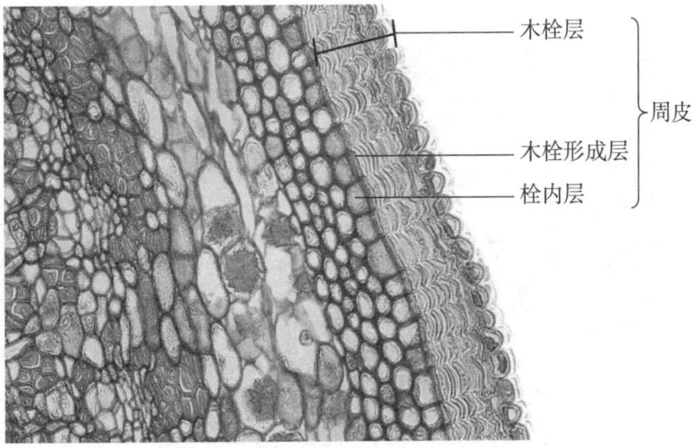

图 2–4　椴树茎的部分横切（示周皮结构）

护作用的部分。栓内层通常只有1～3层细胞，细胞壁较薄，为生活的细胞，常含有叶绿体。值得注意的是为适应老根、老茎每年的加粗生长，周皮每年都在前一年形成的周皮内侧重新发生。

在形成周皮时，常常在老根或老茎上出现一些突起的孔状结构，称为皮孔（lenticle）。它是粗大器官内部组织与外界进行气体交换的通道。

（2）薄壁组织　薄壁组织（parenchyma）又称为营养组织或基本组织，是植物体内分布最广、所占比例最大，主要起营养作用的组织。其特点是大多数细胞具有较薄的初生细胞壁，液泡发达，排列疏松，有较大的胞间隙（图2–5）。薄壁组织分化程度较浅，可塑性大，在一定条件下可脱分化转变为分生组织。

根据承担生理功能的不同，薄壁组织可进一步划分为吸收组织、同化组织、贮藏组织和通气组织等。吸收组织是指专门担负吸收功能的表皮细胞，这些表皮细胞与空气接触的一面不形成角质膜，如根毛区的表皮。同化组织的特点是细胞中有丰富的叶绿体，主要生理功能是光合作用，如叶肉就是最典型的同化组织。贮藏组织因细胞中贮藏大量营养物质而得名，如小麦、水稻的胚乳和马铃薯块茎中贮藏大量淀粉的细胞。由薄壁细胞的细胞间隙和部分细胞溶解后形成的通气结构就是通气组织。如水稻、莲的根和茎中就有发达的通气组织（图2–6）。

（3）机械组织　机械组织（mechanical tissue）是在植物体内起巩固和机械支持作用的一类成熟组织，使植物体具有抗压、抗张和抗弯曲的性能。细胞的共同特点是细胞壁发生不同程度的加厚，有的是在细胞角隅处加厚，有的是整个细胞均匀加厚，往往成束存在。根据细胞壁加厚方式的不同，机械组织分为厚角组织（collenchyma）和厚壁组织（sclerenchyma）。

厚角组织常成束存在于幼茎、叶柄的表皮内侧，特点是细胞在角隅处或侧壁、腔隙处加厚，细胞狭长，两端方形或偏斜（图2–7），为生活细胞，细胞内常含有叶绿体，细胞具有延展性，既有支持作用，同时

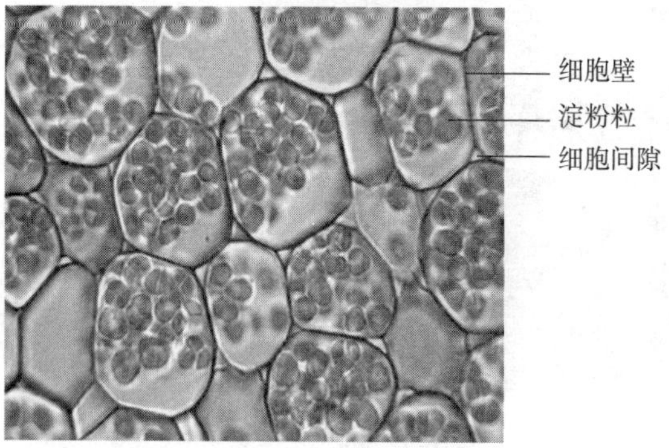

图2–5　茎的薄壁组织（示贮藏组织）

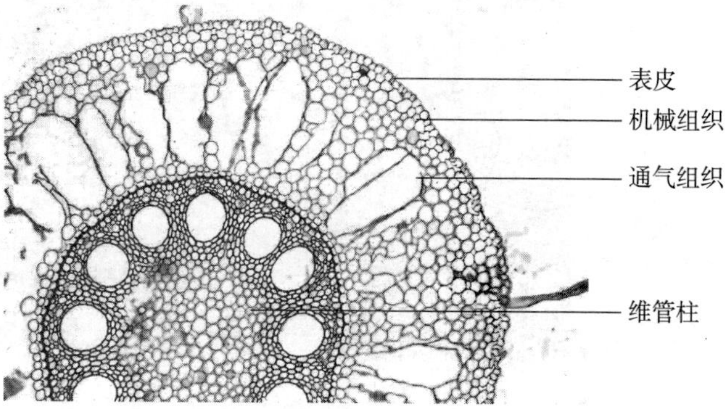

图2–6　水稻老根横切面（示通气组织）

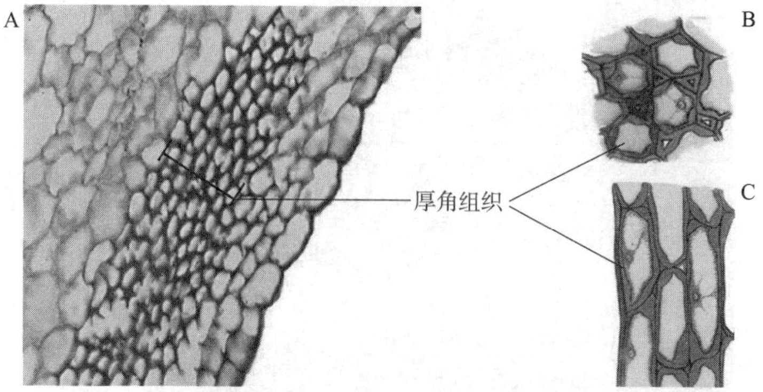

图2–7　厚角组织
A和B. 横切面；C. 纵切面

又能适应器官的生长，普遍存在于尚在生长或经常摆动的器官中，如芹菜叶柄具有成群的厚角组织。厚角组织的细胞具有生活的原生质体，并具有一定的分裂潜能，可参与形成木栓形成层。

厚壁组织细胞壁均匀加厚且木质化，细胞腔很小，成熟时原生质体解体，为死细胞。厚壁组织细胞可单个也可成群或成束分布于其他组织之间，其作用是提高组织器官的坚实程度。依据细胞形状的不同，厚壁组织可分为石细胞（sclereid/stone cell）和纤维（fiber）。石细胞一般由薄壁细胞经过细胞壁的强烈增厚分化而来，为近等径的细胞，常成群存在，如梨果肉、核桃坚硬的核都是由石细胞构成（图 2–8）。纤维是两头细长的细胞，常成束存在，其次生壁明显，但木化程度不一，壁上常有单纹孔，细胞腔中空而小（图 2–9）。纤维在植物体内呈束状分布，可增强植物器官的支持强度。根据纤维存在部位和细胞壁特化程度的不同，纤维又分为存在于木质部的木纤维和存在于韧皮部的韧皮纤维两大类。韧皮纤维的细胞壁虽厚，但含纤维素丰富，木质化程度低，坚韧而有弹性。麻类作物的韧皮纤维较长，通常是优质的纺织原料。木纤维其细胞壁木化程度高，细胞腔小，坚硬且无弹性，脆而易断，可供建筑用材、造纸和人造纤维用。

(4) 输导组织　输导组织（conducting tissue）是植物体内担负水分和溶于水中的各种物质长距离运输的组织。根从土壤中吸收的水分和无机盐，由它们运送到地上部分。叶光合作用的产物，由它们运送到根、茎、花、果实中去。输导组织是由分化成管状的细胞相互连接形成，并贯穿于整个植物体内。根据运输主要物质的不同，输导组织可分为两大类，一类是运输水分和无机盐的导管（vessel）和管胞（tracheid）；一类是运输同化产物的筛管（sieve tube）和筛胞（sieve cell）。

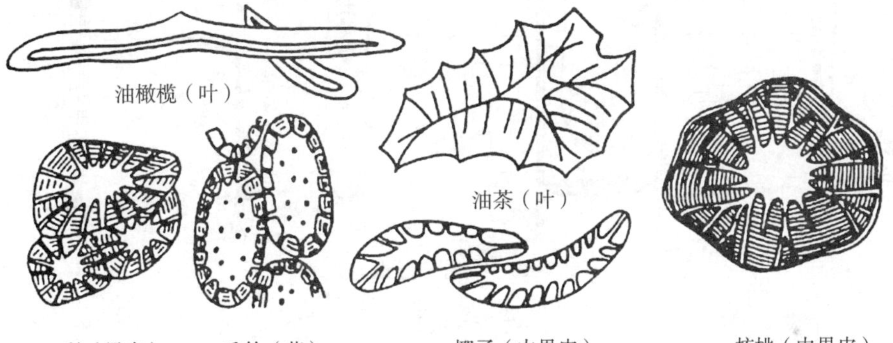

图 2–8　不同植物的石细胞

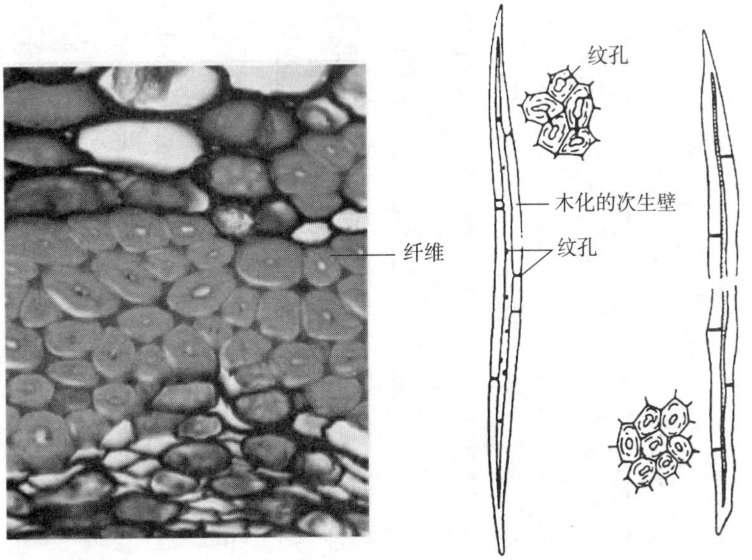

图 2–9　纤维（厚壁组织）

导管普遍存在于被子植物的木质部中，由许多称为导管分子（即导管细胞）的长管状细胞纵向连接而成。成熟导管分子的原生质体已全部解体，细胞壁发生了各种加厚且两端形成穿孔的中空管状细胞。导管分子的原生质体是在分化发育过程中逐渐解体的；在原生质体发育解体的过程中，导管分子的细胞壁发生不均匀加厚形成各种花纹、端壁溶解形成大的穿孔（perforation）（图 2-10）。导管分子通过端壁相互连接在一起形成长度 0.01 ~ 1 m 的长管道——导管。有的导管分子端壁几乎完全消失成为一个大的单穿孔（simple perforation），有的导管分子端壁间隔溶解消失，形成数个平行排列成梯形的穿孔，称为复穿孔（compound perforation）（图 e2-3）。在系统演化上，导管分子外形宽扁、端壁和侧壁近于垂直的导管，比外形狭长而末端尖锐的导管进化，端壁具有单穿孔的导管较复穿孔的导管进化。根据发育先后、侧壁次生加厚和木质化方式的不同，导管分子可分为环纹、螺纹、梯纹、网纹和孔纹 5 种导管分子（图 2-11）。

图 e2-3　导管分子端壁单穿孔板（左）和复穿孔板（右）

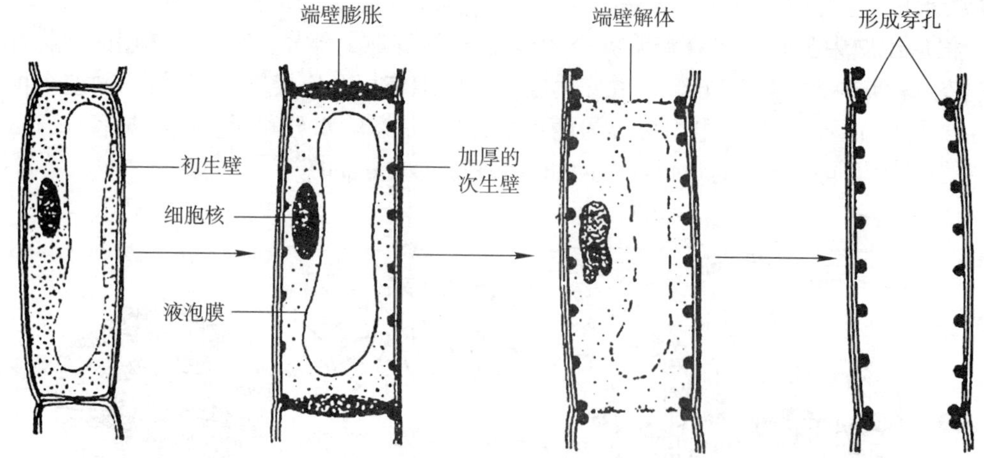

图 2-10　导管分子发育过程

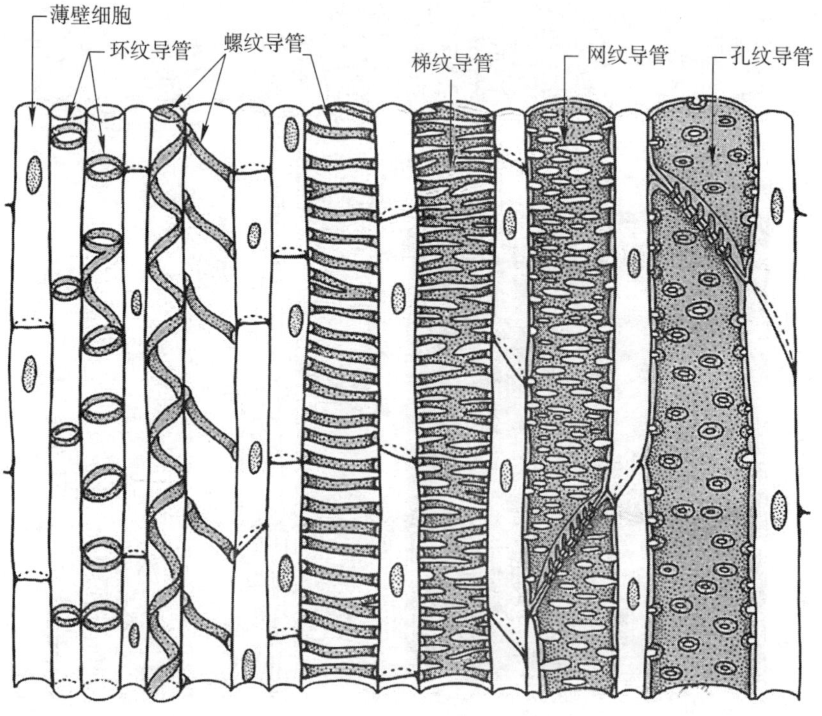

图 2-11　导管分子的类型

上述5种导管类型中，环纹和螺纹导管出现较早，常发生于生长初期的器官中，导管直径较小，输水能力较弱，未增厚的初生壁还可以随着器官的伸长而延伸；后三种导管多在器官生长后期分化形成，导管直径大，每个导管分子显得较短，输导效率高。有时在一个导管上可见到一部分是环纹加厚，另一部分是螺纹加厚；有时梯纹和网纹之间的差别十分微小；也有网纹和孔纹结合而成网孔纹的过渡类型。

导管的输导功能并非永久保持，其有效期因植物种类而异。在多年生植物中有的可达数年，有的长达十余年。当新的导管形成后，老的导管通常相继失去输导水分的能力。这是因为导管四周的薄壁细胞胀大，通过导管侧壁上的纹孔，侵入导管腔内，形成大小不等的囊泡状突起，充满在导管腔内。这种突入生长的囊泡状结构称为侵填体（tylosis）（图 e2-4）。它包含单宁、晶体、树脂和色素等物质，甚至薄壁细胞的细胞核和细胞质也可移入侵填体内。侵填体的形成能降低木材的通透性，增强抗腐能力，防止病菌侵害，对增强木材的坚实度和耐水性有一定的作用。

图 e2-4 导管内的侵填体

管胞是蕨类植物和大多数裸子植物中运输水分和无机盐的输导组织。管胞为两端斜尖的长梭形细胞，管胞细胞间以偏斜的末端穿插连接，水溶液通过相邻侧壁上的纹孔而传输。成熟的管胞与导管一样，原生质体也全部解体，管胞的壁也不均匀加厚形成和导管相似的花纹，但管胞的内腔较小，有较强的机械支持作用，但输导能力不及导管分子，说明管胞在系统进化上是比较原始的。根据发育顺序及侧壁加厚方式不同，管胞也可分为环纹、螺纹、梯纹和网纹管胞等各种类型（图 2-12）。

筛管是植物体内担负同化产物长距离运输的输导组织，也是由长管状的细胞纵向连接而成，每个管状细胞叫筛管分子（即筛管细胞）。筛管分子不同于导管分子，它是生活细胞，但在筛管分子发育成熟的过程中细胞核解体，筛管分子的端壁特化为筛板（sieve plate），筛板上有许多小孔称为筛孔。通过筛孔连接两个相邻筛管分子的原生质称为联络索（connecting strand），联络索使纵向连接的筛管分子相互贯通，形成运输同化产物的通道（图 2-13）。筛管的有效期很短，一般一年，多则 2～3 年，但有些木本单子叶植物（如棕榈）筛管的有效期可达 100 年之久。筛管失效源于筛孔被堵塞，筛孔的周围衬有胼胝质，随着筛管分子的成熟老化，胼胝质不断增多，以致形成垫状沉积在整个筛板上，导致联络索变细，直至完全消失，筛孔被堵塞。这种垫状物质称为胼胝体（callosity）。

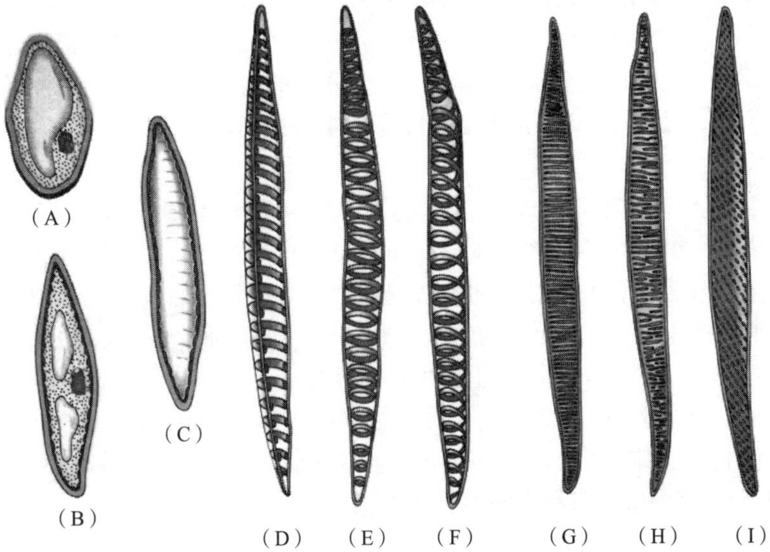

图 2-12 管胞的类型（J. D. Mauseth，2015）

A～C. 管胞的形成过程；D～E. 环纹管胞；F. 螺纹管胞；G～H. 梯纹管胞；I. 网纹管胞

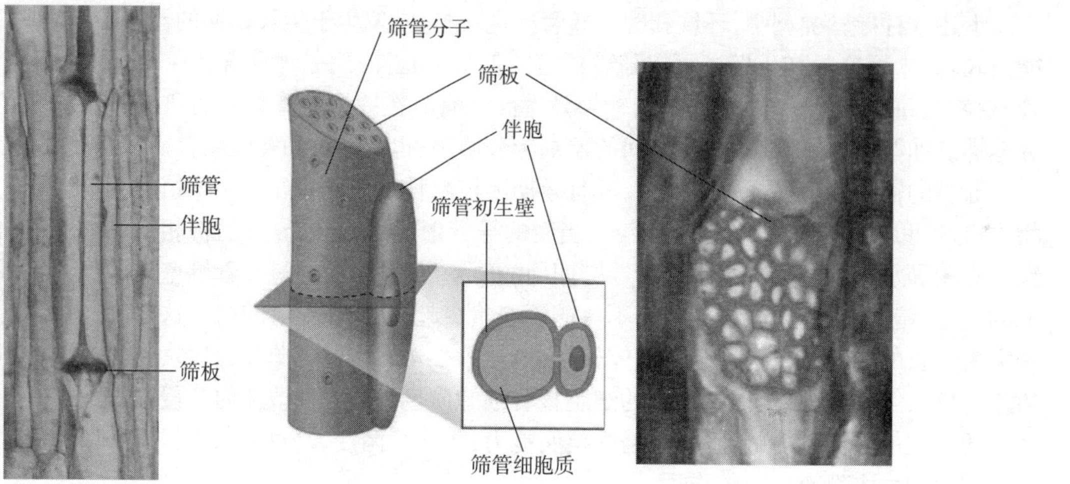

图 2-13 筛管和伴胞

在筛管分子的一侧还有一至数个狭长的生活细胞称为伴胞(companion cell),它与筛管分子来自同一个母细胞,其功能可能与筛管分子的营养有关。

图 e2-5 植物的外分泌结构

图 e2-6 植物的内分泌结构

筛胞主要存在于蕨类植物和裸子植物,是担负同化产物长距离运输的输导组织,与筛管分子不同的是端壁没有特化成筛板,侧面也没有伴胞,是单独的输导单位。

导管和筛管是植物体内输导组织的主要组成部分,但常常也是某些病菌侵袭感染的途径。如棉花枯萎病菌的菌丝可从导管侵入,某些病毒可通过媒介昆虫进入韧皮部,引发病害发生。了解致病途径,对研究和防治病虫害具有重要的实践意义。

(5) 分泌结构 分泌结构(secretory structure)是植物体内产生和贮藏分泌物的细胞或细胞组合。它们的来源、形态与分布都比较复杂。常见的分泌物有挥发油、树脂、乳汁、蜜汁、单宁、黏液、盐等。根据分泌物的排溢情况,分泌结构可分为外分泌结构和内分泌结构。

外分泌结构多分布于植物体外表,能将分泌物排到体外,如腺毛、蜜腺、盐腺、排水器等(图 e2-5)。内分泌结构的分泌物储存在植物体内不排出体外,如分泌腔、乳汁管、树脂道等(图 e2-6)。

(三) 复合组织

植物个体发育中,凡由同类细胞构成的组织,称为简单组织(simple tissue)。如分生组织、薄壁组织。由多种类型细胞构成的组织,称为复合组织(compound tissue)或复合结构,如输导组织、周皮等。

在高等植物体内的导管、管胞、木纤维和木薄壁细胞常有机地组合在一起形成复合组织,称为木质部(xylem),主要生理功能是进行水和无机物的长距离运输。而由筛管、伴胞、韧皮纤维和韧皮薄壁细胞有机组成的复合组织称为韧皮部(phloem),主要生理功能是进行同化物质的长距离运输。

木质部、韧皮部或木质部与韧皮部合起来称为维管组织(vascular tissue)。木质部和韧皮部经常结合在一起形成束状结构称为维管束(vascular bundle)。根据维管束中有无形成层和维管束能否继续发展扩大,可将维管束分为有限维管束和无限维管束两大类。

(四) 组织系统

前面我们介绍了植物的各种组织,这些组织存在于植物的各个器官内部。尽管不同的器官具有不同的形态和结构,但构成各个植物器官的组织之间却是连续的,这些贯穿整个植物体的连续组织构成了植物结构和功能单位，称为组织系统。植物体可分为 3 个组织系统，即皮系统、基本组织系统和维管系统。

1. 皮系统

皮系统（dermal system）包括表皮和周皮，覆盖于植物各器官表面，是植物体表面的连续保护层。

2. 基本组织系统

基本组织系统（fundamental tissue system）包括各类薄壁组织、厚角组织和厚壁组织。它们是植物体各个器官的基本组织，分布在皮系统和维管系统之间。

3. 维管系统

整个植物体或某一个器官的全部维管组织总称为维管系统（vascular system）。这些维管组织贯穿于植物体内，相互连接组成一个结构和功能完整的体系，保证营养物质的吸收和传递，维持植物体的新陈代谢。

上述 3 种组织系统中维管组织包埋于基本组织系统中，而皮系统始终包裹在植物体最外面。植物体各器官结构上的差异，主要表现在维管组织和基本组织相对分布上的差异。

二、植物器官的结构与功能

根据植物器官担负的生理功能的不同，植物器官可分为营养器官和生殖器官。被子植物的根、茎、叶主要行使植物的营养吸收、运输和光合作用等营养功能，称为营养器官；而花、果实和种子与被子植物的生殖有关，称为生殖器官。

（一）植物营养器官的结构与功能

1. 根的形态结构与生理功能

（1）根的种类　依据根发生的部位，根可以分为主根（axial root）、侧根（lateral root）和不定根（adventitious root）三类。主根来自于胚根，主根上的各级分枝称为侧根。主根和侧根都有固定的发生位置，所以也称为定根（normal root）。有些植物可以从胚根之外的茎、叶或者植物体的其他部位产生根，这种根发生位置不固定，统称为不定根。例如柳树插条上长出的根、玉米靠近地面的支柱根都是不定根(图 2-14)，单子叶植物的须根系都是由不定根构成。

（2）根系的种类　一株植物地下部分所有的根称为根系（root system）。根系可分为直根系（tap root system）和须根系（fibrous root system）两大类。

直根系主根发达，主根和侧根有明显的区别，根系主要由定根组成。大部分双子叶植物和裸子植物的根系都属此类型（图 2-14）。须根系的主根不发达或主根在发育早期停止生长，而由茎的基部形成许多粗细相似的不定根组成根系，根系呈丛生状态。大部分单子叶植物的根系都属此类型，如竹、葱、百合等（图 2-14）。

（3）根的内部结构

① 根尖的结构　根尖（root tip）是指根的顶端到长有根毛的部分，一般长 0.5 ~ 1 cm。根据组成细胞的形态结构和执行的生理功能不同，根尖分为根冠、分生区、伸长区和根毛区（也叫成熟区）4 个区（图 2-15）。

根冠（root cap，calyptra）位于根尖的最先端，形似帽状，覆盖于分生区之外，由生活的薄壁细胞组成，细胞排列疏松，根冠中部细胞中含有较多的淀粉粒。这些淀粉粒起到平衡石的作用，控制着根的向地性生长。根冠外侧的细胞能够分泌多糖黏液，这些黏液可以减少根尖在生长过程中与土壤颗粒之间的摩擦。尽管如此，根尖在生长并深入土壤的过程中，根冠表面细胞还会因与土粒摩擦而受损并脱落。这部分减少的根冠细胞由内部的分生组织通过细胞分裂产生新细胞加以补充，使根冠始终保持一定的形状和厚度。

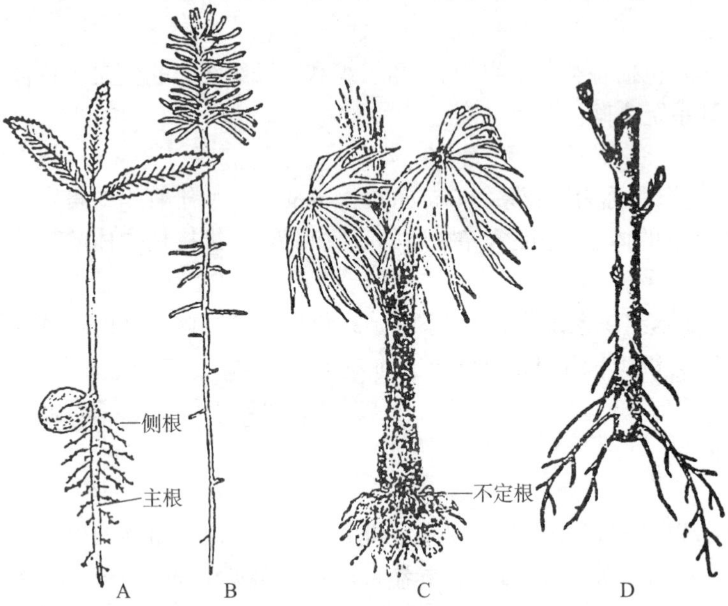

图 2-14　根的种类与根系的类型

直根系：A. 麻栎，B. 马尾松；须根系：C. 棕榈，D. 扦插的柳树

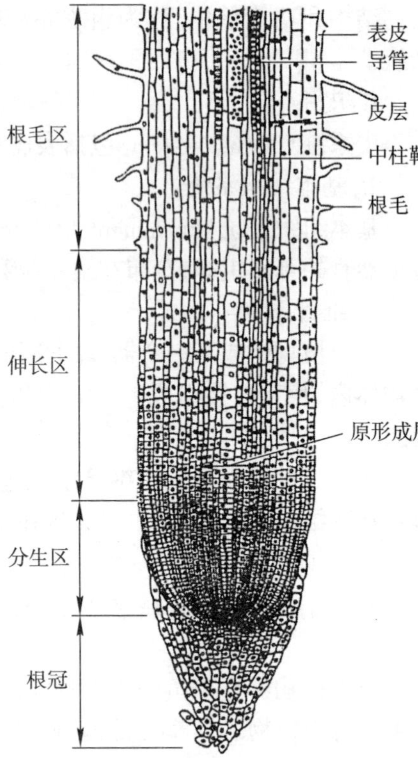

图 2-15　根尖纵切

分生区（meristem zone/region）在根冠的上方，全长 1～2 mm，全部由分生组织细胞构成。处于有丝分裂间期的分生区细胞的主要特点是：细胞体积小，细胞核相对大，原生质浓，细胞壁薄；细胞排列紧密，无胞间隙。在分生区可观察到处于有丝分裂各个时期的细胞。从外观上观察，分生区颜色比伸长区暗，且不透明。

伸长区（elongation zone/region）在分生区的上方，长 2～5 mm，由分生区细胞分裂产生的细胞构成，大部分伸长区细胞为初生分生组织细胞。其细胞特点是：细胞显著伸长，细胞质稀薄，有明显的液泡，伸长区细胞也具有细胞分裂的能力，是根伸长生长的主要部位。在外观上，伸长区比分生区更为洁白透明而易于区别。

根毛区（root-hair zone/region）也叫成熟区（maturation zone），位于伸长区上方，由伸长区的细胞分化发育而来，是根部吸收水和无机盐的主要区域。根毛区的表面密生根毛（root-hair），根毛是由根毛区表皮细胞向外突起形成，长 0.5～1 mm。在根毛区每平方毫米表皮有数百条根毛，这些根毛深入到土壤颗粒的间隙中，增加了根的吸收表面。根毛一般只能存活几天至几周，随着根的生长，根毛区老的根毛逐渐死亡，下部又产生新的根毛，使根毛区保持相对固定的长度，而且由于根不断地生长，根毛区也随之不断向土壤内部深入，从而不断改变根在土壤中吸收水和无机盐的位置，保证植物的养分供应。

图 e2-7　紫苜蓿（*Medicago sativa*）幼根横切

② 根的初生结构（根毛区的结构）　根尖分生组织活动所衍生的细胞，经过细胞生长和细胞分化形成根的各种成熟组织的过程，称为根的初生生长。根初生生长的结果是形成根的初生结构，位于根尖的成熟区（根毛区）。显微镜下观察根尖成熟区的横切面，可见根的内部由外向内分化为表皮、皮层和中柱三部分（图 2-16 和图 e2-7）。

表皮（epidermis）包围在根成熟区的最外面。每个表皮细胞略呈长方体形，其长轴与根的纵轴平行。

根表皮细胞的细胞壁和角质膜均很薄，有利于水和溶质渗透通过。表皮上无气孔，但有许多根毛。皮层(cortex)位于表皮和中柱之间，在根中占较大的比例。皮层细胞为薄壁细胞，体积较大，排列疏松，有明显的细胞间隙。皮层还可以细分为外皮层、中皮层和内皮层三部分。外皮层(exodermis)是紧靠表皮的一层或几层细胞，细胞较小，排列紧密；中皮层细胞较大，排列疏松，其功能主要是贮藏和通气；最内一层细胞是内皮层(endodermis)，紧靠中柱鞘细胞，其细胞排列紧密整齐，不同植物根内皮层细胞的结构有所不同。

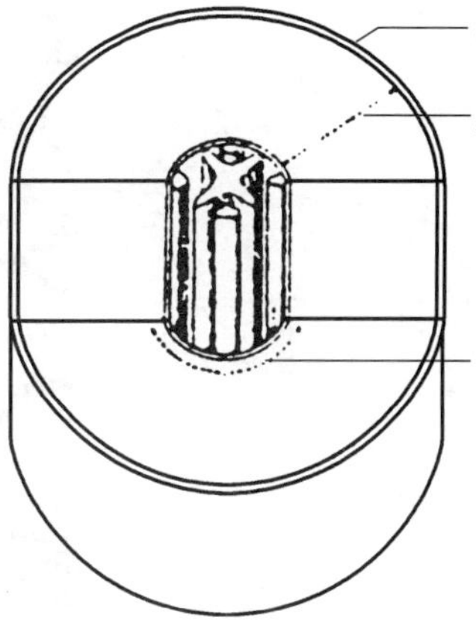

图 2-16 双子叶植物根的初生结构

双子叶植物根内皮层细胞的径向壁(与根的直径平行的细胞壁)和横向壁(与根的长轴垂直的细胞壁)上有木质化和栓质化的一圈带状加厚，称为凯氏带(casparian strip/band)(图 2-17)。在根的横切面上，内皮层径向壁增厚的部分呈点状，称为凯氏点。凯氏带对根内水分和物质的运输起着定向运输的作用。单子叶植物根在发育后期，其内皮层的细胞壁呈五面增厚，即只有外切向壁不加厚，因此在根的横切面上，内皮层细胞的细胞壁呈“马蹄形”加厚。但个别正对初生木质部放射角的内皮层细胞不加厚，称为通道细胞(图 2-18)。

根的皮层以内的部分称为中柱(stele/central cylinder)或维管柱(vascular cylinder)。中柱可分为中柱鞘、初生木质部、初生韧皮部和薄壁细胞四部分。中柱鞘(pericycle)是中柱最外围的组织，紧贴着内皮层，由一层或几层薄壁细胞组成。中柱鞘细胞具有潜在的分生能力，能产生不定根、不定芽、乳汁管、侧根、木栓形成层和一部分维管形成层等。初生木质部(primary xylem)呈束状在中柱中辐射状排列。初生木质部主要由导管、管胞、木薄壁细胞和木纤维组成。裸子植物和大多数双子叶植物初生木质部的束数较少，而单子叶植物的木质部束数较多。木质部的主要生理功能是运输水分和无机盐。初生韧皮部(primary phloem)也呈束状与初生木质部相间排列。初生韧皮部主要由筛管、伴胞、韧皮薄壁细胞和韧皮纤维组成。在初生韧皮部和初生木质部之间还有一些薄壁细胞，这些薄壁细胞在根开始次生生长时，一部分细胞恢复分裂能力发育为维管形成层的一部分。韧皮部的主要生理功能是运输同化产物。少数植物根中央具有髓，也是由薄壁细胞构成，如陆地棉(图 e2-8)和蚕豆的根。

图 e2-8 陆地棉幼根中柱部分横切

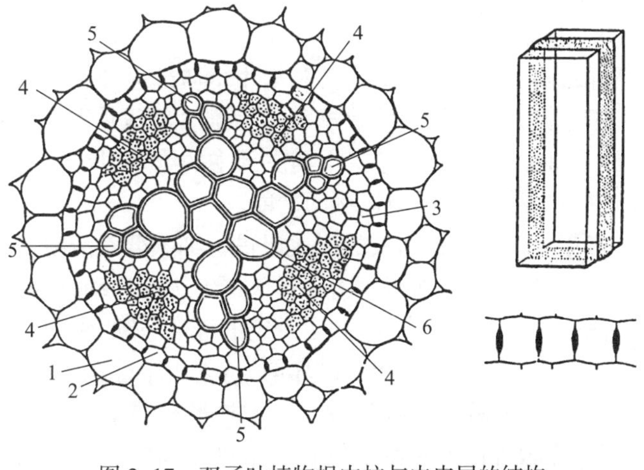

图 2-17 双子叶植物根中柱与内皮层的结构

右图为内皮层细胞的立体图解与横切图，示凯氏带和凯氏点

1. 皮层薄壁细胞；2. 内皮层；3. 中柱鞘；4. 韧皮部；5. 原生木质部；6. 后生木质部

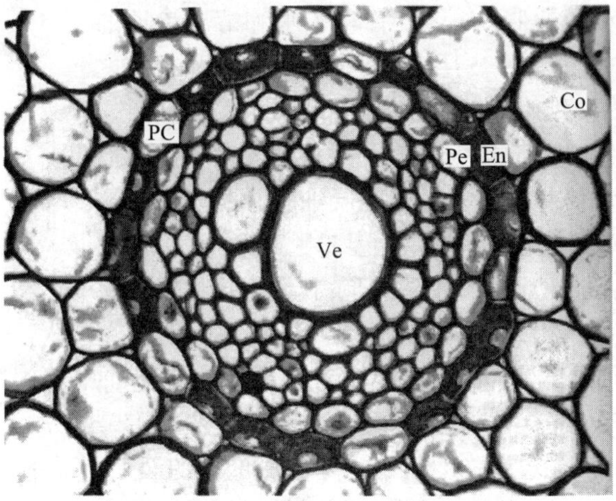

图 2-18　韭（*Allium tuberosum*）根横切（局部）（冯燕妮和李和平，2013）
示单子叶植物根的中柱与内皮层的结构。Co：皮层薄壁细胞；En：内皮层，
细胞五面加厚；PC：通道细胞；Pe：中柱鞘；Ve：导管

③ 根的次生结构　大多数双子叶植物和裸子植物的主根和较大的侧根在完成初生生长之后，便开始了根的加粗生长。这种由次生分生组织的活动导致器官的加粗生长也称为次生生长，次生生长的结果是产生次生结构。

根开始次生生长时，首先在初生韧皮部内侧的薄壁细胞脱分化恢复分裂能力转化为次生分生组织，发育为片段的维管形成层（简称形成层），随后各段形成层逐渐向左右两侧扩展，并向外推移，一直延伸到初生木质部最外侧，此时正对着木质部的中柱鞘细胞也脱分化恢复分裂能力转化为次生分生组织，发育为形成层的另一部分。各个形成层片断彼此相互衔接就成为连续的呈波浪状的形成层环。形成层发育初期，其各部分细胞分裂的速度是不一致的：在初生韧皮部内侧的形成层细胞分裂速度较快，导致原来为凹陷部分的形成层向外推移凸起，而由中柱鞘细胞发育而来的形成层细胞分裂速度较慢，最后形成层发育为一个圆环状后整个形成层细胞的分裂速度才基本一致。

形成层细胞主要进行切向分裂（细胞分裂后新形成的细胞壁与器官表面平行）形成内外两个子细胞。靠近内侧的子细胞发育为次生木质部，其中包括导管、管胞、木纤维和木薄壁细胞，靠近外侧的子细胞发育为次生韧皮部，其中包括筛管、伴胞、韧皮纤维和韧皮薄壁细胞（图 2-19）。随着根直径的扩大，形成层细胞也进行一些垂周分裂（细胞分裂后新形成的细胞壁垂直于器官表面），增加形成层细胞的数量以适应形成层内根结构的不断加粗。

由中柱鞘发生的形成层段，除了产生次生韧皮部和次生木质部以外，也分裂形成径向排列的薄壁细胞群。这些薄壁细胞群在根的横切面上呈放射状排列称为维管射线（vascular ray），其中分布在次生木质部中的维管射线叫木射线（xylem ray），分布在次生韧皮部中的维管射线叫韧皮射线或韧射线（phloem ray）（图 2-19）。维管射线具有贮藏养料和横向运输的功能。

在每年的生长季节内，多年生双子叶植物根的形成层进行细胞分裂活动，不断产生新的次生维管组织，使根不断地加粗。由于形成层细胞的活动，根的次生维管组织不断增加，使根的直径不断扩大，到了一定的程度，势必引起中柱鞘以外的皮层、表皮等组织破裂。在这些组织破坏前，首先由中柱鞘细胞恢复分裂能力转化为次生分生组织，称为木栓形成层。木栓形成层主要进行切向分裂，形成两个子细胞，靠根外侧的子细胞发育为木栓层；靠内部的子细胞发育为栓内层。木栓层、木栓形成层和栓内层共同构成了根的周皮（图 e2-9）。随着根的不断加粗，木栓形成层的发生位置逐渐移到次生韧皮部细胞。周皮是根加粗过程中

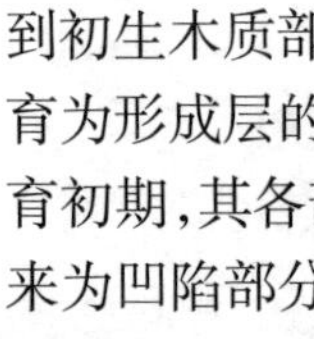

图 e2-9　根的木栓形成层及其分裂产物

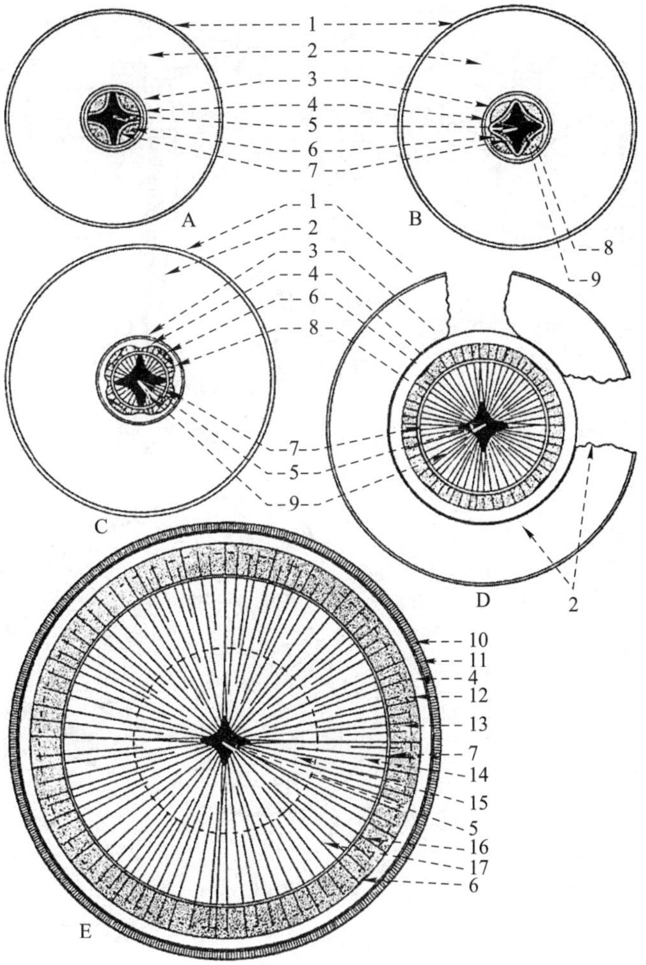

图 2-19　双子叶植物根的次生结构形成过程（A ~ E）

1. 表皮；2. 皮层薄壁细胞；3. 内皮层；4. 中柱鞘；5. 初生木质部；6. 初生韧皮部；7. 形成层；8. 次生韧皮部；9. 次生木质部；10. 木栓层；11. 木栓形成层；12. 第一年形成的次生韧皮部；13. 第二年形成的次生韧皮部；14. 第二年形成的次生木质部；15. 第一年形成的次生木质部；16. 韧皮射线；17. 木射线

形成的次生保护结构，周皮形成后，其外方的表皮和皮层因得不到水分和营养物质的供应而逐渐枯死脱落。大多数单子叶植物和少数双子叶植物的根只形成初生结构，不产生次生结构。

（4）侧根的发生　能够产生侧根的根称为母根，母根既可以是定根也可以是不定根。种子植物的侧根起源于母根根毛区深处中柱鞘的一定部位，为多细胞内起源。不同植物，侧根发生的部位有所不同。

侧根开始发生时，在中柱鞘特定部位细胞的细胞质开始变浓，液泡变小，恢复分裂能力形成侧根原基（lateral root primordium）。侧根原基细胞不断分裂、生长，逐渐分化出侧根的根冠、分生区、伸长区和根毛区，侧根的维管束与母根的维管束相连，最终侧根穿透母根的皮层、表皮，露出母根外（图 2-20）。侧根原基在根毛区出现，但侧根在根毛区以上伸入土壤，它与根毛一样扩大了根的吸收面积。

（5）根瘤与菌根　根瘤与菌根是高等植物根系和土壤微生物之间形成的两种共生结构。

根瘤（root nodule/tubercle）是由固氮细菌或放线菌侵染宿主根部细胞形成的瘤状共生结构。土壤中的根瘤菌从根毛侵入根后，进入根的皮层细胞并在其中大量繁殖，同时会产生一些物质刺激皮层细胞分裂，增加皮层细胞数目，使根形成瘤状突起，即根瘤（图 2-21）。根瘤菌的最大特点就是具有固氮作用，它能把游离氮（N_2）转变为铵态氮（NH_4^+）供给植物利用。根瘤在豆科植物中最常见，有些非豆科植物也

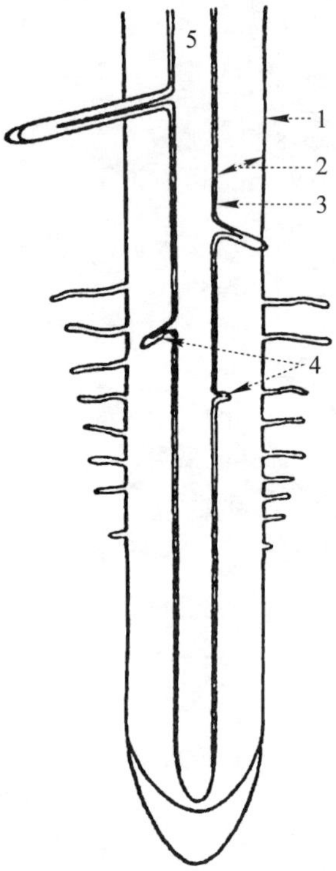

图 2-20　侧根的发生与出现

1. 表皮；2. 皮层；3. 中柱鞘；4. 侧根；5. 中柱

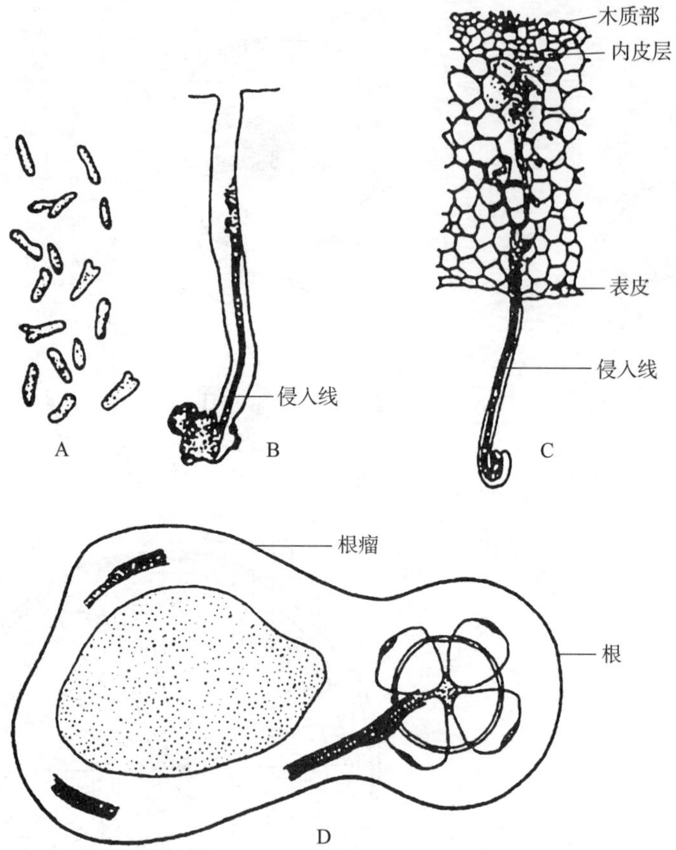

图 2-21　根瘤菌与根瘤

A. 根瘤菌；B. 根瘤菌侵入根毛；C. 根横切的一部分，示根瘤菌进入根内；D. 蚕豆根瘤的横切

能形成根瘤，自然界中有数百种植物能形成根瘤。

高等植物的根也可以与土壤中的某些真菌共生，真菌侵入根内幼嫩部分（内生菌根），或在根的表面群聚（外生菌根），这种生长着真菌的幼根共生体称为菌根（mycorrhiza）（图 2-22）。共生的真菌能加强根的吸收能力，有的菌根有固氮作用。

（6）根的生理功能　根是植物长期适应陆地生活在进化中逐渐形成的营养器官。根的主要生理功能是吸收土壤中的水分和溶于水的无机盐，庞大的地下根系不但支持和固着地上茎叶，还能够合成如激素、氨基酸等一些小分子的有机物，贮藏营养物质，根还可通过产生不定芽进行营养繁殖。

2. 茎的形态结构与生理功能

茎是组成植物地上部分的骨干，是联系根、叶的轴状结构。

（1）茎的基本形态　大多数植物的茎（stem）是辐射对称的圆柱体，有些植物的茎为四棱形（如唇形科植物的茎）或三棱形（如莎草科植物的茎）。茎的外形可分为节和节间两部分。茎上着生叶的部位，称为节（node），相邻两个节之间的部分，称为节间（internode）。着生叶或芽的茎称为枝条（shoot）。有些植物的节非常明显，如竹子的节。木本植物枝条上的叶片脱落后在茎上留下的疤痕，称为叶痕（leaf scar），叶痕中的点状突起是枝条与叶柄间的维管束断离形成的疤痕，称为叶迹（folial trace）。叶片与枝条之间所形成的夹角，称为叶腋。在枝条的顶端长有顶芽；在叶腋处生长的芽叫腋芽。顶芽开放后，顶芽的芽鳞片脱落在茎上留下的痕迹叫芽鳞痕（bud scale scar）（图 2-23）。另外，在茎上还有花枝痕（花芽活动后花枝脱落留下的痕迹），多数木本植物枝条上还分布有不同形状、不同色泽的小突起，称为皮孔，它们是

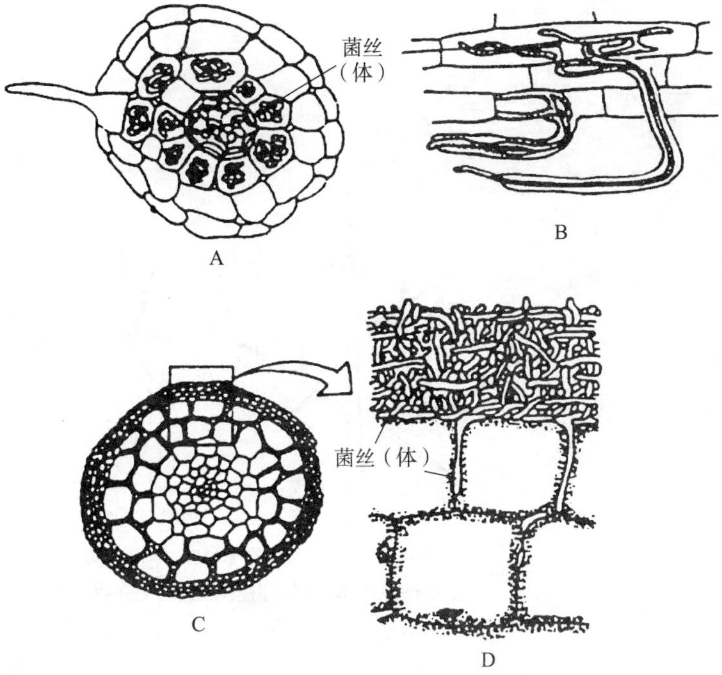

图 2–22　菌根

A. 小麦内生菌根的横切；B. 芳香豌豆内生菌根的横切；C. 松外生菌根的横切；D. C 图的部分放大

茎内外气体交换的通道。

(2) 茎的生长习性　根据茎的生长习性，将茎分为以下 5 种类型。

① 直立茎　直立茎(erect stem)垂直地面直立生长，如杨树和玉米等。

② 平卧茎　平卧茎(prostrate stem)平卧地面生长，但节上不产生不定根，如葎草等。

③ 匍匐茎　匍匐茎(repent stem)平卧地面生长，但在节的部位产生不定根和不定芽，如甘薯、草莓等。

④ 攀缘茎　攀缘茎(climbing stem)上形成茎卷须、叶卷须或吸盘等攀缘器官，植物借助这些攀缘器官攀附于其他物体向上生长，如葡萄、爬山虎、黄瓜等。

⑤ 缠绕茎　缠绕茎(twining stem)在生长中通过改变茎的生长方向缠绕于其他物体上，如牵牛、菟丝子等。

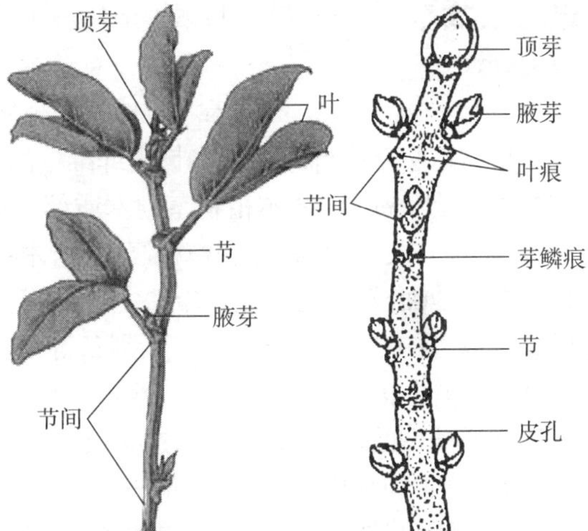

图 2–23　枝条的外形

A. 着生叶和芽的枝条；B. 叶脱落后的枝条

(3) 芽的结构和类型　芽(bud)是处于幼态而未发育的枝、花或花序的原始体。对叶芽(也称“枝芽”，是枝条的原始体)作纵切观察，在叶芽中央的最上方是生长锥，在生长锥基部有一些小的突起，是叶原基，叶原基先发育为幼叶，幼叶再发育为成熟的叶。在生长锥外围是幼叶，幼叶叶腋处的突起是腋芽原基(图 2–24)。

按照芽产生的部位，芽可分为定芽和不定芽。定芽的发生位置固定，如顶芽和腋芽；而不定芽的发生位置不固定。按着芽的性质，芽可分为叶芽(leaf bud)、花芽(flower bud)及混合芽(mixed bud)。叶芽将来发育为枝条，花芽发育为花或花序，而混合芽发育为枝条和花(序)。按照芽是否有芽鳞包被，芽可分为鳞芽(scaly bud)和裸芽(naked bud)。按照芽的生理活动状态，芽可分为活动芽(active bud)和休眠

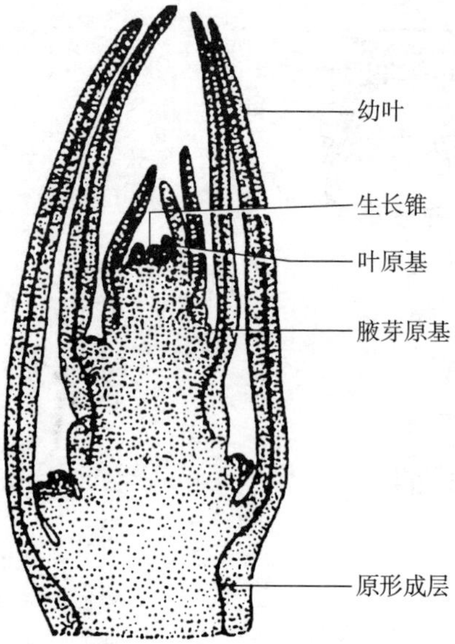

图 2-24　忍冬芽纵切

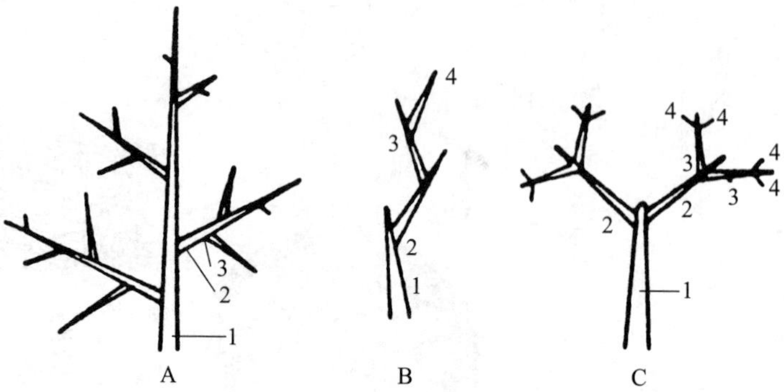

图 2-25　茎分枝类型
A. 单轴分枝；B. 合轴分枝；C. 假二叉分枝（同级分枝以相同数字表示）

图 e2-10　芽的类型

芽（dormant bud）。另外，根据芽的位置还可以把芽分为并生芽、叠生芽、正芽、副芽、柄下芽等（图 e2-10）。

（4）茎的分枝方式　茎的分枝是植物生长的普遍现象，茎分枝的规律性与茎尖生长点或芽的分布和生长方式，以及顶芽与侧芽的相关性有关。常见的茎分枝有单轴分枝（也称总状分枝）、合轴分枝以及假二叉分枝（图 2-25）。禾本科植物的分枝方式称为分蘖。

根据植物茎内部木质部和韧皮纤维量的多少，可将植物分为木本植物（wood plant）、藤本植物（liana）和草本植物（herb）。木本植物茎内木质部发达，茎含水量较少，一般比较坚硬，这类植物的寿命较长，均为多年生。根据分枝特点和植株高度等，木本植物又分为乔木（tree）和灌木（shrub）。乔木植株高大，分枝位置距地面较高，有明显的单一主干，如毛白杨、泡桐等；灌木植株比较矮小，分枝靠近地面，由地表形成 2 个以上的主干，如丁香、月季、荆条等。藤本植物茎中的韧皮纤维比较发达、茎干柔软。如紫藤（木质藤本）、牵牛花（草质藤本）等。草本植物茎中木质部很少，茎多汁、柔软，易折断。植物开花结果后整个植株或植株的地上部分死亡，这类植物又可分为一年生草本、二年生草本和多年生草本。

（5）茎尖的结构　茎尖（stem tip）包被于顶芽或腋芽的幼叶内，可分为分生区、伸长区和成熟区三部分，茎尖最前端外面无类似根冠的帽状结构，而是被许多幼小叶片紧紧包裹（图 2-26）。

① 分生区　茎尖最前端的圆锥形部分就是茎尖的分生区，也叫生长锥，由分生组织细胞构成（顶端分生组织），茎内的一切组织结构都是由分生区分裂产生的细胞衍生而来。

② 伸长区　伸长区位于分生区下面，其特点是细胞伸长、细胞液泡化明显；伸长区是茎伸长生长的主要部位，内部已逐渐分化出一些初生分生组织。该区可视为顶端分生组织发展为成熟组织的过渡区。

图 e2-11　大丽花幼茎（A）及其局部（B）横切

③ 成熟区　成熟区位于伸长区下面，其细胞的有丝分裂和伸长生长都趋于停止，各种成熟组织的分化基本完成，已具备幼茎的初生结构，而且从外形上看节间的长度趋于固定。

（6）茎的内部结构

① 双子叶植物茎的初生结构　通过茎尖成熟区作横切面，可观察到双子叶植物茎自外向内可分为表皮、皮层和中柱（或维管柱）三部分（图 e2-11）。

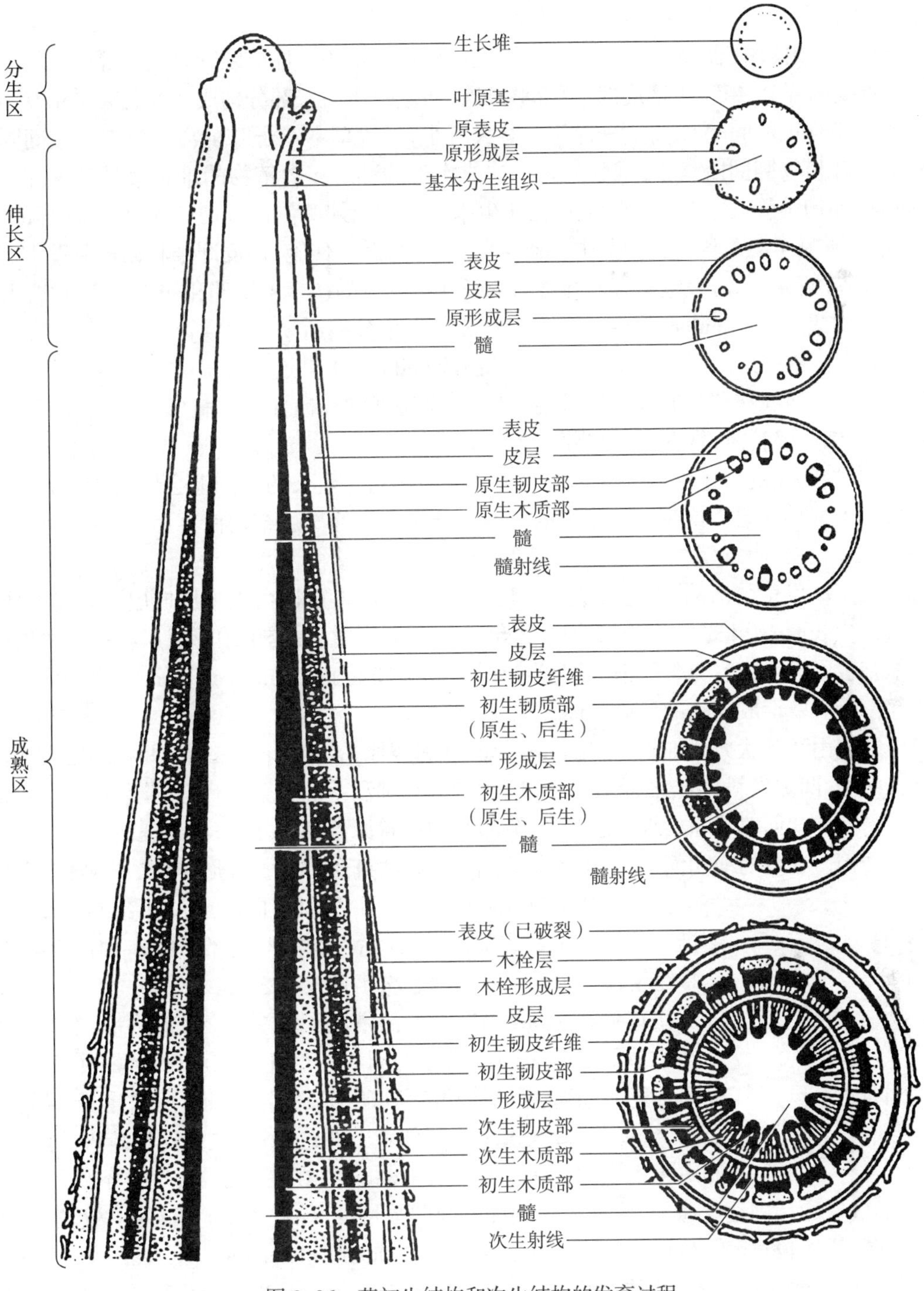

图 2-26 茎初生结构和次生结构的发育过程

表皮是幼茎最外一层生活细胞，细胞一般呈长方形，表皮细胞的长轴与茎的长轴平行，细胞排列紧密，没有细胞间隙。细胞外切向壁覆盖有角质层，有的还有蜡被等，有或无表皮毛及腺毛等附属物；此外表皮上还有少量气孔。

皮层位于表皮和中柱之间，茎皮层的宽度要比根的皮层窄。皮层细胞大部分为薄壁细胞，细胞较大，排列疏松，有胞间隙，细胞内常含叶绿体使幼茎呈现绿色。靠近表皮的数层皮层细胞往往发育为成束的或相连成片的厚角组织，承担幼茎的支持作用。有些植物皮层中还存在分泌结构（如向日葵）。在形态上茎通常没有明显可以分辨出的内皮层，但有的植物皮层的最内层细胞富含淀粉粒，称为淀粉壳（starch sheath),如大豆幼茎。

中柱是皮层以内的中轴部分,但茎的中柱没有中柱鞘。茎的中柱由维管束、髓和髓射线组成。维管束是中柱最重要的部分,由初生韧皮部、束中形成层、初生木质部三部分构成。维管束呈束状,在茎中环状排列。各个维管束的间隔(髓射线的宽度)有大有小,一般草本双子叶植物茎中维管束间隔较大;而多数木本双子叶植物则间隔较小,维管束几乎连成完整的环。多数植物的维管束是韧皮部在外,木质部在内,即为"外韧维管束",但也有的植物在初生木质部的内外两侧都有韧皮部存在,这样的维管束叫"双韧维管束",常见于葫芦科植物的茎中。初生韧皮部由筛管、伴胞、韧皮纤维和韧皮薄壁细胞组成;初生木质部由导管、管胞、木薄壁组织和木纤维组成。在维管束的初生木质部和初生韧皮部之间是具有分裂能力的束中形成层(fascicular cambium),束中形成层发生分裂活动会使维管束增大,因此这种维管束称为无限维管束。维管束之间的薄壁细胞称为髓射线(pith ray),其连接着皮层和髓,并在茎的横切面上呈放射状排列。髓射线在茎中起横向运输的作用,其细胞通常径向伸长。髓(pith)位于幼茎的中央,其细胞体积较大、细胞壁较薄,常含淀粉粒(图 e2-11)。

② 双子叶植物茎的次生结构 大多数双子叶植物在初生生长的基础上会形成次生分生组织——维管形成层和木栓形成层。次生分生组织的分裂活动所产生的次生结构使茎加粗,这一过程即为茎的次生生长。

维管形成层的发生与活动:维管形成层也称形成层,茎的形成层由束中形成层和束间形成层构成。当茎开始次生生长时,初生茎的束中形成层开始活动,与此同时,在与束中形成层相接的髓射线相应部位的薄壁细胞也脱分化恢复分裂能力,发育为束间形成层(interfascicular cambium)。束中形成层和束间形成层相互衔接后就形成完整的形成层环。

形成层细胞由纺锤状原始细胞(fusiform initial)和射线原始细胞(ray initial)两种细胞组成。纺锤状原始细胞长而扁,两端尖斜,切向面比径向面宽,细胞的长轴和茎的长轴平行;其分裂活动产生的子细胞形成茎的轴向结构。而射线原始细胞近等径,分布在纺锤状原始细胞之间,其分裂活动产生的子细胞形成茎的横向结构。在茎的横切面上,纺锤状原始细胞和射线细胞都呈长方形,排成一圆环(图 2-27)。

图 e2-12 四年生椴树茎横切

形成层活动时,细胞主要进行平周(切向)分裂,分裂产生的新细胞向外逐渐分化为次生韧皮部,向内分化为次生木质部(图 e2-12)。形成层一旦产生将终生存在于次生木质部和次生韧皮部之间。

在有明显冷暖季节交替的温带或干湿季节交替的热带,维管形成层的活动随季节的更替表现出明显的周期性变化。在温带春季,由于气温逐渐升高雨水充沛,形成层的活动活跃,所形成的导管和管胞数量多,导管和管胞直径大,壁也较薄,次生木质部外观上颜色较浅,质地比较疏松,这一时期形成的次生木质部称为早材(early wood)。在夏末秋初,气候条件逐渐不适宜于木材生长,形成层的活动逐渐减弱,形成的导管和管胞的数量少,导管和管胞直径小,壁较厚,次生木质部外观颜色深、质地较致密。这段时间形成的次生木质部称为晚材(late wood)。在一个生长期内,早材和晚材共同组成一轮显著的同心环层,称为生长轮。如果在一年仅产生一个生长轮也可称年轮(annual ring)。如果形成层的季节性生长受到反常气候条件或严重的病虫害等因素的影响,树木就可能一年产生两个以上的生长轮,或生长受到抑制不形成生长轮。有的植物,一年有几次季节生长,因此一年可产生几个生长轮,如柑橘一年可产生三个以上的生长轮。没有干湿季节变化的热带地区,树木的茎内一般不形成生长轮。

次生木质部的组成成分和初生木质部一样,也是由导管、管胞、木纤维和木薄壁细胞构成。茎的次生木质部也称为木材。次生韧皮部的组成成分也和初生韧皮部一样,由筛管、伴胞、韧纤维和韧薄壁细胞构成。

木栓形成层及其活动:形成层每年在生长季的周期性分裂活动,导致木本植物的茎每年都在不断加

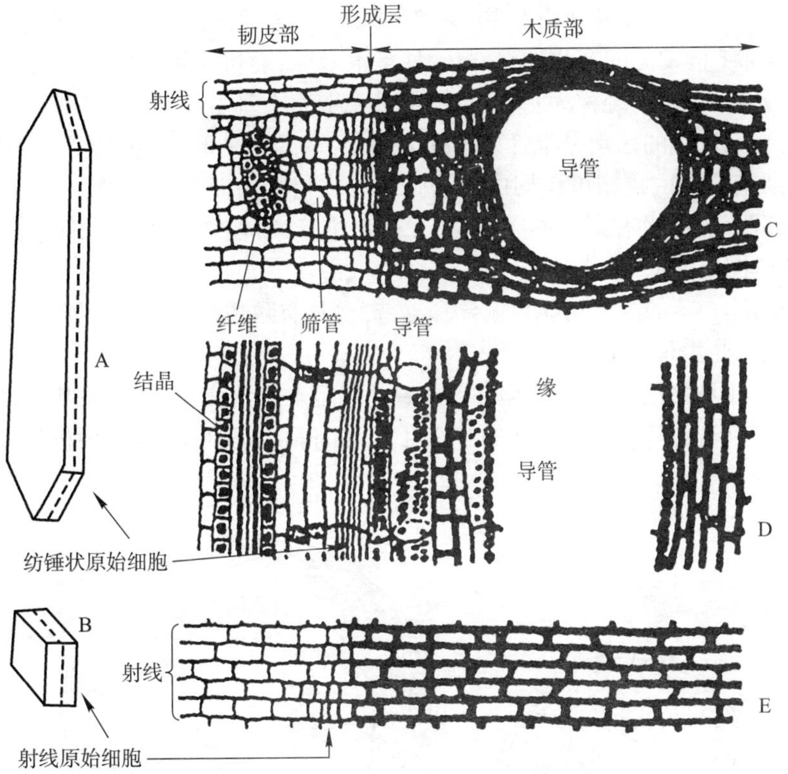

图 2-27　形成层及其衍生组织

A. 纺锤状原始细胞；B. 射线原始细胞（虚线表示细胞切向分裂方向）；

C～E. 分别为刺槐茎的横切面、纵切面和径向切面

粗，使茎原来的表皮、皮层等结构被撑破、死亡和脱落，并由木栓形成层每年产生新的周皮代替表皮或原来旧的周皮的保护功能。茎的木栓形成层来源较复杂，各种植物也有所不同。多数植物茎的木栓形成层最开始起源于与表皮相邻的一层皮层细胞，以后木栓形成层的发生位置逐渐移到内部的皮层细胞和次生韧皮部细胞。木栓形成层主要进行平周分裂，由其分裂衍生的子细胞向外分化为木栓层，向内分化为栓内层。木栓层、木栓形成层和栓内层构成了周皮。

周皮形成时，在原来表皮上形成气孔的位置，会形成另一种通气结构，即皮孔。在形成皮孔的位置，木栓形成层向外不形成木栓细胞，而是形成许多圆球形、排列疏松的薄壁细胞，称为“补充组织”。由于补充组织细胞数目的增加，使茎这个部位向外突出形成裂口，即形成了茎表面的“皮孔”（图 e2-13）。

图 e2-13　接骨木植物皮孔的结构

通常把维管形成层以外茎的所有部分合称为树皮。广义的树皮包括周皮以外的死亡组织、多年形成的周皮（狭义的树皮）和次生韧皮部。日常生活中人们常说树怕“剥皮”，这里的“皮”就是指广义的树皮。植物树皮的形态多样，植物种类不同，树皮开裂的形状也不同，树皮开裂的形状可作为识别树木种类和树木分类的依据。

③ 裸子植物茎的结构　裸子植物茎的结构与木本双子叶植物茎的结构相似，也有发达的次生结构，形成木材和树皮。所不同的是，裸子植物茎的韧皮部主要由筛胞组成，无伴胞，韧皮薄壁组织较少，韧皮纤维有或无；裸子植物茎的木质部无导管，只有管胞（只有麻黄属、买麻藤属和百岁兰属有导管），木薄壁细胞少，一般无木纤维。另外大多数裸子植物的茎中具有树脂道，树脂道在木材的横切面上常呈大而圆的管腔，散布在管胞之间。

④ 单子叶植物茎的结构　单子叶植物茎一般不进行次生生长，所以没有次生结构只有初生结构。单子叶植物茎的内部结构常见的有两种类型：一种是玉米、高粱和甘蔗的茎，由表皮、基本组织和维管束构成，表皮之内不分皮层和髓，统称为基本组织，维管束散生在基本组织之中(图 2-28A)；另一种类型是水稻和小麦的茎，与玉米茎的区别是维管束排列为两环，茎的中央形成髓腔(图 2-28B)。在茎表皮下方的数层基本组织细胞往往由机械组织构成以增强茎的支持能力。单子叶植物茎的维管束只有初生韧皮部和初生木质部两部分，没有束中形成层，属于有限维管束；在维管束的外围还有维管束鞘(vascular bundle sheath)细胞(图 2-28C)。

(7) 茎的生理功能　茎的主要功能是输导和支持，也具有贮藏和繁殖的功能。

3. 叶的形态结构与生理功能

(1) 叶的形态　叶是由茎生长锥周围的叶原基发育而来的营养器官，叶原基通过顶端生长、边缘生长、居间生长发育成成熟的叶。发育成熟的叶由叶片(blade)、叶柄(petiole)和托叶(stipule)3 部分构成。

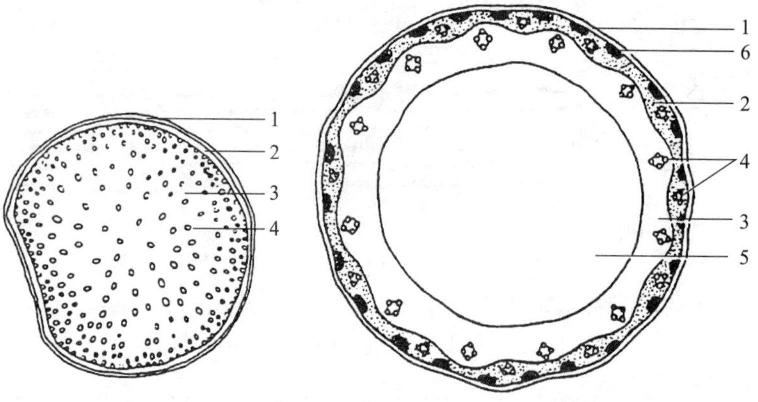

A　　B

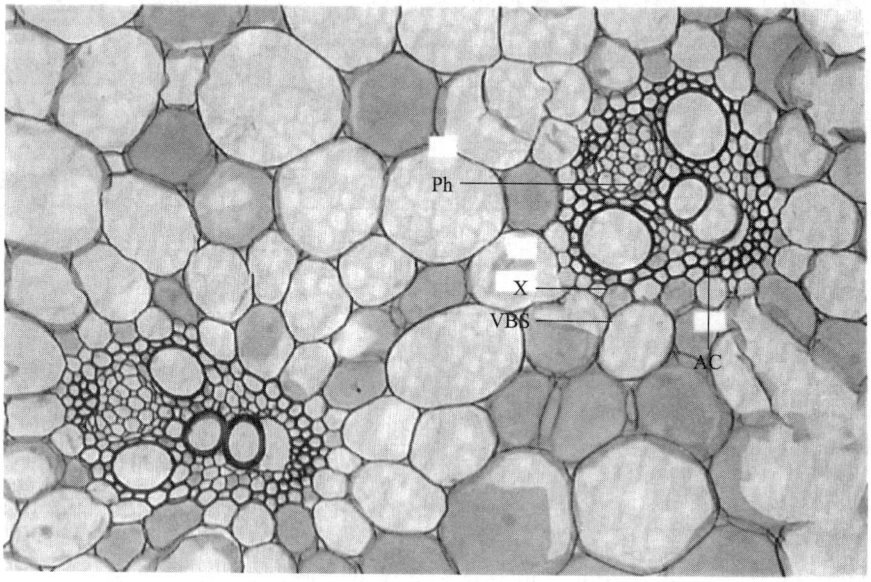

C

图 2-28　玉米(*Zea mays*)和水稻(*Oryza sativa*)茎的结构(冯燕妮和李和平，2013)

A. 玉米茎横切；B. 水稻茎横切；C. 玉米维管束横切

1. 表皮；2. 机械组织；3. 基本组织；4. 维管组织；5. 髓腔；6. 同化组织

Ph：韧皮部；X：木质部；VBS：维管束鞘；AC：气腔

具备以上 3 部分的叶称为完全叶（complete leaf）；缺少任何一部分的叶就是不完全叶（incomplete leaf）（图 2-29）。

禾本科植物的叶为单叶，具有狭长而抱茎的叶鞘（leaf sheath），叶鞘具有保护、输导和支持叶片的作用。禾本科植物叶还常具有叶枕（pad）、叶舌（ligule）、叶耳（auricle）等构造（图 2-30）。

叶片有各种形状，如卵形、心形、圆形、条形等。在叶片上有叶脉分布，叶脉主要是由维管束构成。叶片中与叶柄直接相连的叶脉叫中脉或主脉。主脉的分枝叫侧脉；侧脉进一步的分枝称细脉；细脉的末端叫脉梢。各种叶脉在叶片上按一定方式有规律地分布，叶脉在叶片上的分布方式被称为脉序。

常见的脉序类型有羽状脉、掌状脉、平行脉和射出脉等（图 e2-14）。

图 e2-14　叶脉的类型

叶片与枝条相连接的部分称叶柄。叶柄的主要作用是输导和支持叶片，调节叶的生长方向和位置，使叶片充分接受阳光，又不至于相互重叠，我们把这种现象称为叶的镶嵌性。

托叶是叶柄基部的附属物，常成对而生。大而绿的托叶可进行光合作用；薄膜状的托叶在新叶未吐出时包围幼叶，对幼叶起保护作用。

叶在茎上排列的方式叫叶序（phyllotaxy）。常见的叶序有互生（alternate）、对生（opposite）、轮生（verticillate）、簇生（fasciculate）（图 2-31）和基生（basilar）。

① 叶互生　每个节上只着生 1 片叶，如榆树、桑树、杨树、柳树等。

② 叶对生　每个节上着生着相互对生的两片叶，如益母草、丁香和石竹等。

③ 叶轮生　每个节上着生 3 片或 3 片以上的叶，如茜草、猪殃殃、黄精等。

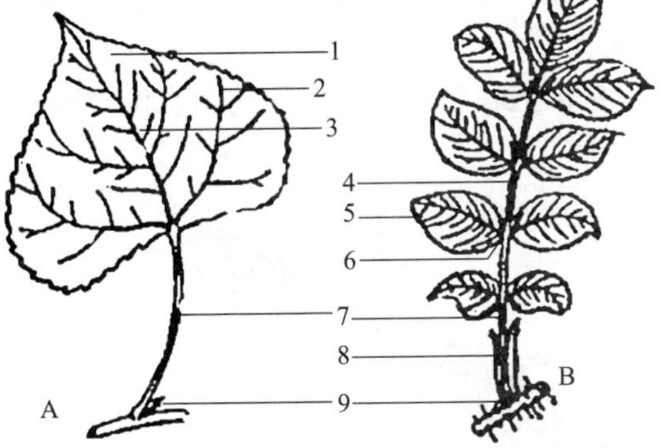

图 2-29　完全叶

A. 单叶；B. 复叶

1. 叶片；2. 侧脉；3. 中脉；4. 叶轴；5. 小叶；6. 小叶柄；7. 叶柄；8. 托叶；9. 腋芽

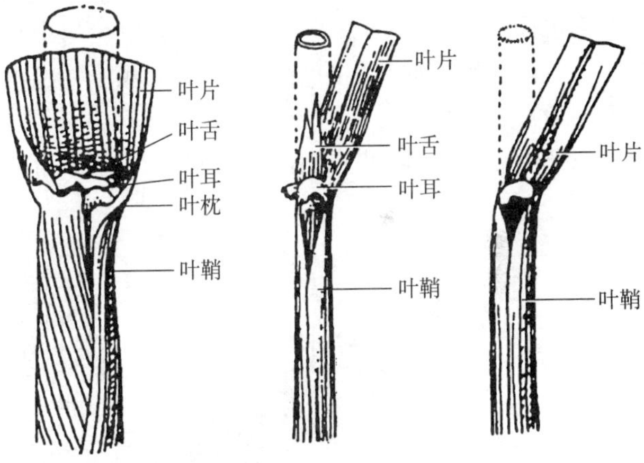

图 2-30　禾本科植物叶的形态

图 2-31　叶序的类型

图 e2-15　复叶的类型

④ 叶簇生　两片或两片以上的叶片着生在一极度缩短的短枝上，如银杏、落叶松等。

根据叶柄上着生小叶的数目，叶可分单叶和复叶两种类型。单叶是指在 1 片叶柄上着生 1 片叶片（完整或分裂），如毛白杨、丁香、梧桐的叶（见图 2-29A）。复叶是指在叶柄上着生 2 个或 2 个以上的小叶片，如月季、花椒、国槐的叶。复叶的叶柄叫总叶柄，叶柄以上的部分称叶轴；叶轴两侧所生的叶片称小叶，小叶的叶柄叫小叶柄（见图 2-29B）。复叶在双子叶植物中普遍存在，而在单子叶植物中比较少见。复叶有以下四种类型（图 e2-15）。

① 羽状复叶　小叶呈羽毛状排列在叶轴两侧。根据叶轴顶端小叶数目的不同情况，又可分为：

奇数羽状复叶　奇数羽状复叶（odd-pinnately compound leaf）的小叶数为奇数，如月季、核桃等。

偶数羽状复叶　偶数羽状复叶（even-pinnately compound leaf）的小叶数为偶数，如花生、枫杨等。

二回羽状复叶　羽状复叶的叶轴再分枝一次，则形成二回羽状复叶，如辽东楤木、合欢等。

三回羽状复叶　二回羽状复叶的叶轴再分枝一次，则形成三回羽状复叶，如南天竹等。

② 掌状复叶　掌状复叶（palmately compound leaf）的小叶着生在总叶柄的顶端，如刺五加、七叶树等。

③ 三出复叶　三出复叶（ternately compound leaf）只有 3 片小叶，着生在总叶柄的顶端，如迎春等。根据小叶的叶柄是否等长，三出复叶又可分为掌状三出复叶和羽状三出复叶。

掌状三出复叶　3 个小叶柄等长或无叶柄，如酢浆草、车轴草等。

羽状三出复叶　3 个小叶柄不等长，如大豆、菜豆、紫苜蓿、胡枝子等。

④ 单身复叶　单身复叶（unifoliate compound leaf）也是只有 3 片小叶，但两个侧生小叶往往退化。总叶柄的顶端只着生 1 片小叶，总叶柄的顶端与小叶连接处有关节，如柑橘、柚子等。

(2) 双子叶植物叶片的结构　典型的双子叶植物的叶片由表皮、叶肉（mesophyll）和叶脉（vein）构成（图 2-32）。

表皮包括位于叶片腹面的上表皮和位于背面的下表皮，是覆盖在植物叶片表面的初生保护结构。

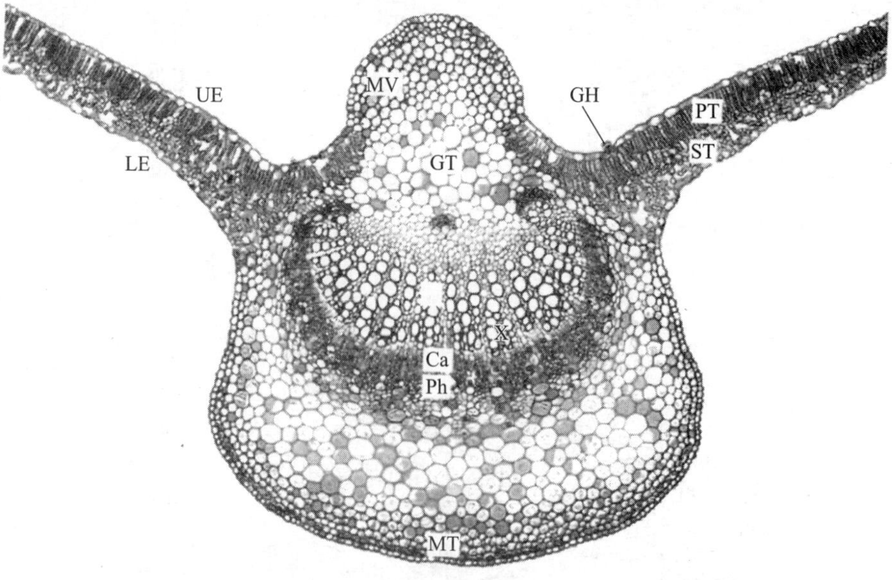

图 2-32　陆地棉（*Gossypium hirsutum*）叶经中脉的部分横切（冯燕妮和李和平，2013）
示双子叶植物叶片的结构。UE：上表皮；LE：下表皮；MV：主脉；GT：基本组织；X：木质部；Ca：形成层；Ph：韧皮部；MT：机械组织；PT：栅栏组织；ST：海绵组织；GH：腺毛

在叶的上、下表皮上都分布有气孔器，其中下表皮上的气孔器较多。气孔器下方的细胞间隙称为孔下室。

叶片上下表皮之间的部分称为叶肉，它是叶片进行光合作用的部位（同化组织），叶肉细胞含有大量的叶绿体。大多数双子叶植物的叶肉细胞分化为栅栏组织和海绵组织，这种类型的叶称为异面叶（腹背叶）(bifacial leaf)；叶肉没有栅栏组织和海绵组织分化的叶称为等面叶（isobilateral leaf）。

栅栏组织（palisade tissue）位于上表皮之下，细胞为长筒形，细胞的长轴与叶片上表皮垂直，呈栅栏状紧密排列为一层或几层。栅栏组织细胞内含有大量叶绿体，叶绿体沿着细胞表面排列，栅栏组织的主要生理功能是光合作用。海绵组织（spongy tissue）位于栅栏组织和下表皮之间。海绵组织细胞的形状、大小常不规则，有很大的胞间隙，细胞内叶绿体数量也相对较少，其主要生理功能是进行气体交换，也能进行光合作用。栅栏组织和海绵组织的分化，是双子叶植物叶片结构对光合作用和蒸腾作用的高度适应，是植物长期进化的结果。

叶脉分布在叶肉组织中，大部分双子叶植物的叶脉为网状脉序（netted venation）。叶脉具有支持和输导的功能，叶脉结构的复杂程度与叶脉的大小有关。中脉和大的侧脉常由维管束、薄壁组织和机械组织（多为厚角组织）组成，其中木质部靠近上表皮，韧皮部靠近下表皮。在粗大的中脉中，维管束中的木质部和韧皮部之间还夹有形成层，但形成层的活动时间很短，只产生极少量的次生组织。维管束的周围由薄壁组织构成，或在叶脉的上下方形成发达的机械组织，使中脉和大的侧脉在叶片的背面常明显突出（图 2-32）。侧脉的结构较中脉简单，通常是由维管束鞘（包围维管束的一层特殊细胞）、木质部和韧皮部构成。细脉和脉梢的结构进一步简化，最简单的由导管、筛管和伴胞构成。

(3) 禾本科植物叶片的结构　禾本科植物叶片也是由表皮、叶肉和叶脉三部分构成（图 2-33）。禾本科植物叶片表皮的结构比较复杂，由表皮细胞、泡状细胞和气孔器有规律的排列构成。表皮细胞有长细胞和短细胞之分（见图 2-3），短细胞又有硅细胞和栓细胞之分，硅细胞向外突出如齿或刚毛状，使表皮坚硬粗糙，可抵抗病虫害的侵袭。相邻两叶脉之间的上表皮是呈扇形排列的大型薄壁细胞，称为泡状细胞（bulliform cell）（也叫运动细胞）。泡状细胞的长轴与叶脉平行。在叶片的横切面上，数个泡状细胞排列成扇形，中间的细胞最大，两侧的较小。泡状细胞具有大液泡，能控制水分的吸收或散失，与叶片的卷合、张开有关（图 2-33A，B）。禾本科植物叶的气孔器由一对哑铃形的保卫细胞、一对菱形的副卫细胞和气孔构成（见图 2-3）。

禾本科植物的叶肉没有栅栏组织和海绵组织的分化为等面叶，其叶肉细胞内含有大量的叶绿体，细胞表面向内凹陷形成“峰、谷、腰、环”的结构（图 2-33C）。

禾本科植物的叶脉无明显的中脉，各叶脉大小相似。通常在叶脉的上下方都有成片的厚壁组织与表皮连接并将叶肉组织隔开。维管束是由维管束鞘、木质部和韧皮部构成，没有束中形成层。其中 C_3 植物如小麦、大麦的维管束鞘有两层细胞，外层的维管束鞘细胞薄壁、较大，所含的叶绿体比叶肉细胞中的少，而内层的维管束鞘细胞是厚壁的、较小，几乎不含叶绿体；C_4 植物如玉米、甘蔗和高粱的维管束鞘只有一层细胞，细胞较大排列整齐，细胞壁稍有增厚，其中的叶绿体比叶肉细胞中的叶绿体大。

(4) 裸子植物叶的结构　常见的裸子植物叶有针形叶、鳞叶等。以黑松（*Pinus thunbergii*）的针形叶为例介绍裸子植物叶的内部结构。黑松叶由表皮系统、叶肉细胞、内皮层、转输组织和维管束构成(图 2-34)。

表皮系统由表皮、下皮层（靠近表皮的 1 ~ 2 层排列紧密的细胞，也称下皮）和气孔器组成。其中气孔器由一对保卫细胞、一对副卫细胞、气孔和孔下室共同构成。气孔器下陷到下皮层。在松属针叶的横切面上，气孔器像鸟喙的形状。

叶肉细胞位于下皮层以内。叶肉由含有大量叶绿体的薄壁细胞构成，叶肉细胞的细胞壁形成内褶。在叶肉组织内还有树脂道分布。

叶肉细胞与转输组织和维管束之间有明显分化的内皮层，内皮层细胞排列紧密，具有凯氏带结构。

1 枚黑松的针叶只有 2 个维管束。维管束的木质部在近轴面，木质部由管胞和薄壁细胞相间构成；韧皮部位于远轴面，由筛胞和韧皮薄壁细胞组成。在维管束与内皮层之间，有几层排列紧密的转输组织，

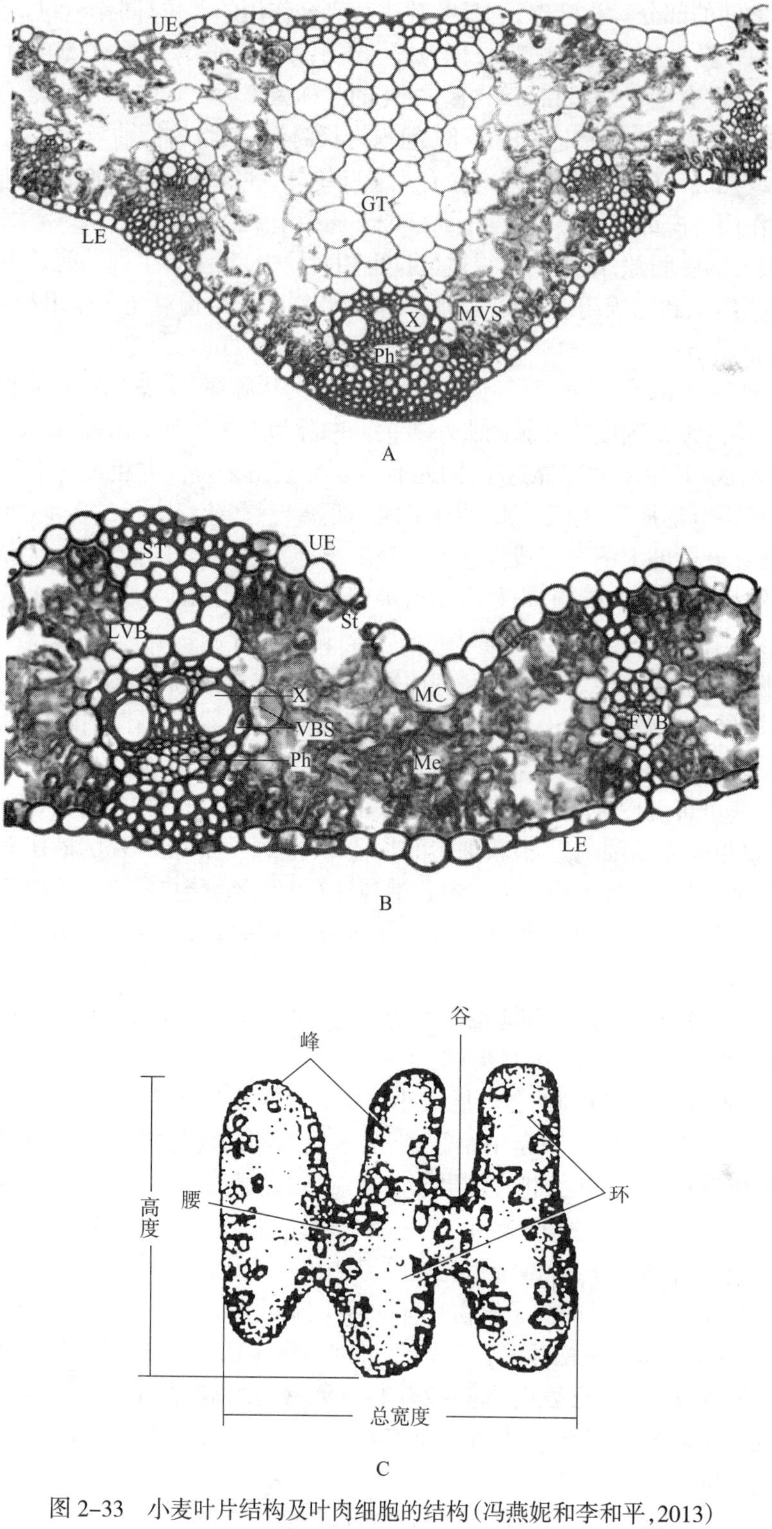

图 2-33　小麦叶片结构及叶肉细胞的结构(冯燕妮和李和平,2013)

A. 主脉结构;B. 维管束结构;C. 叶肉细胞

UE:上表皮;LE:下表皮;ST:厚壁组织;GT:基本组织;MVS:主脉维管束;X:木质部;Ph:韧皮部 ;LVB:侧脉维管束;VBS:维管束鞘;St:气孔;MC:运动细胞;Me:叶肉;FVB:细脉维管束

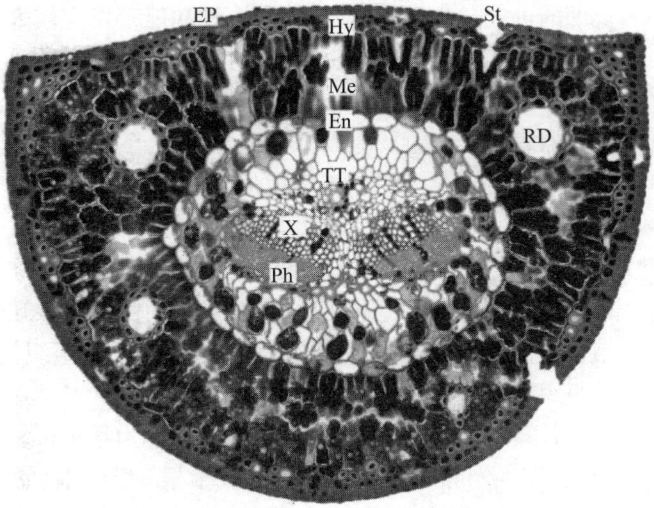

图 2-34 黑松(*Pinus thunbergii*)针叶横切(冯燕妮和李和平,2013)
示裸子植物针叶的结构。EP:表皮;Hy:下皮层;Me:叶肉;En:内皮层;TT:转输组织;
X:木质部;Ph:韧皮部;St:气孔;RD:树脂道

转输组织由转输管胞和转输薄壁细胞构成。

(5) 叶的生理功能 叶的主要生理功能是光合作用和蒸腾作用,也具有吸收和繁殖的功能。

(6) 落叶与生活期 多数木本植物的叶生活到一定时期便会从茎上脱落下来,这种现象称为落叶(deciduous leaf)。各种植物叶的生活期长短不同。

落叶与叶柄的结构变化有关。木本植物在落叶之前,靠近叶柄基部有几层细胞发生细胞学和化学上的变化,并进行细胞分裂产生数层较小且扁平的薄壁细胞,它们横隔于叶柄基部,形成所谓的离区(图 2-35)。落叶时,离区(abscission zone)细胞的胞间层发生黏液化而分解或初生壁解体,形成离层(abscission layer)。当叶受到自身重力影响或在风雨等外力作用下,叶便从离层处脱落。在离层的下方发育出木栓层细胞,逐渐覆盖整个断痕,并与茎部的木栓层相连。这个由木栓层细胞形成的覆盖层称为保护层(protective layer)。离层不仅在叶柄基部产生,在花柄、果柄的基部也可以产生,引起花和果的脱落。

4. 植物营养器官的变态

前面所述植物营养器官的结构与生理功能为绝大多数种子植物所具有,但有些植物的营养器官在

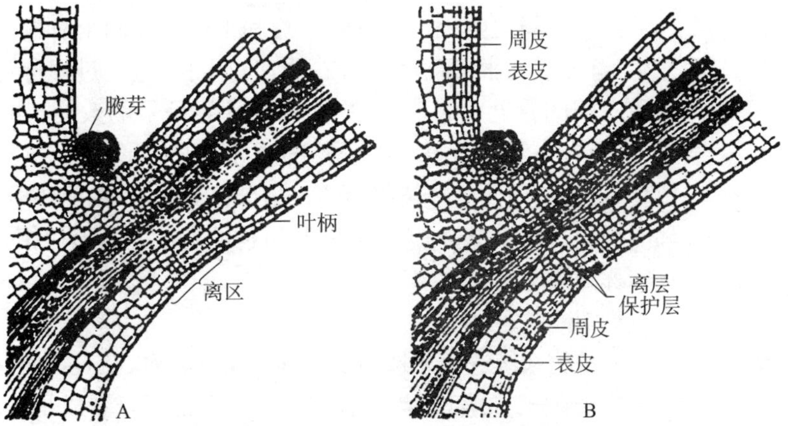

图 2-35 叶柄基部纵切(示离区的产生)
A. 离区形成;B. 离区处细胞分离,保护层出现

图 e2-16　肉质直根

图 e2-17　几种植物的气生根

图 e2-18　菟丝子的寄生根

图 e2-19　几种植物的根状茎

图 e2-20　马铃薯块茎的形成过程及结构

图 e2-21　洋葱鳞茎(盘)和鳞叶(A)以及荸荠球茎(B)

长期的进化过程中,形态结构和生理功能都发生较大的变异。我们把植物营养器官在生长方式、形态结构及生理功能发生变化的现象,称为营养器官的变态,这种变态是可遗传的。变态后的器官称为变态器官(abnormal organ)。营养器官的变态主要有以下类型。

(1) 变态根　根据变态根的结构和担负生理功能的不同,可进一步分为贮藏根和气生根等类型。

贮藏根的特点是肥大、肉质,贮藏大量营养物质。贮藏根又分为肉质直根(如萝卜、胡萝卜、甜菜等)(图 e2-16)和块根(如红薯)。这两种贮藏根在结构上的共同特点是,主要由大量薄壁的贮藏组织构成,维管组织散生在薄壁组织当中,机械组织不发达。

凡露出地面,生长在空气中的根均称为气生根。常见的气生根种类有支持根(如玉米和高粱靠近地表的气生根)、攀缘根(如常春藤等植物从茎节的部位产生许多顶端扁平的气生根,用于附着攀缘于其他物体的表面)、呼吸根(如红树的气生根,用于输送和贮藏空气)(图 e2-17)及寄生根(如菟丝子茎上产生的不定根)(图 e2-18)。

(2) 变态茎　根据变态茎生存的位置,变态茎可分为地下变态茎和地上变态茎。地下变态茎均生长在土壤中,具有贮藏和营养繁殖的功能。根据变态茎的结构和发育方式,地下变态茎可分为根状茎,如竹、莲、姜(图 e2-19);块茎,如马铃薯(图 e2-20);鳞茎,如洋葱(图 e2-21A)、百合;球茎,如荸荠(图 e2-21B)等类型。

地上变态茎有茎卷须(如黄瓜、葡萄的卷须)、匍匐茎(如草莓、蛇莓的茎)、茎刺(如山楂、皂荚和柑橘的茎刺)、叶状茎(枝)(如假叶树、竹节蓼、昙花和文竹的叶状茎)和肉质茎(仙人掌科植物茎、莴笋肉质茎)(图 2-36)等类型。

(3) 变态叶　叶的变态主要有叶卷须(如豌豆的卷须)、叶刺(如仙人掌上的刺,刺槐和小檗的托叶刺)、鳞叶(如洋葱、大蒜、百合、水仙的鳞叶)和捕虫叶(如猪笼草的叶柄)(图 2-37)。

植物的叶刺和茎刺、叶卷须和茎卷须都具有相同的生理功能,但来源不同,把这样的变态器官称为同功器官;而来源相同的变态器官如叶刺、叶卷须、鳞叶等称为同源器官。

(二) 植物生殖器官的结构与功能

被子植物的生长包括营养生长和生殖生长两个阶段。植物由种子萌发开始,首先进行根、茎、叶等营养器官的生长,这一过程称为营养生长。经过一段时间的营养生长后,植物能感知外界信号的改变,如光照、温度等的变化,以及在自身激素(如赤霉素)的诱导下开始形成花,这标志着植物转入生殖生长阶段,即开始在植物体的一定部位分化花芽,进入开花、传粉、受精、结果的过程。由于花、种子和果实与植物的有性生殖密切相关,因此花、种子和果实称为被子植物的生殖器官。

1. 花

从植物系统进化和植物形态学的角度来看,花(flower)是不分枝的、适应于生殖的变态短枝。花的各个组成部分,如萼片、花瓣、雄蕊、雌蕊等都可以看成是叶的变态,这些变态叶,在花梗上着生的部位是节,各节间的距离特别缩短,所以说花是一个节间特别缩短的枝条,其上着生着各种变态的叶。

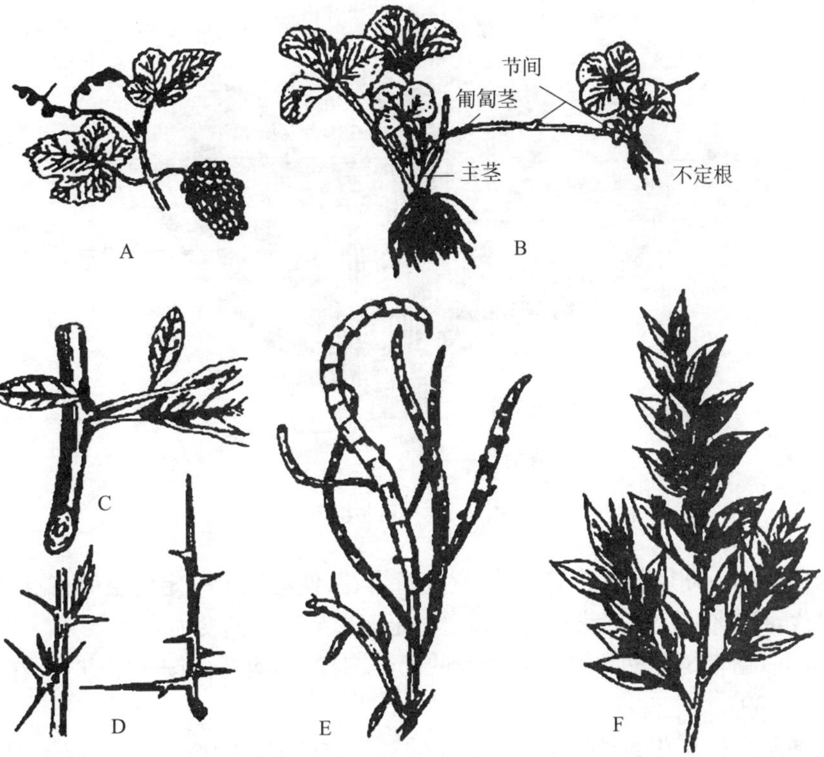

图 2-36　几种地上变态茎

A. 葡萄的茎卷须；B. 草莓的匍匐茎；C. 山楂的茎刺；D. 皂荚的茎刺；E. 竹节蓼的叶状枝；F. 假叶树的叶状枝

图 2-37　几种变态叶

A. 豌豆的叶卷须；B. 小檗的托叶刺；C. 刺槐的托叶刺；D. 猪笼草的捕虫叶

(1) 花的组成　典型的被子植物花包括花柄(花梗)、花托、花萼、花冠、雄蕊群、雌蕊群六部分(图 2-38)。具有花萼、花冠、雄蕊、雌蕊四部分的花，称完全花(complete flower)，如白菜花、桃花；缺少其中一部分或几部分的花，称不完全花(incomplete flower)，如南瓜花、黄瓜花缺少雄蕊或雌蕊；桑树花、栗树花缺花瓣、雄蕊或雌蕊；杨树花、柳树花缺萼片、花瓣、雄蕊或雌蕊。

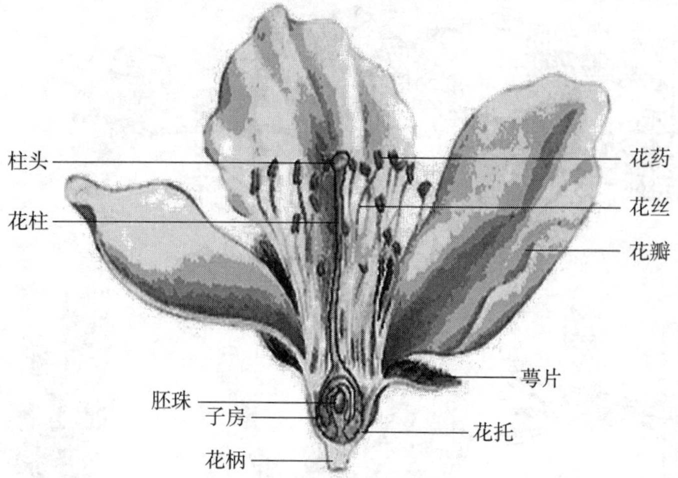

图 2-38　花的组成

花柄或称花梗(pedicel)是着生花的小枝,它支持着花,使花位于一定的空间;花柄也是茎和花连接的通道。水分和营养物质可以通过花柄向花输送。果实形成时花柄变为果柄。

花托(receptacle)通常是花柄顶端略微膨大的部分,花的其他部分按一定方式,着生在花托上。花托有各种类型(图 2-39)。

花萼(calyx)通常包被在花的最外层。一朵花的萼片数目因植物所属的科、属不同而异。萼片多为

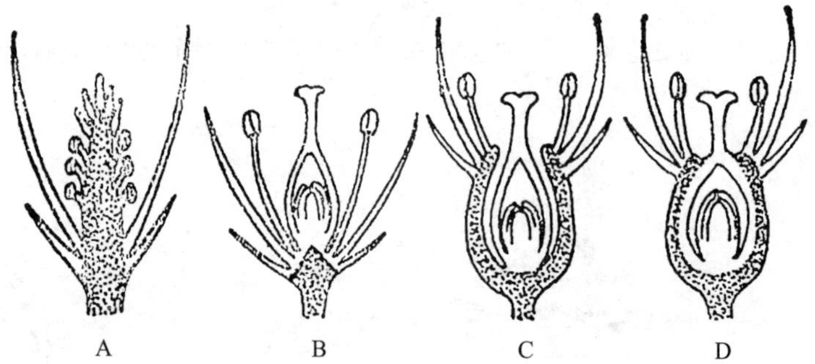

图 2-39　花托的类型

A. 花托突出如圆柱状;B. 花托突出如覆碗状;C、D. 花托凹陷如碗状

绿色、叶片状,由含叶绿体的薄壁细胞构成,无栅栏组织与海绵组织的分化,是变态叶。花萼通常一轮,但也有两轮的,如棉花、木锦等锦葵科的植物有两轮花萼,其中外面一轮花萼叫副萼。花萼和副萼可以起到保护幼蕾和幼果的作用。

花冠(corolla)是一朵花中花瓣的总称,位于花萼之内,由于花瓣细胞中含有花青素或有色体,多数植物的花瓣色彩艳丽。

花瓣中常含有分泌组织。花冠具有保护雌雄蕊和吸引昆虫传粉的作用。组成花冠的花瓣,有分离和连合,有些植物如杨树、玉米等花冠退化,便于风力传粉。根据花瓣的数目、花瓣的形态和花瓣离合状态,以及花冠筒的长短、花冠裂片的形态等特点,花冠可分为多种类型(图 2-40)。

花被(perianth)是花萼和花冠的总称。当花萼和花冠形态不易区分时,统称花被,如百合、洋葱。花萼和花冠两者齐备的花为双被花;只有花萼没有花冠的花叫单被花。也有少数植物的花既没有花萼也没有花冠,这样的花称为无被花,如杨、柳、胡桃等植物的花就没有花被。

如果在一朵花上同时都有雄蕊和雌蕊,这样的花称为两性花,只有一种花蕊而缺乏另一种的叫单性花,其中只有雌蕊的花称雌花;只有雄蕊的花称雄花,如杨树、柳树和黄瓜的花就是单性花。

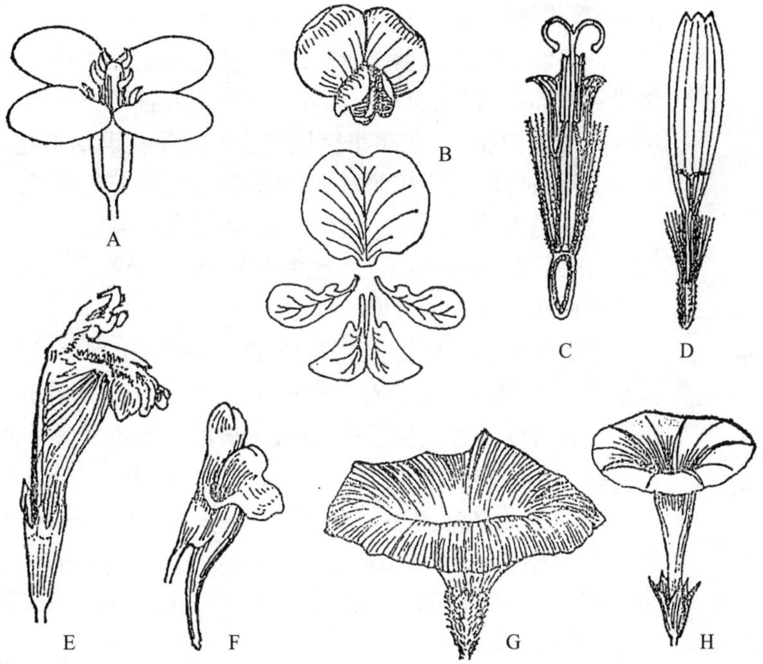

图 2-40　花冠的类型

A. 十字形花冠；B. 蝶形花冠；C. 筒状花冠；D. 舌状花冠；E. 唇形花冠；F. 有距花冠；
G. 喇叭状花冠；H. 漏斗状花冠（其中 A 和 B 为离瓣花，C ~ H 为合瓣花）

雄蕊群（androecium）是一朵花中雄蕊的总称，它位于花被的内侧。一朵花中雄蕊数目随植物种类而异。有些植物的雄蕊很多而无定数，如桃、苹果；有些植物的雄蕊少而数目一定，如油菜的雄蕊 6 枚，小麦的雄蕊 3 枚，大豆的雄蕊 10 枚。

每一个雄蕊（stamen）由花丝（filament）和花药（anther）两部分组成。花丝通常细长，基部着生在花托或贴在花冠上，另一端连着花药，将花药伸展在一定的空间位置，以便散发花粉。雄蕊花丝的长短随植物种类而异，而且一朵花中所有雄蕊的花丝也可以不等长，如十字花科植物的花有 6 枚雄蕊，其中 4 枚雄蕊的花丝较长，另外 2 枚雄蕊的花丝较短，这样的雄蕊群称为“四强雄蕊”。花药是雄蕊产生花粉粒的地方，是雄蕊的重要部分，通常由 4 个或 2 个花粉囊（pollen sac）组成，分为两半，中间由药隔相连。花粉成熟后，花粉囊开裂，花粉散出。根据花丝的长短、离合以及花药的离合，将雄蕊分为离生雄蕊、单体雄蕊、二体雄蕊、多体雄蕊、四强雄蕊、二强雄蕊和聚药雄蕊等类型。常见的是离生雄蕊。另外花药的开裂方式也有多种类型。

雌蕊群（gynoecium）位于花中央，是一朵花中雌蕊的总称。每个雌蕊（pistil）由柱头（stigma）、花柱（style）和子房（ovary）三部分构成。从系统发育的角度看，雌蕊是由心皮卷合而成的，是形成卵细胞（雌配子）的场所。心皮（carpel）是具有生殖作用的变态叶，它是构成雌蕊的基本单位。心皮中央相当于叶片中脉的部位，称为背缝线（dorsal suture）。心皮边缘相结合的部位，称为腹缝线（ventral suture）。在背缝线和腹缝线处各有维管束通过，分别称背束（1 条）和腹束（2 条）（图 e2-22）。胚珠通常着生在腹缝线上，腹束分枝进入胚珠中，构成胚珠中的维管系统，给胚珠输送所需的营养物质。

图 e2-22　心皮边缘卷合形成雌蕊的过程

根据组成雌蕊的心皮数目和结合情况不同，雌蕊可分为单雌蕊（一朵花中具有一个心皮构成的雌蕊，如豆科植物、桃和杏的雌蕊）、离心皮雌蕊（一朵花中有若干彼此分离的单雌蕊，如毛茛、木兰、芍药的雌蕊）和复雌蕊或叫合心皮雌蕊（一朵花中具有一个由两个或两个以上心皮愈合而成的雌蕊，如丁香、

图 e2-23　雌蕊的类型

图 e2-24　子房的位置和花的类型

图 e2-25　胎座的类型

图 e2-26　胚珠的类型

图 e2-27　花序的类型

油菜、番茄等的雌蕊)(图 e2-23)。

柱头位于雌蕊顶部,是接受花粉和花粉萌发的地方。柱头通常膨大或扩展成各种形状,其表面常形成乳头状突起或各种形状的毛。柱头表面还有一层亲水的蛋白质膜,它在花粉粒与柱头的相互识别中起重要作用,可以促进柱头上最适合的花粉粒萌发,而抑制其他花粉粒的萌发。

花柱是连接柱头与子房的部分,也是花粉管进入子房的通道。花柱的长短依各种植物不同而异。玉米的花柱(即玉米穗上的须)特别长,而小麦、水稻的花柱特别短。

子房是雌蕊基部膨大的部分,由子房壁、子房室、胎座和胚珠组成,是雌蕊最重要的部分。子房着生在花托上,根据子房与花托连接的情况不同,子房的位置可以分为上位子房、下位子房和半下位子房 3 种类型(图 e2-24)。

在子房室内着生有胚珠(ovule)。子房中所含胚珠的数目也因植物种类不同而异。胚珠是种子的前身,胚珠通常沿心皮的腹缝线着生,其着生的部位称胎座(placenta)。根据心皮数目和心皮合生方式不同,胎座可分为边缘胎座、侧膜胎座、中轴胎座、特立中央胎座、顶生胎座和基生胎座(图 e2-25)。

胚珠由珠心、珠被、珠孔、珠柄和合点组成。胚珠发生时,由于各部分细胞生长速度不尽相同,使胚珠中的珠孔、合点与珠柄的相互位置有变化而形成直生胚珠、倒生胚珠、弯生胚珠和横生胚珠等胚珠类型(图 e2-26)。

(2) 花序的概念和类型　有的植物的花单生于叶腋或枝顶上,如玉兰、牡丹等称单生花;还有些植物的花簇生于叶腋;植物的多数花按一定规律排列在花轴上,称为花序(inflorescence)。花序的主轴称花序轴或花轴。花序上没有典型的营养叶,一般只在花柄基部有较简单的变态叶称苞片。有些植物花序轴的基部也有一个或多个变态叶称总苞,如向日葵。有些苞片转变为更为特殊的形态,如小麦,其小穗基部的颖片就是总苞,而小花的稃片就是苞片。

根据花轴的长短、分枝与否、花柄有无、花开放的顺序,以及其他特殊因素所产生的变异等,花序可分为无限花序和有限花序两大类。无限花序又可进一步划分为总状花序、穗状花序、肉穗花序、柔荑花序、头状花序、隐头花序、伞形花序和伞房花序等。有限花序可进一步分为单歧聚伞花序、二歧聚伞花序和多歧聚伞花序等类型(图 e2-27)。

禾本科植物是被子植物中的单子叶植物,其花的形态结构比较特殊。现以小麦(图 2-41)为例说明。小麦的花按一定方式着生在小穗中,然后再由多数小穗组成花序,即麦穗。因此,小麦的麦穗是一个复穗状花序。每个小穗(就是一个穗状花序)基部有两片坚硬的颖片(变态叶),分别称为外颖和内颖。颖片内有数朵小花,其中基部的 2 ~ 3 朵小花结构正常,能育可以结实,上部的几朵小花往往是发育不完全的不育花。每朵能育的小花由外稃和内稃、2 枚浆片、3 枚雄蕊和 1 枚雌蕊组成。外稃位于小花外侧,形状较大,常具有显著的中脉,并延伸成芒。内稃和外稃对生,其形状较小,无显著的中脉和芒。在内稃的内侧基部,有 2 片小形囊状突起物,叫浆片。浆片是由花被退化而成,开花时,浆片吸水膨胀,把内外稃撑开,使花药和柱头露于花外,以利传粉。在小麦花的中央是 3 枚雄蕊和 1 枚雌蕊,雌蕊具 2 个羽毛状柱头,几乎没有花柱,子房一室。

2. 种子

被子植物的花经受精后,雌蕊中的胚珠逐渐发育成种子。

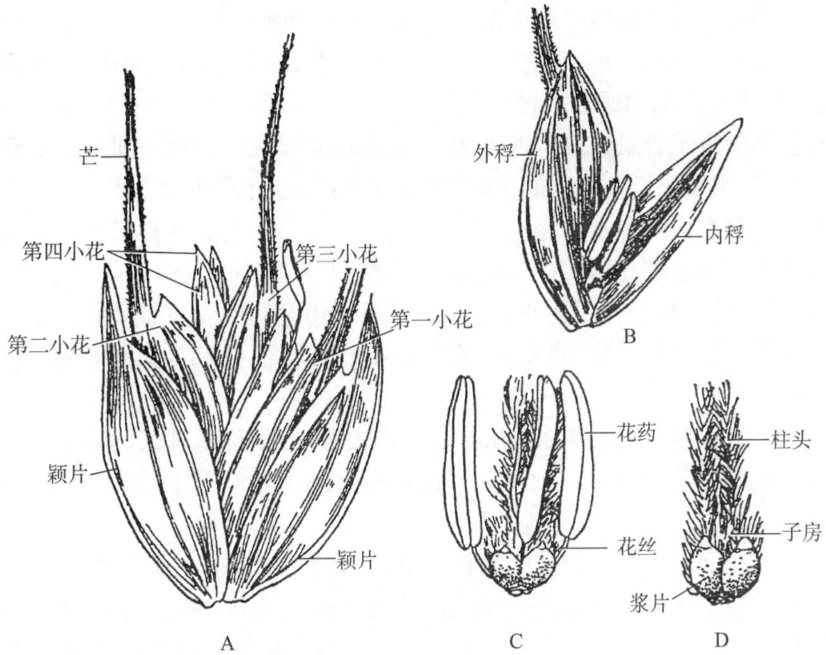

图 2-41　小麦的小穗和花的组成

A. 小穗；B. 完整的小花；C. 去掉稃片的小花；D. 雌蕊和 2 枚浆片

(1) 种子的结构　种子（seed）是种子植物特有的繁殖器官，在适宜的条件下，种子萌发长出根、茎、叶形成营养体。虽然不同植物的种子在形态、大小和颜色等方面存在较大差异，但其基本结构是一致的。种子由种皮、胚和胚乳（有的植物种子无胚乳）构成（图 2-42 和图 2-43）。

① 胚　胚（embryo）是构成种子的最重要组成部分，由胚芽、胚根、胚轴和子叶 4 部分构成。被子植物子房中的卵细胞受精后便成了受精卵，即合子，合子就是胚的第一个细胞，胚由合子发育而来的。禾本科植物的胚还有胚根鞘和胚芽鞘（图 2-44）。胚芽将来发育为植物地上部分的茎叶系统；胚根发育为主根；子叶的功能是贮藏营养物质供胚发育或种子萌发需要。胚中子叶的数目因植物种类而不同。根据胚中子叶数目的不同，可把种子植物划分为单子叶植物、双子叶植物和裸子植物。

② 胚乳　胚乳（endosperm）是植物贮藏营养物质的组织，其功能是供给胚发育或种子萌发时所需的营养物质。被子植物进行双受精时，一个精子和卵细胞结合形成受精卵，将来发育成二倍体的胚；另一个精子则与两个极核结合形成三倍体的初生胚乳核，从而发育成胚乳。有些植物的胚乳在种子发育过程中被子叶吸收，因此这类种子在成熟后没有胚乳，如大豆（见图 2-43）。

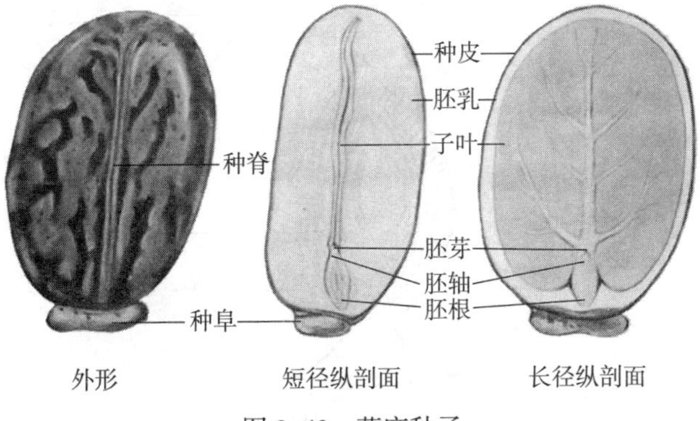

图 2-42　蓖麻种子

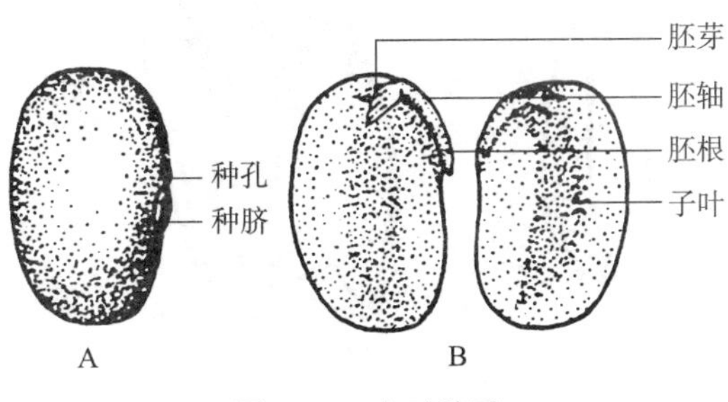

图 2-43　大豆种子

A. 种子的外形；B. 种子的解剖

③ 种皮 种皮(seed coat)是种子外面的保护层。成熟种子种皮上常有种孔、种脐、种脊和种阜等结构。种脐是种子从种柄脱落时留下的痕迹。种脐的一端有一小孔称为种孔(原来的珠孔),种孔是种子萌发时种子吸水和主根穿出的通道。种脊位于种脐的一侧,是倒生胚珠的外珠被与珠柄愈合形成的纵脊留下来的痕迹,其内有维管束穿过。种皮的色泽、厚度及结构因植物不同而有差异。种阜(caruncle)是由胚珠珠孔附近的珠被细胞增殖形成的突起,如蓖麻的种子就有明显的种阜(见图 2-42)。

(2) 种子的类型 根据成熟种子内是否有胚乳,将种子划分为有胚乳种子和无胚乳种子。有胚乳种子由胚、胚乳和种皮三部分组成,胚乳占据种子大部分空间,胚较小。部分双子叶植物、大多数单子叶植物和全部的裸子植物的种子都是有胚乳种子。无胚乳种子由胚和种皮两部分构成,胚的子叶肥厚,贮藏大量的营养物质,代替了胚乳的功能,如大豆(见图 2-43)、板栗、核桃都是无胚乳种子。

3. 果实

(1) 果实的结构 大多数植物的果实(fruit)由子房发育而来,称为真果(true fruit)。如柑橘、李、桃、杏的果实;有些植物的果实除子房外,还有花托、花萼等,甚至整个花序都参与形成果实,这种果实称为假果(false fruit)。如苹果、梨、桑葚、菠萝等的果实。

图 e2-28 苹果(假果)果实的横切和纵切

真果的结构比较简单,外为果皮(pericarp)、内含种子。果皮由子房壁发育而成,可分为外果皮、中果皮和内果皮三层(图 2-45)。外果皮上有气孔、角质、蜡被、表皮毛等。幼果时果皮多含有叶绿体,因此幼果多呈绿色。内果皮和中果皮根据果实类型不同变化较大。成熟后的果实,因果皮细胞中具花青素或有色体,而呈现出红、橙、黄等各种颜色。

假果的结构较为复杂,如苹果、梨的食用部分,主要由杯状的花托发育而成,中部才是由子房发育而来的部分,所占的比例很小,但外、中、内三层果皮仍能区分(图 e2-28)。

(2) 果实的类型 根据果实的形成方式,可分为三大类,即单果、聚合果和复果。由一朵花中的一个雌蕊形成的果实叫单果(simple fruit)。根据果皮及其附属部分成熟时的质地和结构,单果可分为肉质果与干果两大类。

① 肉质果 果实成熟后,果实肉质多汁。肉果还可进一步分为以下五种类型(图 2-46)。

a. 浆果 由一至多个心皮的合生雌蕊形成,外果皮膜质,中果皮、内果皮均肉质化,充满液汁,内含一粒或多粒种子,如柿、番茄、葡萄等。

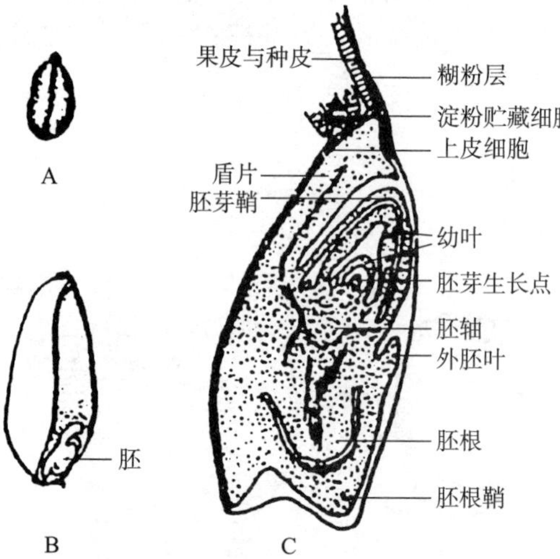

图 2-44 小麦颖果及胚的结构
A. 颖果外形;B. 颖果纵切;C. 胚纵切放大

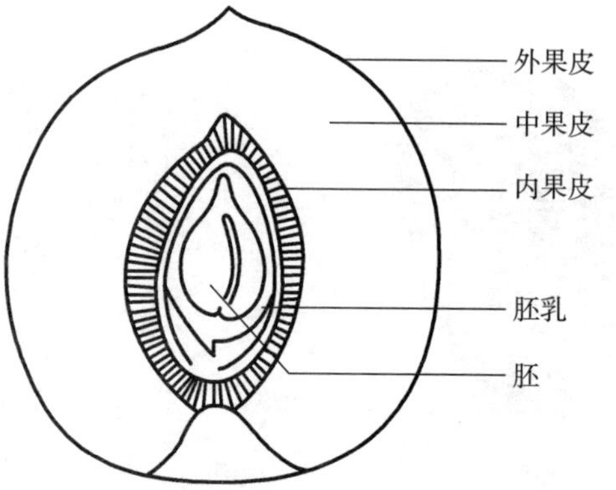

图 2-45 桃果实纵切

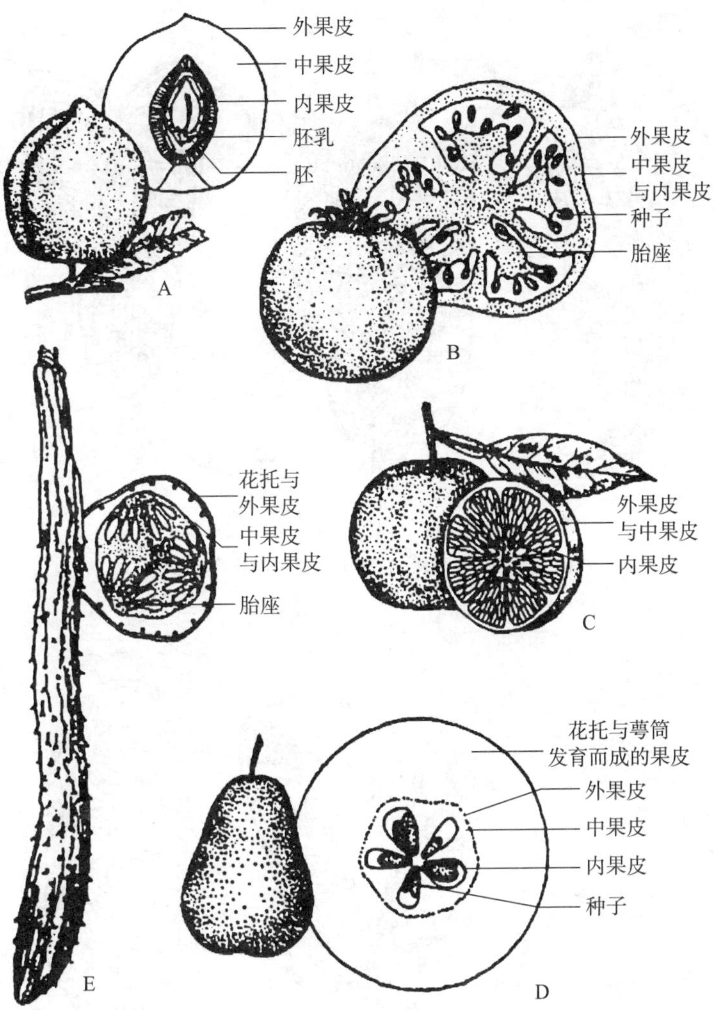

图 2–46　肉质果类型(郑相如和王丽,2007)

A. 核果;B. 浆果;C. 柑果;D. 梨果;E. 瓠果

b. 核果　由一至多心皮的合生雌蕊形成,外果皮薄、中果皮肉质、内果皮坚硬,如桃、枣、核桃等。

c. 柑果　由复雌蕊形成,外果皮革质,内有油腔,中果皮较疏松,分布有维管束,内果皮膜质,分为若干室,向内生出许多肉质的表皮毛称汁囊,是食用的主要部分,如柚、柑橘等。

d. 梨果　由复雌蕊的下位子房和花托愈合发育而形成的假果。花托形成的果壁与外果皮及中果皮均肉质化,内果皮纸质或革质化,中轴胎座,如梨、苹果等。

e. 瓠果　由复雌蕊的下位子房形成的假果。花托与外果皮愈合为坚硬的果壁,中果皮和内果皮肉质,胎座非常发达,葫芦科植物的果实都是瓠果,如西瓜、黄瓜、苦瓜等。

② 干果　果实成熟后果皮干燥,根据果皮开裂与否,又可分为裂果和闭果。果实成熟后果皮开裂的果实称为裂果,根据心皮数目和果皮开裂方式的不同,裂果又可分为蓇葖果、荚果、角果和蒴果。

a. 蓇葖果　单心皮或离生心皮雌蕊发育而成的果实,成熟时只沿腹缝线或背缝线开裂(图 2–47),如牡丹、八角茴香等沿腹缝线开裂,白玉兰、玉兰沿背缝线开裂。

b. 荚果　由单雌蕊发育而成的果实,果实成熟后沿腹缝线和背缝线两边同时开裂,果皮开裂成两片。如蚕豆、大豆等。但有少数豆科植物的荚果不开裂,如槐树、落花生等(图 2–48)。

c. 角果　由两个心皮的复雌蕊发育而成,由假隔膜(由侧膜胎座向内延伸形成)形成假二室,种子着生在假隔膜上。果实成熟时,果皮从两腹缝线开裂。如十字花科植物的果实。根据果实长短的不同,

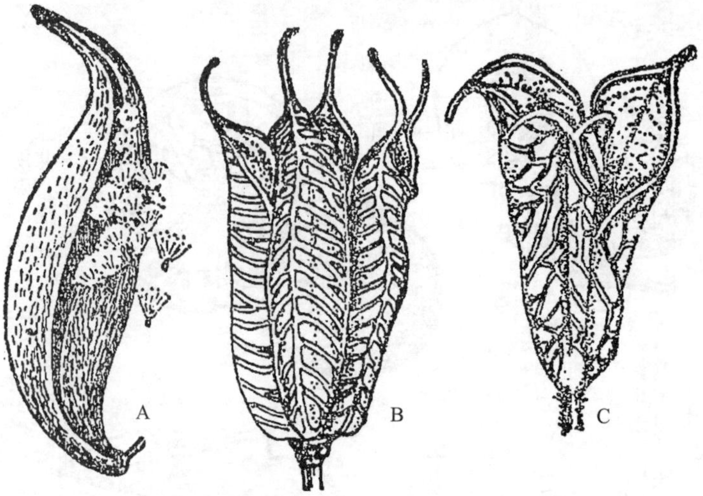

图 2-47　蓇葖果

A. 马利筋；B. 耧斗菜；C. 飞燕草

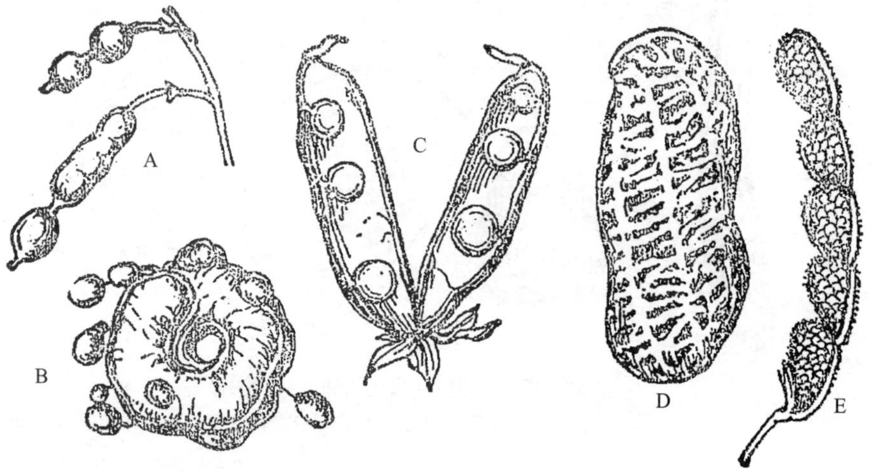

图 2-48　荚果

A. 槐树的荚果呈念珠状不开裂；B. 猴耳环的荚果呈围嘴状；C. 豌豆的荚果成熟后自行开裂；D. 落花生的荚果成熟后并不开裂；E. 山蚂蝗的荚果呈节状，每节含一粒种子，所以又叫节荚

角果又可分为长角果和短角果，前者如油菜、萝卜；后者如独行菜、荠菜（图 2-49）。

d. 蒴果　由合生心皮的复雌蕊发育而成的果实，子房一室或多室，每室中种子多数。成熟时有各种开裂的方式，如紫堇、百合的果实属于纵裂，罂粟属于孔裂（图 2-50）。

闭果指果实成熟后，果皮不开裂，可分为瘦果、颖果、翅果、坚果、分果等类型（图 2-51）。

a. 瘦果　由单雌蕊或 2～3 个心皮合生的复雌蕊且仅具一室的子房发育而成，只含一粒种子，种皮与果皮分离，如向日葵、荞麦的果实。

b. 颖果　与瘦果相似，也是一室内含一粒种子，但种皮与果皮不易分离，如玉米、小麦等。颖果为禾本科植物所特有。

c. 翅果　果皮沿一侧、两侧或周围延伸成翅状，以适应风力传播的果实，如槭树、榆树和白蜡的果实。

d. 坚果　果皮坚硬，一室，只含一粒种子，果皮与种皮分离，如栗。栗的褐色硬皮是果皮，包在果皮外带刺的壳不是果皮，是由花序的总苞发育而成，称壳斗。

e. 分果　复雌蕊子房发育而成，果实成熟后各心皮分离，形成分离的小果，但小果的果皮不开裂，种子仍包在心皮中，如锦葵、蜀葵的果实。双悬果（cremocarp）是分果的一种类型，由2心皮的下位子房发育而成，果熟时，分离成2个小果，分悬于中央的细柄上，如胡萝卜、芹菜等的果实，双悬果为伞形科植物所特有。

由一朵花中多数离生单雌蕊的子房发育而来的果实称为聚合果（aggregate fruit），每一个心皮形成一个小单果。根据小单果的不同，聚合果可分为多种，如草莓是许多小瘦果聚在肉质花托上称聚合瘦果（图2-52）；八角、芍药是聚合蓇葖果；莲为聚合坚果。

由整个花序形成的果实，叫复果（collective fruit）或聚花果，如凤梨（图2-52）、无花果、桑等的果实都是聚花果。

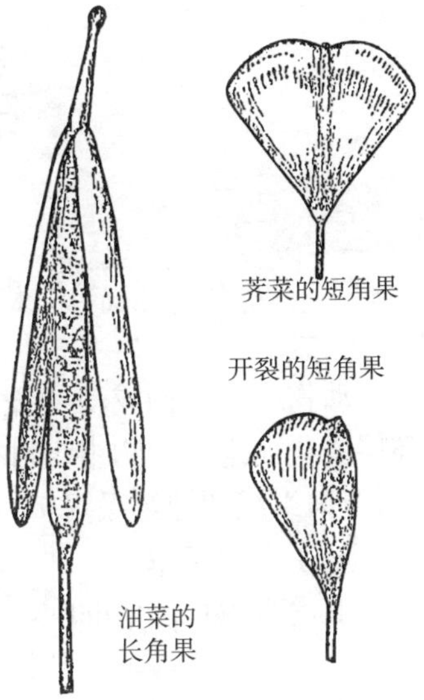

图2-49　角果

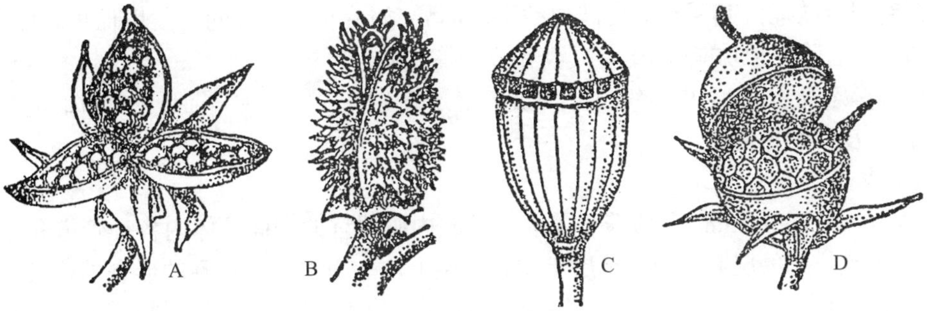

图2-50　蒴果

A. 紫堇的蒴果为室背纵裂；B. 曼陀罗的蒴果为室轴开裂；C. 罂粟的蒴果为孔裂；D. 海绿属的蒴果为周裂

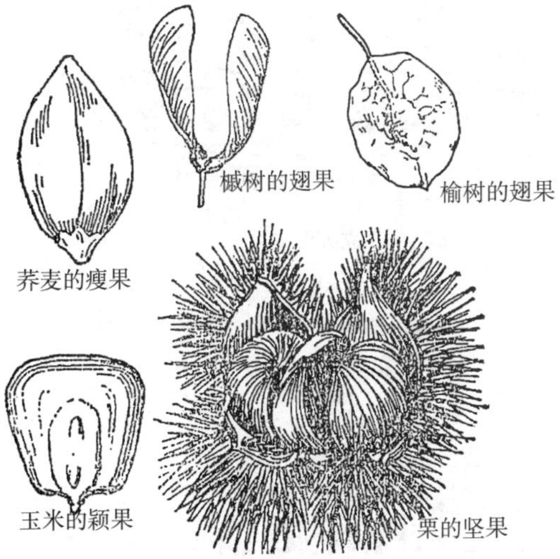

图2-51　闭果类型

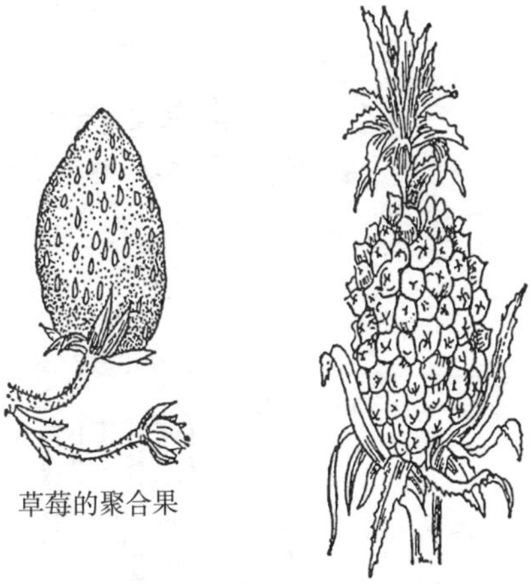

图2-52　聚合果和复果

第二节 动物的组织和器官系统

一、动物组织的基本特征与功能

动物组织是构成动物各种器官的基本成分，是在动物胚胎期由原始的内胚层、中胚层、外胚层三个胚层分化而来。动物组织可据其起源、形态结构和功能上的共同特性分为四大类，即上皮组织、结缔组织、肌肉组织和神经组织。

（一）上皮组织

上皮组织（epithelial tissue）是由许多形态规则、紧密排列的上皮细胞和少量细胞间质组成，上皮组织常常是呈膜状被覆在动物体表或体内的腔、管、囊、窦的内表面以及内脏器官的表面。上皮组织有极性，面向体表或腔隙的一面为游离面，其上常有适应局部功能的特殊结构，如小肠黏膜上皮的微绒毛、呼吸道上皮的纤毛、味蕾上的微绒毛等。与之相对的一面为基底面，依靠极薄的基膜与深层的结缔组织相连。营养物质的获得和代谢产物的排出都通过基膜的渗透作用来实现。上皮组织具有保护、分泌、排泄和吸收等功能，但其功能因其所在上皮部位的不同而异，如分布在体表的上皮以保护功能为主；衬在消化管内表面的上皮，除保护功能外，还有吸收和分泌等功能。

根据分布、形态与功能，上皮组织可分为被覆上皮、腺上皮、感觉上皮、肌上皮和生殖上皮等。本节主要叙述被覆上皮和腺上皮。

1. 被覆上皮

被覆上皮（cover epithelium）是覆盖于体表、体腔、内脏器官的表面及体内各种管道和囊腔内表面的上皮。依上皮细胞排列的层数可分为单层上皮和复层上皮。根据表层细胞的形态结构又可分为扁平上皮、立方上皮和柱状上皮等（图 2–53）。单层上皮以吸收、分泌作用为主，如胃黏膜的单层柱状上皮。复层上皮可分为复层扁平上皮、复层柱状上皮和变移上皮（主要分布于泌尿管道，其细胞的层次和形态可随所在的器官容积增减而改变）。复层上皮以保护作用为主，如皮肤的复层扁平上皮。被覆上皮的类型和

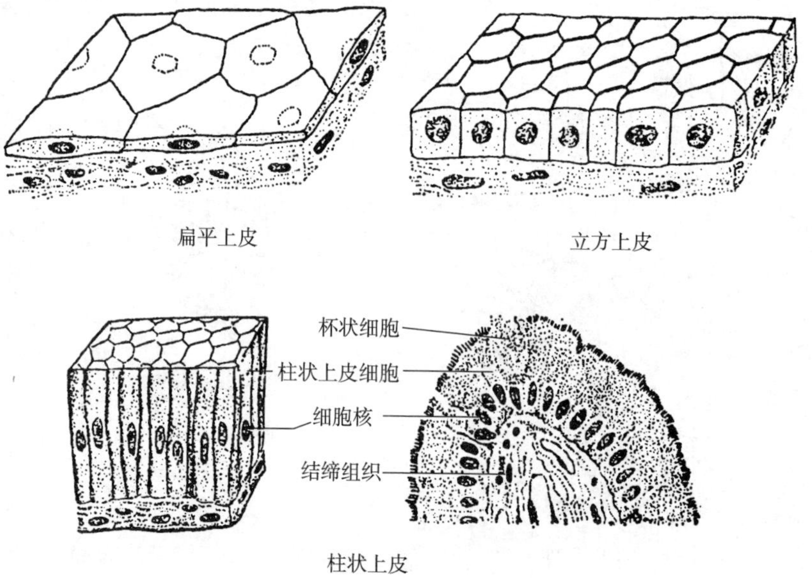

图 2–53 上皮组织的类型及其形态结构

分布如下：

- 被覆上皮
  - 单层上皮
    - 单层扁平上皮
      - 内皮：心、血管和淋巴管的腔面
      - 间皮：胸膜、腹膜和心包膜表面
      - 其他：肺泡和肾小囊壁层等
    - 单层立方上皮：肾小管上皮和甲状腺滤泡上皮等
    - 单层柱状上皮：胃、肠和子宫等腔面
    - 假复层纤毛柱状上皮：呼吸道、附睾等腔面
  - 复层上皮
    - 复层扁平上皮
      - 角化：皮肤的表皮
      - 未角化：口腔、食管和阴道的表面
    - 复层柱状上皮：眼睑结膜等
    - 变移上皮：肾盏、肾盂、输尿管和膀胱等腔面

2. 腺上皮

腺上皮(glandular epithelium)是具有分泌机能的腺细胞组成的上皮，腺细胞单个存在的称单细胞腺，如消化道和呼吸道上皮中的杯状细胞；腺细胞也可群集成一定形状并与结缔组织一起构成腺器官，叫多细胞腺，如胃腺、颌下腺等。多细胞腺的大小和结构差异很大，由分泌部和导管部组成。以腺上皮为主要成分所组成的器官称为腺。外分泌腺是分泌物经导管排至体表或管腔内的腺细胞，如唾液腺、汗腺等；内分泌腺是分泌物不经导管而直接渗入周围毛细血管或淋巴管内，经血液循环运送到作用的部位，如脑垂体等。

3. 感觉上皮

感觉上皮(sensory epithelium)是具有特殊感觉机能的特化上皮组织，如舌黏膜的味觉上皮、嗅黏膜的嗅觉上皮、视网膜的视觉上皮和耳内的听觉上皮等。

(二) 结缔组织

结缔组织(connective tissue)由中胚层产生，起源于胚胎时期的间充质。由少量细胞和大量间质构成。细胞分散在间质中，不直接与外界接触，因此没有极性。间质包括液体、胶体、固体状的基质、细丝状的纤维和组织液等成分。结缔组织是动物体内分布最广、形态结构种类最多的一类组织。根据功能和形态可分为疏松结缔组织、致密结缔组织、网状结缔组织、脂肪组织、软骨组织、骨组织和血液等。结缔组织有支持、连接、营养、保护、防御、修复以及运输等功能。

1. 疏松结缔组织

疏松结缔组织(loose connective tissue)是由细胞、纤维和基质组成的散漫结构(图 2-54)。疏松结缔组织在体内分布广泛，填充在各器官、组织以及细胞之间，其结构特点是细胞种类多，间质中的纤维排列疏松，基质丰富，呈蜂窝状，故又称蜂窝组织。具有支持、营养、连接、防御、保护、修复等功能。

e 疏松结缔组织的结构见电子资源 2-1

细胞种类较多，主要包括成纤维细胞、巨噬细胞、浆细胞、肥大细胞、脂肪细胞、未分化的间充质细胞等。纤维主要有三种成分，胶原纤维、弹性纤维和网状纤维。基质没有形态结构，具有一定黏性的胶状

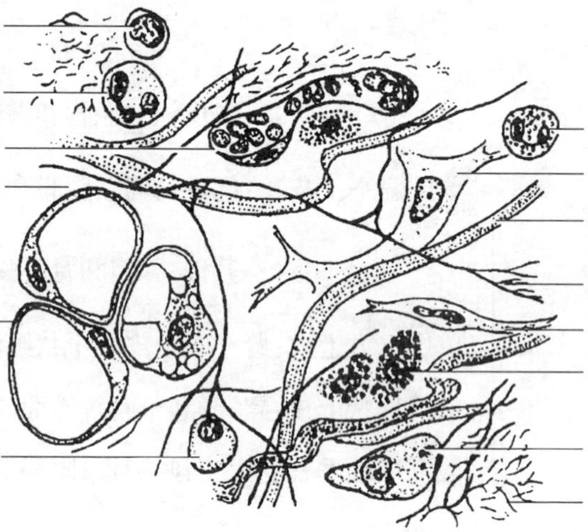

图 2-54　疏松结缔组织

复杂物质，填充在细胞和纤维之间，主要成分为蛋白多糖和糖蛋白。

2. 致密结缔组织

致密结缔组织（dense connective tissue）由大量紧密排列的纤维、少量的细胞和基质组成，具有较强的支持、连接、缓冲和保护等作用。纤维排列的方向和所受力的方向一致，排列整齐，称为规则致密结缔组织，如腱和腱膜（图 2-55）；纤维排列不整齐的称为不规则致密结缔组织，如真皮、硬脑膜、巩膜及许多器官的被膜等。纤维主要由胶原纤维和弹性纤维两种。以弹性纤维为主的致密结缔组织有项韧带、黄韧带和动脉管壁的弹性膜等。

3. 网状结缔组织

网状结缔组织（reticular connective tissue）由网状细胞、网状纤维和基质组成。主要分布于淋巴结、脾、红骨髓及胸腺等处。网状细胞为多突星形细胞，胞核大，着色浅，核仁明显，胞质较丰富，嗜碱性。相邻细胞的突起相互接触，构成细胞网架。网状纤维沿着网状细胞的胞体和突起，分支成束，交织成网（图 2-56），网眼间充满液态基质，基质在淋巴结中为淋巴，在其他器官中为组织液。机体中没有单独存在的网状组织，是造血器官和淋巴器官的基本组成成分，为淋巴细胞发育和血细胞的发生提供微环境。

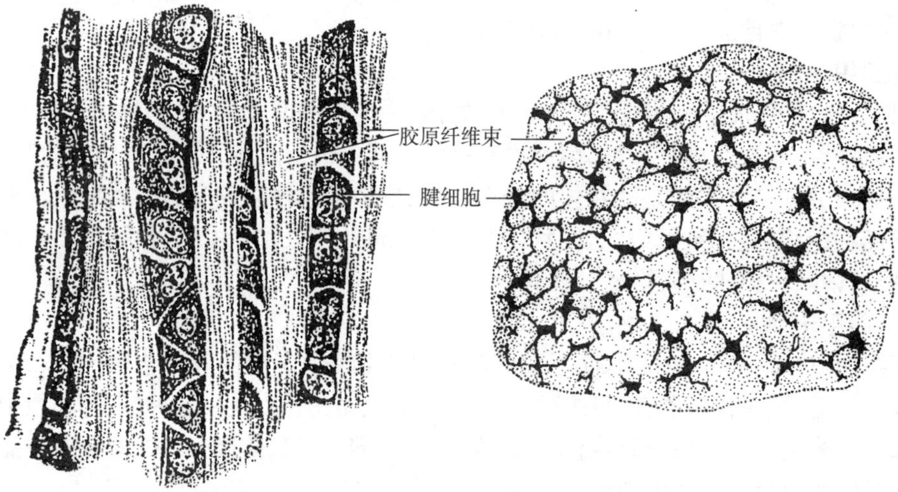

A　　　　B

图 2-55　致密结缔组织（肌腱）

A. 纵切面；B. 横切面

4. 脂肪组织

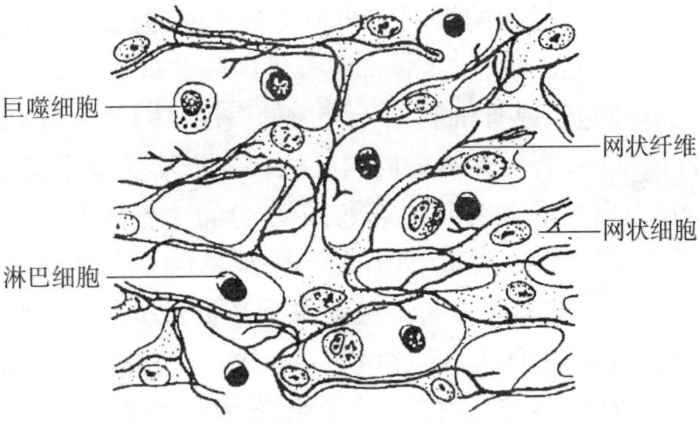

图 2-56　网状结缔组织

脂肪组织(adipose tissue)由大量脂肪细胞聚集而成。脂肪细胞胞质内脂肪聚成大滴,其余胞质成分和核被挤到边缘呈一薄层。成群脂肪细胞之间,由疏松结缔组织分隔成许多脂肪小叶。脂肪组织主要分布于皮肤下、腹腔网膜、肠系膜及黄骨髓等处。根据脂肪细胞结构和功能的不同,脂肪组织分白色脂肪组织和棕色脂肪组织两类。新鲜白色脂肪组织呈白色或微黄色,遍布全身,是机体的“能量储存库”,具有产生热量、维持体温、缓冲、保护和支持脏器等作用。棕色脂肪组织,新鲜时为棕色,脂肪细胞多呈圆形或多边形,胞核呈圆形或椭圆形,多在中央或偏中央位置,胞质内含有多个分散的小脂滴,又称多泡脂肪细胞(图 2-57)。胞质内含有大量的线粒体和糖原颗粒,在寒冷环境下,棕色脂肪细胞内的脂质氧化分解而产生大量热能。棕色脂肪组织主要分布在啮齿类动物及冬眠动物的幼体及成体,人类成体组织中极少。

5. 软骨组织

软骨组织(cartilage tissue)由少量软骨细胞和纤维包埋在凝胶状基质中形成。软骨细胞基质包埋软骨细胞的小腔称为软骨陷窝,陷窝周围基质染色较深,为软骨囊。软骨细胞呈卵圆形,胞质嗜碱性,一般一个软骨陷窝内,有 1 ~ 2 个细胞,它们是由一个软骨细胞分裂而成,软骨组织中的营养来源于其周围软骨膜的血管供应。依纤维成分的不同,软骨组织可分为 3 种:透明软骨主要分布在关节软骨、肋软骨、气管和支气管等处,基质内含纤细的胶原纤维,其折光率和基质相同,故在苏木精 - 伊红(HE)染色标本上看不到纤维;弹性软骨分布在耳郭、会厌等处,基质内含有大量交织成网的弹性纤维,所以具有弹性;纤维软骨分布于椎间盘、关节盘、耻骨联合等处,基质中含有大量胶原纤维束,束间有少量较小的成行排列的软骨细胞。

6. 骨组织

骨组织(osseous tissue)是坚硬的结缔组织,为全身的支架,由细胞和细胞间质组成。

(1) 骨组织的结构

① 细胞间质　细胞间质是钙化的骨质,既坚硬又有弹性。骨质包含有机和无机成分。有机成分主要为大量的胶原纤维和少量无定形凝胶状基质,基质主要为黏蛋白等成分。无机成分又称骨盐,主要成分是羟磷灰石结晶,呈坚硬固体状。骨胶原纤维平行排列,借基质黏合在一起并有钙盐沉积,形成薄板状结构,称为骨板。

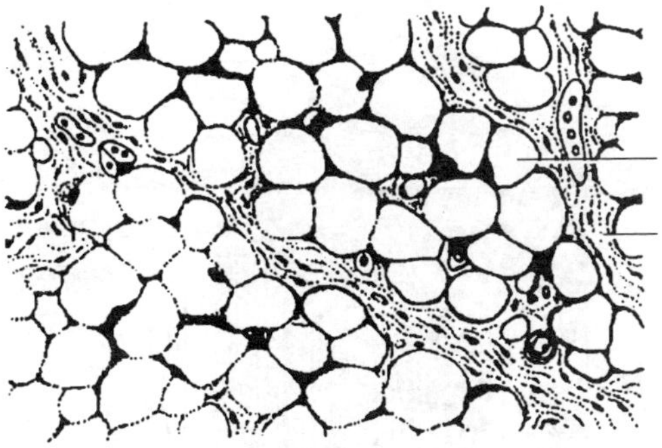

A

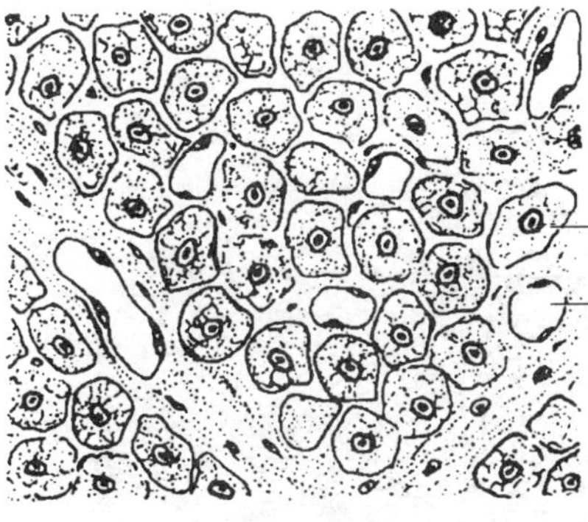

B

图 2-57　脂肪组织

A. 白色脂肪组织;B. 棕色脂肪组织

② 骨组织的细胞　细胞共有 4 种，为骨原细胞、成骨细胞、骨细胞和破骨细胞。骨原细胞体积小，梭形，核椭圆形，位于骨外膜及骨内膜贴近骨质处，是骨组织的干细胞，在骨组织生长或重建时能分裂为成骨细胞。成骨细胞位于骨质的表层，体较大，柱状或椭圆形，具有细长的突起，细胞质嗜碱性，富含碱性磷酸酶，有发达的糙面内质网和高尔基复合体，能向骨组织表面添加胶原纤维和基质。骨细胞数量最多，为扁圆形多突起的细胞，单个分布于骨板间或骨板内。骨细胞胞体所占据的空间称骨陷窝，其突起所占据的管状空间为骨小管（图 2-58）。骨细胞细长的突起深入到与陷窝相通的骨微管中，与相邻骨细胞突起形成缝隙连接。破骨细胞数量最少，位于骨质表面的小凹陷内（能缓慢移动）。由多个单核细胞融合而成，胞体大，多核（40～50 个）。其功能是（释放溶酶体）溶解和破坏骨质，（借助微绒毛）吸收溶解后的骨质，参与骨组织的重建和维持血钙浓度。

（2）骨的组织结构　骨两端称为骨骺，中间为骨干。骨由骨膜、骨质和骨髓等构成。骨质又分为骨松质和骨密质两种。骨松质位于骨的内部，较疏松，呈蜂窝状，由相互交错的骨小梁构成。骨密质位于骨的表层，致密坚硬。骨板有规律地排列为环骨板、骨单位和间骨板三种。骨板在骨干表面排列的为外环骨板，围绕骨髓腔排列的为内环骨板，在内、外环骨板之间有很多同心圆排列的大量长柱状结构，为哈弗斯骨板（Haversian lamella）（又称为骨单位），其中心管为哈氏管（Haversian canal），该管和骨的长轴平行并有分枝连成网状，在管内有血管神经通过，其方向与骨干长轴一致。骨板中的胶原纤维绕中央管呈螺旋状，相邻骨板的纤维方向互成直角。骨单位的长度为 3～5 mm，哈弗斯骨板 4～20 层，故骨单位粗细不一。中央管和横向穿行的穿通管相通，穿通管内的血管、神经以及结缔组织可进入中央管(图 2-59)。松质骨是由骨板形成有许多较大空隙的网状结构，网孔内有骨髓，松质骨存在于长骨的骨端、短骨和不规则骨的内部。骨组织是构成骨骼系统各种骨的主要成分，具有支撑、保护、运动、杠杆等作用。

7. 血液

血液是存在于心脏和血管腔内的一种液态结缔组织，由液态的血浆和分散悬浮在血浆中的血细胞和血小板构成。

（1）血浆　血浆（blood plasma）是具有黏稠性黄色半透明的液体，占血液容积的 55%。其组成成分主要为水，占 92%，其余为固体物质，包括血清蛋白、纤维蛋白原、酶、营养物质、激素和无机盐等。纤维蛋白原在血浆中呈溶解状态。当血管破裂而血液流出血管时，血浆中的可溶性纤维蛋白原在凝血酶的作用下转变成不溶性的纤维蛋白而使血液凝固时，具有止血作用。血液凝固后析出淡黄色透明的液体称血清（serum）。

（2）血细胞　血细胞包括红细胞（erythrocyte）和白细胞（leukocyte）（图 2-60）。

红细胞是数量最多的一种血细胞，鱼类、两栖类、爬行类、鸟类红细胞有核；禽类红细胞卵圆形，核卵圆形；骆驼、鹿等动物的红细胞为椭圆形，无核。大多数哺乳动物成熟的红细胞表面光滑，没有细胞核

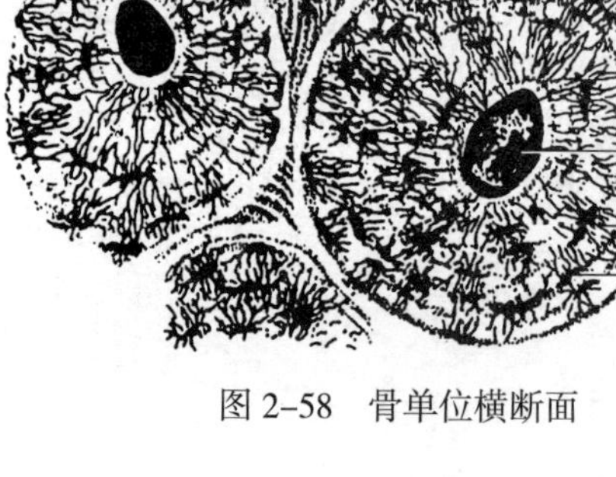

图 2-58　骨单位横断面

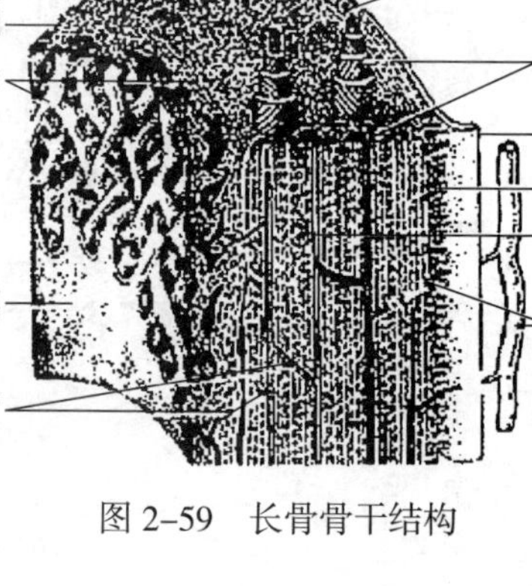

图 2-59　长骨骨干结构

和细胞器，呈双凹圆盘状，边缘较厚（2.0 μm），中央较薄（1.0 μm），直径为 7～8 μm。红细胞主要成分为血红蛋白（hemoglobin，Hb），约占其重量的 33%。血红蛋白的平均含量，成年男子为 120～160 g/L，成年女子为 110～150 g/L。若红细胞数少于每升 3×10^{12}，血红蛋白含量低于 100 g/L，则为贫血。红细胞具有一定的弹性和可塑性，其平均寿命为 120 天。

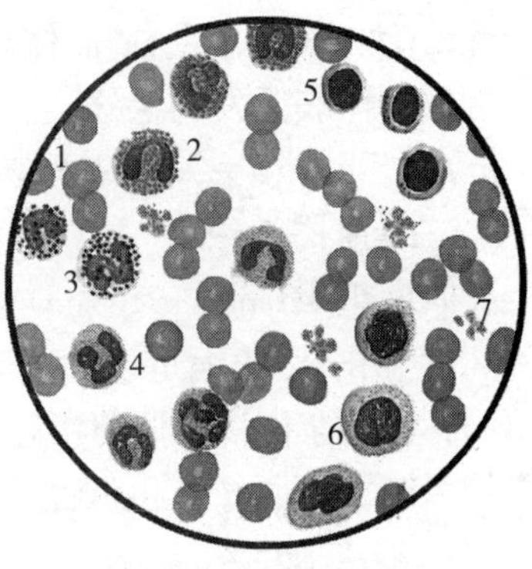

图 2-60　血细胞组成成分
1. 红细胞；2. 嗜酸性粒细胞；3. 嗜碱性粒细胞；4. 中性粒细胞；5. 淋巴细胞；6. 单核细胞；7. 血小板

白细胞为无色、球形有核的血细胞，体积较红细胞大，但数量较少。白细胞能做变形运动，穿过血管壁到达相应的组织中实现其机体防御和免疫的生理功能，在组织中存留的时间比在血液中长得多，白细胞平均寿命 7～14 天。成人白细胞的正常值为每升 $(4\sim10)\times10^9$，血液中白细胞的数值受各种生理因素的影响，如运动、饮食等，在疾病状态下，白细胞的总数和各种白细胞的比值可发生改变。在光镜下，根据细胞质中有无特殊染色的颗粒，可将白细胞分为有粒白细胞和无粒白细胞两类。

有粒白细胞又因颗粒着色性质不同，分为中性粒细胞（neutrophilic granulocyte）、嗜酸性粒细胞（eosinophilic granulocyte）和嗜碱性粒细胞（basophilic granulocyte）。其中以中性粒细胞数量最多，占白细胞总数的 50%～70%，胞质中充满均匀分布的小颗粒，可被酸性和碱性染料同时着色，染成浅红色，炎症感染时可紧急大量动员入血，具有很强的趋化性、变形运动和吞噬消化细菌的功能。嗜酸性粒细胞很少，占白细胞总数的 0.5%～5%，胞质中充满着粗大的颗粒，易被酸性染料染成橘红色，具有对组织细胞的损伤毒性、抗过敏和抗寄生虫作用。嗜碱性粒细胞最少，占白细胞总数的 0～1%，胞质中含有分布不均、大小不等的颗粒，被碱性染料染成深紫蓝色，参与过敏反应。

无粒白细胞包括单核细胞(monocyte)和淋巴细胞(lymphocyte)。单核细胞占白细胞总数的 3%～8%，是血细胞中体积最大的一种，直径可达 14～20 μm，细胞核呈肾形或马蹄形，该细胞具有活跃的变形运动和吞噬功能。淋巴细胞占白细胞总数的 20%～40%，细胞呈圆形或卵圆形，可分为大、中、小淋巴细胞。

(3) 血小板　血小板（blood platelet）是骨髓中的巨核细胞脱落下来的胞质碎片，直径 2～4 μm，呈双突圆盘形，无核，有细胞器，不是完整的细胞结构。正常人血小板的数量为每升 $(100\sim300)\times10^9$。血涂片上，血小板呈多角形，形态不规则，成群分布于血细胞之间，其重要功能是参与止血与凝血过程。血小板数量低于每升 100×10^9 为血小板减少，低于每升 50×10^9 则有出血危险。血小板平均寿命 7～14 天。

(4) 血液的功能　血液的功能是多种多样的，主要起运输、防御和保护及维持机体内环境稳定的作用。

① 运输功能　血液在心脏和血管中不停地流动，能够把机体所需营养物质、水、无机盐以及氧气等运送到全身各部的组织细胞，同时把组织细胞代谢过程中所产生的二氧化碳、尿素以及其他酸性物质等运送到肺、肾和皮肤等处排出体外。此外，血液还能将内分泌腺产生的激素运送到全身，作用于相应的靶器官。

② 防御和保护功能　血液中的中性粒细胞和单核细胞都具有较强的吞噬作用，能吞噬侵入体内的外来微生物和机体本身的坏死组织以及衰老的红细胞。血浆中含有多种免疫物质（总称抗体），如抗毒素、溶菌素等，能够抵抗或消灭外来的细菌和病毒（总称抗原），使机体免于发生传染性疾病。当机体因损伤而出血时，血小板能大量黏着于血管破损处，形成血栓，以堵塞血管的破口；与此同时，血浆中的纤维蛋白原受凝血酶的催化转变为纤维蛋白，从而形成冻胶状的血块堵住伤口，发挥止血作用。

③ 维持机体内环境的稳定　多细胞动物体内的绝大部分细胞与外界隔离，生活在细胞外液（包括血浆、组织液、淋巴液等）之中，通过细胞外液与外界环境间接进行物质交换。血液对维持细胞生活环境的细胞外液内环境稳定起着重要作用。内环境相对稳定是细胞进行生命活动的必要条件。如人体每日

产热量为 3 000 kJ 左右，而体温的变动范围一般不超过 0.5℃。这是由于血液能大量吸收体内产生的热而运送到体表散发的缘故。

血液相关知识见电子资源 2-2

（三）肌肉组织

肌肉组织（muscle tissue）主要由肌细胞构成，无间质。肌细胞细长呈纤维状，所以又称肌纤维，是一种高度分化、以收缩运动功能为主的细胞。肌纤维的细胞膜称肌膜，细胞质称肌浆，肌细胞内的滑面内质网称为肌浆网。在肌浆中除有丰富的线粒体、糖原和脂滴外，还充满了平行排列的肌原纤维和复杂的肌管系统。肌原纤维和肌管系统是实现肌肉收缩的重要结构。

1. 肌细胞的结构和功能

（1）肌原纤维　肌原纤维呈长纤维状，贯穿肌纤维全长，成束纵行排列（图 e2-29）。由于肌原纤维上折光性不同，呈现出明暗相间的横纹，明带称为 I 带，暗带称为 A 带。暗带中间有一着色较浅的部分称 H 带，在 H 带正中有一条细的暗线称中线（M 线）；在明带中间也有一条暗线称间线（Z 线）。相邻两条 Z 线之间的一段肌原纤维称为一个肌节，每个肌节长 2 ~ 2.5 μm，是由 1/2 I 带 +A 带 +1/2 I 带所组成。肌节是肌肉收缩和舒张的基本结构单位。

图 e2-29　肌小节

电镜下，每条肌原纤维是由许多平行排列的粗肌丝和细肌丝组成的。粗肌丝长约 1.5 μm，直径约 10 nm，其长度与暗带相同。粗肌丝中部借 M 线固定，两端游离，表面有许多小的突起称横桥。细肌丝长约 1 μm，直径 5 nm，它的一端固定在 Z 线上，结构向两侧明带伸出，另一端插入粗肌丝之间，止于 H 带外侧。因此 I 带内只有细肌丝，H 带内只有粗肌丝，在 H 带两侧的 A 带内既有粗肌丝又有细肌丝。

（2）肌管系统　肌管系统是与肌纤维的收缩功能密切相关的另一重要结构（图 e2-30）。它是由凹入肌细胞内的肌膜和肌浆网组成。肌膜凹入肌细胞内部，形成小管，穿行于肌原纤维之间，其走行方向和肌原纤维长轴相垂直，称横小管，又称 T 小管。人与哺乳动物的横小管位于 A 带和 I 带交界处，同一水平的横小管在细胞内分支吻合环绕在每条肌原纤维周围，横小管可将肌膜的兴奋迅速传到每个肌节。肌原纤维周围还包绕有另一组肌管系统，即肌浆网（肌质网），位于横小管之间，纵行包绕在每条肌原纤维周围，故称纵小管，又称 L 管。纵小管互相沟通，并在靠近横小管处管腔膨大并互相连接形成终池。这使纵小管以较大的面积和横小管相靠近，每一横小管和其两侧的终池共同构成三联体。横小管和纵小管的膜在三联体处很接近。这种结构有利于细胞内外信息的传递。肌浆网膜上有丰富的钙泵（一种 ATP 酶），它可将肌浆中的钙转运到肌浆网中储存。

图 e2-30　肌管系统

（3）肌肉收缩机制　在电子显微镜下，每一肌原纤维是由许多更细的肌丝组成的。肌丝有两种，即较粗的肌球蛋白丝（myosin filament）和较细的肌动蛋白丝（actin filament）。前者存在于暗带，后者存在于明带，粗细肌丝有规则地相间排列（图 2-61）。20 世纪 50 年代，Huxley 等提出了一个微丝滑行学说（sliding filament theory），作为肌肉收缩原理的解释。根据这个学说，肌肉的收缩与舒张是由于这两种肌丝相互滑动，具体地说，是肌动蛋白丝在肌球蛋白丝之间滑动所形成的。其过程大致为：①运动神经末梢将神经冲动传递给肌膜；②肌膜的兴奋经横小管迅速传向终池；③肌浆网膜上的钙泵活动，将大量 Ca^{2+} 转运到肌浆内；④肌原蛋白的 TnC 亚基与 Ca^{2+} 结合后，发生构型改变，进而使原肌球蛋白位置也随之变化；⑤原来被掩盖的肌动蛋白位点暴露，迅即与肌球蛋白头接触；⑥肌球蛋白头 ATP 酶被激活，分解 ATP 并释放能量；⑦肌球蛋白的头及杆发生屈曲转动，将肌动蛋白拉向 M 线；⑧细肌丝向 A 带内滑入，I 带变窄，A 带长度不变，但 H 带（暗段里的明带）因细肌丝的插入可消失，由于细肌丝在粗肌丝之间向 M 线滑动，肌节缩短，肌纤维收缩；⑨收缩完毕，肌浆内 Ca^{2+} 被泵入肌浆网内，肌浆内 Ca^{2+} 浓度降低，肌

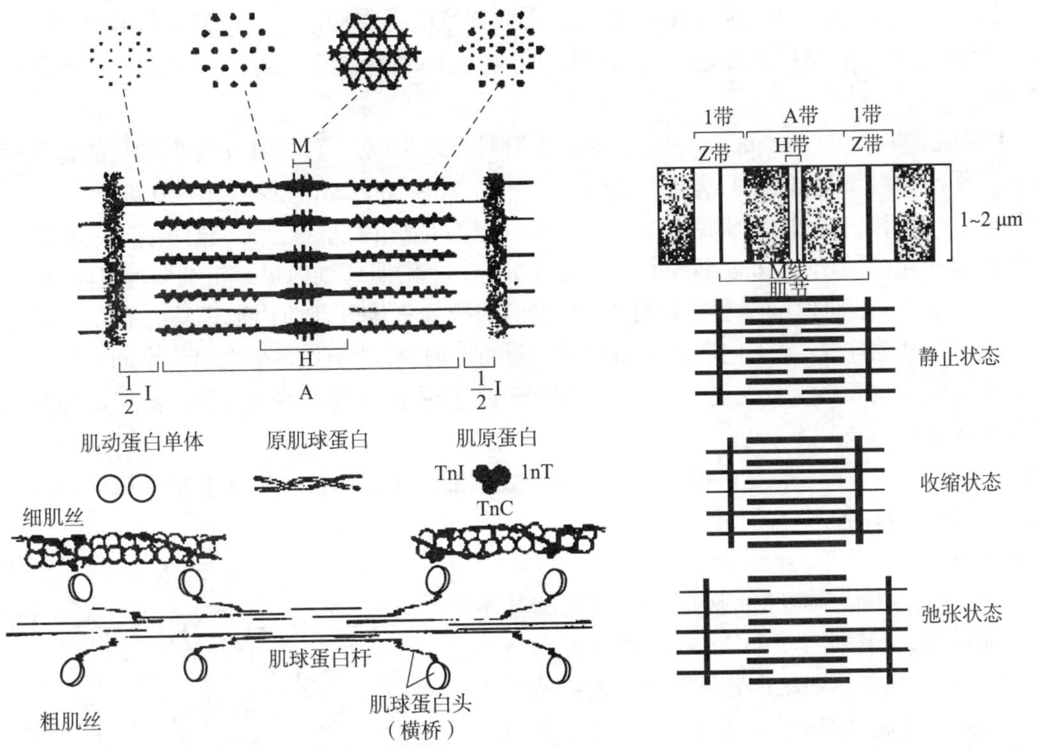

图 2–61 骨骼肌纤维

原蛋白恢复原来构型，原肌球蛋白恢复原位又掩盖肌动蛋白位点，肌球蛋白头与肌动蛋白脱离接触，肌纤维则处于松弛状态。

2. 肌肉组织的分类

根据肌细胞的结构和功能特点，可将肌组织分为骨骼肌、心肌和平滑肌三种（图 2–62）。

(1) 骨骼肌 骨骼肌(skeletal muscle)是由骨骼肌纤维组成，多借肌腱附着于骨骼。骨骼肌纤维在光镜下可见明暗相间的横纹，属于横纹肌（图 2–62）。能迅速而有力地收缩，因其收缩受意识支配，又称为随意肌。骨骼肌纤维为细长圆柱状多核细胞，长 1 ~ 40 mm，直径 10 ~ 100 μm。一条肌纤维的细胞核多达几十甚至上百个，位于肌纤维的周缘，靠近肌膜分布。肌质内充满纵纹状的肌原纤维，大量的线粒体、糖原和脂滴等。

(2) 心肌 心肌(cardiac muscle)分布于心脏和靠近心脏的大血管壁中。光镜下，心肌纤维也显横纹，能持久而有节律地收缩，其收缩不受意识控制，属于不随意肌。心肌细胞呈短圆柱形，有分支，彼此相连成网。长 80 ~ 150 μm，横径 1 ~ 30 μm，多数只有 1 ~ 2 个椭圆形核位于细胞的中央。心肌纤维肌浆内含有丰富的线粒体、糖原及少量脂滴和脂褐素。两心肌纤维连接处有染色较深、呈阶梯状或横线的特殊结构，称闰盘(intercalated

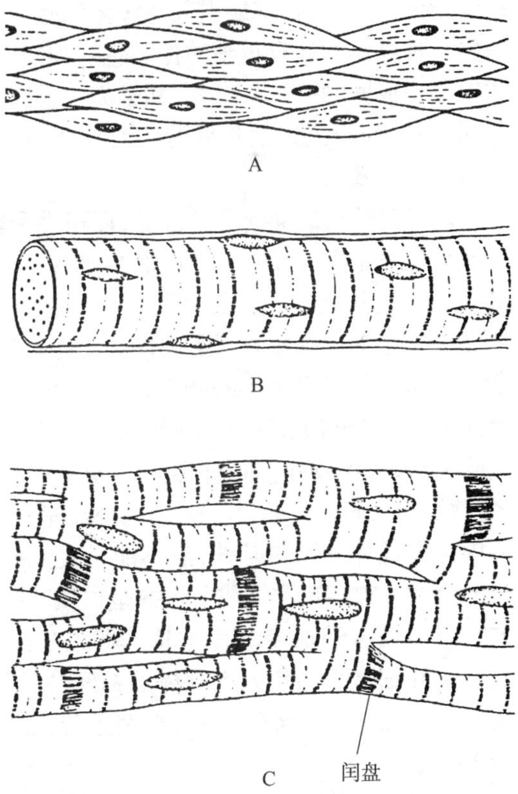

图 2–62 三种肌纤维的纵切

A. 平滑肌；B. 骨骼肌；C. 心肌

disc)(图 2–62)。闰盘对兴奋传导有重要的作用,心肌纤维的兴奋冲动可通过低电阻的闰盘从一个细胞传给另一个细胞,使心肌整体的收缩和舒张同步化。在无外来刺激的情况下,心肌能自动地产生节律性收缩和舒张。

(3) 平滑肌 平滑肌(smooth muscle)主要由平滑肌纤维组成,广泛存在于脊椎动物的血管壁及各种内脏器官。平滑肌纤维呈长梭形,无横纹,大小不一,长 20 ~ 200 μm,直径为 2 ~ 20 μm。有一个呈长椭圆形或杆状的细胞核,位于肌纤维的中央,肌肉收缩时核可以扭曲呈螺旋形,核两端的肌浆较丰富。平滑肌纤维可单独存在,但绝大多数是成束或成层分布的。平滑肌纤维内也有粗细两种肌丝,两者的数量比为 1 :(12 ~ 15)。细肌丝围绕粗肌丝排列,但它们的排列不像骨骼肌内那样整齐有序。相邻的平滑肌纤维之间存在缝隙连接,便于化学信息和神经冲动的沟通,有利于众多平滑肌纤维同时收缩而形成功能整体。平滑肌的收缩不受意识支配,故又称不随意肌,构成血管和某些内脏器官的肌层部分。

(四)神经组织

神经组织(nervous tissue)是由神经细胞和神经胶质细胞构成的特化传导电化学信号的结构。构成脑、脊髓和分布到身体各部分的神经。

1. 神经元

(1) 神经元的结构 神经细胞是神经系统的基本结构和功能单位,又称神经元(neuron)。神经元形态多种多样,但都是由细胞体和从细胞体延伸的突起所组成(图 2–63)。神经元胞体是代谢、营养中心,其形态大小不一,由胞膜、胞质和胞核组成。胞体内除含有一般的细胞器外,还含有大量的尼氏体、神经原纤维及脂褐素等。尼氏体的主要功能是合成蛋白质。当神经元损伤、过度疲劳和衰老时,均能引起尼氏体的减少、解体,甚至消失。神经元内还有很细的棕黑色的神经原纤维,在胞质内交织成网,并且深入树突和轴突中。脂褐素呈棕黄色颗粒状,为溶酶体消化后的残留物,随着年龄增加而增多。

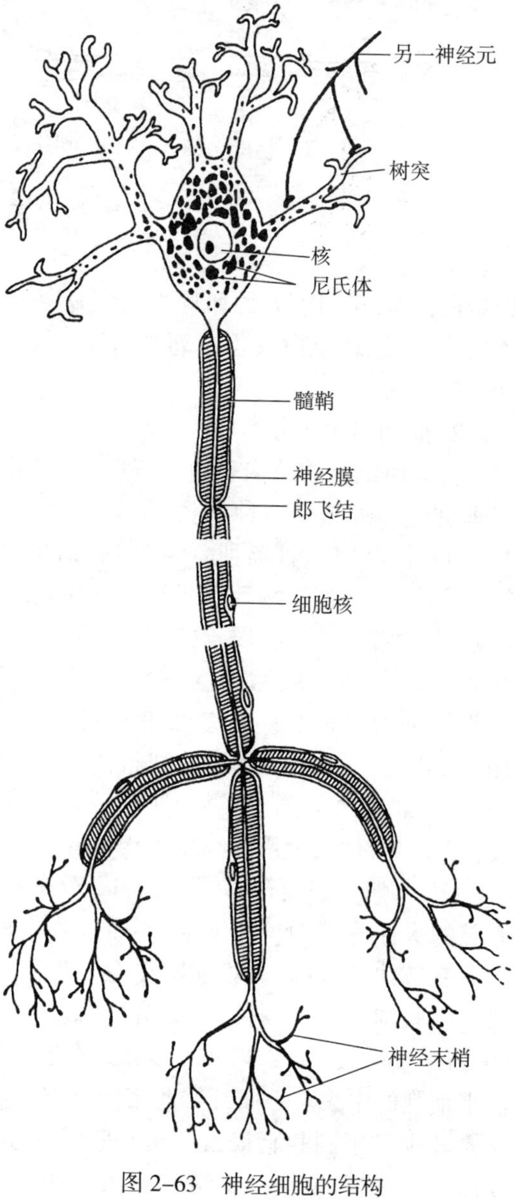

图 2–63 神经细胞的结构

神经元伸出的突起分两部分,即树突和轴突。突起彼此以突触相连,形成复杂的神经通路和网络。树突(dendrite)是从胞体发出的呈树枝状突起,短而多分支,每支可再分支。有接受刺激和将冲动传向胞体的功能。轴突(axon)和树突在形态和功能上都不相同。每一神经元只有一个轴突,从细胞体的一个凸出部分伸出,常呈圆锥形,着色较浅,称为轴突。轴突长短不一,短的直径仅数微米,长的可超过 1 m,可有侧枝呈直角分出。轴突内无尼氏体和高尔基体,故不能合成蛋白质,轴突成分的更新及神经递质合成所需的蛋白质和酶,是在胞体内合成后输送到轴突及其终末。轴突的主要功能是把从树突和细胞表面传入细胞体的神经冲动传离胞体至其他神经元或效应器。所以,树突是传入纤维,轴突是传出纤维。

(2) 神经元的分类 有些神经元有一个轴突和一个树突,称为双极神经元。人视网膜中的视神经元,就是双极神经元。很多神经元有一个轴突和多个树突，称为多极神经元，如从脊髓伸出到肌肉的运动神经元。有一些神经元只有一条纤维，称为单极神经元。还有一些神经元，从胞体只伸出一条纤维，但不久分为两支，称假单极神经元。如人脊神经中的感觉神经元只伸出一条纤维，但在离开细胞体不远处分为两支。一支到感受器，称为周围支，另一支进入脊髓，称为中枢支。前者是传入纤维，将来自感受器的感觉冲动传入细胞体，所以从功能上看应是树突，但却有轴突的结构；后者从功能和结构上看都肯定是轴突。

2. 突触

突触（synapse）是神经元与神经元之间，或神经元与效应器之间的一种传递信息的特化连接结构。一个神经元的冲动可传给多个神经元，并可接受多个神经元传来的冲动，通过突触，神经元之间形成复杂的神经网络和神经通路。

突触可分为化学性突触和电突触两大类。化学性突触是以化学物质（神经递质）作为传递信息的媒介，电突触是通过缝隙连接传递电信息。电突触在人和哺乳动物中较少，一般所讲的突触是指化学突触。突触是由突触前部、突触间隙和突触后部三部分组成（图 2-64）。突触前部通常为轴突终末的球形膨大部分，主要由突触前膜和突触小泡等组成，突触前膜是轴突终末与另一个神经元相接触处的细胞膜特化增厚的部分，胞质内面有电子密度高的锥形致密突起，突起间容纳有突触小泡。不同形状的突触小泡含有不同的神经递质。一般在一个突触前部内含有一种突触小泡（内含化学递质，如乙酰胆碱、单胺类等），但也可见几种类型的小泡共存于一个突触前部内。突触后部主要为突触后膜，胞质面附着有致密的突触后致密物，细胞膜明显增厚，突触后膜上含有与相应神经递质特异性结合的受体。突出间隙是突触前膜与突触后膜之间宽 15～30 nm 的狭窄间隙，含有糖蛋白和一些细丝状物质，能与神经递质结合，促进神经递质传递。

图 2-64　化学突触超微结构

3. 神经胶质细胞

除神经元外，中枢神经系统中还有一类细胞，即神经胶质细胞（neuroglial cell），或简称胶质细胞。胶质细胞比神经元多，广泛分布于中枢神经系统和周围神经系统的神经元胞体和突起之间，或神经纤维束内，无传导冲动的功能，主要是对神经元起支持、绝缘、修补、输送营养、排出代谢物和防御保护的功能。

(1) 中枢神经胶质细胞　中枢神经系统的神经胶质细胞有 4 种。其中一种胶质细胞称少突胶质细胞（oligodendrocyte），这种细胞突起和分支较少，胞体较小，呈梨形或椭圆形，胞核圆，染色较深。该细胞分布于灰质和白质内，突起末端扩展呈宽叶片状，包卷神经元的轴突形成多层绝缘的髓鞘。另一种胶质细胞称星状胶质细胞（astrocyte），是神经胶质中体积最大的一种，胞体呈星形，胞核大，呈圆形或卵圆形，染色较浅。由胞体伸出许多突起，其中有几个较粗的突起末端膨大，称为脚板，贴附于毛细血管壁上，或附着在脑和脊髓表面形成胶质界膜。这种细胞数目最多，功能也是多方面的，其中一个重要功能是参与神经递质的代谢。根据星形胶质细胞胞突的多寡分为两类：①纤维性星形胶质细胞，其胞突长、分支少，表面光滑，胞质内含有大量的胶质丝，主要分布于脑和脊髓的白质内；②原浆性星形胶质细胞，其胞突短粗、分支多，表面粗糙，胞质内胶质丝少，主要分布于脑和脊髓的灰质内，两者功能相似（图 2-65）。此外，星状胶质细胞对中枢神经系统中离子平衡及神经系统的正常发育都有重要作用。神经胶质细胞中最小的一种胶质细胞为小胶质细胞（microglia），胞体细长或椭圆形，核小，扁平或三角形，染色深，突起细长有分支，表面有许多小棘突，分布于灰质与白质内。小胶质细胞属于单核吞噬细胞系统，来源于血中单核细胞，具有吞噬功能。当中枢神经系统损伤时可转变为巨噬细胞，吞噬细胞碎片及退化变性的髓鞘。有

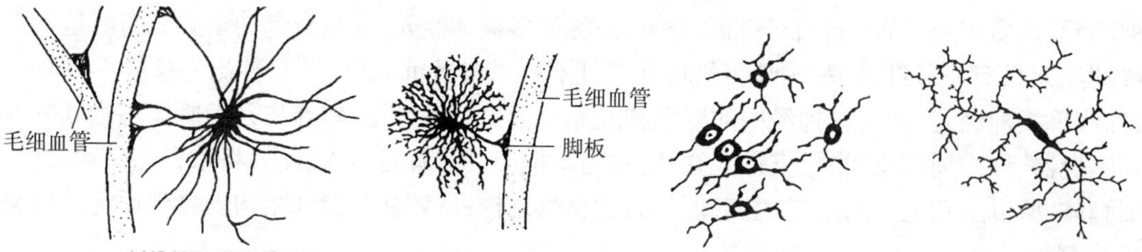

图 2-65　中枢神经胶质细胞的结构和类型

人认为，神经胶质细胞对脑的记忆功能有帮助。胶质细胞退化或不正常时可出现神经系统功能上的疾患。

(2) 周围神经胶质细胞　周围神经系统的神经胶质细胞有神经膜细胞（neurolemmal cell）和卫星细胞（satellite cell）。神经膜细胞又称施旺细胞（Schwann cell），有保护轴突的作用。神经纤维受到损伤，在有施旺细胞包裹的情况下，细胞体能再生出新的轴突。卫星细胞又称为被囊细胞，是神经节内包裹神经元胞体的一层扁平或立方形胶质细胞。

神经胶质瘤见电子资源 2-3

4. 神经纤维和神经

神经纤维（nerve fiber）是由神经元的长突起和包在其外表的神经胶质细胞所组成的纤维状结构。根据神经纤维有无髓鞘，分为有髓神经纤维和无髓神经纤维两种。哺乳动物周围神经系统白质中的神经纤维大多是有髓神经纤维。有髓神经纤维是由神经元轴突和包裹其周围的髓鞘（myelin sheath）和神经膜（neurolemma）构成。髓鞘的主要成分是磷脂，有绝缘并增进神经传导的作用。

周围神经系统的有髓神经纤维，髓鞘和神经膜都呈节段状，节段间缩窄、无髓鞘包裹的部分称为郎飞结（Ranvier node）。郎飞结处轴突较裸露，适于轴膜内外离子交换，有利于神经冲动的传导。相邻两个郎飞结之间的一段称为结间体。每一结间体的髓鞘由一个神经膜细胞形成，其双层胞膜呈同心圆样包裹轴索。神经膜细胞的外面有一层基膜，其和神经膜细胞最外面的一层胞膜共同构成神经膜（图 2-66）。并不是所有轴突都有髓鞘。直径在 2 μm 以上的轴突一般都有髓鞘，小于 2 μm 的轴突大多没有髓鞘。

中枢神经系统的有髓神经纤维，髓鞘由少突胶质细胞突起末端的扁平薄膜包卷轴索形成。一个少突胶质细胞有多个突起可分别包卷多条轴索，其胞体位于神经纤维之间。此类神经纤维的外表面没有基膜包裹。

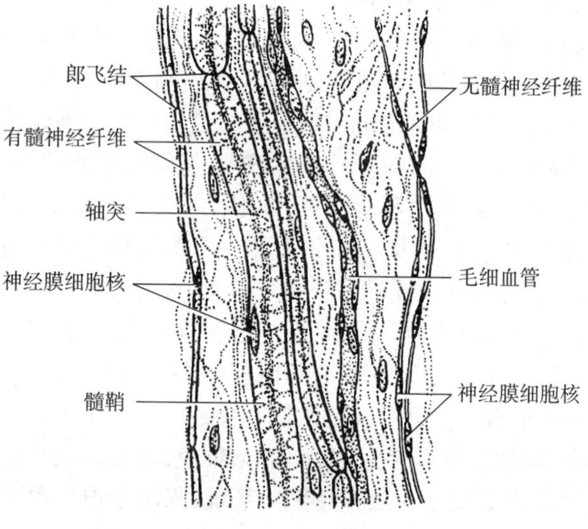

图 2-66　神经纤维光镜结构

周围神经系统的无髓神经纤维由较细的轴突和包在其外的神经膜细胞组成，轴突位于神经膜细胞表面深浅不一的纵沟内。神经膜细胞沿轴突连续排列，不形成髓鞘和神经纤维节，一个神经膜细胞可包埋数条轴索。中枢神经系统的无髓神经纤维的轴突外面没有任何鞘膜，为裸露的轴突。

神经（nerve）是指在周围神经系统中，由许多走向一致的神经纤维与其周围的结缔组织、血管和淋巴管共同构成，分布于全身各组织或器官内。

5. 神经末梢

神经末梢（nerve ending）是指周围神经纤维的终末部分，分布于全身各组织器官内。按其功能可分为感觉神经末梢和运动神经末梢。

感觉神经末梢(sensory nerve ending)是感觉神经元周围突的终末部分,它与其附属结构共同构成感受器。其功能是接受内、外环境的各种刺激,并将刺激转化为神经冲动,传向中枢,产生感觉。游离神经末梢主要分布在表皮、角膜、毛囊的上皮细胞间。其主要功能是感受冷、热、轻触和疼痛等刺激。有被囊神经末梢常见的有触觉小体、环层小体和肌梭。触觉小体多见于皮肤的真皮乳头内,主要感受触觉;环层小体广泛分布于皮下组织、肠系膜、韧带、关节囊和某些内脏器官等处,主要感受压力、振动觉和张力觉等。肌梭分布于骨骼肌内,呈细长梭形,主要感受肌纤维的伸缩变化及机体的位置变化,以调节骨骼肌的活动。

运动神经末梢(motor nerve ending)是分布于肌组织和腺体内的运动神经纤维的终末结构,支配肌纤维的收缩和腺体的分泌。运动神经末梢和所支配的组织共同组成效应器。可分为躯体运动神经末梢和内脏运动神经末梢两类。躯体运动神经末梢分布于骨骼肌内,内脏运动神经末梢经反复分支形成串珠状或膨大小结样的终末,分布到内脏及血管的平滑肌、心肌和腺上皮上,并构成突触。

二、哺乳动物的器官系统

不同类型的组织构成具有一定形态和生理机能结构的器官(organ)。例如由上皮组织、疏松结缔组织、平滑肌以及神经和血管等多种组织构成小肠,外形似管状,具有消化食物和吸收营养物质的功能。在功能上密切相关的一些器官相互合作构成系统(system),以完成一定的生理功能的综合体系。例如消化系统是由口腔、咽、食道、胃、小肠、大肠以及各种消化腺有机地结合在一起构成的,共同完成对食物的消化和吸收功能。

高等动物和人的器官根据其生理机能不同可以分为:皮肤系统、循环系统、消化系统、呼吸系统、排泄系统、免疫系统、神经系统、内分泌系统、运动系统和生殖系统。这些系统相互合作在神经系统和内分泌系统的调节控制下,执行着不同的生理功能,以完成整个生命活动,使生命得以生存和延续。

(一) 皮肤系统

皮肤(skin)被覆于身体表面,是面积最大的器官。皮肤内含有丰富的血管、神经、肌肉和各种皮肤衍生物,包括毛、趾甲、角、毛囊、皮脂腺和汗腺等。具有保护、感觉、分泌、排泄、呼吸等功能。

1. 皮肤的结构

皮肤由表皮、真皮和皮下组织三部分组成。

(1) 表皮　表皮(epidermis)位于皮肤的表层,由角化的复层扁平上皮构成,由胚胎的外胚层发育而来。身体各部的表皮薄厚不均,手掌和足趾部最厚。表皮由两类细胞组成,大量的角质形成细胞(keratinocyte)和少量的散在分布于角质形成细胞之间的非角质细胞。

角质形成细胞从深层到表层可分为五层,即基底层、棘细胞层、颗粒层、透明层和角质层(图 2-67)。

① 基底层(stratum basale)　附着于基膜上,是一层矮柱状基底细胞(basal cell),具有很强的增殖和分化能力,在皮肤的创伤愈合中,基底细胞具有重要的再生修复作用。

② 棘细胞层(stratum spinosum)　位于基底层上方,由 5 ~ 10 层细胞组成。棘细胞也具有分裂能力,参与创伤愈合,细胞间隙内有淋巴流通,以滋养表皮。

③ 颗粒层(stratum granulosum)　位于棘细胞层上方,由 3 ~ 5 层较扁的梭形细胞组成,细胞周边的板层颗粒增多,将其内容物释放到细胞间隙内,形成多层膜状结构,构成阻止物质透过表皮的主要屏障。

④ 透明层(stratum lucidum)　位于颗粒层上方,由 2 ~ 3 层更扁的梭形细胞组成。仅见于掌跖部角质肥厚的表皮,在无毛的厚皮肤中也可见到此层。

⑤ 角质层(stratum corneum)　表皮的表层,由多层扁平的角质细胞组成,细胞已完全角化,角质层浅表的细胞间的桥粒连接消失,细胞易脱落形成皮屑。

非角质形成细胞有三种,黑素细胞、朗格汉斯细胞和梅克尔细胞。

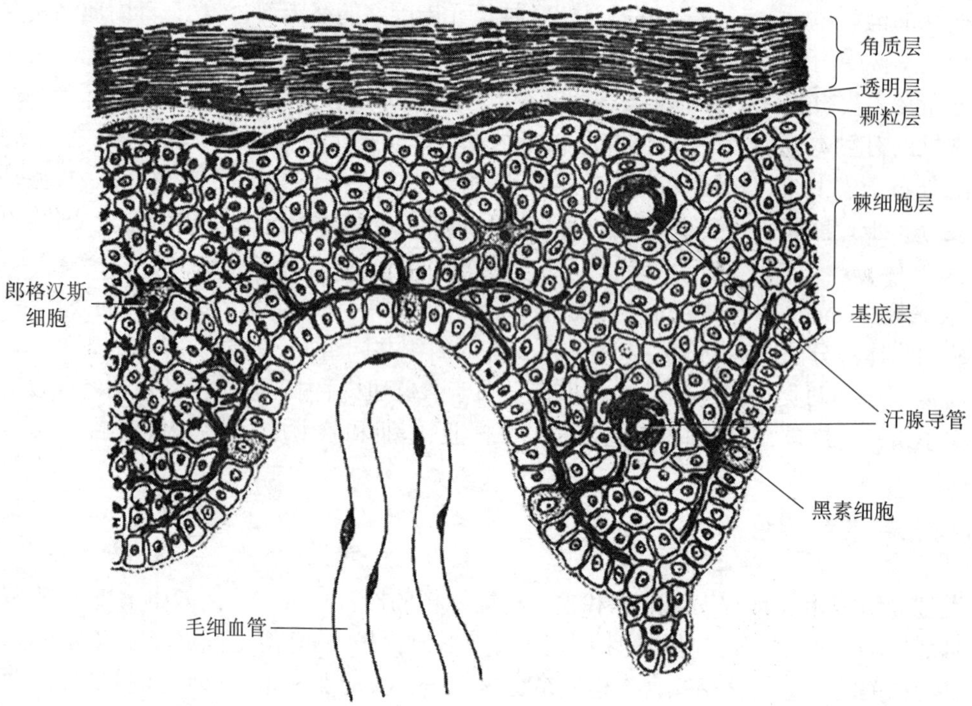

图 2–67　表皮组织结构

① 黑素细胞(melanocyte)　散在基底层细胞之间,数量少,体积大。细胞顶部有多个突起,伸入到表皮基底层和棘细胞层之间。黑素细胞内含有许多生物膜包裹的长圆形小体——黑素体(melanosome)。黑素体内充满黑色素后称为黑素颗粒(melanosome granule),可由黑素细胞突起的末端转移到周围基底细胞和棘细胞内。黑色素是决定皮肤颜色的主要成分,能吸收和散射紫外线,保护表皮深层的幼稚细胞免受损伤。

② 朗格汉斯细胞(Langerhans cell)　散在分布于棘细胞层浅部。有树突状突起,是一种免疫辅助细胞,能捕捉、处理、呈递抗原给淋巴细胞,参与机体的免疫应答。

③ 梅克尔细胞(Merkel's cell)　散布于毛囊附近的表皮和基底细胞之间,有短突起的伸入角质形成细胞。梅克尔细胞数量很少,但在指尖较多,为一种接收机械刺激的感觉细胞。

(2) 真皮　真皮(dermis)起源于中胚层,是位于表皮下的一层致密结缔组织,富有胶原纤维和弹性纤维,细胞成分较少。真皮坚韧而富有弹性,由乳头层和网状层构成,两层互相移动无明显界限。真皮内还富含血管、淋巴管、神经纤维、汗腺及皮脂腺等。

(3) 皮下组织　皮下组织(hypodermis)位于真皮的深层,由疏松结缔组织构成,皮肤借皮下组织与深部的肌肉或骨膜相连。皮下组织中常含有大量的脂肪细胞,构成脂肪组织。皮下组织厚度随个体、年龄、性别及部位而不同,一般以腹部和臀部最厚,脂肪组织丰富。眼睑、手背、足背和阴茎处最薄,不含脂肪组织。皮下组织对能量的储存、体温的维持和调节、机械压力的缓冲具有重要的作用。

2. 皮肤衍生物

皮肤衍生物是高等动物的皮肤在进化过程中衍生成各种坚硬的特化产物以及各种不同形态的腺体。前者包括毛、爪、蹄、指(趾)甲等;后者包括汗腺、皮脂腺等。

毛(hair)由表皮角化而成,分毛干和毛根两部分。毛具有防御、保温等功能。皮肤衍生的坚硬构造,还包括哺乳类表皮角质化形成的爪及其变形角。尽管不同部位的毛的粗细、长短和颜色有很大差别,但基本结构相同。毛分为毛干(hair shaft)、毛根(hair root)和毛球(hair bulb)三部分(图 2–68)。毛干是露出皮肤之外的部分，即毛发的可见部分，由排列规律的角化上皮细胞构成。毛根长在皮肤内看不见，并且被毛囊包围。毛囊是上皮组织和结缔组织构成的鞘状囊，是由表皮向下生长而形成的囊状构造，外面包覆一层由表皮演化而来的纤维鞘。毛根和毛囊的末端膨大，称毛球。毛球处的细胞是一种幼稚的毛母质细胞，分裂活跃，是毛和毛囊的生长点。毛球的底部凹陷，结缔组织突入其中，形成毛乳头（dermal papilla，DP）。毛乳头内含有毛细血管及神经末梢，能营养毛球，并有感觉功能。如果毛乳头萎缩或受到破坏，毛发停止生长并逐渐脱落。黑素细胞位于毛球的毛母质细胞之间，可产生黑素颗粒并输送至形成毛干的细胞中，以维持毛的颜色。毛和毛囊斜长在皮肤内，它们与皮肤表面呈钝角的一侧有一束斜行的平滑肌，称为立毛肌（arrector pilli muscle）。立毛肌受交感神经支配，遇冷或感情冲动时收缩，可使毛发竖立。有些小血管会经由真皮分布到毛球里，其作用为供给毛球毛发部分生长的营养。

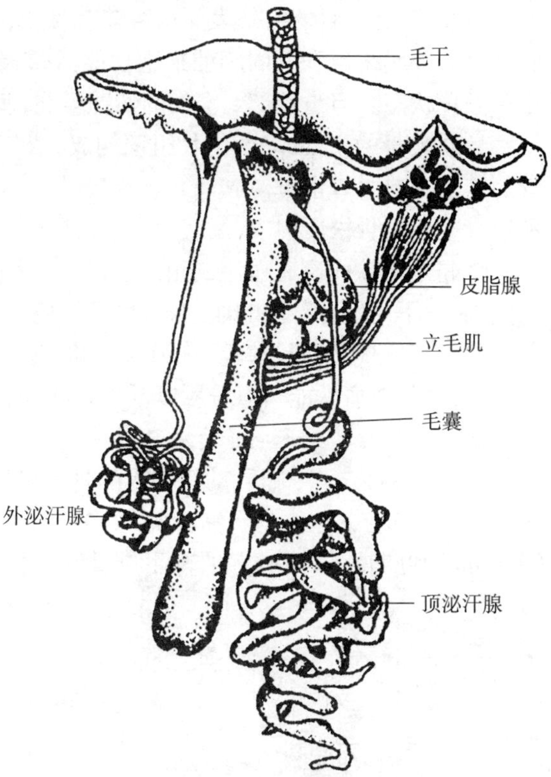

图 2-68　毛的构造

汗腺（sweat gland）为管状腺，下陷入真皮深处，盘曲成团，外包以丰富的血管，汗腺可通过体表蒸发水分，有排泄和调节体温的作用。皮脂腺（sebaceous gland）为一种泡状腺，分布于毛囊旁边，分泌的油脂经毛囊排出体外，滋润毛发及皮肤。乳腺（mammary gland）为管泡状腺，开口于乳头，分泌乳汁以哺育初生的幼体。气味腺（scent gland）由汗腺或皮脂腺演化而来，能分泌带有气味的化学物质，有招引或驱避作用。

3. 皮肤的功能

皮肤具有保护、分泌、排泄、调节体温和感受刺激等重要生理功能，同时还有吸收、渗透和参与免疫等作用，因此，对维护机体健康具有重要意义。

e 黑色素瘤见电子资源 2-4

（二）运动系统

运动系统是动物机体完成各种动作和人类从事生产劳动的器官系统，是由骨、骨联结和肌肉三部分组成的。全身的骨和骨联结构成的支架称骨骼（skeleton）。骨骼具有维持机体基本形态、支撑体重和保护内脏器官的作用，并为骨骼肌提供附着点，运动时骨骼起杠杆作用。关节（joint）是指两骨之间相连接的地方，构成了骨骼活动的基础。肌肉是运动系统的主动动力装置，骨骼肌大都跨越关节而附着于两块不同的骨面上，在神经支配下，肌肉收缩牵动骨，并通过关节的活动而产生运动。

1. 骨骼

（1）骨的形态构造　哺乳动物的骨骼根据其形态可以分为长骨、短骨、扁骨和不规则骨等。长骨的大部分呈管状，分为中部稍细的骨干和两端膨大的骨骺。骨干内部的空腔含有骨髓，称为髓腔。长骨形长而坚硬，分布于四肢，在运动时起杠杆作用，如肱骨和股骨等。短骨形似立方体，富于耐压性，多成群分布于连接牢固且较灵活的部位，如腕骨和跗骨。扁骨形似板状，富于弹性和坚固性，主要构成腔壁，对腔内器官起保护作用，如颅盖骨、胸骨和肋骨等。不规则骨形状不规则，如椎骨等。有些不规则骨内部有空腔，为含气骨，如上颌骨等，发音时起共鸣作用。

骨是一种器官，由骨膜（periosteum）、骨质（osseous substance）和骨髓（bone marrow）构成，并有神经和血管等分布。

除关节面外，骨的内外表面均覆盖有骨膜，分为骨内膜和骨外膜，由致密结缔组织构成，富有神经和血管。骨外膜内层和骨内膜的细胞功能活跃，能分化为成骨细胞，幼年时参与骨的生长，成年以后处于相对静止状态。但当骨受到损伤的情况下，骨膜又分化为成骨细胞，重新恢复造骨能力，以使骨愈合。

骨质是骨的主要成分，由骨组织构成，依其结构不同，有密、松之分，不同种类的骨有差异。例如长骨的骨干主要由骨密质构成，形成一空管状结构，轻而坚实，弹性强，适宜长骨的支撑作用。长骨的骨骺和短骨主要由骨松质构成，仅表面有一薄层骨密质。扁骨的骨密质可分为内外两层，其间夹有骨松质。

骨髓是柔软而富有血液的组织，存在于髓腔和骨松质的腔隙中。在胚胎和幼年时期的骨髓有造血功能，内含不同发育阶段的血细胞，均呈红色，称为红骨髓。随着年龄的增长，长骨骨干内的红骨髓逐渐被脂肪组织所代替而呈黄色，称为黄骨髓，并失去造血功能。当大量失血或贫血时，黄骨髓又能转化成红骨髓，恢复造血功能。但骨骺以及短骨和扁骨的骨松质内仍为红骨髓，终生保持造血功能。

e 骨质疏松症见电子资源 2-5

(2) 骨骼的分类 哺乳动物和人的骨骼可以分为中轴骨骼(axial skeleton)和附肢骨骼(appendicular skeleton)两部分。以人的骨骼为例(图 2-69)，中轴骨骼包括颅骨(cranium)、脊柱(vertebral column)、胸骨(sternum)和肋骨(costa)。颅骨除下颌骨和舌骨外，其余骨借缝或软骨牢固地结合在一起，彼此间不能活动。颅骨分为脑颅和面颅两部分。脑颅位于颅的后上方，容纳并保护着脑和感受器。面颅位于颅的前下方，支持口腔、舌。脊柱由一系列椎骨构成，分颈椎、胸椎、腰椎、骶椎和尾椎。胸骨位于胸前部正中。肋骨细而长，呈弓形弯曲的扁骨，肋骨成对的数目与胸椎相等。肋骨与胸骨及胸椎共同构成胸廓，保护心脏和肺。附肢骨骼包括四肢骨(前肢骨、下肢骨)和趾骨。

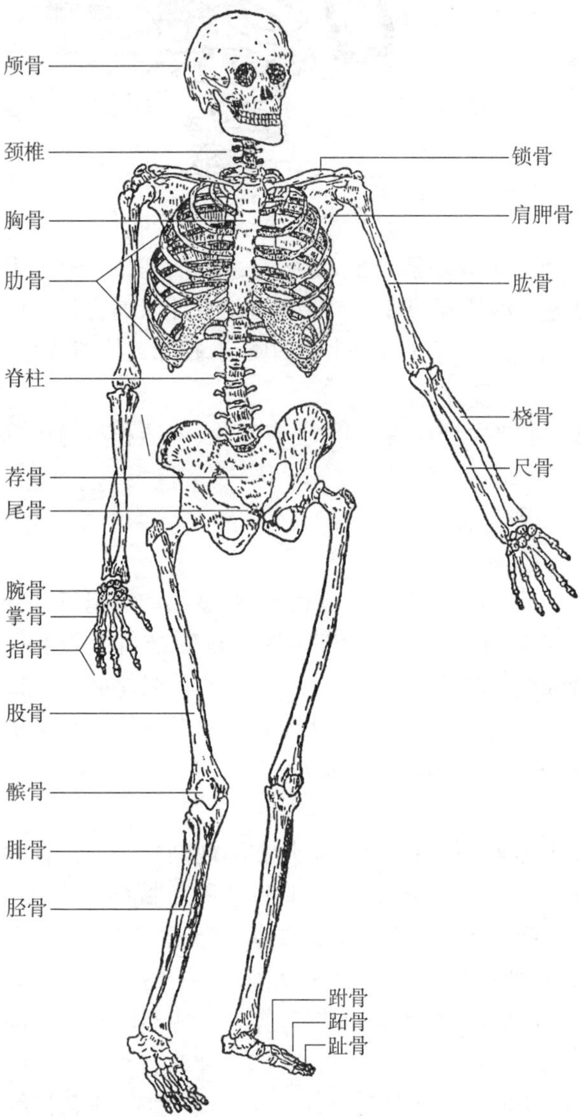

图 2-69 人体骨骼的组成

2. 骨联结

(1) 骨联结的形式 骨与骨之间的联结称骨联结，根据连接组织的不同，分为直接联结和间接联结两种形式(图 2-70)。直接联结包括纤维联结、软骨联结和韧带联结，是骨与骨之间以结缔组织膜、软骨或骨相联结，之间无腔隙，活动范围很小或不活动，如颅骨之间的骨缝、椎骨之间的椎间盘等。间接联结又叫滑膜关节联结，是两骨间借膜性囊互相连接，其间具有腔隙，活动范围大、运动形式多样，也称关节(articulation)。

(2) 关节的基本构造及其功能 关节具有关节面、关节囊和关节腔等基本结构(图 2-71)。

① 关节面 是组成关节的相邻两骨的接触面。其形状多为一凸一凹，凸面称为关节头，凹面称为关节窝。关节面上有一层薄而光滑的关节软骨，使两个关节面更加适合并富有弹性，可以减少摩擦，并能缓冲运动时的冲击和震荡。关节软骨内无血管、神经，营养由滑液和关节囊周围的血管供应。

② 关节囊 是附着在关节面周围及其附近骨面上的结缔组织囊，包围整个关节，封闭成关节

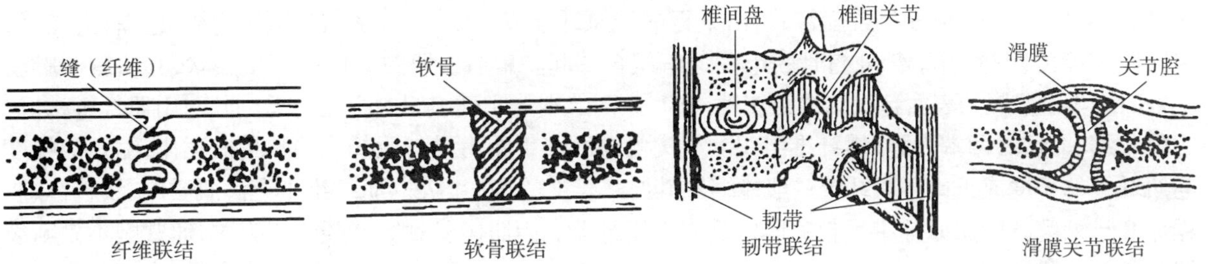

图 2-70 骨联结类型

腔。关节囊壁分内、外两层。外层是纤维层，由致密结缔组织构成，非常坚韧，有丰富的血管和神经，囊壁局部地方明显增厚，形成囊韧带，有加强骨间的联结和制止关节过度运动的作用。内层是滑膜层，薄而柔软，由疏松结缔组织构成，紧贴纤维膜的内面，并附着于关节软骨的周缘，能分泌滑液，起润滑、减少摩擦和营养关节软骨的作用。

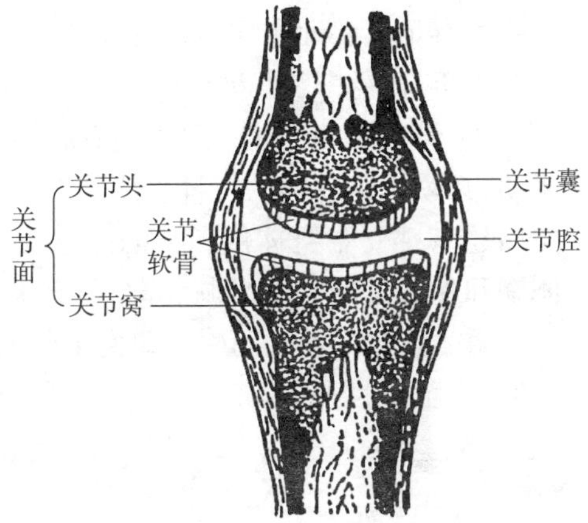

图 2-71 关节

③ 关节腔 是关节囊围成的密闭空腔，含少量滑液。关节腔内为负压，有助于关节的稳固。此外，有些关节还有韧带、关节内软骨、关节盂缘、滑液囊、关节盘、关节唇等辅助结构，有加固关节和增加灵活性的作用。

在肌肉的牵引下，关节能做各种运动，如屈伸、内收外展、旋内旋外和环转等。关节的运动范围与关节面的形状有关，关节的灵活性和牢固性与关节的构造有关。如肩关节灵活性大，牢固性小。髋关节灵活性小，稳定性大。通过体育锻炼，可以增强关节的灵活性和牢固性。

关节病变与关节炎见电子资源 2-6

3. 肌肉

骨骼肌是运动系统的动力部分，主要附着在骨骼上。哺乳动物全身有 500 ~ 600 块骨骼肌，广泛分布在身体的各个部分，其总重量约占体重的 40%。每块肌都具有一定的形态、位置和辅助装置，有丰富的血管、淋巴管和神经分布，并完成一定的功能。所以一块骨骼肌就是一个器官。

(1) 骨骼肌的形状 骨骼肌是构成机体的主要肌肉，按其形状可以分为长肌、短肌、扁肌和轮匝肌四种。长肌呈长纺锤形，收缩时能产生迅速而大幅度的运动，主要分布于四肢。短肌形状短小，收缩时产生的运动幅度不大，主要分布于躯干的深部。扁肌的肌腹扁薄宽大，主要分布于躯干的浅层，构成体腔的壁，除完成躯干的运动外，对内脏还有支持和保护作用。扁肌可整块收缩，也可部分收缩，故可完成多种形式的运动。轮匝肌呈环状，分布于孔或裂的周围，如口裂和眼裂等处，收缩时使孔或裂闭合。

(2) 骨骼肌的构造 分布于躯干和四肢的每块肌肉均由许多平行排列的骨骼肌纤维组成，它们的周围包裹着结缔组织。包在整块肌外面的结缔组织为肌外膜（epimysium），它是一层致密结缔组织膜，含有血管和神经。肌外膜的结缔组织以及血管和神经的分支伸入肌内，分隔和包围大小不等的肌束，形成肌束膜（perimysium）。分布在每条肌纤维周围的少量结缔组织为肌内膜（endomysium），肌内膜含有丰富的毛细血管。各层结缔组织膜除有支持、连接、营养和保护肌组织的作用外，对单条肌纤维的活动，乃至对肌束和整块肌肉的肌纤维群体活动也起着调整作用。

人体肌肉众多，但基本结构相似。每块骨骼肌都包括中间部的肌腹和两端的肌腱。肌腹（muscle belly）是肌的主体部分，主要由骨骼肌组成，由横纹肌纤维组成的肌束聚集而成，色红，柔软有收缩能力。

肌腱(muscle tendon)呈索条或扁带状,由平行的胶原纤维束构成,由致密结缔组织构成,色白,有光泽,但无收缩能力,腱附着于骨处与骨膜牢固地编织在一起。扁肌的肌腹和肌腱都呈膜状,其肌腱叫腱膜(aponeurosis)。肌腹的表面包以结缔组织性外膜,向两端则与肌腱组织融合在一起。肌腹,由肌纤维构成,它能收缩和舒张;两端为腱,属纤维组织。肌肉收缩所产生的力量与肌纤维的数量成正比,缩短的幅度与肌纤维的长度成正比。肌纤维一般能缩短其原来长度的 1/3 ~ 1/2。肌纤维中充满肌质网、线粒体、肌糖原和排列整齐的肌原纤维。骨骼肌借腱附着于骨骼。当肌肉受到突然强作用力时,通常腱不易断裂肌腹则可能断裂。

任何一个动作都是在神经统一支配下一群肌肉共同活动的结果。动物在休息期间,肌肉处于紧张状态,可保持身体的姿势和平衡。运动时则肌肉收缩,并产生张力。肌肉能否进行较长时间的工作取决于能否有足以保证肌纤维中的线粒体产生腺苷三磷酸的能量和氧的供应,以及代谢产物的排出。能量来自脂肪、葡萄糖和肌糖原的氧化。另外,肌纤维也有储备能源的功能。

(3) 骨骼肌的功能　肌肉具有收缩作用,肌肉的收缩是运动的基础,但单有肌肉的收缩并不能产生运动,必须借助骨骼的杠杆作用,才能产生运动。横纹肌肌肉的弹性可以减缓外力对人体的冲击。肌肉内还有感受本身体位和状态的感受器,不断将冲动传向中枢,反射性地保持肌肉的紧张度,以维持体姿和保障运动时的协调。

由于持久的活动而引起肌肉工作能力逐渐减弱甚至停顿的现象,称为疲劳。疲劳的肌肉收缩功能降低,甚至暂时丧失。疲劳的原因可能是由于代谢产物的堆积所造成的,此种疲劳称为收缩性疲劳;也可能是由于神经肌肉接点的疲劳,称为传递性疲劳;在完整的机体内,骨骼肌受中枢神经系统的支配,疲劳首先发生在中枢,称为中枢性疲劳。如长久的一个姿势看电脑、电视、开车等,都可以引起各种疲劳。适宜的收缩节律,可以使疲劳延缓发生;合理的休息,可以消除疲劳,恢复工作能力。经常进行劳动和体育锻炼,可以增强肌肉的耐劳性,从而培养持久工作的能力。

(三) 消化系统

消化系统包括消化管和消化腺两大部分,共同协调完成消化和吸收的功能。消化管是从口腔到肛门的一个连续的管道,可分口腔、咽、食管、胃、小肠和大肠等主要的器官(图 2-72);消化腺(digestive gland)是分泌消化液的腺体。分壁内腺和壁外腺两种。壁内腺多为小型腺体,分布在消化管各段的管壁内(黏膜层或黏膜下层),直接开口于消化管腔内,如唇腺、舌腺、食管腺、胃腺和黏膜上皮凹陷形成的肠腺等。壁外腺是大型腺体,位于消化管壁外,如唾液腺、胰腺、肝等,以导管开口于消化管内,参与化学性消化或起润滑作用,对机体有保护作用。

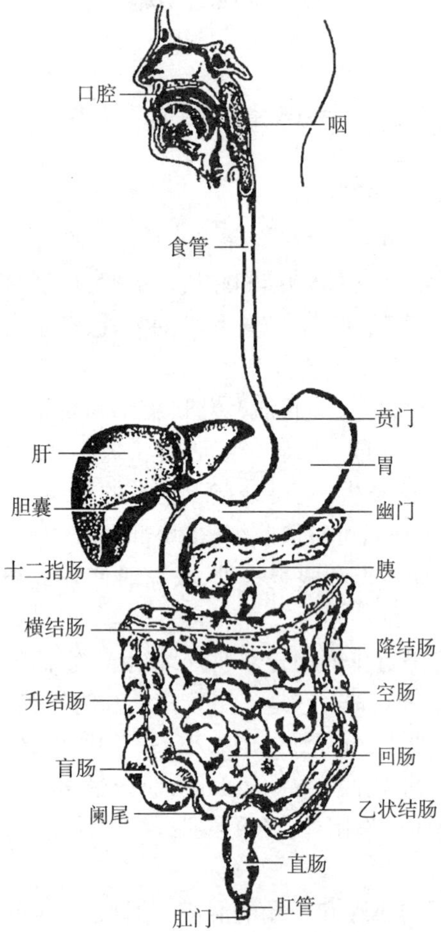

图 2-72　人消化系统

下面按食物进入消化系统直至排出的顺序介绍消化道及其腺体的结构和功能。

1. 消化管壁的一般结构

除口腔外,消化管的各部分由官腔内面向外依次可分黏膜、黏膜下层、肌层和外膜。

(1) 黏膜　黏膜(mucosa)位于消化管壁的最内层,是消化管各段结构差异最大、功能最重要的部位,由上皮、固有层和黏膜肌层组成。由于消化管各段的功能不同,上皮类型也不相同。消化管两端(口腔、咽、食管和肛门)的上皮为复层扁平上皮,耐摩擦,以保护功能为主;胃、小肠和大肠的上皮为单层柱状上皮,有利于消化和吸收。固有层为上皮深层的疏松结缔组织,内含丰富的毛细血管、毛细淋巴管和神经。该层富有弹性,对消化管壁在收缩运动时牵引力的改变也具有缓冲作用。黏膜肌层为一薄层平滑肌。黏膜肌的舒缩可改变黏膜的形态,有利于营养物质的吸收,以及固有层内血液的运行和腺体的分泌。

(2) 黏膜下层 黏膜下层(submucosa)位于黏膜的外周,由疏松结缔组织构成,内含较大的血管、淋巴管和神经,并散布有黏膜下神经丛,可调节黏膜肌收缩和腺体的分泌。某些壁内腺如食管腺和十二指肠腺也位于此层内。在食管、胃和小肠等部位,黏膜和部分黏膜下层共同向肠腔内突起,形成环行、纵行或不规则的皱襞,以扩大黏膜面积。

(3) 肌层 肌层(muscularis)在黏膜下层的外周,是执行消化管收缩运动的组织,除了食管上部和肛门部分含有横纹肌成分外,其余各段都由平滑肌组成。在消化管的某些部位,如上食管、幽门、回结肠和肛门处,环行肌增厚而形成括约肌。肌层一般分为内环行、外纵行两层,两层之间有肌间神经丛,该神经丛的结构与黏膜下神经丛相似,可调节肌层的运动。

(4) 外膜 外膜(adventitia)是消化管的最外层,其构造随消化管的不同部位而异。由薄层结缔组织构成的称为纤维膜,与周围组织相延续,无明显界线,主要分布于食管和大肠末端;由薄层结缔组织及其表面的间皮共同构成浆膜,其表面光滑湿润,可减少器官间的摩擦(图 2–73)。

2. 口腔及其腺体的主要结构和功能

口腔(mouth cavity)为消化管的起始部,在进化过程中,口腔内形成一些高度分化的器官,适应于吸吮、咀嚼、泌涎、味觉和发音等复杂功能。口腔前壁为口唇,侧壁为颊,经口与外界相通,向后以咽峡与咽分界;上壁为硬腭和软腭,下壁为口腔底,由肌肉和黏膜组成。口腔中有舌、齿和唾液腺。导管开口于口腔的腺体总称为唾液腺(salivary gland)。唾液腺有三对,即鳃腺、颌下腺和舌下腺,分别位于耳郭基部下方、下颌的后部和舌下方的口腔底。食物的消化是从口腔开始的,食物在口腔内以机械性消化为主,即通过咀嚼和搅拌等作用,使食物与唾液混合形成滑润的食团,以便于吞咽。唾液包括唾液淀粉酶、黏蛋白和溶菌酶等,黏蛋白有助于食团的形成,有润滑作用,便于吞咽;淀粉酶能将食物中的淀粉分解成麦芽糖,溶菌酶有杀菌和清洁口腔的作用。但因食物在口腔内停留的时间很短,故口腔内化学性消化作用不大,物质在口腔基本上不被吸收。

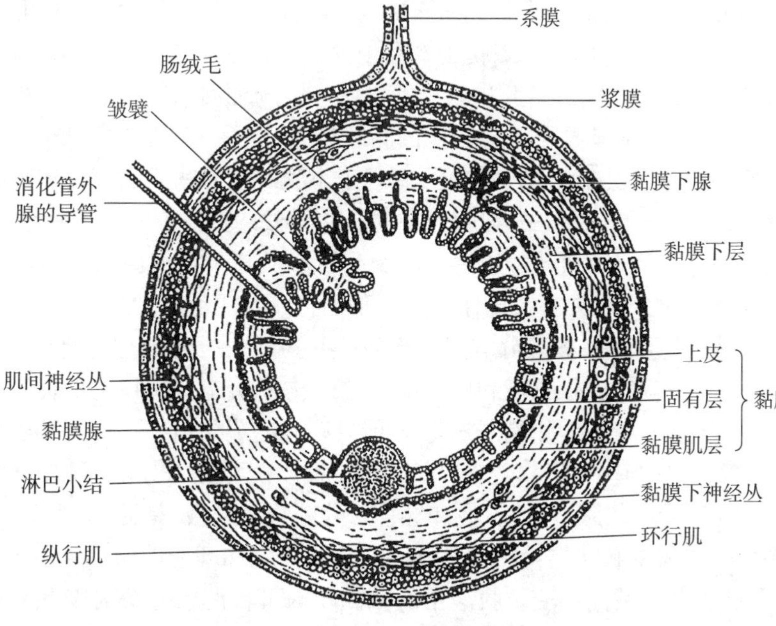

图 2–73 消化管壁组织结构

3. 咽的主要结构和功能

咽(pharynx)为一漏斗状的肌膜性管道,前通口腔和鼻腔,后通食管和喉,侧壁有耳咽管孔与中耳相通。咽可分为鼻咽、口咽和喉咽三部分。食物由口腔经咽峡到咽腔再入食管,吸入鼻腔的空气经鼻后孔,再经咽腔入喉,然后入气管。由于腭的形成,使口腔和鼻腔完全隔开,但在咽部仍有部分腔道是消化与呼吸管道的共同通道。

4. 食管的主要结构和功能

食管(esophagus)是一前后扁平的肌性管道,是消化管各部中最狭窄的部分,位于咽部之后。食管壁黏膜上皮为复层扁平上皮,其角化程度随动物种类而异。固有层为疏松结缔组织,含有血管、淋巴管、神经及食管腺导管等。黏膜肌层为一薄层纵行平滑肌。黏膜下层有食管腺,为分支的管泡状黏液腺或以黏液为主的混合腺,分泌物经导管流入食管腔,有润滑食物、利于食物通过和保护黏膜的作用。肌层在食管上段为骨骼肌,中段由骨骼肌和平滑肌混合组成,向下平滑肌逐渐增多,下段全是平滑肌。肌层的排列为内环肌和外纵行肌两层。外膜为纤维膜,含有较大的血管、淋巴管和神经。食管是食物入胃的通路,食物在食道基本上不被消化和吸收。

5. 胃的主要结构和功能

胃(stomach)位于食管之后,为一囊状器官,可暂时贮藏食物。胃腺分泌的胃液可以混合食物并进行初步消化。由口腔咽下的食物,通过食道被送入胃后,胃壁肌肉的活动即加强,胃壁肌肉的收缩、蠕动可使食物进一步磨碎,使食物和胃液充分混合形成食糜,以利于胃液的消化作用,并把食糜推送到幽门部,然后进入十二指肠。大多数哺乳动物的胃为单室,可分贲门、胃底、胃体和幽门四部分。偶蹄动物多为复胃,分为瘤胃、瓣胃、皱胃和网胃。胃壁的主要特点是黏膜上皮具有分泌功能,有三种胃腺(贲门腺、胃底腺和幽门腺),其肌层特别厚,胃黏膜上皮下陷形成许多胃小凹,每个胃小凹的底部有 3 ~ 5 个胃腺开口。

胃腺分泌一种无色且呈酸性的胃液,其成分主要是盐酸、胃蛋白酶和黏液。盐酸具有多种功能,能激活胃蛋白酶原,提供胃蛋白酶所需的酸性环境,使食物中的蛋白质变性而易于水解,以及杀死随食物进入胃内的细菌。盐酸进入十二指肠后,还能促进胰液、肠液的分泌和胆汁的排放。黏液经常覆盖在胃黏膜表面成一层黏稠的黏液膜,具有润滑作用,使食物易于通过;保护胃黏膜免受酸和胃蛋白酶的消化作用,如果这种防护机制(黏液——碳酸氢盐屏障)失效,胃便可能消化自己,引起溃疡。

6. 小肠及其附近腺体的主要结构和功能

(1) 小肠及其腺体的结构和功能　小肠(small intestine)前端连接胃的幽门部,可分为十二指肠、空肠和回肠三部分。十二指肠在上腹部,包绕胰头。在中段的后内侧壁有圆形隆起,称十二指肠乳头,是胆总管和胰管的共同开口,胆汁和胰液经此进入十二指肠。空肠和回肠迂回盘旋于腹腔,借肠系膜固定于腹后壁,活动度大,两者间无明显界限。空肠比回肠管径大,壁厚,色泽红润,肠腔内具很多黏膜环状皱襞和绒毛,从而使肠腔的表面积扩大 20 ~ 30 倍,有利于小肠对营养物质的消化和吸收。

小肠液为小肠腺(small intestinal gland)细胞分泌的一种弱碱性液体。小肠液中含有肠激酶、淀粉酶、肽酶、脂肪酶以及蔗糖酶、麦芽糖酶和乳糖酶等。肠激酶可激活胰蛋白酶原,其他各种酶对各种营养成分进一步分解为最终可吸收的产物具有重要作用。多种消化酶作用淀粉、二糖、多糖等在小肠内水解成葡萄糖;蛋白质、多肽分解成氨基酸;核酸分解成核苷酸;脂肪分解成甘油和脂肪酸。

(2) 小肠附近腺体——胰腺(pancreas)和肝(liver)的结构和功能　胰腺位于腹膜后面,附着在十二指肠旁边的一个狭长复合腺。胰没有明显的被膜,外周只有一层疏松组织并深入胰腺内,把胰腺分成很多小叶。小叶间的结缔组织中有血管、淋巴管、神经和导管。胰可分内分泌部和外分泌部两部分。外分泌部占胰的大部分,为复管泡状腺,包括腺泡和导管。分泌物为胰液,是无色、无臭的碱性液体,其 pH 为 7.8 ~ 8.4。胰液中含碳酸氢钠和胰淀粉酶、胰脂肪酶、胰蛋白酶和糜蛋白酶等。碳酸氢钠可中和胃酸,为小肠内的消化酶提供适宜的碱性环境。胰液中的胰淀粉酶可将淀粉分解为麦芽糖;胰脂肪酶可将脂肪分解为脂肪酸和甘油。胰蛋白酶可将蛋白质分解为多肽和少量氨基酸。

内分泌部的腺体散布于外分泌腺泡之间，是一些大小不等、形状不定的细胞团，称胰岛（pancreas islet），分泌胰岛素、胰高血糖素等多种激素，调节体内糖代谢。胰岛内细胞可分为五种细胞，胰高血糖素（A）细胞占25%，分布于岛的外周区域，分泌胰高血糖素；胰岛素（B）细胞，约占岛细胞总数70%，位于岛的中心区域，分泌胰岛素；分泌生长抑素（D）细胞和分泌胰多肽的PP细胞仅占少数，单个分布于外周部A与B细胞之间。胰岛素和胰高血糖素是两个作用相对抗的激素，前者可促使血中葡萄糖进入骨骼肌、肝细胞等，合成糖原储存起来以防止高血糖的发生，后者促使血糖浓度升高。若胰液的产生或输送受到干扰，会引起消化或营养障碍；若胰岛素等分泌不足或所分泌激素间的比例失调，则体内糖代谢失常而出现糖尿病或低血糖症。

肝是动物体内最大的消化腺，位于胃后方，系一种复管状腺。大多数哺乳动物的肝分为左、中、右三叶，肝表面大部分被覆外膜，其深部为富含弹性纤维的致密结缔组织，并进入肝实质，把肝实质分为许多肝小叶（图2–74）。肝小叶是肝的基本结构和功能单位，呈多面棱柱体。肝小叶中央有一条纵贯长轴的中央静脉，其外周是放射状相间排列的肝板和肝血窦。肝细胞是一种形状较大的多角形细胞，分泌胆汁，相互连接不规则地排列成肝板，相邻肝板互相吻合连接。肝血窦位于肝板之间，并通过肝板上的孔彼此相通。肝细胞相邻面的细胞膜凹陷形成胆小管。相邻肝小叶之间含有小叶间静脉、小叶间动脉和小叶间胆管的结缔组织区构成门管区。每个肝小叶周围有3～4个门管区。有胆囊的动物一般肝管和胆囊管汇合成胆管开口于十二指肠，无胆囊的动物其肝管直接开口于十二指肠。

肝的主要机能如下：①代谢功能。肝是合成蛋白质的重要场所，也是分解蛋白质的场所；肝还是维持血糖稳定的主要器官，同时又是脂肪酸氧化与合成的场所。②防御和解毒功能。肝血窦内的Kupffer细胞有强大的吞噬能力，对机体有防御作用。肝细胞可将机体代谢过程中产生的有毒物质和从肠道吸收的有毒物质转变为无毒或毒性小的物质，肝是重要的解毒器官。③动物机体的重要产热器官。如人体安静时所产热量约有1/3来自肝。④造血功能。在胚胎时期，肝有造血功能。

胆汁是由肝细胞持续不断分泌的一种弱碱性金黄色的液体。胆汁生成后，在消化期间由肝管流出，经胆总管直接注入十二指肠；在非消化期间则由肝管经胆囊管流入胆囊，暂时储存于胆囊。胆汁主要含胆盐和胆色素，不含消化酶。胆盐可将脂肪乳化成极小的微粒，以增加与胰脂肪酶的接触面，并可激活胰脂肪酶，使后者分解脂肪的作用大为加速。此外，还可促进脂溶性维生素的吸收。

（3）小肠吸收营养物质的特点　消化管不同部位吸收物质的能力不同，胃只能吸收少量水分和乙

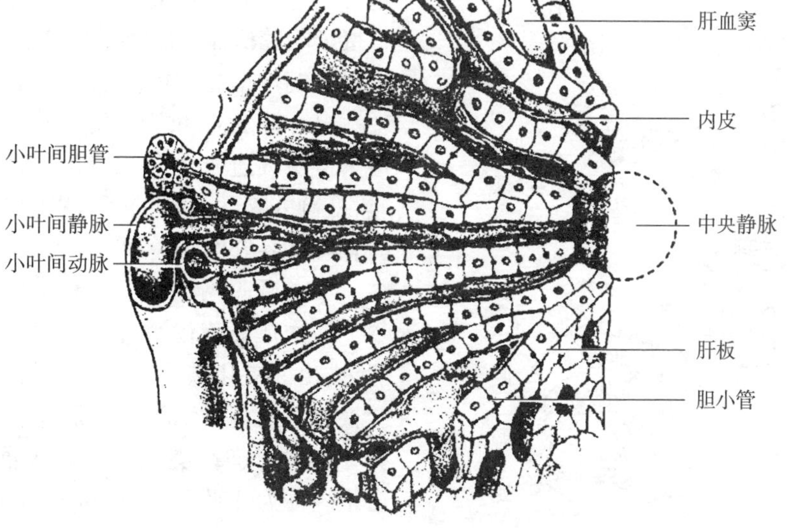

图2–74　肝小叶立体模式图

醇，大肠主要吸收剩余的水分和盐类，小肠是吸收营养物质的主要部位。这是由于小肠具有许多有利于吸收的条件：①小肠是消化管中最长的一段，人的小肠长达 5～6 m；②小肠壁不仅具有环状皱襞和大量的绒毛，通过电子显微镜观察发现绒毛柱状细胞顶端的细胞膜还有很多小突起，称微绒毛，这样就使小肠的吸收面积增大 20 倍以上；③食物在小肠内停留时间最长，而且大部分已被水解成为可被吸收的小分子物质；④小肠绒毛内有神经丛、毛细血管和毛细淋巴管等结构，毛细血管和毛细淋巴管是营养物质输入机体的途径。

单糖是糖类在肠中吸收的主要形式；甘油和脂肪酸的吸收有两条途径：一条是脂乳糜粒及多数长链脂肪酸，进入中央乳糜管，经淋巴途径间接进入血液循环；另一条途径是 12 个碳原子以下的短、中脂肪酸和甘油，它们可溶于水，则吸收入毛细血管，直接进入血液循环；肠黏膜直接吸收水和无机盐。

上述各种物质除水分、大部分维生素以及部分无机盐是通过扩散和渗透等方式被动性转运外，其他各种有机物质和无机盐都是通过耗能的主动性转运过程。

大部分物质被吸收后，进入小肠绒毛中的毛细血管，随后汇集入小静脉，最后经肝门静脉入肝，再经血液循环运送至全身。只有脂肪酸和少量脂肪微粒不溶于水，需与胆盐结合形成水溶性复合物，被吸收进入绒毛内的毛细淋巴管，通过淋巴运输，最后由胸导管汇入血液循环。

7. 大肠的主要结构和功能

大肠(large intestine)是消化管的末段，分盲肠、结肠和直肠三段，人的盲肠也很小，远端有一细长的阑尾。结肠介于盲肠和直肠之间，是大肠的主要部分，其形态和大小在不同种类动物中差别很大。功能是消化纤维素，分泌大肠液，吸收水分、盐类和维生素，最后形成粪便。大肠黏膜无皱襞和绒毛，内表面光滑，黏膜上皮中杯状细胞很多，肠腺发达，含孤立淋巴结，肌层发达。

8. 肛门

肛门是消化管终端的一段短管，粪便经肛门排出体外。消化道中的正常菌群种类和数量，在不同部位是不同的，胃酸的酸度很高(pH 2～3)，因而胃内基本无活菌。空肠和回肠上部的菌群很少。结肠和直肠则有大量细菌。1 g 干粪含菌总数在 4 000 亿个左右，约占粪重的 40%，其中 99% 以上是厌氧菌。肠道菌群受动物饲料、年龄等因素影响很大。肠道菌群与其宿主相互作用影响的统一体称为肠道微生态。它们和机体有着密不可分的互利共生关系，直接影响着机体的健康。肠道微生态系统是机体微生态系统中最主要的，当其失调就会引起机体由生理性组合转变为病理性组合状态。已有研究表明肠道菌群对促进营养食物消化吸收、产生有益营养物质、抵御外来致病菌的侵入以及调节免疫机制等方面有着重要的作用。

(四) 呼吸系统

动物在新陈代谢过程中，需要从环境中摄取氧气、排出二氧化碳。动物机体与环境之间这种气体交换过程称呼吸，完成呼吸过程的一系列器官，如鼻、咽、喉、气管、支气管和肺等器官组成的复杂管道系统称为呼吸系统(respiratory system)(图 2–75)。

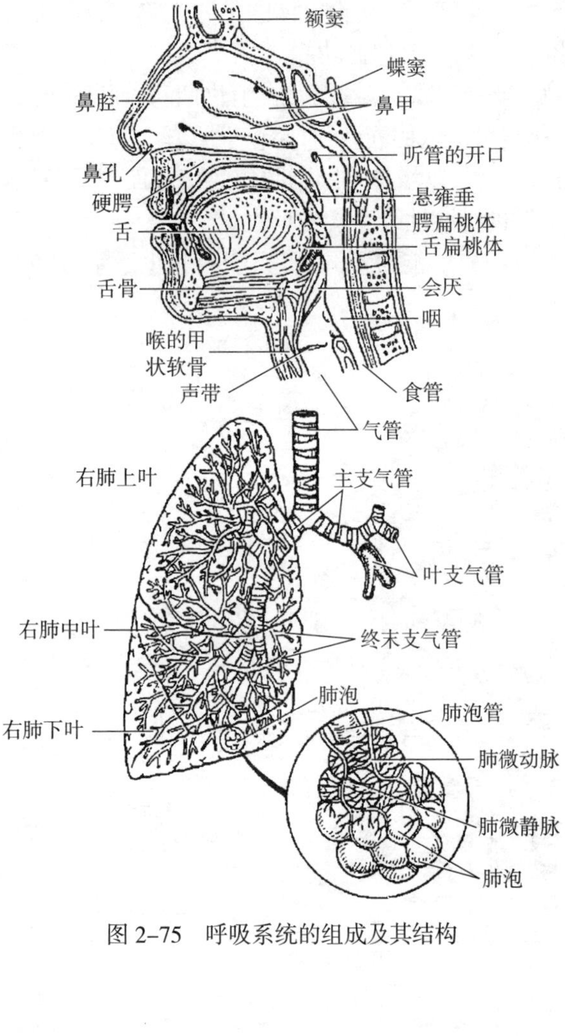

图 2–75　呼吸系统的组成及其结构

1. 呼吸系统的基本结构

呼吸器官在结构上的共同特点是：具有骨或软骨作为支架，当气体出入时，管壁不致塌陷，保证气流通畅；管腔黏膜含有较多的腺体，黏膜上皮具纤毛，可帮助尘埃或异物的排出。

(1) 鼻　鼻(nose)既是呼吸道的起始部，又是嗅觉器官。可分为外鼻、鼻腔和鼻旁窦。外鼻以骨和软骨为支架，外被皮肤，可分为骨部和软骨部。鼻腔由鼻中隔分为左右两腔，内表面衬以黏膜。黏膜包括上皮和固有层。根据其结构和功能的不同，分为前庭部、呼吸部和嗅部。前庭部为鼻腔入口处的膨大部，表面有鼻毛，可阻挡空气中的灰尘和异物。呼吸部面积较大，因毛细血管丰富，生活状态下黏膜呈粉红色。

(2) 喉　喉(larynx)位于颈前部，向前开口于咽腔，向后与气管相通。其结构比较复杂，由软骨作支架，以关节、韧带和肌肉连接，内面衬以黏膜。

(3) 气管和支气管　气管(trachea)和支气管(bronchus)为圆筒状管道，两者结构相似，管壁由内向外为黏膜、黏膜下层和外膜。黏膜层由假复层纤毛柱状上皮和固有层组成，黏膜下层为疏松结缔组织，与固有层和外膜无明显界线，含有许多气管腺，分泌物排入气管腔。外膜由透明软骨和纤维性结缔组织构成。

(4) 肺　肺(lung)为气体交换器官，是呼吸系统中最重要的部分。肺位于胸腔内，为一对海绵状构造，肺表面包被一层光滑而湿润的胸膜层。肺的实质是由反复分支的支气管树(各级支气管)及大量肺泡(pulmonary alveoli)构成。肺泡是肺气体交换的结构与功能单位。

气管进入胸腔，分为 2 个支气管。入肺后，支气管反复分支形成小支气管和细支气管。细支气管经过 15～16 次的再分支，分为终末细支气管。终末细支气管以下再分支，管壁上有肺泡开口，称呼吸性细支气管。呼吸性细支气管再分支为肺泡管、肺泡囊。肺泡管是肺泡和肺泡囊开口的管道。肺泡囊为数个肺泡的共同通道。肺内细支气管及其所连的各级分支和肺泡构成肺小叶，它们是肺的结构单位。每叶肺有 50～80 个肺小叶，肺小叶间有结缔组织分隔。自叶支气管至终末细支气管是气体出入肺的管道，称肺的传导部。呼吸性细支气管、肺泡管、肺泡囊和肺泡是气体交换的部位，称肺的呼吸部(图 2-76)。

肺泡是半球形的囊泡，壁薄，仅由单层扁平上皮和基膜组成，外面密布毛细血管网和弹性纤维。相邻两肺泡间的组织为肺泡隔。肺泡是真正进行体内外气体交换的地方，其直径为 75～300 μm，总数约 3 亿个，估计总面积为 50～100 m^2，为体表面积的 25～50 倍，因而提供了较大的气体交换面积。

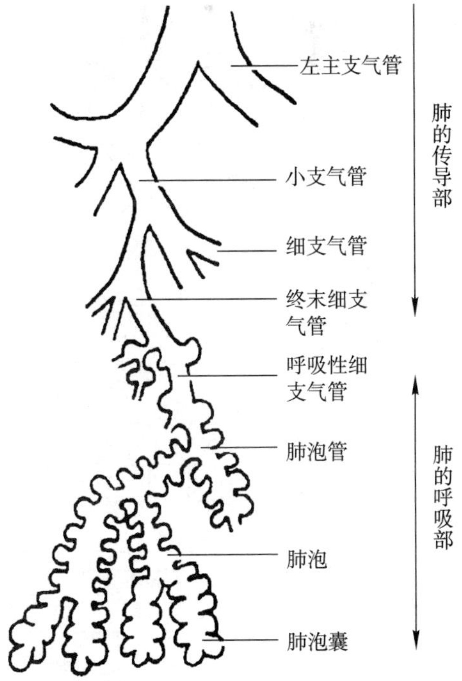

图 2-76　各级支气管和肺泡

2. 呼吸运动与肺通气

(1) 呼吸运动　肺本身不能主动地张缩，呼吸时气体出入肺，有赖于胸廓的周期性运动。所以胸廓的节律性扩大与缩小，称为呼吸运动。呼吸运动的实现，是由于呼吸肌(膈肌和肋间外肌)活动的结果。

在呼吸过程中，肺内的压力称肺内压。肺外的压力是指胸膜腔的压力，在平静呼吸过程中，胸膜腔内压始终低于大气压，因而称为胸内负压。

在吸气之前(即呼气末)，呼吸肌松弛，肺内压与大气压相等，因而无呼吸气流，此时胸膜腔内负压约为 666.6 Pa。吸气时，吸气肌收缩，扩大胸腔容量，使胸内负压增大，肺也随之而扩大。于是肺容积增加，使肺内压下降到低于大气压水平。这时，气体依靠压力差的推动，通过呼吸道从外界流入肺泡。推动气体入肺的压力差越大，通气量越大。

到吸气末期，胸廓不再继续扩张，肺内压与大气压相等，通气即停止。呼气时，吸气肌舒张，胸廓缩小，胸腔容积和胸膜腔内压减小，肺趋向回缩，肺容积缩小，气体被压缩，于是肺内压升高超过大气压，肺泡内气体经呼吸道流向外界。

(2) 肺通气与肺容量　肺通气(pulmonary ventilation)是指肺与外界环境之间进行气体交换的过程。

人在呼吸时，肺容量(肺容纳的气体量)(capacity of lung)包含几部分：平静呼吸时每次吸入或呼出的气量叫潮气量(tidal volume，TV)，在平静吸气后再作最大吸气动作所能增加的吸气量叫补吸气量(inspiratory reserve volume，IRV)。潮气量与补吸气量之和称深吸气量(inspiratory capacity，IC)，是衡量动物最大通气潜力的一个重要指示。在平静呼气后再作最大呼气动作所能增加呼出的气量叫补呼气量(expiratory reserve volume，ERV)。最大吸气后尽力呼气所能呼出的气量叫肺活量(vital lung capacity，VC)，是潮气量、补吸气量和补呼气量之和。最大呼气末残留在肺内的气量叫残气量(residual volume，RV)。功能残气量(functional residual capacity，FRC)是指平静呼气末肺内的气量。肺所能容纳的最大气量为肺总量(total lung capacity，TLC)，即肺活量与残气量之和(图 2-77)。

3. 气体交换和运输

呼吸气体的交换是指肺泡与血液(外交换)、血液和组织细胞之间的氧和二氧化碳的交换(内交换)。肺泡中的氧首先必须穿过肺泡毛细血管膜(包括表面液体层、肺泡上皮、间隙腔、肺泡毛细血管内皮)进入肺毛细血管，然后由血液运送到组织，再离开组织中的毛细血管，穿过细胞膜，进入组织细胞；而二氧化碳则必须经过一个方向相反的过程，由细胞到达肺泡(图 2-78)。

气体的运输(即氧和二氧化碳)穿过肺泡上皮、毛细血管壁和细胞膜是靠被动的扩散作用，即气体分子由压力高的区域向压力低的区域运动的结果。细胞内液的氧分压低于组织液的氧分压，而组织液的氧分压又低于血液的氧分压；而细胞内液的二氧化碳分压高于组织液的二氧化碳分压，更高于血液的

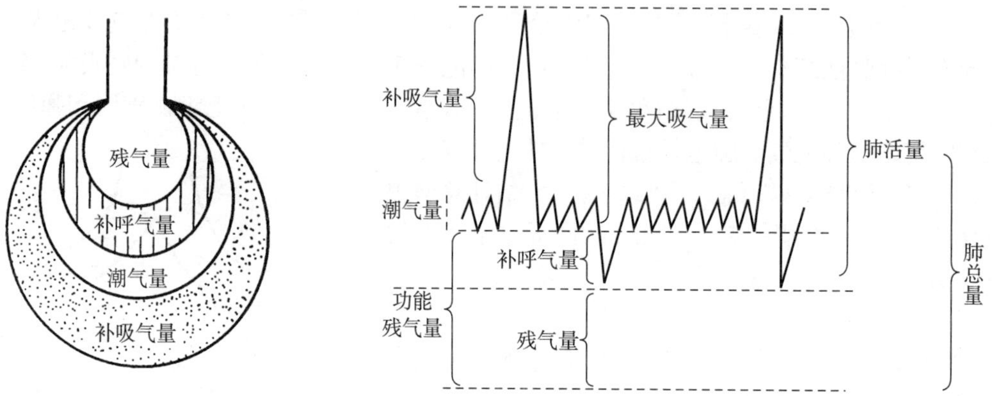

图 2-77　肺静态容量

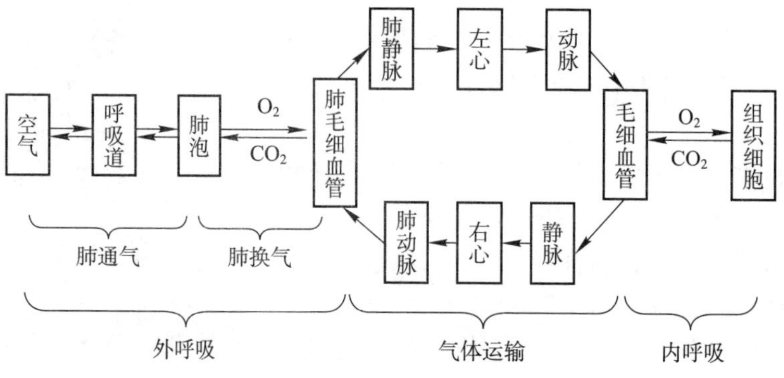

图 2-78　气体的内外交换与运输

二氧化碳分压。血液流经毛细血管，氧从血液穿过管壁经组织液向细胞扩散，二氧化碳自细胞内经过组织液扩散进入血液。

因此，肺和组织之间的气体交换，形成了氧分压、二氧化碳分压的梯度。氧分压这种梯度造成氧从肺泡到肺中血液，从血液到身体各部分细胞的净扩散；二氧化碳分压的梯度造成二氧化碳从身体各部分的细胞到血液，从肺中血液到肺泡的净扩散。

4. 呼吸的调节

呼吸运动是一种有节律的运动。呼吸的深度和频率是随着机体的活动水平发生相应的改变。呼吸作用主要受中枢神经（呼吸中枢包括脊髓、脑干、间脑和大脑皮层）和体液中化学物质（主要是氧气、二氧化碳及氢离子浓度）调节来完成的。

（五）循环系统

循环系统的主要功能是物质运输，包括营养物质、气体和激素运送到各器官，保证机体新陈代谢的正常进行。循环系统是一封闭的管道系统，由于管道内所含液体成分不同，分为心血管系统和淋巴系统两部分。

1. 心血管系统

心血管系统（cardiovascular system）由心脏和血管组成。心脏是促使血液流动的动力器官，通过其收缩与舒张，将血液输入动脉，动脉经各级分支将血液输送到毛细血管，毛细血管广泛分布于体内各组织器官内，构成毛细血管网，血液在此与周围组织进行物质交换。静脉主要是将经过物质交换后的血液回流至心脏。

(1) 血管的构造　血管是运送血液的管道系统。根据管壁的构造特点，血管可以分为动脉、静脉和毛细血管三种。

① 动脉　动脉（artery）是从心脏发出的血管，它将血液由心脏运送至全身各部。动脉按管径大小，可分为大、中、小、微动脉四级，但它们之间没有明显的界线，是逐渐移行的。近心脏的大动脉具有较大弹性，心脏收缩时，其管壁扩张，心脏舒张时，其管壁回缩，维持血液持续均匀的流动。中动脉管壁内平滑肌发达，其收缩和舒张使血管管径缩小或扩大，调节分配到机体各部分和各器官的血流量（图 2-79）。小动脉和微动脉也含有少量平滑肌，其收缩和舒张可以明显改变管径大小，显著调节器官和组织内的血流量，并能改变外周血流的阻力，调节血压。动脉的管壁较厚，管腔相对较小，有发达的肌肉组织和结缔组织，故能承受内部的压力。

② 静脉　静脉（vein）起自毛细血管，是由身体各部运送血液返回心脏的血管，常与动脉伴行。由毛细血管汇合移行而来，分为微静脉、小静脉、中静脉和大静脉四级。与动脉相比，静脉管壁较薄而管腔相对较大，肌肉和结缔组织较少。较大的静脉，特别是四肢的静脉，管腔内面具袋状静脉瓣膜，瓣膜顺血流方向开放，逆血流关闭，故有防止血液倒流的作用。

静脉曲张见电子资源 2-7

③ 毛细血管　毛细血管（capillary）遍布全身各部组织器官中，沟通小动脉和小静脉之间，互相吻合成网状。其特点是管径小，管壁极薄，构造简单，仅由一层扁平的上皮细胞和基膜构成。毛细血管的分布与局部组织细胞的代谢有关。代谢旺盛的组织器官，毛细血管较密。其管壁具一定的通透性，而且血流缓慢，是血液和组织、细胞之间进行物质交换的场所。

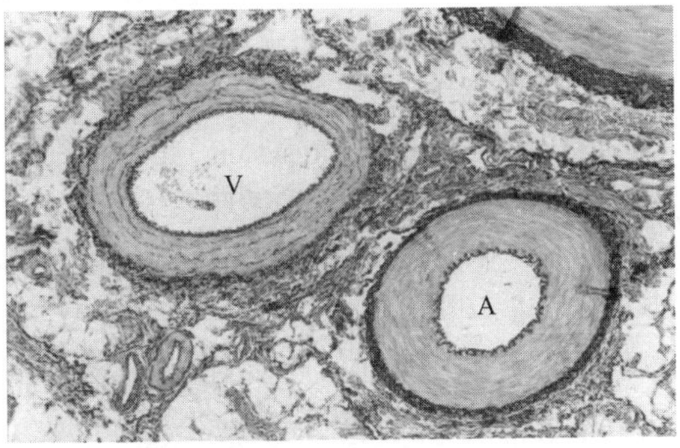

图 2-79　中动脉（A）和中静脉（V）结构图

(2) 心脏及其相连的结构　心脏（heart）为心血管的中枢，位于胸腔内，两肺之间而偏左侧，是一个壁厚而中空的肌性器官。心脏内分四个腔，即左心房（left

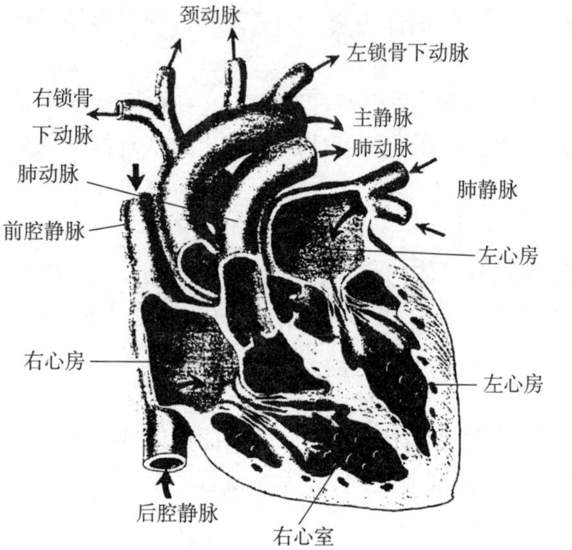

图 2-80　心脏的构造

atrium)、右心房(right atrium)、左心室(left ventricle)和右心室(right ventricle)。左、右心房和左、右心室分别被房间隔和室间隔隔开,互不相通。心房与心室之间的开口称房室口。在右房室口的周缘附有三片尖瓣,称三尖瓣;左房室口的周缘附有二片尖瓣,称二尖瓣。瓣膜向下垂入心室,并借腱索连在心室壁上。这样的结构能够保证心室收缩时,严密封闭房室口,防止血液逆流入心房(图 2-80)。

在右心房内的上、下方分别有前腔静脉(vena cava anterior)和后腔静脉(vena cava posterior)的开口。左心房后壁两侧各有两条肺静脉的开口。从右心室发出肺动脉(pulmonary artery),从左心室发出主动脉(aorta)。在肺动脉和主动脉起始部内面的周缘上各有三个袋状的瓣膜,称为动脉瓣。由于袋口向着动脉,故能防止血液从动脉逆流回心室。由此可见,心脏内所有瓣膜都是防止血液逆流,保证血液循环正常进行的装置。因此,任何一个瓣膜发生病变(瓣膜口狭窄或闭锁不全)都会给血液循环带来障碍。

心壁从内向外依次为心内膜、心肌膜和心外膜构成。心内膜是一层光滑的薄膜,与血管内皮相连,由内皮和内皮下层构成,内皮为单层扁平上皮,皮下为疏松结缔组织及少许平滑肌。心肌膜为心壁最厚一层,由心肌纤维和结缔组织组成,其间有丰富毛细血管。心室肌比心房肌厚,尤以左心室最厚。心外膜为心壁外的浆膜,属于包膜脏层。表皮为间皮,间皮深面为疏松结缔组织,含有血管、神经、淋巴管及脂肪组织。

(3) 血液循环　血液循环是在封闭的心血管系统中进行的。动物有两个循环(体循环和肺循环),都是起源于心脏,又回到心脏。心脏有节奏地收缩把血液挤出去,静脉血液从右心室流出经过肺动脉及其分支流到肺泡毛细血管进行气体交换,使静脉血变成动脉血,再经肺静脉流回到左心房,称为肺循环(pulmonary circulation,又称小循环)。动脉血液由左心房进入左心室,再由左心室流出,经主动脉及其分支流到全身毛细血管进行物质和气体交换,使动脉血变成静脉血,再汇入各级静脉,经上下腔静脉及冠状窦流回到右心房,称为体循环(systemic circulation,又称大循环)。血液从右心房进入右心室再流出,又开始了另一次的循环。

血液循环的动力来自心脏的收缩。由心脏收缩产生的压力推动血液流过全身各部分,心脏起着肌肉性泵的作用,而心脏和静脉管中的瓣膜则决定血液流动的方向。每次心脏搏动,由收缩到舒张的过程称为心动周期(cardiac cycle)。首先两个心房同时收缩,接着心房舒张;然后两个心室同时收缩,接着心室舒张。一个正常成年人心脏每分钟跳动 60 ~ 100 次。

e 血压知识见电子资源 2-8

2. 淋巴系统

淋巴系统(lymphatic system)是由毛细淋巴管、淋巴管(lymph vessel)和淋巴导管构成,是一个分支的向心回流的管道系统,是循环系统的一个分支。身体内除脑、脊髓、骨骼肌和软骨组织外,几乎都有淋巴管分布。血液经动脉运行至毛细血管后,其中部分液体物质透过毛细血管壁进入组织间隙形成组织液。组织液不断地生成,其中大部分被毛细血管重吸收回血管内,小部分组织液进入淋巴管形成淋巴。淋巴经各级淋巴管向心流动,径路上经过许多淋巴结过滤,最后注入静脉,回到右心房。所以淋巴系统是静脉的辅助器官。淋巴液与组织液的成分一样,但淋巴液中含有大量的淋巴细胞。淋巴细胞具有产生抗体,消除抗原对机体的有害作用的免疫功能。淋巴管往往不易看见,因为淋巴管和其中的淋巴液都是无色透明的。

(1) 组织液、淋巴液及其回流 存在于组织细胞间的液体称为组织液(tissue fluid),也称细胞间液。其成分中除蛋白质较少外,其他成分基本与血浆相似。组织液是细胞生活的环境,细胞从其中摄取 O_2 和营养物质,并排出代谢产物。药物进入组织液后,才能与细胞接触发生作用。

组织液是由血液生成,再回流入血液。其生成与回流的基本前提是毛细血管管壁薄,具有较大的通透性,可允许血浆中的水分和溶解于血浆中的小分子物质,如葡萄糖、无机盐、尿素和小分子蛋白质等,透入组织间隙中,形成组织液。组织液也可透过毛细血管壁进入血液中(图 2-81)。

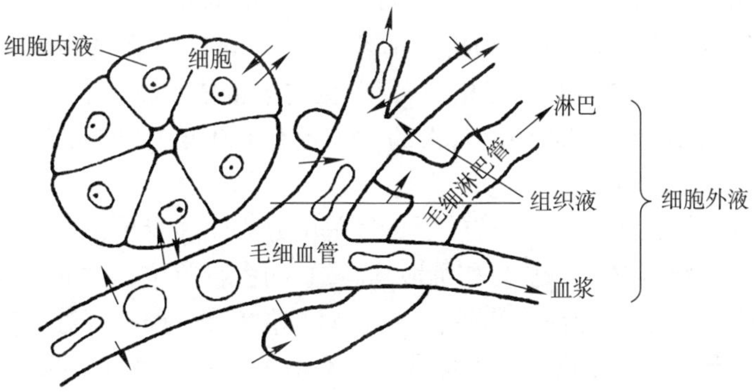

图 2-81 组织液、血液和淋巴液及其回流

血浆成分渗出毛细血管即生成组织液,而组织液渗入毛细血管则为组织液回流。组织液的生成与回流,是毛细血管压、组织液胶体渗透压、组织液静水压及血浆胶体渗透压四种压力相互作用的结果。在这四种压力中,毛细血管压与组织液胶体渗透压是促进血浆成分透过毛细血管壁形成组织液的力量,称为组织液生成压。而血浆胶体渗透压和组织液静水压则是组织液回流的力量,称为组织液回流压。

组织液生成压与回流压是一对作用相反的力量,两种力量的对比,决定组织液的生成和回流。在正常情况下,组织液不停地生成和回流,以供给细胞营养物质和带走其中的代谢产物,以保证其正常的功能活动。

(2) 淋巴循环 淋巴液(lymph fluid)在淋巴系统中运行称为淋巴循环。许多毛细淋巴管汇合成较大的淋巴管,淋巴管与静脉相似,有瓣膜以防止淋巴液倒流,通过淋巴结,最后经左侧胸导管和右侧淋巴管进入两侧的锁骨下静脉。淋巴管最后与静脉相连通。毛细淋巴管壁由一层扁平上皮细胞构成。毛细淋巴管互相通连,彼此汇合,逐渐形成越来越大的淋巴管。淋巴管有瓣膜存在,管壁极薄,主要由内皮细胞、弹性纤维与少量平滑肌所组成,故有收缩性。淋巴液可以由输入淋巴管进入淋巴结,经滤过后由输出淋巴管流出。淋巴导管结构类似于大静脉。

(六) 排泄系统

1. 排泄

内环境的相对稳定是保证动物机体新陈代谢正常进行和生存的必要条件。机体在代谢过程中产生的代谢终产物(如尿素、二氧化碳)、摄入过多(如水、无机盐)或不需要的物质(包括进入体内的异物和药物代谢产物)都必须及时排出体外。将上述物质经血液循环运输到某一排泄器官而排出体外的过程称为排泄(excretion)。未被吸收的食物残渣由大肠排出体外的过程不属于排泄。

动物机体的排泄途径主要有四条,①呼吸器官:代谢产生的挥发性酸(如 H_2CO_3 以 CO_2 形式)、少量水分以气体的形式由呼吸器官排泄。②消化器官:由肝代谢产生、经胆管排到小肠的胆色素及由小肠分泌的无机盐(钙、镁、铁等)随粪便由大肠(消化道)排泄。③皮肤:代谢终产物的一部分水、盐类、氨、尿素通过汗腺分泌由皮肤排泄。④肾:由含氮化合物代谢所产生、比较难扩散的终产物如尿酸、肌酸、肌酐等；脂肪代谢产生的非挥发性酸的盐（硫酸盐、磷酸盐、硝酸盐）及部分摄入过量的和代谢产生的水、电解质等均以尿的形式由肾排泄。肾是机体最重要的排泄器官，它不仅排泄量大，而且排泄物的种类多，对维持机体渗透压和酸碱平衡，保持内环境稳态有着极为重要的意义。

2. 泌尿系统的基本结构

泌尿系统（urinary system）由肾、输尿管、膀胱和尿道组成，其主要功能是生成、储存和排出尿液。

(1) 肾　哺乳动物的一对肾（kidney）位于腹腔的背壁，腰椎两侧，由肾门、肾盂和肾实质构成。一般为蚕豆形，内侧缘的中央部位凹陷为肾门，是肾的血管、神经、淋巴管及输尿管出入之处（图 2–82）。输尿管在肾门的膨大部分叫肾盂。肾实质可分为外周部的皮质和深部的髓质。皮质在切面上呈辐射状排列，其间分布有小点状的肾小体；髓质常分为若干肾锥体。肾锥体的顶部称肾乳头，开口于肾盂。

① 肾单位　肾实质是由许多肾单位和集合小管构成，其间有少量结缔组织以及血管、神经等构成的肾间质。肾单位是肾的基本结构和功能单位，肾单位的数量依动物种属等的不同而异，如大鼠约有30万个，兔子约有20万个，牛约有800万个，人的每个肾有100万个以上的肾单位。每个肾单位包括肾小体和肾小管两部分（图 2–83）。

a. 肾小体　根据肾小体在皮质中的位置，可将肾单位分为浅表肾单位和髓旁肾单位。浅表肾单位的肾小体位于皮质浅层，肾小体较小，髓袢和细段均较短，约占肾单位总数的85%。髓旁肾单位的肾小体位于皮质深层，体积较大，髓袢和细段均较长，约占肾单位总数的15%，对尿液浓缩具有重要的生理意义。肾小体由肾小球和肾小囊组成。肾小球是一团毛细血管网，两端分别和入球及出球小动脉相连。肾小囊为肾小球的双层杯状囊，由肾小管的盲端膨大并凹陷形成，囊的外层为单层扁平上皮，内层紧贴于肾小球上。两层上皮之间的囊腔与肾小管相通。

b. 肾小管　肾小管是一条与肾小体相连的细长上皮性管道，弯曲穿行于皮质和髓质之间。根据其形态结构可分成三段。

近曲小管　直接与肾小囊相连，盘曲于肾小体附近。管壁为单层立方上皮。

髓袢　呈“U”形，为近曲小管进入皮质后再折返皮质的部分。位于中间的髓袢由单层扁平上皮构成，其余部分由单层立方上皮构成。

远曲小管　为髓袢进入皮质后盘曲形成，最后汇入集合管。管壁也由单层立方上皮构成。

② 集合小管　集合小管可分为弓形集合小管、直集合小管和乳头管。弓形集合小管很短，位于皮质内，一端连接远曲小管，一端呈弧形弯入髓质，与直集合小管相连。直集合小管在髓质和肾锥体内下

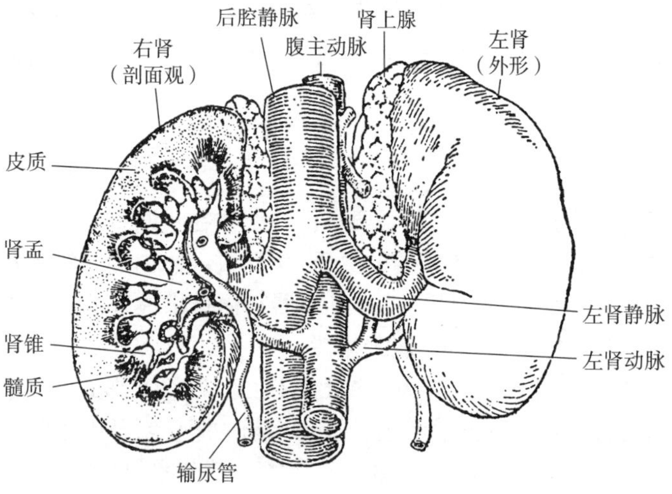

图 2–82　肾的结构

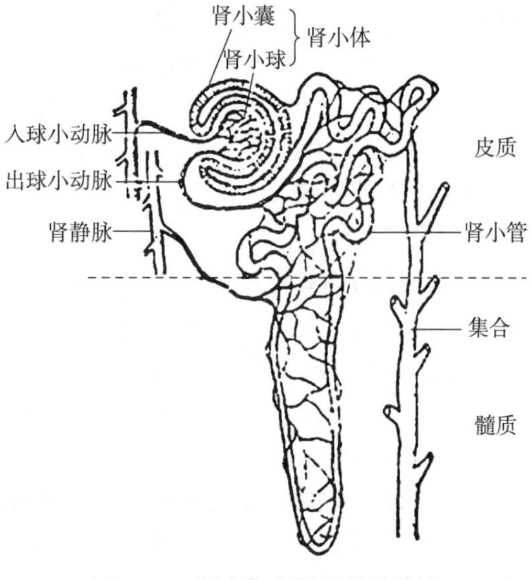

图 2–83　肾小体和肾小管的结构

行，至肾乳头处改称乳头管，开口于肾小盏。集合管的管径由细渐粗，随管径的增粗，管壁上皮由单层立方逐渐增高为单层柱状。集合小管具有进一步重吸收水和交换离子的作用，从而使原尿进一步浓缩。

③ 球旁复合体　由球旁细胞、致密斑和球外系膜细胞组成，三者在血管极处组成三角形的区域。入球小动脉行至血管极处，其血管壁中膜的平滑肌细胞转变为上皮样细胞，称为球旁细胞，具有合成和分泌肾素的功能。远端小管在肾小体血管极处，靠肾小体一侧的细胞，由立方变为柱状，排列紧密，形成一个椭圆形盘，称为致密斑，可感受远端小管尿中的钠离子浓度。球外系膜细胞是肾小体血管极三角区内的细胞。

(2) 输尿管和膀胱　输尿管（ureter）为一对细长的肌性管道，起于肾盂，止于膀胱。输尿管的平滑肌较厚，其蠕动能推动尿液进入膀胱。膀胱充满尿液后，压力增高，压扁斜穿膀胱壁的输尿管，使尿液不能倒流。膀胱（urinary bladder）是一个储存尿液的囊状肌性器官。在成年人容尿量为 350 ~ 500 mL。在膀胱空虚时呈倒锥体形，充满时呈卵圆形。

(3) 尿道　尿道(urethra)是将尿液从膀胱排出体外的管道。雌性动物的尿道较短，开口于阴道前庭。雄性动物的尿道较长，开口于阴茎末端。

3. 尿的生成

尿的生成是在肾单位和集合小管中进行，包括肾小球的滤过作用，肾小管与集合管的选择性重吸收作用及肾小管与集合管的分泌和排泄作用。

(1) 肾小球的滤过作用　肾小球的结构类似滤过器，当血液流过肾小球毛细血管时，除了血细胞和大分子的蛋白质不能滤出外，血浆中一部分水及一切水溶性物质都可滤过肾小球毛细血管壁而进入肾小囊内。这种滤出液称超滤液或称原尿。原尿形成的速度快而量多，根据测算每天有 150 ~ 200 L。

(2) 肾小管的重吸收和分泌、排泄作用　原尿生成后进入肾小管称为小管液。小管液经过肾小管和集合管的重吸收与分泌作用，最后排出体外的液体为终尿。原尿和终尿不论在量上或质上都有显著不同。从量上来看，终尿仅为原尿量的 1% 左右，即每天排出的尿只有 1.5 ~ 2.0 L；从质上看，原尿与去蛋白质的血浆相似，而终尿成分却与血浆有很大差别（表 2–1）。这是因为原尿在流经肾小管时，通过被动或主动方式把其中某些物质重吸收回血液，同时又分泌了某些物质进入尿。

表 2–1　终尿与血浆成分的比较

成分	血浆（g/100 mL）	原尿（g/100 mL）	终尿（g/100 mL）	尿中浓缩倍数
水	90	98	96	1.1
蛋白质	8	0.03	0	–
葡萄糖	0.1	0.1	0	–
Na^+	0.33	0.33	0.35	1.1
K^+	0.02	0.02	0.15	7.5
Cl^-	0.37	0.37	0.6	1.6
HPO_4^{2-}	0.004	0.004	0.15	37.5
尿素	0.03	0.03	1.8	60
尿酸	0.004	0.004	0.05	12.5
肌酐	0.001	0.01	0.1	100
氨	0.000 1	0.000 1	0.04	400

从表 2–1 中可以看出，肾小管对各种物质的重吸收能力是不同的，葡萄糖全部被重吸收；水、Na^+、

Cl^- 大部分被重吸收；尿素部分被重吸收；肌酐则完全不被重吸收，这表明肾小管的重吸收作用是有选择性的。任何一种物质在肾小管中的重吸收及分泌都有一个最大限度，称为最大转运率。例如当血液中葡萄糖浓度达到每 100 mL 血液中含有 160 mg 时就不能全部被重吸收，尿中便出现葡萄糖，称为糖尿。

肾小管上皮细胞还能将新陈代谢产生的物质或将血液中某些物质分泌入肾小管中。由肾小管分泌的物质有 NH_3、H^+ 和 K^+，用以置换 Na^+，促进了钠的重吸收。此外，肾小管还可排泄某些物质，如某些药物（如青霉素）等主要是通过肾小管上皮细胞进入肾小管而排出体外的。

(3) 排尿　哺乳动物的尿在肾中不断形成，经输尿管送入膀胱储存。当膀胱储尿量达到一定量时，将引起排尿。排尿是一种正反馈反射活动，需要膀胱逼尿肌、内括约肌、外括约肌的协调活动而实现。一般情况下，人尿中 96% 是水，在剩下的 4% 中，2.5% 是含氮废物，主要是尿素，也有少量尿酸、肌酸酐（来自肌肉中的肌酸）等。1.5% 是盐类，主要是 NaCl，也有少量钾、氨以及磷酸根、硫酸根等。尿酸来自核蛋白分子的分解，难溶于水，呈小的结晶，随尿排出。但如结晶很大，就成为“肾结石”或膀胱结石，从而阻塞尿的流过。

（七）生殖系统

生殖系统（reproductive system）是产生生殖细胞和繁衍后代的器官系统。分为雄性生殖系统和雌性生殖系统。哺乳动物的雄性生殖系统和雌性生殖系统都是由生殖腺、输送管道、附属腺体和外生殖器四部分组成。其主要功能是产生生殖细胞，繁殖后代，延续种族；其中有些器官还具有内分泌功能，产生性激素，促进性器官的正常发育和第二性征的出现，使两性在形态和生理上出现差别。

1. 雄性生殖系统

雄性生殖系统包括睾丸、附睾、输精管、精囊腺、前列腺、尿道球腺和阴茎。

(1) 睾丸　睾丸（testis）是产生精子和雄性激素的重要器官。成对，多数位于体内，因体内温度较高不利于精子发生。哺乳动物的睾丸出生时下降到体外阴囊内，睾丸表面包有一层致密结缔组织，叫睾丸白膜，白膜在睾丸背侧增厚形成睾丸纵隔，并伸出小隔，带着一部分小血管呈放射状进入睾丸实质，隔成 200 多个睾丸小叶（图 2-84）。每个小叶内含有 1～4 条精小管，精小管分为曲精小管和直精小管两段。曲精小管起自小叶边缘，在小叶内盘曲折叠，末端变为短而直的直精小管。直精小管通入睾丸纵隔内，互相交叉形成睾丸网。其管壁的上皮细胞有两种，一种是形成精子的生精细胞，另一种是具有支持和营

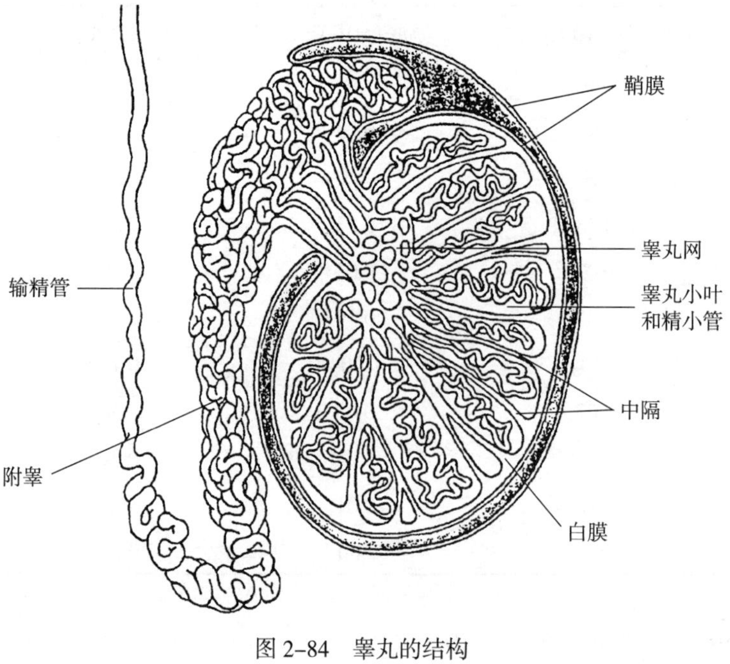

图 2-84　睾丸的结构

养生精细胞的支持细胞。在曲精小管之间，除含有血管、淋巴管和神经外，还存在睾丸间质细胞，能够分泌雄性激素等，雄性激素的主要成分是睾酮，主要生理作用是促进曲精小管内精子的发生和生成，促进第二性征的发育。

(2) 附睾　附睾(epididymis)是精子成熟和储存的主要场所。形如逗号，位于阴囊内紧贴于睾丸的后上缘。附睾分为头、体、尾三部分，由连通睾丸的一些输出小管和由其集合而成的附睾管盘曲组成。睾丸输出小管与附睾管的起始段共同组成附睾头，下端尖细处为附睾尾，尾向上折移行于输精管。附睾管管腔规则，腔内充满精子和分泌物，管壁的肌膜上衬以假复层柱状纤毛上皮，柱状细胞游离端的纤毛，能帮助精子向附睾管方向运动。大部分睾丸液在附睾头部被吸收，使附睾液能维持正常的渗透压，保持附睾液内环境的稳定，有利于精子的存活。

(3) 输精管　输精管(ductus deferens)为附睾管的直接延续，为一肌性管道，管壁较厚，肌层发达，管腔细小。射精时，在催产素和神经系统的支配下，输精管肌层发生规律性收缩，使得输精管内和附睾尾储存的精子排入尿生殖道。输精管对于老化和死亡的精子具有分解吸收作用。

(4) 副性腺　多数哺乳动物有精囊腺(glandula vesiculosa)、前列腺(prostate gland)和尿道球腺(bulbourethral gland)，统称为副性腺，它们均属于复管状腺或复管泡状腺。精囊腺分泌物为碱性黏稠液体，其中的果糖能被精子利用，作为精子运动的能源，刺激精子的运动，形成阴道栓，防止精液倒流。前列腺位于膀胱下方，精囊腺的后方，由腺组织和平滑肌以及结缔组织构成。前列腺的中央有尿道贯穿，有导管开口于尿道。分泌物为无色或乳白色，呈弱酸性(pH 6~7)，略带腥臭味，具有促进精子液化、激活精子活力的功能，分泌物内的锌离子具有抗菌作用，可抵御外界病菌。老年人前列腺的腺体退化，腺内结缔组织增生，形成前列腺肥大，压迫尿道引起排尿困难。尿道球腺成对存在，位于输精管末端外侧，分泌物清亮黏稠，呈碱性，最初排出的精液主要为尿道球腺分泌物，可以冲洗尿生殖道，为精子通过做准备。三大副性腺的分泌物是精液的重要组成部分，具有运送精子、增加精子存活率及运动能力等作用。

(5) 阴茎　阴茎(penis)为雄性交接器官，主要由两个阴茎海绵体和一个尿道海绵体组成，外面包以筋膜和皮肤。尿道海绵体位于阴茎海绵体的腹侧，尿道贯穿其全长。中部呈圆柱形，前端膨大为阴茎头，后端膨大称为尿道球。

2. 雌性生殖系统

雌性生殖系统包括卵巢、输卵管、子宫、阴道和外生殖器。卵巢具有产生卵子和分泌激素的功能，输卵管是卵子、受精卵运行的管道以及受精的地方，子宫是胎儿生长和发育的地方，尿生殖前庭则是母性的交配器官和产道。它们共同完成受精、妊娠和分娩等一系列生殖过程。

(1) 卵巢　卵巢(ovary)成对，位于体腔中线两侧，为一对扁椭圆形的实质性器官。卵巢表面覆盖单层生殖上皮，上皮内面为一层致密结缔组织，称卵巢白膜。白膜内为卵巢实质，分为浅层的皮质和深层的髓质(图 2-85)。皮质内含有数以万计的不同发育阶段的球形卵泡、黄体和退化的闭锁卵泡等，髓质狭窄，由结缔组织和较大的血管构成。人的卵泡是由中央一个较大的卵细胞和周围许多小的卵泡细胞共同构成。

卵泡(follicle)在胚胎期由卵巢表面的生殖上皮演化形成，由一定发育阶段的卵母细胞和它周围的卵泡细胞构成。根据卵泡的形态、体积、功能等，将发育的卵泡分为原始卵泡、初级卵泡、次级卵泡和成熟卵泡四个阶段。卵母细胞开始第一次成熟分裂时，周围被一层扁平卵泡细胞包围，形成原始卵泡。原始卵泡中的初级卵母细胞生长增大，卵泡细胞分裂增殖，胞质内出现多层颗粒细胞，并出现促卵泡素(FSH)、雌二醇(E_2)和睾酮(T)等激素的受体，发育为初级卵泡。之后卵黄颗粒逐渐增多，卵泡细胞增殖，在初级卵母细胞与颗粒细胞之间，由颗粒细胞分泌的糖蛋白构成透明带，透明带周围的颗粒细胞呈放射状排列，称为放射冠。放射冠细胞的突起可穿入透明带与卵母细胞接触并提供营养。次级卵泡中卵泡细胞分泌的卵泡液增多，卵泡体积增大。卵泡细胞逐渐分离，形成腔隙，随着卵泡腔的扩大和卵泡液的增多，卵母细胞及包裹在其周围的卵泡细胞团被挤向一边，形成卵丘卵母细胞复合体(cumulus-oocyte

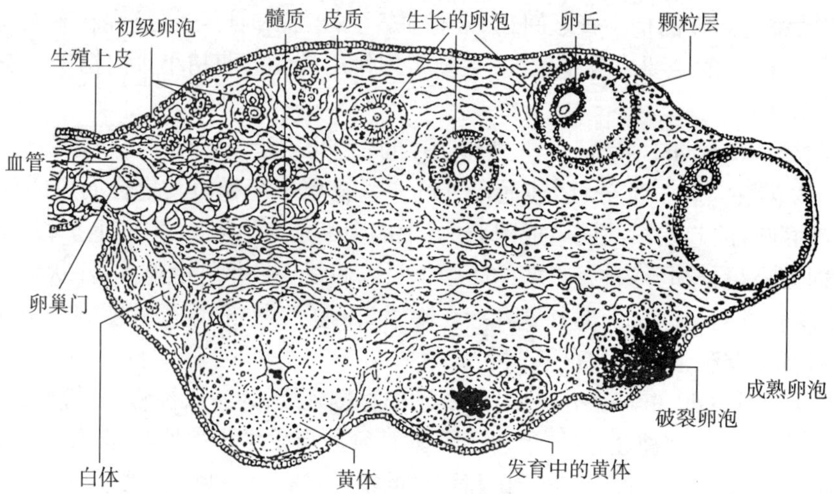

图 2-85　卵巢的内部结构

complexes，COCs)，颗粒层细胞贴在卵泡腔周围形成颗粒层。卵泡膜分内外两层膜，内膜参与雌激素的合成。在 FSH 的作用下，发育中的卵泡和成熟卵泡中逐渐出现黄体生成素（LH）受体，到排卵时增至最多，卵泡液激增，卵泡直径增大，并向卵巢表面突出。此时的初级卵母细胞又恢复成熟分裂，在排卵前完成第一次成熟分裂，产生一个次级卵母细胞和一个小的第一极体。次级卵母细胞随即进入第二次成熟分裂，但停止于分裂中期。

成熟卵泡排卵后，从破裂的卵泡壁血管流出的血液和淋巴液聚集在卵泡腔内形成凝血块，成为红体。之后，红体被白细胞吞噬，体积缩小，颗粒层细胞增生变大，吸收大量呈黄色的类脂质，与残留的卵泡细胞在腺垂体分泌的促黄体生成素的作用下，演变成为黄体细胞(lutein cell)。黄体细胞呈索状、团状排列，其间有侵入的结缔组织和血管，周围也有结缔组织包裹，整个组织呈黄色，故称为黄体（corpus luteum）。

黄体的功能见电子资源 2-9

(2) 输卵管　输卵管（oviduct）为一对细长的肌性管道，分为三段：①峡部，输卵管中最细的一段，直接与子宫角相连；②壶腹部，管腔较膨大，为精卵正常受精部位；③漏斗部，输卵管的末段，游离缘有许多放射状不规则的突起，称输卵管伞。输卵管管壁由黏膜、肌层和浆膜组成。黏膜形成纵行皱襞。黏膜上皮为单层柱状纤毛上皮，由纤毛细胞和分泌细胞组成。纤毛的摆动以及肌层的平滑肌蠕动可将卵子输送到子宫腔，并有助于精子的运动。

(3) 子宫　子宫（uterus）为中空的肌性厚壁器官，是孕育胎儿的场所。子宫由子宫底、子宫体和子宫颈三部分组成。子宫壁的结构，从内到外分为内膜、肌层和外膜三层。内膜表面的上皮向固有层内深陷形成许多管状的子宫腺。固有层较厚，血管丰富，结缔组织增生能力强。子宫内膜的组织结构随动物所处的发情周期阶段不同而不同，呈周期性变化。肌层很厚，由平滑肌纵横交错排列，血管贯穿其间。子宫收缩时血管受压迫，可制止产后出血；妊娠时子宫平滑肌细胞体积增大，数量增多，以适应妊娠和分娩的需要。分娩时子宫平滑肌节律性收缩成为胎儿娩出的动力。外膜由单层扁平上皮和结缔组织组成，覆盖子宫外表面。

(4) 阴道　阴道(vagina)为一略扁的肌性管道，前邻膀胱和尿道，后靠直肠，上端环绕子宫颈的下部，下端以阴道口开口于阴道前庭。阴道壁由黏膜、肌层和外膜组成，富有伸展性，前后壁经常处于相接触的塌陷状态，内腔呈横裂状。

(八) 神经系统和感觉器官

神经系统主要由神经组织构成，是动物机体主要的功能调控系统。它协调机体内各个系统器官的功能活动，保证机体内部的完整统一；同时，使机体的活动能随时适应外界环境的变化，以保证机体与不断变化的外界环境之间维持相对平衡。神经系统依所在的位置和功能的不同可分为中枢神经系统和周围神经系统。

1. 中枢神经系统

中枢神经系统(central nervous system)居于身体的中轴,在功能上具有调节整个机体活动的作用,包括脊髓和脑两部分。中枢神经系统内,神经元的胞体聚集形成灰质,神经纤维聚集形成白质。

(1) 脊髓 脊髓(medulla spinalis)位于椎管内,表面有几层被膜及脑脊液包围。上端在枕骨大孔处与延髓相连,下端以终丝止于尾骨,包括灰质和白质两部分(图 2-86)。灰质在内部,横切面呈"蝴蝶"形,为神经细胞体集中的部位。灰质中央有一极细的管腔,称中央管,上通脑室,内含脑脊液。灰质两侧向前、后延伸形成前角和后角,前角内含运动神经元,后角内含中间神经元。在胸腰段脊髓的前角与后角之间还有一小突起称侧角,内含植物性神经元。灰质的前、后、侧角对应地将白质分为前、后和外侧索。白质在灰质的周围,是由神经纤维构成的,并分别组成粗细不等的传导束。前索、后索及外侧索内纵行的纤维束形成了脊髓与脑或脊髓不同节段间的联系通路。脊髓是躯体、脏器与脑相联系的通路,同时也是中枢神经系统的低级部位,可以完成某些基本的反射活动,如膝反射和排尿反射的中枢均在脊髓中,但在正常情况下,脊髓反射活动都是在高级中枢控制下进行的。

(2) 脑 脑(encephalon)是中枢神经系统前端膨大的部分,位于颅骨围成的颅腔内,分为延髓、脑桥、中脑、小脑、间脑和大脑六部分(图 2-87)。通常将延髓、脑桥和中脑合称为脑干。

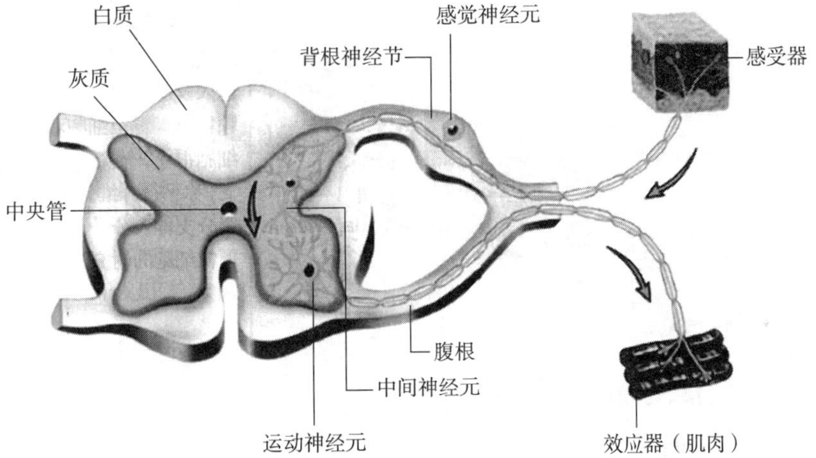

图 2-86 脊髓的横切

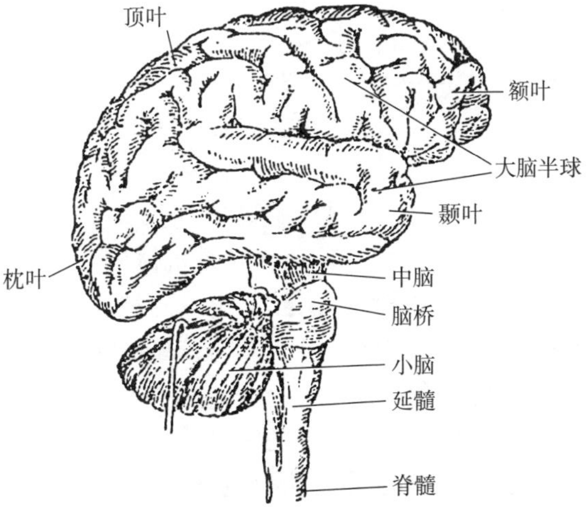

图 2-87 人脑的结构

延髓(medulla oblongata)形似倒置的椎体形,与脊髓相连。脑桥(pons)位于延髓上方,有神经纤维束通向背面,与小脑相联系。中脑(mesencephalon)位于脑桥与间脑之间,背面有两对圆形隆起,一对上丘,一对下丘,称四叠体,腹面有一对纵行的神经束形成粗大的隆起,称大脑脚。

脑干内部是由灰质、白质和网状结构构成,灰质多集中在脑干的背侧部,并分散成大小不等的灰质块,叫神经核。灰质中还存在与脑神经无直接联系的非脑神经核,它们是脊髓、小脑和大脑之间传导信息的中继核。白质主要分布于脑干的腹侧部和中部,包括上行纤维束和下行纤维束。另外,在脑干的中央部有一些散在的神经元和丰富的神经纤维交织成网状,称为网状结构,其特点是树突分支多,突触多。脑干不仅是大脑、小脑和脊髓之间相互联系的重要通道,而且也是许多重要反射中枢的所在,如呼吸、循环、消化等反射中枢均在延髓和脑桥中。

小脑(cerebellum)位于颅后窝,脑干的背侧,大脑枕叶下方。小脑以三对脚与脑干相连,其间腔隙为第四脑室。灰质位于表层,为小脑皮质,皮质深层的白质为髓质。小脑皮质由外向内依次为分子层、梨状细胞层和颗粒层(图 2-88)。分子层较厚,仅含有少量星形细胞和篮细胞,主要由无髓神经纤维构成。梨状细胞层的细胞体排列成一层,树突分支呈扇形伸入分子层,轴突穿经颗粒层进入小脑髓质。颗粒层内含大量小型颗粒细胞,细胞树突分布于本层,轴突伸入分子层。小脑髓质有三种有髓神经纤维构成,攀缘纤维及苔藓纤维是小脑皮质的传入纤维,梨状细胞轴突是小脑皮质唯一的传出纤维。人的小脑腹面与脑桥相连。小脑的主要功能是维持身体平衡、调节肌紧张和协调躯体的肌肉运动。

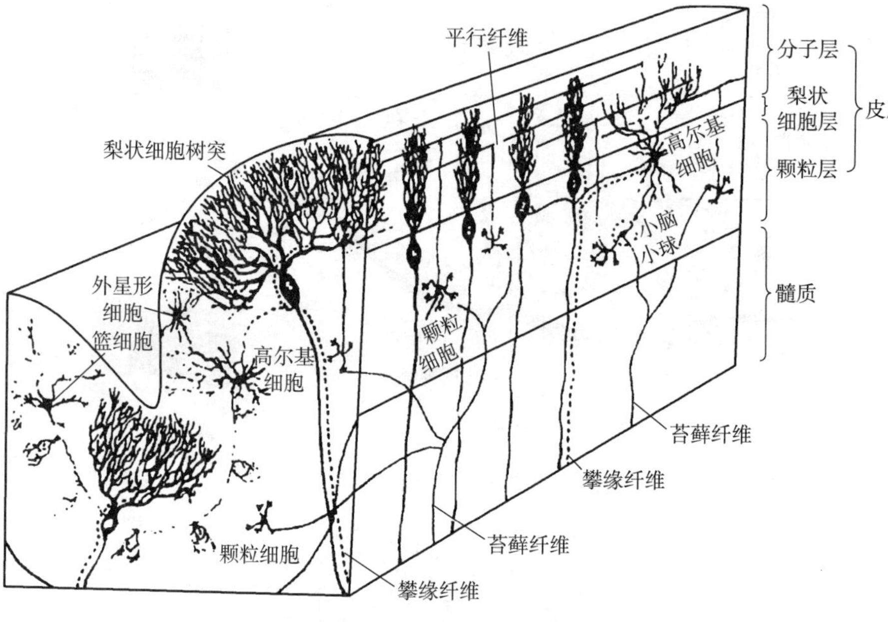

图 2-88 小脑皮质结构图

间脑(diencephalon)位于中脑上方,大部分被大脑遮盖,主要由丘脑(thalamus)和丘脑下部组成。丘脑又名视丘,位于间脑背侧,为成对的卵圆形灰质块。它是机体传入冲动的转换站,即来自全身的传导感觉的神经纤维(除嗅觉外)均在丘脑更换神经元,然后再发出神经纤维终止于大脑皮质。丘脑下部位于丘脑的前下方,是大脑皮质以下调节植物性神经活动的较高级中枢,同时也是水、盐代谢,体温、食欲和情绪反应的调节中枢以及调节垂体的分泌活动。

大脑(cerebrum)分左右两半球,借神经纤维构成的胼胝体(corpus callosum)相连。大脑表面凹凸不平,有很多深浅不等的沟裂,沟裂之间的隆起称脑回。大脑的灰质特别发达,位于表层,称大脑皮质(cerebral cortex),是中枢神经系统最高级的部分。由大量多极神经元、神经胶质细胞和神经纤维构成不同的功能区,并与中枢神经的其他部分和外周神经发生联系。大脑皮质的神经元按形态可分为椎体细胞、颗粒细胞和梭形细胞三类。大脑皮质中的神经纤维主要有联络纤维、联合纤维及投射纤维。身体各部分的感觉和运动等机能均由大脑皮质的一定部位管理,并且这种管理是对侧性的。因此,当右侧半球发生病变时,会引起左侧肢体瘫痪或感觉障碍。白质位于大脑皮质的深处。在白质内还埋有一些灰质块,称基底神经节(basal ganglion),其功能主要是调节肌肉的张力,协调肌群之间的活动,一些老年人头、手腕不停地摇动、抖动,就是因该部位发生病变所引起。

2. 周围神经系统　周围神经系统(peripheral nervous system)是由于其分布位置在中枢神经系统的外围而得名。其一端与脑和脊髓相连,另一端通过各种末梢装置与身体其他器官、系统相联系。包括脑神经、脊神经和植物性神经及其神经节。周围神经系统将中枢神经系统与身体各部分相联系。

(1) 脑神经及其神经节　脑神经发自脑部腹面的不同部位,从颅骨的一些孔道穿出,分布于头面部的感觉器官、皮肤和肌肉等处,部分还分布到胸、腹腔脏器和颈背部等处。脑神经共 12 对,按照它们出入脑的部位,由前至后依次命名,其名称、发出部位、分布以及功能见表 2–2。

表 2–2　脑神经起源、性质、分布以及功能

顺序及名称	性质	起源	分布	功能
Ⅰ嗅神经	感觉	大脑嗅球	鼻腔上部黏膜	传导嗅觉
Ⅱ视神经	感觉	间脑	视网膜	传导视觉
Ⅲ动眼神经	运动(副交感)	中脑腹侧	眼肌、睫状肌等	运动眼球,提上睑,缩小瞳孔
Ⅳ滑车神经	运动	中脑背侧	眼肌	使眼球转向外下
Ⅴ三叉神经	感觉,运动	脑桥中部腹外侧	眼球、眼睑、鼻、口、舌、牙、上下颌等	面部感觉和咀嚼肌运动
Ⅵ外展神经	运动	脑桥与延髓锥体间	眼肌	使眼球向外转
Ⅶ面神经	运动,感觉,副交感	脑桥与延髓交界处的腹侧	颜面肌肉、舌、唾液腺等	表情肌的活动,味觉及唾液腺分泌
Ⅷ位听神经	感觉	脑桥与延脑的腹外侧	内耳的耳蜗和前庭	传导听觉和味觉
Ⅸ舌咽神经	感觉,运动,副交感	延髓上部外侧	舌、咽黏膜及肌肉	味觉,咽黏膜感觉与肌肉运动
Ⅹ迷走神经	感觉,运动	延髓外侧,舌咽神经下方	外耳、咽、喉、气管及内脏器官	咽喉感觉、咽肌及大部分内脏的运动和腺体分泌
Ⅺ副神经	运动	延髓外侧	分布肩部肌肉	肩部肌肉运动
Ⅻ舌下神经	运动	延髓腹外侧	舌肌	舌肌运动

脑神经节细胞主要是假单极神经元,胞体圆形或卵圆形,小神经元较多,直径 15 ~ 30 μm,发出的突起外无髓鞘。

(2) 脊神经及其神经节　脊神经发自脊髓两侧,主要分布于躯干和四肢。人是 31 对。脊神经是混合神经,含有感觉与运动纤维。每条脊神经均以背腹两根分别连接脊髓灰质的后角和前角。腹根由运动神经组成,背根由感觉神经组成。背根靠近脊髓处有一膨大的结节状结构,称脊神经节,为感觉神经元的胞体所在处。背腹两根在出椎孔前合并成一条脊神经,穿出椎孔后立即分成前支、后支和交感支(脏支),三者均为混合神经(图 2–89)。后支细小,支配背部皮肤和肌肉的感觉与运动;前支粗大,支配胸、腹壁及四肢皮肤和肌肉的感觉与运动;脏支分布到内脏器官。脊神经节细胞主要是假单极神经元,胞体圆形或卵圆形,大神经元较少,直径 100 ~ 120 μm,核大而圆,核仁明显,突起外有髓鞘。

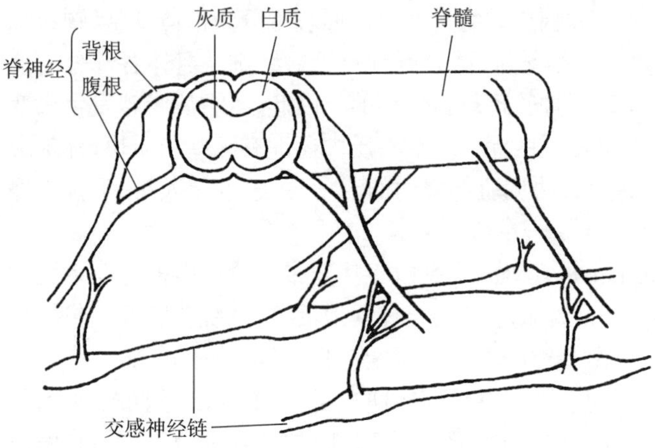

图 2-89　脊神经的组成

(3) 植物性神经及其神经节　植物性神经(vegetative nerve)是指支配内脏的平滑肌、心肌和腺体的运动神经,又称内脏神经。在中枢神经系统的控制下,调控内脏器官的活动和腺体的分泌。植物性神经不同于躯体运动神经,它不受意志的支配,所以又称自主神经(autonomic nerve)。植物性神经和躯体运动神经在结构和功能上有较大区别,植物性神经从中枢发出后,要在植物性神经节内更换一次神经元,第二个神经元的纤维才到达效应器。因此,植物性神经从中枢到所支配的器官有两个神经元(肾上腺髓质除外),第一个神经元为节前神经元,第二个神经元为节后神经元。躯体运动神经从中枢发出后,直达效应器,不需要更换神经元。

由于形态和功能不同,植物性神经又分为交感神经(sympathetic nerve)和副交感神经(parasympathetic nerve)。交感神经起自胸腰部脊髓灰质,神经节位于脊髓两旁;副交感神经起于躯干和骶部脊髓灰质,神经节位于所支配器官的近旁或脏壁上。大多数内脏器官都受交感和副交感神经的双重支配,但作用的性质是颉颃的。例如交感神经使心脏跳动加快、加强,而副交感神经则使之减弱、减慢;交感神经使胃肠蠕动减弱,而副交感神经则使之加强。但在机体内,在大脑皮质的控制下,交感神经和副交感神经的作用始终处于对立统一之中,相辅相成。

植物性神经节可分为交感神经节和副交感神经节。交感神经节位于脊柱两旁及腹侧,副交感神经节位于器官附近或器官内。两者的结构基本相似,外包结缔组织被膜,并在神经节内形成支架,神经节细胞散在其中,节细胞均属于植物性神经系统的节后神经元,在形态上属于多极运动神经元。交感神经节细胞胞体较小,副交感神经节胞体较大。

3. 神经冲动的传导

通常把沿神经纤维传导的兴奋称为神经冲动。神经纤维的功能就是传导神经冲动。

(1) 冲动在神经纤维的传导　兴奋或冲动传导以细胞的生物电为基础。因此,在冲动传导时将发生一系列电位变化。神经纤维在未受到刺激时,细胞膜内外两侧存在着电位差,称为静息电位(resting potential)。表现为膜外正内负,而且一般都稳定在某一固定的数值水平(哺乳动物神经细胞为 $-90 \sim -70$ mU),称为极化(polarization)状态。当神经纤维受到刺激而发生兴奋时,由于兴奋部位膜的通透性发生改变,立即发生一次短暂的电位变化。这时膜内迅速由负电位转变为正电位,称为除极化。这种电位变化可沿膜向周围扩散,使整个细胞膜都经历一次同样的电位波动,这种电位波动称为动作电位(action potential)。

膜的静息电位和动作电位的产生,主要是由于膜对 K^+、Na^+ 通透性发生改变,而使 K^+,Na^+ 向膜内外不平衡扩散所造成的。

有髓鞘神经纤维的冲动传导机制不同于无髓鞘神经纤维。由于髓鞘是脂质物质组成,具有很高的阻抗。因此,当缺乏髓鞘的郎飞结处兴奋时,局部电流不能从结间段传出,只能沿轴突内部流动,直至到达下一个未兴奋的郎飞结处才穿出,然后再沿髓鞘外面回到原先兴奋的部位,即在已兴奋的郎飞结与其邻近的未兴奋的郎飞结之间形成局部电流。这一局部电流对邻近未兴奋的郎飞结起着刺激作用,使其兴奋。然后又以同样的过程使下一个未兴奋的郎飞结兴奋。这样,兴奋就以跳跃的方式从一个郎飞结传至下一个郎飞结而不断向前传导。

(2) 兴奋在细胞间的传递　当一个反射动作进行时,作为兴奋指标的动作电位的传播超出了一个细胞的范围，兴奋在神经元之间的传递要通过突触，在神经元和效应器（肌肉或腺体）之间的传递靠接头（如神经－肌肉接头），即兴奋在细胞间传递在突触（synapse）或神经—效应器接头处，兴奋传递较在同一细胞膜上的传导较为复杂，不是靠简单的局部电流来完成的，而是有特殊的化学递质参与。现以突触传递为例进行说明。

当神经冲动传到轴突末梢时，使突触前膜产生动作电位和离子转移，Ca^{2+} 由膜外进入膜内，促使突触小泡贴附于突触前膜上并形成开口，将化学递质释放到突触间隙，然后作用于突触后膜上的受体，改变突触后膜对离子的通透性，使膜电位发生变化，这种电位变化称突触后电位。通过突触后电位的作用，使突触后的神经元发生兴奋或抑制变化。

4. 感受器

神经系统可传导来自外界和体内的各种信息，并将这些信息传送到中枢，即脑和脊髓中，在这里信息经过分析整理后，再由中枢发出“指令”，使生物体发生相应的反应。

接受外界和体内刺激的器官称为感受器，接受神经中枢的指令对刺激发出反应的器官称为效应器。神经系统、感受器和效应器，再加上内分泌系统的共同行动保证了生物体的内稳态。感受器受到刺激，与之相连的神经元就发生动作电位而传入中枢，就成了感觉。感受器可分为物理感受器和化学感受器两大类。

（1）物理感受器　凡是感受接触、压力、地心引力、张力、运动、姿势以及光、声、热等的感觉器官都是物理感受器。耳、眼等都是物理感受器（mechanoreceptor）。

① 触压感受器　人和脊椎动物的表皮下面到处都有感觉神经末梢，能感知接触和疼痛。人体触觉最灵敏的部位是指尖、口唇和乳头等处。这些部分的皮肤中有各种形式的感受器。

② 本体感受器（proprioceptor）　这是有关肌肉、腱和关节的张力和运动的感受器。如肌梭（muscle spindle），它是一束特化的肌纤维，其中央部分有神经末梢，能感受肌肉的伸展和收缩。腱梭（tendon spindle）能感受肌肉末端附于骨上的肌腱的伸展。肌梭和腱梭的作用是相反的。肌梭兴奋可引起肌肉收缩，肌肉急剧收缩时又牵引肌腱，于是腱梭受到刺激，将信息传入，经过突触，再从传出神经送到肌肉，抑制肌肉收缩，肌肉恢复原位。

本体感受器很灵敏，肌肉、关节的稍稍改变都可被感知。有时在闭起眼睛时也能完成一些动作，如穿衣、吃饭、结扎绳扣等，这也都是在多个本体感受器的作用下实现的。

③ 热感受器　哺乳动物的皮肤和舌上都有热感受器。下丘脑有热感受中心，接受从皮肤和舌传入的温度信息，也检测内部器官温度的变化。

④ 视觉器官　引起视觉的外周感受器是眼睛。人的眼睛近似球形。眼球的结构主要包括眼球壁和内容物（图 2–90）。眼球壁分三层，纤维膜、血管膜和视网膜。内容物包括房水、晶状体和玻璃体。

a. 纤维膜　眼球壁的最外层，厚而坚韧，由致密结缔组织构成，又分为角膜和巩膜。角膜占纤维膜的前 1/6。因其透明能隔着它看到黑褐色的虹膜，故称黑眼珠。角膜像个单侧凸透镜，对穿过的光线起曲折作用。纤维膜的后 5/6 为白色的巩膜，故称白眼珠或眼白。不透明，质地坚韧为眼球的保护层。

b. 血管膜　由外向内分为虹膜、睫状体和脉络膜三部分。虹膜为一圆盘状膜，中央有一孔称瞳孔。虹膜有围绕瞳孔的环状肌，它收缩时瞳孔缩小；还有放射状排列的肌纤维，它收缩时瞳孔放大。睫状体由切面观为三角形，其中有明显作用的是环形肌纤维。脉络膜占色素膜的大部分，覆盖眼球后部，富含色素遮挡光线，为眼球内成像造成暗箱。充满着血管，有营养眼球的作用。

c. 视网膜　是一透明的薄膜，它是眼球的感光部位，它的后部有黄斑中心窝，是白天注视物体最灵敏的部位。在黄斑中心窝的内侧有视盘，是视神经的起始部，此处没有视细胞，故无视觉功能，生理学上称为盲部。

d. 内容物　房水是充满前后房的水状液。如果房水产生过多或回流障碍会导致眼压升高，甚至青光眼。晶状体位于睫状肌的环内。平时睫状肌处于舒张状态，晶状体在悬韧带牵拉下薄而扁平，能使平

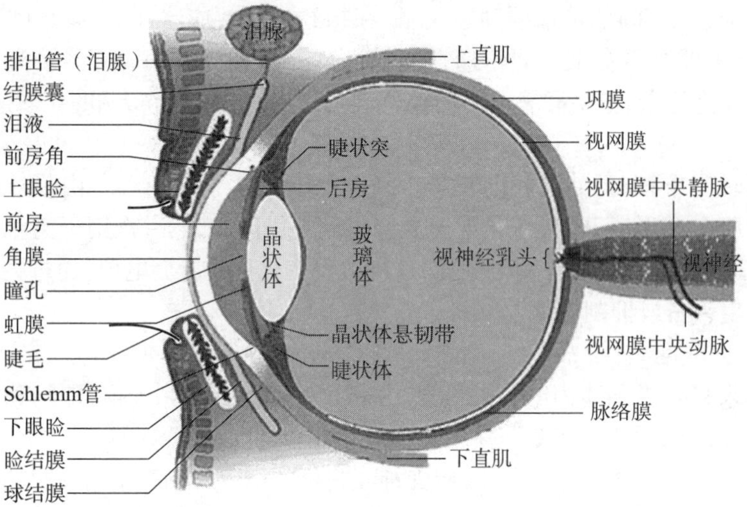

图 2-90　眼和眼球的水平剖面

行光线成像于视网膜。看近时，由于物距小眼内像距大，视网膜的物像就不清楚，因而引起睫状肌收缩，悬韧带变松，解除了对晶状体的牵拉，晶状体就以其弹性变凸，折光增强把超过视网膜的像距再调回到视网膜而看清。这一调节过程实际上是功能代偿。玻璃体为透明的胶状物，充满了晶状体与视网膜之间的空隙。为眼内成像提供了一个透明的空间。

人眼好似照相机，是凸透镜成像，物距与眼内像距成反比。看远时物距大，入眼光线是平行光，通过眼球的屈光系统的曲折后不用调节恰好成像于正常眼的视网膜上而看清。看近时物距变小，入眼光线是发散的，使眼内像距增大，视网膜的像就不清楚，引起反射性的睫状肌收缩，使晶状体曲率增大折光力增强。同时两眼视轴汇聚，瞳孔收缩，这一系列的联动，生理学上称同步性近反射调节。通过这一系列的反射不仅能在视网膜上形成清楚的物像，还可成像到两眼视网膜的对称位置上，被视网膜的感光细胞感受后由视神经传到大脑就形成了视觉。

光作用于视觉器官，使其感受细胞兴奋，其信息经视觉神经系统加工后便产生视觉（vision）。通过视觉，人和动物感知外界物体的大小、明暗、颜色、动静，获得对机体生存具有重要意义的各种信息，至少有 80% 以上的外界信息经视觉获得，视觉是人和动物最重要的感觉。

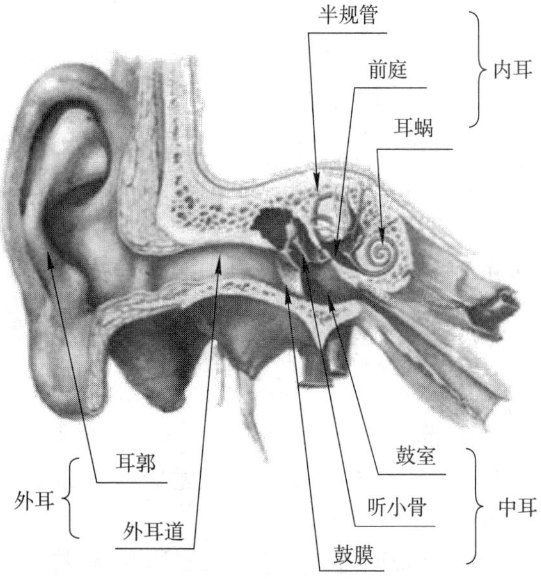

图 2-91　耳的结构

光感受器的基本结构见电子资源 2-10

⑤ 听觉器官　耳是由外耳、中耳和内耳三部分组成的。外耳和中耳是收集和传导声波的装置，内耳有接受声波和位觉刺激的感受器。耳的适应刺激是一定频率范围内的声波振动。

外耳包括耳郭和外耳道（图 2-91）。外耳有收集音波的作用。由外耳耳郭收集的来自前方和侧方的声音可直接进入外耳道，因耳郭形状有利于声波能量聚集，引起较强的鼓膜振动。外耳道是声波传导的通路，一端开口，一端终止于鼓膜，它是声音较好的共鸣腔，使传到鼓膜上的声音强度增大。

中耳为含气的不规则小腔室，是传导声波的主要部分,包括鼓膜,其后是鼓室、听骨链、中耳小肌肉及咽鼓管。鼓膜为一卵圆形半透明弹性薄膜,是外耳道与中耳的界限。鼓膜弹性强,接受外耳道传来的声波而发生振动。鼓室内有听小骨、听肌和韧带。听小骨(auditory ossicles)有三块骨串连成听骨链(锤骨、砧骨和镫骨)。当鼓膜随外耳道声波振动时,三块听小骨相串运动,推动内耳的外淋巴液发生振动,声波传进中耳。听肌的作用是减少通过听小骨链传入内耳的振动能量,保护内耳。咽鼓管(auditory tube)是连通鼓室和咽腔的扁管,通入咽的开口处,作用是维护鼓膜内外压力的平衡。

内耳(auris interna)位于鼓室的内侧,颞骨内,为复杂的弯曲管道,称迷路。迷路包括骨迷路和膜迷路。骨迷路(bony labyrinth)由致密骨质构成,包括互相沟通的三个部分,前庭、骨半规管和耳蜗。膜迷路(membranous labyrinth)包括椭圆囊、球囊、膜半规管和蜗管。内耳是感音器官,耳蜗的作用是把传到耳蜗的机械振动转变为听神经纤维的神经冲动。在该过程中,耳蜗基底膜的振动是一个关键因素。

外界的声波经外耳道传到鼓膜,引起鼓膜振动,然后通过听小骨把声波传到前庭窗,引起前庭阶内的外淋巴振动,进而引起内淋巴振动,同时耳蜗基底膜也随之共振。它的振动使位于它上面的毛细胞与盖膜相接触,引起毛细胞兴奋,毛细胞受到刺激引起耳蜗内发生各种过渡性电变化,最后引起毛细胞底部的神经纤维产生动作电位,神经冲动经耳蜗神经传入中枢,产生听觉。

(2) 化学感受器　人的味觉器官为味蕾(taste buds)。舌面上密布乳头状突起,味蕾就集中于这些乳头上面(图 2-92)。除舌外,软腭上也有少数味蕾。味蕾是由特化的上皮细胞所构成。这种细胞每 10 ~ 30 h 即全部更新一次。每一味蕾约含 50 个细胞,成一卵圆形小体,埋在乳头的上皮中。味蕾顶端有小孔和外界相通,各细胞顶部有微绒毛和一根伸出味孔的细毛,基部与感觉神经纤维相连。

味觉一般分为甜、酸、苦、咸 4 种。其他味觉如涩、辣等都是由这四种融合而成的。舌面上对这 4 种刺激有一定的敏感区:舌尖对甜最敏感,舌根对苦最敏感,舌两侧后半部分对酸敏感,舌尖及舌两侧前半部分对咸敏感。但是味觉细胞总是和多个神经元的纤维形成突触的,每一味蕾至少具有两种或更多味觉,味觉在舌上的分区只是相对而言的。

鼻腔顶端黏膜有嗅觉功能(嗅觉上皮),黏膜上皮中有嗅觉细胞,其基部和嗅神经相连,空中有气味的分子溶于鼻黏膜表面的液体中而为嗅觉细胞所感知。人能感知的气味很多,有 50 多种,并且甚为灵敏。但灵敏度是随刺激时间的延长而渐渐消退的。

(九) 内分泌系统

内分泌系统(endocrine system)是机体重要的功能调节系统,是动物体内进行体液调节的所有内分

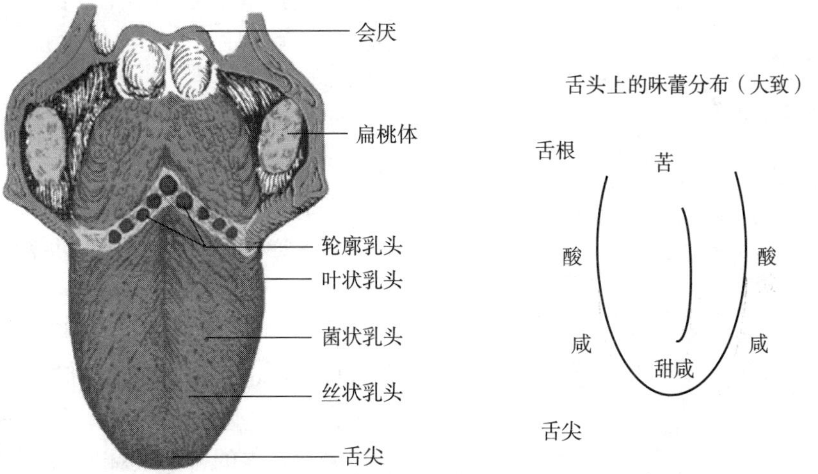

图 2-92　舌构造及其上味蕾分布

图 e2-31 人体内分泌系统主要内分泌腺的分布

泌腺、内分泌细胞群和散在的内分泌细胞的总称。独立的内分泌腺包括垂体、肾上腺、甲状腺、甲状旁腺、松果体等。内分泌腺无导管,腺细胞常排列成索状、团状,其间有丰富的毛细血管和毛细淋巴管。散在的内分泌细胞群分布很广,如胰岛、肾小球旁器、性腺中的间质细胞、卵泡、黄体、胎盘、神经内分泌细胞和消化管的内分泌细胞等。散在的内分泌细胞单个地分布在多种器官的细胞之间,如胃肠道、呼吸道、泌尿生殖道及中枢神经系统等的内分泌细胞(图 e2-31)。

内分泌系统所分泌的活性物质称激素(hormone)。大多数内分泌细胞分泌的激素直接进入细胞间隙或血管周围结缔组织间隙,随血液或淋巴运送到全身,选择性地作用于特定的细胞或效应器官。有的激素以旁分泌的方式直接作用于邻近的细胞。内分泌系统与神经系统共同调节机体的生长、发育、繁殖、代谢和维持内环境的稳定等。

按照分泌激素的化学性质不同,可将内分泌细胞分为两类:一类是分泌含氮激素(包括氨基酸衍生物、胺类、肽类和蛋白质类激素)的细胞,一类是分泌类固醇激素的细胞。分泌含氮激素的细胞来源于内胚层或外胚层,细胞内糙面内质网较多,高尔基体发达,分泌颗粒有膜包裹,体内大多内分泌细胞属于此类,如垂体、肾上腺髓质、甲状腺、甲状旁腺、胰岛等,此类激素受体一般位于靶细胞膜上。分泌类固醇激素的细胞来源于中胚层,细胞内含有丰富的滑面内质网,线粒体嵴呈管泡状,胞质内有较多的脂滴,内含胆固醇,是类固醇激素合成的原料,如肾上腺皮质细胞及分泌性激素的细胞等,此类激素受体一般位于靶细胞的细胞内。

1. 垂体

垂体(hypophysis)位于间脑的腹面,借一短柄与下丘脑相连,可分泌多种激素,调控其他多种内分泌腺的功能。各种动物垂体的性状、大小略有不同,重量不到 1 g,从形态、胚胎发生、组织结构和功能上,垂体可以分为腺垂体和神经垂体(图 2-93)。

(1) 腺垂体 腺垂体(adenohypophysis)是一种腺体组织,位于垂体前部,又称垂体前叶,是垂体的主要部分,占垂体总体积的 75%。由远侧部、结节部和中间部构成,其分泌激素的作用极为广泛和复杂,并与下丘脑紧密联系,起着上接中枢神经系统,下连靶腺的"桥梁"作用。

促性腺激素和催乳素(促进成熟的乳腺分泌乳汁)能够影响许多内分泌腺的活动,在内分泌系统中占有极重要的地位。

① 生长激素 生长激素(growth hormone,GH;或 somatotrophic hormone,STH)细胞能分泌生长激素,其化学本质是蛋白质,对蛋白质、脂质和糖类的代谢有显著的促进作用,尤其是能促进骨骼的生长。在幼年时生长激素分泌不足,可致侏儒症;分泌过多,可致巨人症;在成年人分泌过多,则出现肢端肥大症。

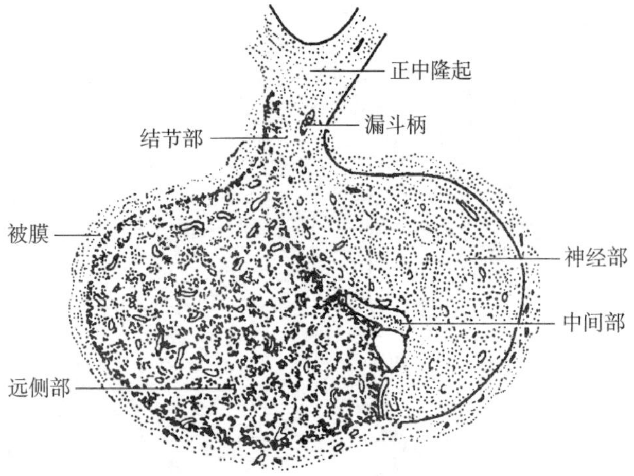

图 2-93 垂体(矢状面)

② 催乳素 催乳素细胞能分泌催乳素(prolactin hormone,PRH),其化学本质是蛋白质,在妊娠和泌乳期,该细胞可增大、增多,分泌颗粒也显著增加。催乳素可促进乳腺发育和乳汁分泌。

③ 促甲状腺激素 促甲状腺激素(thyroid-stimulating hormone,TSH)细胞能分泌促甲状腺激素,其化学本质是糖蛋白,能促进甲状腺的发育和甲状腺素的合成及释放。

④ 促肾上腺皮质激素 促肾上腺皮质激

素(adrenocorticotropic hormone, ACTH)细胞主要分泌促肾上腺皮质激素,其化学本质是多肽,能促进肾上腺皮质增生和糖皮质激素的分泌。

⑤ 促性腺激素　促性腺激素(gonadotropic hormone, GTH)细胞可分泌尿促卵泡素和黄体生成素。前者可刺激卵泡的发育和促进精子的发生,后者刺激卵泡排卵和黄体生成及维持黄体的分泌功能,并能促进睾丸间质细胞分泌雄激素。

(2) 神经垂体　神经垂体(neurohypophysis)是神经组织,包括正中隆起、漏斗柄和神经部。神经垂体位于垂体后部,主要由大量无髓鞘神经纤维、神经胶质和由后者演变而来的垂体细胞所组成。神经垂体的细胞不分泌激素,对神经纤维起营养和支持作用。无髓鞘神经纤维是由来自下丘脑的视上核和室旁核的神经分泌细胞的轴突构成,经丘脑下部进入脑垂体,形成丘脑下部垂体束。视上核的神经分泌细胞主要合成抗利尿素激素(antidiuretic hormone, ADH),又称后叶加压素(vasopressin, VP),能促进体内水的重吸收,使尿量减少。超生理剂量的 VP 能使小动脉收缩而升高血压。室旁核的神经内分泌细胞产生催产素(oxytocin, OT)。能引起妊娠子宫平滑肌收缩,加速分娩过程,并与催乳素一起促进乳腺分泌。

2. 肾上腺

肾上腺(adrenal gland)位于肾上方,左右各一(图 2-94)。肾上腺表面包有结缔组织被膜,被膜深入腺体内部,与其内的神经、血管共同构成腺的间质。实质由外周的皮质和中央的髓质两部分组成。两者在发生、结构和功能上均不相同。皮质来自中胚层,是腺垂体的一个靶腺,而髓质来自外胚层,受交感神经节前纤维直接支配。

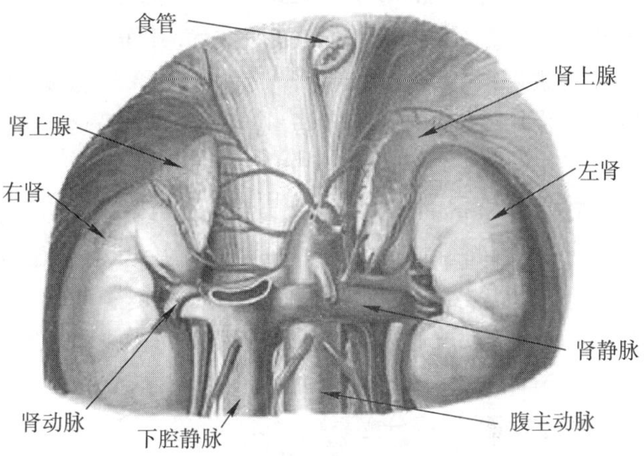

图 2-94　肾上腺在人体的位置

(1) 皮质　皮质占肾上腺的大部分,细胞聚集成团索状,其组织细胞分泌盐皮质激素、糖皮质激素和少量性激素。分泌的盐皮质激素,如醛固酮,主要功能是调节水盐代谢,维持电解质平衡。分泌糖皮质激素,如皮质醇、皮质酮等,主要调节糖、蛋白质和脂肪代谢,并可降低免疫反应和炎症反应。性激素主要以雄激素为主,也可分泌少量雌激素和糖皮质激素。

(2) 髓质　髓质中的肾上腺素细胞,数量多,细胞大,分泌肾上腺素,可作用于心肌,增加心率和血液的输入量,使机体处于应激状态。去甲肾上腺素细胞数量少,分泌去甲肾上腺素,可促使外周小血管收缩,升高血压。它们的生物学作用与交感神经系统紧密联系,作用广泛。当机体遭遇紧急情况时,如恐惧、惊吓、焦虑、创伤或失血等情况,交感神经活动加强,髓质分泌肾上腺素和去甲肾上腺素急剧增加,使心跳加强加快,心输出量增加,血压升高,血流加快;支气管舒张,以改善氧的供应;肝糖原分解,血糖升高,增加营养的供给,增加机体应激性。

3. 甲状腺

甲状腺(thyroid gland)是动物体内最大的内分泌腺,位于喉和气管的两侧。其表面有结缔组织构成的被膜,被膜随血管深入腺实质,将腺组织分隔为若干小叶。小叶内有许多滤泡和滤泡旁细胞。滤泡间有少量结缔组织和丰富的毛细血管(图 2-95)。

(1) 滤泡　滤泡(follicle)由单层的滤泡上皮细胞围成,呈球形、椭圆形或不规则形,大小不等。滤泡腔内为滤泡上皮细胞分泌的酸性胶质,主要成分为甲状腺球蛋白。滤泡上皮细胞的核呈圆形,位于细胞中央,胞质嗜酸性,滤泡和上皮细胞的形态随着机能状态不同而异。甲状腺机能活跃时,细胞呈高柱状,重吸收胶体,滤泡腔内胶体减少;当不活跃时,细胞呈扁平状,滤泡腔内胶体增多。甲状腺滤泡上皮细胞可从细胞游离端向滤泡腔分泌甲状腺球蛋白,也可从基底端释放甲状腺激素入血,具有双向性功能。

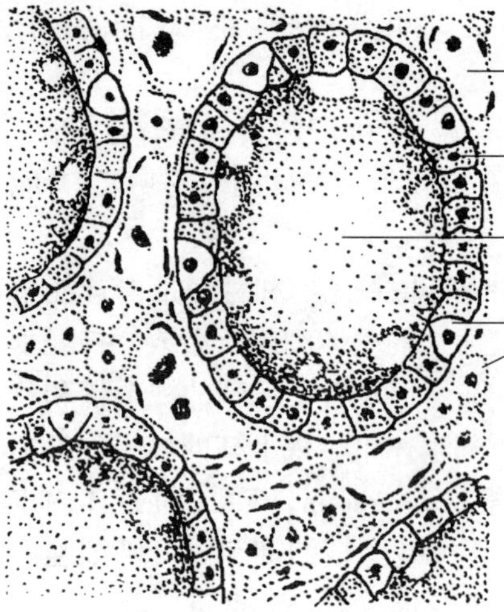

图 2-95　甲状腺的组织结构

甲状腺分泌甲状腺激素（T3、T4），有促进细胞氧化、机体新陈代谢和生长发育等功能。若甲状腺素缺乏，成人患者新陈代谢缓慢，会出现怕冷、心跳较慢、皮肤干燥、水肿、智力减退等症状；幼年时期甲状腺功能不足，就会引起呆小症，患者长大后表现出身体矮小、面容苍老、手脚短、智力低下、生殖器官发育受阻滞等症状。若甲状腺功能亢进，则出现代谢增高、心跳加快、眼球突出等症状。

(2) 滤泡旁细胞　滤泡旁细胞（parafollicular cell），又称 C 细胞，数量较少，常单个嵌在滤泡上皮细胞与基膜之间，或成群地分布于滤泡间的结缔组织内，比滤泡上皮细胞稍大。滤泡旁细胞分泌降钙素，是一种多肽激素，主要功能是促进成骨细胞的活动，抑制破骨细胞对骨盐的溶解，降低血钙。

4. 甲状旁腺

甲状旁腺（parathyroid gland）位于甲状腺近旁的椭圆形小体，哺乳动物一般有两对。腺实质由主细胞和嗜酸性细胞组成，细胞排列成团索状，其间有少量结缔组织和丰富的毛细血管。主细胞数量最多，有分泌肽类激素细胞的超微结构特点，胞质内含有分泌颗粒，以胞吐的方式分泌甲状旁腺素，增强破骨细胞的破骨作用，使骨内钙盐溶解，并能促进肠及肾小管吸收钙，使血钙升高。能调节血液中钙和磷的含量。

5. 松果体

松果体（pineal body）为卵圆形小体，以短柄连于第三脑室顶后部。外包有结缔组织形成的被膜，被膜深入实质，将腺体分为许多不明显的小叶。实质主要由松果体细胞和神经胶质细胞组成，可分泌多种激素。松果体细胞又称主细胞，主要分泌褪黑激素（melatonin，MLT），其合成和分泌呈 24 h 周期性变化，高峰值在夜晚，可通过抑制促性腺激素的释放而影响性腺活动，还可以抑制甲状腺和皮质酮的分泌及控制昼夜节律。

6. 弥散神经内分泌系统

除上述内分泌腺外，机体许多其他器官还存在大量散在的内分泌细胞，这些散在的内分泌细胞均有能摄取胺前体物质并使其脱羧而合成和分泌胺，因此将它们称为“胺前体摄取与脱羧系统”（amine precursor uptake and decarboxylation cell），简称 APUD 细胞系统。随着 APUD 细胞研究的不断深入，发现许多 APUD 细胞不仅产生胺，而且还产生肽，后续研究又发现神经系统内的许多神经元也合成和分泌与 APUD 细胞相同的胺和（或）肽类物质，因此，把具有内分泌功能的神经元和 APUD 细胞系统合称为弥散神经内分泌系统（diffuse neuroendocrine system，DNES）。DNES 是在 APUD 基础上的进一步发展和扩充，它把神经系统和内分泌系统两大调节系统统一起来构成一个整体，共同完成调节和控制机体生理活动的动态平衡。

（十）免疫系统

免疫系统（immune system）是特异性免疫的物质基础。它是由免疫细胞、免疫组织、免疫器官和免疫分子组成，是机体保护自身的防御性结构，能够识别并清除侵入体内的抗原性异物、自身恶变的细胞以及衰老死亡或受损的细胞，从而维持机体内部的动态平衡和相对稳定。

1. 免疫系统

(1) 免疫器官　免疫器官（immune organ）是以免疫组织为主要成分构成的器官，亦称淋巴器官。免疫器官按功能分为中枢免疫器官和周围免疫器官。

中枢免疫器官是免疫细胞发生和分化的场所，包括骨髓、胸腺和鸟类的法氏囊。淋巴干细胞在中枢免疫器官内分裂分化，成为具有不同功能和不同特异性抗原受体的初始型淋巴细胞，并输送到周围淋巴器官和淋巴组织。骨髓是成血干细胞（包括免疫祖细胞）发生的场所，胸腺是T淋巴细胞发育的场所，法氏囊是B淋巴细胞发育的场所。中枢免疫器官发生较早，出生时已基本发育完善，淋巴干细胞在此分裂分化与抗原刺激无关，而是受激素及所在微环境的影响。

周围免疫器官是免疫细胞居住和发生免疫应答的场所，包括淋巴结、脾和黏膜相关淋巴组织。黏膜相关淋巴组织分布于呼吸道、消化道、泌尿生殖道黏膜，主要有扁桃体、阑尾和肠系膜淋巴结（图2–96）。遍布全身的小淋巴管形成淋巴管网，汇集为越来越大的淋巴管，一般与静脉并行，最后通过左右锁骨下静脉并入血液循环系统。机体的组织液进入末梢淋巴管，即称为淋巴液。淋巴细胞顺淋巴管迁移称为淋巴细胞再循环。淋巴结接受淋巴和血液的双循环，主要起净化淋巴液的作用。脾只接受血循环，主要起净化血液的作用。黏膜相关淋巴组织有局部防御的重要功能。

① 胸腺　胸腺（thymus）为实质性器官，由胸腺细胞和胸腺基质细胞组成。胸腺基质细胞为胸腺细胞发育分化提供微环境。髓质中有大小不一的胸腺小体，其功能不明，但缺乏胸腺小体的胸腺不能培育出T细胞。胸腺不仅是免疫器官，也是内分泌器官，能分泌胸腺素、胸腺生成素、胸腺素等多种激素。

② 法氏囊　法氏囊（bursa of Fabricius）又叫腔上囊（cloacal bursa），为鸟类特有的免疫器官，是鸟类培育和产生各种特异性B淋巴细胞的地方。

③ 淋巴结　淋巴结（lymph node）是哺乳动物特有的周围淋巴器官，为一圆形或椭圆形的结构，其形态大小不一，多成群分布于肠系膜、肺门、腹股沟和腋窝等淋巴回流的通路上。周围的皮质分为浅层皮质、副皮质区及皮质淋巴窦，中央的髓质分髓索和髓窦（图2–97）。浅层皮质由淋巴小结及小结内弥散淋巴组织构成。淋巴细胞在淋巴结内成熟，被淋巴液带入血液循环，因此淋巴结是滤过淋巴和产生免疫应答的重要器官。

④ 脾　脾（spleen）是体内最大的周围淋巴器官，不同动物的脾大小形态不同，但都位于血液循环的通路上，是血液循环中的一个重要滤器。其结构与淋巴结有许多相似之处，也由淋巴组织构成（图2–98）。

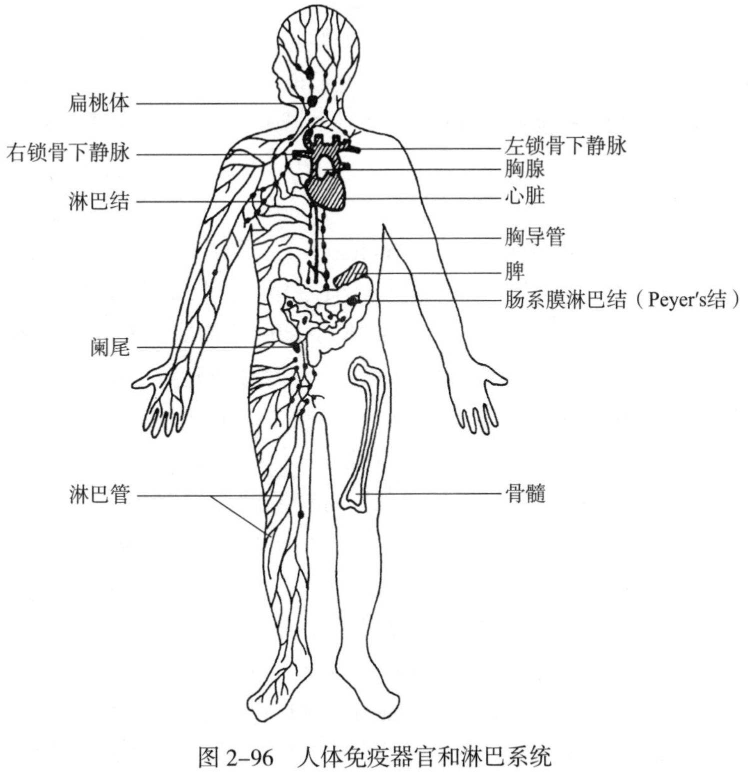

图2–96　人体免疫器官和淋巴系统

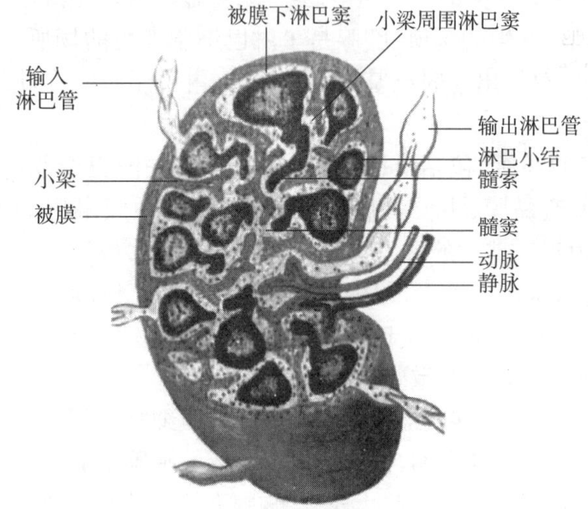

图 2-97　淋巴结

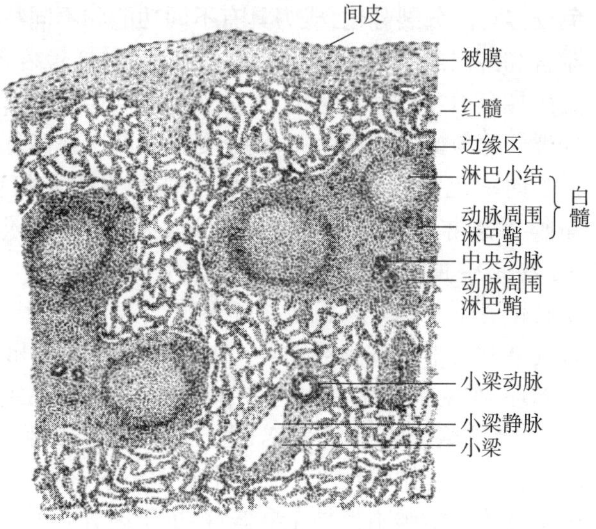

图 2-98　脾组织结构

图 e2-32　人血细胞的来源与分化

脾是免疫应答的重要场所，还有滤血、贮血和造血的作用。

(2) 免疫细胞　免疫细胞主要包括淋巴细胞、单核吞噬细胞系统和抗原呈递细胞(antigen presenting cell，APC)等。

① 淋巴细胞　淋巴细胞是免疫系统的核心成分，它们经淋巴和血液循环，使分散各处的免疫组织和免疫器官连成一功能整体。淋巴细胞起源于造血干细胞(图 e2-32)。

淋巴细胞具有特异性、转化性和记忆性三个重要特性。即各种淋巴细胞表面具有特异性的抗原受体，能够分别识别不同的抗原。当淋巴细胞受到抗原刺激时，即转化为淋巴母细胞，继而增殖分化形成大量的效应淋巴细胞和记忆淋巴细胞，效应淋巴细胞能够产生抗体、淋巴因子或具有直接杀伤作用，从而清除相应的抗原，即引起免疫应答。记忆淋巴细胞是在分化过程中又转为静息状态的小淋巴细胞，能够记忆抗原信息，并可在体内长期存活和不断循环，当受到相应抗原的再次刺激时，可以迅速增殖，形成大量的效应淋巴细胞，使机体长期保持对该抗原的免疫力，可以使体内产生大量的记忆淋巴细胞，从而起到预防感染性疾病的作用。根据淋巴细胞的发生部位、细胞表面标志、形态结构和功能，一般分为下列 4 种。

a. 胸腺依赖性淋巴细胞(thymus-dependent lymphocyte)　简称 T 细胞，在胸腺内发育分化成熟，是淋巴细胞中数量最多，功能最复杂的一类。T 细胞体积小，表面光滑，胞核大而圆，染色体呈致密块状，含有丰富的游离核糖体，少量的线粒体，以及数个溶酶体，T 细胞表面具有特异性的抗原受体，胸腺产生的 T 细胞是初始 T 细胞，它们进入外周淋巴器官和淋巴组织，接触与其抗原受体相匹配的抗原后便增殖分化，记录免疫应答过程，大部分 T 细胞成为效应 T 细胞(effector T cell)，小部分成为记忆 T 细胞(memory T cell)。效应 T 细胞的寿命很短，仅一周左右，能迅速进入免疫效应阶段；记忆 T 细胞寿命可长达数年，它再次遇到抗原时，能迅速启动免疫应答，使机体长期保持对该抗原的免疫力。

b. 骨髓依赖性淋巴细胞(bone marrow-dependent lymphocyte)　或囊依赖性淋巴细胞(bursa dependent lymphocyte)，简称 B 细胞，在骨髓(哺乳类)或腔上囊(鸟类)内发育分化成熟。B 细胞较 T 细胞略大，表面有较多微绒毛，胞质内溶酶体少见，还有少量的糙面内质网。B 细胞表面也有特异性的抗原受体，是其细胞膜表面的免疫球蛋白(抗体)，以 SIg 表示，也就是镶嵌于脂质双分子层中的膜结构蛋白，故称膜抗体。在骨髓或腔上囊内产生的 B 细胞是初始 B 细胞，进入周围淋巴组织和淋巴器官遇到与其抗原受体相匹配的抗原后增殖分化，进入免疫应答过程，产生大量的效应 B 细胞和少量的记忆 B

细胞。记忆B细胞的作用与记忆T细胞相同;效应B细胞即浆细胞,能够分泌抗体进入组织液,抗体与抗原结合后,即可降低抗原的致病性,又可加速巨噬细胞对抗原的吞噬和清除。这种通过抗体介导的免疫方式即为体液免疫。

c. 杀伤细胞(killer lymphocyte) 简称K细胞,在骨髓内发育分化成熟,数量较少。K细胞较T细胞、B细胞大,直径9~12 μm,胞质内含有溶酶体和分泌颗粒。K细胞本身无特异性,但其细胞膜表面有抗体IgG的Fc受体,能借抗体与靶细胞接触,即当抗体与靶细胞表面抗原特异性结合后,K细胞可借Fc受体与抗体的Fc端相结合,进而杀死靶细胞(主要是寄生虫、肿瘤细胞等)。因此,K细胞又称抗体依赖细胞毒性细胞(antibody dependent cytotoxic cell)。

d. 自然杀伤细胞(natural killer lymphocyte) 简称NK细胞,在骨髓内发育分化成熟,数量亦较少。NK细胞体积大,表面有短小的微绒毛,胞质较多,含有许多大小不等的嗜天青颗粒,本质为溶酶体,故又称大颗粒淋巴细胞(large granular lymphocyte,LGL)。NK不需抗体的协助,也不需抗原的刺激,即能杀伤某些肿瘤细胞和受病毒感染的细胞,在防止肿瘤发生中起重要作用。

② 单核吞噬细胞系统 血液中的单核细胞和全身各组织中的巨噬细胞是同一骨髓干细胞的不同发育阶段,故又称为单核吞噬细胞系统(mononuclear phagocyte system,MPS)。它们的特点是,均来源于血中的单核细胞,细胞核为单个,有较多的溶酶体和吞噬泡,细胞膜表面具有抗体和补体的受体,有活跃的吞噬作用。巨噬细胞形态结构类似于单核细胞,但体积增大,外形更不规则,溶酶体及线粒体增多。单核巨噬细胞有加工提呈抗原的能力,是主要的抗原提呈细胞之一。同时,巨噬细胞能分泌百余种活性产物,包括补体成分、细胞因子及酶类等,具有多方面免疫功能。巨噬细胞的吞噬杀伤能力比单核细胞更强。因此,巨噬细胞既是效应细胞又是调节细胞,在特异性免疫和非特异性免疫中都有重要作用。

③ 抗原呈递细胞 又称免疫辅佐细胞,是指参与免疫应答,能够摄取和处理抗原,并将抗原信息呈递给淋巴细胞而使淋巴细胞活化的一类免疫细胞。通常所说的抗原呈递细胞多指单核吞噬细胞系统的细胞、树突状细胞等能表达MHC-Ⅱ类分子等细胞,即所谓的专职性抗原呈递细胞。其他细胞如内皮细胞、成纤维细胞、各种上皮及间皮细胞等也具有一定的抗原呈递功能,为非专职性抗原呈递细胞。

树突状细胞(dendritic cell,DC)是目前所知的功能最强的抗原呈递细胞,成熟时表面有树枝状突起,其数量很少,主要分布于表皮、血及淋巴组织中,居留不同部位的树突状细胞其性状功能有细微差异,也有各自不同的命名。红细胞表面有受体,病原体结合到红细胞上,在血液流经肝、脾时被吞噬掉。因为红细胞数量多,是机体清除病原体的主要途径之一。

(3) 免疫分子 免疫分子包括膜表面免疫分子和体液免疫分子两大类。

膜表面免疫分子主要包括膜表面抗原受体、主要组织相容性抗原、白细胞分化抗原和黏附分子。B细胞和T细胞表面有各自的特异性膜表面抗原受体BCR和TCR,能识别不同的抗原并与之结合,启动特异性免疫。主要组织相容性抗原(major histocompatibility antigen,MH抗原)是机体的自身标志性分子,参与T细胞对抗原的识别及免疫应答中各类免疫细胞间的相互作用,也限制自然杀伤细胞不会误伤自身组织,是机体免疫系统区分自己与非已的重要分子基础。白细胞分化抗原是各类白细胞在发育分化过程中表达的膜表面分子,有的在不同阶段出现或消失,有的持续终生。黏附分子是广泛分布于免疫细胞和非免疫细胞表面,介导细胞与细胞、细胞与基质相互接触和结合的分子,种类及成员众多,参与活化信号转导、细胞迁移、炎症与修复以及生长发育等广泛的重要作用。

体液免疫分子主要包括抗体、补体和细胞因子。细胞因子主要是免疫细胞分泌的小分子多肽。

2. 抗原和抗体

(1) 抗原及其分类 抗原(antigen,Ag)是一类能刺激机体免疫系统使之产生特异性免疫应答,并能与相应免疫应答产物(抗体或抗原受体)在体内外发生特异性结合的物质。

根据刺激机体B细胞产生抗体时是否需要T细胞辅助,抗原分为胸腺依赖性抗原(thymus dependent antigen,TDAg)和非胸腺依赖性抗原(thymus independent antigen,TIAg)。绝大多数天然抗原属

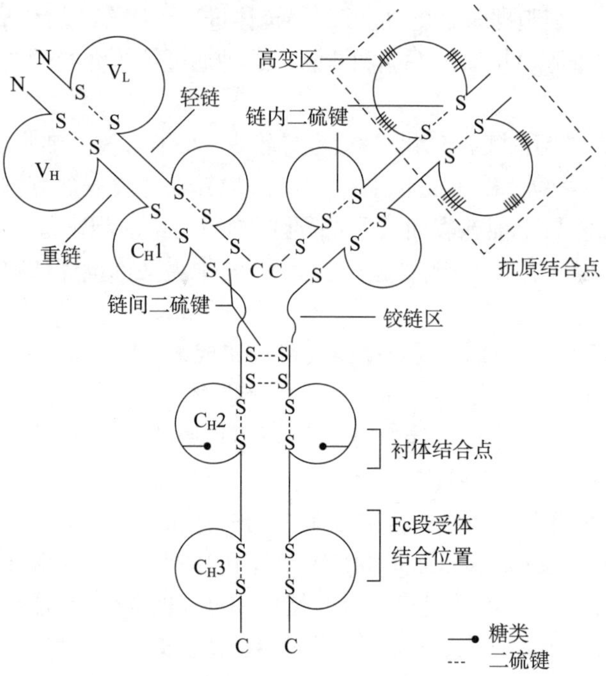

图 2-99　免疫球蛋白的基本结构

于 TD 抗原。根据抗原的化学性质可分为蛋白质抗原、多糖抗原、脂抗原、核酸抗原等。

(2) 抗体及其分类　抗体(antibody,Ab)是能与相应抗原(表位)特异性结合的具有免疫功能的球蛋白。抗体是由 B 细胞合成并分泌的。抗体也称为免疫球蛋白(immunoglobulin,Ig),其分子是由两两对称的四条多肽链以二硫链和非共价键连接而成。其中两条长的多肽链称为重链(heavy chain,H 链),短的两条多肽链称为轻链(light chain,L 链),H 链与 L 链、H 链与 H 链之间均由二硫键相连。重链有一个 N 端可变区(V)和 3～4 个 C 端稳定区组成,轻链的 V 区和重链 V 区组成抗体的抗原结合部位(图 2-99)。按照重链 C 区氨基酸序列及其抗原性的差别,将免疫球蛋白分为 IgM、IgG、IgA、IgE 和 IgD 五类。

3. 免疫及其分类

免疫(immunity)是人体的一种生理功能,人体依靠这种功能识别"自己"和"非己"成分,从而破坏和排斥进入人体的抗原物质,或人体本身所产生的损伤细胞和肿瘤细胞等,以维持人体的健康。机体免疫防御功能分为非特异性免疫和特异性免疫两大类,它们相辅相成,共同完成抵抗感染、保护自身机体的作用,但有时也会造成对机体的病理性损伤。

(1) 非特异性免疫　非特异性免疫(non-specific immunity)是机体的一般生理防卫功能,又称天然免疫;它是在种系发育过程中形成的,由先天遗传而来,是防卫任何外界异物对机体的侵入而不需要特殊的刺激或诱导。主要包括生理屏障、细胞因素和体液因素。

① 生理屏障

a. 表面屏障　健康机体的外表面覆盖着连续、完整的皮肤结构,皮肤外具坚韧、不可渗透的角质层,组成了阻挡微生物入侵的有效屏障。同时,汗腺分泌物中的乳酸和皮肤腺分泌物中的长链不饱和脂肪酸均有一定的杀菌抑菌能力。机体呼吸道、消化道、泌尿生殖道表面由黏膜覆盖,其表面屏障作用较弱,但有多种附件和分泌物。黏膜所分泌的黏液具有化学性屏障作用,并且能与细胞表面的受体竞争病毒的神经氨酸酶而抑制病毒进入细胞。当微生物和其他异物颗粒落入附于黏膜面的黏液中,机体可通过机械的方式如纤毛运动、咳嗽和喷嚏而排出,同时还有眼泪、唾液和尿液的清洗作用。多种分泌性体液均含有杀菌的成分,如唾液、泪水、乳汁、鼻涕及痰中的溶菌酶、胃液的胃酸、精液的精胺等。

b. 局部屏障　体内的某些部位具有特殊的结构而形成阻挡微生物和大分子异物进入的局部屏障,对保护该器官、维持局部生理环境恒定有重要作用。如由脑毛细血管壁组成的血脑屏障,可阻挡血中的物质,包括致病微生物及其产物向脑内自由扩散,从而维护中枢神经系统的稳定。

c. 共生菌群　人的体表和与外界相通的腔道中存在着大量正常菌群,通过在表面部位竞争必要的营养物,或者产生如像大肠杆菌素、酸类、脂质等抑制物,而抑制多数具有疾病潜能的细菌或真菌生长。

② 细胞因素

a. 吞噬细胞　吞噬细胞(phagocyte)是包括各种组织中的巨噬细胞及其前体——血液中的单核细胞和血液中的中性粒细胞。吞噬细胞有吞噬入侵的病原微生物等颗粒的能力,并且由于吞噬细胞表面存在补体受体、抗体受体等多种受体,当有相应配体存在并与之结合时,将刺激吞噬细胞活化,大大增强其吞噬杀伤能力。

巨噬细胞还可分泌多种可溶性因子,不但有加强杀菌促进炎症的作用,还具有免疫调节等重要功能。同时,作为抗原提呈细胞,是特异性免疫的重要组成部分。

b. 自然杀伤细胞 自然杀伤细胞属于淋巴细胞,主要分布于外周血和脾,具有不需事先致敏,不需其他辅助细胞或分子的参与而直接杀伤靶细胞的功能。某些肿瘤细胞和微生物感染细胞可以成为NK细胞的靶细胞,而且NK细胞活性较其他杀伤细胞更早出现,因此在抗肿瘤抗感染特别是病毒感染中起重要作用。

③ 体液因素

a. 补体系统 补体系统(complement system)由肝细胞和巨噬细胞产生20多种蛋白质成分,通常以无活性形式存在正常血清和体液中。当在一定条件下促发补体系统的一系列酶促级联反应,称补体激活。补体活化后,可引起膜不可逆性损伤,导致细胞溶解,包括革兰氏阴性菌、具有脂蛋白膜的病毒颗粒、红细胞和有核细胞,对机体抵抗病原微生物、清除病变衰老的细胞和癌细胞有重要作用。在补体活化过程中产生的产物具有趋化、促进吞噬细胞的活化吞噬及清除免疫复合物、促进炎症等多种生理功能,是机体天然免疫的重要组分。同时补体成分还有复杂的免疫调节功能,参与机体特异性免疫。

b. 干扰素 干扰素(interferon,IFN)是机体细胞在病毒等多种刺激下产生的一类相对分子质量低的糖蛋白。干扰素作用于机体细胞,使之合成抗病毒蛋白、控制病毒蛋白质合成,影响病毒的组装释放,具有广谱抗病毒功能;同时,还有多方面的免疫调节作用。

c. 溶菌酶 溶菌酶(lysozyme)是不耐热的碱性蛋白,主要来源于吞噬细胞并可分泌到血清及各种分泌液中,能水解革兰氏阳性菌胞壁肽聚糖而使细胞裂解。

④ 炎症 炎症(inflammatory)是机体受到有害刺激时所表现的一系列局部和全身性防御应答,可以看作是非特异免疫的综合作用结果,炎症反应作为机体清除有害异物、修复受伤组织,保持自身稳定性具有重要作用。有害刺激包括各种理化因素,但以病原微生物感染为主。当病原体感染,组织和微血管受到刺激损伤时,迅即导致多种可溶性炎症介质释放,受伤处血液中的嗜碱性粒细胞及组织内的肥大细胞释放组胺及前列腺素,使受伤处的毛细血管扩张,管壁透性增加,使大量血液随同所携带的吞噬细胞及巨噬细胞涌至患处。血流的增加以及液体由毛细血管渗出,引起受伤部位红肿,血液携带的血凝物质使伤口愈合,同时将病原体凝集,使之不易扩散。组胺及某些补体蛋白作为化学信号,吸引吞噬细胞进入受伤组织,吞噬作用及对病原体的杀伤作用激烈进行。巨噬细胞不仅吞噬病原体,同时还吞噬死亡的嗜碱性粒细胞的尸体,最后伤口化脓,脓液即巨噬细胞、颗粒白细胞、组织细胞、死细胞、死细菌及组织液的混合物。发炎反应表面上看上去像是局部的反应,实际上整个身体都有相应的反应。例如,受伤的细胞分泌化学物质,刺激骨髓成倍增加中性粒细胞的生成,而使动物体白细胞数量剧增。另外,病原体的毒素往往引起体温升高,体温过高虽然对身体有害,但适当的升温,可抑制微生物的生长,同时可加速和加强防御反应。

(2) 特异性免疫 特异性免疫又称获得性免疫,这种免疫只针对一种病原。是获得免疫经后天感染(病愈或无症状的感染)或人工预防接种(菌苗、疫苗、类毒素、免疫球蛋白等)而使机体获得抵抗感染能力。一般是在微生物等抗原物质刺激后才形成的(免疫球蛋白、免疫淋巴细胞),并能与该抗原起特异性反应。特异性免疫分为细胞免疫和体液免疫两大类。

白细胞中的淋巴细胞在特异性免疫应答中起着重要的作用。淋巴细胞从功能上又分为T淋巴细胞和B淋巴细胞。T淋巴细胞与细胞免疫有关。B淋巴细胞与体液免疫有关。

① 细胞免疫 T细胞是参与细胞免疫的淋巴细胞,受到抗原刺激后,转化为成熟淋巴细胞,并表现出特异性免疫应答,免疫应答只能通过成熟淋巴细胞传递,故称细胞免疫(cellular immunity)。

在细胞免疫中所形成的T淋巴细胞,根据其在免疫反应中的功能不同,分为胞毒T细胞(cytotoxic T cell,Tc细胞)、辅助性T细胞(helper T cell,Th细胞)及抑制性T细胞(suppressor T cell,Ts细胞)等。

成熟的T淋巴细胞都有对应于一种特定抗原的受体。这些细胞成熟后离开胸腺进入血液循环中，每一个成熟的T淋巴细胞只带有对应于一种抗原的受体。如果没有遇到这种抗原，这个T淋巴细胞就处于不活动状态。这些T细胞对自身细胞上的MHC标志不发生反应，当它遇到与它的受体相适应的抗原(包括病原体细胞表面抗原、异体组织细胞表面标志的MHC和被感染的自身细胞的病原体抗原)，而且是呈递在抗原MHC复合体上时，这个T细胞便会受到刺激，开始分裂，形成一个克隆。这个T细胞的后代分化为效应细胞群和记忆细胞群，每一个细胞都具有相对应于这种抗原的受体(图2-100)。

Tc细胞识别嵌有抗原-MHC复合体的细胞，可以分泌一种称为穿孔素(perforin)的蛋白质，嵌入靶细胞膜内形成有孔的聚合体，细胞外液便可进入靶细胞，使其膨胀破裂死亡。Tc还可分泌颗粒酶，从小孔进入靶细胞，诱发细胞凋亡。Th细胞不能直接作用于抗原，而是分泌多种蛋白质，包括白细胞介素-2，可促进B、T淋巴细胞的增殖与分化，从而加强免疫反应。因此，Th细胞对细胞免疫及体液免疫都十分重要。Ts细胞则抑制淋巴细胞活动，在免疫反应消灭外来侵袭物后，停止免疫反应时起作用。

② 体液免疫　抗体介导的免疫是以B细胞产生抗体来达到保护目的的免疫功能，也称为体液免疫(humoral immunity)。负责体液免疫的是B细胞。体液免疫的抗原多为相对分子质量在10 000以上的蛋白质和多糖大分子，病毒颗粒和细菌表面都带有不同的抗原，所以都能引起体液免疫。

成熟的B淋巴细胞的受体分子在合成后便移到细胞膜上，成熟的B淋巴细胞在血液中循环流动。当它的受体分子遇到相应的抗原并将它锁定在结合位点后，这个B淋巴细胞便被致敏了，准备开始分裂。但还需要另外一些适当的信号，它才会分裂。这些信号来自一个已经被抗原-MHC复合体活化了的辅助性T淋巴细胞。活化的T细胞分泌白细胞介素-2，促进致敏B淋巴细胞分裂。反复分裂形成的B细胞克隆分化为效应B细胞和记忆B细胞。效应B细胞(又称浆细胞)产生和分泌大量的抗体分子，分布到血液和体液中。当抗体分子与抗原结合后，它便给这个病原体加上标签以便巨噬细胞和补体蛋白质来消灭它(图2-101)。抗体介导的免疫应答的主要目标是杀灭细胞外的病原体和毒素，但不能与在进入寄主细胞中的病原体和毒素结合，所以只有体液免疫和细胞免疫相结合，才能有效铲除进入机体细胞内外病原体。

4. 免疫系统疾病

(1) 过敏　有些外物，如花粉、秋季枯草等，虽然对人体无害，却能引起某些强烈的过敏(allergy)。一些过敏反应来势迅猛，如青霉素、蜂毒等引起的过敏反应，如不及时治疗可致人死亡。

过敏反应是一种免疫反应，引起过敏反应的物质称为过敏原(allergen)。花粉、青霉素以及某些食物，如菌类、草莓以及牡蛎等的某些成分对于敏感的人都是过敏原。过敏原与呼吸道黏膜接触或与皮肤接触，或被吞入消化管，都可引起过敏反应。过敏反应的第一步是与过敏原互补的体液抗体大量增生，主要是IgE。IgE抗体是一种亲细胞抗体，能附着在肥大细胞和嗜碱性粒细胞表面，使这些细胞变为敏感细胞。肥大细胞胞质中富含分泌粒，它们在皮肤下和呼吸系统、消化系统以及生殖系统的黏膜中最多。接受了IgE抗体的敏感肥大细胞再遇过敏原时，过敏原即与肥大细胞上的受体结合，结果肥大细胞分泌物大增。分泌物主要是组织胺等。组织胺有舒张血管的作用。而血管舒张的结果是毛细血管渗透性增大，渗出液体增多，出现局部红肿、灼热、流鼻涕、流泪、喷嚏等症状。给以抗组织胺药剂，症状可以缓解。过敏性哮喘是另一种过敏反应，肥大细胞不分泌组织胺，而分泌一种慢反应的肽，它的作用是使平滑肌收缩，严重时可使呼吸道平滑肌持续收缩1～2 h。抗组织胺药物无效，注射肾上腺素可得到缓解。

(2) 免疫缺乏症　免疫缺乏症(severe combined immune deficiency，SCID)是一种先天性的疾病。新生儿缺乏B细胞或T细胞，对外界没有反应能力，任何致病性的因子都可造成死亡。此病的病因之一是编码腺苷脱氨酶的基因失活，腺苷脱氨酶缺乏，造成对淋巴细胞有毒的腺苷累积过多。对于这种先天性疾病至今还没有更好的解决方法，骨髓移植是唯一治疗此类疾病的方法，但移入的骨髓细胞可能把受体细胞当作“非我”而进攻，具有排异反应。婴儿严密隔离，虽可不患传染疾病，但癌的发生率却高得多。

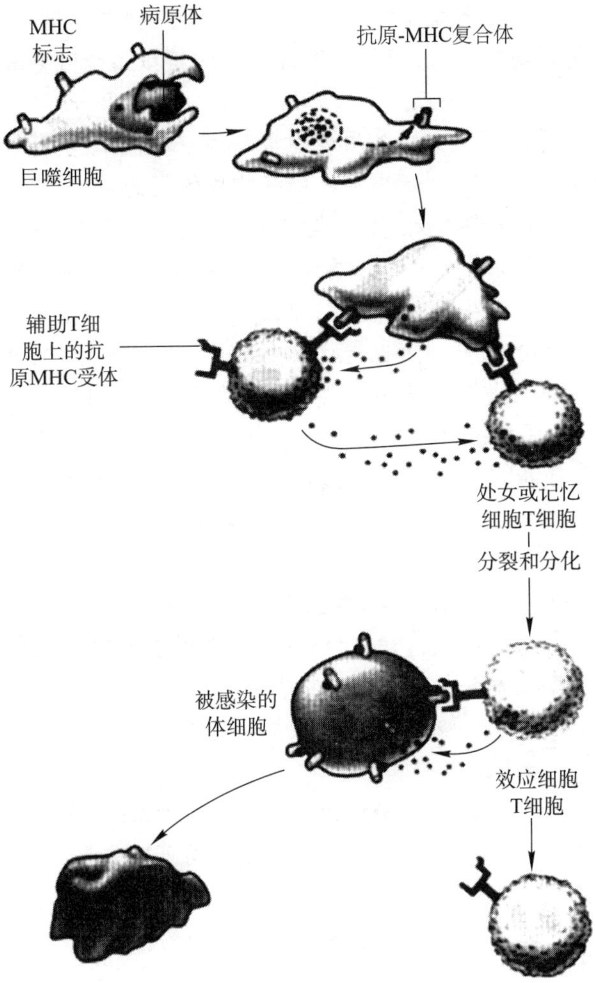

图 2-100 细胞介导的免疫应答(Starr,1995)

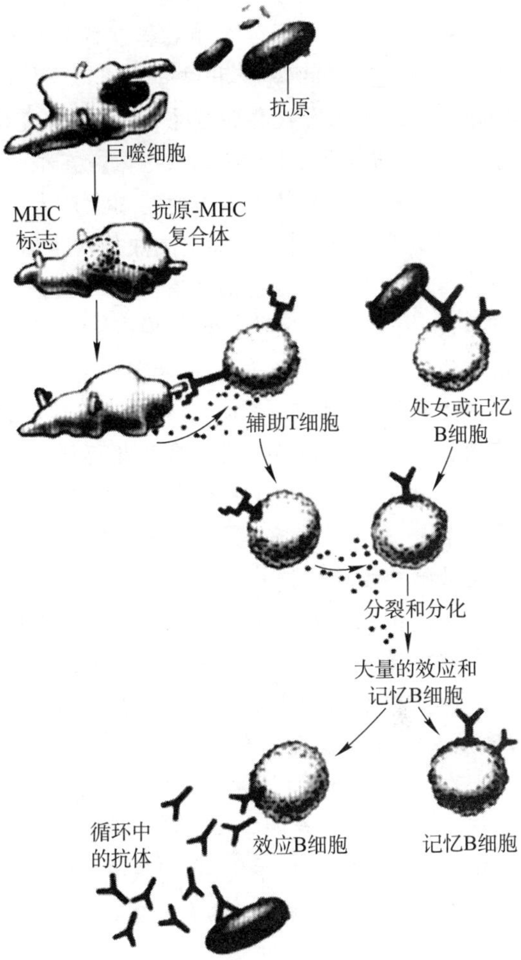

图 2-101 抗体介导的免疫应答(Starr,1995)

(3) 艾滋病 艾滋病(acquired immune deficiency syndrome,AIDS)——获得性免疫缺陷综合征,是近 30 年来非洲、美国,后来又在欧洲出现的一种传染病,现在还在蔓延,亚洲近年来已发现了很多患者,并逐渐成为重灾区。此病的病原为一种 RNA 病毒,称人免疫缺陷病毒(human immune deficiency virus,HIV),其大小和感冒病毒、脊髓灰质炎病毒相似。这种病毒的表面有一层糖蛋白,其构象正好和助 T 细胞上的一种称为 T4 的糖蛋白互补,因而两者结合,病毒得以进入。助 T 细胞是两种免疫系统都要依靠的细胞。HIV 侵入助 T 细胞,使艾滋病患者的助 T 细胞大量被消灭,患者将失去一切免疫功能,患者最后常因心力衰竭而死亡。

艾滋病毒对热敏感,对肥皂、洗涤剂也敏感,所以与患者握手等一般接触均不致感染此症。艾滋病毒是通过血液和精液而感染的。此病主要流行于注射毒品、同性恋者和生活不严肃的人。

本章小结

细胞是所有生物体的形态结构和生理功能的基本单位。组织是由许多形态和功能相同或相似的细胞(或细胞间质)组成的基本结构。

植物组织可分为分生组织和成熟组织,成熟组织是由分生组织产生的细胞分化而来的。分生组织最主要的特点是具有细胞分裂的功能,与植物的生长和发育有关;成熟组织根据其担负的生理功能的不同可划分为保护组织、薄壁组织、机械组织、输导组织和分泌结构,它们分别担着保护、营养、支持、长距离运输和分泌等主要生理功能。根据构成组织的细胞种类,植物组织还可分为简单组织和复合组织。这些组织构成了贯穿各个植物器官的一个连续的结构和功能单位,即组织系统。植物组织系统可划分为皮系统、基本组织系统和维管系统。

植物地下部分被称为根系,根系分为直根系和须根系。根尖是植物顶端到根毛的一段根,根尖可划分为根冠、分生区、伸长区和根毛区。在根毛区的内部形成了由表皮、皮层和中柱构成的根的初生结构。双子叶植物的根在初生生长的基础上产生维管形成层和木栓形成层进行次生生长,形成由次生木质部、次生韧皮部、维管射线和周皮构成的次生结构使根加粗;而单子叶植物的根只有初生结构。植物地上部分称为茎叶系统。植物的茎有节、节间、芽等结构。植物的茎尖分为分生区、伸长区和成熟区。在茎的成熟区分化形成了茎的初生结构;双子叶植物茎在初生生长的基础上也进行次生生长形成次生结构,使茎加粗;而单子叶植物的茎也只有初生结构。双子叶植物叶片的叶肉分化为栅栏组织和海绵组织,因此也称为异面叶;而单子叶植物的叶为等面叶,即叶肉没有栅栏组织和海绵组织的分化。被子植物的花由花柄、花托、花萼、花冠、雄蕊群和雌蕊群构成。完全由子房发育而来的果实称为真果;由子房和花的其他部分与共同参与形成的果实称为假果。种子由种皮、胚和胚乳构成。根据果实形成的方式,果实又可分为单果、聚合果和聚花果(也叫复果)。

动物的组织根据其起源、形态结构和功能上的共同特性分为四大类,即上皮组织、结缔组织、肌肉组织和神经组织。动物每种组织都有其特有的形态结构与功能特点,一种组织内的细胞结构和功能往往是多种多样的,它们的发生是来自不同胚层,因此对组织的分类是一种归纳性的相对意义的概念。

由几种不同的组织按一定规律结合在一起,构成具有特定形态和功能的结构称为器官,如胃、心、肝、肺、肾、骨骼和肌肉等。

在结构和功能上具有密切联系的动物器官结合在一起,共同执行某种特定的生理活动,即构成器官系统,它是完成一定的生理功能的综合体系。高等动物和人的器官根据其生理机能不同可以分为:皮肤系统、运动系统、循环系统、免疫系统、消化系统、呼吸系统、排泄系统、生殖系统、神经和感官系统及内分泌系统。各系统在神经、体液和免疫系统的调节下,彼此联系,互相影响,实现各种复杂的生命活动,共同构成一个完整的有机体。

复习思考题

一、名词解释

组织;分生组织;成熟组织;侧生分生组织;居间分生组织;薄壁组织;通气组织;保护组织;表皮;气孔器;周皮;机械组织;厚角组织;厚壁组织;导管;穿孔;管胞;筛管;伴胞;分泌结构;维管束;木质部;韧皮部;皮系统;定根;不定根;根系;直根系;须根系;根尖;凯氏带;中柱(维管柱);中柱鞘;根瘤;菌根;节;节间;叶痕;芽鳞痕;花枝痕;顶芽;腋芽;叶芽;花芽;混合芽;鳞芽;裸芽;茎尖;叶原基;单轴分枝;合轴分枝;假二叉分枝;纺锤状原始细胞;射线原始细胞;维管射线;生长轮(年轮);木材;皮孔;完全叶;单叶;复叶;栅栏组织;海绵组织;运动(泡状)细胞;维管束鞘;等面叶;异面叶;落叶;营养器官的变态;同工器官;同源器官;维管组织系统;基本组织系统;完全花;不完全花;花序;花被;花冠;细胞;器官;系统;肌纤维;肌小节;神经元;突触;有髓神经纤维;关节;骨联结;肠道微生态;肺泡;排泄;肾单位;肾小球旁器;成熟卵泡;黄体;内分泌系统;特异性免疫

二、问答题

1. 分生组织主要存在植物体的哪些部位,其主要生理功能是什么?
2. 表皮和周皮有何异同?
3. 双子叶植物和禾本科植物的气孔器有何不同?
4. 厚角组织和厚壁组织有何异同?
5. 机械组织、输导组织细胞如何适应他们各自的生理功能?

6. 双子叶植物初生根和初生茎的内部结构有何异同?
7. 双子叶植物根和单子叶植物根的内部结构有何异同?
8. 双子叶植物的根和茎是如何开始次生生长的?
9. 双子叶植物茎和单子叶植物茎的内部结构有何异同?
10. 根据双子叶植物茎次生生长的知识,说明为什么树怕剥(树)皮?
11. 双子叶植物叶与单子叶植物叶有何异同?
12. 怎样理解心皮的概念?
13. 请说出经常食用的一些蔬菜、水果及干果属于什么类型的果实。
14. 植物性神经和躯体神经、交感神经的主要区别是什么?
15. 什么是激素? 含氮激素与类固醇激素的作用机制是什么?
16. 什么是免疫应答? 有几种类型? 各有什么特点?
17. 试述所食的牛肉蛋白转变成自身蛋白的过程。
18. 营养物质是如何被吸收的,通过什么方式和途径进入机体组织细胞?
19. 试述酶在食物消化过程中的作用。
20. 上皮组织的共同特征是什么?
21. 疏松结缔组织的组成成分包括哪些,其结构和功能如何?
22. 长骨的骨密质有怎样的结构与其功能相适应?
23. 试述白细胞的分类,各种白细胞的形态结构特点、正常值和功能是什么?
24. 比较三种肌纤维形态结构上的异同。
25. 试述突触的结构和功能及神经冲动传递的原理。
26. 试述脊髓的组织结构。
27. 试述淋巴结的结构与功能。
28. 从甲状腺滤泡上皮细胞的结构,说明甲状腺素合成、储存和释放过程。
29. 试述十二指肠的组织结构和功能。
30. 试述肝小叶的组织结构和功能。
31. 试述肺呼吸部的组织结构特点。
32. 试述肾小体的结构及其与原尿形成的关系。
33. 试述卵泡的生长、发育、成熟的过程。

主要参考文献

吴相钰,陈守良,葛明德 . 陈阅增普通生物学(第 4 版). 北京:高等教育出版社,2014.
段相林,郭炳冉,辜清 . 人体组织学与解剖学(第 5 版). 北京:高等教育出版社,2012.
冯燕妮,李和平 . 植物显微图解 . 北京:科学出版社,2013.
顾德兴 . 普通生物学 . 北京:高等教育出版社,2000.
贺学礼 . 植物学(第 2 版). 北京:科学出版社,2017.
姜在民,贺学礼 . 植物学 . 咸阳:西北农林科技大学出版社,2009.
李连芳 . 普通生物学 . 北京:科学出版社,2017.
彭克美 . 动物组织学及胚胎学 . 北京:高等教育出版社,2009.
田清涞 . 普通生物学 . 北京:海洋出版社,2000.
王文和,关雪莲 . 植物学 . 北京:中国林业出版社,2015.
赵德刚 . 生命科学导论 . 北京:科学出版社,2008.
郑相如,王丽 . 植物学(第 2 版). 北京:中国农业大学出版社,2007.

Mauseth J D. Botany, 5th ed. Jones and Bartlett publishers, Inc, 2015.

Reece J B, Umy L A, Cain M L, *et al*. Campbell biology: concepts and connections, 7th ed. Benjamin-Cummings publishing company, 2012.

网上更多资源

教学课件　视频讲解　思考题参考答案　自测题

第三章

生物营养与代谢

生物的生存需要不断从外界摄取各种物质以合成细胞物质、提供能量及在新陈代谢中起调节作用，这些物质称为营养物质。有机体吸收和利用营养物质的过程称为营养（nutrition）。营养物质是生物生命活动的基础，没有这个基础生命也就停止。

古希腊学者亚里士多德曾认为植物生长所需的物质全部来源于土壤。1648 年，比利时科学家海尔蒙特（J. B. Helmont）出于对亚里士多德观点的怀疑，做了"柳树增重"实验得出柳树的增重仅来自水，而不是来自大气和土壤的错误结论。尽管他的结论并不正确，但他把科学的实验方法引入了植物营养研究的领域。1804 年，索秀尔（de Saussure）采用精确定量方法，测定了空气中的 CO_2 含量以及在不同 CO_2 含量的空气中所培养植物体内的碳素含量，证明了植物体内的碳素是来自于大气，是植物同化作用的结果；而植物的灰分则来自土壤；碳、氢、氧来自空气和水。

1840 年，德国李比希（Liebig）提出了植物矿质营养学说，并否定了当时流行的腐殖质营养学说。他指出，腐殖质是在地球上有植物后才出现的，而不是在植物出现以前，因此植物的原始养分只能是矿物质。他还进一步提出了养分归还学说，指出植物以不同的方式从土壤中吸收矿质养分，使土壤养分逐渐减少，为了保持土壤肥力，就必须把植物带走的矿质养分和氮素以施肥的方式归还给土壤，否则因不断地栽培植物，而引起土壤养分的损耗，使土壤变得十分贫瘠，产量很低，甚至寸草不生，通过施肥使之归还，才能维持土壤养分平衡。李比希还在 1843 年提出了最小养分律，认为作物产量受土壤中相对含量最少的养分所控制，作物产量的高低则随最小养分补充量的多少而变化。最小养分律指出了作物产量与养分供应上的矛盾，表明施肥应有针对性。这一真知灼见，作为作物营养的基本理论，至今仍不失其光彩。后来，他的几代学生又通过大量的生理学和有机分析实验，先后创建了氮平衡学说，确定了三大营养素的能量系数，提出了物质代谢理论。

第一节　生物的营养类型

不同的生物对营养物质的需求有明显的差异。绿色植物是以无机分子，如 H_2O、CO_2 和一些矿质元素作为营养物质；动物、真菌和大多数细菌则必须从外界摄取有机物作为营养物质，如多糖、脂肪、蛋白质等。生物的营养类型是根据生物在代谢中所需要的碳源、氮源、能源和供氢体的不同而划分的。凡可构成生物细胞的代谢产物中碳架来源的营养物质统称为碳源（carbon source）。碳源是生物体内最大量和最基本的营养要素，既作碳源，又作能源，通常分为无机碳和有机碳两大类。生物界利用碳源能力的排序为：微生物 > 植物 > 动物。凡能被生物利用来构成细胞物质和代谢产物中氮素来源的营养物质，统称为氮源（nitrogen source）。从分子态氮到复杂的含氮化合物都能为不同生物所利用。氮源一般不用作能源，只有少数细菌，如硝化细菌能利用铵盐、硝酸盐作为氮源和能源。在特殊环境中，有些厌氧菌在无氧或缺氧时也可用氮源作为能源。能源（energy source）是指提供生物生命活动所需能量的来源，包括光和一些化学物质（有机物或无机物）。化学物质通过生物氧化提供能量。ATP是细胞中最为重要的能量传递分子，亦称为“能量仓库”或“能量货币”。供氢体（hydrogen donor）指氧化还原反应中脱去氢被氧化的物质。

根据生物在代谢中所需要的碳源、能源和供氢体的不同，通常把生物的营养类型分为自养型（autotrophic nutrition）和异养型（heterotrophic nutrition）两大类。

一、自养

（一）自养概述

以无机物为碳源，以光能或化学能为能源的营养方式称为自养，以这种营养方式从环境中摄取简单无机物，并将其同化为复杂有机物的生物叫自养生物（autotroph）。根据利用能源和碳源的不同，又可进一步分为光能自养生物（photoautotroph）和化能自养生物（chemoautotroph）两类。

以光为能源、CO_2或碳酸盐为主要碳源的生物称为光能自养生物。这类生物通常具有光合色素，能以光作为能源进行光合作用，以水或其他无机物作为供氢体，使CO_2还原成细胞物质。如高等植物、藻类、蓝细菌、紫色硫细菌（*Chromatium*）、绿硫细菌（*Chlorobium*）。

以化学能为能源、CO_2为主要碳源的生物称为化能自养生物。这类生物能氧化某些无机物（如NH_3、H_2、NO^{2-}、H_2S、$S_2O_3^{2-}$、Fe^{2+}）取得化学能，并还原CO_2合成有机物，如氧化亚铁硫杆菌可通过氧化$S_2O_3^{2-}$盐及含铁硫化物获能。氧化黄铁矿可以生成硫酸和硫酸铁，后者可以溶解铜矿（CuS），生成硫酸铜，这就是所谓细菌冶金。属于化能自养的微生物还有硝化细菌、氢细菌和铁细菌等。

绿色植物属于光能自养生物，体内含有叶绿素及类胡萝卜素等光合色素，能够吸收光能，利用CO_2和水，制造有机物并释放氧气。因此，空气中的CO_2就成为植物最重要的气体营养物质，但光合作用并不能满足植物生长的全部需要，还必须不断地从环境中吸收各种矿质元素，如N、P、K等作为矿质营养来维持正常的生理活动，植物利用这些无机元素可以合成自身生长发育所需要的全部氨基酸、维生素和其他物质。

（二）高等植物的营养

1. 二氧化碳的摄取

高等植物是通过光合作用来固定大气中的CO_2，摄取CO_2的主要器官是叶片，并通过气孔进入叶肉细胞的间隙，再透过生物膜最终到达叶绿体，参与光合作用。因此，气孔就是植物摄取CO_2的首要通道，也是进行体内外气体交换的重要门户，水蒸气、CO_2、O_2都要共用气孔这个通道。气孔的开闭会影响植物的蒸腾、光合、呼吸等生理过程。气孔的开闭现象称为气孔运动（stomatal movement）。

(1) 气孔运动的动力　气孔开闭是保卫细胞体积变化的结果，其动力来源于保卫细胞的膨压变化。就不同类型的植物而言，气孔结构有所不同，因此保卫细胞的膨胀和拉开气孔的方式也不同。

① 双子叶植物　双子叶植物的气孔是由两个肾形的保卫细胞构成，其细胞壁的结构特点：第一是面向气孔口一侧的细胞壁加厚，而背向气孔口一侧的细胞壁较薄；第二是细胞壁上有许多从气孔口一侧向外，呈辐射状的微纤丝。因此，当保卫细胞吸水膨胀时，由于细胞壁外侧较薄，细胞向外侧膨胀，同时带动微纤丝向外运动，微纤丝拉动内侧细胞向外运动，使气孔张开。保卫细胞失水时，气孔关闭(图3-1)。

② 单子叶植物　单子叶植物的气孔是由两个哑铃形保卫细胞构成，其细胞壁的结构与双子叶植物的不同之处在于：第一，细胞纵轴的中央部分细胞壁很厚，两端壁较薄；第二，细胞壁纵向排列有微纤丝。因此，细胞吸水时，两端薄壁部分膨胀，但由于纵向微纤丝的拉动，只能横向膨胀，使保卫细胞中央部分出现空隙，气孔张开。细胞失水时，膨压消失，两端薄壁部分体积变小，气孔关闭（图3-1）。

由上述可以看出，不论保卫细胞的结构如何不同，引起气孔运动的动力都是来源于保卫细胞吸水和失水时的膨压变化。

(2) 气孔运动的机制 关于气孔运动的机制，目前主要有以下三种学说。

① 淀粉—糖转化学说 保卫细胞与其他表皮细胞的不同之处在于其内含有叶绿体，可进行光合作用形成淀粉。但其淀粉含量却在日间减少，夜间增加，这一特性与气孔的开闭密切相关。当保卫细胞的叶绿体在光照下进行光合作用时，消耗 CO_2，使细胞内 pH 升高，淀粉磷酸化酶（starch phosphorylase，该酶在 pH 6.1 ~ 7.3 时促进淀粉水解作用）便水解淀粉为 1–磷酸葡糖，细胞的葡萄糖浓度升高，水势下降，邻近细胞的水分进入保卫细胞，膨压增大，气孔张开。在黑暗条件下，保卫细胞光合作用停止，而呼吸作用仍在进行，CO_2 积累，pH 下降，淀粉磷酸化酶（该酶在 pH 2.9 ~ 6.1 时合成作用占优势）便把 1– 磷酸葡糖合成为淀粉，细胞内浓度降低，水势升高，水分从保卫细胞中排出，结果气孔关闭。

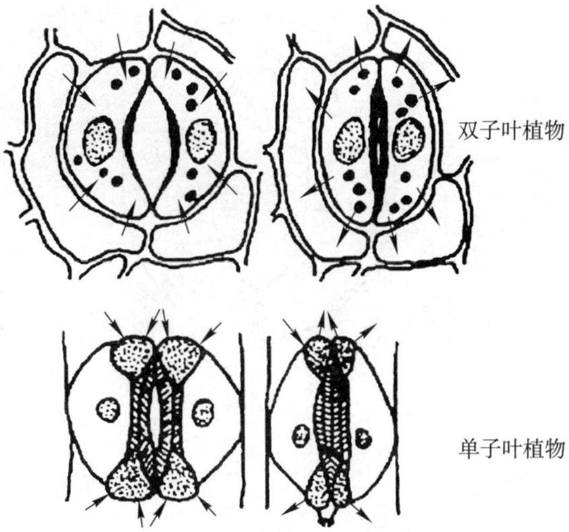

图 3–1 双子叶植物和单子叶植物的气孔运动

② 无机离子泵学说 无机离子泵学说（inorganic ion pump theory）又称为 K^+ 泵学说。该学说认为，保卫细胞质膜上存在有 H^+–ATP 酶，可以被光激活，进而水解保卫细胞中的 ATP，产生的能量，使 H^+ 从保卫细胞分泌到周围细胞中，于是保卫细胞的 pH 升高，质膜内侧的电势变低，从而驱动 K^+ 逆浓度差从周围细胞进入保卫细胞，导致细胞水势降低，保卫细胞吸水膨胀，气孔张开。实验还发现，K^+ 进入保卫细胞的同时，还伴随着等量阴离子的进入，以保持保卫细胞的电中性，这也具有降低水势的效果。黑暗中光合作用停止，保卫细胞的质膜去极性化（depolarization），以驱使 K^+ 向周围细胞转移，并伴随着阴离子的释放，结果保卫细胞的水势升高，水分外移，气孔关闭。这一调节机制已被 50 多种植物的实验结果所证明。

另外，脱落酸（ABA）也可以通过调节保卫细胞质膜上的钙离子泵来促进气孔关闭。ABA 的积累可以活化钙离子泵，使细胞外 Ca^{2+} 流入细胞内，液泡内 Ca^{2+} 向细胞质基质释放。胞内 Ca^{2+} 浓度的升高，一方面可以阻断 K^+ 的流入通道，另一方面又使细胞内 pH 升高，反过来促进向外流出的 K^+ 通道活化，结果使保卫细胞中的 K^+ 外渗，保卫细胞的水势升高，水分外移，气孔关闭。

③ 苹果酸代谢学说 20 世纪 70 年代初以来，人们发现苹果酸在气孔开闭运动中起着某种作用，便提出了苹果酸代谢学说（malate metabolism theory）。在光照下，保卫细胞内的部分 CO_2 被利用时，pH 就上升至 8.0 ~ 8.5，从而活化了 PEP 羧化酶，它可催化由淀粉降解产生的 PEP（磷酸烯醇丙酮酸），与 HCO_3^- 结合形成草酰乙酸（OAA），并进一步被 NADPH 还原为苹果酸。苹果酸解离为 2 H^+ 和苹果酸根，在 H^+/K^+ 泵驱使下，H^+ 与 K^+ 交换，保卫细胞内 K^+ 浓度增加，水势降低；苹果酸根进入液泡和 Cl^- 共同与 K^+ 在电学上保持平衡。同时，苹果酸也可作为渗透物质降低水势，促使保卫细胞吸水，气孔张开。当叶片由光下转入暗处时，过程逆转（图 3–2）。近期研究证明，保卫细胞内淀粉和苹果酸之间也存在一定的数量关系。

总之，气孔的运动机制是复杂的，上述研究结果远不能全面解释真相，但可以看出，光合作用在其中起着重要作用。因此，一切影响光合进程的物理和化学因素，都会影响气孔的开闭。图 3–3 是对上述三个学说的总结，以便简化它们基本内容，明确三者之间的相互关系。

(3) 影响气孔运动的因素 凡能影响光合作用和叶片水分状况的各种因素，都会影响气孔的运动，如光照、温度、植物激素、大气湿度及 CO_2 浓度等，从而影响 CO_2 的吸收。

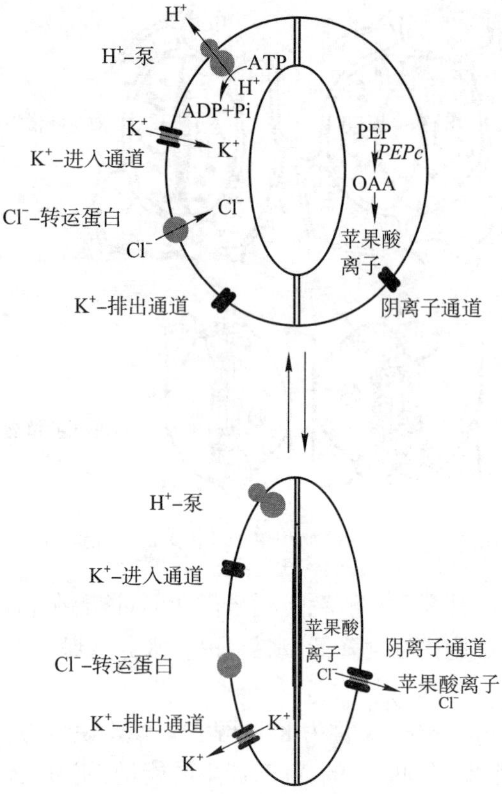

图 3-2　苹果酸代谢学说

① 光照　光是气孔运动的主要调节因素。一般情况下，气孔在光照下张开，在黑暗中关闭，这与光强和光质都有关。不同植物气孔张开所需光强不同，例如烟草只要有完全日照的 2.5% 光强即可，而大多数植物则要求在接近完全日照时才能充分张开。当光强在光补偿点以下时，通常气孔就关闭。从光质来看，红光和蓝光都可引起气孔张开，但蓝光的效率是红光的 10 倍，通常认为红光是间接效应，而蓝光直接对气孔开启起作用。

景天酸代谢植物（CAM 植物）气孔的开闭机制较为特殊，通常是白天关闭，夜晚张开，它区别于其他植物的光合作用，晚上吸收和储备 CO_2，供白天光合作用使用。

② 二氧化碳　低浓度 CO_2 促进气孔张开，高浓度 CO_2 能使气孔迅速关闭。以高浓度 CO_2 促使气孔关闭后，如把叶片转入无 CO_2 环境中，气孔不会立即张开，只有在光照下，叶内积蓄的 CO_2 用于光合作用后，气孔才能开。

③ 温度　主要影响气孔开度（stomatal aperture）。气孔开度一般随温度的上升而增大。在 30℃左右气孔开度最大，35℃以上的高温会使气孔开度变小；低于 10℃时，即使延长光照时间，气孔也不能很好张开。

④ 水分　植物处于水分胁迫条件下气孔开度减小，以减少水分的丢失。如果久雨，表皮细胞为水饱和，挤压保卫细胞，即使在白天气孔也会关闭。如果植物高度缺

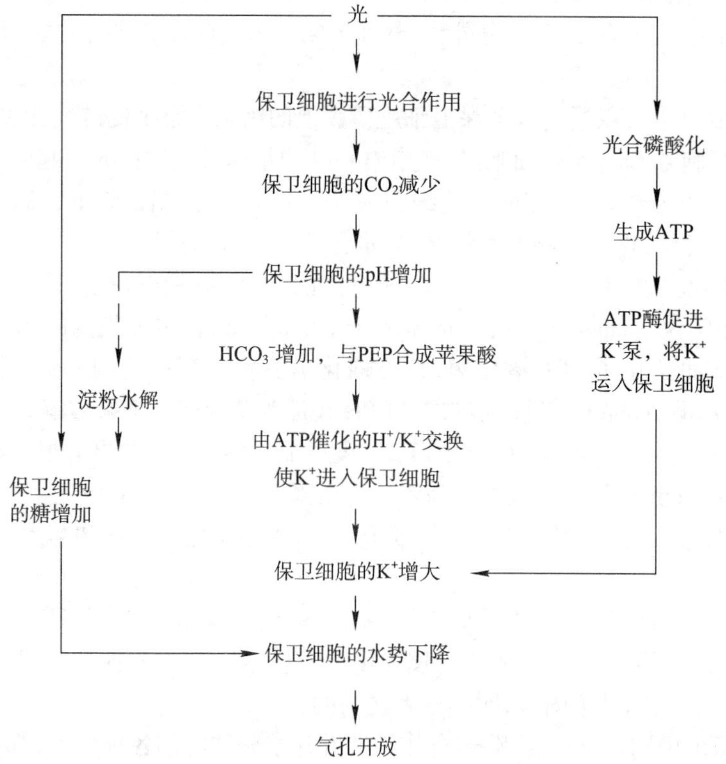

图 3-3　气孔运动机制

水，导致保卫细胞严重失水，为了保持体内水分，植物也会放弃对 CO_2 的摄入，而关闭气孔。

⑤ 植物激素　细胞分裂素和生长素促进气孔张开，低浓度的脱落酸(6 ~ 10 mol·L^{-1})会使气孔关闭。脱落酸可作为信使，影响质膜上"外向 K^+ 通道"开放，使 K^+ 排出保卫细胞，而导致气孔关闭。

2. 矿质营养

植物对矿质元素的吸收、运输和同化过程叫矿质营养。

(1) 植物必需的矿质元素及其作用　根据国际植物营养学会的标准，必需元素应满足如下 3 个条件：① 作为植物体结构物质的组成成分；② 作为植物生命活动的调节剂，参与酶的活动，影响植物的代谢；③ 起电化学作用，参与渗透调节、胶体的稳定和电荷中和等。因此，C、H、O、N、P、S、K、Ca、Mg、Cu、Zn、Mn、Fe、Mo、B、Cl 、Ni 等 17 种元素被确定为必需元素(essential element)。除 C、H、O 外，其余 14 种元素均为植物所必需的矿质元素。在 17 种必需元素中，前 9 种元素的含量分别占植物体干重的 0.1% 以上，称作大量元素(major element；macroelement)；后 8 种元素的含量分别占植物体干重的 0.01% 以下，称作微量元素(minor element；microelement)。

矿质元素对植物的新陈代谢起着重要的调控作用，缺素时会出现相应的营养不良症状，进而影响植物的正常生长发育(表 3–1)。

表 3–1　矿质元素在植物体内的作用

元素	利用形式	重要作用	缺素症状
N	NH_4^+、NO_3^-	蛋白质、核酸、叶绿素、吲哚乙酸、细胞分裂素、维生素和磷脂的组成部分	植株矮小瘦弱，叶小色淡，老叶易变黄干枯
P	$H_2PO_4^-$ 、HPO_4^{2-}	磷脂、核酸、核蛋白、ATP、NAD^+、$NADP^+$、FAD、FMN、CoA 的组成部分	植株生长缓慢，植株矮小，分枝、分蘖减少，叶色暗绿或紫红
S	SO_4^{2-}	蛋白质、CoA、硫胺素等的组成部分	植株呈黄绿色，细胞分裂受阻，植株较矮小
K	K^+	60 多种酶的活化剂；调节渗透压和气孔开闭；促进有机物的合成和积累	叶片呈褐色斑点，叶缘和叶尖焦枯坏死，叶片卷曲皱缩，茎秆易倒伏
Ca	Ca^{2+}	果胶酸钙(细胞壁成分)和钙调蛋白(激活多种酶)的组成部分；调节酶和膜的活性等	顶芽死亡，幼叶钩状，色淡；叶缘和叶尖枯死；叶脉间出现红褐斑
Mg	Mg^{2+}	叶绿素的组成部分；多种酶的活化剂；稳定核糖体的结构	叶片失绿；叶片中心出现黄斑，叶片呈红紫色
Fe	Fe^{2+}、Fe^{3+}	许多酶的辅基；固氮酶的组成部分；叶绿素合成所必需	幼叶的叶脉间首先失绿
Mn	Mn^{2+}	参与光合作用；维持叶绿体结构；许多酶的活化剂	叶黄，黄化区域杂有斑点
Zn	Zn^{2+}	己糖激酶、醛缩酶和多种脱氢酶的活化剂	叶小丛生
Cu	Cu^{2+}	多种氧化酶和质体蓝素的组成部分；调节呼吸作用	蛋白质合成受阻，萎黄
Mo	MoO_4^{2-}	为固氮和硝酸盐的同化所必需；与维生素 C 和磷代谢密切相关	固氮菌生长不良，导致土壤贫瘠
B	$B(OH)_3$、$B(OH)_4^-$	参与糖的运输和代谢；促进花粉的萌发和花粉管伸长；抑制植物体内咖啡酸、绿原酸的形成	花药和花丝萎缩；叶灰暗，生长畸形，根尖生长慢
Cl	Cl^-	维持电荷平衡；参与水光解反应，促进氧的释放	叶小、黄色或铜色；生长慢
Ni	Ni^{2+}	脲酶、氢酶的金属辅基；有激活大麦中 α– 淀粉酶的作用	叶尖坏死，不能完成生活周期

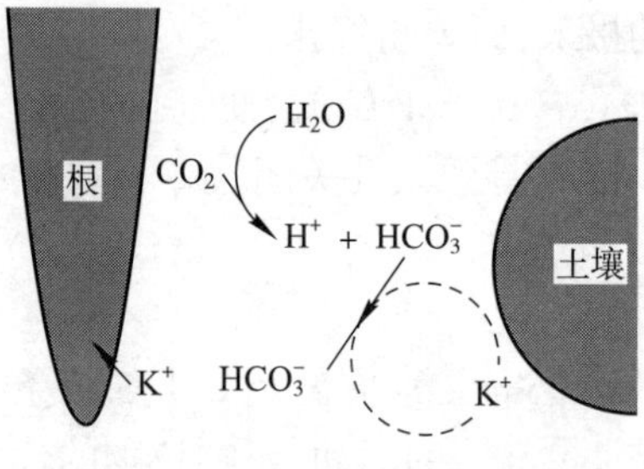

图 3-4　根与土壤的离子交换

(2) 根系对矿质元素的吸收

① 离子的交换吸附　根部细胞在吸收离子的过程中,同时进行着离子的吸附与解吸附。这时,总有一部分离子被其他离子所置换。由于细胞的吸附具有交换性质,因此也称交换吸附。根部之所以能进行交换吸附,是因为根部细胞的质膜表层附有阴阳离子,主要是 H^+ 和 HCO_3^-。这些离子是由细胞呼吸放出的 CO_2 和 H_2O 生成的 H_2CO_3 所离解出来的。H^+、HCO_3^- 可迅速与周围环境中的阳离子和阴离子进行交换。根与土壤的交换吸附有两种方式。

a. 离子交换(ion exchange)　是指 H^+ 和 HCO_3^- 和根外土壤溶液中以及土壤胶粒上的一些离子,如 K^+、Cl^- 等所发生交换,结果土壤溶液中的离子或土壤胶粒上的离子被转移到根表面。如此往复,根系便可不断吸收矿质元素(图 3-4)。

b. 接触交换(contact exchange)　当根系和土壤胶粒接触时,根系表面的离子可直接与土壤胶粒表面的离子交换(图 3-5)。因为根系表面和土壤胶粒表面所吸附的离子,是在一定的吸引力范围内振荡,当两者间离子的振荡面部分重合时,便可相互交换。

离子交换按"同荷等价"的原理进行,即阳离子只同阳离子交换,阴离子只能同阴离子交换,且价数相等。由于 H^+ 和 HCO_3^- 分别与周围溶液和土壤胶粒的阳离子和阴离子迅速地进行交换,因此无机离子就会被吸附在根表面。

② 离子的细胞吸收　无机离子被吸附到根细胞表面后还需要通过跨膜运输才能被细胞吸收利用。第一种方式称为被动吸收,这是一种物理过程,不需要植物代谢供给能量,离子顺着电化学势梯度(包括化学势梯度和电势梯度)通过扩散方式进入细胞。离子的扩散速度和方向决定于化学势梯度和电势梯度的相对大小。第二种方式称为主动吸收,这一过程需要植物代谢供应能量,是逆电化学势梯度的吸收过程。

3. 真菌和固氮微生物与高等植物的营养

(1) 真菌对植物体的营养　土壤中某些真菌,如大部分担子菌和小部分子囊菌,可与植物根形成共生体来协助植物对营养物质的吸收,这样的共生体称为菌根(mycorrhiza)。凡能引起植物形成菌根的真菌称为菌根真菌(mycorrhizal fungi)。菌根真菌与植物之间建立相互有利、互为条件的生物整体,并形成各自的形态特征。通常根据其形态和解剖学特征,将菌根分为外生菌根(ectomycorrhiza)、内生菌根(endomycorrhiza)和内外生菌根(ectendomycorrhiza)3 种基本类型。

① 外生菌根　外生菌根的特点是真菌菌丝体紧密地包围植物幼嫩的根,外部形成致密的鞘套,有些鞘套还长出菌丝,取代了植物的根毛,部分菌丝只侵入根的外皮层细胞间隙而形成特殊的网状结构,称为哈氏网,菌丝不进入皮层细胞之中。一种植物的根上可以同时由一种或几种不同的真菌形成外生菌根,它们之间的专一性一般较弱。形成外生菌根的真菌多属于担子菌中的鹅膏属(*Amanita*)、牛肝菌属(*Boletus*)和口蘑属(*Tricholoma*),也有少数种类属于子囊菌的块菌目。

外生菌根的分泌物可加速分解土壤有机质,还可活化磷素养分,使土壤中难溶性、难吸收利用的铁、铝、钙磷酸盐活化成可吸收利用的磷酸盐。同时向植物提供生长素、维生素、细胞分裂素、抗生素和脂肪

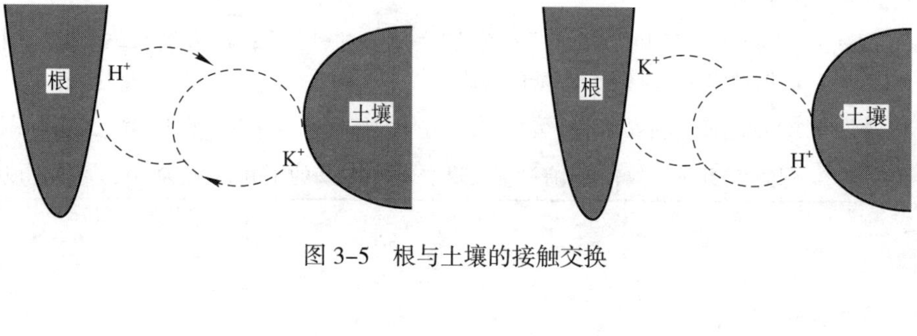

图 3-5　根与土壤的接触交换

酸等代谢产物，促进植物生长，植物则为菌根真菌提供了良好的生态环境和有机养料等。许多实验表明，用外生菌根真菌的纯培养体接种，在树苗培育和荒山造林时有重要作用。在贫瘠的土壤上，外生菌根的作用尤为明显。

② 内生菌根 又称泡囊－丛枝菌根（vesicalar–arbuscular mycorrhiza），简称丛枝菌根（VA mycorrhiza），即 VA 菌根，是内囊霉科（Endogonaceae）的部分真菌与植物根形成的共生体系。内生菌根的特点是：真菌的菌丝体主要存在于根的皮层细胞间和细胞内，而在根外较少，不形成菌套，共生的植物仍保留有根毛。大多数农作物、木本植物和野生草本植物均具有内生菌根，但由于缺乏明显的外部形态特征而不为人们重视。已知能与植物共生形成 VA 菌根的真菌都属于内囊霉科，主要有内囊霉属、无柄孢属、巨孢霉属和实果内囊属等 9 个属。内生菌根与植物有着非常密切的关系，其中植物通过光合作用为真菌的生长发育提供碳源和能源，而菌根可扩大植物根际的范围，增强根系对水分吸收的能力，提高植物的抗旱能力，改善植物营养条件，提高植物从土壤溶液中吸收养料的吸收率，特别有助于根系对土壤难溶性矿物质（如铁、磷等）的吸收。另外，VA 菌根也可促进根际微生物（如固氮菌、磷细菌）的生长，并对共生固氮微生物的结瘤有良好的影响。

③ 内外生菌根 内外生菌根是上述两种菌根的混合型。在这种菌根中，真菌的菌丝不仅从外面包围根尖，而且还伸入到皮层细胞间隙和细胞腔内，如苹果、草莓等植物具有这种菌根，杂色牛肝菌与松树形成的菌根也属于这种类型。相对上述两种类型来说，目前对内外生菌根及其真菌总体上认知较少。

总之，菌根真菌和植物在共生作用中的生理分工为：植物为菌根菌提供定居场所，供给光合产物；菌根真菌的菌丝纤细，表面大，可扩大根系吸收面积，如 1 mg 直径为 10 μm 的菌丝的吸收功能，相当于 1 600 mg 直径为 400 μm 的根；菌根菌能活化土壤养分特别是有机、无机磷化物，供植物利用；菌根真菌合成某些维生素类物质，促进植物生长发育。

(2) 固氮微生物对植物体的营养 氮素是植物体所必需的大量矿质元素之一，大部分的植物从土壤中吸收 NH_4^+ 或 NO_3^- 形式的氮。但这些形式的氮在土壤中是有限的，植物必须以大量的能量耗费来取得这些养分。在植物的适应与进化过程中，寻找到了与微生物一起协同发展以减少能耗的生活方式，即利用固氮微生物节省能量开销。

许多种豆类植物能和根瘤菌属的相应种共生。根瘤菌通过豆科植物根毛、侧根或其他部位侵入，形成侵入线，进到根的皮层，刺激宿主皮层细胞分裂，形成根瘤。宿主细胞与根瘤菌共同合成豆血红蛋白，分布在膜套内外，作为氧的载体，调节膜套内外的氧量。宿主为根瘤菌提供良好的居住环境、碳源和能源以及其他必需营养，而根瘤菌则为宿主提供氮素营养。根瘤菌所制造的一部分物质还可以从豆科植物的根部分泌到土壤中，为其他植物的根所利用，所谓“种豆肥田”就是这个道理。这也是农业生产上施用根瘤菌肥，与豆科作物间作和栽种豆科植物作为绿肥的原因。但要注意，根瘤菌和豆科植物的共生是有选择的，一种豆科植物通常只能与一种或几种根瘤菌相互适应而共生，如大豆根只能与大豆根瘤菌共生而形成根瘤。

有些非豆类种子植物也能和某种固氮微生物共生形成根瘤并固氮，如桤木属、杨梅属、沙棘属、木麻黄属等种类的根瘤内有弗兰克氏属放线菌营共生固氮作用。目前发现的此类植物已达 100 余种。

有些固氮微生物如固氮螺菌、雀稗固氮菌等，能够生活在玉米、雀稗、水稻和甘蔗等植物根内的皮层细胞之间。这些固氮微生物和共生的植物之间具有一定的专一性，但是不形成根瘤那样的特殊结构。

一切固氮微生物都含有固氮酶，固氮酶催化分子态氮还原为氨。氮是植物生长的重要营养元素之一，利用固氮微生物提高农作物产量、降低生产成本，是一项重要的农业科学技术。

二、异养

以有机物为碳源、光能或化学能为能源的营养方式称为异养，以这种营养方式摄取现成有机物的生物称为异养生物(heterotroph)。由于有机物都是大分子,不能穿过细胞膜,只有在被分解成小分子后,才能进入细胞。因此,异养生物比自养生物多一个食物的消化过程。根据利用能源和碳源的不同,异养生物又被划分为光能异养生物(photoheterotroph)和化能异养生物(chemoheterotroph)两种类型。

光能异养生物,以光作为能源、有机物作为供氢体,同化有机物质形成自身物质,是一种不产氧的光合作用。例如红螺细菌能利用异丙醇作为供氢体进行光合作用,并积累丙酮;紫色硫细菌利用乙酸为碳源,使乙酸还原形成β－羟基丁酸。

化能异养生物,所需的能源来自有机物氧化所产生的化学能,碳源主要是淀粉、糖类、纤维素、有机酸等有机化合物。因此,有机碳化物既是碳源又是能源。动物、真菌和绝大多数细菌属于这一类型。对于动物来说,是通过主动摄食的方式吞食固体有机食物,在体内将这些食物消化、吸收,这种获取营养的方式又称为吞食营养(phagotrophic nutrition)或动物式营养(holozoic nutrition)。对于真菌、大多数细菌和一些原生动物(如锥虫等)来说,则是通过腐生(saprophytism)或寄生(parasitism)的方式来获取营养,称为腐食(生)性营养(saprophytic nutrition)。前者是利用无生命的有机物,而后者是寄生在活的有机体内,从寄主体内获得营养物质。在腐生和寄生之间还存在有不同程度的既可腐生又可寄生的中间类型,称为兼性腐生(facultative saprophytism)或兼性寄生(facultative parasitism)。如人和动物肠道内普遍存在的大肠杆菌,它生活在人和动物肠道内是寄生,随粪便排出体外,又可在水、土壤和粪便之中腐生。又如引起瓜果腐烂的瓜果腐霉的菌丝,可侵入果树幼苗的胚芽基部进行寄生,也可以在土壤中长期进行腐生。

动物为异养生物,不能合成有机物,需从外界摄取食物获得营养。食物一般是难于溶解的物质,不能为动物直接利用吸收,必须经过机械的和化学的消化过程,变成简单的可溶性化合物,才能被有机体所利用。动物有机体摄取、消化和吸收食物,并利用食物中的有效成分来维持生命活动,进而完成生长发育的全部过程,叫动物营养(animal nutrition)。

(一)动物营养的需求与摄取

1. 动物的营养

食物含有动物所必需的营养物,主要包括糖类、蛋白质、脂肪、水分、矿物质和维生素六大营养要素。在哺乳动物、鸟类、鱼类、昆虫和原生动物的营养物中,有8种氨基酸是其自身不能合成,但又是必不可少的,它们是缬氨酸、亮氨酸、异亮氨酸、色氨酸、赖氨酸、甲硫氨酸、苏氨酸、苯丙氨酸,这类氨基酸称为必需氨基酸。鸡和鼠还需要脯氨酸和精氨酸。鸡的甘氨酸合成不足,需要从食物中获得补充。

哺乳动物及一些鸟类和昆虫都需要从食物中获取不饱和脂肪酸。胆固醇是生物膜的组成成分,高等动物可用乙酸进行自我合成,但许多无脊椎动物没有这种合成能力,需从食物中获取。

凡是动物生长需要,但又不能自己合成,必须从外界摄取的少量有机物,均属维生素。对于这类物质来说,通常是要从食物中获取,但动物种类不同,对维生素的需求也各不相同。例如,多数动物能用葡萄糖或其他原料合成维生素C,但人类、一些灵长类、蝙蝠、豚鼠以及昆虫等不能,要依靠食物来提供。维生素B_{12}在动植物中都不能合成,但某些微生物能够合成,人和哺乳动物都是依靠自己消化道中的微生物来合成维生素B_{12}的。维生素K也是由消化道中的细菌合成的。反刍动物瘤胃中的微生物可合成维生素B族。

2. 食物的摄取

动物的摄食方式包括滤食、采食、捕食及吸食等,这些方式决定于动物所摄取食物的性质。食草动物(herbivore;vegetarian)、食肉动物(carnivore;carnivorous animal)、杂食动物(omnivore)等,就是依据动物摄取食物的性质和方式来划分的。

滤食属于非选择性摄食方式,遇到有害物质,通常采取停止摄食的方法加以回避。营固着生活,或不太活动的动物多采用这种方式,如瓣鳃类、海鞘、文昌鱼、七鳃鳗幼体等动物。它们通常利用纤毛或刚毛引起水流,把食物颗粒黏在富有黏液的摄食表面,形成一条索带,送入消化管,食物被消化吸收,而黏液索带被排出。

采食和捕食属于选择性摄食方式。这类动物通常摄取大块或大颗粒食物,并具有处理这些食物的结构和机制。草食动物多采用咬、啃、刮、擦等方法进行采食。食肉动物往往捕捉其食饵后,先撕碎、嚼烂后再吞下,有时也将食饵整个吞下。

吸食是获取液体食物的摄食方式,也具有选择性。这类动物往往有高度分化的口器来吸取液体养料,如多种昆虫。

(二) 食物的消化和吸收

1. 消化机能的进化与消化方式

(1) 消化机能的进化 在动物的不同进化阶段,消化过程的进行也不相同。构造简单的动物,如单细胞动物,借助胞吞或胞饮作用在周围环境中获取食物,在细胞内靠酶的作用把食物颗粒分解为简单的化合物,称为细胞内消化(intracellular digestion)。高等动物和人也有部分细胞保留着细胞内消化的能力,如白细胞的吞噬作用。

随着动物从单细胞向多细胞的进化,细胞内消化也随之为细胞外消化(extracellular digestion)所代替。所有脊椎动物和许多无脊椎动物的消化是在细胞外进行的,即在一个特殊的管道(消化道)内进行。这是与动物摄食大颗粒食物协同进化的结果。大颗粒食物在细胞外的消化道内被粉碎、消化和分解,以便进入血液和淋巴管,最后被全身的细胞所吸收。

腔肠动物(水螅)和扁形动物(涡虫)属于兼性细胞外消化(细胞内消化兼有细胞外消化)或兼性细胞内消化(细胞外消化兼有细胞内消化)类型,其体内出现了消化腔,是一种不完全的消化道。食物从口进入消化腔,在腔内壁细胞分泌的消化酶作用下进行细胞外消化,形成许多多肽或食物碎片,然后再被有吞噬功能的细胞吞噬形成食物泡,进行细胞内消化。未消化的食物残渣仍由口排出。其中水螅等腔肠动物以细胞内消化占优势,涡虫等扁形动物则以细胞外消化为主。

(2) 消化方式 人和高等动物的消化器官已发展到了最精细的分化程度,包括消化道及其相连的消化腺。食物在消化道内的消化方式有两种:一种是通过消化道的肌肉活动,将食物磨碎,并使食物与消化液充分混合,以及将食物不断向消化道的下方推送,这种消化方式叫机械消化;另一种消化方式是通过消化腺分泌的消化液完成的。消化液中含有各种消化酶,能分别对蛋白质、脂肪和糖类进行消化分解,使之成为可被吸收的小分子物质,这种消化方式称为化学消化。这两种消化方式同时进行、相互配合。

2. 六大营养物质的消化与吸收

(1) 糖类的消化与吸收 糖类是草食动物和杂食动物摄入量最大的营养物质,包括纤维素、淀粉以及少量的蔗糖、乳糖和单糖等。纤维素不能被消化酶所分解,部分纤维素在大肠中被细菌所消化。对于反刍动物来说,瘤胃是消化非淀粉多糖(non-starch polysaccharides;包括纤维素、半纤维素、果胶)的主要场所。瘤胃中的微生物附着在植物细胞壁上,不断利用可溶性糖类和其他物质作为营养,使自身生长、繁殖,同时产生纤维素分解酶,分解纤维素成单糖或其衍生物。

淀粉可被唾液淀粉酶和胰淀粉酶在口腔、胃和十二指肠中消化,而形成麦芽糖、麦芽三糖和糊精。位于小肠绒毛上皮的糖水解酶(葡糖化酶、乳糖酶、蔗糖酶、糊精酶)将这些物质以及蔗糖和乳糖分解成单糖,并经主动运输进入小肠上皮细胞。

(2) 蛋白质的消化与吸收 蛋白质的消化在胃和小肠的上部进行,主要由胃蛋白酶和糜蛋白酶将其分解为肽段,之后,再由胰分泌的羧肽酶和小肠上皮细胞的氨肽酶及二肽酶分解成游离氨基酸。游离氨基酸经主动运输进入小肠上皮细胞,并通过扩散进入血管。未消化蛋白质进入大肠,在微生物作用下分解为氨基酸。反刍动物对饲料蛋白质的消化,约有70%是被瘤胃中微生物分解的,30%在肠道分解。

(3) 脂肪的消化与吸收 大多数脂肪在小肠胰脂酶的作用下被消化。首先,肝分泌的胆盐使脂肪乳化,增加脂滴的表面积,使水溶性的胰脂肪酶易于作用。在胰脂肪酶的作用下,脂肪被分解成游离脂肪酸、甘油单酯、甘油二酯和极少量的游离甘油。由于这类分子在脂类细胞膜中的溶解度高,可以靠扩散穿过细胞膜。消化产物在空肠吸收,在黏膜上皮内合成甘油三酯,与磷脂、固醇一起与特定蛋白结合,形成乳糜微粒,通过淋巴系统进入血液循环。

(4) 维生素的吸收　脂溶性维生素与脂肪的微粒一起经消化道吸收,脂肪吸收量的增加可促进脂溶性维生素的吸收。水溶性维生素一般通过主动运输、易化扩散或被动扩散等途径进入肠壁上皮细胞。但维生素 B_{12} 是带电大分子,不能穿过细胞壁,需与胃壁分泌的内因子(intrinsic factor,一种糖蛋白)结合为复合物。这种复合物被运送到回肠下部,再与上皮细胞膜上的受体结合,之后维生素 B_{12} 与内因子分离,进入上皮细胞。这种复合物的存在,可以避免维生素 B_{12} 在运送到回肠的过程中被酶水解。

脂溶性维生素在肝和脂肪组织中储存,如维生素 A 储存量可满足 6 个月的需要。而水溶性维生素几乎不在体内储存,每天排出体外的水中含有大量水溶性维生素。

(5) 水和矿物质的吸收　水分的吸收是被动的渗透过程,吸收的主要场所是小肠,大肠也可吸收通过小肠后所剩余的水分。

钠是靠主动运输与氨基酸、葡萄糖等有机分子一同进入体内,主要吸收部位是十二指肠。钙与磷吸收始于胃,主要部位在小肠。钙的吸收需要维生素 D_3 和钙结合蛋白的参与,形成复合物后经主动运输进入肠壁细胞;磷以离子态形式吸收。反刍动物和单胃动物分别在瘤胃和小肠吸收镁,吸收形式为扩散吸收。钾、氯主要吸收部位是十二指肠,吸收形式为简单扩散。无机硫在回肠以扩散方式吸收;有机硫以硫—氨基酸在小肠以主动运输方式吸收。铁的主要吸收部位在十二指肠和空肠,通过主动运输方式吸收。锌的主要吸收部位在小肠,反刍动物的真胃也可吸收。铜的主要吸收部位是小肠,吸收方式为易化扩散。锰的主要吸收部位在小肠,特别是十二指肠。

第二节　生物催化剂——酶

生命的基本特征之一就是不断地进行新陈代谢,而新陈代谢是由各式各样的化学反应组成。这些反应的基本特点是它们在一个极温和的条件下进行。如果把这些反应和在实验室中所进行的同种反应比较,就会发现有些实验室的反应需要高温、高压、强酸或强碱等剧烈条件才能进行,有些反应甚至在实验室不能完成。生化反应在有机体内如此顺利和迅速的进行,其主要原因是生物体内有一类特殊的生物催化剂,即酶(enzyme)。

一、酶的概念

酶是指由生物体内活细胞产生的一种生物催化剂。大多数由蛋白质组成,蛋白酶又包括两类:一类酶完全由蛋白质组成,称为简单酶,如脲酶。另一类除了蛋白质外,还有非蛋白质成分,即辅因子,称为结合酶类(也称全酶),如转氨酶。作为酶的辅因子的部分往往是维生素及其衍生物,或者金属离子等,在化学反应进行过程中能起到传递氢、传递电子或者是某些功能基团的作用。

核酶(ribozyme)是指具有催化功能的 RNA 分子。核酶又称核酸类酶、RNA 酶、核酶类酶 RNA。1982 年,美国的 Cech 等在研究四膜虫 26S rRNA 前体转录产物拼接时发现,在无任何蛋白质存在的情况下,该前体发生了自我剪接,后证实其内含子序列具有多种催化功能。它的发现打破了酶是蛋白质的传统观念,为此 Cech 获得了 1989 年的诺贝尔奖。核酶的功能很多,有的能够切割 RNA,有的能够切割 DNA,有些还具有 RNA 连接酶、磷酸酶等活性。它作用的底物可以是不同的分子,有些底物就是同一 RNA 分子中的某些部位。与蛋白质酶相比,核酶的催化效率较低,是一种较为原始的催化酶。

脱氧核酶(deoxyribozyme)是具有切割 RNA 作用的 DNA 分子,又称 DNA 酶。1994 年,Gerald. F. Joyce 等人工合成了一个 35 bp 的多聚脱氧核糖核苷酸,因其能够催化特定的核糖核苷酸的磷酸二酯键而得名。到目前为止，尽管还未发现自然界中存在天然的脱氧核酶，但脱氧核酶的发现使人类对于酶的认识产生了一次重大飞跃，是继核酶发现后又一次对生物催化剂知识的补充。

二、酶的命名与分类

迄今为止，已鉴定出的酶在 3 000 种以上。酶的种类如此繁多，为了便于区分与比较，对其进行了系统的命名和分类。

（一）酶的命名

1. 习惯命名法

习惯命名法使用较早，多以基团受体、供体和反应类型命名，如催化脱氢反应的酶叫脱氢酶，催化蛋白质水解的酶叫蛋白水解酶；有时还习惯加上酶的来源，如来源于胃部的叫胃蛋白水解酶，来源于胰腺的叫胰蛋白水解酶等。

2. 系统命名法

习惯命名法简单，使用广泛，但由于缺乏系统性，不够严谨。1961 年国际酶学委员会（IEC）提出了酶的系统命名法。规定命名中要标明酶的底物及反应类型，不同底物间用“：”隔开，“水”可省略，酶名称中的“水解”字样也可省略。如乳酸脱氢酶的系统名应为“乳酸：NAD^+ 氧化还原酶”；蛋白水解酶可简称为蛋白酶。

（二）酶的分类

1. 按照酶蛋白分子的特点分类

（1）单体酶　通常由一条肽链构成，多为催化水解反应的酶，如溶菌酶、羧肽酶等。若由多条肽链构成，各肽链间要以二硫键连接，如胰凝乳酶。

（2）寡聚酶　是由多条肽链以非共价键缔合而成的酶，属于寡聚蛋白。大部分的酶类由偶数亚基组成，也有奇数亚基的，一般为调节酶类即变构酶，在生物的代谢调控中起重要作用。

（3）多酶复合体　由几种不同的酶彼此嵌合而成的结构和功能实体，也称为酶系。一般由 2～6 个功能相关的酶组成，催化细胞代谢的一系列连续的反应发生，如脂肪酸合成酶复合体。

2. 按照催化反应的类型分类

国际酶学委员会按照催化反应的类型制定了一套完整的酶分类系统，把酶分成以下 6 类。

（1）氧化还原酶类（oxidoreductase）　指催化底物进行氧化还原反应的酶类。如乳酸脱氢酶、琥珀酸脱氢酶、细胞色素氧化酶、过氧化氢酶等。反应通式：$AH_2 + B \longleftrightarrow A + BH_2$；分类编号：1。

（2）转移酶类（transferase）　指催化底物之间进行某些基团的转移或交换的酶类。如转甲基酶、转氨酸、己糖激酶、磷酸化酶等。反应通式：$AR + B \longleftrightarrow A + BR$；分类编号：2。

（3）水解酶类（hydrolase）　指催化底物发生水解反应的酶类。如淀粉酶、蛋白酶、脂肪酶、磷酸酶等。反应通式：$AB + H_2O \longleftrightarrow AOH + BH$；分类编号：3。

（4）裂合酶类（lyase）　指催化一个底物分解为两个化合物或两个化合物合成为一个化合物的酶类。如柠檬酸合成酶、醛缩酶等。反应通式：$AB \longleftrightarrow A + B$；分类编号：4。

（5）异构酶类（isomerase）　指催化各种异构体之间相互转化的酶类，即底物分子内基团或原子的重排过程。如磷酸丙糖异构酶、磷酸己糖异构酶等。反应通式：$A \longleftrightarrow B$；分类编号：5。

（6）合成酶类（synthetase）或连接酶类（ligase）　指催化两分子底物合成为一分子化合物，同时还必须偶联有 ATP 的磷酸键断裂的酶类。如谷氨酰胺合成酶、氨基酸－tRNA 连接酶等。反应通式：$A + B + ATP \rightarrow AB + ADP + Pi$；分类编号：6。

三、酶的作用特点与机制

(一) 酶促反应的特点

酶与一般催化剂的共性是:用量少、反应中不消耗;可改变反应速率,而不改变平衡点;降低反应活化能(activation energy),使反应物仅需较少能量就可以进入活化状态。但酶又有其自身的独特之处。

1. 高效性

酶的催化效率比无催化剂的自发反应速率高 $10^8 \sim 10^{20}$ 倍,比一般催化剂的催化效率高 $10^7 \sim 10^{13}$ 倍。这种高度加速的酶促反应机制,主要是因为大幅度降低了反应的活化能。

2. 特异性

酶对其所催化的底物和催化的反应具有较严格的选择性,通常一种酶只能催化一种或一类物质的化学反应,常将这种选择性称为酶的特异性或专一性。根据酶对底物选择的严格程度不同,酶的特异性通常分为以下三种。

(1) 绝对特异性 只能催化一种底物发生一定的反应,称为绝对特异性(absolute specificity)。如脲酶只能催化尿素水解成 NH_3 和 CO_2,而不能催化甲基尿素水解。

(2) 相对特异性 一种酶可作用于一类化合物或一种化学键,这种不太严格的特异性称为相对特异性(relative specificity)。有的酶只对底物分子中化学键要求严格,而不管键所连基团,称为键专一性。如脂肪酶不仅水解脂肪,也能水解简单的酯类。另外一些酶不但要求底物具有一定的化学键,而且对键的某一端的基团也有要求,称为基团专一性。如 α-D- 葡糖苷酶,不仅要求水解 α- 糖苷键,而且键的一端必须是 D- 葡萄糖。

(3) 立体异构特异性 酶对底物立体构型的特异要求,称为立体异构特异性(stereo specificity)。又包括两类,即旋光异构专一性和几何异构专一性。如 L- 乳酸脱氢酶的底物只能是 L 型乳酸,而不能是 D 型乳酸;延胡索酸酶只能催化反丁烯二酸加水生成苹果酸,而对顺丁烯二酸没有催化活性。

3. 易失活

酶是蛋白质,酶促反应要求一定的 pH、温度等温和的条件,强酸、强碱、有机溶剂、重金属盐、高温、紫外线、剧烈震荡等任何使蛋白质变性的理化因素都可使酶变性而失去其催化活性。

4. 可调节性

酶的催化活性是受到调节控制的,这是酶区别于一般催化剂的重要特征。不同的酶调节方式也不同,包括酶原激活、变构调节、共价修饰调节和激素调节等。

(二) 酶促反应的作用机制

1. 酶的活性中心

酶是生物大分子,由数百个氨基酸组成。而酶的底物一般很小,所以直接与底物接触并起催化作用的只是酶的一小部分。我们把与底物结合并可以催化底物转化为产物的区域称为酶的活性中心,主要由两个部位组成,即结合部位和催化部位,分别由 2 ~ 4 个氨基酸构成,出现频率较高的氨基酸有谷氨酸(Glu)、酪氨酸(Tyr)、组氨酸(His)、赖氨酸(Lys)、半胱氨酸(Cys)、天冬胺酸(Asp)等。由其协助完成酶的催化活性,并降低反应的活化能。

2. 酶的催化机制

早在 1894 年,德国著名有机化学家 Fisher 提出了"锁钥学说",该学说认为酶与底物为锁和钥匙的关系,以此说明酶与底物结构上的互补性,即专一性(图 3-6)。该学说的缺陷是不能解释别构效应。

1958 年,Koshland 认识到酶作为一种蛋白质是可以变构的,变构诱导物为酶的底物,从而提出了诱导契合学说(图 3-7)。该学说认为:酶分子与底物开始是不能完全互补的,当酶分子与底物接近时,就会受到底物的诱导发生构象的改变,底物即可契合到酶的活性中心,使其化学键变得敏感。"诱导契合

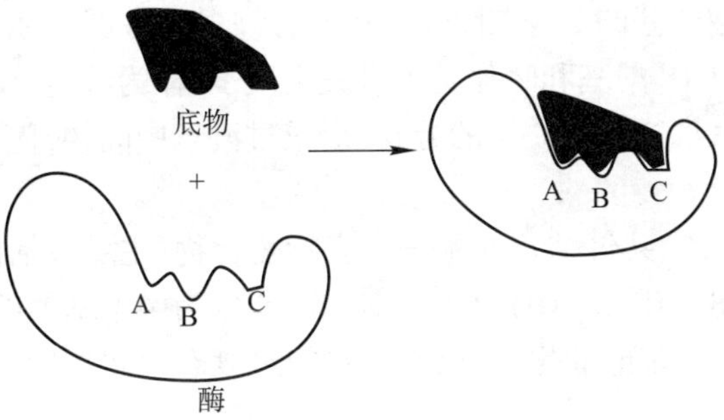

图 3-6　酶与底物锁钥结合

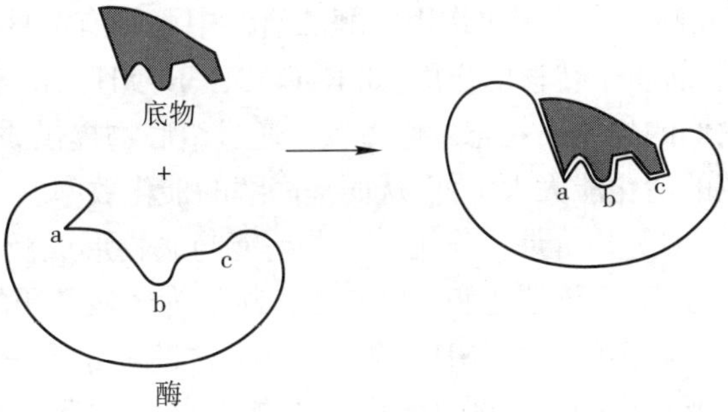

图 3-7　酶与底物诱导契合

学说”有效地克服了“锁钥学说”不能解释的问题，多年来的实验证据也有力地支持了这一假设。

酶和化学催化剂都能降低反应的活化能，但酶比一般化学催化剂降低活化能作用要大得多，其高效性主要体现在以下几个方面。

（1）酶能与底物形成中间复合物　酶催化底物反应时，首先是酶（E）的活性中心与底物（S）结合生成“酶－底物复合物（ES）”，此复合物再进行分解而释放出酶，同时生成一种或数种产物（P），即 $E+S \longleftrightarrow ES \longrightarrow E+P$。酶－底物复合物的形成，改变了原来反应的途径，原来一步完成的反应，现在变成了两步，而两步反应所需活化能的总和远远小于一步反应所需的能量，从而使反应加速。

（2）趋近效应和定向作用　酶与底物形成复合物后，使底物与底物、酶的催化基团与底物结合于同一分子，使有效浓度得以极大地升高，从而使反应速率大大增加，这种效应称为趋近效应（approximation）（图 3-8A）。趋近效应使酶活性中心处的底物浓度急剧增高，从而增加底物分子的有效碰撞。酶还能使靠近活性中心处的底物分子的反应基团与酶的催化基团取得正确定向，这就是定向作用（orientation）（图 3-8B）。定向作用提高了酶与底物反应的适宜时机，从而降低了反应活化能，加快了反应速率。

（3）“变形”与“契合”　前已述及，酶与底物接触后，酶在底物的诱导下其空间构象发生变化；另一方面底物也因某些敏感键受力而发生“变形”。酶构象的改变与底物的变形，使两者彼此互补“契合”（见图 3-7），导致底物分子内部产生张力，受牵拉力影响底物化学键易断裂，容易反应。

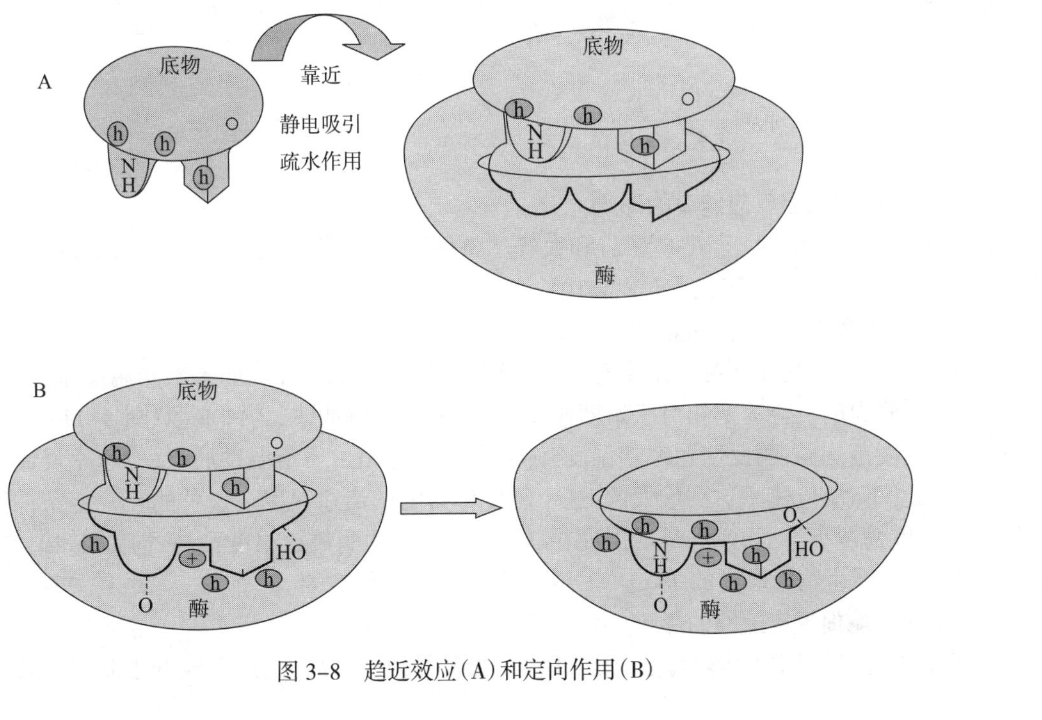

图 3-8　趋近效应（A）和定向作用（B）

(4) 酸碱催化作用　酶的活性中心具有某些氨基酸残基的 R 基团，这些基团有许多是酸碱功能基团，起质子转移的作用，如 R-COOH、$R-NH_3^+$、R-SH、R-OH、酚基和咪唑基等可失去质子，作为酸；相反，它们的失质子状态可作为碱。通过给底物提供质子和从底物获得质子的方式，形成过渡态中间物，使反应的活化能大大降低，从而提高酶的催化效率。

(5) 共价催化作用　某些酶能与底物形成极不稳定的、共价结合的酶——底物复合物，主要包括两种形式，亲核催化和亲电催化。能作为亲核基团的，如 R-SH、R-OH 和 $R-NH_2$ 等；能作为亲电基团的，如金属离子和 $R-NH_3^+$ 等。酶分子通过对底物进行亲核和亲电催化，形成不稳定的过渡态中间物后，只需要很少的能量即可转化为产物，加快化学反应速率。

四、影响酶促反应速率的因素

酶具有高效性，影响酶促反应速率的因素有很多，了解其规律，能帮助我们寻找最有利的反应条件，提高酶促反应速率。为了表示酶促反应快慢，通常以酶反应的初速度（$V_{初}$）来衡量，即单位时间内反应物浓度的减少或生成物浓度的增加。

（一）底物浓度对酶促反应速率的影响

1903 年，Henri 用蔗糖酶水解蔗糖实验，研究底物浓度与反应速率的关系。当酶浓度不变时，可以测出一系列不同底物浓度下的反应速率，以反应速率对底物浓度作图，可得出下列曲线（图 3-9）。

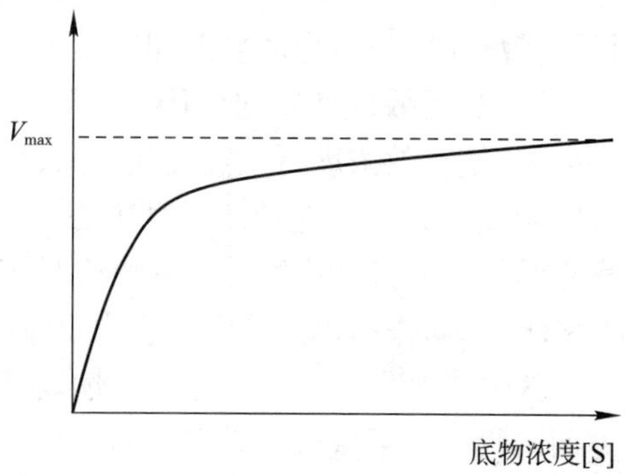

图 3-9　底物浓度对酶促反应速率的影响

从该曲线可以看出，当底物浓度较低时，反应速率与底物浓度成正比，表现为一级反应。随着底物浓度的增加，反应速率增加，但不按正比升高，表现为混合级反应。当底物浓度达到相当高时，反应达到最大速率（V_{max}），表现为零级反应。1913 年，Michaelis 和 Menten 在前人工作的基础上，根据酶反应的中间产物学说推导出了动力学方程。为纪念两位科学家，习惯上称该方程为米氏方程，K_m 称为米氏常数。

米氏方程为：

$$v=\frac{V_{max}\cdot[S]}{K_m+[S]}$$

（二）酶浓度对酶促反应速率的影响

在一定的 pH（近中性）、温度（室温）和大气压条件下，当底物浓度[S]一定时，酶促反应速率 V 与酶浓度[E]成正比，表现为一级反应（图 3-10）。

（三）温度对酶促反应速率的影响

大多数化学反应的速率都和温度有关，酶催化的反应也不例外。如果不同温度条件下进行酶催化反应，然后将测得的反应速率相对于温度作图，即可得到影响曲线，为钟罩型（图 3-11）。从图中可以看出，在较低温度范围内，酶反应速率随温度升高而增大，但超过一定温度后，反应速率反而下降，因此只有在某一温度下，反应速率达到最大值，这个温度称为酶的最适温度。每种酶在一定条件下，都有其最适温度。一般情况下，动物酶的最适温度在 35～40℃，植物酶最适温度稍高，通常在 40～50℃，个别酶比较特殊，如从微生物提取出的 *Taq* DNA 聚合酶最适温度为 72℃。

（四）pH 对酶促反应速率的影响

酶的活力受环境 pH 的影响，在一定 pH 下，酶表现为最大活力，高于或低于此 pH，酶活力降低，通

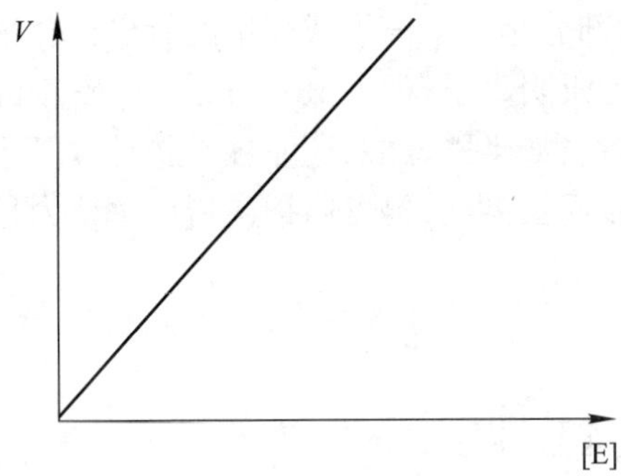

图 3-10 酶浓度对酶促反应速率的影响

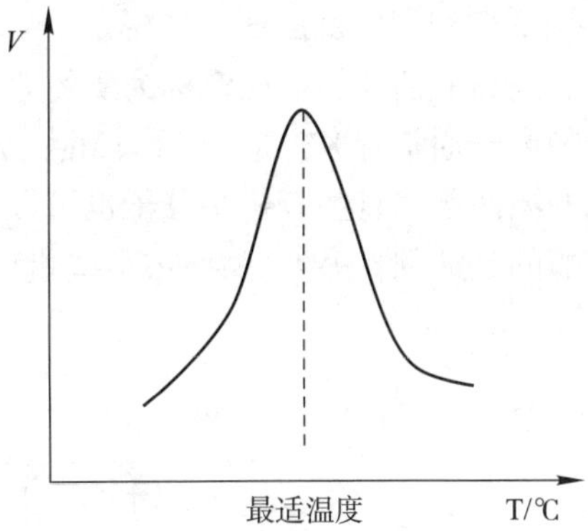

图 3-11 温度对酶促反应速率的影响

常把酶表现出最大活力的 pH 称为该酶的最适 pH(图 3-12)。不同的酶在一定条件下都有其最适 pH,但其不是常数,受多种因素的影响,随底物种类和浓度、缓冲液种类和浓度的不同而改变。大多数酶的最适 pH 在 5 ~ 8,动物酶的最适 pH 多在 6.5 ~ 8.0,植物及微生物酶的最适 pH 多在 4.5 ~ 6.5。但也有例外,如胃蛋白酶最适 pH 为 1.5。

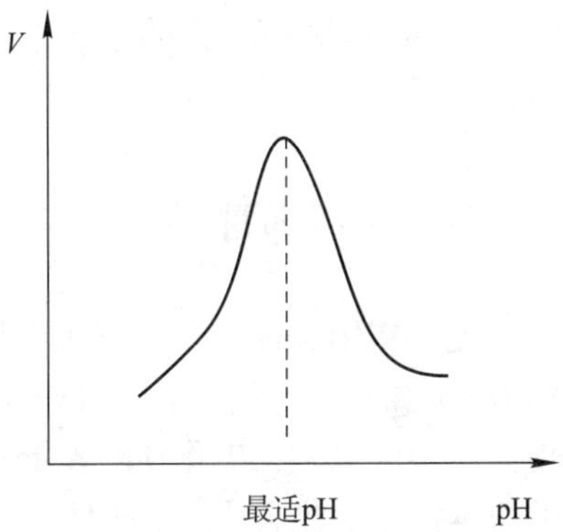

图 3-12 pH 对酶促反应速率的影响

(五) 抑制剂对酶促反应速率的影响

能够引起酶活性降低或丧失的物质称为酶的抑制剂,该过程称为抑制作用。根据抑制剂与酶作用的方式及抑制作用是否可逆,可把抑制作用分为两类,即不可逆抑制作用和可逆抑制作用。

1. 不可逆抑制作用

抑制剂与酶的活性中心以共价键结合而使酶活性丧失,不能用透析、超滤等物理方法除去抑制剂使酶复活,称为不可逆抑制。如有机磷农药杀虫、重金属中毒、青霉素抑菌等都属于该抑制方式。

2. 可逆抑制作用

抑制剂与酶以非共价键结合而引起酶活性降低或丧失,能用物理方法除去抑制剂而使酶复活,称为可逆抑制。根据抑制剂与底物结合的关系,可逆抑制作用分为 3 种类型。

(1) 竞争性抑制 竞争性抑制是最常见的一种可逆抑制作用。抑制剂[I]和底物[S]竞争酶[E]的结合部位,影响了底物与酶的正常结合。因为酶的活性中心不能同时既与底物结合又与抑制剂结合,因而在底物和抑制剂之间产生竞争,故称为竞争性抑制。大多数竞争性抑制剂的结构与底物结构类似,因此能与酶的活性中心结合形成 E–I 复合物,但 E–I 复合物不能分解成产物(P),酶促反应速率下降。其抑制程度取决于底物与抑制剂的相对浓度,这种抑制作用可以通过增加底物浓度而解除。如丙二酸对琥珀酸脱氢酶的抑制即属于该抑制方式。

(2) 非竞争性抑制 非竞争性抑制的特点是底物[S]和抑制剂[I]同时和酶[E]结合,E + I + S → E–I–S;酶与抑制剂结合后,还可以与底物结合,E–I + S → E–I–S;酶与底物结合后,还可以与抑制剂结合:E–S+I → E–S–I。但是中间的三元复合物不能进一步分解为产物,因此酶活力降低。这类抑制剂与酶活性中心以外的基团结合,其结构与底物无共同之处,这种抑制作用不能用增加底物浓度的方法解除,故称为非竞争性抑制。如亮氨酸是精氨酸酶的非竞争性抑制剂。

(3) 反竞争性抑制 反竞争性抑制的特点是酶[E]只有与底物[S]结合后,才能暴露出与抑制剂[I]结合的位点,即 E–S + I → E–S–I,E–S–I 不能转化为产物(P)。反竞争性抑制作用常见于多底物反应中,而单底物反应中很少见。如氰化物对芳香硫酸酯酶的作用属于反竞争性抑制。

（六）激活剂对酶促反应速率的影响

凡是能提高酶活性的物质都称为酶的激活剂。其中大部分是无机离子或简单的有机化合物。作为激活剂的阳离子通常有 K^+、Na^+、Ca^{2+}、Mg^{2+}、Zn^{2+}、Fe^{2+} 等；无机阴离子有 Cl^-、Br^-、I^-、CN^- 等，如 Cl^- 是唾液淀粉酶的激活剂。有些有机小分子也可以作为酶的激活剂，如半胱氨酸，还原性谷胱甘肽等还原剂是多种巯基酶的激活剂。另外，酶原被一些蛋白酶水解掉肽段而被激活，也可以把此蛋白酶认为是酶的激活剂。

第三节　能量代谢

能量代谢（energy metabolism）是指随着新陈代谢的进行而发生的能量出入或转换，是在物质代谢过程中所伴随着能量的储存、释放、转移和利用的过程。在化学键能（呼吸、发酵作用）或光能（光合作用）直接转化成热量前，转换成 ATP 等的高能键是其显著的特征之一。

一、光合作用

光合作用（photosynthesis）是指绿色植物通过叶绿体，利用光能，把二氧化碳和水转化成储存着能量的有机物，并且释放出氧的过程。光合作用的重要意义是把无机物转变成有机物，转化并储存太阳能，使大气中的氧和二氧化碳的含量相对稳定。总之，光合作用是地球上几乎一切生物的生存、繁荣和发展的根本源泉。光合作用的过程，可用下列方程式来表示。

$$CO_2 + H_2O \xrightarrow[\text{叶绿体}]{\text{光能}} (CH_2O) + O_2$$

这一方程式看似简单，实则经历了 300 多年的发展历程。1648 年，海尔蒙特用柳树栽培实验，证明了水分是建造植物体的重要原料，但没有考虑到空气的作用。1771 年，英国的普里斯特利（Priestley）把植物、点燃的蜡烛和小鼠密闭的玻璃罩里，证明了植物能净化空气的作用，也间接证明了氧气在光合作用中的重要意义，但并没有发现光的重要性。1845 年，德国科学家梅耶（Mayer）指出，植物在进行光合作用时，把光能转换成化学能储存起来。那么化学能是以何种形式储存的呢？大约 20 年后，德国的萨克斯（Sachs）用碘蒸汽验证了绿色叶片在光合作用中可产生淀粉。1880 年，美国的恩格尔曼（Engelmann）把载有水绵和好氧细菌的临时装片放在没有空气的暗环境里，然后用极细光束照射水绵，通过显微镜观察发现，好氧细菌向叶绿体被光照的部位集中，如果上述临时装片完全暴露在光下，好氧细菌则分布在叶绿体所有受光部位的周围，证明了叶绿体是进行光合作用的场所，经过几代科学家的努力，终于发现和完善了光合作用的整个过程。

（一）光合色素系统

叶片是进行光合作用的主要器官，而叶绿体是进行光合作用的主要细胞器。叶绿体的类囊体膜上分布有光合色素，主要包括叶绿素和类胡萝卜素两大类。在类囊体膜和间质中存在许多种光合作用需要的酶。

叶绿体中的光合色素不是随机分布的，而是有规律地组成一些特殊的功能单位，即光合色素系统，简称光系统（photosystem）。每一光系统一般包含 250 ~ 400 个叶绿素和其他色素分子，并紧紧地结合在类囊体膜上。光系统分为光系统Ⅰ（PSⅠ）和光系统Ⅱ（PSⅡ）。

在 PSⅠ中有 1 ~ 2 个叶绿素 a 分子高度特化，称为 P700，是 PSⅠ的反应中心，因此又称为反应中心色素（reaction centre pigment）或反应中心叶绿素（reaction centre chlorophyll）。它的红光区吸收高峰位于

700 nm，略高于一般叶绿素 a 分子。其余的叶绿素分子（包括绝大部分叶绿素 a 和全部的叶绿素 b）、胡萝卜素、叶黄素等，则称为聚光色素（light-harvesting pigment）或天线色素（antenna pigment），因为它们的作用是从日光中吸收光能并传递给 P700 分子。

PSⅡ也含有叶绿素 a、叶绿素 b，以及叶黄素等辅助色素。与 PSⅠ不同的是，其反应中心色素不是 P700，而是 P680，它在红光区的吸收高峰位于 680 nm 处。其余的色素分子均为聚光色素。

（二）光合作用的过程和机制

光合作用是能量转化和形成有机物的过程。在这个过程中首先是吸收光能并把光能转变为电能，进一步形成活跃的化学能，最后转变为稳定的化学能，贮藏于糖类中。

整个光合作用可大致分为三个阶段：(1) 原初反应；(2) 电子传递和光合磷酸化；(3) 二氧化碳的固定与还原。由于原初反应和光合磷酸化的过程需要光的参与，因此属于光反应（light reaction），而二氧化碳的固定与还原过程不需要光的参与，故属于暗反应（dark reaction）。

1. 原初反应

原初反应（primary reaction）发生于光合作用最初始阶段，是指光合色素分子对光能的吸收、传递与转换过程，是直接与光能利用紧密相关的光化学反应（光能转换成化学能）。

当光照射到植物时，天线色素分子吸收光量子而被激发，大量的光能通过天线色素吸收、传递到反应中心色素分子，引起光化学反应。

光化学反应是在光合反应中心进行的。而反应中心是进行原初反应的最基本的色素蛋白复合体，它至少包括一个反应中心色素分子，包括原初电子供体（primary electron donor）、一个原初电子受体（primary electron acceptor）和一个次级电子供体（secondary electron donor），以及维持这些电子传递体的微环境所必需的蛋白质，才能导致电荷分离，将光能转换为电能。原初电子受体，是指直接接受反应中心色素分子传来电子的物质。次级电子供体，是指将电子供给反应中心色素分子的物质。在光下，光合作用原初反应是连续不断地进行的，因此必须不断有最终电子供体和最终电子受体的参与，构成电子的“源”和“库”。

高等植物起始的电子供体是水，最终电子受体是 $NADP^+$。光化学反应实质上是由光引起的反应中心色素分子与原初电子受体和次级供体之间的氧化还原反应。天线色素分子将光能吸收和传递到反应中心后，使反应中心色素分子激发而成为激发态，释放电子给原初电子受体，反应中心色素分子失去的电子可由次级电子供体来补充，于是反应中心色素分子恢复原态，而次级电子供体氧化。这样不断地氧化还原，就把电子持续地送给原初电子受体，完成光能转变为电能的过程（图 3-13）。

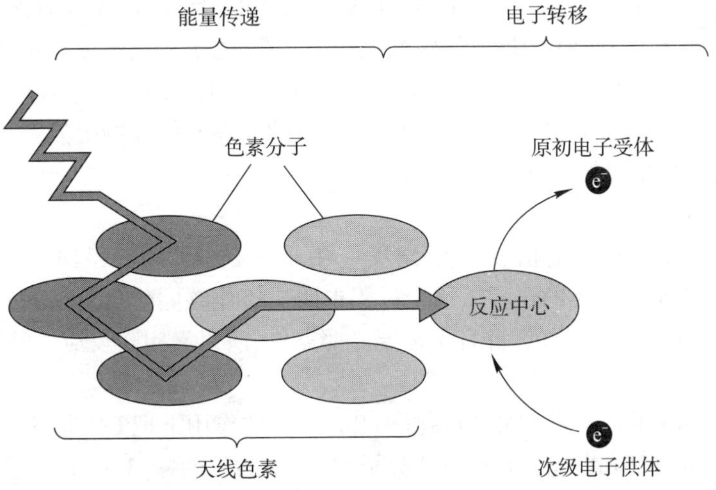

图 3-13 原初反应中能量吸收、传递与转化

2. 电子传递和光合磷酸化

在 PS Ⅰ 中，P700 释放的电子被结合在类囊体膜上的电子递体 Fd（ferredoxin，铁氧还蛋白）所接受，并传给 $NADP^+$，生成 NADPH。而 P700 分子则出现了电子缺失。

与此同时，在 PS Ⅱ 中，P680 分子被激发而释放的高能电子也在一系列电子递体中传递，经过 PQ（plastoquinone，质体醌）、$Cytb_6/f$（cytochrome b_6/f complex，细胞色素复合体）和质蓝素（plastocyanin，PC）而传递到 P700，从而填补了 P700 的电子缺失。此时 P680 分子却又出现了电子缺失，这一缺失则由来自 H_2O 的电子补充。H_2O 的裂解是由 PS Ⅱ 在吸收光子活化时，产生的一种强氧化剂 Z^+ 所导致，这一水裂解过程可释放电子，产生 O_2 和质子。

PS Ⅰ 和 PS Ⅱ 合作完成了电子传递、水的裂解、氧的释放和 NADPH 的生成。所产生的质子则进入类囊体腔，使类囊体内外形成质子梯度。质子穿过类囊体膜上 ATP 合成酶复合体，从类囊体腔流向叶绿体基质，同时将能量通过磷酸化而储存在 ATP 中。由于这一磷酸化过程是在光合作用过程中发生的，所以称为光合磷酸化（photophosphorylation），即叶绿体在光照下把无机磷（Pi）与 ADP 合成 ATP 的过程（图 3–14）。

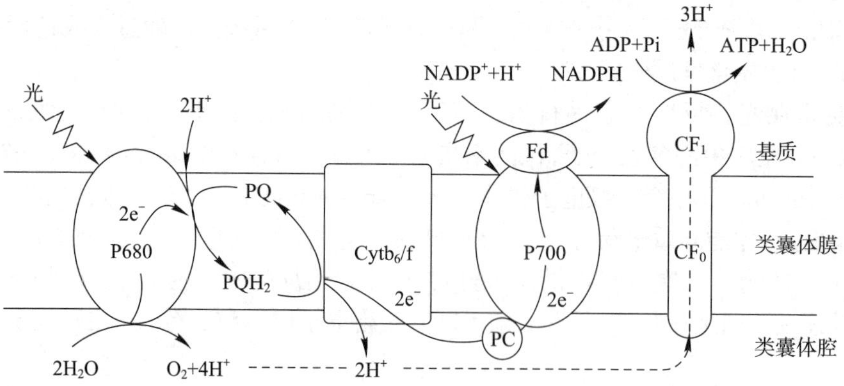

图 3–14 光合磷酸化

图 e3–1 电子传递及其非环式和环式光合磷酸化

当 $NADP^+$ 供应不足时，PS Ⅰ 中 P700 释放的电子可经过一个环式途径，即经过 Fd → $Cytb_6/f$ → PC，又回到 P700。在这一环式途径中，不生成 NADPH，也不发生水的裂解和氧的释放，但仍有一定的质子积累，可形成一定量的 ATP，这一过程称为环式光合磷酸化（cyclic photophosphorylation）。而上文介绍的，由 PS Ⅰ 和 PS Ⅱ 共同参与，且伴随着水的裂解、氧的释放和 NADPH 的形成的磷酸化作用，由于电子传递的途径不是环式，故称为非环式光合磷酸化（noncyclic photophosphorylation）（图 e3–1）。

由于原初反应和光合磷酸化是在叶绿体的类囊体膜上进行的，是直接把光能转化为化学能的光化学过程，因此称为光反应。

3. 二氧化碳的固定与还原

二氧化碳的固定和还原是指植物利用光反应中形成的 ATP 和 NADPH 等同化力（assimilatory power），将 CO_2 固定并还原为糖类的过程。这个过程也叫二氧化碳同化（CO_2 assimilation），简称碳同化。由于碳同化是在叶绿体的基质进行的，并且不需要光照条件，所以又叫暗反应。暗反应包括三个主要环节（图 3–15）。

（1）碳固定（carbon fixation） 在 RuBP 羧化酶（Rubisco）的作用下把 CO_2 固定在 1，5– 二磷酸核酮糖（ribulose–1，5–bisphosphate，RuBP）上，并形成 2 分子的 3– 磷酸甘油酸（3–phosphoglycerate，PGA）。

（2）还原（reduction） 在 ATP 和 NADPH 的参与下，把 3– 磷酸甘油酸还原为 3– 磷酸甘油醛

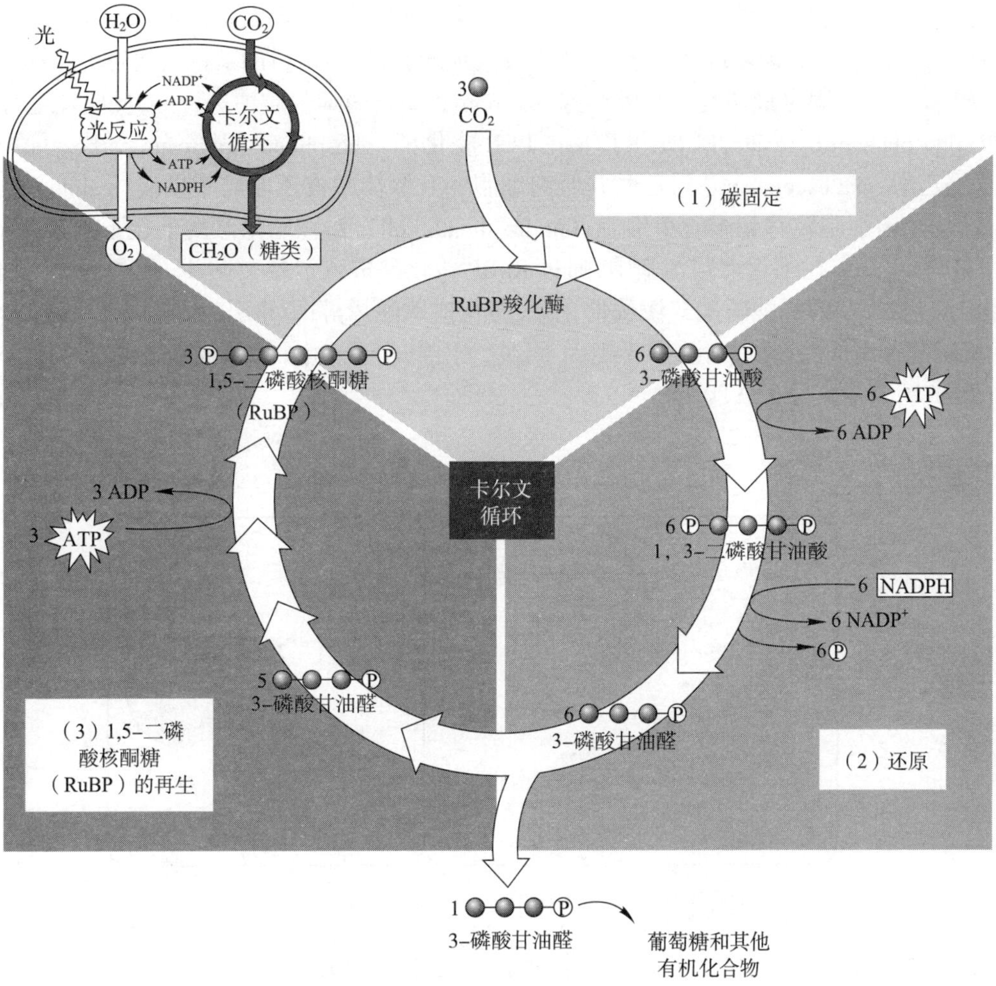

图 3-15 卡尔文循环

(glyceraldehyde 3-phosphate, G3P/PGAL)。

(3) RuBP 再生 通过一系列复杂的酶促反应，3- 磷酸甘油醛一部分形成葡萄糖(glucose)和其他成分，大部分则又形成了 1,5- 二磷酸核酮糖，继续固定 CO_2。

在此代谢途径中，CO_2 固定后的第一个产物是含有 3 个碳原子的化合物(3- 磷酸甘油酸)，因此称之为 C_3 循环，具有此碳固定途径的植物称为 C_3 植物。为了纪念 Melvin Calvin 对碳同化研究做出的杰出贡献，该循环也称为卡尔文循环(Calvin cycle)。

在卡尔文循环中，每循环 3 次，固定 3 个 CO_2 分子，生成 6 分子 3- 磷酸甘油醛，其中 1 分子用来合成葡萄糖或其他糖类，其余 5 个则是再进入卡尔文循环，并产生 3 分子的 RuBP，以保证 CO_2 的持续固定。所以，每产生 1 分子的葡萄糖需要 2 分子 3- 磷酸甘油醛，即需要完成 6 次循环。从能量的变化来计算，生产一个用于细胞代谢与合成的 3- 磷酸甘油醛分子，需要 9 分子 ATP 和 6 分子 NADPH 参与。ATP 和 NADPH 都是来自光反应，所以光反应和暗反应是一个整体过程，缺一不可。卡尔文循环的总反应式如下：

$$6CO_2 + 12NADPH + 12H^+ + 18ATP \rightarrow C_6H_{12}O_6 + 12NADP^+ + 18ADP + 18Pi + 6H_2O$$

4. 碳固定的 C_4 途径

卡尔文循环或称 C_3 途径(C_3 pathway)是绿色植物碳同化的主要途径，但不是唯一途径。研究发现，某些热带或亚热带起源的植物，例如甘蔗在 $^{14}CO_2$ 中进行光合作用时，同位素 ^{14}C 首先标记在苹果酸、草酰乙酸和天冬氨酸上。由于这类植物光合作用的最初产物是四碳二羧酸，所以称其为 C_4 植物，其代谢途径称为 C_4 途径（C_4 pathway）。后来发现在玉米、高粱以及其他禾本科、莎草科的某些植物中也有这一途径。

在 C_4 植物中，CO_2 固定最初是在叶肉细胞（mesophyll cell）的细胞质中进行的，反应发生时，磷酸烯醇丙酮酸（phosphoenol pyruvate，PEP）和 CO_2 在 PEP 羧化酶（phosphoenol pyruvate carboxylase）的作用下，形成草酰乙酸（oxaloacetate）；草酰乙酸在叶肉细胞的叶绿体中被还原成苹果酸（malate）。苹果酸通过胞间连丝从叶肉细胞转移到维管束细胞（bundle sheath cell）中，在苹果酸酶催化下脱羧生成丙酮酸（pyruvate）和 CO_2。CO_2 在维管束鞘细胞中，通过 RuBP 羧化酶进入卡尔文循环。丙酮酸经过胞间连丝又回到叶肉细胞中，在丙酮酸磷酸二激酶催化下，转化成磷酸烯醇丙酮酸。反应中 1 个 ATP 分子使 2 个分子无机磷酸及丙酮酸都磷酸化（图 3–16）。可见，固定 1 分子 CO_2，C_3 植物需 3 分子 ATP，C_4 植物需增加 2 分子 ATP，共需 5 分子 ATP。

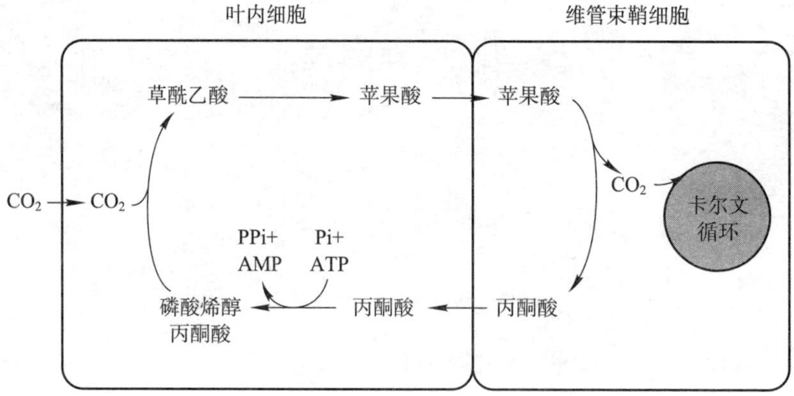

图 3–16　C_4 植物中的 C_4 途径与 C_3 途径的关系

虽然 C_4 途径比 C_3 途径消耗了更多的 ATP，但却对 C_4 植物具有重要的生物学意义。热带植物为了防止过多水分蒸发，常常关闭叶片上的气孔，这就使空气中的 CO_2 不易进入维管束鞘细胞中，RuBP 羧化酶不能保持其最大催化速率。然而，由于磷酸烯醇丙酮酸羧化酶活性的提高，对 CO_2 有很高的亲和力，使叶肉细胞有效的固定和浓缩 CO_2，并以苹果酸的形式转移至维管束鞘细胞中，增加了维管束鞘细胞中的 CO_2 浓度，保持了 RuBP 羧化酶的最大催化活性。因此，每单位面积的生物量均大于 C_3 植物，并且具有低的光呼吸速率，属高产型植物。

二、生物氧化

有机物质在生物体细胞内氧化分解产生 CO_2 和 H_2O，并释放出大量能量的过程称为生物氧化（biological oxidation），又称细胞呼吸、组织呼吸或呼吸作用（respiration）。主要为机体提供可利用的能量。除了绿色细胞可直接利用太阳能进行光合作用外，一切生命活动所需要的能量都依靠呼吸作用来提供。依据呼吸过程中是否有氧的参与，可将呼吸作用分为有氧呼吸（aerobic respiration）和无氧呼吸（anaerobic respiration）两大类型。

（一）无氧呼吸

无氧呼吸是指细胞在无氧条件下，通过酶的催化作用，把葡萄糖等有机物质分解成为不彻底的氧化产物，同时释放出少量能量的过程。与有氧呼吸相比，无氧呼吸的特点是：不吸收 O_2，底物分解不彻底，释放能量少。最为常见的无氧呼吸就是发酵（fermentation），即一些厌氧细菌和酵母菌等在无氧条件下获取能量的过程。这一发现要归功于 19 世纪伟大的生物学家巴斯德（Pasteur，1822—1895），他发现了酵母菌的乙醇发酵和杆菌的乳酸发酵作用，用低于沸点的温度杀死食物里的有害微生物，既不会破坏食物的口味和营养成分，又可以保证有益微生物的发酵，进而发明了举世闻名的巴氏消毒法，也彻底解决了当时法国葡萄酒变酸的问题，从而促进法国酒业的腾飞。

1. 发酵

微生物的无氧呼吸又称发酵。有乙醇发酵和乳酸发酵等类型。例如酵母菌在无氧条件下分解葡萄糖产生乙醇称为乙醇发酵，其反应式是：

$$C_6H_{12}O_6 \rightarrow 2C_2H_5OH\text{（乙醇）} + 2CO_2 + \text{能量（226 kJ）}$$

高等植物也可以发生乙醇发酵，例如苹果储存久了有酒味，便是乙醇发酵的结果，甘薯、香蕉贮藏久了也会发生乙醇发酵。

乳酸菌在无氧条件下产生乳酸，称乳酸发酵。其反应式为：

$$C_6H_{12}O_6 \rightarrow 2CH_3CHOHCOOH\text{（乳酸）} + \text{能量（197 kJ）}$$

马铃薯块茎、甜菜块根以及青贮饲料或腌酸菜时都会发生这种发酵作用。

2. 糖酵解

糖在生物体内无氧条件下降解为丙酮酸的一系列反应，称为糖酵解（glycolysis），又称为 EMP 途径，以纪念为此做出巨大贡献的三位生物化学家 Embden、Meyerhof 和 Parnas。除蓝藻外，糖酵解是一切生物共同的代谢途径。

糖酵解过程是在细胞质内进行的，大致可分为三个阶段：底物活化阶段、氧化脱氢阶段、底物水平磷酸化阶段（图 3–17）。

（1）底物活化阶段　在这个阶段，底物通过与 ATP 反应，进行磷酸化，以提高能量水平，也就是进行底物活化。此过程需要己糖激酶（hexokinase，HK）、磷酸己糖异构酶（phosphohexose isomerase）和磷酸果糖激酶（phosphofructokinase 1，PFK1）的参与，完成 3 个反应后，将葡萄糖转化为 1，6– 二磷酸果糖（fructose–1，6–bisphosphate，FBP），糖酵解的底物葡萄糖被活化，这个阶段的特点是消耗 2 个 ATP。

（2）氧化脱氢阶段　底物活化阶段产生的 1，6– 二磷酸果糖，首先在醛缩酶（aldolase）的作用下发生裂解反应，生成 2 分子 3– 磷酸甘油醛，再氧化为 1，3– 二磷酸甘油酸，氢受体是 NAD^+（氧化型辅酶 I，CoI），1 分子葡萄糖在这个阶段可产生 2 分子的“$NADH + H^+$”。

（3）底物水平磷酸化阶段　底物脱氢氧化时，不经过电子传递和 O_2 的参与，而是通过分子内部发生能量重新分配直接生成 ATP 的过程，称为底物水平磷酸化（substrate level phosphorylation）。此阶段有两步底物水平的氧化磷酸化作用。第一步，1，3– 二磷酸甘油酸在磷酸甘油酸激酶（phosphoglycerate kinase，PGK）的作用下脱下 1 个磷酸，将 ADP 转化为 ATP，自身转化为 3– 磷酸甘油酸；第二步，在丙酮酸激酶（pyruvate kinase，PK）的作用下，磷酸烯醇丙酮酸脱去磷酸将 ADP 转化为 ATP，自身转化为丙酮酸。

在糖酵解的过程中，1 分子的葡萄糖分解为 2 分子的丙酮酸；NAD^+ 被还原，产生了 2 个 $NADH + H^+$ 分子；底物活化阶段消耗 2 分子 ATP，底物水平磷酸化阶段生成 4 分子 ATP，最后净得 2 分子 ATP。糖酵解的总反应为：

$$\text{葡萄糖} + 2ADP + 2Pi + 2NAD^+ \rightarrow 2\,\text{丙酮酸} + 2ATP + 2NADH + 2H^+ + 2H_2O$$

（二）有氧呼吸

糖酵解产生的丙酮酸，可以通过两个不同的途径参与随后的代谢活动。在持续无氧的情况下，进入无氧呼吸，即进行乳酸发酵或乙醇发酵而生成为乳酸或乙醇。

在有氧的条件下，丙酮酸从细胞质进入线粒体内进行最终的氧化放能。丙酮酸在进入三羧酸循环之前，首先在丙酮酸脱氢酶的作用下生成乙酰辅酶 A（乙酰 CoA）。这一过程除放出 1 分子 CO_2 外（这是呼吸作用最早释放出的 CO_2），同时还发生 NAD^+ 的还原，产生 $NADH + H^+$。反应式如下：

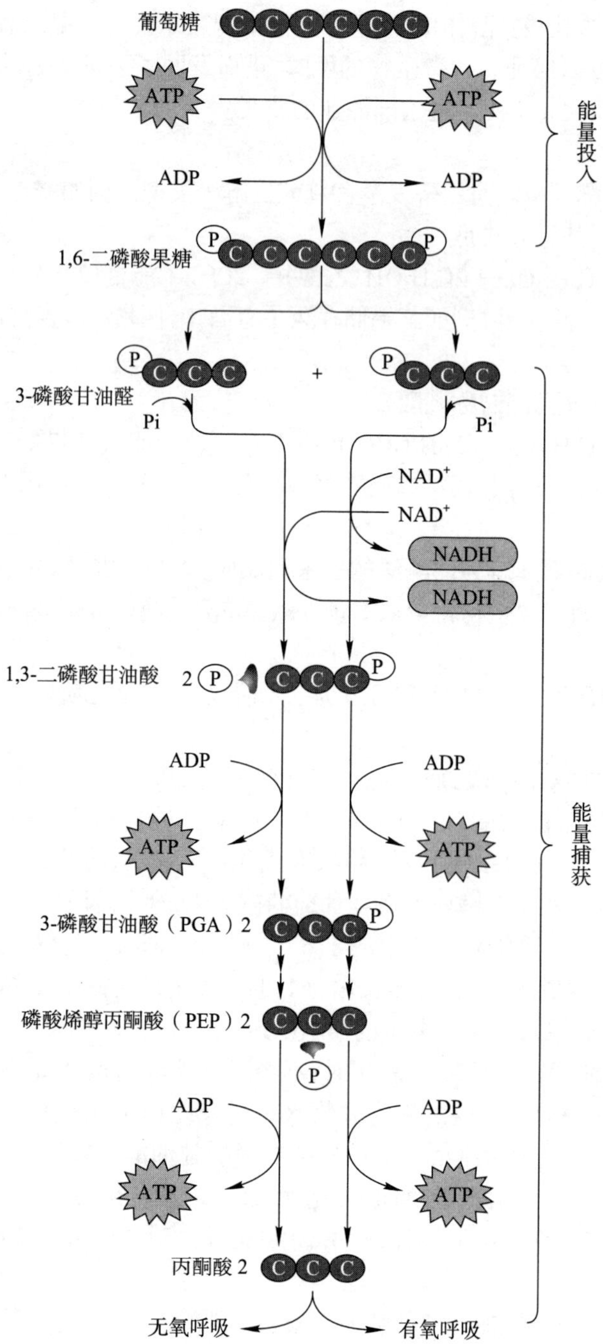

图 3-17　糖酵解过程

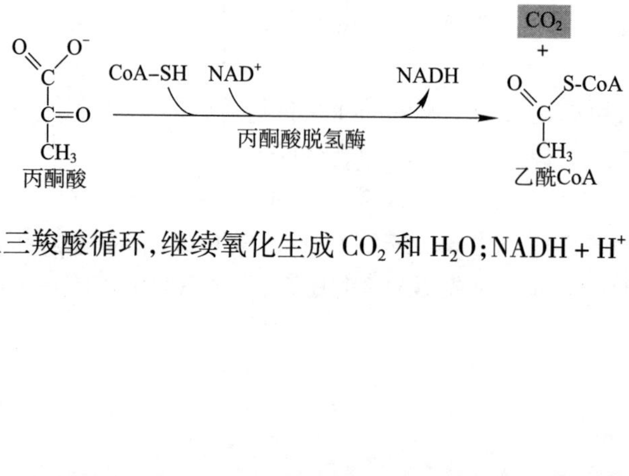

之后，乙酰 CoA 进入三羧酸循环，继续氧化生成 CO_2 和 H_2O；NADH + H^+ 可经呼吸链传递，经氧化磷酸化生成 ATP 和 H_2O。

1. 三羧酸循环

三羧酸循环(tricarboxylic acid cycle,简称 TCA 循环)是指糖酵解产生的丙酮酸在有氧条件下,经过一个包括三羧酸和二羧酸的循环完全氧化,产生 H_2O 和 CO_2 的过程。这一过程是英国生物化学家 Hans Krebs 首先发现的,所以又称 Krebs 循环。又因该循环的第一个产物是柠檬酸,又称柠檬酸循环(citric acid cycle)。三羧酸循环不仅是糖代谢的主要途径,也是蛋白质、脂肪氧化分解代谢的最终途径,该途径在动植物和微生物细胞中普遍存在,具有重要的生理意义。

图 3-18 显示了乙酰 CoA → 柠檬酸 → 异柠檬酸(isocitrate)→ α- 酮戊二酸(α-ketoglutarate)→ 琥珀酰 -CoA(succinyl CoA)→ 琥珀酸(succinate)→ 延胡索酸(fumarate)→ 苹果酸→ 草酰乙酸 8 个反应过程。总反应式为:

乙酰 CoA + $3NAD^+$ + FAD + GDP + Pi + $2H_2O$ → $2CO_2$ + 3NADH + $3H^+$ + $FADH_2$ + GTP/ATP + CoASH

由反应式可以看出,三羧酸循环每运转一次,消耗 1 分子乙酰 CoA 和 2 分子的 H_2O,产生 1 分子 ATP、3 分子 NADH + $3H^+$ 和 1 分子 $FADH_2$,释放 2 分子的 CO_2。循环中没有氧的直接参与,但水的加入相当于向中间物加入了氧原子,促进了还原性碳原子的氧化。碳原子氧化过程中释放的电子和质子都

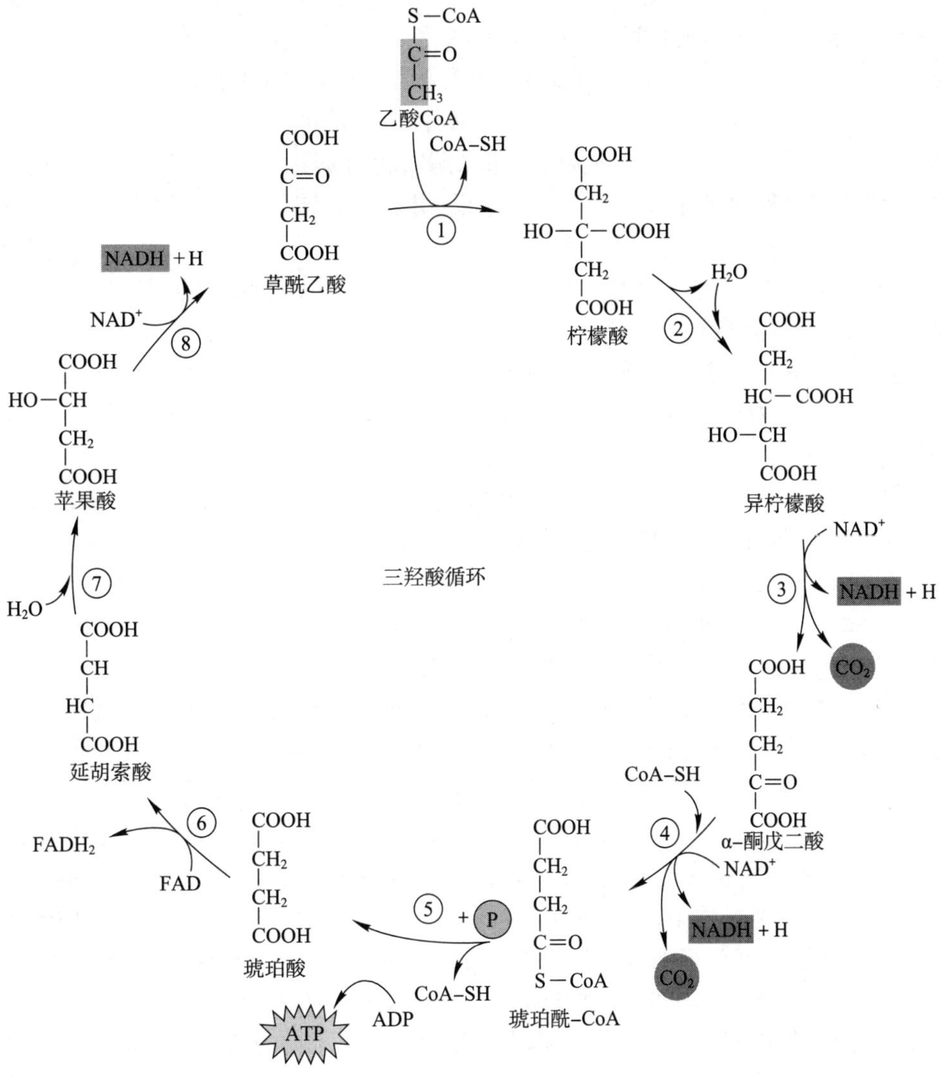

图 3-18 三羧酸循环

①柠檬酸合酶;②顺乌头酸酶;③异柠檬酸脱氢酶;④ α- 酮戊二酸脱氢复合体;⑤琥珀酰 -CoA 合成酶;⑥琥珀酸脱氢酶;⑦延胡索酸酶;⑧苹果酸脱氢酶

被用来还原 NAD^+ 和 FAD。因此,三羧酸循环虽然没有氧的直接参与,但却是严格需氧的。因为只有当电子传递给氧时,NAD^+ 和 FAD 才能再生,三羧酸循环才能持续进行。

2. 电子传递与氧化磷酸化

三羧酸循环所产生的能量大部分贮藏在 NADH 和 $FADH_2$ 分子中,这类分子是不能直接被空气中的 O_2 所氧化的,而必须通过一系列电子传递体和氢传递体的作用,才能将呼吸代谢中产生的电子和质子传递给分子态氧,并释放出大量的能量储存于 ATP 中。这种由一系列有序的电子传递体组成的电子传递途径,称为电子传递链(electron transport chain)或呼吸链(respiratory chain),由于 ATP 的合成是与电子传递偶联在一起的,这种在呼吸链上将 ADP 磷酸化为 ATP 的过程,就称为氧化磷酸化(oxidative phosphorylation)。

图 e3-2 呼吸链电子流向与电位变化的关系

(1) 呼吸链的组成及电子传递 呼吸链存在于线粒体的内膜上,其电子传递体主要以复合体形式存在,主要由 5 种酶复合体、细胞色素 C 和泛醌(UQ)等 7 个基本功能单位组成(图 e3-2)。

① 复合体Ⅰ 又称为"NADH:CoQ 氧化还原酶",含有黄素单核苷酸(FMN)和铁硫蛋白(Fe-S)等成分。其作用是催化 NADH 氧化,使 H^+ 经 FMN 转运到膜间,而 $2e^-$ 经 FMN 和 Fe-S,传递给辅酶 Q。

② 辅酶 Q(CoQ) 又称为泛醌(UQ 或 Q),其作用是接受复合体Ⅰ的电子,再传递给复合体Ⅱ,并将 H^+ 转运到膜间。

③ 复合体Ⅱ 又称为"琥珀酸 -CoQ 氧化还原酶",含有琥珀酸脱氢酶、黄素二核苷酸(FAD)和 Fe-S 蛋白等。其功能是催化琥珀酸氧化为延胡索酸,并将 $2H^+$ 转移给 UQ,生成 UQH_2,UQ 氧化时,将 H^+ 释放到膜间。

④ 复合体Ⅲ 又称为"CoQ:细胞色素氧化酶",含有 Cytb、$Cytc_1$ 和 Fe-S,其功能是接受来自 UQH_2 的电子,并将 2 个 H^+ 释放到膜间。

⑤ 细胞色素 c(Cytc) 从复合体Ⅲ 接受电子。Cytc 的特点是可在膜表面移动。

⑥ 复合体Ⅳ 又称为细胞色素 c 氧化酶,含 Cyta/$Cyta_3$,及两个 Cu 原子,其作用是把电子传递给 O_2,并生成 H_2O。

⑦ 复合体Ⅴ 又称 ATP 合成酶或"H^+-ATP 酶复合体",由 8 种不同的亚基组成,其功能是利用呼吸链上复合体Ⅰ、Ⅲ、Ⅳ运行产生的质子能,将 ADP 和 Pi 合成 ATP。

电子传递有两个作用:① 使还原型辅酶氧化,并把还原型辅酶氧化时脱下的电子交给分子的氧,使氧化型辅酶再生;② 在电子传递过程中将线粒体内膜内侧(基质侧)的 H^+ 转移到内外膜间隙,建立起了跨线粒体内膜的质子动力势,进行氧化磷酸化合成 ATP。

在呼吸链中,各种电子或 H^+ 载体的顺序是固定不变的,电子只能从底物流向氧分子。其原因是各个系统有专一性,且各电子载体的氧化还原电位不同,底物脱 H^+ 时电位最高,顺次下来,分子氧最低。电子总是由高电位流向低电位,图 3-20 显示了电子传递的方向与电位变化的关系。

(2) 氧化磷酸化的机制 在电子传递过程中所进行的 ATP 合成机制,主要用化学渗透学说来解释。电子传递建立起了跨线粒体内膜的质子动力势(proton motive force,pmf)。由于线粒体内膜上的电子载体呈不对称分布,在电子传递过程中,电子 3 次从内膜的一侧移至另一侧,同时使 2 个质子($2H^+$)从线粒体内膜的基质侧(内膜内侧)转移到双层膜的膜间隙(内膜外侧),这样每传递 1 对电子就转移 6 个 H^+,造成一个质子梯度和电位梯度,即线粒体膜外侧的质子浓度高于膜内侧的质子浓度,膜外的电位高于膜内的电位。H^+ 的浓度差和电势差合在一起,称为电化学势或质子动力势在质子动力势的作用下,H^+ 具有从膜外返回膜内的倾向(图 3-19)。

H^+ 在质子动力势的作用下从膜外侧返回膜内侧,但由于线粒体内膜除 ATP 合成酶外,其他部分对 H^+ 基本上是不能透过的。因此,H^+ 只能通过 ATP 合成酶返回内膜内侧,由质子梯度和电位梯度生成的

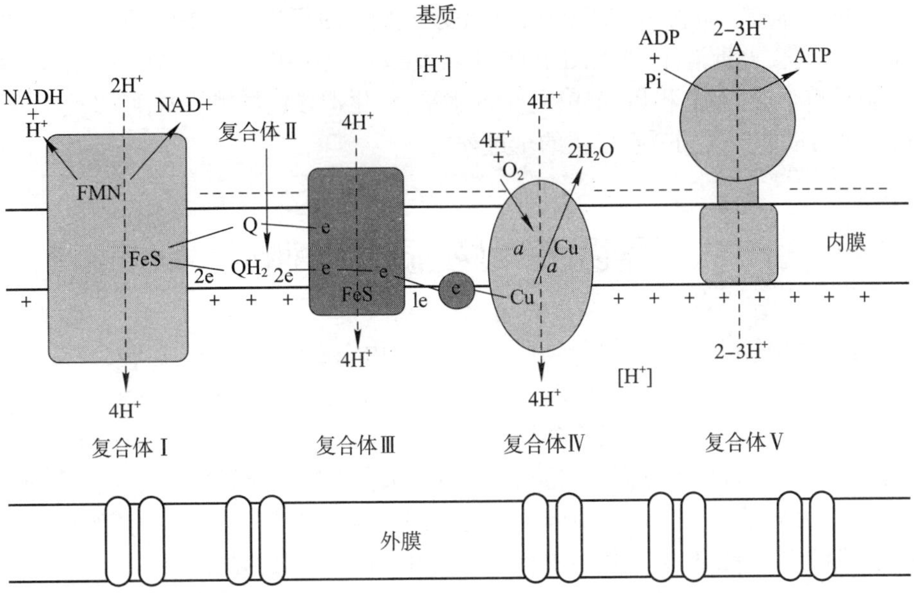

图 3–19 氧化磷酸化的机制

能量就会促成 ATP 的形成，即当 2 个质子穿过内膜上的 ATP 酶，再回到内膜内侧时，就由 ADP 和磷酸形成 1 分子 ATP。

(3) 产能统计 ATP 合成酶复合体上有一个管道，H^+ 就是从这一管道顺电化学势从膜间腔进入线粒体基质的，而这一过程中放出的能被用来合成 ATP。每 2 个 H^+ 穿过合成酶管道时，所放的能可合成 1 分子 ATP。1 分子 NADH 经过电子传递链后，可积累 6 个 H^+，因而可产生 3 分子 ATP；而 $FADH_2$ 分子经过电子传递链后，积累 4 个 H^+，因而只能生成 2 分子 ATP。这样，1 分子的葡萄糖经过有氧呼吸的全过程，总共能生成 36 或 38 分子 ATP。

三、能荷及细胞的能量状态

(一) 能荷概念及能荷调节

细胞中存在三种腺苷酸，即 AMP、ADP、ATP，由它们组成的腺苷酸系统是细胞内最重要的能量转换与调节系统，在细胞中 ATP、ADP 和 AMP 在某一时间的相对数量控制着细胞活动。因此，能荷（energy charge，EC）就是对 ATP–ADP–AMP 体系中高能磷酸键可获性的度量。这个概念是由阿特金森（Atkinson，1968）提出的。细胞中由 ATP、ADP 和 AMP 组成的腺苷酸库是相对稳定的，它们易在腺苷酸激酶（adenylate kinase）催化下进行可逆的转变。通过细胞内腺苷酸（ATP、ADP 和 AMP）之间的转化对呼吸代谢的调节作用称为能荷调节（regulation of energy charge）。可用下列方程式表示：

$$EC=\frac{[ATP]+0.5[ADP]}{[ATP]+[ADP]+[AMP]}$$

从这个方程式可以看出，储存在 ATP、ADP 系统中的能量与 ATP 的物质的量加上 1/2 ADP 的物质的量成正比，即能荷的大小决定于 ATP 和 ADP 的多少。当细胞中全部腺苷酸都是 ATP 时，能荷为 1，此时可利用的高能磷酸键数量最大；全部是 AMP 时，能荷为 0，此时无高能磷酸化合物存在；全部是 ADP 时，能荷为 0.5，系统中有 1/2 的高能磷酸键。三者并存时，能荷随三者比例的不同而异。

(二) 细胞的能量状态

通过细胞反馈控制，活细胞的能荷一般稳定在 0.75 ~ 0.95。反馈控制的机制是：合成 ATP 的反应受

ADP 的促进和 ATP 的抑制；而利用 ATP 的反应则受到 ATP 的促进和 ADP 的抑制。如果在一个组织中需能过程加强时，便会大量消耗 ATP，ADP 增多，氧化磷酸化作用加强，呼吸速率增高，因而大量产生 ATP。相反，当需能降低时，ATP 积累，ADP 处于低水平，氧化磷酸化作用减弱，呼吸速率就下降。因而，细胞内的能荷水平可以调节生物呼吸代谢的全过程。

第四节 物质代谢

所有的生物都与周围环境不断地进行物质交换，在体内完成分解、合成、运转，并参与各种与生理有关的化学过程，这种物质交换称为物质代谢。其代谢过程十分复杂，即使在一个细胞内进行的物质代谢，亦包含一系列相互联系的合成和分解的化学反应。通常由小分子物质合成大分子物质的反应称合成代谢（anabolism），如由氨基酸合成大分子蛋白质的反应；由大分子物质分解成小分子物质的反应称为分解代谢（catabolism），如大分子糖原分解为小分子葡萄糖的反应。物质代谢常伴有能量转化，分解代谢常释放能量，合成代谢常吸收能量，分解代谢中释放的能量可供合成代谢的需要。

一、初生代谢

初生代谢（primary metabolism）是指糖类、脂质、蛋白质、核酸等生命物质的新陈代谢，是所有生物都具备的基本代谢途径。通过初生代谢，生物有机体可合成糖类、氨基酸、脂肪酸、核酸以及由它们形成的聚合物（多糖、蛋白质、RNA、DNA 等），这些对生物生存和健康必需的化合物就叫初生代谢产物（primary metabolite）。

各类物质的代谢是在相互联系、相互制约下进行的，并形成一个统一的过程。如在能量供应上，糖类、脂质、蛋白质可以相互替代，相互制约。一般情况下，糖是主要供能物质（50% ~ 70%），脂主要是储能（供能只占 10% ~ 40%），蛋白质几乎不是供能形式；饥饿或某些病理状态时，糖供能减少，脂和蛋白质分解供能增加。

物质代谢通过各代谢途径的共同中间产物相互联系，但在相互转变的程度上差异很大，有些代谢反应是不可逆的。乙酰 CoA 是糖、脂、氨基酸代谢共有的重要中间代谢物，三羧酸循环是三大营养物的最终代谢途径，是转化的枢纽（图 3-20）。

（一）糖代谢与脂质代谢的关系

糖可以转变成脂肪、磷脂和胆固醇。磷酸二羟丙酮经甘油磷酸脱氢酶催化变成 α- 磷酸甘油；丙酮酸氧化脱羧变成乙酰 CoA，再合成双数碳原子的脂肪酸。一般来说，在糖供给充足时，糖可大量转变为脂肪储存起来，导致发胖。

脂肪转化成糖的过程首先是脂肪分解成甘油和脂肪酸，然后两者分别按不同途径向糖转化。甘油经磷酸化作用转变为磷酸二羟丙酮，再异构化变成 3- 磷酸甘油醛，后者沿糖酵解逆反应生成糖。脂肪酸经 β- 氧化作用，生成乙酰 CoA，在植物或微生物体内，乙酰 CoA 可经乙醛酸循环和糖异生作用生成糖，也可经糖代谢彻底氧化放出能量。在人和动物体内不存在乙醛酸循环，通常情况下，乙酰 CoA 都是经三羧酸循环而氧化成 CO_2 和 H_2O，而不能转化成糖。因此对动物而言，只是脂肪中的甘油部分可转化为糖，而甘油占脂肪的量相对很少，所以生成的糖量相对也很少。但脂肪酸的氧化利用可以减少对糖的需求，这样在糖供应不足时，脂肪可以代替糖提供能量，使血糖浓度不至于下降过多。可见，糖和脂肪不仅可以相互转化，在相互替代供能上也是非常密切的。

（二）糖代谢与蛋白质代谢的关系

糖类是生物的重要碳源和能量，糖分解可以转变为各种有机酸作为氨基酸分子的碳架，经氨基化或

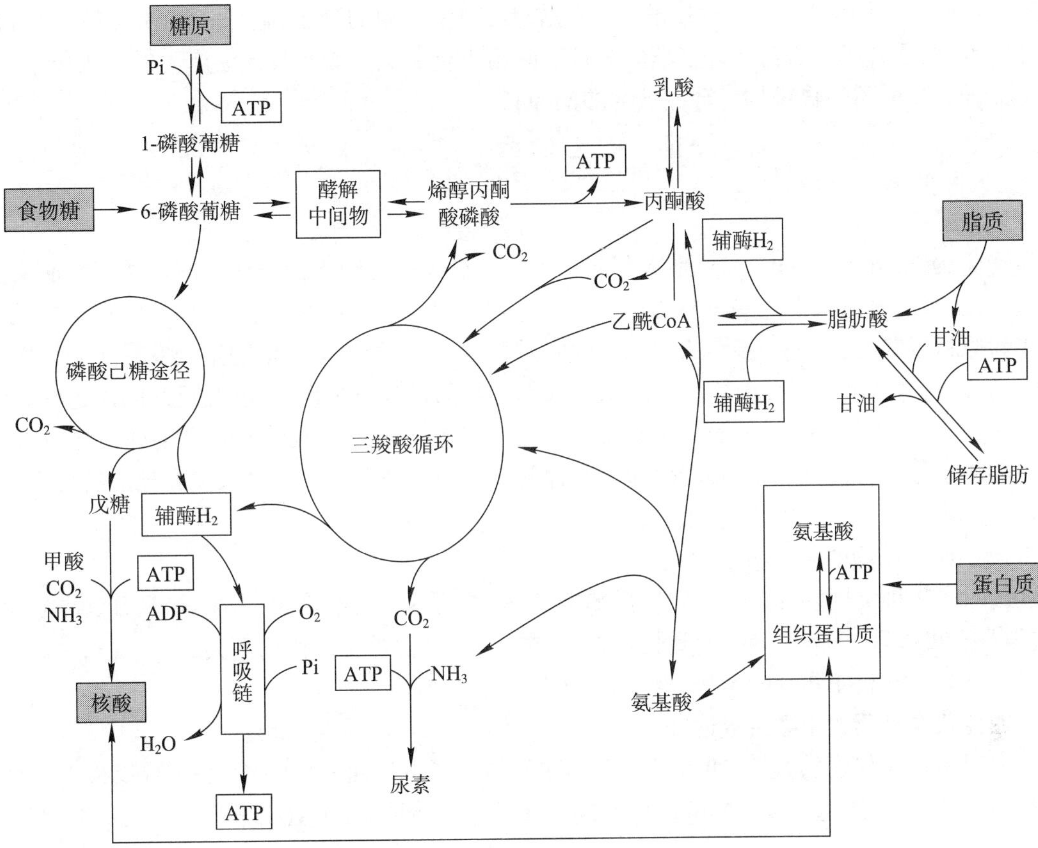

图 3-20 糖类、脂质、蛋白质与核酸代谢的相互关系

转氨基作用而生成相应的氨基酸,氨基酸合成多肽链并形成蛋白质。另一方面蛋白质也可以转变为糖类,蛋白质水解作用而产生氨基酸,氨基酸脱氨而产生酮酸类,这些酮酸可再转变为丙酮酸后又可以合成糖类,连接糖类和蛋白质代谢的桥梁是酮酸类,它在糖代谢过程中的糖酵解途径和三羧酸循环中都可以产生,也可以在氨基酸脱氨过程中形成。

(三) 脂质代谢和蛋白质代谢的关系

脂质代谢的水解产物甘油可以转变为丙酮酸,丙酮酸接受 NH_3 生成氨基酸,丙酮酸也可以进一步转变成草酰乙酸、α- 酮戊二酸,这些酮酸接受 NH_3 生成相应的氨基酸,脂肪水解的另一产物脂肪酸,经 β- 氧化生成乙酰 CoA,乙酰 CoA 一方面可以进入三羧酸循环而产生酮酸,以合成氨基酸,在植物体内又可以进入乙醛酸循环产生琥珀酸来补充三羧酸循环的碳源。蛋白质也可以转变为脂肪。如蛋白质的水解产物氨基酸,经脱氨生成酮酸,再生成乙酰 CoA,乙酰 CoA 缩合成脂肪酸,然后合成脂肪。

(四) 糖类、蛋白质和脂质代谢之间的相互制约

有机体通常以糖、脂供能为主,蛋白质是组成细胞的重要成分,通常并无多余储存,机体尽量节约蛋白质的消耗。糖、脂代谢之间相互制约,如脂肪分解加强会抑制糖分解;糖类可以大量转化成脂肪,而脂肪却不可以大量转化成糖类。只有当糖类代谢发生障碍时才由脂肪和蛋白质来供能,当糖类和脂肪摄入量都不足时,蛋白质的分解才会增加。例如糖尿病患者糖代谢发生障碍时,就由脂肪和蛋白质来分解供能,因此患者表现出消瘦。短期饥饿,供糖不足,糖原很快耗尽,分解蛋白质加速糖异生来供能,脂肪酸分解也加强。长期饥饿,长期糖异生增加,会使蛋白质大量分解,不利于机体健康,此时,脂肪分解大大加强,以脂肪酸和酮体为主要能源,损伤机体的正常代谢平衡。

(五) 核酸和其他物质代谢的关系

核酸和其他物质代谢的关系密切。核酸通过控制蛋白质的合成影响细胞的组成成分和代谢类型。

许多核苷酸在物质代谢中起重要作用,尿苷三磷酸(UTP)参与糖的合成,胞苷三磷酸(CTP)参与磷脂的合成,CTP 为蛋白质合成所必需。许多辅酶为核苷酸衍生物。氨基酸及其代谢产生的一碳单位,糖代谢磷酸戊糖途径产生的磷酸核糖均为合成核苷酸的原料。

二、次生代谢

次生代谢(secondary metabolism)是指存在于生物有机体中有别于初生代谢的一类特殊而又复杂的代谢类型。在特定条件下,以一些重要的初生代谢产物,如乙酰 CoA、丙二酸单酰 CoA、莽草酸及某些氨基酸等作为原料或前体,再进一步经历不同的代谢过程,产生一些通常对植物生长发育无明显作用的化合物,如生物碱、黄酮、萜类等化合物。合成这些天然产物的过程就是次生代谢过程,因而这些天然产物也被称之为次生代谢产物(secondary metabolite)。次生代谢产物是一大类无明显生理功能或者非生长发育所必需的小分子有机化合物,其产生和分布通常有种属、器官、组织和生长发育期的特异性,是生物体在长期的进化中对生态环境适应的结果。

(一) 次生代谢产物的分类与功能

次生代谢产物种类繁多,结构迥异,包括酚类、黄酮类、香豆素、木质素、生物碱、糖苷、萜类、甾类、皂苷、多炔类和有机酸等,一般可分为萜类化合物、酚类化合物、含氮有机物三大类。

三大类次生代谢产物的结构和功能见电子资源 3-1

(二) 次生代谢产物的主要合成途径

次生代谢是初生代谢的继续,两者又是互相联系的。初生代谢生成的乙酸、甲羟戊酸、莽草酸等是次生代谢的原料,成为次生代谢产物的前体。同位素示踪实验证明,次生代谢产物的主要生物合成途径如下。

1. 乙酰 CoA 途径

这一过程的生物合成基源(起始物)是乙酰 CoA(图 3-21)。由此基源出发,又形成两条支途径,即乙酰 - 丙二酸(acetyl malonate pathway,AA.MA)途径和乙酰 - 甲戊二羟酸(movalonic acid,MVA)途径。脂肪酸类、酚类、蒽醌类等均由乙酰 - 丙二酸途径生成;萜类及甾体类化合物的生物合成为乙酰 - 甲戊二羟酸途径。

2. 莽草酸途径

次生代谢产物中,具有 C_6–C_3 骨架的苯丙素类、香豆素类、木脂素类以及具有 C_6–C_3–C_6 骨架的黄酮类化合物极为常见。其中,C_6–C_3 骨架均由苯丙氨酸(phenylalanine)脱去氨后生成的桂皮酸得来,由于桂皮酸的前体是莽草酸,故称为莽草酸途径(shikimic acid pathway)(图 3-21)。苯丙素类经环化、氧化、还原等反应,还可生成 C_6–C_2、C_6–C_1 及 C_6 等类化合物;与丙二酸单酰 CoA 结合,可生成二氢黄酮类化合物(C_6–C_3–C_6);两分子的苯丙素类通过 β- 位聚合,可得到木脂素类化合物。

3. 氨基酸途径

生物碱化合物是由三羧酸循环合成氨基酸后再转化而成;一些含氮的内酰胺类抗生素、杆菌肽和毒素等也是通过氨基酸前体合成的,因此将以氨基酸为前体的次生代谢产物合成途径称为氨基酸途径(amino acid pathway)(图 3-21)。与生物碱生物合成有关的氨基酸主要有鸟氨酸、脯氨酸、赖氨酸、苯丙氨酸、酪氨酸、色氨酸、邻氨基苯甲酸及组氨酸等。

4. 复合途径

由复合途径产生的化合物均经历两种以上不同的生物合成途径,例如查尔酮(chalcone)、二氢黄酮(dihydroflavone)等类化合物的合成。常见的复合途径有:乙酰 - 丙二酸 - 莽草酸途径、乙酰 - 丙二酸 - 甲戊二羟酸途径、氨基酸 - 乙酰 - 甲戊二羟酸途径、氨基酸 - 乙酰 - 丙二酸途径及氨基酸 - 莽草酸途径。

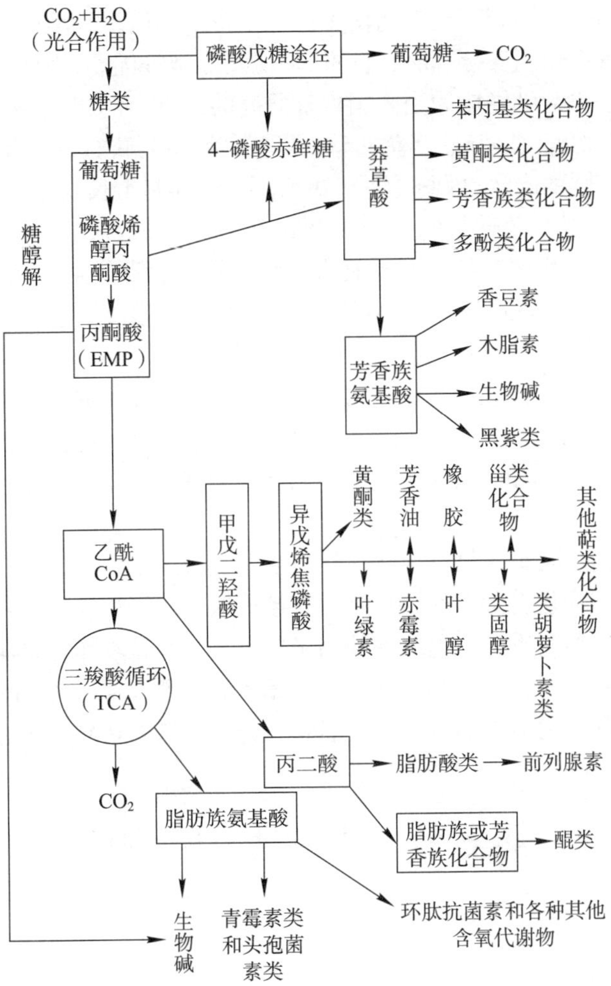

图 3-21　次生代谢产物的主要合成途径

(三) 次生代谢产物与人类

1. 医药价值

植物次生代谢产物往往具有独特功能和生物活性，是疾病防治、强身健体的物质基础。如植物药是化学药品中重要的一类，包括从植物中提取的有效成分(如青蒿素、紫杉醇、长春新碱、麻黄素等)、植物提取物再进行合成的药物(如薯蓣皂素合成的甾体激素类药品)、全合成的以及植物药成分相同的药物(如合成小檗碱)。在抗肿瘤方面，精眯类生物碱具有抗分裂活性，秋水仙碱可抑制癌细胞的增生，雷公藤生物碱、长春碱具有抑制肿瘤细胞增殖和活性的作用，喜树碱在抗肿瘤、结肠癌和白血病等多种恶性疾病中均有显著的疗效。在神经系统方面，喹啉生物碱具有镇静和止痛作用；蝙蝠葛苏林碱，其溴甲烷衍生物具有肌肉松弛作用；瓜叶菊碱甲、瓜叶菊碱乙、猪屎豆碱，均具有阿托品样作用；从山莨菪中分离得到的樟柳碱，可用作中药复合麻醉剂等；延胡索总生物碱能使 D- 半乳糖所致衰老模型小鼠记忆恢复正常，能升高脑组织中 SOD、CAT、ChAT 的含量，降低 AChE 的含量，具有抗衰老的作用。生物碱对心血管系统也具有重要作用，如抗心律失常、抗心肌缺血、抗高血压、降血压、对脑缺血的保护作用等。生物碱作为抗菌资源极具应用前景，如苦参碱对痢疾中的变形杆菌、大肠杆菌、涤脓杆菌等有明显抑制作用；沙生槐子生物碱具有抑制金黄色葡萄球菌、大肠杆菌生长繁殖的药效等。

2. 农用价值

人们对野生植物中次生代谢产物的应用，可追溯到远古时代，在很早就有直接利用植物或其粗提物来杀死昆虫和微生物的历史。随着有机农药使用过程中带来的诸多环境问题，人们将目光重新投向植物源农药。植物源农药具有使用安全、高效、低毒、环境友好型等优点，因此利用易降解、对作物安全的植物源杀虫剂代替有机杀虫剂已经成为当前国内外研究的焦点。例如，天然产物苦参碱、烟碱、番茄植物碱、小檗碱、雷公藤总生物碱、莨菪碱、博落回碱、马钱子碱、雷公藤碱、百部碱、甾醇生物碱等多种生物碱对不同种类害虫具有较强的麻醉、忌避、拒食、触杀、熏蒸、抑制生长发育等活性。吡咯里西啶类生物碱能干扰细胞的有丝分裂，达到杀菌目的。盐酸血根碱、博落回碱、盐酸小檗碱及博落回总碱等都具有不同程度的抗菌活性。7–脱甲氧基娃儿藤碱具有抗烟草花叶病毒（TMV）活性。有些生物碱具有除草活性，如桥氧三尖杉碱、三尖杉碱及圣基三尖杉碱对反枝苋种子根、茎生长具有明显的抑制作用。由此可见，次生代谢物作为农药在农业生产中具有广泛的应用价值。

生物碱也可用于畜禽饲料，如胆碱是动物机体内维持生理机能所必需的低分子有机化合物，能促进氨基酸的再形成，提高氨基酸的利用率。甜菜碱是可用作水产动物诱食剂、营养性添加剂、动物减肥剂等。苦参碱对提高雏鸡的生长速度、增强免疫功能以及防治球虫感染有显著作用。

3. 食用价值

在天然植物次生代谢物中，很多具有生物活性，它们的活性功能是合成物质无法替代的。随着人们生活水平的提高，人们便转向从自然界的植物材料直接获取天然绿色物质，应用于食品工业。如从甜菜汁中提取色素用于冰淇淋，留兰香油中提取香精用于口香糖。花青素作为食用色素，香兰素作为食品调味剂，辣椒素用于辛辣食品添加剂。肉碱是产生能量和脂肪代谢必需的生理物质。魔芋生物碱通过微生物产生的衍化作用，增加体内肉碱的含量，加速脂肪的消耗，从而达到减肥、降脂的目的等。

第五节　生命活动的调控

一、植物生命活动的调控

在植物生长发育过程中，植物体本身对其体内的水分平衡、体温维持等生理指标都有一定的自控能力。另外，植物体的生长发育还受到激素的调节。

（一）植物体内的水分平衡

在一定时间内，植物吸收水分的数量与蒸腾损失水分的数量之间的关系，即为水分平衡。当根系的吸水不能满足叶子的蒸腾需求时，为负平衡；相反，当蒸腾作用减弱时，如果根系吸水没有变化，则为正平衡。植物水分平衡是植物体生长发育的必要条件。其中蒸腾作用的强弱是衡量植物对水分消耗的重要指标。

植物的水分平衡是一种动态平衡，白天大部分时间内，由于植物的蒸腾作用超出水分吸收，常为负平衡；到傍晚或夜间才出现正平衡或接近正常平衡，前提是土壤中储存有足够的水。在干旱期间，植物的水分平衡通常经过一整夜也不能完全恢复，因而水分亏缺逐渐积累起来，直到下次降水才会得到缓解或恢复。

（二）植物激素

植物激素（plant hormone）是调控植物体生长发育和代谢的一类重要物质。它是由植物体一定部位产生，且能被运输到植物体另一部位，发挥信息传递作用，对植物的生长发育起调控作用的微量化学物质。目前公认的植物激素有6类，即生长素、赤霉素、细胞分裂素、脱落酸、乙烯和独脚金内酯。

1. 生长素

生长素（auxin）是植物体内普遍存在的一类激素，含有一个不饱和芳香族环和一个乙酸侧链。最常见的是吲哚乙酸(indole-3-acetic acid,IAA),除IAA外,人们还在大麦、番茄、烟草及玉米等植物中先后发现苯乙酸(phenylacetic acid,PAA)、4-氯吲哚乙酸(4-chloro indole-3-acetic acid,4-Cl-IAA)及吲哚丁酸(indole-3-butyric cid,IBA)等相同功能的物质,称为类生长激素。后期又人工合成了生长素类的植物生长调节剂,如2,4-D、萘乙酸等。

生长素的主要生理功能是促进或抑制植物生长。在低浓度下(10^{-10} ~ 10^{-5} mol/L)促进植物生长,中等浓度抑制植物生长,高浓度则可杀死植物。在促生长方面主要表现为:在细胞水平上,生长素可刺激形成层细胞分裂;刺激枝的细胞伸长、抑制根细胞生长;促进木质部、韧皮部细胞分化;促进插条发根、调节愈伤组织的形态建成等。在器官和整株水平上,生长素从幼苗到果实成熟都起作用,可造成顶端优势,延缓叶片衰老;若将其施于叶片上还能抑制叶片脱落;同时还有促进开花,诱导单性果实的发育,延迟果实成熟等诸多效应。

生长素作用机制可以归纳为两点:一是作用于核酸代谢,在DNA转录水平上使某些基因活化,形成一些新的mRNA、新的蛋白质(主要是酶),进而影响细胞内的新陈代谢,引起生长发育的变化。二是作用于细胞膜,即质膜首先受激素的影响,发生一系列膜结构与功能的变化,使许多依附在一定的细胞器或质膜上的酶或酶原发生相应的变化,或者失活或者活化。

植物的很多部位都能合成生长素,根、茎、叶、花、种子及胚芽鞘中都存在生长素,但以生长旺盛的部位分布的最多,如各种分生组织及幼嫩的种子中较多。在生产上,常用低浓度(50×10^{-6} ~ 100×10^{-6} mol/L)的生长素诱导插枝生根,用高浓度生长素杀除杂草。

2. 赤霉素

赤霉素(gibberellin或gibberellic acid,GA)是日本科学家黑泽英一1926年研究水稻时发现的。他发现当水稻感染了赤霉菌后,会出现植株疯长的现象,病株往往比正常植株高50%以上,而且结实率大大降低,称之为“恶苗病”。若将赤霉菌培养基的滤液喷施到健康水稻幼苗上,发现这些幼苗虽然没有感染赤霉菌,也同样出现了与“恶苗病”同样的症状。1938年,日本科学家薮田贞治郎和住木谕介从赤霉菌培养基的滤液中分离出这种活性物质,并鉴定了它的化学结构,命名为赤霉酸。1956年,韦斯特和菲尼分别证明在高等植物中普遍存在着一些类似赤霉酸的物质。到1983年已分离和鉴定出60多种类似物,统称为赤霉素,分别被命名为GA_1、GA_2等。目前已分离得到的GA有120多种。

赤霉素的主要生理作用是促进茎、叶的伸长生长,诱导α-淀粉酶的形成;还可加速细胞分裂、成熟细胞纵向伸长、节间细胞伸长;同时能抑制块茎形成和抑制侧芽休眠、衰老、提高生长素水平,促使顶端优势的形成。此外,GA与其他植物激素之间存在协同或拮抗作用。如GA与IAA在促进细胞扩大方面具有协同作用,而GA与CTK(细胞分裂素)则具有相反作用,GA与乙烯间也存在着拮抗作用。GA通过一系列的信号转导,最终引起特定的GA反应等一系列生理生化过程。GA可在胞间和胞内溶解,其受体蛋白有的定位于细胞膜,有的定位于细胞内。

关于赤霉素的作用机制,研究得较深入的是它对去胚大麦种子中淀粉水解的诱导。用赤霉素处理灭菌的去胚大麦种子,发现GA_3显著促进其糊粉层中α-淀粉酶的新合成,从而引起淀粉的水解。在完整大麦种子发芽时,胚含有赤霉素,分泌到糊粉层去。此外,GA_3还刺激糊粉层细胞合成蛋白酶,促进核糖核酸酶及葡聚糖酶的分泌。

GA广泛存在于各种植物中。高等植物的未成熟种子是合成GA的重要器官,顶芽和根等器官中也能合成GA。在生产上,常用赤霉素浸泡处理马铃薯、番茄、水稻、麦类、棉花、大豆、烟草、果树等作物,促进其生长、发芽、开花结果;亦可用赤霉素喷洒蔬菜、茶、桑、紫苜蓿等,具有明显的增产效应。

3. 细胞分裂素

细胞分裂素(cytokinin,CTK),刚发现时亦称“细胞激动素”。1955年,美国科学家Skoog等在研究植物组织培养时,发现了一种促进细胞分裂的物质,命名其为激动素。它的化学名称为6-呋喃甲基腺嘌呤(KT)。1963年,Lethan从未成熟玉米种子中分离纯化出反式玉米素(6-反式-4-羟基-3-甲基-

丁 -2- 烯基腺嘌呤核苷),这是最早被纯化的天然细胞分裂素,之后人们又相继在植物中分离出了十几种具有激动素生理活性的物质。现把凡具有激动素相同生理活性的物质,不管是天然的还是人工合成的,统称为细胞分裂素。根据其化学结构,细胞分裂素主要分为两大类:一为腺嘌呤衍生物,如 6- 苄基腺嘌呤(6-benzylaminopurine,6-BA)、6- 呋喃甲基腺嘌呤(kinetin,KT)等;第二类为苯基脲的衍生物,如 N,N′- 二苯基脲(DPU)、噻重氮苯基脲(thidiazuron,TDZ)等。

细胞分裂素具有促进胞质分裂、诱导芽形成、防衰老和克服顶端优势等生理功能。与生长素以适当比例配合使用,能促使愈伤组织分化出芽和根,长成完整植株。

细胞分裂素的作用机制还不完全清楚。已知在 tRNA 中与反密码子相邻的地方有细胞分裂素,在蛋白质合成过程中,它们参与到 tRNA 与核糖体 mRNA 复合体的连接物上。根尖分生区是细胞分裂素合成最活跃的部位,细胞分裂素合成以后通过木质部的长距离运输到达茎、叶。幼叶、芽、幼果和正在发育的种子中也能形成细胞分裂素。细胞分裂素在植物体中分布很广,存在最多的地方是正在发育的幼果和未成熟的果实。在生产上,将细胞分裂素喷洒于植物根、茎、叶,可以刺激细胞分裂,促进叶绿素形成,提高开花坐果率,增强作物的抗病能力。其对番茄、茄子、辣椒、黄瓜均有明显的增产效果。

4. 脱落酸

脱落酸(abscisic acid,ABA),别名脱落素(abscisin)、休眠素(dormin),是一种抑制植物生长的激素。1961 年,W. C. 刘和 H. R. 卡恩斯从成熟棉铃里分离获得。脱落酸是一个 15 碳的倍半萜烯化合物。ABA 合成的前体物质为类胡萝卜素(含有 40 个碳原子),类胡萝卜素经一系列的转化,裂解为黄质醛(含有 15 个碳原子),再氧化生成 ABA。脱落酸在衰老的叶片组织、成熟的果实、种子及茎、根等许多部位形成。水分亏缺可以促进脱落酸形成。

脱落酸的生理作用很多。一是促进脱落。从脱落酸的名称便可知,其可加速植物器官脱落,如叶子、花和果实等。二是抑制生长。ABA 是一种较强的生长抑制剂,可抑制整株植物或离体器官的生长;还可抑制胚芽鞘、嫩枝、根和胚轴等器官的伸长生长。三是促进休眠。在秋季短日下,许多木本植物叶子 ABA 含量增多,促进芽进入休眠;马铃薯的休眠芽中也含有较多 ABA。四是引起气孔关闭。在缺水条件下,植物叶子中 ABA 的含量增多,引起气孔关闭。五是调节种子胚的发育。在种子胚发育期间,内源 ABA 作为正调节因子起着重要的作用;在未成熟胚培养中,外源 ABA 能引起加速某些特别贮藏蛋白质的形成。六是增加植物抗逆性。一般来说,干旱、寒冷、高温、盐渍和水涝等逆境都能使植物体内 ABA 迅速增加,同时抗逆性增强,这可能与它能促使植物生成新的胁迫蛋白有关。

脱落酸在农业生产上有广阔的应用前景。它是种子萌发的有效抑制剂,常用其浸泡贮藏种子,抑制种子发芽。在种子和果实发育早期外施脱落酸,可达到提高粮食作物和果树产量的目的。它能够增强植物抗寒抗冻的能力,可应用于帮助作物抵抗早春期间的低温冷害以及培育新的抗寒力强的作物品种,还可以提高植物的抗旱力和耐盐力,用于恶劣环境的植树造林。给小麦等施以外源脱落酸能抑制茎秆伸长、增加穗重等。

5. 乙烯

乙烯(ethylene,ETH)是一种简单的不饱和碳氢化合物,分子式为 C_2H_4。在中国古代就发现将果实放在燃烧香烛的房子里可以促进果实的成熟。19 世纪德国人发现,橘子产生的气体能催熟与其混装在一起的香蕉。直到 1934 年,Gane 才首先证明,植物组织产生的气体是乙烯。1966 年乙烯被正式确定为植物激素。所有的果实在发育期间都会产生微量乙烯,在果实未成熟时乙烯含量很低,成熟时会出现乙烯高峰。乙烯也存在于植物体的其他器官中,但能产生乙烯的含量很小,一般每克鲜重产乙烯 0.1 ~ 10 nL/h。

乙烯最明显的生理功能是抑制生长。对植物的根、茎、叶及侧芽的生长均具有明显的抑制作用。当果实中含有一定量的乙烯时则促进果实成熟。用乙烯处理果实,也同样具有催熟作用。乙烯的作用方式多样。它可通过改变果实细胞膜透性,有利于氧气进入,提高呼吸强度,促进成熟。可通过增加细胞膜和亚细胞膜的透性，提高和诱导细胞内酶的活性，加强底物与相应酶的接触，加快代谢，促进成熟。能通过调控基因表达，促进 RNA 和蛋白质的合成，促进果实成熟。乙烯广泛应用于果实催熟、棉花采收前脱叶和促进棉铃开裂吐絮、刺激橡胶乳汁分泌、水稻矮化、增加瓜类雌花及促进菠萝开花等。

6. 独脚金内酯

独脚金内酯（strigolactones，SL）是一类来源于类胡萝卜素的萜内酯，已经从多种植物根部分泌物中发现。2008 年法国和日本的两个独立研究小组将其确定为一种新型植物激素。

最初研究独脚金内酯是因其能诱导寄生植物种子萌发。研究者利用高效液相色谱串联质谱法对多种植物中独脚金内酯做出定性和定量的分析，进而发现独脚金内酯或其衍生物对植物有比较复杂的作用。目前人们普遍认为，独脚金内酯、生长素和细胞分裂素 3 种激素互相作用来调控植物的分枝。生长素从顶端产生向下极性运输控制侧芽生长；而细胞分裂素主要在根中合成，通过木质部的蒸腾作用向地上部运输，能促进细胞分裂并向上运输直接促进侧芽的产生；独脚金内酯于根部合成，向上运输控制侧芽的生长。独脚金内酯除了控制地上部分枝外，它的调节机制和与其他激素的协同作用，还涉及诸多生长发育和生理生化过程，包括根系生长、根毛伸长、不定根固定、次生生长、光合形态建成、种子萌发及苔藓丝状体的生长等。

除上述激素外，近年来还发现一些具有信号功能的化学物质，如芸薹素内酯（brassinolide）、茉莉酸（jasmine acid）及其甲酯（methyl jasmonate）和水杨酸（salicylic acid）。芸薹素内酯主要促进细胞分类和伸长，可提高 ATP 酶和 Rubisco（RuBP 羧化 / 加氧酶）的活性，影响基因表达。茉莉酸有促进衰老的作用，与 ABA 的作用相似。水杨酸与植物对病原菌的防御有关。

二、动物生命活动的调控

（一）激素调节

动物体内的腺体可分为两类，一类为外分泌腺。另外一类内分泌腺。外分泌腺可通过导管将分泌物排放到特定部位，发挥作用。内分泌腺无导管，由内分泌细胞分泌的物质需要体液运送到相应的靶组织或靶细胞。内分泌腺分泌物一般量很少，但活性强，对机体的生命活动起着非常重要的调节作用，这种分泌物称为动物激素。所起的调控作用称为体液调节（humoral regulation）。激素在起调控作用时，有的需要血液运送，路径较长，称远距离调节。有的仅通过组织液扩散对邻近细胞进行调节，称为旁分泌调节。还有下丘脑的某些神经核团（视上核和室旁核分泌抗利尿激素）具有内分泌功能，称为神经内分泌调节。

1. 激素的类型

（1）肽类与蛋白质类激素　此类激素种类最多，有来自于下丘脑的促肾上腺皮质激素释放因子、促甲状腺素释放因子、生长素释放和抑制因子、促性腺素释放因子等；还有来自于垂体前叶的促肾上腺皮质素、生长素、促黄体生成素、促甲状腺素、血管升压素（抗利尿激素）等；来自胰腺的胰岛素和胰高血糖素等。下面以胰岛素、胰高血糖素和肾上腺素对血糖浓度的精密调节，来说明肽类激素对代谢的调节过程。

胰岛素是由胰内的胰岛 β 细胞受内源性或外源性物质（如葡萄糖、乳糖、核糖、胰高血糖素等）的刺激而分泌的一种蛋白质激素。胰岛素最显著的生理功能有两个：其一是促进胰岛素敏感性细胞摄入葡萄糖；其二是促进肝糖原、肌糖原、脂肪和蛋白质的合成，所以胰岛素有降低血糖的作用，并且是体内唯一一种降低血糖的激素。正常情况下，当出现血糖升高的信号时，胰岛素的分泌在短时间内增加，如饭后血糖升高时，胰岛素的分泌也略有升高；当出现血糖过低信号时，则肾上腺素、胰高血糖素的分泌增多。可见，血糖浓度的恒定是通过多个激素的调节来维持的。若出现病例状态，胰岛素分泌过多时，血糖下降迅速，脑组织受影响最大，可出现惊厥、昏迷，甚至引起胰岛素休克。相反，胰岛素分泌不足或胰岛素受体缺乏，常导致血糖升高；若超过肾糖阈（160～180 mg/100 mL），则糖从尿中排出，引起糖尿；同时由于血液成分改变（含有过量的葡萄糖），亦导致高血压、冠心病和视网膜血管病等病变。

(2) 胺类激素　这类激素多是氨基酸的衍生物，如肾上腺髓质产生的肾上腺素和去甲肾上腺素，甲状腺产生的甲状腺素等。肾上腺髓质激素主要作用的部位为心脏和血管，具有强心和升高血压的作用。而甲状腺素（thyroxin）是以酪氨酸和碘为原料，通过一系列酶催化偶联形成的碘化酪氨酸衍生物，有两种形式（T3 和 T4）。功能非常重要，最基本的生理功能是促进物质代谢和能量代谢，除此之外，对于神经系统、生殖系统和胚胎发育等多个方面具有重要调节功能。甲亢或甲减都会导致机体出现物质代谢紊乱和生长发育受阻。由于上述两类激素都是含氮化合物，故也称为含氮激素。

(3) 类固醇和脂肪酸类激素　类固醇类激素又称甾类激素，是一类脂溶性化合物，它们在结构上都是环戊烷多氢菲衍生物。此类激素主要包括来自肾上腺皮质的皮质醇和性激素，如糖皮质激素、雌二醇、睾酮和黄体酮等。前列腺素（prostaglandin，简称 PG）是具有五元脂肪环、带有 2 个侧链的 20 个碳的脂肪酸。由于其作用类似于激素，也称为类激素。前列腺素分为 A、B、C、D、E、F、G、H、I 等类型。不同类型的前列腺素具有不同的功能，如前列腺素 E 有松弛支气管平滑肌作用，而前列腺素 F 则相反，是支气管收缩剂；前列腺素 E 和前列腺素 F 同时能促进血管平滑肌松弛，从而减少血流的外周阻力，降低血压。此外，前列腺素对内分泌、生殖、消化、血液、呼吸、心血管、泌尿和神经系统均有重要作用。

2. 激素的功能

动物机体的各种生理机能活动是通过神经和激素两方面进行调节的。在作用方式上，神经调节通过神经纤维的传导而起作用，而激素则通过血液运输作用于组织细胞而实现其功能。因此，激素的这种调节作用又称体液调节。其一般作用如下：

(1) 调节蛋白质、糖类和脂肪等物质的代谢，维持代谢的正常进行。

(2) 调节细胞外液的量和组成成分，使机体内的理化因素保持动态平衡。

(3) 调节控制机体的生长、发育和生殖机能。

(4) 配合神经系统对有害刺激和环境变化产生抵抗和适应能力。

3. 激素的作用机制

激素在广泛接触机体组织细胞的过程中，只作用于能够识别该激素的细胞，被激素作用的细胞称为靶细胞，靶细胞的表面或细胞内有能与激素信息进行特异性结合的受体，这种特异性的结合是激素能够调节机体功能的重要因素。

图 e3-3　含氮激素的作用原理

图 e3-4　类固醇激素的作用原理

(1) 含氮激素的作用原理　前文提到的胺类和肽类蛋白质激素都属于含氮激素，其到达靶细胞后，首先与分布在细胞膜表面的特异性受体相结合，这一结合激活了与受体相关联的腺苷酸环化酶。该酶在钙离子存在的情况下，使细胞内的腺苷三磷酸转变为环腺苷一磷酸（cAMP），继而又进一步激活了蛋白激酶，通过如此逐级的活化过程，使细胞产生了特定的生理效应，如收缩蛋白的收缩、激素的分泌、膜通透性的改变。一般认为，在此过程中，激素作为第一信使把信息传递到靶细胞，而 cAMP 把信息传向细胞内的特定机构，起着第二信使作用，关于此类激素作用原理的假说称为“第二信使学说”（图 e3-3）。

(2) 类固醇激素的作用原理　类固醇激素为亲脂性的小分子物质，到达靶细胞后可透入细胞膜，与细胞质内的特异受体蛋白结合形成复合物，复合物通过核膜进入细胞核，与核内的部分基因（DNA）相互作用，促进了核糖核酸和蛋白质的合成过程，从而导致生理效应。这一作用原理也称“基因调节学说”（图 e3-4）。

4. 激素分泌的调节

内分泌腺激素的分泌，主要是通过反馈调节来实现的，即激素作用于靶细胞引起特定生理效应，而这种效应达到一定水平后，反过来抑制此种激素的分泌。当激素的效应低于某一水平时，反馈抑制消退，激素的分泌量加大。当机体的内外环境急剧变化时，可通过脑内的高级中枢大幅度地调整激素的分泌水平。

下丘脑 – 垂体 – 靶腺轴调节系统是体内激素相互影响的典型例子。根据反馈路线的长短可分为长反馈、短反馈和超短反馈 3 种形式（图 3–22）。靶腺激素对下丘脑和腺垂体激素的调节属于长反馈，腺垂体激素对下丘脑激素的反馈调节属于短反馈，下丘脑激素对于自身激素水平的调节属于超短反馈。通过这种调节过程，能维持血液中各层次激素水平的相对稳定。

（二）神经调节

动物在其生命活动中，始终处在一个不断变化的内外环境中，不断接受着各种环境因素的刺激。动物主要依靠其神经系统接受各种刺激，并作出适当的反应，以适应环境条件的变化，保持生命活动的正常进行。

1. 哺乳动物的神经系统

(1) 中枢神经系统　中枢神经系统包括脑和脊髓。脑又包括大脑、小脑、间脑、中脑、延脑等。其功能是负责对外来信息进行分析整合并做出反应。最高位的中枢神经是大脑皮层，大脑皮层上有与机体各部分的感觉、运动和联想等功能相对应的功能区。间脑包括丘脑、上丘脑和下丘脑，是中枢神经系统各部分与大脑高级中枢间的重要联络站。中脑是视觉和听觉形成的反射中枢。延脑（延髓）上具有呼吸节律中枢、心血管中枢和吞咽中枢等，所以延脑又称“生命的中枢”。小脑是动物体维持身体平衡和协调运动的功能部位。脊髓是最基本的中枢，也叫初级中枢，其功能受高位中枢控制。

(2) 外周神经系统　外周神经系统由脑神经、脊神经和植物性神经组成。脑神经由各脑部向外发出，主要分布到头面部，为鼻黏膜、眼、耳、舌等器官传入与传出信息的通道，此外也分布到颈部和内脏器官。脊神经由脊髓发出，包括背根和腹根，背根为感觉神经，来自皮肤和内脏的刺激由背根传入中枢；腹根为运动神经，将中枢神经系统发出的神经冲动传至肌肉和腺体。植物性神经（自主神经）包括交感与副交感神经，分布于内脏、腺体和心血管等，其作用是调整动物机体内脏的生理功能活动。

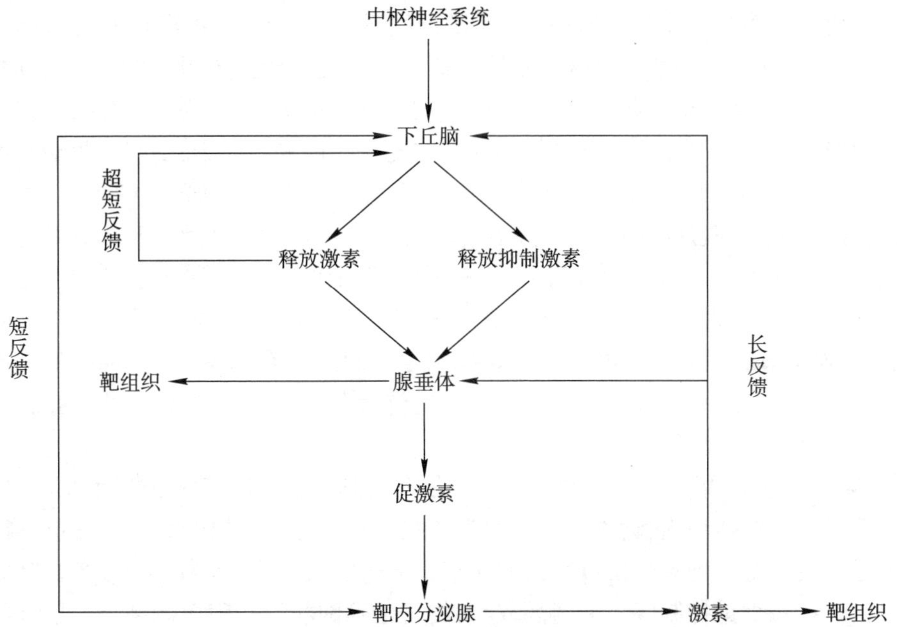

图 3–22　激素分泌调节

2. 反射作用

动物机体各部分的生理活动都是不断地进行调整而达到统一的，基本方式是反射活动。我们把动物体通过神经系统对各种刺激所发生的反应叫反射(reflex)。反射通路的结构基础称为反射弧(reflex arc)，包括感受器、传入神经元、神经中枢、传出神经元、效应器5个环节。感受器，可接受机体内外环境的刺激，将其转化为神经冲动，常见的如皮肤、肌肉和血管等；传入神经元(感觉神经元)，将感受器接收到的刺激冲动上传到中枢；神经中枢，对上传的信息做出整合，通常经过多个中间神经元的换元来完成；传出神经元(运动神经元)，把中枢神经系统的反馈信号传出；效应器，接受反馈信号，机体做出反应，如肌肉和腺体等。反射弧的5个部分要完好才能完成反射活动，若某一部分被损坏，反射活动即消失。

神经系统的反射作用可以分为两类，分别是非条件反射和条件反射。动物在系统发生中发展起来的、与生俱来的、先天的反射叫非条件反射(unconditioned reflex)。如排便、排尿等。这类反射活动较少，不会消失，具有永久性。条件反射(conditioned reflex)是后天获得的，出生后没有完整的反射弧，容易消退，具有暂时性，如学习和记忆等。

条件反射是苏联科学家巴甫洛夫(1849—1936)在研究狗的唾液分泌时发现的。最先，他观察发现狗在进食时，可分泌唾液。除食物外，他又发现在食物出现前的其他刺激(如送食人员或其脚步声等)，也会引起狗的唾液分泌。他将狗对食物外的无关刺激引起的唾液分泌现象，称为条件反射。后期，巴甫洛夫继续相关研究，在每次喂食狗前都先发出一些信号(一开始是摇铃，后来还包括吹口哨、使用节拍器、敲击音叉、开灯等)，连续几次后，他试了一次摇铃但不喂食，发现狗虽然没有东西可以吃，却照样流口水，而在重复训练之前，狗对于"铃声响"是不会有反应的。通过此实验，他总结了条件发射产生的规律，首先要有非条件刺激(食物)；其次，还要有条件刺激(铃声)；再就是，两者要反复结合，便可形成条件反射。这种联系是暂时的，若建立后，反复进行条件刺激，不给予非条件刺激，反射活动就会消退。

高等动物对于错综复杂的环境变化的适应，都是通过条件反射和非条件反射过程实现的。非条件反射对于机体的生命活动是重要的，但只能适应恒定的环境变化，条件反射则能在不断变化的环境中形成新的条件反射，使活动具有预见性，能对环境变化进行更精确的适应调整，使个体与周围环境经常保持协调统一。

3. 神经系统对躯体运动的调节

(1) 脊髓对躯体运动的调节　在脊髓的前角中，存在大量运动神经元(α和γ运动神经元)，它们的轴突经前根离开脊髓后直达所支配的肌肉。α运动神经元接受来自皮肤、肌肉和关节等外周传入的信息，也接受从脑干到大脑皮层等主位中枢传递的信息，产生一定的反射传出冲动。α运动神经元的轴突在离开脊髓走向肌肉时，其末梢在肌肉中分成许多小支，每一小支支配一根骨骼肌纤维。因此，在正常情况下，当这一神经元发生兴奋时，兴奋可传导到受它支配的许多肌纤维，引起其收缩。由一个α运动神经元及其支配的全部肌纤维所组成的功能单位，称为运动单位。运动单位的大小，决定于神经元轴突末梢分支数目的多少，一般是肌肉越大，运动单位也越大。γ运动神经元的胞体分散在α运动神经元之间，γ运动神经元的轴突也经前根离开脊髓，支配骨骼肌的梭内肌纤维。γ运动神经元和α运动神经元一样，末梢也是释放乙酰胆碱作为递质的。在一般情况下，当α运动神经元活动增加时，γ运动神经元也相应增加，从而调节着肌梭对牵拉刺激的敏感性。膝跳反射、脊休克(spinal shock，与高位中枢离断的脊髓，在手术后暂时丧失反射活动的能力，进入无反应状态，这种现象称为脊休克)、牵张反射(stretch reflex)和腱反射等都属于脊髓调节。

(2) 脑干对躯体运动的调节　脑干包括中脑、脑桥和延脑。主要调节的躯体运动是肌紧张和姿势反射。在中脑上下丘之间切断脑干，动物会出现肌肉紧张亢进状态，四肢伸直、头尾昂起、脊柱挺硬，这种现象称为去大脑僵直。是一种牵张反射增强的状态。通过实验发现，在脑干上分布控制肌紧张的两个区域，一个是易化区，一个是抑制区。抑制区较小，位于延脑网状结构附内侧部分；易化区较大，分布于整个脑干的中央区，包括延髓网状结构的背外侧部分、脑桥的被盖、中脑的中央灰质及被盖。若横断脑干，切断了大脑皮质、纹状体与脑干的联系，导致抑制区活动减弱，而易化区作用加强，全身肌肉紧张度增加。

脑干除了可以调节肌紧张外，还能调节姿势反射活动，包括状态反射、翻正反射、直线和旋转加速度反射等。在头部空间位置改变以及头部与躯干部的相对位置改变时，可反射性地改变躯体肌肉的紧张性，这种反射称为状态反射。状态反射包括迷路紧张反射和颈紧张反射。如马在上下坡时，前后肢肌肉紧张性发生不同程度的改变就属于状态反射。正常动物可保持站立姿势，若将其推倒则可以翻正过来，这种反射称为翻正反射。如马打滚时，首先是刺激内耳迷路引起头部翻正，再刺激颈部韧带引起躯干部翻正。

(3) 基底神经节对躯体运动的调节　哺乳动物的基底神经节包括纹状体、丘脑底核和黑质。主要功能是稳定随意运动、调节肌紧张、处理本体感觉传入信息等。若黑质受损，肌紧张增强，随意运动减弱，出现的疾病称为麻痹震颤（帕金森）；若纹状体受损，肌紧张活动减弱，随意运动加强，出现的疾病称为舞蹈病。

(4) 小脑对躯体运动的调节　小脑对于维持姿势、调节肌紧张、协调随意运动均有重要的作用。前庭小脑与身体平衡功能有密切关系。脊髓小脑对肌紧张的调节既有抑制又有易化的双重作用。皮层小脑与运动区、感觉区、联络区间的联合活动和运动计划的形成及运动程序的编制有关。

(5) 大脑皮层对躯体运动的调节　大脑皮层与躯体运动功能有比较密切的关系。其运动区主要位于中央前回和运动前区。皮层运动区有下列的功能特征：① 对躯体运动的调节支配具有交叉的性质，即一侧皮层主要支配对侧躯体的肌肉；②具有精细的功能定位，即一定部位皮层的刺激引起一定肌肉的收缩，越精细和复杂的运动，其代表区的面积越大；③从运动区的上下分布来看，其定位安排呈身体的倒影，下肢代表区在顶部，上肢代表区在中间部，而头部肌肉代表区在底部。

4. 神经系统对内脏活动的调节

(1) 植物性神经（自主神经）对内脏活动的调节　植物性神经系统的功能在调节心肌、平滑肌和腺体的活动，对同一效应器的调控具有以下特点：① 一般组织器官都接受交感和副交感的双重支配。如迷走神经对心脏具有抑制作用，而交感神经对心脏具有兴奋作用。这种正反调节会使内脏活动适合当时的机体需求。② 自主神经对效应器的支配具有紧张性作用，如存在心迷走紧张和交感缩血管紧张性等。③ 交感神经系统的活动一般比较广泛，常以整个系统参与反应。例如，当交感神经系统发生反射性兴奋时，除心血管功能亢进外，还伴有瞳孔散大、支气管扩张、胃肠活动抑制等反应。而副交感神经系统的活动是比较局限的。

(2) 中枢神经系统对内脏活动的调节

① 脊髓对内脏活动的调节　脊髓中枢可以完成基本的血管张力反射、排尿反射和排便反射。

② 低位脑干对内脏活动的调节　延髓在内脏调节活动中是非常重要的，具有心血管、呼吸、消化等多重中枢。如果延髓破坏，会快速引起死亡。

③ 下丘脑对内脏活动的调节　下丘脑与边缘前脑及脑干网状结构紧密的形态和功能的联系，共同调节着内脏的功能。如体温、营养摄取、水平衡、内分泌、情绪反应、生物节律等重要生理过程。视前区－下丘脑前部存在温度敏感神经元，它们既能感受所在部位温度变化，也能对传入的温度信息进行整合。当体温超过或低于调定点水平时，即可通过调节散热和产热活动使体温保持相对稳定。下丘脑外侧区存在摄食中枢，腹内侧核存在饱食中枢。如果破坏摄食中枢，动物拒绝摄食；破坏饱食中枢，动物食欲大增，逐渐肥胖。破坏下丘脑可导致动物烦渴与多尿，下丘脑对水平衡的调节主要包括两个方面：一是控制抗利尿激素的合成和分泌；二是控制饮水。下丘脑的神经元具有内分泌功能，可分泌多种激素（调节肽）到血液中，并通过垂体门脉系统抵达腺垂体，促进或抑制腺垂体各种激素的合成和分泌，进而调节其他内分泌腺的活动。

动物和人类对客观环境刺激所表达的一种特殊的心理体验和某种固定形式的躯体行为表现，主要受到下丘脑和大脑皮层边缘区的控制，通过反射活动来完成。

机体内的各种活动按一定的时间顺序发生变化，这种变化的节律称为生物节律。如高频的心动周期、呼吸周期等；中频的血细胞数、体温和肾上腺皮质激素分泌等；低频的月经周期、排卵期等。有研究表明，视交叉上核是日周期节律控制中心，它可以与视觉感受装置发生联系，外界的昼夜光照变化可影响其兴奋性，从而使体内周期节律与外环境昼夜节律同步起来。

④ 大脑皮层对内脏活动的调节　电刺激动物大脑新皮层，可引起内脏活动的改变，可改变呼吸、血管、肠运动和膀胱运动等。若刺激大脑皮层边缘叶，可以引起更复杂的功能反应，主要与摄食行为和学习记忆功能有关。

本章小结

生物的生存需要不断从外界摄取各种物质以合成细胞物质、提供能量及在新陈代谢中起调节作用，这些物质就称为营养物质，而有机体吸收和利用营养物质的过程就成为营养。不同的生物对营养物质的需求有明显的差异。绿色植物是以无机分子，如 H_2O、CO_2 以及 N、P、S、K、Ca、Mg、Cu、Zn、Mn、Fe、Mo、B、Cl、Ni 等 14 种必需矿质元素为营养物质，并通过气孔和根系等结构器官加以吸收。动物、真菌和大多数细菌则必须从外界摄取有机物作为营养物质，如多糖、脂肪、蛋白质等。同时，生物能量来源的渠道也各有所异，通常根据营养物质和能量来源的不同把生物划分为光能自养、化能自养、化能异养和光能异养 4 大类。

生命的基本特征之一就是不断地进行新陈代谢，其中酶是最重要的生物催化剂。酶具有一般催化剂的共性，但也有自身的特点，即高效性、特异性、易失活和可调节性等特性。

光合作用是植物叶绿体利用光能，把 CO_2 和 H_2O 转化为含能有机物，并且释放出氧的过程。大致可分为三个阶段：①原初反应；②电子传递和光合磷酸化；③二氧化碳的固定与还原。原初反应和光合磷酸化需要光的参与，属于光反应；而二氧化碳的固定与还原不需要光的参与，属于暗反应。光合作用是地球上几乎一切生物生存、繁荣和发展的根本源泉。

生物氧化是生物能量代谢和物质代谢的中心。除了绿色细胞可直接利用太阳能进行光合作用外，一切生命活动所需要的能量都依靠氧化作用来提供。根据有无氧气的参与，氧化作用分为有氧呼吸和无氧呼吸。其中有氧呼吸是多数生物呼吸作用的主要方式，需经过糖酵解、丙酮酸氧化脱羧、三羧酸循环、电子传递和氧化磷酸化等过程，进而完成 ATP 的合成。呼吸作用的前提是进行 O_2 和 CO_2 的气体交换，这种生物有机体与外界进行气体交换的过程，称为生物的呼吸。

物质代谢中，由小分子物质合成大分子物质的反应称为合成代谢；由大分子物质分解成小分子物质的反应称分解代谢。物质代谢常伴有能量转化，分解代谢常释放能量，合成代谢常吸收能量，分解代谢中释放的能量可供合成代谢的需要。物质代谢又可分为初生代谢与次生代谢，初生代谢是所有生物具有的基本代谢途径，合成糖、氨基酸、脂肪酸、核酸以及由它们形成的聚合物(多糖、蛋白质、RNA、DNA 等)。次生代谢是初生代谢的继续，其产物是一大类无明显生理功能或非生长发育所必需的小分子有机化合物。次生代谢产物的产生和分布通常有种属、器官、组织和生长发育期的特异性，是生物体在长期的进化中对生态环境适应的结果。

由植物体一定部位产生，且能被运输到植物体另一部位，能够发挥信息传递作用，对植物的生长发育起调控作用的微量化学物质被称为植物激素。目前公认的植物激素有 6 类，即生长素、赤霉素、细胞分裂素、脱落酸、乙烯和独脚金内酯。

动物机体的各种生理机能活动是通过神经和激素两方面进行调节的。在作用方式上，神经调节通过神经纤维的传导而起作用，而激素则通过血液运输作用于组织细胞而实现其功能。

复习思考题

一、名词解释

营养；光能自养；化能自养；光能异养；化能异养；菌根；必需氨基酸；滤食；细胞内消化；细胞外消化；化学消化；机械消化；核酶；单体酶；寡聚酶；酶系；酶的活性中心；光系统Ⅰ(PSⅠ)；光系统Ⅱ(PSⅡ)；天线色素；暗反应；光合磷酸化；光合链；光反应；同化力；碳同化；生物氧化；呼吸作用；有氧呼吸；无氧呼吸；糖酵解；底物水平磷酸化；三羧酸循环；呼吸链；氧化磷酸化；能荷；能量代谢；物质代谢；初生代谢；次生代谢；萜类；酚类；类黄酮类；缩合鞣质；可水解鞣质；生物碱；植物激素；外分泌腺；内分泌腺；体液调节；胰岛素；甲状腺素；类固醇类激素；脑神经；脊神经；植物性神经；反射弧；非条件反射；条件反射；大脑僵直；状态反射

二、问答题

1. 简述N、P、K的生理功能及缺素症。
2. 解释气孔运动的机制。
3. 动物对糖类、蛋白质和脂肪等营养物质的消化与吸收有何区别与联系？
4. 酶促反应的特点是什么？
5. 简述酶促反应的作用机制。
6. 酶抑制剂是如可对酶的活性产生抑制作用的？
7. 光系统Ⅰ(PSⅠ)和光系统Ⅱ(PSⅡ)有何异同？
8. 简述光合原初反应过程和实质。
9. 非环式光合磷酸化和环式光合磷酸化有何区别？
10. 为什么说C_4植物比C_3植物有更高的光合效率？
11. 底物磷酸化、光合磷酸化和氧化磷酸化有何区别与联系？
12. 氧化磷酸化的机制是什么？
13. 论述植物激素的种类和生理功能。
14. 动物激素的功能有哪些？其作用机制是什么？
15. 什么是条件反射与非条件反射？两者有何区别与联系？
16. 神经调节包括哪些内容？各有何特点？

主要参考文献

北京大学生命科学院．生命科学导论．北京：高等教育出版社，2000.

陈阅增．普通生物学——生命科学通论．北京：高等教育出版社，1997.

董妍玲，潘学武．植物次生代谢产物简介．生物学通报，2002，37(11)：17-19.

顾德兴．普通生物学．北京：高等教育出版社，2000.

海伦·格思里．营养学初步，北京：北京出版社，1987.

胡玉佳．现代生物学．北京：高等教育出版社，1999.

黄诗笺．现代生命科学概论．北京：高等教育出版社，2001.

靳德明．现代生物学基础(第3版)．北京：高等教育出版社，2017.

李家玉，王海斌，林志华，等．植物次生代谢物的结构、生物合成及其功能分析——生物碱．农业科学研究，2009，30(4)：68-72.

陆景陵．植物营养学(上册 第2版)，北京：中国农业大学出版社，2003.

潘瑞炽．植物生理学(第7版)．北京：高等教育出版社，2012.

沈萍，陈向东．微生物学(第8版)．北京：高等教育出版社，2016.

沈同，王镜岩．生物化学(第2版)．北京：高等教育出版社，1991.

孙立影，于志晶，李海云，等．植物次生代谢物研究进展．吉林农业科学，2009，34(4)：4–10.
孙远明．食品营养学(第 2 版)．北京：中国农业大学出版社，2010.
王金胜，王冬梅，吕淑霞．生物化学．北京：科学出版社，2007.
王莉，史玲玲，张艳霞，等．植物次生代谢物途径及其研究进展．武汉植物学研究，2007，25(5)：500–508.
王玫，陈洪伟，王红利，等．独脚金内酯调控植物分枝的研究进展．园艺学报，2014，41(9)：1924–1934.
王闵霞，彭鹏，龙海馨，等．独脚金内酯途径相关基因的研究进展．分子植物育种，2014，12(3)：603–609.
王中仁．植物等位酶分析．北京：科学出版社，1996.
王忠．植物生理学(第 2 版)．北京：中国农业出版社，2010.
魏道智．普通生物学(第 2 版)．北京：高等教育出版社，2012.
魏道智．普通生物学．北京：中国农业出版社，2007.
吴庆余．基础生命科学．北京：高等教育出版社，2002.
吴相钰，陈守良，葛明德．陈阅增普通生物学(第 4 版)．北京：高等教育出版社，2014.
杨继，郭友好，杨雄，等．植物生物学．北京：高等教育出版社，1999.
杨秀平，肖向红．动物生理学(第 2 版)．北京：高等教育出版社，2009.
姚敦义．生命科学发展史，济南：济南出版社，2005.
张镜如，乔健天．生理学(第 4 版)．北京：人民卫生出版社，1978.
赵国芬，张少斌．基础生物化学．北京：中国农业大学出版社，2014.
周衍椒，张镜如．生理学(第 2 版)．北京：人民卫生出版社，1978.
朱圣庚，徐长法．生物化学(第 4 版)．北京：高等教育出版社，2017.
Brum C, McKane Y L, Karp G. Biology fundamentals. New York: John Wiley and Son, Inc, 1995.

网上更多资源

教学课件　视频讲解　思考题参考答案　自测题

第四章

生物的繁殖与发育

繁殖(reproduction)是生物所特有的生命现象之一,是生物生长发育到一定阶段产生后代以延续种族的现象。繁殖和生殖这两个词经常通用,但严格说来两者是有区别的,一般繁殖的含义更广泛,它既包括通过产生生殖细胞繁衍后代的有性生殖,也包括通过营养体的一部分产生生物新个体的营养繁殖方式,如利用柳枝扦插的方式来繁殖柳树;而生殖往往指有性生殖。繁殖的意义不仅仅是延续后代,更重要的是在有性生殖过程中,通过遗传、变异及自然选择的作用,使物种更加适应环境。

第一节 生物繁殖的基本类型

根据生物产生新个体方式的不同,生物的繁殖可分为无性生殖、有性生殖和单性生殖。

一、无性生殖

无性生殖(asexual reproduction)是指不经过生殖细胞的融合,生物个体的营养细胞或营养体的一部分,直接或经过孢子而产生能独立生活的新个体的繁殖方式。特点是繁殖过程简单、迅速,可保持其固有的形态。无性生殖可分为营养繁殖和孢子生殖。

(一) 营养繁殖

由生物体的一部分(脱离或不脱离母体)直接形成新个体的繁殖方式称为营养繁殖(vegetative propagation)。比较低等的单细胞生物可以通过裂殖的方式将身体分成多块,然后每一块发育为一个新个体,如眼虫的纵裂(图 4-1),这种营养繁殖方式称为裂殖。还有的生物是在母体的一定部位产生小芽体,小芽体从母体脱落长大后就成为一个新的个体,这种营养繁殖方式称为芽殖,如酵母菌的芽殖、水螅的芽殖(图 4-1)。高等植物利用植物体的器官或组织产生不定根和不定芽繁殖新个体的方式也是营养繁殖。另外在生物技术领域,通过植物的组织培养产生新植株、克隆动物等也都属于营养繁殖。

(二) 孢子生殖

孢子生殖(spore reproduction)是无性生殖中的高级方式(但有些孢子是有性孢子),是通过在母体上形成孢子囊(产生孢子的器官)或者直接在母体上产生孢子的繁殖方式。孢子从孢子囊中散出后在适宜的条件下就会萌发成新个体。真菌是孢子生殖最普遍和发达的生物,另外藻类植物、黏菌、苔藓植物、蕨类植物等都有孢子生殖。

无性生殖能稳定地保存生物基因,迅速扩大种群的数量,在农业生产上有非常广泛的应用。无性生殖的潜在问题在于其后代基因型与亲代完全相同,缺乏变异,因此较难适应环境的变化。

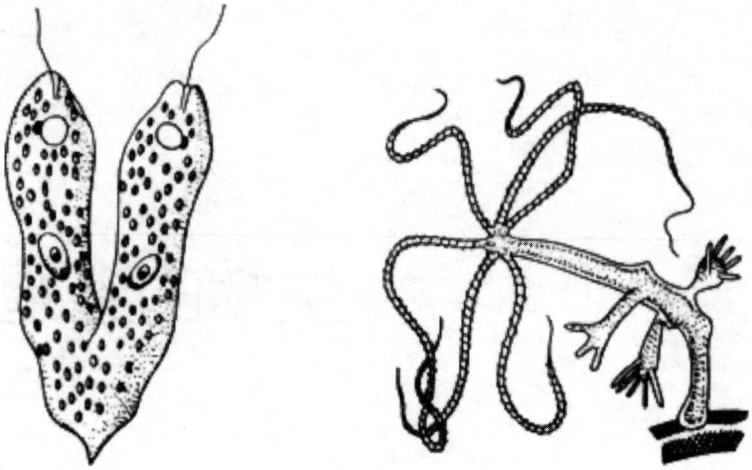
A　　　　B

图 4-1　营养繁殖
A. 眼虫的纵裂(裂殖);B. 水螅的芽殖

二、有性生殖

有性生殖(sexual reproduction)是由亲本产生性细胞,然后通过两性细胞的融合形成合子,合子进一步发育成新个体的生殖方式。性细胞称为配子。在生物进化过程中,开始是没有雌雄分化的同型配子,而后是具有雌雄分化的异型配子。异型配子进一步发展进化为在大小、形态结构、运动能力和贮藏养料方面都有极大差异的精细胞和卵细胞。根据两性配子之间的差异程度,有性生殖可分为三种类型。

(一)同配生殖

同配生殖(isogamy)指相互结合的两个配子在大小、形态结构、运动能力等方面都相同的有性生殖方式。如单细胞藻类衣藻的有性生殖就是同配生殖。

(二)异配生殖

异配生殖(heterogamy)与同配生殖的不同就是两个配子的大小不同,其他方面基本都相同,大的配子为雌配子,小的配子是雄配子。如实球藻的有性生殖就是异配生殖。

(三)卵式生殖

相互融合的两个配子在大小、形态结构和运动能力等方面都有明显差别的有性生殖方式。雄配子也称精子或精细胞,具有较强的运动能力,仅有很少的细胞质,细胞核相对较大;而雌配子也称为卵细胞,通常体积比精子大,不能运动,具有较多的细胞质。

有性生殖一般都要经过减数分裂、质配和核配的阶段,因而其产生的后代具有亲本双方的基因,这就增加了子代变异的可能性,从而可能产生更适应环境的新个体。

三、单性生殖

有些生物的卵可以不经过受精而发育为子代,这种繁殖方式称为孤雌繁殖或单性生殖(parthenogenesis)。如果卵细胞在形成过程中没有经过减数分裂,那么通过孤雌生殖产生的子代为二倍体;如果卵细胞为单倍体,那么通过孤雌生殖产生的子代为单倍体。如无脊椎动物昆虫类的蚂蚁和蜜蜂的卵,不经受精作用可发育为雄性个体,即雄蚁和雄蜂,就是单性生殖。而蚂蚁和蜜蜂的受精卵孵化为工蜂,但工蜂是不育的。在被子植物中也存在孤雌生殖和单雄生殖(也称为无融合生殖)。蚜虫、轮虫和水蚤等在环境条件适宜时,可行单性生殖,直接发育为雌性个体;环境恶劣时,则改行有性生殖。

第二节　植物的有性生殖

从藻类植物开始，植物界就已出现有性生殖，随着植物不断地进化完善，植物有性生殖器官和生殖发育过程也日趋完善，特别是发展到被子植物阶段，植物的有性生殖已经非常好地适应了陆生生活，为被子植物成为地球上的优势植物奠定了基础。

一、植物的有性生殖过程

（一）精细胞的产生

1. 花药（花粉囊）壁的发育

被子植物的花药是雄蕊的主要部分，通常由 4 个或 2 个花粉囊组成，分为左右两半，中间由药隔相连。花药原基最初是在花托上产生的。在花药原基的表皮下，出现一至数列的孢原细胞，孢原细胞体积大、细胞质浓、细胞核大，具有较强的分裂能力。孢原细胞进行一次平周分裂，形成两层细胞，外层叫周缘细胞（也称壁细胞），经过细胞分裂和分化衍生出药室内壁、中层和绒毡层，构成了花药壁（花粉囊壁）；里面一层细胞叫造孢细胞，造孢细胞直接或经过几次细胞分裂后发育为花粉母细胞。花药原基中部的细胞经过分裂，分化形成药隔的薄壁细胞和维管束（图 4–2）。

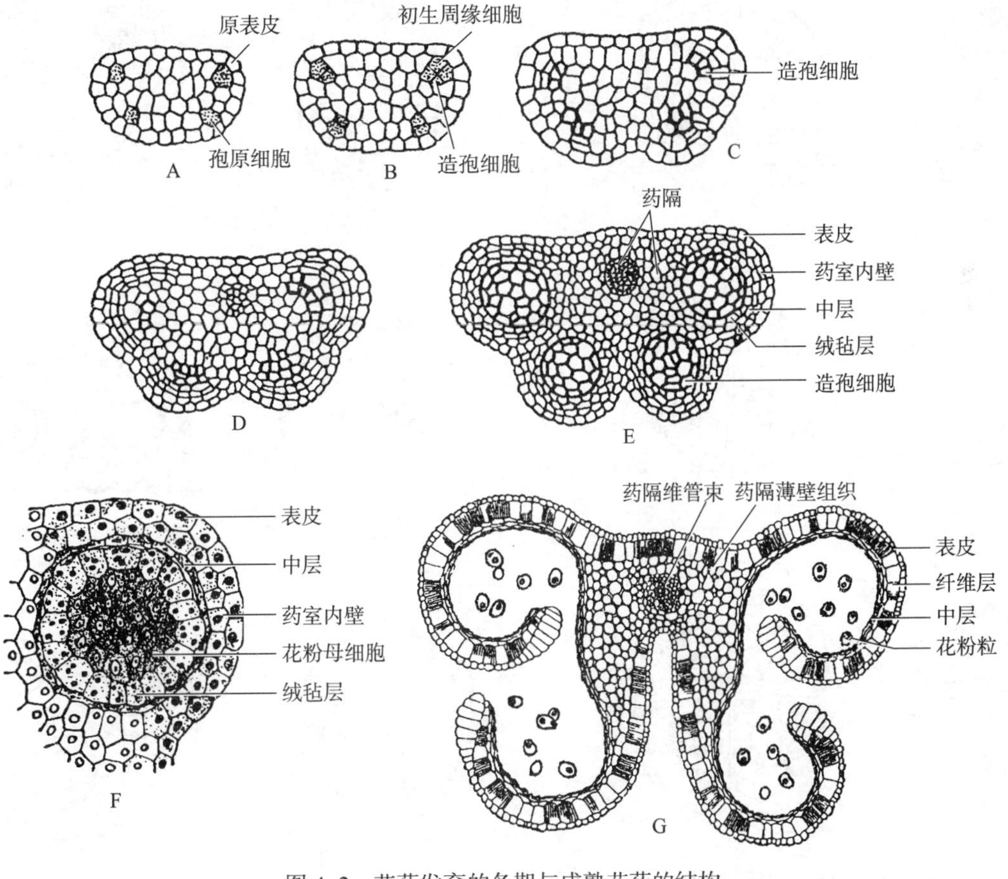

图 4–2　花药发育的各期与成熟花药的结构

A～E. 花药的横切，示花药的发育过程；F. 一个幼嫩花粉囊的横切，示花粉母细胞和花药壁的结构；G. 已成熟开裂的花药横切，示成熟花药的结构及花粉粒药室内壁位于花药表皮内侧，细胞体积较大。在花药成熟的过程中，药室内壁细胞径向增大，并在内切向壁和垂周壁上呈现不均匀的条纹加厚，但并不是整个药室内壁全部细胞都有这样的细胞壁加厚，在两个花粉囊结合部位的药室内壁细胞的细胞壁不加厚，这些没有细胞壁加厚的细胞称为“唇细胞”。当花药成熟时，由于脱水造成药室内壁内应力不均匀，在“唇细胞”处药室内壁被撕裂最终导致花药开裂，花粉散出。药室内壁的内侧有一至数层狭长、扁平的薄壁细胞，称中层。中层在初期时，细胞内贮藏有淀粉等营养物质，以后细胞被挤压逐渐解体并吸收。在成熟的花药中，中层一般已被吸收消失(图 4–2)。

绒毡层是花药壁的最内一层。绒毡层细胞体积较大，近柱形，细胞质浓，液泡小，富含营养物质，常为双核或多核的细胞。绒毡层对花粉粒的发育起着重要的营养和调节作用，花粉的外壁就是绒毡层细胞合成分泌的，绒毡层的发育不正常，常会导致花粉粒败育。在成熟的花药中，绒毡层细胞已退化解体并被吸收掉(图 4–2)。

2. 花粉母细胞的减数分裂

在花药壁发育的同时，造孢细胞经过细胞分裂或直接发育为花粉母细胞(也称为小孢子母细胞)。发育初期的花粉母细胞为多边形，后逐渐变圆且体积较大，花粉母细胞核也较大，细胞质浓厚，液泡极小或没有明显的液泡。花粉母细胞经过减数分裂形成 4 个连在一起的子细胞，称为四分体。因减数分裂过程中胞质分裂方式的不同，四分体中的 4 个子细胞有两种常见的排列方式：一种是连续型胞质分裂导致 4 个子细胞排列在同一平面上(图 4–3)；另一种是同时型胞质分裂导致 4 个子细胞呈四面体形排列(图 4–4)。

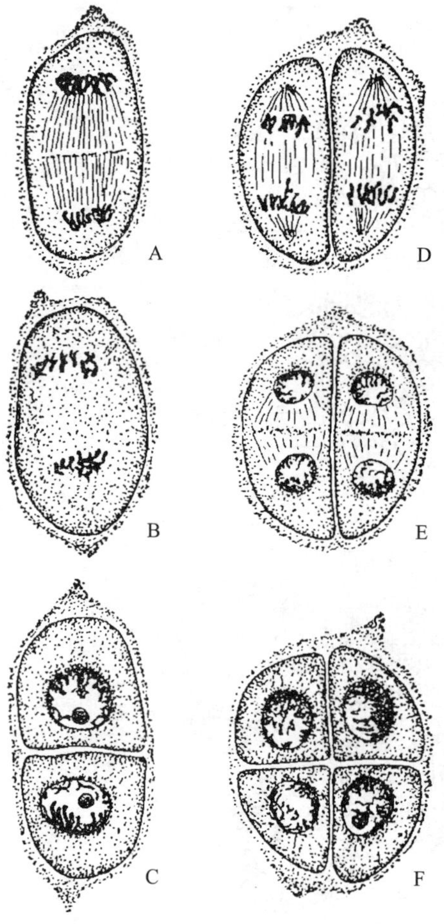

图 4–3　小麦花粉母细胞的连续型胞质分裂

A. 减数分裂后期 I；B. 末期 I；C. 产生分隔壁形成二分体；D. 后期 II；E. 末期 II；F. 四分体形成

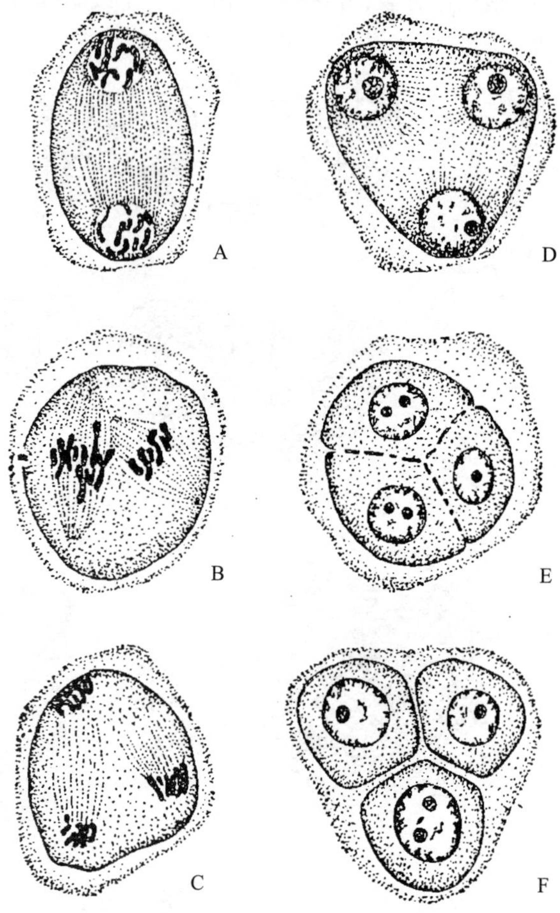

图 4–4　蚕豆花粉母细胞的同时型胞质分裂

A. 减数分裂后期 I；B. 中期 II；C. 后期 II；D. 末期 II；E. 同时产生分隔壁；F. 四分体形成

3. 花粉粒的形成和精细胞的产生

四分体存在的时间较短暂，组成四分体的4个细胞在胼胝质酶的作用下很快就彼此分开并游离在药室中发育为单核花粉粒。单核花粉粒也称小孢子（microspore）。初形成的单核花粉粒，花粉壁薄、细胞质浓，核位于花粉粒的中央。随着花粉粒不断长大，细胞中逐渐形成一个中央大液泡，而把细胞质和细胞核挤到细胞一侧，这个发育时期的花粉称为"单核靠边期"花粉。接着单核花粉进行一次不均等的有丝分裂，形成大小不同的两个细胞，大的为营养细胞（vegetative cell），小的为生殖细胞（generative cell）。

营养细胞占据了花粉的绝大部分空间，营养细胞具有大液泡和细胞质，并含有丰富的贮藏物质，如脂肪、淀粉等，其功能与精细胞的发育和花粉管的萌发有关。生殖细胞体积较小，发育初期紧贴着花粉壁，呈凸透镜状，具少量的细胞质，细胞壁很薄。以后生殖细胞逐渐脱离开花粉壁游离在营养细胞中。大多数植物的花粉粒在成熟（传粉）时只含有营养细胞和生殖细胞两个细胞，这样的成熟花粉称为2-细胞型花粉，如棉花、百合、烟草（图4-5）、桃、柑橘等植物的花粉。有些植物的花粉在成熟过程中，生殖细胞再进行一次分裂，形成2个精细胞（精子）（sperm cell）。所以花粉粒成熟时具有1个营养细胞和2个精子，这类花粉称为3-细胞型花粉，如向日葵、慈姑、小麦等（图4-5）。成熟花粉粒也称雄配子

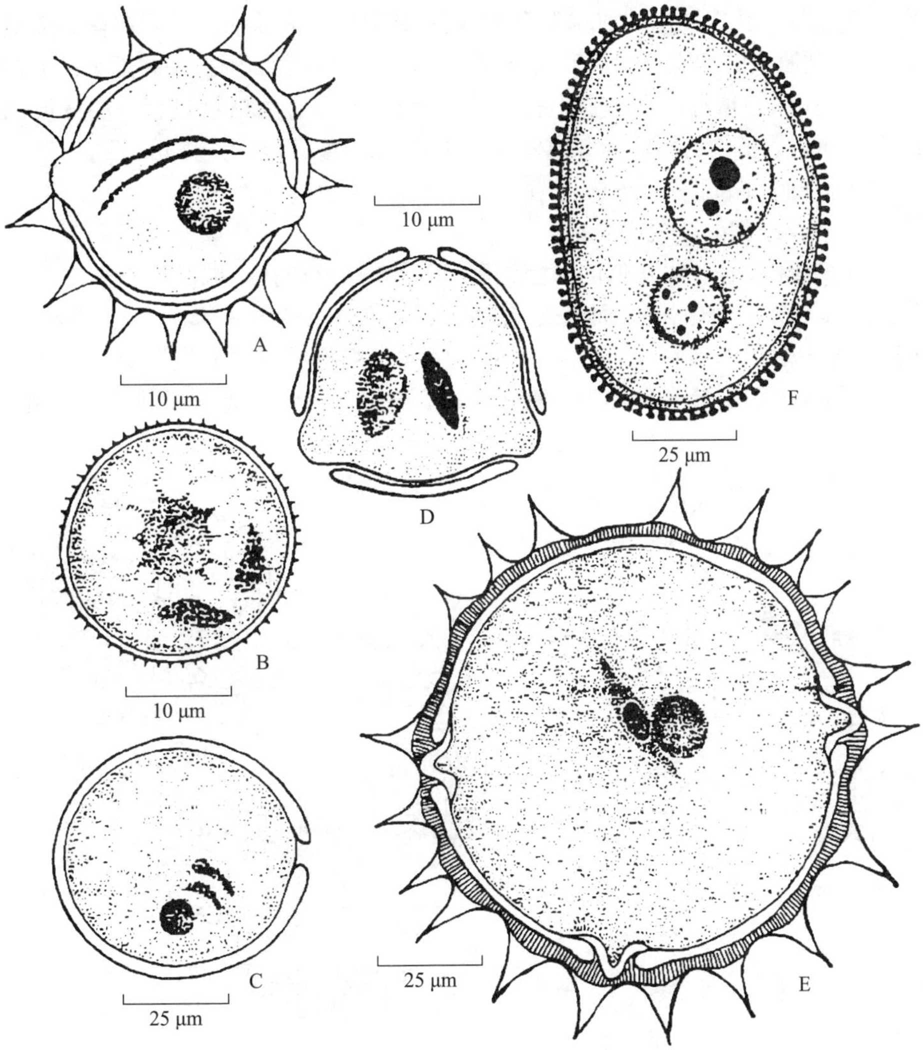

图4-5　几种被子植物的成熟花粉粒（胡适宜，1982）

A. 向日葵；B. 慈姑；C. 小麦；D. 烟草；E. 棉花；F. 百合

体(microgametophyte, male gametophyte),精细胞也称雄配子(microgamete)。

成熟花粉粒的壁为两层,即外壁和内壁(图 4-5)。花粉的外壁是由绒毡层细胞分泌产生,厚且坚硬,常具有一定黏性和色彩;由纤维素、孢粉素和蛋白质构成,在花粉外壁上有一处或几处壁不增厚的地方,叫萌发孔,是花粉萌发时长出花粉管的地方。花粉内壁是由花粉细胞本身分泌产生,比较薄而且柔软,由纤维素、半纤维素、果胶酶和蛋白质构成。

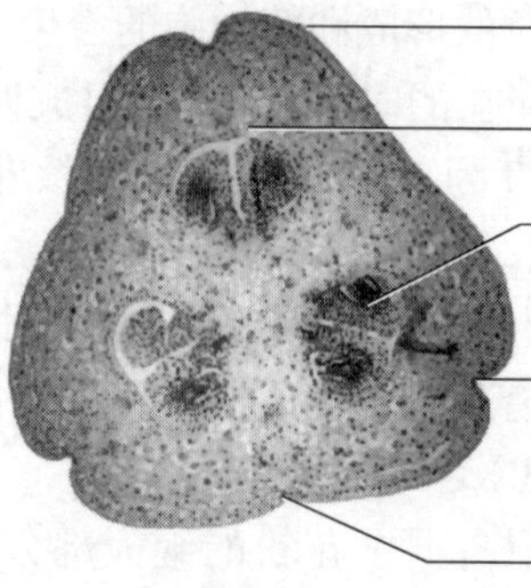

图 4-6　百合子房横切

(二) 卵细胞的产生

在被子植物雌蕊的子房室内生长着胚珠(图 4-6)。在胚珠中将发育产生胚囊,并在成熟胚囊中发育产生卵细胞。

1. 胚珠的结构及其发育

胚珠由珠心(nucellus)、珠被(integument)、珠孔(micropyle)和合点(chalaza)等部分组成(图 4-7 和图 4-8)。子房内胚珠的数目因植物种类而异。

胚珠在子房着生的部位叫胎座。最初,在胎座的内表皮下的一些细胞进行分裂,产生一团突起,这些突起发育为胚珠原基。胚珠原基的前端发育为珠心,基部发育为珠柄。以后在珠心细胞基部周围形成珠被原基,由于珠被原基的细胞分裂速度快,形成的新细胞在珠心周围扩展并逐渐向上扩展把珠心包围,形成珠被。珠被在珠心顶端留下一个小孔称珠孔(图 4-8)。有的植物只有一层珠被,如向日葵、核桃等植物的胚珠。而多数植物的胚珠具有内外两层珠被,如油茶、百合等植物的胚珠。珠心基部与珠被连接的部位称合点。胚珠基部以一个短柄着生于胎座上,这个短柄称为珠柄。

2. 胚囊的发育和卵细胞的产生

在胚珠发育初期,珠心是一团相似的薄壁细胞,以后在靠近珠孔一端的珠心表皮下分化出一个孢原细胞,孢原细胞的体积大,细胞核大而显著,细胞质浓。孢原细胞进一步发育成胚囊母细胞(embryo sac mother cell)或称大孢子母细胞(megasporocyte)。胚囊母细胞经减数分裂形成由 4 个细胞构成的四分体,构成四分体的 4 个细胞分开后称为大孢子(macrospore)。4 个大孢子常排列成一列,其中近珠孔

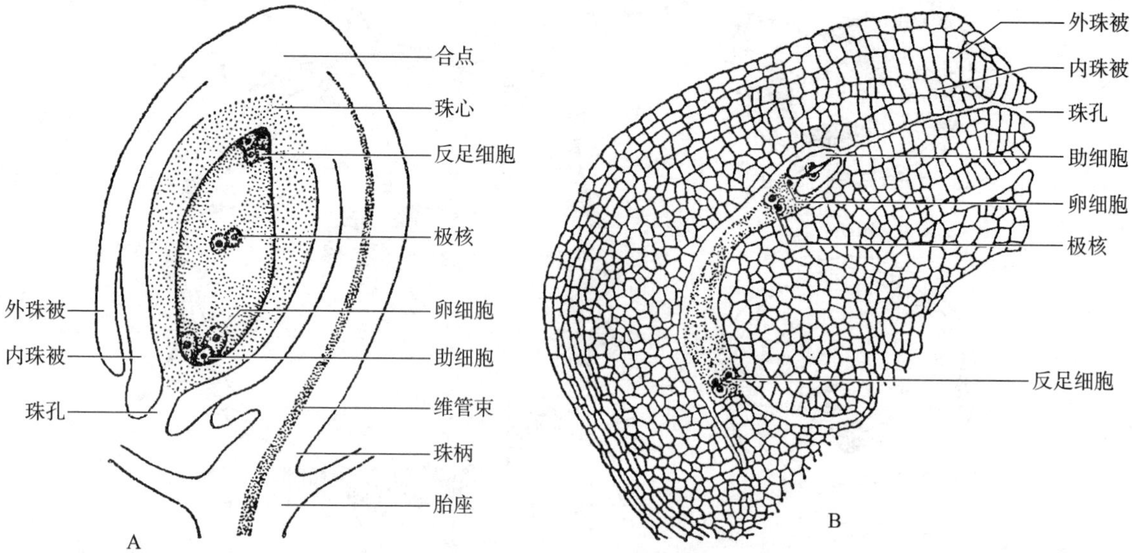

图 4-7　成熟胚珠的结构

A. 胚珠结构;B. 胜利油菜的成熟胚珠

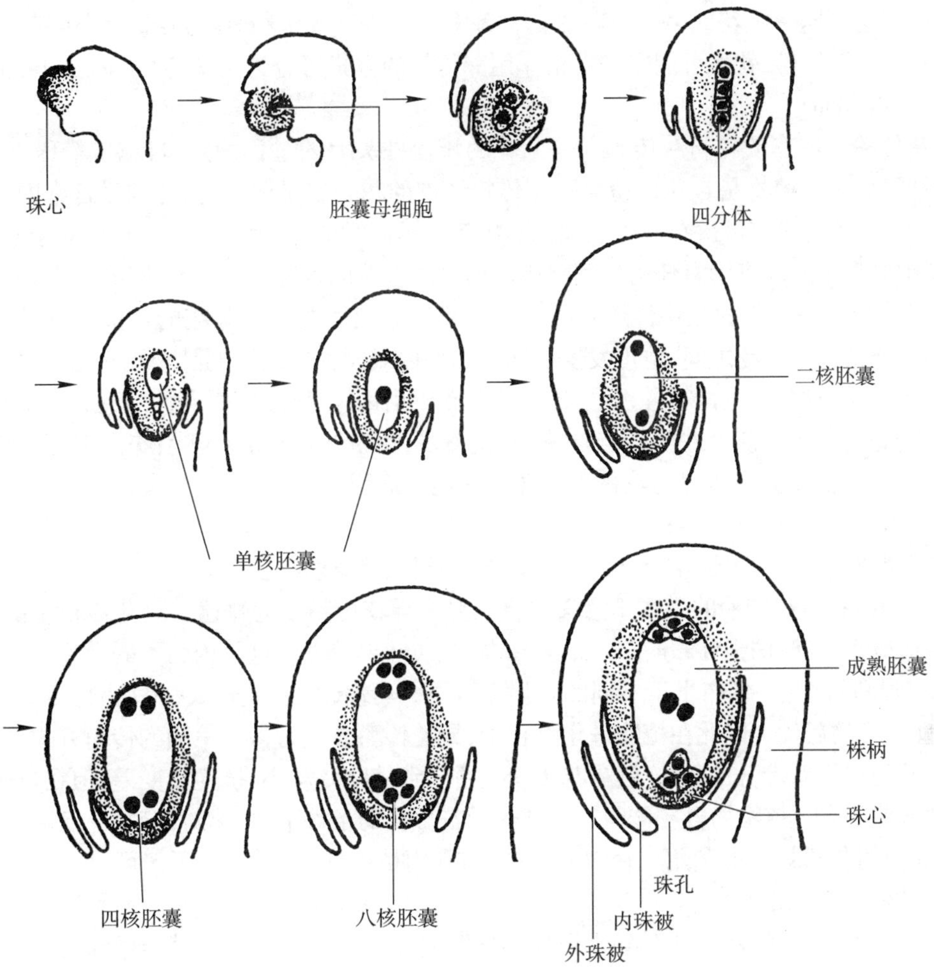

图 4-8　胚珠及胚囊的发育

的 3 个大孢子退化直至消失，远珠孔的 1 个大孢子，也称为功能大孢子继续发育为单核胚囊。单核胚囊从珠心组织和退化的细胞中吸收营养。单核胚囊体积逐渐增大，然后发生 3 次连续的核有丝分裂，形成 8 核的胚囊，在 8 核胚囊的两极各有 4 个核，进一步发育两极各有 1 核移向胚囊中央，这两个位于胚囊中央的核称为极核。留在珠孔端的 3 个核分化为 1 个较大的卵细胞（egg cell）和 2 个较小的助细胞（synergid）；位于合点端的 3 个细胞核，分化为 3 个反足细胞（antipodal cell）；2 个极核所在的大细胞为中央细胞（central cell）。至此，由单核胚囊发育为成熟胚囊（embryo sac），即被子植物的雌配子体（female gametophyte）（图 4-9）。这种胚囊发育类型称为蓼型胚囊。被子植物还有其他胚囊发育方式。

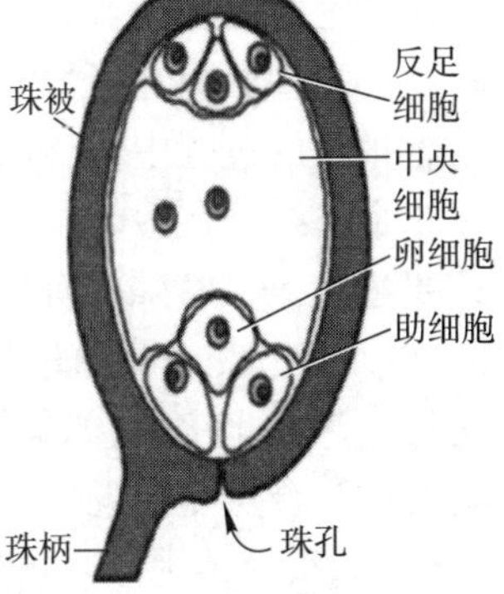

图 4-9　成熟胚囊的结构

（三）开花、传粉与受精

1. 开花

当被子植物的花粉和胚囊成熟时，或两者之一已经成熟时，花萼、花冠就会展开，露出雌蕊、雄蕊，这一现象称为开花（flowering，anthesis）。绝大多数植物在早春至春夏时开花，如杨树、柳树、迎春、玉兰等。也有的植物在秋季开花，如菊花，甚至冬季开花，如蜡梅。每种植物的开花习性与它们的原产地密切相关，是植物长期适应环境的结果。

2. 传粉

植物开花后，雄蕊的花药开裂，花粉囊散出成熟花粉；借助一定的媒介力量，花粉被传送到同一朵花或另一朵花雌蕊柱头上的过程称为传粉(pollination)。传粉是有性生殖不可缺少的环节，没有传粉，就不可能完成受精作用。传粉的方式可分为自花传粉(self-pollination)和异花传粉(cross-pollination)。

(1) 自花传粉　成熟的花粉粒传到同一朵花的雌蕊柱头上的过程，称为自花传粉(self-pollination)，桃、番茄、柑橘、豆类等植物是自花传粉。自花传粉植物的花一定是两性花，花的雄蕊常围绕雌蕊而生，而且距离很近，所以花粉容易落在柱头上；雌蕊、雄蕊应是同时成熟；另外雌蕊的柱头对于本花的花粉萌发和花粉管中雄配子的发育没有任何生理阻碍。但具两性花的植物不一定都进行自花传粉。

(2) 异花传粉　一朵花的花粉传送到同一植株或不同植株的另一朵花的柱头上，称异花传粉。它可发生在同一株植物的各花之间，也可发生在同一品种内或同种内的不同品种植株之间，如玉米、苹果、梨等均是异花传粉植物。异花传粉过程中，雄蕊的花粉可借助风、昆虫等媒介传送到另一朵花的柱头上。借风力传粉的花称风媒花。其花的特点是花小；花粉多，花粉外表光滑、干燥；花无芳香气味；柱头常呈羽毛状并有黏性。借助昆虫传媒的花称虫媒花。其花大而明显；有鲜艳的花被，具有香气和蜜腺；花粉体积大、表面粗糙易附着在昆虫身上。此外还有借助鸟和水传粉的植物。植物在结构和生理上形成许多适应异花传粉的特点，如单性花、雌雄异熟、雌雄蕊异长、雌雄蕊异位等。

(3) 自花传粉和异花传粉的生物学意义　自然界中异花传粉较为普遍。异花传粉使植物具有较强的生活力和适应性，其植株强壮，开花多、结实率高、抗逆性也较强。这是因为不同植物或异花之间的两个配子(卵细胞和精细胞)各产生于不同的环境条件下，其遗传性差异较大，相互融合后可产生生活力更强、适应性更广的后代。因此在植物进化过程中，异花传粉方式为多数植物的传粉方式。尽管自花传粉是一种原始的传粉方式，长期的连续自花传粉往往导致植物变矮小，抗逆性变差，但在自然选择中，自花传粉也被保留下来。植物的自花传粉是在缺乏异花传粉的条件下，植物对繁殖的一种特殊适应。

(4) 农业上对传粉规律的利用　在农业生产上，利用植物的传粉规律，不仅可以提高作物的产量和品质，还可以培育出新的品种。

① 人工辅助授粉　异花传粉受外界环境条件影响较大。当环境不良时，会降低受精率，造成果实和种子的产量下降。在栽培上采用人工辅助授粉的方法可以弥补传粉的不足。

② 自花传粉的利用　利用自花传粉提纯作物品种。如在玉米的杂交育种中，培育自交系是很重要的一环。根据育种目标，从优良品种中选择具有优良性状的单株，进行 4 ~ 5 代严格的自交和选择后，生活力虽然衰退，但在苗色、叶型、穗型、粒型、生育期等方面达到整齐一致，就形成了一个稳定的自交系。利用两个纯化了的优良自交系配置的杂交种，可获得显著的增产。

3. 受精

当花粉落到柱头上，在柱头分泌物和其他营养物质的作用下花粉会萌发长出花粉管，依靠花粉管将精子送入胚囊中。植物的卵细胞(雌配子)和精细胞(雄配子)相互融合的过程称为受精作用(fertilization)。

(1) 花粉粒的萌发和花粉管的生长　被子植物的花粉粒经传粉到达柱头，由于柱头分泌有黏液，花粉粒就附着在柱头上。经过花粉粒和柱头的相互识别，同种或亲缘关系相近的花粉粒开始吸水膨胀；花粉粒的内壁开始生长穿过外壁上的萌发孔，形成萌发管，这一过程称为花粉粒的萌发(图 4-10)。在花粉管生长的过程中，花粉中的细胞质及内含物质流入管内。在花粉管中一般是营养细胞在前，生殖细胞或 2 个精细胞在后，但也有少数例外。对于 2- 细胞型花粉，在花粉管生长的过程中，生殖细胞在花粉管还要进行一次特殊的有丝分裂形成 2 个精细胞。花粉管具有顶端生长的特性，它的生长只限于前端的 3 ~ 5 μm 处，花粉管通过吸收花柱内部的营养物质不断地合成新的管壁，在花柱内向着子房方向生长。花粉管进入子房后，如果是从珠孔穿过珠心进入胚囊的称为珠孔受精(porogamy)；花粉管从合点进入胚囊的称为合点受精(chalazogamy)。

(2) 双受精现象　当花粉管进入胚囊时，花粉管顶端的壁破裂，2 个精细胞也随之由花粉管流入胚囊，其中 1 个精细胞与卵细胞结合，形成二倍体的合子，将来发育为胚；另 1 个精细胞与中央细胞的两个极核融合形成三倍体的初生胚乳核,这种现象称为双受精(double fertilization)。双受精是被子植物有性生殖特有的现象(图 4-11)。

卵细胞受精后,受精卵发育成胚(embryo);极核受精后,中央细胞发育为胚乳(endosperm),其余的胚囊细胞(如助细胞)在花粉管进入时被破坏而消失。反足细胞最初略有分裂而增多,作为胚和胚乳发育的养料,最后也完全消失。

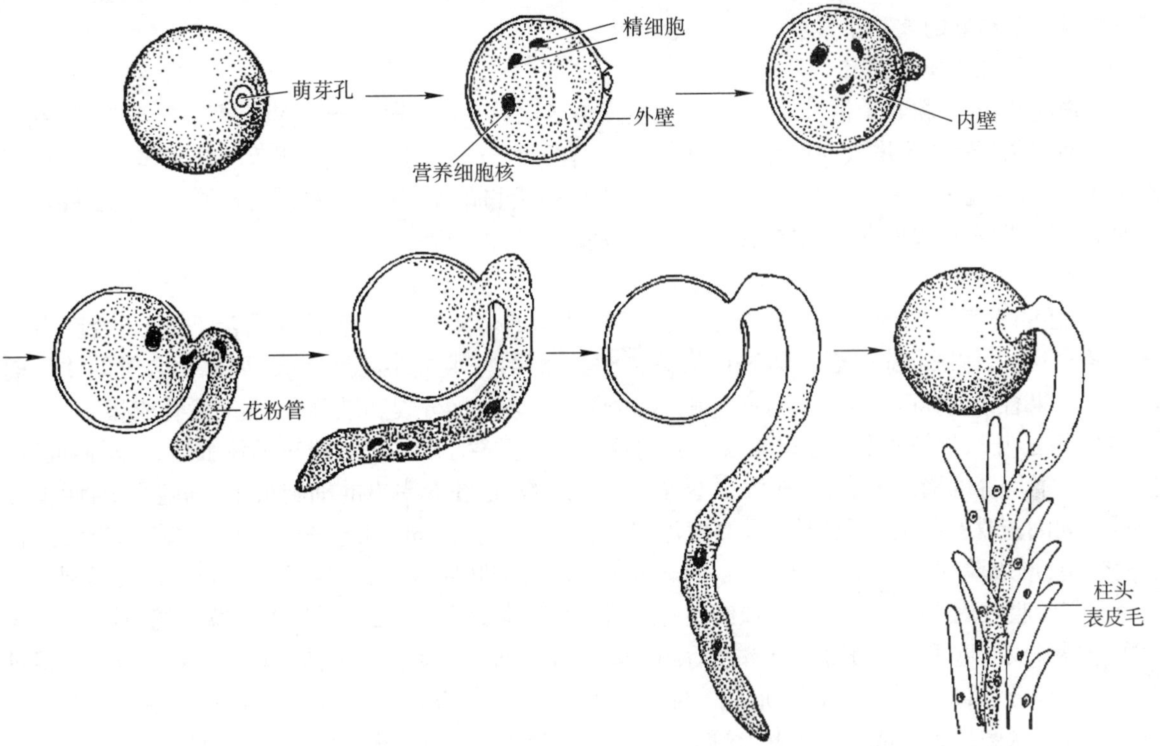

图 4-10 花粉粒的萌发和花粉管的生长

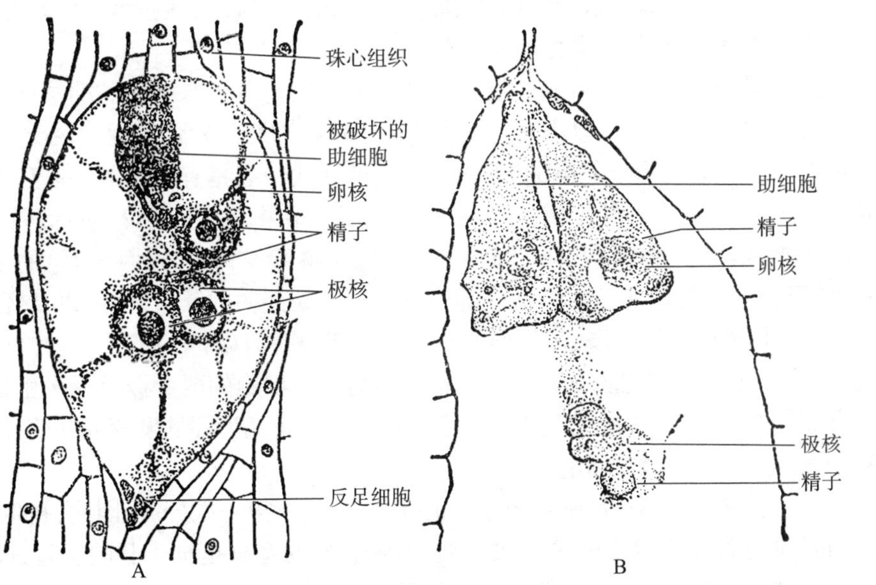

图 4-11 被子植物的双受精

A. 核桃成熟胚囊,示 2 精子分别与卵和极核融合;B. 油茶成熟胚囊,示 2 精子分别与卵和极核融合,细胞内染色深的物质为花粉管带入的

(3)双受精的生物学意义　被子植物双受精过程中,一方面通过单倍体的雄配子(精细胞)与单倍体的雌配子(卵细胞)结合,形成二倍体的合子,使各种植物的原有染色体数目得以恢复,保持了物种的相对稳定性;另外通过父本和母本遗传物质的重组,使合子具有父母双方的遗传性,使产生的后代具有更强的生活力和适应性。另一方面由于极核与精细胞结合产生的三倍体的初生胚乳核(以后继续发育成胚乳),同样具有父本和母本的遗传性。作为新一代植物胚期的养料——胚乳,也保证能使子代生活力更强,适应性更广泛。因此,被子植物的双受精是植物界有性生殖最进化、最高级的形式,也是被子植物在植物界繁荣昌盛的重要原因之一。

(四) 种子和果实的发育

植物经开花、传粉和受精后,花各部分发生显著变化。一是花冠和雄蕊逐渐凋萎,花萼有凋萎的,也有些植物的花萼随果实增大而保存下来的(花萼宿存),如茄子的花萼;二是雌蕊的柱头和花柱一般都要凋谢,但也有雌蕊的柱头和花柱宿存下来,如玉米的柱头和花柱就宿存,称为玉米须。受精后胚珠发育为种子,子房壁发育成果皮,果皮包着种子称为果实。

1. 种子的发育

(1) 胚的发育　胚的发育是从合子(受精卵)开始的。卵细胞受精后变成合子,合子会产生一层纤维素壁,进入休眠状态。合子休眠期依植物种类而异,一般数小时至数天,如水稻合子的休眠期为4～6 h,苹果合子的休眠期是5～6 d。休眠后,合子进行多次横分裂和纵分裂,逐渐发育成胚。

① 双子叶植物胚的发育　以荠菜胚的发育为例。荠菜合子经过一段时间休眠后,先延伸成管状,然后进行不均等的横向分裂,形成大小不等的两个细胞,近胚囊中央的细胞很小,细胞质浓,叫顶细胞(apical cell);近珠孔端的细胞较长,并高度液泡化,叫基细胞(basal cell)。随后,由于基细胞继续进行数次横分裂,形成单列多细胞的胚柄(suspensor);其作用是把胚体(embryo body)推向胚囊内,以利于胚在发育过程中吸收周围的营养物质。顶细胞先进行一次纵向分裂,第二分裂为横分裂,即新形成的壁与第一次分裂形成的壁垂直,形成四分体;然后四分体的各个细胞再横裂一次,成为八分体;八分体再经过各方向的连续分裂,形成多细胞的球形胚。球形胚继续增大,发育一段时间后,在球形胚顶端的两侧部位的细胞分裂次数增加形成两个突起,这两个突起发育分化为子叶原基,进而发育为两片子叶,子叶间的凹陷处分化为胚芽。与此同时,球形胚体的基部细胞与其连接的胚柄细胞也不断分裂,共同参与胚根的分化。胚根与子叶之间的部分即为胚轴,至此幼胚分化完成。随着幼胚的发育,胚轴和子叶延伸,最终成熟胚在胚囊内弯曲成马蹄形,胚柄退化消失(图4-12)。

② 单子叶植物胚的发育　单子叶植物胚发育的早期阶段与双子叶植物胚的早期发育阶段大致相似,但后期发育阶段则差别显著。现以小麦为例说明单子叶植物胚的发育过程。

小麦合子的第一次分裂是形成斜向的壁,而且最初的几次分裂是有规律的。以后原胚基部的细胞只进行少数几次分裂,而原胚上部的区域有较多的细胞分裂,结果形成上端较大的呈棍棒状的原胚。以后在棍棒状原胚的侧面出现一个小凹沟。凹沟上部的区域继续发育为盾片(子叶)的主要部分和胚芽鞘的大部分;凹沟下面附近的区域及棍棒状胚的中部发育为胚芽鞘的其余部分,以及胚芽、胚轴、胚根、胚根鞘和一片不发达的外子叶;原胚的基部形成盾片的基部和胚柄(图4-13)。

(2) 胚乳的发育　被子植物的胚乳是由一个精细胞与中央细胞的两个极核或次生核受精后形成的初生胚乳核发育而成的产物,通常情况下胚乳细胞为三倍体。胚乳为胚的发育或胚萌发提供营养物质,或早或迟在胚的发育过程中被吸收而消失。

被子植物初生胚乳核通常不经休眠或经短暂的休眠,即进行第一次分裂,因此,初生胚乳核(primary endosperm nucleus)的分裂早于合子的第一次分裂,即胚乳的发育总是早于胚的发育,以便为幼胚的生长发育创造条件。被子植物胚乳发育主要有核型和细胞型两种发育方式。

① 核型胚乳　核型胚乳(nuclear type endosperm)的主要特征是初生胚乳核的第一次分裂和以后的多次分裂,都不伴随胞质分裂,使细胞核呈游离状态;游离的胚乳核沿胚囊边缘分布在胚囊中。当游离

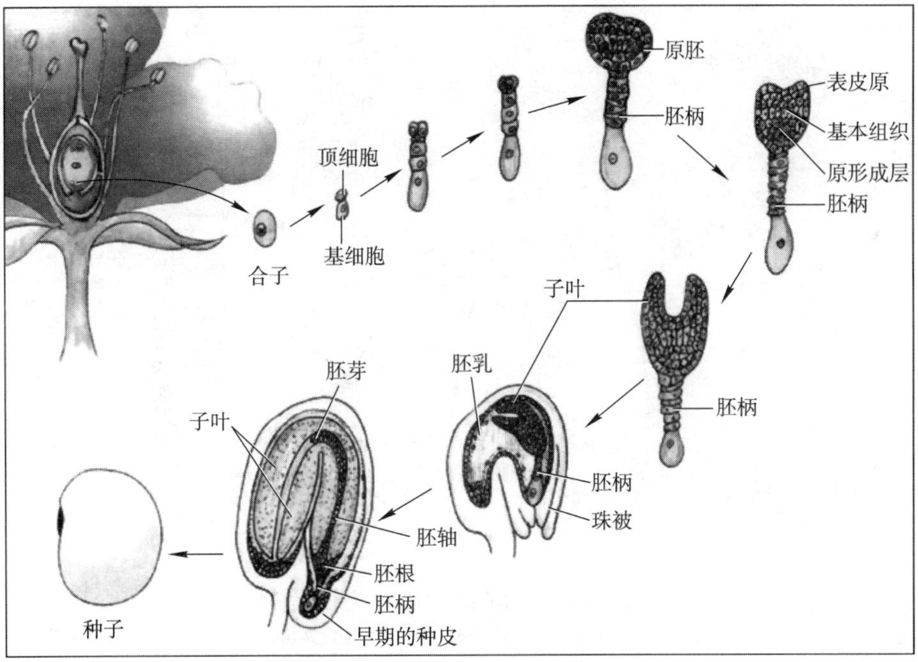

图 4-12 双子叶植物胚的发育

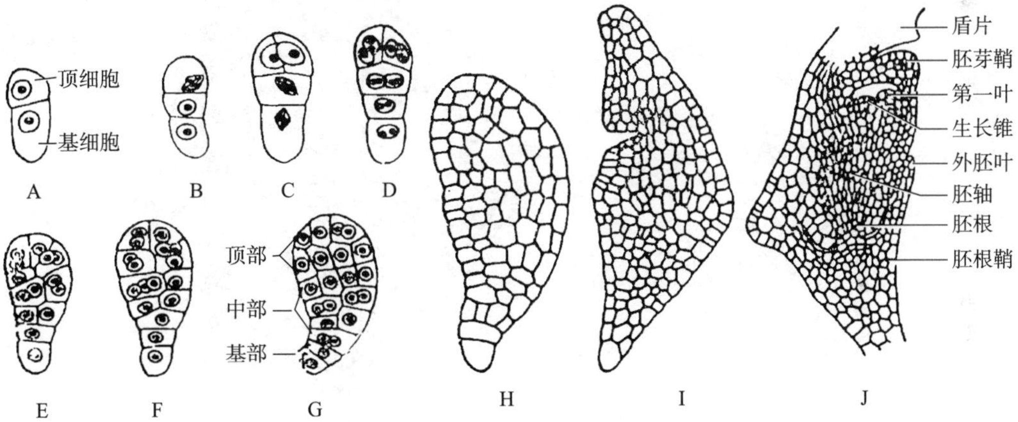

图 4-13 小麦胚的发育(A ~ J)

核胚乳发育到一定阶段,胚乳细胞核才被新形成的细胞壁分割而形成胚乳细胞(图 4-14)。单子叶植物和多数双子叶植物中离瓣花植物的胚乳发育方式属于此种类型。核型胚乳是被子植物中最普遍的胚乳发育形式。

② 细胞型胚乳 细胞型胚乳(cellular type endosperm)的特征是初生胚乳核分裂后立即进行胞质分裂,形成新细胞壁,所以胚乳发育过程中没有游离核阶段(图 4-15)。多数合瓣花植物如番茄、芝麻等的胚乳发育方式为这种类型。

多数植物的种子当胚和胚乳发育的时候,胚囊外围的珠心组织全部被吸收;但有些植物,如石竹科、藜科等的珠心组织始终存在,当种子成熟时,珠心组织发育为一种类似胚乳的贮藏组织,因为它在胚乳外,所以称为外胚乳(perisperm)。外胚乳不是受精的产物,为二倍体组织。外胚乳可在有胚乳的种子中出现,也可以发生在无胚乳种子中,其作用是为胚提供营养物质。

(3) 种皮的发育 在胚和胚乳的发育过程中,珠被发育成种皮。如果胚珠具两层珠被(内、外两层),则分别形成内种皮和外种皮(图 4-16),如芸薹和欧白芥的种子;如果只有一层珠被,则形成一层种皮,

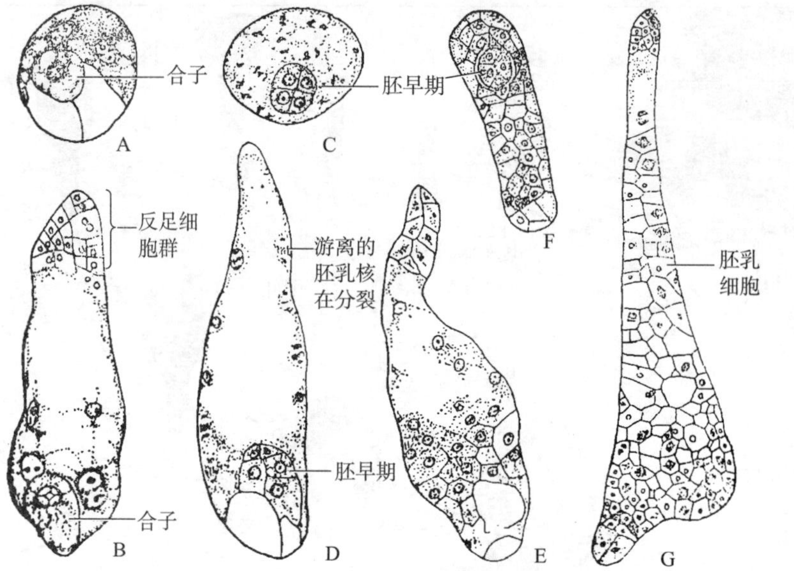

图 4–14　玉米胚乳发育(核型胚乳)

A、C、F. 胚囊的横切;B、D、E、G. 胚囊纵切

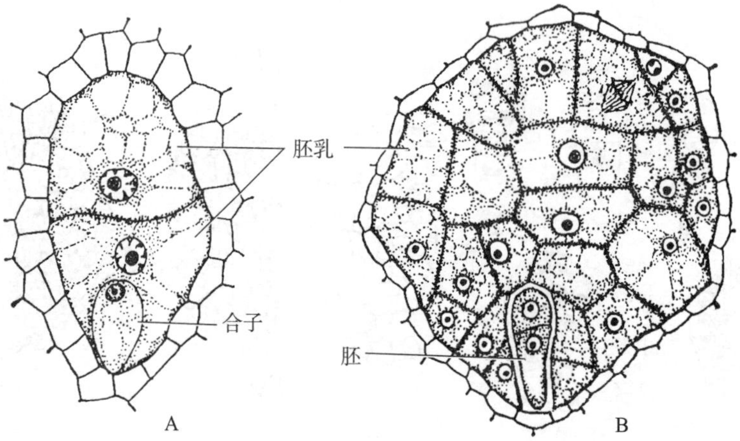

图 4–15　矮茄(*Solanum demissum*)胚乳发育的早期(细胞型胚乳)

A. 二细胞时期;B. 多细胞时期

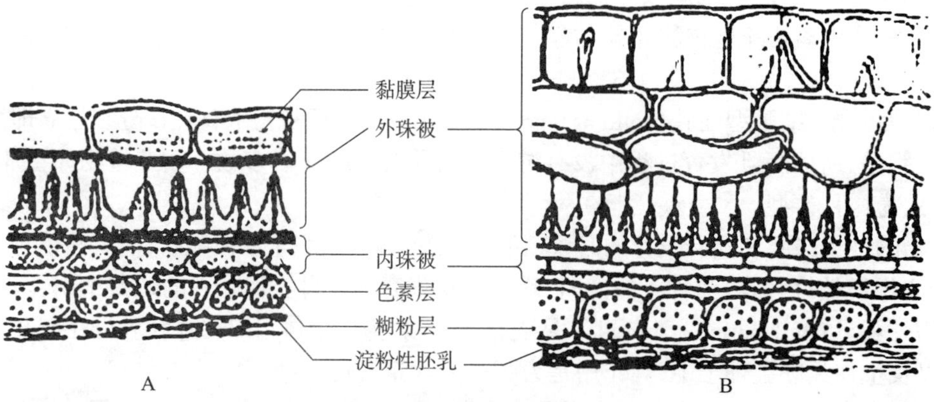

图 4–16　芸薹和欧白芥的种皮和糊粉层的横切

A. 芸薹;B. 欧白芥

如向日葵、胡桃等植物的种子。但有些植物的胚珠虽有两层珠被，在胚发育的过程中有一层珠被被吸收而消失，因此只有一层珠被发育成种皮，如大豆、蚕豆的种皮由外珠被发育而来；而水稻、小麦的种皮则由内珠被发育而来。

成熟种子的种皮，其外层常分化为厚壁组织，内层常为薄壁组织，中层的各层往往分化为纤维、石细胞或薄壁细胞。在大多数被子植物中，当种子成熟时种皮可成为干种皮，但在少数被子植物和裸子植物中，种皮是肉质的，如石榴、银杏。有些植物种子的外种皮上具附属物，最常见的有棉花种子的表皮细胞向外突出，伸长而形成的纤维，为一种主要的纺织原料，另外还有杨树、柳树的絮是种子基部珠柄发育成的毛。除种皮外，少数植物具有假种皮，如荔枝、龙眼果实中的肉质部分，就是珠柄发育而成的假种皮。

ⓔ 种子的萌发与幼苗的形成见电子资源 4-1

2. 果实

(1) 果实的发育　开花、传粉、受精后，胚珠发育成种子，与此同时子房发育为果实。大部分植物花的其他部分包括花萼、花冠、雄蕊、雌蕊的柱头及花柱等均枯萎凋谢。

果实的形成一般与受精作用有密切关系，但也有不经受精，子房就发育成果实，这种现象称为“单性结实”。单性结实的果实里不含种子，称无籽果实，如香蕉、柑橘、葡萄等某些品种均能形成无子果实。

(2) 果实和种子的传播　被子植物能在地球上广泛分布成为现代优势植物，除了其本身结构的完善和对各种生活环境具有高度的适应性外，成熟的果实和种子的传播也起了重要作用。

ⓔ 果实与种子的传播方式见电子资源 4-2

被子植物从开花到形成果实的过程总结为：

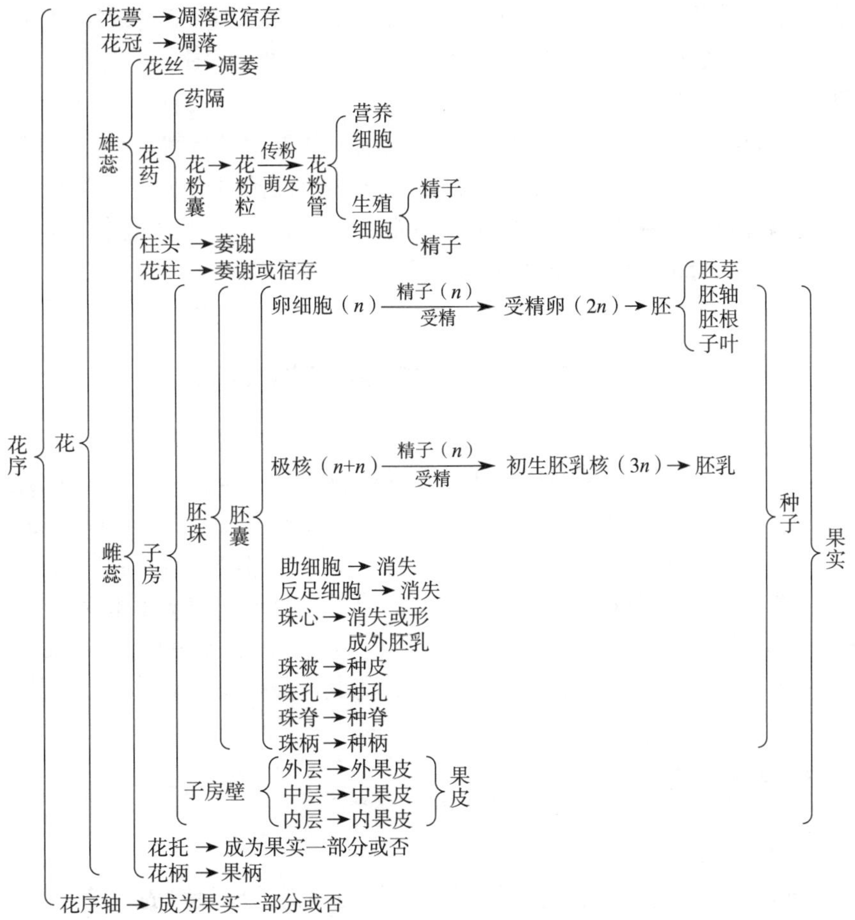

二、植物的生活史

1. 被子植物生活史的概念

植物生活史(life history, life cycle)是指植物个体的生活周期。被子植物从种子萌发开始,经过营养生长阶段,形成具有根、茎、叶的二倍体植物体,然后在一定部位形成花芽,花芽发育成花/花序,再经过开花、传粉、受精后,子房发育成果实,胚珠发育成新一代种子,即"从种子到种子"的全部历程,称为被子植物的生活史或生活周期(图 4–17)。

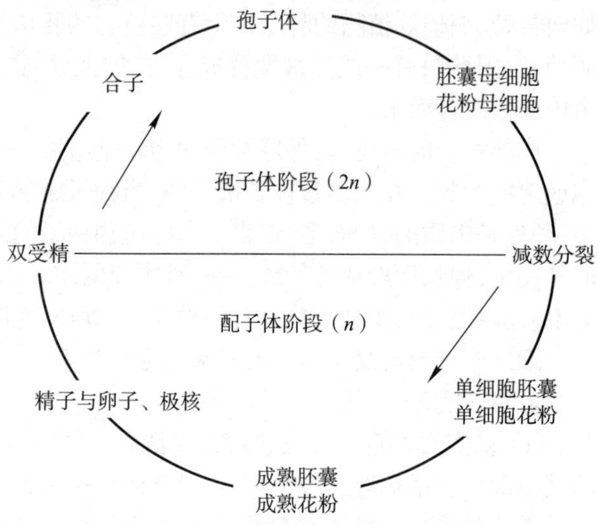

图 4–17　被子植物的生活史

2. 世代交替

被子植物受精后形成的合子经过一系列的营养生长和生殖生长到花粉/胚囊母细胞减数分裂之前的时期称为孢子体世代,这一阶段的植物体细胞都为二倍体,其植物体称为孢子体。花粉/胚囊母细胞减数分裂后直到发育产生精细胞和卵细胞这个阶段称为配子体世代。这一阶段的植物体细胞都为单倍体细胞,其植物体称为配子体。

被子植物生活史可划分为孢子体世代(或称二倍体世代、无性世代)和配子体世代(或称单倍体世代、有性世代)两个阶段。在植物生活史中,孢子体世代($2n$)与配子体世代(n)有规律的相互交替完成生活史的现象称为世代交替,减数分裂和双受精是两个世代交替的转折点(图 4–17)。

3. 被子植物生活史的特点

被子植物的孢子体高度发达,能够独立生活,孢子体世代占绝对的优势;而配子体非常简化,仅剩下数个细胞,如花粉管就是雄配子体,仅由 3 个细胞构成(2 个精细胞和 1 个营养细胞),雌配子体也就是胚囊由 7 个细胞组成(蓼型胚囊),被子植物的配子体不能独立生活,须寄生在孢子体上。另外,在被子植物的生活史中出现了花、双受精现象,形成种子和果实。

第三节　动物的繁殖与发育

繁殖是动物基本的生理行为,也是动物生活史普遍经历的过程和阶段。其主要通过有性生殖的方式来完成繁衍的过程。有性生殖包括生殖细胞的形成、受精和胚胎发育三个阶段。随着动物生殖机制的研究与发展,生殖理论也得到广泛应用,以此为基础的人工授精、体外受精、胞质内单精子注射(ICSI)、胚胎移植、细胞核移植,以及很多辅助生殖技术在人类医学领域的地位越来越重要。另外,动物克隆、性别控制等一系列高新技术在畜牧业生产中的应用使得动物繁殖的速度更快、生产性能更高、准确性更好,不但给畜牧业带来了巨大的经济效益和社会效益,也为其产业化发展提供了强大的动力和竞争力。

一、动物繁殖理论与意义

(一) 先成论和后生论

17 世纪以前,西方生物学界存在两种胚胎发育过程的理论,分别是"先成论"与"后生论"。先成论(theory of preformation)又称为预成论,该学说是由荷兰生物学家施旺墨丹(Jan Swammerdam, 1637—

1680)提出，他认为个体发生，其所应形成的形态构造在发生之始就预先存在，待发育时则逐渐展开而形成明显的形态构造。如人体胚胎的发育只不过是在精子或卵子中早已包含着一个完整的小人的逐渐增大而已。即有机体是先成的，不存在真正的发育。

与先成论相对的是后生论(theory of epigenesis)，也称为渐成论。古代亚里士多德认为生物发生时是由简单的形态向复杂的形态发展，而构造是后生的。英国医生哈维也持有该主张，在《论动物的生殖》一书中提出，“每一种动物在发育过程中，都会通过它的种族系统上所有的各种形态，由卵而虫形，而胚胎……然后抵于成形。”德国胚胎学家沃尔夫发表的《发育论》中也认为，在胚胎并不存在预先形成的“小体”，其有机体发育是从极简单的微小突起——“小胞”或“小球”等逐渐发展出来的。

从 17 世纪到 18 世纪，两种论断的争论一直存在，并且先成论占主导地位，直至 18 世纪中叶，C. F. Woff 研究鸡的早期发生，明确了肠等器官并非在发生最初就已存在，而是在同样的胚层中逐渐形成的，从而为后生论提供了切实的根据。到 19 世纪，K. E. von Baer 等奠定了比较胚胎学基础，特别是胚层概念的确立，基本否定了古典的先成论。同时，显微镜的应用对微小形态结构的轮廓得以掌握，也促使后生论成为胚胎发育的有力学说。

(二) 胚胎分化的诱导和组织

动物在一定的胚胎发育时期，一部分细胞影响相邻细胞使其向一定方向分化的作用称为胚胎诱导，或称分化诱导。诱导现象是 1912 年，德国科学家施佩曼最早发现的。他研究获知两栖类发育中的眼泡能诱导覆盖着它的表皮形成晶体，更为重要的是他还发现胚孔的背唇，不仅自身发育为脊索肌肉等中胚层结构，还能诱导覆盖在它上面的外胚层形成神经板。同时在鸟类、硬骨鱼类等多个物种都发现了脊索中胚层的诱导现象，这一发现极大地推动了脊椎动物发育机制的研究进展。并从豚鼠骨髓、鸡胚和猪肝都分别得到了一类蛋白质，它们都能诱导外胚层产生中胚层结构，此蛋白称为成型素。把能对其他细胞的分化起诱导作用的细胞，即分泌成型素的细胞称为诱导者或组织者。胚胎诱导一般发生在内胚层和中胚层或外胚层和中胚层之间。从诱导的层次上看，分为三级，即初级诱导、二级诱导和三级诱导。前述脊索中胚层对神经系统的诱导作用，为组织和器官的形成奠定了胚胎发育的基础，是初级诱导。眼睛发育过程中，眼泡诱导邻近的表皮形成晶状体，称为二级诱导。晶状体又影响覆盖在它上面的表皮，使之透明，形成角膜，称为三级诱导。诱导作用不仅在胚胎早期发育中有重要的意义，某些在较晚的发育阶段才形成的结构，如鸟类的羽毛、鳞片等上皮的衍生物，也是通过诱导作用产生的。可见，各种组织器官的形成都离不开一部分细胞对另一部分细胞的影响。不论哪种物质引起组织或器官的分化，最根本的是细胞起反应，也就是发生了诱导。

(三) 核质互作

核质互作(nucleo-cytoplasmic interaction)是指一个细胞内的细胞核与细胞质间的相互作用。一般认为，细胞的各种性状，即形态、代谢活性、生理活动等的表现和方式等，是由核内的基因通过对包括酶在内的各种蛋白质的合成控制的。但核的活性同时要受到其细胞质的影响。1928 年，施佩曼做了第一个实验：他用较细的婴儿头发将蝾螈的受精卵结扎成两个半球状，其中的一个半球中含灰新月区和细胞核，另一个不含这个区带。结果前者可发育成正常的胚胎，后者则不能。即使后者含有细胞核，细胞也不能分化，只能发育成没有一定形状的团块。说明细胞质对于胚胎发育是必需的。他接着做了第二个实验，也是将受精卵结扎，两个半球都含灰色新月区，但一个半球含细胞核，另一个半球不含细胞核。结果有细胞核的半球能够进行正常的卵裂，没有细胞核的则不能卵裂。在 16 细胞期或 32 细胞期，他使一个细胞核通过结扎处进入无核的半球，结果这个半球也开始卵裂，且发育为正常胚胎，说明细胞核对于胚胎发育也是必需的。上述两个实验证明，胚胎的发育过程受细胞核和细胞质、胚胎各细胞群之间相互作用的制约。

核质互作不但用一个细胞分隔为一半有核和一半无核的实验得到了证实，用原生动物、多细胞动物卵进行的核移植实验，以及由细胞融合所做的杂交细胞的实验，已充分了解到不仅核对细胞质有影响，而且细胞质对核的生理活动及形态也有显著的影响。

可见，动物繁殖和胚胎发育是遵循一定规律的。需要养分进行生物合成和细胞分化；由组织发生到器官发生，终而在形态建立的基础上出现功能分化。胚胎早期发育不仅要通过细胞间和组织间的相互作用，而且还必须具备一定的环境条件才能实现。在这个过程中就实现了物种的繁衍和优良基因的整合，这也是动物繁殖的意义所在。

二、个体发育

高等动物的个体发育可以分为胚前期、胚胎期和胚后期三个阶段。胚前期主要指卵子和精子细胞的产生、发育与成熟；胚胎期是指受精卵发育为幼体的过程；胚后期则指幼体从卵膜孵化出来或从母体出生之后，发育为性成熟个体直至衰老死亡的过程。

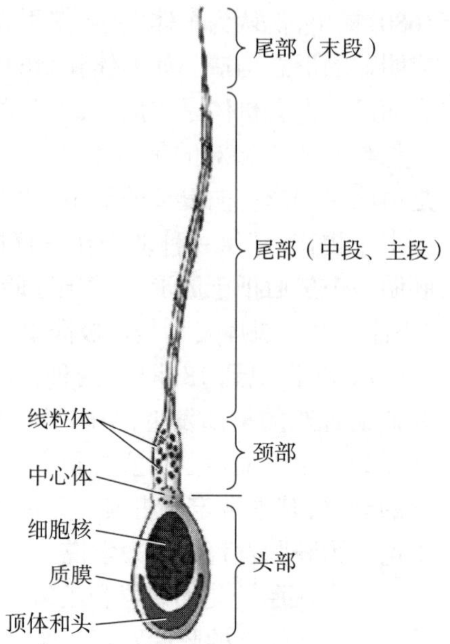

图 4–18　精子的结构

（一）胚前期

动物个体发育的胚前期是为下一代生命个体的胚胎阶段做准备。主要指精子和卵子的发育和成熟。所要发生的事件有：一是通过减数分裂，染色体数目由双倍变成单倍；二是配子细胞的分化与成熟；三是建立和储备子代发育必备的信息以及营养成分等。

1. 精子的形态与发生

(1) 精子的形态和构造　哺乳动物的精子一般分为头、颈和尾三部分（图 4–18）。

精子结构见电子资源 4–3

(2) 精子形成过程中形态的变化　哺乳动物的精子是在睾丸的曲细精管中生成的，在曲细精管中可以找到各阶段的细胞，主要经历增殖期、生长期、成熟期和成形期，经过一系列变化，分别是原始生殖细胞→精原细胞→精母细胞→精细胞→成熟精子（图 e4–1）。

图 e4–1　精子的发生过程

① 精原细胞　精原细胞（spermatogonium）是由原始生殖细胞经过多次有丝分裂形成，主要分为三类，A 型精原细胞、中间型精原细胞和 B 型精原细胞，细胞呈圆形、核大而圆，有明显的核仁。精原细胞继续分裂，数目大量增加，此时为增殖期。

② 初级精母细胞　初级精母细胞（primary spermatocyte）是由 B 型精原细胞经过生长，体积增大而成的，此时为生长期。细胞体积加大（是生精细胞中体积最大的）、核中的染色质染色变深，集聚成团，进入减数分裂前的准备状态，然后进行减数分裂。第一次减数分裂成为两个次级精母细胞。

③ 次级精母细胞　次级精母细胞（secondary spermatocyte）是经第一次减数分裂由初级精母细胞转化而来。其比初级精母细胞稍小，细胞核也小，核中的染色质有的仍集聚成染色体形态，次级精母细胞时期较短，接着以均等分裂方式，分成两个精细胞。此期为成熟期。

④ 精细胞　精细胞（spermatid）体积更小，细胞核略呈长形，高尔基复合体呈泡状，其中出现顶体前颗粒，最终集合成一个顶体块，变成扁形覆盖着核前的顶体。细胞质从头部向后流动，仅留下少量包在头部、颈部和尾部中段的线粒体外。于是精细胞转变为具有顶体和细胞核的头、短小的颈和一条细长尾的精子。此期为成形期。

2. 卵的形态与发生

(1) 卵泡的发育　卵泡位于卵巢的生殖上皮，是由中央的一个卵母细胞和周围的卵泡细胞组成的球状结构。其发育是一个连续的过程，没有明显的阶段划分，依据一些结构的变化，人为将其发育过程分为原始卵泡、生长卵泡（包括初级卵泡、次级卵泡、三级卵泡和赫拉夫卵泡）和成熟卵泡。

卵泡的发育过程见电子资源 4-4

(2) 卵子的形成过程　卵子是雌性生殖细胞，由卵巢产生（图 4-19）。哺乳动物卵子的发生和精子发生相似，也经过增殖期、生长期和成熟期，但没有变态。原始生殖细胞经多次分裂形成许多卵原细胞（oogonium）。卵原细胞外面，包围着很多滤泡细胞，提供养料并参加形成卵膜。卵原细胞经过生长，体积增大成为初级卵母细胞（primary oocyte）。初级卵母细胞经两次分裂，同样形成四个细胞，但和精子形成过程不同的是，初级卵母细胞进行第一次减数分裂后，形成一个大的次级卵母细胞（secondary oocyte）和一个很小的第一极体（polar body）。次级卵母细胞再经一次平均分裂形成一个大的卵和一个小的极体，而第一极体也分裂成为两个第二极体。经过两次减数分裂，成熟的卵中集中了大量的细胞质和卵黄，为卵受精后的胚胎发育提供了丰富的营养和能源物质。

不同动物卵的发生经历的时间长短不同。爬行类、鸟类和哺乳类动物在胚胎发育时期，卵原细胞就已经分化出来，在增殖期增殖完毕，在进入第一次减数分裂前期即停止分裂，到动物胚胎发育结束，从卵内孵化出来或从母体降生之后，一直延续到性成熟才完成第一次减数分裂。而第二次减数分裂也仅分裂到中期即停止，卵从卵巢排出，进入输卵管与精子相遇，即可激发第二次减数分裂完成，排出第二极体。所以，爬行类、鸟类、哺乳类动物幼体出生后，卵巢内不再产生新的生殖细胞，仅在原有数目的基础上，在生殖活动期少数卵成熟。鱼类、两栖类及其他多细胞动物发育到性成熟，卵巢内每年产生一次卵，生殖季节产卵后，卵巢内又可产生新的生殖细胞。

(3) 卵子的形态　卵子形状大多呈圆球形，在其原生质里常分布有卵黄颗粒（图 4-20）。根据卵黄的含量和分布的状况，动物的卵可分成两大类：一类是卵黄少而均匀地分布在原生质中的，称为均黄卵（isolecithal egg）或少黄卵（oligolecithal egg）；另一类是卵黄多，卵黄颗粒集中在一起的卵子，称为多黄卵，如大多数鱼类的卵。卵质外是质膜，它在受精时可调控特定的离子在卵子内外的流动，且能与精子质膜融合。质膜外是卵黄膜。在哺乳动物中，卵黄膜称为透明带。哺乳动物的卵子外包围着滤泡细胞，对卵子有营养作用。紧靠着透明带的一层滤泡细胞称为辐射冠。卵子的大小，常与卵黄颗粒含量的多少有密切关系。卵子中除卵黄外，还有色素颗粒。

由于卵质内物质分布情况的不同，表现出一定的层次和梯度。一些端黄卵，细胞质集中在一端，卵黄集中在另一端，如两栖类蛙的卵。细胞质集中、卵黄含量较少的一端代谢较旺盛，称为动物极（animal pole），卵黄含量丰富的一端为植物极（vegetal pole）。从动物极到植物极作一垂直线，称为卵轴（axis）。

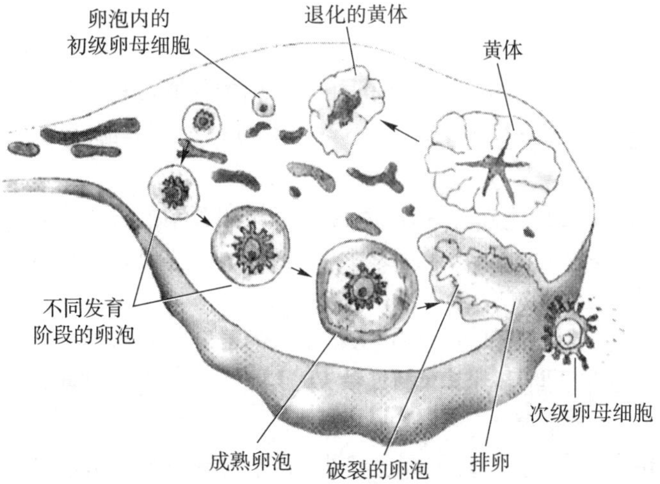

图 4-19　卵巢内卵泡的发育

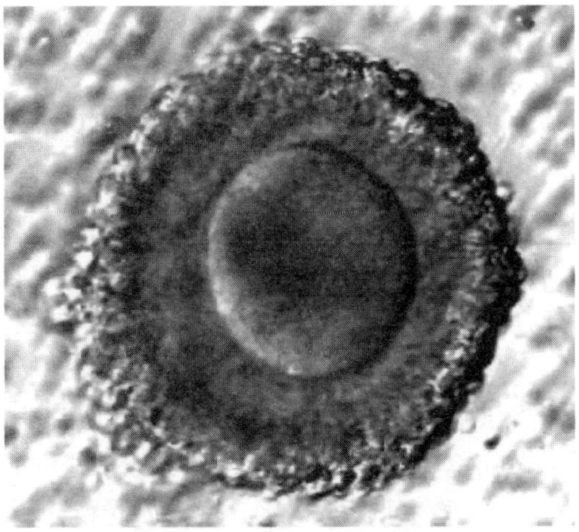

图 4-20　哺乳动物卵的形态

3. 受精

动物精子和卵子结合的过程称为受精(fertilization),受精是一个异常复杂的生理过程。不同动物因生活环境、生理活动不同,其受精方式也不同。一般有体内受精和体外受精两种。

(1) 体内受精　雄性个体经性交过程将精子送入雌体生殖道内,与卵结合的受精方式。体内受精的物种,产生的卵较少,但受精效率较高。动物界昆虫类、爬行类、鸟类、哺乳类等都行体内受精。

(2) 体外受精　雌体动物排出卵,雄体排出精子,精卵在体外完成受精作用。体外受精的大多为水生动物,在水中完成受精作用。这些动物产卵数量较多,但受精效率较低。如多数鱼类、两栖类的蛙、珊瑚等。

(3) 受精过程　受精过程一般包括精子获能、精卵识别、精子的顶体反应、精子入卵、卵子皮层颗粒反应、雌雄原核融合等一系列过程。

一般情况下,哺乳动物新射出的精子不能使卵受精,必须在雌性生殖道内各种获能因子的作用下,精子膜发生一系列变化,进而产生生化和运动方式的改变,使得精子穿越卵细胞的能力提高,从而导致受精卵融合即受精,此过程称为精子的获能(capacitation)。精子在获能期间,细胞膜要发生一系列变化,包括内膜分子重排、精子表面某些组分的移除。物种不同精子获能的部位不同,如许多啮齿类、猪和狗,获能主要发生在输卵管;人和兔等由于精子储存在阴道内,获能常从阴道开始,直到子宫和输卵管。输卵管液、卵泡液与卵丘细胞都要参与精子获能的过程。

精卵之间还存在彼此的识别,一般有接触识别和距离识别。体外受精的水生动物其卵排在水中,靠自身分泌一些因子,去控制精子的类别并吸引同物种精子结合,此为距离识别。某些物种卵子表面有特异性识别蛋白,精子表面有结合素,精卵的结合首先依赖于这些表面蛋白的特异性结合来完成,这是一种接触识别。

图 e4-2　卵子皮层颗粒反应

当精子接触到卵子时,首先表现的是精子顶体反应(acrosomal reaction)。顶体释放大量水解酶,水解卵膜,促使精子入卵。卵受到精子接触的刺激后,皮层中的皮层颗粒与卵膜发生融合,释放蛋白酶,去除与精子结合素识别并结合的受体。该反应从精卵接触点起始破裂,并扩散到整个皮层中。皮层颗粒破碎后,所含的黏多糖物质连同积液分散到卵周间隙,受精膜明显地从卵质分出,破碎的皮层颗粒的层片物质,参加到受精膜而使其加固,从而阻止多精入卵。此为卵子皮层颗粒反应(cortical granule reaction)(图 e4-2)。

精子入卵后,雌雄原核相遇,相互融合或联合,以建立合子的染色体组。脊椎动物的精子一般都是在卵子第二次减数分裂中期进入卵内,之后才融合,此时卵子进入第一次有丝分裂,受精过程终结并开始早期胚胎发育。

受精过程在形态和生理上均有很大的变化。受精作用开始,整个受精卵的代谢活动便大大地增强,氧的消耗一般较受精前增加,温度也有变动,这些变化说明精子和卵子的相互作用的代谢过程激发了受精卵酶系统的活动,导致全部化学变化的增进,使受精卵有较大的能量,这对受精卵的分裂是必要的。

(4) 胚胎养分的供应方式

① 卵生(oviparity)　行体内或体外受精,受精卵均在体外发育,胚胎完全依赖卵黄中的养分发育到幼体。如两栖类的卵产于水中,卵外面的胶质膜可保护胚胎。鸟类和多数爬行类产卵于陆地上,卵外面往往有硬壳保护,壳内有一层薄膜(卵壳膜)可保护胚胎。

② 卵胎生(ovoviviparity)　这类动物行体内受精,受精卵在母体内发育,但胚胎发育所需养分依靠卵黄供给,直到发育成幼体才离开母体。因胚胎发育早期受到良好的保护,发育成功率较高。某些鱼类如大肚鱼、鲨鱼等和某些爬行类如一些毒蛇、北美小黄蛇等。

③ 胎生(viviparity)　行体内受精,受精卵留在母体内发育,因卵黄量少,胚胎发育所需养分必须由母体供给,直到长成幼体才离开母体。幼体出生后,母体分泌乳汁哺育幼体,可大大提高幼体成活率,是

动物最进步的生殖方式。如绝大多数哺乳动物(包括人类在内)。

(二) 胚胎期

动物发育到性成熟,两性个体产生成熟的卵和精子,精卵结合后,即可进入胚胎发育时期。不同种类的动物,由于长期适应于不同的环境条件,其发育过程也存在着差异。但多细胞高等动物(包括人类)的胚胎发育都要经过几个基本的阶段或时期,一般都经历卵裂期(桑葚期)、囊胚期、原肠胚期、中胚层形成、神经轴胚形成以及器官形成几个阶段。

文昌鱼属于脊索动物门的头索类。在学术研究上,特别是在胚胎学的研究方面,具有重要的价值。因此我们以文昌鱼为研究材料,来说明发育过程。

1. 卵裂和囊胚的形成

(1) 卵裂　指受精卵按一定规律进行多次重复分裂的过程,卵裂(cleavage)所形成的细胞称为卵裂球(blastomere)。在卵裂的过程中细胞就已经开始分化。卵裂的类型分为全裂和不全裂,卵黄少且分布均匀的卵分裂面可以将卵子完全分开叫全裂,卵黄多且集中的卵,由于卵黄阻碍分裂面使卵不能完全分开称为不全裂。文昌鱼卵所含卵黄物质较少,属于均黄卵的一种,卵裂为全裂。卵受精后不久即开始分裂,经第一次和第二次纵裂及第三次略靠动物极半球的横裂,形成八个细胞。以后细胞不断地纵裂与横裂,形成一个多细胞卵裂球(图 4–21)。

(2) 桑葚胚　当文昌鱼受精卵分裂成 32 ~ 64 个细胞时,细胞中央的空隙很小,这些细胞密集地堆集在一起,成为一个实心的细胞团,好像桑葚一样,称为桑葚胚(morula)。

(3) 囊胚　桑葚胚继续进行细胞分裂至细胞数目达 128 ~ 256 个时,这些细胞便排列成整齐的一层,中央留出一个很大空隙。这时的胚胎很像一个小皮球,称为囊胚(blastula)。囊胚中央的大空隙,称为囊胚腔。囊胚的形状并非完整的圆球形,动物极呈圆球形,而植物极略为扁平,同时细胞的大小也不一样。

2. 原肠胚的形成

原肠胚期始,囊胚细胞排列成一行,植物极的细胞逐渐向囊胚腔内凹陷进去,使底面的植物极细胞和上面的动物极细胞相贴在一起,囊胚腔逐渐缩小而终于消失。这时胚胎成为杯状的双层胚,外层称外胚层(ectoderm),内层称内胚层(endoderm),由于内外胚层的接触而形成的新的空腔,称为原肠腔。具有原肠腔的胚胎称为原肠胚(gastrula)。原肠腔的开口叫原口或胚孔。等到原肠胚逐渐延长的时候,胚孔逐渐缩小,最后成为留在胚胎尾端的一个小孔。这时候的胚胎外形像蚕蛹,胚体是圆形的,头端封闭,尾端的胚孔仍与外界相通(图 4–22)。

3. 神经胚的形成

蚕蛹状胚胎的上面逐渐平坦,两侧和下面仍保留圆形,上面将发育成文昌鱼的背部,下面将发育成

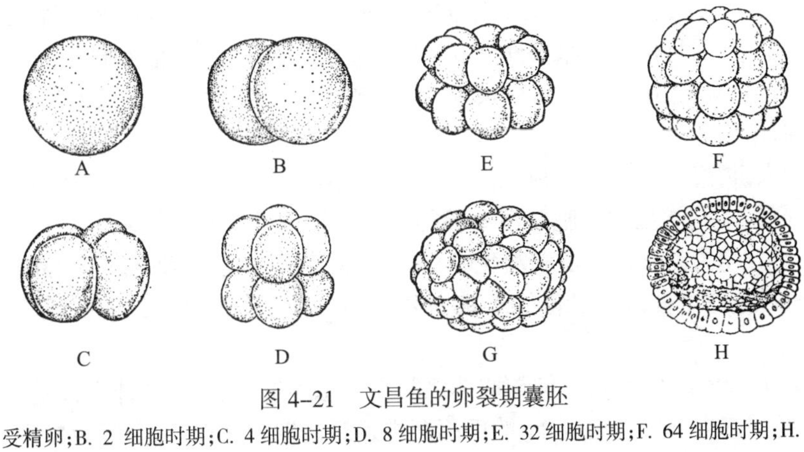

图 4–21　文昌鱼的卵裂期囊胚

A. 受精卵;B. 2 细胞时期;C. 4 细胞时期;D. 8 细胞时期;E. 32 细胞时期;F. 64 细胞时期;H. 囊胚

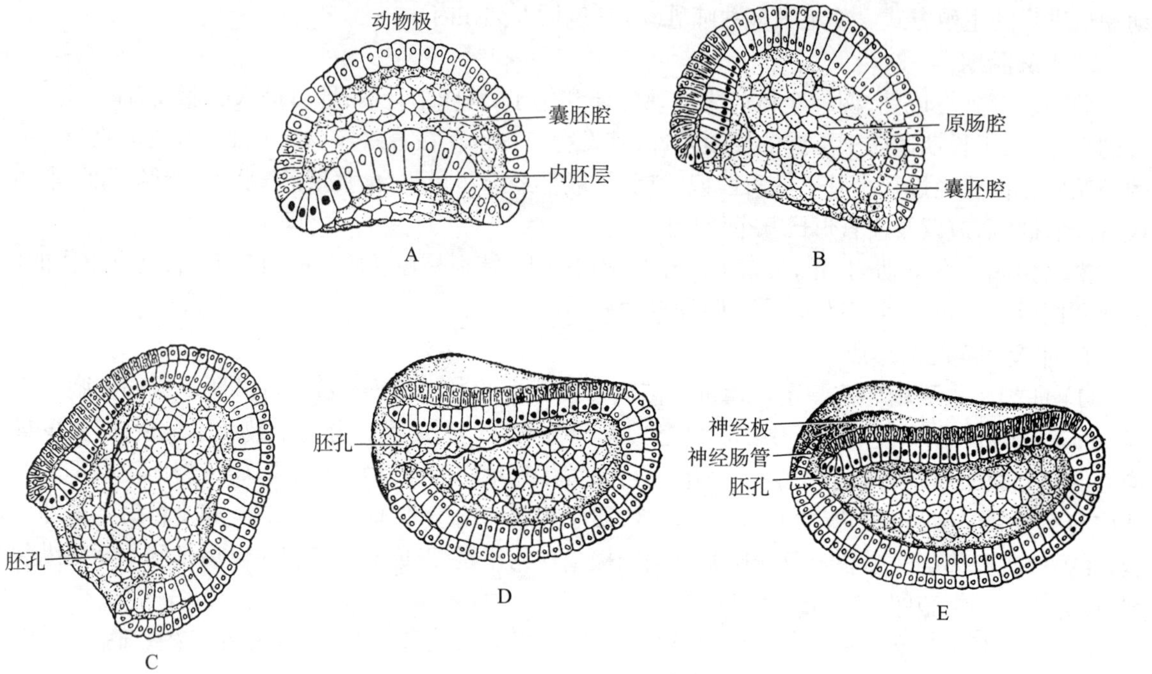

图 4–22　文昌鱼原肠胚的形成

A. 植物极内陷；B. 原肠腔形成；C. 胚孔出现；D. 胚轴旋转约 120°；E. 神经板出现

文昌鱼的腹部。接着背面的外胚层加厚，形成神经板。神经板沿胚胎纵轴的中央下凹成一条从前到后的浅沟，并且逐渐向正中合拢，最后合并成为神经管。神经管分化为文昌鱼的脑和脊髓，但不久它的脑退化。凹陷到里面的内胚层也发生改变。紧贴在神经板下面的细胞称为脊索板，这一层细胞由两侧向腹面卷成一条柱状的细胞棒，就是脊索(notochord)，从前到后成为身体的支持器官；为脊索动物的三大特征之一。

4. 组织分化与形态建成

在脊索板两边的细胞就是中胚层(mesoderm)。在中胚层的地方突出成对的囊状突称为体腔囊，也就是体腔。随后两边的体腔又向腹面扩展，在底部愈合连成一个腔。凹陷到原肠胚里面的内胚层除了脊索板和中胚层以外都是内胚层，原肠腔的两侧和底面的细胞也向正中合拢，成为消化管(图 4–23)。

从消化管的头端，对外裂开一个口。口后方的消化管分为咽部、食道、胃、肠和肛门。肛门也是消化管对外裂开而形成的。肠上还凸出一个囊，成为文昌鱼的肝。文昌鱼的体腔形成时，靠背面的中胚层细胞集中成很密的细胞带，而且保持着原来分节的形状，称为肌带，以后发育为肌肉。

此时文昌鱼的胚胎向头、尾两端伸长得很快，并向背腹面扩展，而左右反而似乎是收缩，使身体成为两侧侧扁形状，外形像鱼。

对于有些动物来讲，经过原肠胚形成，胚胎细胞即分化为三个胚层，这三个胚层的细胞获得了不同的发育潜能，分化产生不同类型的细胞并建立各种组织和结构。外胚层细胞主要分化为表皮和神经系统，内胚层细胞主要分化为消化道上皮和消化腺(如肝、胰腺等)，中胚层细胞产生心脏、肾、性腺、结缔组织及血细胞等。随后各种器官原基相继形成，多种器官由一种以上的胚层细胞构成。

(三) 胚后期

胚后期是指从母体生出的幼体，它们与成体之间在形态构造上、生理功能上以及生活习性上都存在着一定的差别，还要继续生长发育到成年，然后逐渐进入衰老期和死亡，称为胚后发育。

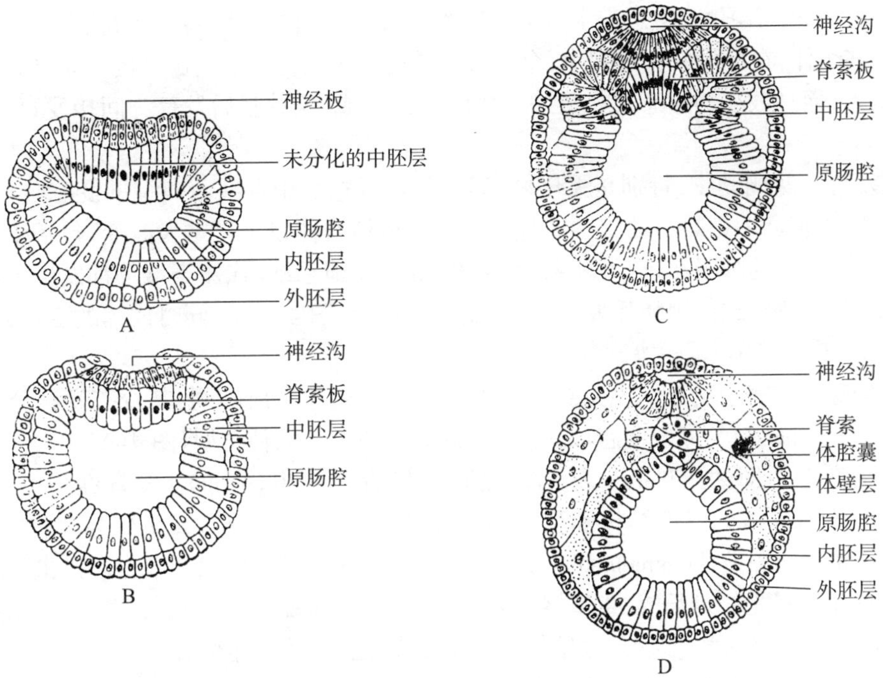

图 4-23 文昌鱼神经胚的形成

A. 神经板形成;B. 中胚层出现;C. 器官进一步分化;D. 脊索形成

1. 生长与发育

动物都有自己的生命周期,即从受精卵开始,经历胚胎、幼年、青年、成年、老年各个时期,直至衰老死亡。生长就是动物机体从外界环境摄取营养物质,完成细胞数目增多或器官体积增大。即以细胞分化为基础的量变的过程,其表现是个体由小到大,体重体积逐渐增加。发育是生长的发展和转化,当某一种细胞分裂到某个阶段或某一数量时,就分化产生出某种不同的细胞,并在此基础上形成新的细胞或器官。即量变转化为质变,其表现是有机体形态和功能的本质变化。

如胎儿出生后心脏卵圆孔的关闭是其生长发育的一个典型例子。在母体时卵圆孔是胎儿发育必需的一个生命通道,来自母亲的脐静脉血就是经此通道进入胎儿的左侧心腔,然后分布到全身,以此提供胎儿发育所需氧气和营养物质。孩子出生时,随着第一声啼哭,左心房压力升高,卵圆窝瓣被压在卵圆窝边缘上形成功能性闭合,而解剖上的完全闭合一般要到出生后 5 ~ 7 个月。后期,婴儿营养物质的需要即可通过自身的循环来完成。除此之外,婴幼儿生长和发育的过程还要经历身高、体重和器官的增长;语言、记忆、认知和社交能力的不断提高等。

另外,在个体生长的过程中,细胞凋亡也是必不可少的。细胞凋亡是细胞的一种基本生物学现象,在多细胞生物去除不需要的或异常的细胞中起着必要的作用。它在生物体的进化、内环境的稳定以及多系统发育中都承担重要角色。在人体胚胎发育中,四肢的发育是一个很好的例子。胚胎长到第 5 周时出现扁盘状的肢体萌芽,手指和脚趾之间的蹼消失,四肢才能顺利形成其最终形态。眼睛中玻璃体和晶状体的细胞凋亡后,才能视物清楚。

同样,变态发生也是动物胚后发育过程中的一个十分引人注目的现象,在腔肠动物、软体动物、环节动物、棘皮动物、节肢动物、脊椎动物中都发现具有变态现象的物种。变态是这些动物在其个体系统发育过程中的一个特殊阶段,或者说是动物进化中建立起来的一种特殊的发育策略。

2. 直接发育和间接发育

物种的发育有两种形式:直接发育和间接发育。直接发育是指幼体和成体形态结构基本相同,仅有成熟与不成熟之分，生活习性、生态需求都基本一致。如鱼类、爬行类、鸟类、哺乳类动物的胚后发育过程。而还有一些个体，在胚后发育过程中，个体形态结构和生活习性上所出现的一系列显著变化。幼体与成体差别很大，而且改变的形态又是集中在短时间内完成，这种胚后发育为间接发育，又叫变态发育(metamorphosis)。

(1) 变态发育　两栖动物，特别是无尾两栖类，其发育过程中存在着典型的变态阶段，发育要经过四个时期，如蛙：受精卵→蝌蚪→幼蛙→成蛙。幼体到成体身体发生了重大改变，包括生态类型的改变和适应结构的出现，它的呼吸系统、循环系统、神经系统、排泄系统、代谢类型等都发生了巨大变化。显著特征是幼体用鳃呼吸，成体用肺呼吸，皮肤也能辅助呼吸(图 4-24)。同时成体的变化还有出现无尾、四足、大嘴、长舌、肉食、肠道缩短等现象。

(2) 不完全变态与完全变态　昆虫纲的变态发育和两栖类有所不同，其变态发育分为不完全变态(incomplete metamorphosis)与完全变态(complete metamorphosis)两种类型(图 4-25)。

① 不完全变态　即幼虫(larva)不化蛹而直接发育为成虫(adult)。发育经历受精卵、幼虫、成虫三个时期，幼体与成体的形态结构和生活习性非常相似。不完全变态又分为两种类型：渐变态类(paurometabola)和半变态类(hemimetabola)，蝗虫、蟋蟀等都是渐变态昆虫。渐变态昆虫的幼虫称为若虫(nymph)，与成虫比较只是翅未长成，生殖器官未成熟，经过几次蜕皮即为成虫。半变态昆虫的幼虫称为稚虫(naiad)，与成虫差别较大。蜻蜓、豆娘等都是半变态昆虫。稚虫生活在水中，胸部没有翅而是翅芽。此外，蜻蜓稚虫肛门内有叶状腮、豆娘尾端有片腮，以适应水中气体交换，为呼吸器官。

② 完全变态　幼体与成体的形态结构和生活习性差异很大，经历受精卵、幼虫、蛹(pupa)、成虫四个时期，而且幼虫和成虫差别很明显，这样的变态发育称为完全变态。如蚊、蝇、菜粉蝶、蜜蜂等都属于完全变态昆虫。

3. 衰老与死亡

(1) 衰老　成熟机体的结构和机能随着年龄增加而进行性的老化，称为衰老。动物和大多数生物达到性成熟期之后，在结构和功能上呈现种种衰退性改变。这种变化随年龄而增加，最终导致生物的死亡。

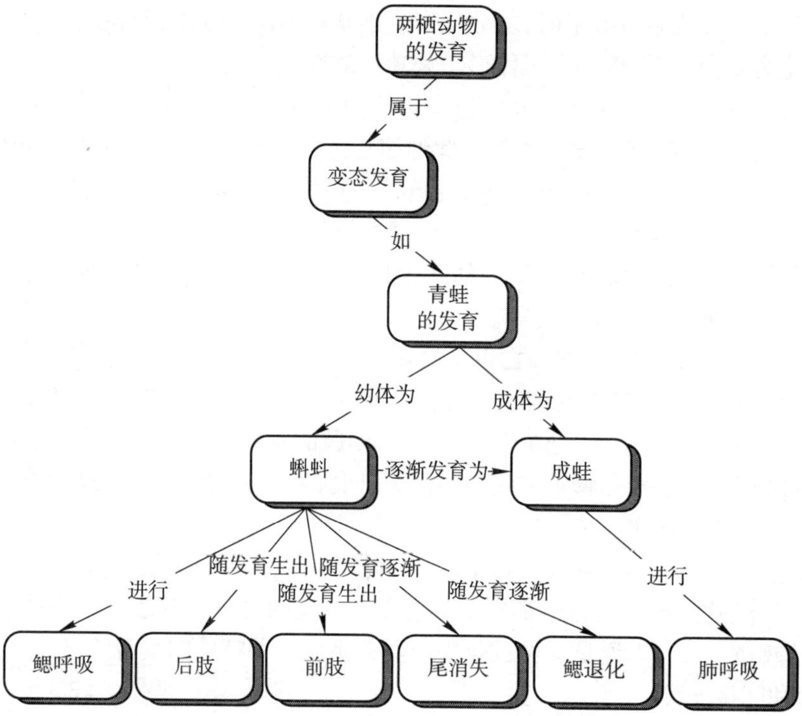

图 4-24　两栖类蛙的变态发育过程

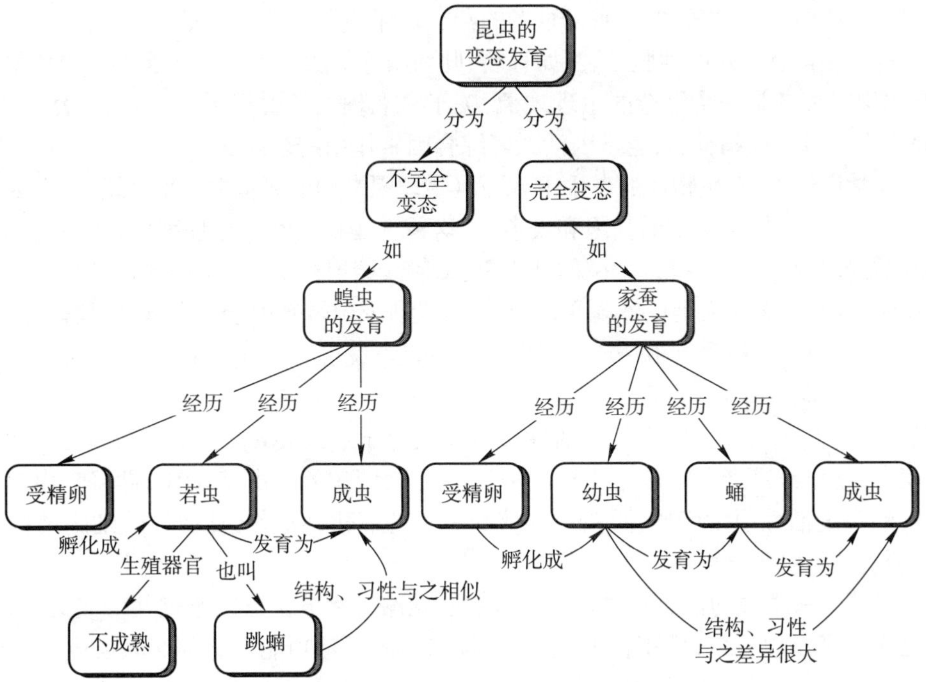

图 4-25　昆虫类的完全变态和不完全变态发育过程

衰老可以在细胞、组织、器官及整体水平上发生。鸟类和哺乳类动物在衰老期，体内物质的降解超过合成；无脊椎动物、鱼类和爬行类动物等的衰老意味着年龄的增大而接近预期寿命。

(2) 动物的寿命　动物的寿命各不相同，与其所处的生活环境、营养和温度等条件等相关。调查资料显示龟的平均寿命为 300 ~ 400 岁、鳄鱼 200 岁、蓝鲸 90 ~ 100 岁、人类 70 ~ 80 岁、象 75 岁、马 55 岁、猪 30 ~ 40 岁、家兔 7 岁、小鼠 4 岁。

多细胞动物的每一个细胞有新生也有衰老，有生长也有死亡。但寿命的长短，随着细胞的种类和环境条件而不同。如人的红细胞寿命约 125 天，结缔组织细胞一般生存 2 ~ 3 年，肌肉和神经细胞的寿命和个体的寿命一样。多细胞动物体内细胞的衰老和死亡，虽然与整个动物体的寿命有密切的关系，但两者并不完全一致。在动物的正常生理活动中，包括老细胞的衰老死亡和新细胞的产生。另一方面，当个体死亡时，并非全部细胞立即终止它们的生命活动。

(3) 死亡　死亡和衰老一样，是细胞正常发育的一个过程和必然结果。死亡指机体生命活动的终结，标志着个体新陈代谢的停止。当机体的器官功能变得效率很低时，整个身体变得更为不能抵抗生活剧变。最后，某一器官不再能执行其他器官赖以生存的功能，结果导致机体死亡。死亡的过程可分为临床死亡与生物学死亡两个阶段。人的临床死亡，以心脏停止跳动和脑死亡的时间为标志。生物学死亡，是指中枢神经系统已经丧失对机体的调节和控制能力。人体作为一个整体，死亡之后，各个细胞并不同步死亡。神经细胞由于缺氧容易先死亡，皮肤的细胞最后死亡。人死后 10 余小时取下皮，做移植植皮仍可获得成功。

4. 衰老的征象和理论

(1) 衰老的征象　哺乳动物到一定年龄就停止生长。生长停止后，经过一定时间开始衰老。在这个时期里，身体构造和生理机能都发生一系列的变化，如人到老年时期，毛发变白、皮肤变皱、脊柱弯曲、牙齿脱落、肺容量降低、心输出量减少、肾形成尿量减少和代谢率降低等。

细胞衰老的过程中会产生一系列的征象，各种细胞衰老的征象并不完全一样。但总体表现为细胞代谢运行及其产物排除困难，原生质的状态不正常。溶胶和凝胶的可逆性转变往往为单方面变化和脂肪的积储，一切精细结构越来越不分明等，都是细胞衰老时常见的表现。

在多细胞动物体内，活力丧失多而明显衰老的器官是那些无细胞分裂能力的器官，如心、脑、肾和肌肉等。一些器官还保持着活跃的细胞分裂，如骨髓、肝和胰腺等随年龄增长功能丧失的就很少。

(2) 衰老理论　衰老是一个复杂的生理现象，关于衰老理论学说很多，目前的研究认为，衰老是干细胞衰退、DNA 退化、饮食、精神、衰老基因活跃等综合因素作用的结果。

体细胞突变学说认为，在生物体的一生中，诱发（物理因素如电离辐射、X 射线、化学因素及生物学因素等）和自发的突变破坏了细胞的基因和染色体，这种突变积累到一定程度导致细胞功能下降，达到临界值后，细胞即发生死亡。支持该学说的证据有：X 射线照射能够加速小鼠的老化，短命小鼠的染色体畸变率较长命小鼠高，老年人染色体畸变率较高；有人研究了转基因动物在衰老过程中出现的自发突变的频率和类型，也为该学说提供了一定的依据，然而，该学说也有解释不了的问题，如衰老究竟是损伤增加还是染色体修复能力降低。

自由基学说认为，代谢过程中产生的活性氧基团或分子（reactive oxygen species，ROS）引发的氧化性损伤的积累，最终导致衰老。ROS 主要有三种类型：O_2^-，即超氧自由基；OH^-，即羟自由基；H_2O_2，即过氧化氢。ROS 的高度活性引发脂质、蛋白质和核酸分子的氧化性损伤，从而导致细胞结构的损伤乃至破坏。清除 ROS，就可以延长寿命。

生物分子自然交联学说的论点是：机体中蛋白质、核酸等大分子可以通过共价交叉结合，形成巨大分子。这些巨大分子难以酶解，堆积在细胞内，干扰细胞的正常功能。这种交联反应可发生于细胞核 DNA 上，也可以发生在细胞外的蛋白胶原纤维中。该学说与自由基学说有类似之处，亦不能说明衰老发生的根本机制。

衰老的免疫学说分为两种观点：第一，认为免疫功能的衰老是造成机体衰老的原因；第二，自身免疫学说认为，与自身抗体有关的自身免疫在导致衰老的过程中起着决定性的作用。包括老年人抗体效价降低、胸腺功能退化、T 细胞数量减少和自身免疫反应的过高表达等。

端粒学说认为，细胞在每次分裂过程中都会由于 DNA 聚合酶功能障碍而不能完全复制它们的染色体，因此最后复制 DNA 序列可能会丢失，最终造成细胞衰老死亡。细胞有丝分裂一次，就有一段端粒序列丢失，当端粒长度缩短到一定程度，会使细胞停止分裂，导致衰老与死亡。大量实验都证明，端粒酶的活性、端粒长度都与衰老有着密切的关系。虽然很多事件可引发衰老，但统一的衰老理论仍没有形成。

另外，研究认为分化也是衰老的主要原因之一，如果能够解决分化，就可以解决衰老。动物细胞核有发育的全能性，因而分化了的细胞有解除分化的可能，说明老化的细胞也可以恢复青春。

三、人类的生殖与发育

人类分为男性和女性，也需要通过两性生殖细胞结合才能生成子代个体。男性和女性的生殖系统，在构造和功能上有很大的差异，但都受激素的调节，能精确而有效地执行生殖任务。

（一）男性生殖系统

男性生殖系统是其完成生殖过程的器官总称，包括生殖腺和生殖管道。主要由睾丸、附睾、输精管、精囊腺、前列腺、尿道球腺等内生殖器和阴茎等外生殖器构成（图 e4-3），功能是产生和储运精子。

图 e4-3　男性外生殖器

睾丸也叫精巢，主要功能是产生精子和分泌雄性激素。一般成对存在，多呈卵圆形。其表面有结缔组织构成的固有鞘膜和白膜，内部实质被中隔分为许多睾丸小叶，每个睾丸小叶内含有迂回盘旋的曲细精管。附睾是细长屈曲的小管，位于睾丸的后外侧。分为头、体、尾三部分，附睾头直接和睾丸相连，是储存精子并使其进一步成熟的地方，同时附睾头和尾具有吸收和分泌的作用。输精管是由附睾尾的末端起始，经腹股沟管上升入腹腔，到膀胱背侧折返，在膀胱颈处加粗，形成输精管膨大，其后延长与尿生殖道相连。其功能为输送精子，同时对老化和死亡的精子具有分解吸收的作用。副性腺包括成对的精囊腺、尿道球腺和单个的前列腺，主要功能为参与精液的形成和营养并活化精子。阴茎是雄性动物的交配器官，由阴茎体和阴茎头组成，是精液排出的通道。

（二）女性生殖系统

女性生殖系统也由生殖腺和内外生殖管道组成，主要包括卵巢、输卵管、子宫和阴道等（图 e4–4）。女性的外生殖器称为外阴，包括阴阜、大阴唇、小阴唇、阴蒂、前庭等。

图 e4–4 女性内生殖器

卵巢左右各一个，多呈卵圆形，属于实质器官，主要功能是生成卵子和分泌激素。被膜外覆盖有生殖上皮。皮质在外，由基质、卵泡、黄体和闭锁卵泡等构成。髓质位于卵巢中部，含有血管、神经核淋巴管，主要分泌雌激素和黄体酮。

输卵管是卵子通过及受精的管道，借输卵管系膜悬挂于腹腔内腰部体壁上，分为壶腹部、峡部和漏斗部。壶腹部是输卵管的前段，较粗，是卵子受精的部位；其余部分较细为峡部；靠近卵巢端扩大成漏斗部，其边缘形成许多皱褶为输卵管伞。

子宫是胚胎附着和胎儿孕育的器官，分为子宫角、子宫体和子宫颈三部分。子宫的组织结构包括子宫内膜、肌层和外膜。子宫内膜含有丰富的子宫腺导管，分泌物可供早期胚胎所需营养，其组织结构随着动物的发情周期而呈现周期性变化。肌层由发达的平滑肌组成。外膜则是由疏松结缔组织构成。

阴道为女性的交配器官和胎儿的分娩通道。阴道的微环境可以保护生殖道不受有害微生物的侵袭，同时阴道的收缩、扩张、复原、分泌和吸收等功能有助于排出子宫黏膜和输卵管的分泌物。

外生殖器包括阴门、阴唇及阴蒂等。阴门开口于肛门腹侧。阴门两侧隆起形成阴唇。左右阴唇前联合处有一个小突起为阴蒂，和男性的阴茎为同源器官。

（三）月经周期

女性在具有生殖能力期间，因激素的影响使子宫内膜出现周期性的剥落，经由阴道排出即为月经，其周期约为一个月（28 天）左右，故称为月经周期。在月经周期中，子宫内膜的周期性变化是由下丘脑、脑垂体和卵巢所分泌的激素所调控。下丘脑 – 释放激素 – 脑垂体 – 促生殖腺激素（FSH、LH）– 卵巢 – 卵巢激素（雌激素和孕激素）– 子宫内膜。

根据女性体内有关激素的浓度与生理的周期性变化，月经周期可分为行经期、滤泡期、排卵期和黄体期四个阶段（图 4–26）。

1. 行经期

月经来潮到月经完毕的期间，一般 4 ~ 5 天。排出的卵没有受精，黄体萎缩退化，孕激素与雌激素分泌急剧减少，子宫内膜失去了这两种激素的支持而脱落、出血，即月经。月经血量一般为 100 mL 左右。

2. 滤泡期

自月经完毕至排卵前的一段期间，历时 10 ~ 11 天。卵巢受脑垂体分泌的促滤泡成熟激素（FSH）的作用，卵泡开始发育并分泌雌激素。在雌激素的作用下，子宫内膜增生变厚，血管、腺体增生，但腺体不分泌。通常卵巢内有一个卵泡发育成熟并排卵。

3. 排卵期

通常在行经后的第 14 天为排卵日。卵巢受脑垂体分泌的促滤泡成熟激素（FSH）和黄体生成素（LH）的作用，成熟的滤泡便破裂，卵及附着的一些其他细胞一起脱离卵巢，进入输卵管，称为排卵。

4. 黄体期

从排卵后到下次月经来临前一段时间，历时约 14 天。滤泡排出卵后，剩下的滤泡细胞转变为黄体，

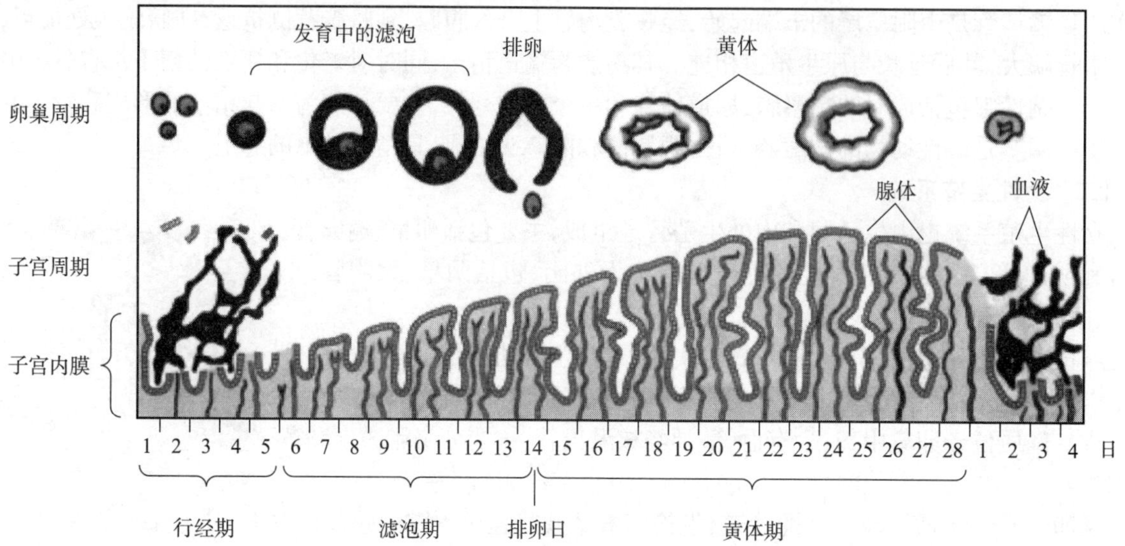

图 4-26 人类月经周期中卵巢与子宫内膜变化情况

黄体具有内分泌腺的功能，可分泌孕激素和大量雌激素。此时雌激素的浓度最高，促使子宫内膜变厚，且充满小血管和腺体，为胚胎着床及发育做准备。此时因雌激素和孕激素浓度的增高，可通过反馈调控减少脑垂体分泌 FSH 和 LH，使新的卵不能发育、成熟，也不会排卵。若卵未受精，24 h 后即死亡，黄体也将在第 10 天后开始慢慢退化，孕激素和雌激素因而减少，子宫内膜无法维持而崩毁，开始下次的月经周期。卵若受精即怀孕，直至胎儿出生前，子宫内膜不会崩解，月经也不会发生。

（四）人类的生殖与发育过程

1. 受精

精子可经由男性的阴茎送到女性的子宫颈，凭借子宫和输卵管肌肉的收缩及本身尾部的摆动游过子宫直达输卵管。一次射精含有几亿精子，但真正抵达输卵管的精子只有数百个。若精子和卵在输卵管内相遇，精子的细胞核会进入卵内，并和卵的细胞核结合形成受精卵，完成受精（fertilization）作用（通常受精作用发生于输卵管的上端）。第一个精子进入卵细胞内时，卵细胞的表面会发生变化，以阻止其他精子再进入，因此每个卵只能和一个精子受精。

2. 妊娠

妊娠（gestation）是指自卵受精开始直到胎儿产出的这段时间。人类的怀孕期以受精日算起约 266 天（38 周），若由最后一次月经算起，约 280 天（40 周）。卵受精成为受精卵后，约 30 h 便进行有丝分裂，由一个变两个，两个变四个，如此一再分裂，细胞体积并不增大，故细胞越分越小，这种情形称为卵裂（cleavage）。

受精卵一边分裂，一边自输卵管向子宫移动。在受精后 3 ~ 7 天便到达子宫，在子宫内继续发育成为囊胚（图 e4–5）。胚泡（blastocyst）由滋养层（trophoblast）、内细胞团（inner cell mass，ICM）和囊胚腔所构成。滋养层是囊胚表面的一层细胞，内细胞团是囊胚内部的一部分细胞，囊胚内的空腔为囊胚腔，其内充满体液。着床囊胚先附着于子宫内膜上，其滋养层可分泌酶类以分解子宫内膜，于是囊胚便渐渐埋入子宫内膜，这一过程称为着床，着床后第 7 天至第 11 天整个着床过程才完成。

图 e4–5 受精卵早期卵裂和囊胚的形成

3. 胚胎发生过程

囊胚着床后，内细胞团即排列为两层，分别称为外胚层和内胚层。以后在内外胚层间又产生中胚层。各胚层的细胞会分化为胚胎的各种组织器官。

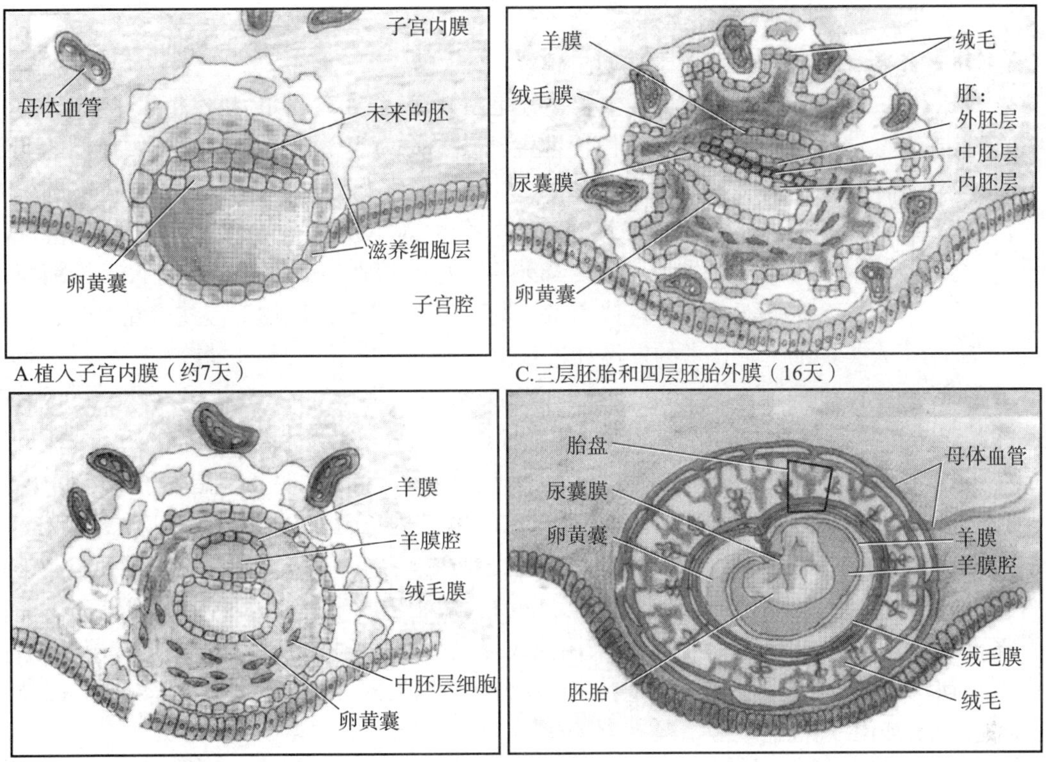

A.植入子宫内膜（约7天）　C.三层胚胎和四层胚胎外膜（16天）

B.胚层和胚胎外膜开始形成（9天）　D.胎盘形成（31天）

图 4-27　囊胚的发育

胚胎在子宫内发育至第 4 周时，心脏已开始搏动，至第 8 周已形成头、脸、四肢等而初具人形，此期的胚胎称为胎儿。

经过 38（或 40）周时间，胎儿已发育成熟，此时胎儿头部倒转朝下，朝向子宫颈，以便出生。胚外膜及胎盘的形成：囊胚着床后，继续发育，部分细胞分化为胚外膜，用以保护及滋养发育中的胚胎。胚外膜包括绒毛膜、羊膜、卵黄囊和尿囊（图 4-27）。

（1）绒毛膜　位于表面，与母体的子宫内膜相接。绒毛膜（chorionic villi）与母体子宫内膜相接触形成许多突起称为绒毛，绒毛与其周围的子宫壁形成胎盘。胎盘是胎儿与母体之间进行物质交换的桥梁，但两者的血液并不直接混合。胎盘中的微血管有庞大的面积，可借扩散作用和主动运输双向进行物质交换。养分和氧气从母体送到胎儿的血液中，而 CO_2 和含氮废物如尿素，则由胎儿送到母体的血液中。

（2）羊膜　包裹在胎盘周围，羊膜（amnion）与胚体间形成羊膜腔，羊膜腔内充满羊水（由羊膜所分泌），可以保护胚胎，免受机械的伤害。卵黄囊（yolk sac）位于胚体腹侧已退化，不含卵黄，不能供给胚胎发育所需的养分。尿囊（allantois）位于胚体腹侧。卵黄囊与尿囊受羊膜的包裹和挤压并成为脐带部分构造。脐带紧连胚胎与胎盘，其内有 2 条脐动脉和 1 条脐静脉。脐动脉较细，有胎盘输送含 CO_2、含氮废物的血液回到胎盘的血管；脐静脉较粗，有胎盘输送含 O_2 和养分等的血液到胚胎的血管。

4. 分娩　胎儿出生的过程称为分娩（parturition）。分娩初期母体子宫受体内激素的作用，会产生间歇性的收缩而引起阵痛。由于子宫肌肉收缩，压挤胎儿缓缓下移，自子宫移向阴道，此时羊膜破裂，大量羊水自阴道流出。阵痛渐渐加强，间歇也逐渐缩短，胎儿被挤向阴道而产出。胎儿出生时，医生结扎并剪断脐带，使之离开母体，几秒后便开始自行呼吸。胎儿出生后 10 ~ 15 min，由于子宫的另一阵收缩，胎盘和胚外膜自子宫排出体外，排出的胎盘和胚外膜称为胞衣。数日后，连接新生儿腹部的脐带会萎缩、脱落，留下脐痕，即肚脐（图 e4-6）。新生儿经授乳期及父母的呵护教育才能独立，因此，人类对子代的

图 e4-6 人胚胎发育各阶段

照顾居其他动物之冠。

（五）人工辅助生殖

人类的自然生殖过程是由性交、输卵管受精、自然植入子宫、子宫内妊娠等步骤组成。现代辅助生殖技术是为生殖功能障碍的夫妇提供的非自然的辅助生育的技术，是指运用医学技术和方法对配子、合子、胚胎进行人工操作，以达到受孕目的的技术，分为人工授精、体外受精－胚胎移植（IVF-ET）及各种衍生技术等。1890 年，美国医师 Drlemson 首次将人工授精应用于临床。随着医学科技的飞速发展，尤其是现代生物工程技术在医学领域的广泛应用，极大地推动了人类辅助生殖技术的发展和进步。

1. 人工授精

人工授精是人工生殖技术中运用较为广泛的一种。指采用人工技术将精子注入母体，在母体输卵管内完成受精，以达到受孕目的。此项技术主要用于解决男性不育症，先决条件是妻子的生育功能正常。按照不同授精部位，可分为阴道内（IVI）、宫颈管内（ICI）、宫腔内（IUI）和输卵管内人工授精（IFI）。按精液的来源不同，可分同源人工授精（简称 AIH），也叫“夫精人工授精”和异源人工授精（简称 AID）。AIH 是通过将丈夫的精液收集、分离，然后用浓缩的形式受精，适用于因生理或心理障碍，不能正常受精而导致的不育症，也适用于精子稀少症；AID 往往采用他人提供的精子，适用于精液无精子等男性不育症，或男方患有严重遗传疾病，如常染色体显性遗传病，男女双方均为同一常染色体隐性杂合体，以及男方为 Rh 阳性血型、女方为 Rh 阴性血型等情况。

2. 体外受精

体外受精－胚胎移植（IVF-ET）技术俗称“试管婴儿”技术。1978 年，世界第一例试管婴儿 Louis Brown 在英国诞生。IVF 的最早阶段妊娠成功率只有 2.94%。现在全世界范围内“试管婴儿”的妊娠成功率已提高到 20% ~ 30%。到目前为止，我国已有上百家医疗机构开展了 IVF-ET，其临床妊娠成功率都达到 20% 左右。其机制是应用人促性腺激素刺激多个卵泡发育，而后将卵子从卵巢取出，在体外与精子受精并形成胚胎，当胚胎发育至 2 ~ 8 细胞时，再将胚胎移植入子宫，使其在母体子宫内继续发育。也可将受精卵置于液氮中冷冻保存，供日后继续使用。与自然生殖的显著区别是受精部位不在输卵管，而在体外环境中，如培养皿、试管等，该技术也称为第一代“试管婴儿”。此项技术主要适用于输卵管阻塞性、免疫性不育症及不明原因引起的不育症患者。

根据精源的不同、妊娠场所不同以及监护人的不同，体外受精所产生的婴儿最多可能有 5 个父母亲，即遗传父亲、养育父亲、遗传母亲、代孕母亲、养育母亲（Yg、Yn、Xg、Xc、Xn。），通常情况下父母亲应是完全父亲（Yg+n）和完全母亲（Xg+c+n）。过程主要包括以下几个方面。

（1）促排卵　促排卵通常有三种方法。时间较长的一种是在前一周期的黄体期开始应用促性腺激素释放激素（GnRH）激动剂；时间较短的一种是在月经周期的第 2 天开始应用 GnRH 激动剂；第三种是先应用促性腺激素，待卵泡长到一定程度后开始应用 GnRH 拮抗剂。医生根据超声监测和血清激素测定的结果判断卵泡生长的情况，满意后，开始应用促排卵药物。当卵泡成熟后，给予人绒毛膜促性腺激素（HCG）注射，以促进卵子最后成熟。通常在 HCG 注射后 36 ~ 38 h 取卵。

（2）取卵　医生在 B 超引导下应用特殊的取卵针经阴道穿刺成熟的卵泡，吸出卵子。取卵通常是在静脉麻醉下进行的，因此妇女并不会感到穿刺过程导致的痛苦。

（3）体外受精　卵子取出后需要在特定培养液中成熟培养，同时进行男性取精。精液经过特殊的洗涤过程后，将精卵放在特殊的培养基中，以期自然结合。

（4）胚胎体外培养　胚胎培养有多种方法，如体外培养（*in vitro* culture，IVC）和体内培养。人类该过程多采用体外培养。发育良好的胚胎可用于直接移植或冷冻保存。

（5）胚胎移植　发育良好的胚胎，用一个很细的胚胎移植管通过子宫颈移入母体子宫，一般根据母体年龄、胚胎质量决定移植胚胎的个数，通常移植 2~3 枚胚胎。

(6) 黄体支持　由于前期对母亲应用了 GnRH 激动剂 / 拮抗剂和促排卵药物，以及取卵导致的卵泡颗粒细胞的丢失，妇女在取卵周期通常存在黄体功能不足，需要应用黄体酮或绒毛膜促性腺激素进行黄体补充。如果没有妊娠，停用黄体酮，等待月经来潮。如果妊娠了，则继续应用黄体酮至 B 超看到胎心后 3 周。

(7) 妊娠的确定　在胚胎移植后 14 天测定血清 HCG，确定是否妊娠。移植后 21 天再次测定血清 HCG，以了解胚胎发育的情况。移植后 30 天经阴道超声检查，确定是否宫内妊娠、有无胎心搏动等。

3. 衍生技术

近年来，在常规 IVF-ET 技术的基础上又衍生出多种新技术。

(1) 单精子卵细胞质内注射（ICSI）　单精子卵细胞质内注射技术也称为第二代“试管婴儿”。该技术较为精细，是借助显微操作系统将单一精子注射入卵子内使其受精，最后再将胚胎移植到子宫内，使其继续生长发育，直至分娩。ICSI 的特点是正常受精率高，多精受精率低。该技术最早应用于男性不育、采用常规 IVF 无法受精者，之后应用于常规 IVF 受精失败者。

(2) 种植前胚胎遗传学诊断（PGD）　种植前胚胎遗传学诊断是指在体外受精过程中，对具有遗传风险患者的胚胎进行种植前活检和遗传学分析，以选择无遗传学疾病的胚胎植入宫腔，从而获得正常胎儿的诊断方法，可有效地防止有遗传疾病患儿的出生。该技术首先需经过体外受精获得胚胎，当胚胎发育至 4~8 细胞时，在显微镜下取出 1~2 个细胞进行遗传学检查，并保持其完整性；如果明确胚胎无遗传病，再将其移植到母体子宫内，使之继续生长发育，直至分娩。该技术也称为第三代“试管婴儿”，它是产前诊断的延伸，随着分子生物学及基因诊断研究的进展，对优生具有越来越重要的作用。

PGD 现已用于一些单基因缺陷的特殊诊断，包括 Duchenne 型肌营养不良、脆性 X 综合征、黑矇性白痴、囊性纤维病、Rh 血型、甲型血友病、镰型细胞贫血和地中海贫血、进行性营养不良、新生儿溶血、21 抗蛋白缺乏症、黏多糖贮积症（MPS）、韦德尼希 - 霍夫曼综合征（Werdnig-Hoffman disease），还有染色体异常如 Down'S 综合征、18 三体、罗氏易位等。

(3) 未成熟卵母细胞或卵巢组织冷冻保存　随着人类辅助生殖技术的发展，未成熟卵母细胞或卵巢组织冻存即是保存女性生育力的一种有效方式，所以也得到了较多的关注。一般当女性由于疾病需要进行放化疗治疗前，为避免对卵母细胞造成不可逆的损伤进行这一工作。该技术是将卵巢部分组织或未成熟的卵母细胞进行冷冻保存，当需要时再解冻，卵母细胞经体外成熟培养后做 IVF 或 ICSI 获得胚胎再进行移植。卵巢组织移入受体或原供体体内，待其功能恢复后进行下一步的受孕工作。

(4) 细胞核移植技术　细胞核移植（nuclear transfer，NT）（克隆）技术是指生物体通过体细胞 / 干细胞 / 胚胎细胞进行的无性繁殖，以及由无性繁殖形成的基因型完全相同的后代个体组成的种群。基本过程是先将含有遗传物质的供体细胞的核移植到去除了细胞核的卵细胞中，利用微电流刺激等使两者融合为一体，然后促使这一新细胞分裂繁殖发育成胚胎，当胚胎发育到一定程度后，再植入人体子宫中使其怀孕，便可产下与提供细胞核者基因相同的胎儿。核移植技术的深入研究和发展，为辅助生殖技术提供了更广阔的前景，为男性不育和高龄不孕妇女的治疗提供了新思路，也使治疗性克隆有了临床应用的可能。但由于伦理问题，临床应用还很难进行。

(5) 三亲婴儿　三亲婴儿，又称 3P 婴儿（3P 即 three parents），是英国的一种新基因技术。该技术适用于因年龄、身体或其他原因而无法得到质量好的卵细胞，同时又非常希望拥有自己子女的女性患者。过程是将其卵细胞的细胞核取出，移植到另一年轻、健康女性的卵细胞内，重新组成一个正常卵细胞。由于决定遗传特征的核心物质主要存在于细胞核内，此卵细胞主要表达患者甲的遗传特征。这样，再将此卵细胞同患者甲丈夫的精子在试管内结合形成受精卵，将受精卵重新植入患者甲的子宫内。最后再按照标准的试管婴儿技术进行培育。这样诞生的孩子将会继承一位父亲和两位母亲的遗传基因。简单地说，就是这名婴儿有三名血缘亲代，即两母一父。

“三亲婴儿”培育技术能在不改变孩子外貌的情况下让其获得更加健康的身体，可以说是一些遗传病患者夫妇的福音，身患线粒体遗传疾病的女性将因此获得更多生育选择和机会。但此项技术可能会有第三者遗传物质的介入，将会涉及更深层次的法律和伦理问题。

本章小结

生物的繁殖有无性生殖、有性生殖和单性生殖三种方式。被子植物的幼嫩花药的壁由表皮、药室内壁、中层和绒毡层组成；在花药成熟的过程中，中层和绒毡层会解体消失。花粉母细胞经过减数分裂发育为花粉粒，花粉粒由花粉壁和生殖细胞（或 2 个精细胞）及营养细胞构成。在被子植物雌蕊的子房中着生有胚珠。胚珠由珠柄、珠被、珠孔、珠心和合点构成。由珠心细胞分化的胚囊母细胞经过减数分裂后逐渐发育为具有 1 个卵细胞、2 个助细胞、3 个反足细胞和 1 个中央细胞（含 2 个极核）组成的成熟胚囊（蓼型胚囊）。开花后，花粉借助风或昆虫传粉后，花粉在柱头上萌发长出花粉管，营养细胞和生殖细胞（或 2 个精细胞）进入花粉管。花粉管进入胚囊后，1 个精子与卵融合形成合子、1 个精子与中央细胞融合形成初生胚乳核，这就是被植物特有的双受精现象。由合子发育来的胚、初生胚乳核发育来的胚乳和由珠被发育而来的种皮构成了种子，而子房壁发育为果皮。从种子萌发形成幼苗到开花传粉受精后形成种子的过程称为被子植物的生活史。

动物主要通过有性生殖方式繁衍后代。胚胎发育遵循“后生论”规律，在发育过程中首先细胞要完成养分的累积，进行细胞的增殖与分裂。此过程是细胞核和细胞质共同参与完成的。接着通过诱导分化形成特定的组织器官乃至个体。高等动物的个体发育分为胚前期、胚胎期和胚后期三个阶段。胚前期主要指卵子和精子细胞的产生、发育与成熟；胚胎期是指受精卵发育为幼体的过程；胚后期则指幼体从卵膜孵化出来或从母体出生之后，发育为性成熟个体直至衰老死亡的过程。

动物的受精是一个异常复杂的生理过程，一般有体内受精和体外受精两种。胚胎养分的供应方式有卵生、卵胎生和胎生。

多细胞高等动物（包括人类）的胚胎发育都要经过几个基本的阶段或时期。一般都经历卵裂期（桑葚期）、囊胚期、原肠胚期、中胚层的形成、神经轴胚的形成以及器官形成几个阶段。

动物的发育过程有些是直接发育或无变态发育，有些则为变态发育或间接发育。昆虫的变态发育又存在完全变态和不完全变态两种形式。

女性的月经周期可分为行经期、滤泡期、排卵期和黄体期四个阶段。

雌性个体中，卵巢产卵后进入输卵管，阴道接受来自雄性的精子，受精卵经输卵管进入子宫着床，在子宫内发育成胚胎。受精卵经过卵裂、囊胚的形成和胚胎的发育，形成胎儿在母体内发育完成后从母体分娩出。目前人工授精和试管婴儿已成为成熟有效的辅助生殖技术。

复习思考题

一、名词解释

无性生殖；有性生殖；孤雌生殖；孢子生殖；绒毡层；2- 细胞型花粉；3- 细胞型花粉；胚珠；胚囊；胎座；世代交替；植物生活史；卵生；胎生；卵胎生；直接发育；变态发育；完全变态；不完全变态；精子获能

二、问答题

1. 怎样理解无性生殖存在的意义？
2. 怎样理解单性生殖的含义？
3. 简述花粉母细胞发育为成熟的 3- 细胞型花粉的过程。
4. 简述胚囊母细胞发育为典型的蓼型胚囊的过程。
5. 什么是被子植物的双受精现象？简述双受精的生物学意义。
6. 什么是核型胚乳？

7. 简述荠菜胚的发育过程。
8. 种子萌发的主要外界条件是什么，为什么需要这些外界条件？
9. 什么是世代交替？什么是被子植物生活史，有何特点？
10. 怎样理解被子植物有性生殖对陆生生活的高度适应？
11. 动物的生殖方式有哪些类型？
12. 比较哺乳动物精子和卵子的形态和组成差异。
13. 简述哺乳动物精子和卵子的发生过程。
14. 简述卵泡的发育过程。
15. 多细胞动物的胚胎发育一般分为几个阶段？各阶段有何特点？
16. 简述女性月经周期的过程。
17. 人类的生殖过程包括哪几个主要阶段？
18. 人工辅助生殖的措施有哪些？
19. 第一代、第二代和第三代“试管婴儿”分别指什么？
20. 简述转基因克隆动物生产过程。

主要参考文献

陈大元. 受精生物学. 北京：科学出版社，2000.

樊启昶，白书农. 发育生物学原理. 北京：高等教育出版社，2002.

顾德兴. 普通生物学. 北京：高等教育出版社，2000.

桂建芳，易梅生. 发育生物学. 北京：科学出版社，2002.

贺学礼. 植物学（第 2 版）. 北京：科学出版社，2017.

胡适宜. 被子植物胚胎学. 北京：人民教育出版社，1982.

李连芳. 普通生物学. 北京：科学出版社，2017.

王文和，关雪莲. 植物学. 北京：中国林业出版社，2015.

弗里德 G H，黑德莫诺斯 G J. 生物学（第 2 版）. 北京：科学出版社，2002.

吴庆余. 基础生命科学. 北京：高等教育出版社，2002.

吴相钰，陈守良，葛明德. 陈阅增普通生物学（第 4 版）. 北京：高等教育出版社，2014.

杨秀平，肖向红，李大鹏. 动物生理学（第 3 版）. 北京：高等教育出版社，2016.

张红卫. 发育生物学（第 4 版）. 北京：高等教育出版社，2018.

郑相如，王丽. 植物学（第 2 版）. 北京：中国农业大学出版社，2007.

周云龙，刘全儒. 植物生物学（第 4 版）. 北京：高等教育出版社，2016.

Kalthoff K. Analysis of biological development. 2nd ed. International edition，2001.

网上更多资源

教学课件　　视频讲解　　思考题参考答案　　自测题

第五章

生物的类群

地球生命30多亿年的演化形成了丰富多彩的生命世界,也称为生物世界。地球上曾经出现过或目前还存在多少种生物,没有人能够给出一个准确答案,已被人类认识并命名的也仅有约200万种。在演化历程中,一些物种消失了,一些新的物种诞生了。生物界不断地进化和发展形成现在地球上的生物多样性。

1992年,在巴西的里约热内卢联合国环境与发展大会上,包括中国在内的一些国家签署了《生物多样性公约》,将生物多样性定义为:"生物多样性(biological diversity,biodiversity)是指所有来源的形形色色的生物体,这些来源包括陆地、海洋和其他水生生态系统及其所构成的生态综合体;还包括物种内部、物种之间和生态系统的多样性。"

一般认为生物多样性包括遗传多样性、物种多样性、生态系统多样性三个层面。生态系统多样性是生物多样性研究的重点,物种多样性是构成生态系统多样性的基本单元,遗传多样性是物种多样性和生态系统多样性的基础或内在形式。生态系统多样性离不开物种多样性,同样也离不开不同物种所具有的遗传多样性,而要认识、了解物种多样性,就必须对生物的类群以及物种进行鉴定、命名和系统的整理,才能更好地保护和利用生物的多样性。生物物种多样性保护的基础和前提是利用生物分类学原理和方法确定物种的分类地位和亲缘关系。

第一节　生物分类概述

生物分类学(biological taxonomy)是研究生物类群的分类、探索生物间亲缘关系和阐明生物界自然系统的科学。生物分类学的任务包括识别物种、鉴定名称、阐明其亲缘关系与分类系统。

谈到生物分类学,不能不提起著名生物学家卡尔·冯·林奈(Carl von Linne,1707—1778),他出生于瑞典的一个小乡村,在父亲的影响下,幼年就对植物产生了浓厚的兴趣,8岁时就有"小植物学家"的别名。对树木花草异乎寻常的爱好,使得林奈把小学和中学的大部分时间和精力都用在了采集植物和查阅植物学著作,进入大学学习阶段后,他系统地接受了博物学和生物标本采制的知识和方法的学习与训练。1732年,林奈随一个探险队到瑞典北部拉帕兰地区进行野外考察,发现了100多种新植物,调查结果发表在《拉帕兰植物志》中。1735年,林奈周游欧洲各国,并在荷兰取得了医学博士学位。在此期间,他结识了当时欧洲一些著名的植物学家,使得林奈的学术思想日渐成熟,出版了专著《自然系统》(1735),首次提出了以植物的生殖器官进行分类的方法,建立了人为分类系统。1738年,林奈回到瑞典,在母校乌普萨拉大学(Uppsala university)从事植物学教学和动植物分类学研究,历时七年,收集了5 938

种植物，1753年出版了著名《植物种志》，用他创立的"双名法"对植物进行了统一命名。林奈创造性的工作，系统化了前人的全部动植物知识，统一了术语，促进了国际学术交流。"双名法"随后被国际生物分类学界承认，并由相关国际命名法规作了具体规定，成为相应生物的学名。林奈因此被认为是近代植物分类学的奠基人。

一、生物分类的内容及意义

生物分类学的内容包括鉴定（identification）、命名（nomenclature）和分类（classification）三个相对独立的部分。确定某一生物属于哪个类群的过程，称为鉴定。依据国际命名法规，正确的制定每一类群生物的名称，称为命名。把各种生物用比较、对照、分析的方法，分门别类给以有规则的排列，称为分类。按照生物的演化亲缘关系进行分类排序便形成系统。

生物分类学的目的是正确地认识、确定物种在生物群中的位置，探索生物的系统发育及其进化历史，揭示生物的多样性及其亲缘关系，并以此为基础建立多层次能反映生物界亲缘关系和进化发展的"自然分类系统"，更有利于人们正确认识生物，了解各个生物类群之间的亲缘关系，从而掌握生物的生存、发展和进化规律，为生物学深入研究和学科发展奠定基础，为更广泛、更有效地保护生物多样性，有效利用自然界丰富的生物资源提供方便，因此，生物分类不仅具有科学理论意义，而且具有科学实践意义。

二、生物分类的方法和依据

（一）生物分类的方法

随着人类对生命认识的深入，生物分类系统几经改变，从历史发展上看，因不同的需要、不同的认识水平和不同的判断标准，曾建立了多种不同的分类方法。现在大多数人认可的分类方法是按照分类学发展的两个阶段来划分的人为分类和自然分类。

1. 人为分类

早期的生物分类主要根据对生物形态结构的观察和某些功能器官的认识，以及习性和用途的了解，人们按照使用的方便，选择一个或几个特征作为分类的标准，这样的分类法称为人为分类法。例如，我国明朝李时珍(1518—1593)在《本草纲目》中，将植物分为草、谷、菜、果和木五部；将动物分为虫、鳞、介、禽和兽五部；人另属一部。18世纪，瑞典分类学家林奈根据植物雄蕊的有无、数目，把植物界分为一雄蕊纲、二雄蕊纲等24纲。虽然注意了以植物本身的特征对植物进行分类，但他的分类系统总的来说还是人为的。一些经济植物学中往往以油料、纤维、芳香及药用等用途对植物进行分类。这些分类方法和所建立的分类系统都是人为的，不能反映出植物间的亲缘关系和进化次序。

2. 自然分类

自达尔文进化论确立后，人们认识到应按照物种间的亲缘关系和进化水平来分类。进化论使人们逐渐认识到现存的生物种类和类群的多样性乃是由古代的生物经过几十亿年的长期进化而形成的，各种生物之间存在着不同程度的亲缘关系。现代生物分类学在鉴定、分类的基础上，研究生物的系统发育，特别强调分类和系统发育的关系，生物分类要符合系统发育的原则。所谓系统发育是指任何分类单元的起源及进化的亲缘关系。生物既然是进化的产物，分类学的工作就应该"还历史的本来面目"，按照物种亲缘关系和进化水平，把它们安排到它们应占的地位上去。这种反映物种在进化上的亲缘关系的分类称为自然分类。自然分类的研究方法主要包括形态分类方法、分子生物学方法、古生物学方法以及比较胚胎学方法等。随着科学的进步和技术的发展，人们对于生命现象的认识水平不断提高，自然分类法也不断得到完善，最终会建立起一个完善的反映亲缘关系的自然分类系统。

（二）生物分类的依据

1. 传统分类依据

随着人们对生命世界的认识从宏观到微观不断深入，为了比较研究生物所有可用于分类的特征，在实际操作中，研究者们综合古生物学、比较胚胎学、比较解剖学、生理学和生物化学以及细胞学的研究成果等对生物进行分类，力求反映物种在进化上的亲缘关系接近于自然状态。

（1）古生物学依据　支持达尔文生物进化论最有力的证据是自然界发现的古生物化石记录。化石是保存在地层中的古代生物的遗体、遗骸及生物活动的遗迹和遗物的总称。从不同的地质年代所发现的不同的化石，就是在地球演变的不同时期各类生物发生和发展的真实记录。因此，化石是生物进化的历史依据，也是反映现代生物之间亲缘关系的证据。

图 5-1　始祖鸟

在生物的进化过程中，一类生物是怎样演变成另一类生物的呢？过渡类型的生物化石为人类提供了一定的证据。有意思的是，一直以来认为是鸟类祖先的始祖鸟（Archeopteryx），其化石出现于距今一亿五千万年前的晚侏罗纪，它兼具鸟类和爬行类两方面的形态特征（图 5-1）。但是，近些年来，学界对始祖鸟在进化树上“鸟类始祖”的观点出现了动摇。在鸟类的起源上，目前学界基本达成“鸟类起源于恐龙”的共识。在恐龙向鸟类演化的过程中，一支演变成原始鸟类，另一支则演变成恐爪龙类。2011 年，中国科学院古脊椎动物所和其他几所研究单位的科研人员发现一直以来被认为是“鸟类始祖”的始祖鸟应属于早期恐爪龙类，而不属鸟类，因而它不应再被认为是最早的鸟类。“发现于中国内蒙古宁城地区的大约 1.6 亿年前的耀龙（Epidexipteryx）和树息龙（Epidendrosaurus）化石可以代表最早和最原始的鸟类。”至于各门类中其他具体种类的系统演化历程，也有化石可证，特别是哺乳类中的马、象、犀等化石记录最为完整，是研究生物进化的珍贵材料。

（2）比较胚胎学依据　一切高等动植物的胚胎发育都是从一个受精卵开始的。胚胎学资料也是系统分类的重要资料。比较鱼类、两栖类、爬行类、鸟类、哺乳类和人，彼此间有相当显著的差异，但它们的早期胚胎却很相似：都有腮裂和尾，头部较大，身体弯曲，彼此不易区别。以后出现四肢。但最初的四肢只是一些乳头状的突起，分辨不出是鱼鳍还是鸟翼。再往后，在它们各自的发育过程中才出现越来越明显的差异，表现出不同的形态。胚胎学性状在被子植物系统分类中也起到了非常重要的贡献，如孢粉学特征为确定植物是否为同一类群提供了重要的依据。但是胚胎学研究耗时多，操作烦琐，这方面研究的深入程度还远远不够。

（3）比较解剖学依据　用比较解剖学方法研究动物或植物的器官，常常可以发现它们在构造或功能方面的相似性，从而判断生物之间亲缘关系的远近，为生物分类提供重要的依据。可以根据同源器官和同功器官说明生物的亲缘关系，从而建立分类的依据。例如，鸟类的翅膀和人的上肢，虽然形态和功能不同，但是基本构造相似，所以是同源器官，而鸟类的翅膀和昆虫的翅膀功能相同，但是来源和构造不同，是同功器官。在亲缘关系上，鸟类和人更为接近，都起源于原始的爬行类，同属于脊椎动物，而昆虫为无脊椎动物。

（4）生理学和生物化学依据　新陈代谢是生命最基本的特征。生物体内一些特殊物质的代谢途径也包含了该生物体的分类信息。植物体内次生代谢物的合成为植物分类提供了非常有价值的资料。次生代谢物的合成涉及某一代谢途径，而催化此代谢途径酶系的基因则定位于该植物体的基因组上，所以可以进一步利用分子生物学技术手段对植物进行分类。而同工酶的研究则是在生物化学领域为分类学提供了更多的参考依据。

(5) 细胞学分类依据 在现存生物中,除病毒和类病毒外,其他的生物都是由细胞构成的。因此,细胞学资料是生物分类的重要补充,它可以解决形态结构分类难以解决的问题。尤其是在被子植物的分类中,细胞学资料用作分类的重要性,越来越被分类学家所重视。由此而形成的分类学称为细胞分类学,也称为染色体分类学,是利用细胞学性状特征,研究植物的自然分类、进化关系和起源的一门科学。例如,可以根据染色体数目对被子植物进行分类。一般认为,被子植物中原始类群染色体基数为7(或在7左右),如果染色体倍性高,通常被认为是进化类型。

2. 现代分子生物学分类依据

分类学者可根据同源的生物大分子如血红蛋白、细胞色素c和其他同源蛋白质的氨基酸顺序,以及DNA、RNA等核苷酸顺序的差异程度来确定生物的亲疏关系。如可根据不同生物的细胞色素c氨基酸差异或核苷酸差异来判断亲缘关系。在现代分子生物学中,16S rRNA序列分析作为微生物系统分类的主要依据已得到广泛认同,随着微生物核糖体RNA数据库的日臻完善,该技术成为细菌分类和鉴定的一个有力工具。例如:可将16S rRNA基因进行PCR扩增、DNA直接测序、限制性酶切片段长度多态性(RFLP)分析、DNA探针杂交来鉴定分枝杆菌。

3. 数量分类学方法和依据

数量分类学方法是借助电子计算机技术应用数学理论解决分类学问题的方法。数量分类学方法的优点在于可以综合多种来源的数据,大部分分类过程自动化,效率大为提高。以数值形式编码的数据,计算机综合处理,能够用于编制记述、检索、目录、地图和其他文件。由于方法是定量的,能够给出比常规方法得到的更科学的分类依据。

三、生物的分界

生物界究竟应该分成几个界,长期以来,随着科学的发展,学者们有着不同的看法,至今仍是一个有争议的问题。

1. 二界系统

早在2 000多年前,人类在生产实践和生活中已初步认识到植物和动物的区别。1753年林奈提出了二界系统,将所有生物分为动物界(kingdom animalia)和植物界(kingdom plantae)。

2. 三界系统

19世纪前后,显微镜的发明和广泛使用,人们发现有些生物兼有动物和植物两种属性,如裸藻、甲藻、黏菌等。1886年,德国生物学家海克尔(E. Haeckel,1834—1919)在动物界和植物界外提出成立一个原生生物界(Protista),把原核生物、原生动物、硅藻、黏菌和海绵等共同归入原生生物界。这就是生物界的三界系统。

3. 四界系统和五界系统

随着生物学的发展,电子显微镜的发明和应用,科学家们发现,细菌和蓝藻与其他生物的细胞结构差异十分显著。1956年,柯培蓝德(H. F. Copeland)据此发表四界分类体系,将原核生物独立成为原核生物界,把海克尔的原生生物界改名为原始有核界,包括多种藻类、原生动物和真菌等。分为原核生物界(Prokaryola)(包括蓝藻类、细菌类),原始有核界(Protista)(包括真核藻类、真核菌类、原生动物类),后生植物界(Metaphyta)和后生动物界(Metazoa)。1959年,魏泰克(R. H. Whittaker,1924—1980)提出了四界分类系统,他将不含叶绿素的真核菌类从植物界中分出,建立一个真菌界(Fungi),而且和植物界一起并列于原生生物界之上。10年后(1969),魏泰克在他的四界系统的基础上,又提出了五界系统:首先依细胞结构将原核生物划分为原核生物界,真核生物(Eukaryote)中的单细胞和群体单细胞生物划为原生生物界；再根据营养方式不同，将多细胞真核生物划分为植物界、真菌界和动物界（图 5-2）。该系统基本反映了地球生物的进化历程，是目前应用较广泛的分类系统。不过，魏泰克建议的原生生物界中，包括了所有的单细胞藻类和原生动物，不尽合理。常常又将其中的似植物者或似动物者分别划归植物界和动物界进行描述。

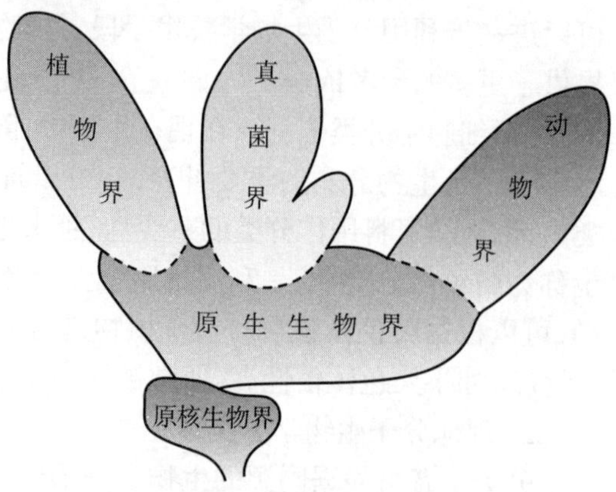

图 5-2　魏泰克的五界系统图

4. 三域系统

20 世纪 70 年代末以来，分子生物学的研究与发展对上述的分界系统提出新的挑战。伍斯（C. R. Woese）等对 60 多株细菌的 16S rRNA 序列进行比较后发现产甲烷细菌完全没有作为细菌特征的那些序列，于是提出了“古细菌”的生命形式。随后，他又对大量的原核和真核菌株进行了 16S rRNA 序列的测定和比较分析，发现极端嗜盐菌和极端嗜酸嗜热菌和甲烷细菌一样，它们的序列特征既不同于其他细菌，也不同于真核生物的序列特征，它们之间则具有许多共同的序列特征。这样，他就提出将生物分为三界，即后来改为三域理论，即古细菌（Archaebacteria）、真细菌（Eubacteria）和真核生物三个域。1990 年，他为了避免人们把古细菌也看作是细菌的一类，又将其改称为细菌（Bacteria）、古菌（Archaea）和真核生物，提出了一个涵盖整个生命界的生命系统树（图 5-3）。该系统树的根部代表地球上最早出现的生命，它们是现代生物的共同祖先。rRNA 序列分析表明，最初先分成两支：一支发展为现今的真细菌；另一支发展为古菌 – 真核生物。后来，古菌（古细菌）和真核生物分化产生两个谱系。该系统树还表明古菌和真核生物为“姐妹群”，它们之间的关系比它们和真细菌之间的关系更为密切。三域理论的建立和发展，不仅从分子水平上对生物分界的划分进行了新的探讨，而且对于研究生命的起源和生物的进化也具有重要科学价值。

5. 三总界和六界系统

中国学者对于生物分界也提出了许多意见。1979 年，我国学者陈世骧根据生命进化的主要阶段提出一个由三总界构成的六界系统，即非细胞总界（病毒界）、原核生物总界（细菌界和蓝藻界）和真核总界（包括真菌界、动物界和植物界）。第一次提出了病毒在生物界中的地位。

综上可以看出，关于生物的分界，不同历史时期伴随着人们对于生物认识水平的不断深化而有不同的争论与划分，相信随着科学技术的进一步深入发展和多学科的融入，生物分界的原则和依据也会越加

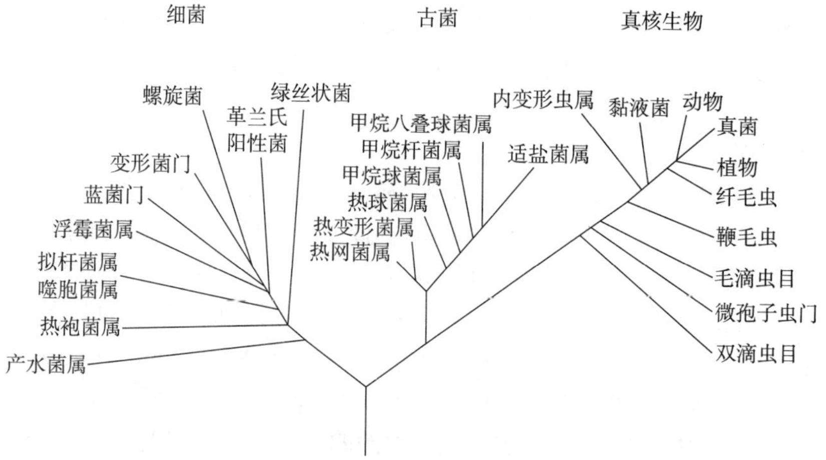

图 5-3　三域系统和生命系统树图

充分,生物分界也会越加科学和贴近自然。

四、生物分类等级

生物的分类等级也称为生物分类的阶层系统或生物的分类单位系统。每一个分类单位就是一个分类等级或称为分类阶元。根据生物之间相似、相异的程度及亲缘关系的远近,分类学家将生物分类的阶层系统划分为7个最基本的分类单位,即等级(或称阶元),其自高而低的顺序为:界、门、纲、目、科、属和种(表5-1)。界是生物分类的最高级单位。生物的分界经历了一个从两界系统到多界系统的过程。

每一个物种在分类系统中都应有其确定的分类地位,反映该物种与其他物种的亲缘关系。

表5-1 生物分类的阶层系统

中文	拉丁文	词尾	英文	植物示例	动物示例
界	Regnum		Kingdom	植物界(P1antae,Regnum vegetable)	动物界(Animalia)
门	Diviso,Phylum	-phyta	Division,Phylum	种子植物门(Spermatophyta)	脊索动物门(Chordata)
纲	Classis	-opsida,-eae	Class	双子叶植物纲(Dicotyledoneae)	哺乳纲(Mammalia)
目	Ordo	-ales	Order	菊目(Asterales)	灵长目(Primates)
科	Familia	-aceae	Family	菊科(Compositae,Asteraceae)	人科(Homonidae)
属	Genus	-a,-um,-us	Genus	向日葵属(*Helianthus*)	人属(*Homo*)
种	Species		Species	向日葵(*Helianthus annuus* L.)	人(*Homo sapiens* L.)

为了更精确地表达分类地位,有时还可将原有等级进一步细分,在上述的每一级之前,都可增加一个"总或超级",而在每一级之下插入一个"亚级",分别用其拉丁文名称前面冠以super—(总)和sub—(亚)等字头表示,于是就有了总目(superorder)、亚目(suborder)、总纲(superclass)、亚纲(subclass)等名称。

另外,在植物、动物和细菌的分类研究中,"族(Tribe)"常用于亚科和属之间,如向日葵族(Heliantheae)、蚜族(Aphidini)。

每种生物均无例外地归属于这一阶层系统中,排列在一定分类等级位置上。在这个系统中,种或物种是分类的最基本的单元,因为生物是以种群(居群,population)的形式存在的,种群是物种的结构单元,一个物种就是一个种群系列。种群是指在一定时间内占据特定空间的同一物种的集合体,同一种群内成员彼此都可以进行基因的交流。

1. 种

种也称为物种或遗传学种。种是生物多样性和生物分类学的基本单位。恩斯特·沃特·麦尔(Ernst Walter Mayr,1942)定义为"种是一群实际上或潜在地异交繁育的自然居群,与其他的居群存在生殖隔离。"所以,一般认为"种"是具有相同的形态学、生理学特征,种内能进行交配产生能育后代,种间存在生殖隔离,有一定的自然分布区的生物类群。种是相对稳定的,又是发展的。在植物命名法中的种下单位有亚种指示词(subspecies,缩写:ssp. subsp.)、变种指示词(varietas,缩写:var.)、变型指示词(forma,缩写:f.);在动物命名法中的种下单位仅有亚种等级;在细菌命名法中,亚种也是种下具有正式分类地位的最低等级单位。

2. 亚种

亚种是指与同一种内的其他种群,在地理分布上界线明显,由于受所在地区生活环境的影响,它们在形态构造或生理功能上发生某些变化而导致一定差异的种内生物类群。

3. 变种

变种是指在同一个生态环境的同一个种群内，如果由某些个体组成的小种群，由于微生境不同，在形态、分布、生态或季节上，发生了一些细微的可稳定遗传变异的种内生物类群。

4. 变型

变型是指同一种内具有微小的可遗传的形态学差异，但其分布没有规律的种内生物类群。

5. 品种

品种(cultivar)是栽培植物的主要分类类级(category)，通常把经过人工选择而形成的有经济价值的变异(色、香味、形状、大小等)列为品种。不属于自然分类系统的分类单位。作为一个品种，首先应该具备一定的经济价值。旧品种在栽培上和饲养的地位，常由优良的新品种取代，所以品种的发展取决于生产的发展。

植物学的变种、变型不能作为“品种”的等同术语对待。品种命名时在所隶属植物的分类单元学名后面以单引号添加种加词，中文品种名转为种加词时使用汉语拼音。例如，桂花(木犀)的‘笑靥’品种 *Osmanthus fragrans* ‘Xiaoye’。品种在印刷时其隶属植物的分类单元学名一般用斜体，种加词不用斜体。种加词第一个字母大写。

例如：(1) 人的分类等级　人(*Homo sapiens* L.)　动物界(Animalia)

脊索动物门(Chordata)

脊椎动物亚门(Vertebrata)

哺乳纲(Mammalia)

真兽亚纲(Eutheria)

灵长目(Primates)

类人猿亚目(Anthropoidea)

人科(Homonidae)

人属(*Homo*)

人种(*Homo sapiens* L.)

(2) 稻的分类等级　稻(*Oryza sativa* L.)　植物界(Plantae)

被子植物门(Angiospermae)

单子叶植物纲(Monocotyledoneae)

禾本目(Graminales)

禾本科(Gramineae)

稻属(*Oryza*)

稻(*Oryza sativa* L.)

五、生物的命名

根据国际上共同的命名规则，每一种生物都有一个科学的名字，称为学名(science name)，以求统一，便于交流。国际上建立了生物命名法则，如植物命名法规、动物命名法规和细菌命名法规。

1. 种的命名——双名法

物种的学名(种名)在国际上采用林奈的“双名法”，即每种生物的学名采用属名加种名命名，用拉丁文(或拉丁化的词)写出。第一个拉丁词为属名，用名词表示，第一个字母要求大写，第二个拉丁词是种本名(或种加词)，大多用形容词表示，字母均小写。规定学名后常附上命名人的姓氏(可缩写)，首字母要大写。属名和种本名在印刷时要求用有别于文内所用的字体，排印一般用斜体，但手稿中常在学名下划线,命名人姓氏不用斜体字。

例如,棉蚜的学名为 *Aphis gossypii* Glover(依次分别为属名、种名、命名人)

马铃薯(阳芋)的学名为 *Solanum tuberosum* L.(或 Linn)(依次分别为属名、种加词、命名人)

枯草芽孢杆菌的学名为 *Bacillus subtilis*(Ehrenberg) Cohn 1872(后为命名时间)

2. 亚种的命名———三名法

亚种的学名,由属名、种名(或种加词)和亚种名(或亚种加词)依次序组合而成,即所谓三名法,也就是种的学名后加上拉丁文亚种指示词的缩写 ssp. 或 subsp.,再加上一个亚种名,亚种名的首字母用小写,印刷要求与种的学名相同,排斜体,名后附上亚种命名人姓氏。

例如,东亚飞蝗 *Locusta migratoria* Meyen ssp. *manilensis* Linne(其中,*manilensis* 为亚种名)。

变种的命名,则在原来的属名、种加词之后,加上拉丁文变种指示词的缩写 var.(动物中没有变种等级),再加上一个变种加词,然后再写命名人。

例如,朝天椒是辣椒的变种,其学名是:*Capsicum annuum* L.var. *conoides* Bailey

(其中 L. 为种的命名人,*conoides* 为变种加词,Bailey 为变种命名人)。

由于动物分类在种下仅有亚种一个分类种下单元,因此,动物亚种学名常常将亚种指示词 ssp. 省略,例如东亚飞蝗 *Locusta migratoria* Meyen ssp. *manilensis* Linne 也可以写为东亚飞蝗 *Locusta migratoria manilensis* Linne。

种以上各级单元包括亚属、属、亚科、科、总科、目等的名称,均为单名必须大写。例如,蔷薇目 Rosales、蔷薇科 Rosaceae、李属 Prunus。

六、生物的鉴定

生物鉴定是生物分类的重要一环,鉴定某生物的方法,首先要通过观察,并用生物学形态术语进行正确描述,然后根据该生物的产地信息,选取、参照有关资料进行鉴定。在选取鉴定参考资料时,应首选产地的地方志,如果没有地方志可以参考,可选用全国性资料或世界性资料。

鉴定时首先根据观察的特征对照地方志上的生物分类检索表进行分阶层检索。为了可靠,最好根据鉴定,找已有的可靠鉴定的标本或图片再仔细对照验证。

生物分类检索表是生物分类学中识别鉴定生物的钥匙。检索表的编制是根据法国人拉马克(Lamarck,1744—1829)的二歧分类原则,将要编制的检索表中需容纳的所有生物,选用一对以上显著不同的特征,分成两类;然后又从每类中再找出相对的特征再区分为两类;如此下去,直到所需要的分类单位(如科、属、种等)出现。生物分类检索表常用的有等距(定距)检索表和平行(二歧)检索表两种。

本书将按照流行的五界分类系统,逐一介绍生物的各个门类。为了方便,在介绍生物的五界之前,我们先介绍病毒(virus)。

第二节 病 毒

病毒是一类由核酸和蛋白质等少数几种成分组成的超显微非细胞有机体,其本质是一种含 DNA 或 RNA 的特殊遗传因子,它们能以感染态和非感染态两种状态存在。人以及动植物的很多疾病都是由病毒引起的。20 世纪 70 年代以后,又陆续发现了比病毒更简单的致病因子,统称为亚病毒(subvirus),包括类病毒(viroid)、拟病毒(virusoid)及朊病毒(prion)等。

一、病毒

病毒是体形极微小、结构极简单、繁殖方式特殊、严格细胞内寄生的生物，是一类不同于其他生物的独特生命形态。在宿主细胞外，病毒以形态成熟、具有感染性的病毒颗粒形态存在，并如同化学大分子一样可以结晶纯化而不表现任何生命特征；在宿主细胞内，病毒则以繁殖性基因组形式存在，表现出遗传、变异等一系列生命特征。

1. 病毒的基本特征

(1) 形态、大小　不同病毒大小悬殊，绝大多数直径在 10～300 nm，需要用电子显微镜才可观察。其形状大多呈近球形的多面体，亦有杆状和砖形，侵染细菌的病毒即噬菌体(phage)多为蝌蚪形。

(2) 主要特征　病毒体为非细胞结构，结构极简单。其基本结构是由蛋白质衣壳(capsid)和位于中心的核酸构成的核壳(nucleocapsid)结构组成。衣壳由许多称为壳粒(capsomer)的衣壳蛋白质亚基按一定的规律排列构成，而使各种病毒具有不同的形状。简单的病毒如烟草花叶病毒(tobacco masaic virus，TMV)仅具核壳结构。复杂的病毒如引起艾滋病的人类免疫缺陷病毒(human immunodeficiency virus，HIV)，在核壳外还包着一层由脂质、蛋白质和糖类组成的包膜(envelop)。有些病毒，尤其是有包膜病毒的毒粒表面还有突出物(图 5-4)。

一种病毒只含一种核酸，分别为 DNA 或 RNA，核酸有双链或单链，线状或环状。植物病毒绝大多数是 RNA 病毒(如烟草花叶病毒)；动物病毒有些为 DNA 病毒(如痘病毒)，有些为 RNA 病毒(如狂犬病毒)；大多数噬菌体和昆虫病毒为 DNA 病毒。

病毒缺乏独立的代谢能力(无酶系统或不完善，不能产生 ATP)，只能在活细胞内利用宿主细胞的代谢结构(如核糖体等)通过核酸复制和蛋白质合成，然后再组装的方式进行繁殖。

病毒具有双重存在方式，能在活细胞内营专性寄生，又能在细胞外以大分子颗粒状态存在，具有侵染力。对一般抗生素不敏感，而对干扰素敏感。

2. 病毒的复制

病毒是严格的细胞内寄生物。它们没有完整的酶系统和合成代谢系统，不能以分裂方式进行繁殖，而是以复制的方式在宿主活细胞内增殖。即当病毒感染敏感宿主细胞时，病毒(如噬菌体)核酸进入细胞或整个毒粒进入细胞后经脱壳释放病毒基因组，降解宿主 DNA，并利用宿主的大分子合成系统，进行病毒基因组的复制和表达，产生子代病毒基因组和蛋白质，进而装配成新的毒粒，并以一定方式释放到细胞外。但病毒对敏感细胞的感染并不都导致病毒增殖产生子代毒粒。如某些温和噬菌体和肿瘤病毒能引起整合感染，在整合感染的细胞内，病毒基因组整合到宿主基因组中，与宿主基因组同步复制，并随

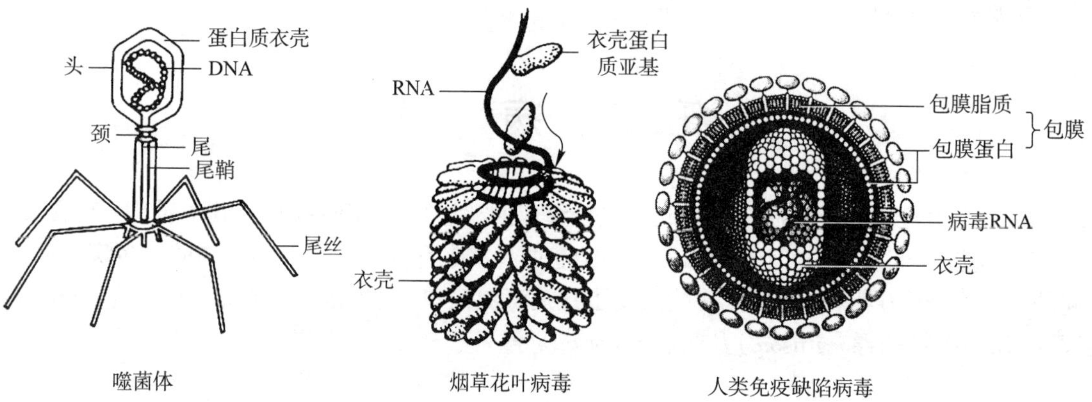

图 5-4　病毒的形态结构

细胞分裂传至子代细胞，只有在一定条件下，整合在宿主基因组中的病毒基因组才可脱离宿主 DNA 转入复制，产生新的毒粒（图 e5-1）。

图 e5-1　噬菌体的复制周期

尽管不同的病毒的增殖过程有一定的差异，但基本过程大体相似，一般包括下述五个阶段。

(1) 吸附　病毒颗粒在寄主细胞的特定部位，通过扩散和分子运动附着在寄主细胞的表面。寄主细胞的特定部位称为受体。

(2) 侵入和脱壳　不同的病毒侵入细胞内的方式也不同。如噬菌体以尾端等吸附在细胞壁上后，依靠尾部的溶菌酶将细菌胞壁的肽聚糖溶解，再通过尾鞘收缩将头部的 DNA 压入细胞内，而蛋白质的衣壳则残留在细胞外。有些病毒被寄主细胞吞入其内。

(3) 生物合成　病毒核酸进入细胞后，一方面抑制宿主细胞的正常生长，一方面利用宿主细胞内的各种蛋白质、核酸合成系统和原料首先合成自身的复制酶及蛋白质，然后复制自身的基因组核酸。有些病毒的 DNA 整合到宿主染色体 DNA 上，随宿主染色体的复制而复制，并随宿主细胞分裂到子细胞，代代相传（称溶原性）。反转录病毒侵入细胞后，需要将基因组 RNA 反转录成 DNA，然后复制、转录或整合到宿主染色体 DNA 上。

(4) 装配　病毒的核酸和蛋白质在宿主细胞内组装成子代病毒粒子的过程。大多数 DNA 病毒的装配在细胞核中进行，而大多数 RNA 病毒的装配在细胞质中进行。

(5) 释放　病毒完成装配之后，隐蔽期即结束，子代病毒粒子使宿主感染细胞裂解释放，再侵染新的细胞。病毒释放的方式主要有两种：一种为没有包膜的 DNA 或 RNA 病毒，在装配完成后可合成溶解细胞的酶，使宿主细胞裂解，释放出子代病毒；另一种方式是有包膜的病毒则以出芽的方式逐个释放出来。

3. 病毒的主要类别

自然界病毒种类很多，每种生物都有病毒，而且往往不止一种。人至少有近百种病毒，烟草中至少有 24 种病毒。据估计，每毫升海水含病毒颗粒约 1 000 万个。目前已报道的就有 4 000 种以上。病毒的宿主特异性极强，每一种病毒只能感染一定种类的生物。依宿主范围的不同，可将病毒分为动物病毒、植物病毒和噬菌体等几类。

(1) 噬菌体　噬菌体就是一种专门感染细菌的病毒，分布广泛。根据其核酸类型可分为双链（double strand，ds）或单链（single strand，ss）的 DNA 或 RNA 病毒，如 dsDNA 病毒、ssDNA 病毒、dsRNA 病毒和 ssRNA 病毒，一般无被膜，主要形式有蝌蚪状、微球状和丝状。

(2) 植物病毒　病毒粒子形态为螺旋状或二十面体对称；几乎所有的植物病毒都是 RNA 病毒，核酸主要为 ssRNA，基因组可被宿主 RNA 依赖性 RNA 聚合酶或病毒特异 RNA 复制酶复制，但花椰菜花叶病毒（Cauliflower mosaic virus）和双粒病毒（geminivirus）例外，它们有 DNA 基因组；一般通过以植物为食的昆虫携带以注入、伤口等传播途径进入宿主细胞，引起花叶、丛枝、黄化、枯斑、畸形和坏死等症状。

(3) 动物病毒　各种动物都广泛寄生着相应的病毒，但研究较多的是那些与人类健康、与家畜家禽等脊椎动物疾病相关的病毒。如人类免疫缺陷病毒（HIV）。动物病毒根据其核酸类型可分为 dsDNA 病毒、ssDNA 病毒、dsRNA 病毒和 ssRNA 病毒；有的衣壳外含囊膜；有的病毒囊膜外还含有刺突。

二、亚病毒

只含核酸和蛋白质两种成分之一的分子病原体或是由缺陷病毒构成的功能不完整的病原体，称为亚病毒。1969—1971 年，T. O. Dener 发现马铃薯纺锤块茎的病原体是类病毒；1981 年，Randles 发现了拟病毒；1982 年，Prusiner 发现了朊病毒，在病毒学研究中陆续发现一些比病毒更小、结构更简单的感染性因子，并于 1983 年将它们归类为亚病毒，包括类病毒、拟病毒和朊病毒等。

1. 类病毒

类病毒是一类无蛋白质外壳，仅由含 246 ~ 375 个核苷酸的单链环状 RNA 分子组成的，专性寄生于高等生物细胞中的病原因子。它们能大面积地使马铃薯、柑橘、椰子树、番茄等多种植物患病，造成很大经济损失。

2. 拟病毒

拟病毒是一种包裹在真病毒颗粒中有缺陷的类病毒。拟病毒的特点是仅含裸露的 RNA 或 DNA；相对分子质量很小，由 300 ~ 400 个核苷酸组成；其复制需要真病毒的协助；寄生于多种动植物。

3. 朊病毒

朊病毒是一类蛋白质病原因子，能侵染人和脊椎动物，引起致死性中枢神经系统疾病，如人的库鲁病、克雅氏病、羊的瘙痒症、牛海绵状脑病（疯牛病）等。关于朊病毒是否含有少量核酸，没有核酸又是如何增殖的，以及其传播方式和致病机制等问题有待进一步研究。

三、病毒与人类生活的关系

深入研究病毒和亚病毒，不仅有助于一些疑难病因的揭示和疾病的诊治，而且对阐明生命的起源与进化、生命的本质等具有重要的意义。病毒感染宿主后，往往导致宿主发生病变。人类约 80% 的传染病（如乙肝、流感、狂犬病等）以及 15% 的肿瘤是由病毒感染引起的；动物中的猪瘟、牛瘟、口蹄疫等均为病毒病，而使昆虫致死的病毒约 1 700 种；植物中已知 1 000 余种疾病由病毒引起；发酵工业也常遭噬菌体的危害，给国民经济带来损失。另一方面，随着对病毒研究的深入，人们又利用病毒制备疫苗或抗血清来预防、治疗病毒病。在分子生物学研究中，由于病毒结构极其简单、基因组小而成为很好的研究材料。DNA 的双螺旋结构及碱基配对学说就是建立在病毒研究基础上的，最早进行生物的基因组结构分析也是从病毒开始的，目前对病毒基因组的研究已进入后基因组阶段。在基因工程研究中，一些噬菌体、真核生物病毒常被用作基因载体。

第三节　原核生物界

原核生物是一类由原核细胞构成的生物体，多数为单细胞，少数为群体或多细胞生物体，包括真细菌类、古菌类和原核藻类。细菌、蓝细菌、放线菌、支原体、立克次氏体和衣原体等都属于真细菌，其中细菌常被作为原核生物的主要代表。

一、细菌

1. 细菌的基本特征

显微镜下不同种类的细菌形态不一，其基本形态有球状、杆状和螺旋状。一般球菌直径为 0.5 ~ 2 μm，杆菌长 0.5 ~ 6 μm，宽 0.3 ~ 1.2 μm。许多细菌也常成对、成链、成簇地生长。

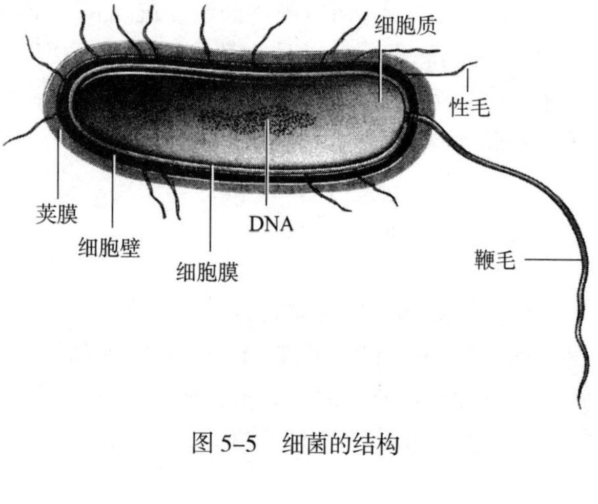

图 5-5　细菌的结构

细菌细胞具有原核细胞基本构造（图 5-5）。很多细菌核基因组（或细菌染色体）外还存在能自主复制的小段环状 DNA 分子，称为质粒（plasmid）。质粒所含基因一般非宿主细胞生存所必需，只是在某些特殊条件下，赋予宿主细胞某些特殊功能，如抗药性、降解性、致病性等。在基因工程中，质粒常能用作基因载体。

除上述一般构造外，在一定环境条件下，某些细菌还会产生一些特殊构造，如某些细菌细胞表面有一厚层胶状的荚膜（capsule）。荚膜具有保护菌体、储存营养、堆积代谢废物、表面附着和细胞间识别等功能。大多数能运动的细菌体表长有具有运动功能的鞭毛（flagellum），但不同种细菌鞭毛数目和着生方式不同。有的细菌体表长有纤细、数量较多的菌毛（pilus），菌毛有助于菌体附着于物体表面。有些细菌在生长发育后期，在细胞内形成一个圆形或椭圆形结构，称为芽孢（spore）。芽孢有极强的抗热、抗辐射、抗化学药物和抗静水压的能力，是一种抗逆性休眠体，可存活几年到几十年。

细菌以无性二分裂法繁殖，环境适宜时20～30 min繁殖一代，如大肠杆菌。自然界细菌有一万余种，它们数量大，适应性强，广泛分布于冰山旷野、江河湖海，上至数万米高空，下至5 m深的土壤，以及动植物和人体内外。部分细菌是致病菌，能引起人类及动植物的许多传染病，但大多数细菌对人类有利。土壤中的自生固氮菌、根瘤菌将空气中的游离氮转化为含氮化合物供植物营养；化能异养菌将许多含微量元素的不溶性有机物转化为植物可吸收的形式；腐生细菌作为生态系统中的还原者，将动植物的残体分解成简单的无机物，推动和维持了自然界的物质循环。在生物技术产业化进程中，细菌已为人类带来了巨大的经济效益和社会效益，随着科学的发展，细菌还将展示出更广阔的应用前景。

2. 细菌的主要类型

细菌形状有球形、杆形、螺旋形等，根据形状的不同，细菌可分为球菌（coccus），如肺炎球菌；杆状或长柱状的细菌称为杆菌（bacillus），如伤寒沙门氏菌（*Salmonella typhi*）、工业上用来生产淀粉酶的枯草芽孢杆菌（*Bacillus subtilis*）等；螺旋菌（spirillum）有多种形态，霍乱弧菌（*Vibrio cholerae*）形如“，”，螺旋体呈长螺旋，是最大一类细菌，腐水中很多，能旋转前进如螺钉。梅毒（syphilis）的病原就是一种螺旋体。很多细菌不是单体存在的，而是多个细菌聚成一定形式，例如聚成链状的链球菌（*Streptococcus*），聚集成串的葡萄球菌（*Staphylococcus*），肺炎球菌是两两成对的。结核杆菌有时3个组成“Y”形（图e5-2）。

图 e5-2　细菌形态

3. 螺旋体

螺旋体（spirochaeta）是一群形态结构和运动机制独特的单细胞原核微生物。细胞细长［(0.1～3.0) μm × (3～500) μm］、螺旋状、极柔软易弯曲、无鞭毛，但能作特殊的弯曲扭动或蛇一样运动。

螺旋体的细胞由原生质柱、轴丝和外鞘三部分组成。螺旋体可依靠轴丝的旋转或收缩运动，其运动取决于所处环境。如果游离生活，细胞沿着纵轴游动；如果固着在固体表面，细胞就向前爬行。

螺旋体以二分裂方式繁殖。广泛分布于水生环境（水塘、江湖和海水）和动物体中。寄生在动物体中的螺旋体有些能引起梅毒、回归热、慢性游走性红斑等疾病。

4. 固氮菌

在氮的循环中，固氮菌起着重要的作用。空气中有大量的氮气，只有某些细菌、蓝藻和少数真菌能利用空气中的氮，使之转变成可为其他生物利用的化合物。这种细菌统称为固氮菌（*Azotobacter* sp.）。有的固氮菌是独立生活于土壤或水中的；有的固氮菌，即根瘤菌（*Rhizobium*），是生活在豆科植物根部的（图5-6），这些固氮菌都能将大气中的氮，经固氮酶（nitrogenase）的作用而还原为NH_3（NH_4^+），供植物合成氨基酸之用。

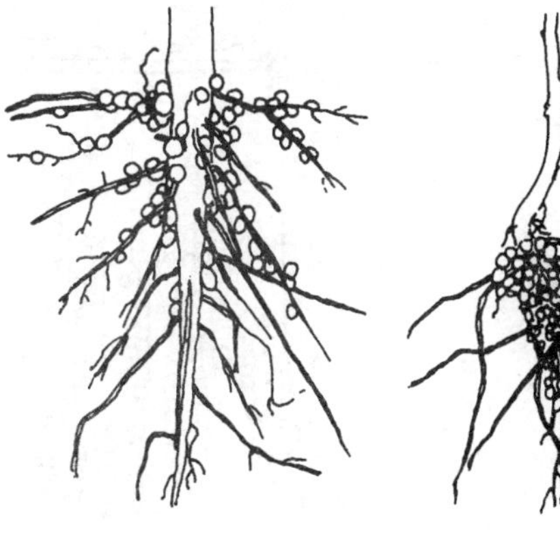

A　　B

图 5-6　根瘤菌

A. 大豆；B. 紫苜蓿

根据碳源、能源及电子供体性质的不同，细菌的营养类型可分为光能自养型、光能异养型、化能自养型及化能异养型 4 种类型。化能异养型又可分为腐生型、寄生型、兼性腐生型和兼性寄生型等类型。大多数细菌异养，少数自养，营养方式多样。

细菌生命活动所需能量通过各种营养物质的氧化即呼吸过程而获得。根据呼吸过程中不同细菌与分子氧关系的不同，细菌又分好氧菌（如根瘤菌）、厌氧菌（如破伤风杆菌）、兼性厌氧菌（如大肠杆菌）和微好氧菌等类型。

二、蓝细菌

蓝细菌（cyanobacteria）旧称蓝藻（blue algae），是一类能进行产氧光合作用的原核生物，由此也常被植物学家作为原核藻类植物进行描述。蓝细菌细胞内细胞膜重复折叠形成的类囊体膜上含有光合色素，是进行光合作用的场所。细胞壁成分除肽聚糖外，还含有纤维素；细胞壁外有胶质层或称鞘。蓝细菌以单细胞体或群体状态存在，群体细胞共同包埋在胶质鞘内。某些蓝细菌的丝状群体中还有异形胞（heterocyst）和厚壁孢子（akinete）等特化细胞。异形胞有固氮作用，厚壁孢子可抵御不良环境，长期休眠。

蓝细菌有 29 个属。它们营养要求很低，在自然界分布极广，从热带到两极，江河湖海，85℃的温泉，以及冰雪高山上都存在。蓝细菌是地质史上最早的放氧生物，在地球生命进化历程中起到里程碑的作用。固氮蓝细菌作为农田肥料，在农业生产上有重要价值。但某些情况下蓝细菌的大量繁殖形成“水华”，会影响鱼类等水生生物的生存，如念珠藻（图 5–7）。

三、古菌

古菌也称古细菌、古生菌或古核菌，常被发现生活于各种极端自然环境中，人们认为，古菌代表着地球上生命的极限，确立了生物圈的范围。

1. 古菌的特征

采用细胞化学组分分析、比较生物化学和分子生物学的方法研究揭示古菌的特征：细胞壁不含肽聚

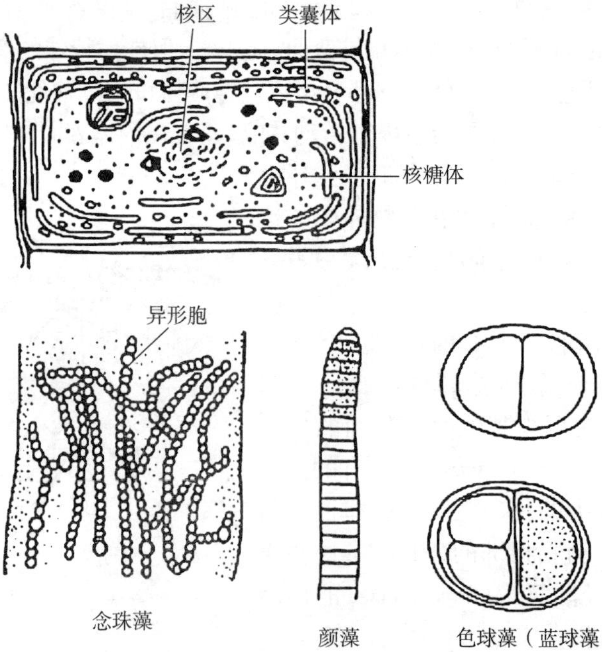

图 5–7　蓝细菌

糖；细胞膜由独特的脂质构成，这些脂质在物理特征、化学组成和碳链等方面与其他生物大不相同；具有既不同于真细菌，也不同于真核生物的 16S rRNA 序列特征；对抗生素的敏感性与真核生物相同，而与真细菌不同。

2. 古菌的主要类群

(1) 产甲烷古菌　是专性厌氧菌，生活于沼泽、污水、水稻田、反刍动物的反刍胃等富含有机质且严格无氧的环境中。有 18 个属，自养或异养，能利用 H_2 还原 CO_2 产生甲烷（CH_4）。这类菌已用于污水处理和沤肥，在将有机物转化为气体燃料甲烷的过程中起重要作用。

(2) 极端嗜盐古菌　生活于盐湖、盐田、死海及盐腌制品表面，能够在盐饱和环境中生长，当盐浓度低于 10% 时不能生长。是严格好氧的化能异养菌，有 8 个属。在厌氧光照条件下，有些菌株产生一种视紫质嵌入细胞质膜中，成为紫膜，使菌体呈现红紫色。紫膜能进行光合作用，将太阳能转换为电能。利用紫膜的能量转换机制，有可能使紫膜成为功能材料用于电子器件，作为生物计算机的光开关、存储器等组装元件。

(3) 超嗜热古菌　通常生存于含硫的热泉、泥潭、海底热溢口等处。目前已分离到的超嗜热古菌最适生长温度 70 ~ 105℃。有 18 个属，绝大多数专性厌氧，行化能有机营养或化能无机营养，能代谢硫。这类菌的耐高温酶类有很大的应用前景，如 PCR 技术（DNA 分子的体外扩增技术）中所使用的 *Taq* 酶就是从水生栖热菌（*Thermus aquatics*）中分离到的，*Taq* DNA 聚合酶的应用，明显提高了 PCR 的各项性能，才使这一技术得到迅速发展和广泛的应用。

(4) 热原体　是一类无细胞壁、嗜热、嗜酸、行好氧化能有机营养的古菌。目前已知只有 3 个种。热原体的基因组极小，与其他原核生物不同的是，其 DNA 周围裹有结合蛋白，经氨基酸测序比较，其蛋白组分与真核细胞核小体中的组蛋白有一定的同源性。

由于古菌所栖息的环境与地球生命起源初期的环境有许多相似之处，以及古菌中蕴藏着远多于真细菌和真核生物的、未知的生物学过程和功能，所以深入研究古菌，不仅有助于阐明生命进化规律的线索，而且有不可估量的生物技术开发前景。

四、其他原核生物

其他原核生物还有支原体（mycoplasma）、立克次氏体（rickettsia）和衣原体（chlamydia）和放线菌（actinomycete）等。

1. 支原体、立克次氏体和衣原体

支原体、立克次氏体和衣原体是细胞大小和特性均介于细菌和病毒之间的 3 类原核生物。

支原体不具细胞壁，能通过细菌滤器，是目前已知最小的、能独立生活的原核生物（图 5-8）。除肺炎支原体外，一般不使人致病，但较多的支原体能引起畜、禽和作物的病害。

立克次氏体是一类严格的活细胞内寄生的原核生物，大多是人畜共患的病原体，主要以节肢动物（虱、蜱、螨）为媒介，引起人类疾病如流行性斑疹伤寒、恙虫热、Q 热等。

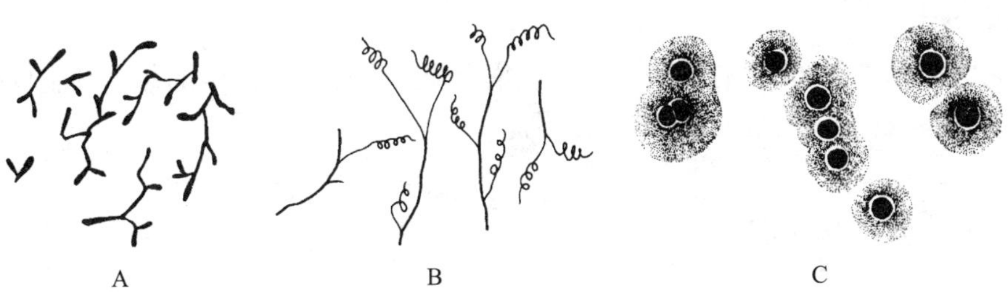

图 5-8　放线菌（A）、链霉菌（B）和支原体（C）

衣原体是介于立克次氏体和病毒之间、能通过细菌滤器、专性活细胞内寄生的原核生物，广泛寄生于人、哺乳动物和鸟类，仅少数致病，如人的沙眼衣原体。有的衣原体是人、动物共患的病原体。

2. 放线菌

放线菌在土壤中最多。泥土散发的“泥腥味”在多数情况下是放线菌中链霉菌产生的土腥素所致。放线菌是细胞呈分枝状菌丝、主要以孢子繁殖的化能异养原核生物，其种类很多，大多数生活在含水量较低、有机质丰富、微碱性土壤中，少数水生。放线菌与人类关系中最引人注目的是它们能产生抗生素，目前常用抗生素中，绝大部分是利用放线菌发酵生产的，如链霉素、红霉素、多氧霉素、四环素、金霉素、卡那霉素、氯霉素、庆大霉素等用于临床；井冈霉素、庆丰霉素等用作农用抗生素，分别可防治水稻纹枯病、棉花立枯病和稻瘟病等。与化学农药相比，农用抗生素对环境没有污染，在防治植物病害的同时，还能刺激植物生长。此外，放线菌还被用于生产许多维生素、酶类。在自然界物质循环中腐生放线菌协同细菌和真菌起着还原者的作用。极少数寄生放线菌能引起人和动植物疾病。

第四节 原生生物界

原生生物包括所有单细胞的真核生物，它们种类繁多，分布广泛，生活于淡水、海水或潮湿的土壤中，有些还共生或寄生于动物、植物的体表或体内。原生生物表现出多种营养方式，如自养、异养和混合型营养。原生生物多为单细胞个体，也有些种类（如团藻等）以细胞群生存。

一、原生生物的主要特征

原生生物是单细胞真核生物，大小一般在 250 μm 以下。小的只有 2 ~ 3 μm，大的可达 3 mm。原生生物的个体性状多样，也有少数没有固定的形状，如变形虫等。

原生生物的细胞质一般可分为透明、致密的外质和液态、流动的内质。细胞质内除具有线粒体、高尔基体、溶酶体等细胞器外，还有其他由细胞质分化形成的各种细胞器，分别执行着类似于高等多细胞动物器官的功能，因而称为类器官（organoid），如运动类器官有鞭毛、纤毛和伪足；营养类器官有胞口、胞咽、食物泡和胞肛；维持体内水分平衡的类器官有伸缩泡和收集管等。各种类器官代表着原生质的分化水平。由真核单细胞构成的各种原生生物展现了形形色色极其复杂的分化细胞。

原生生物的营养方式有自养、异养、腐生型营养和混合型营养。

原生生物的生命周期包括各个生活繁殖期和包囊（cyst）。生殖方式有无性生殖和有性生殖。在条件适宜时，无性生殖即以出芽、无丝分裂或孢子生殖法繁殖后代。有性生殖方式有同配、异配和接合生殖。寄生生活的原生动物多数都有复杂的生活史。如孢子虫的生活史包括裂体生殖期、配子生殖期和孢子生殖期，有明显的世代交替现象。当外界环境变得不利于生活时，多数原生生物能够向体外分泌一种胶质物，这些物质凝固后可把自己包围起来，形成包囊，等到条件适宜时，再破囊而出。有些原生生物在包囊内还能分裂繁殖。由于包囊小而轻，容易被水、风或动物带到其他地方，因而包囊有利于原生生物的生存和传播。

原生生物除单细胞个体外，还有一些由多细胞集合成群生存。群体中的每个细胞保持着相对的独立性，因此群体原生生物与多细胞生物有明显区别。

二、原生生物的主要类群

原生生物种类繁多，目前已描述过的约有 3 万种，若包括化石种类在内，则约有 6.8 万种。在现代种类中,约 2/3 自由生活,1/3 寄生生活。一般根据营养方式将原生生物界分为类植物原生生物、类动物原生生物和类真菌原生生物。

1. 类植物原生生物(单细胞藻类)

单细胞藻类分布广泛,可行光合作用,具有叶绿体及多种色素,是一群同时具有植物和动物特性的单细胞(或群体)真核生物。主要有以下几种类型。

(1) 甲藻门(Pyrrophyta) 甲藻大多为单细胞,少数为群体或丝状体,约 2000 种,主要生活在海洋中,是海洋浮游生物的主要成员及光合作用的主要进行者。淡水池塘、湖泊中也有甲藻。细胞壁大多由纤维素的板片构成外壳。胞壁大多具一条横沟和一条纵沟,沟中各有一条鞭毛(图 5-9)。质体含叶绿素 a、叶绿素 c、β- 胡萝卜素、多甲藻素、硅甲藻素等,多数种类还含有藻胆素。

甲藻营养方式多样,有自养、异养、共生和寄生。甲藻的大量活动也是有害的。有甲藻生存的水常带有讨厌的气味。甲藻也是海水中的主要赤潮生物。海洋中的甲藻有时大量繁殖,导致大面积海水变成红色或灰褐色,即赤潮(red tide)。红色是由于某些甲藻产生了红色素之故。赤潮危害严重,甲藻大量集中(还含有一些鞭毛藻)与其他海洋生物竞争氧气,并分泌毒素,常杀死水域中的鱼类、蛤蚧等脊椎动物和无脊椎动物。

(2) 金藻门(Chrysophyta) 金藻种类多,分布广,淡水、海水和土壤中均有。含大量的胡萝卜素及叶黄素,掩盖了叶绿素,因而外表呈金黄色或黄褐色。金藻大多是单细胞,少数可成松散群体。如海洋与淡水里的硅藻、淡水的金黄滴虫(*Ochrononas*)、钟罩藻(*Dinobryon*)等(图 5-10)。少数种类可分泌毒素,如小三毛金藻(*Prymnesium parvum*),可毒死鱼池中大部分鱼类。

硅藻是底栖的,不活动或缓慢爬行生活,是鱼类、虾、贝类的天然饵料。硅藻形态特殊,圆形或梭形。细胞壁的成分为硅酸盐,且为上下壳套合而成。壳面上有辐射状或羽状排列的各式花纹。硅藻死亡后,外壳在海洋中可以沉积于海底,并不分解,历经数百年的沉积形成硅藻土(diatomite)。硅藻土在造漆、造纸、制糖工业中供过滤使用。

(3) 裸藻门(Euglenophyta) 裸藻约 1 000 种,常见种类有眼虫(*Euglena*)。

眼虫常生活在有机质丰富的淡水水沟、池塘中,在气温较高时大量繁殖,可使水体呈绿色。单细胞,少群体,无细胞壁,表面只有一层薄膜,虽然细胞形状固定,但柔软可变。质体含叶绿素 a 和少量叶绿素 b,还含有类胡萝卜素。在有光的条件下,能够进行光合作用,自养性营养;但在无光的条件下,则进行异养

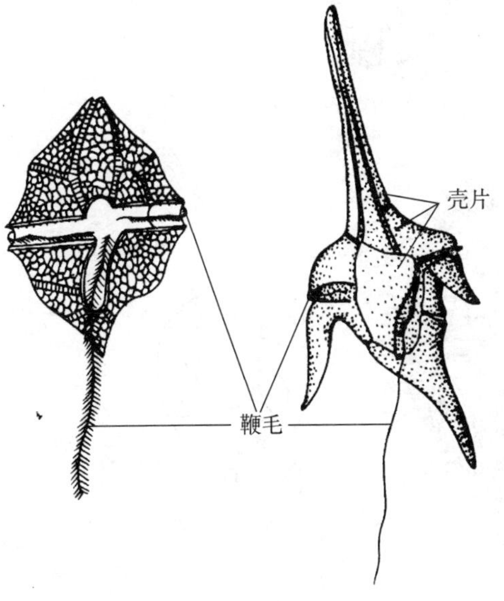

图 5-9 甲藻

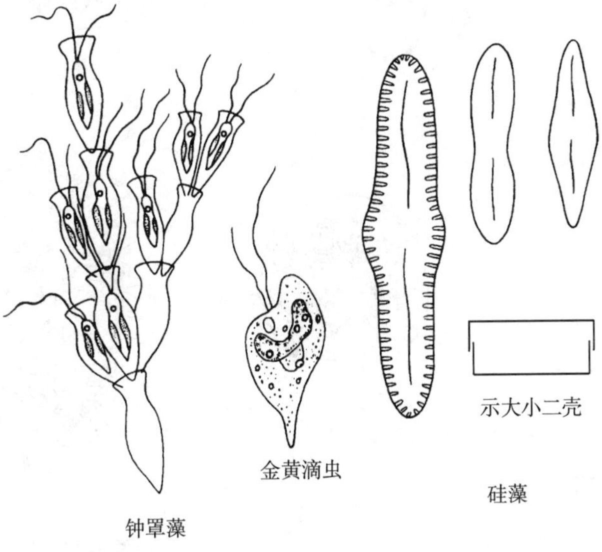

图 5-10 金藻

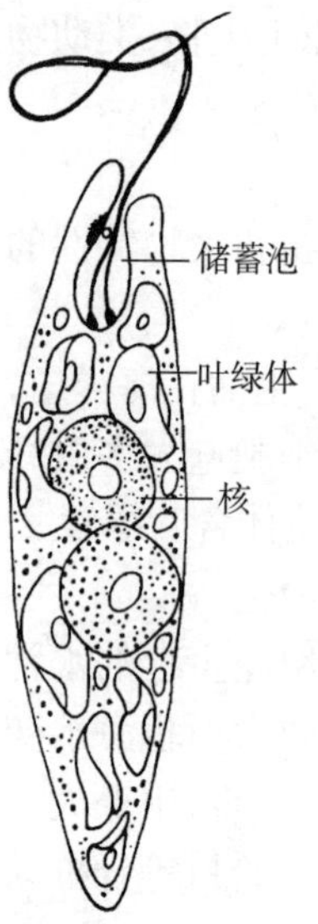

图 5-11　裸藻

性营养。眼虫具一红色眼点，身体前端有储蓄泡，鞭毛从储蓄泡孔伸出体外。储蓄泡和伸缩泡相连。眼虫兼有一般动物和植物的营养特性，又具眼点、鞭毛、无细胞壁等动物细胞的特点，由此可以说明裸藻是介于动植物之间的生物类型。本门除眼虫等绿色种之外，还包括多种有色和无色的异样种类（图 5-11）。

（4）单细胞或群体绿藻类　绿藻分布广泛，海水、淡水均有，绝大多数绿藻是淡水生的浮游生物。常分布于水域的上层，但在岩石上、树皮上和某些原生动物体内也有存在。绿藻有单细胞、群体和多细胞的个体。单细胞的绿藻较多，如衣藻属（*Chlamydomonas*）、小球藻属（*Chlorella*）等；群体为少数，如团藻目（Volvocales）（图 5-12）。

衣藻有较厚的细胞壁，具两根等长的鞭毛。细胞中有一个杯状的载色体(叶绿体)，载色体底部有一圆形颗粒，即淀粉核（pyrenoid）。细胞核位于细胞中央。鞭毛基部有两个伸缩泡，一般认为是排泄器；体前端是无色透明的，内有一个红色眼点，具有感光作用。

2. 类动物原生生物（原生动物）

（1）鞭毛纲（Mastigophora）　运动胞器为鞭毛，有些种类在生活史的某一阶段也出现伪足。营养方式为自养、异养和混合型营养。有些种类如眼虫属内具色素体（图 5-13），在光照下且无有机物时，可进行光合作用，自养生活；在营养丰富的环境下，则异养生活。常以纵无丝分裂法进行无性生殖，夜光虫为出芽生殖，有些种类除无性生殖外，还行有性的同配生殖，如衣滴虫属(*Chlamydomonas*)等。

鞭毛纲的原生动物生活方式多样，如营寄生生活的利什曼原虫（*Leishmania donovani*），又称黑热病原虫，还有共生于白蚁消化道内的多鞭毛虫（*Trichonympha agills*）等（图 5-13）。

（2）肉足纲（Sarcodina）　由于肉足纲肉足的质膜很薄，不能保持固定的体形，因而又称为变形虫。肉足虫也没有固定的运动胞器，而是靠细胞质的流动形成临时性的指状突——伪足作为运动胞器，伪足

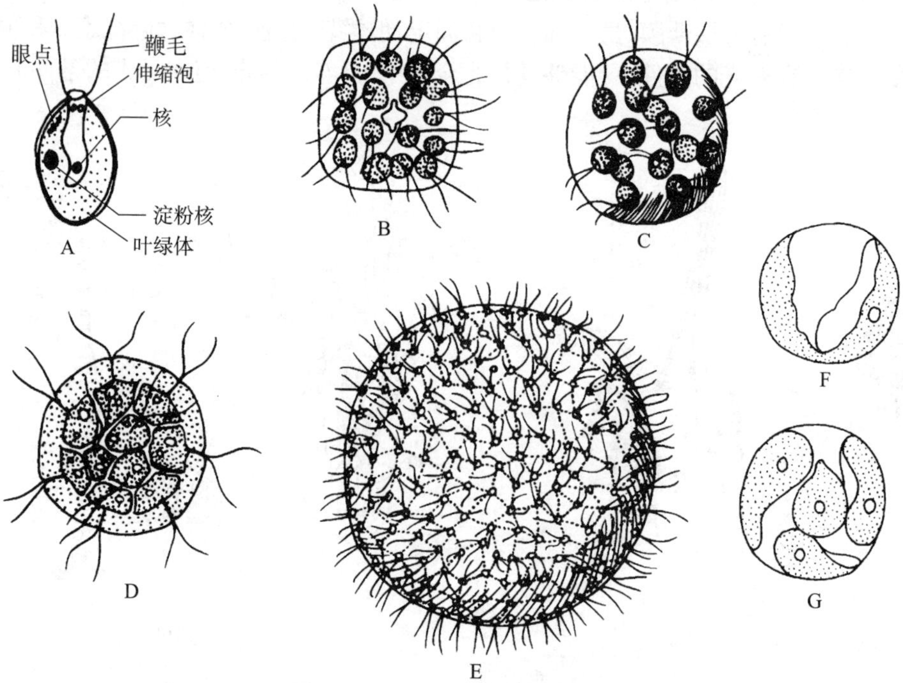

图 5-12　绿藻（团藻目）

A. 衣藻；B. 盘藻；C. 实球藻；D. 空球藻；E. 团藻；F. 小球藻；G. 小球藻分裂

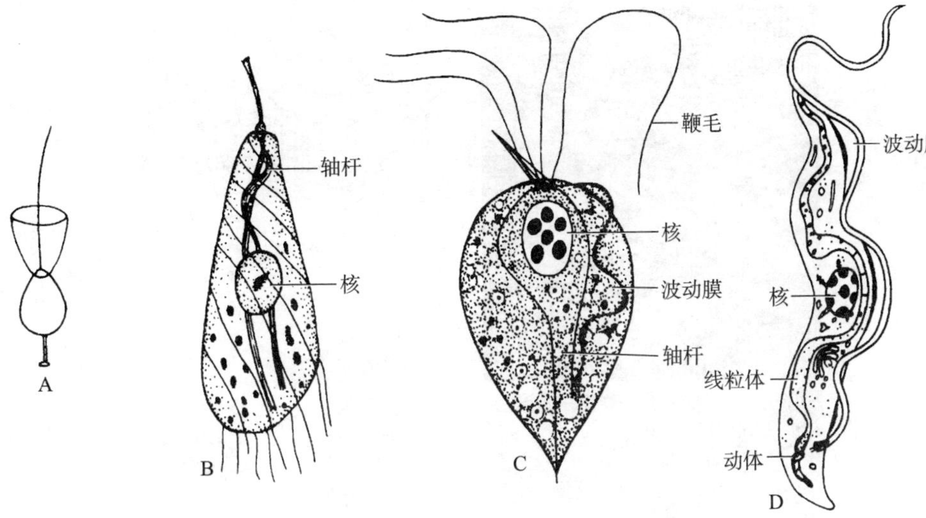

图 5-13　鞭毛虫

A. 领鞭毛虫；B. 长发虫；C. 毛滴虫；D. 锥虫

的数目和形状随种类而异，有片状、针状、分枝状和网状等。伪足也是摄食的胞器，肉足虫用伪足将食物包裹起来，纳入体内形成食物泡。

有些肉足纲动物可向体表分泌一层保护性的外壳，如沙壳虫（*Tintinnid*）的角质外壳，有孔虫（*Foraminifera*）的石灰质外壳等。

图 e5-3　几类原生动物

肉足纲动物多自由生活于自然界，如大变形虫（*Amoeba proteus*）（图 e5-3）等；也有的寄生生活，如痢疾内变形虫（*Entamoeba histolytic*）是感染痢疾的病原体，使患者下痢或便血(称赤痢)。有孔虫是一种古老的肉足纲动物，有众多化石遗留下来，从寒武纪地质时期直到目前都有它们的足迹，因此根据有孔虫的化石种类，可以鉴定地层形成的年代，而且对石油探矿有着重要作用。

(3) 孢子虫纲（Sporozoa）　孢子虫纲的全部成员都寄生生活，并且很多是细胞内寄生，一般腐生型营养，即以渗透方式获取营养，因而孢子虫的身体构造极为简单，无胞口、胞咽、胞肛等，有的甚至连运动胞器也没有，在生活史的一段时期出现鞭毛或伪足。孢子虫的生活史非常复杂，一般包括三个时期：裂体生殖期、配子生殖期和孢子生殖期。无性生殖和有性生殖交替出现，构成世代交替。有些孢子虫有更换宿主的现象。

常见的孢子虫有间日疟原虫（*Plasmodium vivax*）、兔球虫（*Eimeria steide*）等，它们常常对人畜健康造成极大危害。

(4) 纤毛门（Cilliophora）　纤毛虫属纤毛门，以纤毛为运动胞器，是原生动物中构造最为复杂的一类。多数有两个核，一为大核，一为小核。细胞质特化出更为复杂的类器官，如刺丝泡(trichocyst)、收集管、伸缩泡等。生殖方式有特殊的接合生殖。

纤毛虫多数营自由生活，如草履虫（*Paramecium*）（图 e5-3）等，也有一些寄生的种类如结肠小袋纤毛虫（*Balantidium coli*）等。在反刍动物的瘤胃中共生着多种纤毛虫，统称为“瘤胃纤毛虫”，它们能将家畜不能消化的纤维素转变成能被吸收的单糖。

3. 类真菌原生生物（黏菌）

黏菌（slime mold）（图 5-14）是一类兼具真菌和动物营养方式的原生生物，可吞噬异养或吸收异养。其营养体是一团裸露的原生质体，多核，无叶绿体，能作变形虫式运动吞食细菌等固体食物，这与原生动

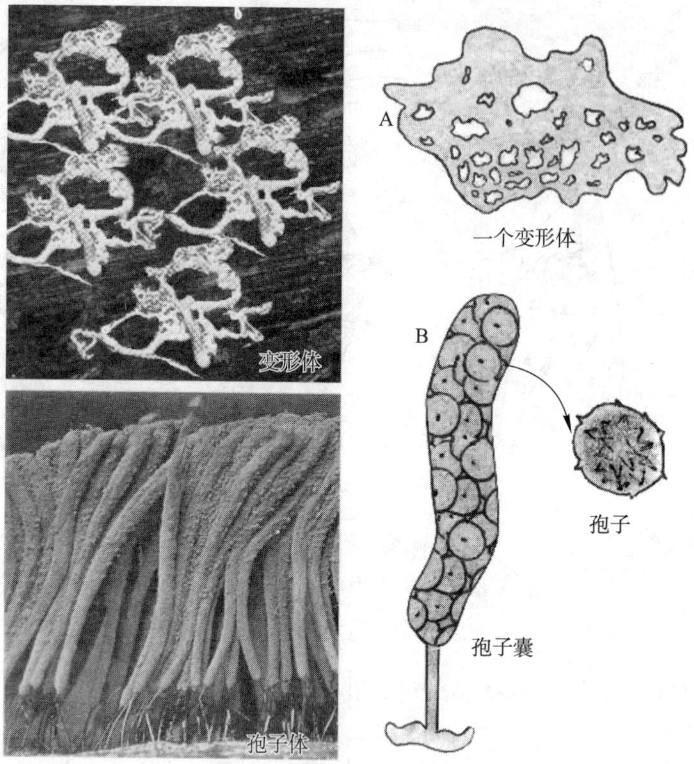

图 5-14　黏菌

A. 单细胞变形体；B. 多细胞子实体

物的变形虫很相似；但在生殖时产生孢子，这又类似植物或真菌的特性。黏菌的大多数种类生存于森林中阴暗和潮湿的地方，多在腐木、落叶或其他湿润的有机物上发现。只有少数几个种寄生在经济植物上，危害寄主。有些黏菌可集群生活，形成色彩鲜艳的球状繁殖体。

三、原生生物与人类的关系

原生生物的分布广泛，凡是有人类以及其他生物生存的地方，都有原生生物大量存在。

原生生物是人类和家畜的常见病原体。据报告，全世界至少有 1/4 人口由于原生生物的感染而得病。现发现的有 28 种原生动物可寄生在人体，如由利什曼原虫引起的黑热病等。

原生生物也是自然界有机物及氧气的制造者。原生生物中的单细胞浮游藻类是水生动物的食物来源。据估计，植物光合作用所制造的有机物中有 54%～60% 是由这些单细胞或群体的浮游藻类产生的。

原生生物可用于处理污水。可以利用原生生物来消除有机废物、有害细菌以及对有害物质进行絮化沉淀等。由于原生生物对环境条件有一定的要求，对栖息地中某些环境因素的变化较为敏感，尤其是不同水质的水体中必定生活着某些相对稳定的种类，因此在环境监测中也可利用原生生物作为“指示生物”，判断水质污染程度。

此外，原生生物还可用于生物农药、地质勘探等众多领域。

第五节　真　菌　界

真菌（fungus）是一大类不分化根、茎、叶和不含叶绿素，属于真核细胞型的化能异养型生物。真菌在自然界分布极广，在自然界的物质循环中起着重要的作用。

一、真菌门

真菌是由真核细胞构成的有机体。通过体表渗透吸收周围呈溶解状态的物质，即行渗透营养的专性异养真核生物。

1. 真菌的基本特征

除少数单细胞真菌外，绝大多数真菌是由分枝或不分枝的菌丝构成的多细胞菌丝体。菌丝管状有隔或无隔，一般有细胞壁，胞壁成分以几丁质（高等陆生真菌）或纤维素（低等真菌）为主，酵母菌以葡聚糖为主。真菌的异养方式为腐生、寄生、兼性寄生或共生。由菌丝或假根，或菌丝上分化出的吸器（haustorium）深入基质或宿主细胞内，借助于高渗透压吸收水分和养料。

真菌繁殖能力强，繁殖方式多而复杂，主要以无性或有性生殖产生各种类型的孢子（spore）作为繁殖体。高等真菌可形成一定形态的繁殖器官如子实体（fruiting body）。

2. 真菌的主要类型

真菌种类繁多，已记载的约有 12 万种，在自然界分布极广，大多数真菌主要生活在土壤中或死亡的动植物残体上，而大量的真菌孢子则飘游四方，甚至几万米的高空中。常见真菌有酵母菌、各种霉菌和蕈菌（图 e5-4）等。真菌通常分为四个纲：接合菌纲、子囊菌纲、担子菌纲和半知菌纲。

图 e5-4 常见真菌

（1）接合菌纲（Zygomycetes） 陆生，多为腐生，少数寄生，约 610 种。不形成菌丝体，如有菌丝体则菌丝一般无横隔。有性生殖时产生接合孢子。主要有毛霉目、虫霉目和捕虫霉目。常见代表如根霉属（*Rhizopus*）等。

黑根霉（*Rhizopus nigricans*）又称面包霉，分布很广，在腐烂的果实、蔬菜、面食及其他暴露在空气中或潮湿地方的动植物遗体上，都能迅速地生长出来，表面有白色菌丝出现，是空气中降落的孢子萌发所生。黑根霉的营养体是由无隔多核的菌丝组成的菌丝体（只在形成生殖结构时，才以隔分开）。菌丝体发达、有分枝；细胞壁主要成分为几丁质；无性生殖通常形成孢子囊并产生孢囊孢子，有些种类产厚垣孢子，少数产节孢子等。有性生殖通过配子囊接合形成形状各异的接合孢子（图 5-15）。

（2）子囊菌纲（Ascomycetes） 子囊菌纲是真菌中种类最多的一类，约 30 000 种。形成菌丝体，菌丝有横隔，有性生殖时产生子囊和子囊孢子。子囊菌在有性生殖时，菌丝体上长出雌性生殖器官，称为产囊体；长出雄性殖器官称为精子囊。受精后，由产囊体上发育形成产生孢子的二倍体合子，称为子囊，子囊减数分裂形成单倍体孢子，称为子囊孢子，由子囊孢子形成新的菌丝体（图 5-16）。子囊通常被菌丝

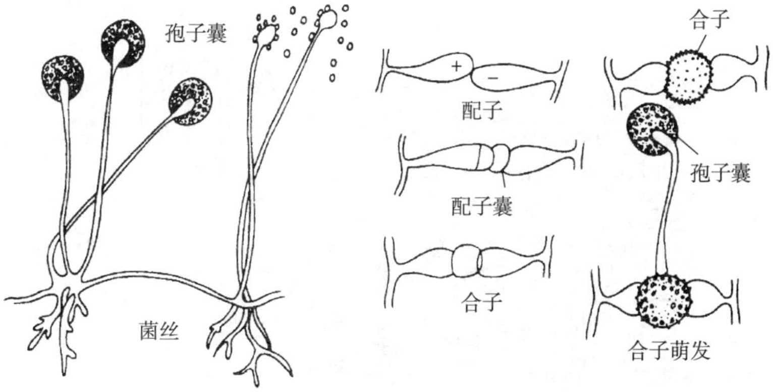

图 5-15 黑根霉的菌丝、孢子囊和接合生殖

缠绕包裹形成子囊果，子囊果有三种类型：盘状的子囊盘、有一个狭的瓶口的子囊壳和球形无开口的闭囊壳。常见的如酵母菌属（*Saccharomyces*）、青霉属（*Penicillium*）、曲霉属（*Aspergillus*）、白粉菌属（*Erysiphe*）、虫草属（*Cordyceps*）等。

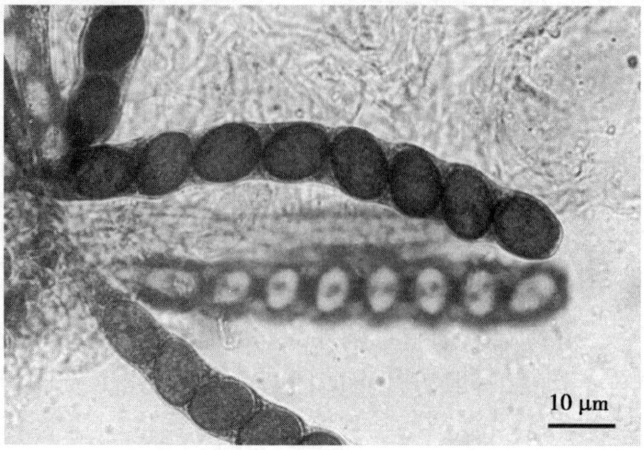

图 5-16 粪生粪壳菌的子囊

子囊菌绝大多数的营养体为有隔菌丝组成的菌丝体，但隔膜有孔，细胞质可通过孔流通。细胞含一核、二核或多核。无性生殖特别发达，有裂殖、芽殖或形成各种孢子，如分生孢子、节孢子、厚垣孢子等。有性生殖产生子囊，内生子囊孢子，这是子囊菌纲最主要的特征，除少数原始种类子囊裸露不形成子实体外，如酵母菌。绝大多数子囊菌都产生子实体，子囊包于子实体内，子实体又称子囊果。

(3) 担子菌纲（Basidiomycetes） 担子菌是一群形态多样的真菌，蘑菇、木耳、灵芝以及植物的各种锈病都属担子菌，共有 25 000 余种。形成菌丝体，菌丝有横隔，有性生殖时产生担子和担孢子。担子菌有性生殖时，菌丝产生能产生生殖器官的担子，两个担子细胞的核融合，减数分裂形成担孢子，由担孢子发育成新的菌丝。担子菌的主要特征是有担子（basidium）和担孢子。

担子菌都是由多细胞的菌丝体组成的有机体，菌丝均具横隔膜。在整个发育过程中，产生两种形式不同的菌丝：一种是由担孢子萌发形成具有单核的菌丝，叫初生菌丝。以后通过单核菌丝的结合，核并不及时结合而保持双核的状态，这种菌丝叫次生菌丝。次生菌丝双核时期相当长，这是担子菌的特点之一。由菌丝形成的产生担孢子的复杂结构叫担子果，就是担子菌的子实体。子实体的形态、大小、颜色各不相同，如具伞状、扇状、球状、头状、笔状等（图 5-17）。

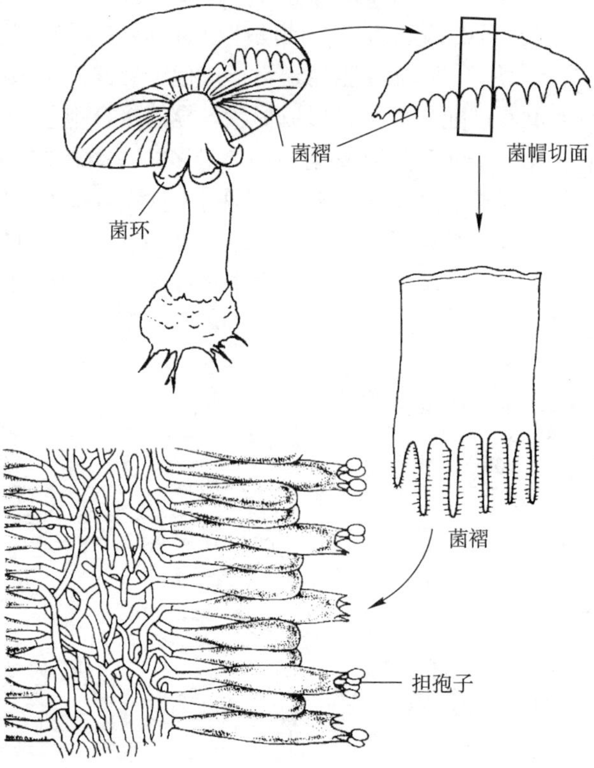

图 5-17 蘑菇的子实体和担孢子

(4) 半知菌纲(Deuteromycetes) 许多真菌至今未发现有性生殖或只知其菌丝体而未发现任何孢子，这些有待继续研究的真菌均属半知菌。

半知菌共 25 000 种左右。它们大多腐生，也有不少寄生于动植物和人体上，如人的头癣、灰指甲、脚癣(香港脚)等都是半知菌寄生所致。

有些半知菌有捕捉水中小动物如线虫等的能力。它们或是长出黏性小球，用来黏住线虫，或是由 3 个细胞形成套环，当线虫伸入时，套环紧缩而使线虫不能逃跑。有趣的是，套环只有在环境中有线虫存在时才形成。如果将此种真菌从土壤中分离出来，用有机培养基饲养，套环就不产生。可见线虫或线虫的分泌物刺激了这种真菌才使真菌发生了形成套环的反应。

3. 真菌与人类生活的关系

真菌与人类关系极为密切，在经济上给人类带来许多益处，同时也带来许多灾难。

(1) 人、畜和作物的病原体 有些寄生真菌可引起人、畜疾病，造成作物减产，长久以来是农业生产上的一大障碍。植物 80% 的病害如棉花黄枯萎病、麦锈病、稻瘟病等，都是寄生真菌危害的结果。人类和动物的各种癣病等，也是真菌侵入所引起的。还有些真菌能产生毒素，使人和家畜发生急性或慢性真菌毒素中毒症。例如，黄曲霉产生的黄曲霉素可导致肝癌，误食毒蘑菇会引起中毒甚至死亡。另外，许多腐生真菌可使工业原料、建筑物、衣物、食品等腐蚀或霉烂，造成严重的经济损失。

(2) 在工业、医学和食品上的应用 早在 4 000 多年前，我们的祖先就已开始利用真菌酿造酱。近代工业发酵工程上，真菌已被广泛应用于乙醇、甘油、甘露醇、有机酸、酶制剂等的生产，以及石油脱蜡、丝绸、纺织、皮革和食品工业等方面。

真菌中的茯苓、灵芝、银耳、冬虫夏草等都是名贵而珍奇的中药材。在现代医药中，利用真菌可产生抗生素(如青霉素、链霉素等)、麦角碱、甾族激素、维生素、核酸、辅酶 A 及必需氨基酸等。

(3) 真菌杀虫剂的使用 农业上还可利用虫生真菌和捕食性真菌作为生物防治的手段。自然界中有许多抗病真菌能够抑制植物病原物的生长。例如，木霉对 18 个属 29 种植物病原真菌具有拮抗作用，其中包括苗木立枯丝核菌(*Rhizoctonia solani*)、树木根朽病菌(*Armillariella mellea*)等多种重要的植物病原菌。目前木霉制剂已有商品出售，用来防治葡萄灰霉病的灰葡萄孢石竹变种(*Botrytis cinerea*)、李树银叶病内生真菌(*Chondrostereum*)等病原菌都取得了较好的效果。

(4) 自然界物质循环的分解者 真菌能产生丰富的酶系，具有很强的分解复杂有机物的能力。腐生真菌与腐生细菌、放线菌一样，是生态系统中巨大的有机物的分解者。

二、地衣门

在干燥的岩石上常有灰白、暗绿、淡黄、鲜红等多种颜色的开花样生物，看起来干枯而无生气，其实生命力极强。这就是地衣(lichen)。地衣是某些真菌种类和某些绿藻或蓝藻种类形成的共生体。耐寒、耐旱性极强，可在冻土带、高山带、南北极、峭壁、岩石、沙漠等其他植物不能生存的地方生长，形成土壤，为自然界的先驱拓荒者。

在地衣中，进行光合作用的藻类分布在内部，形成光合生物层或均匀分布在疏松的髓层中，菌丝缠绕并包围藻类。在共生关系中，藻类进行光合作用为整个生物体制造有机养分，而菌类则吸收水分和无机盐，为藻类提供光合作用的原料，并围裹藻类细胞，以保持一定的形态和湿度。真菌和藻类的共生不是对等的，受益多的是真菌，将它们分开培养，藻类能生长繁殖，但菌类则“饿”死。故有人提出了地衣是寄生在藻类上的特殊真菌。

地衣最常见的是营养繁殖，如地衣体的断裂，每个裂片都可发育为新个体。有的地衣表面由几根菌丝缠绕数个光合生物细胞所组成的粉芽，也可进行繁殖。地衣的有性生殖是参与共生的真菌独立进行的，在担子衣中为子实层体，包括担子和担孢子；在子囊衣中为子囊果，包括子囊腔、子囊壳和子囊盘。

在囊腔类子囊杂乱地堆积于囊腔中；在囊层类子囊整齐地排列在子囊壳或子囊盘内。这些特征与非地衣型真菌基本上是一致的。只有一种叫分孢子囊果的繁殖体为某些地衣所独有。这种繁殖体最初是分生孢子器，随后到生出子囊及侧丝，变为子囊果。

图 e5-5　岩石上的壳状地衣（茶渍属）

图 e5-6　叶状地衣（梅衣属）

图 e5-7　枝状地衣（石蕊）

根据外部形态，地衣可以分成三类：壳状地衣、叶状地衣和枝状地衣。

1. 壳状地衣

叶状体通常呈粉状、颗粒状、麸皮状或小鳞芽状，以菌丝牢固地紧贴在基质上，有的甚至伸入基质中，仅以子实体外露，因此很难剥离。壳状地衣约占全部地衣的 80%。如生于岩石上的茶渍属（*Lecanora*）（图 e5-5）和生于树皮上的文字衣属（*Graphis*）等。

2. 叶状地衣

叶状体以假根或脐较疏松地固着在基质上，易与基质剥离。如生于草地上的地卷属（*Peltigera*）、脐衣属（石耳属，*Umbilicaria*）和生在岩石或树皮上的梅衣属（*Parmelia*）（图 e5-6）等。

3. 枝状地衣

个体呈树枝状，直立或下垂，仅基部都附着于基质上，如直立的石蕊属（*Cladonia*），悬垂分枝于树枝上的松萝属（*Usnea*）（图 e5-7）。

地衣中含有淀粉核糖类，多种地衣可供食用，如石耳、石蒜、冰岛衣等，在北极和高山苔原带，分布着面积达数千米至数百千米的地衣群落，为驯鹿和鹿等动物的主要饲料。北欧一些国家用地衣提取淀粉、蔗糖、葡萄糖和生产乙醇。

地衣也可用于医药，我国古代祖先就利用地衣作药材。松萝、石蕊、石耳是沿用已久的中药。石蕊可以生津、润咽、解热、化痰。松萝用于疗痰、治疟、催吐和利尿。肺衣用于治疗肺病、肺气肿等。地衣可用于制香料，配制化妆品、香水和香皂原料。如利用扁枝属、树花属、梅衣属、肺衣属种的某些芳香料。地衣也有有害的一面，如森林中云杉、冷杉树冠上常被松萝等地衣挂满，几乎全被地衣遮盖，不仅影响树木的光照和呼吸，也为害虫提供可栖息的场所。

第六节　植　物　界

19 世纪中期，微生物研究早期时人们希望能将微生物培养在固体表面上，直接观察培养物的形态及生长情况。1881 年，德国医生罗伯特·科赫（Robert·Koch，1843—1910）介绍了利用土豆片分离培养微生物的方法，但一些细菌在土豆上的生长状态较差。此后，他试用明胶作培养基的凝固剂，以固化肉膏蛋白胨培养基，但明胶的液化温度低，也不适合大多数细菌的培养。他助手赫斯（Walter Hesse）的妻子范妮（Fannie Eilshemius Hesse）建议用做果冻的琼脂代替明胶，赫斯采纳了妻子的建议，发现加了琼脂的培养基在加热到 95℃以上时才会溶解，冷却到 40℃以下才会逐渐凝固，适合于多数微生物的培养。这个改进很快就被大家采纳。直到现在，琼脂培养基仍广泛应用于微生物培养和植物组织培养等多个领域。琼脂除用于制作培养基外，还是许多常见食品的支持剂、悬浮剂或增稠剂，并在医药、日用化工等方面有着广泛应用。用途如此广泛的琼脂实际是一种由石花菜、紫菜、江蓠等数种红藻门多细胞藻类植物为原料制成的植物胶。像琼脂一样，植物和我们生活息息相关的例子比比皆是，植物既是我们最贴心的朋友，也是我们生物大家庭的重要组成。在植物界一节中，我们将介绍植物界各类群的主要特征和代表植物。

植物界以有纤维素组成的细胞壁，细胞内有质体和液泡两种细胞器，植物体能进行光合作用，多数固着自养生活而区别于其他生物界。根据植物的生活习性、植物体的结构,把植物界分为多细胞藻类植物、苔藓植物、蕨类植物、裸子植物和被子植物。

一般把植物体没有根、茎和叶分化,不形成胚的类群称为低等植物或无胚植物。把植物体有根、茎、叶分化,形成胚的类群称为高等植物或有胚植物或茎叶植物。把在雌性生殖结构中有颈卵器构造的苔藓植物、蕨类植物和裸子植物称为颈卵器植物。把植物体中有维管束分化的蕨类植物、裸子植物和被子植物称为维管植物。把产生并传播孢子用以繁殖的植物称为孢子植物。把孢子体发达,配子体寄生在孢子体上,形成种子和花粉管,用种子进行繁殖的裸子植物和被子植物称为种子植物。

一、多细胞藻类植物

(一) 主要特点和形态特征

多细胞的藻类植物是一群具有光合色素能独立自养生活的低等植物。由真核细胞构成。植物体没有根、茎、叶分化,植物体为多细胞丝状、叶状体等,不形成胚。大多数含叶绿素和其他色素,如胡萝卜素、叶黄素、藻胆素等。繁殖方式有营养繁殖、孢子繁殖和有性生殖。精子有鞭毛。分布于世界各地,大多数水生,少数陆生。

根据植物体所含色素的种类、细胞结构、贮藏养料、生殖方式等的不同,藻类植物分为 11 个门(中国藻类学会,1978)或 13 个门(胡鸿钧等,2006),多细胞藻类植物主要包括绿藻门(Chlorophyta)、褐藻门(Phaeophyta)和红藻门(Rhodophyta)等。

(二) 分类及代表植物

1. 绿藻门

绿藻门中的多细胞藻类植物体为丝状、叶状或管状体。藻体绿色,载色体网状、片状或带状,有蛋白核。载色体所含的主要色素有叶绿素 a、叶绿素 b、α- 胡萝卜素、β- 胡萝卜素以及一些叶黄素。贮藏养分为淀粉。繁殖方式有营养繁殖、孢子繁殖和有性生殖。分布于世界各地,大多数生长在淡水或潮湿的土表、岩石等处,少数种类生长在海水中或高山积雪上,还有少部分种类可以寄生在动物体内或与真菌共生形成地衣植物。

绿藻与高等植物有许多同源性状。如绿藻载色体相似于高等植物的叶绿体,且所含的主要色素也相同;细胞壁都以纤维素为主要结构组分;贮藏物质为淀粉;细胞分裂中都是由高尔基小泡形成的细胞板分割细胞等。大多数植物学家认为高等植物是由类似于现代绿藻的祖先进化而来的。

水绵属(*Spirogyra*),植物体为分节不分枝的丝状体,每节 1 个细胞,细胞核位于中央,以原生质丝与位于周边的细胞质相连,色素体带状,螺旋式缠绕在原生质的外围,上有一列蛋白核。营养繁殖为丝状体断裂,有性生殖为接合生殖。有性生殖时,两条并列的丝状体各生出一个突起,伸长接触形成接合管,两个细胞的原生质收缩形成配子,一个配子通过接合管流入到另一个细胞中与另一个配子结合成为合子,这种有性生殖方式被称为接合生殖。合子发育出厚壁,经休眠和减数分裂后萌发,形成新的丝状体。水绵属约有 300 种。淡水产,在小河、沟渠、池塘、水田等处常见。

绿藻门常见的还有水网藻属(*Hydrodictyon*)、毛枝藻属(*Stigeoclonium*)、刚毛藻属(*Cladophora*)、羽藻属(*Bryopsis*)、浒苔属(*Enteromorpha*)、石莼属(*Ulva*)植物(图 5-18)等。

2. 褐藻门

植物体为具分枝的丝状体或由丝状体相互交织而形成的假薄壁组织体。藻体常为褐色,多分化为表皮层、皮层和髓。藻体细胞含有载色体,所含的色素有叶绿素 a、叶绿素 c、β- 胡萝卜素和叶黄素,同化产物主要为褐藻淀粉和甘露醇。营养体为孢子体,与配子体形态差异较大。繁殖方式有营养繁殖、孢子生殖和有性生殖。营养繁殖以藻体断裂方式繁殖;孢子生殖时产生二倍体游动孢子或不动孢子;有性生殖产生单倍体配子,有同配、异配和卵式生殖。生活史中有明显的同型或异型世代交替。约有 1 500 种。

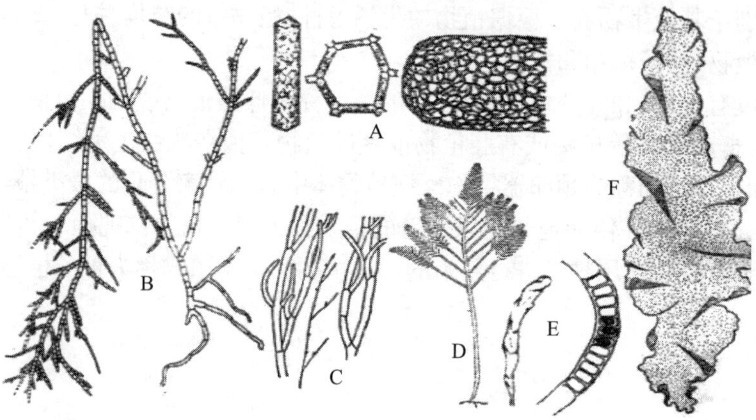

图 5-18　多细胞绿藻门植物（G. M. 史密斯，1962；胡鸿钧，2006）
A. 水网藻；B. 小毛枝藻；C. 寡枝刚毛藻；D. 包皮羽藻；E. 肠浒苔；F. 狭叶石莼

除少数属种生活于淡水中外，绝大部分海产，固着生活。

海带（*Laminaria japonica*），植物体为孢子体，褐色，分为带片、带柄和假根。带片由表皮、皮层、髓构成。表皮、皮层细胞中含有胡萝卜、叶绿素和墨角藻黄素等色素；髓由丝状细胞交织而成，具有输导作用。有性生殖时，在夏末和初秋，带片上的表皮细胞形成隔丝。隔丝顶端形成胶状物冠连成胶质层。一些表皮细胞发育出棒状的孢子囊，减数分裂形成游动孢子，游动孢子萌发出雄配子体和雌配子体。雄配子体是细胞数目较多，有丝状分枝的丝状体，顶端形成一个小的精子囊，产生游动精子。雌配子体是细胞数目较少的丝状体，顶端发育出卵囊，产生卵，成熟时受精形成合子，合子萌发形成幼孢子体，最后长成有带片、带柄、假根的植物体（图 5-19）。海带生长在比较清凉的沿海海水中。

图 e5-8　褐藻门植物

褐藻门常见的还有鹿角菜（*Pelvetia siliquosa*）、裙带菜（*Undaria pinnatifida*）、岩藻（*Fucus vesiculosus*）、网地藻（*Dictyota dichotoma*）等。巨藻（*Maerocystis pyrifera*）也称为海藻王，藻体巨大，长可达 70 ~ 80 m，原产北美洲大西洋沿岸，我国在大连等地引种栽培（图 e5-8）。

3. 红藻门

植物多为丝状体、壳状体、叶状体或枝状体，大多数种类呈红色至紫色。载色体一至多数，色素有叶绿素 a、叶绿素 d、β- 胡萝卜素、叶黄素类、藻红素和藻蓝素，大多数同化产物为红藻淀粉，有些植物同化产物为红藻糖。无性生殖产生不动孢子，有性生殖为卵式生殖，多为雌雄异株，少数为雌雄同株。有些种类有异型世代交替。约有 4 000 种。绝大多数红藻生长在海水中，少数生长在淡水中。

紫菜属（*Porphyra*），配子体世代为叶状体，由固着器、柄和叶片 3 部分组成，藻体为紫红色或紫色。孢子体世代为丝状体。固着生活。有性生殖时叶状体产生雌、雄配子，受精后经多次分裂形成果孢子，成熟后脱离藻体附着于贝壳等基质上，果孢子萌发并钻入壳内成长为丝状体；丝状体形成壳孢子，壳孢子萌发后附着于岩石等基质上成长为叶状体。某些种类的叶状体还可进行无性生殖，由营养细胞转化为单孢子，附着后长成叶状体（图 5-20）。在我国常见的红藻有坛紫菜（*P. haitanensis*）、条斑紫菜（*P. yezoensis*）、同紫菜（*P. suborbiculata*）、甘紫菜（*P. tenera*）等。

图 e5-9　红藻门植物

红藻门常见的还有石花菜（*Gelidium amansii*）、海萝（*Gloiopeltis furcata*）、蜈蚣藻（*Grateloupia filicina*）、角叉菜（*Chondrus ocellatus.*）、滑枝藻（*Tsengia*）、鹧鸪菜（*Caloglossa leprieurii*）（图 e5-9）等。

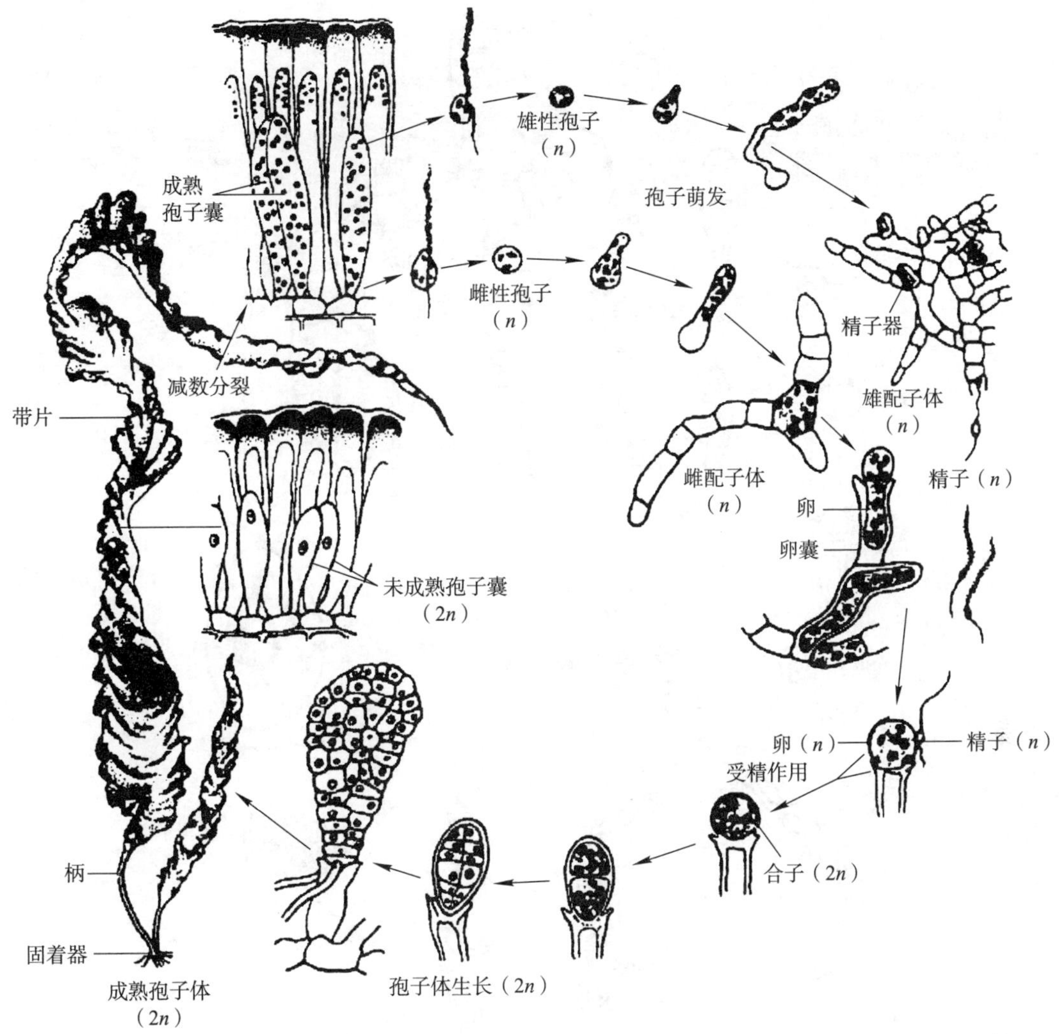

图 5-19 海带生活史(贺学礼,2010)

多细胞的藻类植物与人类的关系密切。水绵、海松、海带、鹅肠菜、裙带菜、鹿角菜、紫菜、石花菜、角叉菜、麒麟菜等可以食用。在工业方面,褐藻和红藻中可提取许多物质,如藻胶酸、琼脂、卡拉胶等,可以制造人造纤维(藻胶酸)和食用增稠剂。在医药方面,藻胶酸钙为止血药,褐藻碘可以治疗和预防甲状腺肿。有些藻类有吸收和富集元素的能力,一些有毒的元素可通过藻体内的解毒作用和生理过程,逐步降解和消除,而达到净化废水,消除污染的目的。

二、苔藓植物

(一) 主要特点和形态特征

苔藓植物的植物体为叶状体或茎叶体类群。配子体独立自养生活,孢子体寄生在配子体上。配子体有假根,有或无茎、叶分化。假根是由单细胞或一列细胞组成,体内没有维管组织的分化。有性生殖器官由多细胞构成,雄性生殖器官称为精子器,雌性生殖器官称为颈卵器。精子器外有精子器壁,内部产生多个具鞭毛的精子;颈卵器由颈部与腹部构成,颈部有颈沟细胞,腹部有腹沟细胞与卵细胞;精子成熟后,以水为介质游入颈卵器中与卵细胞结合形成合子,合子在颈卵器中发育为胚。胚在配子体上发育成为孢子体。孢子体分为孢蒴(又称孢子囊)、蒴柄与基足。孢蒴产生大量孢子,孢子成熟后散出并萌发

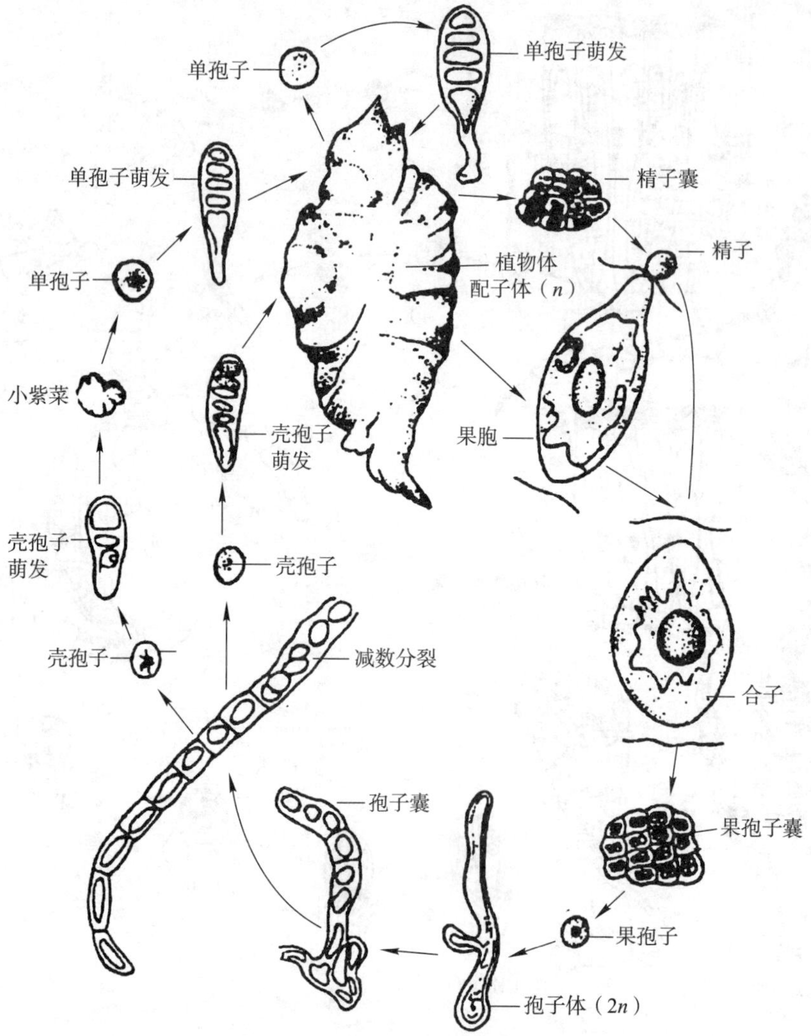

图 5-20　紫菜生活史（贺学礼，2010）

成丝状体，这个丝状体也称为原丝体。在原丝体上产生配子体。

苔藓植物虽然已具有初步适应陆生环境的能力和特点，但由于其体内没有维管组织的分化以及受精过程离不开水，因此还必须生活在比较潮湿的地方，它们是植物从水生向陆生过渡的代表类型。

（二）分类及代表植物

苔藓植物通常设为门，即苔藓植物门（Bryophyta），分为苔纲（Hepaticopsia，Hepaticae）、角苔纲（Anthocerotopsida，Anthocerotae）和藓纲（Bryopsida，Musci），约有 23 000 种，我国约有 2 100 种。

1. 苔纲

配子体多为叶状体。叶无中肋。细胞中的叶绿体数目较多。孢子体由孢蒴、蒴柄和基足三部分组成。原丝体不发达，1 个原丝体仅产生 1 个配子体。有 8 000 多种。多生于阴湿的土表、岩石和树干上。

地钱（*Marchantia polymorpha*），配子体为二叉分枝的叶状体，生长点位于二叉分枝的凹陷中，叶状体有背腹面之分。在背部表皮上有气孔，表皮内为同化组织；同化组织以下是细胞内含油脂的贮藏组织，下部表皮生有假根和鳞片，具吸收、固着和保持水分的作用。营养繁殖时，植物体背面生有杯状体，称为孢芽杯，内生孢芽，孢芽脱落后发育成新植物体。地钱为雌雄异株，有性生殖时，雌雄植物体背部分别生有雌生殖托和雄生殖托。

雌生殖托的边缘深裂，腹面侧悬许多颈卵器。雄生殖托的边缘浅裂，精子器呈卵圆形，产生具鞭毛的游动精子，游动精子以水为介质游至颈卵器内与卵细胞受精，形成合子，在颈卵器内发育成胚，胚进一步发育成具短柄的孢子体。

孢子体由胞蒴、蒴柄、基足三部分组成，孢蒴内的孢原组织形成四分孢子和弹丝。弹丝是细胞壁螺纹加厚伸长的细胞，具有弹散孢子的作用。孢子成熟后，孢蒴裂开，由弹丝弹散孢子，孢子落地萌发成原丝体，原丝体发育成雌雄配子体（图 5-21）。

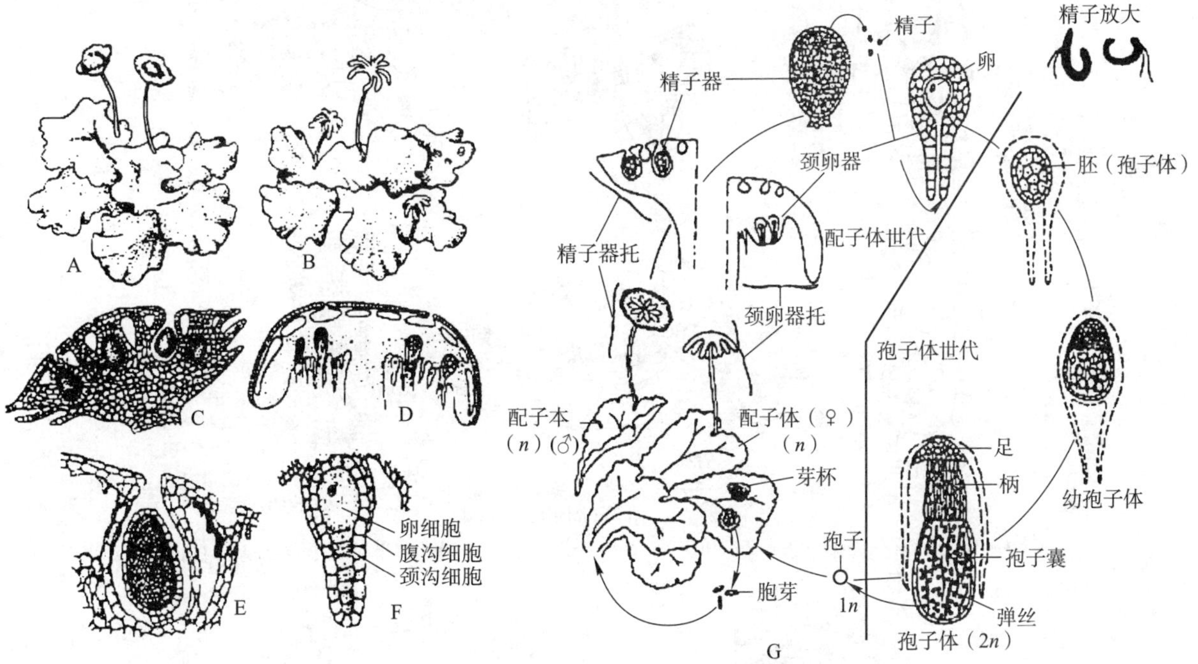

图 5-21 地钱（吴相钰，2005；贺学礼，2010）

A. 雄株；B. 雌株；C. 雄生殖托纵切面；D. 雌生殖托纵切面；E. 精子器；F. 颈卵器；G. 生活史

苔纲常见的还有中华光萼苔（*Porella chinensis*）、叶苔（*Jungermannia lanceolata*）、大羽苔（*Plagiochila asplenioides*）等。

2. 角苔纲（Anthocerotopsida，Anthocerotae）

配子体为叶状体。每个细胞仅有 1 个或 2～8 个大的叶绿体，并有一个蛋白核。精子器和颈卵器均埋于叶状体内。孢子体无蒴柄，仅由孢蒴和基足组成。角苔纲仅 1 目，角苔目（Anthocerotales），有 300 余种，广泛分布于全球，但以北半球为多。

角苔属（*Anthoceros*），配子体为叶状体，无气室和气孔的分化，无中肋。腹面有假根和胶质穴，胶质穴中生有念珠藻。叶状体的每个细胞中仅具有 1 个大型的叶绿体，叶绿体有 1 个蛋白核。雌雄同株，精子器和颈卵器均埋生于叶状体内。颈卵器中的卵受精后形成胚，胚发育成长角状的孢蒴。孢蒴没有蒴柄（图 5-22）。角苔属植物分布广泛，我国各省区均有分布，生于山区阴湿溪边和土坡。常见种类有中华角苔（*Anthoceros chinensis*），我国特产。

3. 藓纲

配子体为茎叶体。假根具分枝。绝大多数叶具有中肋，细胞中的叶绿体数目较多。孢子体由孢蒴、蒴柄和基足组成。原丝体比较发达，1 个原丝体可产生多个配子体。约有 15 000 种。多生于阴湿的土表、山区溪边、岩石和树干上。

葫芦藓（*Funaria hygrometrica*），配子体矮小直立，有茎、叶分化。茎基部分枝，下生多细胞假根。叶小而薄，有中肋，生于茎上。雌雄同株，雌雄生殖器官分别生于不同的枝顶。雄枝枝顶密生叶片，形状如花蕾，称为雄器苞。雄器苞中生有许多精子器，精子器内生许多精子，精子螺旋状弯曲，前端有 2 鞭毛。

雌枝枝顶叶片紧密包被称为雌器苞。雌器苞内生许多颈卵器。精子游至颈卵器与卵受精形成合子，合子在颈卵器内发育成胚，胚继续分化形成孢子体。孢子体由孢蒴、蒴柄、基足构成，孢蒴的造孢细胞形成孢子母细胞，经减数分裂形成孢子，孢子成熟时散出，萌发为原丝体，再形成配子体(图 5-23)。藓纲常

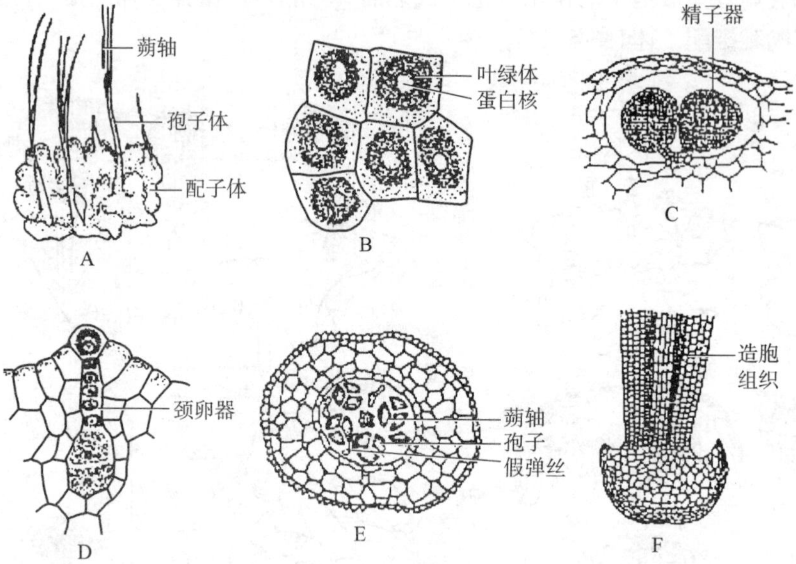

图 5-22　角苔(周云龙,2004)

A. 植物体;B. 同化组织;C. 精子器纵切面;D. 颈卵器纵切面;E. 孢蒴上部横切面;F. 孢蒴基部纵切面

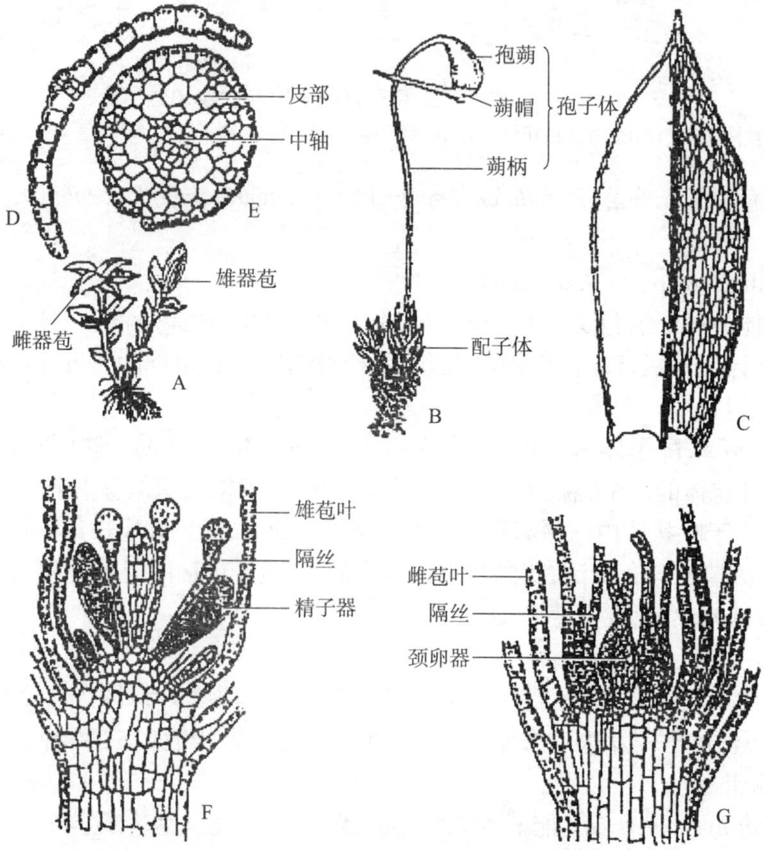

图 5-23　葫芦藓(魏道智,2007)

A. 植物体;B. 配子体和孢子体;C. 叶片;D. 叶片横切面;E. 茎横切面;F. 雄器苞纵切面;G. 雌器苞纵切面

见的有泥炭藓属（*Sphagnum*）、黑藓属（*Andreaea*）植物等。

苔藓植物对空气中二氧化硫和氟化氢等有毒气体很敏感，可以作为监测大气污染的指示植物。苔藓植物分泌的酸性物质有利于岩石风化，是植物界的先锋植物之一。苔藓植物的吸水性很强，在自然界的水土保持方面有重要作用，也可用作花卉长途运输的保湿包装材料。某些苔藓植物含有生长调节物质，有促进种子萌发和幼苗生长的作用。另外，一些苔藓植物也可以作药用，如大金发藓（*Polytrichum commune*）含皂甙等有效成分，入药有滋阴补虚功效，有乌发、补脾、活血、止血、利便、润肠作用。此外，葫芦藓科植物小立碗藓（*Physcomitrella patens*）已逐渐发展为研究植物进化、发育和生理的模式植物。

三、蕨类植物

（一）主要特点和形态特征

蕨类植物又名羊齿植物，是高等植物中具有维管束的孢子植物，孢子体和配子体皆能独立生活。孢子体通常有根、茎、叶的分化。根为不定根，茎通常为根状茎，少数为直立茎，茎内出现了维管组织分化，中柱类型主要有原生中柱、管状中柱、网状中柱等。叶有小型叶与大型叶，孢子叶（能育叶）与营养叶（不育叶）、同型叶与异型叶之分。小型叶无叶柄与叶隙，具单一不分枝的叶脉，大型叶有叶柄，叶脉多分枝。孢子叶是指产生孢子囊和孢子的叶，营养叶是指专门进行光合作用的叶片。某些蕨类植物的营养叶与孢子叶无区分，且形状相同，称为同型叶；孢子叶与营养叶具有明显不同，称为异型叶。

在较原始的蕨类植物中，孢子叶通常集生在茎的顶端，形成球状或穗状，称为孢子叶球或孢子叶穗。孢子囊生于孢子叶近轴面的叶腋或叶基。在较进化的蕨类植物中，孢子囊聚集而生为孢子囊群或孢子囊堆。水生蕨类生长在特化的孢子囊果内。孢子有同型与异型之分。孢子囊壁含有孢粉素和纤维素。

孢子萌发形成配子体。配子体又称为原叶体。大多数蕨类的配子体是具有背、腹分化的绿色叶状体，称为原叶体，能独立生活。在原叶体的在腹面形成精子器和颈卵器，分别产生精子和卵。精子有鞭毛，受精过程需要借助于水，受精卵发育成胚，胚生长形成孢子体。

由于蕨类植物体内已分化出维管组织，形成了真根，因此蕨类植物比苔藓植物更加适应陆生环境，但由于其受精过程依然也离不开水，因此蕨类植物一般也生活在比较潮湿的地方。

（二）分类及代表植物

蕨类植物通常设为门，即蕨类植物门（Pteridophyta），分为松叶蕨亚门（Psilophytina）、石松亚门（Lycophytina）、水韭亚门（Isoephytina）、楔叶亚门（Sphenophytina）及真蕨亚门（Filicophytina）5 个亚门（秦仁昌，1978）。前 4 个亚门是没有叶隙和叶柄、叶脉不分枝的小型叶蕨，是原始而古老的蕨类植物，现存种类较少。真蕨亚门是蕨类植物中进化水平最高，多数叶具有叶柄、维管束，叶脉多分枝的大型叶蕨类。蕨类植物现存 12 000 多种，我国有 2 600 多种。

真蕨亚门植物的孢子体有根、茎、叶的分化。根系由不定根组成。大多数茎为根状茎，木质部大多数有管胞，韧皮部有筛胞。幼叶拳卷，单叶或复叶，羽状分裂或羽状复叶。孢子囊生于孢子叶上，由多数孢子囊聚集成为孢子囊群，大多数种类的孢子囊群具有囊群盖。孢子多同型。配子体(原叶体)为叶状体，心形，绿色，有假根。精子器和颈卵器生于腹面，精子螺旋状，具鞭毛（图 e5-10）。

图 e5-10 真蕨亚门植物和生活史

真蕨亚门分为厚囊蕨纲（Eusporangiopsida）、原始薄囊蕨纲（Protolyptosporangiopsida）、薄囊蕨纲（Leptosporangiopsida）3 个纲，是现代生存的最为繁茂的一群蕨类植物，有 10 000 种以上，广布于世界各地。我国有 200 多种，全国各地均有分布。

常见的蕨类植物有松叶蕨（*Psilotum nudum*）、石松（*Lycopodium japonicum*）、卷柏属（*Selaginella*）、中华水韭（*Isoetes sinensis*）、水韭（*Isoetes lacustris*）、问荆（*Equisetum arvense*）、木贼（*Equisetum hyemale*）、瓶

尔小草(*Ophioglossum vulgatum*)、带状瓶尔小草(*Ophioderma pendula*)、海金沙(*Lygodium japonicum*)、紫萁(*Osmunda japonica*)、芒萁(*Dicranopteris dichotoma*)、水龙骨(*Saussurea polypodioides*)、苹(*Marsilea quadrifolia*)、槐叶苹(*Salvinia natans*)、满江红(*Azolla imbricatay*)、细叶满江红(*Azolla filiculoides*)(图5-24)等。

蕨类植物中的蕨菜(*Pteridium*)、紫萁、蹄盖蕨(*Athyrium*)、菜蕨(*Callipteris esculenta*)、荚果蕨属(*Matteuccia*)、水蕨属(*Ceratopteris*)等可以食用。海金沙、卷柏、骨碎补(*Davallia*)、狗脊(*Woodwardia*)、金毛狗(*Cibotium*)、贯众(*Cyrtomium*)、乌蕨(*Stenoloma*)等100余种可以入药。农业上,满江红等可用作饲料。铁线蕨(*Adiantum*)、桫椤(*Alsophila*)、卷柏等可以作观赏植物。此外,古蕨类植物形成了我们现在用的煤炭。

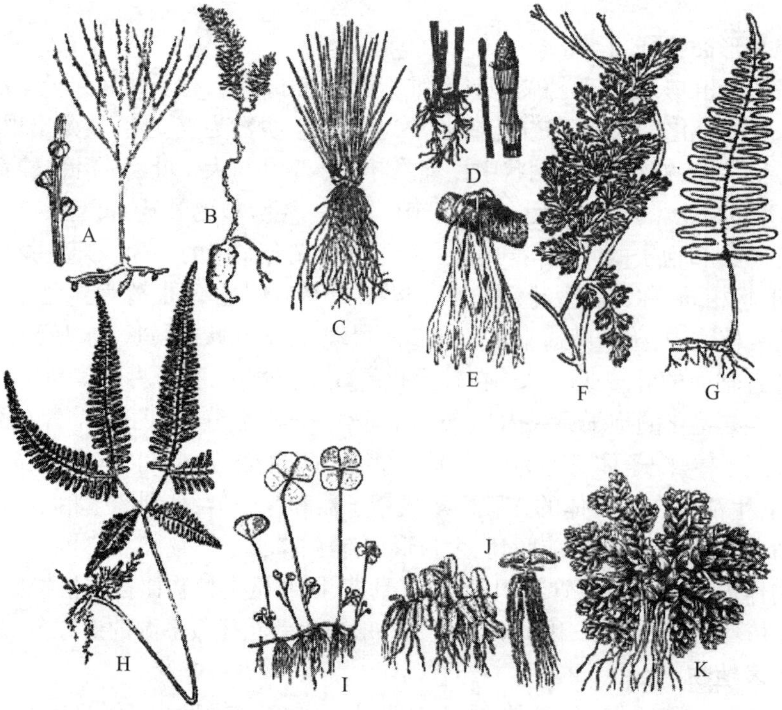

图5-24　常见蕨类植物(塔赫他间,1963;周云龙,2004;魏道智,2007)

A. 松叶蕨;B. 石松的配子体上长出的幼小孢子体;C. 水韭;D. 木贼;E. 带状瓶尔小草;F. 海金沙;G. 水龙骨;H. 芒萁;I. 苹;J. 槐叶苹;K. 细叶满江红

四、裸子植物

(一)主要特点和形态特征

裸子植物为多年生木本植物,孢子体发达。有形成层和次生生长;木质部大多数有管胞,韧皮部中有筛胞。孢子叶大多数聚生成孢子叶球。小孢子叶生有小孢子囊(花粉囊),小孢子母细胞经减数分裂产生小孢子(花粉粒)。大孢子叶的腹面生有裸露的胚珠,大孢子母细胞经减数分裂产生4个大孢子,其中仅1个大孢子发育成雌配子体。配子体寄生于孢子体上。雌配子体产生2至多个颈卵器,颈卵器内有1个卵细胞和1个腹沟细胞,无颈沟细胞。小孢子形成花粉管,使受精过程摆脱了水的限制。受精卵形成种子,种子由胚、胚乳和种皮组成。种子裸露。

(二)分类及代表植物

裸子植物通常设为门或亚门,称为裸子植物门(Gymnospermae)或裸子植物亚门,分为苏铁纲

(Cycadopsida)、银杏纲(Ginkgopsida)、松杉纲(球果纲 Coniferopsida)和盖子植物纲(买麻藤纲 Gnetopsida,Chlamydospermopsida)4 个纲(郑万钧,1978)。现存有 800 多种。

1. 苏铁纲

常绿木本植物,茎常不分枝。叶螺旋状排列,有鳞叶及营养叶,两者相互成环着生;鳞叶小,密被褐色毡毛;营养叶大型,羽状深裂或羽状复叶,集生于茎顶。孢子叶球顶生,雌雄异株。游动孢子具多数鞭毛。苏铁纲现存仅苏铁科(Cycadaceae)1 科,11 属,约 209 种,分布于热带及亚热带地区。我国有苏铁属(*Cycas*)1 属,约 15 种。常见的有苏铁(*C. revoluta*)(图 5–25)等。

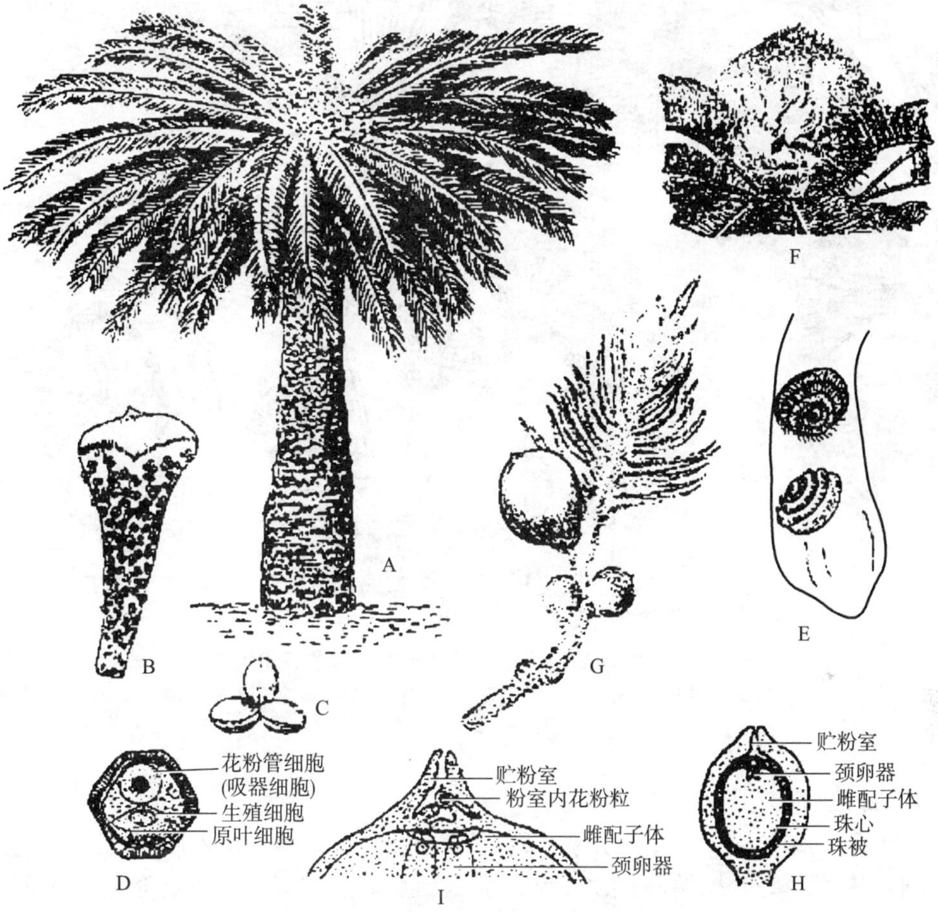

图 5–25 苏铁(塔赫他间,1963;周云龙,2004)

A. 植物体;B. 小孢子叶;C. 小孢子囊;D. 雄配子体;E. 花粉管顶端(示精子);F. 大孢子叶球;G. 大孢子叶;H. 胚珠纵切面;I. 珠心和雌配子体

2. 银杏纲

落叶乔木。叶扇形,有柄,叶片先端 2 裂或波状缺刻,具分叉的脉序,在长枝上螺旋状散生,在短枝上簇生。雌雄异株。小孢子叶具短柄,柄端具有由 2 个悬垂的小孢子囊组成的小孢子囊群,小孢子叶球柔软下垂。大孢子叶球具一长柄,柄端生有 2 个大孢子叶,又称为珠领,大孢子叶上各生 1 枚直生胚珠,通常 1 枚发育成熟。精子具多纤毛。种子核果状,外种皮厚而肉质,中种皮白色,骨质,内种皮红色,纸质。胚乳肉质。胚具 2 枚子叶。

银杏纲现仅存银杏科(Ginkgoaceae)1 科,银杏属(*Ginkgo*)1 属,银杏(*G. biloba*)1 种(图 5–26),为我国特产,现国内外栽培很广,为优良的行道树和园林绿化树种。

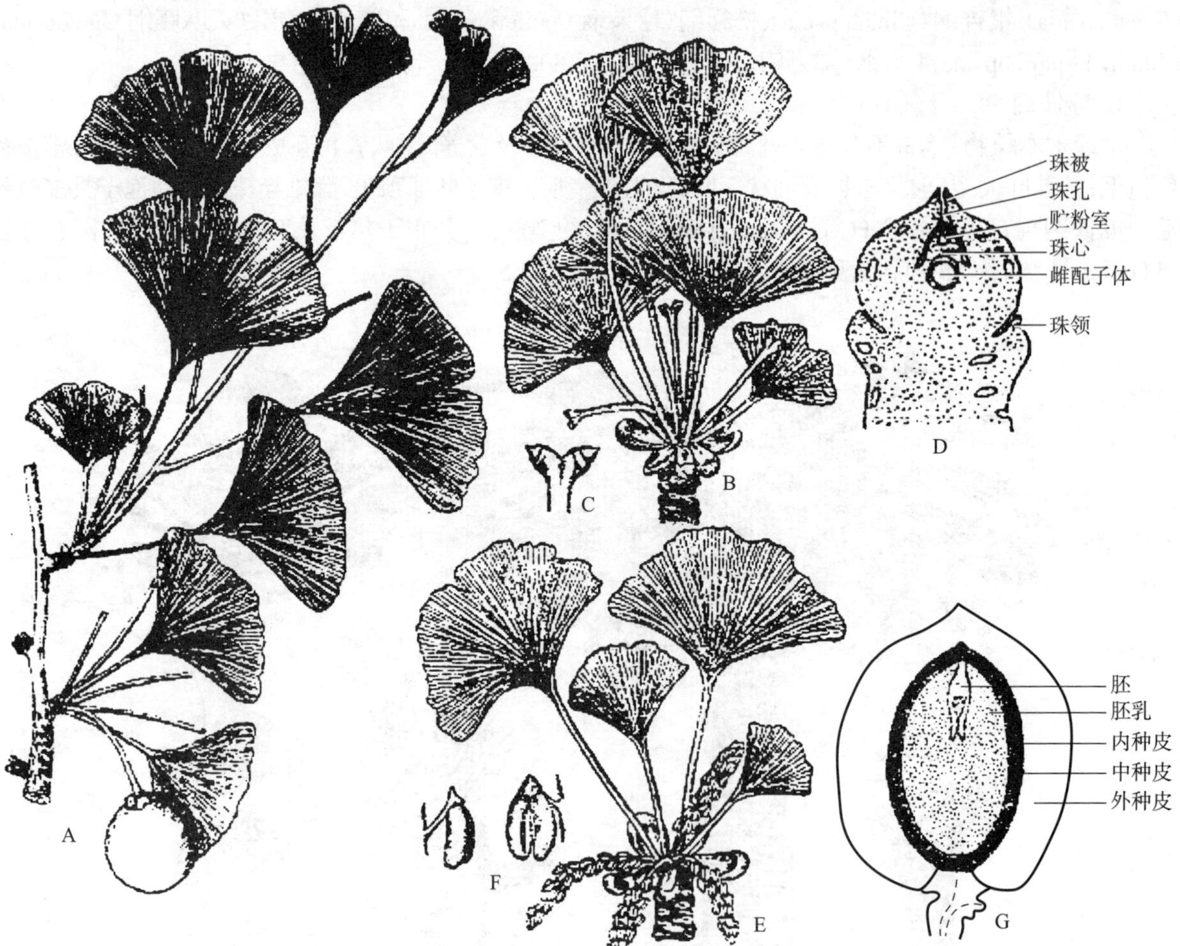

图 5-26　银杏(塔赫他间,1963;周云龙,2004)

A. 长枝、短枝及种子;B. 雌球花枝;C. 雌球花;D. 胚珠和珠领纵切面;E. 雄球花枝;F. 小孢子囊;G. 种子纵切面

3. 松杉纲(球果纲)

常绿或落叶乔木,稀为灌木。茎多分枝,常有长枝、短枝之分;茎次生木质部发达,具树脂道。叶单生或成束,叶形有针状、鳞片状、钻形、条形、刺形等,螺旋状着生或交互对生或轮生,叶表面常具有较厚的角质层和内陷的气孔器。孢子叶常排列成球果状,称为孢子叶球,单性,同株或异株。小孢子叶球或称雄球花,小孢子(花粉粒)有气囊或无气囊,精子无鞭毛。大孢子叶球也称为雌球花。种子有翅或无翅,胚乳丰富,子叶 2～10 枚。松柏纲植物因叶子多为针形,故称为针叶树或针叶植物,又因大、小孢子叶排成球果状,也称为球果植物。

松杉纲现存有南洋杉科(Araucariaceae)、松科(Pinaceae)、杉科(Taxodiaceae)、柏科(Cupressaceae)、罗汉松科(Podocarpaceae)、三尖杉科(粗榧科 Cephaloaxaceae)、红豆杉科(紫杉科 Taxaceae)7 科,57 属,600 余种。我国常见有 6 科,23 属,约 150 种。分布遍及全国,许多种类形成森林。常见植物有油松(*Pinus tabuliformis* Carr.)、马尾松(*P. massoniana* Lamb.)、雪松(*Cedrus deodara* G. Don)、水杉(*Metasequoia glyptostroboides* Hu et Cheng)、杉木(*Cunninghamia lanceolata* Hook.)、侧柏(*Platycladus orientalis* Franco)、刺柏(*Juniperus formosana* Hayata)、龙柏(*Sabina chinensis* Ant.‘Kaizuca’)、圆柏(*J. chinensis* L.)、罗汉松(*Podocarpus macrophyllus* D. Don)、粗榧(*Cephalotaxus sinensis* Li)、红豆杉(*Taxus chinensis* Rehd.)(图 5-27)等。

4. 盖子植物纲(买麻藤纲)

大多数为灌木或木质藤本。次生木质部常具导管,无树脂道。叶对生或轮生,叶片细小膜质或绿色扁平,也有肉质呈带状。孢子叶球单生,异株或同株,孢子叶球外有类似于花被的盖被(或称假花被);胚珠1枚,包裹于盖被内,珠被1~2层,具珠孔管;精子无纤毛;颈卵器极其退化或无;成熟大孢子叶球球果状、浆果状或细长穗状。种子包于由盖被发育而成的假种皮中,种皮1~2层,胚乳丰富,胚具2枚子叶。

图5-27 常见松柏纲植物(周云龙,2004)

A. 油松;B. 杉木;C. 水杉;D. 罗汉松;E. 红豆杉;F,G. 粗榧;H. 刺柏;I. 圆柏;J. 侧柏

盖子植物纲现存有麻黄科(Ephedraceae)、买麻藤科(倪藤科 Gnetaceae)和百岁兰科(Welwitschiaceae)3科3属,约80种。我国有2科,2属,约19种,分布遍及全国。常见植物有草麻黄(*Ephedra sinica* Stapf)、木贼麻黄(*E. equisetina* Bge.)、买麻藤(*Gnetum montanum* Markgr.)(图5-28)等。

裸子植物大多数为乔木,是构成森林群落的主要树种,其在调节气候,水土保持,维持生态平衡方面起到了重要的作用。针叶木材也是重要的民生材料。许多裸子植物的种子可食用或榨油,如华山松(*Pinus armandii* Franch.)、红松(*P. koraiensis* Sieb. et Zucc.)、香榧(*Torreya grandis* Fort. et Lindl. 'Merrillii')、买麻藤等。松树的花粉是一种极具推广价值的营养保健品。苏铁的种子、银杏和侧柏的枝叶及种子、麻黄属全株均可入药。粗榧和红豆杉的枝、叶

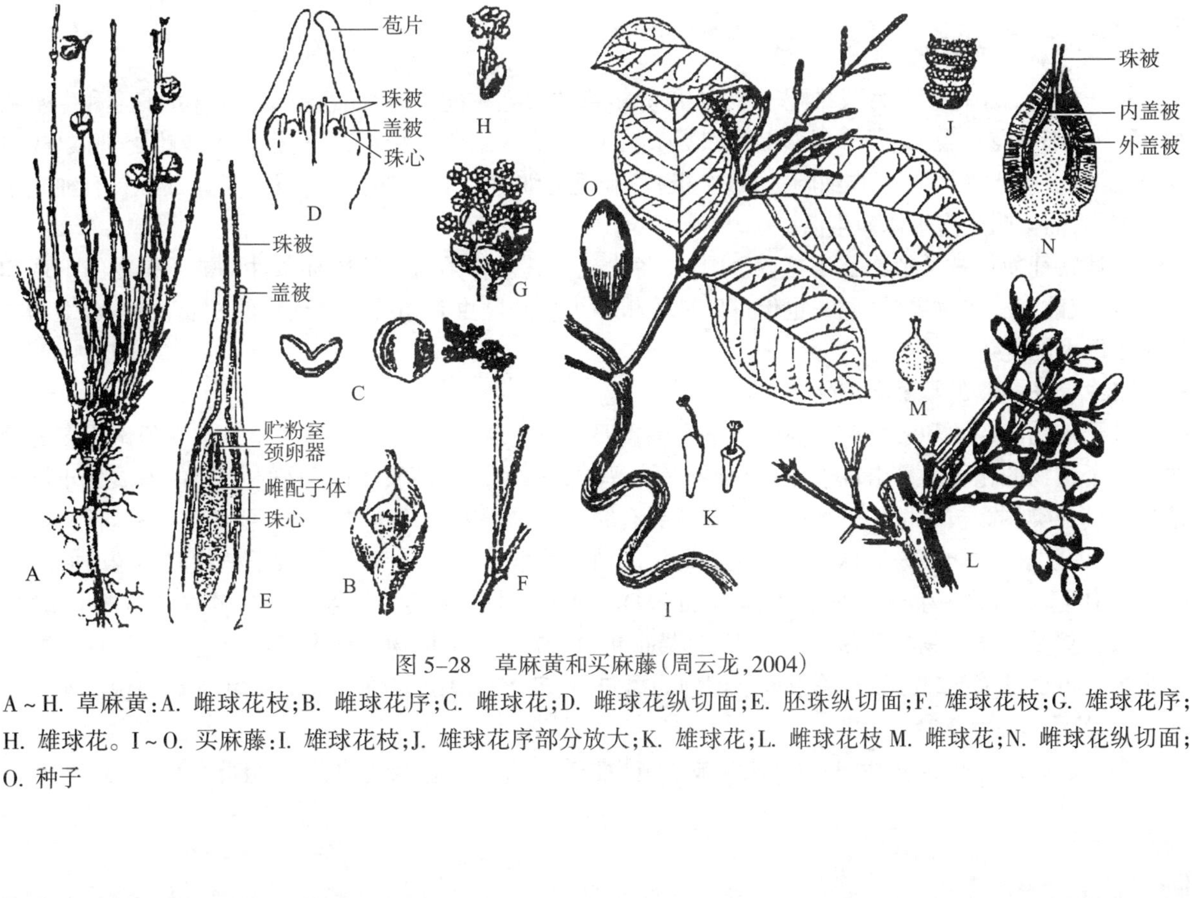

图5-28 草麻黄和买麻藤(周云龙,2004)

A~H. 草麻黄:A. 雌球花枝;B. 雌球花序;C. 雌球花;D. 雌球花纵切面;E. 胚珠纵切面;F. 雄球花枝;G. 雄球花序;H. 雄球花。I~O. 买麻藤:I. 雄球花枝;J. 雄球花序部分放大;K. 雄球花;L. 雌球花枝 M. 雌球花;N. 雌球花纵切面;O. 种子

及种子中含有的三尖杉碱、紫杉醇等，具有抗癌活性。大多数裸子植物树形优美，常绿，是良好的庭院绿化植物。

五、被子植物

（一）主要特征

被子植物是现代植物界最进化、最完善、分布最广、种类最多的一个植物类群，在地球上占绝对优势。和裸子植物相比，被子植物具有以下五个进化特征。

1. 具有真正的花

被子植物的花有花萼、花冠、雄蕊群和雌蕊群等部分组成，各部分在形态、数量上变化多样，这些变化是在进化过程中，适应于多种传粉方式，经过自然选择，得以保留并不断加强形成。

2. 具有雌蕊和果实

雌蕊由子房、花柱和柱头三个部分组成，胚珠包被在子房内，得到子房的保护；子房受精后，子房壁发育成果皮，对种子有保护作用，果实具有多种类型，多种开裂方式，表面具有各种钩、刺、翅、毛等结构，有助于种子的散布。

3. 具有双受精现象

有性生殖过程中有双受精现象，产生三倍体胚乳，幼胚以三倍体的胚乳为营养，使得新植物体具有更强的生活力和适应性。

4. 孢子体高度发达

孢子体在形态、结构、生活型等方面更具多样性。在内部结构上，具有多种类型的组织分化，输导组织更加完善，木质部分化出导管和木纤维，韧皮部分化出筛管、伴胞和韧皮纤维。导管、筛管、伴胞担任输导功能，而木纤维和韧皮纤维担任支持功能，输导组织的完善使体内物质运输畅通，机械支持能力加强，能够供应和支持总面积大得多的叶片，增加了光合作用。上述特征使被子植物具有强有力的生存竞争能力。

5. 配子体极度简化

被子植物的小孢子发育成雄配子体，大部分植物的成熟雄配子体（花粉粒）只有营养细胞和生殖细胞，称为 2 细胞花粉粒；或者含营养细胞和 2 个精子，称为 3 细胞花粉粒；大孢子发育成雌配子体（成熟胚囊），含卵细胞、助细胞、中央细胞（含 2 个极核）和反足细胞共 7 个细胞。雌雄配子体都不具有独立生活的能力，需依附于孢子体而生活。

上述特征使得被子植物在生存竞争中，具备优越于其他各类植物的内部条件。被子植物的出现和繁荣，不仅改变了植物界的面貌，也促进以被子植物为食的昆虫和相关哺乳动物的发展，使整个生物界发生了巨大的变化。

（二）被子植物的起源和演化

被子植物的起源和演化是当前生物学中最重要的研究课题之一，也是历来植物学界争论最多的论题。被子植物的化石大量出现于 1.3 亿年前的白垩纪，化石资料证明，在白垩纪木兰目的发展先于被子植物的其他类群。被子植物不可能一开始就具有完善的输导组织及花、果结构，要经过萌芽阶段、适应阶段、扩展阶段，才能成为地球上的占统治地位的植物类群。因此，一般认为被子植物的起源时间应不晚于 2.51 亿年前的中生代三叠纪（张宏达，1994）。现在热带地区集中保存了许多较古老的被子植物，大多数人接受被子植物在热带起源的观点（吴征镒，1977）。被子植物在许多特征上的一致性使多数人主张被子植物是单系起源的。关于被子植物的祖先，有多元起源说、二元起源说和单元起源说。

1. 多元起源说

多元起源说（polyphyletic theory）认为被子植物来自于多个不相亲近的类群，彼此平行发展。

2. 二元起源说

二元起源说(diphyletic theory)认为被子植物来自两个不同的祖先类群,两者不存在直接的关系,而是平行发展的。

3. 单元起源说

单元起源说(monophyletic theory)现代多数植物学家主张被子植物单元起源,主要依据是被子植物具有许多独特和高度特化的特征,如雄蕊都有4个孢子囊和特有的药室内壁。孢子叶(心皮)和柱头的存在,雌雄蕊在花轴上排列的位置固定不变;双受精现象和三倍体的胚乳;花粉萌发,花粉管通过退化的助细胞进入胚囊以及筛管和伴胞的存在,为此,被子植物只能来源于一个共同的祖先。

关于被子植物的系统演化路线,比较流行的有假花学说(pseudoanthial theory)和真花学说(euanthial theory)(图5-29)。

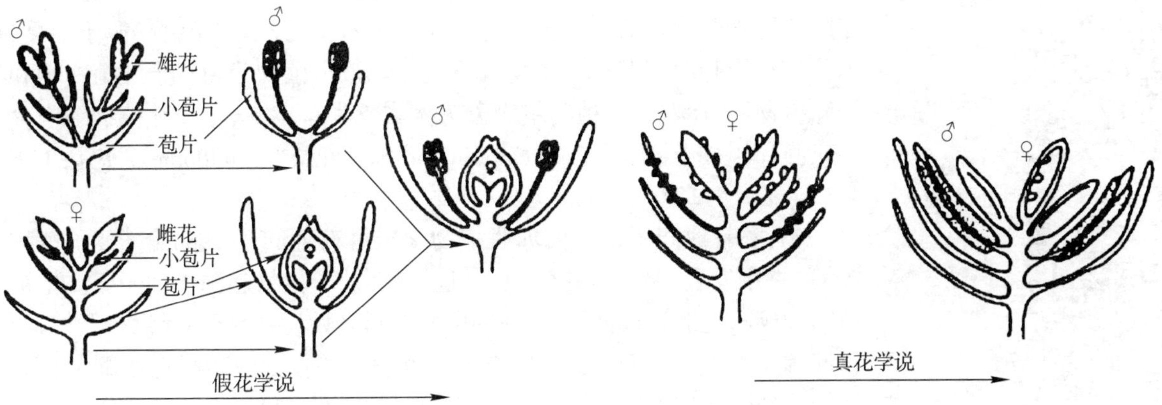

图5-29 假花学说和真花学说(严铸云,2015)

1. 假花学说

也称为恩格勒学派,以德国植物学家恩格勒(A. Engler)为代表,认为被子植物的花是由裸子植物的单性孢子叶球穗演化而来,并设想小孢子叶球的苞片演变成花被,大孢子叶球的苞片演变为心皮;每个小孢子叶球的小苞片简化消失后,只剩下一细长的柄,柄顶端具数个小孢子囊;而大孢子叶球的小苞片消失后仅剩下胚珠,着生子房基部。因为裸子植物尤其是麻黄和买麻藤都是以单性花为主,故设想原始的被子植物具单性花,两性花是由单性花演变而来。现代被子植物的柔荑花序类具有单性花、无被花、风媒花和木本,如杨柳目等是被子植物的原始类群。

2. 真花学说

也称毛茛学派,由哈笠尔(Hallier)提出,柏施(Bessey)和哈钦松(J. Huchinson)进一步发展了该学说。该学说认为被子植物的花是由裸子植物(本内苏铁)两性孢子叶球演化而来,其孢子叶球基部的苞片演变成花被,小孢子叶演变为雄蕊,大孢子叶演变为雌蕊(心皮),孢子叶球的轴则缩短演变为花轴或花托,单性花由两性花演变而来。现代被子植物中的多心皮类,尤其是木兰目植物是被子植物的原始类群。

(三)被子植物分类

1. 被子植物分类系统

19世纪以来,植物分类学者根据被子植物的系统演化理论提出了许多分类系统,影响比较大的有恩格勒分类系统、哈钦松分类系统、塔赫他间(Takhtajan)的分类系统和克朗奎斯特(A. Cronquist)分类系统等。我国植物学家张宏达、吴征镒也提出新的分类系统

(1) 恩格勒系统 由德国植物学家恩格勒和柏兰特(K. Prantl)1897年在《植物自然分科志》一书中

图 e5-11 恩格勒系统

图 e5-12 哈钦松系统

图 e5-13 塔赫他间系统

图 e5-14 克朗奎斯特系统

发表，以假花学说为基础，双子叶植物以柔荑花序类为原始类群，合瓣花被认为是较为进化的类群。恩格勒系统把植物界分为 13 个门，被子植物是第 13 个门中的一个亚门，计 45 目，280 科。恩格勒的分类系统几经修订，1964 年第 12 版把植物界分为 17 个门，其中被子植物独立为门，分为双子叶植物纲和单子叶植物纲，包括 62 目 344 科。

恩格勒系统是植物分类学上第一个比较完整的自然分类系统，目前除了英法以外，大部分国家都使用该系统。我国的《中国植物志》、多数地方植物志和植物标本馆都采用该系统（图 e5-11）。

（2）哈钦松系统　由英国植物学家哈钦松于 1926 年在《有花植物科志》中依据真花学说提出，认为两性花比单性花原始，花部分离，多数，螺旋状排列的比花各部合生、定数、轮生的原始，虫媒比风媒原始。多心皮类包括木兰目和毛茛目是最原始的。单被花和无被花是次生的，来源于双被花类；柔荑花序类群较进化。双子叶木本植物起源于木兰目，草本植物起源于毛茛目。单子叶植物起源于双子叶植物的毛茛目。被子植物分为双子叶植物纲和单子叶植物纲，在双子叶植物纲中分为木本支和草本支；单子叶植物纲中分为萼花群（calyciferae）、冠花群（corolliferae）和颖花群（clumiflorae）。包括 111 目 411 科（图 e5-12）。

（3）塔赫他间系统　由苏联植物学家塔赫他间于 1954 年《被子植物起源》一书中发表，坚持真花学说，但是，认为被子植物起源于种子蕨。把被子植物分成木兰纲和百合纲，木兰纲由木兰目开始，百合纲由泽泻目开始，泽泻目起源于睡莲目；打破了把双子叶植物（木兰纲）分为离瓣花亚纲和合瓣花亚纲的分类。被子植物设 11 亚钢 20 超目 94 目 438 科（图 e5-13）。

（4）克朗奎斯特系统　由美国植物学家克朗奎斯特于 1957 年《双子叶植物目科新系统纲要》中首次发表，1965 年和 1966 年加以修改，1968 年在《有花植物的分类和演化》中完善发表，接近于塔赫他间的分类系统和演化观点，把被子植物门（称木兰植物门）分成木兰纲和百合纲，取消了超目等级，把木兰亚纲和毛茛亚纲合并成木兰亚纲，把被子植物分为 10 个亚纲 74 目 354 科（图 e5-14）。

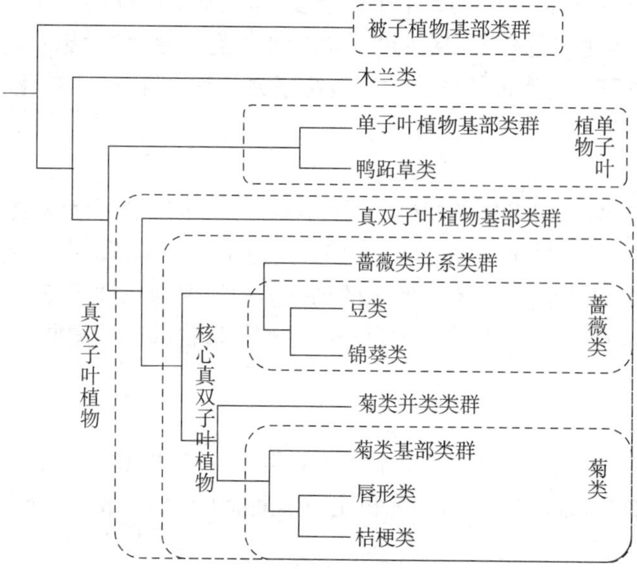

图 5-30　APG Ⅳ系统

（5）APG 系统　被子植物种系发生学组（the angiosperm phylogeny group，APG）在 1998 年出版的《被子植物 APG 分类法》中提出的一种对于被子植物的现代分类法。把分子系统学原理应用到整个有花植物的分类中，以分支分类学和分子系统学为研究方法，主要依照植物的 3 个基因组 DNA 的序列，包括 2 个叶绿体和 1 个核糖体的基因编码，以单系原则界定植物分类群。该系统于 2003 年、2009 年和 2016 年三次进行修订，目前最新版本是 APG Ⅳ系统（图 5-30）。

2. 被子植物形态构造的演化规律和分类原则

基于目前大多数植物分类学者对植物形态特征演化趋势的认识，一般公认的被子植物形态构造的演化规律和分类原则如表 5–2。

表 5–2 被子植物形态构造的演化规律和分类原则

	初生的、较原始的特征	次生的、进化的特征
根	主根发达	不定根发达
茎	木本	草本
	直立	藤本
	木质部无导管有管胞	木质部有导管
叶	单叶	复叶
	互生或螺旋排列	对生或轮生
	常绿	落叶
	有叶绿素，自养	无叶绿素，腐生、寄生
花	单生	有花序
	花部螺旋排列	花部轮生
	花托柱状或稍隆起	花托平或下凹，有时在中央部分隆起
	花组成部分数目多	花组成部分数目较少，定数
	两被花	单被花或无被花
	萼片、花瓣分离	萼片、花瓣合生
	花冠辐射对称	花冠两侧对称
	雄蕊多数，离生	雄蕊定数，合生
	心皮离生，多数	心皮二至多数，合生
	子房上位	子房下位或半下位
	两性花	单性花
	虫媒花	风媒花
果实	单果	聚花果
	蓇葖果、蒴果、瘦果	核果、浆果
种子	种子多	种子少
	胚小，胚乳丰富，子叶二至多数	胚较大，胚乳少或无，子叶 1 枚
寿命	多年生	一或二年生乃至短命植物

在应用被子植物形态构造的演化规律和分类原则分析一个植物类群时，不能孤立地、片面地仅仅依据少量性状就给分类类群下一个原始还是进化的结论，要全面、客观、综合地进行分析与比较，才能得出比较客观的正确结论。

现存被子植物共有 2 个纲，300 ~ 400 个科，1 万多个属，25 万种以上。我国有 2 700 多属，约 3 万种被子植物。

3. 被子植物常见科

双子叶植物纲（木兰纲） 子叶 2 枚。大多数植物是直根系。茎内有形成层，维管束排列成圆环状。常为网状叶脉。花大多数为 4 ~ 5 基数，花粉具 3 个萌发孔。

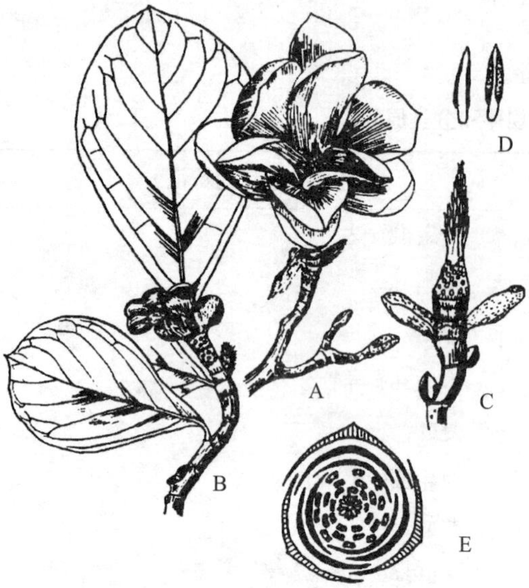

图 5-31　玉兰(周云龙,2004)
A. 花枝;B. 果枝;C. 雌蕊群;D. 雄蕊(背腹面);E. 花图示

图 5-32　毛茛(周云龙,2004)
A. 植株;B. 花纵剖;C. 花瓣;D. 花瓣;E. 子房纵剖;F. 聚合瘦果;G. 瘦果;H. 花图式;I. 雌蕊

单子叶植物纲(百合纲)　子叶 1 枚。大多数植物是须根系。茎内无形成层,维管束散生排列。常为平行叶脉。花大多数为 3 基数。花粉具 1 个萌发孔。

(1) 木兰科(Magnoliaceae)　木本,单叶互生,节上有环状托叶环。花单生,花托伸长;花被呈花瓣状,雄蕊多数,分离,螺旋状排列;雌蕊多数,分离,螺旋状排列。蓇葖果。本科有 12 属,220 种,大多数分布于亚洲的热带和亚热带。我国有 11 属,130 余种。常见有玉兰[*Yulania denudata*(Desr.) D. L. Fu](图 5-31)、荷花玉兰(*Magnolia grandiflora* L.)、紫玉兰[*Y. liliiflora*(Desr.) D. C. Fu]、鹅掌楸(*Liriodendron chinense* Sargent.)等栽培供观赏。

(2) 毛茛科(Ranunculaceae)　大多数为草本。叶分裂或复叶。花两性,5 基数;花萼和花瓣均离生;雄蕊和雌蕊多数,离生,螺旋状排列于膨大的花托上。聚合瘦果。本科有 50 属,2 000 种,广布于世界各地,多见于北温带与寒带。我国有 40 属,约 707 种。常见有毛茛(*Ranunculus japonicus* Thunb.)(图 5-32)、黄连(*Coptis chinensis* Franch.)、乌头(*Aconitum carmichaelii* Debx)、升麻(*Cimicifuga foetida* L.)等可以药用。翠雀属(*Delphinium*)、耧斗菜属(*Aquilegia*)等花美丽,可以观赏绿化。

(3) 杨柳科(Salicaceae)　木本,单叶互生。花单性,雌雄异株,柔荑花序;无花被,有花盘或蜜腺,侧膜胎座。蒴果,种子微小,基部有多数丝状长毛。本科有钻天柳属、杨属和柳属 3 属,620 多种,主产北温带,我国产 3 属,320 余种。常见有毛白杨(*Populus tomentosa* Carr.)(图 5-33)、银白杨(*P. alba* L.)、小叶杨(*P. simonii* Carr.)、垂柳(*Salix babylonica* L.)(图 5-33)、旱柳(*S. matsudana* Koidz.)等是我国北部防护林和绿化的主要树种。

(4) 十字花科(Cruciferae)　草本,常有辛辣汁液。单叶互生,无托叶,叶常异型,基生叶多莲座状。花两性,整齐;萼片 4 枚;十字花冠;四强雄蕊;子房有 2 个侧膜胎座,具假隔膜。角果。本科有 350 属,约 3 200 种,全球分布,主产北温带。我国产 95 属,425 种,124 变种,引种 7 属,20 余种。芸薹属(*Brassica*)和萝卜属(*Raphanus*)有多种常见蔬菜,如甘蓝(*Brassica oleracea* var. *capitata* L.)、花椰菜(*B. oleracea* var. *botrytis* L.)、白菜(*B. pekinensis* Rupr.)、青菜(*B. rapa* var. *chinensis* Kitamura)、擘蓝(*B. caulorapa* Pasq.)、芥菜(*B. juncea* Czern. et Coss.)、榨菜(*B. juncea* var. *tumida* Tsen et Lee)、萝卜(*Raphanus sativus* L.)等是日常主要的蔬菜。芸薹(油菜)(*B. rapa* L. var. *oleifera* DC.)(图 5-34)是重要的油料植物。欧洲菘蓝(*Isatis tinctoria* L.)的根作"板蓝根"入药,叶制蓝靛,作"青黛"入药,亦为染料。独行

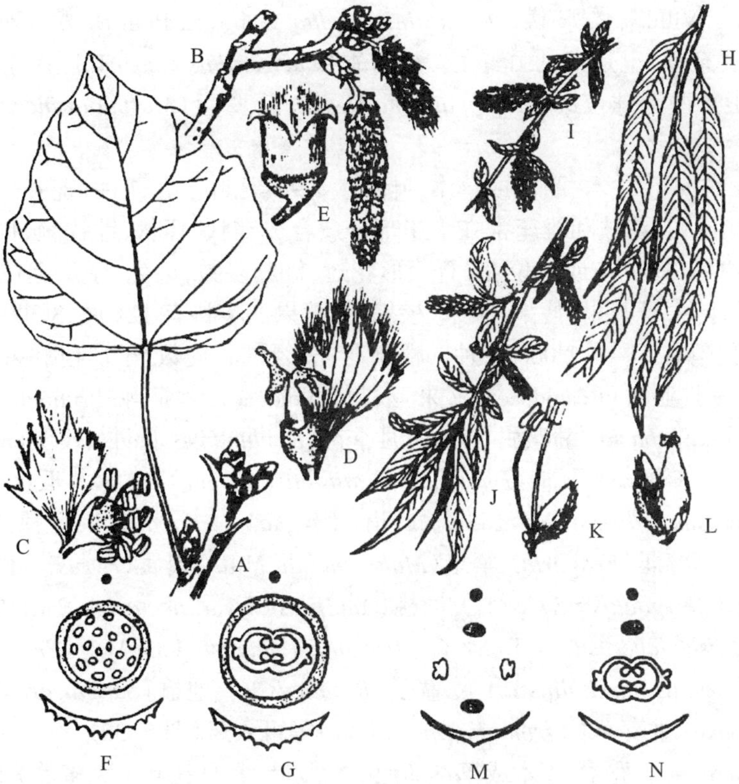

图 5-33 毛白杨和垂柳(周云龙,2004)

A~G. 毛白杨:A. 叶枝;B. 雄枝;C. 雄花;D. 雌花;E. 蒴果;F. 雄花花图式;G. 雌花花图式。H~N. 垂柳:H. 叶枝;I. 雄枝;J. 雌枝;K. 雄花;L. 雌花;M. 雄花花图式;N. 雌花花图式

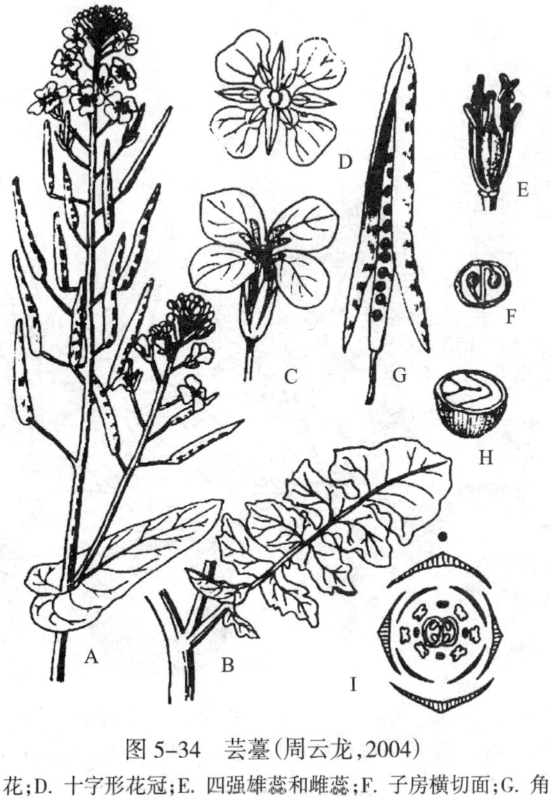

图 5-34 芸薹(周云龙,2004)

A. 花果枝;B. 中下部叶形;C. 花;D. 十字形花冠;E. 四强雄蕊和雌蕊;F. 子房横切面;G. 角果;H. 种子横切面;I. 花图式

菜(*Lepidium apetalum* Willd.)、播娘蒿(*Descurainia sophia* Webb. ex Prantl)、荠(*Capsella bursa-pastoris* Medic.)等是麦田主要杂草,也是常见山野菜。桂竹香(*Cheiranthus cheiri* L.)、诸葛菜(*Orychophragmus violaceus* O. E. Schulz)、香雪球(*Lobularia maritima* Desv.)、紫罗兰(*Matthiola incana* R. Br.)等可栽培观赏。

(5) 蔷薇科(Rosaceae)　乔木、灌木或草本,叶互生,多具托叶。花两性,整齐;花托凸起、平坦或凹陷;花部5基数,轮状排列,花被和雄蕊常在下半部分愈合成碟状、杯状、钟状、坛状的托杯。花被和雄蕊均着生在托杯的边缘,周位花或上位花;蔷薇形花冠,雄蕊多数,离生,子房上位、下位或半下位,心皮一至多数,分离或合生,蓇葖果、瘦果、梨果、核果,稀蒴果。本科有124属,3 300余种,全世界分布,主产北半球温带。我国有51属,1 000余种。根据花托形状、心皮数、子房位和果实特征分为绣线菊亚科(Spiraeoideae)、蔷薇亚科(Rosoideae)、苹果亚科(Maloideae)、李亚科(Prunoideae)。常见有绣线菊属(*Spiraea*)、珍珠梅属(*Sorbaria*)、蔷薇属(*Rosa*)、月季花(*R. chinensis* Jacq.)、玫瑰(*R. rugosa* Thunb.)、垂丝海棠(*Malus halliana* Koehne)、石楠(*Photinia serratifolia* Kalkman)、皱皮木瓜(*Chaenomeles speciosa* Nakai)、东京樱花(*Cerasus yedoensis* Yu et Li)、榆叶梅(*Amygdalus triloba* Ricker)、棣棠花(*Kerria japonica* DC.)等栽培作观赏。草莓属(*Fragaria*)、苹果(*Malus pumila* Mill.)、梨属(*Pyrus*)、山楂属(*Crataegus*)、枇杷属(*Eriobotrya*)、桃(*Amygdalus persica* L.)、油桃(*Am. persica* var. *nectarina* Sol.)、梅(*Armeniaca mume* Sieb.)、樱桃(*Cerasus pseudocerasus* G. Don)、杏(*Armeniaca vulgaris* Lam.)、李(*Prunus salicina* Lindl.)等是常见水果。茅莓(*Rubus parvifolius* L.)、复盆子(*R. idaeus* L.)、地榆(*Sanguisorba officinalis* L.)、蛇莓(*Duchesnea indica* Focke)、龙芽草(*Agrimonia pilosa* Ldb.)等可入药(图5-35)。

(6) 豆科(Leguminosae)　乔木、灌木或草本,叶互生,复叶,常具托叶。大多数为蝶形或假蝶形花冠,花瓣5枚,雄蕊10枚至多数,心皮1个,1室,荚果。本科有650属,18 000种,广布全世界。我国有172属,1 485种,13亚种,153变种。根据花的形状、花瓣排列方式和雄蕊类型分为含羞草亚科(Mimosoideae)、云实亚科(Caesalpinioideae)和蝶形花亚科(Papilionoideae)。常见有合欢(*Albizia julibrissin* Durazz.)、皂荚(*Gleditsia sinensis* Lam.)、台湾相思(*Acacia confusa* Merr.)、洋紫荆(*Bauhinia variegata* L.)、槐(*Sophora*

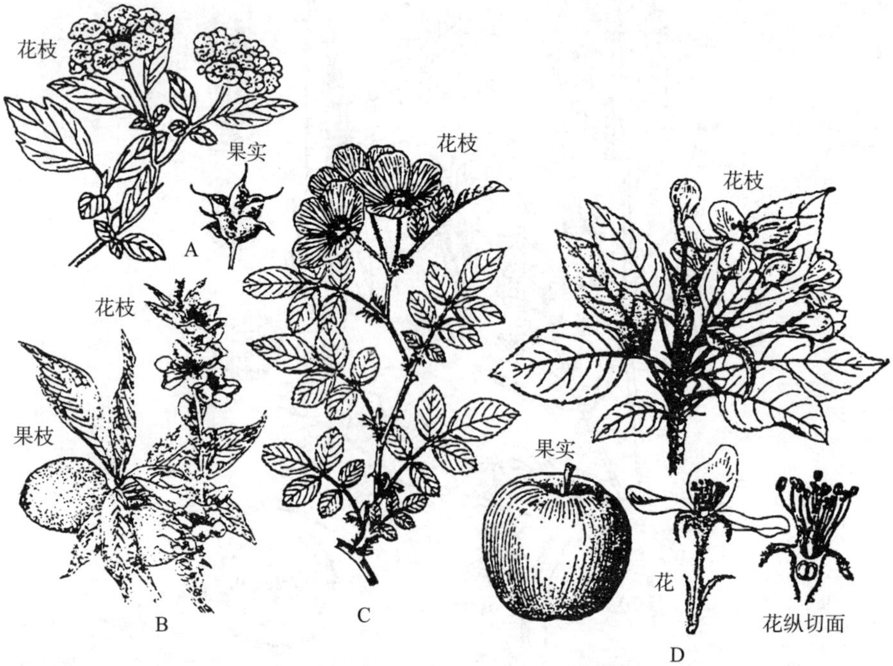

图5-35　常见蔷薇科植物(牛春山,1990;贺学礼,2010)

A. 麻叶绣线菊;B. 桃;C. 蔷薇;D. 苹果

japonica Linn.)、刺槐(*Robinia pseudoacacia* Linn.)等。含羞草(*Mimosa pudica* Linn.)、云实(*Caesalpinia decapetala* Alston)、紫荆(*Cercis chinensis* Bunge)、香豌豆(*Lathyrus odoratus* Linn.)、紫藤(*Wisteria sinensis* Sweet)等栽培观赏。决明(*Senna tora* Roxb.)、甘草(*Glycyrrhiza uralensis* Fisch.)、黄耆(膜荚黄耆)(*Astragalus membranaceus* Bunge)、鱼藤(*Derris trifoliata* Lour.)、苦参(*Sophora flavescens* Alt.)、槐等作药用。木蓝(*Indigofera tinctoria* Linn.)、苏木(*Caesalpinia sappan* Linn.)等作染料。菽麻(*Crotalaria juncea* L.)、田菁(*Sesbania cannabina* Poir.)、葛(*Pueraria montana* Merr. var. *lobata*)等韧皮纤维作麻用。紫檀(*Pterocarpus indicus* Willd.)、黄檀(*Dalbergia hupeana* Hance)等为优良的木材。苜蓿属(*Medicago*)、车轴草属(*Trifolium*)、野豌豆属(*Vicia*)、兵豆属(*Lens*)、猪屎豆属(*Crotalaria*)、田菁、葛等是优良牧草。大豆(*Glycine max* Merr.)、落花生(*Arachis hypogaea* Linn.)、豌豆(*Pisum sativum* Linn.)、蚕豆(*Vicia faba* L.)、豇豆(*Vigna unguiculata* Walp.)、菜豆(*Phaseolus vulgaris* Linn.)、赤豆(*Vigna angularis* Ohwi et Ohashi)、绿豆(*V. radiata* Wilczek)、刀豆(*Canavalia gladiata* DC.)、木豆(*Cajanus cajan* Millsp.)、扁豆(*Lablab purpureus* Sweet)等是常见豆类作物(图 5-36)。

(7) 大戟科(Euphorbiaceae)　乔木、灌木或草本,常含乳汁。多为单叶,具托叶。聚伞花序、杯状花序、总状花序和穗状花序。单性花,有花盘或腺体,子房上位,常 3 室,中轴胎座,胚珠悬垂。多为蒴果。本科约 300 属,8 000 种,广布全世界,主产热带。我国约有 66 属,360 余种。本科是一个热带性大科,多为橡胶、油料、药材、鞣料、淀粉、观赏及用材等经济植物,具有重要的经济价值。常见有油桐(*Vernicia fordii* Airy Shaw)、蓖麻(*Ricinus communis* L.)等可提取油脂,桐油是我国著名的特产。橡胶树(*Hevea brasiliensis* Muell. Arg.)是优良的橡胶植物。泽漆(*Euphorbia helioscopia* L.)、大戟(*E. pekinensis* Rupr.)

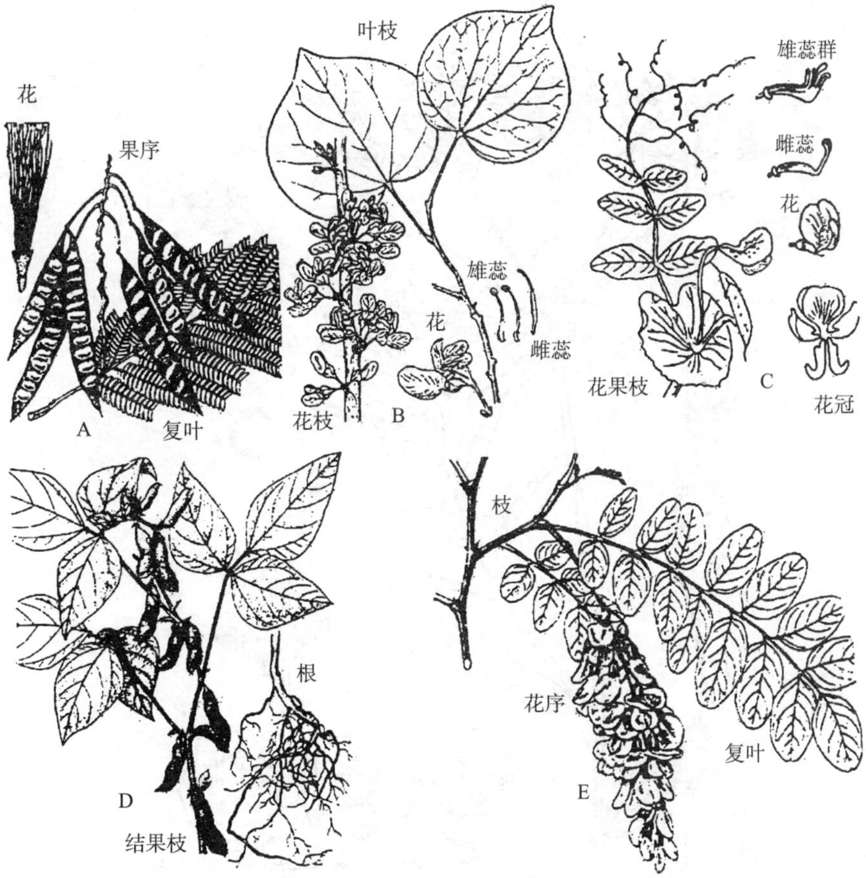

图 5-36　常见豆科植物(贺学礼,2010)

A. 合欢;B. 紫荆;C. 豌豆;D. 大豆;E. 刺槐

(图 5-37)、巴豆(*Croton tiglium* L.)等可入药。木薯(*Manihot esculenta* Crantz)块根含大量淀粉，可供食用。一品红(*E. pulcherrima* Willd. et Kl.)常栽培供观赏。

(8) 山茶科(Theaceae)　乔木或灌木，叶常革质，花单生或聚生。萼片 5～7，花瓣常为 5，稀 4 或多数，雄蕊多，离生或稀为合生，子房上位，稀下位，2～10 室，中轴胎座，每室二至多数胚珠。木质蒴果或为核果状。本科有 20 属，200 多种，分布于热带和亚热带，我国有 15 属，近 200 种，主要分布在长江以南，尤其是西南地区。山茶科以山茶属(*Camellia*)为代表，山茶属有 80 种，我国产 65 种。茶(*C. sinensis* O. Ktze)是世界四大饮料之一，我国的茶世界闻名。油茶(*C. oleifera* Abel.)产南方，其子实榨油食用；滇山茶(*C. reticulata* Lindl.)花大而美丽，品种众多，是我国三大名花之一；金花茶(*C. petelotii* Sealy)花金黄色，仅产于广西西南部小范围内，是国家一级保护植物。

(9) 伞形科(Umbelliferae)　草本。叶互生，叶片分裂或复叶，常有鞘状叶柄。复伞形花序。5 基数花，雄蕊和花瓣同数，互生，子房下位，2 室，每室有 1 胚珠；花柱 2，基部常膨大成花柱基(stylopodium)，即上位花盘。双悬果。本科约 300 属，3 000 种，分布于北温带、亚热带或热带的高山上。我国约有 90 属，500 多种。常见有胡萝卜(*Daucus carota* L. var. *sativus* Hoffm.)(图 5-38)、芫荽(*Coriandrum sativum* L.)、旱芹(芹菜)(*Apium graveolens* L.)、茴香(*Foeniculum vulgare* Mill.)等为常见蔬菜。当归(*Angelica sinensis* Diels)、北柴胡(*Bupleurum chinense* DC.)、前胡(白花前胡)(*Peucedanum praeruptorum* Dunn)、防风(*Saposhnikovia divaricata* Schischk.)、川芎(*Ligusticum* chuanxiong Hort.)等供药用。

(10) 茄科(Solanaceae)　草本或木本，单叶互生。花两性，整齐，5 基数；具花盘，常位于子房之下，心皮 2，2 室，胚珠多数。浆果或蒴果。本科约 80 属，3 000 种，广布于温带及热带地区，美洲热带种类最多。我国 24 属 105 种。茄(*Solanum melongena* L.)(图 5-39)、阳芋(*S. tuberosum* L.)、辣椒(*Capsicum annuum* L.)、

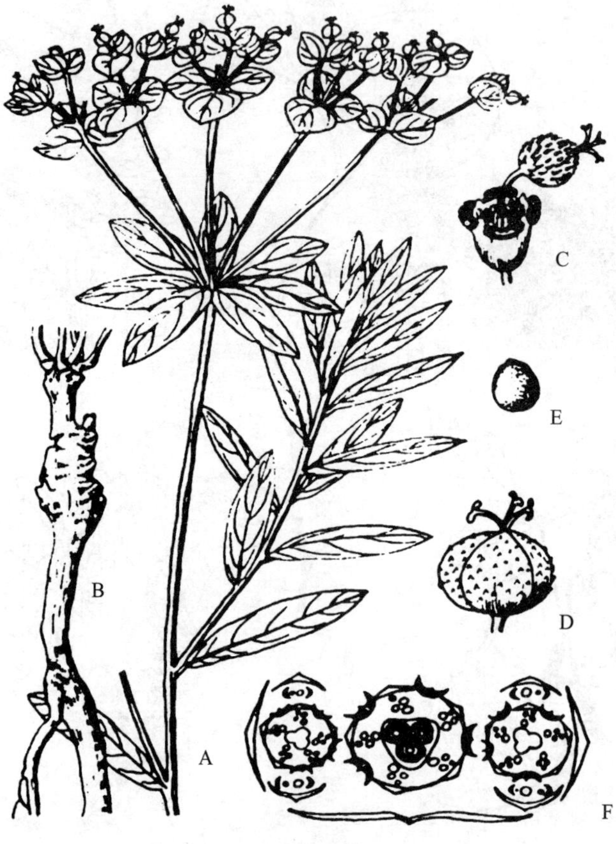

图 5-37　大戟(周云龙，2004)

A. 花枝；B. 根；C. 杯状聚伞花序；D. 果实；E. 种子；F. 花图式

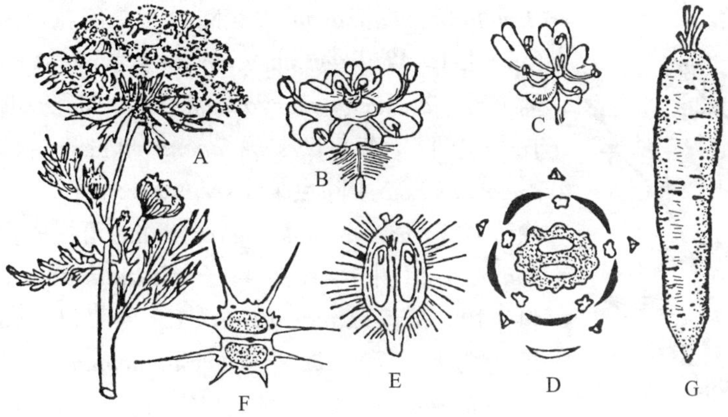

图 5-38 胡萝卜(贺学礼,2010)

A. 花枝;B. 花序中间的花;C. 花序的边花;D. 花图式;E. 果实的纵切面;F. 果实的横切面;G. 肉质直根

菜椒(*C. annuum* L. var. *grossum* Sendt.)、朝天椒(*C. annuum* L. var. *conoides* Irish)、番茄(*Lycopersicon esculentum* Mill.)等为常见蔬菜。龙葵(*S. nigrum* L.)、洋金花(*Datura metel* L.)、曼陀罗(*D. stramonium* Linn.)、枸杞(*Lycium chinense* Mill.)、宁夏枸杞(*L. barbarum* L.)、山莨菪(*Anisodus tanguticus* Pascher)、天仙子(莨菪)(*Hyoscyamus niger* L.)、颠茄(*Atropa belladonna* L.)、酸浆(*Physalis alkekengi* L.)、白英(*S. lyratum* Thunb.)等供药用。烟草(*Nicotiana tabacum* L.)叶为卷烟和烟丝的原料。木本曼陀罗(*D. arborea* L.)、夜香树(*Cestrum nocturnum* L.)、碧冬茄(*Petunia hybrida* Vilm.)等栽培供观赏。

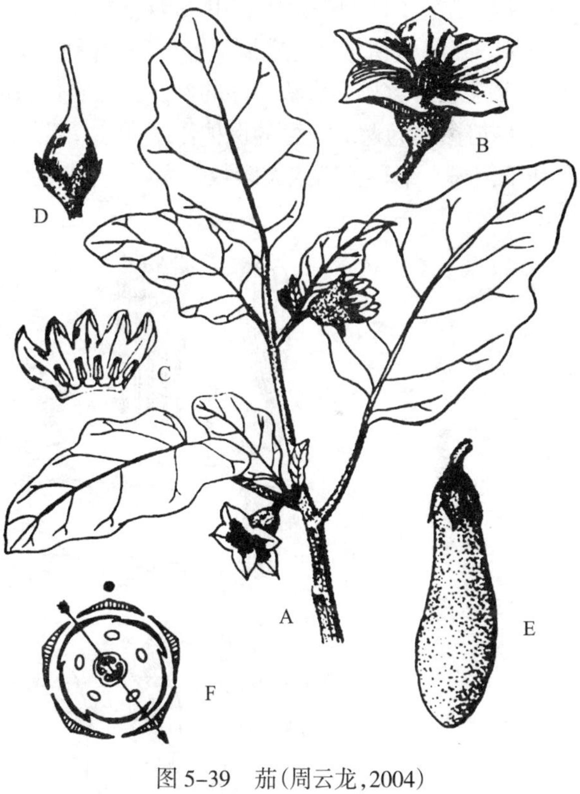

图 5-39 茄(周云龙,2004)

A. 花枝;B. 花;C. 冠生雄蕊;D. 花萼和雌蕊;E. 果实;F. 花图式

(11) 茜草科(Rubiaceae) 乔木、灌木或草本。单叶,对生或轮生,常全缘;具托叶。花整齐,4 或 5 基数,子房下位,2 室,胚珠一至多数。蒴果、核果或浆果。本科约 450 属,5 000 种以上,广布于全球热带和亚热带,少数产温带。我国有 70 余属,450 余种。常见有茜草(*Rubia cordifolia* L.)(图 5-40)、猪殃殃(*Galium aparine* Linn. var. *tenerum* Rchb.)、巴戟天(*Morinda officinalis* How)、鸡矢藤(*Paederia scandens* Merr.)、小粒咖啡(*Coffea arabica* L.)、金鸡纳树(*Cinchona ledgeriana* Moens ex Trim.)等供药用。尤其是金鸡纳树树皮含奎宁(quinine),治疟疾特效。咖啡还是著名饮料。龙船花(*Ixora chinensis* Lam.)、六月雪(*Serissa japonica* Thunb.)等栽培供观赏。

(12) 菊科(Compositae) 常为草本。叶互生。头状花序,有总苞。萼片不发育,常变态为冠毛状、刺毛状或鳞片状,合瓣花冠,聚药雄蕊,子房下位,1 室,1 胚珠,瘦果。本科约 1 000 属,25 000 种,广布全世界,热带较少。我国约 200 属,2 000 多种。根据花冠类型的不同、乳状汁的有无,通常分为管状花亚科和舌状花亚科。常见有艾(艾蒿)(*Artemisia argyi* Lévl. et Van.)、茵陈蒿(*A. capillaris* Thunb.)、野菊

图 5-40 茜草(汪劲武,2016)

A. 花枝;B. 花图示

(*Dendranthema indicum* Des Moul.)、雪莲花(*Saussurea involucrata* Sch.-Bip.)、苍耳(*Xanthium sibiricum* Patrin ex Widder)、牛蒡(*Arctium lappa* L.)、蒲公英(*Taraxacum mongolicum* Hand.-Mazz.)、佩兰(*Eupatorium fortunei* Turcz.)、蓟(大蓟)(*Cirsium japonicum* Fisch. ex DC.)、一枝黄花(*Solidago decurrens* Lour.)、除虫菊(*Pyrethrum cinerariifolium* Trev.)等均可药用。橡胶草(*Taraxacum kok-saghyz* Rodin)可提取橡胶。向日葵(*Helianthus annuus* L.)(图 5-41)、小葵子(*Guizotia abyssinica* Cass.)等是著名油料作物。莴苣(*Lactuca sativa* L.)、生菜(*L. sativa* L. var. *ramosa* Hort.)等为常见蔬菜。菊花(*Chrysanthemum morifolium* Ramat.)、大丽花(*Dahlia pinnata* Cav.)、百日菊(*Zinnia elegans* Jacq.)、秋英(*Cosmos bipinnatus* Cav.)、金光菊(*Rudbeckia laciniata* L.)、万寿菊(*Tagetes erecta* L.)、瓜叶菊(*Pericallis hybrida* B. Nord.)、雏菊(*Bellis perennis* L.)、非洲菊(*Gerbera jamesonii* Bolus)、翠菊(*Callistephus chinensis* Nees)等为庭园观赏植物。黑沙蒿(*Artemisia ordosica* Krasch)为良好的固沙植物。

菊科是被子植物进化历程中最年轻的科之一,化石出现于第三纪的渐新世,也是被子植物中最大的一个科。菊科植物萼片变成冠毛等结构,有利于果实远距离传播。一些种类具块茎、块根、匍匐茎或根状茎,有利于营养繁殖。头状花序的构造和虫媒传粉的高度适应,促进了菊科植物的发展与分化。菊科植物的头状花序,总苞起着花萼的保护作用,周边的舌状花具有招引传粉昆虫的作用,中间盘花数量的增加,更有利于传粉。菊科植物绝大多数是虫媒花,异花传粉,雄蕊先于雌蕊成熟。雄蕊的花药结合成药筒,药室

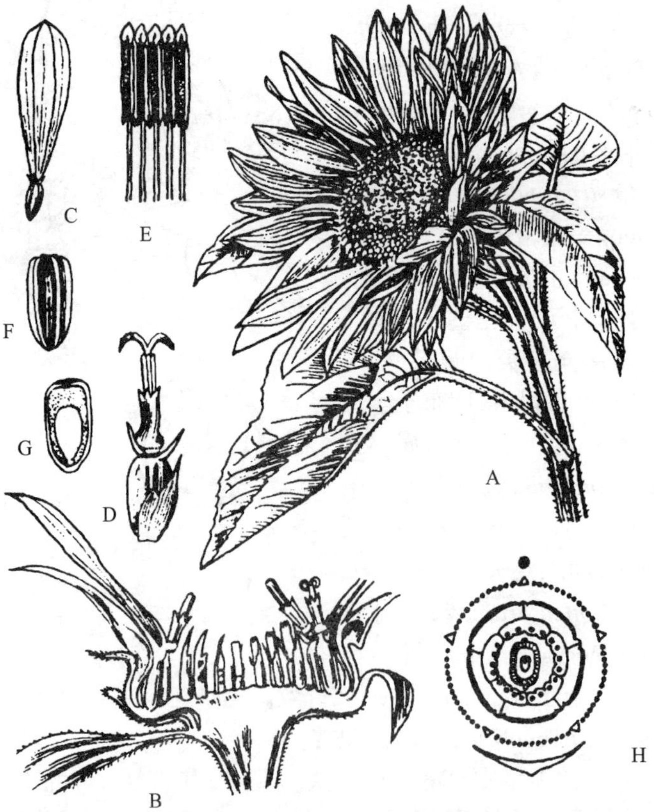

图 5-41 向日葵(周云龙,2004)

A. 植株上部;B. 头状花序纵切面;C. 舌状花;D. 管状花;E. 聚药雄蕊展开;

F. 瘦果;G. 瘦果纵切面;H. 花图式

内向开裂,成熟的花粉粒散落在花药筒内,花柱伸长生长时,柱头下面的毛环把花粉从花药筒内推出,花粉被来访的昆虫带走,雌蕊才开始成熟,接受传粉昆虫从另一个花序带来的花粉,完成异花传粉。

(12) 泽泻科(Alismataceae) 水生或沼生草本。具球茎或根状茎,叶常基生,具长柄,基部形成叶鞘。总状或圆锥花序。花两性或单性,花托凸起或扁平;两轮花被片。雄蕊 6 枚至多数,雌蕊 6 枚至多数,离生,螺旋排列或轮生,子房上位,胚珠 1 ~ 2 枚。聚合瘦果。本科约 13 属,90 余种,广布于全球;我国有 5 属,13 种。泽泻科植物常为淡水水域中的迅速定居者,在水生群落演替中常起着先锋种的作用。常见的有野慈姑(*Sagittaria trifolia* L.)、泽泻(*Alisma plantago-aquatica* Linn.)(图 5-42)等。慈姑球茎供食用,也入药。泽泻主产北方,也栽培观赏。

(13) 禾本科(Gramineae) 秆圆柱形,节明显,节间常中空。叶 2 列,叶鞘常开裂,常有叶舌或叶耳,小穗组成各式花序。颖果。本科约 700 属,10 000 余种,广布于世界各地。我国有 200 余属,1 200 余种。禾本科一般分为竹亚科(Bambusoideae)和禾亚科(Agrostidoideae)。常见有毛竹(*Phyllostachys edulis* J. Houz.)(图 5-43)、紫竹(*P. nigra* Munro)供建筑、制器具、编织、造纸等用,笋供食用。普通小麦(*Triticum aestivum* L.)(图 5-44)、粱(小米)(*Setaria italica* Beauv.)、稻(*Oryza sativa* L.)、玉蜀黍(玉米)(*Zea mays* L.)等是重要的粮食作物。甘蔗(*Saccharum officinarum* Linn.)是重要的制糖原料植物。

禾本科植物花小,构造简单,无鲜艳色彩,花被退化,花丝细长,花药丁字着生而易摇动,花粉细小干燥,柱头羽毛状等特征,为典型的风媒传粉植物。禾本科植物能适应各种不同环境,它是陆地植被的主要成分,尤其是各种类型草原的重要组成成分,在温带地区尤为繁茂。

禾本科植物与人类的生活关系密切,具有重要的经济价值。它是人类粮食(约占 95%)的主要来源;很多禾本科植物是建筑、造纸、纺织、酿造、制糖、制药、家具及编织的主要原料,也是畜牧业生产中的动物饲料。在环保绿化方面,它是保持水土、保护堤岸、防风固沙、改良土壤、改造荒山的重要植物,也是观赏竹

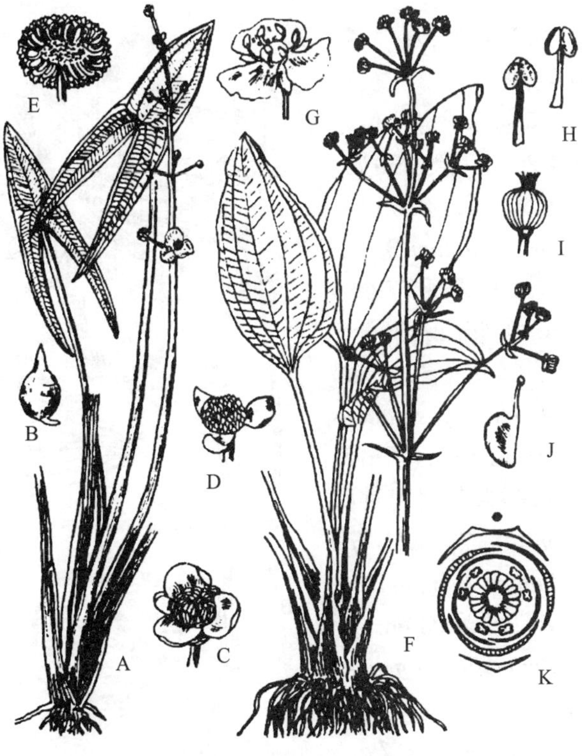

图 5-42 慈姑和泽泻(周云龙,2004)

A ~ E. 慈姑:A. 植物体;B. 球茎;C. 雄花;D. 雌花;E. 聚合瘦果。F ~ K. 泽泻:F. 植物体;G. 花;H. 雄蕊;I. 雌蕊;J. 心皮;K. 花图式

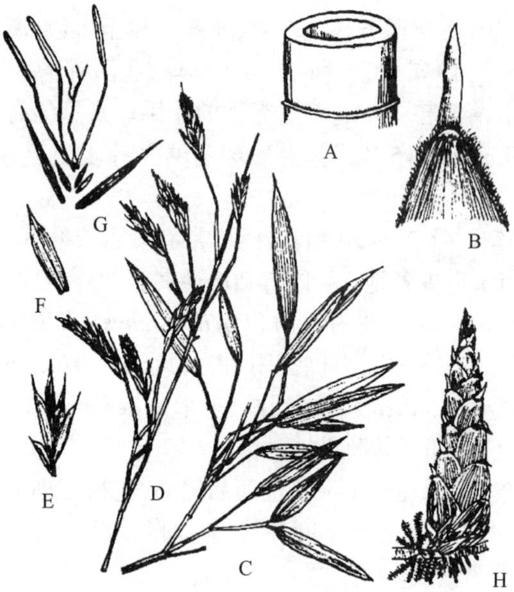

图 5-43　毛竹(周云龙,2004)

A. 秆;B. 箨叶顶端;C. 叶枝;D. 花枝;E. 小穗;F. 颖片;G. 小花;H. 竹笋

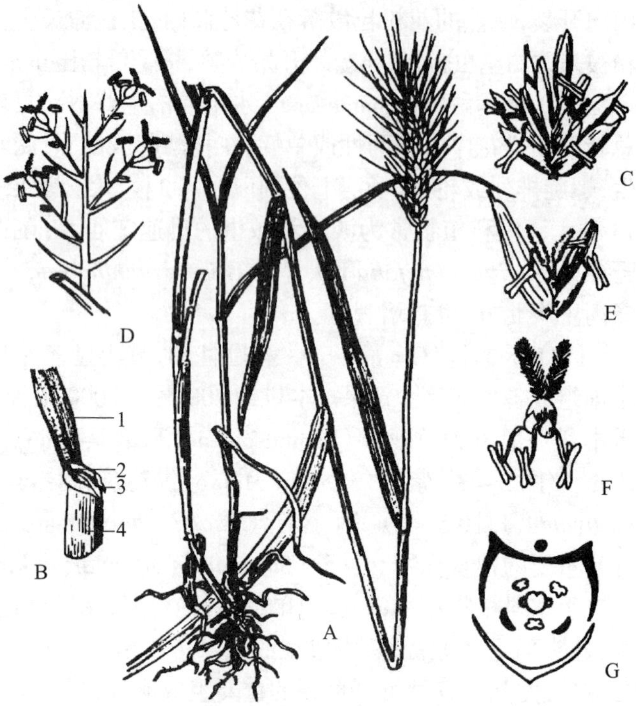

图 5-44　小麦(周云龙,2004)

A. 植株;B. 叶(示叶舌和叶耳);C. 小穗;D. 小穗模式图;E. 小花;F. 除去内外稃的小花;G. 花图示。1. 叶片;2. 叶舌;3. 叶耳;4. 叶鞘

林和地被草坪的重要植物。

(14) 百合科(Liliaceae)　常为草本,具根茎、鳞茎或块根。大多数单叶互生,无托叶。花被片6枚,排成两轮,雄蕊6枚与之对生;子房上位,3心皮3室,中轴胎座。蒴果或浆果。本科约230属,3 500余种,广布全球。我国有60属,约560种。常见有百合(*Lilium brownii* var. *viridulum* Baker)(图 5-45)、山丹(*L. pumilum* DC.)、郁金香(*Tulipa gesneriana* L.)、萱草(*Hemerocallis fulva* L.)、麦冬(*Ophiopogon japonicus* Ker-Gawl.)、玉簪(*Hosta plantaginea* Aschers.)、文竹(*Asparagus setaceus* Jessop)、芦荟(*Aloe vera* var. *chinensis* Berg.)、吊兰(*Chlorophytum comosum* Baker)等为庭园观赏植物。百合、葱(*Allium fistulosum* L.)、洋葱(*A. cepa* L.)、蒜(*A. sativum* L.)、韭(*A. tuberosum* Rottl. ex Spreng.)、黄花菜(*Hemerocallis citrina* Baroni)等是常见蔬菜。百合、黄精(*Polygonatum sibiricum* Delar. ex Redouté)、玉竹(*P. odoratum* Druce)、浙贝母(*Fritillaria thunbergii* Miq)、七叶一枝花(*Paris polyphylla* Sm.)、芦荟等可以入药。

图 5-45　百合(周云龙,2004)

A. 植株;B. 鳞茎;C. 雌蕊;D. 雄蕊;E. 花图式

(15) 兰科(Orchidaceae)　陆生、附生或腐生

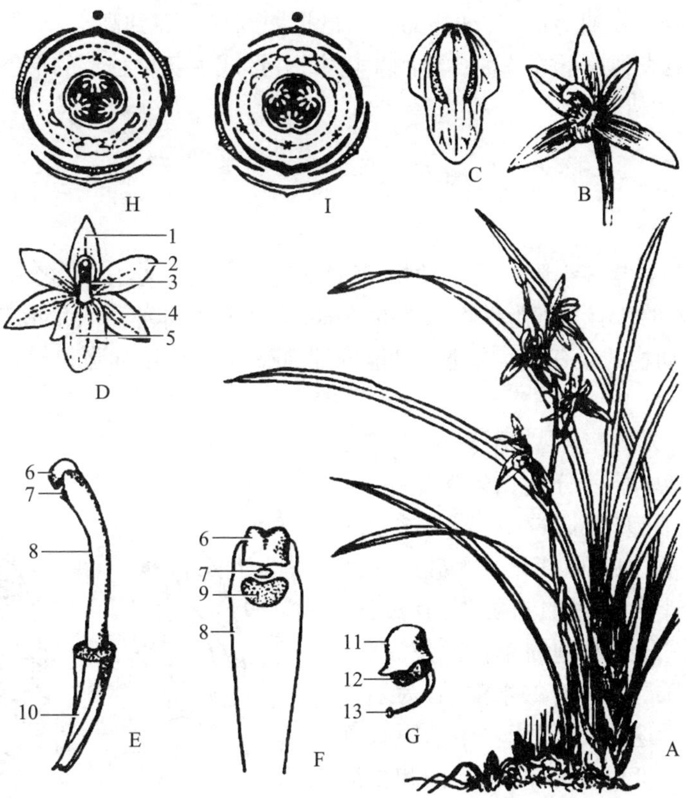

图 5-46 建兰及兰属花的构造(周云龙,2004)

A～C. 建兰:A. 植株;B. 花;C. 唇瓣;D. 兰属的花被片;E. 子房和合蕊柱;F. 合蕊柱;G. 花药;H. 兰亚科花图示(子房扭转前);I. 兰亚科花图示(子房扭转后)。1. 中萼片;2. 花瓣;3. 合蕊柱;4. 侧萼片;5和6. 花药;7. 蕊喙;8. 合蕊柱;9. 柱头;10. 子房;11. 药帽;12. 花粉块;13. 黏盘

草本。花两侧对称,花被片6枚,内轮具1唇瓣;雄蕊1或2枚,与花柱、柱头结合成合蕊柱,花粉结合成花粉块;子房下位,1室,侧膜胎座。蒴果。本科约有700属,20 000种,广布全球,主要分布在热带。我国约有166属,1 019种。本科有2 000余种可作观赏植物,其中不少名贵花卉各地多有栽培,还有许多是药用植物。常见有建兰(*Cymbidium ensifolium* Sw.)(图5-46)、蕙兰(*C. faberi* Rolfe)、多花兰(*C. floribundum* Lindl.)、春兰(*C. goeringii* Rchb. f.)、寒兰(*C. kanran* Makino)、墨兰(*C. sinense* Willd.)、蝴蝶兰(*Phalaenopsis aphrodite* Rchb. f.)、石斛(*Dendrobium nobile* Lindl.)、绶草(*Spiranthes sinensis* Ames)等是观赏花卉。石斛、手参(*Gymnadenia conopsea* R. Br.)、白及(*Bletilla striata* Rchb. f.)、天麻(*Gastrodia elata* Bl.)等为药用植物。

兰科植物的花通常较大而艳丽,有香味,两侧对称,形成唇瓣,唇瓣基部的距内、囊内或蕊柱基部常有蜜腺,易引诱昆虫;雄蕊与花柱及柱头结合成蕊柱,花粉黏结成块,且下有黏盘,柱头有黏液,利于传粉。兰科植物的花,结构奇特,高度特化,是对昆虫传粉高度适应的表现,是单子叶植物中虫媒传粉的最进化类型。

被子植物常见科主要识别特征见电子资源5-1

第七节 动 物 界

动物是向着适应异养方向进化而出现的真核生物。其种类繁多,形态各异,生活方式多样,显示了生命巨大的多样性。通过长期的适应，动物的分布已扩展到从地面到高空、从平原到高山、从河湖到海洋、从湿地到沙漠、从地表到地下等各种各样的生境中，并形成了各种独特的形态结构、生理机能和行为习惯，呈现出一派勃勃生机。

一、多孔动物

多孔动物门（Porifera）是多细胞的后生动物，其体表有无数进水小孔，又名海绵动物（Spongia）。后生动物是除原生动物以外的所有多细胞动物门类的总称。其特征是体躯由大量形态有分化、机能有分工的细胞构成；与群体原生动物的兼有营养和生殖功能的细胞不同，其生殖细胞和营养细胞有明显的分化。

（一）基本特征

简单多细胞动物，无固定体型，不对称，无头；只有细胞分化，无组织器官分化；体表多孔（图5–47）。通过体壁上领细胞（choanocyte）鞭毛的运动所产生的水流摄取食物，细胞内消化。由硅质或钙质骨针（spicule）形成骨骼，有些具有类蛋白海绵丝（spongin fiber）。呼吸是通过细胞简单扩散来完成。通过伸缩泡调节渗透压。具特有的水沟系，为多孔动物体内水流所经过的途径，它对固着生活很有意义。按其结构和进化程度可分为单沟、双沟和复沟三种基本类型。大多数为雌雄同体(hermaphrodite)，少数雌雄异体（bisexualism）；无性生殖常见；幼虫具纤毛。

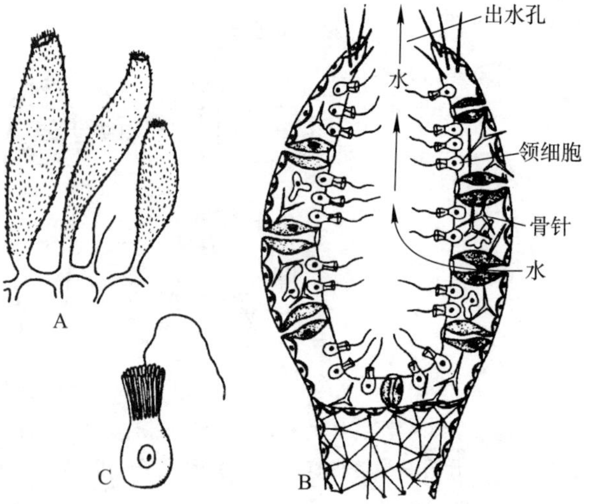

图 5–47　多孔动物

A. 外形；B. 结构；C. 领细胞

多孔动物是后生动物中最原始、最低等的类群，细胞分化相当简单，无明确的组织分化，体壁各层细胞彼此保持一定的相对独立性，故结合松弛。因此一般认为海绵是处在细胞水平的多细胞动物。其祖先很可能是原生动物的领鞭毛虫。由于多孔动物有其他多细胞动物所不具备的领细胞，无口和消化腔，无神经系统等特征，而且在胚胎发育中有胚层逆转现象，一般认为它是动物进化过程中的一个侧支，因而称为侧生动物（Parazoa）。

胚层逆转是指胚胎发育到囊胚期时，植物极的大细胞裂开一口，动物极的小细胞从开口处翻出并反包植物极细胞而形成两层细胞个体的过程。

（二）分类及代表动物

5 000 ~ 10 000 种。全部水生，多为海产，少数淡水产。

1. 钙质海绵纲（Calcarea）

骨针为钙质，有针状体、三辐体等。单沟系，体型较小，种类多，多数生活在浅海。单体或群体生活。如白枝海绵（*Leucosolenia variabilis*）、毛壶（*Grantia compressa*）（图 e5–15）等。

图 e5–15　多孔动物各纲代表物种

2. 六放海绵纲（Hexactinellida）

骨针全部为硅质，为三轴、六放型。复沟系，鞭毛室大，体形较大，单体生活，深海产。如拂子介（*Hyalonema* sp.）和偕老同穴（*Euplectella* sp.）等（图 e5–15）。偕老同穴因常有 1 对俪虾生活在其中央腔里，形成共栖关系，故而得名。

3. 寻常海绵纲（Demospongiae）

骨骼为角质的海绵丝或硅质骨针（非六放型），复沟系，鞭毛室小，体形常不规则。种类多，多海产，少数淡水产。常形成群体。常见类群有浴海绵

(*Euspongia officinalis*)、马海绵(*Hippospongia equina*)、南瓜海绵(*Tethya* sp.)、穿贝海绵(*Cliona* sp.)等(图e5-15)。

(三)海绵动物与人类的关系

海绵动物的海绵质纤维柔软,吸收液体的能力强,可供洗浴及医学上吸收药液、血液或脓液等用。有些淡水海绵要求一定的物理化学生活条件,因此可作为鉴定水质污染程度的指示生物。古生物学研究表明,海绵的特殊沉积物对分析过去环境的变迁有意义。海绵动物也常作为研究一些基本生命问题(如细胞和发育生物学等)的实验材料。某些海绵长在牡蛎等贝类的壳上,危害贝类养殖。淡水海绵大量繁殖会堵塞水道。

二、腔肠动物

腔肠动物门(Coelenterata)的动物,因皮肌细胞中间有特殊的刺细胞,故又称为刺胞动物(Cnidaria),是真正的后生动物(Metazoa)。它是处在细胞水平上的最原始的多细胞动物。在进化中占重要的地位,为低等后生动物。所有其他后生动物都是经这个阶段发展起来的。全营水中固着或漂浮生活,只有水螅纲的少数种类生活在淡水中,其余均在海水中。

(一)基本特征

腔肠动物包括自由生活的水母型(medusa type)和固着生活的水螅型(polyp type)两种体型(图5-48)。开始出现了固定体制,但仍为较原始的辐射对称。有被中胶层(mesoglea)隔开的两个细胞层,外层叫表皮层(epidermis),内层叫胃层(gastral epithelium),属二胚层动物。胃层以内的空腔称为肠腔或消化循环腔(gastrovascular cavity),形成一个有口无肛门的消化道。以触手上的刺丝囊(nematocyst)进行摄食。当遇到刺激时,囊内刺丝翻出,注射毒液或把食物缠卷,送入口中;兼有细胞外和细胞内消化。通过位于内外胚层里的肌细胞使身体产生运动。以肠腔的流体静力压力作为流体静力骨骼;中胶层和钙质外骨骼亦起支撑作用。通过原始的神经网协调机体的运动和其他行为。生殖腺产生配子,体外受精,形成自由生活的浮浪幼虫;无性生殖为出芽生殖。

(二)分类及代表动物

9 000 ~ 10 000 种,根据体腔结构和生活史分为 3 个纲。

1. 水螅纲(Hydrozoa)

为小型的水螅或水母,结构简单,单体或群体生活;生活史中多数有水螅型和水母型两个世代;无口

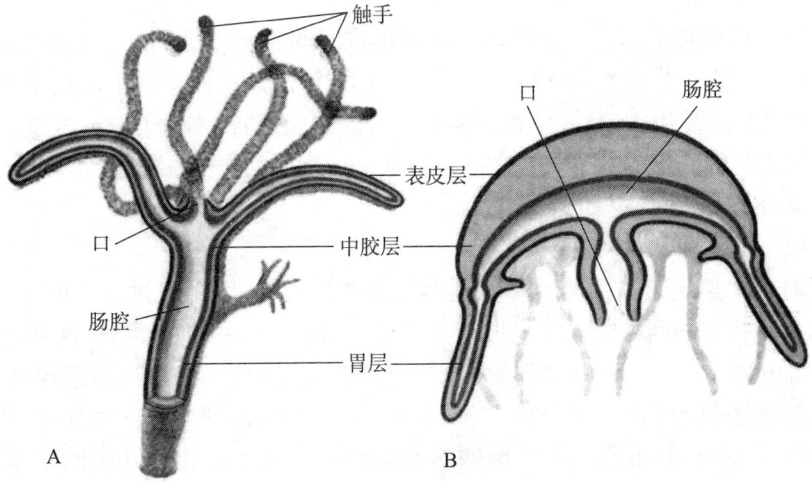

图 5-48 腔肠动物结构

A. 水螅型;B. 水母型

道；水母型具缘膜（velum，系位于水母伞口之环状薄膜，其内的肌肉收缩，缘膜被上举至水平位置，当肌肉松弛时，缘膜沿伞口垂直下垂，故伞口变宽）；触手基部有平衡囊；性细胞由外胚层产生。代表动物有水螅(*Hydra*)、薮枝虫(*Obelia*)、桃花水母(*Craspedacusta*)、僧帽水母(*Physalia*)、钩手水母(*Gonionemus*)等。约有4 000种。

2. 钵水母纲（Scyphozoa）

为大型水母，不具缘膜，具水螅型和水母型两个世代，水螅型世代不发达。口道短，不具骨骼，具有触手囊。胃囊内有胃丝，内胚层中有刺细胞，性细胞由内胚层产生。全部海产。代表动物有海月水母（*Aurelia aurita*）、海蜇（*Rhopilema esculentum*）、高杯水母（*Lucernaria*）和北极霞水母（*Cyaneaarctica*）等。

3. 珊瑚纲（Anthozoa）

图 e5-16 珊瑚纲代表物种

有水螅型，无水母型，没有世代交替现象。外胚层内陷形成发达的口道；内胚层中也有刺细胞。大多数具发达的骨骼。消化循环腔被内胚层突出的隔膜分隔成若干小室，肌肉较发达。性细胞由内胚层产生。多为群体。常见类群（图 e5-16）有海鸡冠（*Dendronephthya* sp.）、笙珊瑚（*Tubipora musica*）、海鳃（*Pennatula* sp.）、海仙人掌（*Cavernularia habereri*）、红珊瑚（*Corallium* sp.）、黑珊瑚（*Amtipathes* sp.）、鹿角珊瑚（*Acropora millepora*）、菊珊瑚（*Favites* sp.）、石芝（*Fungia* sp.）等，有6 000多种。

（三）腔肠动物与人类的关系

腔肠动物中的海蜇等，具有较高的食用价值；有些水母可作鱼的食料；古珊瑚和现代珊瑚礁可形成储油层，对寻找石油有重要意义。在一定的温度和压力条件下，珊瑚的软组织可以转化为石油，珊瑚骨架之间的空隙为储存石油提供了良好的空间。珊瑚岛可供居住，珊瑚礁所构成的生态系统是众多水生动物赖以生存的场所。珊瑚所形成的碳酸钙可制成水泥和石灰；珊瑚岸礁能够保护海岸；美丽的珊瑚为装饰品；红珊瑚可用来制造纽扣和项链；黑珊瑚可以用来制造手镯等饰品。但是，有时水母（霞水母）在海面大量繁殖时，可引起牡蛎的大量死亡，是蚝农可怕的灾害。珊瑚暗礁增加了航海的危险。

三、扁形动物

扁形动物门（Platyhelminthes）是真正的三胚层动物，三胚层的出现在动物进化中具有重要意义。中胚层产生于内外胚层之间，一方面减轻了内外胚层的负担，引起一系列组织、器官、系统的分化，使扁形动物达到了器官系统水平。另一方面加强了新陈代谢。如中胚层形成发达的肌肉组织，强化了动物的运动机能和动物在空间位移的速度。这样动物体在单位时间里所接受的外界刺激量明显增加，致使动物的感觉器官相应得到进一步的发展。捕食效率高，营养状况好，从而促进了消化系统和排泄系统的形成。此外中胚层形成的实质组织，具有储存养料和水分的功能，动物体耐干旱和饥饿。因此中胚层的出现也是动物由水生进化到陆生的基本条件之一。包括自由生活的涡虫、寄生生活的吸虫和绦虫等，均表现出了对不同生活环境的适应性特化。

（一）基本特征

身体为两侧对称的扁平蠕虫两侧对称体制对进化意义很大，因为通过身体的中央轴，只有一个切面将动物体分成左右相等的两部分。使身体有了明显的背腹、前后、左右之分，这是动物体由水中漂浮转向水底爬行生活的结果。由于在水底爬行运动由不定向变为定向，使神经系统和感觉器官向体前端集中，进而导致动物的身体进一步分化。前端司感觉，后端司排遗，背部司保护，腹部司运动，使动物对外界刺激的反应更灵敏、准确，因此，两侧对称是动物由水生进化到陆生的基本条件之一。三胚层（triploblastic）没有封闭的体腔，开始出现消化、生殖、神经、呼吸、排泄等原始器官系统，但消化系统为不完全消化道，有口无肛门。中胚层分化形成肌肉组织，强化了运动机能；自由生活的种类靠纤毛完成运动。体内的组织张力形成流体静力骨骼；寄生种类靠表皮层维持张力。体表呼吸，没有血管系统。以焰细胞（flame cell）为主要结构形成原管肾系统（protonephridium system），焰细胞为中空细胞，内有一束纤毛，经常均匀不断地摆动，通过细胞膜的渗透而收集体中多余水分、液体、废物，把它们送到收集管，再送到较大的排泄管，最后由排泄孔排出体外。神经系统为梯形神经系统，由若干条纵神经索（longitudinal nerve cord）和它们之间的横神经（transverse commissure）组成。自由生活者有脑神经节（cranial ganglion）。大多数雌雄同体。

（二）分类及代表动物

约 15 000 种，自由生活在海洋、淡水、陆地，或寄生于高等生物体内。

1. 涡虫纲（Turbellaria）

是最原始的扁形动物。除了少数种类过渡到寄生生活外，多数自由生活在海水、淡水和潮湿的土壤中。与自由生活相适应，其消化系统、神经系统和感觉器官均较发达。涡虫的再生能力很强，若将它横切为两段甚至分割为许多段时每一段都能再生成一完整的涡虫。常见类群有微口涡虫（*Microstomum*）、平角涡虫（*Planocera*）、三角真涡虫（*Dugesia*）和涡虫（*Planaria gonocephala*）（图 5-49A）等。

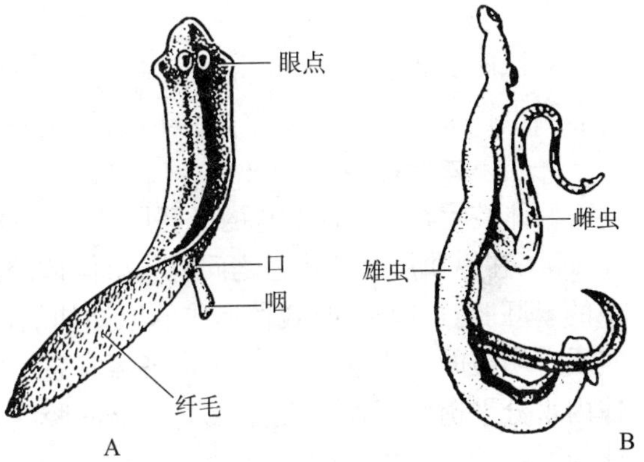

图 5-49　扁形动物

A. 涡虫；B. 血吸虫

2. 吸虫纲（Trematoda）

全部寄生生活，少数体外寄生，多数体内寄生。体表无纤毛及腺细胞，有保护性的皮膜和附着器；消化道简单；感觉器官不发达或退化；生殖系统发达，多数雌雄同体。一般生活史复杂，具有更换寄主的现象。常见种类有华支睾吸虫（*Clonorchis sinensis*）、肝片吸虫（*Fasciola hepatica*）、指环虫（*Dactylogyrus vastator*）和日本血吸虫（*Schistosoma japonicum*）（图 5-49B）等。

3. 绦虫纲（Cestoidea）

全部体内寄生生活。身体高度特化，呈背腹扁平的带状，由许多节片构成，分头节（scolex）、颈部（neck）和节片三部分。头节微小，具有小钩和吸盘等附着器。颈部纤细，可以横分裂法产生节片，称为生长区。颈后为节片，越往后越成熟。依节片内生殖器官的成熟情况可分为未成熟节片、成熟节片和孕卵节片（或称妊娠节片）3 种，孕卵节片被子宫充塞，消化器官消失，神经系统和感觉器官退化。生殖系统极度发达，雌雄同体，每一个成熟节片内都有一整套雌雄生殖器官。发育中有幼虫期和更换宿主的现象。常见种类有牛带绦虫（*Taenia saginatus*）和猪带绦虫（*Taenia solium*）（图 5-50）。

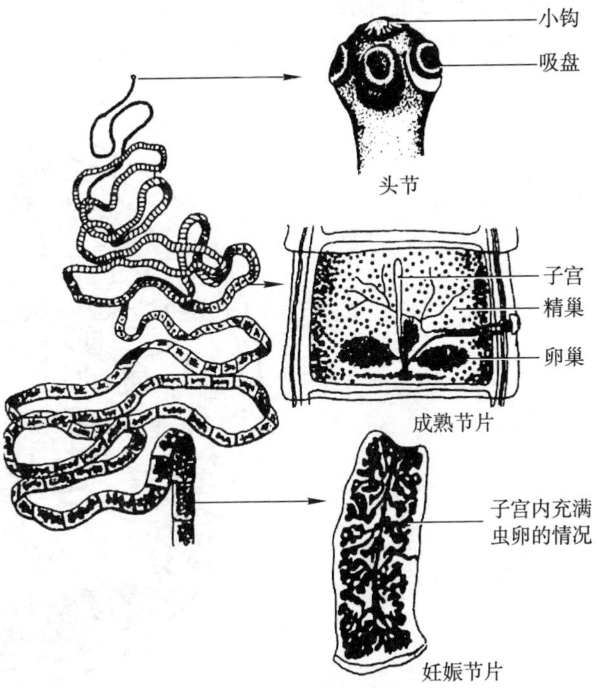

图 5-50　猪带绦虫

（三）扁形动物与人类的关系

扁形动物门中，涡虫纲动物虽然在经济上无重要的价值，但由于再生能力强而常用为实验动物。吸虫纲和绦虫纲动物由于有很多种类可寄生在人、畜体内,引起人、畜产生寄生虫病,对人类健康和畜牧事业带来极大的危害,造成人类经济上的重大损失。例如,日本血吸虫病是由日本血吸虫寄生于人、畜的门静脉系统所引起的疾病,过去曾流行于中国南方除贵州以外的10余个省、市、区,感染人数超过1 000万,危及我国近1亿人口的区域。预防本病须采取综合措施,包括管理粪便、消灭钉螺、注意个人防护、避免接触有尾蚴的疫水等。华支睾吸虫病是由华支睾吸虫寄生于人、畜的肝内胆管和胆囊中所致的疾病。其尾蚴,在水中游泳,遇到某些鱼类,便侵入鱼体,在其中形成囊蚴,人及一些食肉动物吃了未煮熟的含囊蚴的鱼,则在其体内发育为成虫。因此,应注意不食未煮熟的鱼类以防感染本病。带绦虫病是由猪带绦虫或牛带绦虫寄生于人体小肠内所致的疾病。当人或一些食肉动物吃了带囊蚴的猪肉或牛肉时,在小肠内囊蚴的头节翻出,附在肠壁上,向后逐渐长出许多节片,并发育为成虫。因此避免虫卵污染环境,不食未煮熟的猪、牛肉,可以预防感染本病。

四、假体腔动物

假体腔动物(Pseudocoelomate)种类多,数量大,形态结构差异极大,但都有假体腔,体多呈圆管状,又名圆虫(roundworm)。多数自由生活,但也有很多寄生种类,广泛寄生于动植物体内。

(一) 基本特征

假体腔动物为两侧对称的三胚层动物。身体被一坚硬具弹性的角质层;表皮下具纵肌(longitudinal muscle);在纵肌层与消化道之间有一个假体腔(pseudocoelom),亦称原体腔(protocoelom),是由胚胎发育中的囊胚腔(blastocoel)残留形成的原始初级体腔(图5–51)。假体腔的出现较扁形动物中胚层产生的实质有明显的进步意义,它为体内各器官系统的发展和活动提供了空间,提高了营养物质的运转、维持体内水分平衡和新陈代谢的能力。此外,腔内充满的体腔液,可对体壁肌肉产生一定的反压,以维持虫体的形状,辅助动物身体的运动。

出现了发育完整的消化系统,消化道长而直,有口有肛门;有特化的口器,寄生种类尤为明显。没有环肌(circular muscle)层而依靠纵肌层的收缩使身体产生波状运动。假体腔内的液体张力起流体静力骨骼作用。通过体表进行气体交换;无循环系统。排泄系统由两个开口于身体前端的纵行肾管组成。神经系统由咽部神经环和纵行神经索构成。雌雄异体,体内受精,卵或幼虫可形成包囊。

图5–51　蛔虫的横切

（二）分类及代表动物

各类群间形态差异大，亲缘关系不密切，分类意见分歧较大。现介绍两个纲。

1. 线虫纲（Nematoda）

分布广，种类多，约10 000种。角质膜发达。表皮层是一层排列紧密的上皮细胞，界线清楚或融合为合胞体状。表皮层在体背腹面和两侧内陷，形成背线、腹线和侧线，将纵肌层分隔成四纵列。原体腔内充满体腔液，致使虫体鼓胀，只能依靠纵肌的收缩作波浪状蠕动或拱曲运动。线虫纲动物已知约15 000种，广泛分布于海水、淡水及土壤中，甚至寄生于动植物体内。代表动物有人蛔虫（*Ascaris lumbricoides*）（图5–51）、人蛲虫（*Enterobius vermicularis*）、十二指肠钩虫（*Ancylostoma duodenale*）、小麦线虫（*Anguina tritici*）、秀丽线虫（*Caenorhabditis elegans*）等。其中秀丽线虫成体长仅1 mm，雌雄同体成虫共有959个体细胞；生活史为3.5 d。这样就便于对其发育进行遗传学分析，已经成为现代发育生物学、遗传学和基因组学研究的重要模式生物。

2. 轮虫纲（Rotifera）

1 800～2 000种，分布广泛，自由生活于海水、淡水或潮湿的土壤中，多形成群体。身体分为头部、躯干部及尾部。尾部末端常有1～4趾。头部都有一个轮盘（disc），是由围绕在口周围及头区的纤毛环组成的纤毛器，又称为毛冠。纤毛摆动时形似车轮，故名。常见类群有臂尾轮虫（*Brachinus*）、胶鞘轮虫（*Collotheca*）和旋轮虫（*Philodina*）（图5–52）等。

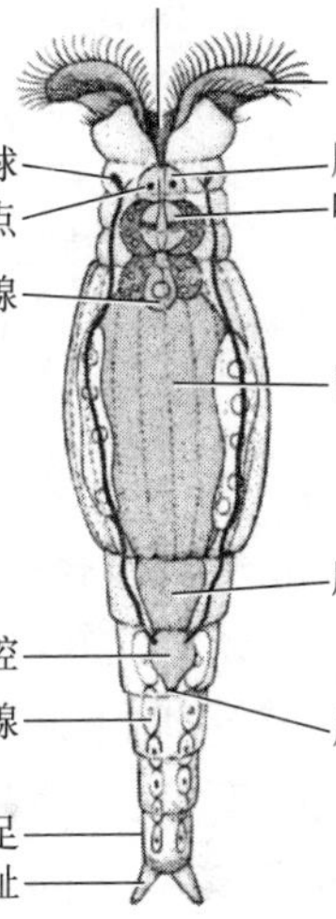

图5–52 旋轮虫

（三）假体腔动物与人类的关系

假体腔动物与人类的关系十分密切，有许多是农业害虫（如蝗虫、蝼蛄、金龟子幼虫等）的寄生虫，可在一定程度上控制害虫的生物量。土壤中聚居着的线虫，是组成土壤生物的主要成分，常以腐败的有机物质为营养，在增加土壤肥力方面起很大的作用。多数轮虫是以水中的原生动物、藻类和食物碎屑为食物，有净水作用。轮虫同时又是鱼类的优良饵料，是淡水食物链的重要组成。

许多假体腔动物严重危害人、畜、禽和其他经济动物以及农作物。蛔虫病、蛲虫病、丝虫病、钩虫病都是世界性的流行病，给人类带来很大的危害。植物寄生线虫可破坏农作物的正常发育，降低质量和产量，使农业生产遭受损失。

五、环节动物

环节动物门（Annelida）的动物是身体呈同律分节的高等蠕虫。环节动物最突出的特征之一，是身体由前向后分成许多相似而又重复排列的部分，称为体节，这种现象称为分节现象，它是在胚胎发育过程中，由中胚层发育而成的。因此，分节不单表现在体表，而且内部器官（如循环、排泄、生殖、神经等）也按体节排列。环节动物分节的特点，是进化到高等无脊椎动物的标志。但环节动物的分节，除前二节和最后一节外，其余体节的形态和功能基本相同，故称同律分节（homonomous metamerism），还是一种比较原始的分节现象。分节现象对加强身体同环境的适应、强化运动机制以及增强新陈代谢等有着重大的意义。

（一）基本特征

两侧对称的三胚层动物。体腔由中胚层分裂形成，这样的体腔称为真体腔（coelom），由壁体腔膜和脏体腔膜围绕而成；真体腔的出现在动物进化上具有重大的意义。环节动物在胚胎发育过程中，原肠后期中胚层细胞最先形成两条中胚层带，突入囊胚腔，后来每一条中胚层带中央裂开成体腔囊，并逐渐扩大，最终其内侧与内胚层结合形成肠壁（即消化管壁），其外侧与外胚层结合，形成体壁。中央的腔则为体腔，是由中胚层所形成的体腔膜所包围的，由于这种体腔是由中胚层带裂开形成的，所以称为裂体腔，或者称为真体腔。又因在发生上比原体腔来得迟，故又称次生体腔。环节动物的体腔，由隔膜分割为若干和体节相一致的小室，彼此经孔道相通，各小室又经排泄孔与体外相通。体腔内除有循环、排泄、生殖、神经等内脏器官外，还充满了体腔液。体腔液与循环系统共同完成体内运输的功能。体壁具内层纵肌和外层环肌；身体分节（图5–53）；消化道有肌肉，有口有肛门。体壁环肌和纵肌的颉颃收缩使身体产生运动；疣足也参与运动；蛭类做弓形运动。体腔内的液体张力起流体静力骨骼作用。通过体表进行气体交换；具闭管循环系统（closed vascular system，由背血管、腹血管、心脏和遍布全身的毛细血管网组成的封闭系统）。排泄系统为分节的后肾管（metanephridium，来源于中胚层，是体腔上皮向外突出形成的排泄器官，由肾口、排泄管和肾孔组成；肾口开口于体内，肾孔开口于体外）。神经系统由位于背部前端的脑神经节、围咽神经（circumpharyngeal nerve）和具神经节的腹神经索构成，称为链状神经系统。雌雄异体或雌雄同体。

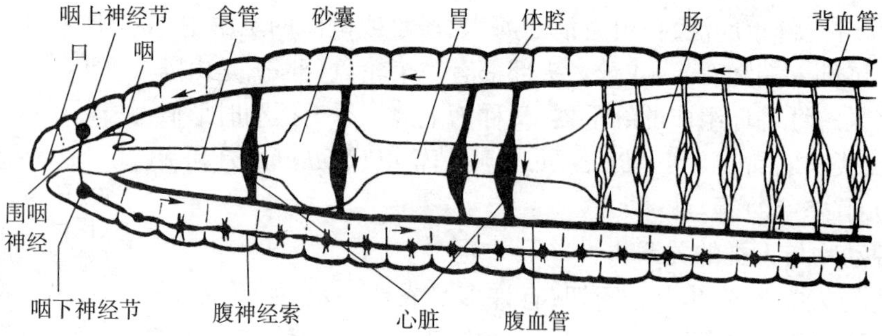

图5–53　蚯蚓纵切

（二）分类及代表动物

环节动物已知约有17 000种，多为自由生活，分布在海水、淡水和土壤中。

1. 多毛纲（Polychaeta）

头部明显，感觉器官发达，有触手、触须和眼。多具疣足和刚毛。某些种类可行无性的出芽生殖。多数雌雄异体，无固定的生殖腺和生殖导管，无环带。有担轮幼虫期。常见类群有日本刺沙蚕（*Neanthes japonica*）、鳞沙蚕（*Aphrodita*）、毛翼虫（*Chaetopterus variopedatus*）和龙介虫（*Serpula*）等。

2. 寡毛纲（Oligochaeta）

多陆生穴居，也有的栖息于淡水。代表动物为环毛蚓（*Pheretima* sp.）。环毛蚓头退化，无疣足，刚毛长在体壁上，数目较少，故名寡毛类。雌雄同体，生殖腺1～2对，有体腔管起源的生殖导管，性成熟时体表出现环带，交配时可相互授精，卵产于环带中，脱落后形成卵茧，直接发育。本纲约6 700种。其他常见类群有颤体虫（*Aeolosoma*）、水丝蚓（*Limnodrilus*）、颤蚓（*Tubifex*）、蛭形蚓（*Branchiobdella*）等。

3. 蛭纲（Hirudinea）

头退化，前后常各具一吸盘。体节数恒定，体环明显。没有专门的运动器官，常作尺蠖样运动。口腔内有颚，颚上有角质齿，吸血时能刺破寄主皮肤。咽部周围有单细胞的唾液腺——咽腺，能分泌蛭素，有扩张血管和抗凝血作用。一次吸血量可达体重的1～10倍。蛭类对吸食的血液消化缓慢，一般取食后可以数月内不再取食。主要通过体表进行气体交换。雌雄同体，异体受精，具生殖环带。

蛭纲动物已知约500种，多数生活于温带和热带。多数栖于淡水，少数在海水或陆地。多暂时性的体外寄生生活。少数自由生活，杂食性或肉食性。常见类群有日本医蛭（*Hirudo nipponia*）、蚂蟥（*Whitmania laevis*）（图5–54）和山蛭（*Haemadipsa*）等。

（三）环节动物与人类的关系

环节动物多数是鱼类的天然饵料；有些还可食用。水生寡毛类既是淡水鱼类的天然饵料，也是水域类型的指示生物。蚯蚓可以改良土壤。目前很多国家人工饲养蚯蚓,用于清理生活垃圾并产生优质肥料。蚯蚓含有丰富的蛋白质,可以代替鱼粉用于饲料。蚯蚓为中药的地龙,具有治疗哮喘、解热、降压、镇痉、利尿和治外伤炎症等功效。蛭类体内含有蛭素,宽身蚂蟥(*Whitmania pigra*)等入药,用于治疗跌打损伤、心肌梗死、急性血栓性静脉炎等。蛭素也作抗凝血剂。古代欧洲人用蛭吸吮脓血。有些种类危害贝类和海藻的养殖,如沙蚕嗜食蛤蜊;螺旋虫危害海带等。多数水蛭生活于淡水中,吸食动物及人的血液,如生活在水田及沼泽中的医蛭,生活于山区竹林中的陆蛭和热带森林里的陆生山蛭等。

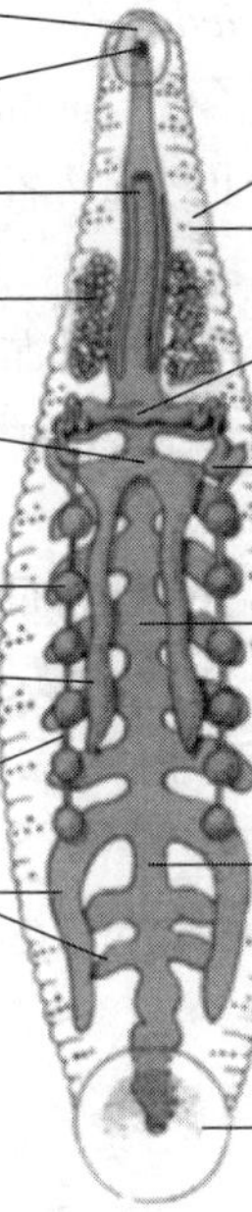

图 5–54 蚂蟥内部构造

六、软体动物

软体动物门(Mollusca)种类多,分布广。与环节动物有共同的祖先,是向着不活动的方向较早分化出来的一支。多数有贝壳,又称为贝类。

(一) 基本特征

两侧对称的三胚层真体腔动物。不对称种类是在后天发育过程中形成的。身体不分节,只分为头、足和内脏团(visceral mass)。具由身体背侧皮肤延伸形成包被内脏团的外套膜(mantle)(图 5–55)。消化系统具完整的肠道,有口和肛门,有齿舌(radula)及消化腺。许多种类用肉质足来爬行和挖掘;头足类靠喷射水流而产生推动力。以血腔的膨胀压起流体静力骨骼作用;许多种类靠外骨骼(贝壳)支持身体。通过体表或鳃进行气体交换;具开管循环系统(open vascular system),即血液循环过程中途经开放的组织间隙(称为血窦 blood sinusoid)。排泄系统为与体腔相连的后肾管系统,其一端以纤毛肾口开口于围心腔,用以收集体腔中的废物,肾管近肾口部分由腺细胞组成,能从血液中提取代谢废物,其后经囊状部(膀胱)由肾孔开口于外套腔。神经系统有足神经节、内脏神经节,向前形成脑神经节;有些种类具感觉器官。雌雄异体或同体。

(二) 分类及代表动物

种类繁多,分布广泛。有(10～11)万种。常见的有 3 纲。

1. 腹足纲(Gastropoda)

头部发达,具眼和触角。足块状,发达,位于身体腹面;通常有 1 个螺旋形的贝壳,又称为螺类。一般认为这是个体发育中身体发生扭转的结果。在内脏团的扭转中,原来成对的心耳、鳃、肾等器官失去了一半。已知现存种类约 75 000 种,化石种类约 15 000 种。广泛分布于海水、淡水和陆地。如各种螺类、

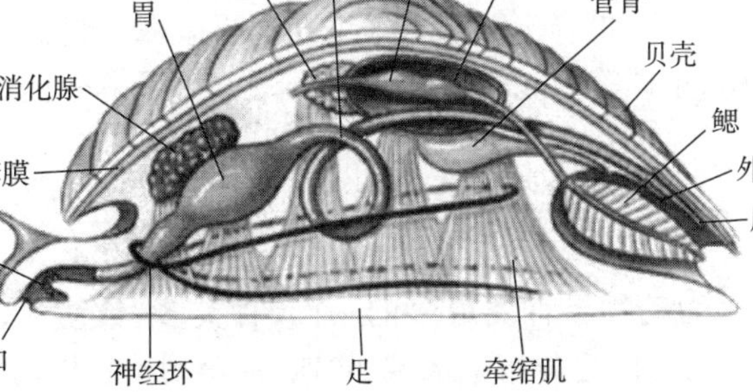

图 5–55 软体动物内部构造

蜗牛(*Fruticicda*)等。

2. 瓣鳃纲(Lamellibranchia)

具两个贝壳,又名双壳纲(Bivalvia)。身体两侧对称,头不明显。足位于身体腹面,似斧状,又称为斧足纲(Pelecypoda)。外套腔内有一对或两对鳃,原始的种类仍为栉鳃,高等的种类为瓣状鳃。心脏为一心室二心耳,开管循环系统;排泄器官为一对肾;神经节有脑、足、脏3对,感官不发达。本纲已知约20 000种,常见种类有背角无齿蚌(*Anodonta woodiana*)、僧帽牡蛎(*Ostrea cucullata*)、栉孔扇贝(*Chlamys farreri*)等。

3. 头足纲(Cephalopoda)

贝壳退化或埋藏于外套膜内,形成内骨骼。头发达;足在头部分裂为腕状。羽状鳃1对或2对;闭管循环系统。神经系统集中,脑有软骨匣保护;感官发达,两侧各有一发达的眼。运动迅速。生殖时进行交配,体内受精(图5–56)。本纲全海产,现存约700种,化石种类10 000多种。常见种类有金乌贼(*Sepia esculenta*)、枪乌贼(*Loligo formosana*)、章鱼(*Octopus vulgaris*)等。

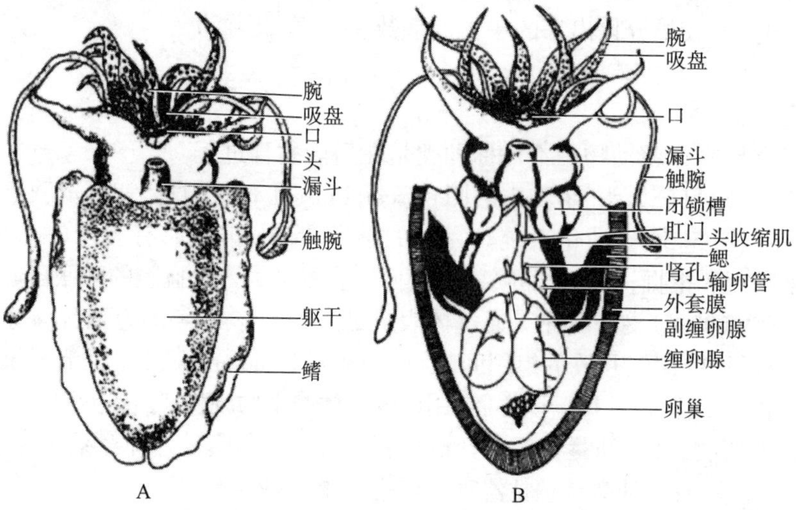

图5–56　乌贼的腹面观(A)及内部构造(B)

(三)软体动物与人类的关系

软体动物具有很高的经济价值,很多种类如鲍鱼、红螺、牡蛎、扇贝、江瑶、蛏、蚶,以及各种乌贼、柔鱼、章鱼等都是人类喜食的佳肴。天然或人工养殖的珍珠是名贵的装饰品。一些海产贝类如珍珠贝和淡水的三角帆蚌等可培育珍珠。许多软体动物可做中药,如珍珠粉、石决明(鲍壳)可治疗高烧、惊风、高血压和疮疖等疾病;海螺蛸、牡蛎壳等可治疗胃溃疡、胃出血和痢疾等疾病;贝类可滋补气血,增强体质。大型贝壳可烧制石灰或做成工业原料。但是,有些软体动物是人畜寄生虫病的中间寄主,如钉螺、扁卷螺和锥实螺等,会传播及保存疾病病原体。船蛆、凿石蛤等对港湾、码头和船舶等造成经济损失。牡蛎、贻贝等固着在船底、海底电缆和管道等,造成航海及通讯故障。蜗牛、蛞蝓取食蔬菜水果,锈凹螺等危害人工养殖的海带。骨螺、玉螺等取食养殖贝类等,给种植业及养殖业带来危害。

七、节肢动物

节肢动物门(Arthropoda)为动物界种类最多的一门,种类多、数量大,约占动物界总数的85%。它们具有较强的适应环境的能力,广泛分布于水域、陆地,甚至动植物体内外,在极度干旱的荒漠中也有分布。

(一) 基本特征

节肢动物为两侧对称,具三胚层的真体腔动物。动物身体的若干原始体节分别组成头、胸、腹各部,称此现象为异律分节(heteronomous metamerism)。但有的头、胸两部愈后而成为头胸部,或胸部与腹部愈合而成为躯干部。随着身体的分部,器官趋于集中,功能也相应地有所分化,如头部用于捕食和感觉,胸部用于运动和支持,腹部用于营养和生殖。

各部虽有分工但又相互联系和配合,从而保证个体的生命活动及种族繁衍。每节都有附肢,而且附肢分节,故名节肢动物。附肢各节之间以及附肢和体躯之间都有可动的关节,从而加强了附肢的灵活性,能适应更加复杂的生活环境,继而导致附肢形态的高度特化。附肢除了步行外,还有游泳、呼吸和交配的功能,也出现一些用以防卫、捕食、咀嚼以及感觉作用的特殊结构。因此,身体分部和附肢分节是动物进化的一个重要标志。主要体腔为血腔(hemocoel)。

消化系统具完整的消化道,有口和肛门。常主动捕食,吮吸流质或寄生。以有关节的附肢行走;昆虫成体具翅,可飞行。具几丁质外骨骼(exoskeleton),可周期性蜕皮。具特化的鳃或气管。开管循环系统。排泄系统有独立的排泄器官,如昆虫的马氏管(Malpighian tube)(图 5-57)。它是肠壁向外突起而成的细管,开口于中、后肠交界处,吸收血腔中的废物,进入后肠,回收水分,排出残渣。神经系统仍为链状神经系统,但神经节明显愈合,且感觉器官发达。雌雄异体,通常有变态。

(二) 分类及代表动物

节肢动物门现存种类有 120 多万种。常见类群如下。

1. 甲壳纲(Crustacea)

触角 2 对;多数种类的头、胸合并为头胸部(cephalothorax),覆盖有头胸甲(carapace);附肢多数。约有 35 000 种,多数栖息于海洋,也有少数淡水生的,极少数寄生生活。如虾类和蟹类。

2. 蛛形纲(Arachnida)

无触角;体分头胸部和腹部;具 6 对附肢,即 1 对螯肢、1 对脚须和 4 对步足,腹部无附肢。本纲已知约 8 万种,包括蜘蛛类、蝎类、螨类等。

3. 多足纲(Myriapoda)

触角 1 对;身体分为头和躯干两部分,体多节,每节 1 ~ 2 对附肢。已知约 1 万种,代表动物有蜈蚣(*Scolopendra*)、马陆(*Spirobolus bungii*)等。

4. 昆虫纲(Insecta)

触角 1 对;身体分为头、胸、腹三部分;胸部有 3 对胸足和 2 对翅(多数种类),成虫腹部无附肢。发育方式有多种类型的变态现象,主要为完全变态(complete metamorphosis)和不完全变态(incomplete metamorphosis)。不完全变态的昆虫只经历卵、幼虫(larva)和成虫(imago)3 个虫期;完全变态的昆虫要经历卵、幼虫、蛹(pupa)和成虫 4 个虫期。昆虫的生命周期较短,一般数周或数月,短的只有 1 天,如蜉蝣。

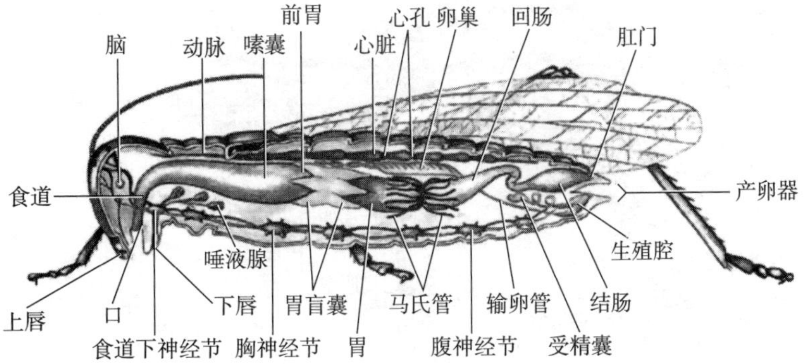

图 5-57 昆虫内部构造

倘若遇上休眠或滞育期(如越冬),生命周期会明显加长。

昆虫种类多,数量大,分布广,适应性强,物种总数在100万种以上。分为2个亚纲。无翅亚纲(Apterygota)的昆虫均是原发性无翅,体微小而柔弱,变态不明显。一般生活在相对潮湿的环境中。如长角跳虫,毛衣鱼等。有翅亚纲(Pterygota)的成虫大多具翅,极少数的翅退化。身体明显地分为头部、胸部和腹部,腹部除外生殖器和尾须外,无其他附器。包括蚊、蝇、蝶、蛾、蜂、蚁、蚕、蝉和蝗等。

(三) 节肢动物与人类的关系

许多节肢动物可供人类食用,如各种虾、蟹等。家蚕等多种昆虫能够提供工业原料。许多种类可作为经济鱼类的天然饵料,如桡足类、枝角类以及昆虫幼虫等都是重要的优质饵料。植物的传粉也是借蜜蜂等昆虫来进行的。在生物防治方面,肉食性蜘蛛和其他昆虫捕食农作物和森林害虫,如金小蜂可抑制棉红铃虫的发生。在医药方面,节肢动物本身或其产品可以制成药物防病、治病,如蝎子、蜈蚣和地鳖等。鲎的血液具有超微量的敏感性,可制成鲎试剂,快速而简便的检测内毒素和热源物质。但是,有些昆虫传播疾病,如寄生虫病和传染病的病原体本身都缺乏移动能力,吸血昆虫成了其传播工具;有些昆虫危害农作物、果树和森林等,特别是蝗虫、白蚁等有害昆虫,每年会夺走大量的粮食、瓜果和木材。

八、棘皮动物

棘皮动物门(Echinodermata)是一支古老而特殊的类群,因内骨骼突出体表形成棘而得名。全部海产。但棘皮动物的幼虫却是两侧对称的。可见成体的辐射对称是次生的。

(一) 基本特征

棘皮动物为无头、不分节、三胚层的真体腔动物。发育早期为两侧对称,成体为五辐对称,所谓五辐对称,即通过动物体口面至反口面的中轴,有五个对称面可把动物体分成基本互相对称的两部分。棘皮动物是动物界中唯一的一类幼虫是两侧对称,成体却是辐射对称的动物。体腔包括水管系统(water vascular system)和围血系统(perihemal system)(图5-58)。在胚胎发育过程中,棘皮动物的口不像以前各类动物那样起源于原口(胚孔),而是在原肠的后期,在胚孔相对的一端,内外两胚层逐渐靠拢,紧贴,最后穿孔,成为幼虫的口。这种在胚胎发育过程中胚体另行形成的口称为后口。像这样形成口的动物称后口动物。从棘皮动物起都是后口动物,以前的各类动物称为原口动物;具完整的消化道。捕食、腐食或滤食。多数种类以水管系统的管足(podium)来完成运动。具中胚层起源的钙质小骨片构成的内

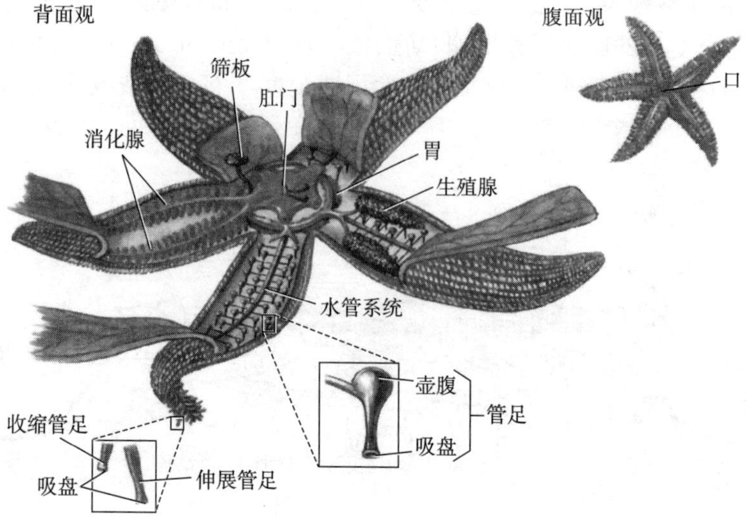

图5-58　海星结构

骨骼(endoskeleton),称为真骨;管足可产生局部的流体静力骨骼作用。利用体表的凹陷和突起进行呼吸。没有真正的循环系统,水管系统的体液与血液成分相似,在某些种类中行使呼吸和运输功能。排泄系统无专门的排泄器官,废物通过体表排出。神经系统由神经环、辐射神经和神经丛构成。无性生殖普遍;雌雄异体,有性生殖时行体外受精。

(二) 分类及代表动物

约 6 000 种,全部海产,底栖生活。

1. 海星纲(Asteroidea)

体呈星形,腕数皆为 5 或 5 的倍数,腕较宽短,与体盘间无明显界限;骨板间有关节;体表有棘刺、棘钳和皮鳃。腕的腹面中央有步带沟,内有 2~4 列具吸盘的管足。肛门和筛板在反口面。现存种类约 1 600 种,全海生,多为肉食性的。如罗氏海盘车(*Asterias rollestoni*)、海燕(*Asterina pectinifera*)、砂海星(*Luidea quinaria*)和太阳海星(*Solaster dawsoni*)等。

2. 蛇尾纲(Ophiuroidea)

腕细长,可弯曲,且与体盘分界明显;腕无步带沟,管足 2 列,不具吸盘和坛囊;腕具发达的骨板。筛板位于口面;消化道具口而无肛门,食物残渣由口吐出。胃囊简单,为盲囊。已知约 2 000 种,分布于浅海和深海。如紫蛇尾(*Ophiopholis mirabilis*)、滩栖阳遂足(*Amphiura vadicola*)等。

3. 海胆纲(Echinoidea)

5 腕翻向反口面,且相互愈合,故无外伸的腕而呈球形;骨板愈合成胆壳,胆壳表面常有棘。口位于口面,周围有围口膜;肛门位于反口面。海胆纲现存约 900 种,我国约有 100 种。分布在从潮间带到几千米深的海底,喜岩质或沙质海底。常见种类有光棘球海胆(*Strongylocentrotus nudus*)、紫海胆(*Anthocidaris crassispina*)、马粪海胆(*Hemicentrotus pulcherrimus*)和海刺猬(*Glyptocidaris crenularis*)等。

4. 海参纲(Holothuroidea)

身体筒形,有前、后、背、腹之分;无腕;骨板微小,埋藏于体壁中。口在体前端,肛门在体后端。口管足变为触手。肌肉发达,但筛板退化,位于体腔内。海参纲 1 100 多种,分布在不同深度的海底,常成堆聚集。代表动物有中华赛瓜参(*Thyone fusus chinensis*)、刺参(*Stichopus japonicus*)、梅花参(*Thelenota ananas*)和海棒槌(*Paracaudina chilensis* var. *ransonnettii*)等。

5. 海百合纲(Crinoidea)

身体百合花状,分根、茎、冠三部分。茎由一系列构成关节的骨板组成;冠部有 5 或 5 倍数的辐射羽状腕构成,上面具有口、肛门和步带沟;口与反口面在同一面,均向上。根部固着海底。本纲现存种类约 630 种,其中,海百合类有 80 多种,固着生活在深海软泥或沙质海底;海羊齿类约有 550 种,多自由生活在潮间带及浅海底或珊瑚礁中。

(三) 棘皮动物与人类的关系

棘皮动物门中有许多有经济价值的种类,尤其是海参类,有 40 多种可供食用。蛇尾为一些冷水性底层鱼类的天然饵料。海星和海燕等在医药和早期胚胎发育的研究上具有一定的价值。海胆则集食用价值、药用价值、科研与教学价值于一体,其研究与发展已越来越受到一些渔业经济发达国家的重视,现今世界海胆渔获量已达数万至数十万吨。早在 1875 年,Oskar Hertwig 就开始以海胆为材料研究受精过程中细胞核的作用。1891 年,Hans Driesch 在显微镜下把刚刚完成第一次卵裂的海胆胚胎一分为二,结果发现,分开后的两个细胞各自形成了一个完整幼虫。这一实验的意义在于证明胚胎具有调整发育的能力,为现代发育生物学奠定了第一块里程碑,也使海胆成为生物科学史上最早被使用的模式生物。

海星类多数是肉食性的,喜食贝类,危害贝类养殖业;有些海胆的棘有毒,且海胆喜食藻类,危害藻类养殖。有些海胆会伤及人类。

九、半索动物

半索动物门（Hemichordata）也是后口动物的一支。1825 年，黄殖翼柱头虫（*Ptychodera flava*）最早被发现和命名。

（一）基本特征

半索动物为两侧对称的三胚层真体腔动物。体呈蠕虫状，不分节，只分为吻（proboscis）、领（collar）和躯干（trunk）三部分。躯干部又分为鳃裂区、生殖区、肝囊区和肠区（图 5-59）。消化道是从前往后纵贯于领和躯干末端之间的一条直管，无胃、肠分化；口位于吻、领的腹面交界处，口腔背壁向前突出一个短盲管至吻腔基部，称为口索（stomochord），为半索动物所特有；肛门位于身体末端。依靠肌肉舒张与收缩，使吻腔和领腔充水和排水，导致吻和领伸缩在浅海沙滩中运动。气体交换可以通过鳃裂完成，还可以通过体表完成。开放式循环，前体有可搏动的“心囊”驱动血液循环。排泄系统中的血管球位于口索前端，代谢废物至吻腔，再从吻孔流出体外。神经系统包括分别走在背中线和腹中线里的背神经索和腹神经索，两条神经索在躯干的前端被一神经环相连；背神经索伸入领中的部分出现空腔，为背神经管的雏形，该特点表明它们似与更高等的脊索动物具有一定亲缘关系。雌雄异体，体外受精。

（二）分类及代表动物

全世界有 90 ~ 100 种，全部海产。底栖生活，个体掘土穴居或群体固着生活。

1. 肠鳃纲（Enteropneusta）

吻呈柱头状。个体生活，多在泥沙中穴栖或在石块下生活。有 70 余种，中国已报道 6 种。如柱头虫（*Balanoglossus*）（图 5-59）。

2. 羽鳃纲（Pterobranchia）

吻呈扁平盘状；领的背线向前方延长成一对或数对腕状突起，各腕上列生许多触手。聚生或群体生活，以柄附着在海底。这类动物较为罕见，在中国尚未发现。例如头盘虫（*Cephalodiscus*）、杆壁虫（*Rhabdopleura*）和无管虫（*Atubaria*）等。

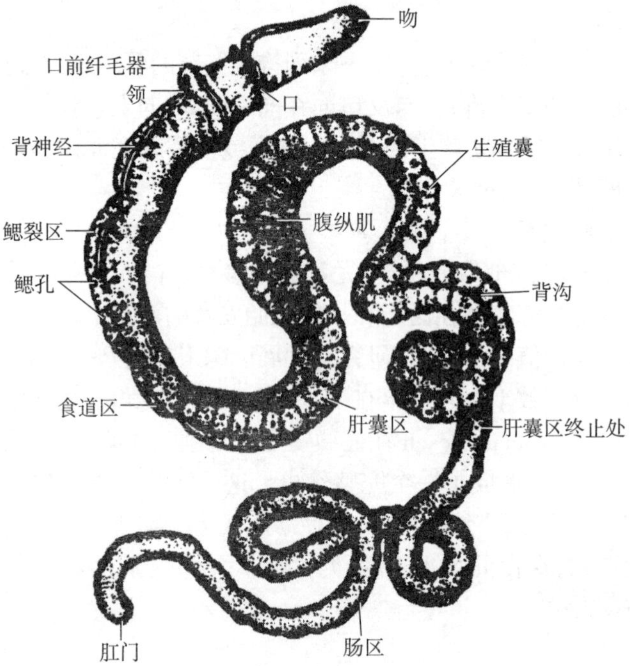

图 5-59　柱头虫外形

(三) 半索动物的分类地位

口索是半索动物特有的结构,过去被认为是原始的脊索,因此把这类动物称为半索动物,但经组织学和胚胎学的研究证明,口索与脊索动物的脊索既不同功,又不同源,可能是一种内分泌器官。可见,半索动物既有类似于脊索动物的特征,又保持着无脊椎动物的许多典型特征。由于半索动物与棘皮动物有很近的亲缘关系,故均划归于无脊椎动物之列,主要依据包括:①半索动物和棘皮动物都是后口动物;②两者的中胚层都是由原肠凸出形成;③柱头虫的幼体(柱头幼虫)与棘皮动物的幼体(如短腕幼虫)形态结构非常相似;④脊索动物肌肉含有肌酸化合物,非脊索动物肌肉含有精氨酸化合物。但海胆和柱头虫的肌肉中都同时含有肌酸和精氨酸。说明这两类动物有较近的亲缘关系,从生化方面也可以得到证明。

十、脊索动物

脊索动物门(Chordata)是动物界中最高等的一个门。在进化中出现了脑、脊索、背神经管和咽鳃裂四大特征,明显地区别于无脊椎动物(图 5-60)。

(一) 基本特征

脊索动物是两侧对称、三胚层、分节的真体腔动物。具背神经管(dorsal tubular nerve cord)和脊索(notochord);咽部具鳃裂(gill slits);通常有肛后尾(post-anal tail)(图 5-60)。消化系统具完整的消化道,有口和肛门;大多数脊椎动物用有齿的颌取食;无脊椎的脊索动物进行滤食。以鳍游泳,以分节的肌肉附肢跑跳或飞翔。具软骨或硬骨组成的内骨骼;脊椎动物的脊索由分节的脊椎代替。鳃呼吸或肺呼吸。封闭血管系统,具有位于腹部的心脏,血压较高。无脊椎动物无排泄器官或具有焰细胞;脊椎动物具有肾。神经系统具特有的背神经管;脊椎动物具有脑。一般为雌雄异体,有性生殖。

(二) 分类及代表动物

约 7 万种,分为 3 个亚门:尾索动物亚门(Urochordata)、头索动物亚门(Cephalochordata)和脊椎动物亚门(Vertebrata)。

1. 尾索动物亚门

尾索动物约有 1 370 种,栖息于海洋中。我国有 14 种。因为脊索仅存在于幼体的尾部,故名。不分节脊索和神经管,只存在于幼体;一般为雌雄同体,但异体受精。尾索动物亚门分为三个纲。

(1) 尾海鞘纲(Appendiculariae) 体小,体长不超过 5 mm,形如蝌蚪,终生保留着细长的尾和脊索,漂浮在海面上自由游泳生活,无变态。如住囊虫。

(2) 海鞘纲(Ascidiacea) 成体多固着生活,单体或群体。幼体具尾,自由生活,有变态。如柄海鞘(*Styela clava*)、菊海鞘(*Botryllus*)等。

(3) 樽海鞘纲(Thaliacea) 自由漂浮生活。身体多呈桶形,被囊透明。肌肉带从前往后,依次收缩,迫使水从出水孔冲出,推动身体前移。生活史复杂,有世代交替现象。如樽海鞘(Doliolum)。

2. 头索动物亚门

头索动物终生具有发达的脊索,背神经管和咽鳃裂三大特征。脊索延伸到背神经管的前方,故称头

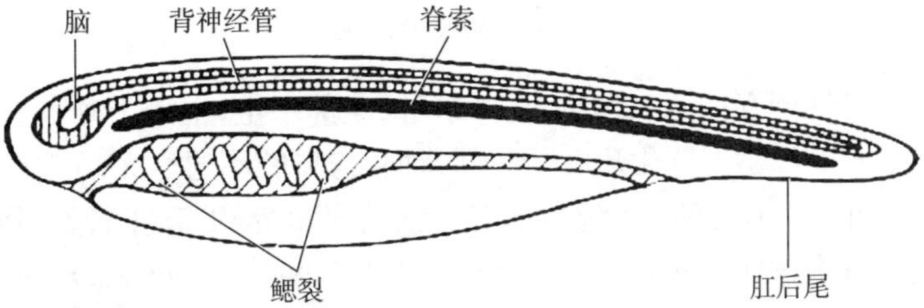

图 5-60 脊索动物四大突出特征

索动物。因无真正的头和脑又称为无头类(Acrania)。

本门仅1纲(头索纲),1科(鳃口科),2属(文昌鱼属和偏文昌鱼属),现存约30种。代表动物为文昌鱼(*Branchiostoma belcheri*)(图5-61)。文昌鱼身体呈鱼形,但无明显的头部,头和尾两端均较尖,故名双尖鱼。没有成对的鳍,只有彼此相连的背鳍、尾鳍和臀前鳍。腹面左右两侧皮肤下垂形成腹褶。肛门位于尾鳍腹面的左侧。皮肤呈半透明状,全身肌肉保持着原始的分节状态。文昌鱼生活于浅海沙滩里,很少游动,大部分时间是将身体埋在泥沙中,只露出口前端,借水流摄取藻类食物。

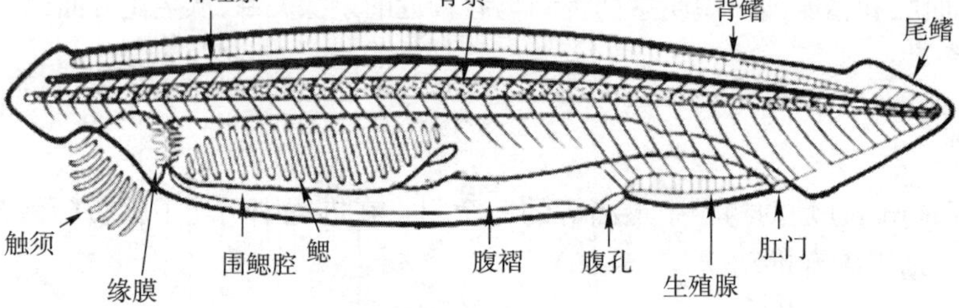

图5-61 文昌鱼

3. 脊椎动物亚门

脊椎动物是脊索动物门中数量最多、结构最复杂完善的一个亚门;是向着积极主动的生活方式进化的类群。与前两个亚门的不同之处在于:①神经管的前端分化成五部脑,后端分化成脊髓,出现了具有眼、耳、鼻等感觉器官的头部,所以又称为有头类;②脊索只在胚胎发育中出现,随即为分节脊柱所代替;③口具有上、下颌(圆口类除外),称为有颌类;④具成对的附肢作为运动器官(圆口类除外),扩大了生活范围,提高了摄食、求偶和避敌的能力。

现存的脊椎动物约50 000种,分为6个纲:圆口纲(Cyclostomata)、鱼纲(Pisces)、两栖纲(Amphibia)、爬行纲(Reptilia)、鸟纲(Aves)和哺乳纲(Mammalia)。

(1) 圆口纲

① 圆口纲的主要特征 无上下颌,因此又称为无颌类;皮肤裸露无鳞;只有奇鳍,没有偶鳍;骨骼由软骨和结缔组织构成,没有硬骨,脊索终生存在;心脏具有一心房、一心室和一静脉窦,无动脉圆锥;呼吸器官为鳃囊(gill pouch),囊壁上有若干褶皱状鳃丝(gill filament)。圆口类是最原始的脊椎动物(图5-62)。

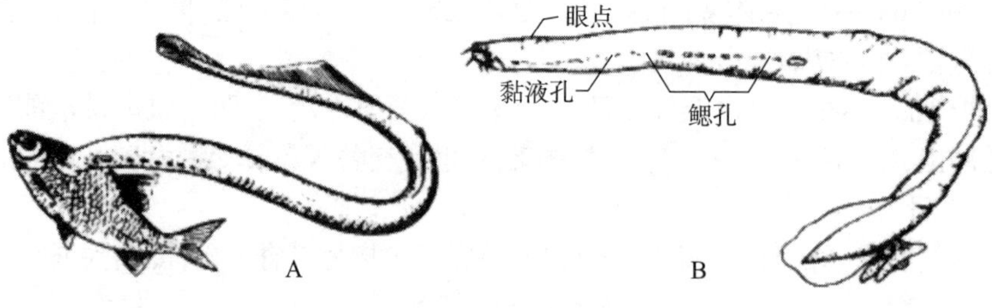

图5-62 圆口纲代表动物

A. 七鳃鳗;B. 盲鳗

② 圆口纲的分类 已知现存的圆口动物有70多种,全部水生,生活于海水或淡水水域。

七鳃鳗目(Petromyzoniformes) 鼻孔开口于头部背面,与口腔不通。无须,吸盘型的口呈漏斗状,内有角质齿。有眼。背鳍两个。有呼吸管,鳃孔7对。该目全世界约有41种,中国有3种:日本七鳃鳗(*Lampetra japonica*)、东北七鳃鳗(*Lampetra morii*)和雷氏七鳃鳗(*Lampetra reissneri*)。

盲鳗目(Myxiniformes) 单个鼻孔开口于吻端,与口腔相通。吻部有1～2对口须,口裂孔状,肉质舌发达,其上具有强大的栉状齿。眼退化。无背鳍。无呼吸管,鳃孔 1 ~ 15 对。盲鳗目全部海生,栖息于温带和亚热带水域。全世界约有 32 种,中国有 5 种:蒲氏黏盲鳗(*Eptatretus burgeri*)、深海黏盲鳗(*Eptatretus okinoseanus*)、陈氏副盲鳗(*Paramyxine cheni*)、杨氏副盲鳗(*Paramyxine yangi*)和台湾副盲鳗(*Paramyxine taiwanae*)。

③ 圆口纲与人类的关系　圆口动物有一定的经济价值,七鳃鳗和盲鳗均可食用,七鳃鳗有一定的捕捞价值。盲鳗的数量较多,寄生生活,是脊椎动物中唯一的体内寄生动物。一般在晚上袭击鱼类,多从鳃部钻入体腔摄食寄主的内脏和肌肉。对鱼类危害较大,但它们也食腐肉,有一定的净化水质的作用。

(2) 鱼纲

① 鱼纲的主要特征　鱼类是最早出现上下颌的类群;脊椎骨无结构与功能的分化;不仅有奇鳍(背鳍、臀鳍和尾鳍),而且出现了成对的偶鳍(胸鳍和腹鳍),既强化了运动能力,又为陆生脊椎动物四肢的出现奠定了基础;身体呈流线型以减少阻力,体表被覆鳞片起保护作用,体内有鳔,能调节鱼体的比重,有利于沉浮运动;身体两侧有侧线器官,能感受水流的压力和震动;心脏为一心房一心室,血液循环为单循环,用鳃呼吸。鱼类身体结构的上述特征使其非常适应水生生活。

② 鱼纲的分类

软骨鱼类(Chondrichthyes)　骨骼全为软骨;体被盾鳞或无鳞;鳃裂一般 5 对,各开口于体外,鳃间隔发达,无鳔;口在腹面,肠内有螺旋瓣;体内受精,雄体有鳍脚,卵生或卵胎生。软骨鱼类有 800 余种,绝大多数生活于热带和亚热带海洋中,如六鳃鲨、宽纹虎鲨、噬人鲨、花点无刺鲼和黑线银鲛(图 5-63)。

硬骨鱼类(Osteichthyes)　骨骼多为硬骨;体被硬鳞、骨鳞或无鳞;鳃裂 4 对,不直接开口于体外,有骨质鳃盖保护,鳃隔退化;一般有鳔;口位于头前端,多数种类肠内无螺旋瓣;多体外受精,卵生。已知硬骨鱼类有 2 万多种,广泛分布于世界各海洋和淡水水域。如雀鳝(美洲淡水)、香鱼、大麻哈鱼、鲥鱼、鳗鲡、鲈鱼、海马、黄鳝、鳜鱼、斗鱼、乌鳢、牙鲆、石鲽、河豚,四大家鱼通常指青鱼、草鱼(又称鲩鱼)、鲢鱼

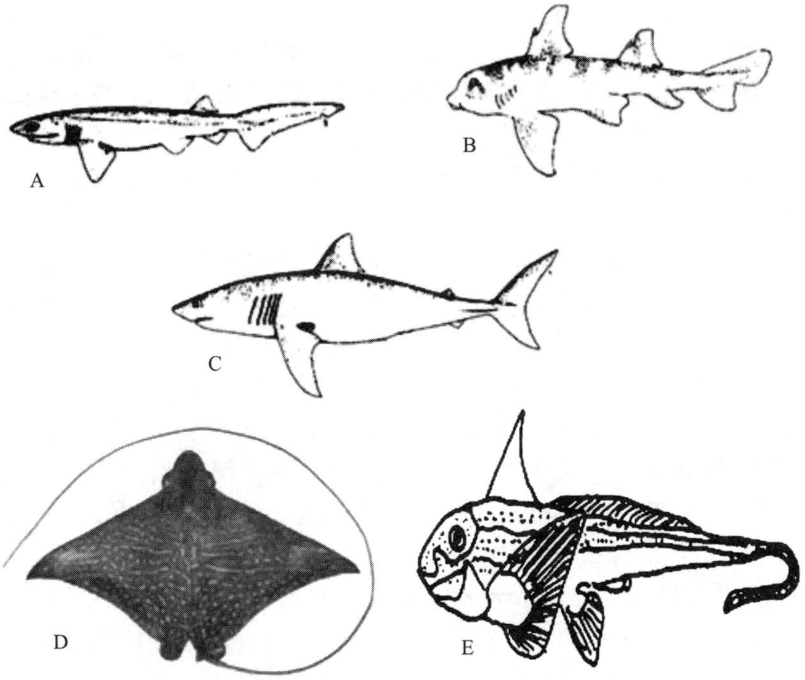

图 5-63　软骨鱼类代表动物

A. 六鳃鲨;B. 宽纹虎鲨;C. 噬人鲨;D. 花点无刺鲼;E. 黑线银鲛

图 e5-17 四大家鱼

和鳙鱼等(图 e5-17)。

③ 鱼纲动物与人类的关系 鱼类具有突出的经济意义。鱼的肉味鲜美,是高蛋白质、低脂肪、高能量、易消化的优质食品,营养丰富,蛋白质含量 16%~25%,明显高于牛奶、鸡蛋,与鸡肉、牛肉、羊肉和猪肉等(19.3%~20.3%)不相上下。特别是四大家鱼,倍受中国人喜爱。此外,鱼肉中还有人类必需和容易吸收的脂肪、钙、磷、铁、赖氨酸、硫胺素、核黄素、烟酸、抗坏血酸和多种维生素。

除鲜食和加工成浓缩鱼蛋白、鱼翅(鲨鱼鳍)、鱼肚(鱼鳔)和鱼唇(鲨、鳐的吻软骨)等珍馐外,渔产品还为工业和医药生产提供原料。鱼鳞可提取和制成鱼光鳞、鱼鳞胶、盐酸鸟粪素、咖啡因、黄嘌呤、鳞酱油、磷酸钙肥料等。鲨鱼和鲀类的皮可做成上等皮革制品,易染色,成本低,只及蛇皮的 1/10。鱼的头、骨、刺等废弃物和不堪食用的杂鱼,常用于生产鱼粉或生物发酵制造液化饲料。鱼粉是养猪和养禽业增产所不可缺少的添加剂。

鱼类内脏器官也具有多方面用途:鳕、鲆、鲽等的鱼肝含脂率高,可提制鱼肝油;精巢可制鱼精蛋白;鱼胰可提取胰岛素,其中以鲤鱼和鲔鱼生产的胰岛素质量最佳;鱼胆是提炼胆色素钙盐的原料,可用作细菌培养剂和人造牛黄的原料。由深海鱼类压榨取得的鱼油含有高度不饱和脂肪酸,医药上可用于减少人体血液中的胆甾醇;从鱼油中提取的二十碳五烯酸(EPA),可制成防治脑血栓的新药——血液凝固缓冲剂;通过处理的鱼油,能制成一种具有特殊风味和稳定性良好的凝固脂肪,用作生产人造鱼黄油;制取氨基甲酸乙酯和环氧树脂,作为涂料;用鱼油处理皮革,可使之赋予黄色;在矿石浮选中用以分离低价铁等;作为润滑剂和防水剂。鲀类的血液和内脏含有河豚毒素,有抑制人血中胆碱酯酶活力的作用,能麻痹末梢神经和中枢神经,以此制成的河豚毒素针剂可治疗痉挛、外伤疼痛、神经痛及用于晚期癌症患者的止痛。

食蚊鱼、鳉鱼、斗鱼、麦穗鱼、棒花鱼和黄颡鱼等小型鱼类能大量吞食蚊子的幼虫,对其数量控制和防止蚊类传播脑炎、黄热病、疟疾和血丝虫病等都有积极的作用。

(3) 两栖纲

① 两栖纲的主要特征 幼体生活在水中,用鳃呼吸,经变态发育为成体;成体分头、躯干和尾部,具典型的五趾型四肢,脊柱分化为颈椎、躯干椎、荐椎和尾椎,以适应陆地生活;皮肤裸露无鳞片,表皮内有丰富的皮肤腺,分泌物可保持皮肤湿润有助于皮肤呼吸;成体首次出现了肺,但结构简单,呈囊泡状,呼吸功能弱;心脏二心房一心室,为不完全的双循环,提高了输送氧的能力,体温不恒定,属变温动物。该类群是由水生到陆生的过渡类群。

② 两栖纲的分类 世界上现存的两栖动物 4 200 余种,我国有 280 余种,分为三个目。

无足目(Apoda) 两栖类中最原始而又特化的一类。外形似蛇,尾短或无尾,无四肢及带骨,穴居生活,眼退化,隐于皮下。一些蚓螈具骨质真皮鳞,这是比较原始的特征。体内受精,卵胎生或卵生。全世界约有 150 种,我国仅有一种,分布于西双版纳,故称为版纳鱼螈(*Ichthyophis bannanicus*)。

有尾目(Caudata) 体长形,多数具四肢,后肢支持身体的能力较弱,少数种类仅具前肢,尾很发达,且终生存在;有或无活动的眼睑。一般为卵生,体外受精或体内受精。再生能力强,肢、尾损残后可重新长出再生肢或再生尾。全世界有 8 科 60 属 300 余种,我国有 3 科 11 属 24 种,代表动物有大鲵(*Andrias davidianus*)(图 5-64A),俗称娃娃鱼,是我国珍贵的Ⅱ级保护动物,产于湖南、湖北、贵州、广西、四川、陕西、山西等省(区)。还有极北小鲵(*Salamandrella keyserlingii*)(图 5-64B)、中国瘰螈(*Paramesotriton chinensis*)、东方蝾螈(*Cynops orientalis*)、肥螈(*Pachytriton brevipes*)(图 5-64C)和细痣疣螈(*Tylototriton asperrimus*)等。

无尾目(Anura) 体形宽短,四肢发达,后肢强大,成体无尾;具可活动的下眼睑及瞬膜。成体一般水陆两栖生活,体外受精,水中产卵。幼体为蝌蚪,变态后转变为水陆两栖的成体。全世界有

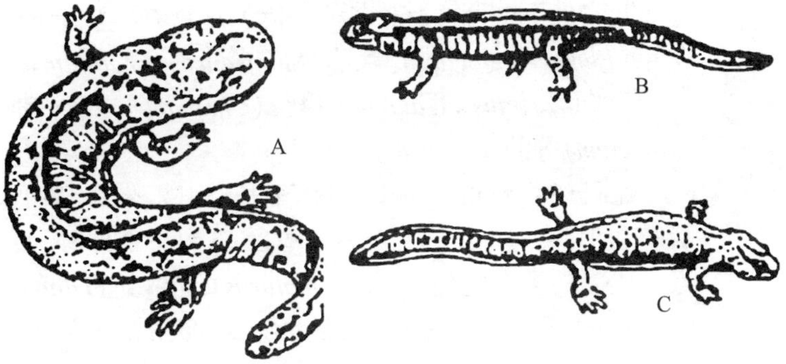

图 5-64 有尾目代表动物(张训蒲和朱伟义,2000)

A. 大鲵;B. 极北小鲵;C. 肥螈

18科2 000余种,我国有7科200余种。代表动物有东方铃蟾(*Bombina orientalis*)、宽头大角蟾(*Megophrys carinensis*)(图e5-18)、大蟾蜍(*Bufo bufo*)、黑斑蛙(*Rana nigromaculata*)、中国林蛙(*Rana chensinensis*)、牛蛙(*Rana catesbeiana*)和北方狭口蛙(*Kaloula borealis*)等。

图 e5-18 无尾目代表动物

③ 两栖纲与人类的关系 两栖类与人类关系密切,多数蛙蟾类生活于农田、森林和草地,大量捕食害虫,是害虫的天敌。例如,平均每只黑斑蛙一天内捕食70多只昆虫;一只泽蛙捕虫40～270只;一只大蟾蜍的灭虫量在3个月内就可过万只,而这些昆虫常是许多食虫鸟类在白天无法啄食到的害虫或不食的毒蛾等。牛蛙肉质细嫩鲜美,可与鸡肉媲美;除供食用外,蛙皮还能制革,而其他部分可加工成骨粉和饲料等。许多两栖动物可作药用,其中最负盛誉的首推蛤氏蟆和蟾酥。市上出售的蛤氏蟆是中国林蛙的干制品,而雌性输卵管的干制品是蛤氏蟆油,富含蛋白质、脂肪、糖、维生素和激素,是名贵的强身滋补品。蟾酥有重要的药用价值,是数十种中成药的主要原料。两栖类也是重要的实验动物,在教学、科研和医学领域做出了巨大贡献。

(4) 爬行纲

① 爬行纲的主要特征 四肢发达(除蛇类外),可行走和跑动;体表有角质鳞片或角质板,可防止水分的散失;脊柱分化完善,分为颈椎、胸椎、腰椎、荐椎和尾椎,同时出现了肋骨,与腹中线的胸骨连接成胸廓,胸廓为羊膜动物特有,能更好地保护内脏和适应陆地生活;完全肺呼吸,肺海绵状,气体交换面积大;心室间出现了不完全隔膜,仍为不完全双循环,虽然效率比两栖类高,但仍属于变温动物;出现了羊膜卵,其内有羊膜腔,胎儿在腔内的羊水中发育,使胎儿完全脱离了对外界水的依赖。

② 爬行纲的分类 爬行纲现存约6 000种,分为4个目。我国约有400种。

喙头目(Rhynchocephaliformes) 分布于新西兰,是爬行纲最古老的类群之一,有“活化石”之称。现仅存1种,即楔齿蜥。成体头部前端呈鸟喙状,口内无齿。具有顶眼,寿命可长达300年。

龟鳖目(Chelonia) 身体宽短,躯干包被在骨质硬壳内。硬壳由背甲和腹甲组成,并与脊椎骨和肋骨相愈合。无胸骨和完整的胸廓,肩带在肋骨腹面。口内无齿,而以角质的颌鞘取食。头、颈、四肢、尾外露,大多数可缩入壳中。现存330多种,分别生活在热带、亚热带的陆地、淡水和海水中。常见种类有象龟(*Geochelone elephantopus*)、乌龟(*Chinemys reevesii*)、黄喉水龟(*Mauremys mutica*),常有龟背基枝藻等附着与之共生,称为“绿毛龟”。还有玳瑁(*Eremochelys imbricata*)、棱皮龟(*Dermochelys coriacea*)和鳖(*Trionyx sinensis*)等。

蜥蜴目(Lacertiformes) 也可将蜥蜴类与蛇类合并为有鳞目(Squamata)。蜥蜴目多数种类四肢发达,指(趾)5枚,有爪。有肩带、胸骨。眼睑可动。口内有齿。除南极洲外,广布于全球。本目现有16

图 e5-19　眼镜蛇

图 e5-20　扬子鳄

科，约 3 750 种，我国 160 多种。代表动物有多疣壁虎（*Gekko japonicus*）、石龙子（*Eumeces elegans*）、鳄蜥（*Shinisaurus crocodilurus*）（国家一级保护动物）、巨蜥（*Varanus giganteus*）、避役（*Chamaeleon* sp.）和短尾毒蜥（*Heloderma suspectum*）等。

蛇目（Serpentiformes）　身体细长，四肢、带骨、胸骨退化。无活动眼睑、瞬膜和泪腺。广布于各大洲。本目 13 科，3 200 种，我国 210 多种，50 种有毒。代表种类有蟒蛇（*Python molurus*）、赤链蛇（*Dinodon rufozonatum*）、银环蛇（*Bungarus multicinctus*）、蝮蛇（*Agkisirodon halys*）和眼镜蛇（*Naja naja*）（图 e5-19）等。

鳄目（Crocodiliformes）　最高等的爬行类。头扁平、吻长。头骨有发达的次生腭，槽生齿，双颞孔；体被角质鳞片，背部鳞片下有骨质板。心室完全分隔。现存 22 种，分布于非洲、大洋洲、亚洲南部及美洲热带等温暖地区。我国仅 1 种，即扬子鳄（*Alligator sinensis*）（图 e5-20）。其他代表种类有美国短吻鳄（又称密河鳄，*Alligator mississippiensis*）、湾鳄（*Crocodylus porosus*）（大型食人鳄，产于印度和马来半岛）等。

③ 爬行类与人类的关系　爬行动物在维持生态平衡中起重要作用，如蜥蜴和蛇等能大量捕食鼠类和害虫，同时，许多种类又是食肉类和猛禽的食物。蛇、甲鱼等通过人工养殖，可为人类提供优质的蛋白质和滋补品。海龟肉、龟蛋、鳍脚、脊肌、腹甲骨片缝间的黄脂肪等是太平洋上许多岛屿居民的喜爱美食。爬行动物可以提供优质的工业和工艺原材料，用以制作坚韧、美观的皮革，如皮包、皮带等，也用于制作多种乐器。许多爬行动物是名贵的药材，如蛤蚧、鳖甲、蛇胆、蛇毒等。爬行动物还具有仿生学价值，如热敏元件和响尾蛇导弹等。爬行动物也有危害人类和畜禽的一面，如毒蛇等。

(5) 鸟纲

① 鸟纲的主要特征　身体呈流线型，体具羽毛，羽毛包括正羽、绒羽和纤羽，正羽又包括飞羽和尾羽，正羽由羽轴和羽片构成，羽片由羽枝和羽小枝（具倒刺）构成；骨骼高度愈合，且为气质骨，胸骨具龙骨突，供发达的胸肌附着，前肢变为翼；心脏由二心房和二心室构成，为完全的双循环，多氧血和缺氧血完全分开，并与呼吸系统相配合；呼吸为双重呼吸，肺与 9 个气囊相连，吸气和呼气时都可进行气体交换；具有高而恒定的体温，与哺乳动物同属恒温动物。这些特征使鸟类成为高度适应飞行生活的脊椎动物。

② 鸟纲分类　鸟纲通常分为两个亚纲：古鸟亚纲（Archaeornithes）和今鸟亚纲（Neornithes）。古鸟亚纲在白垩纪以前已经灭绝，以中国辽宁的中华龙鸟（*Sinosauropteryx prima*）和德国的始祖鸟（*Archaeopteryx lithographica*）等为代表。今鸟亚纲包括白垩纪以来的一些化石种类以及现存鸟类。现存鸟类 9 700 余种，分为 3 个总目，33 目，203 科。

平胸总目（Ratitae）　大型走禽，具有一系列原始特征：翼退化、不具龙骨突，不具尾综骨和尾脂腺，羽枝不具羽小钩。2 ~ 3 趾，适于奔走。分布于南半球，共分 5 目 6 科，60 余种。如非洲鸵鸟（*Struthio camelus*）、美洲鸵鸟（*Rhea americana*）、鸸鹋（*Dromaus novachollandeae*）和几维鸟（*Apteryx oweni*）等（图 5-65）。

企鹅总目（Impennes）　中大型潜鸟。具有一系列适应潜水生活的特征：前肢鳍状，腿短而移至躯体后方，趾间具蹼，适于游泳划水。具鳞片状羽毛，尾短，皮下脂肪发达。骨骼沉重不充气，胸骨具发达的龙骨突。在陆上行走时躯体近于直立，左右摇摆。分布于南半球。仅 1 目，1 科，16 种。代表动物有王企鹅（*Aptenodytes patagonicus*）等（图 5-65）。

突胸总目（Carinatae）　全为善飞的鸟类。翼发达；具发达的龙骨突，最后 4 ~ 6 枚尾椎骨愈合成一块尾综骨；正羽发达，构成羽片。分布遍及全球。分 21 目，155 科，8 500 种以上。我国现存鸟类均属此

图 5-65 平胸总目和企鹅总目代表物种(郑光美,1995)
A. 非洲鸵鸟;B. 鸸鹋;C. 几维鸟;D. 王企鹅

总目,共 21 目,84 科,1 319 种。代表动物有短尾信天翁(*Diomedea albatrus*)、朱鹮(*Nipponia nippon*)、天鹅(*Cygnus cygnus*)、绿头鸭(*Anas platyrhynchos*)、金雕(*Aquila chrysaetos*)、秃鹫(*Aegypius monachus*)、褐马鸡(*Crossoptilon mantchuricum*)、原鸡(*Gallus gallus*)、白鹇(*Lophura nycthemera*)、大鸨(*Otis tarda*)、山斑鸠(*Streptopelia orientalis*)、绯胸鹦鹉(*Psittacula alexandri*)、雕鸮(*Bubo bubo*)、戴胜(*Upupa epops*)、黑枕黄鹂(*Oriolus chinensis*)、东方白鹳(*Ciconia boyciana*)等(图 5-66)。

根据鸟类生活环境和与之相适应的生活方式以及外部形态的差异,可将鸟类分为 7 个生态类型,即走禽类、游禽类、涉禽类、陆禽类(鹑鸡类和鸠鸽类)、攀禽类、猛禽类、鸣禽类。

③ 鸟类与人类的关系 多数鸟类对人类有益,在自然界中可以控制中小型有害动物的过度繁殖,维护生态平衡,如 1 只燕子在夏季里能吃掉 50 万～100 万只苍蝇、蚊子和蚜虫。许多羽色艳丽的鸟为

图 5-66 突胸总目代表物种
A. 东方白鹳;B. 秃鹫;C. 褐马鸡

观赏动物；多种鸟类的肉和蛋为人类的主要食品；鸟类的羽毛是被人类广泛使用的保暖填充材料和装饰材料；鸟粪是优质肥料；啄花鸟和太阳鸟以取食花蜜为食，为花木传粉。在科研方面，对鸟类的研究已经使生物学、生态学和行为学等诸多领域中的许多现代原理得到了系统阐述。鸟类的有害作用主要表现在少数植食性鸟类会对农业造成一定的危害，一些鸟类可以传播疾病，鸟群对飞机的起降和安全飞行构成威胁等。

(6) 哺乳纲

① 哺乳纲的主要特征　体表被毛，具有角、爪、指甲、蹄、乳腺、汗腺和皮脂腺等皮肤衍生物；运动器官发达完善，运动能力强，活动范围大；神经系统和感觉器官高度发达，大脑体积大，大脑皮层高度发达，形成了高级神经活动中枢；内脏器官系统十分完善，适应恒温和高代谢水平的需要；具胸腔和腹腔之分，之间为肌肉质的横膈膜；胎生和哺乳保证了后代有较高的成活率。哺乳纲几乎遍及地球的每个角落，虽然其种类数量不及鱼类、鸟类和昆虫，但其对自然界的适应能力是最强的，是动物界中高度发达的一个类群。

② 哺乳纲分类　现存哺乳动物有 4 600 多种，我国有 607 种(968 亚种或群)。分为三个亚纲。

原兽亚纲(Prototheria)　卵生；具泄殖腔(cloaca)(消化管、输尿管和生殖管共同开口的总腔)；无齿；无乳头；如鸭嘴兽(*Ornithorhynchus anatinus*)(图 5-67)、针鼹(*Tachyglossus aculeatus*)等。

后兽亚纲(Metatheria)　胎生，但无真正的胎盘，幼体发育不良，需在母体的育儿袋中继续发育，因而本类群也称为有袋类；具退化残余泄殖腔。270 多种，只有有袋目(Marsupialia)一个目，多分布于澳大利亚岛屿，少数居于北美洲及南美洲草原。代表动物有袋鼠(图 5-68)、袋狼、袋鼬、袋熊、袋貂和袋兔等。

真兽亚纲(Eutheria)　胎生，有胎盘；不具泄殖腔；异型齿(门、犬、臼齿)，每种齿式固定。现存哺乳类约 95％的种属于本亚纲，有 18 目，我国有 14 目，54 科，210 属，509 种。如食虫目(Insetivora)的鼩鼱(*Sorex araneus*)，树鼩目(Scandentia)的树鼩(*Tupaia glis*)，翼手目(Chiroptera)的蝙蝠(*Vespertilio superans*)，灵长目(Primates)的金丝猴(*Rhinopithecus roxellanae*)、黑猩猩(*Pans troglodytes*)和现代人(*Homo sapiens*)等，贫齿目(Edentata)的大食蚁兽(*Myrmecophaga tridactyla*)，鳞甲目(Pholidota)的穿山甲(*Manis pentadactyla*)，兔形目(Lagomorpha)的雪兔(*Lepus timidus*)，啮齿目(Rodentia)的棕鼯鼠(*Petaurista petaurista*)，鲸目(Cetacea)的白鳍豚(*Lipotes vexillifer*)、抹香鲸(*Physeter macrocephalus*)等，食肉目(Carnivora)的狼(*Canis lupus*)、大熊猫(*Ailuropoda melanoleuca*)等，鳍足目(Pinnipedia)的加州海狮(*Zalophus californianus*)、儒艮(*Dugong dugon*)等，长鼻目(Proboscidea)的亚洲象(*Elephas maximus*)，奇蹄目(Perissodactyla)的野马(*Equus przewalskii*)，偶蹄目(Artiodactyla)的野猪(*Sus scrofa*)、单峰驼(*Camelus dromedarius*)、麋鹿(*Elaphurus davidianus*，四不像)和藏羚羊(*Pantholops hodgsonii*)(图 5-69)等。其中，金丝猴、白鳍豚和大熊猫为我国特产珍稀动物。

图 5-67　鸭嘴兽

图 5-68　袋鼠

图 5-69　藏羚羊

③ 哺乳纲与人类的关系　哺乳类的毛皮可制革、制裘,如黄鼬、紫貂可制小毛细皮裘皮;狐、狼等可制大毛裘皮;豹、熊、野兔可制杂皮;最华丽、最珍贵的是食肉目中鼬科、犬科、猫科动物的皮毛;偶蹄类可作为制革毛皮。鹿茸、鹿角、牛黄、麝香为名贵药材。广泛食用种类包括偶蹄类、兔类、食肉类以及部分啮齿类,不少种类已被驯化饲养。在现代医学、动物行为学、免疫学、药物筛选中,通常用家兔、大鼠、小鼠、狗作为实验动物。蝙蝠和鲸的回声定位在仿生学被加以利用。另外,许多哺乳动物具有重要观赏价值,可作为文化资源开发利用;大熊猫亦是国家间的友好使者。鹿头(角)、牛头、羚羊头等是高级装饰品和工艺品。但也有一些害兽,如鼠类等传播疾病、与人类争粮、危害人类的生存及经济建设。

本章小结

生物多样性是指所有来源的形形色色的生物体,这些来源包括陆地、海洋和其他水生生态系统及其所构成的生态综合体;还包括物种内部、物种之间和生态系统的多样性。

生物分类学是研究生物类群的分类、探索生物间亲缘关系和阐明生物界自然系统的科学。生物分类学的任务包括识别物种、鉴定名称、阐明其亲缘关系与分类系统。

生物分类的方法包括人为分类和自然分类。生物分类的依据有传统分类依据和现代分子生物学分类依据,传统分类依据包括古生物学、比较胚胎学、比较解剖学、生理学和生物化学以及细胞学等依据。对生物分界有不同的看法,有二界系统、三界系统、四界系统和五界系统以及六界系统等分法。生物分类等级可划分为界、门、纲、目、科、属、种 7 个基本的分类单元。生物命名的法则有双名法和三名法。

病毒、亚病毒等为非细胞生物。病毒由蛋白质和核酸组成,能够在宿主细胞内复制繁殖。亚病毒结构更简单,仅由蛋白质或核酸构成,其复制繁殖方式和致病机制有待进一步研究。原核生物是一类由原核细胞构成的生物体,多数为单细胞,包括细菌、蓝藻和古菌。其中蓝藻是一类可以进行光合作用的原核生物。古菌是一类特殊的原核生物,其生境特殊,在生命起源研究中有重要意义。立克次氏体、支原体、衣原体等是一类感染动植物体的病原微生物。放线菌能够产生各种抗生素。

原生生物是单细胞的真核生物,包括类植物原生生物、类动物原生生物和类真菌原生生物等。

真菌是一类化能异养型的真核生物,在自然界物质循环中起着重要作用,通常分为四个纲:接合菌纲、子囊菌纲、担子菌纲和半知菌纲。

地衣是真菌类和某些绿藻或蓝藻类形成的共生体,是自然界的先驱拓荒者。

植物界是一类向着光合自养方向发展的多细胞生物。多细胞的藻类植物发育过程中不形成胚,而苔藓植物、蕨类植物、裸子植物和被子植物形成胚。苔藓植物、蕨类植物和裸子植物的雌性生殖结构中有颈卵器构造。蕨类植物、裸子植物和被子植物具有维管束。多细胞的藻类植物、苔藓植物、蕨类植物产生游动精子,必须在水生环境中受精;裸子植物和被子植物产生花粉管,使受精作用不再受水的限制,种子的出现使胚有了种皮保护,可免受外界环境对幼小稚嫩植物体的影响。被子植物是植物界中进化最高等、分布最广、种类最多的类群。被子植物是由已经灭绝了的原始裸子植物进化产生,以恩格勒为代表的假花学派认为被子植物的花是由单性的孢子叶球演化来的。设想由原始裸子植物的买麻藤目演化出了被子植物,杨柳目等是被子植物的原始类群。以哈钦松为代表的真花学派认为被子植物的花是由两性的孢子叶球演化来的。设想被子植物是来自裸子植物中早已灭绝的本内苏铁目,木兰目植物被认为是被子植物的原始类群。现代被子植物分类系统影响比较大的有恩格勒系统、哈钦松系统、塔赫他间系统、克朗奎斯特系统和 APG 系统等。被子植物通常分为双子叶植物纲(木兰纲)和单子叶植物纲(百合纲)。在系统演化和经济意义方面比较重要的常见科有木兰科、毛茛科、杨柳科、十字花科、蔷薇科、豆科、大戟科、伞形科、茄科、茜草科、菊科、泽泻科、禾本科、百合科、兰科等。

动物是一类向着吞噬异养的方向进化发展的多细胞生物。从低等的海绵动物进化到高等的哺乳动物;从简单的不对称或辐射对称的只适应于水中固着或漂浮生活的两胚层动物,进化到两侧对称的三胚层动物;从没有体腔,进化至初生体腔的原腔动物和真体腔动物。从无脊椎动物到脊椎动物,中间经历了棘皮动物和半索动物类群的过渡,又经历了尾索和头索动物亚门分化,终于进化到有头类即脊索动物亚门。有头类动物从最原始的无颌类,逐步进化到有颌类动物;从水生的鱼形动物,逐步进化到陆生四足类;从非羊膜动物逐步进化到羊膜动物;从变温动物逐渐进化到恒温动物。在漫长的进化过程中,动物的结构和功能也从简单到复杂逐步完善,更加适应环境的变化和发展。

复习思考题

一、名词解释

物种;类病毒;真细菌;蓝藻;古菌;立克次氏体;支原体;衣原体;螺旋体;原核生物;原生生物;辐射对称;两侧对称;世代交替;藻类植物;苔藓植物;蕨类植物;裸子植物;被子植物;低等植物;高等植物;维管植物;种子植物;孢子体;配子体;世代交替;颈卵器;孢蒴;孢子叶;针叶植物;球果植物;后肾管;混合体腔;胚生;胎生;原口动物;后口动物;脊索动物;羊膜动物;恒温动物;有头类动物;无颌类动物

二、问答题

1. 什么是生物多样性?生物多样性包含哪几个层面?
2. 什么是生物分类学?生物分类学的任务和研究内容有哪些?
3. 在生物分类的阶层系统中,如何区分种、亚种、变种和变型?
4. 什么是生物的学名?生物种、亚种、变种、变型的学名各是如何构成的?
5. 如何鉴定不能够识别的生物标本?
6. 试比较魏泰克的五界系统和伍斯的三域六界系统的异同,哪一种分界系统更为合理?
7. 病毒、类病毒、拟病毒和朊病毒的分子组成和遗传物质有什么不同?
8. 什么是细菌?细菌有哪些类型?各有哪些特点?
9. 如何辨别立克次氏体、支原体、衣原体、放线菌与螺旋体?
10. 什么是古菌?古菌的起源和特征与细菌有何区别?
11. 原生生物的结构有何特点,原生生物包括哪些类型?
12. 真菌有哪些基本特征?酵母菌、霉菌和担子菌有什么主要区别?
13. 什么是接合生殖?简述水绵有性生殖的过程及特点。
14. 为什么古老的绿藻有可能是高等植物的祖先?
15. 褐藻和红藻有哪些主要区别?
16. 蕨类植物比苔藓植物在哪些方面更适应陆生生活,哪些方面还未完全适应陆生生活?
17. 为什么裸子植物比蕨类植物更进化、更适应陆地生活?
18. 怎样理解被子植物雌配子体的简化在进化上的意义?
19. 为什么被子植物会发展成为现代优势植物?
20. 为什么木兰科和毛茛科是被子植物中最原始的类群?
21. 为什么泽泻科是单子叶植物中最原始的类群?
22. 为什么菊科是双子叶植物中最进化的类群?
23. 为什么禾本科是单子叶植物中风媒传粉最特化的类群?
24. 为什么兰科是单子叶植物中虫媒传粉最特化的类群?
25. 蔷薇科、豆科、禾本科植物在人们生活中有哪些重要意义?
26. 海绵动物的体型、结构有何特点?海绵动物是最原始、最低等的多细胞动物的依据是什么?
27. 腔肠动物门的主要特征是什么?如何理解它在动物进化上占重要位置?
28. 扁形动物门的主要特征是什么?它比腔肠动物高等的依据是什么(要理解两侧对称和三胚层的出

现对动物演化的意义）？
29. 原体腔动物的主要特征是什么？
30. 环节动物门有哪些主要特征？身体分节和次生体腔的出现在动物演化过程中有何重要意义？
31. 试述软体动物门的主要特征。
32. 节肢动物门有哪些重要特征？节肢动物比环节动物高等表现在哪些方面？
33. 棘皮动物门的主要特征是什么？ 为什么说棘皮动物为无脊椎动物中的高等类群？
34. 半索动物和什么动物的亲缘关系最近？有什么理由？
35. 脊索动物的四大主要特征是什么？
36. 试述两栖类对陆生生活的适应表现在哪些方面？其不完善性表现在哪些方面？
37. 鸟类适应飞翔的主要特征有哪些？
38. 从循环系统的特征出发，论述脊椎动物的进化趋势。

主要参考文献

陈小麟，方文珍．动物生物学（第4版）．北京：高等教育出版社，2012.

顾德兴．普通生物学．北京：高等教育出版社，2000.

贺学礼．植物学（第2版）．北京：高等教育出版社，2010.

洪德元．生物多样性事业需要科学、可操作的物种概念．生物多样性，2016，24（9）：979–999.

洪德元．植物细胞分类学．北京：科学出版社，1990.

胡鸿钧，魏印心．中国淡水藻类——系统、分类及生态．北京；科学出版社，2006.

黄诗笺．现代生命科学概论．北京：高等教育出版社，2001.

黄秀梨，辛明秀．微生物学（第3版）．北京：高等教育出版社，2009.

贾尔德 R D. 蔡益鹏，译．动物生物学．北京：科学出版社，2000.

靳德明．现代生物学基础．北京：高等教育出版社，2000.

拉帕杰 S P. 陶天申，陈文新，骆传好，译．国际细菌命名法规．北京：科学出版社，1989.

李海云．动物学．北京：高等教育出版社，2014.

刘广发．现代生命科学概论（第3版）．北京：科学出版社，2019.

刘凌云，郑光美．普通动物学（第4版）．北京：高等教育出版社，2009.

马克平，钱迎倩．《生物多样性公约》的起草过程与主要内容．生物多样性，1994，2（1）：54.

马克平．试论生物多样性的概念．生物多样性，1993，1（1）：20–22.

牛春山．陕西树木志．北京：中国林业出版社，1990.

卜文俊，郑乐怡，译．国际动物命名法规（第4版）．北京：科学出版社，2007.

斯特里特 H E. 石铸，李娇兰，曾建飞，译．植物分类学简论．北京：科学出版社，1986.

汪劲武．种子植物分类学（第2版）．北京：高等教育出版社，2009.

王全喜，张小平．植物学．北京：科学出版社，2004.

魏道智．普通生物学（第2版）．北京：高等教育出版社，2012.

吴庆余．基础生命科学．北京：高等教育出版社，2002.

吴相钰，陈守良，葛明德．陈阅增普通生物学（第4版）．北京：高等教育出版社，2014.

向其柏，藏德奎，孙卫邦，译．国际栽培植物命名法规．北京：中国林业出版社，2004.

徐孝华．普通微生物学．北京：中国农业大学出版社，1992.

许崇任，程红．动物生物学（第2版）．北京：高等教育出版社，2008.

叶创兴，周昌清，王金发．生命科学基础教程．北京：高等教育出版社，2006.

翟中和，王喜忠，丁明孝．细胞生物学（第4版）．北京：高等教育出版社，2011.

张训蒲,朱伟义.普通动物学.北京:中国农业出版社,2000.
郑光美.鸟类学(第2版).北京:北京师范大学出版社,2012.
郑光美.世界鸟类分类与分布名录.北京:科学出版社,2002.
郑湘如,王丽.植物学(第2版).北京:中国农业大学出版社,2007.
周永红,丁春邦.普通生物学.北京:高等教育出版社,2007.
周云龙,刘全儒.植物生物学(第4版).北京:高等教育出版社,2016.
Kirk P M,Norwell L L,姚一建.国际植物学墨尔本大会上命名法规的变化.菌物研究,2011,9(3):125-128.

网上更多资源

教学课件　　视频讲解　　思考题参考答案　　自测题

第六章

生物与环境

人类在长期的农牧渔猎生产中很早就认识到了生物与环境密切相关，如作物生长与季节气候及土壤水分的关系、常见动物的物候习性等。长期探究生物与其周围环境的关系产生了生态学(ecology)学科。生态学一词最早是由德国学者厄尔斯特·赫克尔(E. H. Haeckel)于1866年提出。他认为：生态学是“一门关于活着的有机物与其外部世界，它们的栖息地、习性、能量和寄生者等关系的学科”。换句话说，生态学就是研究生物与环境关系的学科。生态学问题之所以能被广泛认识，美国生物学家蕾切尔·卡森(Rachel Carson)功不可没。她关于环境保护问题的《寂静的春天》一书出版引发了全世界人们对环境保护的重视。

现代生态学研究实现了概念的拓展和对象的发展，由传统的个体、种群、群落和生态系统向宏观和微观两极多层次发展，小自分子状态、细胞生态，大至景观生态、区域生态、生物圈或全球生态。本章主要介绍环境因子与个体、种群、群落、生态系统间的相互作用，以及人与环境关系等方面内容。

第一节　环境因素及其对生物的影响

一、自然环境的圈层系统

地球上的自然环境一般包括四大圈层系统：大气圈、水圈、土壤岩石圈和生物圈。

1. 大气圈

大气圈是包围在地球外部的一个气体圈层，其厚度没有明显和严格的界限，大致在地表以上千余公里高度之内。大气圈从外向内可分为平流层和对流层两个圈层。平流层空气较稀薄，气温变化也较稳定。对流层水蒸气集中，尘埃较多，空气对流活跃，主要的天气现象和大气污染通常发生在这一层。

2. 水圈

水圈是生命的摇篮，水中溶解的无机和有机营养物质为动植物的生长提供了物质基础；而水体本身也为水生动植物的分布提供了空间。地球上的水以气态、液态和固态三种形式存在于大气、地表以及地下，以水循环的方式共同构成水圈。

3. 土壤岩石圈

岩石圈是地壳的最外层。在地表的岩石经受漫长的日晒、风吹雨淋，经过长期的物理、化学和生物的作用，逐渐演化成了土壤，即为土壤岩石圈。此圈不仅具有丰富的地下矿产资源，而且具有肥力的土壤是万物赖以生息繁衍的基地。

4. 生物圈

生物圈(biosphere)指地球上的全部生命和一切适合于生物生存的场所,它由大气圈下层、全部水圈、土壤岩石圈上层及活动于其中的生物组成。根据生物分布幅度,生物圈上限可达海平面以上 10 km 的高度,甚至在 22 km 大气圈平流层也曾发现有细菌和真菌,但那里不能为生物提供长期生活的条件,生物是偶然被带去的;下限可达海平面以下 12 km 深。绝大多数生物都集中生活在地表以上和水面以下各 100 m 的范围内,在这一范围的空间里,阳光比较集中,绿色植物能够生长,动物、微生物群聚度高,活动能力强,是地球表面生命活动最旺盛的区域。生物圈内生物的种类繁多,形形色色,千姿百态。据估计有(2 000 ~ 5 000)万种生物有待发现和定名。这些生物类群通过食物链紧密联系并与其相适应的环境组成多种多样的生态系统。

生物圈计划与国际环保组织见电子资源 6-1

二、环境及生态因子

环境(environment)一般指生物有机体周围一切的总和,它涵盖了空间以及其中可以直接或间接影响有机体生活和发展的各种因素,包括非生物因素和生物因素。组成环境的因素称为环境因子,或称生态因子(ecological factor)。生态因子可以分为非生物因子(abiotic factor)和生物因子(biotic factor)。

(一) 非生物因子

非生物因子包括了光、温度、水、空气、土壤等。

1. 光

光是地球上有机物质制造过程中最重要的能量因素。地球上所有生物都是直接或间接依靠太阳辐射来维持生活,因此,太阳光能是地球上的一切生物的能量源泉,没有阳光也就没有生命。但太阳光对动植物的影响是不同的。

(1) 光对植物的影响　光是绿色植物进行光合作用的能量来源。只有在光照条件下,植物才能正常生长、开花和结实;光同时影响植物的形态建成和地理分布。

① 植物与光照度的关系　根据植物与光照度的关系,可以把植物分为阳性植物、阴性植物和耐阴植物三种类型。阳性植物指在强光环境中生长健壮,生长过程要求全日照,在弱光条件下发育不良的植物,如杨、松、苋、蒲公英等。阴性植物指在较弱光照条件下比在强光下生长良好的植物,多生长在潮湿背阴的地方或密林内,如林下草本植物人参、鹿蹄草、细辛、酢浆草、红豆杉等。耐阴植物指既能在有光的地方生长,也能在较荫蔽的地方生长,如侧柏、胡桃、山毛榉、桔梗、沙参、党参、肉桂、黄精等。

② 植物对光周期的反应　根据植物对光周期的不同反应,可将植物分为长日照植物、短日照植物和日中型植物。长日照植物指日照时间超过一定数值才能开花,否则只进行营养生长的植物,如冬小麦、油菜、萝卜等。短日照植物指日照时间短于一定数值才能开花,否则只进行营养生长的植物,如水稻、大豆、棉、烟草、紫苏、苍耳等。日中型植物指光照时间长短对开花没有严格要求的植物,这类植物只要其他生态条件适宜,在不同长短的日照下都能开花,如黄瓜、番茄、蒲公英等。

植物开花要求一定的日照长度,这种特性与其在原产地生长季节的日照长度有关。长日照植物起源于高纬度地区;短日照植物起源于低纬度地区;在中纬度地区,各种光周期类型的植物均可生长,但开花季节不同。

③ 光对植物形态建成的影响　通常将光控制植物生长、发育、分化的过程称为光形态建成。植物的黄化现象就是光对形态建成的直接影响,如叶片黄化、卷曲,茎细而长,顶芽呈弯钩,机械组织不发达等。

(2) 光对动物的影响　由于植物依赖光进行光合作用,而植物的分布又对动物分布有着巨大影响,因此，光通过植物分布而对动物分布产生影响。此外，光照对于动物有机体的热能代谢、行为、生活周期和地理分布等都有直接或间接的影响。

① 光对动物繁殖的影响　光（光周期）是启动动物复杂繁殖生理机制的“触发器”（trigger），即光通过眼和脑影响到脑下垂体的机能，刺激其前叶分泌促性腺激素，而使生殖功能活跃起来。根据动物对光周期的不同反应，可将动物分为长日照动物和短日照动物。长日照动物指在白昼逐渐延长的春夏季节繁殖的动物，如鼬和许多鸟类等。短日照动物指在白昼逐渐缩短的秋冬季节繁殖的动物，如山羊、绵羊和鹿类等。

② 光对动物迁徙的影响　动物迁徙（migration）是生物学中有趣而复杂的问题。光周期变化可能是引起迁徙的直接因素之一，如候鸟每年进行的两次季节性迁徙。目前，有关鸟类迁徙的理论有多种假说，也是仿生学研究的重要领域。

③ 光对动物换羽、换毛的影响　在温带和寒温带地区，大多数哺乳动物每年有两次换毛，即春季和秋季各一次；鸟类每年也都有一次或两次换毛。实验表明，鸟兽的换羽和换毛与光周期变化密切相关，人工光照还可以改变鸟类换羽和兽类换毛的时间和速度。

④ 光对昆虫滞育的影响　光照周期的变化是引起昆虫滞育（diapause）的主导因子。通常把引起种群 50% 个体进入滞育的光周期称为临界光周期（critical photoperiod），玉米螟的临界光周期是 13.5 h。

⑤ 光对动物昼夜节律的影响　不同动物对于光的依赖程度不同，尤其在低等动物及昆虫最为明显，一般可分为日出性（趋光性）和夜出性（避光性）；日出性昆虫通常喜欢在光亮的白天活动，夜出性昆虫对紫外光最敏感，因此，可利用黑光灯诱杀农业害虫。高等动物也有明显的昼夜节律，如大多数的鸟类，哺乳类中的黄鼠、松鼠和许多灵长类属于昼行性；蝙蝠、家鼠、刺猬等属于夜行性动物。

动植物活动的节律性是一个复杂的生物学现象，是生物长期进化和发展的结果，是对各种环境条件周期性变化的一种综合性适应。

2. 温度

任何生物都生活在具有一定温度的环境中并且受着温度变化的影响。因为生物体内的生物化学过程必须在一定温度范围内才能正常进行，当环境温度高于或低于所能忍受的温度范围时，生物的生长发育就会受阻，甚至死亡。温度变化还能引起环境中湿度、降水、风、溶氧量等的改变，间接影响生物。

(1) 最适温度　每种生物都有自己生长发育的最适宜温度。在最适宜温度条件下，生物生长发育较为迅速，生命力较强。根据生物适应的温度范围不同，可将生物划分为广温性生物和狭温性生物两类；前者适应的温度范围较广，后者适应的温度范围较狭窄，如南极鳕适应的温度范围为 −2 ~ 2℃，高于 2℃和低于 −2℃都会引起死亡。

当温度不适时，有些动物通过转换栖息地的方式来寻觅最适温度的环境，如动物的洄游和迁徙现象。不能找到最适温度条件的生物，则通过增强自身对极端温度的适应以度过不良的环境，如动物的冬眠和植物的抗冻性反应等。

(2) 极端温度对生物的影响

① 低温对生物的影响　温度低于一定的数值，生物便会因低温而受害，这个数值称为临界温度。低温伤害随温度的降低而加重，低温可造成植物体内酶系统紊乱使过氧化氢在体内积累而引起植物中毒。冰点以下的低温可使生物体内的细胞和细胞间隙形成冰晶造成原生质膜发生破裂，使蛋白质失活与变性而造成损害。

栖息于温带和寒带的动物需要忍受漫长的冬季，期间环境温度常常低于冰点。一些动物通过特殊的生理适应来避免低温对机体产生损害，即超冷（super cooling）和耐受冻结（freezing tolerance）。前者指动物体液的温度降至冰点以下而不结冰；后者则指动物可以耐受部分机体中的水结冰。研究发现一些昆虫可以通过分泌甘油来降低体液的冰点，使其体液在 −20℃甚至 −30℃时都不结冰。对极地鱼类的研究发现其是通过在血液中分泌抗冻物质（antifreeze substance），即糖蛋白（glycoprotein）来抵御低温。

一些蛙类和龟鳖动物除了分泌抗冻物质外，还通过升高或维持高水平抗氧化防御体系避免机体遭受冰冻损害。

② 高温对生物的影响　温度超过生物生存适宜温度区的上限后就会对生物产生危害。高温伤害随温度的升高而加重。对于植物，高温可以使光合作用和呼吸作用失调，破坏水分平衡，加速生长发育，促使蛋白质凝固、导致有害代谢产物在体内积累等。对于动物，高温可破坏酶活性，使蛋白质凝固变性，造成缺氧、排泄功能失调和神经麻痹等；水生动物较陆生动物对温度的变化更为敏感，水体的"热污染（thermal pollution）"除可以直接影响其耐受性外，还可以降低水体溶氧量，引起动物抵抗力下降，造成疾病暴发，使动物的行为和季节节律发生变化等。

(3) 温度对生物发育的影响　温度对生物发育的影响主要表现在温度对植物和变温动物（特别是昆虫）发育速率的影响上，即有效积温法则。生物在整个生长发育期或某一发育阶段内，高于一定温度以上的昼夜温度总和，称为某生物或某发育阶段的积温。而有效积温则是指完成发育所需要的有效温度总和，它可以计算出生物所需热量，但不能反映出极端温度对生物的影响。

有效积温的计算方法是用某一时期的平均温度，减去生物学零度，将其值乘以该时期的天数，即：$K=(X-X_0)Y$。式中，K 为积温；X 为该时期的平均温度；X_0 为生物学零度（生物开始发育的温度）；Y 为天数。

植物和变温动物（特别是昆虫）的生长发育与有效积温有极大的相关性。当正常发育所需的有效积温不能满足时，它们就不能发育成熟，甚至导致生物的死亡。

(4) 温度对生物分布的影响　极端温度（高温和低温）是限制生物分布的重要因素。高温限制生物分布的主要原因是破坏生物体内的代谢过程和光合呼吸过程，如云杉在自然条件下不能在华北平原生长；其次是使植物因得不到必要的低温刺激而不能完成发育阶段，如苹果、桃、梨在低纬地区不能开花结实，因此苹果、桃、梨不适宜在热带地区栽培。低温对生物分布的限制作用更加明显，低温是决定植物和变温动物水平分布北界和垂直分布上限的主要因素。如橡胶分布的北界是 24°40′（云南盈江），海拔高度的上限是 960 m（云南盈江）；东亚飞蝗分布的北界是年等温线 13.6℃的地方。

3. 水

水是无机环境中的一个重要因素。生命起源于水，生物进化 90% 的时间都是在海洋中进行的；水的重要意义首先表现在水是生物体的主要组成部分，是进行一切生命活动和生化过程的基本保证。水也是一切生物的生活环境，没有水就没有生命。

(1) 水与植物的关系　水对植物营养物质的吸收、运输、光合作用、呼吸作用、蒸腾作用、细胞内的一系列生化过程，以及地理分布等都有影响。根据植物对水分的需求程度，可将植物分为以下几种生态类型。

① 水生植物　是指植物体生活在水中的植物。根据沉没在水中的程度，又可将水生植物分成三类。

沉水植物　整株植物体完全沉没在水中，有些仅在花期花伸出水面，根退化或消失，表皮细胞可直接吸收水中的气体、营养物和水分。如眼子菜（*Potamogeton distinctus*）、苦草（*Vallisneria natans*）等。

浮水植物　叶片漂浮在水面上。如浮萍（*Lemna* spp.）、满江红（*Azolla* spp.）等。

挺水植物　植物体上部露在水面上，下部沉没于水中，如睡莲（*Nymphaea* spp.）、芦苇（*Phragmites australis*）、香蒲（*Typha orientalis*）等。

② 陆生植物　包括湿生、中生和旱生植物三种类型。

湿生植物　是适于生长在过度潮湿地区的植物，抗旱能力差，不能长时间忍受缺水。这类植物叶大而薄，光滑，角质层很薄，根系不发达，生长在光线弱、湿度大的森林下层或日光充足、土壤水分经常饱和的环境中。如各种秋海棠（*Begonia* spp.）、灯心草（*Juncus effusus*）、半边莲（*Lobelia chinensis*）等。

中生植物　是适于生长在中等湿度环境的植物，其形态结构和适应性介于湿生植物和旱生植物之间，通常所见到的森林和草甸植物都属于这一类，是种类最多、分布最广和数量最大的陆生植物。绝大多数栽培植物也属于中生植物的范围。

旱生植物　在干旱环境中生长，能忍受较长时间干旱仍能维持水分平衡和正常生长的一类植物，主要分布在干热草原和荒漠地区。如仙人掌（*Opuntia* spp.）、夹竹桃（*Nerium indicum*）等。

(2) 水与动物的关系　水对动物的影响主要表现在水的理化性质对水生动物的影响，对陆生动物而言，主要表现在动物不能在缺水的条件下长期生存，动物的生命活动和许多种类的分布在很大程度上受水的限制。

① 陆生动物　水对陆生动物的影响主要体现在以下两个方面。

对生长发育和生殖力的影响　对于低等动物，低湿大气能抑制新陈代谢和延滞发育；高湿大气能加速发育。如粉螟（*Ephestia*）幼虫在相同温度下相对湿度为 33% 时需 50 天完成发育，而在相对湿度为 70% 时则需 33 天。黏虫的生殖力在 25℃时，相对湿度为 90% 的产卵量比 60% 以下时增大一倍。在恒温动物中，降低草食性啮齿动物食物中的水分，可显著地降低其繁殖力，并导致部分种类进入夏眠。

对分布的影响　水分是限制许多动物分布的重要因子，水分对恒温动物的影响主要是通过水源以及食物中的含水量而起作用。如现存两栖类主要分布在热带、亚热带和温带温暖潮湿的区域；干旱地区水草等植被丰富的水源附近，动物的种类和数量明显增多。

② 水生动物　水对水生动物的影响主要体现在以下三个方面。

溶解于水中的气体对水生动物的影响　溶氧是水生动物最重要的限制因素之一，为适应水环境，水生动物在长期进化过程中形成了适应水生生活呼吸器官——呼吸管、鳃等，以满足摄氧需要。此外，水中 CO_2 含量高，可造成水生动物血红素对氧的亲和力下降，不利于水生动物的生存。

溶解盐类对水生动物的影响　水环境溶解盐类的不同，使水生动物维持体内外渗透压平衡所面临的问题亦不相同。淡水含盐量低，淡水动物需要解决的是水分大量渗透到体内的问题；海水含盐量高，海水动物需要解决的是水分大量散失到体外的问题，为此，水生动物为适应各自不同生存环境，在长期的演化过程中形成了不同的渗透压调节机制，以维持机体内外的水盐平衡。因此，一般淡水动物不能生活在海水环境，海水动物也不能生活在淡水环境。溶解盐类对水生动物的生活、生长和分布具有重要影响。

pH 对水生动物的影响　各种水生动物对 pH 都有一定的忍受范围，如当湖水或河水 pH 小于 5.5 时，大部分鱼类很难生存。

4. 空气

空气对生物的作用，包括空气的化学成分和空气运动两个方面。

(1) 空气的化学成分　空气主要由 N_2(78%)、O_2(21%) 和 CO_2(0.032%) 及其他气体所组成。大气中的氧含量比较稳定，是生物体所需氧气的主要来源。CO_2 是绿色植物光合作用的重要原料，高产作物生物产量的 90%～95% 取自空气中的 CO_2；CO_2 对脊椎动物和昆虫的呼吸具有调节作用，增加 CO_2 浓度，会使呼吸变缓。空气中的 N_2 可被某些光合细菌及固氮蓝藻和豆科固氮根瘤菌等直接利用，转变成氨态氮供生物利用。若空气中有毒、有害气体含量增加并造成大气污染，将会给生物带来危害和灾难。

(2) 空气运动　空气运动产生风。风对生物的作用，益害参半。

① 风对植物的影响　风能促使环境中 O_2、CO_2 和水均匀分布，并加速它们的循环，稀释大气污染物，形成有利于植物正常生活的环境。风还是植物花粉、种子和果实传播的动力。但是，大风能使植物根部暴露，影响生长，并造成“风倒”“风折”等灾害。在长期强风盛行的地方，常常造成植物畸形，形成所谓“旗形树”。

② 风对动物的影响　风可以直接或间接地影响动物的结构、生活方式、迁移和地理分布。栖居在开阔而多风地区的鸟兽，由于风加速了体表水分蒸发和散热，它们常常有致密的外皮保护，如羽毛（或毛）较短，紧贴体表，能抵挡风的侵入。在经常刮强风的地区，飞行动物种类往往贫乏，只有一些最善于飞行和不会飞行的类群才能保留。有些哺乳动物可以通过风带来的气息确定其觅食或配偶的方向。风

对某些小型昆虫的飞迁起着极重要的作用,如稻飞虱、亚洲飞蝗,借助于风可飞翔数百甚至数千千米以外。许多干涸水域中淡水原生动物的休眠体,可以借助大风的作用进行传播。

5. 土壤

(1) 土壤质地和结构对生物的影响　土壤由固体、液体和气体组成,土壤的质地和结构直接影响土壤的水分、温度、空气和养分状况,因而间接地影响动植物的生活。根据其质地和结构可分为沙土、壤土和黏土三大类。

① 沙土　土壤结构疏松,空气通透性良好,蓄水和保肥能力差。主要生长一些沙生植物,如乌柳(*Salix cheilophila*)、沙拐枣(*Calligonum mongolicum*)、猪毛菜(*Salsola collina*)等。

② 壤土　具团粒结构,通气透水性能好,保肥能力强,为植物生命活动提供了良好的生活条件,适合于绝大多数植物生活。

③ 黏土　土壤结构紧实、黏重、通气透水性能差,湿时黏干时硬,导致土壤缺氧,植物根系发育不良,因此只适于浅根性植物生长。

土壤的质地和结构影响土壤动物的运动形式。在松软的土壤中,土壤动物往往营推进式挖掘活动,以简单的不断改变身体的形状和长短来产生运动(如蚯蚓类);在较硬的土壤中,往往营凿掘的运动方式,即借助附肢上强有力的爪(如龟鳖类、鼠类等)或头部的凿状突起(如叩头虫的幼虫)进行凿掘;在更硬的土壤中,往往采取钻挖的方式,主要借助颚器等进行钻挖(如许多甲虫的幼虫)。

(2) 土壤酸碱度对生物的影响　土壤酸碱度是土壤重要的化学性质,是土壤各种化学性质的综合反映,直接影响到土壤的肥力、植物生长、微生物的活动、矿质盐类的溶解度和动物在土壤中的分布等。其中,pH 6 ~ 7 的微酸性土壤最有利于植物的生长。在自然界中,植物对土壤溶液中 pH 的要求不一,大体可分为三类:酸性土植物、碱性土植物和中性土植物。酸性土植物生长在 $pH < 6.5$ 的土壤中,如茶(*Camellia sinensis*)、杜鹃(*Rhododendron* spp.)等。碱性土植物生长在 $pH > 7.5$ 土壤上,如碱蓬(*Suaeda glauca*)、高碱蓬(*S. altissima*)等。中性土植物生长在 pH 6.5 ~ 7.5 土壤中,栽培作物几乎都属中性土植物。

土壤的酸碱度对于土栖动物及其分布有很大影响。如陆生蜗牛种类在 pH 7 ~ 8 的土壤中最为丰富;在呈酸性反应的苔原沼泽土中,土栖动物贫乏;草原地带呈弱碱性的黑钙土土壤动物特别丰富。

此外,土壤还是微生物生活最适宜的场所,它具有微生物所需要的一切营养物质和进行生长繁殖的各种条件。土壤里微生物的数量最大,类型最多,土壤是"微生物天然培养基",是人类利用微生物资源的主要来源。

6. 火

火同温度、阳光、水一样,是一个重要的生态因子,火在植物群落更新中具有一定的作用,火燃烧的是生态系统中已枯干、死亡的植物有机物,使其转化为能被重新利用的成分和元素,即火促进了自然界物质的再循环,刺激了植物的生长,而且这些作用比通过微生物的分解要快得多。

7. 地形

地形对生物的影响通常是与其他因子一起发挥作用,地形的综合作用对生物分布的影响极其显著,因为地表形态及海拔高度的变化,常常引起光、温度、水、土壤等相应地发生变化。

阴坡、阳坡植物在地形变化显著的地区,如高耸的山地,由于地形和海拔高度的不同,引起其他各种生态因子发生垂直变化,因而也使生物的分布产生了明显的垂直变化,即不同的垂直带和不同坡向分布着不同的生物种类。如我国秦岭北坡属于黄土高原的景色,而南坡则是郁郁葱葱的亚热带风光。由于植物分布不同,动物分布也有很大的差异,"国宝"大熊猫就分布在秦岭南坡。此外,坡度对动物分布也有影响,如叩头虫幼虫,在坡度小的斜坡上数量最多,在顶部和低凹处数量明显减少。即使地形变化很小的区域,如一个小丘、洼地、凹坡等,都会影响生物种群的变化。

(二) 生物因子

生物因子包括同种生物的其他有机体和异种生物的有机体,前者构成了种内关系(intraspecific

relationship),后者构成了种间关系(interspecific relationship)。

1. 种内关系

种内关系中最常见的是种内斗争(intraspecific competition)和种内协作(intraspecific cooperation)。

(1) 种内斗争　是指同种个体间为了争夺资源、领地、配偶等进行的生存斗争。植物主要表现为密度效应,即在密度过大的植物种群内,个体间为水分、营养物质而发生的争夺,导致植株生长受到影响的现象。对于动物主要表现在为了争夺领地、配偶等在个体间进行的争斗,如在繁殖期雄鸟用鸣叫等方式来驱赶其他雄鸟而保存自己的领域和巢区;两只雄性梅花鹿为争夺雌性配偶而发生的决斗等。生物种内斗争的结果,一方面使参与竞争的个体被淘汰,或个体受损,甚至死亡;另一方面,使种群内的优良基因得以保存和延续,使动物的群聚过程逐渐完整,并使某些动物种群内形成一定的“等级”制度。

争夺配偶是动物种内斗争的重要内容之一。雄性之间的斗争有时激烈而血腥,以力取胜,例如雄海象之间经常因为抢夺配偶而互相咬得皮开肉绽,甚至导致部分个体的死亡;有时这种斗争安静平和,以智夺魁。例如很多胎鳉科(Poeciliidae)的雄鱼会在观察了其他同性个体的配偶选择决策后改变自己的初衷,最终倾向选择其他雄性个体之“所爱”作为自己的配偶,这种行为称为择偶复制(mate choice copying)。由于胎鳉科雌鱼会在体内储存来自多个雄鱼的精子进行受精和孵化,因此择偶复制行为会显著增加雄性之间的精子竞争(sperm competition)。在孔雀花鳉(Guppy,*Poecilia reticulata*)中甚至发现最后交配的雄性精子会优先受精,这使得雄性的择偶复制行为对“复制者”非常有利。而“被复制者”为了降低自己精子的潜在竞争强度也进化出了反制对策,在帆鳍花鳉(Atlantic molly,*Poecilia mexicana*)的研究中发现,当一个雄性在求偶时观察到周围有其他可能复制其择偶决策的雄性存在,它会即刻减少与其所中意的雌性互动,暂停表现择偶偏好;甚至反之与先前不喜欢的雌性增加互动。这种因潜在竞争对手存在而采取的欺骗行为称为“观众效应”(audience effect)。

(2) 种内协作　是指同种个体间为了共同防御敌害、获得食物及保证种族生存和延续而进行的相互帮助、相互有利的行为。如成年斑马为保护幼马而头朝内尾朝外将其圈起,以后蹄为武器抵御狮子的进攻;野牛联成群,组成防线,用以抵御捕食者的侵袭;狼群通过分工协作可杀死大型猎物;部分水鸟集群营巢以共同保护巢卵;工蚁通力合作筑成精巧的蚁巢等。种内协作对于种群的生存和繁衍有着极其重要的意义。

2. 种间关系

物种之间的关系,有的是相互对抗的,即一个种的个体直接杀死另一个种的个体;有的是互助关系,两个种的个体互助,互为依赖而生存;在这两类极端之间,还有多种形式。种间相互作用的关系有以下几种形式。

(1) 中性作用(neutralism)　即两个种群彼此互不影响。

(2) 竞争(competition)　物种之间由于争夺有限生存条件或生活资源而形成的相互排斥、互为不利影响的关系。根据生态学“种间竞争”理论模型,如果在同一地域有两个物种具有相同的生态需求,那么激烈的种间竞争会使这两个物种无法在该地域长期共存;然而罗伯特·麦克阿瑟(R. H. Mac Arthur)在北美一片云杉林中却发现五种身体大小、形状相似且都以昆虫为食的林莺生活在同一区域。为了探索其中奥秘,罗伯特·麦克阿瑟将云杉按照水平和垂直方向划分成不同的区域,然后仔细观察记录这些鸟在不同区域捕食昆虫的时间。结果发现这些鸟在云杉上的捕食区域有着明显的区分(图 6-1)。栗颊林莺(*Dendroica tigrina*)主要在树顶摄食。橙胸林莺(*D. fusca*)的摄食区域虽然和栗颊林莺有部分重叠,但是却向下延伸了一段距离。黑喉绿林莺(*D. virens*)在树干的中间靠内侧捕食。栗胸林莺(*D. castanea*)的捕食区在树冠中部一些被枝叶遮盖的树干上。黄腰柳莺(*D. coronata*)的摄食区最靠下,在树干的下部接近地面。罗伯特·麦克阿瑟的研究结果显示,通过在垂直空间上分区捕食以降低种间竞争,这些林莺在同一林区实现了共存。

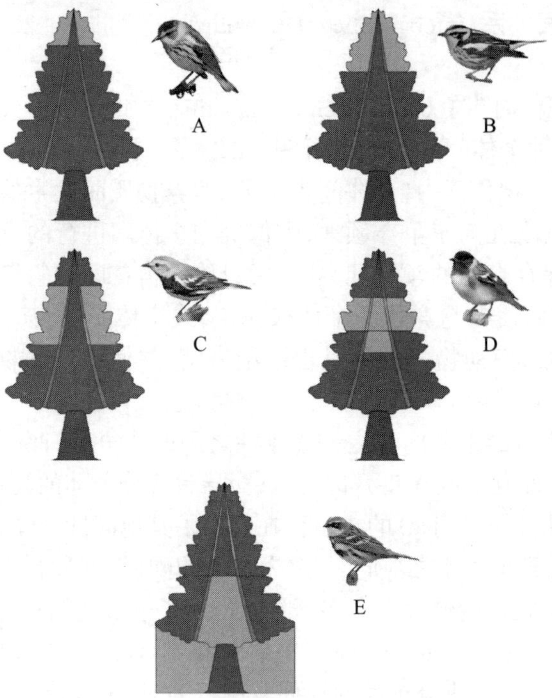

图 6-1 云杉林中不同林莺的摄食区域(陈波见绘制,仿 Kaspari,2008；Reece *et al.*,2011)

A. 栗颊林莺；B. 橙胸林莺；C. 黑喉绿林莺；D. 栗胸林莺；E. 黄腰柳莺

(3) 偏害作用(amensalism) 即一个种受抑制,对另一个种无影响。例如异种抑制作用或他感作用(allelopathy)、抗生作用等。

(4) 捕食作用(predation) 即一个种是捕食者,另一个种是受害者。

(5) 寄生作用(parasitism) 即一个种是寄生者,另一个种是受害者。例如人体内的绦虫、血吸虫、蛔虫,植物中的菟丝子、槲寄生、桑寄生等都是寄生生物。

(6) 偏利作用(sommensalism) 也称共栖(commensalism),即对一个种有利,对另一个种无影响。例如绿毛龟是丝状绿藻与乌龟共栖的结果。

(7) 互利共生(mutualism) 即相互作用对两种都有利。例如地衣是单细胞藻类和真菌的共生体,藻类进行光合作用,制造养料,大部分供给真菌;真菌吸取外界水分、无机盐和二氧化碳提供给藻类,两者互利共生。又如在白蚁消化道内生活着一种叫鞭毛虫的原生动物,能把白蚁摄食的木纤维分解成营养成分,供白蚁吸收,同时白蚁也为鞭毛虫的生活提供有机物。

第二节 生物与环境间关系的基本特征

生物与环境之间的关系是相互和辩证的。每一个生态因子都是在与其他因子的相互影响、相互制约中起作用,任何一个因子的变化都会在不同程度上引起其他因子的变化。生态因子的作用不是等价的,在特定环境下必然有一个起主导作用的因子。此外,一个因子的缺失不能由另一个完全顶替。生物生长发育的不同阶段往往需要不同的生态因子或生态因子的不同强度。

一、最小因子定律

19世纪德国农业化学家利比希（Liebig）在研究各种因子对植物生长影响时，发现作物的产量往往不是受其需要量最大的营养物（如 CO_2、H_2O）限制，而是取决于在土壤中稀少的又为植物所需要的元素（如镁、铁），于是提出了“最小因子定律”（law of minimum），其基本内容为：植物的生长往往取决于那些处于最少量状态的营养元素，低于某种生物需要最小量的任何特定因子是决定该种生物生存、分布的根本因素。后人将这一定律称为利比希最小因子定律。

最小因子定律如果用于实践，还需要增加两个补充原理：①最小因子定律只有在严格的稳定状态的条件下，即物质和能量的输入和输出处于平衡状态时才能应用；② 因子替代作用，即当一个特定因子处于最小量状态时其他处于高浓度或过量状态下的物质可能会具有替代作用，替代这一特定因子的不足，至少是化学性质接近的元素能替代一部分。

二、耐受性定律

耐受性定律（law of tolerance）由美国生态学家谢尔福德（V. E. Shelford）于1931年提出：任何一个生态因子在数量上或质量上不足或过多，即当其接近或达到某种生物的耐受限度时，这种生物就会衰退或无法生存。如黄地老虎的幼虫在 -11℃以下便无法生存，大多数昆虫在48～54℃高温下也会死亡。

每种生物对每个生态因子都有一定的耐受范围，这个范围称为生态幅（ecological amplitude）或生态价（ecological valence），其幅度在生物对生态因子所能耐受的最高点和最低点之间。生态幅广的生物称为广生性生物，反之就是狭生性生物。例如，根据生物对温度、盐分和食性的耐受范围，可分别将其分为广温性生物、狭温性生物；广盐性生物、狭盐性生物和广食性生物、狭食性生物。每种生物的生态幅不是固定不变的。一般来说，处于活动期的动物对温度只有较狭小的生态幅，处于休眠期动物的生态幅就宽广得多。生物的生态幅可随驯化过程做出一定的调整，如在30℃条件下长期养殖南方鲶（*Silurus meridionalis*），当将其放入10℃的水体中会立刻引发休克和失去平衡（lost equilibrium）；而此前养殖在15℃条件下的南方鲶则不会出现这种情况。如此可见，由于在此之前它们已经长期驯化并适应了两种不同的温度，导致其在同样的10℃条件下表现出差异巨大的生理反应。一种生物可能对某一生态因子的耐受性范围很宽，而对另一因子却很窄。对多种生态因子具有宽广生态幅的生物分布范围也广。当一种生物对某一生态因子不处于最适合状态时，它对其他生态因子的耐受性限度可能下降。

在谢尔福德以后，许多学者在这方面进行了研究，并对耐受性定律作了发展，概括如下：① 每一种生物对不同生态因子的耐受范围存在差异，耐受性会因年龄、季节、栖息地区等不同而有差异，对很多生态因子耐受范围都很宽的生物，其分布区一般很广；② 生物在整个个体发育过程中，对环境因子的耐受限度是不同的，在动物的繁殖期、卵、胚胎期和幼体、种子的萌发期，其耐受限度一般比较低；③ 不同生物种，对同一生态因子的耐受性是不同的；④ 生物对某一生态因子处于非最适度状态下时，对其他生态因子的耐受限度也下降。

三、限制因子及生态因子之间的关系

在众多的环境因素中，任何接近或超过某种生物的耐受性极限而阻止其生存、生长、繁殖或扩散的因素叫限制因子（limiting factor）。例如在工厂高密度养鱼中，通过水泵快速更新水体，人工投喂饵料来实现高产。在这个体系中，水中溶氧常常成为限制因子。因为只要发生水泵故障导致水体更新停滞，水体缺氧的情况就会迅速发生，如不采取紧急措施，很快会导致鱼的大量死亡。

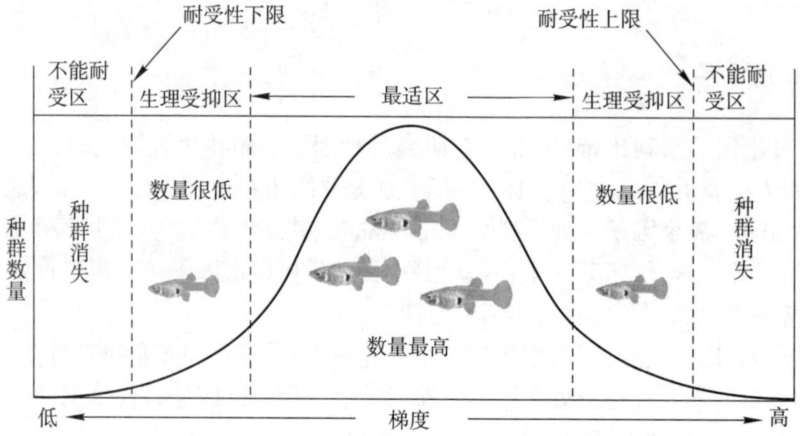

图 6-2　生物对生态因子的耐受性限度（陈波见绘，仿 Smith，1980）

虽然在一些环境条件下限制因子对生物的影响更重要，但是这种单因子的影响并不绝对。在多数情况下，各种生态因子对生物的作用是相互影响的。一般来说，如果两个或更多的生态因子影响同一生理过程，那么这些生态因子之间的相互影响则很显著。例如，生物适合度（fitness）、湿度和温度的关系，在一个小环境中，生物适合度可以看作是相对湿度的一个函数，当湿度很低或很高时，该种生物所能耐受的温度范围都比较狭窄，而中湿条件下所能耐受的温度范围较宽；同样，在低温或高温条件下，该物种所能耐受湿度范围也比较窄，而在中温或最适温度条件下所能耐受的湿度范围比较宽；可见，生物的最适温度取决于湿度状况，而最适湿度又依赖于温度状况（图 6-2）。

因此，多种生态因子对生物的作用是相互影响的，最适的概念只有在单一生态因子作用时才能成立，当同时多个因子同时作用于一种生物时，这种生物的适合度将随这几个因子的不同组合而发生变化，即生态因子之间是相互作用、相互影响的。

第三节　种群生态

在生态系统中，种群是物种存在的基本单位，也是生物群落的基本组成单元，从进化观点来看，还是物种进化的单位。种群生态学的核心问题是种群的数量和分布。

一、种群的概念

种群（population）是指在一定时间内占据一定空间的同一物种（或有机体）的集合体，即种群由同种个体组成，它占有一定的领域空间，它是同种个体通过种内关系有机组成的一个统一体或系统（system）。在自然界中种内个体是互相依赖、彼此制约的，同一种群内的成员生存于共同的生态环境内并分享相同的资源，它们具有共同的基因库（gene pool），彼此间可以通过繁殖进行基因交流，并产生具有生殖力的后代。

在自然界，种群内的个体在单位时间和空间内存在着不断地增殖、死亡、移入和迁出，但作为种群整体却是相对稳定的，这是通过种群的出生率、死亡率、年龄比、性别比例、分布、密度、食物供应和疾病等一系列因子来加以调节的。

二、种群的基本特征

种群的基本特征是指各类生物种群在正常的生长发育条件下所具有的共同特征，即种群的共性，它包括以下四个方面。

（一）数量特征

数量特征是种群的最基本特征。种群由多个个体组成，其数量大小受四个种群参数——出生率、死亡率、迁入率和迁出率的影响，这些参数继而又受种群的年龄结构、性别比例、内分布格局和遗传组成的影响，从而影响种群动态。一个种群个体数目的多少，称为种群的大小，单位面积或体积中的个体数称为种群密度(density)。种群的大小和密度是随环境条件和调查时间变化的变量，它反映了生物与环境的相互关系。

1. 出生率

出生率(natality)为单位时间内种群新出生的个体数。

2. 死亡率

死亡率(motality rate)为单位时间内种群死亡的个体数。

3. 迁入率和迁出率

种群常有迁移扩散现象，种群个体的迁入或迁出影响着一个地区种群的数量变动。种群迁移率就是指一定时间内种群迁出数量与迁入数量之差占总体的百分率。

种群数量的调查统计方法依动植物种类和栖息地特征而不同，在此我们仅介绍最常用的方法和例子。

1. 总数量调查

计数生活在某个地域某种动植物的全部数量。例如通过航空拍摄调查某片戈壁上的全部野驴；通过红外传感器检测某片山区的全部老虎等。

2. 取样调查

由于多数情况下进行总数量调查比较困难，在实际中研究人员常常通过只计数种群的一小部分，用以估计种群的整体情况，称为取样调查法。

取样调查主要有三类方法：样方法(use of quadrat)、标志重捕法(mark-recapture method)和去除取样法(removal sampling)。其中样方法在动植物种群数量调查中都较为常用。

样方法的原理是通过在调查地域划分若干样方并计数各样方中的全部个体，然后将其平均数推广来估计种群整体。样方的形状不固定，可以是长方形、方形、圆形、条带等，但是必须具有良好的代表性。例如，在一个湖泊进行入侵食蚊鱼的种群调查。食蚊鱼喜欢在水草丰富的浅水区生活，如果样方选在水面开阔，水草稀少的湖心，由于食蚊鱼(*Gambusia affinis*)数量很少，则以此扩大估计整个水域，势必使估计偏低，如果样方仅设在近岸的水草丰富区，又会使整体估计偏高。由此提示，样方的设置需考虑目标种群的实际分布情况，多设样方以及随机取样会在一定程度上提升调查结果的准确性。

当从一组样方中取得了一批重复的测量数据后，我们要从几方面对这些数据进行处理和分析。首先关注这些测量值的集中趋势以获取具有代表性的“典型值”，一般就是这组数据的算数平均值(mean)，有时也用众数和中位数。然而仅仅关注集中趋势是不够的，因为即使有两组数据的平均值相等，其变异范围和程度仍然可能存在较大差异，因此还要关注数据的变异性。一般通过“范围(range)”，即最大值与最小值之差，还有“标准差(standard deviation)”等统计参数来描述。在比较两个或多个种群间的差别时，还要做显著性(significance)统计检验。这些基本概念都属于统计学范畴，是应用取样方法和处理数据的基础。

（二）空间特征

空间特征是指种群有一定分布区域和分布方式。种群个体在空间上的分布一般分为随机型分布

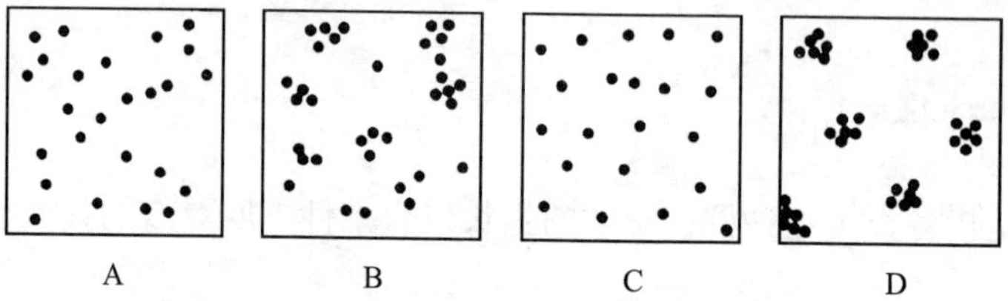

图 6-3　种群的空间分布（Whittaker，1970）
A. 随机型分布；B. 成群随机型分布；C. 均匀型分布；D. 成群均匀型分布

（random distribution）、均匀型分布（uniform distribution）、成群型分布（aggregated distribution）三种类型，而在成群型分布又包括成群随机型分布和成群均匀型分布（图 6-3）。

1. 随机型分布

种群内每一个体在种群领域中各个点上出现的机会是均等的，并且某一个体的存在不影响其他个体的分布。该分布在自然界比较少见，只有在环境资源分布均匀一致、种群内个体间没有彼此吸引或排斥时才易产生。如当一批靠种子繁殖的植物首次侵入一块环境比较均匀一致的裸地时，就形成随机分布；森林地被层的一些蜘蛛也易表现为随机分布；在潮汐带环境中也能见到这一类型。

2. 均匀型分布

种群内各个体在空间呈等距离分布。均匀型分布主要是由于种群内个体间竞争的结果。多数人工栽培种的农作物（如小麦、水稻）属此类型。

3. 成群型分布

种群内个体既不随机也不均匀，而是成团块分布。造成成群型分布的原因主要是环境资源分布的不均匀，以及植物种子的传播方式（以母株为扩散中心）和动物的社群行为。在自然界中成群型分布是最常见的，如池塘边的蝌蚪、固着海岸岩石上的藤壶等。

（三）遗传特征

遗传特征是指种群具有一定的基因组成，是一个基因库。不同种群基因库不同，种群基因世代传递，并在进化过程中通过改变基因频率以适应环境的不断改变。

（四）系统特征

系统特征是指种群由同种个体通过种内关系有机地组成一个系统，它以特定的生物种群为中心，以作用于该种群的全部环境因子为空间边界。因此，应从系统的角度去研究和看待种群。

三、种群的年龄结构

年龄结构（age structure）又称年龄分布（age distribution），是指种群各年龄级个体生物数目在种群个体总数中所占的比例。种群的年龄结构常用年龄金字塔来表示，金字塔底部代表最年轻的年龄组，顶部代表最老的年龄组，宽度则代表该年龄组个体数量在整个种群中所占的比例。各年龄组的相对宽度反映了各年龄组生物数量的多少。从生态学角度出发，可以把种群的年龄结构分为以下三种类型（图 6-4）。

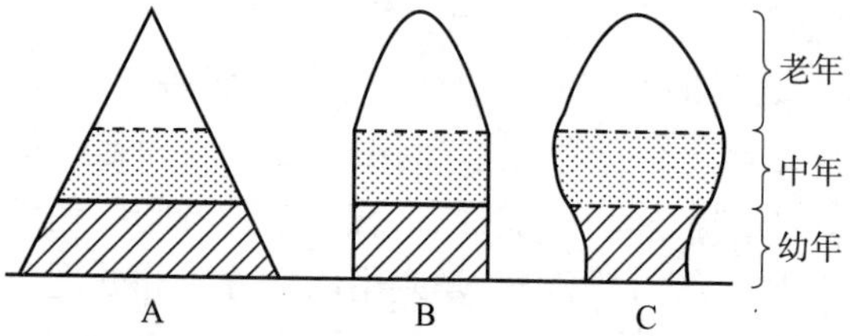

图 6-4　种群年龄结构的三种基本类型
（Kormondy，1976）
A. 增长型种群；B. 稳定型种群；C. 衰退型种群

1. 增长型种群

增长型种群（expanding population）年龄结构呈典型的金字塔形，基部阔而顶部窄，表示种群中有大量的幼体，而老年个体很少。种群的出生率大于死亡率，种群处于迅速增长时期。

2. 稳定型种群

稳定型种群(stable population)呈钟形,基部和中部几乎相等,种群的幼年、中年和老年个体数大致相等,出生率与死亡率基本平衡,种群数量稳定。

3. 衰退型种群

衰退型种群(contracting population)呈壶形,基部窄而顶部宽,种群幼体比例很小,而老年个体比例大,出生率小于死亡率,种群数量趋于下降状态。

四、性别比例

性别比例(sex ratio)是指种群中雄性和雌性个体数目的比例,也称为性比结构(sexual structure)。性别通常可以分为雌性、雄性和两性三种类型。

对大多数动物来说,雄性与雌性的比例较为固定,但有少数动物,尤其是较为低等的动物,在不同生长发育时期,性别比例往往发生变化。性别比例影响着出生率,因此,性别比例变化对种群动态有很大影响,研究性别比例的意义将随物种的雌雄关系不同而异。对于一雌一雄婚配制的动物,种群的性别比例如果不是 1,就会导致一部分成熟个体找不到配偶,从而降低种群的繁殖力;对于一雌多雄、一雄多雌以及没有固定配偶而随机交配的动物,种群中雌性个体的数量适当地多于雄性个体一般有利于提高生殖力。

对于植物,两性花植物种群可不考虑性别比例问题,但在研究单性花植物种群(特别是雌雄异株植物)时,就要考虑性别比例。

五、存活曲线

存活曲线(survival curve)用来表示种群存活率随时间变化的过程,是以生物的相对年龄(由绝对年龄除以平均寿命而得到)为横坐标,再以各年龄的存活率为纵坐标所画的曲线。一般存活曲线可有三种类型(图 6–5)。

Ⅰ型 凸型的存活曲线,表示种群在接近生理寿命之前,只有个别的死亡,即几乎所有的个体都能达到生理寿命。如大型哺乳动物(包括人)。

Ⅱ型 呈对角线的存活曲线,表示各年龄期的死亡率是相等的。如许多鸟类接近于Ⅱ型。

Ⅲ型 凹型的存活曲线,表示幼体的死亡率很高,只有极少数的个体能活到生理寿命。如大多数的鱼类、两栖类、海洋无脊椎动物和寄生虫等。

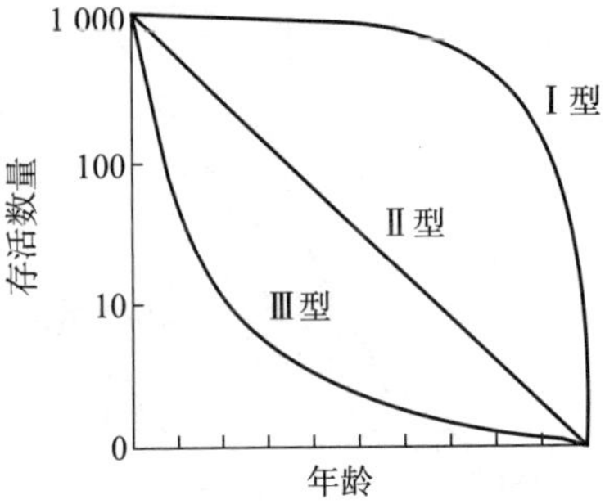

图 6–5 存活曲线(顾德兴,2000)

不同的生存曲线都是生物在长期与环境相适应的过程中形成的固有的动态特征,也是自然选择的结果,在物种进化上各有其特殊作用。

六、种群的增长模型

在野外条件下进行种群动态的研究十分困难,不仅采集数据耗时很长,而且观察期间会经受各种环境因素波动的影响导致搜集到的资料难以解释。因此在实验室条件下研究实验种群的动态规律,并建立相关数学模型进行描述和解释就成了重要的研究途径。

1. 与密度无关的种群增长模型

假定种群在“无限”的环境中增长，即空间和食物资源等不受限制，种群个体的数量往往呈指数增长。与种群密度无关的增长可分为两类。

(1) 种群的离散增长模型　假设种群各个世代彼此间不重叠（没有年龄结构），如一年生植物或一年生殖一次的昆虫，种群也没有迁入和迁出。这样的种群增长是不连续的、离散的。其种群增长可用差分方程描述：$N_t = N_0\lambda^t$。式中，N 为种群内个体数，t 为时间，λ 为种群的周限增长率。当 $\lambda > 1$ 时，种群数量上升；$\lambda = 1$ 时，种群数量不变；$0 < \lambda < 1$ 时，种群数量下降；$\lambda = 0$ 时，雌性没有繁殖，种群一代就灭亡了。

(2) 种群的连续增长模型　假设种群内世代重叠，具有年龄结构，如多年生植物以及大多数兽类。其他假设与离散增长模型相同。其种群增长是连续的，可用微分方程表示：$dN/dt = rN$，其积分式为：$N_t = N_0e^{rt}$。式中，e 为常数，即自然对数的底数，r 是种群的内禀增长率。当 $r > 0$ 时，种群数量上升；$r = 0$ 时，种群数量不变；$r< 0$ 时，种群数量下降。种群的增长曲线呈“J”形。

内禀增长率 r 是指在理想状态下（无限空间，最适温度，充足食物，没有天敌）种群所具备的最大瞬时增长率。周限增长率 λ 具有开始和结束时间，表示种群大小在开始和结束时的比例，可用于推算较长时间的种群增长情况。这两种增长率间可以通过以下公式换算：

$$r = \ln\lambda \text{ 或 } \lambda = e^r$$

2. 与密度有关的种群增长模型

种群的增长受到自身密度的影响而受到限制，又称为种群的有限增长。同样可分为离散增长和连续增长两类。下面介绍经典的连续增长模型，即逻辑斯谛模型（logistic model），又称为阻滞增长模型（图 6-6）。

模型有两个假定：①设想有一个环境容纳量（K），即该环境条件下所能允许的最大种群数量。当种群数量达到 K 时，将不再继续增长（$dN/dt = 0$）；②增长率 r 随种群的密度上升而降低的变化是成比例的，即种群中每增加一个个体，就对增长率产生 $1/K$ 的抑制影响。换句话说，每一个个体占用了 $1/K$ 的空间，如果种群中存在 N 个个体，就占用了 N/K 的空间，而可供种群继续增长的空间就剩下 $(1-N/K)$ 了。

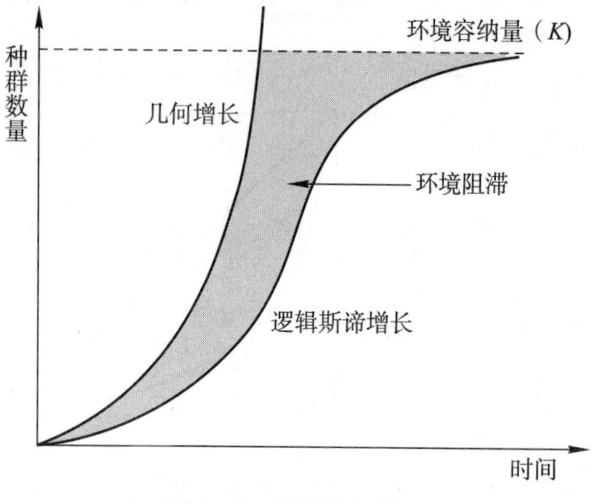

图 6-6　种群增长模型

按照这两个假定，r 随着种群密度的增加而逐步降低，种群的增长曲线呈“S”形。逻辑斯谛方程（logistic equation）为：$N_t = K/(1 + e^{a-rt})$。式中，参数 a 的数值取决于 N_0，表示曲线对原点的相对位置。

逻辑斯谛曲线可以分成五个时期：①潜伏期（latent phase），由于初始种群内个体数很少，密度增长缓慢；②加速期(accelerating phase)，随着种群内个体数的增多，密度增长逐步加速；③转折期（inflecting phase），当种群内个体数达到 $K/2$ 时；④减速期（decelerating phase），当个体数超过 $K/2$ 后，种群密度的增长逐渐减缓；⑤饱和期（asymptotic phase），种群个体数达到 K 而饱和，不再继续增长。

第四节　生物群落

在生态学发展史上，生物群落概念的提出是很早的，群落中为什么有这么多的动植物种数，分布规律以及它们是怎样发生相互作用的，这是群落生态学最令人感兴趣的问题。群落生态学的中心问题是群落的整体结构和形成过程。

一、生物群落概念

生物群落(biotic community)是指在特定时间聚集在一定地域或生境中所有生物种群的集合。但在实践中很少能把生境中全部生物都进行研究,所以更常见的是把群落的概念用于某一类生物的集合。例如根据物种的属性,生物群落可以分为植物群落、动物群落和微生物群落。其中,植物群落是基本的,它的结构直接影响着动物和微生物的种群数量和分布,也影响着生态环境的稳定和变化。同时,动物和微生物具有活动性,随时间和空间发生较迅速变化,并影响植物群落。群落是不同生态因子综合作用的结果,在不同的生境中,生存着不同生物群落。

二、生物群落的基本特征

生物群落具有一些比种群水平更高层次的群体特征。

(一) 物种多样性

一个生物群落是由多种生物通过相互作用形成的复杂聚合体,如植物、动物、微生物等。这些生物种虽然在结构和功能上都各具独特性,但所有物种都是相互作用、彼此依存的,它们相互联系并形成一个有机体。物种多样性(species diversity)的增加可以提高生物群落抵抗干扰和保持稳定状态的能力。

(二) 群落成员对群落结构和功能的影响

对于群落内的优势物种,它们占据群落中主要的生物量,控制着群落中的大部分能流,在群落中占有较广泛的生境范围并利用较多的资源,优势种的变化将直接导致群落发生变化。生物种在群落中的地位,以及它与食物和天敌的关系称为生态位(niche)。

(三) 群落与其环境的不可分割性

生境特征决定群落类型,群落也对环境具有重要影响,群落与环境的不可分割,共同构成了生态系统。

(四) 群落的时间、空间格局

群落的时间、空间格局(spatial and temporal pattern)指群落都具有时间和空间结构上的特点。群落空间结构的最显著特点就是分层现象,时间格局则可表现为昼夜相和季节相等。

(五) 群落结构的松散性和边界的模糊性

群落的结构一般指群落的分层结构和物种组成,它随环境变化而变化,不是一个致密的实体,也不具有清晰的边界,表现出结构的松散性和边界的模糊性。

(六) 群落的演替特征

群落的组成结构会随着时间的变化而发生变化。群落演替(succession)常遵循一定的顺序,即一般经过生物侵移、定居及繁殖,物种竞争,最后形成顶极群落。

三、群落的组成与结构

(一) 群落的组成

群落的组成是指群落由哪些生物种类所构成,即组成群落的有机体种类。群落组成是影响群落特征的一个重要因素。群落的不同组成成分,在决定整个群落的性质和功能上并不具有相同的地位和作用。

1. 优势种

一般来说,群落中常有一个或几个生物种群大量控制能流,其数量、大小以及在食物链中的地位,强烈影响着其他生物种类的栖息环境,这样的生物种称为群落的优势种(dominant species)。优势种通常占有较广泛的生境范围、利用较多的资源、具有较高的生产力和较大容量的能量（个体数量多、生物量大）。例如在陆地群落中，植物常常是优势种。

2. 从属种

群落中除优势种外的其他物种称为从属种（subordinate）。

3. 关键种

虽然自身在群落中的生物量较低，但是在维护群落生物多样性和生态系统稳定方面起着重要作用的物种。如果它们消失或被削弱，整个生态系统就可能发生根本性的变化，这样的物种称为关键种（keystone species）。例如在佩恩（Paine）经典的潮间带研究（1966，1969）中发现，当去除顶级捕食者海星（*Pisaster*）后，不出三个月原为被捕食者的贻贝（*Banlaus glandula*）就迅速占领了绝大多数区域，其空间占有率由 60% 增加到 80%。然而一年后，贻贝又被牡蛎（*Mytilus californianu*）和藤壶（*Mitella polimerus*）排挤。其他底栖的藻类、附生植物以及软体动物则由于缺乏适宜空间或食物而逐步消失。五年后，该群落系统组成仅剩下牡蛎和藤壶两个物种，群落结构发生了根本的变化。虽然在上述群落中顶级捕食者海星是关键种，但是关键种并不总是处在食物链顶端的物种。例如传粉的昆虫在维持群落结构中同样扮演着关键种的角色。

（二）群落的结构

群落的结构指生物在环境中分布及其与周围环境之间相互作用形成的结构，又称为群落的格局（pattern）。群落的结构可分为物理结构和生物结构两方面。物理结构指群落的外貌和形态，包括决定群落外貌的植物生长型、垂直分层结构和群落外貌的昼夜和季节相三方面。生物结构是指构成群落的物种组成和相对多度、种间相互关系、多样性和演替几方面。群落的生物结构部分取决于物理结构。

1. 群落的外貌和生长型

群落的形态与结构一般称为群落的外貌（physiognomy）。陆地群落的外貌就是由组成群落的植物形状所决定的，例如森林与草原外貌上有着明显的区别。生长型(growth form)反映了植物生活的环境条件，相同的环境条件具有相似的生长型，例如不同地区的荒漠植物，都具有叶子细小的特征等。

根据生活的气候条件不同，可以把高等植物划分为不同的生活型（life forms）：例如高位芽植物（phanerophyte）、地上芽植物（chamaephyte）、地面芽植物（hemicryptophyte）、隐芽植物（cryptophyte）或地下芽植物（geophyte）、一年生植物（therophyte）。

一般而言，在气候温暖多湿的热带雨林，以高位芽植物占优势；具有较长寒冷季节的温带针叶林地区，以地面芽植物占优势；在环境较冷湿的地区，地下芽植物占优势；气候干燥的地区，一年生植物最丰富。

2. 空间结构

(1) 垂直结构　指生物群落组成在垂直空间上的分化，又称为垂直分层现象（vertical stratification）。一个群落往往具有多个层次。植物群落通常可划分为乔木层、灌木层、草本层和地被层，决定植物群落地上部分分层的环境因素主要是光照、温度和湿度条件，而决定地下分层的主要因素是土壤的物理和化学性质，特别是水分和养分。由于植物群落的不同层次为动物提供了不同的食物和栖息环境，而不同的动物对食物和环境条件的要求不一样，因此，动物群落也出现成层现象。成层现象的生态学意义在于通过分层利用资源、减少对日光、水分、矿质营养等的竞争，从而扩大群落对资源的利用范围。因此，成层越复杂，对环境利用越充分。

(2) 水平结构　群落的水平结构是指不同种植物在水平方向上的配置状况。一个植物群落的物种组成和数量在水平方向上往往不是均匀配置的，因而造成群落内呈斑块状分布，这种斑块状的分布形式即为群落的水平结构。植物群落的水平结构影响或决定动物的水平结构。

3. 时间结构

群落结构表现出随时间而有明显变化的特征，称为群落的时间格局（temporal pattern），它是群落的动态特征之一。时间格局包括两个方面。

(1) 周期变化　即由自然环境因素的时间节律引起群落各物种在时间上相应的周期变化，如日节律、季节节律等。

① 日节律　群落日节律的例子很多，如蝴蝶、鸟类等多在白天活动、夜晚休息；蛾类、兽类等多在夜晚活动、白天休息，由于物种活动时间的差异，使群落结构在白天和晚上有所不同。

② 季节节律　群落的季节性变化也很普遍，动物和植物都比较明显。如植物的不同生长期、鸟类的季节性迁徙、热带雨林的雨季旱季等。

(2) 演替　即群落在长期历史发展过程中，由一种群落类型转变为另一种群落类型的过程。

4. 营养结构

营养关系是生物群落中各成员之间最重要的联系，是群落赖以生存的基础。

(1) 食物链　食物链（food chain）指群落中不同生物种群通过取食与被取食的关系而形成的营养链结构，如草—蚜虫—蜘蛛—雀—鹰等。根据食物链的起始环节可将食物链分为以下两种类型。① 食草食物链（grazing food chain）是以绿色植物为起始环节，经植食动物、肉食动物等取食关系组成的食物链；② 残渣食物链（detritus food chain）是以死的有机体（植物的枯枝落叶、动物尸体和排泄物）为起始环节，经过腐生动物或微生物逐级分解所构成的食物链。

(2) 食物网　食物网（food web）指群落中的食物链，通过营养联系，相互交叉，形成的错综复杂的网状结构。自然界中，一个群落往往能形成多条食物链，例如一种昆虫可取食多种植物，每种植物也可能有多种昆虫，各种昆虫又可能有多种天敌，这些食物链相互交叉即构成了食物网。

(3) 生态金字塔　依据物种在食物网中所处的营养等级的不同，可将生物种分为生产者、初级消费者、次级消费者、三级消费者等。将各营养级别上的个体数量或单位面积现存量或单位时间、单位面积所吸收的能量来定量描述和测定，并按由低级到高级的垂直顺序排列绘成图形，即可形成一个塔形图，一般称为生态金字塔（ecological pyramid）或生态锥体。

(4) 十分之一定律（ten percent law）　十分之一定律是由美国耶鲁大学生态学家林德曼（Lindeman）于 1941 年发现，它描述的是生态系统中能量在不同利用者之间存在的一种必然的定量关系——生物量从绿色植物向食草动物、食肉动物等按食物链的顺序在不同营养级上转移时，通常后一级生物量只等于或者小于前一级生物量的 1/10。

5. 群落交错区和边缘效应

群落交错区（ecotone）是指两个或多个不同群落的交界区域，它是一个过渡地带，例如在森林和草原之间出现互相镶嵌的过渡地带。由于群落交错区有两个相邻生物群落的渗透，因而在群落交错区中既可有相隔群落的生物种类，又可有交错区特有的生物种类。在群落交错区中生物种类和种群密度增加的现象，叫边缘效应（edge effect）。

（三）群落的物种多样性

群落结构的简单或复杂，还决定于组成群落生物种类的多少、数量是否均匀、各个物种的重要性等。物种多样性有多种表示方法。

(1) 物种丰富性　物种丰富性（species richness）是指群落中物种的数目。它是物种多样性的第一个和最老的概念。

(2) 多度　多度(abundance)是指群落中生物个体数目的多少。研究中常以多度(个体数)为横坐标，物种数为纵坐标来描述群落中常见种（common species）和稀有种（rare species）的分布情况。

(3) 密度　密度（density）指单位面积上的个体数，用公式表示为：

$$D=N/S$$

$$RD=N/\sum N$$

式中，D 为密度；N 为样地内某种物种的个体数目；S 为样地面积；RD 为相对密度；$\sum N$ 为全部物种的个体数目。

(4) 重要值　重要值（importance value）是用来表示某种植物在群落中作用和地位大小，重要值越大的种在群落结构中越重要。用公式表示：

$$重要值=(相对密度+相对频率+相对基部盖度)/300$$

其中，频率指群落中某种植物出现的样方的百分率；基部盖度指植物基部茎的横截面积。

(5) Shannon-Wiener 指数 $H'=-\sum_{i=1}^{S}[P_i \ln P_i]$；式中，$S$ 为物种数；P_i 为第 i 种的个体比例。

(6) 均匀度指数 $E=H'/\ln S$。式中，H' 为多样性指数；S 为物种数。

四、生物群落的演替

群落演替（community succession）又称生态演替（ecological succession），是指群落随时间和空间而发生变化，由一种类型转变为另一种类型的生态过程。

（一）群落演替的一般过程

群落演替的一般过程是：裸地形成→生物侵移、定居及繁殖→环境变化→物种竞争→群落水平上的相对稳定和平衡→顶极群落（climax community）。顶极群落是群落演替过程中最后出现的一个相对稳定的群落阶段，它是一个与环境条件取得相对平衡的自我维持系统。

（二）群落演替的类型及过程模型

按照发生区域的不同可将演替分为原生演替（primary succession）和次生演替（secondary succession）。前者是在从未被生物占领过的区域开始的演替，如裸露的岩石；后者则是在生物曾经占领过或原来曾有群落的地方开始的演替，如退耕还林的区域。群落演替机制有以下三种模型。

1. 促进性模型

促进性模型（facilitation model）即物种替代是由先来物种的活动改变了环境条件，使它不利于自身生存，而促进了后来物种的繁荣，因此，物种替代有顺序性、可测性和方向性。这类演替常出现在环境条件严酷的原生演替中。

2. 抑制性模型

抑制性模型（inhibition model）即先来物种抑制后来物种，使后者难以入侵和发育；因而物种替代没有固定的顺序，各种可能都有，其结果在很大程度上取决于哪一种先到（机会种）；演替更大程度上决定于个体生活史和生态对策，也难以预测。这个模型中，没有一个物种可以认为是竞争的优胜者，而是决定于谁先到达该地，所以演替往往是从短命种到长命种，而不是由有规律的、可预测的物种替代。

3. 忍耐性模型

忍耐性模型（tolerance model）介于促进性模型和抑制性模型之间，认为物种替代决定于物种的竞争能力。先来的机会种在决定演替途径上并不重要，但有一些物种在竞争能力上优于其他种，因而它能最后在顶极群落中成为优势种。至于演替的推进取决于后来入侵还是初始物种的逐渐减少，这可能与开始的情况有关。

三个模型的共同点是：最先出现的先锋种通常具有生长快、产种子量大、有较高的扩散能力等特点。但这类易扩散和移植的种一般对相互遮阴和根间竞争强的环境不易适应，所以在三种模型中，早期进入物种都比较易于被排挤掉。

（三）群落演替实例

常见演替系列有水生演替系列和旱生演替系列两类。

1. 水生演替系列

水生演替系列常开始于水域和陆地环境的交接处。其演替阶段包括：沉水植物期（如金鱼藻、狐尾藻等）→浮水植物期（如睡莲、菱角、莲等浮叶根生植物）→挺水植物期（如芦苇、香蒲、水葱等直立水生植物）→湿地草本植物期（如禾本科、莎草科、灯心草科等湿生草本植物）→陆生植物群落。

2. 旱生演替系列

旱生演替系列从环境恶劣的岩石表面或沙地开始，其演替阶段包括：地衣植物阶段→苔藓植物阶段→草本植物阶段→灌木植物阶段→乔木植物阶段。

五、生物群落的类型和分布

（一）森林

森林主要有热带雨林、亚热带常绿阔叶林、温带落叶阔叶林和北方针叶林四种类型。

1. 热带雨林

该区域温度和雨量都很高，年均温度28℃，年均降雨量大于2 220 mm。林木通常高耸巨大，植物种类繁多，无脊椎动物十分丰富，脊椎动物也很繁多，以巨大的植物和动物多样性而著称，其中，昆虫类、两栖类、爬行类和鸟类尤为丰富。如南美洲亚马孙流域，亚洲的马来西亚、印度尼西亚等地。

2. 亚热带常绿阔叶林（或称照叶林）

该区域年均降雨量1 000~1 500 mm，由温暖湿润地区的常绿阔叶树构成，森林结构简单，高度明显降低，树种组成有木兰科、樟科、山茶科等植物。林中两栖类丰富。我国长江流域以南地区即为此区域。

3. 温带落叶阔叶林（又称夏绿林）

该区域年均降雨量500~1 000 mm，落叶树种丰富，常见有壳斗科栎属落叶树种，以及栽植的槐、杨、柳等植物。动物有较强的季节性活动，如鹿类等。我国的黄河流域以及辽东半岛属于此区。由于此区开发历史悠久，原始植被仅残存于山地，为主要农业区。

4. 北方针叶林

该区域气候寒冷，主要由松杉类植物构成，其外貌往往是单一树种构成的纯林，群落成层结构较简单，动物种类相对贫乏，但有众多的食草哺乳动物（如野兔、松鼠等）和迁徙鸟类（如莺类、鹟类等）。我国东北兴安岭、俄罗斯西伯利亚地区，以及加拿大等地属于此区，为世界主要产林区。

（二）草地

草地出现在降水量介于荒漠和森林之间的区域。优势植物为各类禾草，高、中、低种类均有，形成丛生或草皮。

1. 热带草地（稀树草原）

常散生着树木，湿季降水量达1 200 mm，但持续的旱季可能一滴雨水都没有。主要分布在非洲。此区域有众多的食草动物［如角马（*Connochaetes aurinus*）、斑马（*Equus burchellii*）等］、食叶动物［如长颈鹿（*Giraffa camelopardalis*）等］和大量的哺乳类食肉动物［如狮（*Panthera leo*）、猎豹（*Acinonyx jubatus*）、斑鬣狗（*Crocuta crocuta*）等］。

2. 温带草原

中等干旱，年降水量为250~600 mm。植物以丛生多年生禾本科为主，主要是针茅属植物。位于此区的内蒙古高原、黄土高原以及新疆的阿尔泰山区等，为我国重要的畜牧业基地。食草动物、穴居的小型哺乳动物（如多种鼠类）和相关的捕食者（如狼）为常见动物。

（三）荒漠

该区域降雨量极少，且不稳定，年降雨量少于500 mm，土质极贫瘠。植物非常稀疏，代表性植物是多刺灌木和仙人掌。动物多夜间活动，主要有部分爬行动物和昆虫，以及一些哺乳动物（如骆驼、袋鼠、鸵鸟等）。本区包括我国新疆准噶尔盆地、塔里木盆地、青海柴达木盆地，另外，澳大利亚和非洲也有很大部分属于此区。

（四）冻原

该区域主要分布在北冰洋和极地冰盖南部与北方针叶林之间，称北极冻原；此外，在高山树线以上也有分布，称高山冻原。冻原是极其贫瘠和无树的地区，植被由很矮的垫状植物和形成小丘状的植物组成，如薹草（*Carex* spp.）、地衣和矮柳（*Salix* spp.）等。动物有夏季迁来的雁鸭类、鹬类等鸟类和永久居住的麝牛、驯鹿、旅鼠、北极狐等。

（五）水生群落

这是由水生植物、水生动物构成的群落。它的分布没有严格的地域性，有定量水的地方即可形成水生群落，包括淡水生物群落和海洋生物群落。

（六）湿地

湿地是介于陆地和水域之间的过渡带；湿地具有调节水循环和作为栖息地养育丰富生物多样性的基本生态功能。1971 年国际《湿地公约》关于湿地的定义是：湿地指一切天然的或人工的，长久的或暂时的沼泽地、泥炭地或水域地带中静止的或流动的淡水、半咸水或咸水水体部分，包括低潮时水深不超过 6 m 的水域；此外，湿地还包括与前述地域相邻接的河湖沿岸、沿海区域；它们所包围的岛屿和岛屿中低潮时水深超过 6 m 的水域。

第五节　生态系统

生态系统，简单地说就是生物群落与环境互作关系，其主要研究对象是系统中两者间的物质流动、能量流动和信息流动。由于人们更多关注生态系统的和谐、平衡，生态系统已成为现代生态学的主流。

一、生态系统的概念

生态系统（ecosystem）是指在一定时间和空间内，生物群落与其环境之间由于不断地进行物种流动、能量流动、物质循环、信息传递和价值流动而形成的相互联系、相互制约并具有自我调节功能的统一整体。

生态系统范围可大可小，它可以从类型上理解，也可以从区域上理解。任何一个生物群落与其周围环境的组合都可称为生态系统。例如，一块草地、一片农田、一片森林、一座城市都可作为一个生态系统。生物圈是最大的生态系统，可作为全球生态系统，它包括了地球上的一切生物及其生存条件。生态系统也可分为自然生态系统（如原始森林、草原等）、半自然生态系统（如人工林、牧场、养鱼的湖泊和农田等）和人工生态系统（如工厂、城市、矿区等）三种类型。

二、生态系统的组成

生态系统是由生物和非生物组成的，两者缺一不可。非生物环境为生物的生存提供了空间和环境；生物根据其在生态系统中的作用和地位可划分为生产者、消费者和分解者。因此，生态系统都是由四个基本部分构成的，即生产者、消费者、分解者和非生物成分（生命保障系统）。

（一）生产者

生产者（producer）指所有的绿色植物和某些能进行光合作用和化能合成作用的细菌，即自养生物，它们能利用太阳能进行光合作用，把从周围环境中摄取的无机物合成有机物，并把能量储存起来，以供本身需要或作为其他生物的营养。绿色植物除能进行光合作用固定能量以外，还能够通过缩小温差、增加土壤肥力等多种方式改变环境，并有力地促进物质循环。因此，植物在一定程度上决定了生活在该生态系统中的生物物种和类群。

（二）消费者

消费者（consumer）指不能利用无机物合成有机物、直接或间接地以生产者为食的各种动物。它包括植食性动物和肉食性动物。

1. 植食性动物

又称草食动物,以植物为营养,是初级消费者。如马、牛、羊、啮齿类、植食性昆虫等。

2. 肉食性动物

以植食性动物或其他动物为食,为次级消费者或更高级的消费者。如狼、虎、豹等。

(三) 分解者

分解者(decomposer)都是异养生物,主要包括细菌、真菌、放线菌、某些原生动物和一些小型无脊椎动物(如蚯蚓、白蚁等),它们靠分解有机物为生——腐生,从生态系统中死亡的有机体和废物产品中取得能量,把动植物等复杂的有机残体分解为较简单的化合物和元素,释放回归到环境中去,供植物再利用,因此,这些异养生物又称为还原者。

(四) 非生物成分

包括能源(如光能、热量等)、气候(如光照、温度、降水等)、基质和介质(如土壤、空气、水等)、物质代谢原料(如 CO_2、O_2、N_2、矿物盐类、腐殖质、糖类等)等,它们既构成生物物质代谢的材料,同时也构成生物的无机环境。在生态系统中,生产者通常起主导作用,由它把太阳能转变为化学能,并引入到生态系统中,然后通过食物链、食物网形成一个统一的、不可分割的生态系统(图 6-7)。

三、生态系统的功能

(一) 物种流动

物种流动(species flow)是指物种在空间位置上的流动。这种变动可以是个体的,也可以是种群、群落等多种形式。

1. 物种流动对生态系统的影响

生态系统内某一物种的增加或去除,可以造成系统内其他物种的大量灭绝或猛增。物种的变化可以改变生态系统的发展方向、影响物质循环,甚至改变整个生态系统的结构和功能。

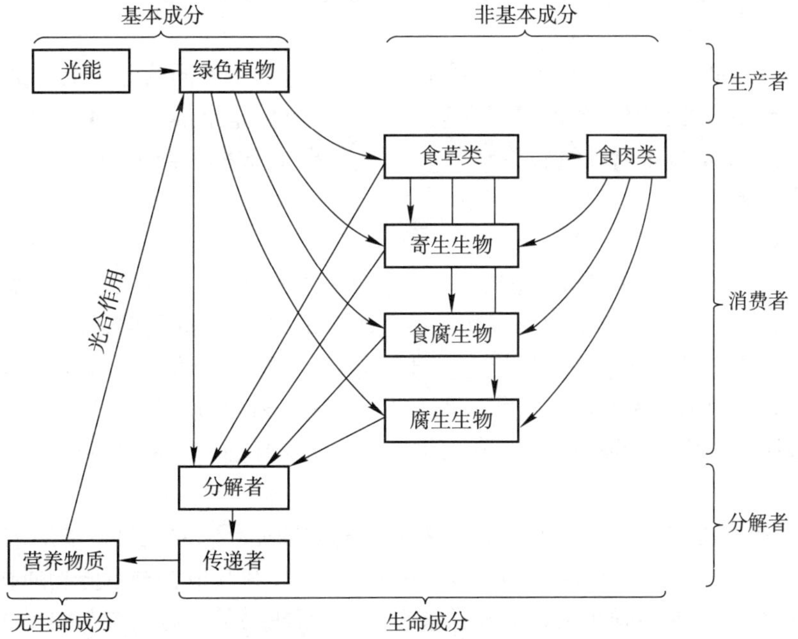

图 6-7 生态系统中各成分的性质和相互关系(顾德兴,2000)

2. 物种流动的方式

植物借助风、水、动物等将母株上的种子向环境传播。动物是靠主动和自身的习性进行扩散和移动，称为迁徙（migration），如昆虫的迁飞、鱼虾的洄游、鸟类的迁徙等。

3. 生物入侵

生物入侵（biological invasion）是指一种生物有机体进入以往未曾分布过的地区，并能不断繁衍自己种群的过程。自20世纪80年代以来，生物入侵所造成的不良效应逐渐引起了人类的重视。生物入侵的直接后果是降低了地域性动植物区系的独立性，并打破全球生物多样性的地理隔离，并影响着全球的气候变化和生物多样性的丧失。

（二）能量流动

能量流动（energy flow）是指能量在生态系统中不断传递、转换的过程。能量流动以食物链为主线，并在生态系统中形成错综复杂的营养关系。

1. 初级生产

初级生产（primary production）是指绿色植物和某些细菌固定光能和化学能、将无机物合成有机物的生产过程。生态系统的能量流动是从能量在生产者体内分配和消耗开始的。总初级生产量的一部分（占50%以上）用于自身生命活动，另一部分形成净初级生产量。净初级生产量向三个方面转移：①一部分被食草动物采食，能量进入食草动物体内；②另一部分以凋落物形式存在，暂时储存在枯枝落叶层中，成为穴居动物、土壤动物和微生物的食物；③其余部分则以生活物质的形式存在于植物体内，以增长自身的重量。

2. 次级生产

次级生产（secondary production）是指生态系统初级生产以外的生物有机体的生产，即异养生物的生产。

（1）植物被食草动物采食　能量由生产者转移到初级消费者——食草动物体内。被食草动物采食的那部分净初级生产量中，未被消化吸收的剩余残渣，以粪便形式排出体外，成为微生物的食物，而消化后的同化物大部分用来维持食草动物生命活动，经呼吸作用以热的形式向环境中散发一部分能量，剩余的部分储存在食草动物体内，成为次级生产量。

（2）食草动物被食肉动物捕食　能量从食草动物转移到食肉动物中。由于食肉动物的活动能力强，同化率很低，大部分能量消耗在呼吸作用中，只有小部分能量传给分解者。

3. 生态效率

生态效率（ecological efficiency）是指生态系统能量流动过程中不同营养级上能量之比值，又称传递效率。营养级是指能量发生流动时暂时停留在某一位置上，具体是指某一生物。根据Lindeman的研究，能量在食物链中的流动从一个营养级转移到另一个营养级，其效率大约为10%，此规律又称Lindeman十分之一定律，或林德曼定律。

（三）物质循环

生物圈是由物质组成的。这些物质主要由109种元素所组成，这些元素在生态系统中间传递，在各营养级间传递并联结起来，就构成了物质流动。在生态系统中，物质既是储存能量的载体，又是维持生命的基础，物质循环和能量流动总是相伴相随，形影不离。但能量流动是单向流动，最后变成无用的热量而消耗掉，而物质流动则是循环不息的。各种有机物经过分解者分解，又可被生产者吸收，再重新返回食物链中进行循环。物质循环类型很多，本书主要介绍水循环、碳循环和氮循环。

1. 水循环

水循环是最基本的物质循环，它强烈地影响着其他物质的循环。水是良好的溶剂，几乎所有的物质都溶解于水，水运动带动了所有营养物质的循环，因此，水循环和其他各种营养物质循环不可分割地联系在一起。水循环还把陆地和海洋生态系统联系起来，从而使局部生态系统与整个生物圈联系成为一个整体。地球上水的运动包括水平运动和垂直运动。水平运动，在地面以液态水自高向低流动，在空中以气态水随气流移动；垂直运动主要包括地面土层水分和植物叶面水分的蒸发，以及大气中的水汽遇冷降落。

水循环主要在地球表面和大气之间通过降水量和蒸发量间的相互变化而不断循环的（图 6–8）。从总体来说，全球的降水量和蒸发量是基本相等的，水循环是平衡的；但在局部地区可能会失去平衡，这便造成了水灾和旱灾。在水循环中，生物（特别是植物）发挥了巨大的作用，例如植物每生产 1 g 初级生产量，差不多要蒸腾 500 g 水，据估算，陆地植物每年蒸腾大约 55×10^{18} g 的水。植物在参与水的循环中具有特殊的意义，它不仅通过蒸腾作用参与了水循环，同时还使植物吸收了溶解在水中的无机盐，这为合成新的有机物提供了原料。

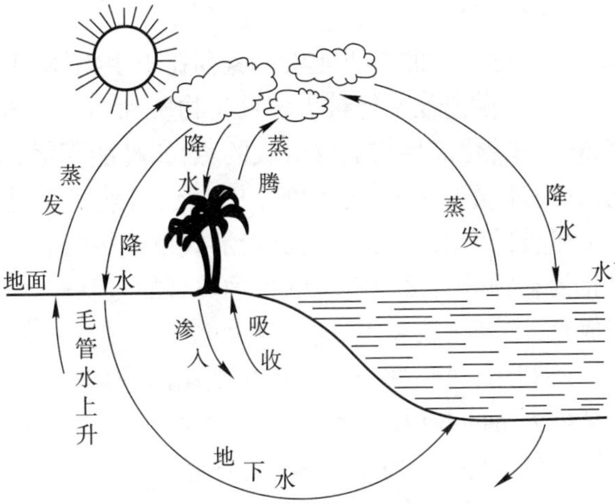

图 6–8　水循环（顾德兴，2000）

2. 碳循环

碳是构成生物体的主要元素，有机体干重的 49% 都是由碳元素构成的。地球上最大量的碳被固定在岩石圈中，其次是在石油和煤（化石燃料）中。碳循环是从绿色植物（生产者）光合作用固定大气中的 CO_2 开始（图 6–9）。碳被绿色植物固定为有机物并通过食物链供给消费者；进入生产者、消费者和分解者体内的碳，一部分通过呼吸作用以 CO_2 的形式释放到大气中；另一部分构成生产者和消费者的有机体，待有机体死亡后尸体被分解者分解成 CO_2、水和无机盐，其中 CO_2 重新返回大气；或者尸体长期埋在地层中形成化石燃料石油和煤，这些化石燃烧时，产生的 CO_2 再被释放到大气中；在自然状态下，这些化石中的碳要经过很长年代，才能重新进入循环，但人类的开发利用促进了它的循环。在含碳分子中，CO_2、CH_4（甲烷）、CO 是最重要的温室气体，而 CO_2 循环是地球物质循环的最重要核心之一。

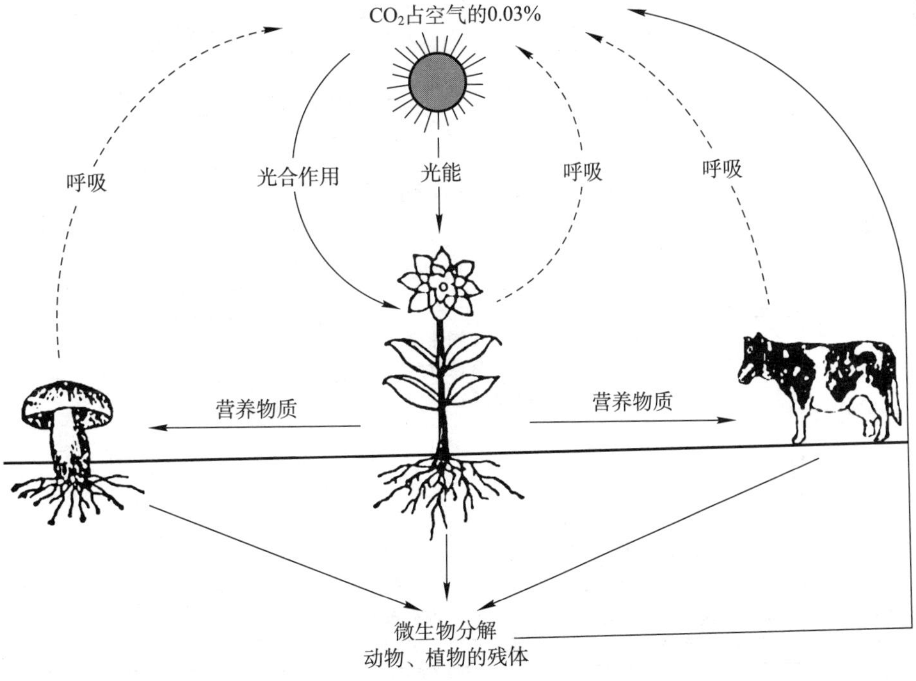

图 6–9　碳在生态系统中的交换和储存（祝廷成，1991）

3. 氮循环

氮是氨基酸的组成元素。氮存在于生物体、大气和矿物质中，其中大气是最大的氮库，氮占大气总量的78%，游离氮不能被大多数生物所利用。固氮作用主要有三条途径：①生物固氮，即少数生物可以使游离氮转化成植物能够吸收的氮；②高能固氮，即在闪电、宇宙射线、火山活动等作用下，使游离氮转化成氨和硝酸盐；③工业固氮，据估计，目前工业固氮已经超过了天然固氮的总量。

氮被固定后，以氨和硝酸盐形式被植物吸收，将它转化为蛋白质中的氨基酸成分，然后随食物链又转化为动物等各级消费者的各种类型的氨基酸。动物、植物死亡后，其尸体在土壤微生物的作用下，分解成氨、二氧化碳和水，这些氨也进入土壤。土壤中的氨经硝化细菌的硝化作用形成硝酸盐，一部分为植物所利用，另一部分在反硝化细菌的作用下，分解成游离的氮，进入大气（图6-10）。目前，由于人类活动把大量的各种氧化氮输入大气造成空气污染，并将硝酸盐排入水中，引起水域富营养化形成水华和赤潮，这些都是严重的生态环境问题。

（四）信息传递

在生态系统中，除了物质循环和能量流动外，还有机体之间的信息传递，这些信息流把系统中各个组成部分联成一个整体。信息的产生过程是一种自然过程，物质运动状态和方式的变化就是生态系统中的信息。从生态系统中信息传递的角度来说，可分为以下四种类型。

(1) 营养信息　通过营养交换的形式，把信息从一个个体或种群传递给另一个个体或种群，称为营养信息。生态系统中的食物链就是一个典型的营养信息。

(2) 物理信息　指以物理过程为传递形式的信息。在生态系统中能够为生物所接受，并引起行为反

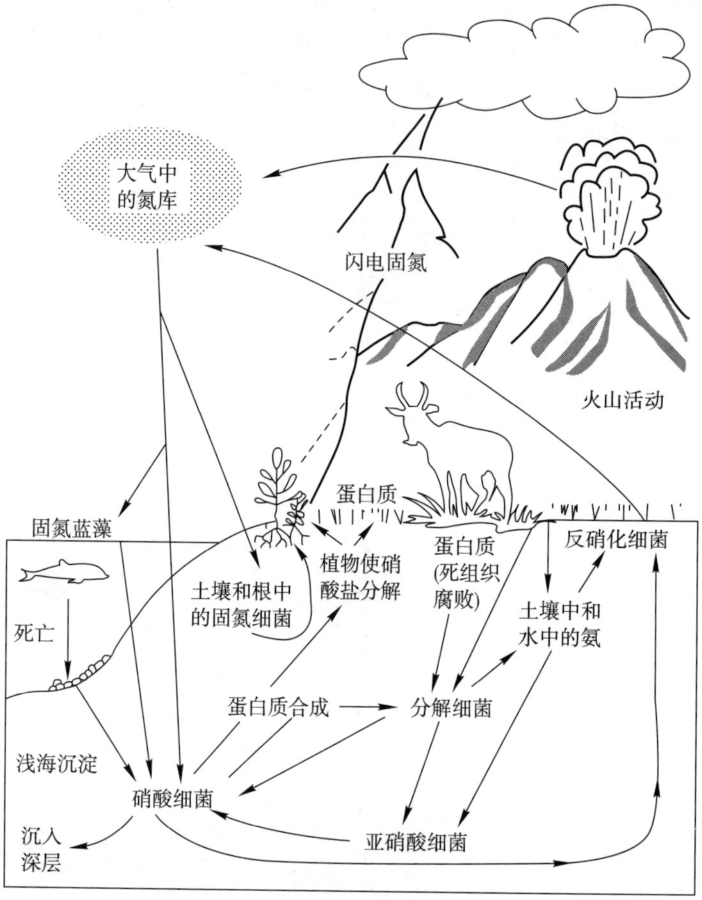

图6-10　氮循环（顾德兴，2000）

应的信息,绝大部分是物理信息,如光信息、热信息、声信息等。物理信息对生物有机体的生长、发育和行为活动起到最重要的作用,例如光不仅是绿色植物进行光合作用的能量来源,光信息还控制着植物的形态建成,即植物的生长和分化;此外,光信息还是启动动物复杂繁殖生理机制的"触发器"和动物迁徙的直接因素之一等。

(3) 化学信息 生物在某些特定条件或某个生长发育阶段,分泌或排泄出某些特殊的化学物质(如酶、抗生素、性诱激素等),这些化学物质对生物不是提供营养,而是在生物的个体或种群之间起着某种信息的传递作用,例如提供领域信息、性信息、食物信息、报警信息、集合信息等,即构成了化学信息。化学信息广泛存在于生态系统中,例如植物间的他感作用(allelopathy),即植物通过产生许多次生代谢物(secondary metabolite)而对其他植物生长发育产生抑制的现象;在动物中,性成熟的个体通过分泌微量的性信息素来吸引异性前来交配,还可以通过排尿和粪便,利用其气味进行领域标记等。

(4) 行为信息 行为信息指有些动物可以通过行为方式向其他个体发出某种信息,以表达识别、求偶、威吓、挑战等信息。例如蜜蜂通过复杂的"舞蹈"行为来传递蜜源的方向、距离;鸟类在繁殖期表现出的求偶炫耀、婚舞等复杂的求偶行为等。

四、生态系统的平衡与稳定

(一) 生态系统平衡的内涵

生态系统的平衡表现在三个方面:①结构和功能相对稳定,生产者、消费者、分解者按一定量比例关系结合,物质循环和能量流动协调畅通;②物质与能量的输入和输出接近平衡;③在外来干扰下,能通过自我调控恢复到原初的稳定状态。

(二) 生态系统的稳定性

生态系统的稳定性包含多种不同的含义,一般有以下三种类型。

(1) 抵抗力和恢复力 稳定性抵抗力(resistance)是指系统对于干扰的抵抗和避免能力;恢复力(resilience)是指系统受到干扰破坏后恢复到原有状态的能力。

(2) 局域稳定性和全局稳定性 局域稳定性(local stability)指系统在经受一小干扰后回到原来状态的能力;全局稳定性指系统在经受一大干扰后回到原来状态的能力。

3. 脆弱性和强壮性 脆弱性(fragility)和强壮性(robustness)与局域稳定性和全局稳定性有关,但其注意点在环境上。能在环境改变不大条件下保持稳定的称为脆弱的系统;能在很大环境改变范围中保持稳定的称为强壮的系统。

对于特定的生态系统,其稳定性取决于以下条件:①系统自身特点,如进化历史的长短、物种数目及其相互作用的特征和强度等;②系统受干扰的方式,如干扰的性质、大小和持续时间等;③估计稳定性的指标,如抵抗力和恢复力、局域稳定性和全局稳定性、脆弱性和强壮性等。

生态系统的稳定性与其复杂性密切相关。一般而言,对于结构复杂、物种多样性高、种间相互作用多而密切、进化历史长、环境条件相对稳定的生态系统,其抵抗力稳定性较高,而恢复力稳定性较低;对于结构简单、物种多样性低、种间相互作用少、进化历史短、环境条件多变而难以预测的生态系统,其抵抗力稳定性较低,而恢复力稳定性较高。在自然生态系统中,稳定性依赖于系统的稳定性和环境多变性之间的平衡,在稳定的环境中,复杂而动态脆弱的系统容易生存下去,而在多变的环境里,仅仅是坚强而简单的系统才会生存下去。

(三) 生态系统的反馈调节与平衡

生态系统是一种控制系统或反馈系统,它具有反馈功能,即当生态系统中某一部分发生变化时,它会引起其他成分出现一系列相应的变化,这些变化最终又反过来影响最初发生变化的那种成分;也就是说,生态系统能够自动调节和维持自身稳定的结构和功能,以保持系统的稳定和平衡,生态系统的这种能力叫自我调节能力。但生态系统的这种自我调节能力是有限的，当外界环境的改变超过生态系统的自我调节能力时，就会造成生态失衡。

（四）影响生态系统平衡的因素

1. 自然因素

包括火山喷发、地震、泥石流、山洪、海啸、雷击火烧等，它可使生态系统在短时间内受到严重破坏，甚至毁灭。但这些自然因素引起的环境变化频率不高，而且在地理分布上有一定的局限性和特定性。从全球范围看，自然因素的突变对生态系统的危害还是不大的。

2. 人为因素

包括毁林开荒、破坏草场、排放有毒物质、修建大型工程、喷洒大量农药、人为引入或消灭某些生物种等，当这些人为因素所造成的环境改变超过一定限度时，就会导致自然生态系统的强烈变化，破坏生态平衡，同时也给人类本身带来了“生态性”灾难。随着人类社会的发展，人类活动对生态系统平衡的干预和调控表现得越来越强烈。因此，人类活动必须注意运用生态系统中结构和功能相互协调的原则，以达到符合人类利益的生态平衡，从而使自然环境和自然资源得以为人类永续利用。

第六节 人与环境

人类的产生和发展依赖于自然环境，而人类活动又对环境演化产生重要影响。人类活动对环境的影响随着人类社会的发展和生产力的不断提高而日益加强。人与环境的关系已成为生物学研究的一个重领域。

一、自然环境对人类的影响

（一）人类是自然环境的产物

生物的演化总是伴随着地球自然环境变化而进行的。第三纪晚期是古猿的繁盛时期，由于气候变冷，森林减少，草原植物向森林进逼，一部分森林古猿开始转为开阔地带的地面生活，促使它们进行直立行走，直立行走又促进了手、足的分工，并在与自然环境的长期斗争中，学会了使用和制造工具，并学会了劳动技巧，还在劳动过程中逐渐产生了语言。当古猿学会劳动和产生语言时，人类就诞生了。

（二）自然环境对人种形成的影响

人类在生物学上同属一个物种，有着共同的祖先。原始人类诞生后，在寻求各种适于生存环境的过程中扩展到了世界各地，由于人类的各个群体在相当长的时期内彼此隔离，各自生活在不同的自然地理区域中，经过漫长时期的演化，便形成了具有不同体质特征和地理分布特点的人种类型。

（三）自然环境对人口分布的影响

自然环境和自然资源是人类生活和生产的物质基础。在生产力水平较低下的社会，人类高度依赖着自然环境和自然资源，自然环境对人类生活和人口分布有着极大的制约作用。在自然条件优越、自然资源丰富的地区往往人口分布较稠密；而在自然条件较差的地区，即使人类能够适应，但因劳动生产率低，人口也是难以增殖的，因此，这些地区人口较稀少。

（四）自然环境对人类健康的影响

人类生存需要适宜的生存环境，自然环境及其变化可以影响到人体的正常生理机能，甚至可能造成对人体健康的影响形成疾病。例如大气污染可以导致多种呼吸系统疾病；环境中缺碘，可以导致地方性甲状腺肿大的发生和流行；环境中含氟量过多，可引起氟骨症等。

（五）自然环境对人类社会发展的影响

自然环境和自然资源的差异对人类社会的发展具有着重要影响。一般而言，优越的自然环境是社会加速发展的有利因素，恶劣的自然环境则阻碍着社会的发展。这种作用在社会发展早期表现得尤为显著。例如，古代文明中心多形成于自然环境优良、自然资源丰富的地域，如东亚黄河流域的中国、南亚恒河流域的印度、北非尼罗河流域的埃及等。即使在人类社会高度发展的今天，恶劣的自然环境、贫乏的自然资源仍是社会发展障碍。

总之，自然环境对人类的生存和发展起着重要的作用，随着人类社会的发展，人类对于自然环境的影响也逐渐加强。

二、人类发展对环境的影响

（一）人类对环境的主观能动作用

人类与动物的本质区别在于人类具有主观能动性。人类的发展史，也就是人类利用自然、控制自然、改造自然的斗争史。

在原始社会，人类是自然界的采集者和渔猎者，由于人类使用的仅是石器等简单的工具，人类的主观能动作用处于低级阶段。进入农业时代后，人类由采集者变成了种植者、由渔猎者变成了养殖者，从直接利用自然资源到形成原始农业，进而建立了人工控制的农业生态系统，创造了农业人工环境；在农业发展的同时，也造成了诸如一些局部环境退化的消极影响。到了工业时代，人类的主观能动作用得到空前的发展，人类以矿物能源代替人力、畜力，用机器代替手工劳动，运用科学技术展开了大规模和专业化的对自然环境的改造。人类对自然环境的改造给人类社会带来了空前丰富的物质财富，同时也给人类造成了一系列前所未有的危机和忧患。

（二）人类活动对环境的消极作用

随着社会的发展，人类的许多活动正在加重生态环境的恶化。当前，人类对生态环境的破坏作用主要表现在以下五个方面。

1. 破坏森林

森林是最大的陆地生态系统，是维护陆地生态平衡的枢纽。历史上，地球上森林面积曾多达 $76\times10^8\ hm^2$，19 世纪减少到 $55\times10^8\ hm^2$，到 1985 年全世界森林面积减少到 $41.47\times10^8\ hm^2$，目前，全世界森林面积约为 $30\times10^8\ hm^2$，全世界每年砍伐森林面积 $(600\sim800)\times10^4\ hm^2$。森林是动植物的天然栖息地，森林生态系统蕴藏着极其丰富的生物资源，它还具有涵养水源、减少水土流失和调节气候的作用。因此，森林的破坏对人类赖以生存的环境将产生严重的影响。

2. 土地资源丧失

土地资源是人类生存和发展最基本的环境资源。随着森林砍伐，土地沙漠化和土地侵蚀日益严重。目前，全世界沙漠化面积达 $40\times10^8\ hm^2$，100 多个国家受其影响。因沙漠化扩展，全世界每年损失土地近 $600\times10^4\ hm^2$，其中包括草地 $320\times10^4\ hm^2$、农田 $270\times10^4\ hm^2$。此外，据联合国粮农组织估计，全世界有 30%～80% 的农田不同程度地受到盐碱化和水涝灾害的危害，因侵蚀而流失的土壤每年高达 $240\times10^8\ t$；这些土壤淤积于河流、湖泊、水库和海洋，造成河、湖、水库和近海水位不断抬高，对人类生存构成威胁。

3. 淡水资源紧缺，水污染加剧

地球上的淡水不足全球水量的 1%。目前，地球上约有 20 亿人饮用水紧缺，约占世界人口总数 40% 的 80 个国家和地区严重缺水。从全球平均来说，到 2030 年后将进入水资源危机阶段。与此同时，随着现代工业的发展和大城市的兴起，工业废水排量和生活污水排量也急剧增加；全世界每年排出的污水量约 $4\,000\times10^8\ m^3$，并造成 $65\,000\times10^8\ m^3$ 水体污染。

4. 人口激增

宇宙是无限的，而人类生存的地球环境是有限的。人类在征服自然的过程中，不断繁衍壮大自己，人口激增所带来土地、粮食、能源、污染等一系列问题却给人类生存的自然环境造成了巨大的压力，人口激增已成为造成地球生态环境恶化的根本原因。

世界人口激增的标志之一是每增加 10 亿人口的相隔时间越来越短。在人类漫长的发展过程中，人类自起源至发展到 10 亿人口（1850 年），用了约 50 万年；第二个 10 亿用了 80 年（1850—1930 年）；而第五个 10 亿仅用了 12 年（1975 年—1987 年 7 月 11 日）。到 2005 世界人口达到 64.7 亿，即每年自然增长约 0.8 亿人。

5. 大气污染严重

自工业革命以来，人类大规模的生产和经济活动已导致大气质量严重恶化。其中全球性的温室效应、臭氧层破坏、烟雾事件和酸雨等问题最为严重。

目前，越来越多的 CO_2 通过燃烧矿物燃料、农业开垦、森林火灾等进入大气，据统计，全世界每年排入环境的 CO_2 废气达 1.5×10^8 t。大气中 CO_2 浓度的增加，使地球温度升高，这种现象称为“温室效应”。其后果是导致地表温度升高、极地冰层融化、海平面上升、气候异常、气候带北移、湿润区和干旱区将重新分配等，从而造成严重的生态后果。

臭氧层是地球的一个保护层，它能阻止过量的紫外线到达地球。由于人类生产所排放的某些气体污染物（如氯氟烃气体、氮氧化物等）对臭氧有破坏作用，地球的臭氧层正在日益消耗。臭氧层的破坏正在形成一种潜在的全球性环境危机。

酸雨是由于大气中 SO_2 和 CO 在强光照射下进行光化学氧化作用，并和水蒸气结合而成，一般 $pH<5.6$ 的雨水称为酸雨，其所含的主要是硫酸和硝酸。酸雨直接伤害植物，使农业减产；还引起土壤酸化，使生产力下降；酸雨中的重金属通过食物链进入人体，对人类健康构成威胁。目前酸雨范围正在不断扩大，酸雨酸度正在提高，已记录到 $pH<2.1$ 的酸雨。

三、人与环境的协调发展

人类是环境发展到一定阶段的产物，环境是人类生存的物质基础，人类的生存和一切活动都是和自然环境分不开的，人类与环境应该协调发展。当前，人类面临的主要问题是保护环境、合理开发自然资源、控制人口等。

（一）保护环境

环境保护是人类与自然环境协调发展的基本要求。良好的环境条件，能促进社会的发展和人类的健康；恶化的环境将严重影响人类的生存和生活。目前，环境问题包括两个方面：一方面是因工业生产、交通运输和生活排放有毒、有害物质引发的环境污染；另一方面是由于对自然资源不合理开发利用引起的生态环境破坏，突出表现在植被破坏、水土流失、土壤侵蚀和沙漠化、地面沉降等方面引起的生态失衡和生物生产量下降。两方面互相影响，形成复合效应，造成更大的危害。因此，人类的发展必须同环境保护统一起来，要合理开发自然资源，防止环境污染，科学地改造自然环境，使人类与环境达到和谐统一。

（二）合理开发自然资源

在自然界中凡是能提供人类生活和生产需要的任何形式的物质，都称为自然资源，它是人类赖以生存的物质基础。随着人类社会发展和人口的急剧增加，对自然资源的需求量日益增加。为了追求经济的发展，人类加剧了对资源的开发、消耗和浪费，使环境恶化、资源枯竭，生态系统失去平衡，人与自然环境的矛盾日益尖锐。因此，合理开发利用自然资源受到全世界的瞩目。人们已经意识到人类的经济发展必须建立在合理开发利用自然资源、保护自然环境的基础上。为了实现自然资源的合理开发利用，人类首先要对自然资源进行多学科的综合考察研究，在此基础上研究资源开发的最佳目标，制定可供选择的多种开发方案，并对这些方案进行多方位、多学科的综合论证，选定能够使自然资源达到可持续利用的最佳开发方案。

（三）人口控制

自然环境和自然资源是有限的。当今世界人口与环境的主要矛盾是人口增长过快，环境承载量过大，社会生态系统有失去平衡、导致恶性循环的危险。因此，人类必须充分认识到人类对环境的依赖关系，以及人口激增对环境带来的破坏和影响，并努力采取措施控制人口增长。这就需要人类在发展社会生产力的同时，还要控制人口增长，使人类社会发展与自然资源的增殖和环境的改善相适应，这是协调人类与自然环境相互关系的前提。在控制人口增长的同时，还要努力提高人口素质。所谓人口素质是指一定社会中，人们的身体健康状况、文化水平、劳动技能和思想道德修养。人口素质越高，潜在的生产力水平就越高。一个人口素质良好的国家或民族，必定能促进社会经济的全面发展，从而大大减轻人口对社会与环境带来的沉重压力。

本章小节

生态学是研究生物与环境关系的科学，它是生物科学一个重要的分支学科。生物与环境相互作用、互为影响。生物与环境之间的关系是相互和辩证的。每个生态因子都是在与其他因子相互影响、相互制约中起作用的，任何一个因子的变化都会在不同程度上引起其他因子的变化。生态因子的作用不是等价的，在特定环境下必然有一个起主导作用的因子。最小因子是决定该种生物生存和分布的根本因素。任何一个生态因子在数量或质量上不足或过多，即当其接近或达到某种生物的耐受限度时，这种生物就会衰退或无法生存。任何接近或超过某种生物的耐受性极限，便会阻止其生存、生长、繁殖或扩散。

种群是指在一定时间内占据一定空间的同一物种（或有机体）的集合体，它是同种个体通过种内关系有机地组成的一个统一体或系统；种群是物种存在的基本单位，也是生物群落的基本组成单元，还是物种进化的单位，具有数量特征、空间特征、遗传特征和系统特征等四个基本特征。群落是指在特定时间聚集在一定地域或生境中所有生物种群的集合，它具有一些比种群水平更高层次的群体特征。群落可随时间和空间变化发生演替。群落演替按照发生区域不同可将演替分为原生演替和次生演替。常见群落演替系列有水生演替、旱生演替。顶极群落是群落演替过程中最后出现的一个相对稳定的群落阶段，它是一个与环境条件取得相对平衡的自我维持系统。生物群落的类型主要有森林、草地、荒漠、冻原、水生群落和湿地。

生态系统是指在一定时间和空间内，生物群落与其环境之间由于不断地进行物种流动、能量流动、物质循环、信息传递和价值流动而形成的相互联系、相互制约并具有自我调节功能的统一整体。在一定时间内，生态系统中生物与环境之间通过相互作用达到比较协调和相对稳定的状态，即生态平衡；但生态系统的自我调节能力是有限的，当外界环境的改变超过生态系统的自我调节能力时，就会造成生态失衡。人类的产生和发展依赖于自然环境，而人类活动又对环境演化产生重要影响。人类的发展必须同环境保护统一起来，既要合理开发自然资源，又防止环境污染，科学地改造自然环境，使人类与环境达到和谐统一。

复习思考题

一、名词解释

环境；竞争；种内斗争；种内协作；中性作用；最小因子定律；耐受性定律；种限制因子；种群；存活曲线；群落特征；生物群落；优势种；关键种；从属种；食物链；环境容纳量；群落演替；物种丰富度；多度；重要值；生态系统；生态效率；生态平衡

二、问答题

1. 试述环境因素及其对生物的影响。
2. 试述种群的基本特征。
3. 试述种群年龄结构的类型和特点。

4. 试述存活曲线的类型和特点。
5. 何谓生物群落？生物群落有何基本特征？
6. 试述生物群落的结构。
7. 何谓演替？群落演替的过程是怎样的？
8. 群落演替机制有哪些模型？
9. 什么是生态系统？它有哪些组成成分，有什么作用和地位？
10. 试述生态系统的功能。
11. 何谓生态系统平衡？
12. 试述人与环境的关系。

主要参考文献

陈阅增 . 普通生物学——生命科学通论 . 北京：高等教育出版社，1997.

戈峰 . 现代生态学(第 2 版). 北京：科学出版社，2008.

顾德兴 . 普通生物学 . 北京：高等教育出版社，2000.

李维炯，倪永珍 . 生态学基础 . 北京：中国农业出版社，1996.

刘凌云，郑光美 . 普通动物学(第 4 版). 北京：高等教育出版社，2009.

牛翠娟，娄安如，孙儒泳，等 . 基础生态学(第 3 版). 北京：高等教育出版社，2015.

孙儒泳，李博，诸葛阳，等 . 普通生态学 . 北京：高等教育出版社，1993.

孙儒泳 . 动物生态学原理(第 3 版). 北京：北京师范大学出版社，2001.

魏道智 . 普通生物学 . 北京：中国农业出版社，2007.

杨允菲，祝廷成 . 植物生态学(第 2 版). 北京：高等教育出版社，2011.

张训蒲，朱伟义 . 普通动物学 . 北京：中国农业出版社，2000.

Bierbach D, Sommertrembo C, Hanisch J, *et al*. Personality affects mate choice: bolder males show stronger audience effects under high competition. Behavioral ecology, 2015, 26(5): 1314–1325.

Dugatkin L A. Sexual selection and imitation: females copy the mate choice of others. The American naturalist, 1992, 139(6): 1384–1389.

Gaston K J. Global patterns in biodiversity. Nature, 2000, 405(6783): 220–227.

Karuppaiah V, Sujayanad G K. Impact of climate change on population dynamics of insect pests. World journal of agricultural sciences, 2012, 8(3): 240–246.

Kaspari M. Knowing your warblers: thoughts on the 50th anniversary of macarthur(1958). Bulletin of the ecological society of America, 2008, 89(4): 448–458.

Kormondy E J. Concepts of ecology. Hail, INC, Engleweed Cliffs, New Jersey, 1976.

Molles Jr M C. Ecology: concepts and applications. 5th ed. 北京：高等教育出版社，2011.

Postlethwait J H, Hopson J L. The nature of life. New York: Mc. GRAW–HILL Inc, 1992.

Reece J B, Taylor M R, Simon E J, *et al*. Campbell biology: concepts and connections. 7th ed. Pearson Benjamin Cummings, 2012.

Storey K B. Reptile freeze tolerance: metabolism and gene expression. Cryobiology, 2006, 52(1): 1–16.

Thomas C D, Cameron A, Green R E, *et al*. Extinction risk from climate change. Nature, 2004, 427(6970): 145–148.

Vakirtzis A. Mate choice copying and nonindependent mate choice: a critical review. Annales zoologici fennici, 2011, 48(2): 91–107.

Vorosmarty C J, Mcintyre P B, Gessner M O, *et al*. Global threats to human water security and river biodiversity. Nature, 2010, 467(7315): 555–561.

网上更多资源

教学课件　　视频讲解　　思考题参考答案　　自测题

第七章

遗传与变异

遗传和变异是生命现象的基本特征，也是生物生存和繁衍过程中的基本现象。遗传（heredity）指的是子代与亲代在形态、结构和生理功能上具有相似的特性。变异（variation）指的是子代与亲代和子代个体之间具有差异的特性。生物的遗传与变异是一对矛盾。生物的遗传特性，使生物界的物种能够保持相对稳定。生物的变异特性，使生物个体能够产生新的性状，以至形成新的物种。正是由于遗传与变异矛盾的统一，为生命的进化提供了内在的动力，才使生物世界如此丰富多彩。

第一节 孟德尔遗传定律

格里戈·约翰·孟德尔（Gregor Johann Mendel，1822—1884）是遗传学的奠基人。孟德尔出生在奥地利西里西亚一个农民家庭，21岁的孟德尔进入奥地利布隆(Brunn)城奥古斯汀修道院做修道士。1847年，孟德尔被任命为神父，1851年他被推荐进入了维也纳大学学习。大学期间，他系统地学习了植物学、动物学、物理学和化学等课程，还接受了良好的科学研究训练。1854年，孟德尔回到修道院任职，并利用业余时间开始了长达8年的植物杂交实验，发现了生物遗传的基本规律，并得到了相应的数学关系式。1865年，他将豌豆杂交实验结果总结成《植物杂交实验》论文，参加了当时布隆城的自然科学大会年会，但并没有引起任何科学家的重视，使得所揭示的遗传规律默默无闻地埋没了35年。直到1900年，荷兰阿姆斯特丹大学教授德弗里斯（H. de Vries，1848–1935）、德国多宾根大学植物学家科伦斯（Carl Correns，1864–1933），以及奥地利农林学院切尔马克（Erich von Techennak，1871—1962）3位科学家通过各自的工作分别证实了孟德尔的结论。此后，孟德尔的研究成果在世界科学界引起轰动，为遗传学的诞生和发展奠定了坚实的基础。

一、孟德尔及其豌豆杂交实验

孟德尔的豌豆杂交实验是生物学历史上的一项经典性工作。豌豆不仅容易栽培，作为研究对象，其已知易于识别的特征多，豌豆又是自体闭花授粉的植物，因此从市场上购得的豌豆种子基本为某一性状的纯种。纯种杂交实验是他实验的成功保证，因为只有用不同的纯种作为亲本进行杂交才能得到真正的杂种。另外，豌豆花各部分结构较大，便于人工去雄和异花授粉。此外，孟德尔从收集到的豌豆材料中还进行了品种和性状的选择，所挑选出的有差异性状都是明显又稳定的。它们是下列7对性状：①成熟种子形状差异（圆形或皱缩）；②种子胚乳（即子叶）颜色差异（黄色或绿色）；③种皮颜色差异（褐色种皮者开红花，白色种皮者开白花）；④成熟豆荚形状差异（饱满或不饱满）；⑤未成熟豆荚颜色差异（绿色或黄色)；⑥花着生位置差异(腋生或顶生)；⑦茎长短差异(长茎或短茎)。

孟德尔的成功还归因于采取单因子分析法，即分别观察和分析一个时期内一对性状的差异，最大限度地排除各种复杂因素的干扰。他用于杂交的两个亲本(parent generation，P)(父本和母本)都只表现一个性状的差异，无论这两个亲本存在多少性状的差别，他的单因子实验，都是从一对性状的差异着手，逐一进行研究。如果他的杂交实验是对整个植株多个性状同时进行比较的话，将会使他陷入复杂现象的困境。

二、分离定律

(一) 一对相对性状的遗传

孟德尔用饱满种子植株(圆形性状)与皱缩种子植株(皱缩性状)杂交(图 7-1)，这两个植株称亲本。圆形种子亲本不管作父本还是作母本，子一代(first filial generation，F_1)杂种所结种子都为圆形种子。圆形性状得以显现，而皱缩性状总是被圆形性状所掩盖。孟德尔发现他研究的 7 种特征都有这种现象。在每次实验中，F_1 杂种只出现两个相对性状中的一个。孟德尔把在 F_1 代中显现出来的亲本性状称为显性(dominant)性状，被掩盖的亲本性状为隐性(recessive)性状。

孟德尔将子一代种子继续种植，想了解被掩盖的性状是否会在后代中出现。当子一代植株开花后，让其自花授粉，即所谓的自交，这样得到的种子为子二代(F_2)。结果发现圆形种子植株与皱缩种子植株杂交的 F_2 代出现了圆形和皱缩两种种子。统计这些种子的数目 5 474 颗圆形，1 850 颗皱缩。其比例为 2.96 : 1，非常接近 3 : 1。

子二代性状分离后的种子是否为“真实遗传”呢？孟德尔继续将 F_2 代种子种植观察，结果发现所有皱缩种子长出的植株只结皱缩种子，即皱缩种子是真实遗传的，圆形种子则并非都是真实遗传。尽管圆形种子间在外观上难以区分，但却有两种类型，其中 1/3 长成的植株只产生圆形种子，即是真实遗传的。其他 2/3 长成的植株既有圆形种子也有皱缩种子，圆形种子与皱缩种子的比例为 3 : 1。

孟德尔种植了数以千计的豌豆植株，共 7 个性状，观察并分类记录杂交第一代和第二代中具有各种性状的植株或种子数，然后对它们进行统计，最后作数学归纳。在子一代中观察到显性现象，在子二代中则出现分离，在第二代中表现显性的植株都有两种类型，其中 1/3 是真实遗传的。孟德尔的实验数据结果见表 7-1。

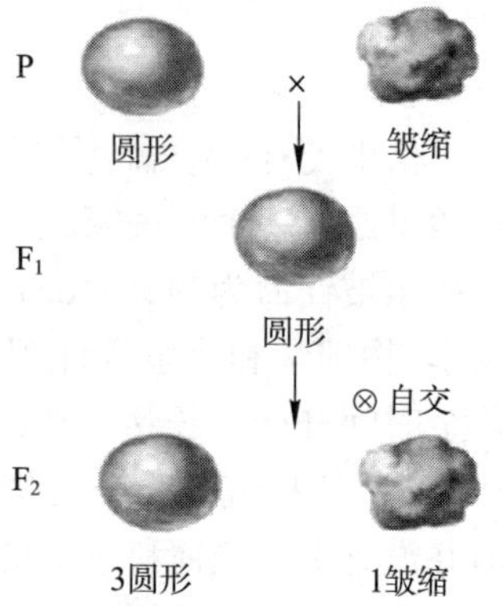

图 7-1　豌豆种子形态性状的杂交及其后代自交实验

表 7-1　孟德尔对豌豆 7 种性状的杂交实验结果

相对性状	F_1 代表现	F_2 代(数目)			F_2 比例
		显性	隐性	总计	显性　隐性
种子形状 / 圆形 – 皱缩	圆形	5 474	1 850	7 324	2.96 : 1
子叶颜色 / 黄色 – 绿色	黄色	6 022	2 001	8 023	3.01 : 1
花色 / 红色 – 白色	红色	705	224	929	3.15 : 1
豆荚的形状 / 饱满 – 不饱满	饱满	882	299	1 181	2.95 : 1
未熟豆荚色 / 绿色 – 黄色	绿色	428	152	580	2.82 : 1
花着生位置 / 腋生 – 顶生	腋生	651	207	858	3.14 : 1
茎的长度 / 长茎 – 短茎	长茎	787	277	1 064	2.84 : 1

从实验结果来看，这 7 对相对性状都在 F_1 中表现为显性特征，在 F_2 中出现分离，显性植株数目占 75% 左右，隐性植株占 25% 左右，呈 3∶1 规律。

孟德尔通过豌豆杂交对一对性状的观察得出了孟德尔分离定律，主要内容包括：① F_1 代性状一致，通常和一个亲本相同，得以表现的性状为显性，未能表现的性状为隐性；②杂种 F_1 代自交后产生的后代 F_2 代中出现亲代两种性状，显性和隐性性状的比例为 3∶1。

（二）分离规律的验证

根据上述的实验结果，孟德尔假设性地提出了遗传因子学说，对分离定律进行了解释。其要点是：①生物的遗传性状是由遗传因子决定的；②植株的每一种性状都分别由一对遗传因子控制，如一对遗传因子控制子粒的圆形与皱缩，一对遗传因子控制花的红色和白色等；③形成生殖细胞时，每对遗传因子相互分开，即分离，然后分别进入生殖细胞；④生殖细胞的结合即遗传因子的组合是随机的。

关于豌豆种子的形状，圆形与皱缩是一对相对性状。圆形为显性性状，受圆形显性遗传因子（用 *R* 表示）控制，皱缩是隐性性状，受皱缩隐性遗传因子（用 *r* 表示）控制。用圆形豌豆遗传因子（*RR*）与真实遗传的皱缩豌豆遗传因子（*rr*）杂交后，F_1 表现圆形的显性性状，F_1 的遗传因子组成为 *Rr*。

在 F_1 形成配子时，无论是雄配子花粉还是雌配子卵细胞，遗传因子的分离，都产生两种类型的配子，*R* 和 *r*。两种配子的比例为各 1/2。F_2 代遗传因子则出现三种类型：*RR*、*Rr* 和 *rr*，但表现的性状只有两种，*RR* 和 *Rr* 都为圆形种子，*rr* 为皱缩种子，圆形与皱缩的比例为 3∶1。圆形中有 1/3（总数的 1/4）后代是真实遗传的，另 2/3（总数的 1/2）与 F_1 一样会出现分离。

这个假设很好地解释了杂交实验的结果，但是否完全正确，还要验证 F_1 某种表现型个体是纯合基因型还是杂合基因型。孟德尔采用了测交法（testcross），所谓测交是指被测验的个体与隐性纯合个体间的杂交，所得后代为测交后代，用 F_t 表示。测交子代表现型的种类和比例正好反映个体所产生的配子种类和比例，从而可以确定被测个体的基因型。

例如，一株种子圆形的豌豆与一株种子皱缩的豌豆杂交，F_1 杂合体的表型为圆形，基因型为 *Rr*，当和隐性亲本（*rr*）回交时（图 7–2），杂合体可产生两种基因型不同的配子（*R* 和 *r*），而皱缩的隐性亲本只能产生一种配子 *r*，假设配子的结合是完全自由组合，那么会产生两种表型不同的回交后代圆形和皱缩，其比例应为 1∶1。这是在实验前根据分离定律推测的结果，经实验证实完全符合推测，这就使以上假设充分地得到了验证。

（三）分离定律的实质和意义

等位基因（allele）这一名词是由贝特森（1902）提出的，当时的概念是指位于一对同源染色体上，位置相同，控制同一性状的一对基因。一个或几个座位上的等位基因相同的二倍体或多倍体称纯合子（homozygote），等位基因不同时称杂合子（heterozygote）。

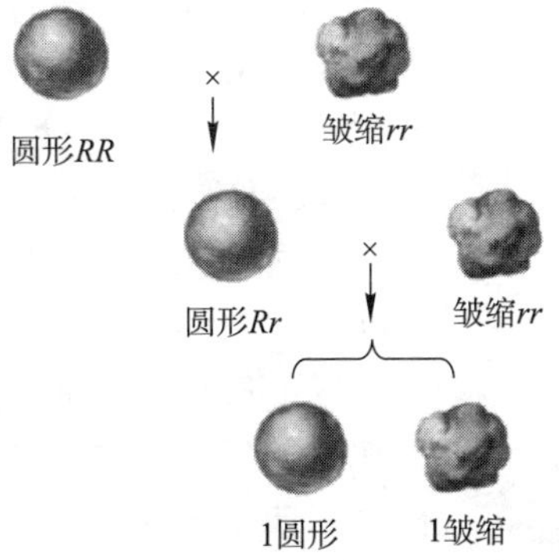

图 7–2　遗传因子控制的豌豆种子形状的杂交和测交实验

图 e7-1　人类多指——单基因显性遗传性状

基因(gene)这个名词是由丹麦科学家约翰森(Johennsson)于1909年提出，取代了孟德尔的遗传因子。基因型(genotype)指生物的内在遗传组成，表型(phenotype)指可观察个体外在性状，是特定基因型在一定环境条件下的表现。

孟德尔分离定律很好地解释了一对相对性状遗传：控制性状的一对等位基因在产生配子时彼此分离，并独立地分配到不同的性细胞中。

孟德尔分离定律意义有两个方面。①具有普遍性，二倍体生物都符合这一定律，遗传因子控制的性状是独立遗传的。动物中兽类的皮毛颜色、鸟类羽毛颜色的遗传，黑腹果蝇的长翅(显性)和残翅(隐性)、复眼的颜色、身体的颜色等也都符合孟德尔法则。人类单基因遗传性状和遗传病约有 4 344 种(1988 年)，如虹膜的颜色、人类多指(图 e7-1)、色盲、侏儒(先天性软骨发育不全)等性状。②杂合体自交产生分离。这也是农作物杂合体不能留作种子的原因，可以指导育种实践。

三、自由组合定律

(一) 两对相对性状的遗传

孟德尔在实验中还观察分析了两对性状的遗传，将黄色圆形和绿色皱缩的豌豆杂交，黄色对绿色为显性，圆形对皱缩为显性，杂交一代表型全部为黄色圆形。F_1 代自交后产生了四种不同表型的子粒(F_2)，黄色圆形子粒 315 个，黄色皱缩 101 粒，绿色圆形 108 粒，绿色皱缩 32 粒，它们之间的比近似于 9∶3∶3∶1(图 7-3)。其中和亲本性状组合相同的后代，黄色圆形和绿色皱缩称亲组合(parental combination)，不同于亲本性状组合的后代，黄色皱缩和绿色圆形称重组合(recombination)。为什么会产生这样的比例呢？孟德尔对此现象作了进一步分析，首先看其中的一对性状，如亲本为黄色和绿色子粒的遗传，F_1 代全为黄色，F_2 代 416 粒黄色，140 粒绿色，两者比例正好符合 3∶1。再看另一对性状圆形和皱缩，F_1 代全部呈现为显性性状圆形，F_2 代 423 粒圆形，133 粒皱缩，两者的比例为 3∶0.94，也符合 3∶1。看来各种情况并不混合，而是独立遗传的。在 F_2 代中除了亲组合以外，又出现了重组合，而且各种表型子粒的比为 3∶1，正是 $(3:1)^2$ 的展开式，孟德尔推测这是两对性状自由组合的结果。后人将其归纳为孟德尔自由组合定律，即在配子形成时各对等位基因彼此分离后，独立自由地组合到配子中。

(二) 自由组合定律的验证

孟德尔解释了两对杂交的结果，他认为黄色圆形亲本为显性性状，基因型为 *RRYY*，只能产生一种基因型配子 *RY*，绿色皱缩的亲本为隐性性状，基因型为 *rryy*，也只能产生一种配子，基因型为 *ry*。杂交后 F_1 代是杂合体，两种配子结合，基因型为 *RrYy*。当 F_2 产生配子时等位基因 *Rr* 彼此分离，等位基因 *Yy* 也同样如此，彼此自由组合，形成四种不同基因型的配子而且数目相等 *RY*、*Ry*、*rY* 和 *ry*。四种不同配子又随机结合受精，在 F_1 上结四种不同的豆粒，它们的基因型应为 9 种，表型为 4 种，比例为 9∶3∶3∶1(图 7-3)。

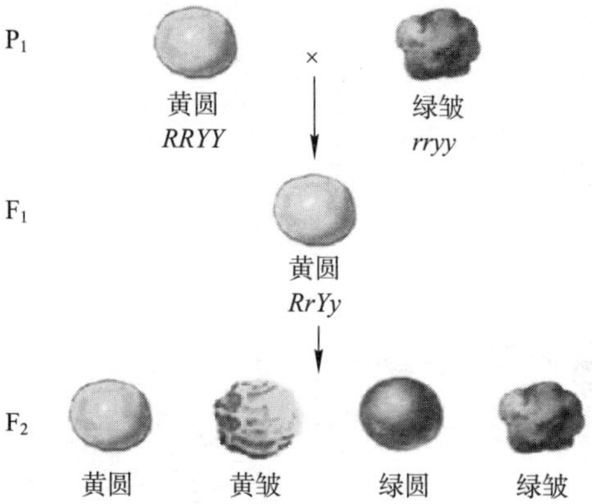

图 7-3　豌豆种子两对性状的杂交实验

以上假设完满地解释了两对杂交的实验结果，但孟德尔仍进行了测交来加以验证。根据原假设 F_1 杂合子和显性亲本回交后代应全为黄色圆形；和双隐性亲本测交，后代应为黄圆、黄皱、绿圆和绿皱四种基因型和表型，其比例为 1∶1∶1∶1，实验完全符合预期的结果，分别为 31 粒、27 粒、

26 粒和 26 粒，接近于理论比（图 7–4）。

（三）多对基因的杂交

孟德尔不仅分析了两对基因的杂交，还研究了三对基因的杂交，从而推导出多对基因（n）"组合系列的项数（3^n）"，系列的个体数（4^n）及保持稳定的组合倍数（2^n），如原种有 4 个性状不同，这个系列就具有 3^4=81 个类别，4^4=256 个体和 2^4= 16 种稳定的类型；也就是说每 256 个杂种后代中，有 81 种不同组合，其中 16 种是稳定的。如果把这段论述用现代术语来表达，那就是 3^n 个 F_2 的基因型，2^n 个 F_2 的表型，4^n 个 F_1 配子的组合数。根据这个推论可以再延伸一下，多对基因杂交后代的表型与基因型间的关系（表 7–2）。

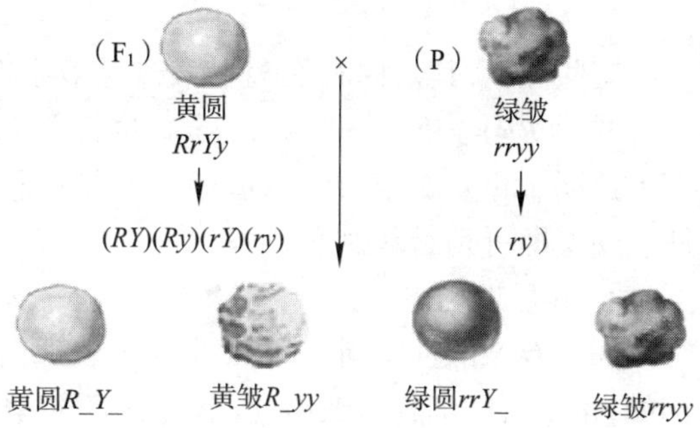

图 7–4　豌豆种子性状的测交实验

表 7–2　杂合基因对数与 F_2 代表现型和基因型种类的关系

杂合基因对数	完全显性时 F_1 表现型的种类	F_1 形成的不同配子的种类	F_2 基因型的种类	F_1 产生的雌雄配子的组合数	F_2 纯合基因型的种类	F_2 杂合基因型的种类	F_1 表现型分离比例
1	2	2	3	4	2	1	$(3:1)^1$
2	4	4	9	16	4	5	$(3:1)^2$
3	8	8	27	64	8	19	$(3:1)^3$
4	16	16	81	256	16	65	$(3:1)^4$
5	32	32	243	1 024	32	211	$(3:1)^5$
……	……	……	……	……	……	……	……
n	2^n	2^n	3^n	4^n	2^n	3^n-2^n	$(3:1)^n$

（四）自由组合定律的实质和意义

自由组合定律的实质是控制这两对性状的两对等位基因分别位于不同的同源染色体上，在减数分裂形成配子时，每对同源染色体上的每对等位基因发生分离，而位于非同源染色体上的基因之间可以自由组合。

自由组合定律的意义有三方面：①自由组定律也同样具有广泛的适用性，在植物、动物中均适用，如昆虫行为遗传也符合自由组合定律；②由于自由组合的存在使各种生物群体中存在着多样性，使生物变得丰富多彩，使得生物得以生存和进化；③人们将自由组合理论应用于育种实践，将那些具有不同优良性状的动物或植物，通过杂交使多种优良性状集中于杂种后代中，以满足人类的需求。

第二节　孟德尔定律的补充和发展

一、显隐性关系的相对性

（一）显性的表现

1. 完全显性

在孟德尔之后的大量实验中，人们发现孟德尔实验中的 3∶1 分离比例是相对的，有条件的。F_1

表型如果与显性亲本表型完全一致，如上例中的豌豆花色遗传，则称这种显性为完全显性（complete dominance）。

2. 不完全显性

有些性状，其杂种 F_1 的性状表现是双亲性状的中间型，称为不完全显性（incomplete dominance）。例如将透明（RR）金鱼与不透明（rr）金鱼进行杂交，其 F_1 全为半透明（Rr）的，F_1 自群繁育，F_2 中出现3种类型，即1(透明金鱼)：2(半透明金鱼)：1(不透明金鱼)。因此，在不完全显性时，表现型和其基因型是一致的，从表现型即可判断基因型。

3. 共显性

如果双亲的性状同时在 F_1 个体上表现出来，这种显性表现称为共显性（codominance），或称并显性。例如，正常人红细胞呈碟形，镰形贫血症患者的红细胞呈镰刀形。这种贫血症患者和正常人结婚所生子女，其红细胞既有碟形，又有镰刀形，是共显性的表现。

4. 镶嵌显性

一对等位基因的两个成员都分别影响生物体的一部分，在杂合体中它们所决定的性状可同时在生物体不同部位表现，造成镶嵌图式，叫镶嵌显性（mosaic dominance）。例如，谈家桢（1909–2008）在对异色瓢虫色斑遗传研究中发现，异色瓢虫鞘翅底色是黄色，但不同色斑类型在底色上呈现不同的黑色斑纹。黑缘型鞘翅（$S^{Au}S^{Au}$）只在前缘呈黑色，均色型鞘翅（S^ES^E）则只在后缘呈黑色。两者杂交后 F_1 表现为翅的前缘和后缘均为黑色镶嵌型。在 F_1 自交产生的 F_2 中，黑缘型、镶嵌型和均色型的分离为1：2：1。

5. 超显性

超显性（over dominance）是杂合子的性状表现超过显性纯合子的一种现象。例如，果蝇杂合体红眼 W^+w 荧光素的量，超过白眼纯合体 ww 和红眼纯合体 W^+W^+ 的量。

另外，鉴别性状的显性表现也取决于所依据的标准而改变。例如，孟德尔根据豌豆种子的外形，发现圆形对皱缩是完全显性。但是，如果用显微镜检查豌豆种子淀粉粒的形状和结构，可以发现纯合圆形种子淀粉粒持水力强，发育完善，结构饱满；纯合皱缩种子淀粉粒持水力较弱，发育不完善，表现皱缩；而 F_1 杂合种子的淀粉粒，其发育和结构是前面两者的中间型，外形是圆形的。故从种子外表观察，圆形对皱缩是完全显性，但淀粉粒的形态结构则是不完全显性。

（二）显性与环境的影响

当一对相对基因处于杂合状态时，为什么显性基因能决定性状的表现，而隐性基因不能，是否由于显性基因直接抑制了隐性基因的作用？实验证明，相对基因之间的关系，并不是彼此直接抑制或促进的关系，而是分别控制各自所决定的代谢过程，从而控制性状的发育。例如，兔子的皮下脂肪有白色和黄色，白色由显性基因 Y 决定；黄色由隐性基因 y 决定。白脂肪纯种兔子（YY）和黄脂肪纯种兔子（yy）杂交，F_1（Yy）脂肪是白色的。用 F_1 雌兔（Yy）和雄兔（Yy）进行近亲交配，在 F_2 群体中，3/4个体是白脂肪，1/4个体是黄脂肪。兔子的主要食料是绿色植物，绿色植物中除含有叶绿素外，还有大量黄色素。黄色素可被一种黄色素分解酶所破坏，而显性基因 Y 能控制黄色素分解酶的合成，隐性基因 y 则没有这种作用。所以，基因型为 YY 或 Yy 的兔子，由于细胞内有 Y 基因，能合成黄色素分解酶，因而能破坏摄入的黄色素使脂肪内没有黄色素积存，脂肪呈白色。基因型为 yy 的兔子，由于细胞内不能合成黄色素分解酶，脂肪呈黄色。由此可知，显性基因 Y 与白脂肪表型的关系及隐性基因 y 与黄色脂肪的关系都是间接的。Y 是通过直接控制黄色素分解酶的合成，来间接使脂肪成为白色。因此，显性基因与相对隐性基因之间的关系绝不是显性基因抑制了隐性基因的作用，而是它们各自参加一定的代谢过程，分别发挥各自的作用。一个基因是显性还是隐性取决于它们各自的作用性质，取决于它们能不能控制某个酶的合成。

显隐性关系有时受环境的影响，或者为其他生理因素如年龄、性别、营养、健康状况等所左右。例如，将金鱼草（*Antirrhinum majus*）的红花品种与象牙色花品种杂交，其 F_1 如果培育在低温、强光照条件下，花为红色；如果在高温、遮光条件下，花为象牙色。可见环境条件改变时，显隐性关系也可相应地发生改变。有些人秃头，这种秃头性状受隐形基因 *a* 控制，*AA* 基因型的男性、女性都是正常的，*aa* 基因型男性、女性都是秃头，但 *Aa* 基因型男性呈现秃头，女性则呈现正常状态，即男性杂合体为秃头，女性杂合体为正常，这就是说，*a* 基因是受性别和性激素影响，因此，男性秃头者要多于女性秃头者。

二、复等位基因

复等位基因（multiple alleles）是指在同源染色体相同位点上，存在 3 个或 3 个以上等位基因，这些等位基因在遗传学上称为复等位基因。复等位基因在生物中广泛存在，使得性状的遗传分离更为复杂。如人类 ABO 血型是复等位基因遗传的典型例子（表 7–3）。

人们很早就发现了 ABO 血型，这一血型系统中有 4 种血型：A 型、B 型、AB 型、O 型。对这一血型系统所做的调查中人们发现 O 型与 O 型婚配，其子女全为 O 型，没有分离现象产生；O 型与 A 型婚配，其子女既有 A 型，也有 O 型；O 型与 B 型婚配的结果和 O 型与 A 型的结果一样，其子女中既有 B 型，也有 O 型；O 型与 AB 型的婚配，其子女既有 A 型，又有 B 型，但没有 O 型和 AB 型。如果以 i 为决定 O 型的基因，以 I^A 和 I^B 分别为决定 A 型和 B 型的基因（两者都是 i 的等位基因），则 O 型的基因型必为 ii，A 型和 B 型人可能有两种基因型，I^AI^A 和 I^BI^B 为纯合体，I^Ai 和 I^Bi 为杂合体，显然 O 型与 A 型、B 型婚配后所生子女中出现 O 型是杂合体分离的结果；而 AB 型基因型就一定是 I^AI^B 了。因此，I^A、I^B 对 i 表现为显性，而 I^A、I^B 则为共显性。

表 7–3　人类 ABO 血型的基因型及表型

婚配类型	相应的基因型				可能出现的子女血型				不能出现的子女血型		
O×O	$ii \times ii$				O				A	B	AB
O×A	$ii \times I^AI^A$	$ii \times I^Ai$			O	A			AB	B	
O×B	$ii \times I^BI^B$	$ii \times I^Bi$			O	B			AB	A	
A×B	$I^AI^A \times I^BI^B$	$I^Ai \times I^BI^B$	$I^AI^A \times I^Bi$	$I^Ai \times I^Bi$	O	A	B	AB			
A×A	$I^AI^A \times I^AI^A$	$I^AI^A \times I^Ai$	$I^Ai \times I^Ai$		O	A			B	AB	
B×B	$I^BI^B \times I^BI^B$	$I^BI^B \times I^Bi$	$I^Bi \times I^Bi$		O	B			A	AB	
O×AB	$ii \times I^AI^B$				A	B			AB	O	
A×AB	$I^AI^A \times I^AI^B$	$I^Ai \times I^AI^B$			A	B	AB		O		
B×AB	$I^BI^B \times I^AI^B$	$I^B\mathrm{i} \times I^AI^B$			A	B	AB		O		
AB×AB	$I^AI^B \times I^AI^B$				A	B	AB		O		

应当指出，在一个正常二倍体细胞中，在同源染色体相同位点上只能存在一组复等位基因中的两个成员，只有在群体中不同个体之间才有可能在同源染色体相同位点上出现 3 个或 3 个以上成员；在同源多倍体中，一个个体上可同时存在复等位基因的多个成员。

三、非等位基因间的相互作用

根据自由组合定律，凡出现 9∶3∶3∶1 的分离比例，表明这是由两对等位基因自由组合的结果。但是，两对等位基因的自由组合却不一定会出现 9∶3∶3∶1 的分离比例，研究表明这是由于不同对基因间相互作用的结果。这种现象称为基因互作（interaction of genes）。事实上，任何性状都会受许多对基因的影响，不同对基因间也不完全是独立的，有时它们会共同作用影响某一性状。基因互作的种类有很多。

（一）互补效应

两对独立遗传基因分别处于纯合显性或杂合状态时，共同决定一种性状的发育。当只有一对基因是显性，或两对基因都是隐性时，则表现为另一种性状。这种基因互作类型称为互补效应（complementary effect）。发生互补效应的基因称为互补基因。例如，在香豌豆（*Lathyrus odoratus*）中有两个白花品种，两者杂交产生的 F_1 开紫花。F_1 植株自交，其 F_2 群体分离为 9/16 紫花、7/16 白花。对照自由组合定律，可知该杂交组合是两对基因的分离。F_1 和 F_2 群体 9/16 植株开紫花，说明两对显性基因的互补作用。如果紫花所涉及的两个显性基因为 C 和 P，就可以确定杂交亲本、F_1 和 F_2 各种类型的基因型（图 7–5）。

P　　白花（$CCpp$）　×　白花（$ccPP$）

↓

F_1　　紫花（$CcPp$）

↓ ⊗

F_2　　9紫（$C\_P\_$）∶7白花（$3C\_pp + 3ccP\_ + 1ccpp$）

图 7–5　香豌豆两个花色基因的互补效应

上述实验中，F_1 和 F_2 的紫花植株表现其野生祖先的性状，这种现象称为返祖遗传（atavistic inheritance）。这种野生香豌豆的紫花性状决定于两种基因的互补，这两种显性基因在进化过程中，如果显性基因 C 突变成隐性基因 c，产生一种白花品种；如果显性基因 P 突变成隐性基因 p，产生另一种白花品种。当这两个品种杂交后，两对显性基因重新结合，出现了祖先的紫花。

（二）加性效应

实验中发现两种显性基因同时存在时产生一种性状，单独存在时分别表现相似的性状，两种显性基因均不存在时又表现第三种性状，这种基因互作称为加性效应（additive effect）。例如，南瓜（*Cucurbita moschata*）有不同的果形，圆球形对扁盘形为隐性，长圆形对圆球形为隐性。如果用两种不同型的圆球形品种杂交，F_1 产生扁盘形，F_2 出现 3 种果形：9/16 扁盘形、6/16 圆球形、1/16 长圆形。它们的遗传行为分析如图 7–6。

P　　圆球形（$AAbb$）　×　圆球形（$aaBB$）

↓

F_1　　扁盘形（$AaBb$）

↓ ⊗

F_2　　9扁盘形（$A\_B\_$）∶6圆球形（$3A\_bb + 3aaB\_$）∶1长圆形（$aabb$）

图 7–6　南瓜两个果形基因的加性效应

从以上分析可知，两对基因都是隐性时，形成长圆形；只有显性基因 A 或 B 存在时，形成圆球形；A

和 B 同时存在时，则形成扁盘形。

（三）叠加效应

不同对基因互作时，对表现型产生相同的影响，F_2 产生 15∶1 比例，这种基因互作称为叠加效应(duplicate effect)。这类表现相同作用的基因，称为重叠基因(duplicate gene)。例如，荠(*Capsella bursa-pastoris*)的果实一般是三角形角果，极少数植株是卵形角果，将这两种植株杂交，F_1 全是三角形角果，F_2 分离为 15/16 三角形角果∶1/16 卵形角果，卵形角果的后代不再分离，三角形角果的后代有一部分不分离，一部分分离为 3/4 三角形角果∶1/4 卵形角果，还有一部分分离为 15/16 三角形角果∶1/16 卵形角果。由此可知，上述实验中 F_2 出现 15∶1 的比例，实际上是 9∶3∶3∶1 比例的变形，只是前 3 种表现型没有区别。这显然是由于每对基因中的显性基因具有使角果表现为三角形的相同作用。如果缺少显性基因，即表现为卵形角果。如用 T_1 和 T_2 表示这两个显性基因，则三角形角果亲本基因型为 $T_1T_1T_2T_2$，卵形角果亲本基因型为 $t_1t_1t_2t_2$。F_1 和 F_2 各种基因型如图 7–7。

P　　三角形（$T_1T_1T_2T_2$）　×　卵形（$t_1t_1t_2t_2$）

↓

F_1　　三角形（$T_1t_1T_2t_2$）

↓ ⊗

F_2　15三角形（$9T_1\_T_2\_ + 3T_1\_t_2t_2 + 3t_1t_1T_2\_$）：1卵形（$t_1t_1t_2t_2$）

图 7–7　荠两个果形基因的叠加效应

当杂交实验设计 3 对重叠基因时，则 F_2 的分离比例相应地为 63∶1，其余类推。在这里它们的显性基因作用相同，但并不表现累积效应。基因型内显性基因数目不等，并不改变性状的表现，只有一个显性基因存在，就能使显性性状得到的发育。有些情况下重叠基因也表现叠加的效应。

（四）显性上位效应

两对独立遗传基因共同对一对性状发生作用，其中一对基因对另一对基因的表现有遮盖作用，这种情形称为上位性(epistasis)，后者被前者所掩盖，称为下位性(hypostasis)。起遮盖作用的基因如果是显性基因，称为上位显性基因。例如，影响西葫芦显性白皮基因(W)对显性黄皮基因(Y)有上位作用。当 W 基因存在时能阻碍 Y 基因的作用，表现为白色；缺少 W 时，Y 基因表现其黄色作用；如果 W 和 Y 都不存在，则表现 y 基因的绿色(图 7–8)。

P　　白皮（$WWYY$）　×　绿皮（$wwyy$）

↓

F_1　　白皮（$WwYy$）

↓ ⊗

F_2　12白皮（$9W\_Y\_ + 3W\_yy$）：3黄皮（$wwY\_$）：1绿皮（$wwyy$）

图 7–8　西葫芦的显性白皮基因对显性黄皮基因的上位效应

（五）隐性上位效应

在两对互作基因中，其中一对隐性基因对另一对基因起上位效应，称为隐性上位(recessive epistasis)作用。如玉米胚乳蛋白质层颜色的遗传，当基本色泽基因 C 存在时，另一对基因 $Prpr$ 都能表现各自的作用，即 Pr 表现紫色，pr 表现红色。缺基因 C 时，隐性基因 c 对 Pr 和 pr 起上位作用，使得 Pr 和 pr 都不能表现其性状(图 7–9)。

P 红色蛋白质层（*CCprpr*） × 白色蛋白质层（*ccPrPr*）

↓

F_1 紫色（*CcPrpr*）

↓ ⊗

F_2 9紫色（*C_Pr_*）：3红色（*C_prpr*）：4白色（3*ccPr_* + 1 *ccprpr*）

图 7-9 玉米胚乳色泽基因的上位效应

上位效应和显性效应不同，上位效应发生于两对不同等位基因之间，显性效应则发生于同一等位基因两个成员之间。

（六）抑制效应

两对独立基因中，其中一对显性基因本身并不控制性状的表现，但对另一对基因的表现有抑制作用，称为抑制基因。例如，玉米胚乳蛋白质层颜色杂交实验中，白色 × 白色，F_1 表现白色，F_2 表现白色(13):有色(3)。如果 *C*(基本色泽基因)和 *I*(抑制基因)决定蛋白质层的颜色，F_1 及 F_2 的基因型如下(图 7-10)。

P 白色蛋白质层（*CCII*） × 白色蛋白质层（*ccii*）

↓

F_1 白色（*CcIi*）

↓ ⊗

F_2 13白色（9*C_I_* +3*ccI_*+1*ccii*）：3有色（*C_ii*）

图 7-10 玉米胚乳色泽基因 *I*(抑制基因)决定蛋白质层的颜色

*C_I_* 表现白色是由于 *I* 基因抑制了 *C* 基因的作用，同样 *ccI_* 也是白色。*ccii* 中虽然 *ii* 并不起抑制作用，但 *cc* 也不能使蛋白质层表现颜色，因此也是白色。只有 *C_ii* 表现有色。上位效应和抑制效应不同，抑制基因本身不能决定性状，而显性上位基因除遮盖其他基因的表现外，本身还能决定性状。

以上是假定两对独立基因共同决定同一性状时所表现的各种情况。如果共同决定同一性状的基因对数更多，后代表现分离的比例将更加复杂。

基因互作分为基因内互作(intragenic interaction)和基因间互作(intergenic interaction)。基因间互作指不同位点非等位基因相互作用，表现为上位性和下位性。性状的表现都是在一定环境条件下，通过这两类基因互作共同或单独发生作用的产物。

基因内互作在大多数情况下，两对等位基因都表现完全显性作用。例如，上述各基因实例中，两对基因各表现完全显性作用。也有少数情况，一对等位基因表现完全显性，另一对表现不完全显性。例如，一种牛的毛色红色(*A*)对白色(*a*)为不完全显性，杂合型(*Aa*)表现灰色；无角(*B*)对有角(*b*)为完全显性；两对杂合基因型 F_2 代分离比例为：红色无角(*AAB_*)3/16：灰色无角(*AaB_*)6/16：红色有角(*AAbb*)1/16：灰色有角(*Aabb*)2/16：白色无角(*aaB_*)3/16：白色有角(*aabb*)1/16。上述显性上位效应、隐性上位效应和抑制效应，都是基因内和基因间相互共同作用的结果。由于基因互作，往往使杂交后代的分离比例和典型的 9：3：3：1 比例不同。由于上位效应，常导致杂种后代表现型的组数比没有互作的大为减少。

四、多因一效和一因多效

以上基因互作实例，说明了一个性状的遗传基础并不都受一个基因控制，经常受许多不同基因的影响。许多基因影响同一个性状的表现，称为多因一效(multigenic effect)。遗传实验证明，生物体的许多性状都是由多基因互相影响决定的。例如，玉米正常叶绿素的形成与 50 对不同基因有关，其中任何一对基因发生改变，都会造成叶绿素消失或改变。

玉米子粒胚乳蛋白质层的紫色，是由 6 对（$A_1A_2A_3CRP$）不同的显性基因和一对隐形抑制基因（i）共同决定的。家鼠短尾性状受 10 多个不同位点基因的控制，影响鼠毛色的基因至少有 6 个。

另一方面，一个基因也可以影响许多性状的发育，称为一因多效（pleiotropism）。孟德尔在豌豆杂交实验中曾发现，红花植株同时结灰色种皮种子，叶腋上有黑斑；白花植株结淡色种皮种子，叶腋上没有黑斑。在杂交后代中，这 3 种性状总是连在一起出现，仿佛是一个遗传单位。可见决定豌豆红花或白花的基因不但影响花色，也控制种子颜色和叶腋上黑斑的有无。水稻矮生基因也常有多效性表现，它除表现矮化作用外，一般还有提高分蘖力、增加叶绿素含量和扩大栅栏细胞直径等作用。

第三节　遗传的染色体基础

一、染色体与遗传

染色体（chromosome）是存在于细胞核内主要由 DNA 和蛋白质组成的结构。因为可以被一些碱性染料着色而得名。在真核生物细胞分裂过程中，染色体形态和结构都发生周期性的变化。在细胞分裂间期，染色体散布在细胞核中。在细胞分裂前期，染色体逐步缩短变粗，光学显微镜下可以观察到其形态和结构。至分裂中期和后期，染色体形态结构比较稳定，因此常观察分裂中期和后期细胞的染色体以了解某生物染色体组成情况。

1902 年，沃尔特·萨顿在《生物学通报》发表的文章中，首次详细图示了蝗虫具有成对确定的、可识别的、彼此不同的同源染色体，并在观察蝗虫配子减数分裂时发现基因的行为与染色体的行为有明显的平行关系，即蝗虫的染色体随分裂而分配，与孟德尔学说相似。萨顿认为染色体携带遗传单位，而遗传单位在性细胞染色体分裂时的行为就是孟德尔遗传定律的物质基础。1903 年，萨顿在《遗传中的染色体》一文中，概括和论述了染色体假说的重要性，明确指出染色体含有基因，染色体在减数分裂中的行为是随机的。自此，关于染色体的观察研究受到了科学家的广泛关注。经过大量的观察，发现真核生物所有体细胞都具有确定数量的染色体，其染色体总是成对存在，一组来自于父本，一组来自于母本。一种生物总有确定的染色体组成，因此将某种生物所有染色体的数目及形态称为染色体组型或核型（karyotype）。对核型的分析曾是描述生物遗传组成的重要方法。

核型分析是将某生物染色体数目和所有染色体形态都描述出来。每一生物体细胞染色体数目都是恒定的，通过光学显微镜观察分裂相细胞的染色体数目就可获知。不同物种染色体数目差异很大，有的物种染色体数目多，有些则数目较少（表 7–4）。

表 7–4　一些物种的染色体数目

物种名称	染色体数（2*n*）	物种名称	染色体数（2*n*）
人（*Homo sapiens*）	46	鲤鱼（*Cyprinus carpio*）	100，104
黑猩猩（*Pan troglodytes*）	48	蚯蚓（*Pheretima communissima*）	32
马（*Equus caballus*）	64	线虫（*Caenorhabditis elegans*）	11（雄），12（雌）
驴（*Equus asinus*）	62	淡水水螅（*Hydra vulgaris attenuata*）	32
牛（*Bos taurus*）	60	指海绵（*Sycon ciliatum*）	26

续表

物种名称	染色体数(2*n*)	物种名称	染色体数(2*n*)
猪(*Sus scrofa*)	38	大麦(*Hordeum vulgare*)	14
猫(*Felis catus*)	38	稻(*Oryza sativa*)	24
穴兔(*Oryctolagus cuniculus*)	44	玉米(*Zea mays*)	20
豚鼠(*Cavia porcellus*)	64	一粒小麦(*Triticum monococcum*)	14
大鼠(*Rattus norvegicus*)	42	普通小麦(*T. aestivum*)	42
小鼠(*Mus musculus*)	40	豌豆(*Pisum sativum*)	14
家鸡(*Gallus gallus* domesticus)	78	香豌豆(*Lathyrus odoratus*)	14
火蝾螈(*Salamandra salamandra*)	24	蚕豆(*Vicia faba*)	12

自然界大多数真核生物体细胞的染色体成对存在,性细胞中染色体数目只有体细胞一半。因此体细胞染色体可以用 $2n$ 表示,其性细胞中染色体数为 n,n 代表着一个染色体组,体细胞具有两个染色体组。如果蝇 $2n=8$,$n=4$;人 $2n=46$,$n=23$。自然界中也有一些生物体细胞的染色体具有两个以上染色体组。如香蕉为 $3n=27$,$n=9$。也有生物体细胞为单组染色体,如蜜蜂的雄蜂体细胞染色体为 $n=16$,衣藻 $n=16$。

染色体的形态主要通过染色体长度和着丝点位置来描述。每种生物的各条染色体在有丝分裂中期都有相对恒定的长度,一般在 0.5 ~ 30.0 μm,直径在 0.2 ~ 3.0 μm。同一个染色体组中,不同染色体长度差异也很大。在进行染色体组型分析时,常按照染色体的大小和形态进行编号,如人的染色体组,最大一对染色体为 1 号染色体,依次编号到最小的染色体。有的还将形态接近的染色体分为一组,例如把都为中部着丝点的染色体分成一组(图 7–11)。

每一染色体都有一着丝粒(centromere),着丝粒是染色体在有丝分裂中与纺锤丝连接的位点,对于染色单体分开后分别向细胞两极运动是至关重要的。在显微镜下观察,着丝粒在染色体上表现为一束紧的缢痕,称主缢痕(primary constriction)。着丝粒位置相对固定,它将染色体分成两个臂。由于着丝粒在不同染色体上处于不同的位置,因此不同染色体的两臂比例不一。根据着丝粒在染色体上的位置,将染色体划分为几种不同的类型:中着丝粒染色体(metacentric chromosome),着丝粒在染色体中间,将两臂分成近乎等长,细胞分裂后期染色体向两极牵引时呈 V 形;近中着丝粒染色体(sub-metacentric chromosome),着丝粒位于近中偏一端位置,染色体两臂长短不一,一为长臂,一为短臂,在向两极牵引时呈 L 形;近端着丝粒染色体(acrocentric chromosome),着丝点位于染色体末端,有一个极短的短臂和一个

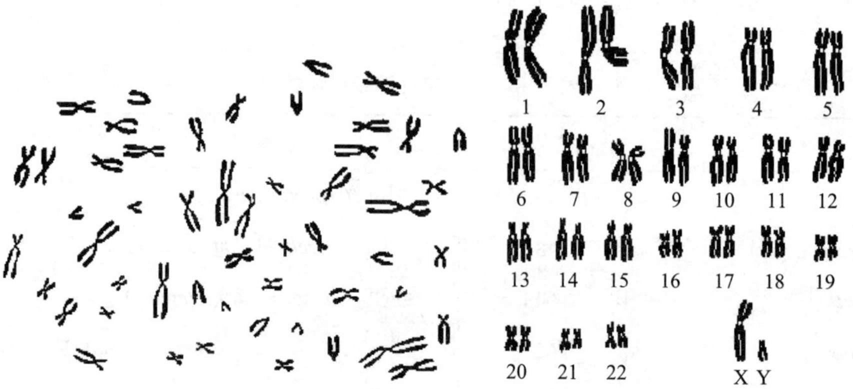

图 7–11　人男性体细胞染色体组型

长臂，向两极牵引时近似于棒形。

某些染色体除了在着丝点位置出现主缢痕外，还在染色体臂一端出现次级缢痕，称为次缢痕（secondary constriction）。次缢痕的位置通常在短臂末端，在染色体末端形成一很短的染色体段，称为随体（satellite），它常与核仁的形成有关（图 7-12）。

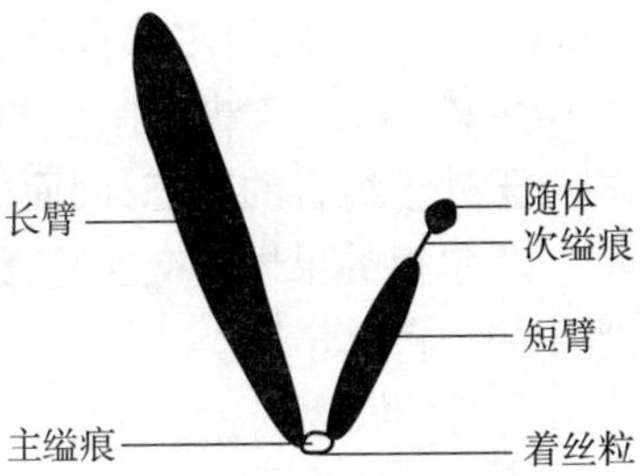

图 7-12　染色体结构

二、基因与染色体

孟德尔的遗传因子及后来约翰森提出的基因都是为解释遗传规律而提出的一种概念，当时还未落实到具体物质上。1902 年，美国萨顿（W. S. Sutton）和德国博韦里（T. Boveri）根据对性母细胞减数分裂和受精过程中染色体与基因之间的平行关系，提出基因在染色体上，初步提出了遗传的染色体学说。在体细胞分裂过程中，通过染色体复制、有丝分裂时染色单体向两子细胞的迁移，细胞保持着染色体的稳定性。在生殖过程中，性母细胞通过同源染色体配对和减数分裂，形成的配子染色体数目是其二倍体体细胞的一半。通过染色体的行为可以很好地解释孟德尔遗传因子控制性状的遗传学定律。决定不同特性的一些基因进行独立分配，这是因为它们存在于非同源染色体上，这些非同源染色体的分配是独立的。

支持遗传的染色体学说最有力证据是关于特定基因与特定染色体之间相关联的证明。1910 年诺贝尔奖获得者摩尔根（T. H. Morgan）的果蝇杂交实验获得了基因与染色体关联的直接证据。

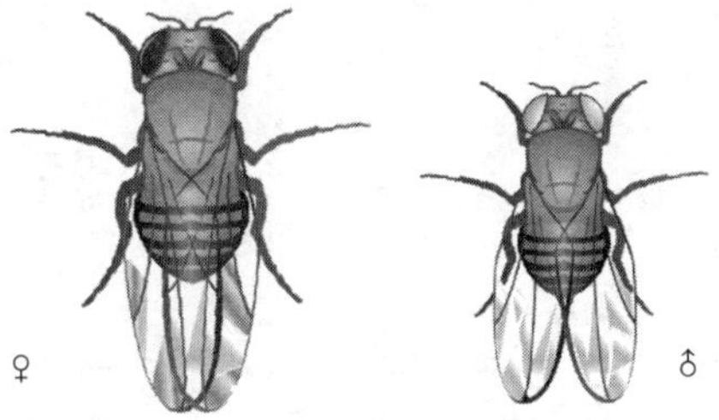

图 7-13　果蝇

野生果蝇眼睛为红色复眼，雌性（♀）体型较雄性（♂）稍大

果蝇（*Drosophila melanogaster*）是一种小型的节肢昆虫，体长只有 2～4 mm 大小，雄虫较雌虫体型略小（图 7-13），容易人工饲养，世代较短、繁殖快，近一个世纪以来作为遗传学、发育生物学研究的重要材料，为人类认知生命现象做出了巨大贡献。

摩尔根以眼的颜色作为观察性状进行果蝇杂交实验（图 7-14）。果蝇野生型（wildtype）眼睛为红色复眼，摩尔根发现了一只眼睛为白色的雄性果蝇，将这只白眼雄蝇与红眼雌蝇交配，F_1 代果蝇不管雌雄都为红眼。F_1 代雌蝇和雄蝇交配产生的 F_2 代，雌蝇全是红眼，雄蝇则半数是红眼，半数是白眼。从眼睛颜色这一对相对性状来看，F_2 代红眼比白眼为 3∶1，其遗传是符合孟德尔分离定律。如果考虑性别，白眼全为雄性，这显然与孟德尔分离定律不符。

摩尔根进行回交（backcross）实验，用最初发现的那只白眼雄蝇与 F_1 代中的红眼雌蝇交配，结果产生了 1/4 红眼雌蝇、1/4 红眼雄蝇、1/4 白眼雌蝇和 1/4 白眼雄蝇。当时已经观察到雄果蝇与雌果蝇染色体组成有差异。果蝇有 4 对染色体，其中有一对染色体在雄果蝇中形状不同，而雌果蝇中则形状一致，这一对染色体称性染色体（sex chromosome），雌果蝇性染色体记为 XX，雄果蝇性染色体记为 XY，其他 3 对染色体称常染色体

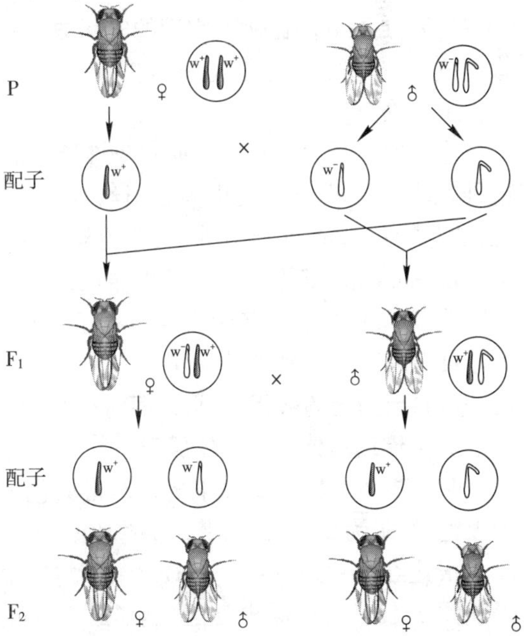

图 7-14　摩尔根的果蝇杂交实验

(autosome)。就此摩尔根提出了引起眼色遗传性别相关的解释：①眼色基因位于性染色体(X)上；②雄性染色体(Y)不含决定眼色的等位基因；③白色眼是隐性形状，在雄蝇中由于没有等位基因，隐性性状相当于处于纯合的状态，因而得以显现；④雌蝇中只有两白色眼基因纯合后才能表现出该性状。

摩尔根的果蝇杂交实验，第一次将特定遗传性状及与之对应的基因同特定染色体联系起来，建立了遗传的染色体学说。

三、连锁交换定律

(一) 连锁遗传现象

性状连锁遗传现象最初是由贝特森和庞尼特(W. Bateson 和 R. C. Punnett，1906)在香豌豆(*Lathyrus odoratus*)的两对性状杂交实验中首先发现的。他们观察了花色和花粉粒形状两种性状，一个是紫花、长花粉粒，另一个是红花、圆花粉粒。已知紫花(*P*)对红花(*p*)为显性，长花粉粒(*L*)对圆花粉粒(*l*)为显性(图 7-15)。

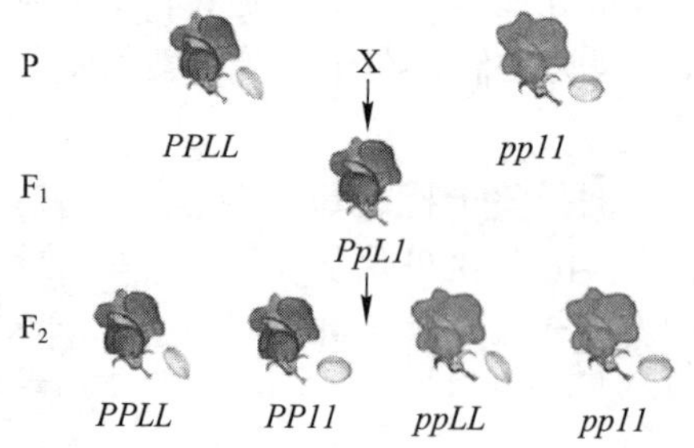

	PPLL	PP11	ppLL	pp11	
观察数值：	4831	390	393	1338	总数：6952
按9:3:3:1推测值：	3910.5	1303.5	1303.5	434.5	

图 7-15 Bateson 和 Punnett 的香豌豆杂交实验

从贝特森和庞尼特的实验来看，F_2 虽然与独立遗传一样也出现四种表现型，但是它们不符合 9：3：3：1 的分离比例。它们的实际数与独立遗传的 9：3：3：1 理论数相差很大。其中亲本组合性状(紫色长花粉和红色圆花粉)实际数多于理论数，重新组合性状(紫色圆花粉和红色长花粉)实际数却远少于理论数。

这个实验是以一个具有两对显性性状的亲本和另一个具有两对隐性性状的亲本杂交获得的结果，这种亲本的性状组成被称为相引组(coupling group)。他们在另一实验中采用的杂交亲本：一个是紫花、圆花粉粒，另一个是红花、长花粉粒，即两个亲本各具有一对显性性状和一对隐性性状，称为相斥组(repulsion group)。其杂交实验结果在 F_2 的四种表现型中仍然是亲本组合性状(紫色圆花粉和红色长花粉)实际数多于理论数，重新组合性状实际数少于理论数。

贝特森和庞尼特的杂交实验结果说明了两对相对性状具有联系在一起遗传的倾向，但当时他们对此并未给出圆满的解释，只得出两对相对性状并非总是独立分配的结论。

(二) 连锁遗传的染色体原因

摩尔根(1911)在研究果蝇两对常染色体上基因时也发现了性状连锁的现象。其观察的性状一对为眼色，红眼为显性(pr^+)，紫眼为隐性(pr)；另一对为翅长，长翅即正常翅为显性(vg^+)，残翅为隐性(vg)。摩尔根让红眼常翅($pr^+pr^+vg^+vg^+$)果蝇与紫眼残翅($prprvgvg$)果蝇交配，再对 F_1 雌蝇进行测交，所得结果如图 7-16。可以看出，F_1 虽然形成四种配子，但四种配子的比例显然不符合 1：1：1：1，而是两种亲本型配子 pr^+vg^+ 和 $prvg$ 多，两种重组型配子 pr^+vg 和 $prvg^+$ 少。并且，两种亲本型配子数大致相等，为 1：1；两种重组型配子数也大致相等，为 1：1。

P　　红眼常翅　×　紫眼残翅

↓

F_1　　红眼常翅　×　紫眼残翅（测交）

↓

测交后代表型：红眼常翅　红眼残翅　紫眼常翅　紫眼残翅

测交后代统计：1339　151　154　1195

F_1配子	测交统计数	配子类型
pr^+vg^+	1339	亲本型
pr^+vg	151	重组型
$pr\ vg^+$	154	重组型
$pr\ vg$	1195	亲本型

图 7–16　果蝇眼色和翅形测交实验

摩尔根又用带显性性状和隐性性状的亲本与另一亲本杂交作了相斥组的杂交实验，并且将 F_1 进行测交，其结果与相引组基本一致，同样证实 F_1 四种配子数不相等，两种亲本型配子(pr^+vg 和 $prvg^+$)数多，两种重组型配子(pr^+vg^+ 和 $prvg$)数少，分别为 1∶1。

为什么在相引组和相斥组中都出现类似的实验结果呢？摩尔根对此作了解释：控制眼色和翅长的两对基因位于同一同源染色体上。相引组中 pr^+ 和 vg^+ 连锁在一条染色体上，而 pr 和 vg 连锁在另一条同源染色体上，连锁在一条染色体的基因趋向连锁遗传。F_1 在减数分裂时，来自父母双方的两条同源染色体 pr^+vg^+ 和 $prvg$ 被分配到不同配子中。这样原来为同一亲本所具有的两个性状，在 F_2 中常常有联系在一起遗传的倾向，这种现象称为连锁遗传(linkage)。至于重组型配子的形成，摩尔根解释是在减数分裂时有一部分细胞中同源染色体两条非姐妹染色单体之间发生了交换(crossing over)，但这种交换比例并不很高。因此，产生的四种配子中，大多数为亲本型配子，少数为重组型配子，其数目分别相等，均为 1∶1。在相斥组中也是如此。因此，摩尔根总结这一过程发生的染色体原因：在遗传传递过程中，同一染色体上所包含的基因在染色体上呈直线排列。同一染色体上直线排列的基因，其遗传也表现出连锁性，称为同一连锁群。染色体减数分裂时，同源染色体非姐妹染色单体间可以发生交换，使连锁关系发生改变，其交换频率反映其在染色体上直线距离的大小。摩尔根及其学生进行了大量果蝇杂交实验，根据连锁性状之间的交换率，绘制出了表示基因在染色体上位置的“染色体图”(chromosome map，又称连锁图 linkage map)，并总结出了遗传学第三大定律——连锁交换定律。

摩尔根对上述遗传现象(图 7–17)的染色体解释：在 F_1 形成配子的减数分裂过程中，同源染色体非姐妹染色单体间发生交换，使基因连锁关系发生改变。交换发生后产生的配子 1/2 为亲本型，1/2 为重组型。交换发生是少数事件，因而重组型配子的比例远低于亲本型的配子。

(三) 完全连锁和不完全连锁

同源染色体上非等位基因紧密连锁并一同遗传的现象称为完全连锁(complete linkage)。完全连锁的情况极少见。果蝇雄性和家蚕雌性中发现有极个别完全连锁遗传的例子。性状的遗传多是不完全连锁。所谓不完全连锁(incomplete linkage)，是指同一同源染色体上两个非等位基因之间或多或少地发生非姐妹染色单体之间的交换，测交后代中大部分为亲本类型，少部分为重组类型的遗传现象。如上述香豌豆和果蝇的两对相对性状的遗传都是不完全连锁遗传。

不完全连锁是由染色体在减数分裂时发生交换引起的。交换是指同源染色体非姐妹染色单体之间的对应片段发生的互换，引起相应基因间的交换与重组，改变染色体上基因的连锁关系。

生物在减数分裂形成配子的过程中，除着丝粒以外，非姐妹染色单体的任何位点都可能发生交换，

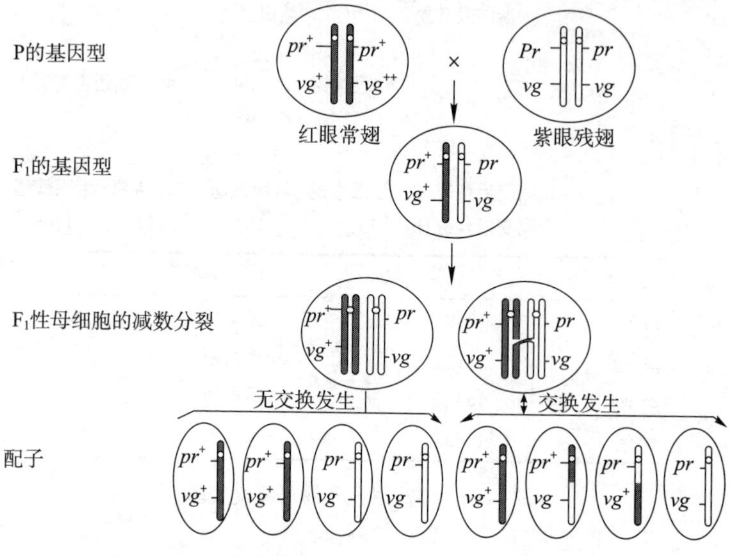

图 7-17 果蝇眼色和翅形测交实验中配子类型变化

只是在交换频率上，靠近着丝粒的区段低于远离着丝粒的区段。

（四）交换值

所谓交换值（crossing over value），严格地讲是指同源染色体非姐妹染色单体间有关基因的染色体片段发生交换的频率。就一个很短的交换染色体片段来说，交换值就等于交换型配子（重组型配子）占总配子数的百分率，即重组率。在较大的染色体区段内，由于发生两次交换（双交换）或多交换，因而用性状的重组率来估计基因的交换值往往会偏低。一般来说，估算交换值用下列公式：

$$交换值(\%)=交换型配子数 / 总配子数 \times 100\%$$

应用这个公式估算交换值，首先要知道重组型配子数。测定重组型配子数的最简易方法便是上述例子中所用的测交法。

由于交换值具有相对稳定性，所以通常以这个数值表示两个基因在同一染色体上的相对距离，或称遗传距离。基因间的遗传距离常用厘摩尔根（cM）为单位，1 cM 表示两基因间的交换值为 1%。

四、性别决定与伴性遗传

在进行染色体观察过程中，发现生物体细胞尽管具有恒定数目的染色体，但不同性别染色体组成有所差异。1901 年，麦克伦（McClung）在观察直翅目昆虫时发现了与性别相关的染色体。它控制着生物性别的分化，并遗传性地使生物雌雄性别以 1 : 1 比例出现。在具有性别分化动物和某些高等植物中都有这种与性别相关的染色体。

（一）性染色体

具有性别分化的生物细胞中，成对染色体间结构和形态近乎一致，但雌性或雄性个体总有一对染色体结构和形态不同，它决定生物的性别，称为性染色体；其他染色体称为常染色体。例如果蝇染色体组共有四对染色体，其中三对染色体相互间形态一致，一对染色体在雄性和雌性中形态有差异。在雌性中，这对染色体都为端着丝粒染色体，在雄果蝇中，一条为端着丝粒，一条为近中着丝粒，这一对染色体与果蝇的性别决定相关，因此称为果蝇的性染色体，记为 X 和 Y，雌果蝇性染色体为 XX，雄果蝇性染色体为 XY。其余三对都称为常染色体（图 7-18）。

人类也有与果蝇类似的性染色体现象，即雌性性染色体为两条形态一致的染色体，而雄性中的两条

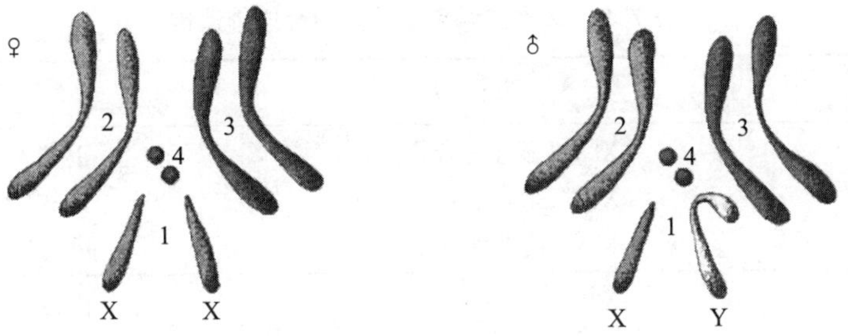

图 7-18　雌雄果蝇染色体组

性染色体间则形态相异。

1. 雄性异配型和 XO 型

人类与果蝇雄性染色体都为一对形态相异的染色体，这种性染色体类型称雄性异配型。这种个体可以产生两种类型与性别相关的配子，一种为 X，一种为 Y。而雌性则只能产生一种与性别相关的配子，X 配子。如果在染色体组中将性染色体区分开来，雄果蝇染色体可以记为 3AA+XY、雌果蝇则为 3AA+XX；人的男性为 22AA+XY、女性为 22AA+XX。

X 染色体和 Y 染色体尽管也称为一对同源染色体，但其染色体上所带的基因有同源部分，也有非同源部分，Y 染色体基因数目很少，一般位于 X 染色体上的基因在 Y 染色体上没有相应的等位基因。摩尔根果蝇杂交实验中眼色相关基因位于 X 染色体上，Y 染色体上没有与其同源等位基因存在。但 Y 染色体上有一个“睾丸决定”基因，有决定男性（雄性）的强烈作用。在雄性异配型性别中，1906 年威尔逊（E. B. Wilson）从半翅目昆虫中观察到另一种性别决定情况，在雌性中有 6 对染色体，雄性只有 5 对，外加一条不配对的染色体。这是一种雄性异配型的特殊形式，雌性为 XX 型，雄性为 XO 型。

某些有性别分化的植物中也有性染色体，如石竹科的女娄菜具一个 X 染色体和一个 Y 染色体的是雄株，有两个 X 染色体的是雌株，且 Y 染色体比 X 染色体大。

2. 雌性异配型和 ZO 型

鸟类的性染色体与哺乳动物不同，雄性个体有两个相同的性染色体，记为 Z，即雄性为 AA+ZZ，而雌性个体则有一对异形的性染色体，记为 ZW，这种性别决定类型称为雌性异配型。在雌性异配型性别中也有 ZO 型，即雌性只有一条 Z 染色体的类型。

（二）伴性遗传

伴性遗传（sex-linked inheritance）是指控制性状的基因在性染色体上，其遗传方式与性染色体的遗传方式密切相关。伴性遗传又称性连锁遗传。

果蝇红眼和白眼的遗传就是伴性遗传，概括起来有 3 个特点：①正反交结果不同；②后代性状的分布和性别有关；③常呈一种交叉遗传（criss-cross inheritance），即基因常常由母亲传给儿子，再由儿子传给孙女。

人类的一些遗传性状或遗传病基因位于 X 染色体上，由于 Y 染色体一般没有 X 染色体上相应的等位基因，因此这些基因将随 X 染色体来传递。女性有两条 X 染色体，即使其中一条 X 染色体带有致病基因，由于另一条染色体上正常基因的显性，使其隐性得不到表达。我们称这种外在表型正常而带有有害基因的个体为携带者(carrier)。男性只有一条 X 染色体，隐性有害基因没有对应显性等位基因的存在，是一种称为半合子（hemizygote）的状态，这些隐性基因是可以表达的，正由于这个原因，人类的伴性遗传总显示出交叉遗传，由携带者母亲传递给儿子。

人类 X 隐性遗传病已发现 2 000 多种，最常见的是红绿色盲。红绿色盲受隐性基因（*b*）控制，该基因位于 X 染色体上，正常色觉为显性，其基因用 *B* 表示（表 7-5）。

表 7–5　人类红绿色觉基因的性连锁遗传

性别	基因型	色觉表现
女性	X^BX^B(显性纯合子) X^BX^b(杂合子) X^bX^b(隐性纯合子)	正常 正常(携带者) 色盲
男性	X^BY X^bY	正常 色盲

因此,一名非携带者正常女性与一色盲男性的后代,色觉都是正常的,但其女儿都为携带者。女儿与正常男性的后代中,将会有一半男性后代为红绿色盲。其遗传过程如图 7–19。

五、基因定位与连锁遗传图

(一) 基因定位

基因定位就是确定基因在染色体上的位置。基因之间的距离和顺序是将基因在染色体上定位的两个要素,这两要素固定下来,其在染色体上的位置就确定了。由连锁互换遗传过程可以得知,基因交换与基因间距离是相关的,相距较远基因间有更多的交换率,因此基因距离可用交换值来表示。基因的顺序也可以通过多点交换规律加以确定。

将确定距离和顺序的基因在染色体上相对位置标志绘制成图,就称为连锁遗传图(linkage map)。两点测验和三点测验是基因定位采用的主要方法。

(1) 两点测验　是基因定位最基本的一种方法,首先通过一次杂交和一次隐性亲本测交来确定两对基因是否连锁,再根据其交换值来确定它们在同一染色体上的位置。

例如为了确定 *Aa*、*Bb* 和 *Cc* 三对基因在染色体上的相对位置,两点测验必须分别以两对基因控制的两对遗传性状为对象,进行 *A* 与 *B*、*B* 与 *C*、*A* 与 *C* 之间三次杂交和三次测交,然后分别计算 *A* 与 *B* 间、*B* 与 *C* 间和 *A* 与 *C* 间的遗传距离,并把 *A*、*B*、*C* 基因在染色体上的排列顺序确定下来。

(2) 三点测验　是基因定位最常用的方法,通过一次杂交和一次用隐性亲本测交,同时确定三对基因在染色体上的位置。当三个基因顺序排列在一条染色体上时,如果每个基因之间都分别发生了一次

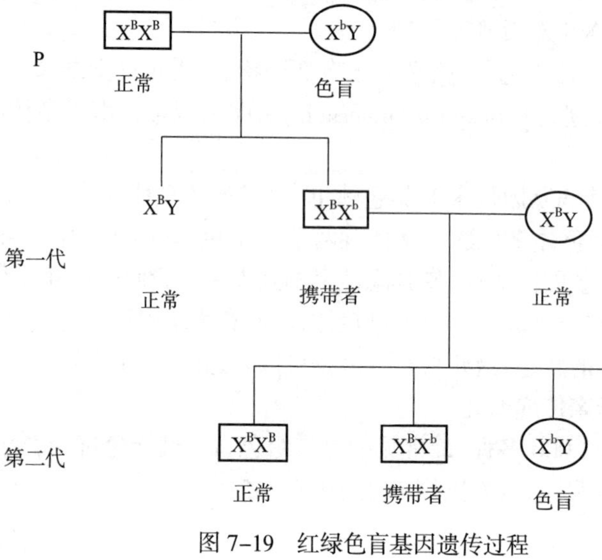

图 7–19　红绿色盲基因遗传过程

交换,即单交换,对于三个基因所包括连锁区段来说,就是同时发生了两次交换,即双交换。发生双交换的可能性较少,测交后代群体内,双交换表现型个体数最少,某两个基因间单次交换的个体数稍多,亲本类型的个体数最多。

由此可见,利用三点测验来确定连锁的三个基因在染色体上的顺序时,首先要在测交后代中找出双交换类型(即个体数最少的),然后以亲本类型(即个体数最多的)为对照,在双交换中居中的基因就是三个连锁基因中的中间基因,首先将它们的排列顺序确定下来,而后来计算基因间的交换值,以确定遗传距离。每个双交换都包括两个单交换,在估算两个单交换值时,应该分别加上双交换值,才能正确地反映实际发生的单交换频率。

(二) 连锁遗传图

通过两点测验或三点测验,即可将一对同源染色体上各个基因的位置确定下来,绘制连锁遗传图。连锁遗传图又称为遗传图谱(genetic map)。存在于同一染色体上的基因群,称为一个连锁群(linkage group)。

绘制连锁遗传图时,要以最先端基因点当作 0,依次向下排列。以后发现新的连锁基因,再补充确定位置。如果新发现的基因位置在最先端基因外端,应该把 0 点让位给新基因,其余基因的位置要作相应变动。图 e7-2 是果蝇一份简要遗传连锁图,以垂直直线表示染色体,左侧数据为相对于顶端基因的遗传距离,单位为厘摩尔根(cM)。右侧为控制某些性状的基因名称。

图 e7-2 果蝇简要遗传连锁图谱

随着分子遗传学研究的深入,遗传图谱的研究也深入到了分子水平。基因实际上是染色体上 DNA 分子的特定序列片段。如果将某一染色体 DNA 分子结构全部揭示清楚,其基因就都可以确定,这样得到的基因图谱就不再是相对遗传距离。通过基因组计划,已将多种生物染色体 DNA 的碱基排列序列进行了详细测定,很多基因的功能和结构都得以揭示并将其在染色体上加以标注。一些染色体位点特异性分子标记也在染色体上标示出来,染色体图已成为落实到其 DNA 物理结构的水平,因而称为物理图谱(physical map)。图 7-20 为人类第 1 号染色体物理图谱,上方是一些分子标记的编号及位置,下方为染色体显带技术显示和确定的染色体带纹编号。在 NCBI(national center for biotechnology information)网站上可以通过链接对染色体基因进行详细了解,NCBI 收录了世界上很多实验室关于基因研究的成果,并免费提供目前已完成序列测定的大多数生物基因组的信息查询。

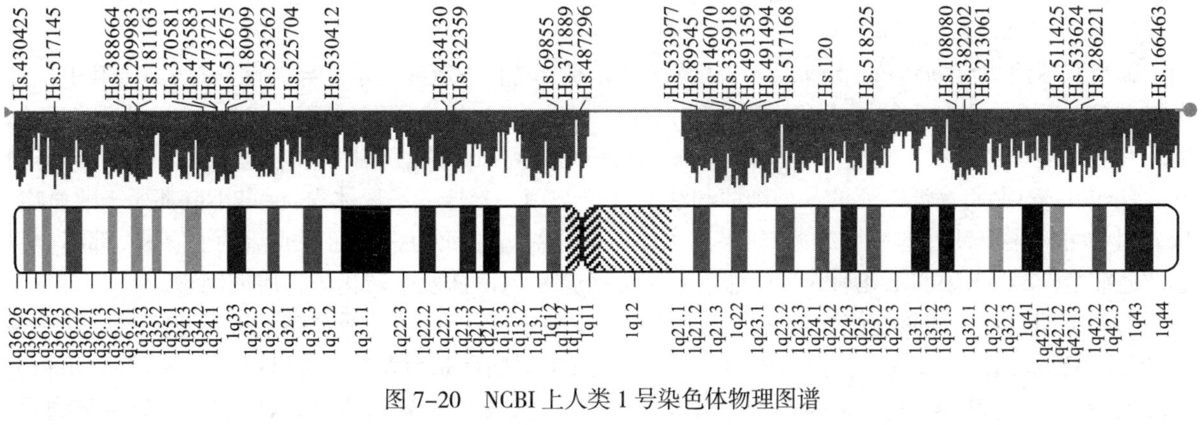

图 7-20 NCBI 上人类 1 号染色体物理图谱

第四节　遗传的分子基础

从分子水平，生物是由各种分子组成的协调有机整体。生物各项生命活动都有其物质基础和分子过程，生物的遗传和变异也不例外。根据现代细胞学和遗传学研究得知，控制生物性状遗传的主要物质是脱氧核糖核酸（DNA）。

一、DNA 是主要遗传物质

（一）染色体是遗传信息的载体

生命之所以能够一代代地延续下去，主要是由于遗传物质向后代传递，使后代具有与前代同样的性状。20 世纪初通过对细胞有丝分裂、减数分裂和受精过程的研究，了解到细胞核内染色体在生物传宗接代过程中，能够保持一定的稳定性和连续性。因此，人们认为染色体在遗传上起着主要作用，摩尔根的果蝇杂交实验对此做出了有力的论证。

染色体为什么能够在遗传上起主要作用呢？通过对染色体化学成分的分析，得知染色体主要由 DNA 和蛋白质组成。经过几十年的研究，1952 年获得了 DNA 作为遗传物质的实验证据，不仅认识了 DNA 是主要的遗传物质，还从分子水平认识了其作为遗传物质发挥功能的实质，不断揭示遗传和变异发生的分子规律和过程。由于细胞 DNA 大部分在染色体上，所以说染色体是遗传物质的主要载体。

除了细胞核中染色体含有遗传物质外，真核细胞的细胞质中也有遗传物质（在线粒体和叶绿体内），它们也能控制一些特殊的遗传性状。在一定程度上，生物的遗传是细胞核和细胞质共同作用的结果。不过细胞质内遗传物质含量少，控制的性状非常有限。

（二）DNA 是遗传物质的证据

作为遗传物质，必须具有这样的特点：①分子结构具有相对的稳定性以保持物种的独特性；②能够自我复制，使遗传信息在前后代保持一定的连续性；③能够与控制生物形态和生理特性的化学过程关联起来；④能够产生可遗传的变异，使物种得以进化；⑤蕴含足够的信息量，满足生物复杂形态与生理特性的需求。当人们将 DNA 的性质了解清楚后，发现细胞内只有 DNA 才具有这些特点。关于 DNA 是遗传物质的实验证据主要有以下两个实验。

1. 肺炎双球菌转化实验

肺炎双球菌（*Diplococcus pneumoniae*）菌种内有多个具有一定遗传学差异的菌株（strain），其中一种光滑型（S）菌株能引起人的肺炎和小鼠的败血症（septicemia）；此外还有粗糙型（R）菌株。光滑细菌细胞外有一层多糖类胶状夹膜层，平板培养基长成明亮光滑的细菌菌落，因而称为光滑型。1928 年，英国 Fred Griffith 发现，将高温杀死的 S 型细菌和活的 R 型细菌一起注入小鼠体内，许多小鼠都死于败血症。从死鼠中分离出有活性的 S 型细菌，如果注入小鼠体内高温杀死的 S 型细菌或活的 R 菌株，都不会引起败血症（图 7-21），说明杀死后 S 型菌株中有某种引起 R 型菌株发生转化的物质或因素。

引起细菌转化的物质能使细菌发生了遗传性的改变，应该是遗传物质。Griffith 尽管发现了这一现象，但并没有提出进一步的实验揭示该物质。1944 年，美国勒克菲勒大学艾弗里（O. Avery）等利用肺炎双球菌转化现象，设计了实验来揭示遗传物质。他们从 S 型细菌中分别抽取 DNA、蛋白质和荚膜物质，把每一种成分同 R 型细菌混合，悬浮培养后再接种小鼠，结果发现只有 DNA 组分能使 R 型细菌转变成 S 型细菌。利用蛋白酶、脂酶及 RNA 酶处理分离物，可以保持转化性，说明转化组分中不含蛋白质、脂质和 RNA。分离 DNA 组分纯度更高时，转化效率不受影响，即使对其分离物质纯度有足够的信心，他

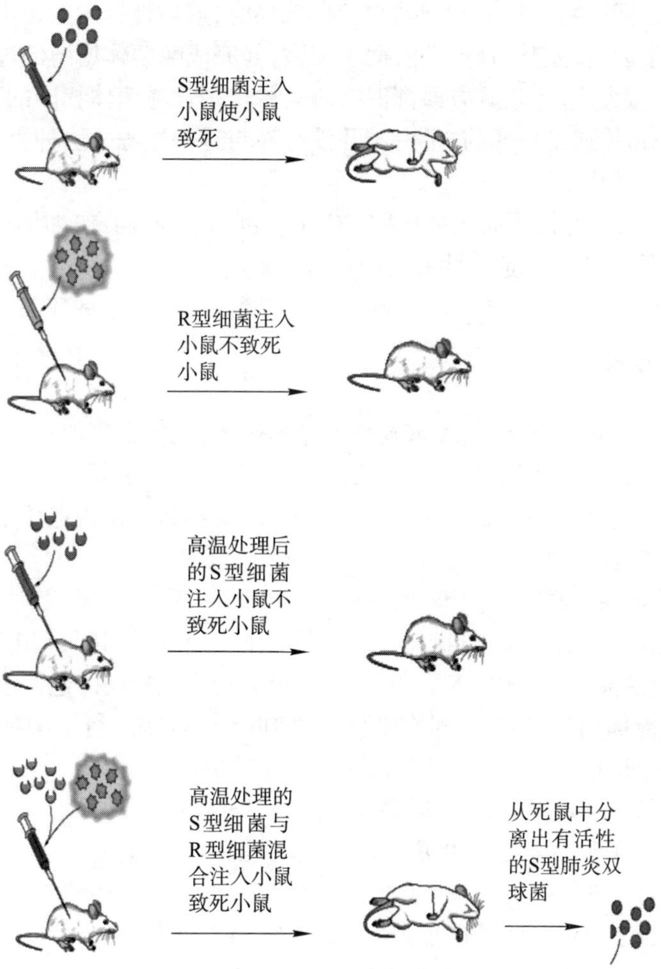

图 7-21 肺炎双球菌转化实验

们在报道其实验结果时仍指出不能排除可能有极微量的其他物质混入分离 DNA 中引起遗传转化，为此他们谨慎地提出 DNA 是遗传物质的观点。

2. 噬菌体侵染实验

Alfred Hershey 和 Martha Chase（1952）用放射性标记的噬菌体侵染实验直观地证明了 DNA 是遗传物质（图 7-22）。

噬菌体是一种专门侵染细菌的病毒，噬菌体侵染的细菌称宿主菌。噬菌体分为头、尾两部分，由蛋白质组成外壳，头膜内部含有 DNA。Alfred Hershey 和 Martha Chase 先用噬菌体感染分别在含 ^{35}S 和 ^{32}P 放射性同位素营养物培养基上生长的细菌，制备出的噬菌体蛋白质便携带 ^{35}S 放射性标记，^{32}P 培养基细菌制备的噬菌体其 DNA 则携带 ^{32}P 标记，用这种噬菌体感染普通培养基生长的细菌，同时测定宿主菌细胞的放射性同位素，结果发现被 ^{35}S 噬菌体感染的细菌细胞

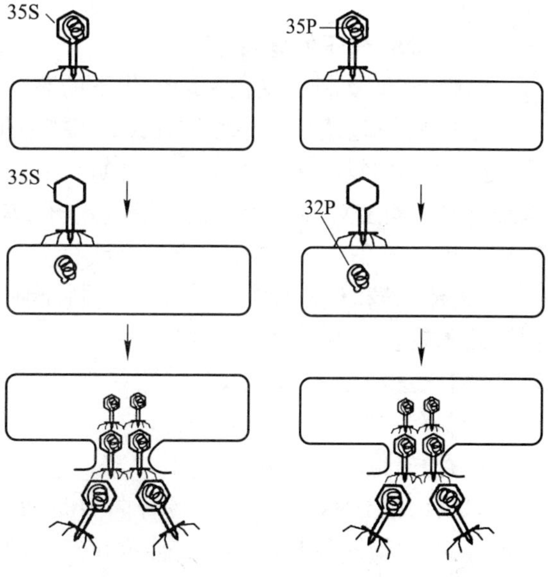

图 7-22 噬菌体侵染细菌实验

内极少出现放射性标记物，而 ^{32}P 标记的噬菌体感染时，放射性标记大多出现在受感染的细胞内。这说明在噬菌体感染细菌时，是其 DNA 进入宿主细胞，并完成噬菌体增殖的过程的。经过一个侵染周期产生的子代噬菌体，在大小、形状等方面都保持着与原来亲代噬菌体相同的特点。由此可见，噬菌体的各种性状是通过 DNA 传递给后代的，蛋白质并没有参与这一过程。这种直接的分子标记实验，更直观地证明了 DNA 是遗传物质。

遗传物质除 DNA 以外，还有核糖核酸（RNA）。例如，有些病毒（如烟草花叶病毒）不含 DNA 而只含 RNA。这种情况下 RNA 就起遗传物质的作用。

二、DNA 的复制

生物的遗传信息是蕴含在 DNA 碱基排列序列中的，遗传信息的复制过程即是 DNA 分子的复制过程。如果要保持遗传信息的稳定性，生物必须要保证 DNA 分子复制的忠实性，这样才使子代的细胞及子代个体带有相应的遗传信息。事实上 DNA 分子的结构为其作为遗传信息的携带者并保证遗传信息的忠实复制提供了可能。

（一）DNA 的半保留复制

DNA 分子的结构保证了可以进行分子的复制，由一个分子“拷贝”出两个完全相同的新分子。即以亲代 DNA 分子为模板合成子代 DNA，子代 DNA 带有与亲代相同的遗传信息。

沃森和克里克提出的 DNA 双螺旋模型即对 DNA 的复制进行了阐释。DNA 分子双链间的联系是利用碱基之间氢键相互配合，氢键是弱键，在一定条件下可以发生解体。同时碱基配对是固定的，所以 DNA 分子一条链的碱基序列实际上已决定了另一条链的碱基序列。也就是 DNA 分子一条链可以指导另一条互补链的合成（图 7–23）。

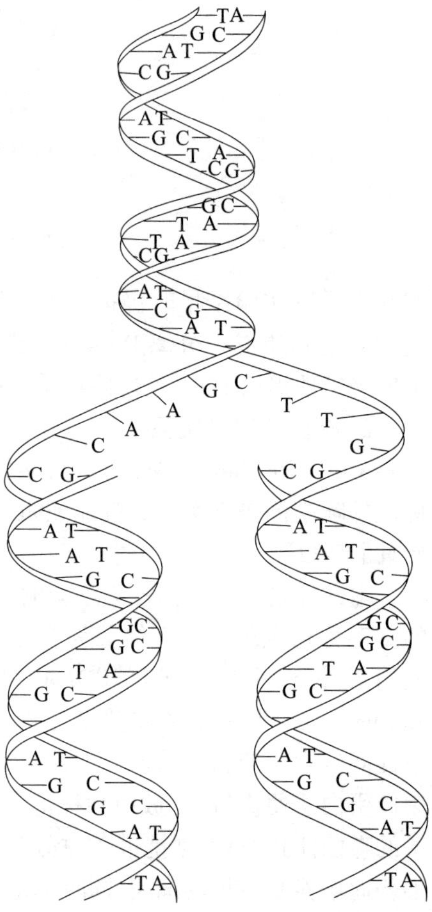

图 7–23 DNA 的半保留复制

大量实验已证实，DNA 复制的确是以一条单链为模板来指导另一条单链的合成。DNA 分子双链在复制时发生解体，然后在相关多种酶及蛋白质作用下，合成新的两个 DNA 分子。这种复制由于保留了原分子中的一条链，只是新合成与保留分子链互补的另一条链，因而称为半保留复制（semi-conservative replication）。

（二）DNA 分子的复制过程

细胞 DNA 复制是在相关酶催化下的高效化学反应过程。不管是原核细胞还是真核细胞，DNA 复制都包括复制起始调控、复制延伸与复制终止环节，有多种酶和蛋白质因子参与。原核细胞基因组 DNA 通常为一个环形大分子，其复制相对简单。真核细胞一条染色体 DNA 只有一个线性分子，复制有多个起点，染色体末端 DNA 形成端粒结构，复制控制及参与的酶和蛋白质因子较多。各种病毒和噬菌体由于基因组有多种类型，其复制也有多种形式。在此我们只简单介绍原核细胞、真核细胞 DNA 复制的主要过程。

1\. 原核细胞 DNA 复制

原核细胞 DNA 复制，以大肠杆菌为例，是以半保留复制方式进行的，大肠杆菌 DNA 复制是半保留复制，原核细胞 DNA 复制通常起始于一个特定位点，称 DNA 复制原点（origin）。复制原点具有一些特殊的碱基序列，通过对碱基的甲基化修饰和与复制启动相关蛋白质因子的结合来启动DNA复制。启动复制过程是一个严格控制的分子过程，保证细胞在一个细胞周期内只进行一次DNA复制，从而保持细胞DNA组成的恒定性。

DNA复制启动后，形成一个DNA复制叉，然后在一些复制因子和复制酶的作用下进行DNA复制。参与DNA复制过程的主要酶有DNA拓扑异构酶（topoisomerase）、解旋酶（helicase）、DNA引物酶（primase）、DNA聚合酶Ⅰ（polymerase）、DNA聚合酶Ⅱ、DNA聚合酶Ⅲ和DNA连接酶（ligase）。大肠杆菌主要有三种DNA聚合酶，分别命名为DNA聚合酶Ⅰ、DNA聚合酶Ⅱ和DNA聚合酶Ⅲ。大肠杆菌DNA合成的主要酶为DNA聚合酶Ⅲ，在复制叉位点，DNA聚合酶Ⅲ与γ因子结合成二聚体，同时对两条链进行复制（图7-24）。

首先，DNA分子利用细胞提供的能量，在解旋酶作用下，把两条扭成螺旋的双链解开，这个过程叫解旋。在解旋过程中，复制方向前段DNA会出现紧旋的拓扑结构，通过拓扑异构酶的作用，可以解除DNA分子的紧旋状态。接着以解开的每段链（母链）为模板，引物酶合成出一段长十几个核苷酸的RNA作为DNA合成引物（primer），以周围环境中游离脱氧核苷三磷酸为原料，在DNA聚合酶作用下，按照碱

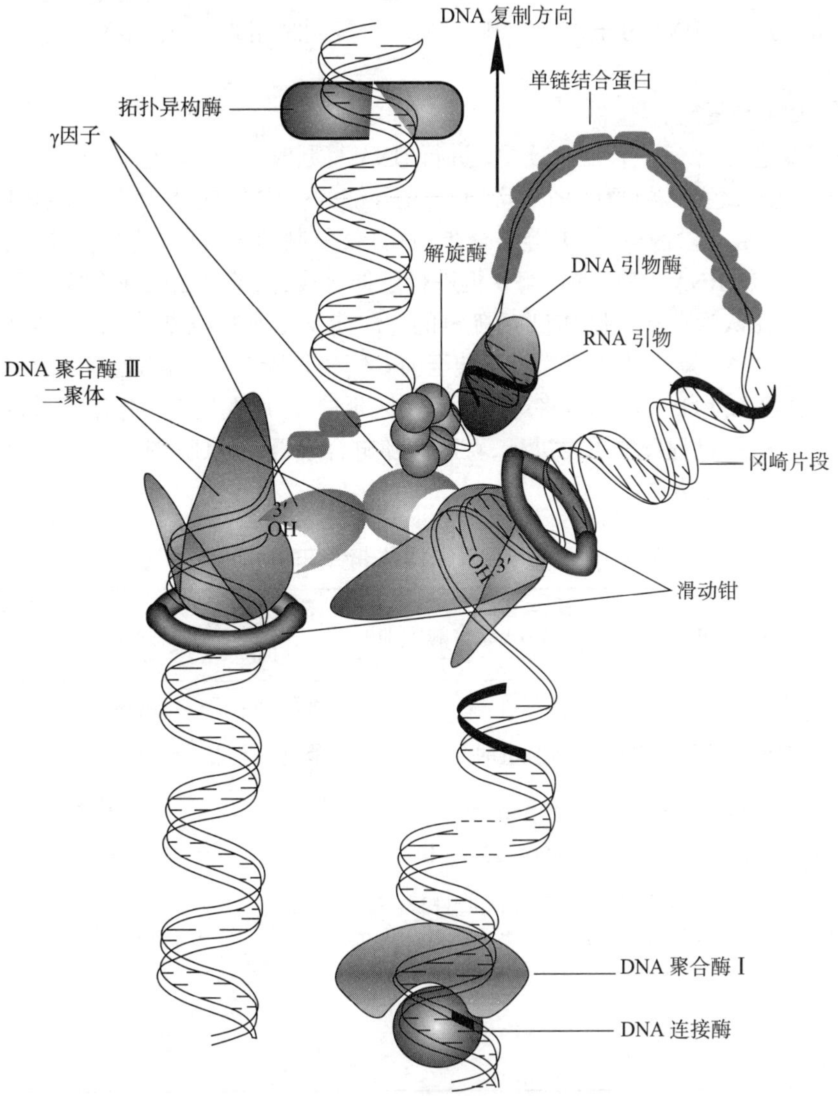

图7-24　原核细胞DNA复制

基互补配对原则，在引物下游进行延伸，合成与母链互补的子链。DNA 聚合酶是一种以 DNA 为模板，催化核苷酸间磷酸二酯键连接的酶，在作用过程中，需要 DNA 单链作为模板，同时需要前端核苷酸戊糖 3′ 的羟基，将其与下一个核苷酸的 5′ 磷酸缩合成二酯键。目前发现的所有 DNA 聚合酶都只能在 3′ 提供羟基时进行 5′ → 3′ 端延伸，而不能在没有 3′ 提供羟基时起始合成第一个磷酸二酯键。DNA 聚合酶催化合成的方向始终是 5′ → 3′，因此在 DNA 合成过程中，一条模板链新合成链的延伸方向与 DNA 解链方向一致，这一链在一个引物启动合成后，可以持续向前合成下去，该链称先导链（leading strand）。而另一模板链上新生链的合成方向与 DNA 解链方向相反，只能分段进行，一个合成单位的片断称冈崎片断（Okazaki fragment）。由于这一链的复制要分段进行，因此该链的复制相对滞后，称后随链（lagging strand）。后随链的复制在 DNA 解链一段区域时，单链结合蛋白(SSB)与其结合，当解链区域达到 1 ~ 2 kb 时，在解旋酶附近定位的 DNA 引物酶启动 RNA 引物合成，然后 DNA 聚合酶 III 再结合在引物位置进行 DNA 延伸合成。延伸到靠近前一冈崎片段 RNA 引物位置时，由 DNA 聚合酶 I 取代 DNA 聚合酶 III，DNA 聚合酶 I 一边发挥 5′ → 3′ 合成功能继续进行延伸合成，一边发挥 5′ → 3′ 外切核酸酶活性对 RNA 引物进行水解，直至把 RNA 引物除去并用 DNA 将其取代。最后由 DNA 连接酶将两段 DNA 间的磷酸二酯键连起来。

大肠杆菌基因组 DNA 是一个环状分子，大小为 4.6×10^6 碱基对。在复制原点起始的 DNA 复制有两个复制叉，向相反方向对 DNA 分子进行复制，最后两个复制叉相遇，在复制终止相关蛋白质因子作用下完成 DNA 复制。

2. 真核细胞 DNA 的复制

真核细胞一条染色体含有一个 DNA 分子，进行 DNA 复制时，一条染色体上 DNA 复制的起始位点有多个，因此真核细胞染色体复制有多个复制子。先导链的合成在 DNA 聚合酶 δ（Polδ）催化下进行，后随链复制在 DNA 解链一段区域时，单链结合蛋白（真核复制因子 A）与其结合，达到 100 ~ 200 个碱基时，引物酶合成一个新 RNA 引物，聚合酶 α 再进行延伸合成，冈崎片断完成合成还需要 DNA 聚合酶 δ、ε（Polδ、Polε）。现在认为真核细胞 DNA 后随链的合成涉及几种 DNA 聚合酶，真核细胞五种 DNA 聚合酶的功能比较如表 7–6。新生的冈崎片段延伸至前一冈崎片断 RNA 引物处时，利用 MF–1 核酸酶将 RNA 引物除去，聚合酶 δ、ε（Polδ、Polε）将这一段引物区延伸，然后在连接酶作用下，将新生冈崎片段与前一片断连接起来。这一过程反复重复进行，直至后随链合成得以完成（图 7–25）。大肠杆菌和真核细胞复制体成分和性质比较见表 7–7。

表 7–6　真核细胞五种 DNA 聚合酶的功能比较

项目	DNA 聚合酶 α（Ⅰ）	DNA 聚合酶 δ（Ⅲ）	DNA 聚合酶 ε（Ⅱ）	DNA 聚合酶 β	DNA 聚合酶 γ
位置	细胞核	细胞核	细胞核	细胞核	线粒体
功能	后随链的合成和引发	前导链的合成	修复	修复	复制
相对活性	80%	–	–	10% ~ 15%	2% ~ 15%
相对分子质量	300×10^3	$(170 \sim 230) \times 10^3$	250×10^3	40×10^3	$(180 \sim 300) \times 10^3$
亚基	催化核心（180×10^3）两个引物酶（60×10^3、50×10^3）一个未知	催化核心（125×10^3）一个未知（25×10^3）需 PCNA（37×10^3）	催化核心一个未知	催化	催化
3′ → 5′ 外切酶活性	–	+	+	–	+

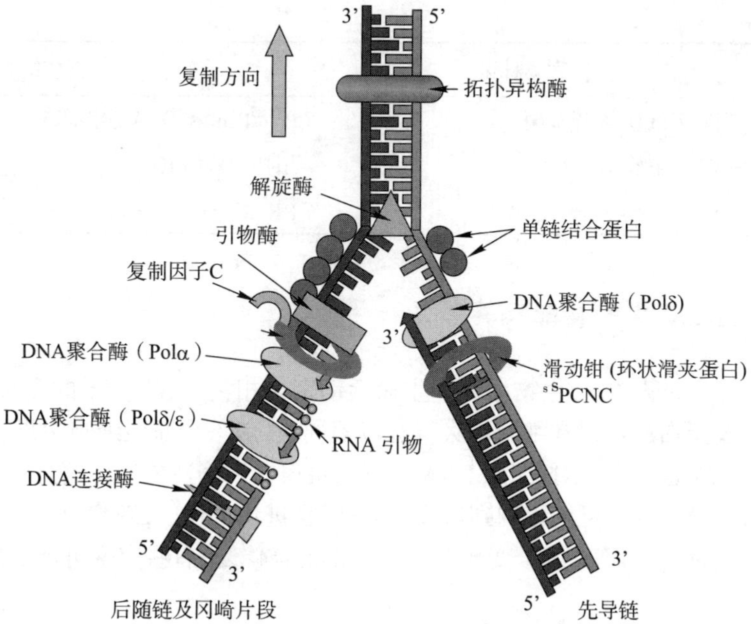

图 7-25　真核细胞 DNA 合成

性母细胞形成配子时，细胞 DNA 复制发生在减数分裂第一次分裂前间期。经过一次复制后进行两次分裂，使染色体数目减半，DNA 含量也减半。第一次分裂期，同源染色体两条非姐妹染色单体通过联会发生交换，交换过程实质是 DNA 分子发生了断裂和重新连接，因而使发生交换的染色体 DNA 分子碱基序列排列信息发生改变。

表 7-7　大肠杆菌和真核细胞复制体的性质和成分（Twyman，1998）

复制体的性质 / 成分	大肠杆菌	真核细胞
一般性质		
复制起点	单个	很多
延伸速度	100 kbp·min^{-1}	2 kbp·min^{-1}
冈崎片段	1 000 ~ 2 000 bp	100 ~ 200 bp
引发策略	引发酶产生引物，由 Pol III 延伸	引发酶与 Polα 结合完成
复制多聚酶	单体有不同进行性的异源二聚体	每条链有不同的酶，有不同的进行性
拓扑结构	疏松和卷曲之间存在平衡，为负超螺旋	浓缩在核小体中的负超螺旋，高级结构影响拓扑结构
成分		
复制多聚酶	Pol III 全酶	Polδ/Polα
进行性因子	β 亚基	PCNA
定位因子夹	γ 亚基	RF-C
引发酶	DnaG	Polα：引发酶
解旋酶	DnaB（定位需要 DnaC）	?
引物去除	RNaseH 和 Pol I	RNaseH1 和 MF-1 核酸酶

续表

复制体的性质/成分	大肠杆菌	真核细胞
后滞链修复	Pol I 和 DNA 连接酶	Polδ/Polε 和 DNA 连接酶 I
拓扑异构酶	DNA 解旋酶	拓扑异构酶 II
单链结合	SSB	RF-A

三、DNA 复制过程中的错配及其修复

DNA 作为遗传信息的载体,与生物生存和生命活动密切相关,DNA 分子的完整性对细胞及生物体至关重要。与 RNA 及蛋白质可以在细胞内大量合成不同,一般一个原核细胞中只有一份 DNA,真核二倍体细胞中相同的 DNA 也只有一对,如果 DNA 的复制错误或损伤造成遗传信息不能更正,可能影响体细胞功能或生存,对生殖细胞则可能影响到后代。因此,在进化过程中,细胞 DNA 损伤修复能力十分重要,也是遗传稳定性的体现。DNA 分子变化并不全部都能被修复,有些突变可能长期保留下来,推动生物的进化。

(一) DNA 复制过程中的错配

复制过程中,碱基配对会产生误差。如大肠杆菌无 DNA 聚合酶校正时发生碱基配对的错误概率为 10^{-2} ~ 10^{-1},通过 DNA 聚合酶识别校对作用,错配概率可降至 10^{-6} ~ 10^{-5},再经过 DNA 结合蛋白和其他因素作用,错配率仍在 10^{-10}。影响复制过程的因素中,任意环节出现问题,错配率都会增高,尤其是 DNA 聚合酶本身的功能和底物的改变、二价阳离子的改变等。

1. 碱基的互变异构

DNA 同一碱基可有几种分子结构形式,互称互变异构体,异构体中原子的位置及原子之间的键有所不同。碱基异构体间可以自发发生变化,可能导致 A 与 C、T 与 G 配对的形式出现,在 DNA 复制时,会造成子代 DNA 序列与亲代 DNA 不同的错误损伤。

2. 碱基的脱氨基作用

碱基的环外氨基自发脱落,C 变为 U,A 变为次黄嘌呤(H),G 变为黄嘌呤(X)。DNA 复制时,U 与 A 配对、H 和 X 都与 C 配对会导致子代 DNA 序列的错误变化。

3. 脱嘌呤与脱嘧啶

自发水解使嘌呤和嘧啶从 DNA 链的核糖磷酸骨架上脱落,即碱基丢失。在 30℃下,哺乳动物细胞 20 h 内 DNA 链自发脱落嘌呤约 1 000 个,嘧啶约 500 个。

4. 活性氧引起的碱基修饰与链断裂

细胞呼吸的副产物 O^{2-}、H_2O_2 引起的 DNA 损伤,产生一些碱基修饰物,如胸腺嘧啶、乙二醇、羟甲基尿嘧啶等,还可引起 DNA 单链断裂等损伤,最终引起细胞的衰老。

(二) DNA 的修复

1. 错配修复

错配修复对 DNA 复制忠实性的贡献力达 10^2 ~ 10^3,DNA 子链中的错配几乎完全能被修正。错配修复系统可以识别"新"的和"旧"的链,在新合成的子代链上进行校正,使其与亲代链一致。错配修复只能切除附近有 GATC 序列的含错配碱基 DNA,并要求其中 A 是甲基化的。错配修复系统包括 *mut H*、*mut L*、*mut S* 的基因产物。

2. 直接修复

紫外线照射可以使 DNA 分子中,同一条链两相邻胸腺嘧啶的碱基之间形成二聚体。嘧啶二聚体的形成,影响了 DNA 双螺旋结构,使其复制和转录功能均受到阻碍。其修复有多种类型,常见的有光复活

修复(photoreactivation repair)和暗修复(dark repair)。最早发现细菌在紫外线照射后立即用可见光照射，可以显著提高其存活率。光复活的机制是 DNA 光解酶(photolyase)能把在光下或经紫外光照射形成的环丁烷胸腺嘧啶二体及 6–4 光化物(6–4–photoproduct)还原成为单体。生物体内还广泛存在着使 O^6–甲基鸟嘌呤脱甲基化的甲基转移酶(O^6– methylguanine methyltransferase),以防止形成 G–T 配对。它能作用于甲基化的鸟嘌呤,将甲基转移到酶的一个氨基酸残基上,甲基转移酶因此而失活,却成为其自身基因和另一些修复酶基因转录的活化物,促进它们的表达。

3. 切除修复

最初在大肠杆菌中发现,包括一系列复杂的酶促 DNA 修补复制过程,主要有以下几个阶段:核酸内切酶识别 DNA 损伤部位,并在 5′ 端作一切口,再在外切酶作用下从 5′ 端到 3′ 端方向切除损伤;然后在 DNA 多聚酶作用下以损伤处相对应互补链为模板合成新的 DNA 单链片断以填补切除后留下的空隙;最后在连接酶作用下将新合成的单链片断与原有单链以磷酸二酯键相接完成修复过程。切除修复并不限于修复嘧啶二聚体,也可以修复化学物等引起的其他类型损伤。从切除对象来看,切除修复又可以分为碱基切除修复和核苷酸切除修复两类。碱基切除修复是由糖基酶识别和去除损伤碱基,在 DNA 单链上形成无嘌呤或无嘧啶的空位,这种空缺的碱基位置可以通过两个途径来填补:一是在插入酶作用下以正确碱基插入到空缺位置上;二是在核酸内切酶催化下在空位 5′ 端切开 DNA 链,从而触发上述一系列切除修复过程。对于各种不同类型的碱基损伤都有特异的糖基酶加以识别。不同的核酸内切酶,对于不同类型损伤的识别具有相对的特异性。

切除修复功能广泛存在于原核生物和真核生物中,也是人类的主要修复方式,啮齿动物(如仓鼠、小鼠)先天缺乏切除修复的功能。1978 年,美国学者马克斯发现真核生物与原核生物间由于染色质结构不同,切除修复的过程也不相同。真核生物 DNA 分子不像原核生物那样是裸露的,而是缠绕在组蛋白上形成串珠状核小体结构。真核生物中嘧啶二聚体的切除分两个阶段:快速切除期,需 2 ~ 3 h,主要切除未与组蛋白结合的 DNA 部分损伤;缓慢切除期,至少要持续 35 h 而且需要有某种控制因子去识别这种损伤,使 DNA 受损部分从核小体中暴露出来,经一系列步骤完成切除修复,然后修复的 DNA 分子再缠绕在组蛋白上重新形成核小体。

4. 重组修复

从 DNA 分子半保留复制开始,在嘧啶二聚体相对应位置上因复制不能正常进行而出现空缺,在大肠杆菌中已经证实这一 DNA 损伤诱导产生了重组蛋白,在重组蛋白作用下母链和子链发生重组,重组后原来母链中缺口通过 DNA 多聚酶作用,以对侧子链为模板合成单链 DNA 片断来填补,最后在连接酶作用下以磷酸二酯键连接新旧链完成修复过程。重组修复也是啮齿动物主要的修复方式,重组修复与切除修复的最大区别在于前者不需立即从亲代 DNA 分子中去除受损伤部分,却能保证 DNA 复制继续进行。原母链中遗留的损伤部分,可以在下一个细胞周期中再以切除修复方式去完成修复。

5. 易错修复

SOS 反应是 DNA 受到损伤或脱氧核糖核酸复制受阻时的一种诱导反应(图 7–26)。大肠杆菌中,这种反应由 recA–lexA 系统调控。正常情况下处于不活动状态,当有诱导信号,如 DNA 损伤或复制受阻形成暴露单链时,recA 蛋白酶活性就被激活,分解阻遏物 lexA 蛋白,使 SOS 反应有关基因去阻遏先后开放,产生一系列细胞效应。引起 SOS 反应的信号消除后,recA 蛋白酶活性丧失,lexA 蛋白又重新发挥阻遏作用。

SOS 反应发生时,可造成损伤修复功能增强,如 *uvr*A、*uvr*B、*uvr*C、*uvr*D、*ssb*、*rec*A、*rec*N 和 *ruv* 基因表达从而增强切除修复、复制后修复和链断裂修复。而 *rec*A 和 *umu*DC 则参与一种机制不清的易错修复,使细胞存活率增加,突变率也增加。因此,除修复作用外,SOS 反应还可造成细胞分裂受阻、溶原性噬菌体释放和 DNA 复制形式的改变。DNA 复制形式的改变会使 DNA 复制准确性降低并可通过损伤部位,并且 DNA 复制的起始不需要新合成蛋白质。

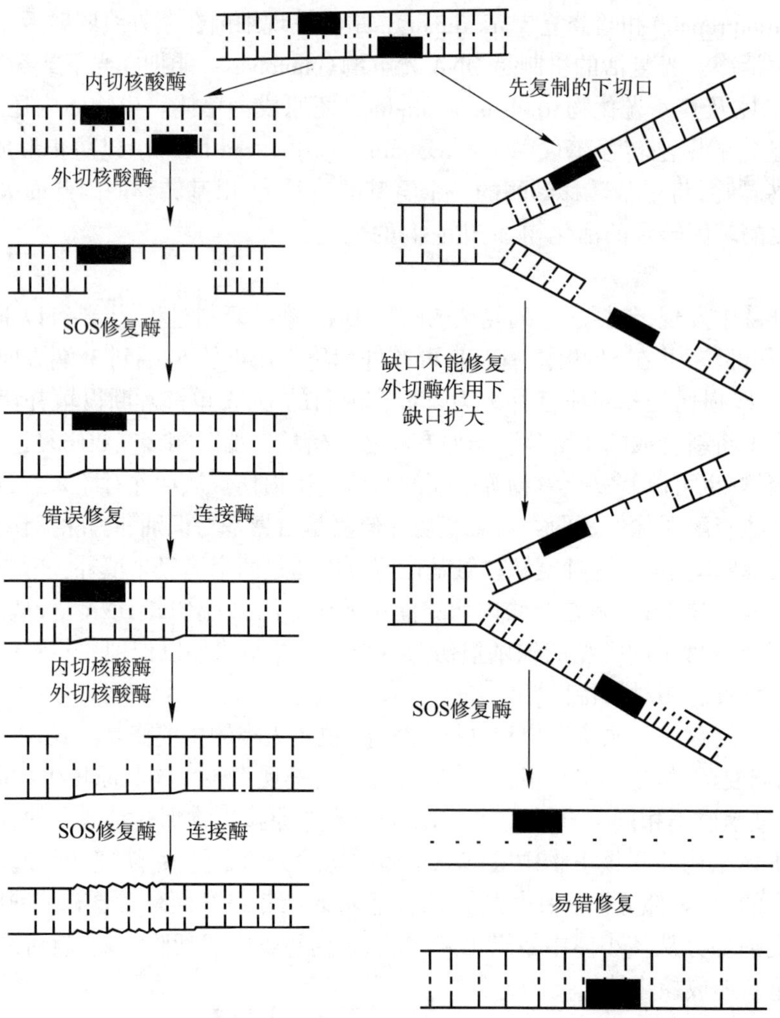

图 7-26　SOS 反应

第五节　遗传信息的表达与调控

如前所述,生物子代与亲代在性状上的相似性,是由于子代获得了亲代的遗传信息之故。遗传信息蕴含在遗传物质 DNA 中。DNA 分子是怎样控制遗传性状的?遗传学的研究认为,生物的性状是由染色体基因控制的。那么基因与 DNA 有什么关系呢?

一、中心法则

(一) 基因的内涵

一个染色体只含一个 DNA 分子。每个 DNA 分子有很多个基因。经过遗传学的大量研究,作为控制生物性状功能和结构单位的基因,是具有遗传学效应的 DNA 片段。基因的分子本质实际上是一段具有特定碱基排列序列的 DNA 片段。每个基因含有成百上千个脱氧核苷酸。四种脱氧核苷酸虽然在不同基因中有不同排列顺序,但在每个基因中却有自己特定的序列。如果我们把生物的具体性状用“信息”来表示,那么,基因的脱氧核苷酸排列顺序代表着遗传信息。因此,生物的性状遗传通过染色体基因传递给后代，实际上就是通过碱基排列顺序来传递遗传信息的。

（二）基因的碱基序列决定蛋白质氨基酸序列

DNA 作为遗传物质，它的基本功能包括两个方面：一方面通过复制，在生物传宗接代中传递遗传信息；另一方面，在后代个体发育中，能使遗传信息得以表达，从而使后代表现出与亲代相似的性状。事实上，遗传物质对性状的控制主要通过蛋白质表现出来。

蛋白质是组成生物体的重要成分，具有结构、运输、代谢、调控、信号传递、免疫和运动等多种功能，在生物一切物质代谢过程中起催化作用的酶也是蛋白质，生物的形态和生理特性都通过蛋白质来体现。因此，基因对性状的控制是通过 DNA 控制蛋白质的合成来实现，这一过程分为两个步骤完成，首先是以 DNA 为模板合成 RNA 即转录（transcription），RNA 作为信使指导蛋白质合成即翻译（translation）。一定结构的 DNA，可以由其碱基排列信息通过转录和翻译最后合成特定功能的蛋白质。

（三）中心法则

1957 年，克里克最初提出的中心法则是：DNA → RNA →蛋白质，它说明遗传信息在不同大分子之间转移都是单向的、不可逆的，只能从 DNA 到 RNA（转录），从 RNA 到蛋白质（翻译）。这两种形式的信息转移在所有生物细胞中都得到了证实。1970 年，特明和巴尔的摩在一些 RNA 致癌病毒中发现它们在宿主细胞中的复制过程是先以病毒 RNA 分子为模板合成一个 DNA 分子，再以 DNA 分子为模板合成新的病毒 RNA。前一个步骤称为反向转录，是上述中心法则提出后的新的发现。因此克里克 1970 年重申了中心法则的重要性，提出了更为完整的图解形式（图 7–27）。

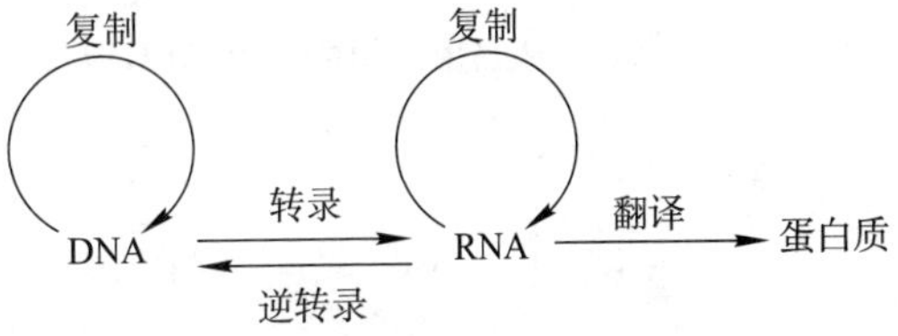

图 7–27　中心法则

（四）遗传密码

核酸分子之间信息转移通过沃森 – 克里克式的碱基配对实现，核酸和蛋白质的分子结构完全不同，遗传密码的发现为它们之间的交流提供了可能。

遗传信息是以遗传密码（genetic code）的形式蕴含在 DNA 碱基排列序列中，这种遗传密码就是碱基序列与氨基酸的对应关系。组成蛋白质的氨基酸有 20 种，组成 DNA 的碱基只有 4 种，因此不可能一个碱基对应一个氨基酸。如果以两个碱基决定一个氨基酸，密码有 4 × 4=16 种，也不足以编码出 20 氨基酸。如果 3 个碱基决定一个氨基酸，密码数目可达 4 × 4 × 4=64 种，超过了氨基酸的数目。

20 世纪 60 年代，经过尼恩伯格（M. W. Nirenberg）等几位科学家的研究，证明遗传密码确实是以 3 个碱基来确定一个氨基酸，称为三联体密码（triplet codon）。mRNA 上每 3 个碱基对应一个氨基酸，按 5′ 到 3′ 方向编码，为不重叠、无标点的三联体密码子。表 7–8 是碱基序列与氨基酸的对应关系，称为遗传密码表。

表 7–8　通用遗传密码表

第一碱基 5′ 端	第二碱基 U		第二碱基 C		第二碱基 A		第二碱基 G		第三碱基 3′ 端
U	UUU	Phe（苯丙氨酸）	UCU	Ser（丝氨酸）	UAU	Tyr（酪氨酸）	UGU	Cys（半胱氨酸）	U
	UUC		UCC		UAC		UGC		C
	UUA	Leu（亮氨酸）	UCA		UAA（终止密码）		UGA（终止密码）		A
	UUG		UCG		UAG（终止密码）		UGG Trp（色氨酸）		G

续表

第一碱基5′端	第二碱基				第三碱基3′端
	U	C	A	G	
C	CUU	CCU	CAU His（组氨酸）	CGU	U
	CUC Ile 异亮氨酸	CCC Pro（脯氨酸）	CAC	CGC Arg（精氨酸）	C
	CUA	CCA	CAA Gln（谷氨酰胺）	CGA	A
	CUG	CCG	CAG	CGG	G
A	AUU	ACU	AAU Asp（天冬氨酸）	AGU Ser（丝氨酸）	U
	AUC Ile 异亮氨酸	ACC Thr（苏氨酸）	AAC	AGC	C
	AUA	ACA	AAA Lys（赖氨酸）	AGA Arg（精氨酸）	A
	AUG Met（甲硫氨酸）	ACG	AAG	AGG	G
G	GUU	GCU	GAU Asp（天冬氨酸）	GGU	U
	GUC Val（缬氨酸）	GCC Ala（丙氨酸）	GAC	GGC Gly（甘氨酸）	C
	GUA	GCA	GAA Glu（谷氨酸）	GGA	A
	GUG	GCG	GAG	GGG	G

由三联体密码得知，三联体碱基的排列能组成64个密码子。64个密码子中，有3个密码子UAA、UAG和UGA不编码任何氨基酸，称为无义密码子（nonsense codon），在蛋白质合成时作为终止信息的，所以又称为终止密码（stop codon），其余密码子都为氨基酸编码。在进行蛋白质合成时，编码氨基酸的第一个密码子称起始密码子（initiation codon），生物通常使用AUG作为起始密码子，对应于蛋白质的第一个氨基酸为甲硫氨酸。也有少数使用GUG作为起始密码子，以缬氨酸为蛋白质的第一个氨基酸的现象。

除此之外，遗传密码还有以下的特点。①遗传密码的连续性。遗传密码阅读时，中间既没有分隔符也不发生重叠。阅读密码子以每3个碱基为单位阅读下去。②遗传密码的通用性。遗传密码在生物界具有普遍性，即不论生物进化程度如何，所有生物都使用同一套遗传密码。目前只在真核生物线粒体中发现密码子有所不同，线粒体密码子的使用在氨基酸间分布更均匀。③遗传密码的简并性。有的氨基酸只有一个密码子，如色氨酸、甲硫氨酸；有的氨基酸有多个密码子，如异亮氨酸；有的氨基酸有4个密码子，如缬氨酸、脯氨酸等。多个密码子编码同一个氨基酸的现象称为简并（degeneracy）。④不同生物在同一个氨基酸编码的几个密码子选用上有所不同，这称为密码子使用偏好。例如大肠杆菌在编码苏氨酸时更多的采用4个密码子中的ACG。

有了遗传密码，基因的碱基序列信息就可以与其编码的蛋白质氨基酸序列对应起来。把基因功能与蛋白质作用关联起来的想法，最早可以追溯到1902年至1908年间。当时A. Garrod在研究人类遗传性疾病黑尿病（alcaptonuria）时，指出黑尿病是由于血液中缺乏尿黑酸氧化酶，不能把尿黑酸氧化成为乙酰乙酸，进入三羧酸循环分解而排出体外氧化变黑。G. W. Beadle和E. L. Tatum以红色面包霉（*Neurospora crassa*）为材料，应用X射线诱导处理获得大量营养缺陷性突变体（auxotrophic mutant），这些遗传性的突变都是由于某种代谢酶发生了功能性破坏而引起的，因此提出了“一个基因一种酶”假说（one gene-one enzyme hypothesis）。

“一个基因一种酶”假说的提出对促进遗传学的发展起了积极作用。该假说提出时,人们对基因的认识还局限在经典和抽象的孟德尔遗传因子范畴,对基因的本质还毫无了解,无法说明基因与酶到底是一种什么关系,更没有涉及基因指导蛋白质合成和决定氨基酸序列。

1957年,英国剑桥的科学家V. M. Ingram在研究镰形细胞贫血症(sickle cell anemia)时,比较了贫血症血红蛋白与正常血红蛋白的差异,发现基因突变会引起蛋白质氨基酸序列的变化,第一次用实验证实了基因与蛋白质之间的直接联系。镰形细胞贫血症患者,在血液氧分压较低时,红细胞由碟形变为镰刀形,丧失输运氧气的能力,会产生严重的缺氧症状。Ingram应用当时刚刚发明的蛋白质氨基酸序列分析法,在镰形血红蛋白β链中发现其第六号氨基酸为缬氨酸,而正常血红蛋白第六号氨基酸是谷氨酸。在此基础上“一个基因一种酶”假说被修正为“一个基因一条多肽链”。密码子被揭示后,我们便很容易认识基因与多肽的关系了。

实际上“一个基因一条多肽”也不能反映基因的真实情况。有些基因表达后的终产物并不是蛋白质,如tRNA、rRNA也是由其基因转录而来的,这种基因的终产物是RNA分子。

二、基因表达

(一)转录

转录是指以DNA一条链为模板,按照碱基互补配对原则,在RNA聚合酶作用下合成RNA的过程。由于RNA没有碱基T(胸腺嘧啶)而有碱基U(尿嘧啶),因此在合成RNA时,就以U代替T与A配对。

要了解转录,首先要了解转录本(transcripton)。所谓转录本就是一个转录单位,指RNA聚合酶起始RNA合成到终止合成的一段连续区域,在这个单位内含有RNA起始转录和终止转录的信号。在原核细胞中发现功能性相关的蛋白质往往组织成一个转录单位进行转录,这样一个转录单位的转录本可以为几个蛋白质编码,也就是含有几个基因。这种组织形式可以对这些功能相关蛋白质进行协同的调控。当然更多的基因只编码一个蛋白质,组成具有转录起始、转录区和终止区的结构。所以一个典型原核生物的基因由控制转录起始的启动子(promoter)、转录区和终止子(terminator)三部分组成(图7-28)。

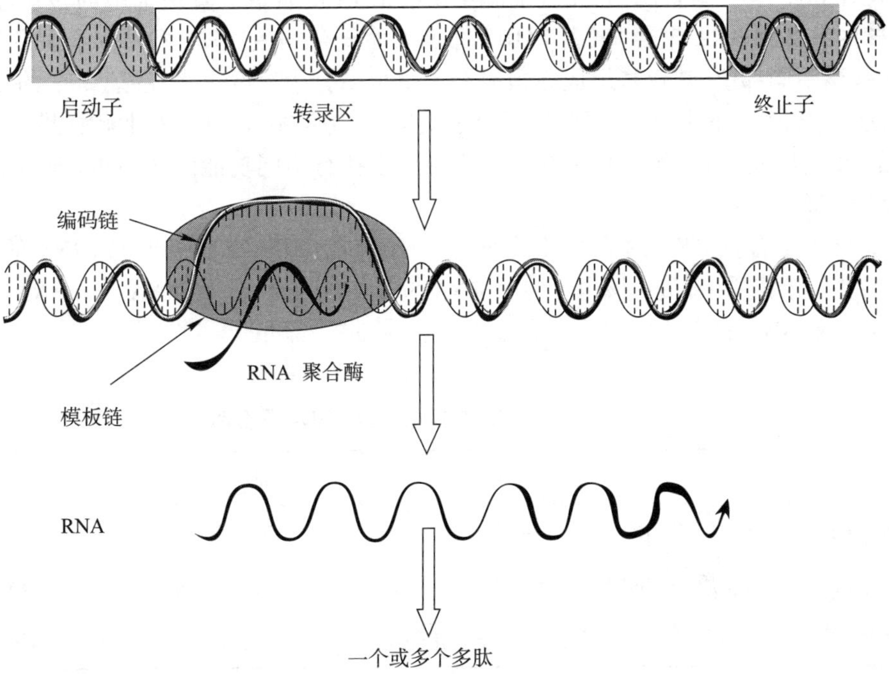

图7-28　原核生物基因转录

1. 转录是 RNA 聚合酶催化的核苷酸聚合过程

像 DNA 聚合酶一样，RNA 聚合酶也具有复杂的结构。大肠杆菌 RNA 聚合酶的活性形式（全酶）由 5 种不同多肽链亚基构成，按相对分子质量大小排列分别为 β′(155 000)、β(151 000)、σ(70 000)、α(36 500) 和 ω(11 000)。每分子 RNA 聚合酶除有两个 α 亚基外，其余亚基均只有一个，故全酶为 $\beta'\beta\alpha_2\omega\sigma$(465 000)（表 7-9）。

表 7-9　*E. coli* RNA 聚合酶的亚基和转录因子

基因名称	多肽链相对分子质量	全酶中的数目	功能
RNA 聚合酶的亚基			
β′(*rpoC*)	155 000	1	与 DNA 结合
β(*rpoB*)	151 000	1	聚合作用的催化位点
σ(*rpoD*)	70 000	1	识别启动子，起始转录
α(*rpoA*)	36 500	2	核心酶组装，启动子识别
ω	11 000	1	?
转录因子			
ρ(*rho*)	46 000	6	转录终止
NusA(*nusA*)	69 000	1	转录延长、终止

σ 亚基和其他肽链的结合不很牢固，当 σ 亚基脱离全酶后，剩下的 $\beta'\beta\alpha_2\omega$ 称为核心酶。核心酶本身就能催化核苷酸间磷酸二酯键的形成。从功能上 σ 亚基具有识别特异启动子的功能，在进行不同基因转录时，RNA 聚合酶全酶有不同的 σ 因子。β 亚基似乎是酶和核苷酸底物结合的部位，β′ 亚基具有与模板 DNA 结合的功能。α 亚基的功能与通用启动子识别有关。

2. 真核细胞中的 RNA 聚合酶

细菌只有一种 RNA 聚合酶，它完成细胞中所有 RNA 的合成。真核细胞的转录过程则比较复杂。真核细胞核内有 3 种 RNA 聚合酶（表 7-10），都是大而复杂的蛋白质，相对分子质量达 500×10^3 或更多；位于细胞核不同部位，其亚基组成亦很复杂。每个酶分子有两个大亚基（一个约 200×10^3，另一约 140×10^3），还有 10 个以下小亚基，每个相对分子质量为 $(10\sim90)\times10^3$。3 种酶中也有一些共同的亚基，一个原始的酶在进化过程逐渐分化为复杂真核细胞中执行不同功能的 3 种酶（表 7-10）。每种酶负责不同种类基因的转录。

RNA 聚合酶 Ⅰ 合成 RNA 的活性最显著，它位于核仁中，负责转录编码 rRNA 的基因（称 rDNA）。RNA 聚合酶 Ⅱ 位于核质中，负责核内不匀一 RNA（hnRNA）的合成。hnRNA 是 mRNA 的前体。RNA 聚合酶 Ⅲ 负责合成 tRNA 和许多小分子的核内 RNA。

表 7-10　真核细胞的三种 RNA 聚合酶

酶	位置	产物	活性比较	对 α- 鹅膏蕈碱的敏感性
RNA 聚合酶 Ⅰ	核仁	rRNA	50%～70%	不敏感
RNA 聚合酶 Ⅱ	核质	hnRNA	20%～40%	敏感
RNA 聚合酶 Ⅲ	核质	tRNA 及其他小分子 RNA	10%	有种属特异性

3. 启动子

启动子是 DNA 分子可以与 RNA 聚合酶特异结合的部位，也就是使转录开始的部位。在基因表达调控中，转录起始是关键。常常某个基因是否表达，决定于其特定的启动子是否起始了转录的过程。那么，某一特定启动子的起始转录是由什么控制的呢？

启动子一般可分为两类：一类是 RNA 聚合酶可以直接识别的启动子，这类启动子应当总是能与 RNA 聚合酶结合使其下游基因得到转录，如一些组成型表达基因的启动子。另一类启动子在和 RNA 聚合酶结合时需要有蛋白质辅因子的存在，有些甚至需要多个蛋白质因子的共同参与。这种蛋白质因子能够识别与该启动子顺序相邻甚至重叠的 DNA 序列，或者蛋白质因子共同作用后对特殊 DNA 序列施加影响。这些参与基因转录的蛋白质称为转录因子（transcription factor）。

因此，RNA 聚合酶能否与启动子相互作用是起始转录的关键，也就是转录因子及 RNA 聚合酶如何能识别 DNA 链上的特异序列。

将细菌 100 个以上启动子顺序进行比较，发现在 RNA 合成开始位点上游大约 10 bp 和 35 bp 处有两个保守的共同序列(consensus sequence)，称为 –10 和 –35 序列(图 7–29)。它们分别含有的保守序列，–10 区为“TTGACATATATT”，–35 区为“AATGTGTGGAAT”。

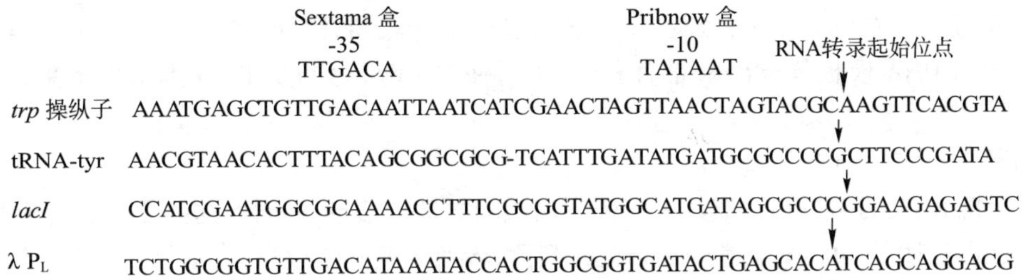

图 7–29　几种原核基因的启动子序列

细菌的 –10 序列又称为 Pribnow 盒（Pribnow box），–35 序列又称 Sextama 盒（Sextama box）。

原核细胞也有少数启动子缺乏这两个序列（–35 和 –10）之一，这种情况下，RNA 聚合酶往往不能单独识别这种启动子，需要有辅助蛋白质的帮助。

真核细胞的 3 种 RNA 聚合酶，均有其对应的启动子。RNA 聚合酶 I 启动子结构相对简单；RNA 聚合酶 Ⅱ 合成 mRNA 前体，其转录本种类多，启动子结构也最为复杂；聚合酶 Ⅲ 所识别的启动子很奇怪——不是位于转录顺序的前面，而是在转录顺序内，称为内启动子。

真核生物 RNA 聚合酶 II 转录基因的启动子上也有一些保守序列，位于转录起始位点上游 –35 bp 处有一称为 TATA 盒序列，又称为 Goldberg–Hogness 盒（Goldberg-Hogness box），是 RNA 聚合酶 Ⅱ 的结合部位。转录起始位点上游 –80 ~ –70 bp 处有 CAAT 序列，也称为 CAAT 盒（CAAT box）。这一顺序保守的共同序列为“GCCTCAATCT”。

4. 终止子

基因转录终止信号位于转录的末端序列内。一个基因的末端往往有一段特定序列，它具有转录终止功能，这段终止信号序列称为终止子（terminator）。原核细胞终止子的共同序列特征是在转录终止点之前有一段回文序列，7 ~ 20 bp。回文序列的两个重复部分由几个不重复碱基对的不重复节段隔开，回文序列的对称轴一般距转录终止点 16 ~ 24 bp，在终止点位置是一串富含 A 碱基的区域。根据序列特征的不同，一类原核基因的终止子依赖一种称为 ρ 的蛋白质因子进行转录的终止，另一类终止子不依赖蛋白质因子就可以对转录产生终止作用（图 7–30）。

不依赖 ρ 因子的终止子中，其回文序列下游有 6 ~ 8 个 A–T 对，因此，当这段回文序列转录出来后，RNA 分子自身的碱基配对形成发夹结构，对转录中的 RNA 聚合酶在空间上施加影响。这时 RNA 聚合

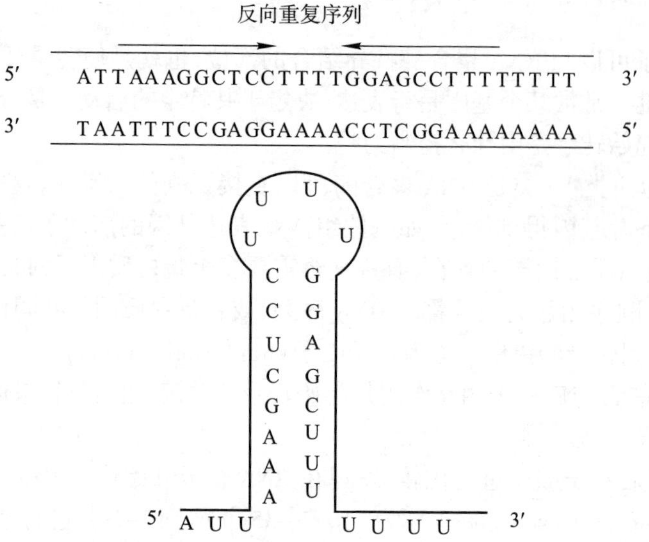

图 7-30　转录终止序列及转录的 RNA 形成的发夹结构

酶正好在合成与 A 互补的一串 U，因为 A–U 之间氢键结合较弱，因而 RNA/DNA 杂交部分易于拆开，这样对转录物从 DNA 模板释放出来是有利的，也可使 RNA 聚合酶从 DNA 上解离下来，实现转录的终止。

（二）翻译

翻译是指将 RNA 的信息转换成其所编码蛋白质的氨基酸信息，同时将这些氨基酸合成为多肽链的过程。翻译过程包括对 mRNA 上遗传密码进行判读、转换为氨基酸信息、合成蛋白多肽，涉及多个分子及酶学活性的过程。蛋白质的合成在核糖体上进行，细胞内核糖体专司蛋白质合成，鉴于其结构的一致性、组成的复杂性和功能的系统性，将核糖体称为“蛋白质工厂”。从组成、结构和功能上来看，核糖体比一般的酶要复杂得多。

1. 原核细胞蛋白质合成

自 20 世纪 60 年代以来，人们运用化学、物理学和免疫学方法，主要对大肠杆菌核糖体进行了大量研究。核糖体由三种 rRNA 分子和 54 种蛋白质组成，有两个亚基，按其离心分离时的沉降系数分别为 30S 亚基和 50S 亚基。30S 亚基大小为 5.5 nm × 22 nm × 22 nm，50S 亚基为 11.5 nm × 23 nm × 23 nm，两亚基组成的核糖体为 70S。RNA 和蛋白质的分布相对集中，RNA 主要定位于核糖体中央，蛋白质在颗粒外围。现在已经完成了对 *E. coli* 核糖体 54 种蛋白质氨基酸序列及三种 rRNA 一级结构和二级结构的测定，对核糖体的组装过程也已了解清楚。三种大小的 rRNA 分别为结合在 30S 小亚基的 16S rRNA 和结合在 50S 大亚基上的 5S 及 23S rRNA。

（1）核糖体具有与蛋白质合成相关的分子结合部位和催化活性部位　① mRNA 结合部位，以 16S rRNA 3′ 端定位于 30S 亚基的平台区，可以与 mRNA 分子 5′ 端一段序列结合，转录起始因子也结合在此部位。②两个 tRNA 结合位点，一个为氨酰 –tRNA 位点（A 位点），一个为肽酰 –tRNA 位点（P 位点）。③ GTPase 中心，由 4 分子大亚基蛋白质组成，位于 50S 亚基上，为延伸提供能量。④肽酰转移酶中心，将肽转移到氨酰 –tRNA 上并完成肽键的形成。

（2）翻译涉及多种因子和多步骤的酶学反应过程　氨基酸合成为蛋白质的过程首先是由特定的酶将其加载到特定 tRNA。然后通过核糖体循环，氨基酸间通过肽链连接成氨基酸多肽。在核糖体循环过程中，蛋白质合成可分为肽链合成的起始（initiation）、肽链的延伸（elongation）和肽链合成的终止（termination）三个主要步骤。

对原核细胞蛋白质合成过程的认识主要来源于对大肠杆菌蛋白质合成过程的研究。

① 氨基酸的活化与转运　在蛋白质生物合成中，各种氨基酸在参入肽链之前必须先经活化，然后再由其特异的 tRNA 携带至核糖体上，才能以 mRNA 为模板缩合成肽链。氨基酸活化后与相应的 tRNA 结合的反应，均是由特异的氨酰 -tRNA 合成酶（amino acyl-tRNA synthetase）催化完成的。

所有生物细胞内都有多种氨酰 -tRNA 合成酶存在，氨酰 -tRNA 合成酶对 tRNA 的识别过程分为两步：首先是酶与 tRNA 初步结合，然后是 tRNA 氨酰化。tRNA 分子上反密码子是氨酰 -tRNA 合成酶识别的主要特征。

② 肽链合成的起始

a. 肽链合成的起始先由核糖体小亚基、mRNA 和起始因子形成三元复合物（trimer complex），核糖体 30S 小亚基附着于 mRNA 起始信号部位，该结合反应由起始因子 3（IF3）介导，Mg^{2+} 参与这一过程。故形成 IF3-30S 亚基 -mRNA 三元复合物（图 7-31）。

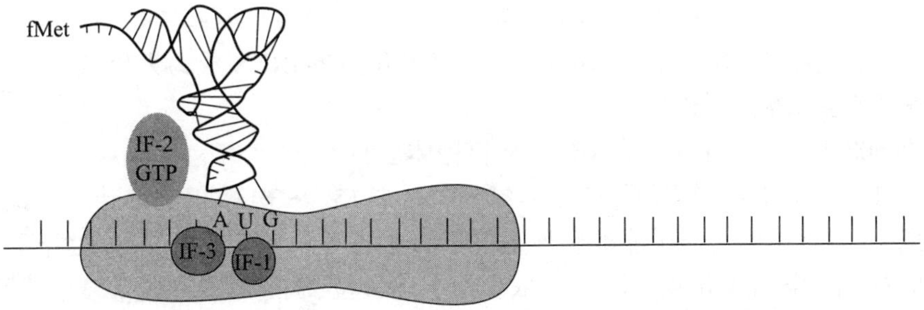

图 7-31　大肠杆菌（*E. coli*）蛋白质合成时形成 30S 起始复合物

b. 30S 前起始复合物（30S pre-initiation complex）的形成。在起始因子 2（IF2）作用下，甲酰甲硫氨酸 -起始型 tRNA（tRNA-fMet）与 mRNA 分子中起始密码子（AUG 或 GUG）相结合，即密码子与反密码子相互反应。同时 IF-3 从三元复合物脱落，形成 30S 前起始复合物，即 IF2-30S 亚基 -mRNA-tRNA-fMet 复合物。此步骤也需要 GTP 和 Mg^{2+} 参与。

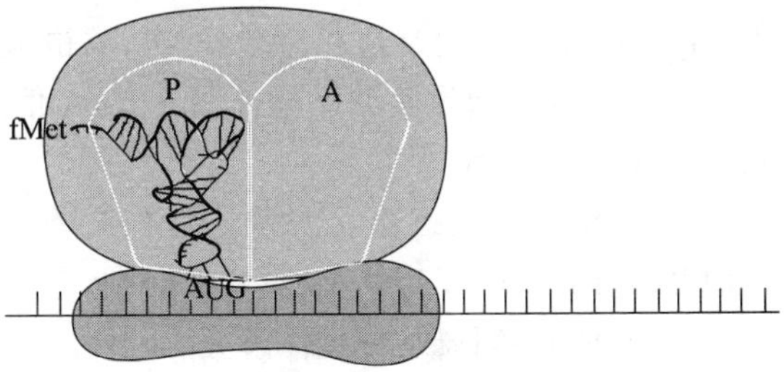

图 7-32　大肠杆菌蛋白质合成 70S 起始复合物

c. 70S 起始复合物（70S initiation complex）形成。50S 亚基与上述 30S 前起始复合物结合，同时 IF2 脱落，形成 70S 起始复合物，即 30S 亚基 -mRNA-50S 亚基 -tRNA-fMet 复合物。此时 tRNA-fMet 占据着 50S 亚基肽酰位（peptidyl site，P 位），而 50S 氨酰位（aminoacyl site，A 位）暂为空位（图 7-32）。

起始复合物形成后，mRNA 起始密码 AUG 便位于核糖体一定位置，识别 AUG 起始密码的 tRNA 携带氨基酸进入核糖体。起始蛋白质合成的第一个氨酰 tRNA 为起始甲硫氨酰 tRNA（tRNA-fMet），它与肽链内引入甲硫氨酸的中间型甲硫氨酰 tRNA（tRNA-Met）不同，其携带的 Met 被甲酰化，专门起始蛋白质的合成。

原核细胞如大肠杆菌中，已发现了以 tRNA-Met 为底物的转甲酰酶，在甲硫氨酸与 tRNA 结合后，在该酶的作用下甲硫氨酸氨基上连上一个甲酰基，然而，当肽链合成达 15 ~ 30 个氨基酸碱基时，大多数蛋白质起始氨基酸上甲酰基又可经甲硫氨酸肽酶的作用将 N 端 fMet 水解掉。大肠杆菌细胞所有蛋白质在多肽链合成完成后，其 N 端为甲酰甲硫氨酸的约占 30%。

IF2 能促使 tRNA-fMet 与起始密码子结合，但 IF2 不能与氨基未甲酰化 tRNA-Met 反应，而 tRNA-Met 只能与延长因子 Tu（EF-Tu）反应。在形成 30S 前起始复合物过程中，必须有 IF2 参与。因此，IF2 与 tRNA-fMet 的特异性反应亦有助于保证 tRNA-fMet 与起始密码子的结合。

在 mRNA 上有一段参与转录起始的区域，称为 SD（Shine-Dalgarno）序列。SD 序列是在 mRNA 分子中起始密码子上游 8～13 个核苷酸处一段富含嘌呤核苷酸的序列，它可以与 30S 亚基中的 16S rRNA 3′ 端富含嘧啶的尾部互补，形成氢键结合，因此有助于 mRNA 的翻译从起始密码子处开始。这一序列特征是 1974 年由 J. Shine 和 L. Dalgarno 发现，故称为 SD 序列。

③ 肽链合成的延长　这一过程包括进位、肽键形成、脱落和移位等四个步骤。肽链合成的延长需两种延长因子（elongation factor，EF）参与，分别称为 EF–T 和 EF–G。此外还需 GTP 为反应提供能量。

a. 进位。新的氨基酰 –tRNA 进入 50S 大亚基 A 位，其 tRNA 上反密码子与 mRNA 分子起始密码随后的第二个密码子进行碱基互补配对。在 70S 起始复合物基础上，原来结合在 mRNA 上的 fMet–tRNA Met 占据着 50S 亚基 P 位点（当延长步骤循环进行二次以上时，在 P 位点则为肽酰 –tRNA）。这一步需要 GTP、EF–T 及 Mg^{2+} 的参与。

b. 肽键形成。在大亚基肽酰转移酶活性区催化下，将 P 位点上 tRNA 所携带的甲酰甲硫氨酰（或肽酰基）转移给 A 位上新进入氨基酰 –tRNA 的氨基酸上，即由 P 位上氨基酸（或肽的 3′ 端氨基酸）提供 α–COOH，与 A 位上氨基酸 α–NH_2 形成肽链。此后，在 P 位点的 tRNA 成为无负载 tRNA，而 A 位 tRNA 负载的是二肽酰基或多肽酰基（图 7–33）。

c. 脱落。即 50S 亚基 P 位上无负载 tRNA 从核糖体上脱落下来。

d. 移位。在 EF–G 和 GTP 作用下，核糖体沿 mRNA 链（5′ → 3′）做相对移动。每次移动相当于一个密码子的距离，使得下一个密码子能准确地定位于 A 位点处。与此同时，原来处于 A 位点的二肽酰 tRNA 转移到 P 位点上，空出 A 位点。随后再依次按上述进位、肽键形成和脱落步骤进行下一个循环，即第三个氨基酰 –tRNA 进入 A 位点，然后在肽酰转移酶催化下，P 位二肽酰 tRNA 又将此二肽基转移给第三个氨基酰 –tRNA，形成三肽酰 tRNA。同时，卸下二肽酰基 tRNA 又迅速从核糖体脱落（图 7–34）。像这样继续下去，延长过程每重复一次，肽链就延伸一个氨基酸残基。多次重复，就使肽链不断地延长，直到多肽合成。通过实验已经证明，mRNA 信息的阅读是从多核苷酸链 5′ 端向 3′ 端进行的，而肽链合成是从 N 端向 C 端。

④ 肽链合成的终止。需终止因子或释放因子（releasing factor，RF）参与。在大肠杆菌中已分离出三种 RF1、RF2 和 RF3，其中，只有 RF3 能与 GTP（或 GDP）结合，它们均具有识别 mRNA 链上终止密码子的作用，使肽链释放，核糖体解聚。

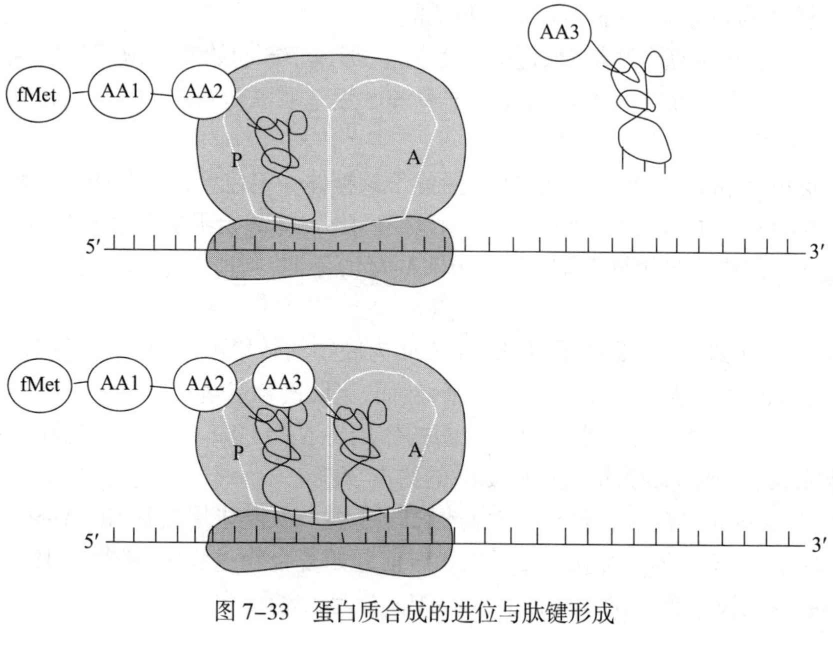

图 7–33　蛋白质合成的进位与肽键形成

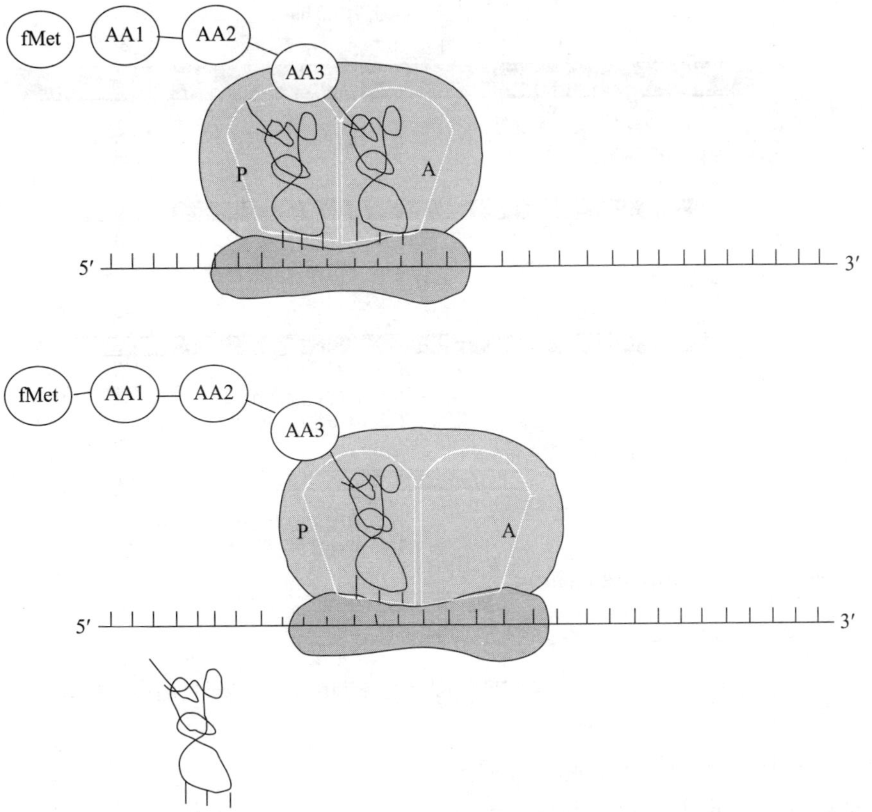

图 7-34　蛋白质合成的 tRNA 脱落与核糖体移位

最后，核糖体与 mRNA 分离，同时在核糖体 P 位的 tRNA 和 A 位的 RF 也被脱除。与 mRNA 分离后的核糖体又分离为大小两个亚基，重新投入另一条肽链的合成过程。核糖体分离为大小两个亚基的反应需要起始因子（IF3）参与。

上述蛋白质合成过程只是针对单个核糖体的循环，即单个核糖体对某一 mRNA 进行的翻译过程。就一个 mRNA 分子来说，可以得到 3～4 个甚至上百个成串核糖体排列在同一个 mRNA 分子上，称为多核糖体。说明在一条 mRNA 链上同一时间内结合着许多核糖体，同时对一个 RNA 分子进行翻译。两个核糖体之间有一定的长度间隔，是裸露的 mRNA 链段。开始合成蛋白质时，一个核糖体先附着在 mRNA 链起始部位，再沿着 mRNA 链由 5′→3′ 方向移动。根据 mRNA 链上密码子排列的信息，有秩序的接受携带氨基酸的各种 tRNA，并合成多种肽链。当这一核糖体移动到足够远的位置时，另一核糖体又可附着此 mRNA 起始部位，开始合成另一条同样的多肽链。每当一个核糖体移动到此 mRNA 终止密码子时，多肽链即合成完毕。同时，此核糖体随之从 mRNA 链上脱落分离为两个亚基，脱落下来的大小亚基又可重新投入核糖体循环的翻译过程。

2. 真核细胞蛋白质的合成

真核细胞蛋白质的合成是在细胞质内进行的，细胞核内转录的 mRNA 要从细胞核转运到细胞质才能进行蛋白质的合成。真核细胞基因还普遍存在内含子结构，内含子是大多数真核生物结构基因中的不编码序列，这些序列在基因转录时也被转录出来，先形成的 RNA 称核内不均一 RNA（hnRNA）。在其作为信使转运到细胞质前，RNA 还要核内经过拼接和加工，产生“成熟”的 mRNA。加工包括将内含子切除、外显子连接、5′ 端加帽子结构（图 7-35）和 3′ 端聚合一段腺苷酸尾。

真核细胞的蛋白质生物合成过程基本类似于原核细胞，其差别除参与蛋白质生物合成的核糖体结构、大小及组成和 mRNA 的结构等不同外，主要区别在真核细胞蛋白质生物合成的起始步骤。这一步

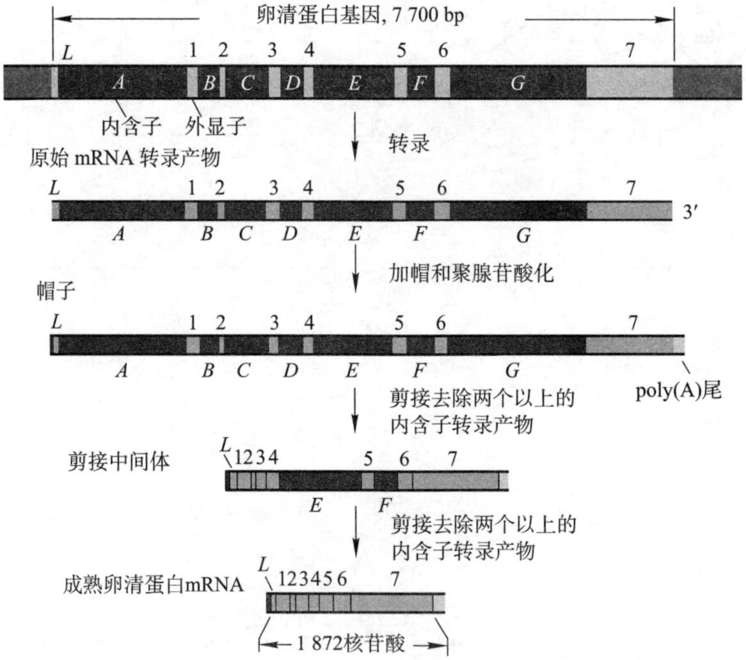

图 7-35 真核细胞卵清蛋白基因的 RNA 转录后的加工

骤涉及的起始因子至少达十多种,因此起始过程更为复杂。

经过多年对真核生物蛋白质合成起始因子(eucaryotic initiation factor,简写为 eIF)的研究,已从真核细胞中分离出 3 种用于蛋白质生物合成的因子。真核生物蛋白质生物合成起始时,40S 核糖体亚基几乎总是选择第一个起始密码子 AUG 开始对 mRNA 翻译,这种选择比原核细胞对起始密码子的选择方式更简单些。真核细胞 AUG 是唯一起始密码子,而原核细胞(如大肠杆菌)可作为起始密码子的三联体除 AUG 外还有 GUG,甚至 UUG、AUU 也可用于翻译起始。与蛋白质生物合成起始因子相比较,真核细胞蛋白质合成在延长和终止步骤中所涉及的因子相对比较简单(表 7-11)。

表 7-11 真核细胞肽链延长和终止过程所涉及的因子

因子	功能	相应的原核细胞因子
EF1α	促使 aa-tRNA 与核糖体结合	EF-Tu
EF1βγ	使 EF1α 再循环	EF-Ts
EF2	转位	EF-G
RF	肽链释放	RF1、RF2

延长因子(EF1)α 的相对分子质量约 50×10^3,EF1α 可与 GTP 和氨酰 -tRNA 形成复合物,并把氨酰 -tRNA 供给核糖体。对 EF1βγ 的研究不像对原核细胞 EF-Ts 那么清楚,但已证明 EF1βγ 能催化 GDP-GTP 交换,有助于 EF1α 再循环利用。EF2 的相对分子质量约 100×10^3,相当于原核细胞的 EF-G,催化 GTP 水解和使 aa-tRNA 从 A 位转移至 P 位。肽链合成的终止仅涉及一种释放因子(RF),相对分子质量约 115×10^3,它可以识别所有三种终止密码子 UAA、UAG 和 UGA。RF 在活化了肽链酰转移酶释放新生肽链后,即从核糖体解离,解离过程涉及 GTP 水解,故终止肽链合成也是一个耗能的步骤。

三、基因表达的调控

基因表达指基因经过转录、翻译，产生具有特异生物学功能的蛋白质分子或RNA产物的过程，对这一过程的调节称为基因表达调控。基因表达调控研究有助于了解动植物生长发育规律、形态结构特征及生物学功能的形成等。

原核生物和真核生物基因表达调控存在着相当大差异。原核生物中，营养状况、环境因素对基因表达起着十分重要的作用；而真核生物尤其是高等真核生物中，激素水平、发育阶段等是基因表达调控的主要手段，营养和环境因素的影响则为次要因素。

（一）原核生物基因表达调控

原核生物的基因表达调控比真核生物简单，然而也存在着复杂的调控系统。

1. 操纵子

1961年，法国科学家Monod与Jacob发表"蛋白质合成中的遗传调节机制"一文，提出操纵子学说，开创了基因调控的研究。1965年，莫诺与雅可布即荣获诺贝尔生理学或医学奖。

操纵子是一段DNA序列，原核生物中几个功能相关的结构基因成簇串联排列组成的一个基因表达单位。通常操纵子包括编码序列、启动序列、操作序列及其他序列等。目前，细菌几个操纵子模型已经建立，如乳糖操纵子和色氨酸操纵子。

2. 原核生物基因表达调控分类

(1) 根据操纵子对调节蛋白（阻遏蛋白或激活蛋白）的应答　可分为正调控和负调控。正调控指在操纵子中，结构基因本来不表达，可当调节蛋白（无辅基诱导蛋白）出现时，该结构基因表达。负调控指在操纵子中，结构基因本来是表达的，当调节蛋白（阻遏蛋白）出现时，该结构基因不表达。

(2) 根据操纵子对某些能调节它们小分子的应答　可分为可诱导调控和可阻遏调控两大类。可诱导调控指一些基因在特殊代谢物或化合物的作用下，由原来关闭状态转变为工作状态，即在某些物质诱导下使基因活化。可阻遏调控指基因平时是开启的，处在产生蛋白质或酶的工作过程中，由于一些特殊代谢物或化合物的积累而将其关闭，阻遏了基因的表达。

因此，在正转录调控系统中，调节基因的产物是激活蛋白。根据激活蛋白作用性质分为正控诱导和正控阻遏。①正控诱导系统中，效应物分子（诱导物）的存在使激活蛋白处于活性状态；②正控阻遏系统中，效应物分子（辅阻遏物）的存在使激活蛋白处于非活性状态。负转录调控系统中，调节基因的产物是阻遏蛋白，起着阻止结构基因转录的作用。根据其作用特征又可分为负控诱导和负控阻遏。①负控诱导系统中，阻遏蛋白与效应物（诱导物）结合时，结构基因转录；②负控阻遏系统中，阻遏蛋白与效应物（辅阻遏物）结合时，结构基因不转录（图7-36）。

3. 乳糖操纵子

大肠杆菌乳糖操纵子包括4类基因：①结构基因，能通过转录、翻译使细胞产生一定的酶系统和结构蛋白，这是与生物性状的发育和表型直接相关的基因。乳糖操纵子包含3个结构基因：*lac*Z、*lac*Y、*lac*A。*lac*Z合成β-半乳糖苷酶，*lac*Y合成透过酶，*lac*A合成乙酰转移酶。②操纵基因O，控制结构基因的转录速度，位于结构基因附近，本身不能转录成mRNA。③启动基因P，位于操纵基因附近，它的作用是发出信号，mRNA合成开始，该基因也不能转录成mRNA。④调节基因i：可调节操纵基因的活动，调节基因能转录mRNA，并合成一种蛋白质，称阻遏蛋白。操纵基因、启动基因和结构基因共同组成一个单位——操纵子。

乳糖操纵子的调控机制简单来说，包括：①抑制作用，调节基因转录mRNA，合成阻遏蛋白，因缺少乳糖，阻遏蛋白因其构象能够识别操纵基因并结合到操纵基因上，RNA聚合酶就不能与启动基因结合，结构基因被抑制，不能转录mRNA，不能翻译酶蛋白。②诱导作用，乳糖存在情况下，乳糖代谢产生别乳

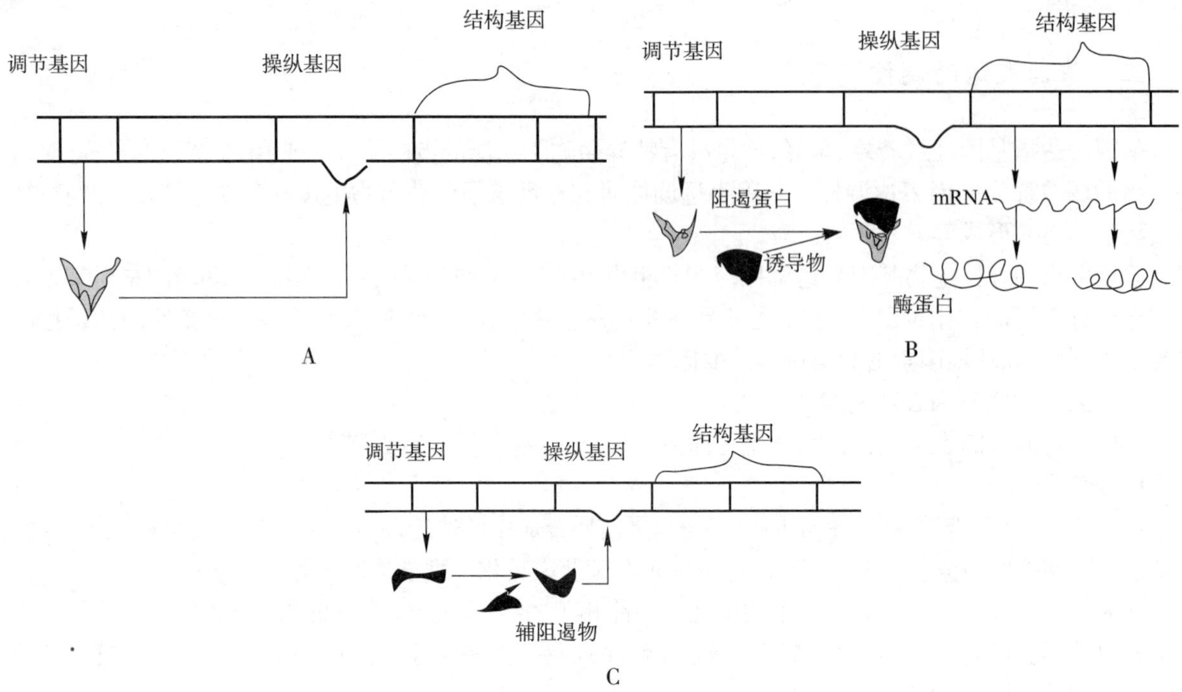

图 7-36 调控模型

A. 正调控;B. 可诱导调控;C. 可阻遏调控

糖(allolactose),别乳糖能和调节基因产生的阻遏蛋白结合,使阻遏蛋白改变构象,不能再和操纵基因结合,失去阻遏作用,结果 RNA 聚合酶便与启动基因结合,并使结构基因活化,转录 mRNA,翻译酶蛋白。③负反馈,细胞质中有了 β- 半乳糖苷酶后,催化分解乳糖为半乳糖和葡萄糖。乳糖被分解后,又造成了阻遏蛋白与操纵基因结合,使结构基因关闭。

4. 色氨酸操纵子

色氨酸操纵子负责调控色氨酸的生物合成,它的激活与否完全根据培养基中有无色氨酸而定。当培养基中有足够的色氨酸时,该操纵子自动关闭;缺乏色氨酸时,操纵子被打开。色氨酸在这里不是起诱导作用而是阻遏,因而称作辅阻遏分子,能帮助阻遏蛋白发生作用。

(二)真核生物基因表达调控

1. 真核生物基因表达调控的特点

与原核生物相比,真核生物基因组具有结构庞大,核膜包裹形成细胞核,基因组中存在大量非编码区,以及大量重复序列,基因表达还呈现不连续性等特点。因此,两者基因表达调控也呈现出差异。①原核生物无细胞核,真核生物具有核膜包裹着的细胞核,所以原核基因的转录和翻译通常偶联在一起,而真核基因的转录在细胞核中进行,翻译在胞质中进行。②原核细胞染色质基本上是裸露 DNA,而真核细胞染色质是由 DNA 与组蛋白紧密结合形成核小体。原核细胞中,染色质结构对基因的表达没有明显的调控作用,而真核细胞中,这种作用是明显的。③原核生物基因数目少,且都是连续的。真核生物基因数目众多,多数基因组基因都是不连续的,含有数量不等的内含子以及功能不清的重复序列等。④真核生物生成的初始转录物需在核中进行一系列转录后加工和运输,所以,真核基因的表达有多种转录后调控机制,如 5′ 端加帽、3′ 端加 poly(A)尾、剪接及成熟 mRNA 由胞核到胞质的运输等。⑤原核细胞基因转录多为多顺反子,即参与同一个代谢途径的多个蛋白质基因串联在一起,受同一个调控序列的调控,而真核细胞基因转录多为单顺反子。而且一个真核基因通常有多个调控序列,必须有多个激活物同时特异地结合,才能启动基因的转录。⑥在原核细胞基因转录调控中,既有激活物的调控(正调控),

也有阻遏物的调控(负调控),两者同等重要。在真核中虽然也有正调控成分和负调控成分,但迄今已知的主要是正调控。⑦真核生物大都为多细胞生物,在个体发育过程中逐步分化形成各种组织和细胞类型。分化是不同基因表达或基因选择性表达的结果,不同类型细胞,功能不同,基因表达情况也不一样。某些基因仅特异地在某种细胞中表达,称为细胞特异性或组织特异性表达,因而具有调控这种特异性表达的机制。⑧真核生物对外界环境条件变化的反应和原核生物有明显差异。同一群原核生物细胞处在相同的环境条件中,对环境条件的变化有基本一致的反应;而真核生物只有少部分细胞基因表达直接受环境变化的影响和调控,其他大部分间接或不受影响。

真核生物基因表达调控可发生在 DNA 水平、转录水平、转录后水平、翻译水平、蛋白质加工水平。

2. 真核生物基因表达调控

(1) DNA 水平 细胞分裂间期细胞核中,染色质形态不均匀。根据其形态及染色特点可分为常染色质和异染色质两种类型。常染色质表现为折叠疏松、凝缩程度低,处于伸展状态,碱性染料染色时着色浅。异染色质表现为折叠压缩程度高,处于凝集状态,经碱性染料染色着色深。真核基因的活跃转录基本在常染色质上进行,其基因组中含有组蛋白,组蛋白是碱性蛋白质,带正电荷,可与 DNA 链上带负电荷的磷酸基相结合,遮蔽了 DNA 分子,阻碍了转录,扮演了非特异性阻遏蛋白的作用。

除此之外,在个体发育过程中,用来合成 RNA 的 DNA 模板也会发生规律性变化,从而控制基因表达和生物体的发育,因此,DNA 水平的调控还包括基因丢失、扩增、重排和移位等方式。①基因丢失指在细胞分化过程中,通过丢失掉某些基因去除基因的活性。某些原生动物、线虫、昆虫和甲壳类动物在个体发育中,许多体细胞常常丢失掉整条或部分染色体,只有产生生殖细胞的那些细胞一直保留整套染色体。②基因扩增指某些基因拷贝数专一性增加的现象,可使细胞在短期内产生大量基因产物以满足生长发育的需要,是基因活性调控的一种方式。③基因重排是指将一个基因从远离启动子的位置移到距它很近的位点从而启动转录。④ DNA 甲基化能引起染色质结构、DNA 构象、DNA 稳定性及 DNA 与蛋白质相互作用方式的改变,从而控制基因表达。

(2) 转录水平的调控 1969 年,Britten 和 Davidson 提出真核生物单拷贝基因转录调控的 Britten-Davidson 模型,该模型认为在整合基因 5′ 端连接一段高度专一性 DNA 序列,称为传感基因,传感基因有该基因编码的传感蛋白,外来信号分子和传感蛋白结合相互作用形成复合物,该复合物作用于和它相邻的综合基因组,称受体基因,转录产生 mRNA,后者翻译成激活蛋白。这些激活蛋白能识别位于结构基因(SG)前面的受体序列并作用于受体序列,使结构基因转录翻译。

若许多结构基因邻近位置同时具有相同的受体基因,这些基因就会受某种激活因子的控制而表达,这些基因即属于一个组(set),如果有几个不同受体基因与一个结构基因相邻接,能被不同因子激活,该结构基因在不同情况下表达,若一个传感基因可以控制几个整合基因,一种信号分子即可通过一个相应传感基因激活几组基因。故可把一个传感基因所控制的全部基因归属为一套。如果一种整合基因重复出现在不同套中,同一组基因也可以属于不同套。

(3) 转录后水平的调控 真核生物基因转录在细胞核内进行,翻译则在细胞质中进行。转录过程中真核基因有插入序列,结构基因被分割成不同片段,因此转录后基因调控是真核生物基因表达调控的一个重要方面,首要的是 RNA 加工、成熟。各种基因转录产物 RNA,无论 rRNA、tRNA,还是 mRNA,必须经过转录后加工才能成为有活性的分子。

(4) 翻译水平上的调控 蛋白质合成翻译阶段的基因调控有三个方面:① 蛋白质合成起始速率的调控;② mRNA 的识别;③ 激素等外界因素的影响。蛋白质合成起始反应中要涉及核糖体、mRNA 蛋白质合成起始因子可溶性蛋白及 tRNA,这些结构和谐统一才能完成蛋白质的生物合成。mRNA 则起重要的调控功能。

真核生物 mRNA 的"扫描模式"与蛋白质合成的起始。真核生物蛋白质合成起始时,40S 核糖体亚基及有关合成起始因子首先与 mRNA 模板近 5′ 端处结合,然后向 3′ 方向移动,发现 AUG 起始密码时,与60S亚基形成80S起始复合物,即真核生物蛋白质合成的"扫描模式"。

mRNA 5′端帽子与蛋白质合成的关系。真核生物5′端可以有3种不同帽子:O型、I型和II型。不同生物mRNA可有不同帽子,其差异在于帽子的碱基甲基化程度不同。帽子结构与mRNA的蛋白质合成速率之间关系密切:① 帽子结构是mRNA前体在细胞核内的稳定因素,也是mRNA在细胞质内的稳定因素,没有帽子的转录产物很快被核酸酶降解;② 帽子可以促进蛋白质生物合成过程中起始复合物的形成,提高了翻译强度;③ 没有甲基化(m^7G)帽子(如$G_{ppp}N$-)以及用化学或酶学方法脱去帽子的mRNA,其翻译活性明显下降。

mRNA先导序列可能是翻译起始调控中的识别序列。可溶性蛋白因子的修饰对翻译也起着重要的调控作用。

(三)表观遗传修饰与调控

经典遗传学认为,核酸是遗传的分子基础,生命的遗传信息储存在核酸碱基序列。随着研究的深入,发现一个基因可以编码多种蛋白质,大量隐藏在DNA序列之中或之外其他层次的遗传信息。1930年,著名果蝇遗传学家Muller由X射线诱变发现一种果蝇的花斑眼表型,即果蝇眼睛局部区域呈红色,其余区域呈白色。这种表型不是因为DNA序列改变,而是染色体倒位或重排,造成活跃表达的基因在部分细胞中沉默,沉默是由报告基因凝聚成异染色质引起的。酵母端粒沉默效应类似果蝇的位置效应花斑,易位到端粒附近的基因都表现出不同程度失活,这是由端粒的扩展效应引起的。这种情况下,一种称为Rap1的蛋白质与端粒重复($C_{1-3}A$)结合,使异染色质蛋白质被补充到DNA上,启动异染色质化。除端粒外,酵母还有另外两个位点也是异染色质凝集化的位点。马和驴杂交育种中,马骡是公驴与母马的杂交后代,体大、耳小、尾部蓬松;驴骡是公马与母驴的杂交后代,体小、耳大而尾毛较少。显然这种遗传印记现象并不涉及基因本身的变异,而是来自父本和母本等位基因传递给子代时发生了某种修饰,使子代只表现出父本或母本一种基因。这些不影响DNA序列改变基因组的修饰,影响个体发育,并能遗传下去的变异,称为表观遗传修饰(epigenetic modification)。

1. DNA甲基化与去甲基化修饰

DNA甲基化(DNA methylation)是目前研究最清楚的表观遗传修饰形式之一,是基因组DNA胞嘧啶第5位碳原子在DNA甲基化转移酶催化下与甲基发生共价结合,在细胞分裂过程中传递给子细胞的遗传现象。体内甲基化状态有三种:持续低甲基化状态,如持家基因;诱导去甲基化状态,如某一发育阶段中部分基因;高度甲基化状态,如女性一条缢缩X染色体。真核生物细胞DNA的甲基化过程,同时也存在DNA去甲基化。DNA去甲基化(DNA demethylation)是通过5-甲基胞嘧啶(5 mC)DNA糖基化酶的作用,将DNA甲基化胞嘧啶去除,留下完整的脱氧核苷,通过内切酶修复成胞嘧啶。DNA甲基化可能存在于所有高等生物中,但不同生物中甲基化胞嘧啶含量有较大差异。如哺乳动物中约占5%,两栖类中约占10%,植物中约占30%。甲基化分布存在种属特异性和组织特异性,并具时空调节性。另外,不同生物发生甲基化的序列组成也有差别,如脊椎动物中甲基化主要发生在双核苷酸5′-CpG-3′上,植物中甲基化发生在3核苷酸5′-CNG-3′上,哺乳动物基因组中约70% 5 mC存在于CpG双核苷酸上。从发生甲基化DNA特征来看,甲基化主要分布在转座子、反转录病毒衍生的重复序列及大多数功能基因的编码区。正常甲基化对维持细胞生长及代谢等是必需的,异常DNA甲基化则会引发疾病(如肿瘤),异常甲基化一方面可能使抑癌基因无法转录,另一方面也会导致基因组不稳定。DNA甲基化在DNA复制、错配修复、转座子失活及基因表达等过程对维持遗传信息的稳定性发挥重要作用。

2. 组蛋白修饰

组蛋白是真核生物细胞染色质中的碱性蛋白质,是重要的染色体结构维持单元和基因表达调控因子。从结构上看,每个组蛋白由两个结构域:球形折叠基序(folding domain)常位于C端,参与组蛋白分子间互作并与DNA缠绕有关;组蛋白尾(histone tail)约占组全长25%,是不稳定的、无一定组织的亚单位,延伸至核小体外,可发生多种共价修饰。组蛋白修饰主要包括组蛋白甲基化、磷酸化、乙酰化、泛素化、腺苷酸化、生物素化和SUMO(small ubiquitin related modifier)化等。这些修饰可影响组蛋白与DNA双链的亲和性,从而改变染色质的疏松和凝集状态,同时影响与染色质结合的蛋白质因子的亲和性,还可影响识别特异DNA序列的转录因子与之结合的能力,从而间接影响基因表达,导致表型改变。这些多样化的修饰以及它们在时间和空间上的组合与生物学功能的关系可作为一种重要的表观标志或语言,因而被称为“组蛋白密码”。显然,组蛋白密码扩展了DNA序列自身包含的遗传信息,在更高层次上丰富了基因组信息,赋予了遗传信息更广泛的灵活性与多样性,构成了生物体不同发育期和不同条件下基因特异性表达的表观遗传标志(epigenetic mark)。

3. 染色质重塑

染色质重塑是指在整个细胞周期中染色质结构和核小体位置改变的过程,造成染色质凝集程度的变化,从而影响基因表达活性改变,产生不同表型。染色质重塑模式包括核小体滑动、核小体移除、置换组蛋白、改变核小体构象和组蛋白尾作用等。染色质重塑复合物依靠水解ATP提供能量来完成染色质结构的改变,根据水解ATP亚基不同,可将复合物分为SWI/SNF复合物、ISWI复合物以及Mi-2/CHD复合物。这些复合物及相关蛋白质均与转录的激活和抑制、DNA甲基化、DNA修复以及细胞周期相关。

4. 非编码RNA调控

在基因组表观遗传调控中,无论是DNA编码还是组蛋白修饰,都是调节基因活性的中间参与者,而真正诱导基因活性改变的重要因子是功能性非编码RNA。非编码RNA是不翻译蛋白质的功能性RNA分子,分为看家非编码RNA和调控非编码RNA。其中,具有调控作用的非编码RNA主要可分为两类:短链非编码RNA,包括siRNA、miRNA、piRNA;长链非编码RNA,如lncRNA。几乎所有表观遗传行为,如DNA甲基化、印迹、转位、位置效应花斑等,都受反式作用RNA介导。短链非编码RNA对基因表达的调控分为转录基因沉默(transcriptional gene silencing,TGS)和转录后基因沉默(post-TGS,PTGS)。转录基因沉默抑制转录的发生是通过染色质修饰和异染色质化(heterochromatinization),而转录后基因沉默则通过降解mRNA或阻止mRNA翻译来进行。短链非编码RNA调控基因表达的机制相对于lnc RNA更为简单,两者在调节基因表达、基因转录、调整染色质结构、表观遗传记忆、RNA选择性剪切以及蛋白质翻译中都发挥重要作用。不仅如此,非编码RNA在保护机体免受外来核酸侵扰中也扮演着重要的角色,被认为是最古老的免疫体系。

第六节　染色体变异

生物变异与生物遗传现象一样是生命的基本特征。遗传与变异是矛盾的两个方面,两者的统一是生物进化的动力。遗传的稳定性是相对的,变异总是存在于生命现象的始终。

所谓生物变异不是简单指生物性状的变化,而是生物在遗传物质发生改变后引起的可遗传变化。生长在一定环境中的生物,受环境的影响其外观性状会发生一定程度变化,这种变化往往是非遗传性的,不能称为变异。遗传性变异的根本原因是生物的遗传物质发生了改变,这种改变可以发生在基因连锁关系及组织形式上,如通过交换发生染色体重组,即遗传重组;也可发生在基因内DNA碱基序列上,即基因突变;还可发生在染色体组型变化,即染色体数目变异和结构变异。

一、染色体数目与结构变异

生物染色体组型是某一物种遗传物质的基本特性,具有相对恒定性。表现出同一物种不同个体间染色体组型具有一致性;亲缘关系相近物种的染色体组型具有相似性,所以生物的染色体在相近物种间具有一定同源性。分子遗传学研究也证实近缘物种间在DNA水平存在着广泛的共线性。

在生物长期的演化过程中，物种染色体数目、大小和结构都在发生变化。染色体数目变异即指一个细胞内染色体与通常染色体组型内数目的差异。染色体结构的变化称为染色体畸变（chromosome aberration）。

尽管同一物种不同个体遗传上存在差异，但这种差异往往在染色体形态水平不能反映出来，除非个体染色体发生了一定程度的畸变。染色体畸变是一种严重的突变，这种畸变会导致个体性状显著变化，大多数变化都是不利其生存的，有的甚至产生致死性效应。

通过显微镜观察分裂中期的细胞，可以观察到染色体数目的变异。19 世纪末，费里斯从月见草中发现一种植株增大的变异株（1901 年命名为巨型月见草），观察发现其体细胞染色体数为 $2n=28$，是普通月见草（$2n=14$）的 2 倍，染色体数目变异可以导致遗传性状的改变，并由此认识了生物的染色体组有多倍现象。

（一）染色体数目变异

1. 染色体组及染色体基数

染色体组（genome）指细胞内形态、结构和载有的基因均彼此不同的各个染色体的集合。这些染色体构成一个完整而协调的整体，任何一个成员或其组成部分的缺少对生物都是有害的，如表现出生活力降低、配子不育或性状变异等。一个染色体组所含染色体的数目就是染色体基数（X），染色体基数具有种属特性，不同属往往具有独特的染色体基数。

2. 整倍体

染色体数目是 X 整数倍的生物个体称整倍体（euploid）。

单倍体（monoploid，X）　$2n=X$

二倍体（diploid，$2X$）　$2n=2X$　$n=X$

三倍体（triploid，$3X$）　$2n=3X$

四倍体（tetraploid，$4X$）　$2n=4X$　$n=2X$

例如玉米为二倍体（$2n=2X=20$，$n=X=10$）；水稻为二倍体（$2n=2X=24$，$n=X=12$）；普通小麦为六倍体（$2n=6X=42$，$n=3X=21$，$X=7$）。

具有 3 个或 3 个以上染色体组的整倍体称为多倍体（polyploid）。多倍体由二倍体细胞染色体加倍或杂交组合而来，按其染色体的来源分为同源多倍体（autopolyploid）和异源多倍体（allopolyploid）。同源多倍体指增加的染色体组来自同一物种，一般由二倍体染色体直接加倍得到。异源多倍体指增加的染色体组来自不同物种，一般由不同种、属间杂交种染色体加倍形成（图 7-37）。

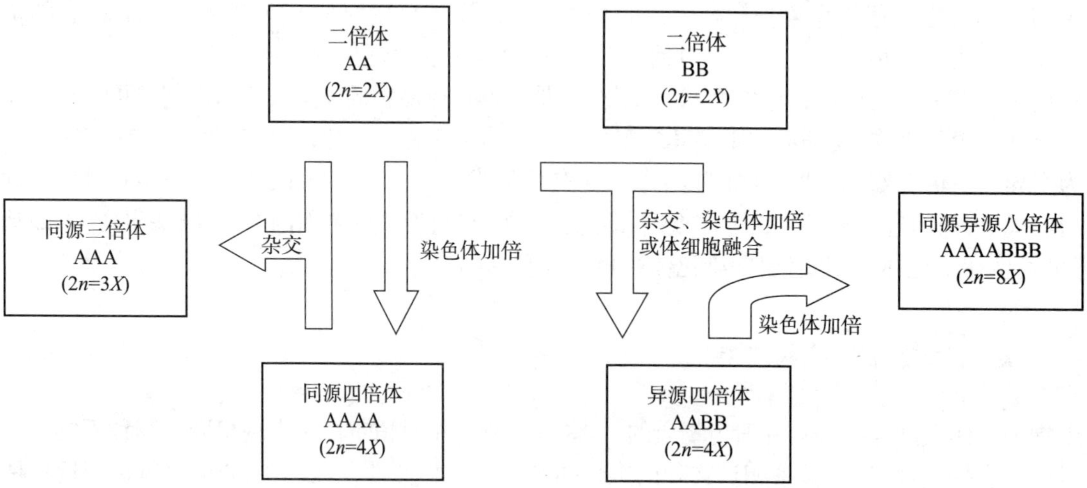

图 7-37　多倍体的产生过程

采用抑制细胞分裂时染色体分离的化学药剂(如秋水仙碱),可使细胞染色体产生加倍。对二倍体染色体加倍后,获得同源四倍体。正如月见草的四倍体一样,很多植物多倍体由于基因剂量的增加,其细胞、气孔及整个植株都有长势增旺、个体更加高大的特点,一些代谢活动也可能加强,使某些内含物更加丰富。因此在农作物改良过程中常运用该技术培育多倍体作物。但同源多倍体在减数分裂时联会过程中,由于同源染色体形成多价联会,造成染色体分离异常,导致配子不育。三倍体植株的不育现象在无籽西瓜培育中取得了较好的运用(图 7-38)。无核葡萄、香蕉也属于同源三倍体。

西瓜(X=11)二倍体($2n=2X=22=11$Ⅱ)

↓ 染色体加倍

同源四倍体($2n=4X=44=11$Ⅳ) × 二倍体

↓

同源三倍体西瓜(高度不育)

图 7-38　三倍体无籽西瓜的培育

3. 非整倍体

非整倍体指体细胞核内染色体不是染色体组的完整倍数,正常合子($2n$)多或少一个至若干的现象。染色体数多于 $2n$ 为超倍体(hyperploid),染色体少于 $2n$ 为亚倍体(hypoploid)

常见的非整倍体类型有三体、单体、四体、缺体等。

(1) 三体(trisomic)　表述为 $2n+1$,合子中某一染色体为三条,其他染色体成对存在。人类有多种染色体三体造成的遗传性疾病,Down 氏综合征是 21 号染色体三体造成的,特征是智力严重低下、典型的脸部特征,平均可活 16 年左右。还有三条 X 染色体的超雌型个体。

(2) 单体(monosomic)　表述为 $2n-1$,合子中某一染色体仅一条,其他染色体为成对存在。人类 Turner 氏综合征性染色体只有一条 X 没有 Y 染色体(这是唯一已知的人类单体存活类型)。个体只有女性特征轻度发育、无卵巢、不育。

(3) 四体(tetrasomic)　表述为 $2n+2$,合子中某一染色体为四条,其他染色体成对存在。人类性染色体存在四体甚至五体和六体的个体,如 Metafemale 症,又称为超雌(superfemale),发病率约为 0.08%。多数具有三条 X 染色体的女性无论外形、性功能与生育力都是正常的,只有少数患者有月经减少、继发闭经或过早绝经等现象,大约有 2/3 患者智力稍低,并有患精神病倾向。Klinefelter 症,又称先天性睾丸发育不全或原发小睾丸症,患者性染色体为 XXY,比正常男性多一条 X 染色体,称为 XXY 综合征,临床表现为睾丸小而质硬,曲细精管萎缩,呈玻璃样变,无精子产生,故 97% 患者不育,患者男性第二性征发育差,有女性化表现,如无胡须、体毛少、部分患者乳房发育、身材高、四肢长,部分患者(约 1/4)有智力低下,一些还有精神异常及患精神分裂症倾向。

(4) 缺体(nullisomic)　表述为 $2n-2$,合子中某一对染色体缺失,其他染色体成对存在。

上述非整倍体在遗传学研究中有很重要的价值。例如,单体使该染色体隐性基因得到表达,三体可以了解基因剂量效应等。植物通过长期人工培育,获得每条染色体分别为单体的成套株系,对遗传学研究有重要的价值。

(二) 染色体结构变异

染色体发生的结构变化,包括缺失(deletion)、重复(duplication)、倒位(inversion)、易位(translocation)。

常利用果蝇等蚊蝇中唾腺细胞的多线染色体,观察染色体畸变现象,唾腺染色体多次复制而不分开,使染色体变大变粗,同源染色体配对,染色体畸变会产生一定的形态。对人类染色体的观察常结合染色体显带技术。用特殊染料对细胞分裂中期染色体染色可产生一些明暗相间的带纹,如吉姆萨染色法(形成 G 带)。染色体显带在很多动物染色体组中都有一定的带纹模式,为染色体观察提供了参照。

1. 缺失

缺失指染色体上丢失了一段片断。人类遗传疾病中的“猫叫综合征”（cri-du-chat syndrome，因为患儿发出尖细的咪咪声而得名）是第 5 号染色体短臂一段杂合缺失引起的，患儿表现出头小、严重生长异常和智力低下（图 7–39）。

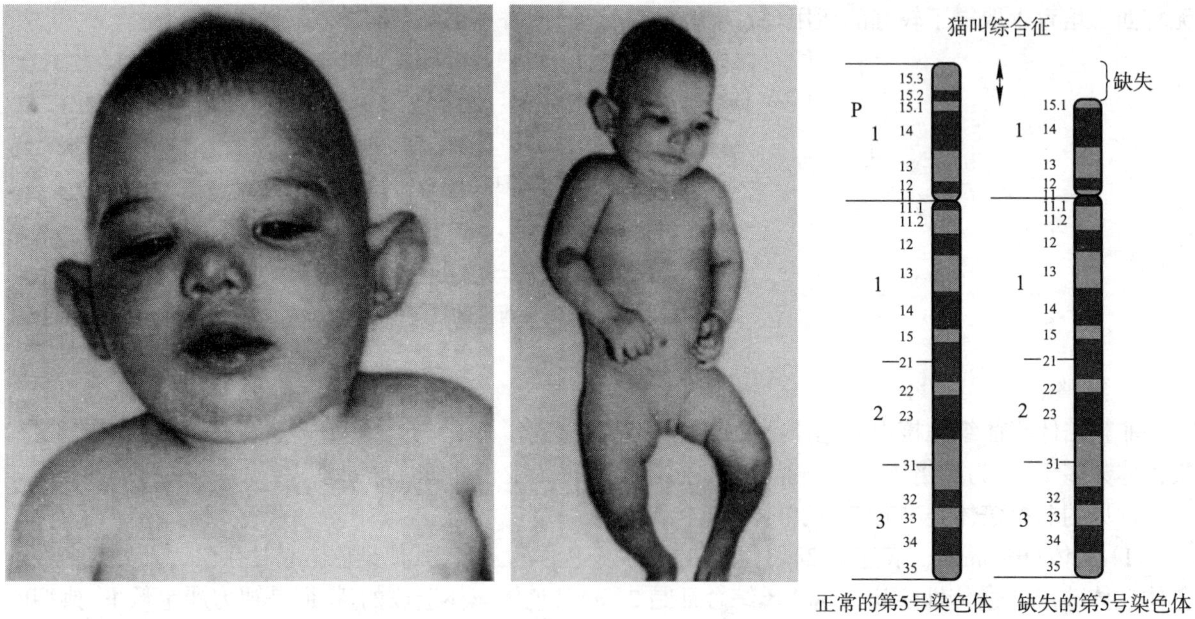

图 7–39 人第 5 号染色体短臂的一段杂合缺失引起的猫叫综合征患儿

2. 重复

重复是一个染色体组内，某一片段出现不止一次。果蝇遗传研究中发现染色重复的突变体，如果蝇 X 染色体棒眼基因使果蝇复眼数目减少眼睛呈棒状，这个基因是 X 染色体 16A 区的重复引起，该重复还表现为剂量现象，纯合存在及重复次数增加时，果蝇眼睛更小。这一区段可以重复 2～3次，重复 3 次的果蝇称超棒眼（图 7–40）。

3. 倒位

倒位是染色体上一段区域位置颠倒。染色体水平观察的倒位往往涉及染色体一段较大区段，倒位杂合个体染色体联会时出现染色体倒位环。根据染色体发生倒位的位置，染色体倒位有两种形式：臂内倒位（paracentric inversion），倒位片段不含着丝粒；臂间倒位（pericentric inversion）：倒位片段包含着丝粒。

人类的遗传疾病中有一些由染色体倒位引起，如 FG 症与 X 染色体一段倒位有关。染色体倒位可从父母遗传而来（配子减数分裂异常引起）或在合子染色体重新产生。倒位的遗传学效应可能是平衡的（balanced），即倒位染色体含有全部完整基因；也可能是非平衡的，倒位断裂和连接点可能涉及了基因的缺失或重复，后者会造成发育异常、智力低下等多种症状。

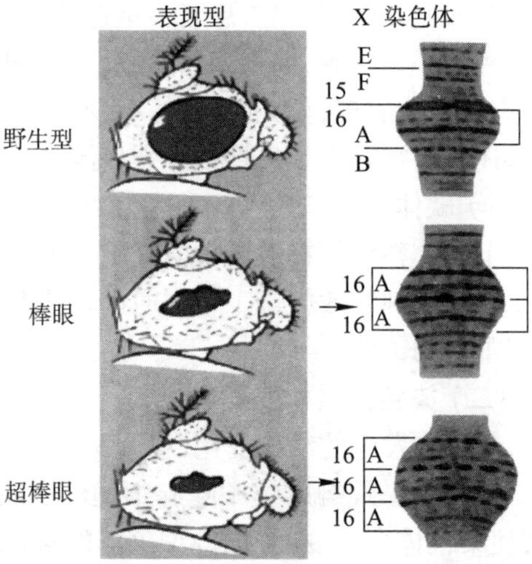

图 7–40 果蝇 X 染色体 16A 区的重复产生棒眼性状

4. 易位

染色体易位指染色体一段区域从染色体一个位点转移到另一染色体或同一染色体的另一位置。通常染色体易位与转座子转座相区分，易位染色体不带转座子的特殊结构。染色体易位也有平衡易位和非平衡易位。

图 7-41 中 A 为平衡易位，7 号染色体长臂与 21 号染色体长臂发生了相互易位，如果不涉及染色体重接位点基因的改变，有可能不引起遗传性性状，但后代中体现出相应遗传疾病；B 中 7 号染色体一段移到 21 号染色体后增加了一个拷贝，21 号染色体则减少了一段，为非平衡易位，会引起严重遗传性疾病。

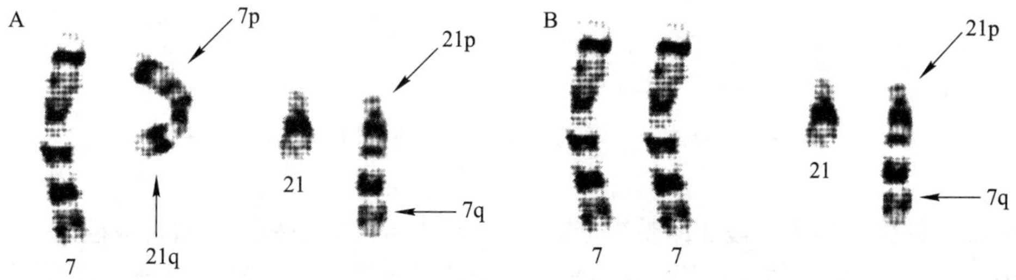

图 7-41　人类 7 号染色体与 21 号染色体间的易位

A. 平衡易位；B. 非平衡易位

二、基因突变

（一）基因突变的类型

基因突变（mutation）指基因碱基序列发生的任何可导致遗传效应的变化。携带突变基因的个体称突变体（mutant），与其相对应的是野生型（wild type）个体。

从 DNA 序列改变的程度而言，突变有大有小，前面所述的染色体重组和 DNA 重排会导致碱基序列大量变更，这种改变是较大规模的，不只涉及基因间重新组合，也涉及基因内碱基序列的变化。有些突变可能只是某一基因少数碱基甚至单个碱基的变化，称点突变（point mutation）。

基因突变发生形式有多种，包括碱基替换（base substitution）、缺失（deletion）和插入（insertion）。基因突变的发生可以自发产生，称自发突变（spontaneous mutation）；也可以人工诱发，称诱发突变（induced mutation）。由于 DNA 复制酶有校对功能，加之细胞内的修复系统，自然突变发生频率实际很低。DNA 复制过程中由于聚合酶的校对功能使复制产生错误概率低于 10^{-6}，加之修复系统的工作，其自发突变概率估计低于 10^{-10}。为了育种目的或者研究需要，常常通过人工方法诱发突变体。分子遗传学研究中通过人工诱变获得突变体来研究基因的功能是基因研究的主要手段。

碱基替代突变分为转换（transition）和颠换（transversion），转换指 DNA 分子碱基的替代是以一种嘧啶（C/T）替换另一嘧啶，或者一种嘌呤（A/G）替换另一嘌呤；颠换指嘧啶替换了嘌呤或嘌呤替换了嘧啶。

镰形细胞贫血症是位于 11 号染色体的 β 球蛋白基因发生一个点突变引起的，即序列 CCTGAGG 变成了 CCTGTGG 而引发的遗传性突变疾病（图 7-42），所以即使是单一碱基的突变也可能产生严重的后果。

碱基替换的突变可以产生如下效应：① 同义突变（synonymous mutation），突变虽然发生了碱基变化，但由于密码子简并性其编码蛋白质没有变化；②沉默突变（silence mutation），突变碱基的变化使编码蛋白质的氨基酸发生了改变，但由于氨基酸的改变并不引起蛋白功能变化，因而不能从性状上体现出来；③无义突变（nonsense mutation），指碱基改变在编码区内产生了无义密码子，使蛋白质合成提前终止。

一个基因内发生 DNA 缺失或插入也可以产生沉默突变和无义突变，更可能是发生移码突变（frame

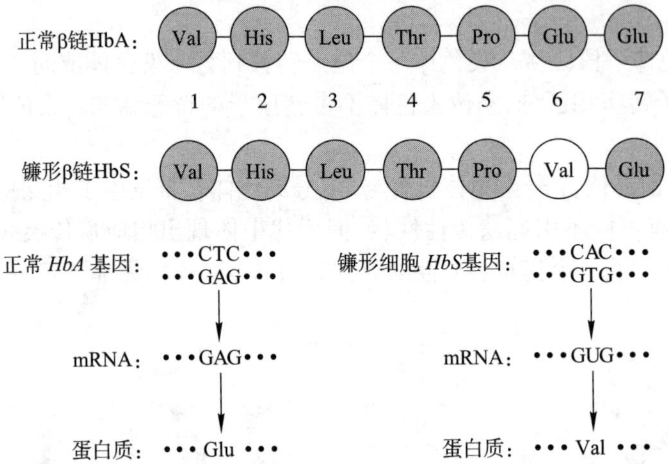

图 7–42　β 球蛋白基因的点突变导致镰形细胞贫血症的发生

shift mutation)。当缺失或插入一段 3 的整数倍碱基时，编码蛋白质中相应会缺失或插入一段多肽序列，多肽缺失和插入对蛋白质整体功能影响不大时，突变就是沉默的。当缺失或插入序列不是 3 的倍数时，缺失或插入位点下游密码子阅读框相应发生移码，后续序列编码的氨基酸序列全然发生了改变(图 7–43)，这种移码突变对基因产物的影响可能是实质性的。

(二) 诱发的基因突变

环境中一些物理和化学因素可以诱发 DNA 碱基突变，如电离辐射、紫外线等物理因素可以引起 DNA 损伤从而导致 DNA 发生突变；一些可与 DNA 碱基直接发生化学反应的试剂和碱基类似物也可诱使 DNA 突变。1927 年，穆勒和斯特德勒用 X 射线研究人工诱变，证实人工诱发基因突变可以大大提高突变率。

1. 物理因素的诱变

引起 DNA 突变的物理因素主要包括各种电离辐射和非电离辐射。能量较高的辐射可以产生热能，使细胞内原子发生“激发”(activation)而变得活跃。高能辐射如 X 射线、γ 射线、α 射线、β 射线、中子线等除产生热能、激发原子，还能使原子发生“电离”(ionization)作用，对 DNA 产生直接的损伤，诱使基因发生突变。辐射诱变作用是随机的，没有明显的特异性。农作物育种中常采用高能辐射诱发遗传突变，由于诱变的随机性，育种工作者要结合大量田间选择，从中筛选符合农艺改良目标的品种。

非电离辐射源主要是紫外线。紫外线穿透力较弱，一般应用于微生物或高等生物的配子诱变。紫外线(UV)主要作用于嘧啶，使同链邻近嘧啶核苷酸间形成多价的联合。如使 T 联合成二聚体(图 7–44)、C 脱氨成 U、将 H_2O 光解加到嘧啶 C4、C5 位置上，削弱 C–G 之间氢键，使 DNA 链发生局部分离或变性。

利用空间技术进行遗传诱变是当前作物遗传改良中很受瞩目的方法。通过返回式卫星和人造航天器，将作物种子携带到太空。地球大气层外空间存在各种物理射线，可诱发遗传突变。还有一些其他因

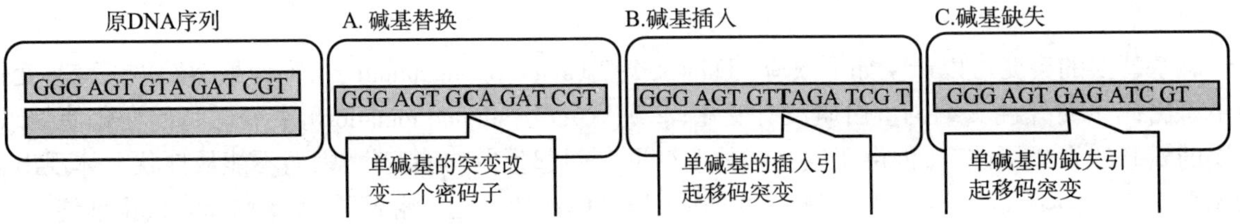

图 7–43　单碱基的突变对基因的影响

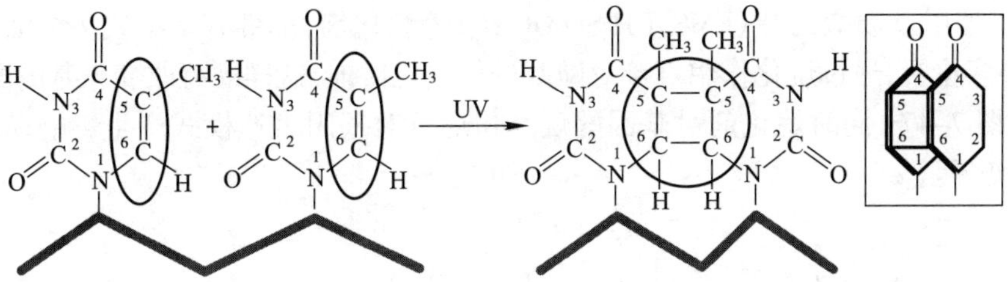

图 7-44　紫外线照射使 DNA 相邻的胸腺嘧啶形成二聚体

素诸如失重、无地球磁场影响、卫星发射和返回时的剧烈震动和一定温度变化也认为是遗传突变的诱发因素。这些因素的综合作用对作物的遗传产生诱变效果。我国利用航空搭载，已在水稻、青椒、辣椒(图 e7-3)、茄子及一些花卉等植物中获得不少优良突变体，并选育出优质、高产和更具观赏性的新品种。

图 e7-3　通过航天搭载培育的辣椒新品种

2. 化学因素诱变

多种化学因素可以通过妨碍 DNA 某一成分的合成代谢引起 DNA 变化，或者作为碱基类似物参与 DNA 的合成，从而导致 DNA 突变。如 5- 溴尿嘧啶(5-BrU)、5- 溴去氧尿核苷(5-BrudR)、2- 腺嘌呤(2-AP)。

(1) 碱基类似物诱变　化学药物分子结构与 DNA 碱基相似，在不妨碍基因复制的情况下能渗入到基因分子中。DNA 复制时引起碱基配对差错，最终导致碱基对的替换，引起突变(图 7-45)。

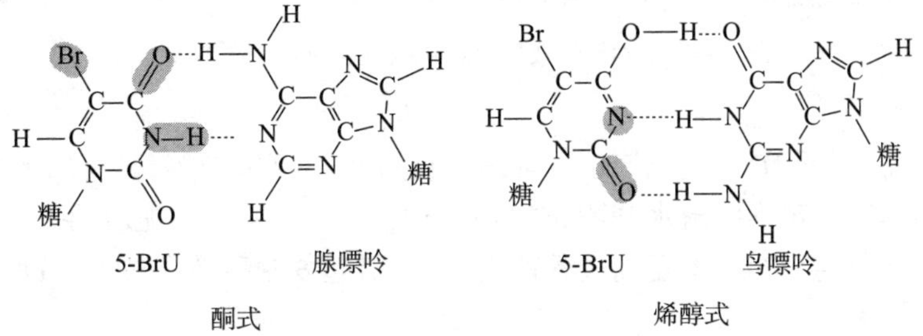

图 7-45　5- 溴尿嘧啶(5-BrU)的构型互变特性使其既能与 A 配对也能与 G 配对

(2) 直接作用的化学物质改变 DNA 某些特定的结构

a. 亚硝酸(HNO_2)　通过氧化脱氨作用使 A 和 C 碱基的 C4 位置氨基脱去，从而改变碱基配对模式，在复制后 DNA 相应碱基发生转换突变(图 7-46)。

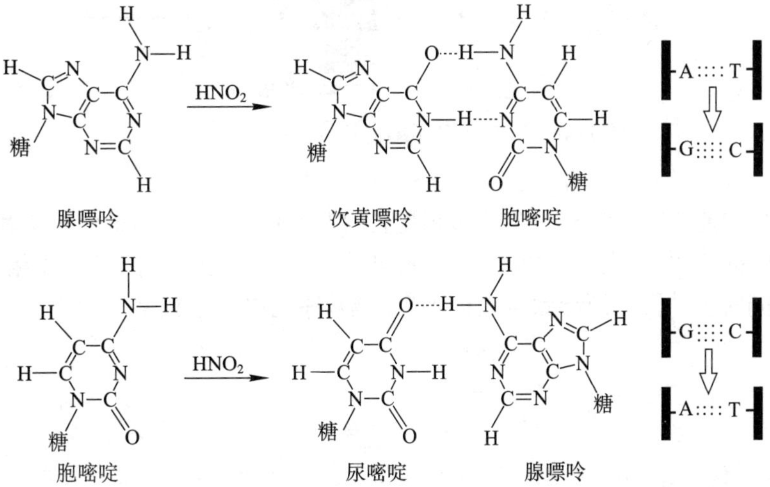

图 7-46　亚硝酸通过对碱基的氧化脱氨引起 DNA 碱基的转换

b. 烷化剂　如甲基磺酸乙酯（EMS，$CH_3SO_2OC_2H_5$）等烷化剂，都带有1个或多个活泼烷基，这些烷基能加入碱基许多位置，通过烷化作用直接对碱基进行烷化修饰，这样既可改变碱基的配对模式引起转换和颠换突变（图7-47），同时烷化剂对基因的烷基化还可对基因表达模式产生影响，导致基因表达谱变化，引起大量变异。

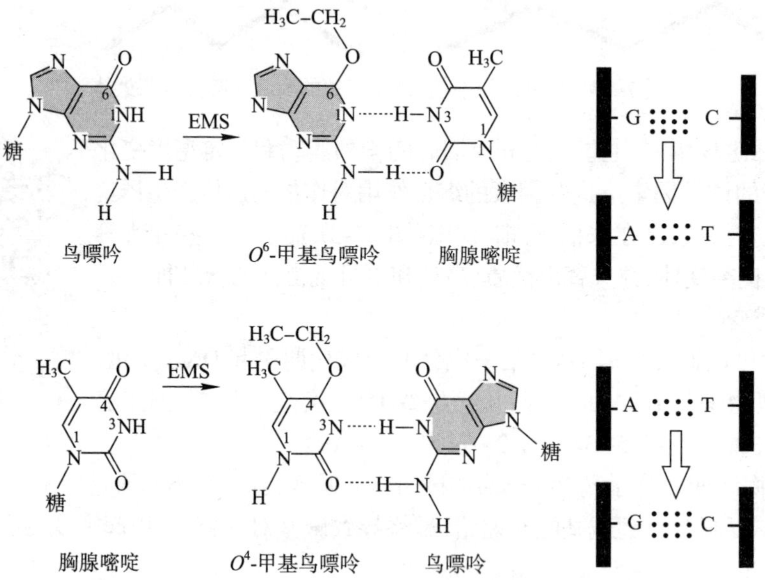

图7-47　EMS对碱基烷基化改变碱基配对的模式

c. 影响DNA复制，引起DNA复制错误　如溴乙锭（EtBr）、吖啶橙等，具有扁平分子结构，分子略小于碱基配对平面，还具有一定程度疏水基团，很容易嵌入DNA双链碱基配对的平面之间（图7-48）。这些插入到DNA内的分子，会对DNA复制过程产生干扰，引起复制后单一核酸的缺失或插入，从而产生基因的移码突变。

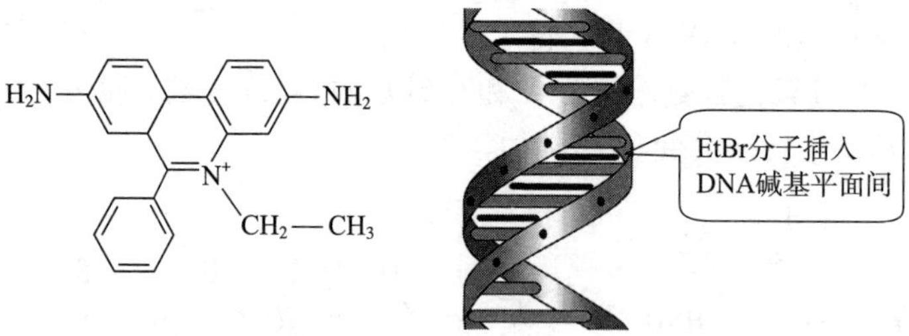

图7-48　EtBr的分子结构及与DNA螺旋的结合

总的来看，生物的遗传物质具有一定遗传稳定性，以保证遗传信息的世代传递和物种的相对特性。同时遗传物质又具有可以发生改变的特性，在形成配子的减数分裂过程中，遗传重组的发生实现了染色体基因的新组合，同时多种因素还导致染色体DNA碱基序列以一定频率发生变化，使新的遗传信息得以产生。

本章小结

自然界大多数真核生物，体细胞染色体成对存在，这一对染色体一个来自父本，一个来自母本，称为同源染色体。性细胞中染色体数目只有体细胞一半。减数分裂过程中同源染色体等位基因控制的性状产生分离;非同源染色体基因控制的性状自由组合,性状的遗传遵循孟德尔定律。

同一染色体上的基因具有连锁遗传现象。完全连锁情况极少见,性状遗传多是不完全连锁。交换频率可通过测交时重组型配子百分率检测,反映了同一染色体上基因间的相对距离,称遗传距离。基因间遗传距离常用厘摩尔根(cM)为单位,1cM表示两基因间的交换值为1%。通过两点或多点测交实验,将同一染色体上基因的距离和顺序在染色体相对位置标志出来,可以绘制基因在染色体上的位置图,称为连锁遗传图。

染色体主要由DNA和蛋白质组成。DNA化学组成包含有四种含氮杂环分子碱基、脱氧核糖及磷酸基,碱基杂环的氮原子与脱氧核糖1位碳原子共价连接形成四种脱氧核糖核苷,其脱氧核糖5′位羟基与磷酸基通过酯键连接形成脱氧核糖核苷酸。脱氧核糖核苷酸之间通过3′,5′磷酸二酯键将四种脱氧核糖核苷酸一一连接,形成多核苷酸的核酸链。DNA是一种双链螺旋分子结构。

DNA通过半保留复制过程,在多种酶和蛋白质因子作用下忠实地复制自身。原核细胞DNA的复制起始于一个特定起点,复制受到细胞生长时期的控制。真核生物DNA复制起始受细胞周期的控制,一条染色体上有多个复制起点;不同生物或不同发育时期的细胞,复制子大小不同。在细胞生长分化的不同时期,复制子数目是可变的。

基因的分子本质是一段具有遗传学效应的DNA片段。基因通过碱基排列形成三联体密码来决定蛋白质的氨基酸序列;基因也通过碱基排列识别RNA聚合酶和转录因子,控制其转录,基因还通过碱基序列与阻遏蛋白结合控制其表达。基因转录终止是其序列的特性,转录的RNA形成终止信号导致转录终止。

遗传与变异是通过遗传物质对蛋白质的决定作用实现的。遗传性变异的根本原因是生物的遗传物质发生了改变。从分子水平看所有变异都是基因组中DNA碱基序列变化而引起遗传信息的改变,这种改变可以发生在基因连锁关系及组织形式上,也可发生在基因内或染色体组型变化的DNA碱基序列上,即基因突变;还可发生在染色体数目改变和染色体畸变。基因突变的形式包括碱基替换、缺失、插入。基因突变的发生可以自发产生,称自发突变;也可以人工诱发,称诱发突变。为了育种目的或者研究需要,常常通过人工方法诱发突变体。分子遗传学研究中通过人工诱变获得突变体来研究基因的功能是基因研究的主要手段。

复习思考题

一、名词解释

遗传;变异;基因;完全显性;不完全显性;共显性;镶嵌显性;超显性;复等位基因;基因互作;互补作用;积加作用;重叠作用;显性上位作用;隐性上位作用;抑制作用;基因内互作;基因间互作;多因一效;一因多效;连锁遗传;同源染色体;完全连锁;不完全连锁;交换值;性染色体;伴性遗传;遗传图谱;半保留复制;连锁群;基因突变;同义突变;沉默突变;无义突变;表观遗传修饰;操纵子;重组修复;错配修复;基因表达调控;切除修复;易错修复;直接修复

二、问答题

1. 根据德国学者魏斯曼(A. Weismann)提出的种质与体质概念,怎样对身边观察到的遗传现象进行阐释。
2. 孟德尔豌豆杂交实验采用了“真实遗传”的(true-breeding)豌豆材料,他是如何获得这种“真实遗传”材料的?为什么说使用“真实遗传”材料对其揭示遗传规律有关键作用?
3. 纯种甜粒玉米和纯种非甜粒玉米间行种植,收获时发现甜粒玉米果穗上结有非甜粒的子粒,而非甜粒玉米果穗上找不到甜粒的子粒。如何解释这种现象?怎样验证解释?
4. 怎样区别某一性状是常染色体遗传还是伴性遗传?举例说明。
5. 萝卜块根形状有长形、圆形和椭圆形表型,以下是不同类型块根萝卜杂交的结果:

亲本	长形 × 圆形	长形 × 椭圆形		椭圆形 × 圆形		椭圆形 × 椭圆形		
子代数	595	205	201	198	202	58	112	61
子代表型	椭圆形	长形	椭圆形	椭圆形	圆形	长形	椭圆形	圆形

说明萝卜块根形状属于什么遗传类型，并自定基因符号，标明上述各杂交组合亲本及其后裔的基因型。

6. 浏览 NCBI 网站，查看人类染色体物理图谱，了解分子标记的含义。
7. 从 nature 网站下载 Avery 关于细菌转化的论文阅读，并解释以其当时的研究，Avery 关于 DNA 是遗传物质的结论为何非常谨慎？
8. 根据 DNA 分子的结构，阐释其作为遗传物质在生命起源、进化及功能发挥时相关的结构因素。
9. 比较原核细胞和真核细胞 DNA 复制体中成分的异同。从遗传学角度，怎样研究和揭示这些复制体的组分？
10. 为什么说氨基酰 -tRNA 合成酶对遗传信息的正确发挥具有重要作用？
11. 诱发基因突变有哪些方式？现代遗传学研究中为何常通过诱发突变形式来研究基因的功能？

主要参考文献

李振刚 . 分子遗传学(第 4 版). 北京：科学出版社，2014.

吴相钰，陈守良，葛明德 . 陈阅增普通生物学(第 4 版). 北京：高等教育出版社，2014.

赵寿元，乔守怡 . 现代遗传学(第 2 版). 北京：高等教育出版社，2001.

Avery O T, MacLeod C M, McCarty M. Studies on the chemical nature of the substance inducing transformation of *Pneumococcal* types. J. Exp. Med. 1944, 79 : 137–159.

Francisco J A, John A K Jr. Modern genetics. Menlo Park (CA): The Benjamin/Cummings publishing company, Inc, 1984.

Kim J K, Samaranayake M, Pradhan S. Epigenetic mechanisms in mammals. Cell molecular of life science. 2009, 66 : 596–612.

Lewin B. Genes IX. New York: Pearson education, Inc, 2007.

Muller H J. Types of visible variations induced by X-rays in *Drosophila*. Journal of genetics. 1930, 22 (3): 299–334.

Reed K C, Marshall Graves J A. Sex chromosomes and sex-determining genes. Langhorne, PA: Harwood academic publishers, 1993.

Russell P J. Genetics. 5th ed. Menlo Park (CA): The Benjamin/Cummings publishing company, Inc, 1998.

Twyman R M. Advanced molecular biologiy: a concise reference. BIOS scintific publishers limited, 1998.

Watson J D, Crick F H C. A structure for deoxyribose nucleic acid. Nature. 1953, 171 : 737–738.

Weiling F. Historical study: Johann Gregor Mendel 1822—1884. American journal of medical genetics. 1991, 40 : 1–25.

Wilkins M H F, Stokes A R, Wilson H R Molecular structure of deoxypentose nucleic acids. Nature. 1953, 171 : 738–740.

Winter P C, Hickey G I, Fletcher H L. Instant notes in genetics. 北京：科学出版社，1999.

网上更多资源

教学课件　视频讲解　思考题参考答案　自测题

第八章

生物的起源与进化

当面对五彩缤纷、生机盎然的生物界时,我们会发现生物的种类极其繁多,它们的形体大小不一,形态构造各具特色,繁殖速度也十分惊人。我们不禁要问,生物界为什么具有如此惊人的复杂性和多样性?这些生物是怎样起源?又是怎样发展而来的呢?为了揭开生物起源与进化的"谜团",英国著名生物学家查尔斯·达尔文(Charles Darwin,1809—1882)经过二十多年的潜心研究,于1859年,出版了《物种起源》,提出生物进化论学说,第一次对整个生物界的发生、发展,做出了唯物的、规律性的解释,使生物学发生了一次革命性变革,对人类做出了杰出的贡献。然而,关于生命起源与进化的研究并没有因为达尔文而结束,随着生命科学,特别是分子生物学的发展,人类对生命起源与进化的研究仍在继续,并且不断地更新和发展。

第一节　生命的起源

生命是在宇宙的长期进化中发生的,生命的起源是宇宙进化到某一阶段后由无生命的物质所发生的一个进化过程。地球自诞生至今已有46亿年的历史,但并非自诞生之日起便有生命的存在,生命在地球上的发生经历了一个漫长的过程。自古以来人们就一直关注着生命的起源,出现了各种各样的关于生命起源的假说。

一、对生命起源的认识

(一) 自然发生论

自然发生论是19世纪前广泛流行的生命起源理论,它认为生物可以从非生命的物质中直接而迅速地产生。我国古代有"腐草化萤""白石化羊"和"腐肉生蛆"的说法。古希腊学者亚里士多德坚信,低等生物是在雨、空气和太阳的共同作用下,从黏液和泥土中产生的。古印度人认为,汗液和粪便可以产生虫类。古埃及人认为,尼罗河的淤泥经过阳光曝晒,可以生出鱼、青蛙、蛇、鼠等。将生命描绘得可以随时随地自然发生。

(二) 神创论

神创论者认为生命是由超物质力量的神所创造的,或者是一种超越物质的先验所决定的。即认为地球上的各种生物,都是由上帝按照一定计划、一定目的创造出来的,这是人类在认识自然能力很低的情况下产生出来的一种错误原始观念,后来又被社会化了的意识形态有意或无意地利用,致使崇尚精神绝对至上的人坚信神创论。

(三) 天外种胚论

随着天文学的大发展,人们提出了地球生命来源于别的星球或宇宙的“胚种”,即地球上的生命是由天外飞来的。这种认识风行于19世纪,现在仍有极少数人坚持这种观点,其依据是:地球上所有生物拥有统一的遗传密码,稀有元素钼在酶系中有特殊重要的作用等事实。然而,“天外胚种论”目前还缺乏令人信服的证据,即使能够成立,也没有解决最早的“胚种”(生命)是怎样起源的问题。

(四) 化学起源论

化学起源论者主张从物质的运动变化规律来研究生命的起源。认为在原始地球条件下,无机物可以转变为有机物,有机物可以发展为生物大分子和多分子体系直到最后出现原始的生命体。1924年,苏联生物学家奥巴林(A. I. Oparin)首先提出了这种看法,五年后英国遗传学家霍尔丹(J. B. S. Haldane)也发表过类似的观点。他们都认为地球上的生命是由非生命物质经过长期演化而来的,这一过程称为化学进化,有别于生物体出现以后的生物进化。1936年出版的奥巴林的《地球上生命的起源》一书,是世界上第一部全面论述生命起源问题的专著。他认为原始地球上无游离氧的还原性大气在短波紫外线等能源作用下能生成简单有机物(生物小分子),简单有机物可生成复杂有机物(生物大分子)并且在原始海洋中形成多分子体系的团聚体,后者经过长期的演变和“自然选择”,终于出现了原始生命即原生体。化学进化论的实验证据越来越为绝大多数科学家所接受。

二、生命起源的条件

经过多学科、多方面的研究,目前认为生命起源的条件大致有以下三点。

(一) 原始大气

孕育生命的原始地球初生时地壳非常薄弱,内部蓄积了大量热能,平均温度高达几千摄氏度,炽热的岩浆剧烈运动着,不时冲出地球表面形成火山爆发。随着火山爆发,一些气体被源源不断地释放出来,形成了原始大气(图e8-1)。原始大气是生命化学演化的最初舞台,包括CH_4、NH_3、H_2、HCN,H_2S、CO、CO_2和水蒸气等,是无游离氧的还原性大气,不能阻挡和吸收太阳辐射的大部分紫外线,所以紫外线能全部照射到地球表面,成为合成有机物的能源。不过,这时的地球上仍然没有生物分子。

图e8-1　地球上的原始大气

(二) 能源

能量是原始地球生命诞生的必需条件,在原始地球上有各种形式的能量可供利用。如紫外线、闪电及火山喷发释放的大量热量。此外,宇宙射线、放射线、陨石冲击的能量均可促进生命的化学进化(表8-1),即简单的气体分子在吸收了能量之后,它们会变得异常活泼,进而产生化学反应,形成复杂的(生命)物质。美国的科学家米勒是第一位模拟原始地球的大气的条件,成功地合成出复杂(生命)物质的科学家。

表8-1　现今地球上能源的平均数值(李难,2001)

能源	能量 /$cal \cdot cm^{-2} \cdot a^{-1}$
太阳辐射总能量	260 000
紫外光	
< 300 nm	3 400
< 250 nm	563
< 200 nm	41

续表

能源	能量 /cal·cm^{-2}·a^{-1}
< 150 nm	1.7
放电	4
宇宙射线	0.001 5
放射线(到 1.0 km 深)	0.8
火山爆发	0.13
冲击波	1.1

注:cal 是习惯使用而应废除的单位,1 cal=4.186 8 J

(三)原始海洋

原始地球形成后,地球上的水绝大部分以岩石中结晶水的形式存在于地球的内部。地球内部产生的水汽通过火山活动释放到地球的外部,然后以雨滴的形式降落到地面,逐渐形成海洋,出现原始的水圈。随着地壳逐渐冷却,空气对流剧烈,形成雷电狂风、暴雨浊流、滔滔的洪水汇集成巨大的水体,这就是原始的海洋(图 8–1)。原始海洋中的海水可以阻止强烈的紫外线照射,为原始生命的诞生和发展提供了有利的条件,因此可以说原始海洋是最初生命的发源地。

图 8–1 地球温度降低后形成原始海洋

三、生命起源的主要阶段

根据对地球化学、地球物理学、地质学和宇宙考察等方面的研究资料可以推测,地球可能形成于46 ~ 50 亿年前,早期的地球没有生命存在的痕迹。科学家在澳大利亚发现的形似丝状蓝细菌的微体化石表明,原始生命大约是在 37 ~ 38 亿年前后诞生的。生命起源的化学演化过程大致分为以下四个阶段。

(一)无机小分子到有机小分子

原始地球是还原性大气层,加之火山喷发、紫外线、闪电、太阳辐射、火山爆发等能量的作用,大气和水中丰富的无机小分子,逐渐形成简单的有机化合物,如氨基酸、有机酸、单糖、脂质、嘌呤、嘧啶、碱基,甚至核苷酸等。

1953 年,美国芝加哥大学研究生米勒(S. L. Miller)在其导师尤利(H. C. Urey)的指导下进行了一项实验,模拟原始地球还原性大气,进行雷鸣闪电来产生有机物(特别是氨基酸),用以论证生命起源的化学进化过程。他们在实验室设计了一套玻璃仪器装置,球形的玻璃容器里模拟的是原始地球的大气,主要有氢气、甲烷和氨气。在实验过程中,需要把烧瓶里的水煮沸,这模拟的是原始海洋里的蒸发现象。球形的电火花室里外接有高频线圈,使电极可以连续火花放电,这模拟的是原始地球大气中的放电现象。放电进行了一周,让米勒惊喜的是,实验中产生了多种氨基酸(图 8–2)。

通过模拟原始地球的环境条件,在实验室已制造出生物体中存在的 20 种氨基酸、几种糖类、类脂,以及 DNA 和 RNA 的组成成分嘌呤和嘧啶碱基,甚至产生了生物的能量通货—— ATP。

(二)有机小分子到生物大分子

由无机小分子演变为生物体基本结构单元的有机小分子,这无疑是生命进化过程中至关重要的一步,但是由于生物小分子过于简单,只有变成更为复杂的生物大分子之后,才有可能导致生命的诞生。

在原始地球上,自然合成的氨基酸和核苷酸随雨水汇集到湖泊海洋里,矿物黏土把这些生物小分子吸附到自己周围,在铜、锌、钠、镁等金属离子催化下,许多氨基酸分子通过缩合脱水连接在一起,形成更为复杂的蛋白质分子。同样,许多核苷酸分子也通过缩合脱水连接在一起,形成更为复杂的核酸分子。

核酸是生物的遗传物质,生物体生长、繁殖、行为和新陈代谢的信息都包含在核酸的组成成分——核苷酸的排列顺序中。核酸是生命的信息分子,核酸的功能是通过蛋白质来实现的,就连核酸本身的复制都需要蛋白质的参与。

原始地球的湖泊海洋里出现了核酸和蛋白质以后,生命的诞生便成为可能,因为自然界中一些病毒就是由核酸和蛋白质组成的。

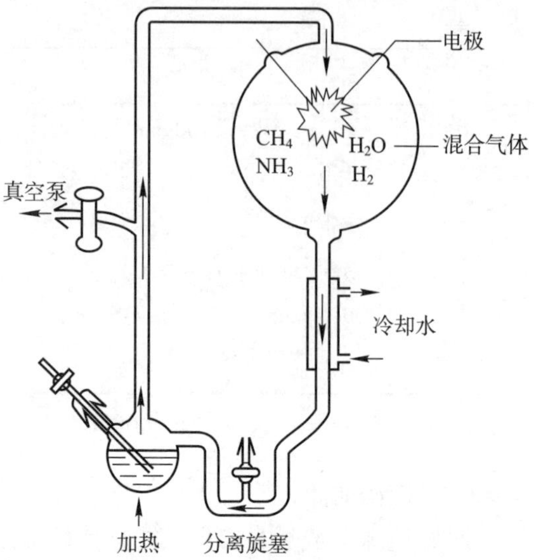

图 8-2 利用放电作用合成氨基酸的装置

(三) 生物大分子到多分子体系

生物大分子还不是生命,它们只有形成了多分子体系,才能显示出某些生命现象。因此,多分子体系的出现就是原始生命的萌芽。

1. 奥巴林的团聚体假说

1924 年,苏联生物学家奥巴林在实验的基础上提出了团聚体学说(coacervate theory),认为生物大分子蛋白质和核酸的溶液混合在一起时可以形成团聚体,这种多分子体系表现出一定的生命现象。奥巴林将明胶(蛋白质)与阿拉伯胶(糖类)两种透明的溶液混合在一起,之后溶液变为混浊,显微镜下可以看到均匀的溶液中出现了小滴,即团聚体。用蛋白质、核酸、多糖、磷脂及多肽等溶液也能形成这样的团聚体。这种团聚体直径 1 ~ 500 μm,外围可形成膜一样的结构与周围的介质分隔开来,能稳定存在几小时至几周,并表现出简单的代谢、生长、增殖等生命现象(图 8-3)。

2. 福克斯的微球体学说

20 世纪 60 年代美国人福克斯(S. W. Fox)提出了微球体学说(microsphere theory),强调了蛋白质在生命起源中的重要作用。他将干燥的氨基酸粉末混合加热后在水中形成了类蛋白微球体,并把它看成是原始细胞的模型。这种微球体直径较均一,为 1 ~ 2 μm,相当于细菌的大小。它表现出很多生命特征:其表面具有双层膜,能随着介质的渗透压变化而膨胀或收缩;能吸收溶液中的类蛋白质而生长,并能像细菌那

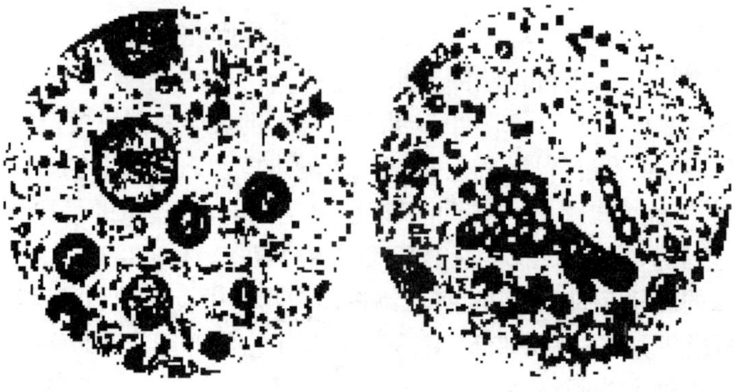
图 8-3 显微镜下观察到的团聚体(左)和团聚体的生长与分裂(右)(奥巴林,1957)

样进行繁殖；在电子显微镜下还可以观察到它具有类似于细菌的超微结构。

奥巴林的团聚体假说和福克斯的微球体假说是海相起源论与陆相起源论在化学演化的第三阶段上的集中表现。由于两种假说各自都有一定的实验基础和理论基础，因此，福克斯在20世纪70年代曾著文认为，团聚体和微球体两者都是生物大分子向着原始细胞演化的可能模型。

（四）多分子体系到原始生命

这一阶段是在原始海洋中形成的，是生命起源过程中最复杂和最有决定意义的阶段。这一阶段有两个重要问题需要解决：生物膜的产生和遗传器的起源。

1. 生物膜的产生

只有界膜变成了生物膜，多分子体系才有可能演变为原始细胞。生物膜的基本结构就是磷脂双分子层上镶嵌着动态的功能蛋白质分子。一般认为，脂质体可能是原始生物膜的模型。脂质体是一种人工制造的细胞样结构，由脂质分子双层包围着一个含水的小室构成。通常认为原始海洋中有磷脂存在，有磷脂就易形成脂质体。脂质体嵌入糖蛋白等功能蛋白质，经过长期演变就可能发展为原始的生物膜。

2. 遗传器的起源

目前尚无实验模型，仅凭一些间接资料进行推测。一些科学家认为，最初比较稳定的生命体，可能是类似于奥巴林在实验室内做出的，主要由蛋白质和核酸组成的团聚体。起先存在着各种成分的多分子体系，一些由于不适于生存而破灭了，一些适于生存的被保留下来。经过这样的"自然选择"终于使以蛋白质和核酸为基础的多分子体系存留下来并得到发展。其中核酸能自行复制并起模板作用，蛋白质则起结构和催化作用。由此推断既非先有蛋白质亦非先有核酸，而是它们从一开始就在多分子体系内一同进化，共同推动着生命的发展。

第二节　生物进化的主要历程

我们已知地球上的生命是地球演化过程的自然产物，当化学进化发展到一定水平，原始生命便随之产生。如今地球上存在的各种生命形式都是由其共同的祖先——原始细胞经过漫长的进化逐步演变而来。原始生命经过多次重大创新和进化的巨大突变，由非细胞形态的生命到细胞形态，从原核细胞到真核细胞，从异养到自养，从单细胞到多细胞等，都是生命由低级到高级，由简单到复杂发展的历程，也是生命进化过程的重大事件。

一、从原核细胞到真核细胞

原核细胞到真核细胞的进化是细胞进化史上最重要的事件，具有十分重要的生物学意义。具体进化过程如下。

（一）原始生命到原始细胞

原始生命体具有一个原始界膜，它能自成体系地生活于原始海洋中。这种界膜的物质交换机制主要是依靠渗透作用，因此其选择性和稳定性较差。嵌有蛋白质的类脂双层膜结构的出现，使其具有了选择透过功能，保证了有机体与环境间物质和能量的交换，形成了原始的细胞膜。在原始的细胞膜内，遗传系统逐渐完善，产生出种类更多的酶，代谢效率得以逐渐提高。原始细胞膜的形成标志着原始细胞的诞生。

（二）原始细胞到原核细胞

在生命的化学进化中，由生物大分子组成的多分子体系，无论是团聚体还是微球体，在不断进化中，逐渐形成了地球上最早的原始生命形式——原始细胞。原始细胞是一些单细胞厌氧的异养型原核生物，一种比现代细胞中最简单、最小的支原体(mycoplasma)还简单的原始结构。原始细胞体内没有结构和功能的分化,生命大分子蛋白质、核酸及代谢酶系相互混杂在一起,使得细胞的调控体系很不完善,因而促使原始细胞进一步分化。首先是细胞内代谢酶系逐渐集中于一定的区域,使代谢系统趋于有序化;随后 DNA 大分子也逐渐进化形成了染色质,染色质进一步形成细胞的控制中心——核区,核区的出现表明细胞调控机制进一步提高,直至进化为结构更复杂、更精密的原核细胞。

人们迄今找到的最古老的生物化石中保存着 35 亿年前的丝状蓝细菌和其他原核生物的踪迹(图 8-4)。生命史研究证明,原核生物是地球上最早出现的生物,且占据了整个生命史前 3/4 的时间。古化石研究表明,从 35 亿年以后的 10 亿年间,地球上的原始生命一直是原核生物的世界,生命的进化十分艰巨。

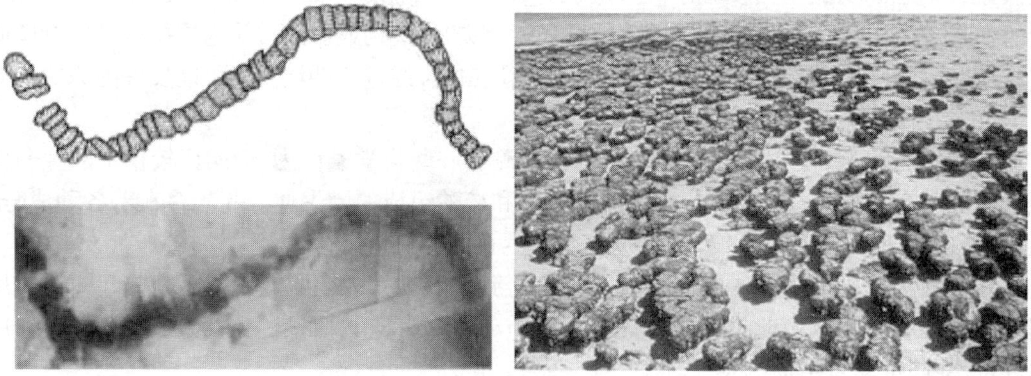

A　　B

图 8-4　原核生物的踪迹(廖苏梅,2008)

A. 为发现于澳大利亚西部的 35 亿年前的蓝细菌化石;B. 发现于澳大利亚西部海滩上的垫藻岩,岩石上面有 35 亿年前原核生物的踪迹

(三) 真核细胞的起源

由于原核细胞和真核细胞差别很大,而且缺少连续的中间过渡类型。因此,对于真核细胞的起源问题,长期以来存在两种相互对立的观点,即渐进假说(autogenous hypothesis)和内共生假说(endosymbiotic hypothesis)。

1. 渐进假说

渐进假说认为真核细胞起源于原核细胞,原核细胞逐渐进化,膜结构越来越复杂,出现了围绕核物质的核膜以及其他膜包围形成的细胞器,于是出现了真核生物。可见真核细胞是由原核细胞通过自然选择和突变逐渐进化而来。

2. 内共生假说

内共生假说由美国生物学家林恩·马古利斯(Lynn Margulis)提出。马古利斯认为,大约在十几亿年前,有一种大型的有吞噬能力的原核生物,称为前真核细胞,其先后吞噬了几种原核生物(如原始的好氧型细菌、蓝藻等),在进化的过程中,被吞噬的生物由寄生过渡到共生,最终成为宿主细胞的细胞器。如吞入的是好氧细菌,就变成了线粒体;如吞入的是蓝藻,就变成叶绿体等,真核细胞就这样产生了(图 8-5)。

内共生学说的主要证据是:① 线粒体和叶绿体都具有自主性活动,它们所含的 DNA 均是环状的,与细菌、蓝藻相同;② 线粒体和叶绿体所含的核糖体与原核生物的相似,而与真核生物的不同,并且这两种细胞器也能够像原核生物一样进行无丝分裂;③ 线粒体和叶绿体都有两层膜,内膜来自这些细胞器本身,外膜来自细胞的膜系统。上述证据对线粒体和叶绿体的内共生起源假说是十分有力的支持。然而,通过对各类细菌的分子进化研究,现在已可以肯定,真核细胞的直接祖先是古菌,与一般细菌不同,而后者却与线粒体和叶绿体有很多相似之处。因此,内共生假说现在已得到普遍的公认。

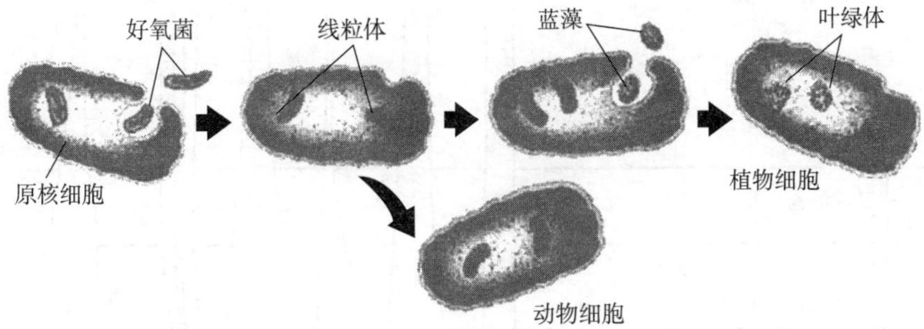

图 8-5 线粒体和叶绿体的内共生起源(廖苏梅,2008)

(四) 真核细胞起源的意义

真核细胞的起源,叩开了生物多样性大爆发之门,因而成为生物进化史上一大重要的里程碑,它无疑具有重要的生物学意义,具体表现在以下三个方面。

(1) 奠定了有性生殖产生的基础 真核细胞进行有丝分裂,而有性生殖的重要特征——减数分裂,实质上是有丝分裂的一种特殊形式。有性生殖的出现,提高了物种的变异性,因而大大推进了进化的速度。

(2) 推动了动植物的分化 与原核细胞相比,真核细胞的结构、功能均已复杂化,从而增强了生物的变异性,导致了真核细胞种类的分化,从而出现了动植物的分化,使生物体向更高级的方向发展。

(3) 促进了三极生态系统的形成 在原核生物时代,地球上只有以异养的细菌和自养的蓝藻组成的一个二极生态系统。随着真核生物的产生和动植物的分化发展,才出现了由动物、植物和菌类所组成的三极生态系统,使生物进化的水平进入到一个新的阶段。

二、从单细胞生物到多细胞生物

在 35 亿年地球生命史的前 3/4 时间里,单细胞生物是唯一的生命形式。由单细胞生物进化到多细胞生物是继真核细胞起源之后的又一个重要的进化事件。一般认为多细胞植物和动物分别起源于单细胞真核生物,即它们各自独立地走向多细胞化,并不断地从低等到高等、从简单到复杂演化,最终形成今天复杂多样的生物界。

(一) 多细胞植物的进化

人们普遍认为,原始绿色鞭毛生物是植物和动物的共同祖先,随着营养方式的分化,自养的一支演化为植物,异养的一支演化为动物。这是生命进化史上的又一次大分化,从此动植物开始了它们各自的发展史。植物的演化过程一般划分为 5 个主要阶段(图 8-6)。

1. 藻类植物时代

从寒武纪至泥盆纪的 4.5 亿年前,地球上的植物以藻类为主。藻类是最低等的植物,多数生活在水中,没有根、茎、叶的分化,一般具有光合色素,能进行光合作用。单细胞的蓝藻是最初出现的藻类,它们以前"寒武海"为演化中心,后来浅海类型演化为绿藻、轮藻等,而深海类型则演化为红藻、褐藻等。在 9 亿年前 ~ 7 亿年前,多细胞藻类出现并得到发展。藻类在地球上曾有过几万世纪的全盛时代,植物体的组织逐渐复杂起来,达到了更完善的程度。直至寒武纪早期,藻类植物进化的轮廓基本完成。到 4.4 亿年前的志留纪,藻类植物时代结束。藻类植物时代一般划分为 3 个阶段,即单细胞藻类植物时代、多细胞藻类植物时代和大型藻类植物时代。

2. 苔藓植物时代

苔藓植物的苔纲首次出现在古代的泥盆纪,大多数生活在阴湿的环境中,已出现茎、叶的分化,但没有真正的根,生活史中有世代交替现象,配子体发达,孢子体退化。苔藓植物在植物的系统演化中,代表

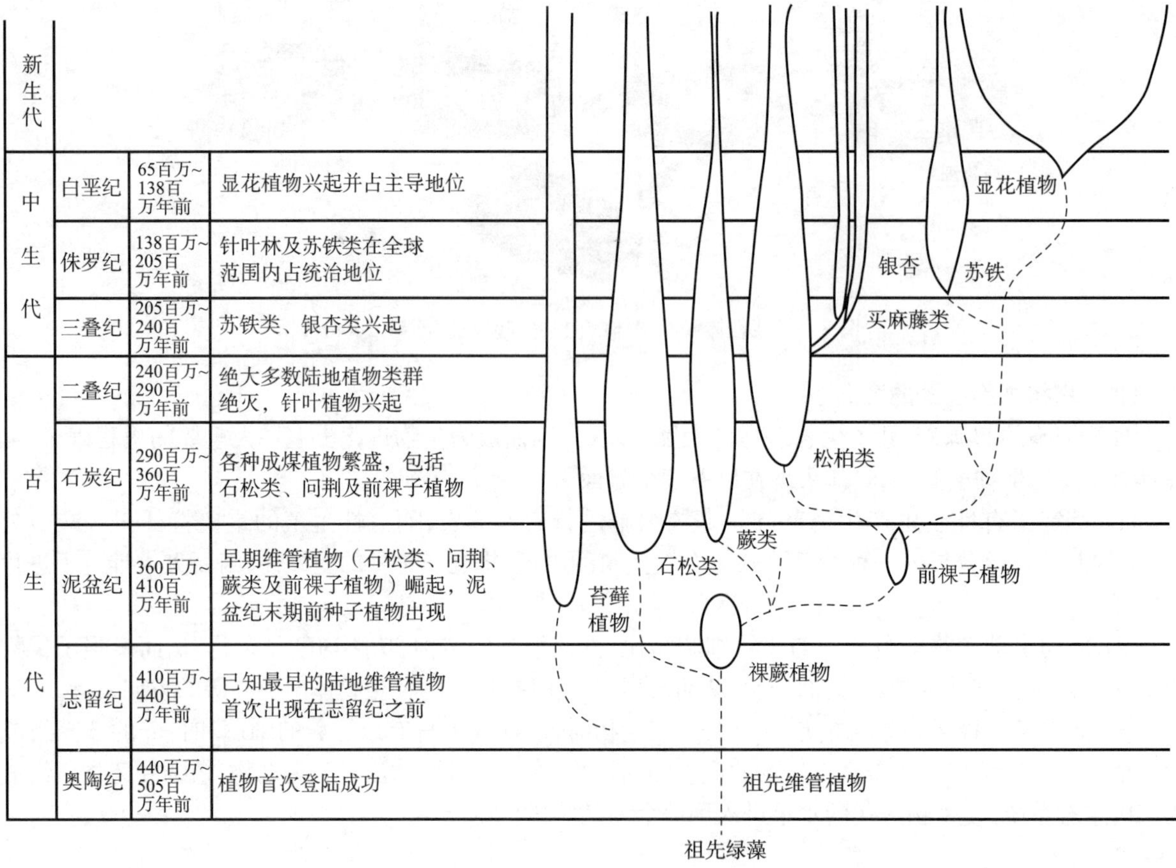

新生代
中生代
白垩纪
65百万~138百万年前
显花植物兴起并占主导地位
侏罗纪
138百万~205百万年前
针叶林及苏铁类在全球范围内占统治地位
三叠纪
205百万~240百万年前
苏铁类、银杏类兴起
古生代
二叠纪
240百万~290百万年前
绝大多数陆地植物类群绝灭，针叶植物兴起
石炭纪
290百万~360百万年前
各种成煤植物繁盛，包括石松类、问荆及前裸子植物
泥盆纪
360百万~410百万年前
早期维管植物（石松类、问荆、蕨类及前裸子植物）崛起，泥盆纪末期前种子植物出现
志留纪
410百万~440百万年前
已知最早的陆地维管植物首次出现在志留纪之前
奥陶纪
440百万~505百万年前
植物首次登陆成功
显花植物
银杏
苏铁
买麻藤类
松柏类
蕨类
石松类
苔藓植物
前裸子植物
裸蕨植物
祖先维管植物
祖先绿藻

图 8-6　植物的演化（C. Starr & R. Taggart，1995）

着从水生到陆生生活的类型，其形态结构的变化也是与其从水生到陆生相适应的。但由于苔藓类尚没有维管束的分化，输导能力差，决定了这类植物的生活依然不能完全脱离水的环境。苔藓植物尽管是在泥盆纪时出现的，但它们始终没能形成陆生植被的优势类群，只是植物界进化中的一个侧支。

3. 蕨类植物时代

由于气候变迁，在距今 4 亿年前后的志留纪末至泥盆纪初，由一些绿藻演化出原始陆生维管植物，即裸蕨。它们虽无真根，也无叶子，但体内已具有维管组织，可以生活在陆地上，从此植物开始登陆，这是生物进化史上的重大事件。

在 3 亿多年前的泥盆纪早中期，它们经历了约 3 000 万年的时间向陆地扩展，并开始朝着适应各种陆生环境的方向发展分化。裸蕨类在植物进化上占有十分重要的地位，但在泥盆纪末期已绝灭，代之而起的是由它们演化出来的各种蕨类植物。至二叠纪约 1.6 亿年的时间，它们成为当时陆生植被的主角，许多高大乔木状的蕨类植物很繁盛，如鳞木、芦木、封印木等，形成大片沼泽森林，由于它们有根茎叶的分化，为产生更多的陆地植物区系奠定了基础。但是蕨类植物生活史中，受精过程依然离不开有水的环境，蕨类的这种原始性最终导致其在二叠纪衰败。

4. 裸子植物时代

从二叠纪至白垩纪早期，在约 1.4 亿年时间里，许多蕨类植物由于不适应当时环境的变化，大都相继绝灭，陆生植被的主角则由裸子植物所取代。最原始的裸子植物（原裸子植物）也是由裸蕨类演化出来的。

裸子植物时代，早期以苏铁植物为主，晚期在北半球主要是银杏和松柏，南半球主要是松柏。晚二叠纪初期，裸子植物中的苏铁类、松柏类、银杏类等逐渐发展，进入中生代，在炎热、干燥的气候条件下，裸子植物占有显著的地位，在许多地区形成大片的森林。

裸子植物与蕨类植物相比，最大的进化特征是配子体寄生在孢子体上，形成裸露的种子，并在发展过程中产生了花粉管，精子经花粉管直接到达卵细胞，从而使受精过程不再受水的限制。种子和花粉管的产生，使裸子植物发展到比蕨类植物更为高级的水平，因而在造山运动剧烈的二叠纪，取代了蕨类植物在陆地上的优势地位，中生代为裸子植物最繁盛的时期，故称中生代为裸子植物时代。

5. 被子植物时代

被子植物是从白垩纪迅速发展起来的植物类群，并取代了裸子植物的优势地位，是植物界中最高等的一个类群，直到现在，被子植物仍然是地球上种类最多、分布最广泛、适应性最强的优势类群。

被子植物具有一系列比裸子植物更适应于陆地生活的结构特征，其营养器官和繁殖器官均比裸子植物复杂，同时具备了诸如双受精、双层珠被、种子有果皮包被、由导管输送水分等特征，表现出对陆地生活更强的适应能力。

被子植物出现于早白垩纪，繁盛于晚白垩纪，在白垩纪和第三纪的早期，被子植物基本上是乔木，到渐新世才出现大量的灌木和草本植物。到第三纪中期，由于传粉方式的多样化，促进了异花授粉和杂交。到第四纪，受寒流的影响，被子植物中出现大量多倍体。因此被子植物的发展史可以划分为 4 个阶段：第一，白垩纪到始新世的乔木阶段；第二，渐新世后期到第三纪早期的灌木和草本阶段；第三，第三纪后期的杂交阶段；第四，第四纪的多倍体阶段。

6. 植物进化的基本规律

从上述植物进化的过程中可以看出植物发展进化的一般规律。

(1) 对陆地生活的适应性转变　从 9 亿年前至 4.4 亿年前，藻类在海洋中形成繁茂的海生藻类世界，随着地球大气含氧量的增加以及大气臭氧层对宇宙射线的阻挡，藻类植物也分化为浅海绿藻类型和深海褐藻、红藻等类型。4.9 年前覆盖了地球许多地方的浅大陆海形成，以及温暖湿润地球的气候为植物界的登陆创造了条件，浅海绿藻类型登陆，陆生植物开始出现。4 亿年前地球浅内陆海洋扩展，陆生植物已经发展到多样化。3.6 亿年前内陆沼泽发展，伴随着造山运动，陆地由湿润逐渐变为干旱，到 2.9 亿年前干旱的陆地条件，植物界演化出裸子植物类群。2.5 亿年前大陆形成单一超级大陆，更加干旱的陆地条件使裸子植物得到发展，被子植物也开始出现。地球大陆气候的变迁促进了植物界的生活环境从水生到陆生的转变。

(2) 形态结构由简单到复杂　随着植物界由水域向陆地发展，生活环境的变化也越来越复杂，植物体的形态结构也向着适应陆地生活转变而变得更加复杂，生殖细胞首先进一步得到了保护，生殖器官结构更加完善，发育过程从合子直接发育成新的植物体到合子发育形成胚，由胚再长成新的植物体。水生的多细胞藻类为形态结构简单的丝状体或叶状体，有性生殖结构多数为简单的精子囊和卵囊，发育过程中不形成胚。湿润环境条件下生活的苔藓植物演化出了茎叶体，有性生殖结构为颈卵器和精子器，发育过程中开始有了胚的阶段。但是，还没有形成真正的根，没有维管组织分化。蕨类植物形态结构进一步复杂化，有了真正的根和生殖叶与营养叶的区分，出现了孢子叶，分化出原始的维管组织结构，主要输导分子为管胞和筛胞。陆生环境生活的裸子植物根系进一步发展，植物体形成乔木，维管组织结构进一步发育，有形成层和次生结构，生殖器官出现了胚珠，产生了花粉粒和花粉管，形成种子。被子植物生活型更加多样化，维管组织结构更加完善，输导分子主要为导管和筛管、伴胞，分化出了纤维组织，具有了真正的花，形成了子房结构和果实。

(3) 生殖方式由无性生殖到有性生殖　生殖方式和生殖器官的演化是植物界进化的重要方面。低等植物以细胞分裂方式进行营养繁殖，或通过产生各种孢子进行无性繁殖，蓝藻和细菌的繁殖中未发现有性生殖过程，真核生物则普遍存在配子融合的有性生殖繁殖方式。有性生殖出现在距今约 9 亿年前，是否起源于无性生殖是一个尚未解决的问题。植物的有性生殖是从同配生殖进化到异配生殖，再进化到卵配生殖。有性生殖的出现使两个亲本染色体的遗传基因重新组合，使后代获得更丰富的变异，从而使进化速度加快，促进了发育和增殖方式更加多样化，其结果使植物系统发育过程出现了飞跃式的进化，增强了植物的生命力和适应性，这也是被子植物繁荣发展的内在原因。

(4) 个体发育由配子体占优势到孢子体占优势　个体发育是指生物从它生命活动中某一阶段开始，经过形态、结构和生殖上一系列发育变化，然后再出现开始某一阶段的全过程。在个体发育中，多细胞藻类植物大多数营养生活体是配子体，孢子体仅为少量细胞构成的简单结构；苔藓植物营养生活体也是配子体，孢子体寄生在配子体上；蕨类植物孢子体和配子体各自独立生活；裸子植物和被子植物的营养生活体是孢子体，形态结构进一步复杂化，配子体寄生在孢子体上，形态结构进一步简化为花粉粒和胚囊。这是由于孢子体是由继承了父母双重遗传性的合子萌发形成，具有较强的生活力，能更好地适应多变的陆地环境。

(5) 生活史的类型及其演化　原核生物的生殖方式是细胞分裂和营养繁殖，所以它们的生活史非常简单。真核生物出现了有性生殖，在它们的生活史中有配子体的配合过程和进行减数分裂的过程，出现了明显的世代交替现象。植物生活史类型的演化伴随着整个植物界的进化而发展，它经历了由简单到复杂，由低级到高级的演化过程。

植物界在演化发展过程中，各种适应性变化是互相影响，互相联系，互相制约的。植物的进化是一个有机整体的变化，不能孤立地以植物获取某一性状作为衡量植物进化地位的唯一标准，也不能认为凡是简单的结构都属于原始性状，如颈卵器的结构，从苔藓植物到蕨类植物，再到裸子植物就越来越简单，演化到被子植物则完全消失。因此，绝不能把植物界的发展机械地理解成简单的、直线上升的演化过程，有些植物的演化是循着器官简化的道路，往往是一种次生性的结构简化现象。实际上植物是在不断地朝着多个方向的环境适应演化发展变化的，这样才可能形成今天在地球上存在的多样性丰富地植物界。

（二）多细胞动物的进化

动物界的历史，是一个动物起源、分化和进化的漫长历程，是一个从单细胞到多细胞，从无脊椎到有脊椎，从低等到高等，从简单到复杂的过程。动物的进化历程主要包括原生动物阶段、多细胞非脊索动物阶段和脊索动物阶段（图 8-7）。

1. 原生动物阶段

原生动物是原生生物界里最原始、最低等的动物，所有的原生动物都是由单细胞构成，这些构成原生动物的单个细胞，既有一般动物细胞的基本结构，又有一般动物所表现的各级生理功能，是一个可以独立生活的有机体。鞭毛纲是原生动物中最原始的一个类群，其中原始鞭毛虫是原始鞭毛纲中最原始的种类，它是所有多细胞动物的祖先。

2. 多细胞非脊索动物阶段

多细胞动物也称后生动物，由单细胞动物发展并分化而来。现今的多细胞动物大多数属于三胚层动物，但最初形成的多细胞动物则是双胚层的，它们类似于现代的腔肠动物，这类动物进一步分化出中胚层，就成为三胚层动物。三胚层动物的早期类型都没有硬质外壳，体形较小，所以不易保存下化石。从古生代寒武纪早期才开始有化石记录，那时的多细胞无脊椎动物至少已出现七个门类。可见，在前寒武纪，无脊椎动物已经走过漫长的历程，到了 5 亿年前的寒武纪，已是具有硬壳的无脊椎动物的鼎盛时代了。

动物界中海绵动物是最原始、最低等的多细胞动物。腔肠动物是真正多细胞动物的开始，泥盆纪是腔肠动物珊瑚大规模的适应辐射时期。从扁形动物开始，出现了两侧对称和中胚层。软体动物则是环节动物向着适应不善活动的生活方式发展的结果。节肢动物是动物界最大的一个类群，也是无脊椎动物中登陆最成功的动物。节肢动物起源于环节动物。

在寒武纪时代发现的化石数量和种类最多的是三叶虫（图 8-8），因此寒武纪又称为“三叶虫时代”。但由于三叶虫不具备适应陆地生活的体形，又缺乏御敌能力，故从古生代中期就日渐衰落，到古生代末期，三叶虫基本灭绝，代之以陆生无脊椎动物昆虫类的崛起。

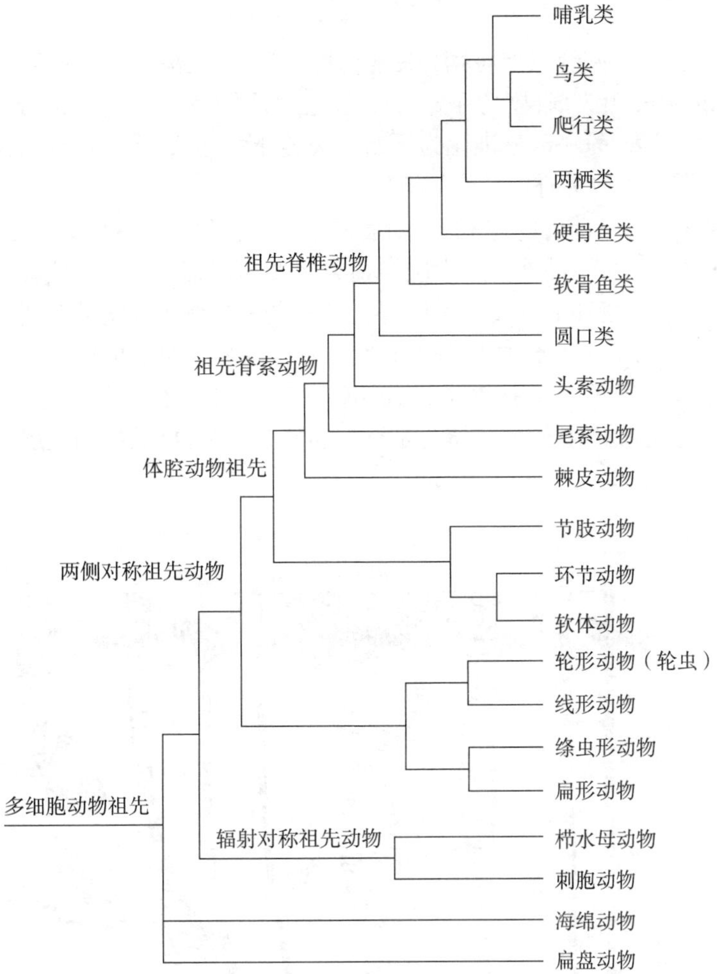

图 8-7　动物界的系统演化关系（C. Starr & R. Taggart，1995）

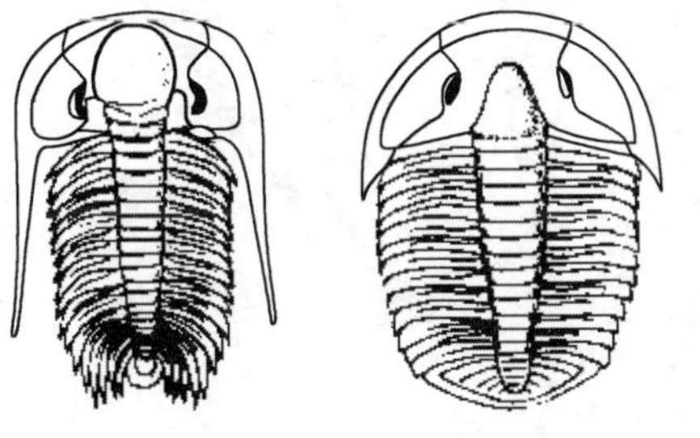

图 8-8　三叶虫 *Paradoxides*（左）和 *Elralhia*（右）（陈阅增，1997）

昆虫类是节肢动物中最庞大的一个类群，它约占动物总数的 80%。昆虫无论在体形上还是在适应陆地环境的能力上都是十分成功的，因此昆虫类是较早登上陆地的动物。昆虫等陆生无脊椎动物的兴起，标志着无脊椎动物从水生发展到陆生生活时代。

棘皮动物和半索动物是无脊椎动物中的最高类群，他们开始向着脊索动物进化。棘皮动物也是后口动物的开始。在系统发育过程中，半索动物的幼体形态与棘皮动物极为相似，而成体则接近于脊索动物。由于棘皮动物、半索动物和脊索动物均含有肌酸，三者可能源于共同的祖先（图 e8-2）。

图 e8-2　早期脊索动物进化树

3. 脊索动物阶段

脊索动物门包括尾索动物亚门(如海鞘)、头索动物亚门(如文昌鱼)和脊椎动物亚门。尾索动物亚门和头索动物亚门尚未分化出头部,故又称为无头类。之后,原始无头类中一部分演化为现今的无头类,如现存的文昌鱼是一个代表;另一部分进化为原始有头类,除了少数低等脊索动物类群保留脊索外,大部分类群的脊柱代替了脊索,成为脊椎动物的祖先。

原始有头类出现在5亿年前的晚寒武纪,随后向两个方向发展,一支成为无颌类,它们没有上、下颌,只有一个漏斗式的口,不会主动捕食。无颌类种类繁多,形态各异,但都披有骨质的甲片,故又称甲胄鱼。现存无颌类的代表盲鳗和七鳃鳗却无甲胄。另一支无颌类在进化早期,前面的一对鳃弓发生了变位和变形,转化成为上、下颌,这样,便出现了有颌类脊椎动物。颌的出现,是脊椎动物进化史中第一次重大的"革命",从此它们便可主动捕食了,如鱼纲。由于脊椎动物是随着有颌类的出现才开始繁盛起来,因此4亿多年前的晚志留纪至今,被认为是脊椎动物时代。脊椎动物的发展分为5个阶段(图8-9)。

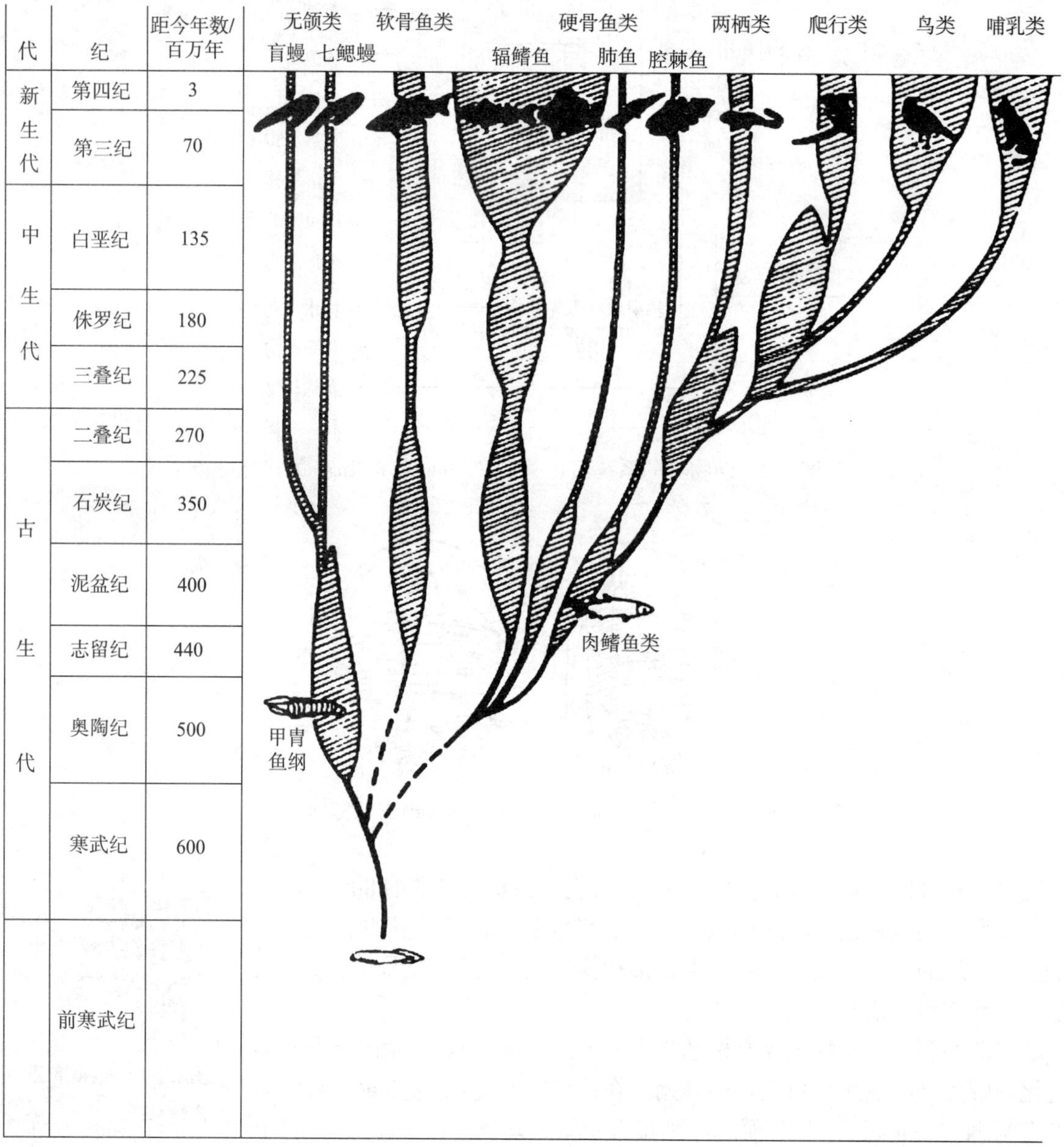

图8-9　脊椎动物在地质年代上的关系图

(1) 鱼类 盾皮鱼类是最早的有颌类脊椎动物，大多披有甲片，不仅有颌，还具有偶鳍，主要生活在志留纪和泥盆纪(距今3.6亿年前)，但由于其笨重的甲片和不够发达的偶鳍使之行动不够便利，因而在泥盆纪后期随着脱去甲片束缚的软骨鱼类和硬骨鱼类的兴起，盾皮鱼类逐渐灭绝。软骨鱼类和硬骨鱼类分别迅速分化增长，到泥盆纪大为繁盛，超过了一切无脊椎动物和无颌类，成为地球水域中最占优势的动物，所以泥盆纪有“鱼类时代”之称。软骨鱼类和硬骨鱼类现今仍还很繁盛。

(2) 两栖类 到泥盆纪晚期(距今约3.5亿年前)，硬骨鱼类中的一支，在不断改造自身的过程中，逐步适应陆地生活，于是支撑上陆，成为最早的陆生脊椎动物——两栖类。这是脊椎动物进化历程中又一次重大的“革命”或飞跃，正因为它们登上了陆地，后来的脊椎动物才有可能在陆地上得到大发展。

化石研究认为，在泥盆纪晚期出现了一种称为鱼石螈(*Ichthyostega*)的动物，可能是最早的两栖类，在形态上表现出从鱼类到两栖类的过渡特征。鱼石螈的结构特征表明它可能是两栖类的直接祖先，也可能是最早的两栖动物坚头类(Stegocephalia)。坚头类登陆后，脊椎开始分化，第一个脊椎骨演变为颈椎，使两栖类有了颈部。以后坚头类按其脊椎骨椎体发育方式不同分化为两支：弓椎类(Apsidospondyli)和壳椎类(Lepospondyli)。前者的发生经过软骨阶段，后者的发生不经过软骨阶段。弓椎类在石炭纪早期，由鱼石螈型椎体同时演化为始椎类和块椎类，到三叠纪又从块椎类分化出全椎类。现存的两栖类是块椎类和壳椎类的后裔。

在脊椎动物进化史中，石炭纪至二叠纪(距今2.5亿年前)称为“两栖动物时代”。那时，两栖动物非常繁盛，是当时地球上占统治地位的“高等”动物。

(3) 爬行类 爬行类是真正的陆生动物，与两栖类相比，它具有适应陆地生活的许多特征，如具有羊膜卵。爬行类是脊椎动物中最先具羊膜卵的动物，有了羊膜卵，动物才有可能彻底摆脱自然水的束缚，深入内陆。毋庸置疑，羊膜卵的出现，是脊椎动物进化史上的一大飞跃。

已知最古老的爬行动物化石是蜥螈(*Seymouria*)(图e8-3)。出现于石炭纪末的杯龙类(Cotylosaurs)可能是爬行类祖先的基干，因其没有颞窝而区别于其他爬行类，又称无颞窝类(Anapsida)。由无颞窝类在进化中通过辐射分化，产生出无空亚纲、下空亚纲、调孔亚纲和双孔亚纲等类型。其中双孔亚纲的蜥龙目和鸟龙目通常称为“恐龙类”。恐龙出现于2亿年前的三叠纪中期，灭绝于0.67亿年前的白垩纪末，曾独霸地球长达1.4亿年之久。由此看出，爬行动物自石炭纪出现后，经二叠纪的酝酿，进入中生代便大为发展，分支之多、种类之繁达到空前地步，占据了陆、海、空三大生态领域。

图e8-3 蜥螈骨骼及复原图

(4) 鸟类 鸟类的起源是生物学上难解的谜。赫婿黎在100多年前就提出鸟类起源于兽脚类恐龙的假说。1913年，南非著名古生物学家布罗姆教授详细描述了一种叫假鳄类的槽齿类爬行动物化石后，正式提出鸟类起源于比恐龙更为原始的槽齿类的新假说。1972年，英国科学家沃尔克教授又提出鸟类与鳄类亲缘关系较近的假说。这使得鸟类起源问题形成了槽齿类起源说、鳄类起源说和兽脚类恐龙起源说三足鼎立的状态。进入20世纪90年代以后，中国辽西北票地区发现了命名为中华龙鸟(图8-10)的一只带毛恐龙化石，为科学界提供了第一件皮肤印迹上有羽毛状衍生物的兽脚类恐龙标本，它的发现给鸟类起源于兽脚类恐龙的理论注入了活力。随后不久，中国科学家在辽西地区又发现了一系列重要的化石标本，尤其是北票龙和千禧中国龙鸟的发现，使越来越多的科学家相信，鸟类起源于兽脚类恐龙。

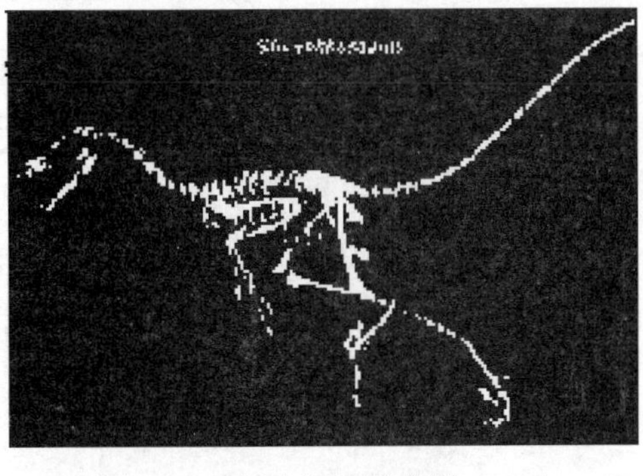
图8-10 中国龙鸟(魏道智，2007)

鸟类从爬行类分化出来后逐步演化为具有恒温并能适应飞翔生活的一支动物类群。鸟类分为古鸟亚纲

(Archaeornithes)和今鸟亚纲(Neornithes)两大类。古鸟亚纲的始祖鸟具有爬行类和鸟类的过渡形态,由骨骼结构特点推测,始祖鸟可能源于爬行类的槽齿目,出现于晚侏罗纪。到白垩纪,鸟类已属于今鸟亚纲,它们与现代鸟有许多相似点。到新生代,鸟类全部成为现代类型。

(5) 哺乳类　哺乳类是最高级的一类脊椎动物,具有更完善的适应能力,如恒温、哺乳、胎生等。哺乳类和鸟类都起源于古代爬行类,但哺乳类出现得更早。

早在三叠纪晚期,就在恐龙刚刚登上进化舞台的同时,一群在当时并不起眼的小动物从兽孔目爬行动物当中的兽齿类里分化出来,随后从侏罗纪到白垩纪长达1亿多年的漫长岁月里,它们一直生活在以恐龙为主的爬行动物的巨大压力下,直到白垩纪末期,当恐龙等爬行动物在中生代发生大灭绝之后,才得以在随后的新生代中顽强地崛起并成为新生代地球的主宰,它们就是哺乳动物。

从晚三叠纪开始,哺乳动物在整个中生代经历了艰难的发展过程,分化出始兽亚纲(Eotheria)、原兽亚纲(Prototheria)、异兽亚纲(Allotheria)和兽亚纲(Theria)四大类。其中,始兽亚纲包括柱齿兽目、三尖齿兽目两类;原兽亚纲仅有一个单孔目,即以现存的鸭嘴兽和针鼹为代表;异兽亚纲仅有一目,即多瘤齿兽目;兽亚纲包括三个次亚纲,即古兽次亚纲、后兽次亚纲和真兽次亚纲。

4. 多细胞动物的进化特征

多细胞动物的进化具有三大主要特征。

(1) 进步性　生物进化是由少到多、由低级到高级、由简单到复杂的进步性发展。例如,多细胞动物的进化,最初出现的是原始的无脊椎动物,生活在水中,以后依次出现鱼类、水陆栖的两栖类、成功登陆的爬行类,又由爬行类演化出鸟类和哺乳类,最后才出现人类。

新与旧的交替过程,也是进步性发展的一种形式。新生的物种从某些旧物种中产生出来,它代表着进化的一面,前进的、发展的一面。没有新旧交替,生物也无法进化。恐龙类如果不在中生代末期绝灭,从而让出许多生态位,哺乳类才可能在新生代得到发展。

(2) 阶段性　生物进化是由间断性与连续性相结合的一种阶段性发展。首先,生物的进化是间断的。如马的进化:从始马到渐新马、中新马、上新马、现代马,具有间断性的突出表现。其次,生物进化又是连续的。各种生物之间都存在着一定的联系,没有什么绝对分明和固定不变的界限。例如,生物的进化是有许多中间过渡类型连接起来,体现了演化。最初的两栖类与鱼类相似,最初的爬行类与两栖类相似,最初的哺乳类、鸟类与爬行类相似。前面提到的始祖鸟便有许多方面与爬行类相似。此外,在物种的进化过程中,也有许多中间的过渡类型联结着。

(3) 适应性　生物进化是生物与环境相互协调的一种适应性发展。生物的进化与环境的改变密切相关。环境的急剧变化,促进生物的适应与进化。例如,在泥盆纪温暖、潮湿的环境条件下,蕨类植物空前繁荣,为动物的登陆创造条件。当时两栖类特别兴旺发达;石炭纪末期发生了造山运动,形成显著的大陆性气候,爬行类出现并得到发展;到二叠纪时,气候又变得更加干燥、炎热,两栖类衰落,爬行类始盛。到了中生代,地壳运动比较平静,爬行类(特别是恐龙)进入发展的高峰期。中生代末期,地形和气候发生了巨大的变动,恐龙类很难适应变化了的环境,可能因此而灭绝。

第三节　生物进化的证据

生物进化的证据是多方面的,在进化论创立的初期主要是从古生物学、比较解剖学及胚胎学三个方面来寻找证据。随着生物学各分支学科的发展,在生理、生化、遗传、生物地理等领域都提供了进化的证据。

一、古生物学证据

生物进化最直接的证据是地质史中的化石记录(图 8-11),化石是那些现在已经绝灭了的生物的遗体、遗迹或遗物,它们通常是石化了的动物硬体部分,如介壳、骨块、牙齿等。化石也可能是岩石中保留的动物遗迹,如动物的足迹或其他动物活动的遗迹。遗物化石如动物排出的粪便和动物卵的化石。在稀有的情况下,动物的软体部分也能未经任何改变地保存下来,如西伯利亚冻土地带挖掘出来的猛犸象,虽然已经是死了万年之久,但皮肉仍完整无损。

图 8-11　化石证据(廖苏梅,2008)

化石资料表明,地球上生物进化的总趋势是由简单到复杂、由低等到高等、从水生到陆生。如动物化石显示,在最初的元古代和古生代早期出现的是原生动物、软体动物等无脊椎动物,泥盆纪时鱼类繁盛,两栖类开始登陆,爬行类称雄于中生代,同时原始鸟类开始出现。到新生代哺乳动物得到空前的发展,第四纪出现了人类。植物化石反映出志留纪前出现了各类生活于水中的原始藻类,志留纪末期植物成功登上陆地,从此植物在陆地得到大发展。中生代是裸子植物繁盛的时代,同时被子植物开始繁衍,中生代末期至今,被子植物取代裸子植物的地位成为地球植物界的主宰。

化石资料同时表明,生物的进化与环境变化密不可分,环境的变化大大促进了生物类群的进化。如石炭纪是气候温暖潮湿,两栖类较为繁盛;石炭纪末期,造山运动导致大陆性气候的形成,爬行类得到大的发展;泥盆纪之后,由于气候分带使得最初登上陆地的植物逐渐向内陆渗透,植物地理分区现象逐渐明显。化石资料还揭示了生物的进化是渐进式的,不同进化阶层的物种由许多中间过渡类型连接起来。如鸟类的祖先始祖鸟与爬行类类似,说明鸟类起源于爬行类;裸子植物的祖先裸蕨兼具真蕨植物的特征,说明裸子植物由真蕨类演化而来。

二、比较解剖学证据

从比较解剖学的角度来论证动物进化,同源器官(homologous organ)是一个极好的例子。同源器官是指进化上同一来源,构造和部位相似而形态功能上有显著差异的器官。典型的例子是脊椎动物的四肢、蝙蝠的翼膜(翅膀)、鲸的胸鳍(前鳍)、猫的前肢、人的手臂(图 8-12)。

虽然表面形态及功能不同,但基本结构是一致的。这些前肢的骨骼都是由肱骨、前臂骨(桡骨、尺骨)、腕骨、掌骨和指骨组成的,在胚胎发育时以相同的过程从相似的原基发育而来,它们的一致性证明这些动物都起源于共同的祖先,它们形态上的差异性,是由

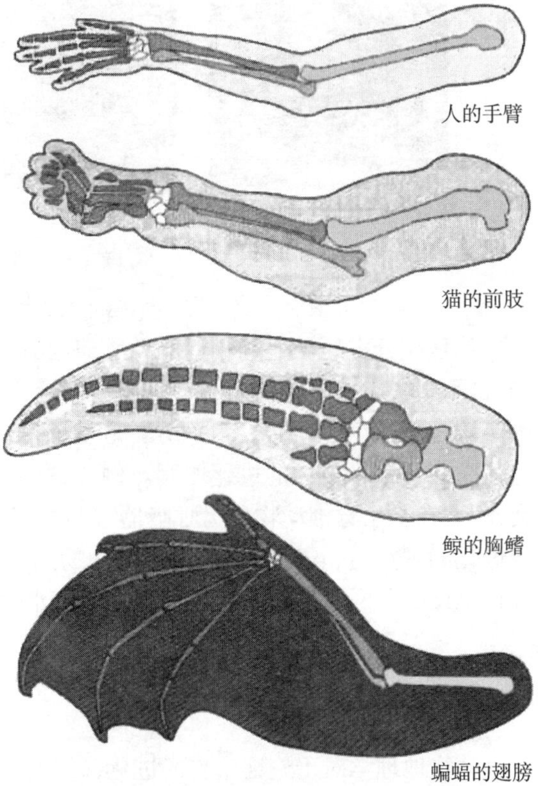

图 8-12　不同脊椎动物的前肢骨骼比较

于适应不同的环境,执行不同的功能而沿着不同的演化方向演变的结果(图 8–12)。

与同源器官相对的是同功器官。同功器官(analogous organ)是指形态和功能相似,但来源和基本结构不相同的器官。例如鱼的鳃和陆生脊椎动物的肺,昆虫、鸟和蝙蝠的翅膀都属于同功器官。同功器官尽管形态相似,但器官来源、胚胎发育及内部结构均不相同,说明生物相同功能的器官可由不同来源的器官经过适应性演变而成。

痕迹器官也是生物进化最有价值的证据。痕迹器官(rudimentary organ)是指生物体内仍残存着的一些对机体失去作用,但祖先曾经很发达的器官遗迹。例如人体的动耳肌、阑尾、体毛和尾椎骨痕迹,在人类的祖先灵长目曾很发达。在植物中,仙人掌的刺状叶,小麦、水稻等禾本科植物退化的花被等均属于痕迹器官。痕迹器官的存在反映了生物进化的历史,表明它是有遗传基础的,是生物进化的有力证据。

此外,拟态现象也是生物进化的一种表现。拟态(mimicry)是指一种生物模仿另一种生物的现象。斑眼蝴蝶是拟态现象中最为典型的例子,这类蝴蝶翅膀上有圆圆的黑斑点,两只翅膀张开时逼真地构成一副猫头鹰的脸谱。这样,鸟见到它们不仅不敢捕食,反而被吓得逃之夭夭。无毒蛇模仿有毒蛇的外形,这些现象都反映了生物的趋同进化。

三、胚胎学证据

所有脊椎动物的早期胚胎发育都是很相似的(图 8–13)。例如蝾螈、龟、鸡、人等的胚胎发育都是开始于受精卵,经过卵裂、囊胚、原肠胚、神经胚,随后三胚层奠定相应的器官原基,在以后的发育中才逐渐出现大的差别。

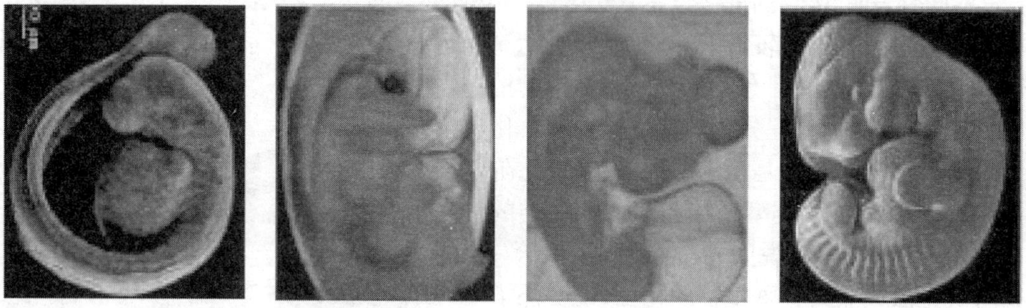

A B C D

图 8–13 胚胎学证据(廖苏梅,2008)

A. 蝾螈;B. 龟;C. 鸡;D. 人

凡是在分类地位上越相近的动物,其相似的程度也越大。这个现象反映了脊椎动物有着共同的祖先,显示出各类脊椎动物之间有一定的亲缘关系。德国的生物学家海克尔提出:“生物发生律”或“重演论”,该定律指出:“个体发育的历史是系统发育历史的简单而迅速的重演”,也就是说,生物的胚胎发育过程重演了该种生物的进化历程。例如,所有脊索动物,无论是水生还是陆生,在胚胎发育期间都有鳃裂,鳃裂在水生脊椎动物成为呼吸器官的一部分,对于陆生脊椎动物来说,鳃裂的出现似乎没有意义,但从进化的观点看,它显示出陆生脊椎动物的进化历程中经历过鱼的阶段。由蝌蚪到成体蛙的个体发育过程也反映了两栖类在系统发育过程中由水栖到陆栖的过渡。

四、动物地理学证据

动物地理学对于论证生物的进化,研究种的形成具有重要的意义。正是对动物分布的观察,推动了达尔文进化论思想的形成。例如,澳大利亚和新西兰至今还存有鸭嘴兽、有袋类等原始的哺乳动物,极少有胎盘类。这些现象从动物的进化历史结合古代的地质、地理变化得以解释。地史证明，澳大利亚大约在中生代末期与大陆相脱离，那时有胎盘类还没有发生，仅有低级的单孔类和有袋类。后来在大陆上产生的有胎盘类因澳大利亚已与大陆失去联系而未能侵入澳大利亚，因此，在澳大利亚和新西兰，这些低级的哺乳类得以一直保存到现在。海洋岛屿上的动物区系更能提供进化上的证据。

五、免疫学证据

用免疫学技术证明动物有亲缘关系的一个经典实验是21世纪初那托尔（Nuttall）提出的，他根据抗原抗体沉淀反应的强弱程度，确定不同生物之间的亲疏关系（表8-2，表8-3）。以此原理根据血清鉴别实验证明了人和黑猩猩、大猩猩的关系最近，和猕猴的关系最远；大熊猫和熊科动物的亲缘关系比和小熊猫的亲缘关系更接近，说明大熊猫应属于熊科而不应属于浣熊科。

表8-2　几种灵长类血清反应

受试动物	抗血清		
	人	黑猩猩	长臂猿
人	0	3.7	11.1
黑猩猩	5.7	0	14.6
大猩猩	3.7	6.8	11.7
猩猩	8.6	9.3	11.7
合趾猿	11.4	9.7	2.9
长臂猿	10.7	9.7	0
猕猴	38.6	34.6	36.0

注：数字代表反应距离，反应越强距离越小，反应最强时为零

表8-3　大熊猫等4种动物的抗体抗原反应

抗血清	血清			
	大熊猫	小熊猫	黑熊	马来熊
抗大熊猫	+++	+	++	++
抗小熊猫	+	+++	+	+
抗黑熊	++	+	+++	++
抗马来熊	++	+	++	+++

注：+表示沉淀反应的强度

六、分子生物学证据

现代分子生物学和生物化学的研究已提出充分的证明：在相近的种类之间，如牛、羊、猪、马的某些蛋白质，如胰岛素、血红蛋白等，其一级结构氨基酸的种类和排列顺序基本一致，所差的只是一二个氨基

酸。有些蛋白质在不同生物中执行同样的功能,其氨基酸组成存在差别,分析比较氨基酸组成的差别,可以找出不同生物之间的进化关系。细胞色素 c 是一个具有 104 ~ 112 个氨基酸的多肽分子,从进化上看,它是很保守的分子。不同生物的细胞色素 c 中氨基酸的组成和顺序反映了这些生物之间的亲缘关系(图 8–14,表 8–4)。例如,细胞色素 c 在氧化代谢中起电子转移作用,其氨基酸序列分析表明,黑猩猩和人的 104 个氨基酸完全一致,没有差异;猕猴和人的细胞色素 c 分子只有一个氨基酸不同,即在第 103 位猕猴是丙氨酸,而人是苏氨酸。人和链孢霉的细胞色素 c 相差较远,104 个氨基酸中,有 43 个不同,尽管这两个分子的立体结构基本相似。

表 8–4　几种生物细胞色素 c 与人细胞色素 c 的氨基酸组成差异

生物名称	氨基酸差异	生物名称	氨基酸差异
黑猩猩	0	金枪鱼	21
猕猴	1	天蚕蛾	31
狗	11	链孢霉	43
鸡	13	酵母菌	45
响尾蛇	14		

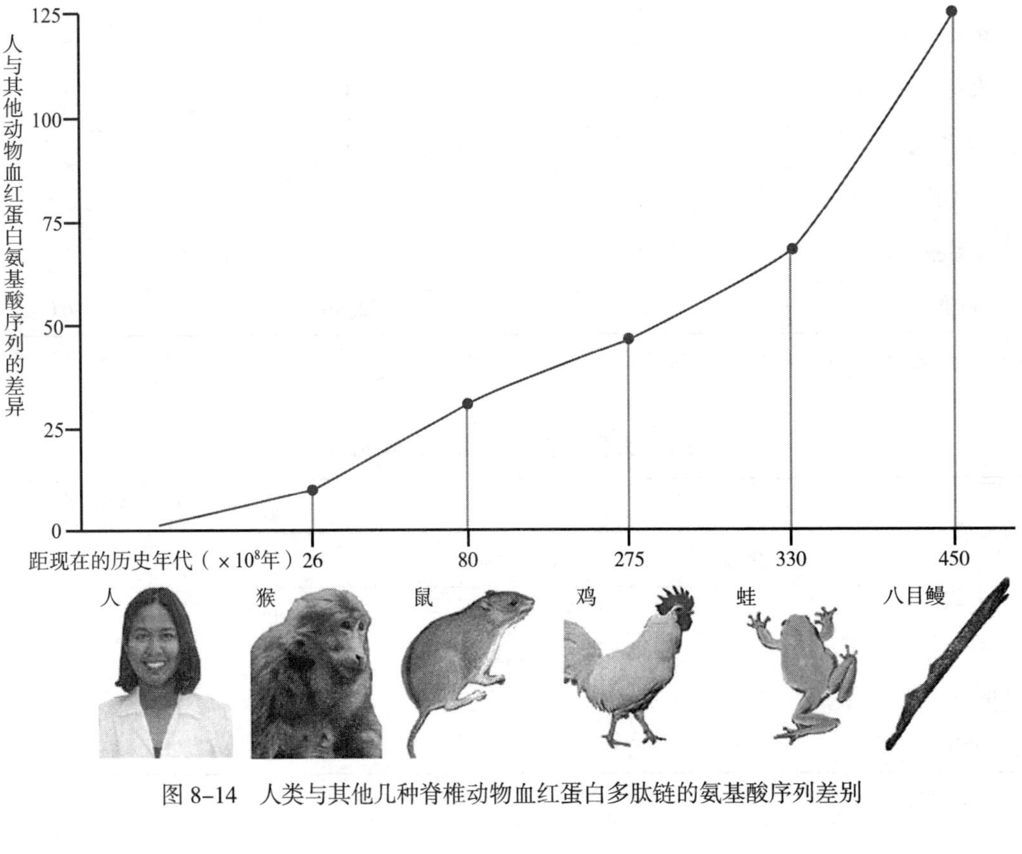

图 8–14　人类与其他几种脊椎动物血红蛋白多肽链的氨基酸序列差别

七、遗传学证据

不同生物有不同数目、不同形态和不同大小的染色体,也就是说,不同生物有不同的染色体组型。生物近缘种之间染色体组型的相似性也是生物进化的证据之一。综上所述,各层次的研究结果都反映了地球上的生物类群始终是处于演变进化之中的。

第四节　生物进化的理论

生物的进化经历了漫长的历史，受各个时期科学文化和技术水平的限制，人们认知生物、了解生命过程的能力不尽相同，也就产生了不少关于生物进化的假说和理论。

一、早期进化论

（一）近代的自然观和进化论

1. 乔治·布丰进化说

乔治·布丰（George Buffon，1707—1788），法国人，是第一个提出广泛而具体的进化学说的博物学家。布丰收集了不少有关自然科学的材料，编写了《博物学》。在书中，他提出了进化论点，认为物种是可变的，特别强调环境对生物的直接影响，物种生存环境的改变，尤其是气候与食物性质的变化，可引起生物机体的改变。可是由于这个进化论点和教义明显不一致，布丰经不起宗教势力的压迫而公开发表了放弃进化观点的声明。

2. 灾变论

18 世纪晚期到 19 世纪初，从各时代地层中发现了大量的各种形态的生物化石，这些化石与现代生物既相似又不同，表明地球历史上生存过许多现今不再存在的物种。圣经不能解释这些物种绝灭的事实，为了解释古生物学的发现而又不违背圣经，于是有了灾变论。

法国地质学家、古生物学家居维叶可以看作是那个年代“灾变论”最有影响的代表。根据灾变论的观点，地球上的绝大多数变化是突然、迅速和灾难性地发生的。居维叶认为，在整个地质发展的过程中，地球经常发生各种突如其来的灾害性变化，并且有的灾害是很大规模的。例如，海洋干涸成陆地，陆地又隆起山脉，反过来陆地也可以下沉为海洋，还有火山爆发、洪水泛滥、气候急剧变化等。当洪水泛滥之时，大地的景象都发生了变化，许多生物遭到灭顶之灾。每当经过一次巨大的灾害性变化，就会使几乎所有的生物灭绝。这些灭绝的生物就沉积在相应的地层，并变成化石而被保存下来。这时，造物主又重新创造出新的物种，使地球又重新恢复了生机。

3. 均变论

在 1800 年前后，当地质学作为充满活力的科学出现后，关于地球变化的另一种观点——“均变论”（uniformitarianism）开始得到了发展。被誉为“现代地质学之父”的莱伊尔对均变论的形成和确立做出了重要的贡献。1830 年 1 月，发表了《地质学原理》第 1 卷(1831 年出版第 2 卷，1833 年 5 月出版第 3 卷)。他坚持并证明地球表面的所有特征都是由难以觉察的、作用时间较长的自然过程形成的。他指出地壳岩石记录了亿万年的历史，可以客观地解释出来，而无须求助于圣经或灾变论。

也就是说，要认识地球的历史，用不着求助超自然的力和灾变，因为通常看来是“微弱”的地质作用力（大气圈降水、风、河流、潮汐等)，在漫长的地质历史中慢慢起作用，就能够使地球的面貌发生很大的变化。莱伊尔强调“现在是认识过去的钥匙”，这一思想被发展为“将今论古”的现实主义原理，这种“将今论古”的科学方法对达尔文的影响很大。

（二）拉马克学说的创立

拉马克（J. B. Lamarck，1744—1829）是另一位著名的博物学家，科学进化论的创始人。他在 1809 年发表了《动物学的哲学》一书，早于达尔文 50 年提出了一个系统的进化学说。拉马克的进化思想相当丰富，并且在进化论的历史上第一次成为一个体系。他的论点主要有：①生物种是可变的，所有现存的

图 e8-4 长颈鹿的进化

物种,包括人类都是从其他物种变化、传衍而来的;②生物本身存在由低级向高级连续发展的内在趋势;③环境变化是物种变化的原因,并把动物进化的原因总结为“用进废退”和“获得性遗传”两个原则。

拉马克认为,环境变化使得生活在这个环境中的生物有的器官因经常使用而发达,有的器官则由于不用而退化,这就是“用进废退”。这种由于环境变化而引起的变异能够遗传下去,这就是“获得性遗传”。拉马克曾以长颈鹿的进化为例(图 e8-4),说明他的“用进废退”观点。长颈鹿的祖先颈部并不长,由于干旱等原因,在低处不易找到食物,迫使它伸长脖颈去吃高处的树叶,久而久之,它的颈部就变长了。一代又一代,遗传下去,它的脖子越来越长,终于进化为现在我们所见的长颈鹿。拉马克的观点被后人概括为“用进废退”和“获得性遗传”。

总的来说,拉马克的进化学说中主观推测较多,相对的争议也较多,但他的学说较系统和完整,内容更丰富,拉马克的学说为达尔文的科学进化论的诞生奠定了基础,他的《动物哲学》和达尔文的《物种起源》被称为现代进化论思想的两大源泉。

二、达尔文进化论

(一) 达尔文与《物种起源》

查尔斯·达尔文(Charles Darwin,1809—1882)是英国著名生物学家。1831 年夏天,达尔文在 Henslow 的推荐下,以一名不拿任何报酬的博物学家身份随英国海军探测船“贝格尔号”参加了历时 5 年的环球考察,所见所闻对其生物进化思想、自然选择学说的形成产生了重要的影响;1859 年发表了《物种起源》一书,用大量的事实证明了生物变异的普遍性、变异与遗传的关系,提出了生存竞争和自然选择学说,系统地论述了物种形成的机制。该书的发表标志着现代生物进化理论的形成,引发了近代最重要的一次科学革命,因而达尔文被称为生物进化论的奠基人。

(二) 达尔文进化学说的主要内容

达尔文进化学说包括两部分内容,一是如前人布丰和拉马克的一些观点,如变异和遗传,二是达尔文自己创造的理论(如自然选择)和一些经过修改和发展的概念,主要为性状分歧、物种形成与灭绝和系统树。达尔文进化学说是一个综合学说,其核心为自然选择,其主要内容有以下四点。

1. 过度繁殖

达尔文发现,地球上的各种生物普遍具有很强的繁殖能力,都有依照几何比率增长的倾向。达尔文指出,象是一种繁殖很慢的动物,但是如果每一头雌象一生(30 ~ 90 岁)产仔 6 头,每头活到 100 岁,而且都能进行繁殖的话,到 750 年以后,一对象的后代就可达到 1 900 万头。因此,按照理论上的计算,就是繁殖不是很快的动植物,也会在不太长的时期内产生大量的后代而占满整个地球。但事实上,几万年来,象的数量也从没有增加到那样多,自然界里很多生物的繁殖能力都远远超过象的繁殖能力,但各种生物的数量在一定的时期内都保持相对的稳定状态,这是为什么呢? 达尔文因此想到了生存斗争。

2. 生存斗争

生物的繁殖能力是如此强大,但事实上,每种生物的后代能够生存下来的却很少。这是什么原因呢? 达尔文认为,这主要是繁殖过度引起的生存斗争的缘故。任何一种生物在生活过程中都必须为生存而斗争。生存斗争包括生物与无机环境之间的斗争,生物种内的斗争,如为食物、配偶和栖息地等的斗争,以及生物种间的斗争。由于生存斗争,导致生物大量死亡,结果只有少量个体生存下来。但在生存斗争中,什么样的个体能够获胜并生存下去呢? 达尔文用遗传和变异来进行解释。

3. 遗传和变异

达尔文认为一切生物都具有产生变异的特性。引起变异的根本原因是环境条件的改变。在生物产生的各种变异中,有的可以遗传,有的不能够遗传。但哪些变异可以遗传呢?达尔文用适者生存来进行解释。

4. 适者生存

达尔文认为,在生存斗争中,具有有利变异的个体,容易在生存斗争中获胜而生存下去。反之,具有不利变异的个体,则容易在生存斗争中失败而死亡。这就是说,凡是生存下来的生物都是适应环境的,而被淘汰的生物都是对环境不适应的,这就是适者生存。

达尔文把在生存斗争中,适者生存、不适者被淘汰的过程称为自然选择。达尔文认为,自然选择过程是一个长期的、缓慢的、连续的过程。由于生存斗争不断地进行,因而自然选择也是不断地进行,通过一代代的生存环境的选择作用,物种变异被定向地向着一个方向积累,于是性状逐渐和原来的祖先不同了,这样新的物种就形成了。由于生物所在的环境是多种多样的,因此,生物适应环境的方式也是多种多样的。所以,经过自然选择也就形成了生物界的多样性。

(三)自然选择与生物微进化

生物群体(种群)和个体在相对较短时间内发生的进化,称为生物微进化。群体是生物微进化的基本单位。自然选择对进化的影响只有在追踪一个群体随时间所发生的改变时才明显可见。群体之间往往很少有明显界限,而是相互重叠。一个群体可以和同一物种的其他群体分离开来。群体内的个体往往比不同群体间的个体之间联系更密切。群体遗传变异的主要来源包括:染色体变异、基因突变和基因重组。微进化实质上是群体等位基因频率的改变。自然选择可以定向改变群体的基因频率,决定生物进化方向,可能导致新物种的形成。

三、现代综合进化论

20 世纪 20 年代以来,随着遗传学的发展,一些科学家用统计生物学和种群遗传学的成就重新解释达尔文的自然选择理论,通过精确的研究种群基因频率由一代到下一代的变化来阐述自然选择是如何起作用的,逐步填补了达尔文自然选择理论的某些缺陷,使达尔文理论在逻辑上趋于完善,这就是现代综合进化论(the modern synthetic theory)。现代综合进化论又称为现代达尔文主义。综合进化论的主要内容是:①种群是生物进化的基本单位。种群是指在同一生态环境中生活,能自由交配繁殖的一群同种个体。由于绝大多数生物都生存于种群之中,进化是群体在遗传成分上的变化,种群基因频率的变化是种群进化的关键。即把进化定义为“一个群体中基因型的变化”。②生物进化的三个基本环节,即突变、选择和隔离。突变是进化的第一阶段,而选择则是进化的第二阶段。自然选择则是对有害基因突变的消除,对有利基因突变的保持,结果使基因频率发生定向进化。隔离是固定并保持新种群的一个重要机制。如果没有隔离,那么自然选择的作用则不能最终体现。

现代达尔文主义对突变的遗传学实质形成了统一的观点,认为不连续的、激烈的突变和渐进的、细微的变异都有相同的遗传机制。同时,彻底否定了获得性遗传和融合性遗传。认为生物个体是自然选择的主要目标,一切适应性进化都是自然选择对种群中大量随机变异直接筛选的结果。此外,认为地理环境因素对新物种形成有重要的作用,强调物种形成的进化是渐进化。进化论的综合是对达尔文学说的第二次修正,是 1859 年达尔文的《物种起源》问世以来进化生物学历史上最重要的事件之一。

四、分子进化中性论

1968 年日本人木村资生(Motoo Kimura,1924—1994),根据分子生物学的研究,主要是根据核酸、蛋白质中的核苷酸及氨基酸的置换速率,以及这些置换所造成的核酸及蛋白质分子的改变并不影响生物大分子的功能等事实,提出了分子进化中性学说(natural theory of molecular evolution),更为确切地说,应称为中性突变与随机漂移理论(neutral mutation and random genetic drift)。中性理论是对自然选择学说的一个挑战,因此在学术界引起了很激烈的争论。然而,中性理论确实得到很多事实,特别是分子生物学上的一些新发现的支持,该理论也在争论中不断发展。中性理论的主要内容可归纳为以下五点。

1. 生物体内产生的突变大多数是中性的

这种突变对生物体的生存既没有好处,也没有坏处,即对生物的生殖力和生活力或者说适合度没有影响,因而自然选择对他们不起作用。中性突变包括同义突变、同功突变和非功能性突变。

(1) 同义突变　DNA 的一个碱基对的改变并不会影响它所编码的蛋白质的氨基酸序列,即改变后的密码子和改变前的密码子是简并密码子,它们编码同一种氨基酸,这种基因突变称为同义突变(synonymous mutation)。

(2) 同功突变　对于某种蛋白质而言,个别或部分氨基酸的置换或缺失,并不会导致其功能的改变或丧失,这类突变称为同功突变。

(3) 非功能性突变　对真核生物而言,如果突变发生在基因的非转录区域——内含子,这类突变对基因的转录和翻译不会造成任何影响。

2. 遗传漂变导致中性突变的保留或消失

在小的种群中,基因频率可因偶然的机会,而不是由于选择发生变化,这种现象称为遗传漂变(genetic drift)。生物的进化主要是中性突变在自然群体中进行随机的“遗传漂变”的结果,而与选择无关。遗传漂变在所有种群中普遍存在,只是中性理论凸显了它的作用,强调遗传漂变是分子进化的基本动力。

3. 中性突变中分子进化速率决定了生物进化的速率

分子进化速率是以每年每位置氨基酸或核苷酸替换数来表示的。生物大分子进化的特点之一是每一种大分子在不同生物中的进化速度都是一样的,即氨基酸或核苷酸在单位时间以同样的速度进行置换,这便是“分子钟”名称的由来。

蛋白质分子进化速率计算公式:$K\text{aa} = (d\text{aa}/N\text{aa})/2T$。$d$aa 为两种同源蛋白质中氨基酸的差异数,$N$aa 为同源蛋白质中氨基酸残基数,$T$ 为两种生物的分歧进化时间。每个密码子每年的突变频率约为$(0.3 \sim 9.0) \times 10^{-9}$。

4. 并不是所有分子突变都是中性的

实际上,大部分突变是有害的,但它们会很快被淘汰掉,因而对种群的遗传结构及进化没有什么意义。

5. 正突变很少,它们对种群的遗传结构也没什么贡献

自然选择只对有害突变和正突变起作用,而不能影响对种群的遗传结构起重要作用的中性或近中性突变,即中性或近中性突变的命运只能由随机因素决定。

分子水平上的进化现象对中性理论提供了有力的支持。例如,同义替换出现的频率比非同义替换高得多;非基因(非编码)的 DNA 上,包括基因间隔、内含子、重复序列、假基因等,有较多的变异;此外,分子进化的速率相对恒定,即显然不受自然选择的制约。

分子水平上的中性进化与表型(宏观)进化有何关系呢? 实际上,很多生物性状都是由多个基因共同作用的结果,其中一个基因对表型的作用往往是很小的,因此其变异所造成的后果也很小,可以看成是近中性突变,仍受随机漂移的作用。这样,即使表型进化是受自然选择的作用,在分子水平上仍是与中性突变和随机漂移有关的进化。另外,中性突变也有潜在的受自然选择作用的属性,即中性的变异可成为适应性进化的原材料。

总之,中性理论揭示了分子进化中的一些规律,是分子进化的重要理论之一。

五、间断平衡论

间断平衡论(punctuated equilibria)是从古生物学研究中提出的一个学说。从化石在地层中的分布

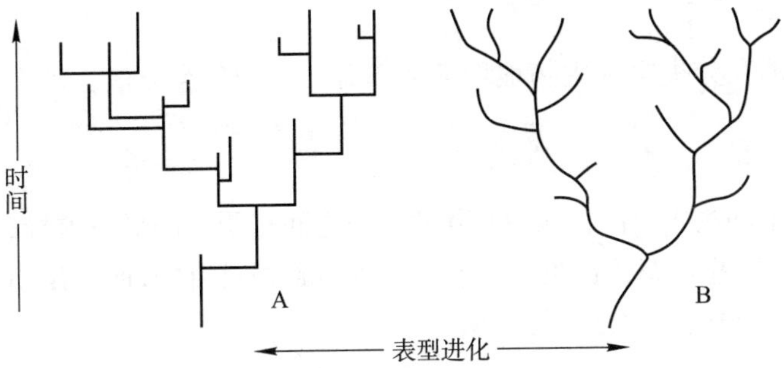

图 8-15　间断平衡论(A)与线系渐变论(B)(魏道智,2007)

可以看出,同一物种的化石生物在它们存在的地质时期内都没有什么变化,而在地层中却可以看到新物种突然地出现。对此,美国古生物学家艾尔德里奇(Niles Eldredge)与生物学家古尔德(Stephen Jay Gould)在 1972 年提出了间断平衡学说,认为生物进化是一种间断式的平衡,即短时间的进化跳跃与长时间的进化停滞交替发生。间断平衡论是与线系渐变论(phyletic gradualism)相对立的(图 8-15)。

间断平衡论的要点可概括为:①新种只能通过线系分支产生,"时间种"(通过线系进化产生的表型上可区分的分类单位)是不存在的;②新种只能以跳跃的方式快速形成(量子式物种形成),新种一旦形成就处于保守或进化停滞状态,直到下一次物种形成事件发生之前,表型上都不会有明显变化;③进化是跳跃与停滞相间,不存在匀速、平滑、渐变的进化;④适应性进化只能发生在物种形成过程中,因为物种在其长期的稳定(进化停滞)时期是基本上不发生表型的进化改变的。

间断平衡学说指出一切物种在物种形成过程结束后便处于进化停滞阶段,否定了进化速度的一致性,强调物种形成在进化中的重要意义。当然,对于"物种形成需要多长的时间""物种形成的具体过程如何"等问题,间断平衡论没有也不能给予清晰肯定的回答。

第五节　物种的形成

地球上的生命是统一性与多样性并存。生命的统一性体现在绝大多数生物都有相似的细胞结构、相似的代谢途径和相同的遗传密码;另一方面,绝大多数不同种类的生物在直观上是可区分的,并由此形成了一个千姿百态的生物世界。地球上所有的生物都是以物种的形式存在的,因此,生物多样性主要体现在物种多样性上。

对于物种的概念,生物学史存在两种相反的观点,林奈的物种是真实的、永恒的、不变的、特创和孤立的;而达尔文的物种是变化的、进化的、可产生、可灭绝的,以亲缘纽带相互联系的。今天对于物种概念的争论在于,既要考虑物种应满足分类学要求,又要使物种符合进化理论,因此要用进化的观点来阐明物种的概念。

一、物种

物种(species)是生物存在的基本方式,任何生物体在分类上都属一定的物种。物种形成也叫物种起源,它是生物进化的主要标志。

(一) 物种的概念

对于物种,不同时期、不同学科的概念不同。历史上,有关物种的概念不下几十种,不过直到现在还没有一个在任何情况下都适用的概念。在生物学上可能没有其他概念像物种的概念那样一直被争论不休。但归纳起来有如下定义:物种是由种群组成的生殖单元,它与其他单元在生殖上互相隔离,并在自然界占有一定的生态位,在宗谱线上代表一定的分支。这样的定义包含 4 个方面的内容,即种群组成、生殖隔离、生态地位和宗谱分支,是一个较完整且简明的定义。

以上对物种的定义虽然具有一定的代表性,但迄今为止,对物种依然没有一个公认的定义。

（二）物种的标准

前已提到目前尚无一个共同的物种定义，但在分类学和生物地理学上却有一定的分类方法。那么物种是根据什么标准来鉴定的呢？

1. 形态学标准

主要根据生物的形态特征的差异为标准。不同物种(指同一属的不同物种)之间有明显的形态差异，因此我们不会把老虎当作狮子，把狮子当作豹。这些形态特征当然指同一物种所普遍具有的，而不是指少数个体所有。例如高等植物主要以花和种子的构造作为分类的依据。

2. 遗传学标准

主要以能否自由交配为标准。凡属于同一个种的个体，一般能自由交配，并能正常的生育后代。不同物种的个体，一般不能杂交，就是杂交了，也是不育的。例如母马和公驴杂交产的骡子是不育的。因为马的染色体是 32 对，驴的染色体 31 对，骡子是 63 个染色体，这在性细胞成熟时，减数分裂有困难。此外，在动物中，有些相似的物种主要由于心理上的隔离(如不产生性反射)才使它们不能互相交配。

3. 生态学标准

主要以生态要求是否一致为标准。同种生物要求相同的生态条件。相近物种所要求的生态条件就有差异。例如虎和狮都是食肉兽，它们所要求的生态条件有许多相似，但也有差异。如它们所吃的对象不全相同；它们都是夜巡动物，但虎有时白天也出来；狮是“一夫多妻”，而虎则是“一夫一妻”等。

4. 生物地理学标准

主要以物种的分布范围为标准。不同物种的地理分布范围是不同的。有的分布区很广(世界种、广布种)；有的分布区很狭(特有种)；有的过去分布广，后来变狭了(残遗种)。每一物种都有一定的分布范围。因此，物种的地理分布也是区分物种的标准之一。

以上四个标准彼此相互联系着，它们一般有共同的基础——遗传差异。相近物种的遗传差异达到这样的程度，即它们形态特征上有明显区别；生理上具有不亲和性(incompatibility)、杂交不育性(hybrid sterility)以及生态的、地理的或遗传的种种区别。当然，其中最根本的是不亲和性与杂交不育性。

（三）物种的结构

由个体组合为种群，由种群组合为亚种，由亚种组合为种。在亚种和种之间，有时也有中间性质的形态。这样的组成称为物种的结构。

1. 个体

个体是物种组成中最基本的单位，物种由许多个体组成。同一种内的个体有性别、生长发育阶段的差异，有些还有群体分工(如蜜蜂、蚂蚁等)的不同，这是个体存在的不同形式。同时，由于遗传和环境的原因，同一物种内的个体间也存在着差异，即个体之间某些性状可能不同。

2. 种群

种群(population)是物种的基本结构单元。生活于一定群落里的某一物种的个体，总是分别地集合为或大或小的种群而存在。虽然同一个种的不同种群之间一般彼此分布不连续，但可以通过杂交、迁移等形式进行遗传上的相互交流，使物种成为一个统一的繁殖群体。

由于种内关系的复杂性以及生存条件的影响，种群也经常在变动。如有的种群个体数多，有的少；有的繁荣，有的衰退；有的种群的生活环境发生改变，由于对新的环境条件的适应而产生不同的生态型。这样生物类型的分歧就发生在种群之间，当变异达到一定程度，就会出现亚种，以及新种。

3. 亚种

亚种(subspecies)是物种以下的分类单位。是种内个体在地理和生态上充分隔离后所形成的群体，它有一定的形态生理、遗传特征，特别有不同的地理分布和不同的生态环境，所以也称“地理亚种”。这一概念一般多用于动物分类，在植物分类上比较少用。例如，我国的家蝇就有两个亚种，一个是西方亚种，其雄蝇两眼间距离较宽，分布在新疆和甘肃西部的某些地区。另一个是东方亚种，其雄蝇两眼间距离较窄，分布在我国其他广大地区。另外，亚种之间常常存在着中间类型。例如狐分布在几乎整个欧洲，有 20 个亚种，形成一个由中间类型连续的系列。

二、物种形成的条件与方式

(一) 物种形成的条件

物种的形成一般具备 3 个主要条件：一是遗传变异；二是环境的变化；三是隔离。遗传变异为自然选择提供材料，而新突变频率的增加及尚未突变基因的取代，又取决于环境，隔离导致遗传物质交流的中断，使群体分歧不断加大直到形成一个新的物种，可见隔离是物种形成的一个极为重要的条件。

1. 遗传变异

一切生物都有变异的特性，世界上没有两个完全相同的生物。遗传变异为自然选择提供材料。

2. 环境

生物作为一种开放系统，必须有一定的环境条件。也就是说，在比较适合的环境中动植物才能得到发展。环境的不稳定性对物种形成至关重要。因为这种不稳定性直接影响选择压力，促进基因频率的改变，促进新基因库的产生和发展。

3. 隔离

物种间的隔离一般不是由单个隔离机制造成的，而是由不同机制的组合起作用的。在物种形成过程中，隔离是生物进化的重要因素，对物种的形成起着重要的作用。

(1) 隔离的概念　隔离(isolation)是指在自然界中生物不能自由交配或交配后不能产生可育后代的现象。因所处地理环境不同而造成的，称为地理隔离(geographic isolation)。例如同一种陆生螺类，生活在好几个山谷中，它们原则上是杂交能育的，因相互间为高山所阻隔，不能自由交配。因生物学特性差异所造成的，称为生殖隔离(reproductive isolation)。例如马与驴杂交，通常不能产生可育的杂种。

(2) 隔离的机制　隔离机制(isolating mechanism)指造成两个或几个亲缘关系比较接近的类群之间不易交配或交配后子代不育的原因。隔离机制如发生在交配受精以前，有地理隔离、生态隔离、季节隔离、性别隔离、行为隔离、机械隔离等；如发生在受精以后，有配子或配子体隔离、杂种不活、杂种不育、杂种体败育等。

① 地理隔离(空间隔离)　对多数陆生生物而言，河流、湖泊、大海和高山、沙漠和峡谷等均能构成阻隔；而对于水生生物来说，陆地、不同温度、盐度的水体等都能形成阻隔。

② 生态(生境)隔离　生存在同一地域内不同生境的群体所发生的隔离。仅在一定程度上表现了地理隔离。生态隔离大多是由于不同种群所需要的食物和习惯的气候条件有所差异而形成的。

③ 季节(时间)隔离　是一种有效的隔离机制。某些生物的繁殖是连续性的，一年四季均可交配生殖。但大多数动植物交配节令和开花季节仅限于一年中的某一时期，因而使一些种群因交配或开花时间不同而引起隔离。

④ 性别(行为)隔离　不同物种的雌雄性别间，因相互吸引力微弱或缺乏而造成隔离。性别隔离常与行为隔离密切相关，因为两个群体行为的不同主要表现在交配习性上。

⑤ 行为隔离　由于交配行为不同，而使两个或几个亲缘关系相近的类群之间交配不易成功的隔离机制。

⑥ 机械(形态)隔离　因生殖器或花器官形态上的差异造成的隔离。如许多昆虫外形相似但生殖器有区别；有些花的花粉囊与柱头形态不同，这些都可造成隔离。

⑦ 配子或配子体隔离　即一个物种的精子或花粉管不能被吸引到达卵或胚珠，或者在另一个物种生殖器内不易存活所产生的隔离。对体外受精来讲，意味着配子彼此不吸引、不亲和所产生的隔离。

⑧ 杂种不活　即杂种合子不能存活，或者适应性比亲本差。杂种不活的原因很多，如基因型间的不协调、生长调节的失败等。

⑨ 杂种不育　指子一代杂种虽能生存，但不能产生正常的有功能的性细胞，要使种间基因能够交流，杂种必须是可育的。

⑩ 杂种体败育　即子二代或回交杂种的全部或部分不能存活或适应性低劣。种间基因交换的最后一道障碍发生在子二代产生之后的阶段。

以上各类型的隔离，实质上都是阻碍不同物种间基因的交流，造成生殖隔离。遗传性的生殖隔离是最重要的步骤，由地理隔离发展到生殖隔离是大多数物种形成的基本因素。由此各个隔离种群各自有较强的遗传稳定性，以保证在自然选择下各自按着与环境相适应的方向发展。

（二）物种形成的方式

物种的形成有两种基本的方式，即渐进式物种形成和骤变式物种形成。

1. 渐进式物种形成

对于渐进的物种形成，又有异地种形成（allopatric speciation）、邻地种形成（parapatric speciation）和同地种形成（sympatric speciation）3 种方式（图 8–16）。

图 8–16　渐进式物种形成的方式（魏道智，2007）
A. 异地种形成；B. 邻地物种形成；C. 同地物种形成

(1) 异地种形成　如果两个初始种群在新种形成前（获得生殖隔离之前），其地理分布区完全隔开、互不重叠，这种情况下形成的种就是异地种形成。异地种形成一般是由原分布区连续的祖先种，因地理或其他因素而被分隔为若干相互隔离的种群，这些种群之间的基因交流由于隔离而大大减小甚至完全中断，再加上它们所处环境的差异，通过自然选择的作用，种群的遗传结构发生变化，种群间的遗传差异随时间推移而增大，形成了不同的“地理族”，即亚种；亚种之间进一步分化，直到产生生殖隔离，便导致异地种形成。一旦生殖隔离产生，即使新种的分布区再重叠，也不会重新融合为一个种了。

能导致异地种形成的地理或物理环境阻隔因素很多。对于陆生生物，海洋、湖泊、河流等就是阻隔；对于海洋或水生生物，陆地就是阻隔。此外，高山、沙漠、峡谷、不均匀分布的温度、盐度等都对许多生物构成阻隔。有不少物种的产生及分布模式可通过异地种形成来予以说明，如生活在加拉帕戈斯群岛的多种达尔文地雀、生活在美国的大峡谷各一边的松鼠、生活在非洲大陆和亚洲大陆的犀牛等。在这些例子中，岛屿或大陆之间的海洋、陆地上的峡谷就是地理隔离因素。然而，地球上似乎没有足够多的地理或物理环境阻隔，以让众多的物种都通过异地种形成产生。

(2) 邻地种形成　邻地种形成是初始种群的地理分布区相邻接，种群间的个体在边界区有某种程度的基因交流，最终导致新种的产生。邻地种形成的过程与异地种形成大致相同，不同之处在于初始种群分布的邻接区，种群间有一定程度的基因交流。由于初始种群分布中心区之间的基因交流很弱，因而种群间的遗传差异也会随时间推移而增大，最终导致邻地种形成。此外，这种新种形成方式可能需要更多的时间。

(3) 同地种形成　如果在物种形成过程中，初始种群的地理分布区相重叠，没有地理上的隔离，在这种情况下的新种产生就是同地种形成，结果是新种个体与原种的个体分布在同一地域。

实际上，在没有地理隔离的情况下，仍然存在着把一个物种在同一地域的个体分成两个生殖隔离的种群的途径。例如，在一个物种中，部分个体的交配季节发生变化，从而有可能使得这部分个体与另一部分个体的生殖时期不重叠；对于寄生生物，通过寄生在不同种类的寄主并形成寄主专一性，结果就使得寄生于不同寄主的个体被隔离开来了。又如，一些被子植物通过十分特殊的传粉者授粉繁殖，当种群中的某些个体出现变异，使花的形态发生变化，便能引起传粉者某种程度的偏爱；这种选择又会进一步改变花的形态，使种群发生分化，最终导致分化个体之间的生殖隔离，即同地种形成。

2. 骤变式物种形成（量子种形成）

除了渐进的物种形成，还有一些物种形成是瞬时性或骤然性的，这样的成种过程称为骤变式物种形成（sudden speciation），由于其形成过程并非总是匀速的、缓慢渐变的，同时存在快速、跳跃式的进化，故又称为量子种形成（quantum evolution）。骤变式物种形成可以在一个或少数几个世代的时间内完成，而且新种往往是起源于为数不多甚至个别的个体。这一物种形成的过程有可能通过遗传系统中的一些变化机制而得以实现，如通过转座子在同种或异种个体之间的转移，通过个体发育调控基因的突变，通过染色体数目的直接加倍、单性生殖生物的染色体变异、物种间稳定杂种形成后染色体再加倍或转变为单性生殖等。据估计，被子植物有不少种类就是通过染色体加倍来形成多倍体新物种的，首先是两个物种杂交产生杂交种，然后杂交种的染色体加倍便产生能够生育的多倍体新物种。

通过种间杂交，杂种后代再发生染色体结构的改变也可以快速形成新种。如 *Helianthus anomalus*、*H. annuus* 与 *H. petiolaris* 是 3 种不同的野生向日葵，它们都是二倍体，且染色体数目相同（$2n = 34$）。研究表明，*H. anomalus* 是由 *H. annuus* 与 *H. petiolaris* 杂交后再经染色体重排而产生的，正是这种快速的染色体进化使得 *H. anomalus* 与其亲本产生生殖隔离。通过用分子标记来分析这 3 种向日葵的染色体组，发现由 *H. annuus* 与 *H. petiolaris* 杂交产生 *H. anomalus*，是经过了一系列的染色体断裂、融合、重复、倒位、易位等过程。进一步的人工杂交研究还显示，这种染色体结构改变的过程是非随机的，在很大程度上是可重复的。这一例子对深入研究物种形成的遗传学基础很有意义。

三、物种形成在生物进化中的意义

（一）物种形成是生物对不同生存环境适应的结果

生物生存的环境总是处于不断的变化之中并具有异质性，环境随时间的变化导致生物的适应进化，环境在空间上的异质性导致生物的性状分歧，分歧的结果是产生不同类型的生物，即物种形成。物种形成不仅增加生物类型，而且为新类型生物提供新的进化起点。如单细胞生物为多细胞生物的形成奠定基础；水生生物为陆生生物的进化开辟了道路等。

（二）物种间的生殖隔离保证了生物类型的稳定性

物种因种间生殖隔离的存在保持种群基因库的相对稳定。没有种间的生殖隔离就不能通过进化获得新的适应，这就会使已获得的适应因杂交融合而丢失。所以，物种的存在既保持生物遗传性的稳定，又使进化持续向前，成为进化的途径。

（三）物种是生物进化的基本单位

物种具有可变性以适应环境的变化，但当环境变化的速度和范围超越物种的适应能力，旧的物种就会灭绝，适应新环境的新物种产生。生态系统也要适应环境的变化，物种的更替与种间生态关系的改变，使生态系统不断适应变化的环境，生物与环境之间由不平衡达到新的平衡，从而推动整个生物界的进化。整个进化过程中的每一步都是由物种的进化来推动的，所以物种是生物进化的基本单位。

（四）物种是生态系统中的功能单位

不同的物种在生态系统中占有不同的生态位（niches）。因此，物种是生态系统中物质与能量转换的环节，是维持生态系统能流、物流和信息流的关键。

第六节　影响生物种群进化的因素

影响生物种群进化的因素主要有:基因突变、基因流动、遗传漂变、非随机交配和选择、自然选择等。

一、基因突变

基因突变能产生可供选择积累的新等位基因。在自然界中,突变的速度一般都是很低的,不同的基因和各基因的不同等位基因的突变速度各有不同。据估计,人约有 100 000 基因(各含有 2 个或多个等位基因)。每人出生,平均总带有 2 个突变。由此可想而知,每一个基因突变虽然缓慢,但每一种群中每一世代的突变基因数却是很高的。突变的方向是随机的,突变只是给自然选择提供原材料,如果突变性状被选择,这一突变基因就在基因库中积累增多,如不被选择,就逐渐被排除。

二、基因流动

基因流动是指生物个体从其发生地分散出去而导致不同种群之间基因交流的过程,可发生在同种或不同种的生物种群之间。基因流的强弱和程度因不同的种或种群、不同的时间和地点而有很大差异,但其基本作用是削弱了种群间的遗传差异。一般而言,邻近种群基因频率相似并不一定就是基因流产生的融合作用,也许是选择压力相同造成的;而邻近种群间基因频率出现较大差异,也不能说不存在基因流,这时自然选择的作用超过了基因流,于是种群在强大的选择压力下,即使存在一定的基因流,还是发生了较大的遗传分化。对植物种群而言,即使通过基因流实现了新基因的输入,但由于生殖上的障碍(生殖隔离等),这种基因流并不能得以遗传。

三、遗传漂变

所谓遗传漂变,就是在小的种群中,基因频率可因偶然的机会,而不是由于选择,而发生变化。在自然条件下,如果小群体足够小,它所拥有的基因以及基因型可以偏离原始种群很多。例如小群体的人数少,并与总人群相隔离,这种社会和地理因素形成的小群体,A 基因固定(A=1),而 a 基因人很少,a 基因的人如无子女,则 a 基因就会较快在人群中消失,造成此小群体中基因频率的随机波动。这种漂变与群体大小有关,群体越小,漂变速度越快,甚至 1 ~ 2 代就造成某个基因的固定和另一基因的消失而改变其遗传结构,而大群体漂变则慢,可随机达到遗传平衡。

四、非随机交配和选择

遗传平衡群体的另一个重要条件是群体中个体之间的随机交配,但生物种群中非随机交配或差异性生殖是普遍存在的现象。一种重要的非随机交配现象是性选择。生物常常根据某些特殊的体貌特征或行为特征选择配偶,而不顾这些特征是否适应环境和有利于生存。

影响群体中基因频率的效果最明显的因素是选择。人工选择决定了家养动物和栽培植物品种改良的方向。例如,蛋鸡的产蛋多、肉鸡的生长快、奶牛的产奶量大、瘦肉猪的瘦肉率高、各种农作物品种产量和品种不断提高等,主要是长期人工定向选择的结果。在自然选择中,自然环境扮演了育种家的角色。更适应环境的个体有较大的可能在生存竞争中取胜并繁殖更多的后代,使其携带的基因在后代群体中的频率逐渐提高，从而使生物种群向更适应环境的方向进化。

五、自然选择

现代进化论认为地球上的生物都是由共同祖先进化而来的；生物是以种群为单位不断进化的，生物种群是由许多个体组成，这些个体在表型上是不同的，如高度、重量、产仔率、寿命等。如果将具不同性状的个体排列起来，就会发现表型呈正态分布（图 8–17）；进化的起因或原料是因为在群体中存在着可遗传的变异；进化的主要机制和动力是自然选择，其作用原理是影响或改变群体在时空中的基因频率；对于特定的生物，进化是朝着有利于其生存和生殖的方向发展，结果往往是与环境协调一致；进化的速度有快有慢。

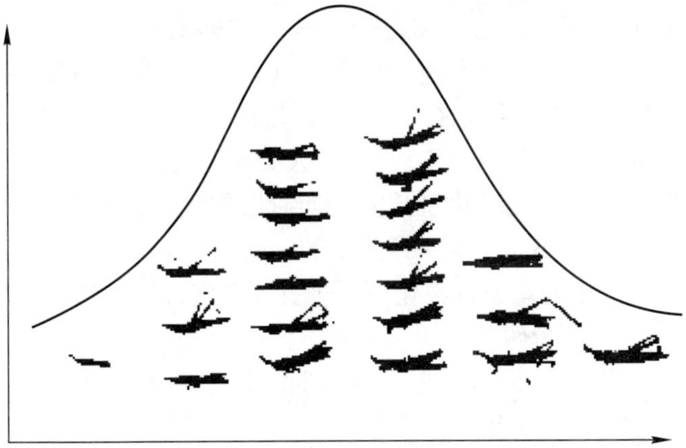

图 8–17　蚱蜢种群中个体体长呈现出正态分布（周长发，2009）

自然选择是对表型的选择，就是通过对具有不同表型（往往因它们具有不同的基因型）个体的筛选从而影响基因频率。与其他作用不同，自然选择是方向性的选择而不是随机的过程。这种筛选往往是通过个体的生存死亡来体现的，也就是不适合的个体本不能生存或不能繁殖从而不能将自身携带的基因传承给下一代，从而影响基因频率。换言之，自然选择就是对有利变异的保存和有害变异的排除。

第七节　人类起源与进化

人类也是自然的产物，同其他生物类群一样，人类也经历了起源、进化和发展的过程。人类的进化同样符合整个生物界的进化规律，遵循由低级到高级的进化程序。人类进化发展到如今的阶段，同样是对环境适应的结果。

一、人类的起源

（一）对人类起源的认识

对人类起源问题自古就存在许多观点，各持己见长达数千年。大致存在两大类观点，唯心论和唯物论观点。唯心论者持神创论的观点，认为上帝创造了人。唯物者认为人类同其他生物类群一样，是生物界进化发展的结果，是自然界的产物。科学界普遍承认人是从古猿进化来的，不是上帝或神造的。因为无论是来自化石的直接证据，还是来自遗传学、分子生物学等研究的间接证据，都表明人类来源于元古时代的猿类。

（二）人类起源的主要阶段

从 400 多万年以来的人类化石分析得出，人类的起源与发展总的来说，可以分为四个阶段，即前人阶段、能人阶段、直立人阶段和智人阶段。

1. 前人阶段（南方古猿阶段）

前人阶段以南方古猿化石为代表，因此也叫南方古猿阶段。南方古猿化石最早是 1924 年在南非北开普省汤恩附近发现的，化石是一个小孩的头骨的大部分连着整个脑子的天然模子。由达特（R. Dart）

教授进行了研究，他于1925年发表文章，认为它是真正的猿和人之间的类型，是人和猿之间的“缺环”，定名为南方古猿（Australopithecus）。可是它究竟是人还是猿，引起了人类学界激烈的争论，因为当时人类学界一般都认为大的脑子才是人的标志。

以后在南非发现了更多的这类化石，在非洲其他部分也有这类化石发现，特别是在东非，经过多方面的研究，直到60年代以后，人类学家才逐渐一致肯定它是人类进化系统上最初阶段的化石，分类上归入人科，成为人科下的最早的一属。

最早的南方古猿化石距今有400多万年。这类化石可分为两种类型，纤细型和粗壮型（图8–18）。纤细型进一步演化成下一阶段的能人；粗壮型则在距今大约100万年前灭绝了。

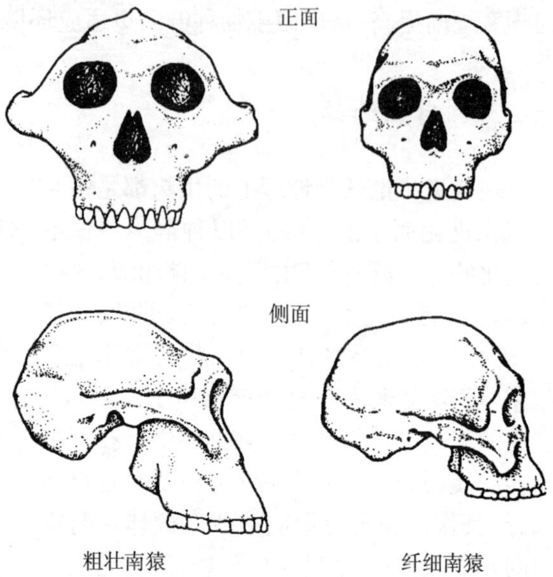

图8–18 纤细南猿和粗壮南猿头骨比较（陈阅增，1997）

2. 能人阶段

能人化石是1960年起，在东非坦桑尼亚的奥杜韦和肯尼亚的特卡纳湖岸的库彼福勒陆续被发现的，最早的年代是距今240万年前，分类上归入人科下面的人属能人种（*Homo habilis*），能人的脑子扩大了，开始能用石块制造工具（石器），以后演化成下一阶段的直立人。

3. 直立人阶段

直立人通俗的名称是猿人，直立人在分类学上的学名*Homo erectus*，译成中文是人属直立种，简称直立人，是人类的第二个种。直立人化石最早从19世纪末在印度尼西亚发现爪哇猿人开始，引起了是人还是猿的争论。从20世纪20年代后期起，在我国北京房山区周口店陆续发现了北京猿人的化石和石器，从而确立了直立人在人类进化史上的地位。直立人还带有不少类似猿的性状，所以俗称猿人，但他们已在人类的进化系统上经历了漫长的时间，已是人类发展第三阶段的人类，与古猿和现代猿有着本质的区别。

人猿和猿人是有区别的，猿是和人最相近的动物，也叫人猿或类人猿。现今全世界的猿共有四种，亚洲有长臂猿和猩猩，非洲有大猩猩和黑猩猩，其他洲没有猿类。长臂猿体形较小，也叫小猿，其他三种猿的体形较大，也叫大猿。所以简单地说，人猿是像人的猿，而猿人是像猿的人。人是从猿进化来的，但不是现代猿，而是古猿。

直立人化石已在亚、非、欧三洲发现。在非洲，最早的直立人化石距今的年代为170万年。在亚洲和欧洲，最早直立人化石的年代还有争论，不能肯定，因而一般认为直立人是起源于非洲，然后分布到亚洲和欧洲的，但最近报道，爪哇发现的猿人化石的年代为距今180万年前，早于非洲的猿人。由于年代测定的不稳定性，目前还难于给出定论。直立人中年代较晚的是北京人（图8–19）。过去报道北京猿人中最晚的是距今23万年，最近报道是40万年。直立人之后是智人。

4. 智人阶段

智人一般又分为早期智人（远古智人）和晚期智人（现代人）。晚期智人从距今十多万年前开始，其解剖结构已和现代人相似，因此又称解剖上的现代人。

（三）关于人类起源问题的一些争论

1. 人类诞生的时间

20世纪60年代，古生物学家将腊玛古猿视为最早的人科成员，认为人是由腊玛古猿演变而来。腊玛古猿出现最早的年代距今1 400万年，因此古生物学家认为人类的起源时间为1 400万年前。1967年，

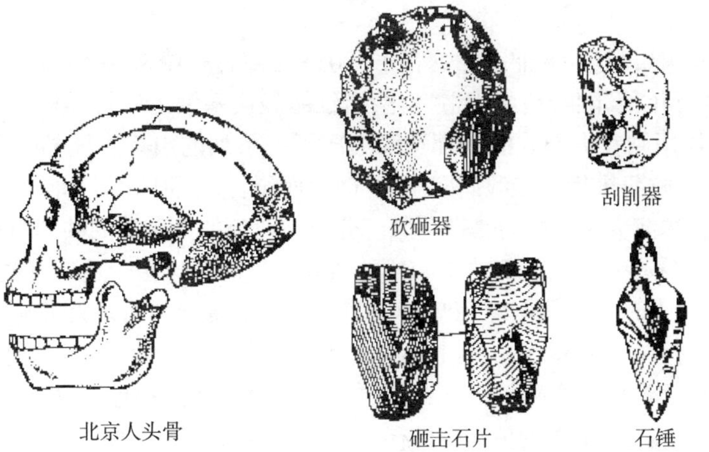

图 8-19　北京人头骨及其使用的石器(陈阅增,1997)

美国分子生物学家威尔逊(Allan Wilson)和萨里奇(Vincent Saric)通过比较各种灵长类血红蛋白的氨基酸差异,推算出人类与亚洲猿(猩猩)的关系较远,与非洲猿(黑猩猩)的关系最近,两者分歧的时间约在500 万年前。因此,人类起源的时间根本没有 1 400 万年之久。

为解决古生物学家与分子生物学家的分歧,1982 年在罗马召开了一次人类起源学术会议,与会代表以激烈的言辞互相指责,但通过探讨发现腊玛古猿牙齿中活性蛋白制备的抗体反应,也说明腊玛古猿和猩猩关系密切,而不是与人类关系最近的黑猩猩关系密切。因此会议上报告的这两个事实使天平的重心明显倾向于分子生物学家一方,即人类起源的时间为 400 ~ 500 万年前。

20 世纪 80 年代以后,古生物学家通过对完整腊玛古猿颌骨化石与西瓦古猿化石的比较,发现两者在形态特征上没有重大差别。因此取消腊玛古猿属,将其并入西瓦古猿属。这使古生物学家从自己的化石证据中相信了人类的历史被大大缩短的事实。随后通过在非洲的考古资料证明人科的最早成员是生活在 400 万年前左右的南方古猿。

2. 人类起源的地点

人类是在哪儿起源的呢？达尔文在 1871 年出版的《人类的由来及性选择》一书中作了大胆的推测,提出非洲是人类的摇篮。

19 世纪下半叶,欧洲,特别是西欧,曾一度被认为是人类的发祥地。原因是当时在欧洲发掘出大量的古人类化石。而在亚洲和非洲,当时除了爪哇猿人外,还没有找到其他古人类遗址。还有,最早发现的古猿化石也处于欧洲,即 1856 年在法国发现的林猿化石,所以当时许多人认为人类起源的中心是在西欧。后来,随着亚非两地更多人类化石的发现,人类摇篮欧洲说才逐渐退出了舞台。

1927 年,中国发现“北京人”化石,之后相继发现了“北京人”制作和使用的工具以及用火遗迹,这一重大发现不仅拯救了爪哇直立猿人,也使中亚起源说风靡一时。

20 世纪 30 年代,大量东非化石的逐渐发现表明人类的发祥地很可能在非洲,特别是东非地区。到 20 世纪 70 年代,随着分子生物学,特别是分子人类学的发展,为人类起源的研究提供了新的方法。一系列分子生物学方面的研究结果为人类的“非洲起源说”提供了更加准确和清晰的依据。

最近,一些新的科研成果对“非洲起源说”提出了挑战。2007 年,西班牙布尔戈斯人类进化全国研究中心对数百万年生活在非洲、亚洲和欧洲古人类的 5 000 多枚牙齿化石进行了研究,结果表明,欧洲人的牙齿具有更多亚洲人的特征,非洲人的特征相对较少,因此提出亚洲人在人类征服欧洲的过程中可能扮演了重要角色。

3. 人类起源的原因

对于人类起源的原因有各种观点,其中影响比较大的有下列三种学说:裂谷学说、劳动创造学说和突变选择学说。

(1) 裂谷学说　有关资料表明，非洲中部在1 500万年前森林茂密，猿猴成群，其中也有人和猿的共同祖先。在大约800万年前，随着地质构造变化，沿红海经埃塞俄比亚、肯尼亚、坦桑尼亚一线裂开，沉降为大裂谷，而上升作用则在大裂谷的东部边缘形成了一系列的山峰。隆起的山脉改变了大气环流。裂谷西部受大西洋的影响仍维持原来湿润多雨的气候，而裂谷东部因山峰的阻挡及其他因素，气候变得极其干燥，植被也由森林演变为干燥的热带草原。分布在西部的人和猿的共同祖先仍然生活在树上，成为今天的黑猩猩和大猩猩；分布在东部的人和猿的共同祖先的后代由于适应开阔的草原生活而逐渐演变为“人科成员”。这就是法国人类学家柯盘斯(Y. Cop-pens)提出的所谓人类起源的“东边的故事”，也是荷兰古人类学家科特兰特(A. Kortlandt)主张的人和猿在非洲分歧的“裂谷学说”。

(2) 劳动创造学说　虽然在个别情况下，某些高等灵长类(如黑猩猩)也能利用工具进行劳动，但这种劳动属于低级的原始劳动(本能的劳动)，只有人类才能够从事复杂的高级劳动。人类在从事复杂的高级劳动中，不但会制造和使用工具，而且把劳动当作谋生的重要手段，使得劳动成为人类生存发展中必不可少的一种适应性行为方式。因此，本能的劳动在从猿向人转变过程中成为一种重要的选择因素。当人类远祖用手和脑进行原始劳动时，手的灵巧程度以及脑的聪明程度存在个体差异，这种差异直接影响劳动的效益，从而影响它们的适合度。自然选择的结果是强者生存，弱者淘汰。来自劳动方面的选择压力促进了从猿到人的转变过程。另一方面，劳动也是创造人类文化的一种动力。

(3) 突变选择学说　人和猿的共同祖先中的突变个体，由于体质、行为方面的选择优势，在生存竞争中也处于优势地位。经过长期的、一代一代的不断选择，使得人类终于从猿类中分化、产生出来。

二、现代人的进化

一万年前至今为现代人阶段，现代人主要在文化和社会两方面得到飞速发展。

(一) 人种的概念及划分

1. 人种的概念

人种也称种族。它是指体质形态上具有某些共同遗传特征(如肤色、发色、发型、眼色、血型等)的人群。现代人类是由若干种族组成的复合种。

2. 人种的划分与分布

按照人种划分的标准，通常将现代人类划分为五个种族，即蒙古人种(Mongoloid)、白色人种(Europeoid)、黑人种或尼格罗人种(Negroid)、澳大利亚人种和美洲印第安人。这五大人种和世界五大洲相对应，说明地理因素在人种形成中发挥着重要的作用。

(1) 蒙古人种或称黄种人　肤色淡黄、脸扁平、鼻中等宽、鼻孔宽大、头发直而较硬。蒙古人种主要分布在亚洲大陆东半部、太平洋群岛，包括现代的中国人、蒙古人、朝鲜人、日本人等。

(2) 白色人种　皮肤白、鼻子高而狭，眼睛颜色和头发类型多种多样。主要分布在欧洲、北非、西亚和印度北部地区。之后逐渐扩张到美洲、澳大利亚和南非等地。

(3) 尼格罗人种或称黑人种　皮肤黑、嘴唇宽厚、鼻子低而阔、头发卷曲。主要分布在非洲、大洋洲、印度南部、斯里兰卡等地。

(4) 澳大利亚人种或称棕种人　皮肤棕色或巧克力色，头发棕黑色而卷曲，鼻短而宽，唇较厚，头发波形或卷曲，胡须及体毛发达。主要分布于澳大利亚、新西兰、新几内亚、斯里兰卡、印度南部等地。

(5) 印第安人　是由黄种人自亚洲东北部进入美洲，较早去的成为印第安人，较晚去的成为因钮特人(Eskimo)。印第安人与其他黄种人分离后，长期隔离使得体质、形态特征等多方面不同于现代黄种人。

3. 人类皮肤颜色的进化

人类皮肤的颜色是在进化过程中适应环境的产物。皮肤颜色深浅主要决定于皮肤内黑色素的含量，黑色素含量高则肤色深,反之则浅。黑色素是天然的遮光屏障,是一种有机大分子,具有在物理上和化学上防止紫外线损伤的双重作用,可以吸收紫外线,使之丧失能量,而且可以中和紫外线照射皮肤后产生的有害化学自由基。近年来研究发现,人类肤色的深浅是由 *SLC24A5* 基因控制的,该基因拥有两个变体,不同人种突变体不同,影响了人类皮肤色素沉淀,决定了人类肤色有深浅之分。通过研究这些基因的演化历史,可以揭示人类肤色的进化过程。150 万年前,当人类体毛开始减少时,人类祖先的皮肤开始转化为深色。这是因为黑色素沉淀可以保护皮肤不受有害紫外线辐射。后来,当人类移居至寒冷北方时,他们的皮肤也就自然而然地要进化,以适应变化的环境。因为在日照相对较少的地区,黑色素沉淀会阻碍皮肤中进行的化学作用,如维生素 D 的生成。不过肤色不只是基因控制的,环境对肤色的影响也是有的。

人类皮肤的颜色因种族不同而不同。在同一种族的人中,皮肤颜色的深浅也不完全相同。即使在同一个体中,皮肤的颜色也可受年龄、环境、季节、食物、皮肤状态、健康情况等因素的影响。

(二) 人种的演化

根据人类总祖论的观点,人类的祖先在大约 500 ~ 400 万年前就迈进了脱离猿类的第一步。当时的原始人种群中,所有个体的各项体征都比较一致。之后比较大的种群分成若干小种群向各地迁移,首先由于地理隔离的原因,各小种群的个体间交配机会逐渐减少甚至完全丧失,小种群中随机产生的突变及自然环境对突变的选择日积月累保存下来。久而久之,种群间的差异越来越明显。其次,随着演化的深入,各种群间陆续出现生理、生态的隔离和生殖隔离,最终形成各自独立、平行发展的新人种。以此类推,现在五大人种正是由于人类始祖向各大陆漂移,积累了与当地环境相适应的突变而形成的。据考证,远在早期智人阶段,不同地域的原始人已经出现了体征的差异与分化,即现代人类的始祖可能在非洲生活了 400 多万年后,数量已经达到很多,开始寻找新的栖息地,大约在 13 ~ 20 万年前陆续迁离非洲,逐渐遍布世界各地。到晚期智人之后,五大人种逐步出现。

(三) 现代人的起源

在人类起源的问题上,有两个概念:人科的起源和智人(晚期智人即现代人)的起源。从目前的化石资料来看,对于人科的共同祖先约700万年前至500万年前起源于非洲的观点,学术界并无太大争议。对于智人的起源,则一直争论不休。主流观点分为两派:一派支持“非洲起源说”,即目前生活在世界各地的现代人的祖先在大约20万年前起源于非洲,然后在距今10万年以内离开非洲,向亚洲和欧洲扩散。很多科学家支持“非洲起源说”。另一派支持“多地区起源说”,认为各大洲人种是由当地的早期人类连续进化而来,即现代人是在欧洲、亚洲和非洲各自起源。

自 1980 年后期,一系列 DNA 研究证据为现代人“非洲起源说”提供了强有力的支持。但“非洲起源说”有一个缺陷:缺乏 10 万年前至 20 万年前现代人化石的支持。1997 年,美国科学家怀特率领的国际研究组在埃塞俄比亚阿法盆地发现了 3 块人类头骨化石,几年后,他们在《自然》杂志上公布了轰动学界的研究结果。这些头骨化石的生存年代为距今约16万年前,是当时所发现的最古老的现代人化石。这一发现为“非洲起源说”增加了重要砝码。2005 年 2 月,《自然》杂志发表文章称,科学家证实,1967 年在埃塞俄比亚发现的两个人类头骨化石距今已有 19.5 万年历史,此前曾认为这两个头盖骨有 15.4 万到 16 万年历史。这为现代人起源于非洲提供了新的证据。

三、人类未来的进化

人类的发展历史与整个生物界的发展历史相比,是十分短暂的。人类的诞生在进化史上占有至高无上的地位,但人类毕竟还处在幼小的年代。人类应当还有一个漫长的并且是更加灿烂辉煌的未来。人类未来的进化除仍受生物进化的一般规律支配之外,人类的社会文化进化在人类未来的进化中必定产生越来越重要的影响。

虽然人类的生物学进化(包括体质和行为特征的进化)已发展到了一个相当高的水平,但这种进化并未停止过,人类的自然进化仍在继续,某些特征正在发生着变化,如智齿、小趾和阑尾可能逐渐消失,身高增加、寿命逐渐延长,运动功能逐渐降低,对环境的适应能力逐渐退化等,人种的界线也在逐渐缩小,特别是进入3C时代的今天,即Computer(计算机—脑)、Communication(通讯—神经系统)和Control(控制—效应器),随着外界信息源的丰富将促进人脑的发展,借助光、电、声的现代科技,将使人的肢体和感官在体外延伸,智能计算机将补充人的智力不足,机器人将进入人类生活的各个领域。事实上,自从人类诞生的那一天起,社会文化进化就伴随着人类的生物学进化。社会文化进化是生物学进化的继续和发展。在社会进化过程中,自然选择的作用将受到社会选择的制约。社会文化进化的结果必将导致人类智力水平的不断提高和发展。因此,人类未来的进化将在很大程度上依赖于智力水平的进化。毋庸置疑,社会文化选择压力是智力进化的动力。

人类未来进化的可能形式见电子资源 8-1

本章小节

生命的本质是物质的,地球上的生命起源于无生命的物质。早期地球具备了生命起源所需要的物质,还原性的原始大气为生命起源提供了物质基础,热能、太阳能、宇宙射线和放电等提供了能源,原始海洋为原始生命的诞生提供了场所。地球上生命起源的化学演化过程分为4个阶段:即从无机小分子生成有机小分子,从有机小分子发展为生物大分子,由生物大分子组成多分子体系,由多分子体系发展成为原始细胞。

原始细胞逐渐演化就成为原核细胞,它们是地球生物圈最早的、唯一的或主要的生命成员。对真核细胞的起源有两种相反的假说,即渐进假说和内共生假说。真核细胞的起源是生物进化史上的一个重大事件,其中植物的系统演化依次经历了藻类植物阶段、苔藓植物阶段、蕨类植物阶段、裸子植物阶段和被子植物阶段;动物的系统发育先后经历了原生生物阶段、多细胞非脊索动物阶段和脊索动物阶段。整个生物界系统发展的规律体现了生物进化的进步性、阶段性和多样性。

进化思想和进化理论的形成呈一个螺旋上升的过程。拉马克是历史上第一个提出比较完整的进化理论的学者,他的进化理论主要强调了物种的可变性及“用进废退”和“获得性遗传”。而达尔文的进化论则突出“自然选择”“适者生存”的进化思想。20世纪初建立了“现代综合进化论”。随着分子生物学的发展又出现了分子进化中性论和间断平衡论。

物种是由种群组成的生殖单元,物种的概念包含种群组成、生殖隔离、生态地位和宗谱分支等4方面的意义。物种是生物对不同环境适应的结果,它不但是生物分类的单元,也是遗传生殖和进化的单元,同时是生态系统中的功能单位。地理隔离造成生殖隔离,生殖隔离导致新种形成。影响生物种群进化的主要因素有:基因突变和基因流动、小群体的遗传漂变、物种的非随机交配和选择、生物种群的遗传变异。

人类的起源经历了前人(或称南方古猿)、能人、直立人和智人4个发展阶段。一般将现代人种划分为5个种族,即蒙古人种、白色人种、尼格罗人种、澳大利亚人种和美洲印第安人。不同人种皮肤的颜色不同,人类皮肤的颜色是在进化过程中适应环境的产物。对现代人的起源有两种学说,即“非洲起源说”和“多地区起源说”。

人类今后的发展趋势应该既遵循生物发展的一般规律,又体现人类自身的社会特点。一方面人类体质特征的演化将持续下去,另一方面人类生物学进化与社会文化进化相互影响、相互作用,随着时间的推移,在人类的进化中人类的社会文化进化将起到日益重要的作用。

复习思考题

一、名词解释

化学进化学说;还原性大气;团聚体;微球体;渐进说;同源器官;同功器官;痕迹器官;拟态;同义突

变;同功突变;非功能性突变;分子进化率;分子钟;遗传漂变;遗传平衡;物种;同地种形成;异地种形成;邻地种形成;地理隔离;生殖隔离;南方古猿;直立人;智人;人种

二、问答题

1. 关于生命起源有哪几种假说? 你比较认可的是哪种观点?
2. 何谓原始生命? 原始生命出现的重要条件是什么?
3. 什么是原始界膜? 原始界膜是怎样形成的? 它的形成有何意义?
4. 浅谈米勒实验给我们的启发。
5. 在生命的化学进化中,原始细胞是如何进一步分化形成原核细胞的?
6. 试述生物大分子起源研究的最新进展。
7. 从多分子体系到原始生命是生命起源过程中最复杂和最有决定意义的阶段,那么,这一阶段需要解决哪两个重要问题?
8. 真核细胞起源的“内共生学说”的合理性表现在哪些方面? 还存在哪些不足?
9. 简述生命起源的主要阶段。
10. 简述真核细胞起源的意义。
11. 地质史划分为哪几个代? 每个代又包括哪些纪?
12. 简述多细胞化的重要意义。
13. 简述上、下颌出现的进化意义。
14. 拉马克在《动物学的哲学》中提出了什么观点? 有什么影响?
15. 论述达尔文自然选择学说的主要内容。
16. 试述选择对基因频率的影响。
17. 试述遗传漂变产生的原因。
18. 简述物种形成在生物进化中的意义。
19. 举例说明隔离在物种形成中的作用。
20. 为什么说物种是生物进化的基本单位?
21. 简述量子种形成的机制。
22. 人类起源经历了哪几个阶段?
23. 何谓人种? 人种形成的主要因素有哪些?
24. 如果人类社会的科学技术继续发展,并没有意外灾难的发生,那么你对人类在今后几千年所发生的体质和智力上的进化有什么预言?

主要参考文献

北京大学生命科学学院 . 生命科学导论 . 北京:高等教育出版社,2000.

弗里德 G H,黑德莫诺斯 G J. 生物学(第 2 版). 北京:科学出版社,2002.

顾德兴 . 普通生物学 . 北京:高等教育出版社,2000.

胡玉佳 . 现代生物学 . 北京:高等教育出版社,2004.

李难 . 进化论教程 . 北京:高等教育出版社,1990.

刘广发 . 现代生命科学概论 . 北京:科学出版社,2001.

沈银柱,黄占景 . 进化生物学(第 3 版). 北京:高等教育出版社,2013.

吴庆余 . 基础生命科学 . 北京:高等教育出版社,2002.

谢强,卜文俊 . 进化生物学 . 北京:高等教育出版社,2010.

张昀 . 生物进化 . 北京:北京大学出版社,1998.

Ayala F J,Valentine J W. 胡楷,译 . 现代综合进化理论 . 北京:高等教育出版社,1990.

Cox B, Cohen A. 闻菲，译. 生命的奇迹. 北京：人民邮电出版社，2014.
Nei M, Kumar S. 吕宝忠，钟扬，高莉萍，等译. 赵寿元，张建之，等校. 分子进化与系统发育. 北京：高等教育出版社，2002.

网上更多资源

教学课件　视频讲解　思考题参考答案　自测题

第九章

生命科学研究的热点领域

20 世纪后半叶生命科学各领域取得了巨大进展，特别是分子生物学的突破性成就，使生命科学在自然科学中的地位发生了革命性的变化。很多科学家认为，在未来的自然科学中，生命科学将成为带头学科，甚至预言 21 世纪是生命科学的世纪。虽然目前对这些论断还有不同看法，但毋庸置疑，在 21 世纪生命科学将继续蓬勃发展，生命科学对自然科学所起的巨大推动作用，绝不亚于 19 世纪与 20 世纪上半叶的物理学。假如过去生命科学曾得益于引入物理学、化学和数学等学科的概念、方法与技术而得到长足的发展，那么，未来生命科学将以特有的方式向自然科学的其他学科进行积极的反馈与回报。当 21 世纪来临的时候，一些有远见的科学家、思想家与政治家将人类所面临的诸多日益严重的社会问题，如人口、地球环境、食物、资源与健康等重大问题的解决，寄希望于生命科学与生物技术的进步。当然生命科学家们也围绕着该领域中一些热点问题展开深入、系统的研究，本章就当前生命科学领域的热点问题做一简要介绍。

一、基因组学

（一）基因组学的概念

基因组学（genomics）是研究基因组（genome）的科学，而基因组本身则从不同学科的角度有不同的表述：形式遗传学（formal genetics，即经典的孟德尔遗传学）角度，基因组是指一个生物体所有基因的总和；细胞遗传学（染色体遗传学）角度，基因组是指一个生物体所有染色体（单倍体）的总和（如人类的 22 条常染色体和 X、Y 染色体）；分子遗传学角度，基因组是指一个生物体或一个细胞器所有 DNA 分子的总和，如线粒体基因组 DNA、叶绿体基因组 DNA、质粒 DNA 等；现代信息学角度，基因组是指一个生物体所有遗传信息的总和。

（二）基因组学的形成与发展

1920 年 Winkler 提出基因组一词，它是由 gene 和 chromosome 两词缩写而成，用于描述生物的全部基因和染色体组成的概念。

1986 年，美国科学家 Thomas Roderick 提出了基因组学。基因组学是指对所有基因进行基因组作图(包括遗传图谱、物理图谱、转录图谱)、核苷酸序列分析、基因定位和基因功能分析的一门科学。因此，基因组学研究应该包括两方面的内容：以全基因组测序为目标的结构基因组学（structural genomics）和以基因功能鉴定为目标的功能基因组学（functional genomics），又称为后基因组学（postgenomics）。

1985 年，美国科学家率先提出人类基因组计划（human genome project，HGP），1990 年正式启动该计划。美国、英国、法国、德国、日本和中国科学家共同参与了这一预算达 30 亿美元的浩大工程。HGP 的目的就是要从基因水平上解码生命、了解生命的起源、了解生命体生长发育的规律、认识种属之间和个体之间存在差异的原因、认识疾病产生的机制以及长寿与衰老等生命现象、为疾病的诊治提供科学依据。2006 年 6 月 26 日，人类基因组工作框架图完成，随着基因组时代的到来，基因组学的发展呈现以下五大趋势。

1. 重绘“生命之树”

在不远的将来，地球上所有物种的代表性个体的基因组都将测序，即分析一个或数个个体的全基因组序列来构建该物种的参考序列，据此，生命世界将描绘出所有物种演化与亲缘关系的“生命之树”。对于任一个物种来说，这是生物学研究的重新开始，也是利用和开发（如育种等）这一物种的重新开始。

从整个生命世界的演化来说，只有构建以基因组序列为基础的数字化的“生命之树”，才能进一步阐述所有物种的演化和亲缘关系，为生命世界的演化和生物分类提供更加科学的依据。

2. 群体基因组分析

有了一个物种的参考基因组序列，就可以研究这一物种中的亚种、群体与品系（株系）的代表性个体。任何一个个体都不能真正代表这个物种，如水稻的 3 000 多个品种的代表性品系、鸟类的 48 个目的代表性物种等的基因组已被测序和分析，这是更好地了解生命世界的必经之路。群体间的基因组比较分析是演化研究的主要内容。

3. 个体基因组分析

如果说一个物种的多个群体的全基因组分析还只是研究一般意义上的基因组变异，那么通过对具有某一特殊表现型的个体的基因组变异的比较，就可能把这一表现型与某一特定的基因组变异（某一区段、某一基因或某一核苷酸变异）联系起来。

现在所有物种、亚种或群体的基因组分析都是以一个或几个个体的“参考序列”为代表的，如 HGP 产生的一个欧裔的序列图——“人类基因组序列”的构建；HGP 之姐妹计划——国际单倍型图计划（international HapMap poject，HapMap 计划）；国际千人基因组计划（international 1000 genomes project，GIK 计划）；泛基因组（pan-genome）；泛基因组关联研究（genome wide association studies，GWAS）等都属于个体基因组分析 。

4. “跨组学”分析

“组学化”几乎是当前生命科学所有学科的发展趋势，但更重要的趋势是多个不同“组学”的融合与贯穿。DNA 组（基因组）和 RNA 组（转录组、表达谱等）从诞生伊始便密不可分，外饰基因组学与 META 基因组学是基因组学的概念和 DNA 测序技术的发展和外延。外饰基因组测序使 DNA 测序技术用于分析 DNA 甲基化（甲基化组），ChIP-Seq（chromatin immuno precipitation sequencing，染色质免疫沉淀测序）使测序技术开始用于基因组水平的基因调控（调控组）的研究，这两者结合转录组的分析，还有 miRNA 与其他 ncRNA（non-coding RNA，非编码 RNA）的分析，使组学技术更为全面，也为其他新技术的应用带来了新的契机。

5. 基因组的生物学

基因组的生物学是指以生物的全基因组序列和基因组知识为基础的所有生物学研究，是 21 世纪生命科学和生物技术的重要特点。基因组的生物学由相辅相成、互促互动的两个方面组成：一方面，任何一个物种的所有生物学研究只有在全基因组序列的基础上才能迈上一个新的台阶，只有引进基因组学的概念、策略和技术，才能与时俱进；另一方面，基因组学也应该用自己的理念、策略和技术、大数据去研究生物学的所有问题，才能保持自己的生命力，否则只能困守于泛泛的“普通基因组学（general genomics）”。

（三）基因组学的研究技术

技术突破是科学发展和社会进步最主要的动力之一，基因组学至少有下述七项研究技术将给世界带来巨大而深远的影响。

1. 合成基因组学

合成基因组学是基因组学发展的最高阶段,合成基因组学已达到设计和合成原核生物与单细胞真核生物的全基因组的水平,并有望在近几年里迈向多细胞真核生物基因组的设计和合成,并在技术上实现大片段 DNA 合成和组装的全自动化。

2. 基因组编辑技术

基因组编辑技术在分子水平给生命科学带来了基于基因组研究的一场革命。自 20 世纪 70 年代基因剪接(gene splicing,也称为遗传工程)技术问世以来,分子水平的生物技术已得到了长足的发展并对生命科学和现代社会产生重大的影响,除了 DNA 克隆,特别是 PCR(polymerase chain reaction,聚合酶链式反应)技术以外,还包括基因操作技术(gene manipulation)、基因敲除(gene knock-out)或敲入(gene knock-in)及 RNAi(RNA interference,RNA 干扰)等技术。这些技术不仅可以进行分子水平的离体(*in vitro*)操作,还在分子和细胞之间搭起了桥梁,对原核与真核的细胞培养物进行基因组水平不同层次的活体(*in vivo*)改造,特别是全能性更加显著的植物细胞,使生物学研究发生了革命性的变化。CRISPR 就是分子生物学技术最典型的代表,不管是在基础研究还是在应用方面都有广泛的前景。

3. 干细胞与 iPS 技术

干细胞(stem cell,SC)及 iPS(induced pluripotent stem cell,诱导多能干细胞)技术是 21 世纪生命科学和医学的重要进展。已有不同方法将人体以及其他动物的胚与成体的干细胞诱导成数种组织,以及相对简单的几种器官。而器官、组织的终末细胞可通过转录因子转化、重编程(reprogramming)而获得类似干细胞的 iPS。此技术结合 3D 生物打印机技术(3D bioprinting)将给细胞生物学、发育生物学与整个生物学和医学带来革命性的变化。而干细胞和 iPS 的基因组稳定性则是其应用的前提。第一个证明 iPS 细胞全能性的是中国科学院动物研究所的周琪团队。2009 年 7 月他们使用 iPS 得到存活并具有繁殖能力的小鼠;2010 年 4 月又发现明确证明了决定小鼠干细胞多能性的关键基因决定簇。

4. 动物克隆

动物克隆(animal cloning)技术方兴未艾。1996 年多莉羊(Dolly the sheep)的出生,是 20 世纪生物学影响最大的事件之一。如今,大多数哺乳动物都已能克隆,而有些动物未能克隆的原因是材料瓶颈(如卵),而不是技术瓶颈,尽管还有很多动物生殖机制的特异性了解不足。克隆技术与干细胞、基因编辑等技术的结合是动物克隆技术的发展方向。

5. 大数据与生物库

21 世纪是“大数据”的世纪,而生命科学则是“大数据”的重要组成。生物库(biobank)被称为“改变世界的十大‘idea’之一”(*Time* 2009),是生命科学步入大数据时代的重要标志。

生物库就是有系统、有层次、有对照地收集或贮藏生物样本和所有相关数据的“库”。一个完整的生物库由“湿库”和“干库”两部分组成。湿库贮藏人类(包括正常人和病患)、动植物(包括濒临生物和家畜、农作物品种品系)的个体、器官、组织、细胞、体液等所有各类样本,以及微生物(包括病原体和生态微生物组样本);而干库即为以“组学”和表现型(如所有临床数据)和所有其他相关的数据,以及有关伦理程序方面的记录。有的生物库还有饲养种植动植物原种的“活库”。

6. 表型分析

基因组学的发展改变了“表现型/基因型”的权重,遗传学第一次出现了基因型(以基因组序列为标志)信息多于表现型信息的态势。用物理(包括质谱与影像等)、化学(包括生物化学)等方法将表现型(包括临床症状)物理化、化学化,其本质是将所有表现型进行定量化和数字化。其中物理影像等临床诊断和相关技术是最重要的,特别是与神经系统相关的性状的研究。而现代科学技术已逐步实现了表现型分析的高通量、规模化和工业化。

7. “组学”与相关技术

所有改变世界的生物技术,都有赖于对基因、基因组、“三大网络”以及“组学”的知识和基因组相关技术。因此，整个生物学“只有以基因组知识重新开始，才有希望得到发展”（Watson，2003）。

（四）基因组学的应用

基因组学正从实验室的基础研究和技术开发，走向医学、临床、农业及生态环境等多方面的应用。

1. 外显子和全外显子组测序——单基因性状与遗传病

生物的单基因性状和人类的孟德尔遗传病（包括染色体病）是基因组学及其技术的应用范例。单基因性状和单基因病大都是由一个蛋白质的氨基酸序列发生变化而引起的，是源于编码基因的核苷酸序列的变异。外显子测序（exon sequencing）和全外显子组测序（whole exome sequencing）与分析有的放矢，技术较为简单，分析较为直接，这一技术主要应用于经典的染色体病或线粒体病。全外显子组测序还有望分析一个或几个遗传方式明确的家系，鉴定出与性状（疾病）相关的基因变异。

2. 全基因组测序——复杂性状与常见疾病

全基因组测序和分析是动植物复杂性状和人类癌症等常见复杂疾病的常规研究技术。人类与其他动植物的大多数性状都涉及基因组的多个区域与多个基因和其他功能因子的变异，特别是与“三大网络”有关的所有基因及功能因子。而全基因组序列分析可以反映与表型有关的该基因组所有的相关变异，如基因的调控因子、非编码序列变异及所有相关网络。即使是单基因遗传病，也可能与增强子等其他的调控序列有关。全基因组序列分析，结合转录组和外饰基因组等其他分析，是“组学”研究的长期战略方向之一。随着测序和信息分析成本的不断下降，全基因组测序的应用将更为广泛。

3. 单细胞测序——基因组异质性

单细胞测序和分析在癌症和其他复杂疾病的异质性（heterogeneity）的研究方面将发挥很大作用。通常癌症研究都使用取自患者癌组织的样本，实质上，这些样本都混有相当比例的正常细胞，而癌细胞也处于不同时期具有不同的基因组变异。单细胞的全基因组序列分析对所有人体、动植物，特别是直接取自特定生态环境的混合微生物组群（microbiota）等都将发挥很大的作用。而“下一代”测序技术将可能直接对单细胞进行基因组、转录组、外饰基因组等组学的综合分析。

单细胞组学分析技术主要包括细胞分离、DNA 或 RNA 扩增、深度测序、信息分析等几个方面，不久的将来有望取得更大的进展与突破。它还将在“脑计划”等神经系统研究中发挥独特的作用。单细胞组学分析还可能发现和鉴定生物体新的细胞类型。单细胞分析的技术难点是如何高效率、高保真地扩增 DNA/RNA 分子。

4. META 基因组（Metagenome）测序——微生物及病原基因组

META 基因组学（Metagenomics）的诞生完全归功于测序和信息分析技术的发展，将对生态微生物组（microbiome）、特别是病原基因组（pathogenome）的研究带来一场新的革命。

目前，只有约千分之一的细菌和百万分之一的病毒物种可以进行纯化培养、鉴定和分析。META 基因组分析技术可以使用多种类微生物的混合样本甚至包括宿主全基因组的样本，进行测序后再重新组装成完整的微生物全基因组或 ORF（open reading frame，开放阅读框）。

META 基因组学最大的应用是人类常见复杂代谢病的发生与体内（特别是胃肠道）共生的微生物组群相关的研究。在科学上，颠覆了“复杂性状是基因与环境因子共同作用”的概念：对环境来说，人类胃肠道和其他体内微生物的基因也是基因，而对经典定义的基因，即人类核与线粒体基因来说，这些微生物却是与“基因”相互作用的“环境因素”的一部分。在应用上，改变或调节体内微生物的种类及其比例将成为临床治疗和新药物研发的方向之一。META 基因组学有望给微生物学带来革命性的变化。META 基因组测序是继显微镜之后，打开微生物世界大门的又一重要工具，特别是对难以分离、培养、纯化的寄生、共生、聚生的微生物类群，包括病原和潜在的病原微生物的研究。META 基因组学的发展方向也是单细胞（微生物个体）的“组学”综合分析，特别是“三大网络”的阐明，将为合成基因组学提供更多的信息。

5. 微(痕)量 DNA 测序——无创检测、法医鉴定和古 DNA 研究

微量、降解的 DNA 测序技术为生命演化和人类疾病、无创早期精准检测和法医鉴定、古 DNA 研究等提供了新的工具。

MPH(massively parallel high-throughtput,大规模平行高通量测序技术)可以分析微量、严重降解、片段很短的 DNA/RNA;NIPT(non-invasive prenatal testing,无创产前检测)可通过对孕妇外周循环血中含有胎儿细胞释放的 DNA 片段的测序,进行早期产前检测,最为成功的应用是非整倍体如"21- 三体"等染色体疾病的检测。单基因遗传病方面的应用也将呼之欲出。微量 DNA 测序还可应用于体液(血液、尿液、唾液、泪液、精液以及阴道私液等)中 DNA 和 RNA(特别是 miRNA)分析。对于癌症和其他疾病的早期检测和复发监控具有巨大的临床应用前景。

同时,痕量 DNA 测序将广泛用于法医 DNA 的研究。如在几个指纹上便可以提取到足量的 DNA 用于测序,这对于个体身份鉴定是非常重要的。

痕量 DNA 测序的另一重要的应用是古 DNA 研究。古代样本中的 DNA 含量微少而又严重降解。随着测序技术的发展,更多的"死人死物"将"开口说话"。

6. "数据化"育种与生物条码

基因组学的应用成果,已体现在动植物的"数据化"育种与物种鉴定。随着对越来越多的动植物,特别是家畜和农作物基因组参考序列的分析,以及随之而来的一个物种的种内群体变异(亚种、品系代表性个体)的全基因组测序与比较分析,使新一代以序列为基础的"遗传图"的建立达到了前所未有的精度。通过与现有的品种多代亲本的追溯,很多复杂性状如植物的 QTL(quantitative trait locus,数量性状位点)都能在基因组中明确定位(基因定位技术),为家畜和农作物的育种提供了诸多"种质资源"的"三大网络"、基因及其他信息,特别是为"标记辅助育种(marker-assisted breeding)"提供了大量的分子标记。酵母全基因组重新"设计"和合成,可以说是单细胞生物"设计"育种的先声。而 CRISPR(clustered regularly interspaced short palindromic repeat,成簇的规律性间隔的短回文重复)等基因组编辑(genome editing)技术的"精准"程度以免"脱靶(off targeting)",则更突出了基因组精准序列的重要性。

以序列为基础的数据化"生命之树",有望鉴定并开发出界、门、纲、目、科、属、种以及亚种、品种、品系、株系的特异性或代表性序列,称为生物条码(biobarcoding)。它在物种,特别是外来入侵物种的鉴定、病原的鉴定与追溯,以及某些生物样本的真伪和生物产品知识产权的保护等方面都将发挥重要作用。

二、蛋白质组学

(一) 蛋白质组学的概念

蛋白质组(proteome)是源于蛋白质(protein)与基因组(genome)两个词的组合,是指"一种基因组所表达的全套蛋白质",即包括一种细胞、器官或组织乃至一种生物所表达的全部蛋白质。蛋白质组学(proteomics)是研究蛋白质在特定时间或特定环境条件下的表达,具体说它是对不同时间和空间上发挥功能性特定蛋白质群组进行研究,即在蛋白质水平上探索其作用模式、功能机制、调节调控,以及蛋白质群组内的相互作用。其目的是从整体角度分析细胞内动态变化的蛋白质组成、表达水平与修饰状态,了解蛋白质之间的相互作用与联系,揭示蛋白质功能与细胞生命活动规律。因为蛋白质是生理功能的执行者,是生命现象的直接体现者,对蛋白质结构和功能的研究将直接阐明生命在生理或病理条件下的变化机制。

(二) 蛋白质组学的形成与发展

在后基因组时代,研究的重点已从揭示遗传信息转移到功能基因组学上来。基因组学(genomics)虽然在基因活性和疾病的相关性方面为人类提供了有力根据,但实际上大部分疾病并不是因为基因改变所造成。基因的表达方式错综复杂,同样的一个基因在不同条件、不同时期可能会起到完全不同的作用。

关于这些方面的问题，基因组学是无法回答的。随着人类基因组计划的逐步完成，蛋白质组研究是后基因组时代中重要的研究内容之一。生物功能主要体现者是蛋白质，而蛋白质有其自身特有的活动规律，如蛋白质修饰加工、转运定位、结构变化、蛋白质与蛋白质间、蛋白质与其他生物大分子的相互作用等，均无法在基因组水平上获得，这样就促使人们从整体水平上探讨细胞蛋白质的组成及其活动规律。

蛋白质组学的概念最先由 Marc Wilkins1994 年在意大利 Slena 的一次 2-D 电泳会议上提出。而 Swinbanks 指出"proteome"代表一完整生物的全套蛋白质。与此同时，P. Kahn 则认为，"proteome"反映不同细胞的不同蛋白质组合，因此"proteome"就有了 3 种不同的含义，即一个基因组、一种生物或一种细胞 / 组织所表达的全套蛋白质。蛋白质组学就是指研究蛋白质组的技术及这些研究得到的结果。

目前在蛋白质功能方面的研究是极其缺乏的。大部分通过基因组测序而新发现的基因编码的蛋白质其功能都是未知的，而对那些已知功能的蛋白质而言，它们的功能也大多是通过同源基因功能类推等方法推测出来的。有人预测，人类基因组编码的蛋白质至少有一半是功能未知的，因此，在未来的几年内，随着至少 30 种生物的基因组测序工作的完成，人们研究的重点必将转到蛋白质功能方面，而蛋白质组的研究正可以完成这样的目标。

（三）蛋白质组学的研究技术

典型的蛋白质组学分析是在蛋白质提取后，通过凝胶或非凝胶的方法分离蛋白质，然后以不同的方法进行蛋白质分析、鉴定，最后以生物信息学辅助获取和深入分析全面的信息，并用于指导更深层的功能蛋白质学的研究。现在用于蛋白质组学研究的技术主要有以下几种。

1. 色谱技术

色谱技术的原理是溶于流动相中的各组分经过固定相时，与固定相发生相互作用（吸附、分配、离子吸引、排阻、亲和等），由于作用的大小、强弱等不同，各组分在固定相中滞留的时间不同，由此从固定相中流出的先后也不同，最终使不同组成成分得到分离。色谱法根据分离原理分为吸附色谱、分配色谱、离子交换色谱、排阻色谱、凝胶渗透色谱及亲和色谱等。按操作形式可分为纸色谱法、薄层色谱法、柱色谱法等。根据流动相的物理状态不同可分为气相色谱法和液相色谱法。

2. 双向凝胶电泳

双向凝胶电泳（two-dimensional gel electrophoresis，2DE）是蛋白质组学研究的核心技术。其基本原理第一相基于蛋白质的等电点不同在 pH 梯度胶内等电聚焦；第二相则根据相对分子质量的不同进行 SDS - PAGE 分离，把复杂蛋白质混合物中的蛋白质在二维平面上分开。根据第一相等电聚焦条件和方式的不同，可将双相电泳分为三种系统。第一种是在聚丙烯酰胺管中进行。载体两性电解质在外加电场作用下形成 pH 梯度，它的最大缺点是不稳定，易发生阴极漂移，重复性差。第二种系统主要是采用丙烯酰胺和不同的 pH 的固定化电解质共聚所形成的 pH 梯度的胶，此种胶条的形成需要一些能与丙烯酰胺单体结合的分子，每个含有一种酸性或碱性缓冲基团。第三种系统是非平衡 pH 梯度电泳，常常被用来分离碱性蛋白质。由于双向电泳利用了蛋白质两个彼此不相关的重要性质分离，其分辨率非常高。

由于双向凝胶电泳技术在蛋白质组与医学研究中所处的重要位置，它可用于蛋白质转录及转录后修饰研究、蛋白质组的比较和蛋白质间的相互作用、细胞分化凋亡研究、致病机制及耐药机制的研究、疗效监测、新药开发、癌症研究、蛋白纯度检查、小量蛋白纯化、新替代疫苗的研制等许多方面。近年来经过多方面改进已成为研究蛋白质组最有效的核心方法。

3. 质谱技术

质谱（mass spectrometry）是带电原子、分子或分子碎片按质荷比（或质量）的大小顺序排列的图谱。其基本原理是，用于分析的样品分子（或原子）离子化成具有不同质量的单电荷分子离子和碎片离子，这些离子在加速电场中获得相同的动能并形成一束离子，进入由电场和磁场组成的分析器，离子束中速度较慢的离子通过电场后偏转大，速度快的偏转小；在磁场中离子发生角速度矢量相反的偏转，即速度慢的离子依然偏转大，速度快的偏转小；当两个场的偏转作用彼此补偿时，它们的轨道便相交于一点。与此同时，在磁场中还发生质量的分离，这样具有同一质荷比而速度不同的离子就聚焦在同一点上，不同质荷比的离子聚焦在不同的点上，其焦面接近于平面，在此处即可检测得到不同质荷比的谱线，即质谱。通过质谱分析，可以获得分析样品的相对分子质量、分子式、分子中同位素构成和分子结构等多方面的信息。

蛋白质组学研究中应用的质谱技术有①电喷雾质谱：喷射过程中以连续离子化方式使多肽样品电离。②基质辅助激光解吸质谱：利用基质吸收激光的能量使得固相的多肽样品离子化，它常与飞行质谱联用，称为基质辅助激光解吸电离飞行时间质谱。另外还有快原子轰击质谱和同位素质谱等。③表面加强激光解析电离飞行时间质谱（SELD-TOF- MS）：一种新的蛋白质检铡技术，操作简单、灵敏度高，检测所需样品量少。④串联质谱（MS/MS）：经质谱分析的肽段进一步断裂并再次进行质谱分析，可得到肽序列的部分信息。

4. 酵母双杂交系统

酵母双杂交系统是将待研究的两种蛋白质的基因分别克隆到酵母表达质粒的转录激活因子（如GAL4 等）的 DNA 结合结构域基因，构建成融合表达载体，从表达产物分析两种蛋白质相互作用的系统。

酵母双杂交系统不仅可用于验证两个已知蛋白质间的相互作用或找寻它们相互作用的结构域，还可以用来从 cDNA 文库中筛选与已知蛋白质作用的蛋白质基因。由酵母双杂交系统衍生的酵母单杂交系统、酵母三杂交系统和反向双杂交系统等使这一技术得到了更广泛地应用。大规模酵母双杂交系统如酵母双杂交系统芯片的建立为蛋白质组学研究提供了支持。

酵母双杂交系统已经成为分析蛋白质相互作用的强有力的方法，但是它只能反映蛋白质间可能发生作用，还必须结合其他实验才能确认，尤其是要与生理功能研究相结合。因此该方法仍在不断地完善中，如今它不但可用来在体内检验蛋白质间、蛋白质与小分子肽、蛋白质与 DNA、蛋白质与 RNA 间的相互作用，而且还能用来发现新的功能蛋白质和研究蛋白质的功能，而且在对蛋白质组中特定的代谢途径中的蛋白质相互作用关系网络的认识上发挥着重要的作用。

（四）蛋白质组学的应用

在蛋白质组的具体应用方面，蛋白质在疾病中的重要作用使得蛋白质组学在人类疾病的研究中有着极为重要的价值，因此也成为研究的热点，包括肿瘤发生与发展的比较蛋白质组研究、蛋白质组与新药开发等。

1. 肿瘤蛋白质组学

从蛋白质整体水平上研究肿瘤的发生与转移，寻找与肿瘤发生及转移相关的新的蛋白质、肿瘤特异性的标志物及肿瘤药物治疗的靶标，对肿瘤的诊治将起到重要作用。

蛋白质组学通过对肿瘤发生的不同阶段蛋白质的变化进行分析，可以阐明肿瘤蛋白表达水平的变化与肿瘤发生发展的相互关系及其规律，还可以检测、分析和确定肿瘤不同时期的标志蛋白，这种蛋白质可以作为抗癌药物筛选的作用靶点。不仅对抗癌药物发现具有指导意义，还可作为未来肿瘤诊断学、治疗学的基础理论。目前肿瘤蛋白质组学的研究侧重点有探讨肿瘤发生的机制、探讨肿瘤转移的机制和寻找肿瘤标志物。

2. 药物蛋白质组学

药物蛋白质组学研究的内容，在临床包括发现所有可能的药物作用靶点以及针对这些靶点的全部可能的化合物，有人称此为化学基因组学（chemogenomics），包括应用蛋白质组学方法研究药物作用机制和毒理学；在临床研究方面包括药物作用的特异蛋白作为患者选择有效药物的依据和临床诊断的标志物，或以蛋白质谱的差异将患者分类并给予个体化治疗。

类似于基因组和蛋白质组，在综合技术和计算机技术发展的基础上，药物蛋白质组学有助制药工业的新药发现过程发生根本性变化，将可能产生大量的、可专利化的药物分子。

目前世界上大约有 3 000 种人类疾病无药可医，其余 1 500 种疾病所用的药物也不完全尽如人意。

因此，新药的开发具有广阔的市场前景。随着人类基因组计划（HGP）的完成，欧美一些国家将HGP的研究和新药开发结合在一起，创立了药物基因组学（pharmacogenomics）。它以基因组学为基础，以研究开发新药为目的，在基因水平上对疾病敏感度、药物反应和副作用进行分析和研究，但是核酸作为药物作用的靶标实际上存在着致命的缺陷并制约新药开发的进程。

为了阐明生命活动的本质，真正与功能研究结合，基因组的研究必然要回归到蛋白质组研究。蛋白质的结构、分布和功能，对于预测某些疾病的进程、药物作用及其过程，对于阐明不同个体之间遗传学上的差异是非常重要的。由于疾病的发生与发展、药物的作用大多是在蛋白质水平上进行的，因此蛋白质组学研究克服了蛋白质表达和基因之间的非线性关系。将蛋白质组应用于新药研究，可以通过对疾病与正常细胞中的蛋白质组进行比较，发现可以成为药物筛选作用靶标、与一些疾病相关的蛋白质。新药及其靶标的发现和药物作用的模式研究正是药物蛋白质组学的重要研究内容。

完成人类基因组序列真正的价值在于运用这些信息去发展新的治疗方法。传统的一次一个单一蛋白质的研究模式已经落后，药物蛋白质组学方法应用蛋白质组学技术，利用人类基因组序列和蛋白质结构信息并结合其他平行发展的方法如组合化学、高通量筛选、计算机化学和生物信息学等，将促进新靶点的发现和验证，并设计和产生出新的先导化合物。预计药物蛋白质组学在制药工业中将表现出其真正的价值，明显提高生产效率。

3. 耐药性蛋白质组学

肿瘤多药耐药是指肿瘤细胞接触一种化疗药物并对其产生耐药后，同时对其他化学结构和作用机制不同的化疗药物亦产生耐药性。肿瘤多药耐药是肿瘤化疗失败最主要的原因之一。医学工作者从基因水平和蛋白质水平对肿瘤多药耐药的产生机制进行了大量的研究，发现p170糖蛋白质、多药耐药相关蛋白质、肺耐药蛋白质、乳腺癌耐药相关蛋白质、拓扑异构酶II和谷胱甘肽S转移酶等多药耐药相关蛋白质与肿瘤多药耐药性相关。研究显示肿瘤细胞通过p170糖蛋白质、多药耐药相关蛋白质和乳腺癌耐药相关蛋白质ATP泵的功能使化疗药物摄取减少和外排增多，引起细胞内药物的绝对浓度降低；肺耐药相关蛋白质等可将细胞核内化疗药物转运到细胞质和亚细胞结构中，影响药物在细胞内的分布，使其不能到达作用靶点，引起作用靶点药物有效浓度降低；另外，药物靶点在质和量上的改变、肿瘤细胞解毒防御系统和DNA修复系统功能加强，以及细胞代谢的变化和肿瘤细胞抗凋亡能力增强均与肿瘤多药耐药有关。虽然已有的研究揭示了一些肿瘤多药耐药机制，但目前仍然不能完全解释肿瘤多药耐药现象并有效逆转肿瘤细胞的多药耐药。

在抗生素方面，由于传染病仍是死亡的主要原因，因而抗感染药是近年来各国新药开发的热点之一。但面对抗生素耐药问题以及不断出现新的微生物的感染性疾病，老的方法显得束手无策。其根本原因就在于对药物的作用机制缺乏透彻的认识。蛋白质组学技术可以让人们清楚地了解细菌内哪些蛋白质会在抗生素的作用下发生改变，以及发生何种变化，根据这些变化，以蛋白质作为新药设计的靶点，筛选出新一类的抗生素。同时还可以选取一些耐药菌株，考察其耐药机制。

4. 抗体组学

抗体是指机体的获得性免疫系统在抗原刺激下，由B淋巴细胞经历产生、成熟、增殖、分化并分泌的可与相应抗原发生特异性结合的一类免疫球蛋白。抗体组学是在基因组学和蛋白质组学基础上，利用相关学科的最新研究成果，结合鼠、兔、人杂交瘤技术及基因工程抗体技术的一门新兴学科。

1975年，Kohler和Milstein首次用小鼠杂交瘤技术制备出单克隆抗体，这种单克隆抗体是由鼠B细胞与鼠骨髓瘤细胞经细胞融合形成的杂交瘤细胞分泌的，具有高度特异性。80年代初，抗体基因结构和功能的研究成果与重组DNA技术相结合，产生了基因工程抗体技术。基因工程抗体将抗体的基因按不同需要进行加工、改造和重新装配，然后导入适当的受体细胞进行表达，产生抗体分子。然而，构建基因工程抗体的抗体基因，最初仍来源于鼠杂交瘤细胞。单克隆抗体技术的研究经过了5个主要阶段：鼠源性抗体、鼠/人嵌合抗体、人源化抗体、人抗体及全人抗体。治疗性抗体的上述5个发展阶段使鼠源性蛋白质成分分别从100%，下降至33%，乃至0，成为真正的全人抗体。随着单克隆抗体人源化程度的提高，副作用的减少和疗效的增强，人源单克隆抗体在疾病治疗方面的作用越来越受到人们的重视。单克隆抗体技术已成为国际生物技术领域当前开发热点，是目前全球生物技术界最为注目的一个领域，它被视为是后基因组时代，基因蛋白质功能研究与药物发现的命脉。

目前，鼠/人嵌合单抗、人源化单抗（包括受体-Fc融合蛋白等抗体分子）是生物制药领域发展最迅猛、销售额最高、产品种类最多的一类产品，是拉动生物制药产业快速增长的主要力量。国外批准的治疗性抗体几乎都是嵌合、人源化或人抗体，只有在出现鼠源抗体嵌合与人源化技术之后，治疗性抗体的研究与开发才进入飞速发展期。

5. 神经蛋白质组学

中枢神经系统疾病如脑肿瘤、创伤、脑血管疾病等发病率高，对人体的危害大。以往在中枢神经系统疾病的研究中，主要是在设定假说的基础上，在某种程度上限制了脑这一复杂器官疾病的研究进程。近些年来蛋白质组学及相关技术的发展，为高通量地筛选疾病相关蛋白质提供了强有力的手段。随着近几年中枢神经系统蛋白质组学领域的深入研究，在中枢神经系统疾病诊断、个性化治疗、疫苗开发等方面都有着广泛的研究和应用前景。

6. 蛋白质磷酸化

生物体能够对体内外环境变化的刺激产生应答反应，这些反应过程依靠复杂的调控机制调节，其中大多数调控机制是由蛋白质的构象变化所介导的，而蛋白质本身的构象变化常常是通过变构效应和蛋白质的一级结构上发生的各种共价修饰来实现的，如二硫键的配对、蛋白水解酶的加工、糖基化和磷酸化修饰等，而蛋白质磷酸化是最常见、最重要的共价修饰方式。蛋白质的磷酸化和去磷酸化这一可逆过程几乎调节着生命活动的所有过程，包括细胞的增殖、发育和分化、细胞骨架调控、细胞凋亡、神经活动、肌肉收缩、新陈代谢及肿瘤发生等，并且可逆的蛋白质磷酸化是目前所知道的最主要的信号转导方式。

磷酸化修饰是蛋白质组研究中一个非常重要的内容，蛋白质磷酸化与其功能密切相关，所以磷酸化蛋白质组研究都应在一定的功能环境下研究磷酸化蛋白，例如在某一信号转导通路内或在某种外界刺激下细胞蛋白质磷酸化的变化。除了研究细胞总蛋白质外，还应该侧重于细胞某些特定部位的蛋白质磷酸化现象，例如与信号转导有关的许多细胞因子都为跨膜蛋白，所有膜蛋白应该成为一个主要研究内容。细胞核内的酪氨酸磷酸化现象及其功能网络目前还不是很清楚，用蛋白质组技术体系来研究这一问题有可能取得一些有意义的结果。

7. 蛋白质互作研究技术

蛋白质之间相互作用以及通过相互作用而形成的蛋白复合物是细胞各种基本功能的主要完成者。几乎所有的重要生命活动，包括DNA的复制与转录、蛋白质的合成与分泌、信号转导和代谢等，都离不开蛋白质之间的相互作用。高等动物基因组研究表明，调节生物体复杂性的不是基因数量的增加，而是基于更为复杂的蛋白质间发生的相互作用。建立起这些分子之间的相互作用及调节网络是后基因组时代的首要任务。这种相互作用的研究包括稳定复合物的亲和力、半衰期及瞬间的相互作用，而且这些复合物中蛋白质的相互作用不是一成不变的，它们存在着动态变化。因此最终的目标是通过这些作用网络，加上基因动态表达研究、蛋白质表达量分析、蛋白质定位以及基因功能分析等，最终了解细胞内各种生理反应的发生及调节机制，揭示生命的本质。

8. 构象病研究

蛋白质的空间三维结构称为蛋白质的构象，特定的构象是蛋白质发挥其功能的结构基础，由于蛋白质的空间构象改变而导致的疾病称为构象病，如疯牛病。疯牛病（牛海绵状脑病，bovine spongiform encephalopathy，BSE），一种新型早老性痴呆症即新型克雅症，是一种慢性、致死性、退化性神经系统疾病。它由一种目前尚未完全了解其本质的病原——朊病毒所引起。正常的人与动物细胞内都有朊蛋白存在，不明原因作用下它的立体结构发生变化，α螺旋含量减少、β折叠增加，进而导致分子聚集，对蛋白水解酶的抗性增大，使正常蛋白质变成有传染性的蛋白质，从而导致疾病的发生。发生疯牛病时，α 螺旋如何转变为 β 折叠？目前还不太清楚。有人假设很可能存在一种起着折叠作用的未知 X 蛋白质。疯牛病的发生，既没有也不需要有 DNA 复制，也没有作为病原体的蛋白质增加，因此，将疯牛病等有关的疾病称为蛋白质“构象病”更合适。

三、转录组学

（一）转录组学的概念

广义转录组是指生命单元（通常是一种细胞）中所有按基因信息单元转录和加工的 RNA 分子（包括编码和非编码 RNA 功能单元），或者是一个特定细胞所有转录本的总和。它的研究对象就是这些 RNA 与蛋白质分子和它们所组成的基因功能网络，以及它们与细胞功能的关系，而狭义转录组是指可直接参与翻译蛋白质的 mRNA 总和。转录组学（transcriptomics）是一门在整体水平上研究细胞中基因转录的情况及转录调控规律的学科，简而言之，转录组学是从 RNA 水平研究基因表达的情况。

（二）转录组学的形成与发展

转录组最先是 1997 年由 Vedalesuc 和 Kinler 等提出的。转录组（transcriptome）广义上是指某个组织或细胞在特定生长阶段或生长条件所转录出来的 RNA 总和，包括编码蛋白质的 mRNA 和各种非编码 RNA，如 rRNA、tRNA、snoRNA、snRNA、microRNA 及其他非编码 RNA 等。但狭义上通常仅指的是 mRNA。

转录组学是研究生物细胞中转录组的发生和变化规律的科学，是功能基因组学研究的重要组成部分，是一门在整体水平上研究细胞中所有基因转录及转录调控规律的学科。对基因及其转录表达产物功能研究的功能基因组学，将为疾病控制和新药开发、作物和畜禽品种的改良提供新思路，为人类解决健康、食物、能源和环境问题提供新方法。

（三）转录组学的研究技术

最近十几年，分子生物学技术的快速发展使高通量分析成为可能，这为真正意义上的转录组学的研究奠定了基础。这些高通量研究方法主要可以分为两类：一类是在 Southern blot 基础上，形成的微阵列技术（microarray）；一类是在测序方法的基础上产生的，这类方法包括表达序列标签技术（expressed sequence tags technology，EST）、基因表达系列分析技术（serial analysis of gene expression，SAGE）、大规模平行测序技术（massively parallel signature sequencing，MPSS）、RNA 测序技术（RNA sequencing，RNA-Seq）。其中，microarray 和 EST 技术是较早发展起来的先驱技术，SAGE、MPSS 和 RNA-Seq 是高通量测序条件下的转录组学研究方法，转录组学研究有助于了解特定生命过程中相关基因的整体表达情况，进而从转录水平初步揭示该生命过程的代谢网络及其调控机制。

1. 微阵列技术

微阵列技术是分子生物学领域具有里程碑式意义的重大突破，它可以同时测量不同样本中成千上万个基因在不同环境和不同状态下的表达水平。基因表达数据是基于 DNA 微阵列技术而产生的反映基因转录产物 mRNA 丰度值的一组数据。数据中蕴含着丰富的基因活动信息，通过对这些数据中所隐含的基因活动信息进行分析，就可以解答一些生物学领域的问题。如基因的表达在不同环境中有哪些差异，基因的表达在特定条件下有哪些变化，基因之间有哪些相关性，以及在不同条件下基因的活动受到哪些影响等。

（1）cDNA 微阵列　cDNA 微阵列是指对各种生物随机克隆和随机测序所得的 cDNA 片段进行归类，并把每一类 cDNA 片段的代表克隆（代表一个独立基因）经过体外扩增，得到大小和序列不同的片段分别经过纯化后，利用机械手高速将它们高密度有序地点样固定在玻片硅晶片或尼龙膜上，从而制备成 cDNA 微阵列，以此对各基因的表达情况进行同步分析。它的特点是造价低、适用面广、研制周期短、灵活性高。而缺点是点阵密度相对比较低。同时，cDNA 微阵列由于基因长短不一，导致溶解温度 *Tm* 各异，众多的基因在同一张芯片上杂交，使得杂交条件很难同一，这样也使得其分辨能力受到限制。

(2) 寡核苷酸微阵列　寡核苷酸微阵列的主要原理与 cDNA 微阵列类似，主要是通过碱基互补配对原则进行杂交，来检测对应片段是否存在、存在量的多少。它与 cDNA 芯片的本质差别在于寡核苷酸的探针片段相对较短（一般是 20～70 nt 的寡聚核苷酸序列）。寡核苷酸微阵列的探针经过优化，长度基本一致，并且 *Tm* 也相差不大，所以相比较 cDNA 微阵列它具有以下优点：一是不需要扩增，防止扩增失败影响实验；二是减少非特异性杂交，能够有效地区分同源序列的基因；三是杂交温度均一，提高了杂交效率；四是减少了微阵列片上探针的二级结构。上述特点使得寡核苷酸微阵列的应用日益广泛。但是当寡核苷酸序列较短时，单一的序列不足以代表整个基因，所以又需要用多段序列，从而提高了制作成本。

2. 表达序列标签技术

基因表达序列标签（EST）为长 200～800 bp 的 cDNA 部分序列。最早利用 EST 技术是 1991 年 Adms 用人脑组织 cDNA 得到的 EST，当时人类基因组计划刚刚开始，一些科学家就主张 cDNA 测序应该先于基因组测序进行，原因是基因组的编码区代表了基因组绝大部分信息，而且是对我们直接有用的，而编码区长度只有总基因组长度的 3%，因此可以用最低的代价、最短的时间获取最多最有用的信息。有了 EST 的方法之后，人们可以用比 cDNA 测序更低的费用而得到等量的信息，因此 EST 技术已成为目前发现新基因强有力的信息工具。

3. 新一代高通量测序技术

(1) 基因表达系列分析（SAGE）技术　SAGE 技术是由 Velculescu 等在 1995 提出，是一种可以定量并同时分析大量转录本的方法。1998 年，Powell 利用生物素标记的 PCR 引物合成生物素标记的接头，并利用链霉抗生物素蛋白磁珠绑定接头，有效地去除了一些多余的接头，从而提高了 SAGE 技术分析的效率。SAGE 技术大致理论依据有两点：第一，来自 cDNA 特定位置的一段 9～13 bp 的序列能够包含有足够的信息作为确认唯一一种转录物的 SAGE 标签（9 个碱基能够分辨 49 个不同转录物）；第二，将来自不同 cDNA 的 SAGE 标签集于同一个克隆中进行测序，就可以获得连续的短序列 SAGE 标签，而这些 SAGE 标签可以显示对应的基因的表达情况。

(2) 大规模平行测序（MPSS）技术　MPSS 技术是由 Brenner 等在 2000 年建立的以测序为基础的大规模高通量的基因分析技术。其方法的理论基础是：一个标签序列（一般 10～20 bp）含有其对应 cDNA 的足够识别信息，将标签序列与某种长的连续分子连接在一起，可以便于克隆和测序分析，而每个标签序列的出现频率又能够代表其相应基因的表达量。MPSS 技术的方法包括两个基本过程：第一，cDNA 片段、标签和微球体的结合；第二，测序反应。

(3) RNA 测序（RNA-Seq）技术　该技术首先将细胞中的所有转录产物反转录为 cDNA 文库（利用最新的 SMS 技术可略去这一步，直接对 RNA 进行测序），然后将 cDNA 文库中的 DNA 随机剪切为小片段（或先将 RNA 片段化后再转录），在 cDNA 两端加上接头利用新一代高通量测序仪测序，直到获得足够的序列，所得序列通过比对（有参考基因组）或从头组装（*de novo* assembling，无参考基因组）形成全基因组范围的转录谱。

（四）转录组学的应用

随着人类基因组计划的完成，科学家们逐渐认识到对基因结构序列的研究并不能揭示所有的生命奥秘，而基因序列的功能、参与的生命过程、表达调控方式，以及这些基因在不同的时空条件下的表达差异等成为人们研究的热点，这些问题都需要功能基因组学技术来解决，而转录组学技术是功能基因组学研究的重要组成部分。

1. 用于表达差异的研究

1995 年 Schena 等用 48 个 PCR 扩增的 cDNA 探针点制的微阵列芯片分析了野生型和转基因的拟南芥中基因表达差异，并与 Northern blot 作了比较。发现 Microarry 能够很好地检测到基因表达水平上的差异，并且能够在同一张玻片上使用不同的荧光染料同步进行差异比较。近年来，研究多集中于突变型与野生型、环境胁迫与正常生长型、激素处理与未处理或者不同组织器官之间的比较。Ma 等利用寡核苷酸微阵列研究了玉米 3 个雄性不育突变体和可育植株花药 4 个发育阶段的基因表达情况，检测到了近 9 200 个正反义转录本。通过比较每个突变体与其可育花药的基因表达差异，筛选到了一大批可能与花药分化相关的重要转录因子和调控因子。Schena 等用人外周血淋巴细胞的 cDNA 文库构建一个代表 1 046 个基因的 cDNA 微阵列，来检测体外培养的 T 细胞对热休克反应后不同基因表达的差异。发现有 5 个基因在处理后存在非常明显的高表达，11 个基因中度表达增加和 6 个基因表达明显抑制。

2. 用于疾病的诊断

阿尔茨海默病（Alzheimer's diseases，AD）中，出现神经原纤维缠结的大脑神经细胞基因表达谱就有别于正常神经元，当病理形态学尚未出现纤维缠结时，这种表达谱的差异即可以作为分子标志直接对该病进行诊断。同样对那些临床表现不明显或者缺乏诊断金标准的疾病也具有诊断意义，如自闭症。对自闭症的诊断要靠长达十多个小时的临床评估才能做出判断。基础研究证实自闭症不是由单一基因引起，而很可能是由一组不稳定的基因造成的一种多基因病变，通过比对正常人群和患者的转录组差异，筛选出与疾病相关的具有诊断意义的特异性表达差异，一旦这种特异的差异表达谱被建立，就可以用于自闭症的诊断，以便能更早地，甚至可以在出现自闭症临床表现之前就对疾病进行诊断，并及早开始干预治疗。转录组的研究应用于临床的另一个例子是可以将表面上看似相同的病症分为多个亚型，尤其是对原发性恶性肿瘤，通过转录组差异表达谱的建立，可以详细描绘出患者的生存期以及对药物的反应等。Moch 等利用肿瘤微阵列芯片（5 184 个 cDNA 片段）发现了肾细胞癌的肿瘤标志物基因。

3. 基因点突变及多态性检测

现用于治疗 AIDS 的药物主要是病毒反转录酶 RT 和蛋白酶 PRO 的抑制剂，但在用药 3 ~ 12 月后常出现耐药，其原因是 *rt*、*pro* 基因产生一个或多个点突变，*rt* 基因 4 个常见突变位点是 Asp67 → ASn、Lys70 → Arg、Thr215 → Phe/Tyr 和 Lys219 → Gln，4 个位点均突变较单一位点突变后对药物的耐受能力成百倍增加。如将这些基因突变部位的全部序列构建为 DNA 芯片，则可快速地检测待测患者是一个还是多个基因突变，这对指导治疗和预后而具有十分重要的意义。Lee 等用含有 135 000 个探针的 DNA 微阵列分析了人线粒体基因组 DNA 多态性变化。该组探针互补于人线粒体基因组全长 16.6 kb，将之与不同个体来源的基因组 DNA 杂交，发现人线粒体基因组存在 16 493 位 T → C 突变，16 223 位 C → T 等多位点突变的 DNA 多态性特征。

4. 分离鉴定新基因

对某一特异组织或某一生长发育阶段的 cDNA 文库进行随机的部分测序，得到大量 EST，将这些 EST 作查询项在 dbEST 中进行同源查找，同时将由 EST 推出的氨基酸序列作为查询项在 PIR 中查找类似物，就可以识别这些基因到底是什么基因；对于那些在以上数据库中没有找到类似物的 EST，再把它们置于 6 个 ORF 下，翻译出推定的氨基酸序列，将可能的氨基酸序列作为查询项，在 PIR 数据库中查找类似物，如果有类似物，就认为这个 EST 代表着这个蛋白质的基因。对于通过 EST 数据库和 PIR 数据库已识别的 EST，还可以通过探针杂交从 cDNA 文库中分离我们所感兴趣的全长 cDNA 克隆。对于那些在 dbEST 和 PIR 数据库中都没有类似物的 EST，就可能是完全新的基因，需要进一步识别和研究。

5. 通过 EST 寻找 SSR 和 SNP 分子标记

从 EST 数据库中筛选 SSR 和 SNP 的主要优点在于，筛选出来的 SSR 和 SNP 分子标记直接与基因的编码区相对应，即得到的往往是基因相关标记（gene-associated marker）；另外，从 EST 中筛选 SSR 和 SNP 比从基因组中筛选费用要小得多。筛选的大致步骤为：EST 重叠群的组装；通过对大量重复的 EST 进行序列比较，识别出候选 SSR 或 SNP；对候选 SSR 或 SNP 进行确认。总之，通过对大量 EST 数据的归纳整理是寻找 SSR 或 SNP，以构建高密度遗传图谱的最经济的方法。除了以上用途外，EST 还在基因结构分析（内含子、外显子识别）、基因表达及重组蛋白表达的分析中具有重要作用。

四、代谢组学

（一）代谢组学的概念

代谢组学（metabonomics）的概念来源于代谢组，代谢组（metabonome）是指某一生物或细胞在一特定生理时期内所有的低相对分子质量代谢产物。代谢组学则是对某一生物或细胞在一特定生理时期内所有低相对分子质量代谢产物同时进行定性和定量分析的一门新学科。它是以组群指标分析为基础，以高通量检测和数据处理为手段，以信息建模与系统整合为目标的系统生物学的一个分支。先进分析检测技术结合模式识别和专家系统等计算分析是代谢组学研究的基本方法。

（二）代谢组学的形成与发展

代谢组学最初是由英国帝国理工大学 Jeremy Nicholson 教授提出的，他认为代谢组学是将人体作为一个完整的系统，机体的生理病理过程作为一个动态的系统来研究，并且将代谢组学定义为生物体对病理生理或基因修饰等刺激产生的代谢物质动态应答的定量测定。2000 年，德国马普所的 Fiehn 等提出了代谢组学的概念，但是与 Nicholson 提出的代谢组学不同，他是将代谢组学定位为一个静态的过程，也可以称为代谢物组学，即对限定条件下的特定生物样品中所有代谢产物的定性定量分析。同时 Fiehn 还将代谢组学按照研究目的的不同分为 4 类：代谢物靶标分析、代谢轮廓（谱）分析、代谢组学、代谢指纹分析。现在代谢组学研究迅速地发展，科学家们对代谢组学给出了科学的定义：代谢组学是对一个生物系统的细胞在给定时间和条件下所有小分子代谢物质的定性、定量分析，从而定量描述生物内源性代谢物质的整体及其对内因和外因变化应答规律的科学。

与基因组学、转录组学、蛋白质组学相同，代谢组学的主要研究思想是全局观点。代谢组学融合了物理学、生物学及分析化学等多学科知识，利用现代化的先进的仪器联用分析技术对机体在特定的条件下整个代谢产物谱的变化进行检测，并通过特殊的多元统计分析方法研究整体的生物学功能状况。由于代谢组学的研究对象是人体或动物体的所有代谢产物，而这些代谢产物的产生都是由机体的内源性物质发生反应生成的，因此代谢产物的变化也就揭示了内源性物质或是基因水平的变化，这使研究对象从微观的基因变为宏观的代谢物，宏观代谢表型的研究使得科学研究的对象范围缩小而且更加直观，易于理解，这点也是代谢组学研究的优势之一。

（三）代谢组学的研究技术

代谢组学的研究过程一般包括代谢组数据的采集、数据预处理、多变量数据分析、标记物识别和途径分析等步骤。采集的样品主要通过核磁共振、质谱或色谱等技术检测样品中所有代谢物的种类、含量、状态，从而得到大量反映生物样品信息的实验数据，再用多变量数据分析方法对获得的多维复杂数据进行降维和信息挖掘，从这些复杂大量的信息中筛选出最主要的最能反映代谢物变化的主要成分，通过模式识别将其与标准的代谢物谱进行比对，或是根据代谢物谱在时程上的变化来寻找生物标记物，研究相关代谢物变化涉及的代谢途径和变化规律，以阐述生物体对相应刺激的响应机制。由于不同分析手段各有其特点，在不同应用领域使用的分析方法也是有所不同的。

1. 核磁共振技术

核磁共振（nuclear magnetic resonance，NMR）是有机结构测定的四大谱学之一，作为一种分析物质的手段，由于其可深入物质内部而不破坏样品，并具有迅速、准确、分辨率高等优点而得以迅速发展和广泛应用。在代谢组学发展的早期，NMR 技术被广泛应用在毒性代谢组学的研究中。NMR 的优势在于能够对样品实现无创性、无偏向的检测，具有良好的客观性和重现性，样品不需要烦琐处理，具有较高的通量和较低的单位样品检测成本。

NMR 虽然可对复杂样品如尿液、血液等进行非破坏性分析，与质谱法相比，它的缺点是检测灵敏度相对较低（采用现有成熟的超低温探头技术，其检测灵敏度在纳克级水平）、动态范围有限，很难同时测定生物体系中共存的浓度相差较大的代谢产物。为了改进 NMR 检测灵敏度较低的缺点，可采用高分辨核磁共振技术或使用多维核磁共振技术、液相色谱－核磁共振联用（LC-NMR）和魔角旋转（magic angle spinning，MAS）核磁共振技术。

魔角旋转核磁共振技术是 20 世纪 90 年代初发展起来的一种新型的核磁共振技术，在代谢组学的研究中，魔角旋转核磁共振技术已被成功地应用到研究生物组织上，生物组织在核磁共振实验中会由于磁化率不均匀、分子运动受限等因素而引起谱线增宽，而利用固体核磁共振中 MAS 方法正好可以消除这些不利影响。

2. 质谱联用技术

气相色谱－质谱联用技术（GC-MS）是代谢组学常用的方法，主要应用于植物组学研究、微生物代谢组学的研究等。GC-MS 的分离效率高，经济且易于使用，采用标准的电子轰击（EI）后，其使用范围和重复性都进一步提高。但是 GC-MS 对挥发性较低的代谢物需要进行衍生化预处理，受此限制，GC-MS 无法分析对热不稳定和相对分子质量较大的代谢产物。

液相色谱－质谱联用技术（LC-MS）无须进行样品的衍生化处理，检测范围广，可以作为 GC-MS 的补充，非常适合生物样本中低挥发性或非挥发性、热稳定性差的代谢物。液相色谱（LC）与电喷雾（ESI）质谱连用可以分析大部分极性代谢物，此外，离子配对（IP）LC-MS、亲水相互作用液相色谱 HILIC-MS、反相 LC-MS 等可以进行不同种类代谢物的及时定量分析。

毛细管电泳－质谱联用技术（CE-MS）分离样品效率比普通的色谱质谱联用要高得多，仅需要极少的进液量(nL)，而且其测试时间短，试剂成本低。CE-MS 在微生物代谢组领域发挥着越来越重要的作用。

（四）代谢组学的应用

1. 药物代谢组学

代谢组学是通过考察生物体受刺激或扰动后，其代谢产物的变化来研究生物体的一门科学。生物是一个完整的体系，各种生物分子（基因、蛋白质及代谢产物）的相互作用、相互关联使生命过程得到正常进行，保持一种动态平衡，即内稳态。一旦这一复杂体系中的某一部分平衡偏离了自稳态，就表现为疾病。完全有效的药物能将出现的偏离恢复到内稳态，同时对生命体其他部分的功能影响最小。通过药物代谢组学的研究，即有可能发现这一完全有效的药物。

2. 营养代谢组学

世界卫生组织指出，80% 的早发心脏病、中风和 II 型糖尿病，以及 40% 的癌症，都可以通过健康饮食、经常锻炼和避免烟酒来预防。科学家们迫切希望弄明白其中的关键问题，如保持健康的营养需要量、不合理营养对健康的影响机制、预警和早期诊断的生物标记等。在未来的研究中，代谢组学的方法可能更多地用于某些疾病的营养干预治疗及疗效评价。

在营养学的研究中，个体的营养干预也是未来的一个研究热点。通过代谢组学的方法对不同代表类型的个体进行个体化营养指导，将可能会成为今后营养代谢组学的重要方向。

3. 环境代谢组学

随着环境污染日益恶化，许多化学物质对各种生物体的威胁已经达到警戒水平，这些化学物质是生命过程中生化、基因、结构或生理损伤的主要原因。探讨这些物质生理和毒理相互作用的本质和机制，对阐明各种环境疾病的致病机制、提出有效的治理方案非常重要。

环境代谢组学主要研究和阐明生物体对有毒化学物质暴露后所产生的生理生化反应以及研究环境化学产品长期作用机制，其指标可以作为对全球现有化学制品混合物安全性预测的合理标准。环境代谢组学还重视研究和阐述生物体因外界环境（如冷、热、饥饿等）刺激后所产生的各种代谢及生理生化反应。此外，环境代谢组学在生物体健康评价及预测方面也有很强的研究潜力。

采用代谢组学方法对环境中的重金属及有机污染物的毒性作用进行研究，也是当前代谢组学在环境科学中的研究热点之一。重金属如 Cd、As，有机污染物如农药 DDT、多氯联苯、多环芳烃、二噁英、聚苯乙烯及邻苯二甲酸酯类等。研究主要集中在有机污染物在环境中的降解和转化产物在体内的吸收、分布、排泄和代谢转化，阐明有机污染物对人体的毒副作用的发生、发展和消除的各种条件和机制。

4. 植物代谢组学

植物代谢组学主要集中在植物次生代谢产物的研究上。随着植物基因工程的发展，植物代谢途径基因的发现、克隆、转化及表达工作进展很快，许多代谢途径的基因解析已有重大突破，但是试图使用这些工具对植物的代谢途径进行工程操作的成功事例较少，大多数工作主要集中在对影响代谢途径的单个基因的表达进行积极或消极的修饰。由于细胞中代谢网络是由数千种酶、膜传递系统、信号传导系统构成，它们之间受到精密的调控，对代谢的影响绝非单一因素所能左右，因此，在较广泛的范围从分子水平到蛋白质水平对植物生理及代谢进行深入研究，透彻了解植物体内的相互作用与相互制约的因素，从整体系统的观念来研究细胞的代谢变化显得尤为重要。

5. 动物代谢组学

(1) 动物营养学研究　可以用代谢组学方法考察动物营养供给量对免疫机能的影响，揭示营养物质的代谢机制，对营养素缺乏或过剩造成的危害进行机制分析。

代谢组学更有可能的用途是动物营养需要的辅助评价。用代谢组学的方法构建基于代谢标志物参数的营养需要量评估模型，代替传统的生物法以实现大量重复数据的采集与分析，为精细养殖技术提供新的技术支持。特殊状态下的营养需要评估，更需要代谢组学这样的工具。如热应激状态下奶牛维生素需要量基于代谢组学的评估模型。

(2) 动物饲料研究　对饲用微生物在肠道定植和繁殖成优势菌群的最有效的评价，代谢组学方法有不可替代的优势。它能直接反映出动物体内代谢过程对益生菌的生理效应，这有利于揭开益生菌促生长的机制之谜。

评价饲料加工方法的优劣。饲料经不同加工条件（方法、参数）处理后，用代谢组学方法研究进食这种饲料与进食未加工的饲料的动物代谢反应的效应，以准确评价加工方法的优劣。特别是有毒饲料脱毒加工方法的效果评价更适合采用代谢组学的方法来进行研究。

6. 微生物代谢组学

(1) 微生物分类、突变体筛选以及功能基因研究　代谢谱分析方法（metabolic profiling）近年来在微生物分类领域异军突起，逐渐成为一种快速、高通量、全面的表型分类方法。代谢组学数据可以应用于突变体的筛选，在传统研究中的沉默突变体（即未发生明显的表型变化的突变体）内，突变基因可能导致了某些代谢途径发生变化，通过代谢快照（metabolism snap shot）可以发现该突变体并研究相应基因的功能。

(2) 微生物发酵工艺的监控和优化研究　发酵工艺的监控和优化需要检测大量的参数，利用代谢组学研究工具可以减少实验数量，提高检测通量，并有助于揭示发酵过程的生化网络机制，从而有利于理性优化工艺过程。

(3) 微生物降解的代谢途径及动力学研究　微生物降解是环境中去除污染物的主要途径。深入了解污染物在微生物内的代谢途径，将有助于人们优化生物降解的条件，从而实现快速的生物修复。这些代谢中间体大都通过萃取、分析方法进行逐个研究，并借助专家经验拟合出代谢途径，其动力学过程亦很少触及，代谢组学方法的采用有可能改变这一现状。

五、神经生物学

（一）神经生物学的概念

神经生物学（neurobiology）是一门研究神经系统的结构和功能的科学。在医学这个大的学科内，神经生物学是一门在各个水平研究人体神经系统的结构、功能、发生、发育、衰老及遗传等规律，以及疾病状态下神经系统的变化过程和机制的科学。它涉及神经解剖学、神经生理学、发育神经生物学、分子神经生物学、神经药理学、神经内科学、神经外科学及精神病学等。

(二) 神经生物学的形成与发展

大脑的结构和功能是自然科学研究中最具有挑战性的课题。近代自然科学发展的趋势表明,21 世纪的自然科学重心将在生命科学,而神经生物学和分子生物学将是生命科学研究中的两个最重要的领域,必将飞速发展。分子生物学的奠基人之一,诺贝尔奖获得者沃森宣称:“20 世纪是基因的世纪,21 世纪是脑的世纪”。

神经生物学的内容非常丰富,研究进展很快,这些研究工作虽然至今为止并没有在神经生物学领域取得重大进展,没有解开智力形成之谜,没有解开毒品上瘾之谜,没有解开老年痴呆症治疗之谜,但却在潜移默化中推动了神经科学的发展,为 21 世纪神经生物学的腾飞奠定良好的基础。

(三) 神经生物学的研究技术

神经科学的发展与研究方法的进步密切相关。总体上,神经生物学的研究方法有六大类:形态学方法、生理学方法,电生理学方法、生物化学方法、分子生物学方法及脑成像技术。

1. 形态学方法

神经生物学研究中常用的形态学方法有束路追踪、免疫组织化学和原位杂交,其他还有受体定位、神经系统功能活动形态定位等方法。

(1) 束路追踪法　追踪神经元之间的联系是神经解剖学研究中的重大目标,它对研究神经元的功能、神经系统的发育和成熟都具有重要意义。这种方法学的建立始于 19 世纪末的逆行和顺行溃变(顺行溃变指胞体或轴突损伤后的轴突终末的溃变,逆行溃变指去除靶区之后神经元胞体的溃变)研究。20 世纪 40 年代主要手段是镀银染色法,根据变性纤维的形态变化来判断变性纤维。20 世纪 50 年代发展了 Nanta 法,能遏制正常纤维的染色而仅镀染出变性纤维。但该法不易显示细纤维。1971 年,Kristenson 等将辣根过氧化物酶(horseradish peroxidase,HRP)注入幼鼠的腓肠肌及舌肌,结果在脊髓和延脑的相应部分运动神经元胞体内发现 HRP 的积累。不久 La Vail 正式使用 HRP 作为轴突逆行追踪,随后广泛应用于中枢神经系统的研究。除了 HRP 标记法,还有荧光物质标记法、毒素标记法、注射染料法等。

(2) 免疫组织化学法　免疫组织化学是应用抗原与抗体结合的免疫学原理,检测细胞内多肽、蛋白质及膜表血抗原和受体等大分子物质的存在与分布。这种方法特异性强,敏感度高,进展迅速,应用广泛,成为生物学和医学众多学科的重要研究手段。近年来,随着纯化抗原和制备单克隆抗体的广泛开展以及标记技术不断提高,免疫组织化学的进展更是日新月异,不仅用于许多基本理论的研究,并取得重大突破,而且也用于疾病的早期快速诊断等临床实际。

组织的多肽和蛋白质种类繁多,具有抗原性。分离纯化人或动物组织某种蛋白质,作为抗原注入另一种动物体内,后者即产生相应的特异性抗体(免疫球蛋白)。从被免疫动物的血液中提取出该抗体,再以荧光素、酶、铁蛋白或胶体金标记,用这种标记抗体处理组织切片或细胞,标记抗体即与细胞的相应蛋白质(抗原)发生特异性结合。常用的荧光素是异硫氰酸荧光素(FITC)和四甲基异硫氰酸罗丹明(TRITC),在荧光显微镜下可观察荧光抗体抗原复合物。常用的酶是辣根过氧化物酶,它的底物是 3,3′—二氨基、联苯胺(DAB)和 H_2O_2,HRP 使 DAB 乳化形成棕黄色产物,可在光镜和电镜下观察。铁蛋白和胶体金标记抗体与抗原的结合,也可在光镜和电镜下观察。

(3) 原位杂交法(*in situ* hybridization)　原位杂交是一种核酸分子杂交技术,它是通过检测细胞内 mRNA 和 DNA 序列片段,研究细胞合成某种多肽或蛋白质的基因表达,其基本原理是根据两条单链核苷酸互补碱基序列专一配对的特点,应用已知碱基序列并具有标记物的 RNA 或 DNA 片段即核酸探针(probe),与组织切片或细胞内的待测核酸(RNA 或 DNA 片段)进行杂交,通过标记物的显示,在光镜或电镜下观察目的 mRNA 或 DNA 的存在与定位。组织学应用的原位杂交术主要是染色体原位杂交和细胞原位杂交,前者是研究遗传基因、抗原基因、受体基因、癌基因等在染色体上的定位与表达;后者是研究细胞某种蛋白质的基因转录物 mRNA 在胞质内的定位与表达。核酸分子杂交术有很高的敏感性和特异性,它是免疫组织化学的基础,进一步从分子水平探讨细胞功能的表达及其调节机制,成为当前神经生物学研究的重要手段。

2. 生理学方法和电生理学方法

神经生物学研究中的生理学方法有行为学方法、神经递质释放量的测定等,其中行为学方法最为常用。

(1) 行为学方法　行为学方法是建立在条件反射基础之上。条件反射是著名的俄国生理学家巴甫洛夫 20 世纪初提出的,条件反射是动物个体生活过程中适应环境的变化,在非条件反射基础上逐渐形成的。形成条件反射的基本条件就是无关刺激与非条件刺激在时间上的结合,这个过程称为强化,要形成条件反射除需要多次强化外,还需要神经系统的正常活动。

巴甫洛夫及其学派所研究的条件反射,称为经典性条件反射。另一种条件反射叫操作性(工具性)条件反射,由美国心理学家斯金纳(B. F. Skinner)提出,采用小鼠的一些动作,施以喂食,经多次重复、强化这一动作,鼠便会自动运动而得食。在此基础上还可以进一步训练动物只对某个待定信号,如灯光、铃声出现后,做出踩杠杆的动作,才给以食物强化,这类必须通过自己某种活动(操作)才能得到强化所形成的条件反射,称为操作性条件反射或工具性条件反射。

(2) 电生理学的方法　电生理学的方法包括胞外记录、胞内记录、脑内电刺激、电压钳、膜片钳、脑电图等技术。电生理学发源于 1791 年。电流计的发明和应用于电生理学,初步满足了记录生物电活动的变化量小而变化速度快的特点。1922 年,Erlanger 和 Gasser 用了电子管放大器和阴极射线示波器,才彻底满足了记录生物电活动的基本特点。从此神经生理学得以迅猛发展。20 世纪 40 年代以来,英国剑桥大学 Hodgkin 学派利用微电极技术,而且选用了理想的实验标本枪乌贼的巨轴突,在修正了 Bernstein 膜学说的基础上,建立了动作电位的钠学说,阐明了神经冲动的传导理论。在同一时期,Forbes 和 Renshaw 等运用微电极开始研究中枢神经系统神经元活动的工作。Hodgkin 等为精确测量神经活动中的离子运动,发展了电压钳实验技术。电压钳把单一的跨膜离子流从众多的离子流中分离出来,通过离子流的测定来分析离子通道开放及关闭的动力学变化。双微电极电压钳技术是把两根尖端小于 0.5 μm 的玻璃电极插入细胞内分别作为电位记录电极和电流注入电极,记录电位差的变化。

在此基础上,Neher 又发展了膜片钳技术。它是将尖端直径仅为 1 μm 的玻璃电极吸附到细胞膜表面上,对微电极内施加负压、微电极与细胞膜形成 10 GΩ 的高阻封接,可记录膜上的 pA 级的离子通道电流,为从分子水平了解生物膜离子单通道的开、关动力学,通透性和选择性提供了直接手段。为此 Neher 获得 1991 年诺贝尔生理学或医学奖。在电生理技术中脑电图和诱发电位的描记反映了脑细胞群体活动的总和性电位,在临床诊断方面具有重要价值。神经系统的电生理方法,对神经科学的理论发展起着重要作用。

3. 生物化学方法

经典的生物化学方法包括离心、电泳、层析、质谱等。由于生物化学方法与药理学、免疫学等其他学科相结合,又发展了放射免疫(radioimmunoassay,RIA)、放射受体和免疫印迹等检测手段。RIA 可用来检测生物体内低含量物质(如神经介质、激素),分析研究受体的特性,也可用于测定某一受体的配体的含量及分析比较各种配体的作用强度。免疫印迹法结合了电泳及 RIA 的优点,是鉴定蛋白质及肽类分子的理想方法。

4. 分子生物学方法

分子生物学技术同神经生物学结合产生了分子神经生物学,分子生物学技术在神经生物学中的应用有基因的分子克隆及表达、聚合酶链式反应(polymerase chain reaction,PCR)、遗传连锁分析、反向遗传学等。

5. 影像技术在神经生物学研究中的应用

(1) 计算机断层扫描术(CT)　CT 技术的关键是 X 光源、X 光检测器和计算机系统。位于头颅一侧的X光源发出一束平行的X光束,X光束透过头颅后由位于另一侧的X光检测器接收,X光源和X光检测器可附绕头颅作180°旋转,在每个旋转角度上都可以得到一组放射密度测量数据。计算机把成千上万的不同位点的放射密度换算成相应的衰减系数,然后根据每一个位点的衰减系数大小用不同的黑白亮度来显示。CT可清楚地显示颅骨、脑组织和脑脊液,但不能用于检测大脑的功能。

(2) 正电子发射计算机断层扫描　正电子发射计算机断层扫描(positron emission tomography,PET)是核医学发展的一项新技术,代表了当代最先进的无创伤性高品质影像诊断的新技术,是高水平核医学诊断的标志,也是现代医学必不可少的高技术。

PET的独特作用是以代谢显像和定量分析为基础,应用组成人体主要元素的短命核素,如 ^{11}C、^{13}N、^{15}O、^{18}F 等正电子核素为示踪剂,不仅可快速获得多层断层影像、三维定量结果以及三维全身扫描,而且还可以分子动态观察到代谢物或药物在人体内的生理生化变化,用以研究人体生理、生化、化学递质、受体乃至基因改变。PET可以说是同位素发射计算机辅助断层(ECT)的一种,特别适用于在没有形态学改变之前,早期诊断疾病,发现亚临床病变以及评价治疗效果。目前,PET在肿瘤、冠心病和脑部疾病这三大类疾病的诊疗中尤其显示出重要价值。

(3) 磁共振成像　磁共振成像(magnetic resonance imaging,MRI)从原理的发现到目前临床各种先进成像技术的应用,是基于科学家们对原子结构的不断认识。1924年,Pauli发现电子除对原子核绕行外,还可高速自旋,有角动量和磁矩。1946年美国哈佛大学的Percell及斯坦福大学的Bloch分别独立地发现磁共振现象并接收到核子自旋的电信号,同时将该原理最早用于生物实验,在物理学、化学方面做出了较大的贡献,并于1952年荣获诺贝尔物理奖。磁共振成像的设想出自Damadian。1971年发现了组织的良性、恶性细胞的MR信号有所不同。1972年,P. C. Lauterbur用共轭摄影法产生一幅试管的MR图像,1974年获得第一幅动物的肝图像。

磁共振成像技术的发展产生了许多成像技术方法,但总的设计思想是如何用磁场值来标记受检体中共振核子的空间位置。发生共振的频率与它所在的位置的磁场强度成正比。如果能使空间各点的磁场值互不相同,各处的共振频率也就不同,把共振吸收强度的频率分布显示出来,实际就是共振核子的分布,即核磁共振自旋密度图像。

(四) 神经生物学的应用

尽管神经生物学的研究难度很大,但它还是吸引了许多科学家进行研究探讨,主要是因为这门学科有着许多富有挑战性的科学问题,这些科学问题的阐明对于我们揭示生命现象中的一些重大关键性问题具有举足轻重的意义。

1. 神经疾病的研究

阿尔茨海默病(Alzheimer's disease,AD)也称为老年性痴呆,是一种病因未明的原发性退行性脑变性疾病,临床表现为认知和记忆功能不断恶化,日常生活能力进行性减退,并有各种神经精神症状和行为障碍。病理改变主要为皮质弥漫性萎缩、沟回增宽、脑室扩大、神经元大量减少,并可见老年斑、神经元纤维结等病变,胆碱乙酰化酶及乙酰胆碱含量显著减少。65岁以上人群中患重度老年性痴呆的比率达5%以上,80岁上升到15%~20%。

帕金森病(Parkinson's disease)又称“震颤麻痹”,是一种中枢神经系统变性疾病,主要是因位于中脑部位“黑质”中的细胞发生病理性改变后,多巴胺的合成减少,抑制乙酰胆碱的功能降低,则乙酰胆碱的兴奋作用相对增强。两者失衡的结果便出现了“震颤麻痹”。主要表现为患者动作缓慢,手脚或身体的其他部分震颤,身体失去了柔软性、变得僵硬。帕金森病是老年人中排在第四位最常见的神经变性疾病,多在60岁以后发病;本病也可在儿童期或青春期发病。迄今为止,这种神经疾病在发达国家的死亡率已经高居第三位,此病的病因仍不清楚,目前的研究倾向于与年龄老化、遗传易感性和环境毒素的接触等综合因素有关。帕金森病与阿尔茨海默病不同,它主要的症状不是记忆或认知的问题,而是运动功能受累,属运动障碍疾病。从某种角度上讲,帕金森病对患者的伤害更胜于阿尔茨海默病。

阿尔茨海默病现阶段的研究治疗主要是改善和延迟记忆及认知功能的伤害，增加神经递质乙酰胆碱的含量，减轻病症，再者抗氧化、改善脑部血流和神经营养。对于帕金森病的治疗手段不断发展，分为药物治疗、基因治疗、康复治疗、外科治疗等，近期以药物治疗为主，手术治疗的费用较高，疗效有待于进一步观察，探索新的治疗方法仍然是目前的研究方向。

2. 智力形成的研究

智力是怎么形成的？为什么不同人的智商会不同？智障儿童的智力可不可以修复？通过后天的努力可以改变一个人的智力么？如果通过神经生物学的研究可以改善智障儿童的智力问题或者说可以通过一定的手段在后天提高人的智力，那么人类社会将更加进步。

3. 成瘾机制的研究

毒品为什么会使人上瘾？毒品对神经系统到底有多大损害？它的作用机制又是如何？为什么已经戒毒的人很容易再次吸毒？通过神经生物学的研究了解毒品的作用机制可以治疗毒瘾，帮助人们逃脱毒瘾的困扰。

4. 疼痛机制的研究

疼痛就其生物学意义来说是一种警戒信号，表示机体已经发生组织损伤或预示着正在遭受损伤，通过神经系统的调节引起一系列防御反应，保护机体避免伤害。但是如疼痛长期持续不止，便失去警戒信号的意义，反而对机体构成一种难以忍受的精神折磨，严重影响学习、工作、饮食和睡眠，降低生活质量，成为不可忽视的经济和社会问题。关于疼痛的机制问题，半个多世纪以来人们进行了大量的研究，先后提出了特异性学说、构型学说、闸门控制学说等。由于疼痛形成和维持的参与因素极其复杂，到目前为止，疼痛发生的机制仍然不是很清楚，因此还需要进一步的研究，为减轻患者痛苦、提高患者生活质量继续努力。

5. 学习记忆的神经机制

海马是学习记忆的关键部位，LTP（突触后长时程增强）和 LTD（突触后长时程压抑）是海马记忆形成过程中的可能机制，是神经细胞突触可塑性的两种主要特征。受体和通道是产生 LTP 和 LTD 的生物学基础；神经递质以及即早基因的转录因子 CREB（cAMP 反应成分结合蛋白）参与学习记忆过程。学习记忆本身是一个非常复杂的过程，目前为止其细胞和分子机制仍然很不清楚，因此，仍然是神经生物学的研究热点之一。

6. 神经修复学

人类大脑或脊髓受损伤后，一般都会导致终身残疾，周围神经系统能否再生全凭运气，随着神经修复基础和临床医学的快速发展，神经修复学已成为神经科学领域内一门独特学科。神经修复学是神经科学的一个亚学科，专门研究神经系统损害部分的神经再生、结构修补或替代、神经重塑、神经保护、神经调控、血管发生及免疫调节恢复机制。神经修复学的目标是促进神经功能恢复。按照研究对象分为周围神经修复学和中枢神经修复学；按照研究领域分为临床神经修复学和基础神经修复学。神经修复学研究领域涵盖以下病因和治疗：神经创伤、神经退变、脑血管缺血缺氧、脑水肿、脱髓鞘、感觉运动障碍性疾病及神经性疼痛，以及中毒、物理和化学因素、免疫、传染、炎症、遗传性、先天性、发育性和其他原因导致的神经损害。其治疗方法采用组织或细胞移植、生物材料和生物工程、电磁刺激调控和药物或化学，以及联合以上各种方法达到神经再生和功能重建。神经修复学注重于研究自然恢复和外界干预恢复的机制。一定程度的中枢神经结构和功能修复已成为事实，但现能达到的神经功能修复程度还很有限，与人们的理想期望值还有距离。

六、生物信息学

20 世纪后期，伴随着生物科学技术的迅猛发展，生物学数据资源急剧膨胀。这些海量的生物学数据中蕴涵着重要的生物学规律和破解生命谜团的密匙，科学家们亟须一种强有力的工具来协助人脑完成对这些数据的分析工作。与此同时，以数据分析处理为本质的计算机科学技术和网络技术迅猛发展并日益渗透到生物科学的各个领域。于是，一门崭新的、拥有巨大发展潜力的新学科——生物信息学应运而生。

(一) 生物信息学的概念

生物信息学（bioinformatics）的概念最初是在1956年美国田纳西州盖特林堡召开的首次"生物学中的信息理论研讨会"上提出的。20世纪80–90年代，伴随着计算机科学技术的进步，生物信息学获得了突破性进展。1987年，林华安博士正式将这一新学科命名为"生物信息学"。此后，其内涵随着研究的深入和现实需求的变化几经更迭。1995年，美国人类基因组计划的第一个五年总结报告给出了一个较为完整的生物信息学定义：生物信息学是一门交叉科学，它包含了生物信息的获取、加工、存储、分配、分析、解释等在内的所有方面，它综合运用数学、计算机科学和生物学的各种工具来阐明和理解大量数据所包含的生物学意义。

(二) 生物信息学的形成与发展

人类基因组计划的实施极大地推进了生物信息学的发展。生物信息学大致经历了前基因组时代、基因组时代和后基因组时代三个发展阶段。前基因组时代的标志性工作包括生物数据库的建立、检索工具的开发以及DNA和蛋白质序列分析等；基因组时代的标志性工作包括基因识别与发现、网络数据库系统的建立和交互界面工具的开发等；后基因组时代的研究重点主要体现在基因组学（genomics）、比较基因组学（comparative genomics）和蛋白质组学（proteomics）等方面，具体说就是在组学水平上，从核酸和蛋白质序列、表达谱数据出发，分析序列中表达的结构与功能、基因调控网络和生化代谢途径中的生物信息。

(三) 生物信息学的研究技术

基因测序技术是生物信息学赖以快速发展的关键技术。自1977年Frederick Sanger发明了双脱氧核苷酸终止法，Maxam和Gilbert发明化学降解法测序技术以来，基因测序技术的发展可谓日新月异，至今已历经四代测序技术。这里将着重介绍每一代测序技术的特点和代表性测序平台。

1. 第一代测序技术

传统的双脱氧链终止法、化学降解法及其基础上发展起来的各种DNA测序技术统称为第一代测序技术。第一代测序技术在分子生物研究中发挥过重要的作用。2003年完成的人类基因组计划，主要采用了第一代测序技术。目前基于荧光标记和双脱氧核苷酸终止法原理的荧光自动测序仪仍被广泛应用。

(1) Maxam–Gilbert化学降解法　1977年，Maxam和Gilbert率先发明了一种新的DNA测序方法——化学降解法，标志着第一代测序技术的诞生。化学降解法的原理是对一个DNA片段的5′端磷酸基团进行放射性标记，再分别采用不同的化学方法修饰和裂解特定碱基，从而产生长度不一而5′端被标记的DNA片段群，通过凝胶电泳分离这些以特定碱基结尾的片段群，再经放射线自显影，确定各片段末端碱基，从而得出目的DNA的碱基序列。

化学降解法的优点是其所测序列，不是通过酶促合成的拷贝序列，避免了合成时错配带来的错误，可以分析诸如甲基化等DNA修饰的情况，可以检测DNA构象和蛋白质–DNA的相互作用。但化学降解法操作过程复杂，逐渐被随后发明的Sanger法所代替。

(2) 双脱氧核苷酸终止法　在Maxam和Gilbert发明化学降解法的同一年，Frederick Sanger发明了另一种DNA测序方法——双脱氧核苷酸终止法，又称Sanger测序法，它是第一代测序技术中被应用最多的方法，其原理是利用双脱氧核苷三磷酸（dideoxy-ribonucleoside triphosphate，ddNTP）的结构与脱氧核糖核苷三磷酸（deoxy–ribonucleoside triphosphate，dNTP）相比缺少3′–OH，使得DNA聚合酶合成DNA模板的互补链时被终止，Sanger设计了4个相互独立的反应。在每个反应中，分别加入足量的四种dNTP和一种ddNTP，其上用特异性的同位素标记，通过DNA聚合酶连接在一起，成为目的DNA分子的互补链，直到连接上了ddNTP使延伸停止。然后四个反应的产物分四个泳道，用聚丙烯酰胺凝胶电泳分离，从而可以推算出目的 DNA 分子的碱基序列(图 9-1)。

(3) 荧光自动测序技术　20 世纪 80 年代末,荧光标记技术凭借着更加安全简便的特性,逐步取代同位素标记技术应用到了 Sanger 测序法中。荧光标记技术可以用不同荧光标记 4 种 ddNTP,使得最后产物可以在一个电泳道内实现分离,用激光激发 ddNTP 上的荧光标记,检测并记录不同波长的信号,通过计算机处理信号后即可获得碱基序列,不仅解决了原技术中不同泳道迁移率存在差异的问题,还提高了测序效率。ABI3700 荧光标记自动核酸分析仪是第一代基因测序技术的代表,它的出现代表着基因测序进入了自动化时代。

第一代测序技术在通量、成本、读长、测序速度和数据分析系统等各方面都不能满足日益增长的研究需求。下一代测序(next generation sequencing,NGS)技术在这种迫切的需求下产生并迅猛发展。NGS 技术又称大规模平行测序或深度测序,包括第二代、第三代和第四代测序技术。

2. 第二代测序技术

第二代测序技术的核心原理是边合成边测序,其基本步骤包括文库制备、单克隆 DNA 簇的产生和测序反应。与第一代测序技术相比,第二代测序技术具有以下特点。①高通量,第二代测序技术不依赖传统的毛细管电泳,其测序反应在芯片上进行,可对芯片上数百万个点同时测序;②成本降低,第二代测序技术每 Mb 碱基成本比 Sanger 测序法降低 96.0% ~ 99.9%;③敏感性高,如 Roche 454 测序平台“1 个片段 =1 个磁珠 = 1 条读长”的设计能保证对低丰度 DNA 信息的检测;④读长较短,不便于后续数据分析时的拼接;⑤通过聚合酶链式反应产生单克隆 DNA 簇的过程可能引入偏倚和错配。

(1) Roche 454 测序平台　2005 年,美国 454 Life Sciences 公司推出了首个 NGS 平台——Genome Sequencer 20 System,拉开了 NGS 技术商业化的序幕。2007 年,瑞士 Roche 公司收购了 454 Life

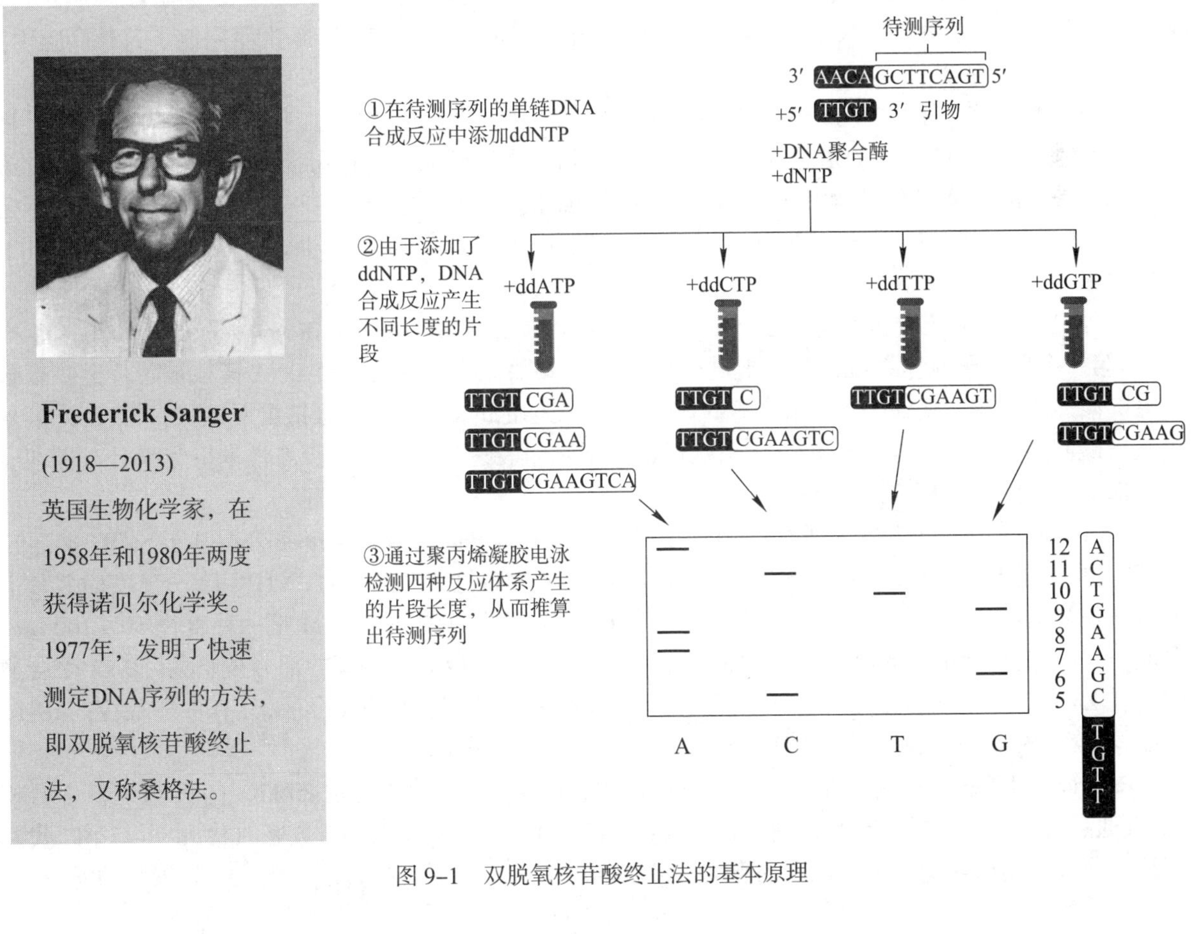

图 9-1　双脱氧核苷酸终止法的基本原理

Sciences，并陆续开发了Roche GS Titanium、Roche GS FLX+、Roche GS Junior和Roche GS Junior+。Roche 454是基于微乳滴PCR（emulsion PCR，emPC）和焦磷酸测序技术的测序平台，其核心流程为：①将待测DNA分子打断成300～800 bp的片段；②在DNA片段的两端分别加上A、B两个衔接子，组成样品文库，衔接子可使DNA片段在生物素和链霉亲和素的作用下，同含有过量链霉亲和素的磁珠特异性结合；③将带有目的DNA片段的磁珠包被于单个油水混合小滴——乳滴中，进行独立的扩增，该过程被称为微乳滴PCR，经过emPCR后，每个磁珠上产生约10^7个目的DNA克隆片段；④将这些DNA片段放入PTP（pico titerplate）反应板中进行测序。

（2）Illumina测序平台　2006年，美国Solexa公司推出GA测序仪。2007年，Illumina公司收购Solexa，并陆续推出GA Ⅱ、HiSeq系列、MiSeq系列、NextSeq系列、NovaSeq系列以及MiniSeq系统。Illumina测序技术的基本原理是通过桥式扩增在芯片表面形成待测DNA片段的单克隆簇，然后加入用4种不同荧光标记并结合了可逆终止剂的dNTP，由于终止剂的作用，DNA聚合酶每次循环只延伸一个dNTP，每次延伸所产生的光信号被标准微阵列光学检测系统记录，下一个循环中将终止剂和荧光标记基团裂解后继续延伸dNTP，实现了边合成边测序。

Illumina是目前应用最广泛的第二代测序平台，其通量高、单碱基测序成本低、耗时少，几乎涵盖了测序应用的各个方面。然而，Illumina平台由于读长较短，会导致后期数据分析难度加大。

（3）SOLiD高通量测序仪　SOLiD（sequencing by oligonucleotide ligation and detection，SOLiD）测序技术最初由哈佛大学Church研究小组成员Shendure等发明。Church研究组将部分技术授权给了Agencourt公司，并在2006年7月被美国应用生物系统公司（Applied Biosystems Inc.，ABI）收购，于2007年推出SOLiD测序平台。同Roche 454一样，SOLiD也采用微乳滴PCR，但SOLiD采用寡核苷酸连接法进行测序。SOLiD的创新之处在于双碱基编码技术（two-base encoding），通过两个碱基来对应一个荧光信号，这样每一个位点都会被检测两次，具有误差校正功能，能将真正的单碱基突变与随机错误区分开来，降低错误率，可使准确率大于99.94%，但其读长短、成本高、数据分析困难，严重限制了其推广应用。

3. 第三代测序技术

第三代测序技术采用单分子测序技术，不经过PCR直接进行边合成边测序，不仅简化了样品处理过程，避免了扩增可能引入的错配，而且不受鸟嘌呤和胞嘧啶或腺嘌呤和胸腺嘧啶含量的影响，因此第三代测序技术能直接对RNA和甲基化DNA序列进行测序。第三代测序包括美国Helicos Bioscience公司的HeliScope遗传分析系统和Pacific Biosciences公司的单分子实时（single molecule real-time，SMRT）测序技术。

（1）HeliScope遗传分析系统　HeliScope遗传分析系统由美国Helicos Bioscience公司于2008年推出，是第一个单分子测序系统。其基本过程为3′端多聚腺嘌呤修饰的单链DNA模板被芯片上多聚胸腺嘧啶修饰的引物捕获，在DNA聚合酶的作用下，荧光标记的dNTP与模板链配对，通过采集荧光信号可获得碱基信息。HeliScope遗传分析系统最常用于基因表达分析。因其所需样本量较少且对样本质量要求低，还可用于古生物信息检测。

（2）PacBio单分子实时测序平台　自2010年以来，美国Pacific Biosciences公司基于SMRT测序技术，陆续推出了RS、RS Ⅱ和Sequel测序平台。SMRT采用四色荧光标记的dNTP和单分子实时芯片上的零级波导（zero-mode waveguides，ZMW）对单个DNA分子进行测序。ZWM是一种直径50～100 nm、深度100 nm的孔状纳米光电结构，当光线进入后呈指数衰减，仅靠近基底的部分被照亮。DNA聚合酶固定在ZMW底部，加入模板、引物和四色荧光标记的dNTP后进行DNA合成，只有参加反应的dNTP才能停留在ZMW底部，从而使dNTP的荧光信号被识别，实现测序。

PacBio SMRT技术的优势在于读长长，PacBio RS Ⅱ和Sequel读长可达20 kb。与其他NGS平台相比，其通量低，成本高，且单碱基识别错误率高达14%，但可通过提高循环次数来改善，也可与第二代测序技术联合应用以降低成本并提高准确度。最新推出的Sequel系统提升了单个SMRT细胞的通量，从而大幅降低了其测序成本。

4. 第四代测序技术

第四代测序技术属于单分子测序，但不同于第三代测序技术，它无须进行合成反应、荧光标记、洗脱和CCD照相机摄像，而是利用碱基通过识别纳米孔时产生的电信号变化进行测序，实现了从光学检测到电子传导检测和从短读长到长读长的双重跨越。英国Oxford Nanopore Technologies公司现已推出高通量的GridION(2012年)和U盘大小的MinION(2013年)测序仪。瑞士Roche公司、美国Illumina和Life Technologies等公司也在投资纳米孔测序，如Roche投资了Genia Technologies和Stratos Genomics公司。

与其他NGS平台相比，纳米孔测序技术具长读长、高通量、低成本、短耗时和数据分析相对简单的优势，未来纳米孔测序技术投入市场后有望在几小时、几百美元的成本内完成全基因组测序。

第一代到第四代测序技术的特点和代表性平台见表9-1。

表9-1　第一代到第四代测序技术的特点和代表性测序平台

测序技术	技术特点	代表性测序平台	从属公司
第一代	准确率高、通量低、成本高、耗时长	Applied Biosystem 3730/3730xl	Applied Biosystem/HITACHI
第二代	通量高、敏感性高、读长短、成本低、需要通过PCR扩增	HiSeq、HiSeq X、NovaSeq和MiSeq系列、MiniSeq系统	Illumina
		GS FLX Titanium、GS FLX+、GS Junior和GS Junior+系列	Roche 454
		SOLiD 5500XL	Applied Biosystem
第三代	单分子测序，无须PCR扩增，PacBio的SMRT技术有读长长但单碱基识别错误率高的特点	HeliScope	HeliScope Bioscience
		RS、RS II、Sequel	Pacific Biosciences
第四代	单分子测序，电信号测序，读长长	GridION和MinION	Oxford Nanopore Technologies

(四) 生物信息学的应用

生物信息学不仅是一门新兴学科，还是生物相关研究开发必需的工具。通过强大的计算机技术对大量数据资料进行综合分析，生物信息学分析可为科学研究指出大方向，避免盲目试错，提高科研效率，缩短科研周期。随着生物信息学的高速发展，其在动植物基因组测序、物种鉴定、遗传病研究等方面的作用越来越凸显、越来越广泛，必将给农业、食品、医疗卫生等生物相关行业带来里程碑式的变革。

七、结构生物学

(一) 结构生物学的概念

结构生物学(structural biology)是以生物大分子特定空间结构、结构的特定运动与生物学功能的关系为基础，来阐明生命现象及其应用的科学。进一步具体讲，结构生物学是以分子生物物理学为基础，结合分子生物学和结构化学方法测定生物大分子及其复合物的三维结构以及结构的运动，阐明其相互作用的规律和发挥生物学功能机制，从而揭示生命现象本质的科学。

(二) 结构生物学的形成与发展

结构生物学一直是分子生物学的重要组成部分，由于近年来的飞速发展，它已成为分子生物学的前沿和主流，并且从当前的发展趋势来看必将成为整个生命科学前沿和带头学科之一。在人类基因组测定之后，将进一步集中研究蛋白质的结构与功能，特别是蛋白质的三维结构，这是揭示基因组功能的基本途径。1993 年，Nature 首次召开了主题为“结构生物学”的学术会议，会上宣称结构生物时代已经开始。专业结构生物学杂志有《J. Structural Biology》(1990 年创刊、《Current Opinion in Structural Biology》(1991 年创刊)、《Structure》(1993 年创刊)，以及《Nature》增办的《Nature Structural Biology》等。

结构生物学起源于 20 世纪 50 年代，Watson 和 Crick 发现了 DNA 双螺旋结构，建立了 DNA 的双螺旋模型。20 世纪 60 年代，当时的卡文迪许实验室的 M. Perutz 和 J. Kendrew 用 X 射线晶体衍射技术获得了球蛋白的结构，由于 X 射线晶体衍射技术的应用，使我们可以在晶体水平研究大分子的结构，在分子原子基础上解释了大分子。由于他们开创性的工作，Watson 和 Crick 获得了 1962 年的诺贝尔生理学或医学奖，M. Perutz 和 J. Kendrew 获得了同年的诺贝尔化学奖，从那时起，晶体结构技术的发展就成为结构生物学发展最重要的决定因素。20 世纪 60–70 年代，在同一实验室的他们又发展了电子晶体学技术，当时的研究对象主要是有序的、对称性高的生物体系，如二维的晶体和对称性很高的三维晶体。

20 世纪 70—80 年代，多维核磁共振波谱学的发明使得在水溶液中研究生物大分子成为可能，水溶液中的生物大分子更接近于生理状态。20 世纪 80 年代到 21 世纪初，冷冻电子显微镜的发明，使我们不仅能够研究生物大分子在晶体状态和溶液状态的结构，而且能够研究复杂的大分子体系（molecular complex）、超分子体系，如核糖体（ribosome）、病毒、溶酶体（lysosome）、线粒体等。

（三）结构生物学的研究技术

结构生物学的主要研究技术有三种：X 射线单晶衍射技术、核磁共振（nuclear magnetic resonance）技术和电子显微学技术。

X 射线单晶衍射技术是由 H. W. 布拉格和 W. L. 布拉格父子于 1912 年提出和发展起来的，此技术最先用于无机晶体分析，到 1953 年，沃森和克里克用于 DNA 晶体分析，至 20 世纪 60 年代，M. Perutz 和 J. Kendrew 用于研究血红蛋白和肌红蛋白，逐渐成为生物大分子晶体结构研究的重要手段，直至今天仍占据统治地位。X 射线单晶衍射技术是利用晶体对 X 射线的衍射效应，经过第一次傅立叶变换产生了衍射图谱，再经过第二次傅立叶变换完成结构解析，获得有机分子的立体结构图像，由此可得到原子在空间的位置、成键原子(离子)的键型及精确键长、键角与二面角值、分子的空间排列(堆积)规律(即对称性)、分子的构象特征、分子的绝对构型、分子的几何拓扑学特征等信息。它的优点是分辨率高，达到原子分辨率，既可研究水溶性蛋白，也可研究膜蛋白和大分子组装体与复合体。它能给出生物大分子的分子结构和构型，确定活性中心的位置和结构，从分子水平理解蛋白质如何识别和结合客体分子，如何催化，如何折叠和进化等生命的基本过程，进而阐明生命现象。此外，应用 X 射线单晶衍射技术测定蛋白质和核酸的晶体结构并结合分子模拟技术，已经为新药物的设计提供了精确的药物靶标(drug target)的结构、性能，大大缩短了新药的研制过程。通过对艾滋病病毒（HIV）蛋白酶的精细结构测定，并以此为靶标设计酶的抑制剂作为治疗艾滋病的有效药物获得巨大成功，已显著减少艾滋病死亡数量。然而 X 射线单晶衍射方法也有缺点，就是样品必须为晶体，但生物大分子结晶困难，特别是膜蛋白和病毒等分子组装体结晶更是困难，而且所获得的结果是结晶状态的结构，而不是自然状态的结构。其次对于像病毒那样大的分子组装体，测量其精细结构十分复杂。高亮度和极细聚焦的同步 X 射线源出现，使第一个问题基本获得解决，第二个问题也有明显的改善。同步辐射光源，由于其特有的高亮度、高准直性和光谱分布宽等优点，极大地促进了结构生物学的发展，并已成为研究生物大分子晶体结构的主要手段。

近二三十年来，国际上特别是欧、美、日各发达国家同步辐射光源发展很快，第一代、第二代同步辐射光源稳定运行并不断改进，第三代同步辐射光源已经投入运行和使用，而不论第一代、第二代，还是第三代同步辐射光源，都建有多条专用于生物大分子晶体学结构研究的光束线和实验站，结构生物学已经成为同步辐射应用中最重要的研究领域之一。

第二种方法是核磁共振技术（NMR）。通过核磁共振谱研究，可获得物质结构的信息。以蛋白质为例，根据其不同结构特征的原子核间距、肽键二面角、肽键的动态特性等的核磁共振谱线，我们可以获得蛋白质的三维结构。

自 1945 年物理学家 Bloch 和 Purcell 发现了 NMR，20 世纪 60–70 年代 Ernst 应用傅立叶变换（FT）技术，发展了二维和多维 NMR。20 世纪 80 年代维特里希（Wüthrich）用横向弛豫最优化谱（TROSY）和交叉相关弛豫，提高极化转移（CRI–NEPT）技术测定溶液中生物大分子物质，解决了 50 多种蛋白质和核酸的结构。90 年代生物 NMR 研究获长足发展，开始用同位素标记 NMR 技术探讨一些细菌蛋白质的表达、开发了异核三维新技术、提供动力学信息等。

第三种方法是电子显微学方法，常用于蛋白质晶体结构研究，故也称为蛋白质电子晶体学。电子显微学是通过电子显微镜技术并结合图像处理技术发展起来的，在直接提供生物大分子的形貌信息上具有很大的优越性。1968 年，de Rosier 和 Klug 第一次用电子显微镜对生物大分子的结构（T_4 噬菌体的尾部）进行了解析。在随后的几十年里，随着生物大分子样品制备技术的完善，电子显微镜在设备和技术上的进步，计算机与图像处理技术的发展，使得应用电子显微镜对生物大分子进行结构解析的方法日益成熟，并逐渐发展成为解析生物大分子空间结构的重要学科——生物电子显微学。目前电子显微学已经成为一种公认的研究生物大分子、超分子复合体及亚细胞结构的有力手段。

生物电子显微学相对于 X 射线晶体学和核磁共振技术，主要有以下一些优势：①可以直接获得分子的形貌信息，即使在较低分辨率下，电子显微学也可给出有意义的结构信息；②适于解析那些不适合应用 X 射线晶体学和核磁共振技术进行分析的样品，如难以结晶的膜蛋白、大分子复合体等；③适于捕捉动态结构变化信息；④易同其他技术相结合得到分子复合体的高分辨率的结构信息；⑤电镜图像中包含相位信息，所以在相位确定上要比 X 射线晶体学直接和方便。

（四）结构生物学的应用

结构生物学是以生物大分子特定空间结构为研究基础，因此生物大分子三维结构的测定成为其重要的研究内容和应用领域。

近年来，精确测定的生物大分子结构呈现快速增长态势，以蛋白质结构坐标数据库（PDB）中的结构数目为例，从 1989 年的 300 余个，指数增长至如今的 118 700 余个。另外，还突破解决了很多难度高、意义重大的结构，使得以精确三维结构为基础揭示重要生命过程的研究已达到前所未有的深度和广度，例如：明确了细菌光合作用中心复合物及细菌集光蛋白复合物三维结构，比较完整地揭示了细菌光合作用机制以及光能高效传递的时空关系和分子机制。朊病毒蛋白的 NMR 溶液结构的突破，为研究朊病毒的特殊致病机制——构象转换奠定了结构基础。在首次测定抗原 – 抗体复合物结构之后，近年来对人体组织相容性抗原及多种 T 细胞及其复合物的晶体结构的解析，使得免疫反应机制与规律得到了越来越深入的了解。核小体三维结构的解析为研究基因转录、DNA 复制提供了精确的结构基础。

近些年对 RNA 沉默通路的结构生物学研究取得了重要进展，如核酸酶Ⅲ的结构、Argonaute 的结构、miRNA 前体出核运输的结构机制、小 RNA 末端甲基化的结构机制等，这些三维结构信息揭示了有关小 RNA 生物发生和行使功能的大量分子细节，这些知识有助于在生物研究和医学应用领域更好地利用 RNAi 技术。

据世界卫生组织统计资料显示，目前全球约有 4 000 万艾滋病患者，约占世界人口总数的 1/150，而且该数字还在以每天 1.6 万的速度递增。因此，研发抗艾滋病药物迫在眉睫，了解人类免疫缺陷病毒(艾滋病毒，human immunodeficiency virus，HIV）的入侵以及感染的机制对于研发抗艾滋病药物尤为重要。目前，已知 HIV–1 病毒主要通过病毒表面糖蛋白 gp120 与细胞表面受体 CD4 结合，然后与共受体 CCR5 或 CXCR4 相互作用，引起病毒的另外一种糖蛋白 gp41 的构象变化，从而实现病毒入侵。因此，HIV–1 的共受体 CCR5 和 CXCR4 成为新型抗 HIV 病毒药物研发的重要靶点，而其高分辨率三维结构的解析无疑是基于结构的药物研发的首要难题。上海药物研究所谭秋香和受体结构与功能重点实验室吴蓓丽等研究了 CCR5 或 CXCR4 的分子结构，揭示了 HIV–1 病毒共受体与各自抑制剂分子的相互作用模式，可帮助人们在分子水平理解这些配体分子的作用机制，有助于在生物学角度进一步研究艾滋病毒，并促进此类作用模式的靶向药物研究。

八、系统生物学

（一）系统生物学的概念

系统生物学（systems biology）是研究一个生物系统中所有组成成分（包括基因、mRNA、蛋白质等）的构成，以及在特定条件下这些组分之间的相互关系，并通过计算生物学建立数据模型来定量描述和预测生物功能、表型和行为的一门科学。

系统生物学依托蛋白质组学、基因组学、代谢组学等高通量的技术平台，整合各种生物信息的实验数据，建立数学模型，并通过实验验证、完善模型，在模型中研究细胞、组织、器官和生物体整体水平，研究结构和功能各异的各种分子及其相互作用，并通过计算生物学来定量描述和预测生物功能、表型和行为，充分实现计算机技术与实验科学的结合。它有别于以往的实验生物学，不是以个别的基因、蛋白质或者代谢物为研究对象，而是对一个细胞或整个生命体的基因以及它所编码的蛋白质和代谢产物的研究。因此，系统生物学是以整体研究为特征的大科学。

（二）系统生物学的形成与发展

作为人类基因组计划的发起人之一，美国科学家胡德（L. Hood）是系统生物学的创始人之一。他认为系统生物学和人类基因组计划有着密切的关系。正是在基因组学、蛋白质组学等新型大科学发展的基础上，孕育了系统生物学，反过来，系统生物学的诞生进一步提升了后基因组时代的生命科学研究能力。胡德在 1999 年年底与另外两名科学家一起创立了世界上第一个系统生物学研究所（Institute for Systems Biology）。随后，系统生物学逐渐得到了生物学家的认同，也引起了一大批生物学研究领域以外的专家的关注。

2002 年美国能源部启动了 21 世纪系统生物学技术平台；麻省理工学院和哈佛大学成立了系统生物学研究机构；中国科学院生命科学研究所与上海交通大学于 2003 年联合成立了上海系统生物学研究所；德国、日本、韩国、新加坡、菲律宾等国成立了系统生物学研究机构。

系统生物学的基本工作流程包括四个阶段。①对选定的某一生物系统的所有组分进行了解和确定，描绘出该系统的结构，包括基因相互作用网络和代谢途径，以及细胞内和细胞间的作用机制，由此构架出一个初步的系统模型。②系统地改变被研究对象的内部组成成分（如基因突变）或外部生长条件，然后观测在这些情况下系统组分或结构所发生的相应变化，包括基因表达、蛋白质表达及相互作用、代谢途径等的变化，并把得到的有关信息进行整合。③把通过实验得到的数据与根据模型预测的情况进行比较，并对初始模型进行修订。④根据修正后的模型的预测或假设，设定和实施新的改变系统状态的实验，重复②和③，不断地通过实验数据对模型进行修订和精练。系统生物学的目标就是要得到一个理想的模型，使其理论预测能够反映出生物系统的真实性。

（三）系统生物学的研究技术

1. DNA 芯片技术

DNA 芯片，又称基因芯片或 DNA 微阵列技术，它是由密集排布的 DNA 探针根据碱基互补原则实现 DNA 或 RNA 信息的提取，从而比较不同条件下基因表达的改变。

2. 双向凝胶电泳（2-dimensional gel electrophoresis，2-DE）技术

双向凝胶电泳的原理是第一向基于蛋白质的等电点不同，用等电聚焦分离；第二向则按相对分子质量的不同，用 SDS-PAGE 分离，将复杂蛋白质混合物中的蛋白质在二维平面上分开。

3. 温和胶电泳（blue native-polyacrylamide gel electrophoresis，BN-PAGE）

BN-PAGE 是一种与二维电泳不同的温和胶电泳系统，曾被用于植物类囊体膜的研究，因与叶绿素

结合后的蛋白质复合体呈绿色，而未结合的呈蓝色，又名蓝绿温和电泳，被广泛应用于线粒体膜、类囊体膜、质膜等蛋白质复合体的研究。随着蛋白质组学的日益发展和成熟，该技术广泛应用于蛋白质复合物的分离及蛋白质间相互作用的研究。

4. 蛋白质芯片技术

蛋白质芯片，即蛋白质阵列，是继基因芯片后发展起来的，样品中的蛋白质通过同位素或酶分子标记与结合在微型芯片上的抗体、配体、受体、酶、色谱介质等特异性结合，使蛋白质的分离、纯化、酶解、分析等步骤集中在一块玻片上进行，与芯片结合的靶蛋白在底物发出特定信号后通过质谱仪或扫描仪等得以检测以获得蛋白质表达谱。

5. 色谱——质谱技术

采用色谱——质谱技术分离纯化蛋白质是根据样品分子离子化后因不同的样品离子具有不同的相对分子质量，其质荷比的差异性来实现的一种分离方法，色谱与质谱技术的在线联用实现了对蛋白质的快速鉴定和自动化分析，这种技术因有较高的分辨率和准确度使其成为当前蛋白质组分析的主要手段，常用的有核磁共振（NMR）技术、气相色谱——质谱（GC–MS）联用技术、液相色谱——质谱联用（LC–MS）技术、毛细管液相色谱－质谱联用（CE–MS）技术。

（四）系统生物学的应用

1. 系统生物学在 HIV/AIDS 研究中的应用

转录组学是 RNA 水平上对细胞中基因转录和调控规律进行研究的一门学科，包括编码 RNA 和非编码 RNA。受体内多种因素的调节，是动态可变的，用于揭示不同物种、个体、不同生理病理状态下基因差异表达信息。目前，已有应用基因表达谱芯片对 HIV/AIDS 进行研究的报道，包括对 HIV/AIDS 患者单个有核细胞、CD4/CD8T 淋巴细胞、B 淋巴细胞、淋巴组织等免疫细胞进行检测，在体内外研究了 HIV 病毒对宿主基因表达的影响，揭示了部分分子机制。microRNA（miRNA）是一类小分子非编码 RNA，通过在转录后水平上抑制靶基因的 mRNA 翻译或降解靶基因 mRNA 来发挥作用，人体内 miRNA 可以具有抑制 HIV 病毒复制的作用，HIV 病毒也常常干扰宿主 miRNA 系统产生有利于生存和复制环境。目前已经发现多种与 HIV 感染有关的 miRNA 如 miRNA–451、miRNA–144、miRNA–23a 等。

蛋白质组学以细胞、组织或机体在特定时间和空间上表达的所有蛋白质即蛋白质组为研究对象，分析细胞内动态变化的蛋白质组成、表达水平与修饰状态，了解蛋白质之间的相互作用与联系，并在整体水平上研究蛋白质调控的活动规律，为重大疾病发生发展机制的阐明和新生物标志物的发现提供线索，还为发现和鉴别新的药物靶点提供新的理论和技术支持。

代谢组学是测定一个生物/细胞中所有的小分子（相对分子质量≤ 1 000）组成，描绘其动态变化规律，建立系统代谢图谱，并确定这些变化与生物过程的联系。分为四个层次：代谢物靶标分析、代谢谱分析、代谢指纹分析、代谢组学分析。通过代谢组学研究，不但可以发现代谢标志物，还可做出早期预测，为个体化诊疗提供依据。代谢组学与中医辨证有着相同的思维方式，具有相同的特点（整体性、动态性、即时性），将成为中医证候客观化、标准化研究的有效手段。陈群伟等运用代谢组学方法对肝癌的阳虚证、非阳虚证进行了分析，存在的代谢谱差异，表现在氨基酸代谢、能量代谢、脂类代谢等的代谢紊乱，发现脂质、葡萄糖、胆碱、乳酸等可能是肝癌阳虚证潜在的代谢标志物。

2. 系统生物学在药源性肝损伤研究中的应用

基因组学在肝毒性研究中的应用主要以毒理基因组学为平台，从基因水平探究肝毒性药物所致基因表达谱的变化以寻找基因表达改变与病理学结果之间的相关性。由于这种肝毒性反应通常会涉及复杂的基因级联反应，是许多基因相互作用的结果，因此基因组学的应用，特别是生物标志物的建立，更全面的研究药源性肝损伤的机制，建立起更加可靠的肝毒性评价方法。Inadera 等利用 DNA 微阵列技术在大鼠肝内研究 CCl_4 所致的基因表达的改变，通过基因交互途径分析发现 CCl_4 所致肝毒性的机制，寻找出 CCl_4 所致肝毒性相关基因及其通路。Kiyosawa 等以谷胱甘肽为生物标记物，制备含谷胱甘肽探针的基因芯片，用来评价由化学品诱导的谷胱甘肽耗竭在肝中的潜在风险。

随着人类基因组计划的完成，蛋白质组学在基因组技术的发展下应运而生，基因的改变最终将引起其所表达的蛋白质的变化，而蛋白质在肝中合成之后经磷酸化、糖基化、酰基化等修饰，使其组成比基因更为错综复杂。因此，用蛋白质组技术研究生命活动中各种蛋白质之间的变化规律，可实现对复杂生命活动的描述和预测。基因编码的肝蛋白质组学通过建立完善的蛋白质文库来比较细胞、组织或器官在肝毒性药物作用前后蛋白质谱的变化，寻找肝疾病发生前后的差异蛋白质，为早期寻求新的生物标志蛋白质及阐明肝毒性药物作用机制提供了新的线索。

3. 系统生物学技术在微生物菌种改良中的应用

(1) 基因组在菌种改良中的应用　目前已有天蓝色链霉菌等微生物的全基因组序列测定结果，而在 NCBI 的基因组项目中有 294 种微生物的基因组已经测序和功能注释，这些基因组的信息表明微生物具有生产多种次级代谢产物的潜能，通过比较分析基因组，引入、敲除或扩增某些基因可以获得目标代谢物的高产。也就是说，通过运用基因组信息来对菌种进行改造是完全可能的。首先，相对简单的方法是在保持细胞正常生长和目标产物的生产情况下改变一些非必须基因，从而实现菌种改良的目的。如 Ohnishi 等比较了生产赖氨酸的棒状杆菌的野生型菌株和高产菌株的基因序列，表明通过点突变可以提高赖氨酸的生产，以等位基因取代谷氨酸棒杆菌 AHP-3(*Coryne bacterium glutamicum* AHP-3)的 6-磷酸脱氢酶基因(*gnd*)，突变株的 6- 磷酸脱氢酶比野生型菌株的该酶对胞内代谢物（如 1,6- 二磷酸果糖、3- 磷酸甘油醛、ATP、ADPH 等）的构象抑制更不敏感，而赖氨酸的产量增加了约 15 %。同样采用系统生物学的技术对尼日尔黑曲霉菌（*Aspergillus niger*）中编码 Ku70 蛋白的基因敲除后，菌体的生长没有受到明显的影响，但突变株对 X 射线照射的敏感度是出发菌株的 10 倍，而对紫外线的敏感度是出发菌株的 2 ~ 3 倍，改进后的菌株生产具有商业价值的蛋白质和其他代谢物的能力都有较明显的提高。

(2) 转录组在菌种改良中的应用　通过比较不同菌株或样品在不同时间点或不同培养条件下的转录组侧型，可以鉴定出基因操作的潜在靶标。因而转录组分析所得到的信息也同样可以用来指导构建具有新的代谢途径的工程菌，从而提高微生物菌株的生产能力。如基于转录组分析结果，构建了 L- 缬氨酸生产菌株工程大肠杆菌，使工程菌生产 L- 缬氨酸的能力增加 21% ~ 113%。

(3) 蛋白质组在菌种改良中的应用　蛋白质履行着细胞的许多不同的功能，菌体细胞的很多代谢过程都直接或间接被蛋白质调控。由于蛋白质是由 20 种不同的氨基酸组成的，所以其种类及物理化学特性也多种多样，因而要全面的鉴定和描述蛋白质比鉴定核酸难。采用色谱 - 质谱连用技术可以更有效地分析细胞或细胞器的蛋白质组成。

尽管所能获得的蛋白质组的信息有较大的局限性，其中的一些信息已经成功地运用于指导微生物菌种改造。Han 等用二维凝胶电泳分析了工程大肠杆菌在过量生产人瘦素（一种富含丝氨酸的蛋白质）时菌体蛋白质组侧型的变化，发现瘦素过量生产时热激蛋白水平增加，而一些蛋白质延长因子和 30S 核糖体蛋白以及一些氨基酸生物合成相关的酶蛋白表达水平降低，其中丝氨酸家族氨基酸生物合成相关的酶降低尤其显著。基于这些蛋白质组信息，Han 等设计了通过操纵 *cysK* 基因（编码半胱氨酸合成酶）改进菌种提高瘦素生产的策略，改进的菌种细胞生长速率提高了两倍，其瘦素的生产率增加四倍多。

4. 系统生物学组学技术的糖尿病中医药研究

(1) 基因组学在糖尿病中医药研究中的应用　基因组学能为糖尿病提供新的诊断治疗方法。例如，通过对人类白细胞抗原（HLA）研究，发现Ⅰ型糖尿病患者部分家族成员具有高危险性基因标志，如 HLADR3、DQA1- 0531、DQB1- 0201、HLADR4-DQA1 -0301、DQB1- 0302，带有高危险性基因标志成员 5 年后有患糖尿病的风险。这种利用基因检测来预测疾病的思路与中医的“治未病”思想类似，可能通过中药方法做到未病先防，起到延缓Ⅰ型糖尿病发生的作用。

(2) 转录组学在糖尿病中医药研究中的应用　疾病的发生、发展以及在药物治疗过程中，会出现多种 mRNA 表达水平的改变。基因表达分析具有揭示新基因的能力，在转录物和蛋白质水平上的整合表达分析，能对整体的基因——基因相互作用网进行描述，提供单个基因活性中的功能内容，这些内容将会影响到生物个体的功能。

中医药转录组学研究主要集中于对中医证、中药方剂等的研究，对证研究，如对老龄肾阳虚证流行病学调查，分离纯化患者和正常人的周围血 mRNA，合成 cDNA 探针，并与基因芯片杂交，可获得肾阳虚差异基因。对方剂的研究，如右归丸对肾阳虚小鼠脑基因表达的影响。目前此类研究报道还不多，随着研究的深入，转录组学技术不断完善后，必将广泛地应用于中西医结合研究，对于探索和丰富中医证候的机制有良好的前景。

(3) 蛋白质组学在糖尿病中医药研究中的应用　蛋白质组学研究主要包括表达蛋白质组学、结构蛋白质组学、比较蛋白质组学和功能蛋白质组学 4 方面的内容。

蛋白质组学技术为中医药现代化带来机遇，目前中医药蛋白质组学研究主要集中于中医证候和中药药理研究。中医病机的多样性与蛋白质组表达的差异性都是机体即时性功能状态的反映，蛋白质的多样性和分子间的复杂网络关系与中医病机复杂多样性和开放式网络的特点有诸多相似之处，利用蛋白质组学技术和方法，将可能解读中医病机理论的本质和科学内涵。如施翔等研究中药滋补脾阴方对患糖尿病脑病大鼠海马的蛋白质影响，发现并鉴定了 4 个可能与发病密切相关的蛋白质及滋补脾阴方药的 6 个作用靶分子，为研究糖尿病相关认知下降的发病机制和药物作用靶点提供了新的线索和依据，也为中医有关糖尿病的病机理论的深化研究奠定了基础。

(4) 代谢组学在糖尿病中医药研究中的应用　代谢组学是转录组学和蛋白质组学的下游研究，代谢组分的变化是机体对疾病影响的最终反应。糖尿病是一种内分泌代谢紊乱性疾病，通常表现的是整体的代谢紊乱，代谢组学检测机体的小分子代谢物信息，揭示的是系列关联生物标记物的综合差异，可从整体上全面分析疾病对生物系统的影响，要比传统依赖单一标志物的诊断方法具有更高的准确性。例如，孙永宁等基于气相色谱 – 质谱技术的代谢组学方法研究糖尿病肾阴虚模型大鼠的尿液和血液标本，其主成分分析法结果显示，对照组和模型组大鼠的代谢网络差异显著，并识别出对区分对照组和模型组一些有贡献的生物标记物，证明大鼠尿液及血液代谢谱与糖尿病肾阴虚证密切相关，可见，代谢组学在中医糖尿病诊断和治疗研究中有广泛的前景。

九、合成生物学

(一) 合成生物学的内涵与发展背景

合成生物学(synthetic biology)是 21 世纪生命科学领域新兴的一个交叉学科，2000 年以后，“合成生物学”一词在学术刊物和互联网上大量出现，但目前合成生物学的定义还处于多元化阶段。根据合成生物学的内涵“合成生物学组织”网站(http://syntheticbiology.org)上公布的一段描述可有助理解合成生物学的含义。合成生物学是“设计和构建新型生物学部件或系统以及对自然界的已有生物系统进行重新设计，并加以应用”。简单地说，合成生物学就是通过人工设计和构建自然界中不存在的生物系统来解决能源、材料、健康和环境等问题。合成生物学强调“设计”和“重设计”，设计、模拟、实验是合成生物学的基础。其工程化的理念、标准化的生物工具和新颖的设计思路，已经引起广泛的关注。

合成生物学研究路线主要包括：①底盘细胞的选择和改造，选择具有成熟、简单基因操作系统以及生长迅速、遗传稳定的底盘细胞是异源基因(簇)成功表达的基础，大肠杆菌、酵母和链霉菌是常用的底盘细胞。②生物合成基因簇的加工，异源基因在常用底盘细胞大肠杆菌和酵母中表达的主要障碍是基因的大小受限，因此要对目标基因簇进行精简加工，仅保留必要的结构和功能元件。③基因异源移植和调控表达，由于底盘细胞可能存在目标产物合成的竞争性途径或是反馈抑制等负调控，因此需要对异源移植的基因的密码子、表达调控元件进行优化适配，从而实现有效表达。

尽管细胞底盘尚未被实际应用，但通过基因网络重构和细胞工厂改造，科学家已成功地在微生物中合成了抗疟疾药物青蒿素（酸）、麻醉剂阿片和抗生素林可霉素等珍贵药物，是合成生物学和代谢工程的成功范例。美国加州大学旧金山分校的 Voigt 教授领导的课题组利用合成生物学在生物胶片方面都取得了突破性进展，获得了继化学成像、电子成像之后的第三种成像方式——微生物成像。2008 年美国 Smith 等报道了世界上第一个完全由人工化学合成、组装的细菌基因组，而后他们又成功地将该基因组转入到 *Mycoplasma genitalium* 宿主细胞中，获得了具有生存能力的新菌株。

合成生物学的发展受到许多国家政府和研究团体的重视，美、欧等许多发达国家投入大量资金支持合成生物学的研究与产业化。2010 年 5 月，美国斯坦福大学 Venter 教授研究小组采用化学合成法和基因组植入技术将蕈状支原体 1.08 Mb 的基因组植入山羊支原体细胞中，创造出世界上首个“人造单细胞生物”，命名为“辛西娅”（Synthia），该成果成为合成生物学的标志性研究。

与国际上合成生物学的飞速发展相比，中国在此领域的研究还处于起步阶段。然而，我国在合成生物学所需的相关支撑技术研究方面并不落后于国际主流水平，如大规模测序、代谢工程技术、微生物学、酶学、生物信息学等方面均有良好的基础。如何对现有研究力量进行整合，充分发挥相关领域良好的研究基础，从医药、能源和环境等产业重大产品入手，抓住合成生物学的核心科学问题，创建可控合成、功能导向的新代谢网络和新生物体，引领中国合成生物学的原创研究和自主创新，是目前亟待解决的问题。中国科学院 2009 年发布的《创新 2050：科学技术与中国的未来》战略研究系列报告指出：“合成生物学是可能出现革命性突破的四个基本科学问题之一”，表明我国已经充分认识到了合成生物学的重要性。

（二）合成生物学的研究热点及应用领域

合成生物学是近年来新兴的一门学科，与传统生物学通过解剖生命体以研究其内在构造不同，合成生物学从最基本的生命要素开始研究，目的是建立人工生物体系。合成生物学目前的研究热点主要是侧重于维护人类健康、生产生物能源和环境治理等方面，而且已经取得了令人瞩目的成就。

在维护人类健康领域，合成生物学在疾病机制、疾病治疗和防御以及药物研究方面开展大量工作。在疾病机制研究方面，Rolli 等在果蝇 Schneider-2 细胞中人工重构了 B 细胞抗原受体信号处理过程，使研究者对于信号网络拓扑结构有了深入了解，并且证实了是由正反馈回路导致 B 细胞抗原受体信号的强烈放大。Becker 等采用合成生物学的方法使蝙蝠病毒刺突蛋白的针结构域与感染人类的 SARS 病毒相应蛋白的外结构域互换，使这种工程化病毒能够在鼠科和灵长类动物细胞中复制，为 SARS 病毒的研究开发了通用平台，从而帮助人们了解动物源性病毒怎样获得感染人类的亲和性，促进了对 SARS 病毒变异的研究与预防。在发现新药方面，Weber 等采用合成基因线路的方法对一个合成化合物库进行筛选，发现几种复合物能使病原体对抗生素乙硫异烟胺（ethionamide，ETH）更加敏感，这一发现为抗结核病的新药发现提供了崭新思路。Gonzalez-Nicolini 等利用一个合成基因网络模拟 G1 期停滞细胞群体出现癌细胞增长的现象，作为开发新药的癌细胞模型，结果表明可以利用这一人工基因网络进行抗癌药物的筛选。Stephanopoulos 等分析了天然抗菌肽的序列并将其氨基酸序列作为具有规律性语法的正式语言，设计了新的非天然抗菌肽，与常规抗生素相比，这些人工设计的非天然抗菌肽具有受细菌抗性影响小的优势，能够抑制包括金黄葡萄球菌（*Staphylococcus aureus*）和炭疽杆菌（*Bacillus anthracis*）在内的多种致病菌。此外，合成生物学在植物来源萜类化合物的生物合成方面取得了许多突破性进展，包括青蒿素、紫杉醇、番茄红素、银杏内酯等多种药用活性成分。

在生产生物能源方面，传统的化石能源即将枯竭，人们转而研究生产生物能源，目前应用最广泛的是从农作物（如玉米、甘蔗等）中获得乙醇，从植物油或动物油中获取生物柴油，但这种做法已被否定或得不到支持，因为其得不偿失。因此，开发低成本、高效能的将木质素纤维转化成燃料的方法被提上了议事日程。利用合成生物学的方法结合代谢工程和遗传工程等手段，使得一些潜在的生物能源的合成途径在模式生物中得到表达。当然，目前生产生物能源仍然还有一些困难与不足。

随着工农业的发展，环境污染日益严重，直接危害着生物生存与人类健康，环境保护已成为世界性的重大问题。例如在环境污染中，砷（As）已成为最常见、对人类健康危害最严重的污染物之一。目前常用的 Gutzeit 检测法，为半定量检测法，分析时间长、误差大（15%～35%）、费用昂贵、不易维护。该方法最大的缺陷是检测灵敏度低，最低检出限为 50 ppb（parts per billion），远高于世界卫生组织规定的饮用水中砷离子的最高含量（10 ppb），实际水中砷离子浓度达到 30 ppb 时就会对人体有显著的伤害。为此英国爱丁堡大学的科学家们根据合成生物学的原理，利用具有感知水中砷离子功能的启动子，设计了相应的生物感受器。该启动子在水中有砷离子存在的情况下能改变细胞的代谢反应，最终改变溶液的 pH。理论上此种砷离子生物检测器对砷离子的检出限为 5 ppb。虽然此种设计还处于实验室研究阶段，但其巧妙而新颖的设计为环境中污染物的检测提供了一种新的思路，也为生物传感器（biosensor）的发展提供了新方法。

目前合成生物学在有机物甚至生命合成方面已崭露头角。Venter 研究小组继创造出首个"人造单细胞生物"之后，又与石油巨头埃克森美孚达成协议，要制造一种可以吸收二氧化碳并将其转化为燃料的水藻。然而，这项研究受到了不少质疑，这其中包括一些宗教组织的反对声。有一个组织警告说，人工合成的生命有可能会进入自然环境，造成环境破坏，甚至可能被用作生物武器。另外还有一些人说，Venter 想要扮演上帝的角色。

随着生物技术与多学科技术相融合，迎来了合成生物学的快速发展的时代，即可以通过设计基因序列，并将之组装成为更为复杂的元件，转入到待开发的有机体载体中，就可以获得自然生态系统中不存在的新的合成生命体。任何学科和技术的发展都具有两面性，合成生物学作为一门多学科交叉、多技术相结合应用的新型研究学科，既能解决医学、能源和环境问题，又可能会对人类健康、自然生态环境造成潜在的威胁。合成生物学的迅速发展，是人类自然科学发展史上的一大进步，但是也对传统的自然生命的概念提出了挑战。现在世界范围的合成生物学还多处于研发阶段，其涉及的潜在风险与安全问题虽然可能存在，但不能过分夸大，因为这些方法和技术最终发展到被用于创造人造生命还有很长的路，因此，对于合成生物学的应用和发展，始终应该保持辩证和理性的态度，制定好专门的合成生物风险评估和管理指南，做好相应的预防和应对措施，使其合理发展，以便在促进科学进步的同时造福于人类社会。

十、进化生物学

（一）进化生物学的概念

进化生物学（evolutionary biology）是研究生物界进化发展的规律以及如何运用这些规律的科学。生物进化论是进化生物学的理论基础，是生物学中最大的统一理论。生物界的复杂现象诸如形态的、生理的、行为的适应，物种的形成与灭绝，种内和种间关系等现象在进化理论的基础上得到统一解释，通过进化生物学的研究，明确其内在的原因与机制，生物学各学科无不贯穿进化的原则思想，正如杜布赞斯基（Dobzhansky）所说"没有进化论的指导，生物学就不成其为科学"。

（二）进化生物学的形成与发展

进化论是生物科学的核心理论。法国博物学家琼·巴布提斯·拉马克（Jean Baptiste Lamarck，1744–1829）在世界上首次系统阐明了生物进化的思想。1859 年，查理士·罗伯特·达尔文（Charles Robert Darwin，1809–1882）发表了具有划时代意义的巨著《物种起源》（The origin of species）为生物进化论奠定了科学的基础。随着科学技术的进步，尤其是 20 世纪 50 年代初，遗传学、分子生物学等现代生物技术的发展，使得进化论的研究逐步由推论走向验证，由定性走向定量，"生物进化论"也演化为"进化生物学"。

生物进化理论是生命科学中的综合理论，有关进化的原因和机制长期以来有多种解释，存在诸多争议。进化理论的总结性工作要综合生命科学、物理学以及作为基础学科的现代数学等各领域的成果，尚需要多方面、多学科的合作，尤其是近年来古生物学和分子生物学发展十分迅速，站在新的高度上重新审视生物进化问题，以达到统一进化理论的目的，任务非常艰巨。

（三）进化生物学的研究技术

1. 三维扫描技术

亦称 3D 扫描技术。三维扫描技术是依靠创建物体几何表面的点云（point cloud），这些点可用来插补成物体的表面形状，越密集的点云越可以创建更精确的模型（这个过程称为三维建模或者三维重建）。若扫描仪能够取得表面颜色，则可进一步在重建的表面上粘贴材质贴图，亦即所谓的材质印射（texture mapping）。

2 拉曼光谱分析技术

当用波长比试样粒径小得多的单色光照射气体、液体或透明试样时，大部分的光会按原来的方向透射，而一小部分则按不同的角度散射开来，产生散射光。在垂直方向观察时，除了与原入射光有相同频率的瑞利散射外，还有一系列对称分布着若干条很弱的与入射光频率发生位移的拉曼谱线，这种现象称为拉曼效应。由于拉曼谱线的数目、位移的大小、谱线的长度直接与试样分子振动或转动能级有关。因此，对拉曼光谱的研究，也可以得到有关分子振动或转动的信息。目前拉曼光谱分析技术已广泛应用于物质的鉴定，分子结构的谱线特征研究。

3. 电子显微镜技术

包括了形成立体图像，反映标本的表面结构的扫描电子显微镜技术和可以分析样本的晶体结构的透射电子显微镜技术。

4. 解剖学技术

解剖学技术是研究生物进化的有用的工具，通过比较解剖结构可以找到生物器官之间的同功或同源的依据，由此阐明生物之间的系统演化关系。

5. 免疫学技术

(1) 免疫荧光技术　用荧光抗体示踪或检查相应抗原的方法称荧光抗体法；用已知的荧光抗原标记物示踪或检查相应抗体的方法称荧光抗原法。这两种方法总称免疫荧光技术，以荧光抗体方法较常用。

(2) 免疫电镜技术　免疫电镜（immunoelectron microscopy）技术是免疫化学技术与电镜技术结合的产物，是在超微结构水平研究和观察抗原、抗体结合定位的一种方法学。该项技术是利用带有特殊标记的抗体与相应抗原相结合，在电子显微镜下观察，由于标准物形成一定的电子密度而指示出相应抗原所在的部位。

6. 细胞生物学技术

在进化生物学上应用的是染色体显带技术，主要有荧光带技术、Giemsa 带技术和银染带技术。

7. 分子生物学技术

(1) 比较核酸和蛋白质分子的一级结构　用分子生物学手段分别获取不同物种核酸和蛋白质的核苷酸或氨基酸序列，然后用相关的软件构建系统进化树，最后，对所构建的系统进化树进行评估。一般来讲，由基因组获得的系统进化树最为完整，但在实际研究工作中，获得一些物种的整个基因组受很多条件的制约。因此，选择合适的生物分子组合，来估计不同物种的系统进化关系是非常重要的。

(2) 比较核酸和蛋白质分子的二级结构　这种方法称为“分子形态特征学”，利用生物分子的一些可测量的结构参数来构建系统进化树。这种新方法建立在传统的形态学研究和生物分子序列分析的基础上，可以使我们更好地理解生物进化多样性的分子基础。分子形态特征学方法能获得与传统形态学研究较为一致的结果。在应用这种方法时，我们需要更好地理解结构相似性的判断标准，以及这些结构相似性与物种在进化中的亲缘关系。

(3) 分子钟技术　分子钟方法是利用生物分子具有恒定进化速率这一特征，来估计生物谱系的起源和分支时间，它可以在很大程度上弥补化石记录的不足。但事实上，在很长的一段时间里，在不同的谱系中分子进化的速率并不恒定，分子钟方法的正确性也因此受到了质疑。为了减少分子异速进化所造成的误差，一是平均大量不同分子数据的计算结果，二是寻找在长期进化中具有相对比较恒定进化速率的分子。化石记录固然有其不完整性，但我们对分子钟的认识还有待于进一步提高。

（四）进化生物学的应用

1. 精神分裂症起因的进化生物学分析

研究表明精神分裂症受多基因控制，这些基因至少已经在人类基因组中存在了上千年。在这种情况下，精神分裂症相关基因在进化的过程中将受到强大的负选择压，如果它不具有某些益处从而产生正选择压与之相平衡，那么这种严重影响人类适应性的基因将不可能在现代还具有如此高的致病率。许多学者对这些基因所带来的益处有过猜测，有假说认为，一些精神分裂症患者所表现出的创造力，甚至是多疑，正是由这些基因所决定，而创造性的提升或多疑的性格则平衡了精神分裂症的负选择压。

北京大学孙祎喆研究小组从影响精神分裂症的环境因素以及精神分裂症的其他一些发病特点的角度，应用达尔文医学和进化心理学的分析方法分别验证了“精神分裂症相关基因是一组用于应对不利的生存环境的基因，而当环境因素过于恶劣时，这些基因的过度表达就可能引发精神分裂症”的假说。但这个假说还存在一些不足，如尚不清楚创造力与多疑的提升将如何发展为精神分裂症的症状，一些临床研究所观察到的大脑退行性变化也较难用此假说来解释。

2. 微生物抗药性进化的分子生物学分析

伴随着抗生素大规模的不当使用，微生物的抗药性逐年增加，这给人们的健康成本带来了极大的挑战。人们不断地筛选新的抗菌药物，但要从根本上解决抗药性的问题，我们必须了解微生物在抗药性方面的进化规律。微生物的抗药性和人类的抗生素筛选行为，可以看成是微生物为了适应人类制造的逆境（抗生素）而通过进化、突变等多种方式适应生存的结果，因此理顺微生物的进化模式，能够帮助我们找到更好的抗生素筛选策略，并能够从根本上研究解决微生物进化过快的问题。

马亢等的研究小组从微生物抗药性的分子机制方面研究了微生物抗药性的变化，研究认为微生物抗药性的进化与钙调磷酸酶、转运蛋白以及 *rpsL* 基因等有密切关系。钙调磷酸酶是真核细胞信号传导途径中的关键调控因子，对于菌株应对环境压力（抗生素作用）是必不可少的。细胞内有一种帮助其他蛋白质折叠并运送它们到达细胞内适当位置的分子——分子伴侣热激蛋白 90（heat shock protein 90，HSP90）。钙调磷酸酶发挥正常功能必须借助 HSP90 对其亚基进行正确折叠。HSP90 的转录出现变异将导致细菌出现抗药性。一些抗生素进入细菌体内必须借助转运蛋白的运输，才能发挥杀菌作用。一些运输蛋白（如 ABC 运输蛋白）可以将药剂从膜内层转移至外层而排出细胞体外；另外一些运输蛋白（如 CYP51 蛋白）基因与药物作用时易发生点突变，造成编码蛋白质与药物亲和力下降，使抗生素作用效果大大降低，导致抗药性。一些研究对 *rpsL* 和 16S rRNA 基因序列进行分析和正反互补验证检测，证明了 *rpsL* 基因的第 43 位碱基突变而造成抗药性突变。

3. 进化生物学在中国摩梭母系社会“走婚”婚姻的研究

摩梭人是生活在我国川滇交界的少数民族，至今仍保持母系社会结构和独特的“走婚”制婚姻。研究摩梭母系社会“走婚”婚姻的进化生物学机制对理解人类亲缘制度和婚姻制度的演化有重要的理论意义。季婷等（2016）对近期有关摩梭母系社会中婚姻制度及女性生育竞争的进化生物学进行了研究。依据汉密尔顿（Hamilton）的广义适合度原理，摩梭女性共同育幼可能导致摩梭男性更趋向于向姐妹的子女投入，而父权确定性则对男性的偏母系投入影响较小。研究还发现，共同居住的摩梭姐妹之间存在生育竞争，处于支配一方的姐姐将赢得生育竞争，可以养育更多的子女，但她们同时付出更多代价（劳动）以支持整个家庭。

十一、仿生学

(一) 仿生学的概念

仿生学(bionics)是一门模仿生物的特殊本领,利用生物的结构和功能原理来研制机械或各种新技术的科学。仿生学是生命科学与机械、材料和信息等工程技术学科相结合的交叉学科,具有鲜明的创新性和应用性。它是在20世纪中期才出现的一门新的边缘科学。

(二) 仿生学的形成与发展

仿生学一词是1960年由美国J. E. 斯蒂尔少校根据拉丁文"bios(生命方式)"和字尾"-nic(具有……的性质')"构成的,同年召开了全美第一届仿生学讨论会,这标志着现代仿生学的开始。仿生学研究生物体的结构、功能和工作原理,并将这些原理移植于工程技术之中,发明性能优越的仪器、装置和机器,创造新技术。

自古以来,大自然是人类的导师,是人类灵感和发明创造的源泉。种类繁多的生物界经过长期的进化过程,使它们能适应环境的变化,从而得到生存和发展。人类无与伦比的能力和智慧远远超过生物界的所有类群。人类的智慧不仅仅停留在观察和认识生物界上,而且还运用人类所独有的思维和设计能力模仿生物,通过创造性的劳动增强自己的本领。人们模仿鱼类的形体造船,以木桨仿鳍;意大利人利奥那多·达·芬奇和他的助手研究鸟的身体结构并认真观察鸟类的飞行,设计和制造了一架扑翼机,这是世界上第一架人造飞行器;苍蝇的楫翅(又叫平衡棒)是"天然导航仪",人们模仿它制成了"振动陀螺仪"。这种仪器目前已经应用在火箭和高速飞机上,实现了自动驾驶。人们还将海豚的体形和皮肤结构(游泳时能使身体表面不产生紊流)应用到潜艇设计原理上。蛇通过感受器探测到热源而捕食,科学家据此发明了红外线探测器;坦克的迷彩着装、机器人的出现都是仿生的成果。随着分子生物学的诞生和发展,以人工合成分子或生物基元为研究对象,在分子水平上组装或制备结构与功能仿生的新材料与新系统,研究与模拟生物体中蛋白质结构与功能、生物膜的选择性、通透性、生物分子与其类似物的检测和合成等的分子仿生学应运而生。

仿生学的产生虽然只有短短的数十年,但却为人类社会的发展做出了极其突出的贡献,在科技和信息飞速发展的今天,仿生学受到了世界的广泛关注,各国都在下大力气发展仿生学,这使得仿生学得到了蓬勃的发展。

我国有许多的科研机构和高校相继成立了仿生学研究所或研究室,许多优秀的科学家们正带着各种各样的技术难题去生物系统中寻找灵感以得到解决问题的方案,这些技术难题领域十分广泛,有能量转换、信息处理、自动控制和力学模式等。机器人技术的快速发展,尤其是仿生机器人的迅速发展,更显示出仿生学应用的广泛。早期的机器人在某些领域已经比较成熟,但这些机器人的应用并不广泛,其工作主要是通过模拟人的重复性劳动来替代人完成重复的力学和运动行为。从20世纪90年代开始才出现了仿生机器人,虽然仿生机器人出现至今只有二十几年,但它的发展却十分迅速,尤其是在一些发达国家,如美国、日本等,仿生机器人的研究工作非常受重视,并且已经走在了世界前列,非常规环境下工作的仿生机器人已成为机器人领域的重要发展方向。

目前,北京航空航天大学结合仿生学等学科,从蝠鲼获得灵感,通过对其胸鳍进行模仿,研究出全柔性扑翼式机器人。日本已经研究出一种无论是皮肤还是步态上都可以与真人媲美,甚至可以乱真的女机器人;日本还有人研制出了仿扑翼推进式飞行器,其灵感也来自于蝠鲼的胸鳍,而蝠鲼胸鳍的扑翼式运动模式也受到了我国以及国际上专家的广泛关注;东京工业大学所研制的机器蛇有了新的突破,已经从原来的陆地型发展到水陆两栖型,并取得了非常大的成果。美国斯坦福大学的科学家从壁虎身上获得灵感,研究出了仿壁虎机器人。不论是发达国家还是发展中国家都意识到了仿生学给科学技术带来的突破性进展,并且都在加大力度、增加投资去研究各种类型的仿生机器人。

近几年来各种各样的技术开始被凝聚起来，推动着机器人技术的发展，在机器人种类繁多的今天，所面临的挑战是将硬件标准化，并对系统软件进行统一操作。日本的机器人协会曾经做出预测，到2025年，全球机器人产业将达到500亿美元的规模，到那时，机器人将会像现在的电脑一样进入各个家庭。

在第220届香山科学会议上路甬祥院士以“仿生学的意义与发展”为题做了报告。他指出：人的创造欲是科技创新的根本动力，自然和社会是我们认知和创新服务的对象，也是人类学习的最好老师。大自然的生物多样性和多样化的生物特征都是经过不断选择和淘汰所留下来的精粹，是仿生学学习和应用的丰富依托，各种生物均具有不计其数的感知、判断、伪装和适应机制，这些机制都可以作为仿生学的研究对象，通过学习生物的各种机制，可以不断完善现有的科学技术，成为社会发展的强大推动力。

（三）仿生学的研究方法

仿生学的研究方法主要有3个步骤：第一，在对生物的某些结构与功能有清楚了解的基础上，除去一些无关因素加以简化，提出一个生物模型。第二，将有关生物模型的实验资料转化成数学语言，用数学公式来表达，变成普遍意义的数学模型。第三，根据这个数学模型，或直接根据生物原型，用电子电路、机械结构、化学结构等各种手段做出可以在工程技术上进行实验的实物模型，实现对生物系统工程的模拟。

（四）仿生学的应用

1. 仿生学在工业上的应用

(1) 在桥梁造型设计上的应用　形态仿生学在现代桥梁设计与建设中已有很多，许多桥梁的外观造型都可以在自然界中找到原型，自然界的丰富多彩已经成了很多桥梁设计者的灵感源泉。如我国庐江县同大镇的白石天河大桥，是一座白鹭塔混合梁斜拉桥，塔的造型类似两只白鹭鸟儿，形象简约而生动；西班牙圣地亚哥附近的奥伦塞千禧桥，该桥从总体外观为“大树叶”造型。通过对“大树叶”的叶脉进行均匀合理的布局与巧妙设计，使整张“大树叶”拥有了一个宽大的自然结构，这样不仅实现了设计者环形步梯的浪漫设计，同时也使得“大树叶”与桥主梁形成一个整体，能够相互稳定而不易受外力影响；德国克希兰姆跨线桥，从形态仿生学上看，桥的外观造型比较像一匹正在奔跑的骏马，这样的流线型造型，能散发出一种气势磅礴的动感，给人以刚健与力量的感觉。

(2) 在包装设计上的应用　在包装设计多元化的今天，设计者思维已完成了从统一标准和格局的平面模式，向开放的、多学科立体交叉的、东西方文化与风格并存的过渡。仿生设计的研究内容越来越广，其中形态仿生设计、结构仿生设计、容器仿生设计以及色彩仿生设计等在包装仿生设计中的应用最为广泛。最为典型的annasui“蝶之恋”香水包装形态仿生设计，设计者匠心独运地采用了蝴蝶形状，就连香水瓶盖都大胆、形象地运用了长着小触角的冠冕这一蝴蝶生物学特征，充满温情和浪漫主义情怀。

(3) 在服装设计中的应用　运用仿生性设计，不仅能创造功能完备、结构精密、美妙绝伦的服装，而且更能赋予服装新的生命象征，让设计回归自然，并且也能够使人类与自然相统一。如法国设计大师克里斯丁·迪奥推出的郁金香型肩线与袖子直接连接，使整件衣服上半身以一个郁金香表现出来，再者与下半身的花形裙子的完美搭配，让整件衣服都表现出迷人的魅力。又如日本设计师三宅一生在燕子的灵感下完成了他燕尾礼服的设计。还有诸如喇叭裙、蝙蝠衫等一系列直接模仿的仿生设计。

(4) 在3D打印产品设计塑造上的应用　美国马萨诸塞的神经系统设计工作室的3D打印灯具作品，通过软件算法与3D打印技术实现自然形式与艺术的高度融合，作品体现了错综复杂的生物形态与3D打印技术制作镂空艺术的高度表现力，从个体到群体进行形式簇化建构，视觉层面上奇幻的光影叠加丰富了感官体验并彰显了技术美感。Fractal MGX借鉴树木的分形生长模式，运用环氧树脂一次成型技术，设计的分形咖啡桌，整体造型严丝合缝不存在任何接缝，树形茎干由底部向上生长逐渐转变为顶部浓密的细小枝干，这是用传统工艺制造无法想象的。

(5) 在汽车造型设计中的应用　在运用仿生学进行汽车造型设计时，并不是单纯地追求与原有生物体的逼真性，而是要抓住生物体的本质特征加以模仿。如德国的波尔舍博士在1933年设计出了“甲壳虫汽车”,该车在外部轮廓上从甲壳虫这一生物体上汲取了灵感,将甲壳虫的外形进行提炼与加工,再结合汽车自身的结构特点,最终设计出了这款风靡全球的作品,而这款汽车也成了“形”仿生的经典之作。对“甲壳虫汽车”进行观察,我们不难发现,它在凸显内部驾驶空间的同时,还给人一种可爱、时尚的感觉,这对于那些追求时尚、个性的青年人来讲,是极具吸引力的。

此外,还包括基于仿生学原理水下机器鱼设计、手机支架设计、机械手的设计、轮胎设计、灯具设计以及仿生学在人造同位复眼照相机研究、涂料开发、压缩机气流噪声仿真与控制、偏振光导航仪的研制、空对地速度计研制等方面的研究与应用。

2. 仿生学在农业上的应用

(1) 木材中的仿生学　水滴落在荷叶上形成近似圆球形的白色透明水珠滚来滚去,在滚动中吸附灰尘,并滚出叶面,以达到清洁叶面的效果而不浸润荷叶。这种自洁叶面的现象被称作“荷叶效应”。恰恰荷叶的这种“玉盘”,就是“超疏水表面”。这种超疏水表面可以有效地防止被污水污染,并且表面的灰尘、杂质也会被雨水带走。这便是荷叶“出淤泥而不染”的原因。

木材作为一种环境友好型材料,在家具、建筑、室内装修等领域应用广泛。由于木材具有易腐朽、霉变、虫蛀、开裂等缺陷,限制了木材的使用。如果赋予木材超疏水性能,水分等液滴就难以停留在木材,这对拓宽木材使用范围,提高木材的使用寿命意义重大。因此,木材超疏水仿生构建成为近年来木材领域研究的热点之一。

(2) 土壤动物非光滑表面减黏降阻　20 世纪 80 年代,吉林大学任露泉等通过研究常见土壤动物(蚯蚓、蜣螂、穿山甲等)挖掘减阻方式的活动,设计的仿生犁壁,比普通 35 号钢普通犁壁减小阻力 15%～18%。

(3) 适合山地作业的仿生机器人　张国英等在分析总结了山羊的坡地生理特性、运动步法和步态特点的基础上,从结构仿生角度出发,研究了行走机构的设计方案、运动原理、运动特点,确定了仿山羊坡地行走的仿生机器人,为坡地行走机构仿生提供了一种研究方法,为农业机械相关应用领域的仿生学的深入研究提供了一种新的思路。

(4) 复合肥取样仿生机器人　在农业复合肥生产行业中,生产现场粉尘含量高、腐蚀性强,技术人员必须佩戴防毒面具,在生产现场通过手工取样、目测和根据经验数据调控复合肥生产工艺参数。唐启敬等从仿生学角度出发,通过对螃蟹运动关节结构特征研究,进行了功能仿生和结构仿生设计。通过结构优化、仿真分析、冲击试验,完成仿生取样机器人设计,并投入使用。

3. 仿生学在医学上的应用

(1) 梅花鹿与人类颈椎病　梅花鹿长期低头吃草且有“鹿回头”的特点,颈椎相当灵活,它的抗病机制一定有人类借鉴之处。颈椎病是一种极其顽固的病种,而且不易治愈。从内因上讲,颈椎与肾功能有密切的关系,肾是先天之本,肾衰老加快,骨骼的代谢营养原不足,失去韧性,颈椎和脊髓水分减少,引起骨质增生、颈椎病等。目前医学界还没有找到切实有效的治疗方法,治愈率很低。而梅花鹿的脊髓再生能力和支持性极强,它的颈椎胶和骨力营养结构,调整颈项韧带起着决定性的作用。医学工作者从梅花鹿身上得到了灵感,研制出一系列“梅花鹿素”产品,其中鹿胎素、鹿心素、鹿骨素最为市场青睐。鹿胎素含有 17 种氨基酸、22 种无机元素、多种维生素及酮、雌酮硫酸盐、雌二醇和 6 种特定脂溶性成分;鹿骨素是一种喷雾止痛剂,把药物喷射在皮肤表面,10 分钟之内疼痛就会明显缓解。

(2) 仿生学与移植免疫

① 母胎耐受的启示　妊娠是一个复杂的生理过程,胎儿具有来自父方和母方的基因,从免疫学上来看是一个半同种自然移植物。但为什么母亲体内的免疫系统不排斥子宫内具有外来抗原特性的胎儿呢? 经研究证实,母亲与胚胎之间有一道免疫屏障,可以保护胚胎不受母亲免疫系统伤害。这道屏障的关键物质是一类称为 HLA-G 的非经典 HLA-I 类抗原,HLA-G 通过与 NK 细胞表面相应受体结合,向细胞内传导抑制性信号,从而抑制其对胎儿的杀伤。

② 肿瘤逃逸与移植免疫　肿瘤是人类自身细胞的异常增生现象。正常情况下,人类细胞的增殖和衰亡过程在有序而有节制地进行着,并受到来自各方面的调控。一旦脱离人体的制约机制,正常细胞逐渐发生质变并最终转化为肿瘤细胞,并在逃逸宿主免疫监视的情况下继续发生发展。既然肿瘤细胞能天然逃避机体免疫系统的监视,我们能否在洞悉其机制的基础上让移植器官在仿生的环境里,避免自身免疫系统的攻击呢?

有学者发现某些肿瘤细胞可分泌 IL-10、TGF-β、VEGF 和 PGE2 等细胞因子。这些抑制性细胞因子可阻碍 DC 前体细胞向成熟阶段分化,抑制其表达 MHC-II 类抗原和 B7 分子。上述因子在肿瘤局部还可以形成一个较强的免疫抑制区,下调其他免疫细胞活性,有利于肿瘤细胞逃逸免疫攻击。由此可见,肿瘤细胞逃逸机体自身免疫系统监视的机制是多方面的,如何通过仿生学原理在机体免疫的动态平衡中找寻有利于移植器官的"镜像",将是我们开拓移植免疫耐受思路的有效途径。

③ 高位瘫痪男子实现意念移物　颈以下全部瘫痪的马休·纳格尔在罗得岛医院接受了一项称为"大脑门神经交互系统"的植入手术,即大脑中枢运动神经的皮层上植入了一块 4 mm × 4 mm 的芯片。这块芯片包括 100 根可以接收附近神经细胞的电子信号异常细微的电极,这些信号又通过微小的金属丝传输到一个镶嵌在患者头皮上方的 25 mm 大小的钛基座上,基座与计算机相连。纳格尔想象着移动自己瘫痪身体的大脑活动信息,在计算机上进行解码和处理后,被转换成电子装置可以执行的运动指令。负责这项研究的约翰·多诺古教授说,"这些结果展示了令人喜悦的前景,有一天,人们将用这些大脑信号刺激肢体的肌肉,有效地恢复大脑对肌肉的控制。"

4. 仿生学在军事上的应用

(1) 青蛙与电子蛙眼　蛙眼视网膜的神经细胞分成五类,一类只对颜色起反应,另外四类只对运动目标的某个特征起反应,并能把分解出的特征信号输送到大脑视觉中枢——视顶盖。视顶盖上四层神经细胞把目标四层特征叠在一起,形成一个完整的图像。根据蛙眼的视觉原理,科学家研制成功了电子蛙眼,将其与雷达系统相配合,可以识别真假导弹。

(2) 相控阵雷达　相控阵雷达(phased array radar)因其天线为相控阵型而得名。蜻蜓的每个小眼都能形成完整的像,其复眼由若干个小眼组成。同样,相控阵雷达中许多辐射单元和接收单元组成了其天线阵面,此天线阵面均有成千上万个单元,这些单元有规则地排列在平面上,组成相控阵型天线。雷达的功能与单元数目有关,单元数目越多,雷达的功能越强大。

相控阵雷达的天线阵列相当密集,在相当于传统雷达表面大小的面积上可安装成数千甚至数万个相控阵型天线。其中任何一个天线都可发射和接收雷达波,相邻的几个天线便具备一个雷达的功能。其中一个(数个相控阵型天线)或数个可以对单一目标或区域进行扫描或追踪,整个雷达便可以同时对许多目标或区域进行扫描或追踪,从而具有多个雷达的功能。

(3) 寻的末制导装置　早在 1980 年,美国英格林空军基地联合佛罗里达大学对昆虫复眼的信息加工原理进行研究,并将其应用于空对空导弹的制导。1985 年,美国海军对该项研究予以大力支持,根据家蝇精确定向的原理,成功研制了工程模型。当前国内外军事领域也对仿昆虫复眼寻的末制导研究十分关注,该装置具有较强的跟踪和搜索能力,以及高度的容错能力和自适应能力,能够实时处理信息,抗干扰能力极强,同时具有全天候、体积小、焦距短、视野大、重量轻、易降温、非机械扫描等特点,可改变相关武器的精确末制导。

(4) "鲸背效应"与潜艇破冰　战略导弹核潜艇能长时间潜航于冰海之下,航行在厚厚的冰层下执行战斗任务,比在能见度很好的海水里更隐蔽,更具有威胁性。但是,如果核潜艇想在冰下发射导弹,就必须破冰上浮,这就碰到了力学上的难题,解决难度大且不利于海战。众所周知,鲸每隔几十分钟必须破冰吸一次气。巨大的鲸背,像海中的一个小岛,又像一个小山,当鲸上浮换气时,不仅会产生巨大的上浮压力,坚硬的鲸背还像一把利剑一样,使厚厚的冰层破裂,这一过程气势雄伟。潜艇专家从鲸浮出水面呼吸的现象中得到启迪,于是在潜艇顶部突起的指挥台围壳和上层建筑上,做了加强材料力度和外形仿鲸背处理,果然取得了破冰时的“鲸背效应”。再加上其他破冰方式的配合作用,潜艇在冰面就可出没自由了。

5. 分子仿生学的应用

现代人类已经在形状、表面、超声波、热和电子等各个方面模仿生物现象,设计了各种巧妙的仪器。但多数仿生努力常常局限在裸眼视力所见的范围内。随着分子生物学的诞生以及在微观水平深入研究生物现象和知识的不断积累,人们发现绝大多数生物功能都具有分子水平的结构基础。由此,仿生学发展到一个新的高度,即分子仿生学的兴起。

生物大分子的相互识别是生命现象的基础。模仿、利用或阻断生物分子的相互识别是医药和农药的共同特点。生物化学家的终级目标之一是合成小分子有机化合物用以模拟生物大分子的某些功能,如酶的催化活性、激素对生长和代谢的调节活性、细胞因子对细胞抵御外物的入侵能力的调节等。结构稳定的有机仿生小分子的合成与研制,用以模仿或阻断目标分子在体内的功能可以促进新型医药、农药的研制;固定于层析介质上用于生物过程下游的高效分离纯化,可以促进生物技术产业化。

分子仿生学发展的实际用途主要集中在以下几方面:①药物,如利用蛋白质工程改造胰岛素,使胰岛素更容易在水中溶解成为活性形式,从而更快地发挥效果。再如,通过研究前列腺素和环糊精在络合过程中相互作用的细节,设计出了一种能够提供理想疗效的改性环糊精络合剂。②农业,如鉴定森林害虫舞毒蛾性引诱激素的化学结构后,合成了一种类似有机化合物,在田间捕虫笼中用千万分之一微克,便可诱杀雄虫。③工业,如科学家正在研究利用脂酶工业化水解脂肪。

十二、基因编辑技术

(一)基因编辑技术的概念

基因编辑技术(gene editing technique)指的是人类对目标基因进行“编辑”,实现对特定 DNA 片段的敲除、插入或替换等。科学家一直在努力寻找能够对基因进行“编辑”的工具。在过去的十多年中,ZFN(锌指核酸内切酶,zinc-finger nuclease)和 TALEN(类转录激活因子效应物核酸酶,transcription activator-like effector nuclease)作为第一代和第二代的基因编辑技术在生物学研究和医学等领域发挥了重要的作用。

CRISPR/Cas9 是近年来新兴的第三代基因编辑技术,与前两代基因编辑技术相比,其成本低、操作简便、高效快捷。因此迅速在全世界各地的实验室风靡开来,成为科研、医疗领域的有效工具。

(二)基因编辑技术的形成与发展

早在 1987 年 12 月,日本大阪大学的 Yoshizumi Ishino 以第一作者身份在《细菌学杂志》上报道了 *E. coli* 的 *iap*(alkaline phosphatase isozyme)基因的编码序列附近存在 5 个高度同源序列,且每个含 29 个碱基,这些序列之间又被 32 个碱基隔开,但是当时这些序列的生物学意义还是未知的。

1989 年,西班牙的 Fransisco J. M. Mojica 作为阿里坎特大学在读博士研究生,其导师发现培养基中的盐含量,可能会影响地中海嗜盐菌(*Haloferax mediterranei*)限制性内切酶切割此微生物的基因 *PsfI*,并希望他把这课题深入研究一下。果然 Mojica 在开始鉴定这一异样片段的时候,意外的发现在该基因的第一个 DNA 片段里,有一个奇怪的、大致呈回文式对称,有 30 个碱基并被 36 个碱基的间隔隔开的多拷贝重复序列,而这个结构与任何已知的微生物的重复序列家族都不相同,该发现在 1993 年发表于《分子微生物学》杂志上。随后,Mojica 继续深入研究这一现象,他发现在与地中海嗜盐菌相近的沃氏嗜盐富饶菌(*H. volcanii*)和关系更远的嗜盐古菌中也存在类似的重复序列。这又一发现于 1995 年发表在同一杂志上。接下来的时间里 Mojica 继续在 20 种不同的微生物上鉴定了这样的重复现象,这些微生物除了古菌外,还包括结核分枝杆菌(*Mycobacterium tuberculosis*)、艰难梭菌(*Clostridium difficile*)及鼠疫杆菌(*Yersinia pestis*),该发现在 2000 年再次发表在同一杂志上。在此文章中,Mojica 把这个重复序列命名为 short regularly spaced repeats(SRSRs)。

2002 年，荷兰乌得勒支大学的 Jansen 在《分子微生物学》杂志上发表相关文章，他们利用生物信息工具对一系列的古菌、细菌的重复序列进行了分析。文章中，Jansen 等在与 Mojica 的协商下，首次将这个重复序列命名为 clustered regularly interspaced palindromic repeats（规律成簇间隔短回文重复），简称 CRISPR，这就是现在通用的名称。同时，他们也首次提出了 CRISPR-associated（*Cas*）这个概念。另外，他们对各种细菌和古菌的相关 *Cas* 基因进行了鉴定，其中包括此后热门研究的嗜热链球菌（*Streptococcus thermophilus*）与酿脓链球菌（*Streptococcus pyogenes*）的 *cas3*、*cas4*、*cas1*、*cas2* 基因。

自从 2000 年以后，Mojica 作为早期的 CRISPR 领域的领军人物，将 CRISPR 与免疫在计算机模拟层面相关性文章在 2005 发表于《分子进化》上。同期，也有 2 篇文章同时再次报道了 CRISPR 基因位点与细胞对抗噬菌体的防御机制有关。直到 2007 年，法国研究人员在《科学》杂志上正式发表了题为“CRISPR provides acquired resistance against viruses in Prokaryotes”的研究论文证明了这一事实。而在 2008 年底，美国西北大学的科学家研究发现 CRISPR 的目标是 DNA。这时候，他们认识到 CRISPR 在本质上是一种可编辑并能设计的限制性内切酶。随后，法国科学家 Emmanuelle Charpentier 在《自然》杂志上发表开拓性论文，详细阐述了 csn1（即 Cas9）、tracrRNA 和 crRNA 形成的复合物可对与 crRNA 配对的外源 DNA 实施切割的工作原理。并于 2012 年与 Doudna 合作，实现了 CRISPR/Cas 系统在体外对 DNA 进行精确切割，此项研究奠定了 CRISPR/Cas 系统作为基因组编辑的基础，也成为该项技术发明的一个里程碑。随后，华裔科学家张峰利用 CRISPR/Cas 系统实现对人类细胞进行基因组编辑，重要并巧合的是，在同天的《科学》上也刊登了哈佛大学 George M. Church 团队利用 CRISPR/Cas 系统实现对人类细胞进行基因组编辑的研究论文。至此，CRISPR/Cas 系统的研究拉开序幕（图 e9-1）。

图 e9-1　CRISPR 先驱人物

（三）基因编辑技术的研究方法

原核生物在遭受到噬菌体的入侵或者有携带外源遗传的质粒导入时，相对应的 CRISPR 的 Cas 酶从外源的间隔序列前体中获得间隔序列并将之插入到原核生物的基因组的 CRISPR 位点中。这些间隔序列被重复序列间隔开，从而使得 CRISPR 系统运行时进行自我和非自我的识别。这些 CRISPR 排列转录出非编码 RNA，并通过各种酶特定的加工成为不同类型的 CRISPR 系统中需要的 RNA。

在Ⅱ型 CRISPR 系统中，tracrRNA 与重复序列形成二聚体，再通过 RNA 酶Ⅲ和一些未知功能的酶加工成 crRNA-tracrRNA 二聚体，二聚体再结合 Cas9 酶，识别 PAM 序列（DNA 分子上 NGG 序列称为 PAM 序列），对 PAM 序列前四个碱基处进行双链剪切。而宿主再通过自身的修复系统对被剪切的双链进行随机修复，修复的过程中剪切处会出现碱基或者片段的插入、缺失，从而实现对目的基因的干扰。

科学家正式利用原核生物的这种特性（图 9-2），设计开发出新的基因编辑技术：将需要“编辑”的寄主基因序列设计成小向导 RNA（small guide RNA，sgRNA），和 Cas9 蛋白一起转入寄主体内。Cas9 蛋白能识别 sgRNA 并被其引导到所需“编辑”的基因处。随后 Cas9 对目标基因进行剪切（对 PAM 序列前四碱基处），宿主再对被剪切的双链进行随机修复，从而实现对基因序列的改变，进而影响基因的功能（图 e9-2）。

图 e9-2　CRISPR/Cas9 的发展历史

（四）基因编辑技术的应用

CRISPR/Cas9 的出现极大地推进了基因编辑的进程，它的出现帮助研究人员以更高的灵敏度和精密度来发现新的基因功能。其应用将在医药领域引发巨大变革，或许能从其中找到对癌症或艾滋病的治愈方法。例如，使用具有成千上万个引导 RNA（可靶定人类基因组中所有编码基因）的 CRISPR/Cas9 系统，可让研究人员在基因组规模上进行功能获得或功能缺失突变筛选。通过快速扫描基因组中所有的基因，来自各种各样实验的新候选基因（从癌症耐药性到神经退行性疾病），将为我们对抗疾病带来新

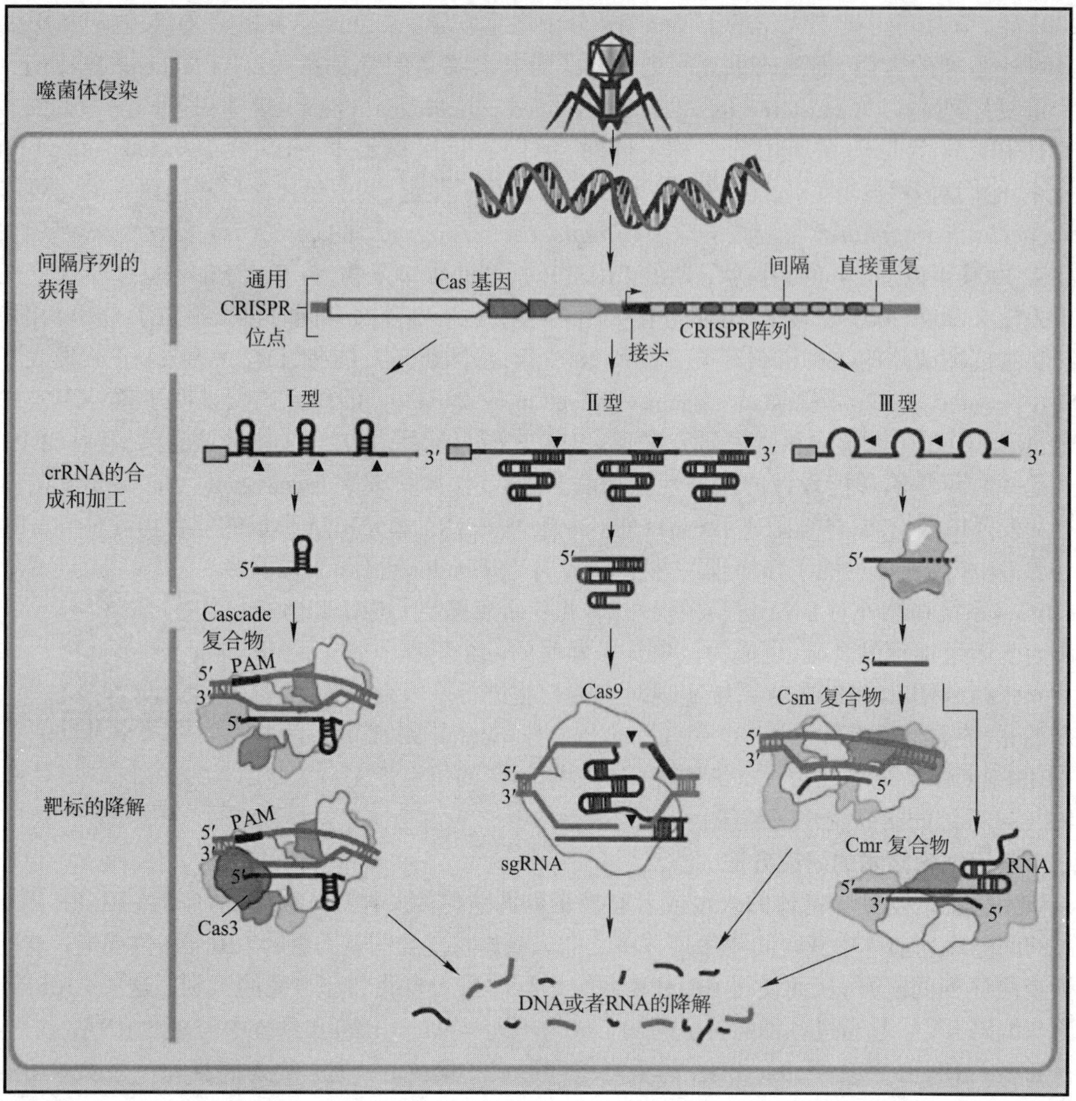

图 9-2 原核生物中 CRISPR/Cas 系统作用机制

的策略。同样,这些综合性的遗传筛选,还可以确定新的疾病保护性突变,如 *CCR5* 和 *PCSK9* 基因的功能缺失突变,它们分别可防止 HIV 感染和高脂血症。

此外,将来 CRISPR/Cas9 技术另一个诱人的应用是,通过体细胞基因组编辑,直接治疗有害的遗传疾病。2016 年初,哥伦比亚大学和艾奥瓦大学联合进行的一项研究中,科学家们利用 CRISPR 技术成功地治愈遗传性缺陷的先天失明。这项技术还可以应用在农业方面。科学家们利用该技术,可以消除蘑菇中不必要的褐色。还可以运用这项技术来提高农作物的产量,减少对有害农药的需求。

当然,一个新兴技术的崛起一方面极大的推动着科学技术甚至是社会的发展,另一方面也带来了一定的社会挑战,以及其不规范滥用可能带来的不确定的危险。比如,CRISPR/Cas9 工作时存在不可预知的脱靶情况,所以,CRISPR/Cas9 技术应该通过研究人员负责而仔细的应用,最终实现它的预期价值。此外,研究人员正在致力于开发出更多新的实用的 CRISPR 系统,如可以在 RNA 级别进行编辑的 CRISPR/C_2C_2 系统、脱靶效率更低的 CRISPR/Cpf1 系统等。

从 20 世纪 70 年代的 DNA 重组技术的兴起,到今天 CRISPR/Cas9 技术的广泛应用,短短几十年的时间,生物学领域的变化岂止"沧海桑田"所能形容。生物学的各个学科之间广泛渗透,相互促进,不断地深入和发展，从宏观和微观，最基本和最复杂等不同角度展开研究，从不同层次揭开生命的奥秘。谁也不会想到，原核生物一个防御机制可以带来基因编辑的“黄金时代”。所以，我们有理由期待，在不久的将来，基础生物学研究必将更加繁荣，更加充满活力，为人类文明的进步做出更加卓越的贡献！

十三、再生医学

再生医学（regenerative medicine）的概念应有广义和狭义之分。广义上讲，再生医学可以认为是一门研究如何促进创伤与组织器官缺损生理性修复，以及如何进行组织器官再生与功能重建的新兴学科，可以理解为通过研究机体的正常组织特征与功能、创伤修复与再生机制及干细胞分化机制，寻找有效的生物治疗方法，促进机体自我修复与再生，或构建新的组织与器官以维持、修复、再生或改善损伤组织和器官功能。狭义上讲是指利用生命科学、材料科学、计算机科学和工程学等学科的原理与方法，研究和开发用于替代、修复、改善或再生人体各种组织器官的定义和信息技术，其技术和产品可用于因疾病、创伤、衰老或遗传因素所造成的组织器官缺损或功能障碍的再生治疗。

（一）干细胞

1. 干细胞的概念

干细胞（stem cell，SC）是一类具有自我更新和多向分化能力的细胞，包括从体内胚胎分离获得的胚胎干细胞和体外诱导获得的多能性干细胞，以及成体干细胞。干细胞是进行细胞多能性维持机制研究、体细胞重编程机制研究和疾病发病机制研究等基础研究的重要研究对象。同时，干细胞也作为遗传性疾病治疗药物筛选、体外器官构建的“种子”细胞，在疾病治疗和再生医学研究中具有重要价值。

2. 干细胞研究的形成与发展

近些年，我国科学家在干细胞领域的很多方面都取得了很大的进展，特别是在诱导多能性干细胞与重编程、转分化、单倍体干细胞、成体干细胞与生物材料的结合等方面尤其突出。这些有世界影响力的工作极大地推进了国际干细胞的研究。

（1）诱导多能性干细胞　2006年，Shinya Yamanaka（山中伸弥）研究组首先发现用4个转录因子*Oct4*、*Sox2*、*Klf4*和*c-Myc*即可将体细胞重编程为多能性干细胞，即诱导多能性干细胞（induced pluripotent stem cell，iPSC）。诱导多能性干细胞有效地解决了胚胎干细胞（embryonic stem cell，ESC）所面临的伦理争议和免疫排斥的问题，但是iPSC出现以后一直无法像胚胎干细胞那样通过四倍体补偿得到发育的个体，因此iPSC能否通过多能性的金标准，发育为体内所有类型的细胞成为领域内极具有挑战性的问题。我国科学家周琪通过建立新的诱导培养体系，经四倍体补偿技术成功获得了iPSC小鼠及其后代，充分证明了iPSC的发育全能性，为iPSC的临床和基础研究奠定了扎实的基础。但并不是所有的iPSC都具有完全的发育潜能，我国科学家通过在分子水平上比较不同发育潜能的iPSC，在世界上首次发现发育能力较低的iPSC Dlk1–Dio3印记基因表达异常，而具有四倍体发育能力的细胞Dlk1–Dio3印记区状态是正常的。Dlk1–Dio3的首次发现成为区分不同发育潜能iPSC的标志，这对于研究人的多能性干细胞的发育潜能具有极其重要的参考价值。

研究表明维生素C对于iPSC重编程的效率和质量都具有极其重要的作用。之后相继发现了很多提高重编程效率的小分子。2013年，我国科学家通过7个小分子组合完全替代了转录因子将小鼠体细胞诱导成了多能性干细胞，并且具有较高的发育能力。同时，该研究组在重编程机制研究中发现分化相关的转录因子可以替代多能性转录因子来诱导体细胞重编程，并提出了成体细胞向多能性干细胞转化的分子调控模型。科学家开发新型体外重编程技术，利用抗体将皮肤样细胞转化成iPSC。

（2）转分化　在多能性转录因子的诱导下体细胞可以重编程为多能性干细胞，而在某些组织特异性转录因子作用下，一种类型的体细胞可以被直接重编程成为另一种类型的体细胞或者成体干细胞，这种技术被称为转分化。转分化可以不经过多能性干细胞阶段而将一种相对丰富易得的细胞转变成为一种相对缺少却具有重要功能的细胞，这样就减少了肿瘤发生的可能性，同时转分化的时间较短，对于急需细胞移植的患者来说可能是一种新的选择。转分化最早的研究源于2002年，科学家利用MyoD将成纤维细胞转化成为成肌细胞。虽然转分化研究出现较早，但发展缓慢，在iPSC出现之后才重新成为关注的重点，各种类型的转分化研究层出不穷。我国科学家首先建立了神经干细胞转分化的技术体系，成功将中胚层睾丸支持细胞转分化为神经干细胞。将小鼠成纤维细胞诱导成肝细胞，移植到肝病小鼠体内之后可以挽救肝病小鼠的生命，说明转分化获得的肝细胞在移植之后可以发挥正常肝细胞的部分或者全部功能，这为未来转分化的临床应用提供了重要的参考。

(3) 成体干细胞与生物材料　成体干细胞是指在已经分化的组织中存在的具有自我更新和多能性的一类细胞，与胚胎干细胞相比具有来源广泛、免疫排斥反应原性弱、致瘤风险低、伦理学争议少等优势，为再生医学带来了巨大的希望。在细胞治疗领域，成体干细胞有着广阔的应用前景，其中间充质干细胞（mesenchymal stem cell，MSC）在基础研究和临床应用中得到更多的关注。经科学家系统研究，明确了MSC对免疫系统的调节机制，这为临床应用提供了重要的科学依据。目前已有利用MSC治疗移植物抗宿主病（GVHD）、再生障碍性贫血（AA）、关节炎、系统性红斑狼疮等自身免疫疾病。此外，也有研究发现MSC具有向内、外胚层分化的跨胚层分化能力。之后不断有利用MSC治疗上皮损伤、肺纤维化、脑瘫、老年痴呆、糖尿病、心血管疾病、肝疾病、烧伤和神经损伤等疾病的报道。

单独的细胞移植存在组织内细胞活性降低、流失、扩散等问题，较难达到预期的治疗效果。随着生物材料的发展，起初科学家用小分子（如bFGF、VEGF）与生物材料结合在动物疾病模型中取得了很好的治疗效果。之后人们开始将干细胞与生物材料相结合，且干细胞的多能性3D培养环境优于2D，但是当细胞与材料结合时，细胞将面临一种新的环境，而材料本身的性质对细胞有着各种的影响，如pH、导电性、压力和一些其他的刺激作用。因此，找寻一种与生理环境最接近、最安全的生物材料，是目前生物材料界面临的新问题。

(4) 单倍体干细胞　单倍体细胞只有一套染色体，没有等位基因的存在，因此它们在遗传筛选、基因功能研究中具有重要的价值。单倍体在低等生物细菌和真菌中普遍存在，但是在哺乳动物中单倍体只存在于雌雄配子中，而雌雄配子不能在体外长期培养因而限制了其在遗传筛选方面的应用。2011年，英国科学家通过持续流式分选的方式获得了可以稳定传代的小鼠孤雌单倍体干细胞，并且这些单倍体细胞具有多能性，体内体外可以分化为各个胚层的组织。我国科学家通过显微操作的方式移除了卵细胞的细胞核而将精子注射到卵细胞之后成功建系获得了孤雄来源的小鼠单倍体干细胞，这些细胞可以替代精子而使卵细胞受精并发育成为到期存活的小鼠，因此孤雄单倍体干细胞不仅在遗传筛选上有明显的优势，而且可以替代精子迅速得到转基因动物。这些工作极大地拓展了单倍体干细胞的应用范围，推动了这个领域的快速前进。

3. 干细胞研究技术

新基因工具的开发对于基因功能的研究及再生医学治疗具有重要的意义。近些年，基因编辑技术发展迅速，如锌指酶、TALEN和CRISPR/Cas，其中CRISPR/Cas技术因其高效、设计简单、易于操作等优点已成为基因编辑首选技术工具。CRISPR/Cas9可以在细胞水平实现高效的基因打靶，因此，未来CRISPR/Cas9修复患者iPSC再进行细胞分化和移植必将推动iPSC在再生医学领域的广泛应用。

4. 干细胞应用领域

经过几十年的发展，干细胞研究尤其是近些年诱导多能性干细胞技术的出现更为干细胞的基础研究和临床疾病治疗插上了翅膀。许多遗传性疾病（如早衰、镰刀形细胞贫血症和精神分裂症等）的患者iPSC在体外分化后可以很好地模拟这些疾病的发生过程，使科学家可以在体外深入了解这些疾病的发病机制，进而开发相应的治疗性药物。人们希望iPSC可以作为一种种子细胞被应用到再生医学领域。如今干细胞研究已经进入由基础实验研究向临床治疗转化的关键时期。目前国际上已有干细胞用于临床的许多实例。干细胞的使用需要经过严格的检验流程，首先，任何干细胞研究的开展都需要获得伦理委员会的批准,须来源明确,临床前的整个培养过程中应在临床级别的条件下进行,并定期进行内毒素、支原体、人源和动物源性的病毒等各项安全性检测,确保干细胞的高纯度、无污染、无致瘤性,并通过国家相关部门的复核后才能运用于临床实验。同时,由于需要修复某些遗传性疾病的相关基因变异,发展更加安全高效的基因编辑方式,大力发展有关 iPSC 安全性和有效性的研究必将对再生医学治疗产生积极的影响。

多能性干细胞治疗并不是再生医学治疗的唯一选择,很多重要的功能细胞已经通过转分化的方式获得,并且这些细胞在体内外都能够发挥正常的功能,因此,利用转分化得到更多的功能性细胞也是再生医学治疗的一项重要选择。研究证实,相比于体外环境,体内转分化获得的细胞具有更好的功能,也更容易和体内其他细胞建立联系,但是体内转分化面临效率低下、实验体系不完善、定向导入基因比较困难等问题。因此,如果可以解决这些问题,转分化研究一定会为很多急于进行细胞移植治疗的患者带来福音。

综上所述,干细胞研究是当前国际生命科学竞争的热点,对我国广大人民的再生医学治疗和提升我国医药产业的竞争力都具有重要意义。目前国际干细胞研究处于发展的早期阶段,我国面临着空前的机遇,已经取得了很多举世瞩目的成果。但是面对国际干细胞领域的激烈竞争,我们也面临着空前的挑战,需要加快发展的步伐,同时推动干细胞尽快进入临床。为了使我国干细胞临床应用更具规范性和合理性,我国政府部门也相继制定了干细胞管理制度(试行))征求意见稿。相信在不久的将来,随着具体政策的出台,我国干细胞的临床应用会走上一个全新的时代,为广大人民的健康事业做出贡献。

(二) 器官 3D 打印

1. 器官 3D 打印的概念

3D 打印(3D printing),也叫快速成型(rapid prototyping,RP)或增材制造(additive manufacturing,AM)等,由计算机辅助设计(computer aided design,CAD)数据通过成型设备以材料逐层堆积的方式实现实体成型。

2. 器官 3D 打印的形成与发展

3D 打印是 20 世纪 80 年代末兴起的一门新技术,近年来在生物医学领域的应用获得快速发展,特别在人体器官打印方面的应用研究成为社会关注的焦点,具有良好的发展前景和巨大的社会价值。与传统组织工程等方法不同,器官 3D 打印技术指在计算机的精确控制下,将细胞与凝胶材料混合在一起,进行层层堆积成形。其最大优势在于复杂外形与内部微细结构的一体化制造,可以实现针对特定患者、特定需求的各种器官的个性化生产,是传统制造技术所不可及的。

器官重建在实验室取得了斐然的成绩,其通用的做法是首先提供一个生物支架,然后围绕支架进行细胞的培养、聚集,最终形成器官。支架的来源包括两种:一种是 3D 打印的支架,如把水凝胶等可降解材料打印成细胞支架,可以建立适合活性细胞存活的精确三维结构,有研究者将聚乙烯醇水凝胶用于细胞培养,并对细胞的力学响应行为进行了初步研究;另一种是将脱细胞处理的器官作为支架,有研究利用大鼠脱细胞肝三维支架为小鼠间充质干细胞提供体外培养和诱导分化微环境,能够高效地诱导间充质干细胞向类肝细胞分化、表达更加稳定和丰富的肝细胞功能,并在移植体内后对慢性肝损伤表现出较好的治疗作用。

通过 3D 打印进行器官重建取得了简单器官打印,如耳郭,也包括复杂器官打印,如心脏、肝。美国康奈尔大学生物工程学院与威尔康乃尔医学院协作,利用活细胞制成的可注射胶技术,结合 3D 打印技术造出了与人耳几乎完全一样的器官耳。在 3 个月时间内,这些器官耳长出软骨,替换掉其中用于定型的胶原。法国蓬皮杜欧洲医院使用生物活性组织与电子元件相结合的方式,制造出一个人造心脏,并完成世界上首例人工心脏移植手术。美国 Organovo 公司利用手术切除的部分肝打印的微型肝已具备了真正肝的大部分功能。在这一微型肝中有来自血管内壁的细胞。这些细胞形成一张精妙的管道网向肝细胞供应营养和氧气,使细胞和组织得以存活 5 d 以上。目前已有可吸收冠状动脉支架应用于人体的报道，外周血管可吸收支架在欧盟和美国已均在临床实验中，国内有学者提出生物3D打印结合静电纺丝制备复合生物可吸收血管支架的新方法，需进一步验证。

3. 器官3D打印的研究技术

当前关于干细胞联合3D打印用于器官重建的报道相对较少。苏格兰研究人员利用3D打印技术，首次尝试用人类胚胎干细胞进行3D打印。研究人员利用气阀打印技术，通过改变开关气阀的喷嘴直径、进口气压和阀门打开时间来达到精确地控制细胞放置数量，这种气动打印技术非常柔和，足以保持干细胞的高存活率，也能够精确地制造出统一尺寸的细胞团。对打印出来的细胞团检测结果显示，打印24 h后，95%以上细胞仍然存活，打印过程未杀死细胞；3 d后，超过89%细胞存活。检测显示打印出的胚胎干细胞保持了它们的多能性，具备像正常的人类胚胎干细胞一样分化潜能。由胚胎干细胞打印出的三维结构有望创造出更准确的人体组织模型，这是一次真正意义上的干细胞结合3D打印技术的实践。干细胞生长因子研究让我们离3D生物打印移植组织更近了一步。

4. 器官3D打印的应用

器官打印是人类千百年来的梦想之一。通过3D打印设备将生物相容性细胞、支架材料、生长因子、信号分子等在计算机指令下层层打印，形成有生理功能的活体器官，达到修复或替代的目的，在生物医学领域有着极其广阔的用途和前景。近年来3D打印技术发展迅速，已在骨骼、血管、肝、乳房构建等方面取得了一些成绩，但离复杂器官的功能实现还有很长一段距离。目前已有的3D打印技术存在着一个严重的缺陷，即如何将不同种类和功能的细胞排列在一个特定的三维结构中，制备出具有复杂结构的器官基体来，从而实现复杂器官的基本功能。由于人体复杂器官结构和功能的多样性，细胞与生物材料的特殊性，多学科交叉及多喷头3D打印设备的应用必将成为未来学科发展的趋势和主流，也是实现复杂器官制造的关键所在。相信在不远的将来随着研究的不断深入、诸多科学问题的逐渐突破，人体各种器官，尤其是个性化复杂器官的3D打印将会成为一种非常简单、容易、迅速、方便的医疗技术，也将成为临床上最普遍、准确、快捷、有效的修复手段。

本章小结

21世纪是生命科学的世纪，生命科学将对自然科学起着巨大的推动作用，也将对人类生活、生产、工作的各方面产生深刻的影响。生命科学尤其是其热点问题引起人们广泛的关注。

本章选取了生命科学中几个重要领域(基因组学、转录组学、蛋白质组学、代谢组学、生物信息学、结构生物学、系统生物学、合成生物学、进化生物学、神经生物学、仿生学、基因编辑技术、再生医学)，对其基本概念、形成与发展、研究技术和应用领域进行了简要介绍，以期起到抛砖引玉，引发人们对于生命科学更多的关注，鼓励更多的科学工作者投入到生命科学前沿领域，进行深层次的探索、研究。科学的脚步如江河之水，一刻也不会停歇，今天的热点可能就是明天人们耳熟能详的事实，只有我们紧跟生命科学的研究前沿，时刻关注生命科学的研究与发展，才能无愧于这个生命科学的时代。

复习思考题

一、名词解释

基因组；基因组学；蛋白质组；蛋白质组学；酵母双杂交系统；转录组；转录组学；代谢组学；神经生物学；免疫组织化学；进化生物学；结构生物学；仿生学；系统生物学；合成生物学；再生医学

二、简答题

1. 简述基因组学的发展趋势。
2. 基因组学的研究技术有哪些？
3. 简述双向凝胶电泳的原理。
4. 简述转录组学的应用。

5. 比较四代基因测序技术的特点？
6. 什么是合成生物学？简述合成生物学的应用。
7. 设想基因编辑技术有可能解决哪些农业生产上碰到的难题？
8. 什么是再生医学？
9. 简述再生医学与干细胞的关系。
10. 简述3D打印技术在再生医学中的应用。

主要参考文献

卞正岗，仿生学与自动化科学技术．智慧工厂．2016，7：51–54.
蔡文琴，李海标．发育神经生物学．北京：科学出版社，1999.
柴可夫，齐方洲，涂继方．基于系统生物学组学技术的糖尿病中医药研究思路．中华中医药学刊，2013，31(12)：2599–2601.
董铭强．仿生学在农机减阻中的应用．农业科技与装备，2014，2：30–32.
季婷，何巧巧，吴佳佳，等．中国摩梭母系社会“走婚”婚姻的进化生物学研究进展．中国科学，2016，46(1)：129–138.
柯叶艳，齐文同，顾红雅．分子生物学技术在生物演化研究中的应用．地学前缘，2002，9(3)：64.
李金泰，蓝升，刘毅．3D打印干细胞技术用于组织器官重建的现状与思考．器官移植，2017，8(4)：267–270.
李良智，咸漠，李小林，等．系统生物学技术在微生物菌种改良中的应用．化工科技，2009，17(1)：46–50.
李文嘉．仿生学拟态化视角下的3D打印产品创新设计研究．艺术设计研究，2015，1：88–91.
李霞，雷健波．生物信息学(第2版)，北京：人民卫生出版社，2015.
李小白，向林，罗洁，等．转录组测序(RNA–Seq)策略及其数据在分子标记开发上的应用．中国细胞生物学学报，2013，35(5)：720–726，740.
梁佩．仿生学在包装设计中的应用．现代装饰理论，2012，4：18.
林晓华．服装中仿生设计的运用．美与时代：城市，2013，12：42.
伦盖威尔T. 郑珩，王非，译．生物信息学——从基因组到药物．北京：化学工业出版社，2006.
潘竹，朱青青．结构生物学研究技术的进展．西南民族大学学报(自然科学版)，2005，S1：137–140.
祁云霞，刘永斌，荣威恒．转录组研究新技术：RNA–Seq及其应用．遗传，2011，33(11)：1191–1202.
孙祎喆．精神分裂症起因的进化生物学分析．湖南科技大学学报(自然科学版)，2014，29(1)：113–118.
唐启敬，赵铁石，边辉，等．复合肥取样机器人仿生设计．农业机械学报，2011，42(8)：219–224.
王宏伟．冷冻电子显微学在结构生物学研究中的现状与展望．中国科学：生命科学，2014，10：1020–1028.
王立宾，祝贺，郝捷，等．干细胞与再生医学研究进展．生物工程学报，2015，31(6)：871–879.
王谦．仿生学在汽车造型设计中的应用．赤峰学院学报(自然科学版)，2014，30(7)：91–92.
吴骁，陆益红，汪玉馨，等．系统生物学技术在药源性肝损伤中应用的研究进展．中国药学杂志，2014，49(12)：1009–1013.
吴晓丽．木材中的仿生学：源自大自我的灵感——访东北林业大学教授王成毓．科技导报．2016，34(19)：166–167.
谢世平，张森，张海燕，等．运用系统生物学“组学”技术研究HIV/AIDS中医证候的思路与方法．中华中医药学会防治艾滋病分会2014年学术会议论文集，2014.
杨焕明．基因组学．北京：科学出版社，2016.
杨金水．基因组学(第3版)．北京：高等教育出版社，2013.
姚斌，刘南波，黄沙，等．3D生物打印技术打印组织和器官的研究进展．感染、炎症、修复，2016，46–48.
易红艳．浅述形态仿生学在桥梁造型设计上的应用．桥隧工程，2015，11：59–63.
张国英．仿山羊坡地行走机构的研究．河南科技大学硕士论文，2011.
朱珉，王璐，谢林，等．仿生学在移植免疫研究中的应用．医学与哲学(临床决策论坛版)，2007，28(8)：59–60.
Eid J，Fehr A，Gray J，*et al.* Real-time DNA sequencing from single polymerase molecules. Science，2009，323(5910)：133–138.
Feng YX，Zhang YC，Ying CF，*et al.* Nanopore-based fourth-generation DNA sequencing technology. Genomics proteomics

bioinformatics. 2015, 13(1): 4–16.

Hsu P D, Lander E S, Zhang F. Development and applications of CRISPR-Cas9 for genome engineering. Cell. 2014, 157 : 1262–1278.

Mardis E R. A decade's perspective on DNA sequencing technology. Nature, 2011, 470 : 198–203.

Mojica F J, Diez-Villasenor C, Soria E, *et al.* Biological significance of a family of regularly spaced repeats in the genomes of Archaea, Bacteria and mitochondria. Molecular microbiology.2012, 36 : 244–246.

Zhang J, Rouillon C, Kerou M, *et al.* Essential features and rational design of CRISPR RNAs that function with the Cas RAMP module complex to cleave RNAs. Molecular cell. 2000, 45 : 292–302.

网上更多资源

教学课件　　视频讲解　　思考题参考答案　　自测题